방재실무자와 공학자를 위한 **연안재난** 핸드북

방재실무자와 공학자를 위한
연안재난 핸드북

저자_미구엘 에스테반(Miguel Esteban), 히로시 타카기(Hiroshi Takagi),
토모야 시바야마(Tomoya Shibayama)
역자_윤덕영, 박현수

이 책은 2004년 인도양 지진해일 이후 세계 곳곳에서 발생한 연안재난(폭풍해일 또는 지진해일 등)에 대한 조사·분석을 실시하여 현재 지역적 영향 및 글로벌적 반향(反響)을 끼치고 있는 기후변화(해수면 상승 등)와 관련된 위협에 어떻게 적응할 것인가에 관한 최신 정보를 제공함으로써 연안방재대책을 수립하는 데 도움이 될 것이다.

ELSEVIER

씨아이알

기고자(寄稿者)

Yoshi Abe — International Research Institute of Disaster Science, Tohoku University, Sendai, Japan

Tomohiro Akiyama — Graduate School of Frontier Sciences, The University of Tokyo, Chiba, Japan

Rafael Ara´ nguiz — Department of Civil Engineering, Universidad Cato´lica de la Ssma Concepcio´n-Concepcio´n, Chile, The National Research Center for Integrated Natural Disaster Management (CIGIDEN) CONOCYT/FONDAP/15110017, Macul, Chile

Austin Becker — Department of Marine Affairs and Landscape Architecture, College of the Environment and Life Sciences, University of Rhode Island, Kingston, Rhode Island, USA

Jeremy D. Bricker — International Research Institute of Disaster Science (IRIDeS), Tohoku University, Sendai, Japan

Lyle Carden — Principal, Martin & Chock, Inc., Honolulu, Hawaii, USA

Ingrid Charvet — Risk Management Solutions, London, UK, and Earthquake and People Interaction Centre, University College London, London, United Kingdom

Gary Chock — Structural Engineer, Hawaii and California, ASCE Structural Engineering Institute Fellow, ASCE Fellow, Diplomate − Coastal Engineer of the Academy of Coastal, Ocean, Port and Navigation Engineers; President, Martin & Chock, Inc. Honolulu, Hawaii, USA

Mario de Leon — Department of Civil Engineering, De La Salle University, Manila, Philippines

Miguel Esteban — Graduate School of Frontier Sciences, The University of Tokyo, Chiba, Japan

Yo Fukutani — International Research Institute of Disaster Science, Tohoku University, Sendai, Japan

Masanori Hamada — Department of Civil and Environmental Engineering, Waseda University, Tokyo, Japan

Minoru Hanzawa — Hydraulic Laboratory, Technical Research Institute, Fudo Tetra Corporation, Ibaraki, Japan

Sayaka Hoshino — Department of Civil and Environmental Engineering, Waseda University, Shinjuku-ku, Tokyo, Japan

Hiroshi Hashimoto — Central Consultant INC., Tokyo, Japan

Izumi Ikeda — Graduate School of Frontier Sciences, The University of Tokyo, Chiba, Japan

Fumihiko Imamura — International Research Institute of Disaster Science, Tohoku University, Sendai, Japan

Marı'a Jose' Ruiz-Fuentes — International Maritime Dredging Consultants, The Netherlands

Ravindra Jayaratne — School of Architecture, Computing & Engineering, University of East London, London, UK

Amit Jheengut — Ministry of Environment and Sustainable Development, Port Louis, Republic of Mauritius

Mathijs van Ledden — Hydraulic Engineering, Delft University of Technology, Delft, The Netherlands, and Royal HaskoningDHV, George Hintzenweg 85, P.O. Box 8520, 3009 AM Rotterdam, The Netherlands

Sebastiaan N. Jonkman — Hydraulic Engineering, Faculty of Civil Engineering and Geosciences, Delft University of Technology, Delft, The Netherlands

Matthijs Kok — Hydraulic Engineering, Delft University of Technology, Delft, The Netherlands, and HKV Consultants, Lelystad, The Netherlands

Panon Latcharote — International Research Institute of Disaster Science, Tohoku University, Sendai, Japan

Natt Leelawat — Department of Industrial Engineering and Management, Graduate School of Decision Science and Technology, Tokyo Institute of Technology, Tokyo, Japan

Joshua Macabuag — Earthquake and People Interaction Centre, University College London, London, United Kingdom

Martin Marriott — School of Architecture, Computing & Engineering, University of East London, London, UK

Shunya Matsuba — Department of Civil and Environmental Engineering, Waseda University, Tokyo, Japan

Ryo Matsumaru — Faculty of Regional Development Studies, Toyo University, Tokyo, Japan

Akira Matsumoto — Hydraulic Laboratory, Technical Research Institute, Fudo Tetra Corporation, Ibaraki, Japan

Takahito Mikami — Department of Civil and Environmental Engineering, Waseda University,

	Tokyo, Japan
Tomohiro Miki	Department of Civil Engineering, Kobe University, Kobe, Japan
Todd J. Mitchell	Fugro Pelagos, Inc., Ventura, California, USA
Jun Mitsui	Hydraulic Laboratory, Technical Research Institute, Fudo Tetra Corporation, Ibaraki, Japan
Ryota Nakamura	Department of Civil and Environmental Engineering, Waseda University, Tokyo, Japan
Akihiko Nakayama	Department of Environmental Engineering, Universiti Tunku Abdul Rahman, Kampar, Perak, Malaysia
S.R. Nashreen Banu Soogun	Ministry of Environment and Sustainable Development, Port Louis, Republic of Mauritius
Ioan Nistor	Department of Civil Engineering, University of Ottawa, Ottawa, Canada
Susumu Onaka	Port and Airport Department in Overseas Consulting Administration, Nippon Koei Co., Ltd., Tokyo, Japan
Motoharu Onuki	Graduate School of Frontier Sciences, The University of Tokyo, Chiba, Japan
Dan Palermo	York University, Toronto, Canada
Buddhika Premaratne	School of Architecture, Computing & Engineering, University of East London, London, UK
Thamnoon Rasmeemasmuang	Department of Civil Engineering, Faculty of Engineering, Burapha University, Chon Buri, Thailand
Ian Robertson	University of Hawaii at Manoa, Honolulu, Hawaii, USA
Tiziana Rossetto	Earthquake and People Interaction Centre, University College London, London, United Kingdom
Jun Sasaki	Department of Socio-Cultural Environmental Studies, Graduate School of Frontier Sciences, The University of Tokyo, Chiba, Japan
Tomoya Shibayama	Department of Civil and Environmental Engineering, Waseda University, Tokyo, Japan
Mohsen Soltanpour	Department of Civil Engineering, K.N. Toosi University of Technology, Tehran, Iran
Anawat Suppasri	International Research Institute of Disaster Science, Tohoku University, Sendai, Japan

Hiroshi Takagi — Graduate School of Science and Engineering, Tokyo Institute of Technology, Meguro-ku, Tokyo, Japan

Masashi Tanaka — Hydraulic Laboratory, Technical Research Institute, Fudo Tetra Corporation, Ibaraki, Japan

Khandker Masuma Tasnim — Department of Civil and Environmental Engineering, Waseda University, Tokyo, Japan

Nguyen Danh Thao — Department Civil Engineering, Ho Chi Minh City University of Technology, Ho Chi Minh, Vietnam

Jean O. Toilliez — COWI North America, Inc., 1300 Clay St. Suite 700 OAKLAND CA 94612 Vu Thanh Ca Vietnam Administration of Seas and Islands (VASI), Hanoi, Vietnam

Vana Tsimopoulou — Hydraulic Engineering, Faculty of Civil Engineering and Geosciences, Delft University of Technology, Delft, The Netherlands

Le Van Cong — Vietnam Administration of Seas and Islands (VASI), Hanoi, Vietnam

Johannes K. Vrijling — Hydraulic Engineering, Faculty of Civil Engineering and Geosciences, Delft University of Technology, Delft, The Netherlands

Lilian Yamamoto — University of Sao Paolo, Brazil

Sho Yamao — Department of Civil and Environmental Engineering, Waseda University, Tokyo, Japan

Mari Yasuda — International Research Institute of Disaster Science, Tohoku University, Sendai, Japan

Guangren Yu — Martin & Chock, Inc., Honolulu, Hawaii, USA

Nam Yi Yun — Department of Civil and Environmental Engineering, Waseda University, Tokyo, Japan

감사의 말

저자들은 이번 기회를 빌려 이 책의 발간(發刊)과 연안재난관리에 관한 연구에 큰 도움을 준 수많은 사람에게 감사를 표하고자 한다. 무엇보다도 WASEDA-YNU Advanced Coastal Environment and Management Group(WAYCEM)은 수년간 아낌없는 우정과 지원을 제공함으로써, 이 책을 집대성(集大成)시킨 동료들에게 감사하고 싶다. 또한 이 책을 통해 연안재난과 기후변화에 관한 분야에 크게 공헌한 여러 국가와 관계기관의 많은 저자의 귀중한 연구에 감사를 드린다.

그리고 수년 동안 지속적인 연구를 하게끔 연구비를 지원한 여러 단체에도 감사하고 싶다. 일본 문부과학성(MEXT, the Ministry of Education, Culture, Sports, Science and Technology), 일본과학기술진흥기구(JST, the Japan Science and Technology Agency), 일본학술진흥회(JSPS, the Japan Society for the Promotion of Science) 등이 여기에 해당한다. 그들의 지지가 없었다면 이 책의 기초가 되는 수많은 현장조사, 실험실 실험, 수치 시뮬레이션, 학회 방문 등을 결코 할 수 없을 것이다.

또한 여러 해 동안 많은 대학이 우리 삶에 미친 역할을 인정하는 것도 중요하다. 학문으로서 우리의 사고(思考)와 사상(思想)은 이러한 생각의 결실을 이루게 하는 환경에서만 실현할 수 있다. 특히 요코하마국립대학(Yokohama National University), 도쿄공과대학(Tokyo Institute of Technology), 와세다대학(Waseda University), 도쿄대학(the University of Tokyo) 4개 대학이 이 결실 과정의 핵심에 있다. 오늘날 이 시점에 도달하는 데 도움을 준 수많은 논의와 지원에 대해 모든 동료, 학생 그리고 관계기관의 직원들에게 감사를 드린다. 마지막으로 몇 년 동안 모든 지원을 아낌없이 해준 가족에게도 감사하고 싶다.

머리말

2004년 12월 26일은 수마트라 해안에서 일어난 강력한 지진이 인도양 지진해일이라 일컫는 지진해일을 발생시켜 인도네시아, 태국, 스리랑카 등의 해안을 초토화한 날이다. 이 재난 이전에는 지진해일이나 폭풍해일과 같은 연안재난은 국지현상(局地現象)으로 생각하였다. 그러나 인도양 지진해일인 경우, 그 영향은 인도양 전체를 포함하는 광범위한 지역에 걸쳐 감지되었다. 이 같은 사건은 곧바로 전 세계에 심각한 영향을 미친 지역 규모의 재난으로 파악되었다.

이 사건 이후 지난 10년 동안의 매년 지진해일과 폭풍해일을 포함한 큰 연안재난이 계속해서 반복하여 발생하였으며, 이 재난은 세계의 일부 또는 다른 지역에 영향을 끼쳤다. 미국 허리케인 카트리나(2005); 인도네시아 자바섬 지진해일(2006); 사이클론 시드로(2007)에 의한 폭풍해일; 미얀마 사이클론 나르기스(2008)에 의한 폭풍해일; 사모아섬의 지진해일(2009); 칠레 지진해일(2010년); 인도네시아 믄타와이제도의 지진해일(2010년); 동일본 대지진해일(2011년); 미국 허리케인 샌디에 의한 폭풍해일(2012년); 필리핀의 태풍 하이옌에 의한 폭풍해일(2013년) 등이 그것이다. 각 사건이 끝난 후, 피해지역을 조사하기 위한 연구팀을 구성하여 피해지역의 침수분포와 지역주민의 경험에 관한 풍부한 데이터를 축적하였다.

이러한 재난조사를 통해 알아낸 것은 연안재난의 심각성은 파랑에너지의 규모, 지역의 지형, 지역사회의 사회·경제적 여건, 주민의 인식과 대비 수준 등 여러 가지 요인에 따라 결정된다는 것이다. 우리는 지금이 경험과 분석을 통합하여 연안재난에 대한 가능한 대책을 제안할 때라고 믿는다. 우리의 최종 목표는 지역사회의 건전한 대비태세를 바탕으로 조직적인 대피계획을 통한 연안재난의 리스크에 처해 있는 지역주민들의 생명을 구하는 것이다.

Tomoya Shibayama

Professor of Civil and Environmental Engineering, Waseda University

Professor Emeritus, Yokohama National University

역자 서문

20세기 말에 접어들면서 지구 온난화에 따른 기후변화는 피할 수 없는 재난 유발요인을 가중하고 있으며, 특히 한반도 주변 해역의 해수면 상승으로 인한 해일·고파랑 내습 및 해안·항만 구조물 설치 등에 따른 해안침식이 가중되어 국민의 안전과 삶의 터전을 위협하고 연안재난의 피해도 날로 증가하고 있는 실정이다. 이에 남해안에는 슈퍼태풍 등으로 인한 폭풍해일 피해, 서해안에는 큰 조석차로 인한 조석재난이 예상되며, 1983년과 1993년 이미 지진해일 피해를 경험했던 동해안 지역은 2016년 경주지진과 2017년 포항지진이 발생해 더 이상 우리나라도 지진 및 지진해일의 안전지대가 아님을 보여주고 있다.

이에 이 책의 저자들은 2004년 인도양 지진해일 이후, 지난 10년 동안의 전 지구적으로 발생한 지진해일과 폭풍해일−미국 허리케인 카트리나(2005), 칠레 지진해일(2010년), 동일본 대지진해일(2011년), 미국 허리케인 샌디(2012년), 필리핀의 태풍 하이옌(2013년) 등−에 관한 최신의 지식을 반영하기 위하여 세계 각 지역에서 발생한 모든 중요한 연안재난에 대한 조사·분석을 실시하였고, 특히 미래 기후변화(해수면 상승 등)와 관련된 위협에 어떻게 적응할 것인가에 관한 최신의 학술연구논문과 다양한 공학 및 사회적 도전에 관한 최신 정보를 제공하였다.

아무쪼록 본인이 저술한 『연안재해』(2018년 12월)의 후속편인 이 책이 연안재난 문제에 맞서서 방재대책들을 찾고 있는 모든 사람에게 중요한 정보의 원천이 되기를 바라며, 연안 재난 방재실무자(국가·지방자치단체와 관계기관 등) 및 방재·해안공학 등을 전공하는 모든 이들에게 도움이 되어 매년 가중되는 연안재난에 대한 방재대책 수립하는 데 미약하나마 도움이 될 것이라 믿어 의심치 않는다.

역자 **윤덕영·박현수**

CONTENTS

<table>
<tr><td rowspan="7">PART I
최근의
재난분석</td><td colspan="2">CHAPTER 01 2004년 인도양 지진해일</td><td>2</td></tr>
</table>

PART II
취약성 평가

PART IV
감재 대책
(비구조적 대책)

PART V
재난 후 재건

PART VI 연안재난에 대한 기후변화 영향

서두
지난 10년 동안의 연안재난 교훈

1. 2004년 인도양 지진해일부터 2013년 태풍 하이옌 폭풍해일까지

인간은 오랫동안 바다와 밀접한 관계를 맺어왔고 현재 250만 명을 넘는 인구를 가진 도시의 65%를 포함한 세계인구의 60%가 연안(沿岸)[1]지역에 살고 있다(UNCED, 1992). 무엇보다 중요한 것은 세계적인 큰 도시들 또는 인구 천만 명 이상이 거주하는 '메가시티(Megacity)'[2]들은 연안 근처에 입지하고 있다는 사실이다. 일반적으로 해운, 수산, 관광 또는 제조업과 같은 활동을 포함한 연안역에서의 경제활동은 인구 증가에 따라 번영하고 인구감소에 따라 쇠퇴한다. 이런 의미에서 2005년부터 2030년까지 세계 인구는 17억 명 정도 증가할 것으로 예상되고(UN, 2006) 연안역에서의 경제활동은 계속 확장할 것이다. 경제활동 확장과 같은 추세는 연안도시가 국가 사이의 관문 역할을 함에 따라 글로벌 경제화가 더욱더 가속될 것이다.

그러나 대부분의 연안지역은 고파랑(高波浪, High Wave)과 해일(Surge)[3](지진해일(地震海溢,

---

1   연안(沿岸, Coastal Zone, Nearshore) : "연안"을 연안해역과 연안육역으로 구분한다. "연안해역"은 공간정보의 구축 및 관리 등에 관한 법률 제6조 제1항 제4호에 따라 약최고고조면으로 정의되는 "해안선"으로부터 지적공부(地籍公簿)에 등록된 지역까지로 정의되는 "바닷가"와 해안선으로부터 영해의 외측한계까지로 정의되는 "바다"로 구성되며, "연안육역"은 연안해역의 육지 쪽 경계선으로부터 500m(항만법에 의한 "항만", 어촌·어항법에 의한 "국가 어항" 혹은 산업입지 및 개발에 관한 법률에 의한 "산업단지"는 1,000m) 이내의 육지지역이다.

2   메가시티(Megacity) : 행정적으로 구분돼 있으나 생활, 경제 등이 기능적으로 연결돼 있는 인구 1,000만 명 이상의 거대도시를 말하며, 메가시티 외에 메트로폴리스, 대도시권, 메갈로폴리스 등 다양한 용어가 비슷하게 사용되고 있다.

3   해일(海溢, Surge) : 해양의 어느 한정된 구역에 외부로부터 큰 교란이 가해졌을 때 해면의 일부가 일시적으로 상승 또는 하강한 후에 파장이 긴 파랑으로 발전하고 해안 가까이의 천해(얕은 바다)로 전달되어 해면이 평상시의 조석보다 상승함으로써 육상에 피해를 주는 것을 말한다. 해일 중 그 원인이 기상교란(氣象攪亂)이면 폭풍해일, 해저지진이나 화산폭발이면 지진해일(쓰나미)이라고 한다.

Seismic Sea Wave, Tsunami),[4] 폭풍해일(暴風海溢, Storm Surge)[5]) 등과 같은 연안재난(Coastal Disaster)[6]에 취약하다. 연안재난의 대비를 잘한 나라들에서도 중대한 영향을 미칠 수 있지만 잘 대비하지 못한 국가의 연안거주지에는 막대한 피해를 일으켜, 거주지의 발전을 몇 년 혹은 심지어 수십 년 동안 지연시킬 수 있다. 이 책의 저자들은 지난 10년 동안 세계 각 지역에서 발생된 모든 주요한 연안재난에 대한 조사를 실시하여 재난관리에 최신의 지식을 반영하여 많은 교훈을 도출하였다. 또한 이 책은 많은 다양한 저자 및 모든 현장 전문가를 망라하며 일관성 있는 메시지를 이끌어내기 위하여 그들이 서술한 장(章)들을 한데 묶어서 일관된 메시지를 만들어내려고 노력하였다. 2004년 인도양 지진해일을 필두로 마지막에는 2013년 태풍 '하이옌(Haiyan)'과 같이 지난 10년 동안 가장 주요한 재난을 강조할 것이다. 그 재난들은 연안지역사회의 취약성을 부각(浮刻)하여 리스크(Risk)[7]에 처한 사회의 복원성(復原性, Resilience)[8]과 대비성(對備性)을 증진할 필요가 있다는 것을 강조하였다.

인류역사상 가장 처참한 자연재난 중 하나로 2004년 대규모 지진으로 유발되어 인도네시아, 태국, 스리랑카 및 여러 국가에서 최종적으로 27만 명 이상의 희생자(사망·실종자 포함)를 낸 2004년 인도양 지진해일에 관한 장(章)으로 이 책을 시작하는 것이 논리적이다. 이 책을 저술한 때는 인도양 지진해일 발생 후 10년이 지났지만 여러 지역사회들은 미래 사건에

---

4 지진해일(地震海溢, Seismic Sea Wave, Tsunami) : 해저에서 발생하는 지진에 따른 해저지반 융기 및 해저에서의 해저활동 등으로 그 주변 해수가 위아래로 변동함에 따라 발생하는 것으로. 발생한 해수면 운동(상하운동)이 특히 대규모가 되어 연안에 도달하면 파괴력이 큰 지진해일이 된다.

5 폭풍해일(暴風海溢, Storm Surge) : 폭풍해일이란 태풍 및 저기압이 원인이 되는 이상조위로 고조(高潮) 또는 스톰 서지(Storm Surge)라고 하며 2가지 원인으로 발생한다. ① 저기압에 의한 수면상승 효과 : 태풍 및 저기압 중심에서는 기압이 주변보다 낮아지므로 중심부근의 공기가 해수를 빨아올려 해면이 상승한다. ② 해상풍에 의한 수면상승 효과 : 태풍 및 저기압을 동반한 강한 바람이 해수를 해안으로 불어 올라가게 하여 해면이 상승한다. 또한 관측조위로부터 추산 천문조위를 뺀 값을 폭풍해일편차라고 한다.

6 재난(Disaster) : 우리나라의 '재난 및 안전관리기본법'에서는 재난을 '국민의 생명·신체 및 재산과 국가에 피해를 주거나 줄 수 있는 것으로 다음 각 목의 것을 말한다. 태풍·홍수·호우·폭풍·해일·폭설·가뭄·지진·황사·적조 그 밖에 이에 준하는 자연현상으로 발생하는 재해'라고 정의되어 있어, 이 책에서는 연안(해안)의 자연현상인 태풍(颱風)·해일(海溢) 등을 다루므로 '연안재난'이라고 한다.

7 리스크(Risk) : 국제연합재난위험경감사무소(UNDRR, United Nations Offices for Disaster Risk Reduction)는 리스크를 '손실의확률'이라고 간단하게 정의하고 있으며, 개념적으로는 '리스크=위험×취약성×리스크 요인의 양'이나 '리스크=위험×취약성/역량'이라는 기본방정식으로 표현하고 있다.

8 복원성(復原性, Resilience) : 원래 환경 시스템에 가해진 충격을 흡수하고 그 시스템이 복구 불가능한 상태로 전환되는 것을 막아 변화나 교란에 대응하는 생태계의 재건 능력을 말한다. 1973년 캐나다의 생태학자 홀링(Holling, C. S.)이 처음 소개한 개념으로, 기후변화, 지구 온난화 따위의 문제가 현안으로 등장한 2000년대 이후 국제 사회에서 주목받고 있으며, 우리나라에서의 규범 표기는 미확정으로 외래어로 '레질리언스'를 사용하고 있으나 이 책에서는 재난에 대한 복원 능력으로 '복원성'이라고 한다.

대한 안전성을 증진시키기 위해 마을 전체를 이주하는 등의 프로젝트를 여전히 진행 중이다(1장과 27장 참조). 지난 10년 동안 사모아(2009; 5장 참조), 칠레(2010; 6장과 11장 참조) 및 믄타와이(2010; 5장 참조)를 포함한 다른 많은 지역에서 대규모 지진해일이 발생하였다.

그리고 사람들의 가슴에 잊힐 수 없는 또 다른 분명한 다른 사건은 거의 2만 명의 사망자와 광범위한 연안지역을 초토화시킨 2011년 동일본 지진과 지진해일이다(9～11장, 13장, 15～29장, 25장, 28～29장 참조).

지진해일로 인한 파괴는 연안지역을 합리적으로 계획하여 재난을 방지하고 장기적으로 지속가능한 개발을 보장할 필요가 있음을 강조한다. 그러나 경제개발이 재난경감(災難輕減)보다도 높은 우선순위를 가진다는 것이 분명하다. 이런 경향은 개발도상국뿐만 아니라 선진국에서도 볼 수 있다. 자연재난에 대한 복원성을 갖춘 나라로 인식되었던 일본일지라도 2011년 동일본 지진 및 지진해일로 여전히 재난에 취약하다는 것이 밝혀졌다. 연안도시와 마을을 발전시키는 데 긴 세월이 걸릴지라도 큰 재앙인 자연재난은 순식간에 인명부터 재산까지 모든 것을 파괴시킬 수 있다. 그림 1은 지진해일이 일본 미나미산리쿠(南山陸) 마을과 같은 넓은 주거지역을 어떻게 철저히 파괴하였는가를 보여주고 있다. 그러므로 이 책은 지진해일에 대한 초점을 맞출 뿐만 아니라 이 시기에 발생한 여러 대규모 폭풍해일도 분석할 것이다. 그중에서 특히 허리케인 카트리나(2005년 미국, 거의 2,000명이 사망·행방불명; 2장 참조), 사이클론 시드로(2007년 방글라데시, 3,600명 사망; 3장 참조), 사이클론 나르기스(2008년 미얀마, 13만 8천 명 사망; 4장 참조), 허리케인 샌디(2011년 미국, 40명 이상 사망 및 미국 역사상 2번째로 큰 경제적 손실을 입힘; 7장 참조)와 태풍 하이옌(2013년 필리핀 하이옌, 거의 8천 명 사망·행방불명; 8장 참조)은 모두 연안지역에 큰 재앙을 일으켰다.

그림 1 2011년 동일본 지진해일 직후 미나미산리쿠의 지진해일 대피빌딩 옥상에서 촬영한 사진

이런 모든 재난은 특히 재난의 영향을 빈번히 받는 개발도상국 연안지역에서의 취약성을 분명히 검토할 필요가 있다는 것을 나타낸다. 그런 나라 중 3,260km의 해안선과 2개의 넓고 저지대인 삼각주(홍강 삼각주와 메콩 삼각주)를 갖고 있는 베트남은 연안재난 및 기후변화에 대한 가장 취약한 나라 중 하나로 간주할 수 있다. 그러나 베트남 밖의 사람들은 재난에 대한 이 나라의 취약성을 심각하게 인식하지 못하는 것 같다. 12장은 베트남의 리스크를 분석할 것이고 14장에서는 일반적으로 이란(Iran) 연안과 같이 큰 리스크에 처한 것으로 인식되지 않는 다른 지역들도 어떻게 큰 재난을 겪을 수 있는지를 보여줄 것이다. 재난에 관한 인식은 침수역 내의 주민 생존율을 증대시키기 위해 중요하다. 지난 10년 동안 일어난 사건들 때문에 '지진해일'과 '폭풍해일'과 같은 용어들이 최근 그러한 사건들을 경험하지 않은 나라들에서도 인식할 수 있게 되었다(11장 참조). 대규모 지진해일이 가까운 미래에도 예견되는 일본에서는 그런 인식의 차원을 유지하는 것이 중요하다(13장 참조). 높은 수준의 교육, 훈련 및 대책에도 불구하고 알려진 많은 사상자가 무슨 이유로 사망했는지(10장 참조), 어떻게 건물이 파괴되었는지에(9장 참조) 대한 교훈을 배워야 한다고 강조하고 있다. 그러한 사건을 방호(防護)하기 위해서는 경감대책(輕減對策)의 역할이 매우 중요하다. 그런 대책은 일반적으로 지진해일 방조제 및 해일방파제 건설 같은 구조적 대책과 주민을 보호하기 위해 연안재난 해저드맵(Coastal Hazard Map)[9] 작성 및 해안림(海岸林, Maritime Forest)[10] 식재 같은 비구조적 대책으로 나눌 수 있다. 대규모 구조적 방재시설이 도호쿠 해안선을 방호해왔지만 2010년 동일본 대지진해일시 방재시설의 설계치를 초과하는 지진해일이 내습하여 대부분이 파괴되었다. 16장, 17장과 19장은 다양한 해안·항만구조물 파괴에 따른 교훈을 알려주며 제18

---

9   연안해저드맵(Coastal Hazard Map) : 해일에 따른 월파·범람에 의한 연안재난 시 피해를 최소화할 목적으로 침수정보 및 대피정보 등의 각종 정보를 지역주민이 알기 쉬운 형태로 도면에 표시한 것으로, 월파·범람 요인별로 천문고조 재난지도, 폭풍해일 재난지도, 지진해일 재난지도의 3가지로 분류할 수 있으며 활용 목적별로는 주민이 활용하는 지도와 행정적으로 활용하는 지도로 구별된다. 주민이 활용하는 지도는 세부적으로 대피 시 필요로 하는 대피활용형 지도, 월파·범람에 관한 지식을 습득할 수 있는 재난학습형 지도로 분류된다. 행정적으로 활용하는 지도는 지역주민의 대피유도, 수방활동과 구조활동 등에 필요한 지도이다.

10 해안림(海岸林, Maritime Forest) : 해안에서 염분이 섞인 바닷바람의 영향을 직접 받고 있는 안정지에 생육하고 있는 숲으로 이 책에서는 지진해일 또는 폭풍해일 및 고파랑에 대해 연안을 방호하는 역할을 하며 특히, 지진해일에 대해서는 ① 유입하는 지진해일의 흐름 크기 및 에너지를 경감시켜 지진해일에 대하여 저항하며, ② 비사(飛砂)를 저지하여 사구(砂丘)형성 및 유지에 기여하여 자연제방인 사구가 지진해일을 저지하는 역할을 하도록 한다. ③ 지진해일과 함께 내습하는 해안의 여러 가지 물체, 즉 표류물(漂流物)이 육지로 유입하는 것을 막아주는 동시에 표류물과의 충돌에 따른 건물 피해확대를 저지하고 ④ 지진해일의 인파(引波) 시 바다로 끌려들어가는 사람이 나뭇가지를 잡아 생명을 구할 수 있는 역할을 담당한다.

장에서는 배후지역의 침수를 막기 위해 실제로 어느 정도의 방파제가 효과적인지 알아볼 것이다. 지진해일 내습과 다른 형태의 파랑에 견디기 위한 방파제 설계는 다른 장(15, 16 및 23장)에서 초점을 맞추어 이야기할 것이다. 또한 동일본 대지진해일 및 다른 지진해일 사건의 결과로써 현재 지진해일에 관한 새로운 빌딩지침을 작성 중인데 21, 22장은 미국토목학회(ASCE)의 '지진해일 하중 및 영향 설계기준'에 대해 자세히 설명하겠다. 지진해일 내습이 빈번한 지역인 경우 다층방재개념(多層防災槪念)으로 이끌 수 있는 여러 가지 형태의 대책을 시도할 수 있다(25, 28장 참조). 현재, 일본 도호쿠 지역(東北地域)에서의 대규모 재건(再建) 노력은 이전보다 높은 기준에 대한 구조적 대책을 재수립하려는 방식으로 모래와 자갈을 이용한 주거지역의 증고(住居地域增高, the Potential Elevation of Residential Aarea)[11]를 추진하고 있다. 어떤 대책에 더 많은 관심을 기울여야 하는지 이해하고 최적의 설계기준을 개발하려면, 구조적 대책에 대한 비용과 주거지역의 잠재적 증고를 포함하는 경제적 최적화를 수행해야 한다(25장 참조). 29장에서는 일본의 한 소도시인 오쓰치정(大槌町)에서의 재건 노력에 대해 상세하게 설명하였으며, 도시 전체 토지에 대한 공간적인 재분류와 미래재난에 대비한 복원성을 갖는 도시를 건설하기 위해 적용할 수 있는 다양한 원칙을 강조한다('더 잘 짓자', 27장 참조).

그러나 이른바 '구조적' 구조물이 연안지역을 방호하기에 필요한 단 한 가지 대책은 아니다. 자연재난을 막기 위한 맹그로브(Mangrove) 식재(植栽)를 수많은 해안선 근처에서 실시하였고, 24장은 태국에서 현재 진행 중인 그 노력의 일환을 소개하였다. 맹그로브 식재가 여의치 않은 지역은 그 대신에 자갈비치(Gravel Beach)를 조성하여 해안침식(海岸浸蝕)으로 악화된 해안선을 유효하게 안정화시킬 수 있다. 이것은 해안침식에 저항력을 갖도록 하는데, 특히 모리셔스(Mauritius)와 같은 높은 산호초(珊瑚礁) 폐사율(斃死率)로 고통받는 지역에서 기후변화에 대항하기 가능한 적응 메커니즘으로 사용할 수 있다(26장 참조). 결국 토지 및 사회기반시설을 온갖 형태의 재난으로부터 방호하는 것은 불가능하다는 것을 이해할 필요가 있고 인간의 안전은 궁극적으로 효율적인 대피 시스템에 의존해야만 한다(5, 10, 11, 28장). 유효한

---

11   주거지역증고(住居地域增高, the Potential Elevation of Residential Aarea) : 2011년 동일본 대지진해일 시 해안·항만구조물 (방파제, 방조제, 해안호안, 해안제방 등)의 월파 또는 파괴로 인한 침수로 저지대에 있는 주거지역에 심한 피해가 발생하였으므로 이를 예방하고자 주거지역의 지반고(地盤高)를 높이는 것을 말한다.

대피 시스템이 되려면 비상시 지역주민이 무엇을 해야만 하는가를 알 수 있게 정기적인 훈련을 실시하는 것이 필요하다(10장, 28장). 이러한 재난 영향은 그것을 경험하거나 목격한 사람들의 마음속에 분명히 새겨져 있고, 많은 경우 그러한 기억은 세대에 걸쳐서 존재한다. 심지어 세월이 지남에 따라 사라질지라도 연안사회의 집합적 기억 일부가 될 것이다(11장 참조). 지진해일 기념비와 안내표지판은 재난에 대한 인식문화를 유지하는 데 필수적이며, 일본 도호쿠 지역에서는 후손들을 위해 이러한 유산(遺産)을 만들기 위한 상당한 노력이 진행 중이다(28, 29장). 만약 재난이 큰 재앙을 일으켜 언론이 이를 널리 방송하면 특정국가나 지역이 직면한 위험에 대한 관심을 증가시키는 데 공헌하면서 세계 관심은 재난 지역에 쏠리게 될 것이다. 그러나 언론이 제한적 인적피해 및 재산손실을 갖는 경미한 재난을 보도하지 않는다면, 사람들은 일반적으로 재난의 영향을 받지 않는 국가의 인식을 개선할 필요성을 강조하면서도, 사람들은 특히 미래의 재난으로 야기될 리스크에 대해 잘 알지 못할 수 있다(12, 14장 참조).

불행하게도 지구에 사는 과거와 현재 거주자로 인해 미래세대에 전해지는 유산에는 아마 기후변화와 해수면 상승이 포함되어 있을 것이다. 가장 최근에 기후변화에 관한 정부 간 협의체의 5차 평가보고서(IPCC AR5, Intergovernmental Panel on Climate Change 5th Assessment Report, 2013)는 명백하게 지구기후 패턴에 대한 인위적 영향 및 다른 영향들을 적시(摘示)하고 있다. 그런 영향들은 연안지역의 처참한 결과를 초래하는 적도 근처에서 발생하는 열대성 저기압의 강도를 증대시킬 것 같다. 강력한 열대성 저기압[12]은 가까운 미래에 폭풍해일고를 상승시키고(3, 4, 12장 참조) 염분침입을 증가시켜 방글라데시, 미얀마 및 베트남의 해안침식 발생 가능성을 높일 것이다(12장, 26장 참조). 특히 장기간의 내용연수(耐用年數)를 가지지만 정적(靜的)인 기후 및 해수면(海水面)을 염두에 두고 설계해왔던 방파제는 미래에 더 큰 피해를 겪게 될 것이다(30~33장). 파랑의 무작위성과 복잡한 구조적 대책을 검토하기 위해,

---

12 열대성 저기압(熱帶性 低氣壓, Tropical Cyclone) : 위도 5°~10°에서 발생하는 저기압으로 중심기압이 976hPa 이하이며, 중심 부근에 맹렬한 폭풍권이 있으며 전선을 동반하지 않는 특징을 지닌다. 세계기상기구(WMO)는 열대성 저기압을 최대풍속에 따라 다음과 같이 4등급으로 분류하고 있다. ① 등급-열대 저압부(TD, Tropical Depression): 중심 최대풍속이 17m/sec 미만, ② 등급-열대 폭풍(TS, Tropical Storm): 중심 최대풍속 17~24m/sec, ③ 등급- 강한 열대폭풍(STS, Severe Tropical Storm): 중심 최대풍속 25~32m/sec 미만, ④ 등급-태풍(Typhoon): 중심 최대풍속 32m/sec 이상. 열대 저기압의 특징은 등압선이 원형이고, 전선을 동반하지 않으며, 에너지가 주로 수증기의 숨은열이기 때문에 열대의 해양에서 발생·발달하고, 중심부에 태풍의 눈이 있고, 중심 부근에서는 특히 바람이 세다.

이러한 파괴를 여러 가지 불확실한 설계요소와 결합함으로써 확률적으로 평가할 필요가 있으며, 30장은 케이슨 유형의 방파제에 대한 가능한 접근방법을 설명한다. 특히 천해(淺海)에 축조(築造)된 방파제는 해수면 상승의 영향이 많이 받아, 다른 여러 해안·항만구조물과 부속시설에도 상당한 영향을 미칠 뿐만 아니라(32장 참조), 더 높은 고파랑이 방파제에 도달할 수 있어(31장 참조) 가까운 장래에 상당한 보강이 필요할 것이다(31장 참조). 따라서 항만운영의 부정적인 악영향을 저감시키기 위한 추가적인 대책을 도입함으로써 구조물의 기능 중 일부를 증진시킬 필요가 있다(23장 참조). 저지대 도시인 경우, 도쿄만(東京灣) 입구와 같은 지역은 폭풍해일 방파제 건설과 같은 노력이 필요하다. 그러한 적응전략을 수행하지 않을 경우, 특히 연안지역의 인구밀도가 증가함에 따른 연안재난 노출이 증가되는 점을 감안할 때, 미래 사건은 현재 예상했던 것보다 더 큰 피해를 초래할 가능성이 있다. 따라서 이 책은 지난 10년 동안 세계 곳곳에서 발생한 자연재난으로 인해 유발(誘發)되는 도전을 나타내고, 발생한 사건으로부터의 교훈을 끌어내기 위한 시도(試圖)를 했다는 데 중요성을 찾을 수 있다. 또한 이 책은 연안재난 및 미래 기후변화와 관련된 리스크에 어떻게 적응할 것인가에 대한 최신의 학술연구논문과 다양한 공학 및 사회적 도전에 관한 최신 정보를 제공한다. 기후변화와 해수면 상승으로 제기된 도전은 중요한 지역적 영향 및 글로벌적 반향(反響)을 끼칠 것이다. 저자들은 이 책이 연안재난문제에 맞서 방재대책들을 찾고 있는 모든 사람들에게 중요한 정보의 원천이 되기를 바라며, 특히 정부정책 및 지역정책수립자, 방재실무자, 환경과 기후과학자, 엔지니어들에게 도움이 되기를 바란다.

참고문헌

1. IPCC, 2013. Working Group I Contribution to The IPCC Fifth Assessment Report Climate Change 2013 : The Physical Science Basis, Final Draft Underlying Scientific-Technical Assessment.

2. United Nations Conference on Environment & Development (UNCED) : AGENDA 21, Rio de Janerio, Brazil, 1992.

3. United Nations, Department of Economic and Social Affairs, Population Division.

PART I

최근의 재난분석

CHAPTER

01 2004년 인도양 지진해일

1. 서론

2004년 12월 26일, 인도네시아 수마트라 해안을 진앙지(震央地)로 한 모멘트 규모(Moment Magnitude Scale)[1] M_w 9.1의 해저 거대지진은 인도양을 가로지르는 대규모 지진해일을 발생시켰고, 스리랑카, 인도네시아, 태국, 인도 및 몰디브의 연안 등을 내습하였다. 그림 1은 지진해일 발생원 위치와 함께 인도양에서 지진해일 피해를 입은 나라들을 나타낸 것이다. 인도네시아는 여러 지각 플레이트(Plate)[2]가 만나서 이루어진 나라로 세계에서 가장 지각변동이 활발한 국가 중 하나이다. 그 이유는 기본적으로 인도양 플레이트가 유라시아 대륙 플레이트 아래로 섭입(攝入)하면서 생긴 빈번한 지진과 인도네시아 서부 쪽 화산대의 강력한 분출(噴出) 때문이다. 예를 들면 화산분출 중 1883년 섬 전체의 3/4을 날려버리고 높이 40m를 넘는 지진해일을 발생시켜 36,000명 이상의 인명손실을 낸 크라카타우(Krakatoa) 경우를 포함한

---

[1] 모멘트 규모(Moment Magnitude Scale, 약자 MMS, 기호 M_w) : 지진이 발생할 때 방출되는 에너지의 크기를 측정하기 위한 단위로써 1930년대에 개발된 리히터 규모는 측정의 한계 때문에 대부분의 강진은 규모가 7에 가까운 값을 갖게 되고 진원에서 600km 이상 떨어지면 신뢰성이 떨어졌다. 이에 모멘트 규모는 리히터 규모를 대체하기 위해 개발되었고, 작거나 중간 크기에 해당하는 지진은 대략 리히터 규모와 같은 값을 갖지만, 매우 큰 지진은 리히터 규모와 차이를 보이며, 미국 지질조사국(USGS)에서 최근 발생한 지진의 규모를 나타내는 데 사용하고 있다. 모멘트 규모가 1씩 증가하면 방출되는 에너지는 약 31배($≒\sqrt{1000}$)만큼 커지게 된다.

[2] 플레이트(Plate) : 지구의 표층(表層)을 덮고 있는 두께 100km 정도의 암판(岩板)으로 지구 표층의 지학현상(地學現象)을 이해하기 위한 가장 기본적인 단위로서, 지구 표층은 대략 13매의 플레이트로 덮여 있다.

다. '복싱 데이 지진해일'(Boxing Day Tsunami)이라 불리는 인도양 지진해일을 발생시킨 거대 지진(Megathrust Earthquake)은 이례적으로 지질학적 규모도 컸으며, 단층길이는 1,600km로 길고 수 분 동안 2단계에 걸쳐 15m 정도 미끄러진 것으로 추정되었다. 그 결과 해저면(海底面)의 몇 미터 융기(隆起)로 지진해일이 발생한 것으로 예측되었다. 결국 지진해일은 아프리카에 도달하여 탄자니아와 같이 먼 나라조차에서도 적은 수의 인명을 앗아갔다. 전체적인 희생자 수(사망자와 실종자를 포함)는 27만 명으로 세계 역사상 가장 최악의 자연재난 중 하나로 기록되었다.

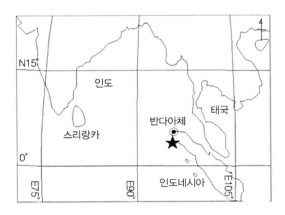

그림 1 인도양 지진해일 피해지역 개요. 지진해일 발생원은 그림에서 ★로 표시

이 책 중 많은 장(章)에서 지진해일을 다룰 예정인데, 원래 지진으로 해저면이 융기하거나 침강할 때 지진해일이 발생되며 지진해일 상부의 많은 양의 해수를 움직이게 한 후 지진해일 파랑을 생성한다. 매우 긴 장파(長波)³인 지진해일 파랑은 그 거동이 풍파와 매우 달라 대규모 침수와 파괴를 일으킨다. 2011년 동일본 대지진해일 이후 일본해안공학회(Japanese Coastal Engineering Community)는 2가지 다른 레벨(Shibayama 등, 2013)로 지진해일을 분류하기 시작하였다. 레벨 1은 수십~백수십 년의 재현기간(再現期間, Return Period)⁴을 가지며 흔 적고(痕迹高)가 7~10m인 비교적 낮은 높이를 가진다. 레벨 2는 일반적으로 수백~천 년의

---

3   장파(長波, Long Wave) : 바다의 수심 h가 파장 L에 비하여 충분히 작다고 할 경우($h/L \leq 1/20$) 이 경우의 파동을 장파 (長波)라고 하며 수심방향으로 수평운동진폭이 변화가 없는 비분산성 파랑이다.

4   재현기간(再現期間, Return Period) : 상정(想定)한 값을 상회하는 파랑이 나타난 평균적인 연수(年數)로, 예를 들면, 6m 이상의 파고의 파가 평균하여 M년에 1회 비율로 나타난다면 이 파랑의 재현기간은 M년이다.

재현기간을 가진 채 발생하므로 매우 드물게 일어난다. 레벨 2의 지진해일 흔적고는 일반적으로 10m 이상으로 매우 크며 20~30m 높이까지 높은 경우도 포함한다. 2004년 인도양 지진해일은 여러 지점에서 측정된 높은 흔적고(痕迹高, Inundation Height)[5](이 장에서 설명할 것이다.) 및 드문 지진해일 사건임을 감안하면 분명히 레벨 2인 지진해일이다. 인도양 지진해일의 재난 메커니즘을 명확히 밝히기 위해 지진해일 피해지역 내 흔적고 및 처오름 측정, 재난형태 파악 및 지역주민의 행동에 관한 많은 조사를 실시하였다. 이 장의 나머지 부분에서는 스리랑카 및 인도네시아 반다아체 지역의 재난 메커니즘과 지진해일 흔적고를 기록한 2가지 주요 조사에 대해 서술할 것이다.

2. 기본적인 지진해일 매개변수에 대한 방법론과 설명

주요 현장조사의 목적은 지진해일 흔적고의 분포를 측정하는 것은 물론 피해지역 상황을 이해하는 데 있다. 각 지역의 지진해일 흔적조사 시 지점의 정확한 위치는 측량기계로 측정하였다. 지진해일 흔적은 부서진 나뭇가지, 나무에 걸린 쓰레기, 구조물에 남은 수위(水位) 흔적 및 목격자 설명으로 알 수 있었다. 각 지점으로부터 정선(汀線)까지의 거리를 파악하기 위해 횡단면(橫斷面)을 취했으며, 가능하면 인근 언덕이나 높은 지형에서도 최대 처오름고를 측정했다. 모든 조사지역은 조사 시점(時點) 시 해수면을 측정기준으로 사용하였으며, 나중에 조사 시점 시 조위(潮位)와 지진해일이 내습한 시기를 고려하여 해수면을 보정(補正)하였다.

그림 2는 표준적인 '이상형'인 횡단면(橫斷面)을 도식적으로 나타낸 것이다. 또한 이 그림은 지진해일 파괴형태를 이해하는 데 매우 중요한 처오름고 및 흔적고의 개념을 보여주고 있다. 이 개념은 다른 장(예를 들면 5장, 6장, 9장, 10장, 11장 또는 15장 참조)에서 여러 저자들이 사용할 것으로 이 절에서 자세하게 설명할 것이다.

지진해일 파랑은 일반적으로 비교적 심해(深海)에서 발생하여 재빨리 대양을 건너서 전파된다.[6] 지진해일은 심해에서 진행하는 동안은 수십 센티(cm) 파고를 가지고 진행하기 때문에

---

5   흔적고(痕迹高, Inundation Height) : 육상 자연지형 또는 구조물에 나타난 지진해일의 흔적 높이를 말하며 흔적조사를 기초로 결정한다.

6   지진해일의 전파속도 C는 수심이 10m보다 얕은 곳부터 10,000m를 넘는 깊은 곳까지 $C = \sqrt{gh}$ (h는 수심(m)이고,

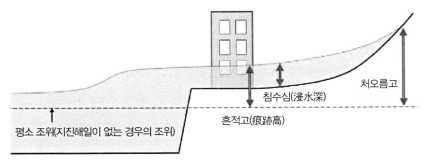

그림 2 지진해일의 흔적고, 처오름고, 및 침수심 정의

피해를 일으키지 않는다. 그러나 지진해일이 해안선에 접근하면 지진해일은 천수변형(淺水變形) 등으로 알려진 일련의 파랑변형과정을 통하여 변형하기 시작한다. 수심이 감소됨에 따라 파속(波速)이 감소되어 해저면 마찰이 파랑형상에 영향을 미치기 시작하는데, 지진해일 파장은 감소되더라도 급속하게 지진해일고(津波高)는 증가한다. 파고(波高)증가는 다음 식(그린(Green) 공식)으로 나타낼 수 있다.

$$\frac{H_s}{H_d} = \left(\frac{h_d}{h_s}\right)^{1/4}$$

여기서 H_s와 H_d는 각각 천해(淺海) 및 심해(深海)의 파고이며 h_s와 h_d는 천해 및 심해의 수심(水深)이다.

이 식에 따르면 4,000m 수심인 대양에서 파고 1m인 지진해일은 10m 수심에서는 파고 4~5m를 가진다는 것을 알 수 있다. 파랑의 속도가 뚜렷하게 늦어지더라도(심해에서의 속도와 비교할 때) 지진해일은 여전히 큰 운동에너지를 가지고 있다. 2004년 인도양 지진해일과 2011년 동일본 대지진해일의 비디오 동영상을 보면 다른 장소라 할지라도 지진해일의 파속(波速)이 사람이 도망치는 것보다 빠르고 장소에 따라서는 자동차만큼 빠른 것으로 보였다. 그런 파랑이 해안선에 바로 인접한 지역을 빠르게 침수시키면 이 지역의 현장조사 시 흔적

---

g는 중력가속도(9.8m/s²)로 평균 수심이 4,000m인 태평양 한가운데에서는 지진해일은 약 720km/h로 전파되며, 이 속도는 거의 제트기의 속도로 1960년대 칠레 외해에 발생된 규모 9.5의 지진해일이 하루 만에 태평양을 횡단한 후 맞은편에 있는 일본에 도달하여 일본의 태평양 연안에 큰 피해를 입혔다.

고를 측정할 수 있다(그림 2 참조). 지진해일이 높은 곳으로 진행하면 그 운동에너지는 서서히 위치에너지로 변환될 것이다. 이 지역에서의 지진해일 흔적고는 지진해일이 해안언덕 또는 다른 높은 유사한 지형을 올라가서 도달한 최고점인 최대 처오름고보다도 덜 중요하다. 그러므로 처오름고는 지역의 총지진해일 에너지 지표가 될 수 있다. 따라서 흔적고 및 처오름고를 모두 사용하면 지진해일의 수치시뮬레이션의 유용성을 검증(檢證)할 수 있어 미래 지진해일 위험(危險, Hazard)[7]을 예측할 수 있다.

3. 스리랑카에서의 조사(Shibayama 등, 2006)

2004년 지진해일은 스리랑카 주민의 생명과 해안사회 기반시설에 큰 피해를 발생시킨 스리랑카 역사상 기록된 가장 최악의 자연재난이었다. 총 1,100km 해안선(특히 동부, 남부 및 서부)이 피해를 입어 약 39,000명이 죽었고 주택 10만 동(棟)이 파괴되었다. 히카두와(Hikkaduwa)항, 미리사(Mirissa)항 및 푸라나웰라(Puranawella)와 같은 어항의 수산업도 극심한 피해를 입었다(Estebn 등, 2013a, 15장 참조).

스리랑카에서는 2004년 인도양 지진해일 이전의 과거 지진해일 기록이 없었으므로 해안지역 주민들은 그런 일이 일어날 가능성을 인식하지 못하였다. 그 결과 대피하지 않고 심지어 첫 번째 지진해일 내습하기 바로 전 해수(海水)가 빠졌을 때 해안선을 찾았던 사람들도 많았다. 그런 행동은 분명히 지진해일 동안 바람직한 행동이 아니므로(제10장 참조) 스리랑카에서 기록된 높은 사상률(死傷率)을 이해하는 데 도움을 준다.

3개의 조사팀이 인도양 지진해일 발생 후 한 달 동안 가장 최악의 피해를 입은 지역을 포함한 피해지역을 방문하였다. 간사이대학의 Y. Kawata 교수가 첫 번째 팀을, 두 번째 팀은 이 장의 저자인 와세다대학의 T. Shibayama 교수, 세 번째 팀은 코넬대학의 F. Liu 교수가 이끌었다. 이 장(章)의 일부 정보는 다른 팀에서 제공받은 것으로 주로 두 번째 팀의 결과를

---

7   위험(危險, Hazard) : 국제연합재난위험경감사무소(UNDRR, United Nations Offices for Disaster Risk Reduction)는 위험을 '생명의 손실, 부상 및 건강에 대한 영향, 재산피해, 사회·경제적 파괴 또는 환경의 악화를 일으킬 수 있는 과정, 현상 및 인간 활동'이라고 정의하고 있다.

나타낸 것이다. 지진해일 흔적고는 서부 해안에서 남부 해안으로 갈수록 높아지는 경향을 나타내는데, 3.0m 미만인 값에서부터 11.0m를 초과한 값까지의 범위를 갖는 등 지역에 따라 큰 차이를 보였다(Shibayama 등, 2006; Wijetunge, 2006).

그림 3은 스리랑카 남부 해안을 따라 여러 연구팀이 조사한 지점들을 나타낸 것이다. 두 번째 팀은 지진해일 내습을 받은 스리랑카 남부 해안의 갈레(Galle), 마타라(Matara), 함반토타(Hambantota) 및 키린다(Kirinda)와 같은 여러 해안마을을 조사하였다. 각 마을은 마을마다 특수한 지형조건 및 사회·경제적인 조건을 가져 재난·피해형태도 각 지점마다의 조건에 따라 달랐다. 함반토타에서는 그림 4(그림에서의 c)와 h)점)에 나타낸 것과 같이 다른 2개의 측량 지점을 측정하였다.

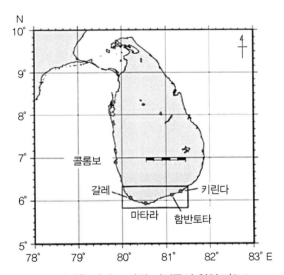

그림 3 스리랑카 남부 해안을 따라 조사된 지점들의 위치도(Shibayama 등, 2006)

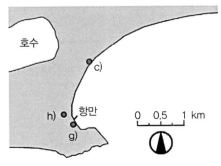

그림 4 스리랑카 함반토타 제2팀 조사장소

그림 5는 함반토타(그림 4의 지점 c) 시내(동쪽 부분)에서의 수위흔적에서 추정한 지진해일 단면도이다. 그림 4의 우측은 지진해일이 내습한 바다이고 좌측에는 바다에 인접하여 위치한 해안호수가 있다. 마을의 중심부에서 측정된 지진해일 흔적고(痕迹高)는 6.8m로 이것은 내륙에서 측정한 다른 지점(후에 설명할 예정)의 흔적고보다 훨씬 낮고, 흔적고를 바다로부터 호수에 걸쳐 측정하였다. 마을 중심부의 흔적고가 내륙지점보다 낮은 이유는 이 지역에서의 지진해일 운동에너지는 그때까지 위치에너지로 완전히 전환하지 않았다는 것을 의미한다. 그러한 지진해일은 빠른 속도로 주택에 큰 피해를 유발하면서 많은 주민을 사망·부상시키며 마을 시내를 통과하였다. 그림 5는 이 지역에서 조사된 여러 건물에 있는 수위흔적을 조사한 결과, 지진해일파는 철근콘크리트 건물까지도 손상을 입힐 만큼 강하였다. 그림 6은 함반토타(그림 4의 지점 h)) 서쪽 부분에서 측량한 지반(地盤)과 침수단면을 나타낸 것이다. 이 지역의 지형은 바다로부터 배후의 해안언덕까지 급격하게 솟아올라 있어 지진해일이 언덕까지 소상(遡上)함에 따라 그 운동에너지는 위치에너지로 전환되었다. 이 장소에서의 처오름고는 10.6m로 이 값은 스리랑카 남부 해안에서 측정된 가장 최고치이다. 또한 그림 6은 측량 중인 사진과 이 지점에서의 해안선(상단 중앙)과 함께 언덕 쪽에서 측정한 가장 최고 처오름고를 나타낸 지점을 찍은 사진(상단 우측)이다.

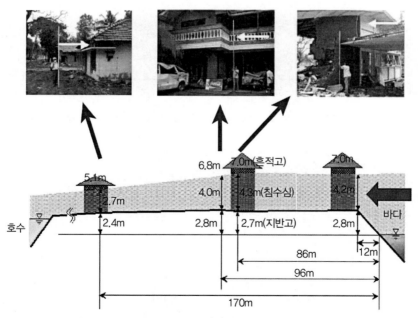

그림 5 스리랑카 동 함반토타의 지진해일 흔적고 등(Shibayama 등, 2006)

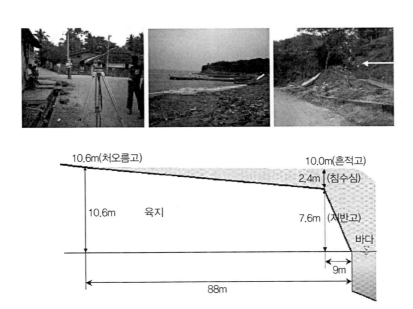

그림 6 스리랑카 서함반토타(West Hambantota)의 지진해일 흔적고 등(Shibayama 등, 2006)

　그림 7은 지진해일 내습 후 폴헤나(Polhena) 마을의 상황에 대한 사진이다. 폴헤나에서는 최고수위가 평균해수면(M.S.L)상 2.68m로 이 값은 지진해일 침수심(浸水深) 1.50m에 해당된다. 이 값이 가장 최고치는 아닐지라도 지역주민들은 지진해일인지 알아차리지 못한 상황에서 지진해일이 이 지역을 갑자기 내습하는 바람에 대피하지 못하여 그 결과 집 내부에서 많은 사람이 익사하고 말았다. 그림 7에서 볼 수 있듯이 이 지역의 많은 주택이 부실(不實)하게 지어져, 그런 제한된 흔적고에서도 집들이 쉽게 파괴되어, 높은 사상률(死傷率)로 이어졌다.

　그림 8은 스리랑카 해안을 따라 측정한 지진해일 처오름고의 측량결과를 나타낸 것이다. 앞서 설명한 바와 같이 함반토타(Hambantota)에서 최대 처오름고 10.6m와 함께 총 8개 지역을 측량하였다. 일반적으로 처오름고는 해안선 동쪽 부분이 높고 서쪽으로 갈수록 낮아진다. 이것은 지진해일의 진행방향에 있었던 동부 해안(그림 1 참조)을 따라 얼마나 큰 지진해일 에너지가 내습하였는지를 보여준다.

그림 7 스리랑카 폴헤나 마을에서 발생한 지진해일로 인한 참상(慘狀)의 전경

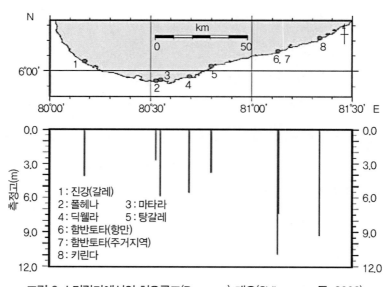

1 : 진강(갈레)
2 : 폴헤나   3 : 마타라
4 : 딕웰라   5 : 탕갈레
6 : 함반토타(항만)
7 : 함반토타(주거지역)
8 : 키린다

그림 8 스리랑카에서의 처오름고(Run-up) 개요(Shibayama 등, 2006)

4. 인도네시아 반다아체의 조사(Shibayama 등, 2006)

이 장의 저자가 이끈 팀은 인도네시아 수마트라섬 북부인 반다아체(Banda Aceh)를 조사하였다. 그림 9는 수마트라섬 최북단 끝 서쪽 부분을 따라 조사한 주요 지역으로 이 지역은 지진해일이 내륙을 내습하여 철저하게 휩쓸고 간 곳이다.

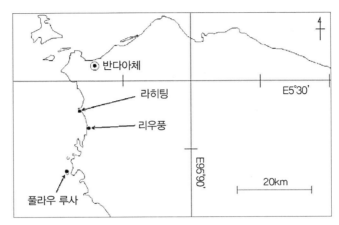

그림 9 수마트라섬의 북쪽 지역인 아체(Aceh) 해안을 따라 조사한 주요 지점들

이 지역의 해안선은 모든 주택들과 지면에 있던 모든 것을 포함하여 마을이 철저하게 파괴되고 지표면은 심하게 침식되었다. 또한 대부분 나무는 강력한 파랑에 넘어지고 단지 일부 주택의 기초 및 지하층만이 남았다. 반다아체 해안에 도달한 지진해일 에너지는 스리랑카 남부 해안의 지진해일 에너지보다 훨씬 컸다.

그림 10은 반다아체 해안선의 일반적인 침식에 관한 사진이다. 이 사진에서 지진해일로부터 살아남은 큰 나무의 좌측 부분에는 도로 일부분이 아직 보인다. 목근(木根) 깊이까지 노출된 것으로부터 알 수 있듯이 모든 지역에서 심각한 침식을 볼 수 있었다. 또한 사진은 이 지역 해안선의 다른 부분에서 볼 수 있는 현상인 지진해일에 의한 세굴(洗掘) 결과로 어떻게 해안선이 이 지역에서 심하게 후퇴하였는지를 보여준다. 그림 11은 해안선의 근처 전경(全景)으로 지표면이 지진해일 흐름으로 어떻게 적어도 1m 정도 침식하였는가를 나타낸다.

그림 10 인도네시아 반다아체 지역의 지진해일 세굴로 인한 해안침식 의 대표적인 예   그림 11 인도네시아 반다아체 지역의 지 표면 침식조사(浸蝕照査)

리우풍(Leupung) 마을에서 기록된 지진해일 흔적고는 모든 나무와 구조물보다 높은 지점인 21.4m이었다. 그림 12에서 볼 수 있듯이 이 지역에서의 지진해일파는 매우 큰 운동량(Momentum) 을 가져 구조물들과 나무들을 모두 휩쓸어 가버려 남아 있는 물체가 거의 없었다. 그 결과 리우풍 마을은 한때 그곳에서 사람이 살았다는 것을 나타내는 잔재(殘滓)만을 약간 남겨둔 채 완전히 사라져버렸다. 이 장소에서의 지진해일 흔적고 측정은 지진해일 내습을 견뎌낸 그 림 12에서 보이는 일부 코코넛 나무와 언덕을 이용하여 가능하였지만 측정 자체가 매우 어려 웠다. 라히팅(Rhiting) 마을에서의 지진해일은 곶(串) 내부 입지한 언덕을 넘어 진입하였다.

그림 13은 최대 처오름이 측정된 언덕의 한쪽 면을 나타내었고 그림 14는 처오름을 측정 한 지점에 쌓인 잔재(殘滓)가 보인다. 그림 15는 그 지역지형과 지진해일 내습방향을 나타낸 곶(串)의 지형도이다. 지진해일 에너지는 언덕 봉우리 사이의 높이가 약간 낮은 곳에 집중되 었고, 지진해일은 이곳을 넘어 다른 쪽으로 쳐내려갔다. 언덕에서의 최대 처오름은 48.9m로 이 값은 2004년 인도양 지진해일 시 기록된 최대 지진해일 처오름고(Maximum Tsunami Run-up) 이자 최근 지진해일 중 기록된 세계에서 가장 높은 값이다. 그림 16은 아체시 남부의 서쪽 해안의 처오름고 분포 개요를 나타낸다.

그림 12 인도네시아 리우풍의 어떤 한 마을 소멸(消滅)

그림 13 인도네시아 라히팅 언덕에서의 지진해일 처내림
(Run-down) 전경

그림 14 인도양 지진해일 시 최대 처오름(Maximum Run-
up) 장소(인도네시아 라히팅)

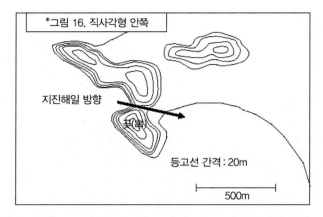

그림 15 곶(串)을 지나는 지진해일파의 전파(傳播)(인도네시아 라히팅)

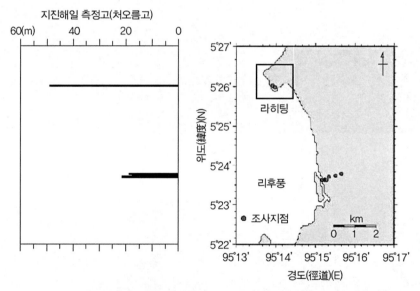

그림 16 반다아체의 지진해일 처오름고(Shibayama 등, 2006)

5. 논 의

2004년 인도양 지진해일은 현대 역사상 가장 강력하고 파괴적인 자연재난 중 하나였다. 지구의 가장 왕성한 지진활동구역 중 한 구역에서 일어난 강력한 지진으로 지진해일이 발생하였고 미래에도 그런 지진해일이 동일지역에서 분명히 발생할 것이다. 6년이 지난 후(이

보고서는 2010년 발표) 실제로 그런 지진해일이 발생하였다. 2010년 10월 25일 인도네시아 므타와이(Mentawai) 제도 해안에서 대규모 지진이 일어나 북파가이(North Pagai), 남파가이(South Pagai)와 시포라(Sipora) 제도(그림 17) 해안에 피해를 준 지진해일이 발생하였는데, 북 및 남 파가이 제도와 시포라섬의 남쪽 해안인 인도양 쪽 해안지역에서 측정된 흔적고는 5m를 넘었다(Mikami 등, 2013 및 5장 참조). 또한 그림 17은 지진해일의 파원(波源)으로서 이 지역의 중요성을 분명히 보여주면서, 지진해일을 발생시킨 다른 지진 발생원(지진의 발생원과 규모는 미국 지질조사국(US Geological Survey)의 데이터에 근거하였다.)을 나타내었다. 사실 수마트라섬과 인근 제도(諸島)들은 과거에도 지진해일 내습을 여러 차례 받아왔다(Hamzah 등, 2000). Sieh 등(2008)이 산호(珊瑚)로부터 추출(抽出)한 해수면 변동으로 볼 때 지난 700년간 므타와이 제도에서는 4차례의 지진이 발생하였다고 보고하였으며 Monecke 등(2008)은 수마트라섬 북부 해안에서 1,000년 동안의 퇴적물 흔적을 가진 3층의 지층을 발견했다고 보고하였다. 이런 결과는 큰 지진이나 지진해일의 재현주기가 빈번할지라도 일반적으로 1세기(世紀) 이상의 주기를 가진다는 것을 의미한다. 게다가 큰 지진해일을 발생시키지 않는 대규모 지진도 있었다(예를 들면 2009년 파당(Padang) 지진).

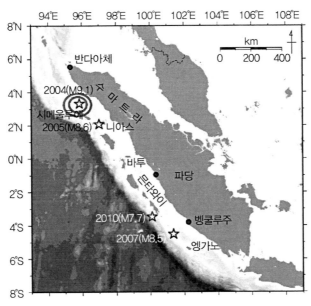

그림 17 수마트라섬 주변 지도와 지진해일을 발생시킨 최근 지진 위치(Mikami 등, 2013) (지진 위치 및 규모는 미국 지질조사국의 자료를 근거)

이 지역에서의 높은 지진해일 리스크로 볼 때 다양한 형태의 저감대책(低減對策)을 검토하는 것이 중요하다. 그러므로 지진해일에 대한 연안지역 사회의 복원성을 향상시키기 위한 주요 이슈는 지역주민들 사이에서 높은 인식(認識)과 대비(對備)이다(Esteban 등, 2013b, 11장 참조). 대규모 지진해일은 수세기 동안의 재현주기를 가지므로 지역주민들은 이전 지진해일에 대한 경험을 가지고 있지 않다. 그러나 과거 역사상 지진해일 사건에 관한 구전(口傳)된 역사전통은 2004년 인도양 지진해일 당시 일부 주민들을 살렸다(McAdoo 등, 2006). 따라서 이러한 전통적인 지식이 있는 곳은 전승(傳承)시키고, 그렇지 않은 곳은 교육을 통해 미래 지진해일에 대한 사람들의 인식을 유지 또는 고취시키는 것이 중요하다. 이것은 일반적으로 어린이에 대한 교육과 주민들이 비상시 무엇을 해야만 하는지 인식시키기 위해 자주 지진해일 훈련을 실시하는 것과 관련이 있다. 그런 훈련은 사상률(10장 참조)을 줄이는 데 효과적이며 지진해일 비상대처계획(非常對處計劃, EAP, Emergency Action Plan)[8]의 중요한 부분을 차지한다. 또한 사람들을 대피시키기 위한 조기 예·경보 시스템도 중요하다. 장기간 태평양지역에서만 존재하였던 이 시스템을 2004년 지진해일 이후에는 인도양에도 자체적으로 적용시키고자 개발 중에 있다(독일 인도네시아 지진해일 조기 예·경보 시스템 프로젝트, Munch 등, 2011). 조기 예·경보 시스템은 주민들이 쉽게 대피할 수 있도록 확실히 표시된 경로를 포함한 연안해저드맵(Hazard Map)과 병행해서 사용토록 한다.

또한 해안·항만구조물 및 지역의 지리적 특징은 지역주민에게 대피하기 위한 추가시간을 제공할 수 있다. 반다아체 지역에서 실시한 현장조사에서 해안림은 지진해일(나무뿌리가 뽑혀 표류물로 변했다.)에 대해서 큰 방재기능(防災機能)을 제공하지 못한 반면, 동일본 대지진해일에서는 지진해일 방파제(Tsunami Barrier)[9]와 사구(砂丘)[10]가 지진해일을 지연시켜 지역주

---

[8] 비상대처계획(非常對處計劃, EAP, Emergency Action Plan) : 재난 발생 시 지역주민의 생명을 보호하고 재산피해를 최소화하기 위하여 신속하고 정확하게 비상대처할 수 있도록 최선의 사전계획을 수립하는 것이다. 즉, 갑작스럽게 발생하는 자연현상으로 인한 재난 또는 재난을 조사하고 해석한 후 이를 토대로 방재대책을 수립하여 인명 및 재산피해를 최소화하는 것이 핵심사항이다.
우리나라에서는 자연재난대책법 제37조(각종 시설물 등의 비상대처계획수립)에 따라 태풍, 지진, 해일 등의 자연재난에 대하여 지역의 관리주체가 피해경감을 위한 비상대처계획을 수립하도록 되어 있다.

[9] 지진해일방파제(Tsunami Barrier) : 지진으로 인해 해일이 발생하는데, 이를 지진해일이라 하며, 이러한 지진해일로 인하여 해안부가 침수되는 등의 치명적인 피해를 입게 되므로 이러한 재난을 방지하기 위해 설치하는 방파제를 말한다.

[10] 사구(砂丘, Dune, Sand Dune) : 바람에 의하여 운반 퇴적된 모래로 이루어진 언덕 지형으로 사구의 형성조건은 모래의 공급원이 있고, 바람이 적당한 강도로 불면, 모래가 건조하기 쉬울 것, 지표면에 식생이 없을 것 등이 있고, 보통 형성되는 장소에 따라 내륙사구(內陸砂丘)와 해안사구(海岸砂丘)로 분류된다.

민에게 대피할 수 있는 추가시간을 제공하였다(Esteban 등, 2013a, 2013와 25, 29장 참조). 그렇지만 저지대에서 미래 지진해일 피해를 경감(輕減)하기 위한 가장 유효한 대책은 주택들을 고지대(高地帶, 언덕)로 옮기는 것이다. 그러나 일부 마을들은 현재 거주지 근처에 적절한 고지대(언덕)가 없거나 주민들이 해안가 근처에 살기를 원하기 때문에(예를 들어 어업활동과 같은 생업(生業)에 유리하다는 이유로) 현실적인 대안이 되지 않는다. 그런 경우 방재실무자는 단시간 내에 주민들을 안전한 장소로 대피시킬 수 있는 지진해일 대피소 설치 또는 고지대(언덕)로 갈 수 있는 대피경로를 구축해야 한다.

2011년 동일본 대지진해일의 경험에 근거한 지진해일 대피소와 대피빌딩(Mikami 등, 2012)은 2004년 레벨 2의 지진해일이 발생한 인도네시아 반다아체 지역의 지진해일 흔적고보다 높은 적어도 높이 20~25m 이상(건물 7층 또는 그 이상)으로 설치되어야만 한다(Shibayama 등, 2013). 그러나 개발도상국에서는 그런 지진해일에 대해 충분히 강하고 높은 지진해일 대피소를 건설하거나 유지·관리하기에 어려운 재정적인 제약에 부딪칠 수 있다. 그러므로 대피경로를 확보하고 확대하는 것이 가장 시급한 대피전략으로 검토될 수 있다. 해안 및 내륙지역을 연결하는 도로가 있는 곳은 주민들이 다른 용도로 사용할 수 있으며, 따라서 대피경로 확보 및 확대는 지진해일이 장기간 발생하지 않더라도 주민들은 개선된 도로 네트워크로부터 이익을 얻을 수 있어 "후회는 없다(No Regrets)"라는 전략이 될 수 있다.

6. 요약 및 결론

2004년 인도양 지진해일은 현대 역사상 가장 파괴적인 지진해일 중 하나였다. 지구상의 많은 사람이 처음으로 '지진해일'라는 용어를 접했으며 2004년 사건 이전에 피해지역의 주민들은 그런 형태의 재난에 대한 인식이 거의 없었다. 그 결과 매스미디어를 통한 전 세계적인 보도를 통해 그런 재난에 대한 인식을 일깨웠다 할지라도 많은 사람이 죽었다(사망·실종자 약 27만 명). 그 지진해일 이후 저자들은 피해조사 및 피해메커니즘을 알기 위해 현장조사팀을 이끌었다. 현장조사를 통하여 스리랑카 남부 해안에서는 지진해일 처오름고가 2~10m이었고, 인도네시아 반다아체에서는 10~40m 및 그 이상이었다. 최대 처오름고는 인도네시아 아체의 라히팅(Rhiting)에서 48.9m이었다.

스리랑카와 인도네시아 아체에 도달한 지진해일 에너지는 양쪽 지역에서 대규모 인명손실을 발생시켰음에도 불구하고 달랐다. 현장조사의 결과로 볼 때 많은 인명손실은 그 지역에서의 지형학적 조건 및 사회·경제적 조건에 달려 있다고 볼 수 있다. 스리랑카 함반토타(Hambantota)시 주거지역은 바다와 호수 사이에 높은 주택밀도를 가졌으나, 높은 운동량을 지닌 지진해일이 그 지역을 침수시켜 주택들과 대피시간을 갖지 못한 주민들을 휩쓸어 가버렸다. 인도네시아 리우풍(Leupung)에서는 지진해일이 어촌을 휩쓴 후 근처 언덕에 설치된 거의 수직인 옹벽(擁壁)에 반사되어 재차 어촌을 침수시켰다.

그런 결과에 따라 미래 지진해일에 대한 재난대비와 대책을 위한 방재 시스템 구축 시 지역 내 지형조건 및 사회·경제적 조건을 고려하여야만 한다. 또한 교육을 통해 지진해일에 대한 인식을 증대시켜야 하며 지진해일 피해를 볼 수 있는 모든 나라에서는 미래 예·경보와 대피 시스템을 개선·발전시켜야만 한다.

참고문헌

1. Esteban, M., Jayaratne, R., Mikami, T., Morikubo, I., Shibayama, T., DanhThao, N., Ohira, K., Ohtani, A., Mizuno, Y., Kinoshita, M., Matsuba, S., 2013a. Stability of breakwater armour units against tsunami attack. J. Waterw. Port Coast. Ocean Eng. 140, 188–198.

2. Esteban, M., Tsimopoulou, V., Mikami, T., Yun, N.Y., Suppasri, A., Shibayama, T., 2013b. Recent tsunami events and preparedness : development of tsunami awareness in Indonesia, Chile and Japan. Int. J. Disaster Risk Reduct. 5, 84–97.

3. Hamzah, L., Puspito, N.T., Imamura, F., 2000. Tsunami catalog and zones in Indonesia. J. Nat. Disaster Sci. 22 (1), 25–43.

4. McAdoo, B., Dengler, L., Prasetya, G., Titov, V., 2006. Smong : how an oral history saved thousands on Indonesia's Simeulue Island during the December 2004 and March 2005 Tsunamis. Earthq. Spectra 22 (S3), 661–669. http://dx.doi.org/10.1193/1.2204966.

5. Mikami, T., Shibayama, T., Esteban, M., Matsumaru, R., 2012. Field survey of the 2011 Tohoku earthquake and tsunami in Miyagi and Fukushima prefectures. Coast. Eng. J. 54 (1), 125011. http://dx.doi. org/10.1142/S0578563412500118, 26pages.

6. Mikami, T., Shibayama, T., Esteban, M., Ohira, K., Sasaki, J., Suzuki, T., Achiari, H., Widodo, T., 2013. Tsunami vulnerability evaluation in the Mentawai Islands based on the field survey of the 2010 tsunami. J. Nat. Hazards 71, 851–870.

7. Monecke, K., Finger, W., Klarer, D., Kongko, W., McAdoo, B.G., Moore, A.L., 2008. A 1,000-year sediment record of tsunami recurrence in northern Sumatra. Nature 455, 1232–1234. http://dx.doi.org/ 10.1038/nature07374.

8. Munch, U., Rudloff, A., Lauterjung, J., 2011. Preface "The GITEWS project—results, summary and outlook" Nat. Hazards Earth Syst. Sci. 11, 765–769. http://dx.doi.org/10.5194/nhess-11-765-2011.

9. Shibayama, T., Okayasu, A., Sasaki, J., Wijayaratna, N., Suzuki, T., Jayaratne, R., Masimin, M., Zouhrawaty, A., Matsumaru, R., 2006. Disaster survey of Indian Ocean tsunami in south coast of Sri Lanka and Ache, Indonesia. In : Proc. of 30th Coastal Eng. Conf., pp. 1469–1476.

10. Shibayama, T., Esteban, M., Nistor, I., Takagi, H., Danh Thao, N., Matsumaru, R., Mikami, T., Arenguiz, R., Jayaratne, R., Ohira, K., 2013. Classification of tsunami and evacuation areas. J. Nat. Hazards 67 (2), 365–386.

11. Sieh, K., Natawidjaja, D.H., Meltzner, A.J., Shen, C.-C., Cheng, H., Li, K.-S., Suwargadi, B.W., Galetzka, J., Philibosian, B., Edwards, R.L., 2008. Earthquake supercycles inferred from sea-level changes

recorded in the corals of west Sumatra. Science 322, 1674–1678. http://dx.doi.org/10.1126/science.1163589.

12. Wijetunge, J.J., 2006. Tsunami on 26 December 2004 : spatial distribution of tsunami height and the extent of inundation in Sri Lanka. Sci. Tsunami Hazards 24 (3), 225–239.

2005년 허리케인 카트리나 폭풍해일

1. 서 론

2005년 허리케인(Hurricane)[1] 카트리나(Katrina)는 대규모 폭풍해일 및 고파랑(高波浪)을 발생 시킨 채 미국 멕시코만의 뉴올리언스시(New Orleans City), 루이지애나주(Louisiana State) 및 앨라배마주(Alabama State)의 해안을 강타했다. 그 결과 1,800명 이상이 사망하였고 20세기 가장 최악의 허리케인 중 하나가 되었다. 또한 허리케인 카트리나는 미국경제에 큰 영향을 미쳤다. 허리케인 카트리나로 인한 경제적 손실은 1,000천억 달러($)(118조 원, 2019년 6월 환율기준) 이상이었다(Hallegatte(2008)에 따르면 정부부문 170억 달러($)(20조 원, 2019년 6월 환율기준), 민간부문 632억 달러($)(74조 원, 2019년 6월 환율기준)로 300억 달러($)(35조 원, 2019년 6월 환율기준)가 광업부문이고 50억 달러($)(5.9조 원, 2019년 6월 환율기준)가 공익사업 부문이다). 그리고 재난으로 인한 간접비용 또한 컸는데, 재난으로 인한 총부가가치손실(總附加價値損失)은 230억 달러($)(27조 원, 2019년 6월 환율기준)에 달하였다(Hallegatte, 2008).

허리케인 카트리나는 원래 2005년 8월 23일 바하마(Bahama) 군도에서 발생하기 시작하여 그다음 날 열대폭풍[2](Tropical Storm)으로 강화되기 시작했다. 폭풍은 플로리다로 진행하였는

---

1   허리케인(Hurricane) : 북대서양, 카리브해, 멕시코만, 북태평양 동부에서 발생하는 열대성 저기압을 말하며, 태풍과 같이 중심 최대풍속이 17m/s 이상으로 폭풍우를 동반하고, 연간 발생수는 평균 8개로 태풍보다 적다. 계절적으로는 8~10월에 많이 생기며, 발생 이후 대체로 서북서로 나아가 멕시코만으로 상륙하든지 또는 북동으로 돌아 미국 동부 연안으로 몰려가 엄청난 풍수해를 일으킨다.

데 8월 25일 플로리다주에 상륙하기 2시간 전 허리케인이 되었다. 폭풍은 허리케인과 마찬가지로 육지를 통과하면서 세력이 약화된다(허리케인은 대양(大洋)의 열(熱)에 의존하므로, 일단 상륙하면 에너지원을 잃어버리기 때문이다). 그러나 카트리나는 멕시코만으로 다시 진입한 후 허리케인급 강도(強度)를 되찾았다. 그때에 폭풍은 멕시코만의 더운 해수로 인해 급격한 강도상승(強度上昇)을 계속하여 8월 28일에는 최소중심기압 902mb(milibar) 및 최대풍속 280km/hr인 허리케인 등급 5에 도달하였다(뉴올리언스를 지나면서 피해가 가장 심하였다). 그 폭풍은 루이지애나주로 진행하여 중심기압 920mb인 허리케인 등급 3으로 약화되었지만 결국 두 번째로 내륙에 상륙하였다. 두 번째로 육상에 상륙했음에도 불구하고 그 폭풍은 미시시피주를 지나면서 여전히 190km/hr 풍속 유지 및 강도를 유지하였으며 결국 내륙 240km 지점에서 열대저압부(Tropical Depression)[3]로 약화되었다.

허리케인 카트리나는 뉴올리언스시를 방호(防護)하는 여러 제방(堤防)에 재앙적인 파괴를 일으킨 대규모 폭풍해일(高潮, Storm Surge)을 발생시켰다. 이 제방파괴는 시(市) 대부분을 침수시켜 많은 사망자가 발생시켰고 대재앙을 일으켰다. 카트리나가 내습하기 이전 20세기 동안 많은 허리케인이 대규모 피해를 일으켰으므로, 이미 뉴올리언스를 침수시킬 가능성이 있는 대규모 폭풍해일이 발생할 수 있다는 사실은 알려져 있었다(Jonkman 등, 2009a, 2009b). 예를 들면 이런 허리케인들 중에는 1915년, 1945년 및 1965년 허리케인들이 포함되어 있다. 1965년 허리케인 베트시(Betsy)는 약 40명의 사망자를 발생시켰으며 수천 명이 침수로부터 구조되었다(Jonkman 등, 2009a, 2009b). 뉴올리언스는 미시시피강의 삼각주에 위치하고 있어 대도시 지역을 구성하는 주변 교외는 대부분 해수면 아래 저지대로 거의 대부분 제방으로 둘러싸여 있다(Jonkman 등, 2009a, 2009b). 사실상 뉴올리언스시는 남쪽으로는 미시시피강에 막혀 있고 북쪽은 폰차트레인 호수(Lake Pontchartrain), 서쪽은 찰스 파리쉬 습지(St. Charles Parish)와 같이 모든 방향에서 침수의 위협을 받고 있었다(Jonkman 등, 2009a, 2009b). 이 지역

---

2 열대폭풍(TS, Tropical Storm) : 열대성 저기압(Tropical Cyclone, 서두 각주 11 참조)의 일종으로, 태풍보다는 느리고, 보통 중심부에 눈이 생성되지는 않지만, 생성된 경우에는 그 주변에서 가장 강력한 뇌우를 동반하며, 세계기상기구(WMO) 기준에 따르면 중심 최대풍속 17~24m/sec이다.

3 열대저압부(Tropical Depression) : 열대 해상에서 발생하는 전선을 갖지 않는 대류권 내 저기압성 순환 즉 열대성 저기압(Tropical Cyclone, 서두 각주 11 참조) 중에서 태풍으로 발달하기 전 단계의 약한 열대저기압을 의미하며, 허리케인의 구분 기준에 따르면 최대 지상 풍속이 17m/s 미만이고 닫힌 바람 순환을 가진 열대저기압을 열대저압부라고 할 수 있다.

을 방호하는 제방들은 폭풍해일을 방어할 만큼 강하지 않았는데, 카트리나 내습 전 제방의 파괴확률은 50년 빈도로 예측할 수 있었지만 카트리나 재난 이후 제방을 보강하였으므로 현재 그 파괴확률은 100년 빈도로 예상할 수 있다. 폭풍의 내습 결과 강물은 여러 제방을 월류(越流)한 후 파괴에 이르게 하여 그 결과 시(市) 전역이 침수피해를 입었다. 이로 인해 700명 이상이 사망하였고, 많은 주민이 부득이 며칠 동안 슈퍼 돔(Superdome)[4]으로 대피하여야만 했다. 또한 특히 침수유속이 높았던 지역의 주택은 극심한 피해를 입었다(Pistrika와 Jonkman, 2009).

허리케인 카트리나의 여파(餘波) 이후 이 장의 저자가 이끄는 일본 토목학회(JSCE, Japan Society of Civil Engineers) 팀이 재난조사(Disaster Survey)를 실시하였다. 현장조사는 미시시피강 및 보르뉴 호수(Lake Borgne)의 가장 저지대로부터 앨라배마주의 파스카쿨라(Pascagoula)까지 거리 300km에 달하는 허리케인 카트리나로 가장 극심한 피해를 입었던 해안지역을 따라 실시하였다. 또한 조사팀은 비상상황과 지방·연방정부의 대응을 알기 위해 루이지애나 주립대학교와 FEMA(미국연방재난관리청, US Federal Emergency Management Agency)를 방문하였다. 현장조사 내용은 (1) 비상대처계획(EAP) 및 복구·구호작업과 관련된 연방정부 조직팀원과의 인터뷰, 2) 미시시피강 하류, 루이지애나주 및 앨라배마주의 해안지역을 따라 수위표(水位標)의 관측 및 측정을 통한 폭풍해일고 조사, 3) 지역주민과 인터뷰와 같은 여러 가지 유형의 조치를 망라(網羅)하였다. 이후 그 현장조사의 결과 및 결론은 이 장(章)에서 상세히 설명할 것이다.

2. JSCE 팀의 조사결과(Shibayama 등, 2006)

그림 1은 뉴올리언스 및 루이지애나 해안에 상륙하였던 허리케인 카트리나 경로를 나타낸 것이다. 강풍(強風)과 호우(豪雨)를 동반한 허리케인은 여러 성분으로 구성된 폭풍해일(해상풍에 따른 수면상승효과, 기압강하에 따른 수면상승효과, 풍파에 따른 셋업(Set-up), 만조(滿潮))을 발생시켰다. 이런 모든 결과로 발생한 폭풍해일은 해안선을 강타하여 해수(海水)가 해안지역을 침수시켰다. 허리케인은 매년 빈번하게 루이지애나주 해안을 내습하였지만 카트리

---

4   슈퍼 돔(Superdome) : 미국 루이지애나주 뉴올리언스에 있는 대지 207,900m²(스타디움 52,800m²), 높이 82.3m(27층 높이), 지름 210m의 원형 실내경기장으로 기둥이 없는 세계 최대의 철제 건물로써 루이지애나주 정부가 1975년 8월에 준공한 이 스타디움은 미식축구를 비롯 야구, 축구 등 스포츠 경기는 물론 일반 강연회, 종교 모임, 리사이틀 등 거의 모든 행사에 사용할 수 있게 설계되어 있고, 수용인원은 경기 때는 7만 6천여 명, 일반 강연회의 경우 9만 5천여 명이다.

나 규모는 최근 수십 년 동안 발생한 어느 허리케인보다도 훨씬 더 컸다.

이 보고서는 폭풍해일이 방재구조물을 월파(越波)할 때의 특징과 관측된 피해형태와 관련하여 JSCE 팀이 실시하였던 상세한 관측에 초점을 맞출 것이다.

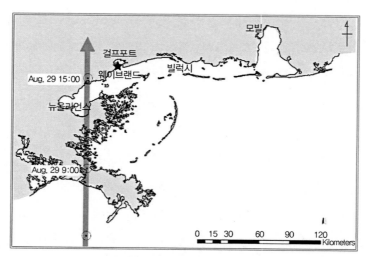

그림 1 허리케인 카트리나 경로와 현장조사지역(Shibayama 등, 2006)

2.1 웨이브랜드의 주민과의 인터뷰

뉴올리언스에서 동쪽 75km에 떨어진 미시시피주의 웨이브랜드(Waveland)는 미시시피주와 루이지애나주 사이의 경계와 가깝다(그림 1의 별 표시). 웨이브랜드는 미시시피 메트로폴리탄 통계지구(Mississippi Metropolitan Statistical Area)인 걸프포트-빌럭시(Gulfport-Biloxi) 일부분으로 2000년 인구조사에 따르면 인구수(人口數)가 6천 명이 넘었다. 이 도시도 허리케인의 피해역사를 가지고 있는데, 허리케인 카트리나 전인 1969년에 허리케인 카밀레(Camille)의 내습으로 심한 피해를 입어 복구하는 데 긴 세월을 소비하였다.

웨이브랜드는 허리케인 카트리나의 진행경로에 바로 인접하고 있어, 그 결과 허리케인이 몰고 온 폭풍해일과 강풍에 의해 완전히 파괴되었다. 그 결과 도시의 대부분이 침수되어 50여 명이 사망하였다. 현장조사팀은 해안선에서 4.02~4.82km 떨어져 있는 주택의 지역주민이 찍은 비디오테이프를 자세하게 분석하였다. 이 비디오를 통해 허리케인이 육지에 상륙한 그날(2005년 8월 29일)의 시계열(Time Series)을 얻을 수 있었는데, 다음과 같이 설명할 수 있다(주민과의 인터뷰에 따르면).

(1) 폭풍해일은 아침 9시 40분경에 웨이브랜드시로 내습하였다.

(2) 약 20분(min) 동안 수위(水位)는 급격하게 상승하여 10시에 주택 1층 지붕 높이까지 도달하였다.

(3) 13시 30분경 주택 내부의 수위(水位)는 1m 이하로 낮아졌다.

(4) 15시 15분경 주택 내부의 물은 빠졌으나 거리의 수위는 여전히 자동차 문의 중간쯤 높이었다.

(5) 16시경 거리는 대부분 물이 빠져 더 이상 침수가 없었다.

재난을 일으킨 주요성분이 처음 3시간 동안 발생하였지만 이 도시에서 폭풍해일로 인한 침수는 거의 5~6시간이었다. 폭풍해일은 10cm 이하의 파고를 가진 저파랑(低波浪)과 함께 내습하였으므로 홍수처럼 보였다. 그런 사건에서의 재난규모는 일반적으로 흐름고와 유속에 의존한다. 녹화된 동영상으로 판단해볼 때 이 도시인 경우 파랑영향은 미미한 것처럼 보인다(미얀마의 사이클론 나르기스(Nagris)와 같은 폭풍해일인 경우는 파랑영향이 뚜렷하였다., 4장 참조).

웨이브랜드(Waveland)의 주민과 인터뷰 결과를 요약하여 소도시 지형 및 주요건물의 위치와 함께 그림 2에 나타내었다. 폭풍해일은 처음에 남쪽으로부터 내습하였는데, 웨이브랜드 해안선이 멕시코만 외해와 직접 접한 곳이다. 외해와 바로 접한 지역은 저지대로 지반고(地盤高)가 해수면상 2~4m로 점진적으로 높아지는 지역이다. 그림 2는 이 지역에 있는 시청(市廳)은 물론 경찰서와 소방서가 폭풍해일의 동영상을 녹화(錄畵)한 주택의 위치와 얼마나 가까운가를 나타낸다(이 절에서 이미 설명하였다). 그러나 해수(海水)는 그림 2와 같이 또한 마을의 동쪽에 있는 만(灣)5으로부터 유입(流入)하여 북쪽을 침수시켰다. 그 결과 소방서와 인접한 중심가 대부분이 침수되었다. 수위(水位)는 웨이브랜드 시민문화센터(the Civic and Cultural Center)에서 거의 8.0m이었다.

5　만(灣, Bay, Gulf) : 육지로 깊게 들어간 바다를 말하며, 멕시코만, 벵골만 등과 같이 큰 규모의 것부터 경기만·진해만 및 원산만처럼 소규모의 것까지 있다. 유엔해양법협약 제10조에서 만(灣)이라 함은 그 들어간 정도가 입구의 폭에 비하여 현저하여 육지로 둘러싸인 수역을 형성하고, 해안의 단순한 굴곡 이상의 뚜렷한 만입을 말한다. 그러나 만입 면적이 만입의 입구를 연결한 선을 직경으로 하는 반원의 면적보다 적은 경우에는 만으로 보지 않는다.

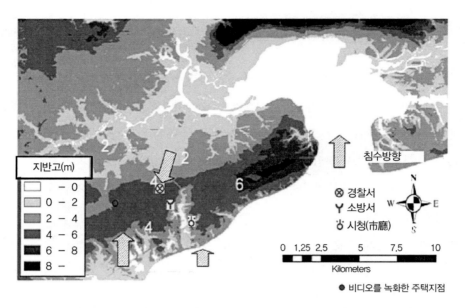

그림 2 지역주민과의 인터뷰에 기초한 웨이브랜드 지형 및 침수방향의 도식화(Shibayama 등, 2006)

2.2 뉴올리언스 북동쪽부에서의 현장조사

18세기 초 프랑스 식민지 개척자들이 세운 뉴올리언스는 독특한 프랑스식, 스페인식 및 아프리카식의 정체성을 혼합한 도시로 유명하다. 뉴올리언스시의 인구가 34만 명 이상으로 넓은 뉴올리언스 대도시 지역을 포함시키면 인구수는 백만 명 이상으로 증가한다(2012년 미국 통계조사국(U.S Census Bureau)). 뉴올리언스시는 미시시피강 둑에 자리 잡고 있어, 긴 세월 동안 서서히 고지대(언덕)로부터 하천수위보다 낮은 저지대로 도시가 확장되었다. 그 결과 도시는 홍수를 막기 위해 일련의 자연적인 하천 제방을 설치하였으며, 최근에는 일련의 공학적 콘크리트 제방과 기타 구조물로 제방을 보강·개선시켜왔다.

허리케인이 하천제방에 발생시킨 피해를 알기 위해서 조사팀은 그림 3에 나타낸 바와 같이 폰차트레인 호수(Lake Pontchartrain)와 보르뉴 호수 사이 지점(N30°04′31.10″, W89°50′44.00″, 그림 3의 하단 흰 점)을 방문하였다. 폰차트레인 호수는 실제 자연호수는 아니지만 뉴올리언스 북쪽에 위치한 평균 수심 4m인 기수하구(汽水河口)이다.

폰차트레인 호수는 리골레츠(Rigolets) 수로 및 보르뉴 호수로 들어가는 쉐프 맨츄어 해협(Chef Menteur Pass)을 거쳐 멕시코만과 연결되어 있다. 이 호수는 사실상 현재 멕시코만의 줄기를 형성하는 또 다른 랑군(Lagoon)[6]이다. 이 지역은 자연습지대(自然濕地帶)로 유명한데, 보르뉴 호수 주변의 많은 습지대는 지난 수세기 동안 사라졌다. 저자가 현장조사한 두 점을 대략 연결시킨 루트(Route) 90도로가 이 호수들을 구분시킨다(그림 3의 흰색 두 점).

그림 3 뉴올리언스 북동쪽 내 현장조사한 지역의 위치를 보여주는 지도(구글 어스 위성 이미지)

그림 4는 폰차트레인 호수 제방의 전면(前面) 상황을 그림으로 나타낸 것이다. 폭풍해일의 월류(越流)로 큰 보트가 제방의 비탈면에 좌초(坐礁)되어 있었다. 보트 이동과 보트 위치를 추적해볼 때 해수가 멕시코만으로부터 호수 내로 루트 90도로를 타고 흘러와 결국 제방을 월류(越流)하여 내륙을 침수시켰다.

조사팀은 그 당시 세인트 캐서린섬(St. Catherines Island)과 페티츠 코퀼스(Petites Coquilles, N30°08′19.5″, W89°45′17.0″, 그림 3의 상단 흰 점) 사이의 폰차트레인 호수를 개방해역과 분리시키는 낮은 해안도로(루트 90도로)의 중앙부 인근 지점으로 이동하고 있는 중이었다. 이 지역은 그림 5에 나타낸 바와 같이 대부분 주택들이 휩쓸려가버린 채 단지 기둥만 남아 있는 등 폭풍해일로 처참하게 파괴되었다.

6 　랑군(Lagoon) : 연안의 얕은 곳 일부가 사주(砂州) 등으로 말미암아 바다와 떨어져 얕은 호수와 같이 된 곳을 말한다.

호수 제방(상류 쪽 전경)

호수 제방(하류 쪽 전경)

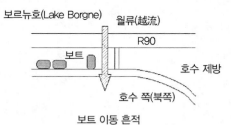

그림 4 호수 앞 제방 및 보르뉴호(Lake Borgne)의 상황

그림 5 루트 90도로에서 폰차트레인 호수 방향으로 바라본 전경

2.3 미시시피 삼각주 저지대를 따라 실시한 현장조사

미시시피강은 북아메리카의 주요한 배수체계로 미네소타주 북부에서 발원하여 3,700km 이상을 유유히 남쪽으로 흘러와 걸프만 미시시피 삼각주(the Delta)에 도달한다. 삼각주는 그림 6에 나타낸 바와 같이 미국에서 가장 큰 해안습지지역을 형성하는 루이지애나주 남부 해안을 따라 걸쳐 있는 광활한 지역(12천km² 정도)이다. 조사팀은 폭풍해일의 내륙침입에 따른 침수형태를 확인하기 위하여 삼각주 지역을 조사하였다.

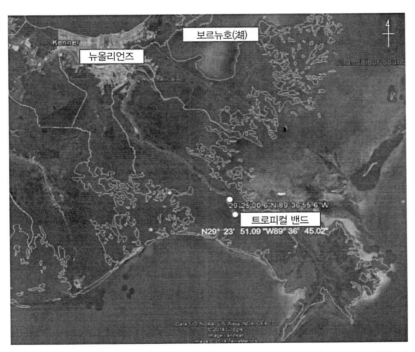

그림 6 저자들이 조사한 미시시피 델타(Mississippi Delta) 지역의 위치(구글 어스 위성 이미지)

조사지점(N29°25′00.55″, W89°36′55.57″, 그림 6의 상단 흰 점)에서 많은 쓰레기가 미시시피강 제방과 해안제방 사이의 나무 위 5.5m 높이에 방치(放置)되어 있었다(그림 7). 남서쪽 해안제방(트로피칼 벤드(Tropical Bend), N29°23′51.09″, W89°36′45.02″, 그림 6의 하단 흰 점)에서는 미시시피강 제방의 서쪽 및 해안제방 사이에 있는 도로를 따라 입지(立地)했던 대부분 주택이 피해를 보았다. 이 지역에서 폭풍해일은 해안제방 인근의 수로(水路)에 있던 일부 이동주택(Trailer House)을 휩쓸고 가버렸다(그림 8 참조).

그림 7 미시시피강 제방과 해안제방 사이의 나무 위에 방치된 많은 쓰레기

그림 8 수로로 떠밀려 간 이동주택의 일부분

2.4 걸프포트에서의 현장조사

걸프포트(Gulfport)는 약 6만 7천 명의 인구를 가진 미시시피주에서 두 번째로 큰 도시이다 (미국 조사통계국, 2012). 허리케인 카트리나는 빌럭시(Biloxi) 바로 옆 사주(砂洲)[7]에 입지한 걸프포트(그림 9 참조)를 침수시켜 파괴하였다. 허리케인 카트리나에 의해 이 도시의 대부분 이 침수되고 파괴되었다. 걸프포트 남쪽 해안은 멕시코만 쪽으로부터 카트리나 내습을 받았 고, 북쪽 해안은 빅 호수(Big Lake, 랑군) 방향으로부터 침범을 받았다.

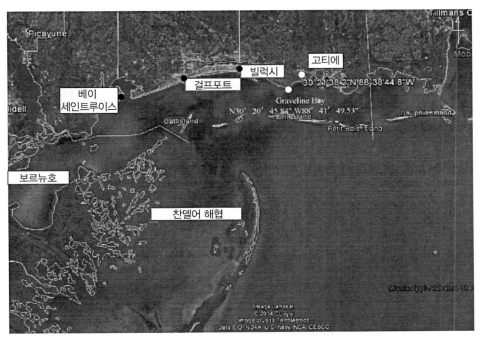

그림 9 미시시피주의 해안선(구글 어스 위성 이미지)

그 결과 해안선으로부터 250m 이내에 위치한 걸프포트 내 주택들은 대재앙을 입었다. 지 역주민과의 인터뷰 결과 피해지역이 광범위했고 폭풍해일은 극심(極甚)하였다고 하였다. 또 한 이 지역은 침수에다가 피해형태에 큰 역할을 담당한 고파랑(高波浪)도 경험하였다. 뉴올

---

7   사주(砂洲, Sandbar) : 해안이나 하구 부근에 발달하는 모래나 자갈의 퇴적지형을 말하는데, 일반적으로 가늘고 길게 이루어지며, 파랑(wave)이 부서지는 곳이나 연안류(Longshore Current)에 의하여 해저의 모래가 퇴적되는 곳에 형성된다.

리언스와 미시시피 삼각주와는 다르게 이 지역의 파랑은 직접 개방외해(開放外海)로부터 내습하여 고파랑이 인근 해안지역에서 쇄파(碎波) 등으로 크게 소산(消散)하지 않았다.

그림 10은 조사팀이 도시의 표준적인 횡단도에서 측정한 수위표를 나타낸 것이다. 폭풍해일 흔적을 많은 수목과 주택에서 발견할 수 있었으므로, 그 당시의 해수면까지 역추적(逆追跡)하였다. 그 결과 이 지역의 표면풍파(表面風波)가 폭풍해일 상단과 중첩되었으므로 최대 폭풍해일고는 9.58m로 결론지을 수 있었다.

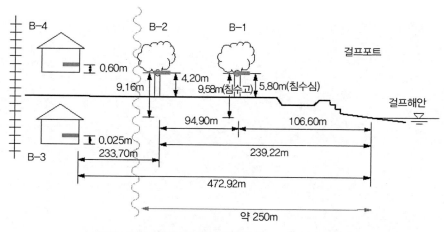

그림 10 걸프포트에서 측정결과(Shibayama 등, 2009)

2.5 빌럭시에서의 현장조사

걸프포트와 바로 인접한 빌럭시(Biloxi)는 소도시(인구 4만 4천 명)로 걸프포트-빌럭시 도시권 지역의 일부분을 차지한다(미국 조사통계국, 2012). 이 도시는 이른바 빌럭시 베이(Biloxi Bay) 안쪽에 있어 멕시코 베이(the Bay of Mexico) 안쪽 해안에 흩어진 많은 평행사도(Barrier Island, 平行砂島)[8]가 방호(防護)하고 있었다. 도시 내부는 그림 9에 보이는 바와 같이 만(灣)의 해안상에 입지하고 있다. 허리케인 카트리나는 강풍과 호우 및 상당한 폭풍해일을 몰고 왔으므로 많은 교회를 포함한 해안에 인접한 많은 건물이 파괴되었다.

---

8   평행사도(Barrier Island, 平行砂島) : 모래와 자갈 등이 퇴적되어 해안선을 따라 길게 늘어선 섬으로, 바다로부터 육지를 보호하는 방파제와 같은 형상을 하고 있어 Barrier Island로 불리며, 평행사도가 만들어지기 위해서는 해저면의 경사가 완만하고, 퇴적물의 공급이 충분히 이루어져야 하며, 조수간만의 차이가 작아야 한다.

조사팀은 그림 11에 나타낸 바와 같이 이 지역의 수위표를 결정하기 위해 측량을 실시하였다. 측량지역은 만내(灣內)와 면하고 평행사도가 있어, 개방해역으로부터 직접적인 고파랑 내습 피해는 받지 않았으나 폭풍해일이 만(灣)을 통과할 때 빌럭시는 침수되었다. 그림 11에서 조사지역 내의 인접한 두 주택들이 어떻게 입지하고 있었는가를 나타내었는데, 두 주택 사이의 지반고(地盤高) 차이는 2.6m이었다(그림 12, 그림 13). 따라서 폭풍해일이 지반고가 상대적으로 낮은 주택 1층의 창문은 깨트렸지만 상대적으로 높은 곳에 있던 주택은 비교적 아무 탈 없이 빠져나갔으므로 두 집의 피해 형태는 달랐다.

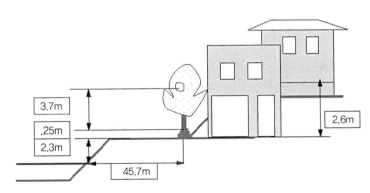

그림 11 빌럭시에서 측정한 침수흔적(Shibayama 등, 2009)

그림 12 빌럭시에서 폭풍해일로 피해를 입은 상대적으로 낮은 지역의 주택(그림 11 참조)

그림 13 빌럭시에서 폭풍해일에도 피해를 입지 않은 상대적으로 높은 지역의 주택(그림 11 참조)

2.6 고티에 및 그레이브라인 베이에서의 조사

조사 팀은 그림 9에 나타낸 바와 같이 그레이브라인 베이(Graveline Bay) 및 고티에(Gautier)의 침수고[9]를 측정하기 위하여 동쪽으로 이동하였다. 고티에(N30°21′38.25″, W88°38′44.76″, 그림 9의 상단 흰 점)의 해안선으로부터 46.1m 떨어진 지점에서 고수위표(高水位標) 8.5m를 측정하였다. 그림 14에서 볼 수 있듯이 나무로 만든 해안보전구조물을 따라 국소세굴(局所洗

그림 14 고티에의 침식지역(Shibayama 등, 2009)

---

9   침수고(浸水高, Inundation Height) : 폭풍해일로 인해 수면으로부터 육상 자연지형 또는 구조물에 나타난 침수높이를 말한다.

掘)을 발견할 수 있었다. 그레이브라인 베이의 수위표는 해안선으로부터 99.2m 이격(離隔)되고 지반고가 4.4m인 곳에서 높이 9.3m인 것을 측정하였다(N30°20′45.84″, W88°41′49.53″, 그림 9의 하단 흰 점). 해안보전 구조물과 해안절벽 사이 장소에서 대규모 침식을 관측하였다. 게다가 이 지역에서 많은 양의 표류목과 쓰러진 나무들을 발견하였다.

3. 논의와 결론

현장조사를 실시한 결과 조사팀이 방문하였던 각 지역의 지형적 조건 및 사회적 조건에 따라 많은 인명손실 및 경제적 피해가 있었던 것 같다. 그러므로 이런 문제는 재난 메커니즘에서 중요한 역할을 담당하며 재난 리스크 관리는 방재계획 수립 시 신중하게 각 지역의 지형적 조건 및 사회적 조건을 포함하여야 한다. 신뢰성 있는 방재 시스템을 구축하기 위해서는 합리적인 방재구조물을 설계하여야 하며 위험지역에 사는 주민들을 안전한 곳으로 대피시키기 위한 분명하고 간결(簡潔)한 대피계획을 수립하여야만 한다.

현장조사 결과 다음과 같은 결론을 낼 수 있었다.

(1) 웨이브랜드인 경우 폭풍해일은 파고 10cm 이하인 저파랑(低波浪)을 동반하면서 그 자체로 홍수(洪水)와 같은 형태를 보였다.

(2) 각 지역에서의 재난형태와 범위는 주로 수위와 유속에 의존한다. 파랑효과는 웨이브랜드의 지역주민이 촬영한 비디오의 동영상으로 판단해볼 때 비교적 영향이 작다.

(3) 폭풍해일 후 재난피해지역 전경은 인도네시아 반다아체 및 남부 스리랑카의 지진해일 피해지역과 비슷하다(1장 참조). 그러므로 지진해일과 폭풍해일로부터의 재난형태분석을 통하여 각각의 교훈을 도출(導出)할 수 있다(이 책의 다른 장을 참조).

(4) 일반적으로 여러 조사지역에서 높은 운동량(Momentum)을 가진 파랑이 갑자기 내습하여 집들을 휩쓸어 가버려 대부분을 완전히 파괴시켰다. 특히 여러 지역에서 집들은 목재로 만들어져 폭풍해일력에 대한 저항은 거의 없었다(21장과 9장 참조).

(5) 걸프포트에서는 침수에다가 파력(波力)이 더해져 피해 시 큰 역할을 담당하였다. 파랑은 개방해역으로부터 직접 내습하여 인근 해안지역에서 소산(消散)되지 않았다.

(6) 미국과 일본의 재난관리대책에는 큰 차이가 있다. 두 나라 사이의 주요한 차이는 연안지역의 토지이용 과 인구밀도 패턴 그리고 중앙(연방) 또는 지방정부가 정책을 실행하는 방법에서 유래한다. 일본의 경우 연안지역의 인구밀도가 높고 토지이용규제가 높아 가장 일반적인 폭풍해일 대책은 '구조적' 방재대책이다. 그 결과 중앙정부가 방재전략 및 방침을 결정하면 제한된 권한을 가진 지방정부는 구조적 방재구조물 건설 등을 실행한다. 미국과 달리 이런 일관성이 있는 방재대책을 일본 전역에서 실시하고 있다.

참고문헌

1. Hallegatte, S., 2008. An adaptive regional input-output model and its application to the assessment of the economic cost of Katrina. Risk Anal. 28 (3), 779-799.

2. Jonkman, S.N., Maaskant, B., Boyd, E., Levitan, M.L., 2009a. Loss of life caused by the flooding of New Orleans after hurricane Katrina : analysis of the relationship between flood characteristics and mortality. Risk Anal. 29 (5), 676-698.

3. Jonkman, S.N., Kok, M., van Ledden, M., Vrijling, J.K., 2009b. Risk-based design of flood defence systems : a preliminary analysis of the optimal protection level for the New Orleans metropolitan area. J. Flood Risk Manage. 2 (3), 170-181.

4. Pistrika, A.K., Jonkman, S.N., 2009. Damage to residential buildings due to flooding of New Orleans after hurricane Katrina. Nat. Hazards 54 (2), 413-434.

5. Shibayama, T., Yasuda, T., Kojima, H., Tajima, Y., Kato, H., Nobuoka, H., Yasuda, T., Tamagawa, K., 2006. A field survey of storm surge caused by Hurricane Katrina. Annu. J. Coast. Eng. 53 (1), 401-405, JSCE (in Japanese).

6. U.S. Census Bureau, 2012. Largest U.S. metropolitan areas by population, 1990-2010. In : World Almanac and Book of Facts 2012. World Almanac Books, New York, NY.

CHAPTER
03
2007년 방글라데시 사이클론 시드로로 인한 폭풍해일의 관측 및 수치모형실험 (수치시뮬레이션)

1. 서 론

벵골만(Bay of Bengal)은 세계에서 가장 활발하게 열대성 저기압(熱帶性低氣壓, Tropical Cyclone)[1]이 발달하는 지역 중 하나이다. 지난 200년 동안 주요한 70개 사이클론(Cyclone)이 방글라데시 해안벨트를 내습하였다(Rowsell 등, 2013). Nicholls 등(1995)은 이 기간 동안 발생한 열대성 저기압과 관련된 사망자 중 42%가 방글라데시에서 일어났으며, 대부분의 사망자와 파괴는 이례적으로 큰 폭풍해일 때문이었다(Chowdhury 등 1993; Ikeda 1995). 벵골만의 천해역(淺海域)과 함께 낮고 평탄한 해안지형 및 깔때기 모양의 해안선은 이 지역의 엄청난 인명피해와 재산손실로 이끄는 상황을 만든다. 사이클론에 대한 취약성의 원인으로 독특한 지형에다가 방글라데시 해안에 사는 거주민의 사회경제적 특징도 들 수 있다. 대다수 해안 거주민은 비교적 빈곤하고 남루(襤褸)하게 지어진 주택에서 살고 있다. 이 주택 중 대략 5%만이 강력한 폭풍해일의 내습에 저항할 수 있다(Chowdhury 등 1993). 1970년 이후로 최대풍속

---

1   열대성 저기압(熱帶性低氣壓, Tropical Cyclone) : 여름부터 가을에 걸쳐 열대지방 해양에서 무역풍과 남서계절풍 사이에 발생하는 폭풍우를 수반하는 저기압으로써 열대성 저기압은 발생되는 장소에 따라서 북태평양 남서부의 태풍(Typhoon), 멕시코만이나 서인도제도의 허리케인(Hurricane), 인도양이나 벵골만의 사이클론(Cyclone), 오스트레일리아의 윌리윌리(Willy-willy) 등으로 불리며, 열대성 저기압의 발생지는 해수의 온도가 28°C 이상인 열대해양이므로 위도 5° 이내의 적도 지역에서는 발생되지 않는다. 또, 열대성 저기압은 남태평양 동부나 남대서양에는 발생되지 않으며, 전선을 동반하지 않고, 등압선은 원형에 가깝다. 또 열대성 저기압은 좁은 지역(약 1500km)에 영향을 미치고 폭풍이나 호우에 의한 막대한 피해를 입히며, 통과 후는 평온한 날씨가 된다.

220km/hr를 상회하고 폭풍해일고 4m를 넘는 4개의 강력한 사이클론이 방글라데시를 강타했다(Karim과 Mimura에 따르면 1970년 11월, 1991년 4월, 1997년 5월, 2007년 11월). 표 1은 1960~2007년 방글라데시 내륙에 상륙한 주요 사이클론 목록을 폭풍해일고 및 사망자 수와 함께 나타낸 것이다.

표 1 1960~2007년 동안 방글라데시에 영향을 미친 주요 사이클론 개요

연도	상륙지역	풍속(m/s)	폭풍해일고(m)	인명손실(명)
1960	치타공, 콕스 바자르 (Chittagong, Cox's Bazar)	52.1	6.1	5,149
1961	볼라, 노카리 (Bhola, Noakhali)	43.2	3	11,468
1963	북 치타공 (North of Chittagong)	56.4	3.7	11,520
1965	바리살 (Barisal)	43.2	4	17,279
1965	콕스 바자르 (Cox's Bazar)	56.7	3.7	873
1970	치타공 (Chittagong)	60.4	10.6	500,000
1985	치타공 (Chittagong)	41.5	4.3	4,264
1988	쿨나 (Khulna)	43.2	4.4	6,133
1991	치타공 (Chittagong)	60.7	6.1	138,882
1994	콕스 바자르 (Cox's Bazar)	75.0	3.3	188
1997	시타쿤다 (Sitakunda)	62.6	4.6	155
1997	시타쿤다 (Sitakunda)	40.5	3	78
2002	순다르반 해안 (Sunderban coast)	17.5~22.9	2.5	3
2007	쿨나~바리살 해안 (Khulna~Barisal coast)	60.2	6	3,295

출처 : 방글라데시 통계청(BBS 2009), Rowsell 등, 2013

그것 중 1970년 및 1991년의 사이클론이 가장 심각하였다(Paul 등, 2010). 가장 최근의 사이클론 중 2007년 11월에 발생한 시드로(Sidr)로 3,406명의 사망자와 30개 지역의 2천7백만 명

에 피해를 입히고 방글라데시 국내총생산 2.8%에 해당하는 17억 달러($)(2조 원, 2019년 6월 환율기준)의 경제적 손실을 끼쳤다(Rowsell 등, 2013; 2008년 방글라데시 정부).

지구 온난화는 대규모 폭풍해일 리스크를 증대시킬 가능성이 있는데, 약한 폭풍에서조차도 심한 피해를 발생시킬 수 있는 해수면 상승과 그 자체의 폭풍강도 변화 때문이다. 기후변화에 관한 정부 간 협의체 4차 평가보고서(IPCC 4AR, Intergovernmental Panel on Climate Change Fourth Assessment Report)에 따르면 지구 온난화 때문에 여러 대양의 해저분지(海底盆地)[2]에 걸친 열대성 저기압 활동의 주요 변화에 대한 높은 가능성이 있다고 한다.

아라비아해 및 벵골만을 포함하는 인도양은 해안선에 따른 높은 인구밀도 때문에 특별한 관심지역이다. 해수면 상승 경향은 전 지구적으로 다른 어느 열대지역 해양보다 인도양에서 통계적으로 뚜렷한데(Knutson 등, 2006), 지구 온난화에 따른 열대성 저기압 경향이 북태평양 또는 북대서양과 같은 다른 대양보다 앞서서 인도양에서 나타날 가능성이 높다. 게다가 지금까지 이 지역에 대한 고해상도(高解像度) 허리케인 기후모델에 관한 연구는 거의 없었다. 그 결과 온실가스가 인도양 열대성 저기압(TC) 활동에 미칠 영향은 아직 완전히 규명되지 않았다. 최근 발행된 정책수립자를 위한 IPCC 5AR 개요 보고서(SPM, Summary for Policymakers)에서는 전 지구적으로 대양이 계속 따뜻해지며 수면으로부터 심해까지 열이 전달될 것이라고 언급한다. 모든 IPCC RCP(Representative Concentration Pathways, 대표적 농도 경로)[3] 시나리오하에서의 해수면 상승률은 증가된 대양 온난화와 빙하(氷下)·빙상(氷床)의 질량손실로 인하여 1971~2010년까지 측정된 해수면 상승률보다 훨씬 초과할 것이다(IPCC 5AR SPM). 결과적으로 특히 열대성 저기압 및 폭풍해일과 연관된 미래 연안재난위험은 훨씬 증가할 것이다(Tasnim 등, 2014).

2　해저분지(海底盆地, Basin) : 주변이 높은 지형으로 둘러싸인 움푹하고 낮은 해저지형으로 위에서 보면 원형, 타원형, 계란형 등의 모양을 띠고 있고 크기도 다양하며, 일명 해분(海盆)이라고도 한다.

3　대표적 농도 경로(RCP, Representative Concentration Pathways) : 기후변화를 예측하려면 복사 강제력(지구 온난화를 일으키는 효과)을 초래할 대기 중의 온실 효과 가스 농도나 에어로졸의 양이 어떻게 변화할지 가정(시나리오)해야 한다. RCP시나리오란 정책적인 온실 효과 가스의 완화책을 전제로 포함시키고 미래의 온실 효과 가스 안정화 수준과 거기에 이르기까지의 경로 중 대표적인 것을 선택한 시나리오이다. IPCC는 제5차 평가보고서에서 이 RCP시나리오를 바탕으로 기후 예측이나 영향 평가 등을 실시하였다. RCP시나리오에서는 시나리오 상호 복사 강제력이 분명히 떨어진 것 등을 고려하여 2100년 이후에도 복사 강제력 상승이 이어진다고 하는 '고위 참조 시나리오(RCP8.5)', 2100년까지 절정에 달하였으나 그 후 줄어들어 '저위 안정화 시나리오(RCP2.6)', 이들 사이에 위치하고 2100년 이후 안정화될 '고위 안정화 시나리오(RCP6.0)'와 '중위 안정화 시나리오(RCP4.5)'의 4가지 시나리오를 선택하였다. 'RCP'에 붙은 수치가 클수록 2100년의 복사 강제력이 큰 시나리오이다.

현재 방글라데시에서는 열대성 저기압으로 인한 경제적 손실을 피할 수 없는데, 지금까지 폭풍해일에 따른 구조적대책이 불충분한 사실 때문이다. 그러나 대부분 폭풍조건하에서의 가장 큰 관심사인 인명손실은 점차적으로 벗어나고 있는 실정이다. 2007년 사이클론 시드로 때문에, 방글라데시는 방재기술에서 괄목할 만한 발전을 이룩하였다. 따라서 미래 기후변화와 사이클론 강도에 상관없이, 해안지역의 인구밀도가 높은 방글라데시와 같은 재난이 발생하기 쉬운 국가인 경우, 연안지역사회의 복원성을 증대시킴으로써 대규모 인명손실을 방지하기 위한 슈퍼 사이클론을 대비하는 것이 중요하다. 연안지역사회의 복원성 증대는 현재의 국가를 돕는 동시에 미래 기후변화에 적응할 수 있는 "후회 없다(No Regrets)" 전략이다.

이 장(章)은 연안지역사회가 직면한 폭풍해일의 위협을 이해하기 위하여 2007년 사이클론 시드로 이후 방글라데시 남서부 해안지역에서 실시하였던 현장조사 개요를 설명하겠다. 또한 기상－파랑－대양－조석(潮汐)과 결합된 사이클론 시드로 수치모델도 언급하겠다. 결국 미래 잠재적 사이클론 위협에 대한 기존 사이클론의 대비(對備)와 적응전략을 평가할 것이다.

2. 사례연구 : 사이클론 시드로

2.1 사이클론 시드로 개요

슈퍼 사이클론 시드로(Sidr)는 1876~2007년 사이 방글라데시를 내습한 가장 강력한 10개 사이클론 중 하나였다(Hasegawa, 2008). 사이클론 시드로는 2007년 11월 9일 니코바르 제도(Nicobar Islands) 인근 약한 저준위(低準位) 순환을 가진 채 안다만제도(Andaman Islands) 남동쪽 근처에서 처음 관측되었다.

열대성 저기압으로 형성될 징후를 보인 채 11월 11일에 도착하였는데, 그때는 안다만(Andaman) 제도 남쪽의 근거리(近距離)에 위치하고 있었다. 11월 13일 저기압은 사이클론급 바람의 중심부를 가진 사이클론 폭풍으로 변화하였다. 11월 15일 아침 사이클론은 최대풍속 59m/s로 증대하였다. 11월 15일 저녁 18시 30분경에 방글라데시 연안의 섬들을 강타하고 간조(干潮)[4] 시

---

4   간조(干潮, LW(Low Water)) : 만조(滿潮, High Water))에 대비되는 용어로서, 조석현상에 의해 해수면이 가장 낮아진 상태

간인 21시경(15시 UTC[5])에 바리살(Barisal) 해안(내륙 상륙지점: 듀블라챠섬(Dublar Char Island)) 근처 히론(Hiron) 지점)을 강력한 사이클론(사피어−심슨 허리케인 4등급(SSHS, Saffir-Simpson Hurricane Scale)과 동급(同級)) 강도를 가진 채 내륙을 통과하였다. 육지에 상륙하기 전 최저중심기압은 944hPa이었다(인도 기상부(IMD) 관측에 따르면). 기압과 강풍 결과 파투아칼리(Patuakhali), 바르구나(Barguna) 및 자로카티(Jhalokathi) 지역의 연안도시는 5m 넘는 폭풍해일고 내습을 받았다. 내륙에 상륙한 후 시드로는 급격히 약해져 다음 날 소멸하기 시작했다.

2.2 사이클론 현장조사 후

일본 토목학회(JSCE)는 폭풍해일로 인한 재난 메커니즘을 조사 및 평가하기 위하여 2007년 12월 26일부터 28일까지 방글라데시에서 현장조사를 실시하였다. 본 장의 저자가 조사팀의 리더로 참여하였다. 조사 범위는 바레샤(Baleshwar)와 부리샤르(Burishwar) 강변은 물론 쿠아카타(Kuakata) 해안지역을 포함한다. 바레샤강을 따라 소롬바리아(Solombaria), 사란코라(Sarankhola) 근처 로엔다 바자르(Royenda Barzar), 사우스칼하리(Southkhali) 및 바라이카하리(Baraikhali)에서 침수고를 측정하였다. 해안에서 멀리 떨어진 바레샤와 부리샤르 하천 근처의 침수고는 상대적으로 쿠아카타 해안 인근에서의 침수고보다 높았다. 이것은 사이클론이 바레샤강과 매우 가까운 장소에 상륙하였기 때문이다. 그림 1은 조사경로 및 측정한 폭풍해일고(단위 m)의 분포를 나타낸다. 소롬바리아 바레사강(N22°28′1.2″, E89°51′37.2″)의 동쪽 제방에서 관측한 최고수위는 하천수면을 기준으로 3.5m(강으로부터 수평거리 21.4m)이었다. 바레샤강의 동쪽제방 지반고는 낮았기 때문에, 폭풍해일은 이 지역에 비교적 큰 피해를 입혀 주택들이 유실되었고 일부 인명손실도 있었다. 이와는 달리 바레샤강의 서쪽제방 지반고는 높아 상대적으로 주택에 대한 피해는 적었다.

사란코라 인근 로엔다 바자르(Royenda Bazar)에서 측정한 최고수위는 야자나무 위 6m(강으

를 말하며, 저조(低潮)라고도 하며, 과학적으로 말하면, 낙조(Ebb Tide)에서 해수면이 가장 낮아진 상태이다. 간조는 주기적인 조석력(Tidal Force)에 의해 생기며, 기상 및 해양의 상태에 따라서도 영향을 받는다. 우리나라에서 간조는 보통 하루에 2회 있으나 해수면의 높이는 다르며, 간조에서 다음 간조까지의 시간간격은 평균 12시간 25분으로서 매일 약 50분씩 늦어진다.

5 UTC(협정세계시, Universal Time Coordinated): 1972년 1월 1일부터 세계 공통으로 사용하고 있는 표준시를 말하며, 1967년 국제도량형총회가 정한 세슘원자의 진동수에 따른 초의 길이가 그 기준으로 쓰이며, UTC의 기준점이 되는 도시는 영국 런던으로 런던을 기준으로 +, −로 시간을 계산하며 우리나라는 런던을 기준으로 UTC+9시이다.

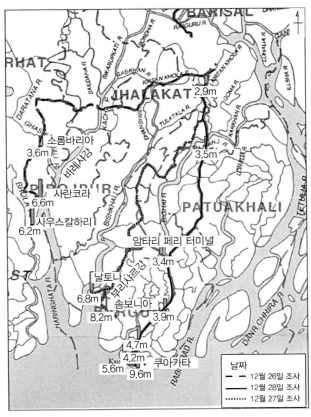

그림 1 사이클론 시드로 후 현장조사 경로 및 여러 지점에서 측정한 폭풍해일고(단위 m) 분포(Shibayama 등, 2008)

로부터 수평거리 68.2m) 높이었다. 사우스칼하리에서 관측된 최고수위는 야자나무 위 약 6.5m(하천으로부터 수평거리 35.26m) 높이었다. 이 지역에서는 폭풍해일 때문에 하천제방이 전도(顚倒)되었던 것과 함께 하천제방 침식을 볼 수 있었다. 하천제방으로부터 100m 떨어진 사이클론 대피소에서 측정한 침수고는 5.75m이었다(강으로부터 254m 이격). 지역주민과의 설문조사에 따르면 첫 번째 파랑이 하천제방으로 내습하였다(하천제방은 강에서부터 150m 떨어진 곳에 축조되었다). 두 번째 파랑은 제방을 월파(越波)하였고 세 번째 파랑이 마침내 대피소에 도달하였다. 단파(段波, Bore)[6]와 같은 파랑의 주기는 약 1분(min)으로 고수위가 약 15분(min)가량 계속되었다. 물 색깔은 적갈색(赤褐色)으로 고농도의 부유된 진흙탕 물이었다.

---

6   단파(段波, Bore) : 깎아지른 듯 가파른 모양의 수벽(水壁)이 진행하는 형태를 가진 파랑을 말하며, 만조 시 조수(潮水)가 단파를 이루어 강을 거슬러 올라가는 경우가 있는데, 해소(海嘯, Tidal Bore)라고도 한다.

이 지점에서 폭풍해일의 최고수위는 만조시각 24시의 4시간 전인 20시경에 나타났다. 결과적으로 폭풍해일로 인한 월파가 주민들이 대피소로 대피하기 전 도달하여 300명의 생명을 앗아갔다. 한편 건물의 2층 바닥까지 침수(바닥에서부터 0.59m 수위) 되었지만 많은 사람이 대피를 위한 유일한 선택인 대피소에 도착하는 데 성공했다(그림 3). 이와 같은 상황으로 볼 때 대피소의 위치는 적절하지 않았고 미래 폭풍해일로 침수될 가능성이 크다는 것을 알 수 있다.

바레샤강의 동쪽 제방인 바라이카하리(N22°27′53.5″, E89°51′23.1″)에서 관측된 최고수위는 하천수면을 초과하는 5.75m이었다. 부리샤르강을 따라 솜보니아(Somboniya), 날토나(Naltona) 및 암타리(Amtali) 페리 터미널에서도 상세한 현장조사를 실시하였다. 솜보니아에서 도로와 연결되는 제방 한쪽 비탈면의 여러 지점에서 붕괴되어 제방의 비탈면에 서있던 수많은 야자나무의 뿌리가 완전히 뽑혀서 폭풍해일의 하류방향으로 넘어졌다(그림 4). 또한 극심한 하천 제방 침식도 기록하였다. 주민과의 인터뷰에 따르면 솜보니아 및 날토나에서의 최고수위는 약 6~7m이었다. 암타리 페리 터미널의 우측 제방 쪽에서 관측된 최고수위는 부리샤르강 수면으로부터 3.4m이었다(그림 2).

그림 2 소롬바리아(Solombaria)의 최고 침수고를 보여주는 소년(Shibayama 등, 2008)

그림 3 사우스칼리의 파괴된 하천제방(좌측)과 사란코라 인근 로옌다 바자르에서 사이클론 대피소 역할도 하는 초
등학교(Shibayama 등, 2008)(우측)

그림 4 솜보니아 제방(좌측)과 강기슭 침식(우측)

또한 관광객들에게 유명한 리조트 지역인 쿠아카타 해안을 따라 상세한 조사를 실시하였다. 사이클론 시드로 경로의 우측에 위치한(위험반원(危險半圓)[7]) 쿠아카타는 사이클론이 동반한 폭풍해일과 고파랑의 강력한 파력 때문에 피해를 입었던 지역 중 하나였다.

서부 쿠아카타(Kuakata)에서는 폭풍해일이 5m 높이의 해안제방을 10~15분(min) 동안 월파(越波)하였다(그림 5). 이 폭풍해일을 목격할 수 있었지만 파고 및 주기를 측정할 수 없었다. 사이클론 시드로는 쿠아카타 해안제방 마루높이의 바깥 비탈면에 심한 침식을 야기시켰

---

7   위험반원(危險半圓) : 북반구에서 발생된 태풍의 진행방향의 우측은 풍향과 태풍의 진행방향이 동일하여 강한 바람과
     파랑이 생성되는 지역을 말하며, 태풍 진행방향의 좌측은 가항반원(可航半圓)이라고 부른다.

는데, 이것은 결국 이 지역의 인명과 재산피해를 최소화시키는 데 큰 역할을 했다(그림 5). 서부 쿠아카타 주변에서 관측된 최고 침수고는 해안제방 마루고보다 높은 5.6m이었다(그림 6). 해안제방 배후의 침수고는 비교적 낮아 약 2.3m이었다.

그림 5 쿠아카타 서쪽 해안제방(좌측)과 쿠아카타(우측)의 사구(砂丘) 부근 쓰러진 소나무(Shibayama 등, 2008)

그림 6 서부 쿠아카타 해안제방 마루에 서 있던 나무의 침식흔적(浸蝕痕迹)(Shibayama 등, 2008)

하구(河口)[8](하지푸(Hajipur)) 근처 일부 장소의 침수고는 비록 해안에서 멀리 떨었어도 비교적 높았다. 이것은 폭풍해일의 운동량력(Momentum Force)[9]이 하구 근처에서, 즉 처오름 흐름(Run- up Flow)보다 커서 해안지역뿐만 아니라 지류와 수로를 따라 대규모의 침수를 일으켰다는 것을 알 수 있다.

3. 수치모형(수치시뮬레이션)실험

3.1 수치모형실험 개요

사이클론 시드로에 의한 폭풍해일의 수치모형실험(數值模型實驗)[10]을 위해서 기상−파랑−대양−조석 결합모델을 사용하였다. 이 모델은 2−레벨폭풍해일 모델을 대체(代替)시킨 유한 체적 해안 대양 모델(FVCOM, Finite Volume Coastal Ocean Model)로 Ohira 및 Shibayama가 개발한 OSIS 모델의 개선형이다. 또한 사이클론 통과로 인한 총수위는 파랑, 조석(潮汐) 및 해일 요소(해상풍에 의한 수면상승효과 저기압에 의한 수면상승효과)로 구성되며, 실제 수위를 시뮬레이션하기 위해 이 결합모델을 사용하여 동시에 계산하였다. 결합모델의 흐름도를 그림 7에 나타내었다. 수치모형실험에 보다 자세한 설명은 Tasnim 등(2014)의 논문을 참고하기 바란다.

WRF(Weather Research and Forecasting) 모델은 OSIS 모델의 주요 구성요소로 사이클론의 기상계(氣象系, Weather Field)를 제공한다. WRF 모델은 NCAR(National Center for Atmospheric Research, 미국국립대기연구소), 미국국립해양대기청(NOAA), 미국국립환경과학연구소(NCEP) 및 그

---

8 하구(河口, Mouths of Rivers, Estuary) : 하천의 담수와 해수가 만나 혼합되는 전이수역으로서 조석, 파랑 및 하천유량의 영향을 동시에 받는 공유수면을 말한다.

9 운동량력(Momentum Force) : 운동량(Momentum)은 움직이는 물체에 존재하는 힘이고, 움직이는 물체의 운동량력 (Momentum Force)은 질량(중량)에 속도(속력)를 곱하여 계산하며, 폭풍해일의 운동량력은 수괴(水塊)의 질량(중량)에 파속(波速)을 곱한 값이다.

10 수치모형실험(수치시뮬레이션)(數值模型實驗, Numerical Simulation Test) : 컴퓨터를 사용하여 파랑의 천수, 굴절 회절 및 해저 마찰 등 여러 가지 변화실험과 항내 정온도 실험, 조성 조류 및 표사이동 실험과 오염물질 확산실험, 선박운항 실험 등 항만 및 해안의 제반여건 변화를 짧은 시간과 적은 비용으로 처리할 수 있는 실험으로 많이 이용되고 있으나 소형구조물이나 협수로 실험 등에는 적용이 어렵고 실제의 상황을 보완하는 장치가 없을 경우 현실과 맞지 않는 결과를 초래하는 경우도 있다.

밖의 150개 다른 기관과 대학과의 협력결과로 개발되었다. 2방향 네스팅(Nesting)을 갖는 ARF(Advanced Research WRF) 모델의 NCAR 3.5버전은 사이클론 시드로의 기상계를 연구하기 위해 사용하였다. WRF의 기후예측을 위한 초기 및 경계 조건은 WPS(WRF 사전 처리 시스템) 소프트웨어 패키지를 이용한 NCEP 전 지구적(全地球的) 최종분석(FNL) 데이터를 사용하였다.

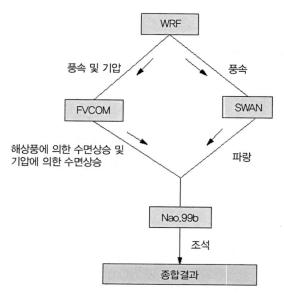

그림 7 WRF−SWAN−FVCOM−Nao.99b 결합모델의 모델 흐름도(Tasnim 등, 2014)

파랑과 해일(해상풍에 의한 수면상승효과와 저기압에 의한 수면상승효과)을 계산하기 위한 입력자료로써 WRF 모델로부터 추출(抽出)된 바람 및 압력 필드를 SWAN 및 FVCOM 모델에 적용하였다. FVCOM은 Chen과 Liu 등(2003)이 개발한 비구조 예측격자, 유한체적, 자유표면, 3차원(3−D) 원시방정식의 커뮤니티 대양 모델(Community Ocean Model)이다. SWAN은 델프트공과대학(Delft University of Technology)에서 개발한 3세대 파랑모델로써 임의의 방향성 및 단봉(短峰)을 갖는 풍파(風波)를 계산한다. NAO.999b 조석 예측 시스템은 공간 분해능이 0.5°인 주요 16개 분조(分潮)[11]를 계산하는 전 지구적 대양 조석 모델이다.

---

11   분조(分潮, Tidal Constituent, Harmonic Constituent) : 조석(Tide)은 해수입자와 불균등한 운행을 하는 여러 천체들(주로 달과 태양)과의 만유인력으로 인한 해면의 주기적인 승강운동이다. 그런데 이들을 합해서 분석하지 않고 적도상을 지구로부터 일정한 거리로서 각각 고유의 속도를 유지하면서 운행하는 무수한 가상천체에 의하여 일어나는 규칙적인 조석들이 서로 합하여 이루어졌다고 생각할 때, 이 개개의 조석을 분조라 한다.

3.2 계산조건

　NCEPS GFS 또는 FNL 데이터와 같은 전 지구적 모델을 재현할 수 있는 열대성 저기압 소용돌이(渦, Vortex)[12]는 실제 사이클론보다 비교적 크거나 약하며, 그 결과 단지 FNL 데이터를 사용하여 초기화 가능한 WRF ARW 모델은 종종 사이클론의 경로 및 강도예측 시 큰 오차를 발생하기도 한다.

　이 문제를 해결하기 위하여 현재 수치시뮬레이션에서는 기존의 약한 소용돌이를 먼저 사이클론의 기상학 부문에서 제거한 후 수치시뮬레이션의 초기시간에 인공 랑킨(Rankine) 소용돌이를 삽입시키는 열대성 저기압 소용돌이 초기화 방법을 사용하였다. 이 목적을 위하여 TC 위조 스킴(Bogussing Scheme)(tc.exe)을 사용하는데, 이것은 WRF ARW 내에서 효과적이다. 이 인공소용돌이는 인도 기상청(IMD, Indian Meteorological Department)의 관측자료에 따라 가장 최적경로인 TC(Track of Cyclone) 정보에 근거하여 만들어졌다. 인공소용돌이를 가진 수치모델을 2007년 11월 14일부터 초기화시켜 3개의 도메인을 가진 채 72시간 동안 컴퓨터를 실행시켰다. 그림 8(a)는 사이클론 시드로의 WRF 시뮬레이션에 관한 상위 및 중첩된 도메인을 나타낸 것으로 표 2에 계산조건을 나타내었다.

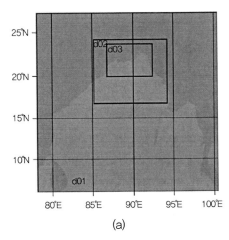

(a)

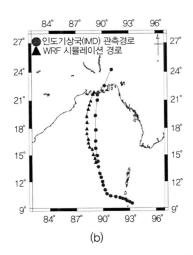

(b)

그림 8 (a) 3개의 도메인을 가진 WRF ARW 시뮬레이션에 사용되는 모델 도메인. 도메인 3(d03)은 폭풍해일 및 파랑 시뮬레이션을 위한 계산 도메인으로 사용. (b) 인도기상국(IMD) 관측경로 및 WRF 사이클론 시드로(Sidr)의 수치시뮬레이션 경로

12　소용돌이(渦流, Vortex) : 강하게 흐르며 회전하는 유체의 형태로 소용돌이 혹은 와류라고 부른다.

표 2 WRF ARW에 대한 계산조건

사이클론 시드로	시간(UTC : 협정세계시, Universal Time Coordinated)	(I) 2007년 11월 14일 00UTC~2007년 11월 17일 00UTC
	도메인 수	3
	지역	(I) 5°N-27°N, 78.0°E-100.5°E (II) 16.8°N-24.1°N,85°E-94°E (III) 19.76°N-23.37°N,86.67°E-92.19°E
	모격자비(母格子比)	1 : 3 : 3
	네스팅(Nesting) 종류	2-웨이(Way)
	수평격자수	(I) 150×150, (II) 181×160, (III) 330×234
	수평해상도	(I) 16,650m, (II) 5,550m, (III) 1,850 m
	도법(圖法)	메르카토르(Mercator)
	시간 스텝	(I) 30s(초), (II) 15s(초), (III) 5s(초)

파랑과 폭풍해일에 대한 수치시뮬레이션에서 가장 최소 도메인인, 즉 도메인 3을 사용하였다. 폭풍해일은 FVCOM 모델을 사용하여 수치시뮬레이션시켰다. 데이터 준비, 분석 및 시각화 소프트웨어인 Blue Kenue(캐나다 국립연구협의회의 캐나다 수리공학(水理工學) 센터에서 개발한)을 사용함으로써 FVCOM에 대한 삼각형 격자수심을 준비하였다. 해안의 유의파고 및 바람에 의한 웨이브 셋업(Wave Setup)[13]을 계산하기 위하여 해수면상 10m인 바람데이터를 수치시뮬레이션한 WRF ARW를 SWAN 모델의 외력으로 이용하였다.

4. 수치모형실험(수치시뮬레이션) 결과

소용돌이 초기화를 거친 WRF ARW 모델은 사이클론 시드로(Sidr)의 경로 및 강도 양쪽모두 잘 예측할 수 있었다. 경로의 수치시뮬레이션모델은 처음에는 관측경로로부터 작은 이탈을 보였으나 11월 15일 08UTC경부터 북동쪽 방향으로 움직이기 시작하여 11월 15일 17UTC경 마침내 실제 관측된 상륙지점으로부터 60km 떨어진 선더반(Sunderban, 89E와 21.5N)근처 육지에 상륙하였다. 시뮬레이션한 최저기압은 940hPa이고 최대풍속은 60m/s이었다. 그림 8(b)는 사이클론 시드로의 IMD 관측경로와 WRF 시뮬레이션 경로를 나타낸다. 그림 9(a)

---

13 웨이브 셋업(Wave Setup, 水位上昇(波에 의한)) : 파랑이 연안에 도달하면 그 모양이 불안정하여 전방으로 뛰어 나가면서 무너지거나(쇄파 발생) 쇄파가 발생한 곳보다 해안 쪽에는 조위 상승(潮位上昇)이 발생하는데, 이와 같이 쇄파 발생에 따른 평균해수면이 상승하는 현상을 말한다.

와 그림 9(b)는 사이클론 시드로의 육지 상륙 전 압력장(壓力場)과 풍속장(風速場) 분포를 나타내었고 그림 10과 11은 각각 사이클론 시드로의 관측 및 시뮬레이션된 최저해수면압력과 최대풍속치의 시간발전(時間發展)을 나타낸다.

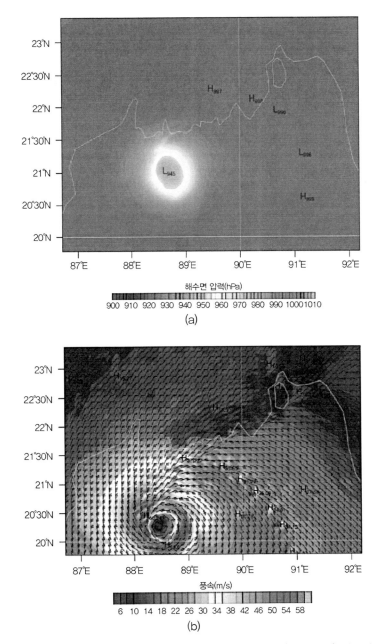

그림 9 상륙 전 사이클론 시드로 인한 WRF ARW 시뮬레이션 압력장(상단 그림) 및 풍속장(하단 그림)

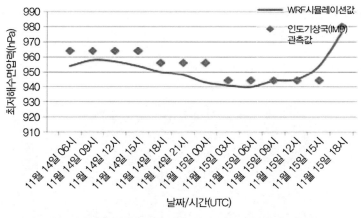

그림 10 사이클론 시드로에 의한 최저 해수면 압력의 시간발전

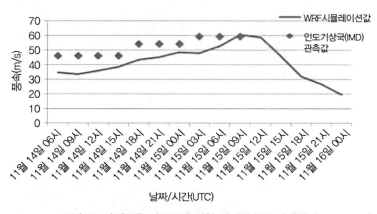

그림 11 사이클론 시드로에 의한 최대풍속의 시간발전

풍파, 해일 및 조석의 결합 시뮬레이션 수위와 여러 지점에서 측정한 최대관측수위를 모델검증을 위해 비교하였다. 바레샤(Baleshwar)강과 부리샤르(Burishwar)강 근처는 물론 쿠아카타(Kuakata) 여러 해안지점에서 측정한 최고수위와 시뮬레이션 모델치를 비교하였다(그림 12). Shibayama 등(2009)이 실시한 현장조사에 따르면 침수고는 하천지역을 따라 6~7m 범위 내에서 변화하는 반면 쿠아카타 해안에서는 5.5m 이상으로 변동한다. 수치시뮬레이션 총수위는 관측수위와 비교하면 하천지역에서 4.7~5.5m 범위 내에 있다. 그림 13은 바레샤강 인근 사우스칼하리 지점에서의 유사한 비교를 나타낸 것이다. 여기에서 수치시뮬레이션 수위는 관측수위와 약 1m 편차를 보인다. 이곳은 하구와 매우 가까워 사이클론으로 인한 집중호우(35~40mm/h)가 있었다. 그러므로 하천유량 분포와 하천지류(河川支流)로부터 발생하는 처

오름 흐름(Run-up Flow)이 매우 중요하다는 것을 알 수 있다. 결합 수치시뮬레이션에서는 하천유량과 처오름을 고려하지 않아, 실제 사이클론 나르기스 상륙지점에서의 관측치와 수치시뮬레이션 계산치는 조금 달랐다. 관측 수위치와 계산 수위치 사이의 불일치 원인은 이런 모든 요인 때문이다. 이러한 요인을 유념하면, 시뮬레이션 계산 수위치는 강 주변의 모든 지점에서 관측치와 거의 일치한다. 서부 쿠아카타 해안의 총수위(總水位)에 대한 수치시뮬레이션 파랑 처오름 분포는 해안제방을 따라 침수를 측정하였으므로 관측침수고와 잘 일치하였다(그림 12 참조).

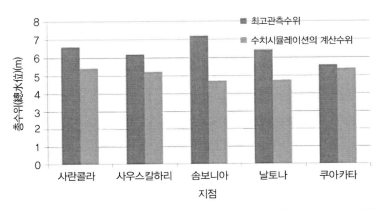

그림 12 바레사강, 부리샤르강 근처와 쿠아카타 해안에서의 각각 다른 위치에서 Shibayama 등(2008)이 현장조사 중에 측정한 최고 수위와 수치시뮬레이션 수위와의 비교

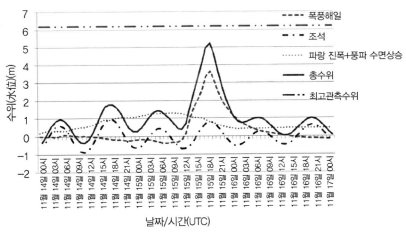

그림 13 Shibayama 등(2008)이 실시한 현장조사에서 관측한 최고수위 및 사우스칼하리의 상륙지점 근처에서의 사이클론 시드로로 인한 수치시뮬레이션한 파랑, 폭풍해일, 조석과 총수위

5. 재난관리대비에 관한 현재 추세

방글라데시는 사이클론의 폭풍해일 영향에 대한 긴 고통의 역사를 가지고 있다. 그러므로 방글라데시는 사이클론에 대한 적응이 세계 다른 어느 나라보다도 중요하다. 이런 사실로 말미암아 방글라데시는 이 지역의 다른 어느 나라들보다 비교적 빨리 방글라데시에서 사이클론에 대한 대비 활동을 시작하였다. 적신월사(赤新月社)[14]는 1966년부터 방글라데시의 사이클론 예·경보 시스템 개발프로그램을 시작하였는데, 이 프로그램은 1970년 사이클론 볼라(Bhola) 재난에 대응하기 시작하여 1972년부터 시행 가능한 완전한 프로그램이 되었다(Rowsell 등, 2013). 역사상 가장 최악의 사이클론 볼라(Bhola)는 방글라데시에서 50만 명의 인명을 앗아갔다(Karim and Mimura, 2008). 사이클론 볼라가 내륙에 상륙하기 전 해안 레이더와 인공위성으로 볼라를 탐지하였지만, 농촌지역과 해안지역의 조기 예·경보 시스템 부재(不在)로 인해 천문학적인 인명피해가 발생하였다.

1972년 방글라데시에서 중요변화가 일어났는데, 그것은 사이클론 대비 프로그램(CPP, Cyclone Preparedness Program) 개발이었다. 1991년 2만 명에서 2007년 4만 3천 명으로 수많은 CPP 지원자는 급격하게 늘어났다. 지원자들은 외딴지역에 조기 재난 예·경보를 알리고, 대피 시 사람을 돕거나 구조활동을 벌이며 응급조치 제공 및 구호품을 분배하는 임무를 담당한다. CPP 지원자에 대한 훈련 프로그램은 연중 실시하고 있다. 방글라데시는 인구 중 특정 계층의 높은 문맹률(文盲率) 때문에 재난 시 정보전달을 위해 음성 및 신호표시(信號標識)를 채택해왔다. 사이클론 예·경보 시스템은 1('낮음')~10('큰 위험') 등급에 따라 4 등급에 달하였을 때 모든 CPP 지원자들은 활동을 시작한다. 방글라데시 기상청의 전문센터인 폭풍경보센터(SWC, Storm Warning Center)는 사이클론 예보와 예·경보 제공을 담당한다. 보통 해안지역 주민 대부분은 매우 빈곤하여 라디오와 텔레비전을 가지고 있지 않지만 도시지역에는 라디오와 텔레비전이 이런 예·경보의 전파에 중요한 역할을 한다. 그러나 최근 사회빈곤층에서의 휴대폰 사용은 사이클론 예·경보 및 그 전파에 효과적이다.

---

14   적신월사(赤新月社, Red Crescent Society) : 붉은 초승달(赤新月) 모양의 표장을 사용하는 이슬람권의 적십자사로 1929년 국제적십자사(IRC)로부터 표장 사용을 공인받았고, 33개국의 이슬람권 국가들이 각종 구호 및 사회복지, 혈액 사업 등 적십자사와 동일한 인도적 활동을 펴고 있다.

사회기반시설 측면에서 볼 때 저지대에서의 사이클론 대피소와 제방의 건설과 같은 폭풍해일 대책은 나라전체의 재난복원성을 발전시켰다. 다목적 사이클론 대피소 설치는 1985년부터 시작하였는데, 1992년 512개에서 2007년 3,976개로 그 개수가 급격하게 늘어나 해안재난 취약인구의 30%를 담당하고 있다(Paul, 2009, Shamsuddoha와 Chowhury). 이 대피소들은 일반적으로 3층 철근콘크리트 건물로 1,500~2,000명의 사람을 수용할 수 있다. 이와는 달리 만조(滿潮) 및 염분침입에 대한 방재(防災) 때문에 축조된 해안제방은 제방배후의 인명손실과 재산피해를 감소시키는 데 역할을 해왔다. 그러나 충분치 못한 제방고(堤坊高)로 인해 월류가 자주 일어나 앞서 설명한 바처럼 사이클론 시드로 발생 시 쿠아카타와 바레샤강 유역의 제방을 완전히 월류(越流)하였다. 센더반(Sunderban)의 맹그로브 숲은 과거 수많은 사이클론 내습 동안 폭풍해일의 파랑에너지를 소산(消散, 24장 참조)시켜 제방에 작용하는 동수력(動水力)을 감소시킴으로써 폭풍해일에 대한 강력한 방벽(防壁) 역할을 해왔다.

연안재난에 대한 구조적대책은 방글라데시에서 매우 제한적이라 성공적인 재난경감(災害輕減)은 지역사회 복원성 개선과 합의도출 프로그램에 크게 의존한다. 방글라데시에서 활동 중인 대략 2,000개 NGO는 교육프로그램 내 중요과정에 재난대비교육을 집어넣음으로써 지역사회 복원성 증진에 큰 역할을 담당하고 있다. 또한 초등학교 수준의 아이들에게도 재난대비의 정규교육을 제공하고 있다. 재난대비교육은 대부분 재난 리스크와 기본지역사회 수요에 대한 정보, 정부지원프로그램의 유용성, 계절적인 대비 환기 및 재난 후 조언(助言)을 포함하고 있다(Biswas와 Reza, 2000).

6. 재난경감에서의 도전과제

방글라데시가 지난 20년 동안 자연재난을 대처하는 데 괄목할 만한 발전을 이룩하였지만, 여전히 어느 정도의 한계와 도전이 남아 있다. 성공적인 대피프로그램에서 사이클론 대피소의 수용력과 위치는 매우 중요하다. 하지만 해안지역에서 대피소의 숫자는 아직 충분하지 못하다. 게다가 대부분의 대피소는 오래전에 건축되어 큰 강풍에 저항할 수 있도록 충분히 설계되지 않았다. 또한 유지관리소홀로 많은 대피소가 불충분한 전력, 식수와 위생시설 및 여성을 위한 별실(別室) 부족으로 곤란을 겪어왔다. 사이클론 시드로 이전에 대략 1,576개 사이클론 대피소가 하천침식의 피해를 입었고 황폐한 상태로 버려져 있었다(Debnath, 2007). 대부분 지역의 대피소는 해안 존(Zone)으로부터 약 5~8km 떨어져 있는데, 사실상 이 거리는 대피소의 사용 가능 여부를 결정하는 데 중요한 요소로 보인다. 사이클론 시드로 동안 많은 사람이 대피 경보를 받은 후에라도 대피하지 않았고(Mallick과 Vogt, 2009), 대피한 사람들 중 대다수가 사이클론 지정대피소보다는 시장(市場), 학교 및 회교사원과 같은 소규모 공공건물로 대피하였다. 그러나 방글라데시 해안지역에서는 고지대(언덕) 및 구릉지역이 적어 사이클론 대피소가 폭풍해일을 대피하기 위한 유일한 장소이다. 그러므로 가까운 미래에 각 마을로부터 1.5km 이내 거리 내에 많은 대피소를 건설하여야만 한다. 그리고 이런 대피소에 대한 정기적인 보수와 여성 및 아이들을 위한 기본시설을 설치하여야만 한다. 게다가 정부청사 및 공공건물은 비공식적이지만 여전히 효과적인 사이클론 대피소로 사용할 수 있어 개조(改造)할 필요가 있다. 해안제방의 비탈면과 마루면은 현재 적절하게 축조(築造) 및 보수되지 않고 있다. 세굴(洗掘) 피해는 그림 4에서 볼 수 있듯이 여러 장소에서 자주 심각한 피해를 나타낸다. 더욱이 제방이 모든 해안지역을 방호(防護)하지 않는다. 따라서 모든 해안으로 해안제방 건설을 확대하여만 하고 또한 기존 제방은 보수하고 잘 유지·관리하여야만 한다. 특히 방글라데시에서 폭풍해일의 근본적인 대책은 하구 주위에 하천제방의 신설 및 방호를 하여야만 한다.

또한 예보 및 경보 시스템의 발전도 필요하다. 흔히 기상 예·특보에 사용되는 용어가 너무 전문적이여서 일반사람들이 이해하기 어렵다. 예·경보 메시지는 일반인들이 충분히 이해할 수 있도록 간결하고 단순하여야만 한다. 물류와 공급개선을 위한 각고(刻苦)의 노력이 필요하며 사람들을 대피소로 수송하기 위한 차량을 배치할 필요가 있다. 물류에서의 발전은 또한 모든 해안도로망의 확장과 개선을 의미한다. 결국 비상관리당국과 자원봉사기관의 대피 및 귀환기간 동안 비상식량공급을 위한 대책은 마련하여야만 한다.

7. 결 론

방글라데시 남서쪽 해안에서 실시한 현장조사에 관한 현 보고서에서 2007년 사이클론 시드로가 발생시킨 피해를 다음과 같이 나타낸다(Shbayama 등, 2009). 조사에 따르면 많은 사람은 폭풍해일이 단파(Bore)와 같은 파랑형태로 해안 및 하천변 지역을 침수시킨 것을 목격하였다. 하천지역의 침수고는 사이클론 상륙지점이 하천과 가깝고 하천지류 및 수로로부터 발생한 처오름 흐름이 대규모 침수를 일으켰기 때문에 해안지역을 따라 비교적 높았다. 하천지역의 침수고는 5.5~7m, 해안지역은 5.5m 이상이었다. 쿠아카타 및 솜보니아 제방은 인명손실과 재산피해를 감소시키는 데 큰 역할을 담당하였다. 사이클론 대피소는 대피소 개수를 주민 수 및 거주지 위치와 맞출 필요가 있지만 사이클로 시드로 내습 동안 아주 많은 인명을 구하는 데 큰 역할을 담당하였다.

또한 저자는 기상학－파랑－대양－조석 결합모델을 연계함으로써 사이클론 시드로를 추산(推算)할 수 있는 수치시뮬레이션을 소개하였다. 2007년 11월 14일 00UTC경의 사이클론 시드로에 대한 소용돌이 초기화를 시킨 WRF ARW 모델은 인도 기상청에서 관측한 상륙지점으로부터 단지 60km 정도 벗어날 뿐 사이클론 경로 및 강도를 잘 예측하였다. 수치모델은 Shibayama 등(2009)이 바르샤강, 부리샤르강 및 쿠아카타 해안 근처 각각 다른 장소에서 관측한 침수위와 해일 및 조석에 의한 수치시뮬레이션수위를 비교함으로써 검증할 수 있었다. 수치모델의 수치시뮬레이션 총수위(파랑진폭(Wave Amplitude),[15] 웨이브 셋업, 해일 및 조석으로 구성된다)는 대부분 지점에서 관측수위와 잘 일치하였는데, 하천지역에서 4.7~5.5m 범위 내이고, 쿠아카타에서는 약 5.4m이다.

마지막으로 방글라데시의 기존 사이클론 대비와 복원성 전략과 관련하여 전반적인 논의를 하였다. 현장조사를 통해 이전의 사이클론과 비교할 때 사이클론 시드로의 경우 비교적 인명손실은 낮았지만 침수위는 일부 제방을 월류(越流)하여 일부 지점에서는 대피소에 도달할 정도로 높았다. 불충분한 사이클론 대피소 숫자, 일부 거주지와 대피소 사이의 거리, 부적절한 유지관리는 항상 문제였다. 2013년 필리핀에서의 태풍 하이옌(국제명 Haiyan, 필리핀 기상청 지정명 요란다(Yolanda))인 경우와 같이 기후변화와 해수면 상승의 영향하에서 강한 풍속 및 호우와 함께 대규모 침수가 발생한다면 기존 사이클론의 예·경보 및 대피계획은 충분하지 않을 수 있다. 미래 극한 사이클론 내습은 현재보다 훨씬 더 강력할 것이며 상륙 후에도 사이클론 강도가 강한 채로 오래 머물 수 있다. 그러한 경우에, 기존 사이클론 대피소들이 사이클론이 지체(遲滯)된 시간 동안 매우 높은 풍속을 견딜 수 있을지는 분명하지 않다.

---

15 파랑진폭(波浪振幅, Wave Amplitude) : 해파(Sea Wave)에서는 파고의 1/2를, 조석(Tide)에서는 조차의 1/2를 진폭이라 말한다.

대부분의 방글라데시 사이클론 대피소는 오래전에 건설되었고, 향후 기후변화로 더 강한 사이클론이 발생할 경우를 대비해 적절히 설계되지 않을 수도 있다. 더욱이 대피소는 하천 인근에 건축하지 않았지만, 폭풍우 중 방글라데시의 하천제방 침식과 범람은 흔히 부딪치는 문제이다. 해안과 강변 지역에 강한 강풍을 견딜 수 있는 탄력성을 가진 대피소 설치와 극한 사이클론에 대한 연안지역사회의 복원성을 향상시키기 위한 기존 대피소의 개조(改造)를 분명히 고민하여야만 한다.

참고문헌

1. Biswas, D.K., Reza, A., 2000. Durjoge Amader Koronio (in Bengali), Proshika Manobik.

2. Chen, C., Liu, H., 2003. An unstructured grid, finite-volume, three-dimensional, primitive equation ocean model : application to coastal ocean and estuaries. J. Atmos. Ocean. Technol. 20, 159–186.

3. Chowdhury, A.M.R., Bhuyia, A.U., Choudhury, A.Y., Sen, R., 1993. The Bangladesh cyclone of 1991 : why so many people died. Disasters 17, 291–304.

4. Debnath, S., 2007. More shelter could save many lives, The Daily Star, 24 November 2007.

5. GOB, 2008. Cyclone Sidr in Bangladesh : Damage, Loss and Needs Assessment for Disaster Recovery and Reconstruction. Government of Bangladesh, Dhaka. Hasegawa, K., 2008. Features of super Cyclone Sidr to hit Bangladesh in Nov 07 and measures for disaster from results of JSCE investigation. In : Proc. WFEO-JFES-JSCE Joint Int. Symp. on Disaster Risk Management, Sendai, Japan, Science Council of Japan, pp. 51–58.

6. Ikeda, K., 1995. Gender differences in human loss and vulnerability in natural disasters : a case study from Bangladesh. Indian J. Gend. Stud. 2 (2), 171–193. http://dx.doi.org/10.1177/097152159500200202.

7. IPCC 4AR, 2007. Fourth Assessment Report (4AR) of the Intergovernmental Panel on Climate Change (IPCC).

8. IPCC 5AR SPM, 2013. Fifth Assessment Report Summary for Policy Makers (5AR SPM) of the Intergovernmental Panel on Climate Change (IPCC).

9. Karim, M.F., Mimura, N., 2008. Impacts of climate change and sea level rise on cyclonic storm surge floods in Bangladesh. Global Environ. Change 18, 490–500.

10. Knutson, T.R., Delworth, T.L., Dixon, K.W., Held, I.M., LU, J., Ramaswamy, V., Schwarzkopf, M.D., 2006. Assessment of twentieth-century regional surface temperature trends using the GFDL CM2 coupled models. J. Clim. 19, 1624–1651, September 2005.

11. Mallick, B., Vogt, J., 2009. Analysis of disaster vulnerability for sustainable coastal zone management : a case of Cyclone Sidr 2007 in Bangladesh. IOP Conf. Ser. : Earth Environ. Sci. 6, 352029. http://dx.doi.org/10.1088/1755-1307/6/5/352029.

12. Matsumoto, K., Takanezawa, T., Ooe, M., 2000. Ocean tide models developed by assimilating TOPEX/POSEIDON altimeter data into hydrodynamical model : a global model and a regional model around Japan. J. Oceanogr. 56 (5), 567–581.

13. Nicholls, R.J.N., Mimura, N., Topping, J.C., 1995. Climate change in South and Southeast Asia : some implications for coastal areas. J. Global Environ. Eng. 1, 137–154. 14. Ohira, K., Shibayama, T., 2012.

Comprehensive numerical simulation of waves caused by typhoons using a meteorology-wave-storm surge-tide coupled model. In : Proceeding of International Conference on Coastal Engineering, ICCE, Santander, 2012.

15. Paul, B.K., Rashid, H., Islam, M.S., Hunt, L.M., 2010. Cyclone evacuation in Bangladesh : tropical cyclones Gorky (1991) vs. Sidr (2007). Environ. Hazards 9 (1), 89–101.

16. Paul, B.K., 2009. Why relatively fewer people died? The case of Bangladesh's Cyclone Sidr. Nat. Hazards 50, 289–304.

17. Rowsell, E.C.P., Sultana, P., Thompson, P.M., 2013. The 'last resort'? Population movement in response to climate-related hazards in Bangladesh. Environ. Sci. Policy 27 (1), S44–S59, March 2013.

18. Shamsuddoha, M., Chowdhury, R.K., 2007. Climate Change Induced Forced Migrants : in need of dignified recognition under a new Protocol, Coastal Association for Social Transformation Trust (COAST Trust); Equity and Justice Working Group (EJWG), 2007, 32 p.

19. Shibayama, T., Tajima, Y., Kakinuma, T., Nobuoka, H., Yasuda, T., Ahsan, Raquib, Rahman, Mizanur, Shariful Islam, M., 2009. Investigation Report on the Storm Surge Disaster by Cyclone SIDR in Nov., 2007 in Bangladesh, (Transient Translation) (2008), Investigation Team of Japan Society of Civil Engineering.

20. Shibayama, T., Tajima, Y., Kakinuma, T., Nobuoka, H., Yasuda, T., Ahsan, Raquib, Rahman, Mizanur, Shariful Islam, M., 2009. Field survey of storm surge disaster due to Cyclone Sidr in Bangladesh. In : Proc. of Coastal Dynamics 2009, No. 129.

21. Tasnim, K.M., Shibayama, T., Esteban, M., Takagi, H., Ohira, K., Nakamura, R., 2014. Field observation and numerical simulation of past and future storm surges in the Bay of Bengal : case study of Cyclone Nargis. Nat. Hazards 75, 1619–1647. http://dx.doi.org/10.1007/s11069-014-1387-x.

CHAPTER 04 2008년 미얀마의 사이클론 나르기스로 인한 폭풍해일과 사이클론 이후 대비 활동

1. 서 론

나르기스(Nargis)가 상륙하기 전 미얀마는 방글라데시 및 인도와 같은 인근 국가와 비교하여 볼 때, 20세기 후반 동안 사이클론으로 인한 피해가 비교적 적었다. 사실상 지난 60년 동안 단지 11개의 심각한 열대성 저기압이 미얀마를 강타하였고 그중 2개는 아이야와디 삼각주(Ayeyarwady Delta)에 상륙하였다. 또한 이 지역은 2004년에도 인도양 지진해일의 영향을 받았지만 사망자(71명)는 주변 국가에 비해 비교적 적었던 반면, 미얀마 역사상 가장 최악의 자연재난인 사이클론 나르기스의 사망자 수는 138,000명을 넘었다(Shibayama 등, 2009; Shikada 등, 2012). 역사적으로 벵골(Bengal)만 주변 지역에서는 열대성 저기압에 의한 폭풍해일이 심각한 침수(浸水)·범람(汎濫)을 일으킨 몇 가지 사례가 있었다(Obashi, 1994). 1970년 볼라(Bhola), 1991년 고르키(Gorky) 및 2007년 시드로(Sidr)(Katsura and Cyclone Disaster Research Group, 1992; Hasegawa, 2008, 3장 참조)와 같은 사이클론은, 대부분 경우 벵골만의 중심부에서 발생된 기후체계가 북쪽으로 이동하여 방글라데시의 저지대 해안지역을 상륙하는데, 이때 폭풍해일과 침수를 동반하는 등 광범위한 지역을 범람시킨다. 위의 경우와는 달리 2008년 4월 말 발생한 사이클론 나르기스는 동쪽으로 이동 후 2008년 5월 2일 미얀마에 상륙하여 약 1천만 달러($)(118억 원, 2019년 6월 환율기준)에 달하는 경제적 손실 및 많은 사상자를 발생시켰는데, 미얀마 역사상 2번째로 처참한 사이클론이었다(Tasnim 등, 2014).

21세기에도 벵골만에서 발생한 열대성 저기압은 자주 미얀마 국민의 생명과 재산에 막대한 피해를 입혀왔다. 그러므로 열대성 저기압에 관한 빠르고 정확한 예측은 그 지역에 중요한 도전과제이다. 이 장에서는 폭풍조건하에서 해수면 상승의 시뮬레이션에 대한 기상-파랑-폭풍해일 및 조석과 결합한 수치시뮬레이션을 사용함으로써 열대성 저기압 나르기스를 추산(推算)하였다. 그와 동시에 IPCC 특별보고서 중 온실방출 시나리오인 A1B[1]를 감안하여 미래 22세기 전환기 시 벵골만의 기후변화로 인해 증강(增强)된 사이클론에 대한 시뮬레이션도 실시하였다.

이러한 사이클론의 시뮬레이션은 미래 기후변화로 인해 발생할 수 있는 문제의 잠재적 규모와 저지대 삼각주 해안 거주지의 재난대책 및 인식 개선의 필요성을 이해하는 데 중요하다.

2. 사이클론 나르기스와 현장조사

다음 절(節)은 사이클론 나르기스의 개요에 대한 설명으로 사이클론 통과 후 저자가 실시한 현장조사로 해안지역의 침수고 및 피해를 측정하였다.

2.1 사이클론 나르기스 개요

사이클론 나르기스는 벵골만 중심부에서 열대저기압(TD, Tropical Depression)으로 시작하였는데, 2008년 4월 27일에는 열대폭풍(TS, Tropical Storm)으로 확인되었다. 원래 이 폭풍은 인도 쪽인 북서쪽으로 향하였으나 빠르게 강화되어 24시간 내에 심각한 사이클론 폭풍우로 상향조정되었다. 그러나 4월 29일 수직 윈드시어(Wind Shear)[2] 상승으로 12UTC(협정세계시, Universal Time Coordinated)일 때 폭풍우 시스템이 정지되어 이틀 동안 거의 정지 상태를 유지했다. 그 당시 나르기스는 조금 약화되어 인도 아대륙(印度 亞大陸)[3]으로부터 떨어져 동쪽으로

---

1   A1B 시나리오 : 2000년 발표된 기후변화에 관한 정부협의체(IPCC)의 기후변화시나리오인 SRES 시나리오는 4개 시나리오(A1, A2, B1, B2)로 나뉘며, A1 시나리오는 세계 경제의 매우 급속한 성장, 금세기 중반에 최고에 도달할 지구촌 인구, 새롭고 좀 더 효율적인 기술의 급속한 도입을 가정하였고, 기술변화 방향에 따라 화석 집약적(A1FI), 비화석 에너지 자원(A1T), 모든 자원 간의 균형(A1B)으로 나누었다.

2   윈드시어(Wind Shear) : 갑작스럽게 바람의 방향이나 세기가 바뀌는 현상을 말한다.

움직이기 시작하였다(Yu와 Mcphaden, 2011). 나르기스가 새로운 방향(벵골만 북서쪽 → 동쪽)으로 움직이자 다시 강화되어 태풍 눈은 2008년 5월 1일 04UTC경 뚜렷하였다(Mohanty 등, 2010). 나르기스는 남부 미얀마에 다다를 때인 5월 2일 06~12UTC경 사피어−심슨 허리케인 등급4(SSHS, Saffir-Simpson Hurricane Scale) 중 등급 4 태풍으로서 최대 강도에 도달하였다. 미국 합동태풍경보센터(JTWC, Joint Typhoon Warning Center)가 예측한 최소 중심기압은 937hPa이고, 인도양의 지역특별기상센터(RSMC, Regional Specialized Meteorological Center)에서 예측한 최소중심기압은 962hPa이었다. RSMC 관측에 따르면 피크 풍속은 47m/s였다. 나르기스가 동쪽으로 이동하여 미얀마 해안에 도달하자, 대규모 피해를 입힌 6m가 넘는 폭풍해일을 발생시켰고, 호우와 강풍으로 인해 더욱더 강화되어 대규모 피해를 발생시킴에 따라 상륙 후 24시간이나 그 강도를 유지하였다.

2.2 사이클론 후 현장조사

사이클론 나르기스가 미얀마 해안을 강타한 지 일주일 후 이 장(章)의 저자 중 두 사람은 양곤(Yangon)강 유역 주변 가장 심한 피해를 보았던 일부 지역에 대해 2008년 5월 15일부터 5월 11일까지 현장조사를 실시하였다. 현장활동 영역은 사실상 그 당시 미얀마 군사정부가 시행한 강력한 제재(制裁) 때문에 양곤시와 주변 지역으로 한정되었다. 조사목적은 해일고 관측 및 지역주민과의 설문조사를 실시함으로써 이런 심각한 형태의 사이클론 재난 메커니즘과 파괴형태를 파악하는 것이었다(Shibayama 등, 2009). 2009년 Shibayama 등에 따르면 대부분의 미얀마 남부 저지대는 내륙 수십 km까지 침수되었는데, 폭풍해일이 피해의 주요 원인이었다. 폭풍해일로 인한 수위는 대략 3~4m로 높고 양곤강의 하구로부터 약 50km 내륙까

---

3   인도 아대륙(印度 亞大陸, Indian Subcontinent) : 다른 말로는 인도반도(印度半島)라 부르며 현재 남아시아에서 인도, 파키스탄, 방글라데시, 네팔, 부탄, 스리랑카 등의 나라가 위치한 지역으로서, 지리적으로 북동쪽은 히말라야산맥, 서쪽은 아라비아해, 동쪽은 벵골만으로 둘러싸여 있다.

4   사피어−심슨 허리케인 등급(SSHS, Saffir-Simpson Hurricane Scale) : 허리케인의 지속적인 풍속을 기준으로 등급 1~5(등급 1 : 평균풍속(33~42m/s, 119~153km/h), 파고(1.2~1.5m), 중심기압(980~989hPa), 등급 2 : 평균풍속(43~49m/s, 154~177km/h), 파고(1.8~2.4m), 중심기압(965~979hPa), 등급 3 : 평균풍속(50~58m/s, 178~209km/h), 파고(2.7~3.7m), 중심기압(945~964hPa), 등급 4 : 평균풍속(56~69m/s, 210~249km/h), 파고(4.0~5.5m), 중심기압(920~944hPa), 등급 5 : 평균풍속(≥70m/s, ≥250km/h), 파고(≥5.5m), 중심기압(≤920hPa)으로 나눈 것으로 이 등급으로 잠재적 재산 피해를 추정하며, 등급 3 이상에 도달하는 허리케인은 상당한 인명손실과 손상의 가능성 때문에 주요 허리케인으로 간주하지만, 등급 1과 2의 폭풍은 여전히 위험하며 예방 조치를 필요로 한다.

지 영향을 미쳤다. 또한 폭풍해일을 동반한 2m 이상의 고파랑(Shibayama 등, 2009; Tasnim 등 2014)은 해안지역 피해를 가중시켰다.

양곤항(그림 1의 지점 A : N16°46'5.2", E96°9'43.5")에서의 폭풍해일고는 그림 2(a)에 나타낸 바와 같이 하천제방 마루 위 약 1.2m이었다. 폭풍해일이 항구지역을 범람시켜 여러 보트를 손상을 입히고 침몰(沈沒)시켰다. 고수위(高水位)는 대략 4일 동안 계속되었다. 하구로부터 27km 상류에 있는 틸라와(Thilewa)항(그림 1의 지점 H : N16°39'35.13", E96°15'28.49")에서 측정한 최고수위는 3.36m로 그림 3에 나타나 있다. 쓰레기로부터 추정한 처오름고는 1.16m이었고 최대 파랑 처오름과 비말(飛沫)은 지역주민의 인터뷰에 근거하여 예측할 수 있었다(그림 3 참조). 하구로부터 43km 떨어진 바고(Bago)강의 남쪽제방(그림1의 지점 G : N16°46'58.84", E96°14'1.61")에서 많은 보트가 급류(急流)에 의해 육지로 밀려가 폭풍이 지난 후도 꼼작 못하게 되었다. 수위는 최대 침수위와 거의 비슷하였고 고수위는 4~5시간 계속되었다(그림 (b), Shibayama 등, 2009).

침수의 역류(逆流)로 인한 대규모 국소세굴이 이 지역에서 발견되었다. 라킨 체인(Rakhaine Chain) 마을(그림 1의 지점 D : N16°39'37.5", E96°11'11.6", 하구로부터 29km)에서는 관개수로를 통과하여 논밭에 도달한 폭풍해일은 논밭을 침수시켰다(그림 4에서 침수고 1.5m를 기록하였다. Shibayama 등, 2009; Tasnim 등, 2014).

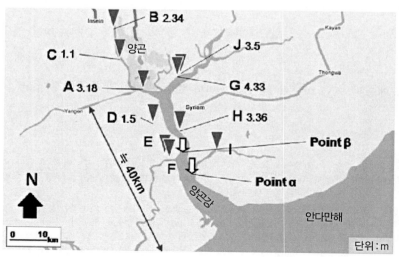

그림 1 다양한 지점에서의 현장조사 지점 및 관측한 폭풍해일고(단위 : m)(Shibayama 등, 2009)

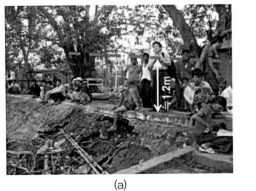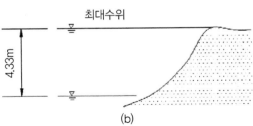

그림 2 (a) 양곤강의 폭풍해일고 측정(하천제방 마루 위 약 1.2m), (b) 바고강 좌측 제방에서 하천수면을 기준으로 관측한 최대수위는 4.33m(Shibayama 등, 2009)

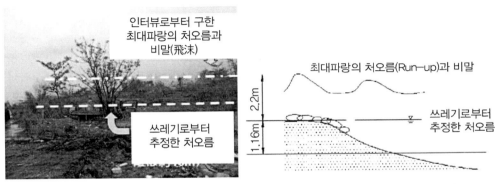

그림 3 관측한 최대수위가 3.36m인 틸라와항의 폭풍해일고 관측(Shibayama 등, 2009)

그림 4 (a) 라키 체인(Rakhaine chain) 마을의 홍수, (b) 라케곤(Latkegon) 인근 마을의 폭풍해일 피해(Shibayama 등, 2009)

사이클론 기간 동안 양곤에서 심한 강우가 없었지만, 본류(本流)로부터 지류(支流)나 수로(水路)를 통해 거슬러 올라간 폭풍해일 소상(遡上)으로 내륙지역에서 침수가 발생하였다. 지역주민과의 인터뷰에 따르면 사이클론 나르기스가 미얀마를 내습하였을 때 지역주민들 대부분은, 특히 해안 저지대에 거주하는 주민들은 사이클론이 미얀마에 심각한 위협임에도 불구하고 대피하지 않았다. 이와 관련된 주된 이유 중 하나는 늦은 밤부터 이른 아침까지 양곤과 그 교외(郊外)를 지나온 사이클론의 타이밍(Timing)으로 인해 사람들 대부분은 다가올 사이클론과 폭풍해일이 초래한 위험을 알지 못했다. 일반적으로 벵골만 위로 일 년 중 4~5월경에 발생하는 열대성 저기압은 일반적으로 북쪽으로 진행하여 벵골만 북쪽 해안에 상륙한다. 그러나 이례적으로 사이클론 나르기스는 동쪽 경로로 진행하였으므로, 그쪽의 주민들과 관계 당국이 대비를 하지 못한 채 나르기스와 직면(直面)하였다. 게다가 자주 태풍이 강타하였던 방글라데시 및 인도와 같은 인접 국가들과 비교하여 단지 비교적 적은 수의 사이클론(매 10년간 평균 대략 2번쯤)만이 미얀마의 남부 해안을 내습하였지만, 어느 사이클론도 나르기스만큼 위협적이지 않았다. 그 결과 폭풍해일에 대한 인식(認識)을 거의 갖지 않거나 없었던 주민들은 그들이 직면한 리스크를 깨닫지 못하였다(Tasnim 등, 2014).

이후에도 Fritz 등(2010) 및 Okayasu 등(2009)이 아이야와디 삼각주에서 상세한 현장조사를 실시하였다. Fritz 등(2010)에 따르면 최대폭풍해일은 핀사루(Pyinsalu)에서 발생하였는데, 이곳은 사이클론이 상륙했던 지점으로 폭풍해일고가 5m가 넘었다. Okayasu 등(2009)의 조사에서 라부타(Labutta) 타운십(Township)의 최대침수고가 4.7m라는 것을 알아냈다.

3. 수치모형실험(수치시뮬레이션)

3.1 계산조건

사이클론 나르기스로 인한 폭풍해일의 수치모형실험에서 3장에서 언급한 바와 같이 동일한 기상-파랑-대양-조석 결합모델을 사용하였다. 동일한 방법으로 수치시뮬레이션을 하였는데, 사이클론 경로 및 강도는 WRF ARW, 폭풍해일은 FVCOM 모델, 파랑은 SWAN 모델을 사용하였다. 그림 5는 모델 도메인, 표 1은 사이클론 나르기스(Nargis)에 대한 계산조건을 나타낸다.

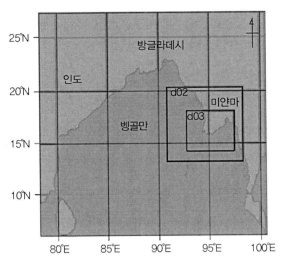

그림 5 3개의 도메인을 가진 WRF ARW 수치시뮬레이션에 사용되는 모델 도메인. 도메인 3(d03)은 폭풍해일과 파랑 수치시뮬레이션을 위한 연산(演算) 도메인으로 사용

표 1 WRF ARW에 대한 수치시뮬레이션 조건(Tasnim 등, 2014)

	시간(UTC : 협정세계시, Universal Time Coordinated)	(I) 2008년 4월 30일 12UTC~2008년 5월 5일 00UTC
사이클론 나르기스	도메인 수	3
	지역	(I) 5°N-27°N, 78.0°E-100.5°E (II) 13°N-20.3°N, 90.8°E-98.25°E (III) 14.04°N-17.86°N, 92.7°E-97.18°E
	모 격자비(母 格子比)	1 : 3 : 3
	네스팅(Nesting) 종류	2-웨이(Way)
	수평격자	(I) 150×150, (II) 151×151, (III) 270×240
	수평해상도	(I) 16,650m, (II) 5,550m, (III) 1,850m
	도법(圖法)	메르카토르(Mercator)
	시간 스텝	(I) 30s(초), (II) 15s(초), (III) 5s(초)

향후 이 지역에서 사이클론이 초래할 수 있는 특성과 피해를 이해하기 위해, 그리고 특히 지구기후변화로 예상되는 미래변화를 고려했을 때, 사이클론 나르기스와 동일한 2100년 미래 사이클론을 수치시뮬레이션하였다. 기본원리는 모든 사이클론 매개변수를 일정하게 유지시켜야 하며 지역적으로 미래 온난한 기후를 나타내기 위하여 일정 한도의 해수면 온도를 상승시켜야 한다. 이렇게 해야만 이론적으로 나르기스와 같은 재현기간을 가진 사이클론의 결정이 가능하다. 그러한 사이클론의 기상계(氣象系)는 Ohira와 Shibayama(2012)이 제안한 기

본방법론을 사용하여 시뮬레이션하였으며, 기후변화에 관한 정부 패널(IPCC) 특별 보고서의
배출 시나리오 A1B를 고려하였다. 이 시나리오에 따르면 대기 중 CO_2 농도는 2100년에 인구
저성장, GDP[5]의 고성장, 높은 에너지 사용, 낮은 토지이용 변화, 중간자원의 가용성과 효율
적인 신기술 도입 등 때문에 720ppm에 도달할 것이라고 한다. 또한 이 시나리오에서 Meehl
등(2007)은 2100년에 벵골만 주변 해수면 온도(SST, Sea Surface Temperature)가 지금보다 +
2.2℃만큼 상승할 것이라고 예상하였다. 또한 저자들은 0.35m의 매우 완만한 평균해수면 상
승세를 예상했는데(Tasnim 등, 2014), 이 수치는 IPCC 5차 평가 보고서(IPCC 5AR)에서 주어
진 예측치보다 낮지만 미래 잠재적 폭풍해일로 인한 위험을 개별적으로 이해하게끔 한다.
그림 6은 미래 사이클론을 시뮬레이션시킨 수치모형실험단계를 나타낸다.

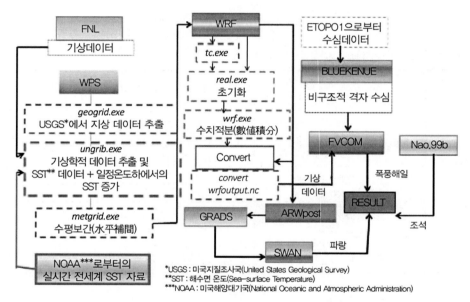

그림 6 미래 사이클론을 시뮬레이션하기 위한 수치시뮬레이션 단계

---

5   국내총생산(國內總生産, Gross Domestic Product) : 외국인이든 우리나라 사람이든 국적을 불문하고 우리나라 국경 내에
     서 이루어진 생산 활동을 모두 포함하는 개념으로, 우리나라는 물론 전 세계 대부분의 국가의 생활수준이나 경제성장
     률을 분석할 때 사용되는 지표이다.

4. 수치모형실험(수치시뮬레이션) 결과

4.1 사이클론 경로 및 강도

WRF ARW는 특히 경로 및 강도에서 열대성 사이클론인 나르기스를 잘 추산(推算)하였다. 초기조건인 4월 30일 12UTC경에 모델의 시뮬레이션화한 경로 및 강도는 관측한 경로 및 강도와 매우 근접하다. 초기화한 지 12시간 지난 후 시뮬레이션된 경로는 사이클론이 육지에 상륙할 때까지의 시뮬레이션 기간과 잘 일치한다. 그러나 상륙 이후 시뮬레이션경로는 JTWC 관측경로로부터 서서히 벗어났다. 그림 7은 사이클론 나르기스에 대한 JTWC의 관측경로와 WRF 모델로 수치시뮬레이션시킨 경로를 나타낸 것이다. 강도(强度) 측면에서 모델은 사이클론의 최대풍속 및 중심기압 모두 잘 모의화(模擬化)시킨 인도 기상청(IMD, Indian Meteorological Department) 관측치와 잘 일치한다. 시뮬레이션 WRF의 최저기압은 961hPa이고 최대풍속은 45m/s이었다. 시뮬레이션된 모델의 상륙시간은 5월 2일 10UTC경으로 단지 38km 오차를 가져 과거 실제 상륙시간과 잘 일치한다. 그림 8은 사이클론 나르기스가 미얀마에 상륙할 때의 수치시뮬레이션 압력장(壓力場)과 풍속장(風速場)을 나타낸 것이다. 그림 9와 10은 해수면에서 중심기압 및 최대풍속의 관측치와 계산치에 대한 시간발전(時間發展)을 각각 나타낸 것이다.

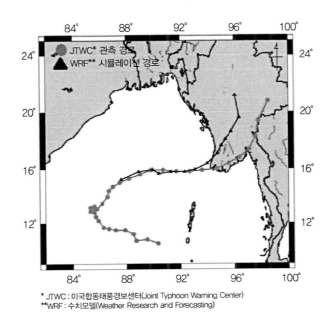

* JTWC : 미국합동태풍경보센터(Joint Typhoon Warning Center)
**WRF : 수치모델(Weather Research and Forecasting)

그림 7 JTWC에서 관측한 2008년 사이클론 나르기스의 진로 및 WRF 수치시뮬레이션 경로(Tasnim 등, 2014)

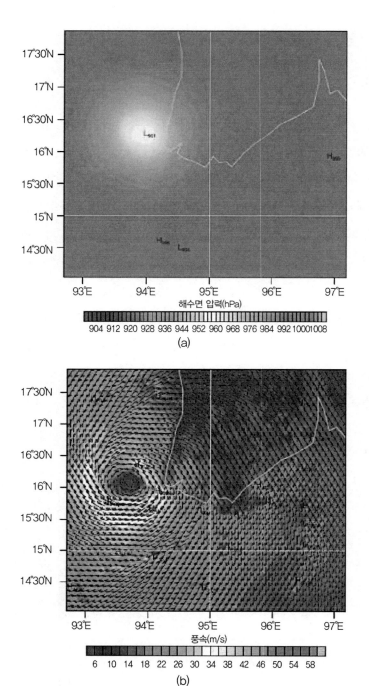

그림 8 WRF ARW는 상륙 전 사이클론 나르기스로 인한 (a) 압력장과 (b) 풍속장의 수치시뮬레이션(Tasnim 등, 2014)

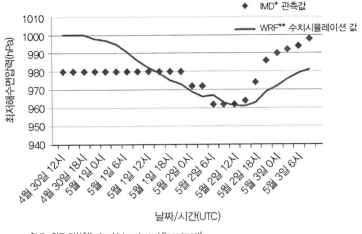

*IMD : 인도 기상청(Indian Meteorological Department)
**WRF : 수치모델(Weather Research and Forecasting)

그림 9 해수면에서 관측 및 수치시뮬레이션한 중심압력의 시간발전(時間發展)(Tasnim 등, 2014)

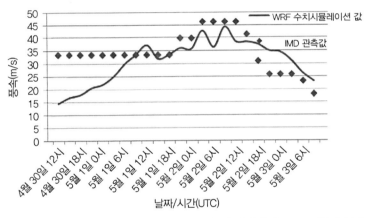

그림 10 관측 및 수치시뮬레이션한 최대풍속의 시간발전(Tasnim 등, 2014)

미래 2100년 잠재적(潛在的) 사이클론인 경우 WRF가 예측한 사이클론 강도는 2008년 사이클론 나르기스의 강도보다 훨씬 강하다. 모델은 최저기압을 922hPa(2008년 나르기스 경우보다 39hPa만큼 낮음), 최고풍속은 60m/s로 예측하였다. 미래 사이클론의 예측경로는 2008년 경로보다 조금 벗어나지만 거의 초기단계와 같은 기상계(氣象系) 발달 및 동일한 사이클론 경로를 따른다. 하지만 기상계는 2008년 나르기스와 거의 정확히 같은 장소에서 약 2시간 빨리 육지에 상륙하기 위해 다시 경로를 바꾼다. 비교적 일찍 상륙하는 것은 아마 SST(Sea

Surface Temperature)[6]의 증가로 인한 것인데, 이것은 미래 사이클론의 급격한 강도강화를 일으킨다. 그림 11은 2008년 나르기스와 미래(2100년) 사이클론 모두에 대한 사이클론 경로를 나타낸다. 그림 12(a) 및 (b)는 미래 사이클론에 대해 WRF로 수치시뮬레이션시킨 압력장(壓力場)과 풍속장(風速場)을 나타낸 것으로 만약 미래에도 SST가 계속 증가한다면 미래 사이클론은 더욱 강력해질 것이다. 그림 13 및 14는 강도(사이클론의 중심압력 및 풍속)에 따른 2008년 나르기스와 미래 잠재적 사이클론와의 비교를 나타낸 것으로 사이클론들이 기상계(氣象系)의 생애를 통하여 어떻게 강해지는 것을 예측할 수 있으며 상륙 후 그들의 강도가 장기간 유지하는가를 보인다.

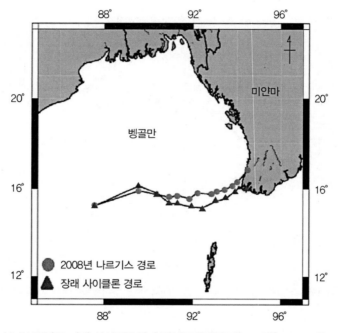

그림 11 2100년도 미래 사이클론의 수치시뮬레이션 경로 모델(Tasnim 등, 2014)

---

6   해수면온도(海水面溫度, SST, Sea Surface Temperature) : 해수표층에서 관측되는 수온을 말한다.

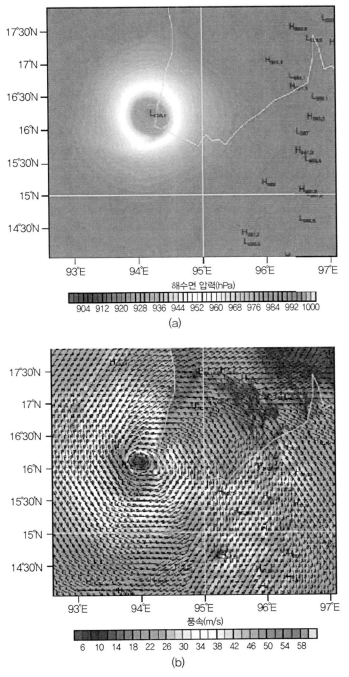

그림 12 WRF ARW의 미래 사이클론 상륙 시 사이클론으로 인한 (a) 압력장과 (b) 풍속장의 수치시뮬레이션
(Tasnim 등, 2014)

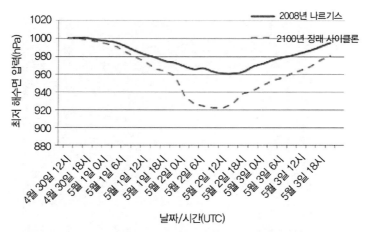

그림 13 2008년 사이클론 나르기스와 2100년 미래 잠재적 사이클론으로 인한 해수면에서의 중심압력 비교 (Tasnim 등, 2014)

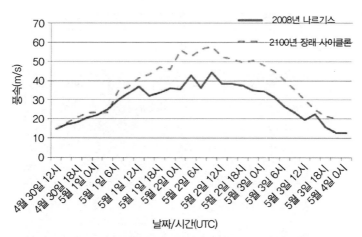

그림 14 2008년 사이클론 나르기스와 2100년 미래 잠재적 사이클론으로 인한 최대풍속 비교(Tasnim 등, 2014)

4.2 현재 및 미래 잠재적 사이클론으로 인한 폭풍해일

FVCOM 모델은 2008년 사이클론 나르기스 동안 폭풍해일(양곤강의 최대폭풍해일 2.5m, 아이야와디 삼각주의 최대폭풍해일 2m)을 양호하게 시뮬레이션하였다. 그림 15는 폭풍해일 및 수위를 관측한 지점을 나타내었고(Tasnim 등, 2014), 그림 16은 아이야와디 삼각주 (Ayeyarwady Delta) 및 양곤강(Yangon River) 유역에서 FVCOM으로 폭풍해일을 수치시뮬레이션 시킨 결과이다. 수치모델 검증을 위해 파랑, 해일 및 조석으로 시뮬레이션시킨 총수위와

그림 15 아이야와디 삼각주와 양곤강 유역의 폭풍해일 및 수위 관측지점

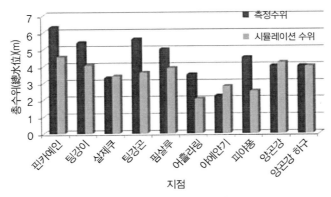

그림 16 아이야와디 삼각주와 양곤강 유역의 여러 지점에서 관측한 최고 수위와 수치시뮬레이션 수위와의 비교 (Tasnim 등, 2014)

2010년 Fritz 등의 아이야와디 삼각주 및 2009년 Shibayama 등의 양곤강 유역에서 실시한 현장조사 시 관측한 최고수위를 비교하였다.

2010년 Fritz 등과 2009년 Shibayama 등이 실시한 현장조사에 따르면 아이야와디 삼각주의 해안지역은 폭풍해일이 해안선을 따라 도달하기 전 호우(豪雨)로 인하여 침수되었다. 사이클론 나르기스가 미얀마에 접근하자 강풍으로 발생된 고파랑(高波浪)이 해안지역을 내습하였지만 삼각주 지역이 이미 침수되어 고파랑은 소산(消散)되지 않았으므로 침수위 상에 고파랑이 중첩(重疊)되었다(Tasnim 등, 2014). 그 결과 대부분의 아이야와디 삼각주 지역에서 2m가 넘는 고파랑과 폭풍해일고가 중첩되었다(Fritz 등, 2010). 관측된 최대수위고(폭풍해일 및 고파랑이 중첩되었다.)와 비교하기 위하여 총수위를 검토하였는데, 총수위에는 풍파셋업(Wind

Wave Set-up), 폭풍해일 및 조석과 함께 파랑진폭(Wave Amplitude)을 포함한다. 파고(波高)는 파랑진폭의 2배이며 파랑진폭은 연안 유의파고(有義波高)[7]의 1/2배로 산정하였다. 물론 SWAN 모델에서도 파랑셋업(Wave Setup)을 고려하였다(Tasnim 등, 2014).

미얀마 해안 대부분 지점에서 관측한 최고수위는 2.3~6.3m인데 반하여 시뮬레이션 총수위는 2~4.6m 범위 내에 있었다. 관측치와 계산치 사이의 이런 차이가 생긴 것은 몇 가지 이유가 있다. 첫째 앞서 설명한 바와 같이 사이클론 나르기스 통과 시 장시간 아이야와디 삼각주 전 지역에 호우가 내려 이것이 해안침수에서 큰 역할을 하였다. 그러나 강우 및 하천 유량은 현재 수치모형실험에서 고려하지 않아 그 차이의 일부를 설명할 수 있으나, 향후 연구에서 이러한 영향을 심도 있게 조사할 필요가 있다. 또한 나르기스 상륙 후 실제관측 및 수치시뮬레이션 사이클론 경로와의 사이에 일부 차이가 있었는데, 폭풍해일이 사이클론 경로에 많은 영향을 미치므로 관측수위와의 차이가 생겼다. 그림 17은 2008년 사이클론 나르기스의 상륙지점에서 Fritz 등이 실시한 현장조사 시 관측한 최고수위와 시뮬레이션된 조석, 해일 및 총수위를 나타낸 것이다. 이 지점에서 시뮬레이션된 총수위는 4.55m로 관측최고수위인 6.3m보다 훨씬 적다.

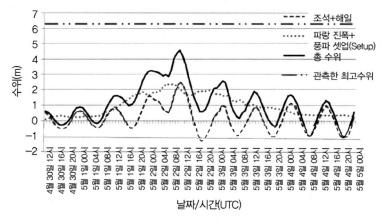

그림 17 Fritz 등(2010)의 현장조사 중 관측한 최고수위와 2008년 사이클론 나르기스로 인한 핀카예인 (Pyinkayaine)에서의 수치시뮬레이션된 조석(潮汐), 해일, 파랑 및 총수위(Tasnim et al., 2014)

---

[7] 유의파고(有義波高, Significant Wave Height) : 불규칙한 파군을 편의적으로 단일한 파고로 대표한 파고로서, 하나의 주어진 파군 중 파고가 높은 것부터 세어서 전체 개수의 1/3까지 골라 파고를 평균한 것으로, 삼분의 일(1/3) 파고 또는 Characteristic Wave Height라고도 하며, 해안·항만구조물 설계에 적용하기도 한다.

기후변화로부터 초래된 미래 잠재적 SST 증가는 2100년 나르기스에 해당하는 미래 사이클론의 강도를 매우 강화시킬 것으로 예상되므로 그림 18에서 볼 수 있듯이 모든 지점에서 해일고는 2008년 나르기스 해일고의 두 배 이상 높아질 것이다. 양곤강 유역의 폭풍해일이 3~4m인 반면, 아이야와디 삼각주 지역의 폭풍해일은 3~5m 범위 내에 있다. 미래 2100년 사이클론 동안의 기압강하는 2008년 나르기스 동안 실제로 발생한 기압강하보다 39hPa만큼 낮아, 결과적으로 풍속이 매우 세어질 것이다. 따라서 기후변화하에서 대부분의 폭풍해일 증가는 해상풍에 기인(起因)한 해일증가일 것이다(Tasnim 등, 2014). 즉, 높은 풍속은 주택과 기반시설의 피해 가중, 구호활동 장해 및 복구작업에 대한 미래 피해를 야기(惹起)시켜 폭풍해일에 따른 제반 문제를 악화시킬 것이다(그림 19).

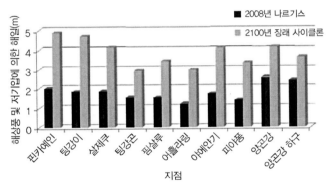

그림 18 FVCOM의 2008년 사이클론 나르기스뿐만 아니라 미래 2100년 잠재적 사이클론에 대한 아이야와디 삼각주와 양곤강 유역에서의 여러 지점에서 해일(해상풍 및 저기압에 의한 해일) 수치시뮬레이션(Tasim 등, 2014)

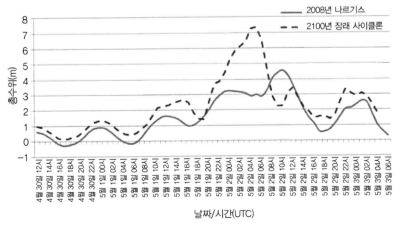

그림 19 2008년 사이클론 나르기스의 총수위와 2100년의 미래 잠재적 사이클론에 대한 수치시뮬레이션(Tasnim 등, 2014)

5. 나르기스 후 미얀마에서의 재난관리 대비 활동

지난 60년 동안 11개의 심각한 열대성 저기압이 미얀마(Myanmar)를 강타하였는데, 이 중 2개만이 아이야와디 삼각주에 상륙하였다(나르기스 이후 합동평가단(Post Nargis Joint Assessment), 2008. 7.). 방글라데시 및 인도와 같은 인접국가와 비교하여 나르기스 내습 전 미얀마에 피해를 유발시킨 사이클론은 비교적 소형 사이클론이었다(Fritz 등, 2010). 나르기스 통과 기간 동안 대부분의 아이야와디 삼각주 거주민들은 폭풍해일로부터 발생할 수 있는 피해를 과소평가하여 제시간에 대피하지 않았다. 게다가 대부분의 사람들은 사이클론 대비에 대한 사전교육 및 훈련부족 때문에 어떻게 준비해야 하는지 언제, 어디로 대피해야 하는지 몰랐다(PNPR I-IV(2008-2010)). 사이클론 영향이 미칠 지역사회는 다가올 사이클론의 위험을 깨달았을 때는 이미 때가 늦었다. 심한 피해를 입은 주요 원인 중 하나는 구호물자를 보급을 저해하는 물류문제(物流問題)였다. 쓰레기가 주요 도로 및 주요 하천에 쌓여 있어 구호물자 인도(引渡)가 지연(遲延)되는 바람에 멀리 떨어진 외딴마을에 사는 많은 사람이 사망하였다. 그러므로 사이클론 나르기스로부터 얻은 주요 교훈 중 하나는 미얀마에서 지역사회 차원의 재난 리스크 저감(DDR, Disaster Risk Reduction)에 대한 인식의 필요성을 절감(切感)했다는 것이다(Shikada 등, 2012, 그림 20).

그림 20 사이클론 나르기스가 미얀마를 강타한 지 1년 후에 아이야와디 삼각주 지역에 신규 건축된 주택과 마을의 항공사진(사진 출처 : Ryo Matsumaru)

나르기스 이후 여러 조직들이 재난관리활동에 참여하여 재난복구과정에 괄목할 만한 진전이 있었다(Shikada 등, 2012, 그림 21). 사이클론 피해를 입은 사람들을 위해 설계된 주택의 건축 시 좋은 품질의 자재를 사용하여 주택성능을 향상시켰다. 폭풍해일 및 다른 자연재난으로부터 리스크를 경감시키기 위하여 9개의 인공언덕(Man-made Hillock)을 마을에 건설하였다. 맹그로브 인공림 조성을 추진 중이며 일부 마을 주위에는 방풍(防風) 인공림(人工林)을 조성 중이다. 스위스 개발 협력－인도주의적 지원(SDC-HA, the Swiss Development Cooperation-Humanitarian Aid)은 아이야와디 삼각주의 농촌지역에 사이클론 대피소로 활용할 수 있는 42개 학교를 신축하였다. 각 대피소는 700~1,000명을 수용할 수 있으며 상수도 및 남성·여성을 위한 화장실을 구비하고 있다. 일본 그랜드 지원 프로젝트에 따라 일본 국제협력기구(JICA, the Japan International Cooperation Agency)는 보갈레(Bogale) 및 라부타 타운십(Labutta Township)에 사이클론 대피소 개수로 두 배인 13개 초등학교를 신축(新築)하였다.

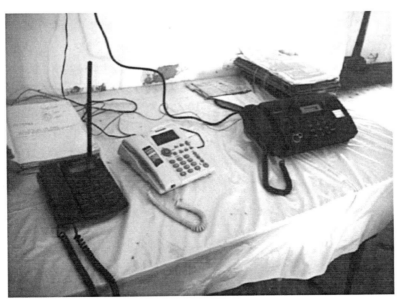

그림 21 라부타 타운십의 재난관리활동(사진 출처 : Ryo Matsumaru)

나르기스 바로 직후 수많은 국제조직이 복구과정에 있는 지역사회의 역량을 강화하기 위하여 공동협력하였다. 이런 조직들에는 CWS, SEEDS Asia, 미얀마 엔지니어링협회(MES, the Myanmar Engineering Society), Mingalar Myanmar, Myanmar Marketing Committee와 METTA 재단이 있다. 몇 가지 훈련 및 인식 제고 활동은 장기간 지속가능한 지역사회의 개발 및 역량 구축을 위해 '더 잘 짓자'라는 철학 아래에서 도입되었다(27장 참조). 이 프로젝트는 3가지로 구성되어 있다. 첫째는 '학교 안전'으로 학교 및 도로, 담장과 같은 주변 시설물의 물리적 개선을 포함하며 학생들, 선생님, 지역사회 및 지방자치단체 공무원에 대한 재난 리스크 저감 훈련을 실시하는 것이다. 둘째는 '한마을에 한 개의 대피소'로 지역학교 선생님과 지역사회 구성원, 지방자치단체와 학생들에게 조기 예·경보 시스템에 대한 교육 및 훈련을 제공하는 것이다. 세 번째는 '이동 및 수자원 지식센터'로 외딴 지역사회에 교육설비를 갖춘 이동식 트럭과 보트를 제공하여 재난위험경감훈련을 실시하는 것이다. 미얀마 교육부는 사이클론 나르기스 전에 재난교육에 관한 작은 노력을 시행하였지만, 이제는 재난 리스크 저감(DDR, Disaster Risk Reduction) 교육을 정규수업과정에 편성시키려고 한다. 재난위험저감교육은 이제 과학, 영어, 지리 및 기술과목과 함께 시너지 효과를 발휘할 것이다(Shikada 등, 2012; MAPDRR, 2009).

사이클론 대책으로 보면 미얀마는 아직 초보적인 계획 단계로 여러 구조적 및 비구조적 대책을 다가오는 해에 시행하려고 한다. 지역사회에 제공된 기존 훈련프로그램은 일반적인 재난 리스크 저감 프로그램과 함께 그것을 이용하는 사람들이 익숙해지는 것을 기본목표로 1일 교육으로 구성되어 있다(Shikada 등, 2012). 이러한 형태의 교육은 장기적으로 지속적인 공감대 형성 활동이 지역사회의 복원성을 높이므로 더 높은 우선순위로 두어야 한다. 또한 아직 많은 수의 사이클론 대피소가 불충분하고 사이클론 예·경보 및 대피 시스템은 현재에도 개발 중이다. 사이클론 나르기스 경험으로 볼 때 미얀마는 폭풍우가 다가오면 무엇을 해야 할지에 대한 분명하고 명확한 재난인식을 가지고 현대적이고 효과적인 사이클론 예·경보 시스템의 설계에 초점을 맞춰야 한다. 특히 폭풍이 내습하면 대피가 곤란한 장소인 복잡한 하천지역 내 제방 근처에 사는 사람들의 조기대피에 대해서 특별한 관심을 가져야만 한다.

6. 결 론

이 장에서는 2008년 미얀마에서의 사이클론 나르기스로 인한 피해발생 후 양곤강 유역 주변에서 실시한 현장조사 개요를 나타내었다. 폭풍해일로 인한 수위는 3~4m로 높고 양곤강 하구로부터 50km 상류까지 소상(遡上)하였다는 것이 현장조사에서 밝혀졌다. 폭풍해일은 강과 소규모 수로를 통하여 내습하여 대부분 논들과 마을로 구성된 광범위한 지역을 침수시켰다. 지역주민과의 인터뷰에서 피해지역의 사람들은 잠재적 사이클론 위협에 대한 낮은 수준의 인식을 가져 완전히 대비하지 못하였는데, 이로 인해 사이클론 나르기스 발생 시 대규모 인명손실을 입었다.

WRF ARW 수치모델을 사용한 기상계(氣象系) 시뮬레이션에 근거한 결합모델은 과거 사이클론 나르기스를 추산(推算)하기 위해 사용하였다. WRF－SWAN－FVCOM－조석 결합모델은 JTWC가 관측한 상륙지점에서 단지 38km 벗어나는 것 이외에 실제 사이클론 나르기스 경로 및 강도 사이에 양호한 일치를 보였다. 수치모델은 아이야와디 삼각주와 양곤강 유역 근처 다른 지점에서 관측한 수위와 해일 및 조석으로 인한 시뮬레이션 수위를 비교함으로써 검증할 수 있었다. 수치모델의 총수위(파랑, 해일 및 조석으로 구성된다.)는 2~4.6m 범위 내에 있고 관측한 최대수위는 장소에 따라 2.3~6.3m 사이에 있었다.

게다가 IPCC의 A1B 시나리오에 따라 미래 2100년 사이클론 거동에 대한 기후변화 및 해수면 상승의 영향을 조사하였다. 미래 2100년의 예상 사이클론은 2008년 기록적인 나르기스 사이클론보다 상륙 후 더 오래 높은 강도를 가진다. 만약 과감한 적응전략(대규모 해안제방의 건설과 같은)을 실시하지 않는다면, 미래 SST(Sea Surface Temperature) 상승은 높은 해상풍 및 기압을 유발시켜 5m나 높은 폭풍해일을 발생시키고, 고파랑과 중첩되어 미얀마 해안지역은 훨씬 높은 침수고로 범람될 것이다.

기후변화로 저지대 삼각주 지역에서 발생할 심각한 폭풍해일과 미래 사이클론에 대비하여 이 지역에 살고 있는 지역사회의 복원성을 향상시킬 필요성을 강조하였다. 또한 사이클론 나르기스 이후 미얀마에서의 대책활동에 대한 전체적인 논의를 하였다. 미래 사이클론에 대비하기 위하여 미얀마는 재난관리전략에 대한 계획수립 및 실행 모두를 가속화시켜야만 한다. 사람들이 대피하기 위한 많은 사이클론 대피소 건설은 물론 예·경보 및 대피 프로그램에 많은 관심을 기울여야만 한다. 그런 사이클론 피해를 어떻게 경감시키는가에 대한 모범역할을 하는 인도 및 방글라데시와 같은 인접국가의 경험을 뒤좇아 미얀마 지역사회는 사이클론 경계 및 대피프로그램에 적극적으로 참여하여야만 한다.

참고문헌

1. Fritz, H.M., Blount, C., Thwin, S., Thu, M.K., Chan, N., 2010. Cyclone Nargis Storm Surge Flooding in Myanmar Ayeyarwady River Delta, In : Charabi, Y. (Ed.), Indian Ocean Tropical Cyclones and Climatic Change. Springer, New York, 295–303. ISBN : 978-90-481-3108-2. http://dx.doi.org/10.1007/978-90-481-3109-9.

2. Hasegawa, K., 2008. Features of super cyclone Sidr to hit Bangladesh in Nov 07 and measures for disaster from results of JSCE investigation. In : Proc.WFEO-JFES-JSCE Joint Int. Symp. On Disaster Risk Management, Sendai, Japan, Science Council of Japan, pp. 51–58.

3. IPCC 5AR, 2013. Fifth Assessment Report of the Intergovernmental Panel on Climate Change (IPCC).

4. Katsura, J., Cyclone Disaster Research Group, 1992. Storm surge and strong wind disaster due to 1991 cyclone in Bangladesh. Ann. Disaster Prev. Res. Inst., Kyoto Univ. 35A, 119– 159, In Japanese.

5. MAPDRR, 2009. Myanmar Action Plan on Disaster Risk Reduction (MAPDRR) 2009-2015. The Government of the Union of Myanmar, Myanmar.

6. Meehl, G.A., Stocker, T.F., Collins, W.D., Friedlingstein, P., Gaye, A.T., Gregory, J.M., et al., 2007. Global climate projections. In : Solomon, S., Qin, D., Manning, M., Chen, Z., Marquis, M., Averyt,K.B.,Tignor,M.,Miller,H.L.(Eds.),ClimateChange2007 : ThePhysicalScienceBasis. Contribution of Working Group I to the Fourth Assessment Report of the Intergovernmental Panel on ClimateChange.CambridgeUniversityPress,Cambridge,UnitedKingdom/NewYork,NY(chapter10).

7. Mohanty, U.C., Osuri, K.K., Routray, A., Mohapatra, M., Pattanayak, S., 2010. Simulation of Bay of Bengal tropical cyclones with WRF model : impact of initial and boundary conditions. Mar. Geod. 33 (4), 294–314.

8. Obashi, G.O.P., 1994. WMO's role in the International Decade for Natural Disaster Reduction. Bull. Am. Meteorol. Soc. 75, 1655–1661.

9. Ohira, K., Shibayama, T., 2012. Comprehensive numerical simulation of waves caused by typhoons using a meteorology-wave-storm surge-tide coupled model. In : Proceeding of International Conference on Coastal Engineering, ICCE, Santander, 2012.

10. Okayasu, A., Shimozono, T., Thein, M.M., Aung, T.T., 2009. Survey of storm surge induced by Cyclone Nargis in Ayeyarwaddy. J Jpn Soc. Civil Eng. B2–65 (1), 1386–1390.

11. Post-Nargis Periodic Review I, July, 2008. Tripartite Core Group (TCG) in Myanmar.

12. Post-Nargis Periodic Review II, July, 2009. Tripartite Core Group (TCG) in Myanmar.

13. Post-Nargis Periodic Review III, January, 2010. Tripartite Core Group (TCG) in Myanmar. 14.

Post-Nargis Periodic Review IV, July, 2010. Tripartite Core Group (TCG) in Myanmar.

15. Shibayama, T., Takagi, H., Hnu, N., 2009. Disaster survey after the Cyclone Nargis in 2008. In : Proc. of 5th APAC, pp. 190‒193. Shikada, M., Than Myint, U., Ko Ko Gyi, U., Nakagawa, Y., Shaw, Rajib, 2012. Reaching the unreachable : Myanmar experiences of community-based disaster risk reduction. In : Shaw, Rajib (Ed.), In : Community-Based Disaster Risk Reduction (Community, Environment and Disaster Risk Management), vol. 10. Emerald Group Publishing Limited, UK, pp. 185‒203 (Chapter 10).

16. Tasnim, K.M., Shibayama, T., Esteban, M., Takagi, H., Ohira, K., Nakamura, R., 2014. Field observation and numerical simulation of past and future storm surges in the Bay of Bengal : case study of Cyclone Nargis. Nat. Hazards 75, 1619‒1647. http://dx.doi.org/10.1007/s11069-014-1387-x.

17. Yu, L., Mcphaden, M.J., 2011. Ocean preconditioning of Cyclone Nargis in the Bay of Bengal : interaction between Rossby Waves, surface fresh waters, and sea surface temperatures. J. Phys. Oceanogr. 41, 1741‒1755.

CHAPTER
05

외딴섬에서의 지진해일 재난 :
2009년 사모아 제도와 2010년 믄타와이 제도의 지진해일

1. 서 론

해안지역은 지진해일, 폭풍해일 및 해안침식과 같은 여러 형태의 연안재난과 직면한다. 외딴섬은 다음과 같은 3가지 이유로 특히 그런 재난에 취약할 수 있다. 첫째, 외딴섬에 사는 사람들의 생활은 해안지역을 중심으로 이루어진다. 즉, 여러 사람들이 어업으로 생계를 이어가며 해안지역의 저지대에 저층주택을 짓고 산다. 둘째, 외딴섬 내 마을은 고립되어 있다. 따라서 재난발생 직후 재난 경계경보를 발령하고 구호품을 분배하기 어렵다. 셋째, 전 지구적 기후변화 및 해수면 상승의 결과로 생긴 위협은 외딴섬의 연안재난에 비교적 큰 영향을 미친다. 따라서 미래 외딴섬에서 발생할 수 있는 연안재난에 대비하는 방법과 기후변화에 대응하는 방법을 모색하는 것이 중요하다.

최근에 작은 외딴섬에서 많은 지진해일 재난이 발생하고 있다. 예를 들면 2004년 인도양 지진해일은 수마트라로부터 멀리 떨어진 작은 섬(Jaffe 등, 2006)과 몰디브(Maldives, Fujima 등, 2006)를 강타하였고, 2007년 솔로몬(Solomon) 제도의 지진해일 또한 작은 섬에 있는 여러 연안지역사회를 내습하였다(Fritz과 Kalligeris, 2008). 지진해일 동안 그런 사건에 대한 합리적인 대책을 논의하기 위한 가장 중요한 이슈 중 하나는 최근 이런 재난에 관한 사례들로부터 교훈을 얻는 것이다.

이 장(章)의 저자는 최근에 발생한 모든 주요한 연안재난 이후 현장조사를 실시하였는데, 이 연안재난에는 외딴 제도(諸島)에서의 2개 지진해일인 2009년 사모아 제도 지진해일(Mikami

등, 2011)과 2010년 믄타와이 제도 지진해일(Mikami 등, 2014)을 포함한다. 이 장은 2개의 지진해일 내습 후 실시한 현장조사를 바탕으로 외딴 제도에 대한 미래 지진해일 위협을 어떻게 대비할 것인가에 대한 몇 가지 안목(眼目)을 제공하는 데 목적이 있다.

2. 2009년 사모아 제도의 지진해일에 대한 현장조사

2009년 9월 29일 6시48분(지역시간, UTC(협정세계시, Universal Time Coordinated)－11시) 모멘트 규모 M_w 8.1인 대규모 지진이 사모아 제도 인근에서 발생하였는데, 이것이 큰 지진해일을 일으켰다. 그림 1은 사모아 제도(Samoan Islands) 주위의 수심데이터 및 지진 발생 지점을 나타낸 것이다. 3개의 섬 국가인 사모아(공식적으로 사모아 독립국으로 부른다), 아메리칸 사모아(American Samoa) 및 통가(Tonga)에서 지진해일 피해를 보았다. 사모아에서 적어도 147명, 아메리칸 사모아에서는 34명, 통가에선 9명이 사망하거나 실종되었다. 또한 지진해일은 태평양을 가로질러 사모아 제도로부터 650km 서쪽에 위치한 왈리스(Wallis)와 푸투나와(Futuna)에도 도달하였다(Lamarche 등, 2010).

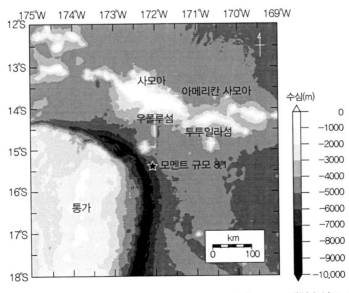

그림 1 사모아 제도 주변의 수심데이터(General Bathymetric Chart of Oceans, 대양수심도, GEBCO) 및 지진 발생 지점(USGS)

지진해일 사건 이후 일부 국제적 현장조사팀이 가장 심하게 피해를 당한 섬들에 대해서 현장조사를 실시하였다(Arikawa 등, 2010; Namegaya 등, 2010; Okal 등, 2010; Mikami 등, 2011). 이들 팀이 측정한 지진해일 흔적고와 처오름고를 그림 2에 정리하였다.

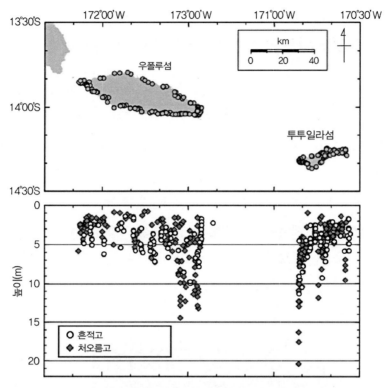

그림 2 우폴루섬과 투투일라섬에서 조사팀이 측정한 지진해일 흔적고 및 처오름고(Tomita 등, 2011; Hill 등, 2012; Satake 등, 2013; Mikami 등, 2014)

우폴루(Upolu) 및 투투일라(Tutuila) 제도 해안의 광범위한 지역에서 5m가 넘는 흔적고를 측정하였다. 지진해일은 섬들의 남쪽뿐만 아니라 북쪽 해안으로도 내습하였다. 우폴루섬에서 측정된 처오름고는 남쪽 해안에서 10m를 넘으며 서쪽으로 갈수록 서서히 줄어든다. 투투일라섬의 처오름고는 서쪽 해안에서 15m를 초과하며 동쪽으로 갈수록 서서히 감소한다. 국부적으로 높은 처오름고는 곶(Cape) 선단 및 만내(灣內)에서 측정되었다.

2.1 우폴루섬 내 사티토아(Satitoa)

사티토아는 우폴루섬의 가장 동쪽 끝 마을로 이 마을 내 주택 2동(棟)을 조사하였다. 조사한 집 중 1동(棟)은 바다를 바라보고 있고 다른 한 동은 길 건너 있었다. 바다와 직면한 집은 바다와 집 사이에 아무것도 없었기에 1층은 지진해일로 완전히 파괴되었다. 지진해일은 해수면상 6.45m인 집의 2층까지 다다랐고, 집 근처에서 흔적고 6.07m이었다. 지역주민은 지진해일이 해안에서 떨어진 2개의 작은 섬 사이로 내습하였다고 말했다. 다른 한 주민은 마을 전면에 있는 산호초 상에서 파랑이 부수어지는 것(쇄파(碎波)을 보고 지진해일이 다가온다는 것을 재빨리 알았다고 하였다. 집 앞에는 넓은 천해(淺海) 초원(礁原)[1]이 있었다. 집주인은 이 파랑이 보통 파랑과 다르다는 것을 알아차리고 그녀의 가족과 함께 집 뒤 언덕으로 대피하였는데, 그 결정은 그 집 식구들을 모두 살렸다. 지진해일이 마을을 내습하기 전에 지진해일 경보는 발령되지 않았지만 주민들은 파랑을 본 후에 위험이 닥쳐온다는 것을 알아차릴 수 있었다. 이 마을에서 사망한 총 13명 중 길 건너편 집에서 3명이 사망하였다.

2.2 우폴루섬 내 우루토기아(Ulutogia)

이 마을의 인구는 3천 명이다(마을의 촌장에 따르며). 그러나 지진해일로 인한 사상자는 기록하지 않았다. 사람들은 지진해일이 산호초를 넘어 다가오는 것을 보았다. 또한 지진해일이 마을을 내습하기 바로 전에 지역학교의 경종(警鐘)이 울리면서 지진해일 경보를 발령하였다. 아이들은 어릴 때부터 학교에서 지진해일에 관해서 배웠으므로 주민들은 일반적으로 지진해일 시 무엇을 해야만 하는지 알 수 있었다. 그러나 지진해일은 해안지역에 입지한 많은 주택에 피해를 일으켰으므로 이 마을 사람들은 지진해일 지난 후 고지대(언덕)에 이주(移駐)하기로 결정하였다. 지진해일 조사의 일환으로 학교 선생님과 목사를 인터뷰하였는데, 그들은 지진해일 후 마을 이주과정을 설명했다. 그들에 따르면 지진해일 발생 후 한 달 내에 몇 번의 모임을 가진 후 마타이(Matai, 촌장의 '지역용어')는 마을을 고지대(언덕)로 이주하기로 결정하였다. 사실상 저자가 지진해일 현장조사 중일 때에는 지진해일 이전 원래 마을이 입

---

1   초원(礁原, Reef Flat) : 저조위면(低潮位面)에 일치하여 형성된 산호초의 평탄한 부분을 말한다.

지하였던 지역에는 아무도 살지 않았다.

지역사회의 대표자인 마타이가 사모아 내 마을의 토지를 관리한다. 그러므로 마타이는 일반적으로 마을 이주를 결정하는 큰 권한을 가진다. 게다가 사모아의 마을은 연안지역으로부터 내륙까지 매우 넓게 산재(散在)되어 있어 마을 사람들은 다른 마을의 경계를 가로지르지 않은 채 내륙으로 이주할 수 있다. 원래 마을이 있던 장소로부터 1.5km 내륙에 신규이주장소를 선정하여 이미 확정된 구획을 가진 채 현장조사 시 토지개발을 착수하는 중이었다. 그러나 신규마을입지는 대중수송체계(물류, 物流) 및 바다에로의 접근성을 악화시켜 주민들이 이 장소에 정착할지는 분명하지 않다. 원래 이 문제는 사모아 전통사회구조에 기초한 전통적 결속력이 신규마을에서의 새로운 삶으로 발전할 수 있을지에 대한 여부인데, 신규마을은 섬의 간선도로부터 꽤 멀리 떨어져 있기 때문에 분명히 이전(以前) 마을보다 편리하지 않다.

2.3 우폴루섬 내 포우타시(Poutasi)

포우타시는 우폴루섬 남쪽 해안 중간에 입지하고 있다. 개울이 마을 중앙을 흐르고 그 주위로 저지대가 펼쳐져 있다. 지진해일은 바다와 개울 양쪽으로부터 밀려들어와 마을을 침수시켜 심각한 피해를 유발시켰다. 해안선으로부터 약 30m 떨어진 만남장소에서는 철근콘크리트로 만들어진 빔(Beam)과 기둥이 심하게 피해를 입었다(그림 3(a)). 이 지역에서의 초원(礁原)은 외해까지 펼쳐 있다. 해안선 근처 흔적고는 6.57m로 지진해일은 내륙 280m까지 도달하였다. 주민의 진술에 따르면, 지진해일은 마을을 3번씩이나 강타하였고 2개의 파랑(바다와 개울 양쪽에서 내습한 지진해일)이 교차했을 때 해수(海水)는 소용돌이쳤다. 이 마을에서는 4명의 여자와 5명의 아이들, 즉 총 9명이 사망하였다.

2.4 우폴루섬 내 매니노아(Maninoa)

이 마을에서 측정한 흔적고는 5.49m로 지진해일이 해안선 근처 작은 집을 파괴하고 사질(砂質) 해빈(海濱)[2]을 침식시켰다(그림 3(b)). 해안침식의 수직단면은 높이 90cm 및 길이 614cm

---

2   해빈(海濱, Beach) : 해안선을 따라서 해파(海波)와 연안류(沿岸流)가 모래나 자갈을 쌓아 올려서 만들어놓은 퇴적지대로서 특히 해파의 작용을 크게 받고 있고, 대부분의 해빈은 바다와 접하고 있는 육지의 좁고 긴 부분으로 모래로 구성되어 있다.

이었다. 이 침식은 장래에 더 심한 해변 침식을 발생시킬 가능성이 있어 몇 가지 대책을 세워야만 한다.

그림 3 사모아 제도 현장조사 중 촬영한 사진 : (a) 피해를 입은 포우타시의 만남장소, (b) 매니노아(Maninoa)의 침식된 해변, (c) 포로아(Poloa)에서 측정한 최대 처오름고, (d) 아마나베(Amanave)의 파손된 주택

2.5 우폴루섬 내 사어나푸(Saanapu)

해안선 근처 흔적고는 5.37m이었다. 해안선으로부터 180m 떨어진 집에서의 흔적고는 2.30m이었다. 주민에 따르면 지진해일은 동시에 각기 다른 세 방향으로부터 내습해왔다. 이와 같은 지진해일 거동(擧動)은 근처에 있는 특정한 반원형 모양인 산호초 때문인 것 같다. 또한 주민들은 마을 앞 바다에서 지진해일의 쇄파 및 비말(飛沫)을 목격하였다고 이야기하였다.

2.6 우폴루섬 내 파레아세라(Faleaseela)

거주지는 전면에 산호초를 가진 좁고 작은 만 안쪽에 입지하고 있었다. 주민에 따르면 지진해일은 한 번만 내습하였고, 주민은 다가오는 위험을 인식하면서 산호초 위에서 지진해일

이 쇄파되는 것을 분명히 목격하였다. 그러나 지진해일 속도가 크지 않아 해수면이 서서히 상승하였으므로, 파랑의 운동량이 마을에서 비교적 작게 나타났다.

2.7 투투일라섬 내 포로아(Poloa)

포로아(Poloa)는 투투일라(Tutuila)섬 동쪽 곶(串)의 북쪽에 입지하고 있다. 주택과 교회를 포함한 대부분의 모든 건물이 지진해일로 심하게 피해를 입었다. 현장조사 당시 미국연방재난관리청(FEMA, the Federal Emergency Management Agency) 감독하에서 복구작업이 진행되고 있었다. 해안선 근처 흔적고는 8.97m이고 처오름고는 해안선에서부터 125m 떨어진 곳에 위치한 교회 바로 뒤에서 20.39m이었다(그림 3(c)). 팬(Fan) 형상을 한 저지대에 입지한 교회배후에서 파랑 집중이 일어났다. 주민에 따르면 두 번의 큰 지진해일이 마을을 강타하였다. 첫 번째 파랑은 북쪽에서 왔고 두 번째는 남동쪽으로부터 내습하였다. 이 마을의 마타이(Matai)가 지진해일이 접근하는 것을 보고 주민들에게 대피하라고 경고하여 대부분의 마을주민들이 성공적으로 대피하였으므로 희생자는 단 한 사람뿐이었다.

2.8 투투일라섬 내 아마나베(Amanave)

아마나베는 투투일라섬 동쪽 곶(串)의 남쪽방향으로 위치하고 있다. 만의 형상과 크기는 포로아(Poloa)의 형상 및 크기와 비슷하지만 저지대가 넓어(그림 3(d)) 대부분 마을이 심각한 피해를 입었다.

현장조사는 간조(干潮) 때 본섬과 접하는 작은 섬에서 시작하였는데, 그곳의 나무에 걸쳐진 표류물이 7.22m 높이에서 발견되었다. 본섬의 해안선으로부터 250m 떨어진 주변의 처오름고는 6.86m이었다. 주민에 따르면 마을 인구는 약 500명으로 지진해일로 인한 사망자는 없었다. 지진해일이 접근했을 때 라디오를 통하여 지진해일 정보를 받아 경종(警鐘)을 울렸다. 아이들은 학교에서 지진해일의 위협에 관해 교육을 받아왔으므로 이 정보는 아이들, 그들의 부모 및 다른 주민들이 대피하는 데 효과적이었다. 지진해일이 지나간 후 일부 주민들은 그들의 집을 이전하라는 FEMA의 권고에 따라 고지대(언덕)에 그들의 집을 신축했지만 다른 사람들은 아직까지 원래 마을에서 살고 있었다.

3. 2010년 믄타와이 제도의 지진해일에 대한 현장조사

2010년 10월 25일 21시 42분(지역시간, UTC+7) 인도네시아 믄타와이 제도(Mentawai Islands) 인근에서 모멘트 규모 M_w 7.8 지진이 일어나 대규모 지진해일을 발생시켰다. 그림 4는 믄타와이 제도 인근의 수심 현황과 지진 발생 지점을 나타낸 것이다. 대규모 지진해일이 노스 파가이(North Pagai), 사우스 파가이(South Pagai) 및 시푸라(Sipora)섬들을 내습하였다. 지진과 지진해일로 509명의 사상자를 내었고 21명은 현장조사 시까지 행방불명이었다. 지진해일은 인도양을 통하여 전파하여 믄타와이 제도로부터 남서쪽으로 5,000km에 위치한 레위니옹(La Réunion)섬에 도달하였다(Sahal과 Morin, 2012).

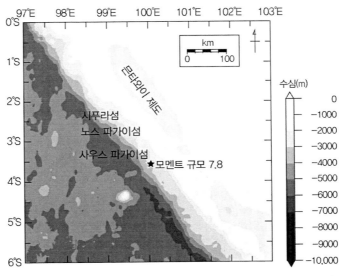

그림 4 믄타와이 제도 주변의 수심(GEBCO)과 지진 발생 지점(USGS)

지진해일이 내습 후 여러 나라 연구자들로 이루어진 국제적 현장조사팀들이 가장 심한 피해를 입은 섬들에 대한 현장조사를 실시하였다(Tomita 등, 2011; Hill 등, 2012; Satake 등, 2013; Mikami 등, 2014). 이 현장조사팀들이 측정한 지진해일 흔적고와 처오름고를 그림 5에 나타내었다. 5m를 초과하는 흔적고는 시푸라섬 남쪽 부분에서부터 사우스 파가이섬 남쪽까지 볼 수 있었다. 시푸라섬의 가장 북단 마을인 튜아페자트(Tuapejat) 및 사우스 파가이섬의 남단 20km에 위치한 샌딩(Sanding)섬에서 처오름고를 측정하였는데, 흔적고는 단지 2m로 이

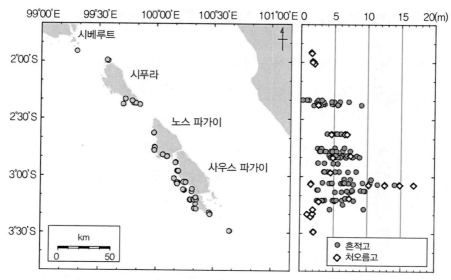

그림 5 믄타와이 제도에서 현장조사팀이 측정한 지진해일 흔적고 및 처오름고(Tomita 등, 2011; Hill 등, 2012; Satake 등, 2013; Mikami 등, 2014)

지역의 지진해일은 파괴적이지 않았다(Hill 등, 2012).

그러므로 가장 심한 피해를 겪은 지역은 단지 노스 파가이섬 및 사우스 파가이섬의 인도양 쪽과 시푸라섬의 남쪽 부분이었다.

저자가 이끈 현장조사팀은 2010년 11월 19일부터 11월 20일까지 시푸라섬 남쪽 부분에서 실시하였다. 조사 기간 동안 시푸라섬 내 4개 마을을 조사하였다. 조사한 각 마을에서 저자는 지진해일 흔적고 및 처오름고를 측정하는 한편 주민들로부터 정보를 수집하였다. 이 조사에서 얻은 중요한 결과는 다음과 같다.

3.1 보수아(Bosua)

지진해일은 해안으로부터 내습하여 도로를 거쳐 300m 내륙까지 도달하였다. 해안선근처에서 측정한 흔적고는 4.81m로 이 마을에서 가장 최고치를 기록하였는데, 이 값은 파랑이 내륙으로 이동할수록 점차로 감소되어 내륙에서는 2.55m의 처오름고를 측정되었다. 해안선 주변에는 해안림들이 있어 어느 정도 제한적인 방재(防災)를 하였지만 모든 침수된 집들은 거의 파괴되었다(그림 6(a)).

그림 6 믄타와이 제도의 현장조사 중 찍은 사진 (a) 보수아, (b) 오울드-고빅, (c) 마소쿠트, (d) 베레-베릴로

마을 주변에 큰 건물과 고지대(언덕)가 없었지만, 지진해일이 도달하였을 때 해안지역 내 사람들이 대피하여 사상자는 없었다. 마을 중앙을 관통하여 섬 내부 지역을 연결하는 도로를 따라 피해가 없었기 때문에 사람들은 손쉽게 지진해일로부터 도망쳐 도로 주위에서 대피할 수 있었다.

3.2 오울드 - 고빅(Old-Gobik)

보수아 마을 동쪽에 입지한 오울드-고빅(Old-Gobik)은 하나의 도로가 2개 마을을 연결한다. 주거지역과 해안 사이에 맹그로브(Mangrove)로 우거진 습지가 있었는데, 이곳으로 지진해일이 가로질러 내습하여 온 마을을 침수시켰다. 습지지역의 흔적고는 5.69m이고 가주지 내의 흔적고는 2.5~3.5m를 기록하였다. 거의 모든 집이 단지 기초만 남긴 채 휩쓸려갔다(그림 6(b)).

이곳은 지진해일이 10명의 생명을 빼앗아가버려 저자가 현장조사를 했던 마을 중 가장 피해가 심한 곳이었다. 마을 내 도로는 해안선과 평행하게 뻗어 있어 마을과 좀 더 높은 내륙지역을 연결하는 도로가 없었는데, 이것은 주민들이 내습해오는 지진해일로부터 효과적으로 대피할 수 없다는 것을 의미한다.

극심한 지진해일 피해 때문에 주민들은 고지대(언덕)로 이주하기로 결정했으며 구(舊) 마을('오울드-고빅'이라 불리는 이유이다.)의 동쪽에서 신(新) 마을('뉴-고빅') 생활을 시작하였다.

3.3 마소쿠트(Masokut)

이곳은 하천이 마을 북쪽을 가로질러 흐르고 있고, 사구(砂丘)가 마을의 해안선(사구 꼭대기 높이는 지진해일 도달 시 해수면으로부터 1.5m)을 방호(防護)하고 있었다. 이 마을 내 6개 지점에서 흔적고를 측정하였다. 북쪽은 각각 4.42m, 5.67m 및 6.96m이고 마을 중앙에서는 2.43m, 남쪽에서는 5.01m이었다. 이런 흔적고 분포는 지진해일이 북쪽 하구 및 남쪽 사구의 간극(間隙)으로부터 내습하여 마을을 관통하였다는 것을 의미한다.

많은 집이 심하게 피해를 입었으나 심각한 피해를 입지 않은 일부 집들은 다른 집의 지반고보다 높은 장소에 입지한 집이었다. 그러나 높은 지반고에 위치한 일부 집인 경우도 일부 지점에서 1m 정도의 깊은 세굴(洗掘)이 관측되었다(그림 6(c)).

이 마을에서는 8명이 목숨을 잃었다. 오울드-고빅 경우와 같이 거주지와 고지대(언덕)를 연결하는 길이 없어서 주민들은 대피과정에서 곤란을 겪었다.

3.4 베레 - 베릴로(Bere-Berilou)

이 마을에는 해안선과 마을 안쪽을 연결하는 도로가 있었는데, 도로는 내리막으로 내륙으로 뻗어 있어 지진해일이 해안선으로부터 300m를 넘어 도달하였는지 알 수 있었다(그림 6(d)). 해안선에서부터 100m까지 지점 내의 주택들은 심하게 파괴되었지만, 그 지점으로부터 내륙으로는 피해를 입은 주택이 거의 없었다. 특히 바다 쪽 주택의 피해는 심각했고, 심한 피해를 입은 지역 내에서 측정된 흔적고는 2.61m와 3.18m로, 흔적고는 내륙으로 지진해일이 확산(擴散)하면서 점차 작아졌다. 결국 해안선에서부터 350m 떨어진 내륙지점의 흔적고는 0.35m이었다.

이 마을에서 측정한 흔적고는 다른 3개 마을에서 측정한 흔적고와 비교하여 상대적으로 작았지만 5명이 목숨을 잃었다. 해안지역에서부터 내륙으로 주민이 이동할 수 있는 도로가 있었으나, 해안선 근처에 입지한 고지대(언덕) 및 큰 건물이 없었다. 그리하여 특히 대규모 지진해일이 이 지역을 내습하는 경우에 단시간(短時間) 내에 대피할 만한 장소를 발견하기 어려웠다.

4. 논의

외딴 제도(諸島) 주위에서 발생한 지진해일 특징 중 하나는 일부 지진해일은 지진해일파의 반복된 굴절,[3] 회절[4] 및 반사로 인하여 비교적 수 분(min)에서 20~30분 내에 해안선을 강타한다. 게다가 일부 태평양 섬들과 수마트라(Sumatra)에서부터 이격(離隔)된 섬들은 플레이트(Plate) 경계에 입지하고 있어 지진해일이 이 섬들에 도달하는 데는 단시간밖에 걸리지 않는다. 사실상 2009년 사모아 제도와 2010년 믄타와이 제도에 도달한 첫 번째 지진해일 파랑은 지진 발생으로부터 단지 10분(min) 만에 발생한 지진해일이었다. 그래서 외딴섬들에 사는 주민들은 지진 후에 잠재적 지진해일 위협을 재빨리 알아차려 첫 번째 파랑이 해안에 도착하기 전에 안전한 장소로 대피하는 것이 중요하다. 사모아와 믄타와이 제도인 경우로부터 얻을 수 있는 교훈을 2가지 관점(대피행동계기, 대피경로 및 대피지역)에서 논의하기로 한다.

4.1 대피행동계기

사모아 및 믄타와이 제도의 사례를 비교하면, 사모아 제도는 비교적 적은 사상자를 기록하였다. 이 원인 중 하나는 사모아 제도에서는 지진해일 내습 동안 대피행동(待避行動)을 위한 많은 계기(契機)가 있었기 때문이다(계기에 관한 보다 심도 있는 논의는 10장을 참조). 그림 7은 현장조사 보고서와 태평양 지진해일 경보 센터(PTWC, the Pacific Tsunami Warning

---

3 굴절(屈折, Wave Refraction) : 지진해일이 전파하는 속도는 $C = \sqrt{gh}$ (여기에서 C는 파속, g와 h는 각각 중력가속도 (9.8m/s²)와 수심(m))로 지진해일의 전파속도는 수심이 깊을수록 빠르기에 수심의 변화로 파속(波速)이 변화하면 해저 지형에 따라 파의 진행방향이 변화하는 현상이 일어나는데, 이 현상을 굴절이라고 부른다.

4 회절(回折, Wave Diffraction) : 지진해일은 주기가 길 뿐만 아니라 일반적인 풍파와 같은 성질을 가지기 때문에 지진해일 진행이 구조물 및 섬, 반도, 곶에 의해 차단되면 그 배후까지 돌아 들어가서 전달되는데, 이 현상을 회절이라 부른다.

Center, 2004)에서 발행한 지진해일 속보에 기초한 일련의 시계열 표시와 함께 2009년 사모아 제도의 지진해일 시 대피행동계기(Trigger)를 나타낸다. 그림 7에서 볼 수 있듯이 지진해일 동안 대피를 위한 3가지 다른 계기는 다음과 같다.

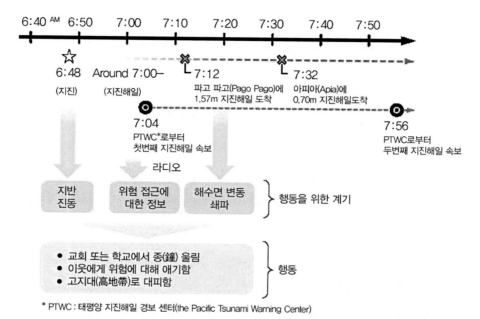

그림 7 2009년 9월 29일 사모아 제도에서 발생한 지진과 지진해일 시 대피행동을 위한 계기

첫째, 사람들을 대피하게끔 한 계기 중 하나는 지진으로 인한 지진동(地震動)이었다. Okal 등(2010)에 따르면 50초(sec) 동안 지속된 강력한 지진으로 발생한 지진동을 감지한 후 일부 사람들은 대피하였다.

둘째, 지진해일 예·경보정보도 가능한 계기(契機)이었다. PTWC(2014)에 따르면 지진 후 16분(min)이 지난 9월 29일 7시 4분경, 첫 번째 지진해일 속보가 발표되었다. 사모아에서는 정보 (지진해일 속보 형식)를 받은 관계 당국이 라디오와 SMS(Short Message Service)[5]를 통하여 주민들에게 전파하였다(사모아 천연자원 및 환경부, Ministry of Natural Resources and Environment

---

5   SMS(Short Message Service, 단문 메시지 서비스) : 휴대전화를 이용하는 사람들이 별도의 다른 장비를 사용하지 않고 휴대전화로 짧은 메시지(영문 알파벳 140자 혹은 한글 70자 이내)를 주고받을 수 있는 서비스로 흔히 문자메시지라고 한다.

of Samoa, 2014). 2009년 지진해일 당시 이 정보체계가 얼마나 잘 운영되었는지는 정확히 알 수 없다. 그러나 지진해일 동안 주민들이 약간의 경계정보만을 받았다고 말한 마을들이 있었다(우루토기아(Ulutogia), 사모아 및 아마나베(Amanave), 아메리칸 사모아).

셋째, 산호초 플랫폼(Platform)상에서의 급격한 해수면 변화 및 지연(遲延)된 쇄파와 같은 특이한 해수거동(海水擧動)이 중요한 계기이다. Okumura 등(2010)은 한 주민이 바닷물이 외해를 쭉 빠지는 것으로 보고 그의 형제들 및 친구와 함께 대피하였다고 보고하였다. 저자의 현장조사 기간 동안 많은 주민이 지진해일이 산호초 위에서 어떻게 쇄파되는가를 설명하였고 이것이 내습하는 지진해일 리스크를 알렸다고 한다(앞서 이 장의 사모아 사티토아(Satitoa) 경우를 설명).

이런 지진해일 거동은 섬의 전면(前面)에 있는 매우 넓고 얕은 초원(礁原, Reef Flat)으로 인한 것이었다. 이런 형태의 지진해일 거동은 수치시뮬레이션을 실행하여 재현할 수 있다(Milami와 Shibayama, 2012). 그림 8에서는 지진해일 파고가 쇄파점(碎波点)에 도달한 후 그 높이가 초원(礁原)을 지나면서 서서히 감소한다. 사모아 제도에서 이러한 자연적인 특징은 사람들이 내습파의 특이한 성질을 파악하는 데 도움을 준다.

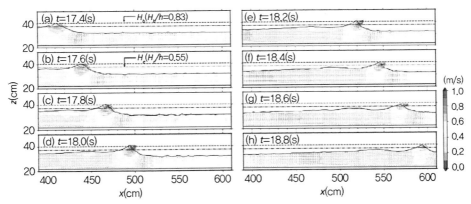

그림 8 LES 모델을 사용하여 얕은 초원(礁原) 상에서 쇄파되는 지진해일의 수치시뮬레이션(Mikami와 Shibayama, 2012). H_b는 쇄파점에서의 평균파고이고, H_e는 쇄파단(碎波端)에서의 평균파고임(Iwase 등, 2001)

결국 이런 각각 형태의 계기들은 사람들을 대피행동(스스로 대피 및 다른 사람들의 대피를 고취(鼓吹)시키는 것도 포함한다.)을 하게끔 만든다. 대피행동으로서 교회나 학교에서 종소리를 울렸고 지진해일 리스크를 이웃에게 알렸으며 고지대(언덕)로 대피하였다. 이런 행동은 사모아 제도에서의 사상자를 줄이는 데 기여하였다.

위에서 언급한 바와 같이 아침에 지진이 발생하여 많은 사람이 이미 기상(起床)하여 바다 상태를 알 수 있었고 이전의 지진해일로 사모아 제도 주민들은 여러 계기를 경험하는 바람에 바로 대피행동으로 옮길 수 있었다. 그러나 믄타와이 제도인 경우는 지진이 한밤중에 발생하였고 일부 마을은 해안선과 거주지 사이에 숲이 있어 사람들이 바다를 직접 조망할 수 없어 지진해일 피해가 더욱 가중되었다. 그리고 내습하는 지진해일이 내는 큰 꽹음(轟音) 같은 다가오는 위험에 관한 단지 제한된 정보만이 있었다(Tomita 등, 2011).

이런 사실로 볼 때 지진해일 예·경보 시스템 네트워크와 같이 대피를 위한 계기를 많이 늘리는 것이 중요하다는 것을 알 수 있다. 또한 각각 외딴 섬에 사는 주민이 지진해일 내습 시 대피를 위한 계기를 숙지(熟知)시키는 교육과 훈련도 중요하다.

4.2 대피경로 및 대피지역

지진해일로부터 살아남는 가장 안전한 방법은 고지대(언덕)로 대피하는 것이다. 사모아 및 믄타와이 제도의 지진해일 내습 동안 낮은 사상자를 낸 마을들은 주민들이 고지대(언덕)로 대피한 마을이다. 다른 말로 하자면 사상자 수가 많았던 마을들은 고지대(언덕)로 가는 대피경로가 없었거나 하천과 같은 장애물이 있었기 때문에 일반적으로 짧은 시간 내에 고지대(언덕)로 대피하기 어려웠다.

만약 재빨리 고지대(언덕)로 대피하기 어렵다면 한 가지 가능한 대책은 대피빌딩이나 대피소를 설치하는 것이다(11, 25, 28과 29장 참조). 그러나 막대한 재원(財源)이 없는 외딴섬에서 현실적인 방법은 대피경로를 확보하거나 확장하는 것이다. 믄타와이 제도의 지진해일 내습 동안 보수아(사상자가 없다.)에서는 해안과 내륙을 연결하는 도로가 주민들을 고지대(언덕)로 대피하게 한 반면 오울드-고빅(10명 사망)에서는 거주지와 고지대(언덕)인 내륙지역을 연결하는 도로가 없었다. 이 사실은 지진해일 재난에서 사망률을 감소시키는 데 대피경로가 중요하다는 것을 나타낸다.

대피경로에 덧붙여 지진해일 대피를 위한 표지판을 준비하는 것 또한 사상자를 줄이는 데 기여한다. Okal 등(2010)은 2009년 지진해일 내습 동안 아메리칸 사모아에서의 표지판 중요성을 지적하였다. 저자는 인도네시아 시포라섬에서 어떤 표지판도 발견할 수 없었지만 수마트라 및 자바(Java) 해안에서는 대피경로 및 대피지역을 알려주는 표지판이 있었다(그림 9). 외딴섬에서는 섬 외부에서 많은 방문자들이 올 가능성(예를 들어 많은 외국인이 믄타와이 제도에 서핑(Surfing)하러 온다.)이 있어 방문자의 주의를 환기(喚起)시킬 표지판은 유효한 해결방법이다.

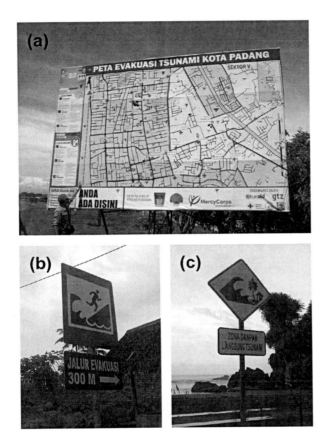

그림 9 지진해일 대피지도 및 표지판 (a) 수마트라섬 내 파당(Padang)의 지도, (b), (c) 자바섬의 팡간다란(Pangandaran) 표지판(Mikami 등, 2014)

또한 지진해일에 대한 과감한 대책으로써 전체 거주지역을 다른 장소로 이주를 고려하는 것도 가능하다(25, 27 및 29장 참조). 사실상 저자가 지진해일 발생 후 한 달이 지나서 사모아 및 믄타와이 제도를 방문하였을 때 우루토기아와 오울드-고빅과 같은 일부 마을 주민들은 고지대(언덕)로 이주하려고 이미 결정한 뒤였다. 이주 또는 재배치는 가끔 주민들에게 교통 중심지 또는 일터와의 거리를 이격시켜 이러한 해결책의 장기적 지속가능성을 방해하는 다른 문제를 발생시키지만 연안재난(지진해일, 폭풍해일 또는 고파랑)을 방호(防護)하는 데 효과적이다(27장 참조).

이런 문제에 관한 사례는 1771년 일본 야에야마(Yaeyama) 제도의 지진해일에서 찾을 수 있다(Makino, 1981). 지진해일 발생 후 일부 마을들이 고지대(언덕)로 이주하기로 결정하였지만 주민들은 항(港)과의 원거리(遠距離) 이격 또는 상수도와 관련된 문제와 같은 고지대(언덕)에서 겪는 생활의 불편함을 점차로 깨닫게 되었다. 이주한 지 몇 년이 지난 후 이에 대한 투표(23명이 남길 원하고, 567명은 돌아가길 원하였다.)를 실시한 후 결국 해안지역으로 되돌아가기로 하였다. 다른 섬에서의 이러한 과거의 사례를 비추어볼 때, 사모아와 믄타와이 제도의 지진해일 이후 주민들이 새로 이주한 장소에서 성공적으로 지역사회를 재건(再建)할 수 있는지 확인하기 위해 몇 년 후에 어떤 일이 벌어지는지 지켜볼 필요가 있다.

5. 결론

최근 외딴섬에서의 지진해일이 많이 발생하여 이 사건에 대한 많은 연구가 있었고 이에 관한 연구 발표도 있었다. 방재실무자들, 연구자들, 엔지니어들 및 정책입안자들은 재난으로부터 교훈을 얻어 미래 지진해일을 대비할 필요가 있다. 이 장에서는 최근 외딴섬에서 발생한 2개의 지진해일, 2009년 사모아 제도 지진해일과 2010년 믄타와이 제도 지진해일을 저자가 직접 실시한 현장조사의 결과를 설명하였다. 또한 이 섬들의 지진해일 흔적고와 처오름고 분포를 명확히 나타내었다. 이 두 지진해일은 지진 발생 후 비교적 단시간 내 섬들을 내습하여, 외딴섬들에서의 지진해일 대피에 관한 몇 가지 문제를 부각시켰다. 이 두 지진해일 내습으로부터 배운 교훈에 근거하여 외딴섬에서의 지진해일 대피를 향상시키는 가능한 방법을 2가지 관점(대피행동계기, 대피경로 및 대피지역)으로 제시하였다.

지진동, 지진해일 예·경보 시스템을 통한 정보 및 특이한 해수거동(海水擧動)은 지진해일 대피행동에 대한 전형적인 계기(Trigger)로 계기의 수 및 형태를 증대시키는 것이 중요하다. 또한 사람들을 고지대(언덕)로 신속히 대피할 수 있게 하는 대피경로 설정 및 표지판 준비도 외딴섬에서의 지진해일에 대한 중요한 대책이다. 특히 관광수입에 크게 의존하는 섬에서의 지진해일 표지판 및 대피지도는 지진해일 시 외부 방문자에게 확실한 도움이 된다.

참고문헌

1. Arikawa, T., Tatsumi, D., Matsuzaki, Y., Tomita, T., 2010. Field survey on 2009 Samoa Islands Tsunami. Technical Note of the Port and Airport Research Institute, No. 1211, 26 pp. (in Japanese).

2. Fritz, H.M., Kalligeris, N., 2008. Ancestral heritage saves tribes during 1 April 2007 Solomon Islands Tsunami. Geophys. Res. Lett. 35 (1), L01607.

3. Fujima, K., Shigihara, Y., Tomita, T., Honda, K., Nobuoka, H., Hanzawa, M., Fujii, H., Ohtani, H., Orishimo, S., Tatsumi, M., Koshimura, S., 2006. Survey results of the Indian Ocean tsunami in the Maldives. Coast. Eng. J. 48 (2), 81–97.

4. Hill, E.M., Borrero, J.C., Huang, Z., Qiu, Q., Banerjee, P., Natawidjaja, D.H., Elosegui, P., Fritz, H.M., Suwargadi, B.W., Pranantyo, I.R., Li, L., Macpherson, K.A., Skanavis, V., Synolakis, C.E., Sieh, K., 2012. The 2010Mw 7.8Mentawai earthquake : very shallowsource of a rare tsunami earthquakedetermined from tsunami field survey and near-field GPS data. J. Geophys. Res. 117 (B6), B06402.

5. Iwase, H., Fukasawa, M., Goto, C., 2001. Numerical simulation and hydraulic experiment on soliton fission and wave breaking. Proc. Coastal Eng. JSCE 48, 306–310 (in Japanese).

6. Jaffe, B.E., Borrero, J.C., Prasetya, G.S., Peters, R., McAdoo, B., Gelfenbaum, G., Morton, R., Ruggiero, P., Higman, B., Dengler, L., Hidayat, R., Kingsley, E., Kongko, W., Lukijanto Moore, A., Titov, V., Yulianto, E., 2006. Northwest Sumatra and offshore islands field survey after the December 2004 Indian Ocean tsunami. Earthquake Spectra 22 (S3), S105–S135.

7. Lamarche, G., Pelletier, B., Goff, J., 2010. Impact of the 29 September 2009 South Pacific tsunami on Wallis and Futuna. Mar. Geol. 271 (3–4), 297–302.

8. Makino, K., 1981. Meiwa Great Tsunami in Yaeyama. revised edition, Jyono Press, Kumamoto, Japan, 462 pp. (in Japanese).

9. Mikami, T., Shibayama, T., 2012. Numerical analysis of tsunami propagation on wide reef platform. In : Proceedings of the 33rd International Conference on Coastal Engineering (ICCE), Santander, Spain. (poster presentation).

10. Mikami, T., Shibayama, T., Matsumaru, R., Takagi, H., Latu, F., Chanmow, I., 2011. Field survey and analysis of tsunami disaster in the Samoan Islands 2009. In : Proceedings of the 6th International Conference on Coastal Structures, Yokohama, Japan, pp. 1325–1336.

11. Mikami, T., Shibayama, T., Esteban, M., Ohira, K., Sasaki, J., Suzuki, T., Achiari, H., Widodo, T., 2014. Tsunami vulnerability evaluation in the Mentawai islands based on the field survey of the 2010

tsunami. Nat. Hazards 71 (1), 851–870.

12. Ministry of Natural Resources and Environment of Samoa, 2014. http://www.mnre.gov.ws/index.php/ disaster-preparedness/early-warning-system (accessed 19 August 2014).

13. Namegaya, Y., Koshimura, S., Nishimura, Y., Nakamura, Y., Fryer, G., Akapo, A., Kong, L.S.L., 2010. A rapid-response field survey of the 2009 Samoa earthquake tsunami in American Samoa. J. Jpn. Soc. Civil Eng. Ser. B2 (Coastal Eng.) 66 (1), 1366–1370 (in Japanese).

14. Okal, E.A., Fritz, H.M., Synolakis, C.E., Borrero, J.C., Weiss, R., Lynett, P.J., Titov, V.V., Foteinis, S., Jaffe, B.E., Liu, P.L.-F., Chan, I., 2010. Field survey of the Samoa tsunami of 29 September 2009. Seismol. Res. Lett. 81 (4), 577–591.

15. Okumura, Y., Harada, K., Kawata, Y., 2010. Field survey of evacuation behavior in the 29 September 2009 American Samoa tsunami disaster. J. Jpn. Soc. Civil Eng. Ser. B2 (Coastal Eng.) 66 (1), 1371–1375 (in Japanese).

16. Pacific Tsunami Warning Center, PTWC, 2014. PTWC Pacific Ocean message archive. http://ptwc. weather.gov/ptwc/archive.php?basin¼pacific (accessed 21 August 2014).

17. Sahal, A., Morin, J., 2012. Effects of the October 25, 2010, Mentawai tsunami in La Re´union Island (France): observations and crisis management. Nat. Hazards 62 (3), 1125–1136.

18. Satake, K., Nishimura, Y., Putra, P.S., Gusman, A.R., Sunendar, H., Fujii, Y., Tanioka, Y., Latief, H., Yulianto, E., 2013. Tsunami source of the 2010 Mentawai, Indonesia earthquake inferred from tsunami field survey and waveform modeling. Pure Appl. Geophys. 170 (9–10), 1567–1582.

19. Tomita, T., Arikawa, T., Kumagai, K., Tatsumi, D., Yeom, G.-S., 2011. Field survey on the 2011 Mentawai tsunami disaster. Technical Note of the Port and Airport Research Institute, No. 1235, 23 pp. (in Japanese)

CHAPTER 06 칠레 콘셉시온만에서의 지진해일 공진과 미래재난 영향

1. 서론

칠레는 세계에서 가장 강력한 지진의 발생이 잦은 나라들 중 하나로 가장 최근의 큰 지진은 2010년 2월 칠레 중부에서 일어났는데, 모멘트 규모 M_w 8.8인 이 지진은 주요 해안거주지를 따라 격렬한 지진해일을 발생시켜 대규모 침수를 일으켰다. 더욱이 콘셉시온(Concepción)만(灣)은 지난 500년 동안 여러 번 지진해일 피해를 입었다. 예를 들어 1570년, 1657년, 1751년 및 1835년의 지진해일은 2010년 지진해일과 동일한 지진해일 파원역(波源域)[1]에서 발생한 것으로 펜코(Penco, 콘셉시온 옛 지명)와 탈카우아노(Talcahuano)에서 대규모 침수를 일으켰다. 마찬가지로 1730년 발파라이소(Valparaiso)(33°S, 71.3°W) 앞 해상에서 발생한 지진해일도 펜코에 심각한 피해를 유발시켰다.

또 다른 흥미로운 경우는 1877년 콘셉시온(Concepción)만 북쪽 1,500km 이상 떨어진 이키케(Iquique, 20.2°S, 70.15°W) 앞 해상에서 발생한 지진해일은 탈카우아노에서 3m까지의 침수를 일으켰다. 그러나 1960년 모멘트 규모 M_w 9.5 지진으로 발생한 지진해일은 탈카우아노에 심각한 피해를 입히지 않았다. 1960년 지진해일 흔적고의 기록치는 2010년 지진해일 동안

---

1 파원역(波源域) : 지진해일의 발생원이 되는 해역으로 해저에서 지각변동이 일어난 범위에 해당하며, 크기는 지진의 모멘트 규모 크기와 관련되어, 대규모 지진에서는 수백 km에 이르고, 직사각형 또는 타원형에 근사한 형태가 많고, 단축방향(短軸方向)으로 파고가 크고 주기의 짧은 파랑을 일으키는 지향성을 갖는다.

관측된 흔적고의 1/2에 해당하였다. 이 같은 이유는 1960년 지진해일 파원역이 만의 남쪽에 있었고 탈카우아노가 입지한 만(灣) 방향은 북쪽을 향한 것이 주요 원인이라고 볼 수 있었다. 그러나 콜리우모(Coliumo)만 (디차토(Dichato))은 콘셉시온만과 비슷한 방향임에도 불구하고 2010년 지진해일 때 대규모 침수를 당하였다(Takahashi, 1961). 또 다른 연관 지진해일로는 2011년 3월 12일 동일본 대지진해일이 칠레 중부에 도착하였다. 그 당시 탈카우아노에서의 조위계(潮位計)는 콘셉시온만 안에서 최대 진폭(振幅) 2m를 기록하였다. 또한 2011년 동일본 지진해일은 디차토에서 최대 지진해일 흔적고 4m를 발생시켰다(Aránguiz와 Shibayama, 2013). 콘셉시온만 내에서의 지진해일 공진(共振)[2]은 만내(灣內) 대규모 지진해일 파고(Fritz 등, 2011; Mikami 등, 2011; Yamazaki와 Cheung, 2011)의 국부증폭(局部增幅) 때문이다.

이전부터 지진해일 공진은 해석적 및 수치적(數值的)으로 접근해왔었다. Farreras(1978)은 콘셉시온만에서의 지진해일 공진에 대한 맨 처음 예비분석을 실시하였다. 그는 3가지 지진해일 기록을 분석하여 정규화(正規化)된 에너지밀도스펙트럼을 직사각형모양의 반폐쇄(反閉鎖) 해역(Basin)에서의 이론표현식과 비교하였다. Sandoval과 Farreras(1993)는 고정적 및 가변적인 수심을 가진 직사각형형태를 가진 해역에 대한 해석적인 장파(長波) 해법을 사용하여 캘리포니아 걸프(멕시코)에서의 공진을 분석하였다. Henry와 Murty(1995)는 알버니 후미(Alberni Inlet)에서의 공진으로 인한 지진해일 증폭을 연구하기 위하여 유한요소(有限要素) 체계를 가진 2차원 모델을 사용하였다. 최근의 연구는 고유함수에 관한 방정식을 구함으로써 공진모드를 구하는 정교한 방법을 사용해왔다. Sobey(2006)는 Sturm-Liouville 문제에 따른 정상모드 분해와 1공간 차원 및 2공간 차원으로 공간적으로 변하는 해역에 대한 전형적인 고유모드 해법을 사용했다. Vele 등(2011)은 팔마 데 마호르카(Palma de Majorca)에서의 공진을 연구하였는데, 완경사방정식(Mild Slope Equation)[3]을 이용한 수치모델을 사용하였다. 완경사방정식 모델은 선형파랑에 대한 타원 형태의 방정식으로 푸는 것으로 이 방정식은 반사, 흡수 및 부분 흡수 경계조건을 포함한다. Bellotti 등(2012)은 경계에서 근사 방사조건(近似放射條件)을 가

---

2   공진(共振, Resonance) : 만(灣)의 고유주기와 가까운 주기를 가진 지진해일이 외해로부터 만 내부로 진입하게 되면 만 내의 해수는 고유주기에 대응하는 모드에 따라 크게 진동하는 현상을 말한다.

3   완경사방정식(緩傾斜方程式, Mild Slope Equation) : 완경사 방정식은 수심상 및 방파제나 해안선과 같은 측면경계에 전파되는 파랑의 회절·굴절 영향을 나타내며, 그것은 원래 해저의 경사가 완만한 곳의 파랑전파를 표현하기 위해 개발된 근사모델로서, 이 방정식은 항구와 해안 근처의 파랑변화를 계산하기 위해 해안공학에서 자주 사용된다.

지면서 천해방정식을 푸는 반폐쇄 해역의 모드 분석에 관한 새로운 방법을 제안하였다. 또한 Tlkova 및 Power(2011)은 만에서의 정상 진동모드를 구하기 위해 경험직교함수(經驗直交函數, Empirical Orthogonal Function) 사용을 제안하였다. 이 방법은 만내(灣內)에서의 지진해일 수치모델로 구한 해수면 변동을 분석하는 것이다. 그들은 EOF 해법이 고전적인 고유치 문제접근 또는 이론적인 예측치를 풀기 위한 수치시뮬레이션보다 정확하다는 결론을 내렸다.

개방(開放)된 만(灣)은 개방해역의 영향으로 만의 기본주기(基本週期)는 만외(灣外) 지진해일 등의 주기 영향을 받는다는 점을 명심해야 한다. 예를 들어 뉴질랜드 북부 섬에 있는 퍼블리티 베이(Poverty Bay)에서의 지진해일로 인한 부진동(副振動, Seiche)[4]은 만 자체 진동보다는 대륙붕[5]의 공진 지배를 받는다(Tolkova 및 Power, 2011). 같은 방법으로 Roeber 등(2010)은 투투일라섬(Tutuila Island) 주변의 2009년 사모아 지진해일을 분석하였는데, 대규모 처오름은 대륙붕 및 만(灣) 형태로 인한 공진으로 지진해일 파랑증폭이 발생했기 때문이라고 밝혔다. 더욱이 2010년 칠레 지진해일에서는 탈카우아노(콘셉시온만 안쪽)에서도 지진해일 증폭을 보였는데, 이것은 만 자체 내 형성된 진동과 함께 전면(前面)에 걸쳐 있는 넓은 대륙붕에서의 공진 때문이다(Yamazaki와 Cheung, 2011). 그러나 콘셉시온만의 고유진동 모드(Mode)는 지금까지 계산되지 않았다.

이 장에서는 콘셉시온 만내(灣內)의 지진해일 공진을 분석하였다. 첫째 칠레 중부에 대한 2010년 지진해일에 관해서 간략하게 서술하고 조사지역을 나타내었다. 그때 콘셉시온만의 기본진동모드는 경험직교함수로 계산하였다. 1960년과 2010년 과거 2개의 지진해일 증폭을 지진해일 수치모델을 사용하여 분석하였다. 게다가 2개의 가능한 미래 지진해일 영향에 대해서도 분석하였다.

---

4   부진동(副振動, Seiche) : 주기가 대략 수 분~수십 분인 이상조위(異常潮位) 현상으로 외해의 저기압에 의해 발생하는 미소한 수면 변동 가운데서 항만의 고유진동주기와 일치하는 성분이 공진(共振)에 의해 증폭되어 발생한다. 예를 들어 일본 오후나토만(大船渡灣)의 고유진동주기는 약 40분이지만 주기가 긴 칠레 지진해일(1960년)에 대하여 공진현상을 발생시켜 만(灣) 안쪽에 큰 피해를 발생시켰다.

5   대륙붕(大陸棚, Continental Shelf) : 대륙 및 큰 섬 주변에 수심 약 200m까지의 경사가 매우 완만한 해저로서 수심은 지역에 따라서 다양하다.

2. 2010년 칠레 지진해일

2010년 지진은 모멘트 규모 M_w 8.8로 예상단층파괴면적이 450km×150km로 남쪽 아라우코(Arauco) 반도(37°S)에서부터 북쪽 피치레무(Pichilemu)(34°S)까지 평균 10m 이상의 미끄럼(Slip)을 발생시켰다(Barrientos, 2010). 단층에 따른 파열(破裂)이 전파하는 데 필요한 시간은 110초(sec)로 예측되었다(Barrientos, 2010). 지진은 총범위 2,000km로 북쪽 안토파가사타(Antofagasta)(23.5°S) 및 남쪽 푸에르트몬트(Puerto Montt)(41.5°S)와 같이 멀리 떨어진 곳에서도 감지되었다. 이번 지진은 1835년 지진 이후 175년 동안 누적된 큰 미끄럼 결함(Slip Deficit)을 메울 수 있었다는 점에서 중요하다(Delouis 등, 2010). 그러므로 가까운 미래에 동일지역에서 대규모 지진이 발생할 확률은 플레이트(Plate)가 6~7cm/년 속도로 이동하기 때문에 다른 지역보다 낮다고 할 수 있다(Barrientos, 2010).

2010년 지진은 후안 페르난데스(Juan Fernández) 군도(群島), 이스트섬(Easter Island) 및 칠레 대륙해안을 따라 심각한 피해를 일으킨 대규모 지진해일을 발생시켰다. 지진 및 지진해일로 인한 희생자는 모두 521명이었다(Fritz 등, 2011). 단지 지진해일로 인한 사망자는 124명으로 모차(Mocha)섬(4명)과 로빈슨 크루소(Robinson Crusoe)(18명)섬에서도 사망자가 발생하였지만 몰(Maule)(69명) 및 비오비오(Biobío)(33명) 해안지역에 집중되었다(Fritz 등, 2011). 이 섬들(모차섬과 로빈스 크루소섬)은 2010년 지진 단층파괴지역으로부터 북동쪽으로 600km 떨어져 있었으므로 사상자 수는 상대적으로 적다. 왜냐하면 이 지역에서는 사상자들이 지진동을 느낄 수 없어 지진해일을 우려해 즉각 대피할 수 있는 자연현상을 경험하지 못했기 때문이다(5, 10 및 28장). 더욱이 칠레 해군의 수로 해양국(SHOA, 스페인 두문자어(頭門字語), Hydrographic and Oceanographic Service of the Chilean Navy)은 국가비상국(ONEMI, 스페인 두문자어, National Emergency Bureau)에 오전 4시 13분경(지역시간) 해수면은 정상적이었고 4시 49분에 지진해일경보를 취소하였다고 보고하였다. 경찰이 작성한 공식적인 수사보고서에 따르면 그 당시 (4시 49분) 2개의 지진해일이 이미 로빈슨 크루소섬에 도달하였고 3번째 지진해일은 콘츠티투티온(Constitución)에 도달하는 중이었다(PDI, 2013).

2010년 칠레 지진해일 후 저자는 일본 와세다대학(早稻田大學) 및 쓰쿠바대학(筑波大學)으로 구성된 현장조사팀을 결성하였다. 조사는 2010년 4월 3일부터 4월 8일까지 주로 비오비오(Biobío) 지역을 중심으로 실시하였다. 조사팀은 지진해일 처오름, 흐름수심과 흔적고를 측정하였고, 목격자 인터뷰를 실시하였다(Mikami 등, 2011). 현장조사 데이터는 최대침수 당시 조위(潮位)로 보정하였다. 그 결과 비오비오 지역을 따라 심각한 지진해일 충격에 따른 변화를 관측하였다. 최대 처오름은 아라우코(Arauco)만의 남쪽 해안인 티루아(Tirúa)에서 20m, 리리코(Llico)에서 18m이었지만, 콜리우모(Coliumo)에서 측정된 최대흔적고는 8m이었다. 콘셉시온만 내 흔적고는 펜코에서 5.4m, 탈카우아노에서 6.4m이었다. Fritz 등(2011)은 보다 세밀한 현장조사를 실시하였다. 조사범위는 몰(Maule) 지역은 물론 로빈슨 크루소 및 이스트섬을 포함하였다. 이 조사에서 지역적인 처오름은 콘츠티투티온에서 29m, 티루아에서 20m이었다.

콘츠티투티온과 300km 남쪽에 있는 푼타 모구일라(Punta Morguilla) 사이에서 5~15m 범위 내 여러 높이의 처오름고를 측정할 수 있었다. 몇 가지 중요한 경우로써 처오름은 코브큐쿠라(Cobquecura, 진앙지역), 콘셉시온만 내 동쪽 해안 및 아라우코만 근처에서는 5m 이하로 낮아졌다(Fritz 등, 2011). 예를 들어 토메(Tomé)의 처오름은 3.7m, 콜쿠라(Colcura)의 처오름은 3.0m이었다. 게다가 폭 2km인 비오비오강에서는 침수가 관측되지 않았고 흔적고는 산 페드로 델라 파즈(San Pedro de la paz) 해안을 따라 2m 이하였지만 콜리우모, 레부(Lebu) 및 티루아(Tirúa)에서는 해수가 하천을 거슬러 100m가량 소상(遡上)하였다(Quezada 등, 2010; Fritz 등, 2011). 이런 현상은 Aránguiz와 Shibayama(2013)는 해저협곡의 전면(前面)에서 지진해일 파랑의 진폭을 감소시켜 비오비오강으로 내습하는 해수 해일(Sea Water Surge)을 감소시켰기 때문이라는 것을 입증하였다. 그림 1은 비오비오 지역을 따라 실시한 현장조사로부터 구한 대표적인 흔적고 및 처오름을 나타낸 것이다. 또한 이 그림의 수심도(水深圖)에서 비오비오 해저협곡(비오비오강 앞 해상의 가는 선)을 분명하게 볼 수 있다. 이 그림에서 투불과 리리코에서 측정한 처오름은 각각 8.4m와 18m로 아라우코만의 남쪽 해안에서 대규모 처오름이 발생했다는 것을 알 수 있다. 동일한 방법으로 콘셉시온만(Concepción) 남부 해안인 탈카우아노와 펜코의 흔적고는 모두 6.5m로 Mikami 등(2011)이 측정한 관측치와 잘 일치한다.

그림 2는 콜리우모(Coliumo)의 나무에 걸린 해조(海藻), 디차토(Dichato)의 주택 지붕에 있는 수위흔적 및 티루아에서의 지진해일 처오름으로 인한 갈색 식물과 같이 현장조사 기간 동안 관측한 전형적인 지진해일 흔적을 나타낸 그림이다.

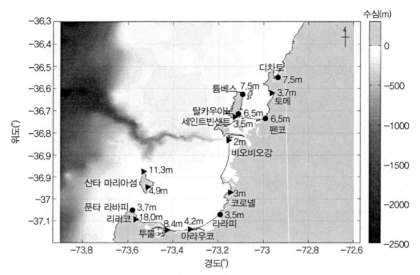

그림 1 2010년 지진해일 이후 비오비오(Biobío) 지역에서 발생한 지진해일 현장조사 결과치. 원은 지진해일 흔적
고이고 삼각형은 처오름임(Mikami 등, 2011; Fritz 등, 2011)

그림 2 2010년 칠레 지진해일 이후 비오비오(Biobío) 지역의 현장조사에서 발견된 지진해일 흔적. (a) 콜리우모의
나무에 걸린 해조류(원 표시), (b) 디차토에 있는 집의 지붕에 있는 수위 흔적(화살표), (c) 티루아(Tirúa)에서
큰 처오름으로 인한 갈색 식물(상단 화살표)

3. 조사지역

콘셉시온만은 폭 11km 및 길이 14km인 반폐쇄 해역이다. 만구(灣口)의 최대수심은 40m이다(그림 1과 3 참조). 1751년 콘셉시온시는 오늘날 펜코시에 입지하고 있었다. 역사기록에 따르면 1570년, 1657년, 1730년 및 1751년의 4번 지진해일로 그 도시는 파괴되었고(Aránguiz 등, 2011), 1751년 지진해일 후 지방 관계 당국은 도시전체를 고지대(언덕)로 이주(移駐)하기로 결정하였다. 3가지 선택 안을 지역주민에게 제안하였는데, 주민들은 비오비오와 발레 델라 모차(Valle de la Mocha)라고 일컫는 안달리엔(Andalién)강 사이의 장소를 선택하였다. 그리하여 1751년 적극적인 주민참여와 함께 첫 번째 지진해일의 경감조치(輕減措置)인 후퇴전략을 실행하였다. 그때 콘셉시온은 해안에서 멀리 떨어져 있어 1764년에 탈카우아노 신항(新港)을 개항(開港)했다. 이후 펜코에는 1822년부터 1843년 사이에 다시 사람이 거주하였다. 그렇지만 1835년에 다른 대규모 지진 및 지진해일이 발생하여 그때 당시 새롭게 조성된 탈카우아노항과 주민이 재거주(再居住)하게 된 펜코시를 침수시켰다. 1835년 지진해일 당시 토메에서 측정된 처오름은 4m인 반면 탈카우아노에서 최대 처오름은 9m로 추정하였다(Soloviev와 Go, 1975).

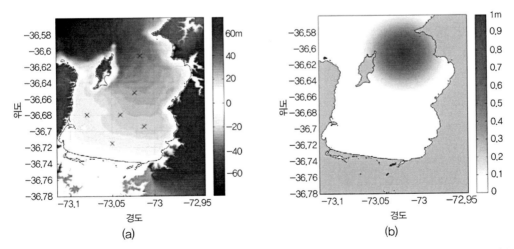

(a) (b)

그림 3 콘셉시온만에 대한 경험직교함수(EOFs, Empirical Orthogonal Functions) 적용. (a) 'X'는 경험직교함수를 유도하는 데 사용된 6개 사건의 발생 지점을 보여주는 콘셉시온만 지역. 만 주변의 수심(水深)과 지형(地形)도 표시, (b) 만내의 초기 해수면 섭동(攝動)의 예(식 (3)의 매개변수 $a=1$ 및 $\sigma=5$km를 따름)

2010년에도 비슷한 상황이 발생하였는데, 토메에서 지진해일 처오름은 4m 이하인 반면 탈카우아노의 최대흔적고와 처오름은 각각 7m 및 8m에 달하였다(Fritz 등, 2011). 2010년과 1835년 지진해일 모두 다 동일지진대에서 발생한 근지(近地) 지진해일이었다. Yamazaki와 Cheung(2011)은 콘셉시온만 남부 해안에서 관측된 대규모 지진해일 흔적고는 만내(灣內)의 자체 진동과 연관된 대륙붕 공진의 결과로 발생하였다고 결론지었다. Farreras(1978)는 평균 수심 25m인 직사각형 해역(길이＝14.6km와 폭＝11.7km)이라고 가정해 실험적 수식으로 만의 고유주기를 예측하였다. 만에 따른 모드는 111분(min), 27분(min), 15분(min) 주기를 가진다고 계산하였다. 만약 수심이 변하고 동일한 길이와 폭을 가진다면, Rabinovich(2009)가 제안한 계산공식은 동일한 3개의 만에 따른 모드에 대해 고유주기 64분(min), 21분(min) 및 13분(min)을 산출한다. 그러나 이 계산치는 만구에 있는 섬을 고려하지 않았다. Figueroa(1990)는 콘셉시온만 내 실제 수심을 사용하여 단순 일차원 공식을 사용하였다. 그는 첫 번째 4가지 만에 따른 모드는 86분(min), 32분(min), 21분(min) 및 15분(min) 주기를 가진다는 것을 발견하였다. 그러므로 만 주위와 만을 가로지르는 만의 고유주기를 결정하기 위해서는 정확한 방법을 적용시켜야만 한다.

4. 고유진동모드

이 장에서는 경험직교함수(EOF, Empirical Orthogonal Functions)를 사용하여 콘셉시온만의 고유진동 모드를 계산할 것이다. EOF 방법은 시간변동뿐만 아니라 변동성의 공간 패턴을 찾기 위한 단일 필드의 변동성을 분석에 사용되며, 각 패턴의 가중치에 대한 개념을 제공한다(Björnson과 Venegas, 1997). EOF는 데이터 분산이 몇 가지 함수에 집중되는 공간형상의 직교기준을 나타내므로, 이러한 정상모드의 형상은 반 폐쇄된 해역공간에 대한 직교기준을 나타낼 수 있다. 더욱이 지진해일은 최저차(最低次) 모드 중 일부를 여기(勵起)시킬 수 있으며, 따라서 이런 정상모드는 다른 지진해일 시나리오로 생성된 해수면 표고데이터의 EOF로 분리될 수 있다(Tolkova와 Power(2011).

경험직교함수(EOF)는 공간−시간 데이터집합 $S = (r,\ t)$를 다음과 같은 공간 패턴과 시간 의존계수로 분리시킬 수 있다.

$$S(r, \ t) = \sum_{i=1}^{m} f_i(r) p_i(t) \tag{1}$$

여기에서 $f_i(r)$은 i번째 EOF이고 $p_i(t)$는 i번째 주성분(PC, Principal Component)이다. 벡터 r은 공간도메인을 나타내고 n_s 길이를 가지며 t는 시계열(時系列) 길이 n_t가 갖는 시간이다. EOF들은 S로 일컫는 공분산(共分散) 행렬(行列)인 $n_s \times n_s$ 에르미트 행렬(Hermitian Matrix)[6] $R = S^T S$의 정규화 고유벡터이다. 고유벡터는 다음과 고유치(Eigenvalue)[7] 문제를 풀면 구할 수 있다.

$$RC = \ C\Delta \tag{2}$$

여기서 Δ는 R의 고유치 λ_i를 포함하는 대각행렬이다. 행렬 C의 열 벡터 f_i는 고유치 λ_i 즉 EOF_i에 대응하는 고유벡터이다. 고유벡터는 맵(Map)으로 재배열될 수 있으며 고유치 크기에 따라 정리되어 EOF_1는 최고 큰 고유벡터와 연관되는 고유벡터(Eigenvector)[8]이다.

EOF 방법은 정상모드가 상호직교(相互直交)하지 않는 두 진동 시스템을 분리시킬 수 없다. 그러므로 대륙붕공진은 수치시뮬레이션으로부터 제외시켜야만 한다. 이것을 위해서는 Tolkova와 Power(2011)는 대륙붕을 제외한 수치 도메인을 사용하고, 반 폐쇄된 해역 내에서만 초기 자유표면의 변형이 발생시킬 것을 제안하여 지진해일 발생 때 만내(灣內) 정상모드는 여기(勵起)된다. 게다가 정상진동모드는 시나리오에 의존하지 않기 때문에 몇 가지 지진해일 시나리오를 사용하고 데이터를 연결하여 시계열을 더 길게 한다. 그림 3(a)는 콘셉시온만과 6개의 시나리오 지점을 나타낸다.

Tolkova와 Power(2011)가 제안했듯이 초기변형은 둥근 가우스(Gaussian) 혹(Hump)과 같은 형상으로 다음과 같이 주어진다.

---

6 에르미트 행렬(Hermitian Matrix) : 행렬 A의 i행, j열의 행렬원소를 a_{ij}라 하고, a_{ij}를 a_{ji*}로 치환한 행렬을 A_*라 할 때 $A = A_*$ 즉 $a_{ij} = a_{ji*}$를 만족하는 행렬로, a_{ij}가 모두 실수이면 대칭행렬이라 한다.

7 고유치(固有値, Eigenvalue) : A를 하나의 정사각행렬(正四角行列), E를 A와 같은 차수의 단위행렬이라 할 때, 방정식 $|A - \lambda E| = 0$의 근(根)이다. 정사각행렬 외의 선형작용소(線形作用素)에 대해서도 그 고유치를 생각할 수 있다.

8 고유벡터(Eigenvector) : 정사각행렬 A가 주어졌을 경우, 적당한 수 λ에 대하여 $Ax = \lambda x$를 만족하는 영벡터(Zero Vector) 이외의 벡터 x이다. 특유벡터(Characteristic Vector)라고도 한다.

$$\eta = a e^{-r^2/2\sigma^2}$$

(3)

여기서 r는 혹(Hump) 중심에서부터 거리이고 a는 최대진폭, σ는 종(Bell)의 폭을 지배한다. 초기변형영향을 분석하기 위해 3가지 세트의 a와 σ값을 시험하였다. 고유진동모드에서 여기(勵起)되는 초기조건 영향을 분석하기 위하여 모든 케이스에서 σ는 5km, 2.5km 및 1.5km의 값을 취할 동안 $a = 1$값을 사용하였다. $a = 1$과 $\sigma = 5$km에 대응하는 초기 해수면 변형의 예를 그림 3(b)에 나타내었다. 단순화를 위해 TUNAMI 모델을 10시간(hour) 동안 6개 시나리오로써 시뮬레이션하였고 해상도(解像度)는 3각초(Arcsec)를 사용하였다. TUNAMI 모델은 고해상 격자로써 바닥마찰을 가진 천해 방정식(Shallow Water Equation)을 사용한다(Inamura 등, 2006). 6개 사건의 시계열은 첫 30분(min) 간의 경과시간을 생략하고 연결하였으며, 따라서 그 시계열에는 활발한 진행 파랑을 포함하지 않는다.

그림 4는 초기조건($\sigma = 5$km)의 첫 번째 세트에 대응하는 6개의 EOF 세트이다. 총 변량의 80%가 기본진동 모드에 대응하는 것으로 한다고 볼 수 있다. 게다가 첫 번째와 둘째 모드는 총 변량의 90%와 관련이 있다. 초기조건에 대한 다른 세트 결과는 기본 모드에 대응하는 작은 초기조건 크기 및 작은 총변량을 나타낸다. 작은 초기조건은 기본모드보다도 높은 진

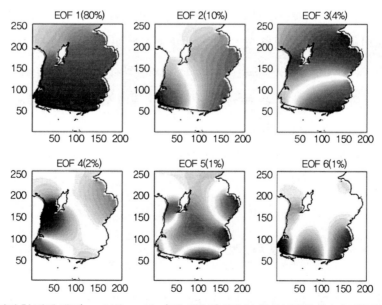

그림 4 6개 사건의 첫 번째 세트($a = 1$ 및 $\sigma = 5$km)에 대한 연계된 시계열의 첫 번째부터 여섯 번째까지의 EOF. 각 EOF에서 설명하는 총 6사건에 대한 분산의 백분율을 그림에 표시

동수 모드에서 여기(勵起)한다는 것을 의미한다. 그러므로 콘셉시온만 내부에서의 지진해일 증폭은 주로 만을 여기(勵起)시키는 지진해일 파장(波長)에 크게 의존한다. 그럼에도 불구하고 모든 경우 첫 번째 모드는 EOF 순서를 지배한다. 이 모드는 만을 따라 진동하며 대륙붕 공진 또한 이 거동에 영향을 미친다고 예상할 수 있다.

그림 5는 초기조건(σ = 5km)의 첫 번째 세트에 대응하는 파워 스펙트럼(Power Spectra, Power Spectrum)[9]에 대한 각각의 주요성분이다. 첫 번째 만에 따른 모드 주기는 $T=95$분으로 산정되었다. 그러나 첫 번째 EOF는 긴 주기 성분과 함께 다른 모드를 혼합하여 포함된다($T=$ 120분 및 160분). 첫 번째 모드 주기는 Rabinovich(2009)가 제안한 식으로 계산한 값보다 크지만 Farreras(1978) 식으로 계산한 값보다는 작다는 것을 측정할 수 있다. 두 번째 EOF는 만을 횡단하는 모드로써 주기가 $T=37$분인 모드가 지배한다. 세 번째, 네 번째, 다섯 번째 및 여섯 번째 모드는 각각 주기가 $T=32$분, 25분, 18분 및 21분이다. 만에 따른 모드는 Figueroa (1990)가 산정한 주기들과 잘 일치한다.

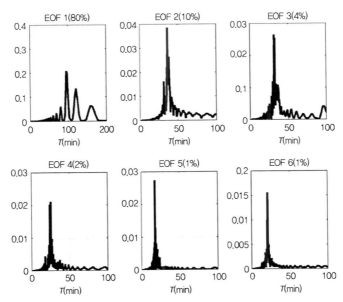

그림 5 첫 번째 초기조건의 세트($a=1$ 및 $σ=5$km)인 6개 국지(局地) 사건에 해당하는 6개 주요 구성 요소의 파워 스펙트럼(무차원)

9　파워 스펙트럼(Power Spectra, Power Spectrum) : 불규칙 변동에서, 평균치와 순시치(瞬時値, 시간과 함께 변화하는 양의 임의의 순간에서의 값)와의 차의 2승으로, 주파수에 대한 스펙트럼을 위한 것으로, 파의 스펙트럼 해석 등에서도 쓰인다. 즉, 진동수성분(振動數成分)이 갖는 에너지를 스펙트럼으로 표시한 것을 말한다.

5. 과거 지진해일의 수치시뮬레이션

이 절은 최근 2010년 칠레 중부에서의 지진해일과 1960년대 남부 칠레에서의 지진해일과 같은 2개의 지난 사건에 대한 지진해일 전파(傳播)를 분석한다. 맨 처음 수치시뮬레이션 설정과 지진해일 초기조건을 나타내며 그 후 결과를 분석한다.

5.1 수치시뮬레이션과 모델설정

현 연구에서는 지진해일 수치해석(數値解析)을 위해 분산파랑(分散波浪) 모델인 NEOWAVE (Non-hydrostatic Evolution of Ocean WAVEs)을 사용한다(Yamazaki 등, 2009, 2011). NEOWAVE 는 분산파랑을 나타내는 2차원적 수심적분 모델로 비정수압항(非靜水壓項)을 고려한다. 반음해(半陰解) 스태거더 유한차분모델(Semi-implicit, Staggered Finite Difference Model)은 구면(球面) 좌표계에서 2방향 중첩격자를 나타낸다. 이 연구에서 지진해일 모델링에 대한 초기조건은 정적해수면 변형이며 해저면 변위의 수직성분과 같다고 가정하여 Okada(1985) 공식으로 산정할 수 있다.

계산은 출력시간 1분(min)의 간격으로 10시간의 경과시간을 포함한다. 4개 레벨의 중첩격자를 발생지에서부터 연구지역까지의 지진해일을 모델화하기 위하여 수립하였다. 격자 1은 지진해일 발생지를 포함하기 위하여 태평양 남동쪽 지역을 2각분(角分, Arcmin)[10](~3,600m) 간격으로 나타낸다.

시나리오에 따라 2개의 다른 크기를 갖는 격자(格子) 1을 정의한다. 첫 번째는 2010년 지진해일사건인 경우로 12~41°S 위도를 포함한 북부 칠레 및 중부 칠레의 지진해일 발생 및 전파를 나타낸다. 다른 격자는 32~48°S 위도를 커버하며 1960년 지진해일과 같이 남부 칠레로부터 지진해일을 분석하기 위하여 정의하였다. 모든 격자는 그림 6에 나타내었다. 조위계(潮

10, 11 각분(角分, Minute of Arc, Arcmin), 각초(角秒, Second of Arc, Arcsec) : 분(分)은 각도를 재는 단위로 1분(分)은 1도(度)를 60등분한 각도$\left(\frac{1}{60}°\right)$이고, 1도(度)는 한 바퀴(회전)의 $\frac{1}{360}$ 이기 때문에 1분은 한 바퀴 원둘레의 $\frac{1}{21,600}$에 해당하며 여기에서는 지구둘레(40,075km)의 1/21600인 ≒1.8km(1,800m)가 1 각분이다. 1분을 다시 60등분 한 것을 1 각초(角秒, Second of Arc, Arcsec)라 하며 한 바퀴 원둘레의 $\frac{1}{1,296,000}$ 로 여기에서는 지구둘레(40,075km)의 1/1,296,000인 ≒ 0.030km(30m)가 1각초이다.

位計) 1은 대륙붕 위인 콘셉시온만 입구에 설치되어 있다. 30각초(角秒, Arcsec)11(~900m) 간격인 격자 2와 6각초(~180m) 간격인 격자 3인 칠레 해안은 물론 아라우코(Arauco)만을 따라 대륙붕 및 경사상(傾斜上)을 가로지르는 파랑변형을 나타낸다. 1각초(~30m) 간격인 격자 4는 콘셉시온만의 침수 및 조위계(潮位計)를 모델화하기 위해 사용하였다. 모든 선택 시나리오를 모델화하는 데 격자 2, 3 및 4는 동일하며 그림 7에 나타내었다. 조위계 1의 위치를 그림 7에 나타내었다. 그림 7c에서 볼 수 있듯이 3개의 조위계가 콘셉시온만 내부 즉, 토메(Tomé), 펜코(Penco)와 탈카우노(Talcahuano)에 설치되어 있다. 격자 1과 2는 대양수심도(GEBCO, the General Bathymetric Chart of the Oceans) 08에 근거하여 설정하였고, 격자 3과 4는 해도(海圖)12와 다른 지형학 데이터를 근거하여 만들어졌다. 콘셉시온만과 아라우코만 동쪽 해안에 대한 고해상(高解像) 지형도는 2.5m 해상도(解像度)를 갖는 LIDAR 데이터로부터 구할 수 있었다.

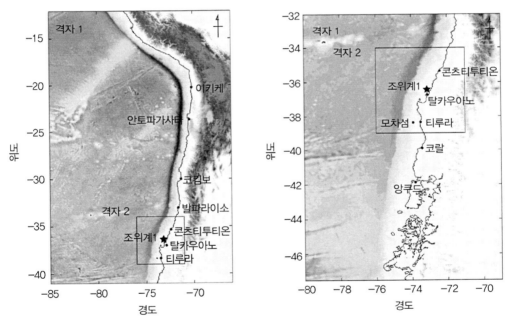

(a) 2010년 지진해일로 북부 칠레의 지진해일 시뮬레이션에 사용되는 격자 1

(b) 1960년 지진해일 사건에 사용한 격자 1. 조위계 1은 각 격자에 별표(★)로 표시됨

그림 6 수치시뮬레이션에 사용하는 레벨 격자 1

---

12 해도(海圖, Chart, Nautical Chart) : 수심, 암초와 여러 가지 위험물, 섬의 모양, 항만시설, 각종 등대 및 부표는 물론 항해 중에 자기의 위치를 알아내기 위한 해안의 여러 가지 목표물과 육지의 모양이나 바다에서 일어나는 조석 및 조류 또는 해류 등의 유향, 유속이 표시된 바다의 지도를 말한다.

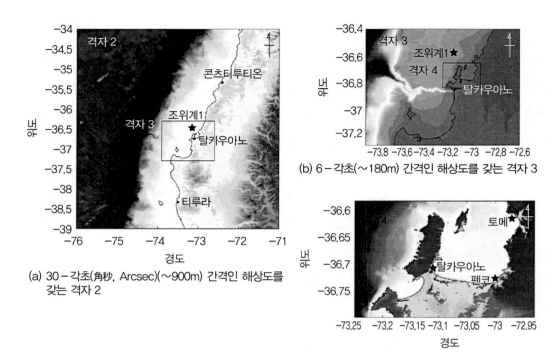

(a) 30-각초(角秒, Arcsec)(~900m) 간격인 해상도를
갖는 격자 2

(b) 6-각초(~180m) 간격인 해상도를 갖는 격자 3

(c) 1-각초(~30m) 간격인 해상도를 갖는 격자 4

그림 7 수치시뮬레이션에 사용되는 격자

5.2 지진해일 초기조건

여러 저자들이 1960년 지진의 소스매개변수를 제안했는데, Kanamori와 Cipar(1974), Cifuentes
(1989), Barrientos와 Ward(1990)의 사례가 이에 해당된다. 1960년 지진해일의 수치모델은 단
지 평면단층 모델(PFM, Planar Fault Model)을 사용해왔다. 예를 들어 Liu 등(1995)은 하와이섬
에 대한 영향을 연구하기 위하여 1960년 지진해일을 수치시뮬레이션하였다. 그들은 Kanamori
와 Cipar(1974)가 제안한 균질 단층파괴모델을 사용하였다. 이 모델은 파괴길이 $L = 800$km,
폭 $W = 200$km, 미끄러짐 $D = 24$m 및 진원(震源)깊이 53km를 가진다. 같은 방법으로 Heinrich
등(1996)은 프랑스령 폴리네시아(French Polynesia)의 지진해일 충격을 분석하기 위하여 동일
사건을 시뮬레이션하였다. 그들은 Kanamori와 Cipar(1974)가 제안한 하나의 파원(波源)에 덧
붙여 Cifuentes(1989)가 제안한 5개의 가능한 조합을 포함한 6개의 동일한 지진해일 파원(波
源)을 연구하였다. 길이 $L = 920$km, 폭 $W = 120$km, 미끄러짐 $D = 32$m를 가질 때 Cifuentes
(1989)가 제안한 수치모델은 도달시간과 최대진폭 면에서 가장 최적인 결과를 보인다. Barrientos

와 Ward(1990)는 다른 2개의 모델을 제안하였는데, 첫 번째는 균일면(均一面) 단층 또는 평면 단층모델(PFM, Planar Fault Model)이고 두 번째는 유한단층모델(FFM, Finite Fault Model)의 가변 미끄러짐 평면 모델이다. PFM(평면단층모델)은 파괴길이 $L = 850km$, 폭 $W = 130km$, 평균 미끄러짐 17m를 가지는데, 다른 매개변수인 주향각(Strike Angle), 경사각(Dip Angle) 및 미끄럼 방향각(Rake Angle)은 각각 7°, 20° 및 105°이다. FFM(유한단층모델)은 길이 900km와 폭 150km 단면 내에 있는 600개 부단층(副斷層)을 고려한다. 최대 미끄러짐은 진원(震源)의 북부에서 40m를 초과하였다. 양쪽 경우(PFM과 FFM)에서 수직 변형과 지진데이터는 모델을 검증하는 데 사용하였다. PFM과 FFM 모델에서 예측한 융기(隆起)는 현장측정치와 잘 일치하였다. Barrientos와 Ward(1990)가 제안한 PFM을 Lagos와 Gutierrez(2005)가 1960년 지진해일 동안 마우린(Maullín)(41.62°S, 73.6°W)의 최대 침수를 재현하기 위해 사용하였다. 그러나 1960년 지진은 33시간 동안 연속 3회의 충격으로 이루어졌으며, 지진파괴모델은 시작 시간과 무관하게 모든 지진에 의해 발생되는 수직변형을 재현하였다. 계속해서 1960년 지진해일 경우에 본진(本震)이 가장 중요하다는 사실 때문에 지진해일 파원모델은 지진모델과 달랐다. 그런 이유로 Aránguiz(2013)는 Barrientos와 Ward(1990)가 제안한 FFM에 기초를 둔 5개의 세분화된 파괴모델을 제안하였는데, 그것은 1960년 5월 22일 15시 10분과 15시 11분인 부사건(副事件)만을 고려하였다. 따라서 5월 21일의 사건은 고려하지 않았다. 탈카우아노, 티루아(Tirúa), 코랄(Corral) 및 안쿠드(Ancud, Aránguiz(2013))에서의 수치시뮬레이션으로 이 모델을 검증하였으며 최대 지진해일 진폭과 지진해일 도달시간은 탈카우노에서의 측정치와 잘 일치하였다. 1960년 지진해일에 대해 제안된 지진해일 초기 조건은 그림 8에 나타내었다.

2010년 칠레 지진해일에 대한 지진해일 초기조건은 USGS(미국지질조사국, United States Geological Survey)의 유한단층모델(FFM)로부터 구할 수 있었다(Hayes, 2010). 이 유한단층모델은 각각 30×20km 크기인 180개의 부단층을 갖는 540×200km 지역에서의 단층매개변수와 파괴순서를 예측하였다. 초기 해수면 변형은 180개 부단층(副斷層)의 중첩(重疊)에 의해 이루어졌으며 각 단층은 Okada(1985)의 제안식을 사용하여 계산하였다. 2010년 칠레 지진해일의 USGS 유한단층모델은 NEOWAVE를 사용한 Yamazaki와 Cheung(2011)에 의해 DART[13](해저

---

13   DART(Deep-ocean Assessment and Reporting of Tsunamis, 심해에서의 지진해일 평가와 보고) : 미국 해양대기청(National Oceanic and Atmospheric Administration, NOAA)은 1995년부터 해저 지진해일계(DART, Deep-ocean Assessment and

지진해일계, Deep-ocean Assessment and Reporting of Tsunamis, 심해에서의 지진해일 평가와 보고) 부이(Buoy)[14]의 측정치로 검증하였다. Yamazaki와 Cheung(2011)은 2각분(4,000m) 간격의 해상도와 0.5각분(~1,000m) 간격의 해상도인 2개의 중첩격자를 고려하였다. 그들은 DART 부이 32412, 51406, 32411과 43412의 기록된 데이터를 분석하였다. 모델은 지배과정(支配過程)을 재현하였고 측정된 진폭, 위상, 진동수와 잘 일치하였다. 게다가 Martínez 등(2012)은 탈카우아노 조위계 및 투불(Tubul)에서의 지진해일 흔적고 측정치를 이용함으로써 이 지진해일 초기조건을 검증하였다. 그림 8은 2010년 칠레 지진해일 시 구한 지진해일 초기조건을 나타낸다.

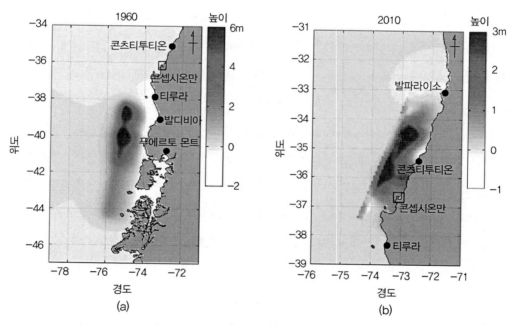

그림 8 1960년(좌측)과 2010년(우측) 지진해일의 초기조건과 콘셉시온만 위치

Reporting of Tsunamis, 심해에서의 지진해일 평가와 보고) 시스템 개발을 시작하여 2001년까지 태평양에 6개의 스테이션(Station)을 설치하였고 2008년 4월까지는 39개 스테이션을 설치하였으며, DART 스테이션은 지진해일이 해안에서 멀리 진행하고 있을 시에도 지진해일에 관한 상세한 정보를 전달할 수 있다.
14   부이(Buoy) : 해저에 고정되어 해수면에 떠 있는 시설을 말하며, 부표(浮標)라고도 하며, 부이는 어구, 닻 및 해양관측장비 등 물속에 있는 물체의 위치를 나타내기 위해서도 사용되고 있다.

5.3 스펙트럼 분석

그림 9는 1960년 및 2010년 지진해일 시나리오에 대한 관측계기 1(대륙붕)과 탈카우아노에서의 지진해일 파형과 스펙트럼 진폭을 나타낸다. 1960년 지진해일인 경우 관측계기 1은 대륙붕(실선)에서 2개의 주요 주기성분(週期成分)을 갖는데, 하나는 주기(週期) 70분(min) 근처에서 또 하나는 큰 대역폭(帶域幅)인 100~180분(min) 중간인 130~140분(min)에서 주요 주기 성분을 갖는다. 이와 유사하게 2010년 지진해일도 대륙붕에서 2개의 주요 주기성분을 보이는데, 하나는 주기 90분(min) 인근, 다른 하나는 120분(min) 근처에서 보인다. 이런 결과는 현재 확인된 스펙트럼 에너지 피크(Spectral Energy Peak)와 거의 일치하는 대역폭인 35~129분(min) 사이의 집중된 주기 73분(min), 93분(min) 및 129분(min)에서 공진모드인 것을 확인한 Yamazaki와 Cheung(2011)가 계산한 공진모드와 잘 일치한다. 그러므로 다른 지진해일 시나리오는 대륙붕의 다른 진동모드를 여기(勵起)시킬 수 있었다. 탈카우아노 조위계(점선)에서 측정한 스펙트럼 에너지는 만내(灣內)에서 뚜렷하게 증폭된다는 것을 관측할 수 있다. 1960년 지진해일인 경우 큰 대역폭인 80~180분(min)의 중간인 90~110분(min) 부근에서 증폭을 확인할 수 있었다. 게다가 30분(min) 근처 단주기 성분도 만내에서 증폭되어 만외(灣外)의 스펙트럼 진폭이 크게 커지지 않음에도 불구하고 첫 번째 공진성분에 상당하는 90~100분(min)에서의 스펙트럼 진폭에 도달할 수 있다. 이와 유사하게 2010년 지진해일은 만내(灣內)에서

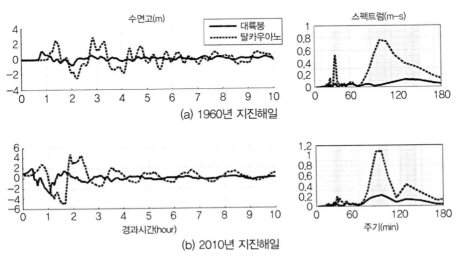

그림 9 2개의 지진해일 시나리오에 대한 지진해일 파형 및 에너지 스펙트럼

상당한 증폭을 하는 것 같다. 최대진폭이 90분(min) 근처 주기성분에서 발생하더라도 90분(min)과 130분(min)일 때 공진성분은 증폭된다. 만약 만(灣)의 고유진동 모드가 각 시나리오에서 계산된 에너지 스펙트럼과 차이를 보인다 할지라도 만내의 대규모 지진해일 증폭은 고유진동모드의 여기(勵起) 때문이라고 결론지을 수 있다. 2010년 지진해일 결과는 큰 대역폭을 갖는 90분(min) 근처 주기에서 상당한 증폭을 하는 것 같이 보이며 이것은 계산된 만의 기본모드(95분)와 잘 일치하여 만 진동과 대규모 대륙붕 공진 사이에 결합이 생성된다. 이와는 반대로 1960년 지진해일은 기본모드보다는 두 번째와 세 번째 진동모드에서 더 여기(勵起)하였다. 또한 첫 번째 모드와 세 번째 정상 모드의 중첩(重疊)은 탈카우아노와 펜코(그림 4 참조)에서 큰 진폭을 발생시킬 수 있는 있다. 그러므로 과거 지진해일 내습 동안 펜코와 탈카우아노에서 보고된 큰 지진해일 진폭(Soloviev와 Go, 1975)은 대륙붕과 만 진동 사이의 결합 때문만 아니라, 만 자체 내부 정상모드에서 기인(起因)한 것이라고 설명할 수 있다.

6. 향후 발생 가능한 지진해일 영향

이 장은 북부 칠레에서부터 콘셉시온만에 이르는 미래 발생 가능한 2개의 지진해일 전파를 분석한다. 이 분석은 뚜렷한 지진공백역(地震空白域)[15]을 확인할 수 있는 역사적 사건에 근거를 두고 있으며, 그림 10은 18세기부터 칠레의 섭입대(攝入帶)[16] 지역을 따라 기록된 주요 지진을 나타낸다.

하나의 뚜렷한 지진공백역을 1764년과 1877년 사건이 발생한 칠레 북부의 동일지역에서 확인할 수 있다. 2007년 모멘트 규모 M_w 7.7인 토코필라(Tocopilla) 지진은 이 지역의 가장 깊은 부분을 파괴시켜 지진공백역이 가진 지진모멘트(Seismic Moment)[17] 손실 중 4%만 방출

시켰으며(Chlieh 등, 2011), 1868년 파괴지역의 북쪽에 위치한 아레키파(Arequipa) 2001년 지진(모멘트 규모 M_w 8.4)은 남부 페루의 지진공백역을 부분적으로 채워(Ruegg 등, 2001), 남쪽 부분은 파괴되지 않았다. 게다가 2014년 4월 모멘트 규모 M_w 8.1 지진이 이키케(Iquique)에서 발생하였다(Yagi 등, 2014). 그러나 이것은 예상했던 지진이 아니므로 반드시 가까운 장래에 거대지진(巨大地震)이 2014년 이키케 지진과 연속해서 남쪽과 북쪽에서 발생할 것이다(Hayes 등, 2014; Schurr 등, 2014). 그런 이유로 1877년 지진과 비슷한 대규모 사건을 분석할 수 있다. 이를 위해서 Aránguiz 등(2014)이 제안한 지진해일 파원을 사용하였고 그 초기조건을 그림 11(a)에 나타내었다.

또 다른 대규모 지진공백역은 1922년과 1943년 지진에 대응하는 지역이다. 그림 10에서 볼 수 있듯이, 그 시점 이후로 이 지역에서 어떠한 지진활동도 기록되지 않았다. 1922년 아타카마(Atacama) 지진은 바에나르(Vallenar) 바로 남쪽이 진원지(震源地)로 모멘트 규모 M_w 8.4이었고(Lomnitz, 1970), 총 파열(破裂)길이는 330~450km이었다(Nishenko, 1985). 이 지진은 처음에 75초(sec) 동안 3개의 부사건(副事件)으로 구성되었다(Beck 등, 1998). 파고 7~9m인 지진해일 파랑이 인근지역에서 관측되었으며, 지진해일이 하와이와 일본까지도 도달하였다(Soloviev와 Go, 1975). 1943년 이야펠(Illapel) 지진은 모멘트 규모 M_w 8.3, 진원깊이 60km이었고(Lomnitz, 1970), 총 파열길이는 150~250km이었다(Nishenko, 1985). 그러나 Beck 등(1998)은 단지 비회절(非回折)된 P-파가 원지(遠地)지진으로 기록된 것에 기초하여 모멘트 규모(Moment Magnitude Scale)는 M_w 7.9라고 예측하였다. 더욱이 어선에게 피해를 입힌 소규모 지진해일이 로스빌로스(Los Vilos)에서 관측되었다(Lomnitz, 1970; Soloviev와 Go, 1975). 이 지진공백역에서 향후 발생 가능한 지진을 분석하기 위한 전통적인 시나리오는 아타카마와 이야펠-라세레나(Illapel-La Serena)의 파괴지역을 모두 포함하는 모멘트 규모 M_w 8.8인 대규모 지진이 일어나는 것이다. 이런 지진 발생 시 지진해일 파원역은 총 파열길이 $L=440$km, 폭 $W=$110km, 평균 미끄러짐 12m, 주향각(Strike Angle), 경사각(Dip Angle) 및 미끄럼 경사각(Rake Angle)이 각각 5°, 19° 및 100°를 나타낸다. 지진해일 초기조건은 그림 11(b)에 주어졌다.

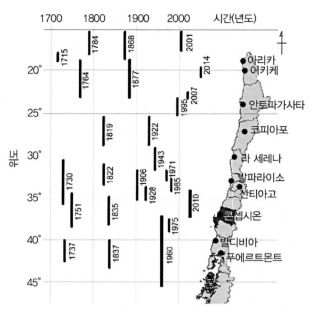

그림 10 칠레 해안의 섭입대에서 발생한 지진. 18세기 이후의 사건들만 표시된다. 짙은 회색으로 표시된 비오비오 지역

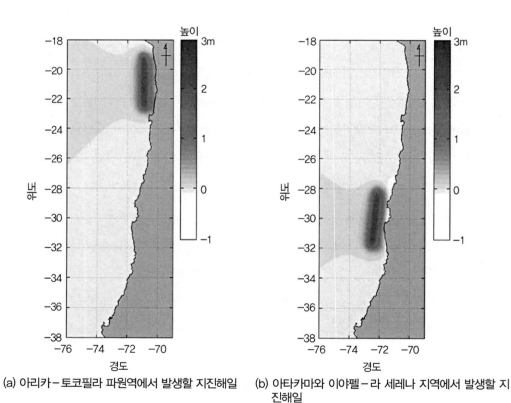

(a) 아리카-토코필라 파원역에서 발생할 지진해일

(b) 아타카마와 이야펠-라 세레나 지역에서 발생할 지진해일

그림 11 북부 칠레에서 발생할 수 있는 미래 2가지 지진해일의 초기조건

그림 6 및 7에 주어진 동일 격자(格子)를 사용한 NEOWAVE 모델을 써서 향후 발생할 2개의 지진해일을 파원역(波源域)에서부터 콘셉시온만까지 전파시켰다.

수치모형실험 결과를 그림 12에 나타내었다. 2010년 지진해일과 비슷하게 지진해일 거동은 대륙붕에 의해 크게 영향을 받는다는 것을 알 수 있다. 아리카－토코필라(Arica-Tocopilla) 지진공백역으로부터의 지진해일인 경우(그림 11(a)) 주기 90분(min)에서 명확한 지진해일 파랑을 확인할 수 있고, 콘셉시온 만내(灣內)인 탈카우아노에서 대규모 진폭을 보인다. 이와 유사하게 아타카마(Atacama)와 이야펠－라 세레나(Illapel-La Serena) 지진공백역에서 발생한 지진해일(그림 11(b))은 모멘트 규모 M_w 8.8인 지진이 탈카우아노에서 4m에 달하는 침수를 발생시키고 만내(灣內)에서 증폭된다. 증폭의 주요 원인은 대륙붕상의 90분(min) 때 공진성분이 콘셉시온만의 기본 진동모드(95분)와 일치하기 때문이다.

(a) 아리카－토코필라 파원역의 지진해일

(b) 아타카마와 이야펠－라 세레나 지진역(地震域)의 지진해일

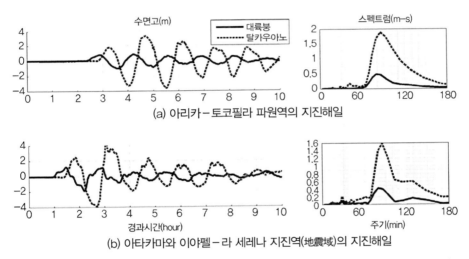

그림 12 칠레 북부에서 발생할 수 있는 지진해일의 시계열(時系列)과 에너지 스펙트럼

7. 결 론

콘셉시온만의 고유진동모드는 경험직교함수를 사용하여 예측하였다. 이 방법은 콘셉시온만에 대한 타당한 진동주기를 잘 입증하였다. 만의 기본주기는 95분(min)으로 산정되었는데, 이것은 진동모드상 이론식으로 고려할 수 없는 만구(灣口)에 있는 섬 때문으로 여겨진다.

2010년 지진해일에 대한 수치시뮬레이션의 진폭 스펙트럼은 탈카우아노에서 뚜렷하게 증폭(增幅)되었고 최대 진폭은 90분(min) 근처에서 주기성분(週期成分)으로 발생하였는데, 이 값은 대륙붕에서 구한 값과 거의 동일하다. 1960년 지진해일인 경우 100~180분(min) 주기 사이의 스펙트럼(Spectrum) 대역폭은 2010년 지진해일 경우에서와 같은 동일 비율로 증폭되었다는 것을 확인하였다. 그러나 36분(min) 근처 단주기(短週期) 성분은 만외(灣外)의 스펙트럼 진폭이 뚜렷하게 크지 않음에도 불구하고 탈카우아노에서 매우 크게 증폭되었다. 그러므로 계산된 1960년 지진해일은 90분(min)에서보다 36분(min) 및 130분(min)에서 보다 중요한 공진성분을 가지는 것으로 나타났는데, 2010년 지진해일인 경우에서도 마찬가지였다. 개별 지진해일에 대한 스펙트럼 분석은 지진해일 파랑이 만(灣)의 고유진동 모드를 유발시켜 대륙붕 공진(共振)과 만 자체의 동요(動搖)가 결합되어 대규모 증폭역(增幅域)이 만내(灣內)에서 관측되었다.

향후 발생 가능한 칠레 북부 및 중부로부터의 지진해일은 만의 기본 진동모드를 여기(勵起)시켜 대규모 증폭이 만의 남쪽 해안에서 일어날 것이다. 그러므로 펜코 및 탈카우아노의 지방 관계 당국은 공진(共振)이 콘셉시온 만내(灣內)의 지진해일 거동에 큰 역할을 하기 때문에 북부 칠레로부터의 잠재적 위험을 항상 모니터링하고 주의를 기울여야만 한다. 재난담당 공무원들은 대피경로 개선, 지진해일 대피훈련 실시 및 조기 예·경보 체제개선과 같은 지진해일 경감조치의 실행에 꾸준히 노력해야 할 것이다. 효과적인 구조적 대책의 실행은 어려운데, 왜냐하면 만내(灣內)의 지진해일 증폭감소는 구조적 대책의 구조물 건설이 만의 고유진동모드를 어떻게 변화시킬 것인가에 대한 세심함 검토가 필요하기 때문이다. 진동모드를 바꾸기 위한 한 가지 가능한 방법은 만구(灣口)나 중간에 지진해일 방파제를 건설하는 것으로 이것은 매우 많은 예산이 소요되고 환경에도 큰 영향을 미친다. 더욱이 2010년 칠레 지진해일은 해안을 따라 여러 영향을 미쳤기 때문에 지진해일 수치 예측 모델개발을 계속해야 하며, 보다 정확한 수치 예측모델을 통해 관계 당국은 가까운 장래에 가장 지진해일 피해를 볼 지역의 방재(防災)에 집중해야 한다.

참고문헌

1. Ara´nguiz, R., 2013. Generation of the 1960 tsunami in southern Chile. In : XXIst Congress on Hydraulic Engineering, October 2013, Concepcio ´n, Chile(in Spanish).

2. Ara´nguiz, R., Shibayama, T., 2013. Effect of Submarine Canyons on tsunamis propagation : case study of Biobio Canyon. Coast. Eng. J. 55, 22. http://dx.doi.org/10.1142/S0578563413500162.

3. Ara´nguiz, R., Villagran, M., Eyzaguirre, G., 2011. The use of trees as a tsunami natural barrier for Concepcio ´n, Chile. J. Coast. Res. SI 64, 450-454.

4. Ara´nguiz,R.,Shibayama,T.,Yamazaki,Y.,2014.Tsunamis from the Arica-Tocopilla source region and their effects on ports of Central Chile.Nat.Hazards71,175-202. http://dx.doi.org/10.1007/s11069-013-0906-5.

5. Barrientos, S., 2010. Updated Technical Report May 27th, 2010-Cauquenes Earthquake February 27 of 2010. (In spanish). Servicio Sismolo ´gico de la Universidad de Chile. Available online at http://www.2.ing.puc.cl/~wwwice/sismologia/INFORME_TECNICO%20(may%2027).pdf.

6. Barrientos, S., Ward, S., 1990. The 1960 Chile Earthquake : inversion for slip distribution from surface deformation. Geophys. J. Int. 103, 589-598.

7. Beck, S., Barrientos, S., Kausel, E., Reyes, M., 1998. Source characteristics of the historic earthquake along the central Chile subduction zone. J. South Am. Earth Sci. 11 (2), 115-129.

8. Bellotti,G., Briganti,R.,Beltrami,G.M.,Franco,L.,2012. Modalanalysisof semi-enclosed basins. Coast. Eng. 64 (2012), 16-25.

9. Bj€ornsson, H., Venegas, S.A., 1997. A Manual for EOF and SVD Analyses of Climatic Data. Department of Atmospheric and Oceanic Sciences and Centre for Climate and Global Change Research, McGill University, Montreal, Quebec, 52 pp.

10. Chlieh, M., Perfettini, H., Tavera, H., Avouac, J.-P., Remy, D., Nocquet, J.-M., Rolandone, F., Bondoux,F.,Gabalda,G.,Bonvalot,S.,2011.Inter seismic coupling potential along theCentralAndes subduction zone. J. Geophys. Res. 116, B12405. http://dx.doi.org/10.1029/2010JB008166.

11. Cifuentes, I., 1989. The 1960 Chilean Earthquakes. J. Geophys. Res. 94 (B1), 665-680. 12. Delouis, B., Nocquet, J., Valee ´, M., 2010. Slip distribution of the February 27, 2010 Mw¼8.8 Maule Earthquake, central, Chile, from static and high-rate GPS, InSAR and teleseismic data. Geophys. Res. Lett. 37, L17305.

13. Farreras, S.F., 1978. Tsunami resonant condition of Conceptio ´n Bay (Chile). Mar. Geod. 1 (4), 355-360.

14. Figueroa, D., 1990. Theoretical determination of proper oscillation periods for Concepcion Bay, Chile.

Cienc. Tecnol. Mar CONA 14, 25–32.

15. Fritz, H.M., Petroff, C.M., Catala ´n, P.A., Cienfuegos, R., Winckler, P., Kalligeris, N., Weiss, R., Barientos, S., Meneses, G., Valderas, C., Ebeling, C., Papadopoulus, A., Contreras, M., Almar, R.,Dominguez, J.C., Synolakis, C.E., 2011. Field survey of the 27 February 2010 Chile Tsunami. Pure Appl. Geophys. 168, 1989–2010.

16. Hayes,G., 2010.Finite faul tmodel,updated result of the February27, 2010Mw 8.8Maule Chile Earthquake. National Earthquake Information Center (NEIC) of United States Geological Survey 2010. Available from: http://earthquake.usgs.gov/earthquakes/eqinthenews/2010/us2010tfan/finite_fault.php.

17. Hayes, G.P., Herman, M.W., Barnhart, W.D., Furlong, K.P., Riquelme, S., Benz, H.M., Bergman, E., Barrientos, S., Earle, P.S., Samsonov, S., 2014. Continuing megathrust earthquake potential in Chile after the 2014 Iquique earthquake. Nature 512, 295–298. http://dx.doi.org/10.1038/nature13677.

18. Heinrich, Ph., Guibourg,S., Roche, R., 1996. Numerical modeling of the 1960 Chilean tsunami. Impact on French Polynesia. Phys. Chem. Earth 21 (1–2), 19–25. http://dx.doi.org/doi:10.1016/S0079-1946(97) 00004-9.

19. Henry, R.F., Murty, T.S., 1995. Tsunami amplification due to resonance in Alberni Inlet : normal modes. In : Tsushiya, Y., Shuto, N. (Eds.), Tsunami : Progress in Prediction, Disaster Prevention and Warning. Kluwer Academic Publisher, Dordrecht, pp. 117–128. 20. Imamura, F., Yalciner, A., Ozyurt, G., 2006. Tsunami Modelling Manual, TUNAMI Model. IOC Manuals and Guides N 30, IUGG/IOC TIME PROJECT.

21. Kanamori, H., Cipar, J.J., 1974. Focal process of the great Chilean earthquake May 22. 1960. Phys. Earth Planet. Inter. 9, 128–136.

22. Lagos, M., Gutierrez, D., 2005. Simulacio ´n del tsunami de 1960 en un estuario del centro-sur de Chile. Revista de Geografi ´a Norte Grande 33, 5–18.

23. Liu, P.L.F., Cho, Y.S., Yoon, S.B., Seo, S.N., 1995. Numerical simulations of the 1960 Chilean tsunami propagation and inundation at Hilo, Hawaii. Adv. Nat. Technol. Hazards Res. 4 (1995), 99–115.

24. Lomnitz, C., 1970. Major Earthquakes and Tsunami in Chile during the period 1535 to 1955. Geol. Rundschau 59 (3), 938–960.

25. Martı´nez, C., Rojas, O., Ara ´nguiz, R., Belmonte, A., Altamirano, A., Flores, P., 2012. Tsunami risk in Caleta Tubul, Biobio Region : extreme scenarios and territorial transformation post-earthquake. Revista de Geografi ´a Norte Grande 53, 85–106.

26. Mikami, T., Shibayama, T., Takewaka, S., Esteban, M., Ohira, K., Ara ´nguiz, R., Villagran, M., Ayala, A., 2011. Field survey of the tsunami disaster in Chile 2010. J. Jpn. Soc. Civil Eng. Ser. B3 (Ocean

Eng.) 67 (2), I_529–I_534(in Japanese with English abstract).

27. Nishenko, S.P., 1985. Seismic potential for large and great interplate earthquakes along the Chilean and southern Peruvian margins of South America : a quantitative reappraisal. J. Geophys. Res. 90. http://dx.doi.org/10.1029/JB090iB05p03589. issn : 0148-0227.

28. Okada, Y., 1985. Surface deformation of shear and tensile faults in a half-space. Bull. Seismol. Soc. Am. 75 (4), 1135–1154.

29. PDI,2013.ResearchonFebruary27(inSpanish). DiarioLa Tercera7/2/2013,4 pp.Available from : http://papeldigital.info/lt/2013/02/07/01/paginas/004.pdf.

30. Quezada, J., Jaque, E., Belmonte, A., Ferna´ndez, A., Martı´nez, C., 2010. The third tsunami wave in Biobio Region bays during the Chilean 27th February 2010 earthquake. In : American Geophysical Union Chapman Conference, Valparaiso, Vin~a del Mar and Valdivia, Chile. May 14–24, 2010.

31. Rabinovich, A.B., 2009. Seiches and harbor oscillations. In : Kim, Y.C. (Ed.), Handbook of Coastal and Ocean Engineering. World Scientific Publishing, Singapore, pp. 139–236. 32. Roeber, V., Yamazaki, Y., Cheung, K.F., 2010. Resonance and impact of the 2009 Samoa tsunami around Tutuila, American Samoa. Geophys. Res. Lett. 37, L21604. http://dx.doi.org/10.1029/2010GL044419.

33. Ruegg, J.C., Olcay, M., Lazo, D., 2001. Co-post- and pre- seismic displacement associated with the Mw¼8.4 southern Peru earthquake of 23 June 2001 from continuous GPS measurements. Seismol. Res. Lett. 72, 673–678.

34. Sandoval, F., Farreras, S., 1993. Tsunami resonance of the Gulf of California. In : Tinti, S. (Ed.), Tsunamis in the World. Kluwer Academic Publishers, Dordrecht, pp. 107–109.

34. Schurr, B., Asch, G., Hainzl, S., Bedford, J., Hoechner, A., Palo, M., Wang, R., Moreno, M., Bartsch, M., Zhang, Y., Oncken, O., Tilmann, F., Dahm, T., Victor, P., Barrientos, S., Vilotte, J.-P., 2014. Gradual unlocking of plate boundary controlled initiation of the 2014 Iquique earthquake. Nature 512, 299–302. http://dx.doi.org/10.1038/nature13681.

35. Sobey, R., 2006. Normal mode decomposition for identification of storm tide and tsunami hazard. Coast. Eng. 53 (2006), 289–301.

36. Soloviev,S.L.,Go,C.N.,1975.ACatalogueofTsunamisontheEasternShoreofthePacificOcean.Nauka Publishing House, Moscow 202 pp.

37. Takahashi, R., 1961. A summary report on the Chilean tsunami of May 1960. Report on the Chilean tsunami of 24 May 1960, as observed along the Coast of Japan. Committee for the Field Investigation of the Chilean Tsunami of 1960.

38. Tolkova, E., Power, W., 2011. Obtaining natural oscillatory modes of bays and harbors via Empirical

Orthogonal Function analysis of tsunami wave fields. Ocean Dyn. 61, 731–751.

39. Vela, J., Pe ´rez, B., Gonza ´lez, M., Otero, L., Olabarrieta, M., Canals, M., 2011. Tsunami resonance in the Palma de Majorca bay and harbor induced by the 2003 Boumerdes-Zemmouri Algerian earthquake (Western Mediterranean). Coastal Engineering Proceedings, 1 (32). http://dx.doi.org/10.9753/ icce. v32.currents.7

40. Yagi, Y., Okuwaki, R., Enescu, B., Hirano, S., Yamagami, Y., Endo, S., Komoro, T., 2014. Rupture process of the 2014 Iquique Chile Earthquake in relation with the foreshock activity. Geophys. Res. Lett. 41. http://dx.doi.org/10.1002/2014GL060274.

41. Yamazaki, Y., Cheung, K.F., 2011. Shelf resonance and impact of near-field tsunami generated by the 2010 Chile earthquake. Geophys. Res. Lett. 38 (12), L12605. http://dx.doi.org/10.1029/2011GL047508.

42. Yamazaki, Y., Kowalik, Z., Cheung, K.F., 2009. Depth-integrated, non-hydrostatic model for wave breaking and Run-up. Int. J. Numer. Methods Fluids 61 (5), 473–497.

43. Yamazaki, Y., Cheung, K.F., Kowalik, Z., 2011. Depth-integrated, non-hydrostatic model with grid nesting for tsunami generation, propagation, and run-up. Int. J. Numer. Methods Fluids 67 (12), 2081–2107.

CHAPTER 07 2012년 허리케인 샌디로 인한 뉴욕시 폭풍해일

1. 서 론

2012년 10월 29일 허리케인 샌디(Sandy)는 미국 동부 해안을 따라 상륙하면서 뉴욕주 및 뉴저지주 해안의 넓은 지역을 강타한 폭풍해일을 발생시켰다. 이 폭풍해일 결과로 뉴욕시에서는 44명의 사망자가 발생하였는데, 그들 중 81.8%가 익사자(溺死者)이었다(뉴욕시 보건 정신 위생국, 인구통계국; Bureau of Vital Statistics, New York City Department of Health and Mental Hygiene). 또한 폭풍해일은 사회기반시설에 광범위한 피해를 유발시켰으며 특히 배전(配電) 및 급행운송체계(지하철 등)에 피해를 입혔다. 맨해튼에 있는 변전소는 침수로 고장이 일어났으며 로어 맨해튼(Lower Manhattan)에 통과하는 일부 지하철은 샌디의 상륙 이후 일주일 이상 폐쇄되었다(일부 역의 폐쇄는 그 이상으로 맨해튼 남쪽 끝에 위치한 사우스 페리(South Ferry)역은 2013년 4월에야 재개장하였다). 운행체계가 중지된 것은 처음이 아니었다. Zimmerman과 Cusker(2001)은 1999년 8월 극심한 폭풍이 운행체계를 멈추게 했고, 1999년 9월 열대성 폭풍 플로이드(Floyd)도 이 지역에 상당한 재산 피해를 입혔다고 보고하였다. 허리케인 샌디 당시 지하철의 운행 중지는 틀림없이 다른 폭풍우 때보다 더 장기간인 것으로 보인다. Aerts 등(2013)은 샌디로 인한 뉴욕시의 총 피해액은 직접피해액 21.3억 달러($)(2.5조 원, 2019년 6월 환율기준)를 포함하여 28.5억 달러($)(3.3조 원, 2019년 6월 환율기준)라고 예상하였다. 이 피해액은 선진국의 현대적인 도시조차도 폭풍해일에 대한 도시 워터프런트의 취약성을 극명히 보여주는 사례이다.

열대성 저기압으로 유발된 폭풍해일에 대한 대비는 세계 여러 해안지역에서 중요한 도전이다. 최근에 많은 폭풍해일 재난이 보고되었다. 대서양에서는 2005년 허리케인 카트리나(Katrina)가 미국 남부 해안을 강타하였다(2장 참조). 인도양에서는 2007년 사이클론 시드로(Sidr)와 2008년 사이클론 나르기스(Nargis)가 각각 방글라데시와 미얀마에 극심한 피해를 입혔다(3장과 4장 참조). 또한 서태평양에서는 2013년 태풍 하이옌(Haiyan; 요란다(Yolanda))이 필리핀 중부 지역을 강타하였다(8장 참조). 일본은 최근에 대규모 폭풍해일 재난을 경험하지 않았다 할지라도(태풍 베라(Vera; 이세만(Isewan) 1959년 5,000명 이상의 사상자를 내었다), 빈번한 태풍내습을 받는 국가로(33장 참조) 도쿄만, 이세만 및 오사카만과 같은 취약한 도시 워터프런트(Waterfront)[1] 지역을 어떻게 방호할 것인가에 대해서 논의 중이다. 그러므로 복원성을 높이고 피해를 방지하기 위해 합리적인 방재 전략을 체계화하고 열대성 저기압이 접근할 때 실제 해안지역에서 무엇이 발생하는가를 이해하는 것이 중요하다. 이 장의 저자들은 이런 검토사항에 근거하여 허리케인 샌디가 뉴욕시에 유발시킨 폭풍해일고 분포 및 피해형태를 명확히 파악하기 위해 재난이 지난 후 현장조사를 실시하였다. 저자들은 조사 기간 동안 피해 해안을 따라 폭풍해일고를 측정하였으며 폭풍해일이 어떻게 사회기반시설의 피해를 입혔는지 조사하였다. 본 장에서는 이 현장조사의 결과를 설명하고, 뉴욕시뿐만 아니라 다른 지역의 재난대비역량을 향상시키는 데 도움이 될 수 있는 몇 가지 교훈을 도출하기 위한 궁극적인 목표를 가지고, 뉴욕시의 사회기반시설 손상과 샌디에 대한 대응에 대해 논의하겠다.

2. 허리케인 샌디

허리케인 샌디는 10월 22일 카리브해에서 형성되어 북쪽으로 이동하였다. 자메이카, 쿠바 및 바하마를 강타한 후 샌디는 경로를 조금 변화시켜 대서양을 거쳐 그 경로를 북동쪽 방향으로 틀었다. 10월 28일 샌디는 또다시 그 경로를 북서쪽 궤적(軌跡)으로 바꾸었고 결국 10월

---

1   워터프런트(Waterfront) : '물가'라는 뜻인데, 본래는 하안(河岸)·호안(湖岸)·해안(海岸)을 가리켰지만, 오늘날에는 물가 개발지역을 총칭해서 일컫는다. 레스토랑이나 클럽·이벤트 홀 등등 패션에 민감한 사람들을 위한 복합 쇼핑몰과 리조트 형태로 각광받고 있다.

29일 19시 30분경(동부 표준시간, UTC−4) 풍속 36m/s 및 최저중심기압 945hPa로 남부 뉴저지 해안을 따라 상륙하였다(미국 국립 허리케인 센터, National Hurricane Center, 2013).

그림 1은 뉴욕과 그 인근 해안에 큰 영향을 준 3개의 허리케인 경로(1938년 허리케인 뉴잉글랜드(New England), 2011년 허리케인 아이린(Irene), 2012년 허리케인 샌디)를 나타내었다. 이 그림은 Unisys Weather(2014)의 출처로부터 나온 경로데이터를 사용하였고 허리케인 위치는 아이린 및 샌디는 3시간마다, 뉴잉글랜드 허리케인은 6시간마다 지도에 표시하였다. 그림 1에서 알 수 있듯이 샌디는 남부 뉴저지 해안에 접근할 때 서쪽으로 움직였던 반면, 다른 2개의 허리케인은 뉴욕에 접근할 때 북쪽방향의 궤적으로 이동하였다. 뉴욕만(New York Bay) 동쪽 부분은 대서양에 개방되어 있으므로 샌디 경로는 다른 두 허리케인보다 더 큰 폭풍해일을 발생시킬 잠재력을 가졌다.

그림 2는 맨해튼(Manhattan) 남쪽 선단에 위치한 배터리(Battery)에서 허리케인 샌디 통과 시 해수면 및 기압 관측치를 나타낸 것으로 NOAA 데이터(2014)로 나온 값이다. 2012년 10월 29일 21시 24분경 배터리에서의 최대 폭풍해일고(暴風海溢高, 해수면의 관측치과 예측치 차

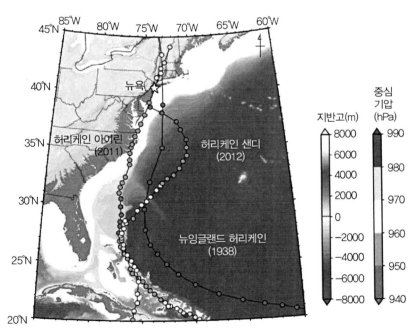

그림 1 1938년 허리케인 뉴잉글랜드, 2011년 허리케인 아이린, 2012년 허리케인 샌디 3개의 허리케인 경로(데이터 출처 : Unisys Weather)

이)는 2.87m이었다. 그림 2의 상단에 나타내었듯이 폭풍해일고는 만조(滿潮) 동안 최대치에 도달하였고 최대해수면은 MSL(Mean Sea Level, 평균해수면)^{2}상 +3.50m에 도달하였다. Orton 등(2012)에 따르면 아이린 내습 시 배터리에서의 최대해수면은 MSL상 +2.11m이었다. 따라서 샌디 통과 시 폭풍해일과 함께 만조(滿潮)의 동시발생은 뉴욕시에 심각한 침수발생에 분명히 기여(寄與)하였다.

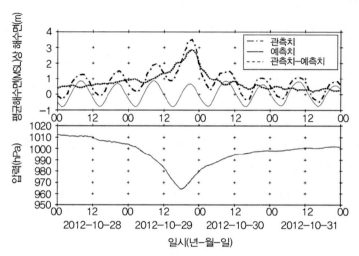

그림 2 뉴욕 배터리에서의 해수면 기록 및 압력 기록(데이터 출처 : NOAA)

3. 뉴욕시의 폭풍해일 현장조사

저자들은 2012년 11월 9일~12일까지 현장조사를 실시하였다. 조사 목적은 뉴욕시 워터프런트를 따라 사회기반시설과 건물의 피해범위 등과 같은 피해지역의 상황을 평가하고 도시 해안선을 따라 폭풍해일고를 측정하는 것이다. 조사지역은 그림 3에서와 같이 맨해튼 남부해안(로어맨해튼, Lower Manhattan), 맨해튼 북서해안(허든슨강(Hudson River)을 따라) 및 스태튼 아일랜드(Staten Island)를 포함하였다.

---

2   평균해수면(平均海水面, Mean Sea Level) : 해면은 시시각각으로 변화하고 일정하지 않고, 어떤 기간 예를 들면 1일, 1개월, 1년 동안 해수면의 평균 높이에 해당하는 면을 1일, 또는 1개월 평균해수면이라고 한다. 평균해수면은 천문조(天文潮)뿐만 아니라 기상조(氣象潮)도 합하여, 한 지점의 평균해면은 계절적으로 일정하지 않으므로 장기간의 관측지에서 평균한 조위로서, 조석의 높이와 표고의 기준으로 우리나라에서는 인천의 평균해수면이 표고(標高)의 기준이다.

휴대용 GPS(Global Positioning System)[3] 계기, 레이저 측정 기구 및 표척(標尺)[4]을 사용하여 폭풍해일고 및 그 위치를 기록하였다. 이 조사에서의 폭풍해일고는 그림 4와 같이 정의하였고, 모든 높이는 샌디가 도착했을 당시 예상조위(豫想潮位)상 높이로 보정하였다. 샌디 내습 시 바다로 접근이 어려웠기 때문에 일부 지점에서 단지 침수심만을 측정한 것에 주의해야 한다.

그림 3 조사지역의 위치

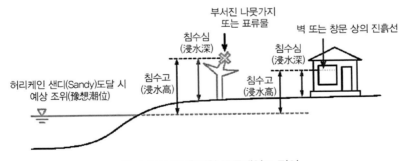

그림 4 조사 중 측정한 폭풍해일고 정의

---

3   GPS(Global Positioning System) : GPS 위성에서 보내는 신호를 수신해 사용자의 현재 위치를 계산하는 위성항법 시스템으로, 항공기, 선박, 자동차 등의 내비게이션장치에 주로 쓰이고 있으며, 최근에는 스마트폰, 태블릿 PC 등에서도 많이 활용되는 추세다.

4   표척(標尺, Staff) : 수준 측량을 할 때 높이를 재는 자로써 목제·경합금제의 장방형 단면이 보통이며, 운반에 편리하도록 일반적으로 3단의 인출식(引出式)으로 되어 있다.

표 1은 측정결과를 나타낸 것이다. 침수고는 맨해튼에서 2.5~3m, 스태튼 아일랜드에서 4m 이었다. 조사는 로어 뉴욕만(Lower New York Bay)으로부터 업퍼 뉴욕만(Upper New York Bay)으로 이동할수록 침수고는 서서히 감소하였다. 각 지점에서의 자세한 조사결과는 다음과 같다.

표 1 측정결과

번호	지점	위도	경도	침수고 (m)	침수심 (m)	정선(汀線)으로부터의 거리(m)	수위선
서던 맨해튼(Southern Manhattan)							
1	사우스 스트리트 시포트 (South Street Seaport)	N40°42.343′	W74°00.186′	2.65	1.14	45	진흙선(泥線)(내부)
2	풀톤 스트리트(Fulton Street)	N40°42.373′	W74°00.200′	2.59	1.99	100	진흙선(泥線)(외부)
3	풀톤 스트리트(Fulton Street)	N40°42.396′	W74°00.216′	2.82	1.89	150	진흙선(泥線)(외부)
4	풀톤 스트리트(Fulton Street)	N40°42.403′	W74°00.204′	2.69	1.72	150	진흙선(泥線)(외부)
5	풀톤 스트리트(Fulton Street)	N40°42.415′	W74°00.232′	2.96	1.57	185	진흙선(泥線)(내부)
6	풀톤 스트리트(Fulton Street)	N40°42.432′	W74°00.225′	2.87	1.21	210	진흙선(泥線)(내부)
7	풀톤 스트리트(Fulton Street)	N40°42.456′	W74°00.262′	2.61	0.59	275	진흙선(泥線)(내부)
8	피어 11(Pier 11)	N40°42.197′	W74°00.381′	2.62	1.26	<20	진흙선(泥線)(내부)
9	월 스트리트(Wall Street)	N40°42.287′	W74°00.392′	2.51	1.35	105	진흙선(泥線)(내부)
10	월 스트리트(Wall Street)	N40°42.323′	W74°00.453′	2.68	0.44	210	진흙선(泥線)(내부)
스태튼 아일랜드(Staten Island)							
11	뉴 도프 비치(스태튼 아일랜드) (New Dorp Beach(Staten Island))	N40°33.987′	W74°06.112′	–	0.76	650	진흙선(泥線)(내부)
12	뉴 도프 비치(스태튼 아일랜드) (New Dorp Beach(Staten Island))	N40°33.727′	W74°05.842′	4.03	2.22	55	나무에 표류물(漂流物)
13	뉴 도프 비치(스태튼 아일랜드) (New Dorp Beach(Staten Island))	N40°33.862′	W74°05.682′	3.44	1.88	115	진흙선(泥線)(내부)
14	울페스 폰드 파크(스태튼 아일랜드) (Wolfe's Pond Park(Staten Island))	N40°30.764′	W74°11.572′	4.22	2.55	35	나무에 표류물(漂流物)
사우스이스튼 맨해튼(Southeastern Manhattan)							
15	이스트 리버 쪽(동쪽 23번째 거리) (East River side(E 23rd Street))	N40°44.120′	W73°58.469′	2.57	1.20	<20	진흙선(泥線)(내부)
16	이스트 리버 쪽(동쪽 25번째 거리) (East River side(E 25th Street))	N40°44.206′	W73°58.453′	–	1.24	45	진흙선(泥線)(외부)
17	이스트 리버 쪽(동 30번째 거리) (East River side(E 30th Street))	N40°44.416′	W73°58.346′	–	1.16	<20	진흙선(泥線)(외부)
18	변전소(Substation)	N40°43.742′	W73°58.515′	–	1.32	320	진흙선(泥線)(외부)
19	변전소(Substation)	N40°43.604′	W73°58.419′	–	0.96	190	진흙선(泥線)(외부)
노스웨스튼 맨해튼(Northwestern Manhattan)							
20	허드슨 리버 쪽(St. 클레어 플레이스) (Hudson River side(St. Clair Place))	N40°49.071′	W73°57.676′	–	–	70	증인 ("여기까지 도달")

3.1 맨해튼 남부 해안

이 지역에서의 건물과 사회기반시설에 대한 폭풍해일고 및 피해를 이해하기 위하여 3개의 다른 지점인 풀톤 스트리트(Fulton Street), 월 스트리트(Wall Street)와 배터리 파크(Battery Park) 인근을 조사하였다. 맨해튼 지역으로 운행하는 여러 지하철 노선들이 있어(그림 5 참조), 저자들은 어떻게 폭풍해일이 지하시설은 물론 지상에 있는 건물 및 상점들을 침수시켰는가를 규명(糾明)하려고 노력하였다.

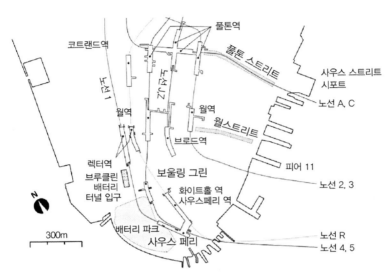

그림 5 서던 맨해튼(Southern Manhattan)의 지하철 노선도

풀톤 스트리트 조사는 워터프런트인 사우스 스트리트 시포트(South Street Seaport)에서부터 시작하였다. 해수(海水)는 해안선에서부터 풀톤 스트리트를 따라 300m 내륙까지 도달하였고, 측정 침수고는 2.5~3m이었다. 풀톤 스트리트의 인근 상점들은 침수되었는데, 건물 바닥재 및 상품이 손상되는 결과를 초래하였다. 그러나 파랑 및 흐름으로 인한 분명하게 극심한 피해는 볼 수 없었다(가게의 유리창은 대체로 제자리에 있는 것 같았다. 그림 6(a) 참조).

월 스트리트 조사는 워터프런트인 피어 11(Pier 11)에서부터 시작하였다. 해수(海水)는 해안선에서부터 월 스트리트를 따라 200m 내륙까지 도달하였고, 측정 침수고는 풀톤 스트리트를 따라 측정한 값과 거의 동일한 2.5~2.7m이었다. 월 스트리트를 따라 입지한 상점들과 오피스 건물들이 침수되었다. 그러나 이 지역도 또한 극심한 피해는 볼 수 없었다. 어떤 한 건물에는 그 건물의 지하실이 침수되었다는 표지판을 시 관계 당국이 게시(揭示)하였다. 건물 주변에는 배수파이프들과 모래주머니를 볼 수 있었다(그림 6(b)).

저자들은 배터리 파크 근처에서 지하철역 외부를 조사하였다. 조사 당일(11월 10일), 3개의 역(驛)들(사우스 페리(South Ferry)역, 화이트홀 스트리트(Whitehall Street)역, 렉터 스트리트 (Rector Street)역)은 그때까지 여전히 폐쇄 중이었다. 이 역들은 지상에 있던 출입구(그림 6(c)) 및 환기구(그림 6(d))로부터 침수되었다. 현장인부들에 따르면 역 내부 모든 전기 및 배전시스템이 피해를 입었다고 하였다(저자들은 피해를 입은 역에 접근할 수 없었다). 비교적 높은 지반고에 위치한 보울링 그린(Bowling Green)역은 폭풍해일 피해를 입지 않았다. 브루클린

(a) 풀톤 스트리트의 침수지역

(b) 월 스트리트의 배수 및 환기 파이프

(c) 화이트홀 역과 사우스페리 역의 출입구

(d) 지하철 환풍구

그림 6 맨해튼 남쪽 해안의 피해

(Brooklyn)과 이스트 리버(East River) 아래 맨해튼을 연결하는 브루클린 배터리 터널(Brooklyn Battery Tunnel) 입구는 사우스 페리와 렉터 스트리트역 사이에 입지하고 있었다.

조사 기간 동안 저자들은 워터프런트 및 어떤 건물 앞을 포함하여 이 지역 전체(배터리 파크 출발하여 피어 11 및 사우스 스트리트 시포트(South Street Seaport)까지 사우스 스트리트를 따라 이동하였다.)의 어디에서도 침수방지시설이 없다는 것을 알아냈다. 이것은 방조제 및 수문과 같은 많은 방재시설을 갖춘 도쿄와 같은 도시의 워터프런트와 분명히 달랐다. 그러한 발견들은 특히 놀라웠는데, 왜냐하면 일부 저자들(Zimmerman과 Cusker, 2001)이 이미 실제로 피해를 입었던 사회기반시설이 사실상 침수의 리스크에 처해 있다고 경고했기 때문이다.

3.2 맨해튼 남동 해안

이 지역은 이스트 20번가 스트리트(E 20th St.)부터 조사를 시작하여 이스트 37번가 스트리트(E 37th St.)까지 많은 지점을 측정하면서 이스트 리버를 따라 북쪽으로 움직였다. 병원, 주차장 및 주유소를 포함한 여러 가지 건물과 시설들이 피해를 입었다. 이 지역에서의 측정한 3지점의 침수심은 모두 1.2m 정도였다. 주차장 빌딩에서의 침수심은 2.57m이었다. 건물 1층이 해안선보다 높았기 때문에 침수면적은 제한적이었다.

저자들은 또한 이스트 13번가 스트리트(E 13th St.)와 이스트 14번가 스트리트(E 14th St.)의 동쪽에 있는 변전소 외부를 조사하였는데, 이곳은 허리케인 동안 침수되어 맨해튼 남쪽 지역이 정전(停電)되었다. 그림 7에서 볼 수 있듯이 해수가 양쪽 편, 어베뉴 C(Avenue C)의 북동쪽 및 이스트 13번가 스트리트의 남동쪽으로부터 밀려왔다. 침수심은 어베뉴 C를 따라 1.32m, 이스트 13번가 스트리트를 따라서는 0.96m로 바닥층과 지하층에 있던 기계장비가 침수피해를 입었다. 변전소 주변의 어느 곳에서도 침수방지시설을 볼 수 없었다.

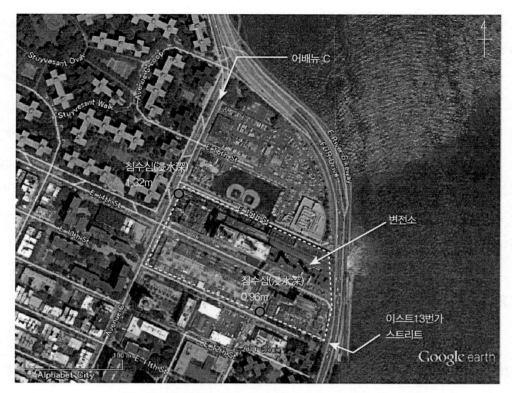

그림 7 맨해튼 변전소 주변 지도(이미지 출처 : Google Earth)

3.3 맨해튼 북서쪽 해안

저자들은 또한 웨스트 116번가 스트리트(W 116th St.)에서부터 웨스트 125번가 스트리트 (W 125th St.)까지인 맨해튼 북서쪽 지역을 조사하였다. 리버사이드 파크(Riverside Park)로 알려진 이 지역은 강을 따라 약간 높은 지역으로 그 주변으로 분명한 침수피해흔적을 발견할 수 없었다. 조사 기간 동안 얻은 폭풍해일에 관한 유일한 정보는 해수가 리버사이드 파크 북쪽 선단에서 스트리트(St Clair Pl)상 70m 내륙인 지점에 도달했다는 것이다.

3.4 스태튼 아일랜드

섬의 북단과 남단은 스태튼 아일랜드(Staten Island) 철도(Staten Island Railway)와 연결되어 있어 저자들은 이 노선을 따라 2개의 역 주위인 뉴 도프(New Dorp)와 프린시스 베이(Prince's Bay)를 조사하였다.

뉴 도프는 스태튼 아일랜드에서 가장 심한 피해를 입은 지역 중 하나였다. 많은 주택과 자동차들이 피해를 입었다. 해안선 근처에서 측정한 침수고(浸水高)는 4.03m이고 해안선에 가까이 입지한 공장건물에서는 3.44m이었다. 침수지역은 해안선에서 섬 안쪽으로 들어갈수록 경사(傾斜)가 완만했기 때문에 넓었다. 해안선으로부터 650m 내륙에 입지한 집 내부에서 수위흔적선(水位痕迹線)을 발견하였다(이곳의 침수심은 0.76m이었다).

이 지역은 직접적으로 개방해역에 노출되어 있으므로(그림 3 참조), 폭풍해일의 강력한 힘을 그대로 받았다. 또한 그림 8(a)에서 볼 수 있듯이 폭풍해일로 인한 맨해튼 내부의 흐름보다 센 흐름을 보여주는 국소세굴(局所洗掘)을 여러 지역에서 볼 수 있었다.

뉴 도프 해안선을 따라 남쪽에 있는 프린시스 포트(Prince's Port)에서는 측정 침수고가 4.22m이었다. 이 지역에서의 경사는 뉴 도프보다 가팔라 아주 좁은 토지가 폭풍해일의 피해를 받았다. 그러나 그림 8(b)에서 볼 수 있듯이 적어도 한 가옥은 완전히 파괴되었다.

(a) 뉴 도프에서의 국소세굴 (b) 프린시스만(Prince Bay)의 주택 파괴

그림 8 스태튼섬 피해

4. 뉴욕시의 사회기반시설 피해

앞서 설명한 바와 같이 뉴욕 시에서는 지하철 시스템, 허드슨강 아래의 터널과 변전소와 같은 여러 형태의 사회기반시설이 폭풍해일로 인하여 피해를 입었다. 그러한 시설은 폭풍해일의 위험에 처할 수 있고 폭풍해일로 인한 침수위험이 있는 것으로 여겨졌다(Jacob 등,

2011). 기본적으로 폭풍해일로 인한 침수로 도시 전역에 많은 피해가 보고되었지만, 심한 피해를 입었던 모든 사회기반시설은 일반적으로 해안선에서 불과 몇백 미터 떨어진 곳에 입지하여 지하에 시설을 갖추고 있었다. 허리케인 샌디의 교훈은 특히 지하철 시스템과 같은 지하시설이 갖는 특별한 취약성을 부각시켰다. 그림 9에서 볼 수 있듯 샌디 내습 이후 지하철 시스템 중 많은 부분이 침수 및 정전(停電) 때문에 폐쇄되었기 때문에 분명히 로어 맨해튼 지역에서 생활을 영위하는 시민과 직장인의 이동성에 중요한 결과를 초래하였다. 11월 3일까지 지하철 시스템의 80%가량이 복구되었고 그림 9에서 보듯이 허리케인 샌디 상륙 후 일주일 후 많은 지역이 재운행(再運行)되었다. 그러나 저자가 현장조사할 때인 샌디의 상륙 후 10일이 지났지만 일부 노선은 여전히 운행되지 않았다. 대부분의 지하철 시스템이 비교적 단시간 내에 재개될 수 있었던 건 몇 가지 이유가 있었다. 그중 한 가지는 시설이 노후되어 일반적인 전기설비가 없었기 때문이다. 예를 들어 지하철 시스템은 일반적으로 에스컬레이터, 에어컨 또는 광범위한 조명설비가 없었다. 또 다른 이유는 2011년 허리케인 아이린(Irene)

그림 9 2012년 11월 1일과 11월 5일 그 당시 운행 중인 노선을 보여주는 지하철 지도. MTA 웹사이트 출처로 더 이상 온라인에서 사용 불가

에서 얻은 교훈으로, 침수되기 쉬운 조차장(操車場)으로부터 지하철 차량을 치워 안전한 장소로 옮기기 때문이다. 그러나 저자들은 지하로부터 빠르게 물을 배수(排水)시키거나 애초에 물이 지하철 시스템으로 유입되지 않도록 해수가 지하철 시스템으로 유입되는 지점을 확인하고 충분한 배수용량을 확보해야 한다고 여기고 있다.

기후변화의 결과로 미래 평균해수면이 상승하고 더 강력한 허리케인의 빈도가 빈번하여 맨해튼의 잠재적 침수 리스크를 증가시킬 가능성이 높아 이에 대한 대비가 필요하며, 만약 대비하지 않는다면, 결국 미래에 이러한 침수피해가 반복될 것이다(30~33장 참조). 그러나 일본 도쿄와 같은 빈번한 침수를 당하는 다른 도시는 중요한 많은 교훈을 갖고 있어 이에 관한 대비를 해왔다. 그러므로 지하시설의 잠재적 침수에 대한 분석 시 세계 다른 도시를 벤치마킹(Benchmarking)하여야만 하고 효과적인 대책 수립을 위해 합리적인 노력을 기울여야만 한다.

5. 허리케인 샌디에 대한 뉴욕시의 대응

표 2는 뉴욕 시정부(New York City Government, 2012) 및 MTA(Metropolitan Transportation Authority, MTA, 2012) 웹사이트의 정보에 근거한 허리케인 상륙 전후(10월 26일~11월 5일)의 뉴욕시 대응을 나타낸 것이다.

뉴욕시에서는 A구역(침수 가능성이 매우 큰 지역으로 375,000명이 거주함. 그림 10 참조)에 사는 시민들에 대한 강제대피명령과 급행운행 시스템의 운행 중지(버스, 지하철과 기차를 포함한다.)를 허리케인이 상륙하기 하루 전날 실행하였다. 대피명령은 시의 건축주택국에서 각 건물의 안전검사가 완료할 때까지 유효하였다.

뉴욕시의 보도자료에 따르면 뉴욕시장은 2011년 허리케인 아이린 통과 동안 실시하였던 조치를 2012년 샌디(강제대피명령과 급행운행 시스템의 운행 중지) 때 시행하기 위해 시민들에게 허리케인 아이린의 경험을 상기(想起)시킬 것을 거듭 요청했다. 허리케인 아이린 동안의 이런 경험은 여전히 많은 문제를 가지고 있었더라도 부분적으로 시민의 인식을 일깨우고 대응을 증진시켰다. Gibbs와 Holloway(2013)는 허리케인 샌디 이후 A구역에 사는 시민들을 대상으로 실시한 설문조사 결과를 발표했다. 아이린 경험이 샌디에 대한 대피 결정에 얼마만

표 2 허리케인 샌디 상륙 전후 뉴욕시의 대응

날짜	뉴욕시 대응	정전(停電) 시 예상 피해 시민(명)
2012년 10월 26일(금) ~10월 27일(토)	뉴욕시 시장과 MTA(메트로폴리탄 교통공사, Metropolitan Transportation Authority)는 다가오는 허리케인에 대비하고 있다고 발표했다(대피 명령과 운행 시스템 중단 가능성이 언급되었지만 그때까지 발령하지 않았다).	
2012년 10월 28일(일)	MTA는 지하철과 버스 운행 중단(지하철은 오후 7시에, 버스는 오후 9시)을 발표했다. 뉴욕시 시장은 A구역에 대한 강제 대피령을 발표하고 학교를 폐쇄했다.	
2012년 10월 29일(월)	오후 8시경 허리케인 샌디가 상륙했고, 9시 24분 배터리(Battery)에서 최대 수위를 기록했다.	
2012년 10월 30일(화)	아침이 되자 교량과 도로를 청소하고 재개통을 시작하였다.	750,000
2012년 10월 31일(수)	아침에는 대부분의 버스 노선이 운행되고 있었다.	643,000
2012년 11월 1일(목)	신선한 물과 준비된 식사의 배급이 시작되었다.	534,000
2012년 11월 2일(금)	Con Edison(전자회사)은 로어 맨해튼(Lower Manhattan) 지역에서 복구 작업을 시작했다.	460,000
2012년 11월 3일(토)	지하철 시스템의 약 80%가 복구되었다.	194,000
2012년 11월 4일(일)		145,000
2012년 11월 5일(월)	학교의 90%가 개교하였다.	115,000

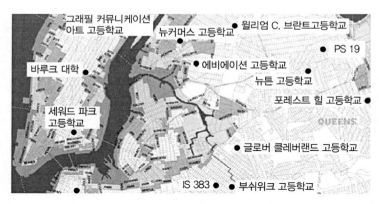

그림 10 허리케인 샌디 당시 뉴욕시의 허리케인 대피구역. 뉴욕시의 웹사이트 출처로 더 이상 온라인에서 이용 불가

큰 영향을 미쳤는가에 질문에 응답자의 19%가 "대피하기 용이하였다", 시민의 43%는 "차이가 없었다", 응답자의 32%는 "대피할 가능성이 적었다"라고 대답했다. 이런 결과는 아직 허리케인 대피에 대한 시민들의 인식을 증대시킬 필요가 있다는 것을 나타낸다.

샌디가 지난 후 대략 6개월 후인 2013년 6월 뉴욕 시정부는 업데이트된 허리케인 대피구역을 발표하였다. 신규 구역은 추가적인 60만 명의 시민을 포함한 1~6구역(전에는 A구역, B구역 및 C구역)으로 나누었는데, 이것은 뉴욕시가 이제 대규모 폭풍해일에 대한 대비에 착수했다는 것을 의미하였다. 업데이트된 대피구역에 대한 정보를 홍보하는 것 외에도, 해수면 상승과 열대 저기압 강도의 잠재적 증대가 예상되므로 향후 큰 폭풍해일이 내습할 가능성에 더 많은 관심을 기울여야 한다(30~33장 참조). Jacob 등(2011)은 해안지역에서의 기후변화에 대한 가능한 많은 대규모 적응을 나열했는데, 다음과 같다.

- 제방, 방조제, 수문 및 펌프시설을 조성과 같은 지역침수방재시설의 구축. 근본적으로 도시의 해안선을 오늘날 도쿄와 비슷하게 탈바꿈시키는 것을 의미한다(이것에 관한 많은 정보는 33장 참조).
- 도로구조 또는 보행의 권리를 향상. Jacob 등(2011)은 일본, 대만 및 유럽 일부에서 시행된 것과 같이 지역재생의 일환으로 새로운 세대를 위한 통근(通勤)과 시외철도 시스템으로서 열차선로를 고가구조물(高架構造物)에 설치할 수 있는 방법을 제시한다.
- 잠재적 폭풍해일 침수구역에서의 지하시설 환기구 밀봉
- 하천 범람의 리스크가 있는 도쿄의 일부 터널에 이미 설치된 것과 유사한 지하철과 도로/철도 터널 입구에서의 혁신적인 출입구 설계
- 이중기능(二重技能)을 담당할 수 있는 슈퍼제방으로서 도로 및 철도 제방 설계 : 범람방지 및 운송통로
- 폭풍해일 방파제 시스템에 관한 타당성 연구수행(도쿄 경우와 유사한 고려사항에 대해서는 33장 참조)
- 예를 들어 침수된 변전소와 같이 주요 시스템을 침수구역 외부 또는 상부에 재배치 및 후퇴배치

향후 연구에서는 가능한 최선의 대응책과 미래기후 및 해수면에서의 불확실성을 얼마나 효과적으로 저감할 수 있는지를 집중해야 하지만, 그러한 대책의 심층 분석은 본 장의 범위를 벗어난다.

6. 결론

2012년 10월 허리케인 샌디가 상륙한 후 저자들은 워터프론트(Waterfront)를 따라 폭풍해일고 및 피해형태를 명확히 알기 위하여 맨해튼과 스테이튼섬을 포함한 뉴욕시에 대한 현장조사를 실시하였다. 맨해튼 남쪽 해안의 침수고는 2.5~3m이었고 스테이튼섬 남쪽 해안의 침수고는 4m까지 상승하였다. 맨해튼에서는 극심한 피해를 볼 수 없었던 반면 스테이튼섬에서는 파랑 및 해수 흐름의 피해를 관측되었는데, 이 두 지역 사이에는 피해 메커니즘과 흐름형태에서 분명한 차이를 나타내었다. 스태튼 아일랜드섬은 폭풍해일력의 타격을 가장 크게 받았던 반면 맨해튼은 그 영향을 적게 받았다. 그러나 맨해튼 남쪽 해안은 전기공급 및 지하시설에 심각한 피해를 입었는데, 이 지역에서의 폭풍해일은 자세히 알 수 없었고 그에 대비한 설계도 하지 않았다.

뉴욕 시정부와 MTA 웹사이트에서의 정보는 물론 저자들의 현장조사에 근거하여 이 장에서는 특히 지하철 시스템과 같은 사회기반시설에 관한 피해와 샌디에 대한 뉴욕시 대응을 요약하였다. 뉴욕시는 허리케인 샌디 내습 1년 전에 허리케인 아이린을 이미 경험하였기 때문에 뉴욕시의 비구조적 대책은 상당히 잘 준비하였다. 그러나 여전히 재난에 대한 시민차원의 인식 및 사회기반시설의 복구역량을-특히 지하철 및 도로·터널 시스템-증진시킬 필요가 있다.

세계 연안 중 많은 지역은 열대성 저기압의 위협을 받고 있으며, 이 지역에서의 인구 및 기반시설이 늘어남에 따라 이런 기후재난에 대한 노출 및 리스크가 크게 증대하고 있다. 그러므로 앞으로 폭풍해일과 같은 재난특성과 사회기반시설의 취약성을 추가 조사하여 이해할 필요가 있다. 열대성 저기압으로 인해 발생된 실제문제를 이해한다는 것은 연안재난이 발생하기 쉬운 지역의 미래 폭풍해일에 대한 합리적인 대책을 발전시켜 리스크에 처한 인구 및 기반시설의 복원성을 강화하는 데 도움이 될 수 있다. 미래의 기후변화는 기존 문제를 더욱 복잡하게 만들 가능성이 높으며, 기존계획과 운영 및 신규투자를 활용하여 기후와 환경의 변화를 수용함으로써 잠재적 영향에 대응하고 취약성을 최소화할 필요가 있다 (Zimmerman과 Cusker 참조, 2011).

참고문헌

1. Aerts, J.C.J.H., Botzen, W.J.W., De Moel, H., Bowman, M., 2013. Cost estimates for flood resilience and protection strategies in New York City. Ann. N. Y. Acad. Sci. 1294, 1-104.

2. Bureau of Vital Statistics, New York City Department of Health and Mental Hygiene, 2014. Summary of Vital Statistics 2012 the City of New York : Executive Summary with a Special Section on Deaths Due to Hurricane Sandy. http://www.nyc.gov/html/doh/downloads/pdf/vs/vs-executive-summary2012.pdf.

3. Gibbs, L.I., Holloway, C.F., 2013. NYC Hurricane Sandy After Action : Report and Recommendations to Mayor Michael R. Bloomberg. http://www.nyc.gov/html/recovery/downloads/pdf/sandy_aar_ 5.2.13.pdf.

4. Jacob,K.,Deodatis,G.,Atlas,J.,Whitcomb,M.,Lopeman,M.,Markogiannaki,O.,Kennett,Z.,Morla,A., Leichenko, R., Vancura, P., 2011. Transportation. In : Rosenzweig, C., Solecki, W., DeGaetano, A., O'Grady, M., Hassol, S., Grabhorn, P. (Eds.), Responding to Climate Change in New York State : The ClimAID Integrated Assessment for Effective Climate Change Adaptation in New York State. New York State Energy Research and Development Authority (NYSERDA), Albany, NY.

5. MTA, 2012. http://www.mta.info/ (accessed 22 November 2012).

6. National Hurricane Center, 2013. Tropical Cyclone Report : Hurricane Sandy (AL182012) 22-29 October 2012. http://www.nhc.noaa.gov/data/tcr/AL182012_Sandy.pdf.

7. New York City government, 2012. http://www.nyc.gov/ (accessed 29 November 2012). 8. NOAA, 2014. http://tidesandcurrents.noaa.gov/ (accessed 10 October 2014).

9. Orton, P., Georgas, N., Blumberg, A., Pullen, J., 2012. Detailed modeling of recent severe storm tides in estuaries of the New York City region. J. Geophys. Res. 117, C09030.

10. Unisys Weather, 2014. http://weather.unisys.com/hurricane/ (accessed 10 October 2014).

11. Zimmerman, R., Cusker,M., 2001. InstitutionalDecision-Making. In : Rosenzweig, C., Solecki, W. (Eds.), Climate Change and a Global City : The Potential Consquences of Climate Variability and Change. Report for the U.S. Global Change Research Program. Columbia Earth Institute, New York, NY.

CHAPTER 08

2013년 태풍 하이옌으로 인한 필리핀 레이테만의 폭풍해일

1. 서론

태풍 요란다(Yolanda 또는 그의 국제명인 하이옌(Haiyan))는 2013년 11월 8일 필리핀을 강타하였는데, 그림 1에 가장 피해를 입은 지역의 위치에서 볼 수 있듯이 레이테(Leyte), 사마르(Samar) 및 많은 다른 섬들에 큰 피해를 입혔다. 그 결과 6,293명이 사망하였고, 28,689명이 부상하였으며, 1,061명이 그때까지 여전히 행방불명 중이었다(NDRRMC, 2014년 4월 3일 기준). 실제로 하이옌은 필리핀에 상륙한 태풍 중 가장 강력한 태풍 중 하나로, 이 나라에 피해를 입힌 가장 최악의 자연 재난 중 하나이었다. 태풍 하이옌으로 인한 사망자 수는 1991년 열대폭풍(熱帶暴風, Tropical Storm)[1]인 셀마(Thelma) 때 필리핀 서부 레이테 오르모크(Ormoc) 지역에서의 홍수로 인한 사망자 5,101명을 뛰어넘었다. 아마 사회기반시설과 농업시설과 연관된 경제적 총 손실은 필리핀 역사상 가장 손실이 큰 자연재난으로 34,366백만 페소(Pesos, 7억 7,600만 달러)(0.9조 원, 2019년 6월 환율기준)로 추정되었다(TIME, 2013).

태풍 하이옌은 튼튼한 학교와 다른 공공건물의 지붕들조차 날려버렸고, 무허가 주택을 완전히 파괴하였으며, 매우 심한 강풍으로 인해 멀쩡히 남은 건축물은 거의 없었다. 또한 태풍은 민둥산(한때 코코넛 재배지였거나 열대 우림이었던 곳)과 평지만을 남겨놓은 채 섬에

---

1   열대폭풍(熱帶暴風, Tropical Storm) : 열대성 저기압(Tropical Cyclone, 서두 각주 11)참조)의 일종인 열대폭풍은 중심 최대풍속 17~24m/sec으로 태풍(중심 최대풍속 32m/sec 이상)보다는 느리며, 보통 중심부에 눈이 생성되지는 않지만, 생성된 경우에는 그 주변에서 가장 강력한 뇌우를 동반한다.

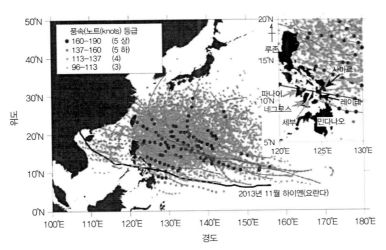

그림 1 1951~2012년 사이에 JTWC(미국합동태풍경보센터)의 최적 경로 데이터에서 생성된 아시아-태평양 지역의 고강도 열대성 저기압 경로. 연속선은 등급 5인 태풍의 경로를 나타내며, 보다 굵은 선은 태풍 하이옌의 경로를 나타냄. 각각의 점들은 태풍의 눈의 위치를 6시간 간격으로 보여줌(Takagi 등, 2014a). 범례는 사피어-심슨 허리케인 등급(SSHS)임

서식하는 초목(草木)에도 큰 피해를 입혔다. 바람 피해에다가 대규모 폭풍해일은 특히 타크로반시(Tacloban City, 레이테섬의 가장 인구밀집 도시로 레이테만 북서쪽 끝에 위치)의 워터프론트 지역에 큰 피해를 발생시켜 레이테만 해안 대부분을 침수시켰다.

필리핀은 이른바 열대성 저기압의 토네이도 앨리(Tornado Alley)[2]로 불리는 지역에 위치하여 매년 태풍 상륙개수가 1902~2005년 사이에 3.6회/년에서 6.0회/년으로 증가하였다(Kubota와 Chan, 2009). 지난 80년 동안 서북태평양에서 발생한 강력한 태풍 중 1/2 정도가 필리핀을 강타하였다(TIME, 2013). Brand와 Blelloch(1973)은 태풍이 어떻게 필리핀에 영향을 미쳤는가를 연구하여 필리핀을 강타한 태풍 중 1/2 정도가 10~11월 기간에 통과하였다는 것을 발견하였고, 그래서 태풍이 발생한 계절에 따르면 하이옌은 이례적인 태풍이 아니었다.

이 장에서 저자들은 Takagi 등(2014a)이 수행한 연구를 요약하였는데, 이 연구는 폭풍해일 측면에서의 태풍 하이옌 특징을 태풍의 경로분석, 수치시뮬레이션 및 현장조사를 통하여 연구하였다. 따라서 이 장은 저자들의 최근 조사결과인 특히 태풍의 눈이 도착하기 전 해수후

---

2   토네이도 앨리(Tornado Alley) : 토네이도가 자주 발생하는 미국 지역의 속칭으로, 공식 장소는 정의되어 있지 않지만 로키산맥과 애팔래치아산맥 사이의 지역으로, 이 지역에서는 토네이도가 자주 발생하는데, 왜냐하면 멕시코만으로부터의 따뜻하고 습한 공기와 로키산맥이나 캐나다로부터의 차가운 공기가 부딪치기 때문이며, 슈퍼 셀(Super Cell)로 알려진 격렬한 토네이도를 동반한 뇌우를 만들어낸다.

퇴(海水後退)와 같은 폭풍해일현상을 Takagi 등(2014a)의 결론에 포함하여 이해를 증진시켰다.

2. 과거 열대 저기압과 태풍 하이옌

Takagi 등(2014a)은 하이옌이 역사상 그 강도와 경로 측면에서 특이한지 검증하기 위하여 서북태평양에서의 과거 태풍경로를 분석하였다. 서북태평양에서의 고강도 태풍경로에 관한 과거분석은 미국합동태풍경보센터(JTWC, Joint Typhoon Warning Center)에서 구한 이른바 1951∼2012년까지의 태풍최적경로(Typhoon Best Track)[3] 데이터를 사용하여 재분석하였다. 데이터는 시간, 지리학적 위치, 폭풍 중심에서의 최저해수면압력 및 매 6시간마다 최대지속 풍속(단위 : 노트(Knots))으로 구성되어 있다. 하이옌의 경로 및 강도는 Saffir-Simpson 허리케인 등급(SSHS, Saffir-Simpson Hurricane Scale)[4]에서의 등급 1보다 큰 열대성 저기압들과 비교하였는데, 특히 서북 태평양에서의 등급 5에 초점을 맞추었다.

그림 1과 2는 하이옌이 풍속측면에서 여태껏 기록된 태풍 중 얼마나 강력한 태풍이었는지를 보여준다. 비록 드물지만 하이옌은 서북태평양에서 과거 태풍에 대한 확률분포 내에 분포한다. 1951∼2012년까지 포함한 JTWC 데이트세트에 기록된 총 1,960개 태풍들 중에서 단지 28개 열대성 저기압만이 최대풍속 면에서 하이옌과 비교할 수 있다(그림 1과 2). 그리고 특이한 것은 태풍이 지나간 경로인데, 그림 1에 나타낸 바와 같이 태풍의 생애(生涯) 중 가장 강한 부분이 대양 한가운데서 일어나는 등급 5 태풍(특히 이 등급 5 태풍들 중 가장 강한 사건)의 대부분은 결코 상륙하지 않기 때문이다. 또한 그림 1은 하이옌이 6°N 근방에서 출발하는 다른 많은 강력한 태풍보다도 낮은 위도로 이동하였다는 것을 보인다. 그러므로 낮은 위도로 지나간 하이옌의 경로는 독특한 이 태풍의 특징 중 하나로 여길 수 있다.

---

3 태풍최적경로(Typhoon Best Track) : 태풍예보 상황에서 실황분석 자료로 활용되지 못했던 자료들을 확보하여 보다 정밀하게 재분석된 사후 태풍의 경로이다. 이 최적경로는 태풍 실황 당시에 사용하지 못한 최대한의 관측자료를 활용하여 재분석한 정보로서 이 정보에는 태풍의 위치, 강도, 크기 등이 포함되어 있다. 이렇게 생산된 정보는 태풍의 사후분석과 관련 연구를 위하여 공신력 있는 자료로 사용될 수 있다.

4 Saffir-Simpson 허리케인 등급(SSHS, Saffir-Simpson Hurricane Scale) : 허리케인으로 분류되려면 열대성 사이클론은 1분 동안 지속되는 바람이 적어도 33m/s(64knots, 119km/h, 등급 1) 이상이 되어야 한다. 등급 중 가장 높은 분류인 등급 5는 70m/s(137knots, 252km/h) 이상의 지속적인 바람을 동반한 폭풍으로 구성된다. 분류는 허리케인이 상륙할 때 발생할 수 있는 잠재적 피해와 홍수의 징후를 제공할 수 있다. 사피어-심슨 허리케인 풍속등급은 1분 동안 최대 평균 바람을 기준으로 하며, 공식적으로 국제 날짜선의 동쪽인 대서양과 북태평양에서 형성되는 허리케인을 설명하는 데만 사용된다.

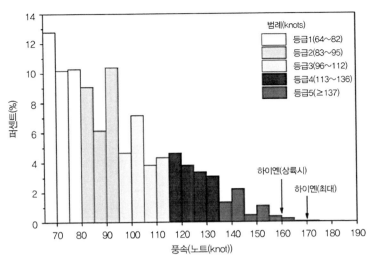

그림 2 1951~2012년 사이 서북태평양에서의 태풍 최대풍속에 대한 과거 기록에서 하이옌은 역사상 가장 강력한 풍속임. 이 수치는 JTWC의 최적 경로 데이터를 재분석하여 얻은 것임(Takagi 등, 2014a). 범례는 사피어−심슨 허리케인 등급(SSHS)임

하이옌은 11월 8일 최대지속풍속이 거의 160노트(Knots)(296km/h)로 새벽 5시경(지역시간)동 사마르(Eastern Samar) 기우안(Guiuan)에 상륙하였다. 태풍전진속도는 JTWC 데이터를 사용하여 바로 산정할 수 있는데, 상륙 시 41km/h 정도였다. 그림 3은 1951~2012년 사이 모든

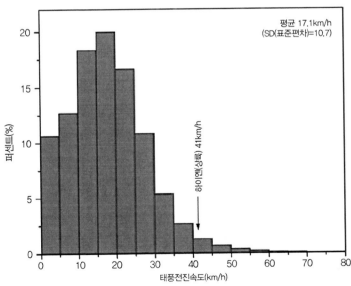

그림 3 1951~2012년 사이 서북태평양 하부(위도 30°N 미만)에서 태풍 전진속도의 과거 분포. 이 수치는 JTWC 최적 경로 데이터를 재분석하여 구한 것임(Takagi 등, 2014a)

열대성 저기압의 전진속도에 대한 과거분포를 나타낸다. 사실상 하이옌의 전진속도 41km/h는 저위도(대략 30°N보다 낮은 위도)를 지나가는 열대성 저기압의 평균속도 17km/h보다 2배 이상으로 모든 기록 중 상위 3% 내에 든다. 그러므로 하이옌은 상륙한 가장 빠른 태풍 중 하나였다.

3. 현장조사를 통한 폭풍해일 측정

저자들은 2013년 12월, 2014년 5월 및 2014년 10월에 일련의 폭풍해일 현장조사를 실시하였다. 첫 번째 조사는 태풍이 레이테섬에 상륙한 지 약 한 달가량 지난 후 실시하였는데, 레이테섬, 사마르 및 북부 세부(Cebu)의 해안선 150km를 포함하여 1주일간 계속하였다. 두 번째 조사는 특히 타크로반 시내의 침수형태를 조사하기 위하여 태풍이 지난 지 6개월이 지난 후 실시하였다. 하이옌이 지난 지 약 1년 후인 3차 조사에서는 폭풍해일 특징을 보다 깊이 이해하기 위하여 지역주민과 인터뷰를 하였고, 또한 타크로반(Tacloban) 인근 해안선의 수심 측량을 실시하였다.

1, 2차 조사의 주요 목적은 각 현장의 물리적 증거와 지역주민들과의 인터뷰를 통해 규명된 폭풍해일 침수고(그림 4)를 결정하는 것이다. 즉, 해수기준면과 관련한 각 위치의 침수고를 몇 센티미터(cm) 오차 이내로 측정할 수 있는 레이저 거리 측정기와 GPS 수신기를 사용하여 측정하였고, 이를 측정 당시와 태풍이 지나가는 동안 조위(潮位)를 고려한 후 보정(補正)하였다.

태풍경로 및 지역·지리적 특징으로 인하여 타크로반시에서의 최대폭풍해일고(침수고)가 7m라는 것을 알 수 있었다(그림 4). 타크로반시는 레이테만(Leyte Gulf) 끝부분, 샌페드로만(San Pedro Bay) 안쪽에 입지하고 있다. 측정된 폭풍해일고(침수고)는 타크로반시의 동쪽 또는 서쪽으로 갈수록 점점 감소하였는데, 이런 경향은 바람피해의 진정(鎭靜) 형태와 일치했다.

폭풍해일로 인한 피해형태는 침수심(浸水深)과 깊은 연관성이 있었다. 해안선을 따라 입지한 주택들은 일반적으로 2m보다 높은 지반에 위치하였으므로 약 2m인 침수심에서는 범람이 관측되지 않았다. 해안선으로부터 20m 이내의 주택 건축은 법으로 금지되어 있음에도 불구하고, 많은 무허가 마을이 해안선과 인접하여 있었기 때문에 2~3m를 넘는 폭풍해일로 주택이 피해를 입었다. 이런 무허가 마을들은 대부분 빽빽이 들어찬 목조 주택들로 이루어져 있어 크지 않은 침수위에서도 매우 취약하였다(그림 4 하단(L1) 참조).

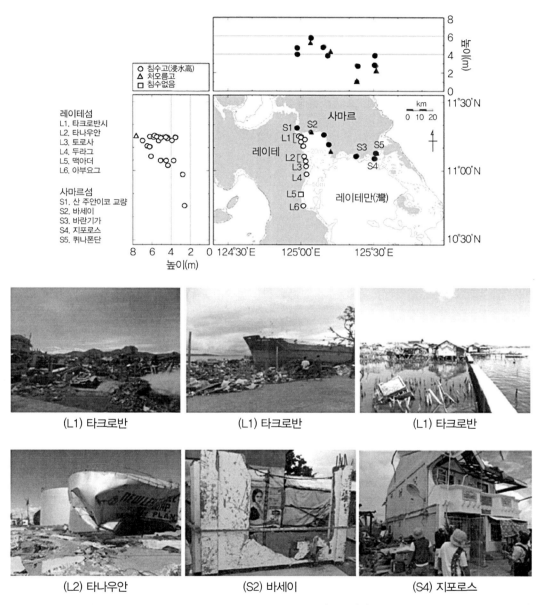

그림 4 조사팀이 측정한 침수고의 공간분포. 타크로반 내 두 돌출부(突出部) (한 곳은 도심지, 다른 한 곳은 공항) 사이의 해안지역에서 최대침수심 7m

가장 극심한 피해는 타크로반(Tacloban)~타나우안(Tanauan)에 이르는 해안에서 관측되었는데, 침수고는 한결같이 +5m 이상이었으며, 일부 지역에서는 +7m로 높았다(그림 4). 목조 가옥뿐만 아니라, 콘크리트 건물, 선박 및 오일 탱크도 심한 피해를 입었거나 유실(流失)되었다(그림 4 하단 참조). 또한 강한 풍속도 대대적인 파괴에 기여했다. 태풍 하이옌은 전 지역에 걸쳐 가장 견고하게 지어진 건축물을 제외한 대부분의 초목을 포함한 모든 것들을 무너뜨렸거나 산산이 부수어버리고 견고한 주택과 건물의 지붕조차도 날려버렸다.

지역에서의 폭풍해일 현상에 대한 정성적(定性的) 정보를 구하기 위해 많은 지역주민과 지방공무원을 대상으로 설문조사를 실시하였다(Esteban 등, 2015). 인터뷰한 모든 사람들은 재난 기간 동안 두려움을 느꼈으며 그 상황을 '세계의 종말' 시나리오에 비유하는 것에 동의하였다. 시계(視界)는 나빴지만, 그래도 응답자들은 태풍의 힘을 느낄 수 있었다. 레이테(Leyte) 타나우안(Tanauan)의 응답자들은 폭풍해일이 1분(min) 간격의 5개 파랑으로 구성되었고, 마지막 파랑이 가장 강력했다고 밝혔다. 파랑이 내습할 때 소용돌이 효과를 일으켜 소용돌이 안에 갇힌 사람들은 수영으로 도망치는 것이 불가능하였다고 한다. 파랑은 매우 빠른 유속을 가졌고, 고수위(高水位)는 약 30~40분(min)간 지속되었다. 그 후 침수는 매우 빠르게 후퇴한 후 약 5분(min) 내에 완전히 사라졌다. 동사마르의 지포르스(Giporlos) 지역주민들도 비슷한 파랑형태를 경험하였다고 밝혔는데, 각 파랑의 간격이 10초(sec)인 3개 파랑이었고, 마지막 파랑이 가장 강했다고 말했다. 또한 그들은 태풍 내습 동안 시계(視界)가 좋지 않아 파랑을 분명히 볼 수 없었다고 말했다. 그러나 그때 폭풍해일이 가진 한 가지 특별히 흥미로운 특징은 폭풍해일 자체가 매우 유명한 바세이(Basey) 마을의 해안선을 강타하기 전에 바다로 후퇴한 것이다.

그림 5는 바세이시의 주민이 찍은 사진으로 매우 강한 바람이 해안에서 해수(海水)를 밀어내어버린 결과 분명히 해저면의 노출이 보인다. 저자들은 많은 사람이 이러한 특이 현상을 보기 위해 해안에 다가갔으며 그들 중 일부는 회귀류(Return Flow, 강한 단파(段波) 형태)에 의해 휩쓸려갔다는 것을 확인하였다. 또한 해안선에서의 그런 후퇴는 타크로반 아스트로돔(Astrodome) 근처에 사는 지역 거주민 및 타크로반 재난경감관리 담당자(Disaster Risk Reduction Management Officer)도 보고하였다. 또한 이 국가공무원은 해안선이 해안으로부터 100m 후퇴하였던 것을 관측하였다고 보고하였다. 그때의 폭풍해일은 오전 6시 30분에 내습한 후 오전 7시에 잠잠해졌다(Esteban 등, 2015).

(a) 2013년 11월 8일 아침에 지역주민이 찍은 사진   (b) 2014년 10월 19일 저자 중 한 명이 찍은 사진

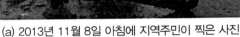

그림 5 (a) 바세이시에서 해수후퇴를 목격. 사진은 이 지역이 폭풍해일에 발생하기 직전에 찍은 것임 (b) 콘크리트 잔교(棧橋)는 폭풍해일을 견뎌내어 여전히 지역어민들이 사용함

4. 폭풍해일 시뮬레이션

Takagi 등(2014a)은 하이옌 통과 시 발생한 폭풍해일의 공간적 분포를 이해하기 위하여 수치시뮬레이션을 실시하였다. 특히 상세한 시뮬레이션을 레이테만의 샌 페드로만 케이스에 대하여 실시하였다. 이 수치시뮬레이션은 Takagi 등(2014b)이 개발한 태풍모델과 Delft3D Flow 동수력 모델과 결합시킨 모델이다. 태풍모델은 태풍경로 데이터 세트로부터 구한 매개변수를 사용하여 압력장(壓力場)과 풍속장(風速場) 모두를 계산하였는데, 즉 모든 기록된 기간의 중심위치 및 압력은 일본 기상청(JMA, Japan Meteorological Agency)의 데이터로부터 구한 것이었다. 수심도(水深圖)는 NAMRIA(필리핀 국가 지도제작 및 자원정보국, National Mapping and Resource Information Authority)의 해도(海圖)를 수치화하여 제작하였다. 모델은 태풍 통과 동안 타크로반(Tacloban)의 기압측정 데이터와 적합하도록 보정하였다. 수치시뮬레이션 결과는 저자들이 현장조사 동안 많은 지점을 측정한 침수심과 비교하였다(Takagi 등, 2014a).

그림 6(a)는 하이옌 통과 시 레이테만(Leyte Gulf) 내 샌페드로만(San Pedro Bay)에서의 최대 폭풍해일고 분포를 나타낸 그림이다. 시뮬레이션에서는 3m 이상인 폭풍해일이 만(灣) 전체에 영향을 미쳐, 만내(灣內)에서는 6m까지 도달했다는 것을 나타내는데, 이것은 현장조사 관측치와 잘 일치한다. 그림 6(b)는 여러 지점에서 조사 기간 측정한 관측치와 함께 수치시뮬레이션된 수위변동의 시계열을 비교한 것이다. 수치시뮬레이션 결과는 약 0.5~1.5m의 오차를

가지는 관측 침수심보다 조금 과소산정된 경향이 있다. 그러나 2가지 폭풍해일 메커니즘, 즉 해상풍 및 기압강하에 따른 수면상승효과만을 포함하는 수치시뮬레이션의 한계를 고려할 때 이러한 과소선정은 합리적이다(실제 폭풍해일은 수치시뮬레이션에서는 고려하지 않는 건물 전면에서의 웨이브 셋업(Wave Setup) 및 파랑 반사 등과 같은 다른 성분들을 포함하고 있다는 것에 유의해야 한다).

(a) 수치시뮬레이션된 최대 폭풍해일고 및 침수지역

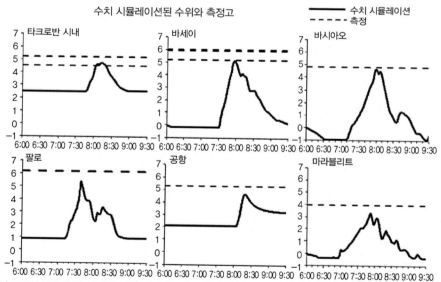

(b) 수치시뮬레이션된 수위 시계열 및 현장조사 중 측정한 침수고(단위 : m)(수치시뮬레이션 중의 평평한 선은 하이옌 통과 시 지반고가 수위보다 높을 때를 나타냄)

그림 6 폭풍해일 수치시뮬레이션 결과

5. 논의

태풍 시 풍속은 2개 속도 성분의 합으로 결정된다. 즉 태풍의 전방 속도와 중심 저기압에 의해 유발(誘發)되는 바람구배(Wind Gradient)[5]이다. 이 값들은 모두 매우 컸기 때문에 하이옌은 결국 필리핀에서 그때까지 기록된 것 폭풍해일 중 가장 큰 폭풍해일을 일으켰다.

이런 물리적 측면에 덧붙여, 태풍의 접근속도(接近速度)는 지방 관계 당국과 주민들이 태풍에 대비하고 대피할 수 있는 시간을 줄였다. 태풍이 초래한 격렬한 기상상태는 사람들이 자신의 집에서부터 안전한 장소로 대피하려는 결정에 영향을 미쳤다. 이런 점에서 Esteban 등(2015)은 지역주민들과 인터뷰한 사람 중 36%가 태풍이 오기 전에 무슨 이유로 대피하지 않았는가를 밝혔다. 원래 그들이 어디로 어떻게 대피해야 할지 또는 무엇을 해야 할지 몰랐거나(대피하지 않은 사람들 중 32%), 그들이 안전하거나 충분히 높은 곳에 있었던(49%) 것이 대피하지 않고 있던 자리에 머물렀던 사람들이 언급한 이유들이었다. 다른 이유로는 대피지역까지 도달하는 어려움 및 대피명령을 받지 못하거나 태풍에 의해 야기될 위험을 과소평가한 것이다(폭풍이 그렇게 크지 않거나 그들이 쉽게 도망칠 수 있다고 여기는 것을 말한다). 그럼에도 불구하고 응답자 중 94%는 만약 그들이 또다시 비슷한 상황에 직면한다면 반드시 대피할 것이라는 데 동의하였다.

앞서 언급한 것처럼 여러 주민들이 목격한 폭풍해일의 본질상 측면으로 볼 때 폭풍해일 도달 전 바다로 향해 부는 매우 강한 바람으로 인하여 어떻게 해수(海水)가 바다로 후퇴했는지 설명하겠다. 폭풍해일은 일반적으로 빠르게 나타나며, 짧은 시간 안에 최대 침수에 도달한다. 해수는 많은 퇴적물과 다른 표류물을 운반하기 때문에 색깔은 검은색을 띤다. 그런 후 폭풍해일은 그것이 나타날 때처럼 재빨리 물러났으며, 전체 사건은 장소에 따라 30~40분(min)에서 1시간 내에 종결되었다. 이와 같은 상황은 수치시뮬레이션 결과(즉, 그림 6(b)에 나타낸 폭풍해일 시계열)에서도 수위(水位)가 처음에는 가라앉아 있다가 1시간 후 증가하기 시작하였다는 사실로 입증되었다. 이런 급격한 수위변화에 대한 이유는 급격한 풍향변동과

---

5 바람구배(Wind Gradient) : 바람경도는 풍속구배(Wind Speed Gradient) 또는 전단풍(Shear Wind)으로 하층 대기에서의 평균 수평풍속의 수직구배로서 지상 위 단위높이 상승에 따른 풍력 증가율이다. 미터법 단위에서는 m/s/km로 흔히 높이 km당 단위속도를 나타내며, 이 단위는 전단율의 표준 단위인 s^{-1} (sec^{-1})로 감소한다.

관련지을 수 있었다(Takagi 등, 2014a). 바세이(Basey)인 경우 남쪽으로 부는 바람으로 수괴(水槐)[6]가 빠져나갔으나, 풍향이 북향으로 바뀌어 해수가 갑자기 유입되어 만내까지 밀려왔다. 일반적으로 급격한 수위변동을 보이는 실제 지진해일과 비교가 안 될 수도 있지만, 결론적으로 수위는 급격하게 증가했으므로 지역주민은 '지진해일'로 묘사하였다. 해수가 후퇴하였던 지역의 수심은 특히 얕아서, 단지 수면낙차(水面落差)는 1m에 불과했을 수도 있다는 점이 흥미롭다. 그러나 특히 바세이의 경우 완만한 해안경사는 해안선의 뚜렷한 후퇴를 의미하였다. 따라서 이 현상은 현 상황에서는 상당히 흥미롭지만 일반적인 지진해일 내습 전의 수위 후퇴와는 비교할 수 없을 것이며, 급격한 풍속변동에 그 원인을 찾을 수 있다.

그렇지만 앞서 언급한 바와 같이, 특히 타크로반의 폭풍해일은 크고 그 규모가 필리핀 역사상에서 전례가 없는 틀림없이 세계에서 기록된 가장 높은 폭풍해일 사건들 중 하나이다.

타크로반에서 무슨 이유로 폭풍해일이 특히 심했는지를 아는 데 도움이 되는 많은 이유가 다. (1) 태풍 하이옌이 매우 센 태풍강도를 가진 것은 매우 낮은 기압과 강풍때문이다, (2) 타크로반은 해일고(海溢高)를 증폭시키는 형태를 갖는 얕은 수심을 가진 V자형 만(灣)의 해안으로 해수질량(海水質量)을 만(灣) 중심으로 집중시켰다. (3) 태풍경로가 남쪽에서 북쪽으로 향하는 바람을 불게 하여 수괴(水槐)가 만을 향해 밀려가는 결과를 낳았다. (2)와 (3)은 조사지역의 지형적인 영향이지만, 미래 기후변화로 열대성 저기압 강도가 증대하면, 높은 폭풍해일을 초래할 우려가 있다(30~33장 참조). 그러므로 이번 태풍은 현재로는 비교적 이례적인 사건이 될 수도 있지만 21세기에는 이러한 사건이 빈번하게 일어날 수 있어 중요한 적응대책이 필요하다. 대책에는 수위를 억제하기 위한 다양한 방재구조물을 건설하거나, 주민들이 폭풍해일의 리스크 지역에 살지 못하도록 하는 토지이용규제법(Zoning Law) 시행도 포함할 수 있다. 이런 의미에서 심한 피해를 입은 타크로반의 워터프런터 지역에 사는 무허가 마을의 거주자들에게 영구주택을 제공하기 위해 상당한 조치를 취하고 있다(그림 7 참조). 현재 미래 재난으로 인한 피해가 발생하지 않도록 바다로부터 안전한 지역인 내륙으로 거주자들을 이주시키기 위한 여러 영구적인 주택 프로젝트들이 진행 중이다. 그 프로젝트는 주민들에게 철근콘크리트로 지어진 주택을 제공함으로써 자연재난에 대한 지역주민의 복원성을

---

6   수괴(水塊, Water Mass) : 바닷물을 온도와 염분, 빛깔 따위의 특성에 따라 나눌 때 거의 균일한 성질을 가진 바닷물의 덩어리를 말한다.

향상시키는 '더 잘 짓자' 지역을 조성(27장 참조)하는 것이다(침수는 고사하고 강풍에도 거의 강도(强度)를 가지지 못하는 목조가옥과는 반대).

그림 7 타크로반 워터프런트의 무허가 거주지(좌측)와 내륙으로의 영구적인 주택 이주 프로젝트(우측)

6. 결 론

이 장은 서북태평양 역사상 가장 강력한 최대풍속 160노트(Knots)(296.52km/h)로 필리핀 레이테섬을 강타한 태풍 하이옌에 대한 통계분석을 실시하였다. 하이옌은 전진속도 41km/h 로 매우 빨리 접근하였는데, 이 값은 지난 60년 동안 발생한 태풍 중 가장 빠른 태풍이었다. 이런 최대강풍과 매우 낮은 태풍 중심의 저기압(895hPa) 결과로 하이옌은 필리핀 역사상 가 장 큰 폭풍해일을 초래하였다. 최대폭풍해일은 수치시뮬레이션에서 레이테 및 사마르섬에서 발생한 것으로 예측할 수 있었다. 저자들은 이것을 검증하기 위하여 레이테만 북단에 입지 한 그 지역의 가장 큰 도시인 타크로반에서 최대 7m의 침수고를 기록한 현장조사를 실시했 다. 또한, 수치시뮬레이션 결과는 일부 지점의 수위가 처음에는 감소하였다가 그 후로 급격 히 증가하기 시작하였다는 것을 보여주는데, 이것은 지역주민의 목격담 진술로 입증되었다. 이 현상은 과거 태풍에서 거의 볼 수 없었던 것으로 태풍 하이옌으로 유발된 폭풍해일만이 가진 특이한 현상으로 보인다.

참고문헌

1. Brand, S., Blelloch, J.W., 1973. Changes in the characteristics of typhoons crossing the Philippines. J. Appl. Meteorol. 12, 104–109.

2. Esteban, M., Valenzuela, V.P., Yun, N.Y., Mikami, T., Shibayama, T., Matsumaru, R., Takagi, H., Thao, N.D., De Leon, M., Oyama, T., Nakamura, R., 2015. Typhoon Haiyan 2013 evacuation preparations and awareness. J-SustaiN J. in press.

3. Kubota, H., Chan, J.C.L.,2009. Interdecadalvariability of tropicalcyclone landfallin the Philippinesfrom 1902 to 2005. Geophys. Res. Lett. 36, L12802.
   http://dx.doi.org/10.1029/2009GL038108.

4. NDRRMC, 2014. Effects of typhoon "Yolanda" (Haiyan). SitRep No. 108, 3 April 2014.

5. Takagi, H., Esteban, M., Shibayama, T., Mikami, T., Matsumaru, R., Leon, M.D., Thao, N.D., Oyama, T., 2014a. Track analysis, simulation and field survey of the 2013 Typhoon Haiyan storm surge. J. Flood Risk Manage.
   http://dx.doi.org/10.1111/jfr3.12136.

6. Takagi, H., Thao, N.D., Esteban, M., 2014b. Tropical cyclones and storm surges in Southern Vietnam. In : Thao, N.D., Takagi, H., Esteban, M. (Eds.), Coastal Disasters and Climate Change in Vietnam : Engineering and Planning Perspectives, first ed. Elsevier, Amsterdam, pp. 3–16. http://dx.doi.org/ 10.1016/B978-0-12-800007-6.00001-0.

7. TIME, 2013. The typhoon's toll. TIME Mag. 182 (22).
   http://content.time.com/time/magazine/0,9263,7601131125,00.html#ixzz2lY0n8A4C(accessed 20.12.13).

PART II
취약성 평가

CHAPTER 09 향후 지진해일 파괴한도 예측에 대한 건물피해평가 및 영향

1. 서 론

건물의 지진해일 취약성의 정량화(定量化)는 지진해일 이후 건물피해평가로 가능하다. 건물 취약성 평가는 공학적 설계, 인적 및 재정적 손실예측, 토지이용 및 비상계획을 통한 향후 지진해일 리스크 저감에 중요한 응용성을 가질 수 있다.

건물피해평가 및 취약성 평가를 보다 자세하게 언급하기 전에, 취약성 평가는 정부, 보험사 및 개발회사의 경감계획 기초가 되는 전체 지진해일 리스크 평가(그림 1)의 네 단계 중 오직 한 단계를 차지하고 있다는 점에 유의해야 한다. 그림 1에서의 지진해일 위험(Hazard)은 천재지변(天災地變)이므로 줄일 수 없으며, 기후변화와 관련된 해수면 상승으로 인해 잠재적으로 증가할 것으로 예상된다(30~33장 참조).

지진해일 위험도	=	지진해일 위험요소 × <u>취약성</u> × 노출
지진해일 위험요소	=	특정 기간 내에 현장에서 잠재적으로 피해를 입힐 수 있는 지진해일이 발생할 확률
취약성	=	특정 강도(强度)의 지진해일에 주어진 손실의 가능성(재정(財政) 및 사상자)
노출	=	위험에 처한 인구 수 및 건물 수의 수량화

그림 1 지진해일 리스크의 구성요소. 취약성은 건물 피해평가 시 주요한 적용항목이기 때문에 중요

연안도시의 급격한 도시화와 높은 인구밀도로 사람들이 주변 '리스크한' 지역에 정착·거주하는 등의 연안인구가 증가하는 세계적 추세에 따라 그림 1에서와 같이 지진해일 위험은 전 지구적 노출 규모로 증대되고 있다(Levy와 Hall, 2005; 선진국의 자세한 케이스 연구는 12장 참조). 그러므로 그림 1에서 볼 때 취약성을 줄이는 것은 지진해일 리스크를 낮추는 실마리라는 것이 분명하다. 건물 피해 평가는 다음과 같은 취약성 평가 및 취약성 저감으로 가능하다.

- 취약성 평가 : 건물 피해 데이터를 제공함으로써 향후 다양한 지진해일에 대해 건물이 경험할 수 있는 피해수준을 데이터로 정량화할 수 있다.
- 취약성 저감 : 건물 파괴모드를 식별하고 하중영향 및 피해영향의 정량화에 도움이 되는 정보를 제공한다.

지진해일 하중과 지진해일로 유발된 건물 파괴모드는 이 장의 2절에서 설명할 것이다. 지진해일의 건물 취약성 평가에 대한 방법은 3절에서 자세히 언급할 것이다. 건물 취약성 평가에 대한 주요한 방법론인 취약성 함수는 4절에서 자세하게 다룰 것이다. 마지막으로 5절에서는 건물의 지진해일 취약성 평가에서 장래발전에 대한 개요를 서술하겠다.

건물피해평가는 실험적(재난 후 피해조사) 또는 분석적(위험강도(Hazard Intensity) 범위에 대한 구조분석) 방법 중 하나로 실시할 수 있다는 것에 주의해야 한다. 지진취약성평가에는 Whilst 분석적 방법이 잘 확립되어 있지만 지진해일에 대해서 그것을 사용한 예는 거의 없다. 그러므로 이 장의 논의는 실험적인 건물피해 평가에 한정(限定)시킨다.

2. 건물피해 원인

2.1 2011년 동일본 대지진해일

2011년 동일본 대지진해일 동안 지진 지반운동, 액상화(液狀化), 지진해일 하중 및 건물·구조물에 심각한 피해를 입힌 발사체(發射體)와 같은 역할을 하는 부유표류물(浮遊漂流物) 등의 복합적인 작용으로 여러 건물이 피해를 입었다. 지진해일 후 조사 시 조사대상건물은 관측된 피해정도를 반영하여 사전(事前)에 정의(定義)된 범주에 따라 피해규모를 분류하였다(표 1). 도호쿠에서 피해를 본 건물의 수를 산정한 결과 대부분의 피해건물은 일본 건축물의 가장 큰 부분을 차지하는 목조가옥임을 표 2에서 알 수 있다. 그러므로 지진 및 지진해일을 결합한 시뮬레이션에서 목조가옥의 구조분석은 향후 일본의 지진해일 리스크 관리에서 아주 중요하다.

표 1 2011년 일본 지진해일 이후 일본 국토교통성과 지방자치단체(이시노마키(石卷), 게센누마(気仙沼))에서 사용한 피해상태 분류표 예

피해상태(조사)	분류	내용	조건	도해(圖解)
DS1	경미한 피해	심각한 구조적 또는 비구조적 피해는 없음. 약간의 침수만 있을 뿐임	경미한 바닥 및 벽 청소 후 사용 가능	
DS2	중간 정도의 피해	비구조적 구성요소의 약간의 피해	적정한 보수(補修) 후 사용 가능	
DS3	심한 피해	일부 벽에는 큰 피해가 있지만 기둥에는 피해가 없음	큰 보수 후 사용 가능	
DS4	완전한 피해	일부 벽과 몇 개의 기둥이 심하게 피해를 입음	완전한 보수 및 보강(補强) 후 사용 가능	
DS5	붕괴	벽(벽밀도(壁密度)의 절반 이상) 및 여러 기둥(휨 또는 파괴)의 파괴적 피해	기능 상실(시스템 붕괴) 보수할 수 없거나 많은 보강 비용 소요(所要)	
DS6	유실(流失)	유실되었지만, 기초(基礎)만 남았고, 완전히 전도(顛倒)	복구가 불가하고, 완전한 재건(再建)이 필요	

표 2 2011년 동일본 지진 및 지진해일 이후 피해를 본 건물의 숫자(일본 국토교통성, 2012)

건물 종류	건물 숫자(동(棟))	%
철근콘크리트	5,304	2.62
철골(鐵骨)	10,716	5.29
목조(木造)	168,610	83.27
석조(石造) 및 기타	17,862	8.82

그림 2의 좌측은 이 건물 2층에서 기둥의 파괴를 일으킨 지진 지반운동으로 붕괴된 철근콘크리트(RC, Reinforced Concrete) 건물이다. 건축물설계코드(일본 건축협회(AIJ), Architectural Institute of Japan)에 근거한 이 철근콘크리트 건물의 지진저항 설계는 건물붕괴를 막기에 충분하지 않았다. 게다가 이 붕괴는 건물이 소프트 층(Soft-story)을 가지고 있었기 때문에 발생하였을 것이다(넓고 방해받지 않는 공간인 바닥을 가진 전형적인 단층(單層) 연립주택 단지로 지진 시 안정성이 떨어진다).

그림 2 좌측 : 센다이(仙台)에서 지진으로 무너진 철근콘크리트 건물. 우측 : 오나가와(女川)에서 지진과 후속(後續) 지진해일로 인한 전체적인 피해

그림 2의 우측은 지진과 후속 지진해일로 유발된 오나가와정(女川町) 내 항만지역에서의 전체적 피해를 나타낸 것이다. 일부 철근콘크리트 건물은 액상화, 부력(浮力) 및 동수력(動水力)으로 전도(顚倒)되었다. 견뎌낸 일부 철근콘크리트 건물도 부분적으로 피해를 입었고 일부는 피해를 당하지 않았다. 게다가 일부 철골조(鐵骨組) 건물도 지진동 및 동수력으로 부분적으로 무너졌다.

그림 3의 좌측은 지진과 후속 지진해일로 인하여 붕괴된 목조주택을 나타낸 것이다. 지진

해일 발생 시 목조 가옥은 한번 파괴되면 유실(流失)되어 다른 건물에 충격을 주는 부유 표류물이 된다. 지진해일의 정수력(靜水力) 및 동수력에 부가하여 부유 표류물(유실된 가옥, 보트 및 차량 등)로 인한 충격력은 심각한 피해를 유발하면서 건축물에 영향을 미친다.

그림 3의 우측은 주거지역 내 화재로 인한 건물피해를 보여준다. 풍속과 풍향, 표류물량(漂流物量) 및 해빈경사(海濱傾斜)는 모두 자동차 배터리, 전기장치 및 연료에 의해 점화된 화재확산에 원인이 되는 중요한 요소들이다. 2011년 3월 11일 발생한 지진 또는 지진해일로 인한 화재는 주거지역 및 공업지역에 피해를 입혔다. 그림 4는 지진 및 지진해일을 견뎌낸 건물들을 나타내었다. 이 건물들은 주민들이 지진해일로부터 대피할 수 있는 임시대피소 역할을 하였다. 장래에 지진, 지진해일 및 다른 가능한 2차 재난(대피 시 기타 고려사항은 10장에 언급)동안 대피자의 안전을 보장하기 위한 그러한 형태의 건축물(병원, 학교, 호텔 등)을 재평가하는 것이 매우 중요하다.

그림 3 좌측 : 오나가와(女川)에서 발생한 표류물(漂流物)로 인한 충격. 우측 : 게센누마(気仙沼)에서의 지진과 지진해일 및 그로 인한 화재에 따른 건물 피해

그림 4 좌측 : 미나미산리쿠(南三陸)에 있는 병원 건물. 중간 : 아라하마(荒浜)의 학교 건물. 우측 : 와타리(亘理)의 호텔 건물. 이 구조물들은 최소한 또는 무피해(無被害)로 지진해일을 견뎌낸 철근콘크리트 건물

2.2 지진해일력과 파괴 메커니즘

2.1절에서 나타낸 것과 같은 건물피해평가는 건물파괴모드를 확인할 수 있도록 하며 하중영향 및 피해영향의 정량화에 대한 수리모형실험과 수치모형실험(수치시뮬레이션)을 보완한다. 그러므로 이런 평가는 설계지침 및 건물코드 제정 시 아주 중요하다(Chock 등, 2013; 21장 참조).

미국의 현재 연구 및 최근 설계지침에서 다음과 같은 지진해일로 유발된 하중 및 피해영향을 고려한다.

- 정수력($\sim k\rho gh$ 형태)
  - 횡유체압(橫流體壓)
  - 수직 부력효과
- 동수력($\sim k\rho ghu^2$ 형태)
  - 항력(抗力)
  - 단파충격(段波衝擊)(즉, 물의 선단(先端) 가장자리가 가하는 충격)
- 표류물(m, $\sqrt{u}$, Δt의 함수)
  - 대규모 표류물부터의 충격(예를 들어 자동차, 선박, 선적(船積) 컨테이너, 나무, 건물 파편 등)
  - 결합된 소규모 표류물/퇴적물로 인한 흐름 점성/밀도 증가
  - 댐핑(Damming)(개구부가 표류물로 채워짐, 측하중(側荷重)을 받는 유효면적 증가)
- 기초(基礎) 영향
  - 세굴(洗掘)
  - 양압력(揚壓力)
  - 활동(滑動)

여기서 k = 상수(비례성을 나타냄), ρ = 밀도, g = 중력가속도, h = 침수심, u = 유속, m = 표류물질량 및 Δt = 표류물 충격지속시간이다.

이러한 각각의 영향과 관련된 파괴 메커니즘은 자주 결합되어 발생하므로 분리하기는 어렵다. 분석 및 설계검토를 위해 관측된 주요한 파괴 메커니즘 및 피해메커니즘을 그림 5~10

에 요약해놓았다. 근지(近地) 지진해일로 발생하는 하중에 대한 구조물의 저항성을 결정하는 중요한 요소는 선행지진동(先行地震動)을 견뎌내는 피해 수준이다(그림 10).

그림 5 횡유체하중(橫流體荷重)으로 인한 벽의 평면이탈파괴(또는 편칭(Punching) 파괴)(정수력 및 동수력, EEFIT, 2013)

그림 6 횡유체하중으로 인한 전 지구적(全地球的) 횡방향 처짐/파괴(정수력 및 동수력, EEFIT, 2013)

그림 7 표류물 충격과 댐핑(Damming)으로 인한 피해(EEFIT, 2013)

그림 8 좌측 : 소프트층(Soft-story)을 가진 건물의 불균형한 붕괴. 우측 : 비구조적 피해(EEFIT, 2013)

그림 9 좌측 : 건물 모서리의 기초를 약화(弱化)시킨 세굴(洗掘). 우측 : 지진해일 영향의 결합으로 인한 구조물 전도(顚倒)(횡유체하중, 부력, 표류물 충격 및 기초파괴, EEFIT, 2013)

그림 10 파사드(Facade)의 공액전단균열(共軛剪斷龜裂)로 인한 부가적인 지진피해(EEFIT, 2013)

2.3 지진해일 피해등급

지진해일에 대한 기본적인 구조적 취약성 평가의 부분은 구조적 피해의 정량화(定量化)이다. 다른 위험(Hazard)인 경우(예를 들어 지진), 일반적으로 3개 이상의 피해상태로 구성된 피해등급을 통해 평가하며, 각 피해는 특정 건물 유형에서 관찰할 수 있는 구조적 및 비구조적 피해측면으로 설명된다. 이러한 피해상태 설명은 지진 후 상세한 조사를 통해 구조적 피해를 평가하도록 하며, 수치모델적 구조분석에 사용하기 위해 각 피해상태(즉, 층간변위(層間變位), Story Drift) 관련된 정량적인 구조물응답(構造物應答) 측정도 있어야 한다.

지진해일인 경우, 기존문헌에 수록된 피해등급은 분석 시 발생하는 구조물응답(構造物應答)의 피해설명에 대한 지침을 제공하지 않은 채 지진해일 이후의 피해평가에만 집중하였다.

이전 사례만 고려하면 지진해일 후 피해평가에 사용하기 위해 개발된 지침서는 거의 없다. 정부 간 해양 위원회(IOC, The Intergovernmental Oceanographic Commission)(UNESCO 산하, 1998)는 기존의 지진, 지진해일 현장안내서와 지진해일 현장조사를 통해 개발된 지진해일 현장지침서를 발행하였다(Farreras, 2000). 건물피해평가지침서는 간략하고 개략적인 피해분류(비전문적인 사람도 사용할 수 있도록)를 권고한다. 2011년 동일본 대지진해일 이전의 신속한 현장조사에 대해 언급한 문헌들은 지진 평가방법론에 근거하고 있으며, 대부분은 유럽 대규모 지진(European Macroseismic Scale, EMS-98; Grunthal, 1998)의 피해등급, 예를 들어 Miura 등(2006)의 등급을 채택하고 있었다. 2004년 인도양 지진해일 이후 조사된 피해메커니즘을 설명하는 EMS－98 개정판을 Rossetto 등(2007)이 발행했으며 철근콘크리트 및 석조건물에 대해서는 지진공학현장조사팀(EEFIT, The Earthquake Engineering Field Investigation Team, 2006)이 발간하였다. EEFIT(2006)가 제시한 석조건물에 대한 피해등급 설명의 예는 표 3에 나타나 있다. Shuto (1993)는 일본에서 수집한 지진해일 피해데이터를 사용하여 지진해일 피해기준을 제안하였으며, 이후 제안된 기준은 Matsutomi와 Harada(2010)가 개정하였다. 그 기준은 건물재료(철근콘크리트(RC) 또는 목재)에 대한 측정 또는 추정(推定)된 지진해일 특징과 사전정의(事前定意)된 피해 수준(경미한 피해, 중간 피해, 중대한 피해 및 완전한 피해)에 근거하였다. 최근 2011년 동일본 대지진해일 이후 일본 국토교통성(MLIT, The Ministry of Land, Infrastructure, Transport and Tourism)은 피해를 입은 현(縣)(아오모리, 이와테, 미야기, 후쿠시마, 이바라키 및 지바)에서의 건물피해에 관한 신속한 평가를 실시하여 7가지 피해상태 등급을 적용시켰다(표 1 참조). 지진해일 전후(前後)의 위성 이미지 분석으로 지진해일 피해를 파악하는 경우(Suppasri 등, 2011), 피해등급은 훨씬 개략적(槪略的)인 정의(定義)를 취했는데, 즉 '지붕이 휩쓸러 갔다'와 같은 설명과 같이 단지 3가지 피해상태로 구성되었다.

표 3 EEFIT(2006)에서 제안된 태국의 조적식(組積式) 채움을 갖는 중·저층 철근콘크리트 골조의 지진해일 피해등급 설명

피해상태	구조물에 대한 피해설명
무피해 (無被害)(DM0)	조사 중 관찰한 구조물에 가시적(可視的)인 구조적 피해가 없음. 즉시 사용 가능
경미(輕微)한 피해(DM1)	건물 내 내용물의 침수피해. 일부 비구조적(이형관(異形管), 창문) 피해. 피해는 경미하고 수리 가능. 즉시 사용에 적합함
중간정도의 피해(DM2)	1층의 끼움 벽과 창문의 전체 또는 일부의 평면 이탈 또는 붕괴. 구조부재에 대한 표류물 충격으로 수리 가능한 피해. 구조적 부재 피해는 없음. 기초가 부분적으로 노출되고 구조물 모서리가 세굴(洗掘)되었지만 뒷채움으로 수리 가능함. 즉시 사용에는 적합하지 않지만 가벼운 수리 후에는 가능함
심한 피해 (DM3)	구조물은 서있지만 심하게 피해를 봄. 1층 이상의 끼움 패널(Panel)이 피해되었거나 파괴됨. 구조용 및 비구조용 부재가 피해를 입음. 구조물 안정성에 중요하지 않은 몇 개의 구조물 부재 파괴. 지붕이 피해를 보아 완전히 교체하거나 수리해야 함. 구조물은 광범위한 수리가 필요하므로 즉시 사용하기에 적합하지 않음
붕괴(DM4)	건물의 일부 또는 전체 붕괴. 심한 세굴로 인해 기초 및 구조물의 큰 부분이 붕괴됨. 수리가 불가능한 과도한 기초침하(基礎沈下) 및 기울기. 지진해일 이후 구조물의 피해는 수리할 수 없으며 반드시 철거해야 함

각 연구자는 자체적인 맞춤형 피해등급을 개발시켜왔으므로, 전반적으로 어떤 피해등급이 가장 사용하기 적합한지에 대한 일치된 의견은 없다. 이러한 사실은 다른 지진해일 또는 다른 나라에서 수집한 피해데이터와의 비교를 매우 어렵게 한다. 따라서 구조적 분석을 이해하기 위해서는 다른 피해상태와 관련시킬 수 있는 구조물응답 기준치를 개발할 필요가 있다.

2.4 향후 발생 가능한 피해

2011년 동일본 대지진해일로부터 얻은 교훈에 따르면, 지진 및 지진해일로 야기(惹起)된 예기치 못한 피해로 인해 인명손실과 재산손실이 일어날 수 있다는 것이다. 그러므로 특히 지정 대피소와 기타 중요시설에 대해서는 향후 발생할 수 있는 피해를 예측할 필요가 있다. 대피계획에서 대부분의 고층 철근콘크리트 건물은 주변 사람들을 위한 대피소로 지정된다. 그러나 지진 시 지진동은 대피소를 약하게 만든다. 그 결과로서 지진해일 및 표류물 충격에 따른 동수력(動水力)이 대피소를 붕괴시킬지도 모른다. 또한 대피소는 액상화, 부력 또는 동수력에 의해 전도(顚倒)될 수 있다. 게다가 지붕으로의 접근 문제도 신중하게 고려하여야 하며, 복도와 계단의 설계는 사람들을 대피시키기 위해 합리적인 검토를 하여야 한다. 가능한 모든 미래 피해의 원인을 고려하는 경우, 지진과 지진해일 시뮬레이션은 예방 및 대피대책의 수립과 실행을 위해 신뢰할 수 있는 결과를 제공할 수 있다.

3. 구조적 취성[1] 평가방법

3.1 개요

1절에서 개략적으로 설명하였듯이 건물피해평가(즉, 과거 피해)는 취성평가 및 취약성 평가를 위한 필요단계이다(미래 피해 및 손실의 예측). 취성평가 및 취약성평가는 대개 피해 또는 손실 가능성을 지진해일 강도와 관련시키는 확률함수를 사용함으로써 실행한다. 지진

---

1   취성(Fragility, 脆性) : 여리게 파괴되는 성질로 외력의 작용에 의해 파괴에 이르기까지의 변형 능력이 적은 재료의 성질을 말한다.

용어에서와 비슷하게 '강도(强度, Intensity)'는 특정 지점에서의 지진해일 영향을 나타낸다('규모(規模, Magnitude)'는 지진해일이 방출(放出)한 총에너지를 의미한다).

취약성 평가 중 일부방법은 발생 가능한 손실을 지진해일 강도와 직접적으로 관련시키는 반면, 그림 11에서 볼 수 있듯이, 보다 상세한 평가는 건물 피해의 손실예측(손실모형)으로부터 건물피해예측(취성 평가)을 구분시킨다. 재정적 손해 및 사상자 손실모형은 이 장의 검토 범위를 벗어나므로 이 장의 나머지 부분은 취성을 정의하기 위한 건물피해평가의 적용에 초점을 맞춘다.

취약성	=	취성(脆性)	× 손실모형
취약성	=	특정 강도(强度)의 지진해일에 주어진 손실의 가능성(재정적 손해 및 사상자)	
취성	=	특정 강도의 지진해일에 주어진 건물피해확률	
손실모형	=	특정 수준의 건물 피해에 대한 확률적 손실(재정적 손해 및 사상자)	

그림 11 취약성의 구성요소. 이 장에서는 건물피해평가에 초점을 맞추고 있어 취성을 강조

지진해일 취성관계식은 지진해일 강도와 피해를 연관시켜 침수 및 피해 데이터로부터 도출(導出)할 수 있다. 현재 지진해일 취성연구는 일반적으로 현장측정 또는 수치침수모델링 중 하나에서 구한 흐름수심을 사용하여 지진해일 강도를 구한다. 그때 침수데이터는 4절에서 언급한 것처럼 지진해일 취성관계식을 도출하기 위하여 건물피해데이터와 연관시킨다. 지진해일 강도를 구하기 위해 단지 흐름수심만을 사용하는 것은 유속, 침수지속시간(浸水持續時間) 및 총파랑 개수, 대피소, 표류물 충격 및 이전 지진피해 수준과 같은 구조물의 하중에 영향을 미치는 여러 가지 요인을 포착하지 못하기 때문이다. 이 문제는 이후 5절에서 설명하겠다.

3.2 PTVA와 BTV 방법

문헌에서 제안된 건물 취약성평가를 위한 2가지 절차에는 PTVA(Papathoma Tsunami Vulnerability Assessment) 평가방법(Papathoma 및 Dominey-Howes, 2003; Dominey-Howes 및 Papathoma, 2007)

과 BTV(Building Tsunami Vulnerability) 평가방법(Omira 등, 2010)이 있다. 이 방법들은 지진해일 피해에 영향을 미치는 몇 가지 요인에 가중치를 부여한 순위 시스템을 사용하는데, 이러한 가중치는 과거 지진해일 사건 시 관측치로 보정한 값이다. 가중요인은 침수심, 건물재료 및 층수와 같은 매개변수와 관련이 있다. 그런 다음 각 건물에 대해 총리스크점수(Total Risk Score)를 계산하여 건물취약성을 정성적으로 평가한다. 이러한 방법은 용도(즉, 주거, 상업, 산업, 의료, 비상 서비스 또는 공공 서비스로 구분), 건물 층수, 방향 및 건물 주위영향과 같은 건물 특징도 고려한다. PTVA 방법은 지진해일피해의 원인에 대한 전체적인 접근방식을 취하고 건물의 취약성에 영향을 미치는 여러 매개변수를 고려함으로써 매우 효과적인 평가 도구를 제공할 수 있다. 그러나 이 방법은 일반화할 수 있지만, 관측된 영향 배후에 내재(內在)된 물리적 과정을 반드시 대표하지 않는 가중치 체계로 다소 질적인 상태를 유지하여, 조사대상지역의 결과는 시나리오에 따라 달라진다.

3.3 취성곡선

앞에서 언급한 방법에 대한 정량적이고 상세한 대안인 취성곡선(2차원, 脆性曲線)이라고 일컫는 취성함수의 전개(展開)이다. 취성함수는 건물의 지진해일 강도측정을 위해 사전에 정의된 피해상태에 도달하거나 초과할 확률을 나타내는 확률함수(즉, 확률이론에 근거)로, 일반적으로 조사된 지진해일 흐름수심으로 간주한다. 실제로 지진해일 흐름수심은 현장에서 합리적으로 잘 측정할 수 있는 지진해일 매개변수로 흐름속도, 유체력 및 기타 요인과는 무관하다(Charvet 등, 2014a, b).

지진해일 취성곡선은 지진해일 특성(현장조사 또는 수치시뮬레이션)과 피해특성(현장조사 또는 위성영상조사)을 조합하여 전개시킬 수 있다. 지진해일 흐름특성은 침수심의 현장조사와/또는 흐름유속 및 때때로 동수력을 결정하기 위해 미세격자(즉, 간격 5m)를 사용하는 수치시뮬레이션을 통하여 결정할 수 있다(Koshimura 등, 2009a, b, c; Suppasri 등, 2011).

이러한 모형은 표 4에서 요약했듯이, 1993년 오쿠시리섬 지진해일(Koshimura 등, 2009a), 2004년 인도양 지진해일(Foytong 및 Ruangrassamee, 2007; Koshimura 등, 2009c; Murao 및 Nakazato, 2010; Suppasri 등, 2012b), 2009년 아메리칸 사모아 지진해일(Gokon 등, 2011; Reese 등, 2011), 2010년 칠레 지진해일(Mas 등, 2012), 2011년 동일본 대지진해일(Koshimura 및 Goken, 2012;

Nihei 등, 2012; Suppasri 등, 2012b, 2013; Yanagisawa, 2012)의 데이터를 사용하여 여러 국가에서 발전시켜왔다. 이전 연구는 샘플(Sample) 수가 건물 120, 251, 301동(棟)인 데이터베이스를 이용하였다.

취성함수는 조사대상지역 내 지진해일로 인한 건물피해의 자세한 확률론적 평가를 제공하기 때문에, 건물 설계코드개정(Chock 등, 2013; 21장 참조), 손실계산(Peiris, 2006; Masuda 등, 2012) 및 도시계획(Iuchi 등, 2013)에 적용할 수 있는 귀중한 결과를 산출한다.

표 4 이전에 개발된 지진해일 취성곡선 개요

지진해일 사건	장소	샘플 수(동(棟))	방법	참고
1993년 오쿠시리(奧尻)섬	일본 북해도 오쿠시리섬	769	위성영상 및 수치시뮬레이션	Koshimura 등(2009a)
2004년 인도양	인도네시아 반다아체(Banda Aceh)	48,910	위성영상 및 수치시뮬레이션	Koshimura 등(2009a)
	인도네시아 반다아체	2,576	위성영상 및 현장조사	Valencia 등(2011)
	태국 안다만(Andaman) 해안 주변 6개주(州)	120	현장조사	Foytong과 Ruangrassamee(2007)
	태국 팡가(Phang Nga) 및 푸껫(Phuket)	4,596	현장조사	Suppasri 등(2011)
	스리랑카 갈(Galle). 마타라(Matara) 및 함반토타(Hambantota)	1,535	현장조사	Murao와 Nakazato (2010)
2009년 아메리칸 사모아 (American Samoa)	아메리칸 사모아	6,239	위성영상 및 수치시뮬레이션	Gokon 등(2011)
	아메리칸 사모아	201	현장조사	Reese 등(2011)
2010년 칠레	칠레 디차토(Dichato)	915	위성영상 및 현장조사	Mas 등(2012)
2011년 동일본 대지진해일	일본 센다이(仙台)와 이시노마키(石卷)	150	현장조사	Suppasri 등(2012b)
	일본 센다이(仙台)	202	현장조사	Yanagisawa(2012)
	일본 나토리(名取)	5,000	위성영상 및 현장조사	Nihei 등(2012)
	일본 미야기현(宮城県)	157,640	위성영상 및 현장조사	Koshimura와 Goken(2012)
	일본 동해안	251,301	현장조사	Suppasri 등(2013a)
	일본 센다이(仙台)	11,683	현장조사 및 수치시뮬레이션	Narita 등(2013)
	일본 이시노마키(石卷)	63,605	현장조사	Suppasri 등(2014)

4. 지진해일 취성함수

다른 방법과 비교하여(3.3절) 취성함수는 피해확률에 대한 정량적이고 자세한 정보를 제공하므로, 따라서 지진해일 피해예측을 위한 가장 발달된 유익한 도구 중 하나에 해당한다. 취성함수는 주로 지진해일 이후 현장조사(Ruangrassamee 등, 2006; Reese 등, 2011) 또는 위성영상데이터(Koshimura 등, 2009a, b, c; Suppasri 등, 2011; Mas 등, 2012)에 근거하므로 경험적이다. 그림 12는 위성영상(좌측) 및 현장조사(우측)로부터 구한 전형적인 취성곡선을 나타낸다. 위성영상으로 심각하지 않은 피해상태를 평가하는 것이 어려워 위성영상인 경우의 피해응답(被害應答)은 2진수(進數)(건물이 붕괴되었거나 붕괴되지 않았다.)로 나타낸다. 반면 현장조사는 상세한 평가 및 자세한 여러 피해 수준(보통 5수준 또는 6수준)으로 구성된 이산피해등급(離散被害等級)을 실행할 수 있다. 취성곡선에 관한 이전의 연구에서는 흐름수심, 건축자재 또는 건물형태(철근콘크리트, 철골, 석조, 또는 목조), 층수(層數), 건물용도(즉, 주거, 공공) 또는 파랑증폭을 초래할 수 있는 해안선 형태와 같은 건물피해에 심각한 영향을 미치는 여러 요인을 발견하였다(Suppasri 등, 2012b; Suppasri 등, 2013; Leelawat 등, 2014). 건물피해 가능성 및 심각성에 대한 그런 요인의 영향은 4.3절에서 기술하겠다.

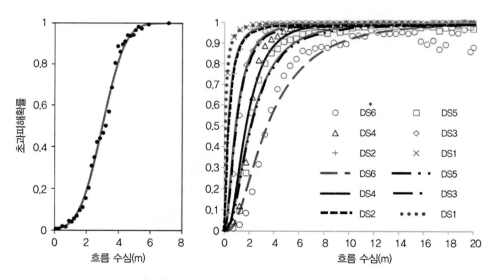

* DS는 표 1의 일본 국토교통성과 지자체에서 사용한 피해상태분류등급

그림 12 좌측 : 위성 영상 분석을 통한 2004년 반다아체에서 발생한 지진해일 중 건물붕괴 확률을 나타내는 취성곡선(Suppasri 등, 2012a). 우측 : 2011년 동일본 대지진해일 이후 표 4의 각 피해상태에 대한 취성곡선집합(Suppasri 등, 2013)

4.1 기존의 경험적 취성예측 : 선형모형

기존 취성함수의 피해분포는 정규분포(正規分布)[2] 또는 대수정규분포(對數正規分布)를 따른 다고 가정하여 유도하였다(즉, Peiris, 2006; Koshimura 등, 2009a, b, c; Suppasri 등, 2011). 각 피해 수준에 대한 건물피해확률은 동일한 가중치(加重値)(즉, 같은 건물 수를 나타낸다)를 부 여하기 위해 데이터를 흐름 수심 간격으로 취합하여 계산한다. 각 상자(箱子, 즉 건물)에 대 한 흐름수심분포는 정규(正規) 또는 균일한 것으로 가정한다. 취성곡선은 각 피해상태 DS_k 에 대해 개별적으로 유도되며 다음과 같이 표현할 수 있다.

$$P_{DS_k}(x) = \Phi\left[\frac{(\log)x - \mu_k}{\sigma_k}\right] \tag{1}$$

식 (1)은 분포매개변수 μ 와 σ 의 값을 각각 예측하기 위해 쉽게 선형화할 수 있고, 최소자 승법(最少自乘法)을 사용하면 분포로부터의 평균 및 표준편차는 :

$$(\log)x = \sigma\Phi^{-1} + \mu \tag{2}$$

식 (1) 및 (2)에서, Φ 는 표준정규분포함수(標準正規分布函數)로; x 는 지진해일 강도의 측정 치로 보통 관측된 지진해일 흐름수심(각 흐름수심 간격의 중앙치)이고, $P_{DS_k}(x)$ 는 DS_k 에 도달했거나 초과한 건물의 측정확률을 나타낸다 — $K+1$ 수준을 갖는 피해등급('무피해(無被 害)'를 포함한다) — 을 나타낸다. 그러므로 피해 $\hat{P}_{DS_k}$ 의 예상확률은 모수(母數) μ_k 및 σ_k 을 갖 는 정규분포/대수정규분포이다.

이 방법은 익숙한 선형회귀법과 정규분포를 분석의 기준으로 사용하고, 쉽게 분석할 수

---

2   정규분포(正規分布, Normal Distribution) : 평균이 m, 표준편차가 σ인 변량 X가 $f(x) = \dfrac{1}{\sqrt{2\pi}}e^{-(x-m)^2/2\sigma^2}$으로 주어 지는 확률밀도함수를 가질 때, X는 정규분포를 한다고 하고 X~N(m, σ^2)으로 표시된다. 이 함수는 이항분포에서 차 수(Power)를 충분히 크게 한 경우에 어떤 양을 측정해서 얻는 우연오차의 확률분포로부터 생기는 함수로서 통계방법 론상 가장 중요한 것이며, 대수법칙도 이 함수의 성질로부터 설명되며, 표본추출조사를 할 때에는 주로 이 함수를 많이 이용하고 있다.

있는 결과를 제공하기 때문에 비교적 직설적(直說的)이라는 장점이 있다. 그러나 통계적 관점에서 이 방법은 여러 가지 단점이 있는데, 그중 하나는 도곡선(導曲線)의 적용을 제한할 수 있다. 기존곡선의 주요 쟁점 중 하나는 응답(즉, 피해)의 통계적 분포에 관한 가정을 위반하는 것이다. 피해 수준은 본래 이산응답이기 때문에, 정규분포는 연속매개변수에 대해서만 적용되어(Rossetto 등, 2014) 보다 적절한 분포를 선택해야 한다. 또한 가능한 지진해일 손상 데이터를 적용시킬 때 일반적으로 선형 최소자승법등과 관련된 많은 가정(오차의 독립성 및 지속적인 분산과 같은)이 유지되지 않는다(Charvet 등, 2013). 또 다른 단점은 역방향 표준정 규분포 Φ^{-1}가 확률 0과 1로 수렴되지 않아, 피해건물을 포함하지 않거나 피해건물만 포함하는 많은 점(상자)이 포함되지 않는다. 마지막으로 개별 점을 상자(즉, 건물)로 모은다는 것은 모형이 중요한 정보를 포착할 수 없다는 것을 의미할 수 있다(Charvet 등, 2014a). 앞에서 언급한 단점들의 결과는 가능한 매개변수 편중, 미래 추정(推定)의 불가능성(신뢰구간 계산과 같은), 낮은 예측 용량/신뢰성(응답 분포의 불충분) 또는 회귀력(回歸力)의 감소를 의미한다(데이터 해제가 원인, Green 참조, 1991).

4.2 새로운 취성예측 : 일반화된 선형모형

이러한 특정문제는 문헌에서 다루기 시작했으며, 다른 종류의 모형, 즉 일반선형모형(GLM, Generalized Linear Models)을 사용하였다. GLM은 선형회귀와 관련된 많은 가정을 완화시키고 응답 매개변수가 많은 분포(즉, 정규분포와 대수정규분포가 아닌)를 따를 수 있도록 한다(Mc Cullagh 및 Nelder, 1989). GLM 회귀분석에서, 독립매개변수 x가 피해확률 P_{DS}(식 (1)에 있듯이)에 직접적이고 선형적으로 관련이 있다는 가정은 연결함수 g을 통해 모든 J의 가능한 독립매개변수 x_j을 피해확률과 관련시키는 선형예측매개변수 η를 사용함으로써 완화된다.

$$g\left(\hat{P}_{DS_k} = \mu_k\right) = \eta_k = \theta_{0,k} + \sum_{j=1}^{J} \theta_{j,k} x_j \tag{3}$$

식 (3)에서 μ_k는 0이 아닌 피해 수준인 k에 대해 예측피해확률함수(즉, 취성함수)를 나타내며, $\theta_{0,k}$ 및 $\theta_{j,k}$는 보통 MLE(Maximum Likelihood Estimation)로 축약(縮約)해 쓰는 최대우도

예측법3으로 예측한 모형의 매개변수들이다(Mc Cullagh 및 Nelder, 1989; Myung, 2003). 모형의 무작위 구성요소는 MLE(그리고 결과로부터 더 많은 추정을 한다.)을 실행시키기 위해 정의되어야 하며 선택된 응답 분포로 나타낸다. 이항분포와 다항분포(Forbes 등, 2011)는 피해수준과 같은 이산응답(離散應答)에 적용할 수 있다. g는 앞에서 언급한 분포에 대한 프로빗(Probit), 로짓(Logit) 또는 보(補) 로그－로그(Comp. Loglog) 함수(그림 13 하단)로 정의할 수 있다(Rossetto 등, 2014). 표 5는 특히 이 절에 제시된 모형과 결과에 대한 것으로, GLM 회귀분석 후의 구성요소와 개념을 요약한 것이다.

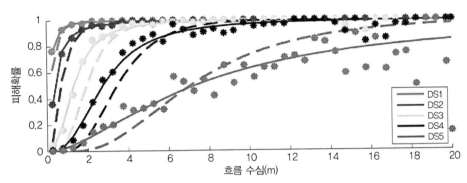

* DS는 표 1의 일본 국토교통성과 지자체에서 사용한 피해상태분류등급

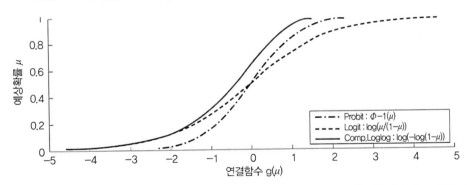

그림 13 상단 : 철근콘크리트 건물의 주어진 피해상태에 도달하거나 이를 초과할 확률을 나타내는 취성곡선. 파선은 선형모형(제 4.1절)을 사용하여 구한 결과를 나타내며, 실선은 로지스틱 회귀분석(GLM, 이항, 로짓(Logit))을 통해 얻은 결과를 나타냄. 하단 : 이항분포와 다항분포에 일반적으로 사용되는 3개 연결함수 사이의 비교

---

3   최대우도예측법(Maximum Likelihood Estimation) : 모(母)집단에서 특정의 표본을 가능한 한 많이 실제로 입수할 수 있도록 파라미터의 값을 선택하여 그 표본에서 모집단의 특성을 측정하는 방법이다.

표 5 피해상태와 같은 이산응답에 대한 GLM(일반선형모형) 회귀분석의 제시

피해 수준의 수	0부터 K까지의 피해상태 $\Leftrightarrow$ $K+1$의 피해 수준($k=\{1,...,\ K+1\}$)		
피해응답 종류	이진수(二進數) $Y_k = \begin{cases} 1 & \text{만약 } ds \geq DS_k \\ 0 & \text{만약 } ds < DS_k \end{cases}$	다단계 분류[a] $Y_k = \begin{cases} 1 \text{ 만약} & d_s \leq DS_1 \\ 2 \text{ 만약} & DS_1 < ds \leq DS_2 \\ ...... \\ K+1 \text{ 만약 } DS_k < ds \leq DS_{k+1} \end{cases}$	
랜덤(Random) 성분 (즉, 통계적 분포)	이항분포(二項分布) $P(Y_k=1)$ $= \binom{n_{trials}}{n_{success}} p_s^{n_{success}} (1-p_s)^{n_{trials}-n_{success}}$	다항분포(多項分布) $P(Y_1=1,\ ...,\ Y_{k+1}=K+1)$ $= n_{trials}! \prod_{i=1}^{K+1} \dfrac{p_s^{n_{success}}}{n_{success}!}$	
선형예측자(線形予測子) η	$\eta_k = \theta_{0,k} + \sum_{j=1}^{J} \theta_{j,k} x_j$	**순서형 회귀 (Ordinal Regression)** $\eta_k = \theta_{0,k} + \sum_{j=1}^{J} \theta_j x_j$	**다항회귀** $\eta_k = \theta_{0,k} + \sum_{j=1}^{J} \theta_{j,k} x_j$
설명매개변수 x (Explanatory Variable)	x_j Charvet (2012b)에서, $J=1$, x_1: 지진해일 흐름수심	x_j Charvet 등(2014b)에서, $J=1$, x_1: 지진해일 흐름수심	x_j Charvet 등(2014a)에서, $J=3$, x_1: 지진해일 흐름수심, x_2와 x_3: 건물 종류(더미 코드(Dummy-coded)된 매개변수들 {0, 1})
연결함수(Link Function) (그림 13 참조)	로짓(Logit)(표준 연결(Canonical Link)), 프로빗(Probit) 또는 보(補) 로그-로그 Charvet (2012b)에서: 로짓	로짓(Logit)(표준 연결(Canonical Link)), 프로빗(Probit), 또는 보(補) 로그-로그 Charvet 등(2014b)에서: 건물자재(資材)에 의존	로짓(Logit)(표준 연결(Canonical Link)), 프로빗(Probit), 또는 보(補) 로그-로그 Charvet 등(2014a): 프로빗과 로짓
취성함수 μ	$\widehat{P_{DS_k}} = \mu_k = g^{-1}(\eta_k)$		

[a] 이론적 다항응답은 특정 수준보다 작거나 같은 피해확률을 제공하기 때문에 초과피해확률은 보(補)누적 분포를 사용하여 얻는다. 즉, $P(ds \geq DS_k) = 1 - P(ds \leq DS_k)$.

그림 13의 위 그림은 2011년 동일본 대지진해일 동안 피해를 입은 철근콘크리트(RC) 건물에 대한 통합 데이터베이스의 선형모형으로부터 도출된 취성곡선과 GLM(이항분포)으로부터 도출된 취성곡선을 비교한 것이다. 식 (3)에서는 모형 여러 개의 독립매개변수를 포함시킬 수 있는 것이 중요하다. 이는 피해응답과 동시에 영향을 미치는 것으로 여겨지는 몇 가지 요인을 고려할 수 있음을 의미한다. 이는 4.1절에 기술된 기존의 선형접근법과 비교하여 상당한 장점이다.

Reese 등(2011)이 실시한 건물피해분석은 GLM을 시행한 지진해일 공학 분야의 첫 번째 연구였다. 그들은 지진해일 흐름수심을 유일한 독립매개변수로 이용하여 사모아(2009년 지진 해일 이후)의 건물피해에 근거한 취성함수를 도출하기 위해 이항분포(때로는 로지스틱 회귀 분석(Logistic Regression)이라고도 한다.)를 채택했다. 로지스틱 회귀모형에서의 피해는 이산 이항결과(離散二項結果)(즉, 특정피해상태에 도달하거나 초과하는 것 중 둘 중 하나와 그렇지 않은 경우)로 응답한다. 이로써 저자들은 각 개별 건물을 0 또는 1의 피해확률을 갖는 단일 데이터지점으로 고려할 수 있게 되었고, 따라서 데이터의 통합이나 누락 없이 분석할 수 있 게 되었다.

이항분포를 사용할 때 발생할 수 있는 한 가지 문제는 피해상태의 순서를 고려하지 않는 다는 것이다. 이것은 어떤 경우에 일관성이 없는 결과로 이어질 수 있는데, 예를 들어 물리적 으로 불가능한 DS_{k+1}(즉, '붕괴')를 암시하는 취성함수는 강도 측정치가 증가함에 따라 DS_k('심한 피해') 이전에 도달할 수 있다. 이러한 정보를 수집하기 위해, Charvet(2014b)은 2011년 동일본 대지진해일 이후, 이시노마키시(건물 56,950동) 건물 피해를 세분화시킨 데이 터베이스의 취성함수를 도출하기 위해 GLM 순서형 회귀분석을 사용했다.

순서형 회귀분석(이항분포 대신)은 다항분포를 사용하여 GLM 방법을 적용하는 것으로, 구성되며, 이것은 순서형 결과를 나타내는 체계적인 구성요소를 가진다. 따라서 식 (3)의 자 유매개변수는 모든 k 범주에 고정되며, 단지 절편 $\theta_{0,k}$만 변화한다(Gelman & Hill, 2007).

Charvet 등(2014a)은 무질서한 결과 또는 공칭모형을 가진 다항분포(식 (3)에 나타낸 바와 같이 체계적인 구성요소)를 2011년 동일본 대지진해일 이후 일본 국토교통성(MLIT)을 통해 바로 이용 가능한 대규모 집계 데이터 세트에 적용시켰는데, 이 모형은 이러한 특정 경우에 순서형 모형보다 성능이 우수하다는 것이 확인되었기 때문이다. 두 연구에서 흐름수심은 피 해의 예측매개변수로 이용할 수 있는 유일한 위험매개변수(Hazard Parameter)이었고, 건물 유 형은 구조적 취약성 매개변수로 고려되었다.

4.3 지진해일 하중이 건물 구조성능에 영향을 미치는 요인

취성함수 도출하기 위해서는 건물을 구조적 특성에 따라 분류하여야 하는 것으로 밝혀졌 는데, 왜냐하면 구조적 특성은 지진해일 하중하에서 건물의 성능을 좌우하기 때문이다. 구조 적 성능에 영향을 미치는 요인들은 다음과 같다.

4.3.1 건설재료/품질

지금까지 실시된 모든 지진해일 취성 및 현장 관측조사에서 자주 발견되는 것은 지진해일 내습 시 건물 종류에 따라 구조적 취약성이 상대적이라는 것이다. 목재 및 석조 건물은 강재와 철근콘크리트 건물보다 더 큰 피해 가능성(특히 구조적 피해)을 보이는 것으로 확인되었는데, 강재와 철근콘크리트 건물은 인도네시아(Valencia 등, 2011), 사모아(Reese 등, 2011), 태국(EEFIT, 2006; Suppasri 등, 2011), 칠레(Mas 등, 2012), 일본(Suppasri 등, 2013, ab; Charvet 등, 2014a, b) 등과 같은 지진해일에 노출된 지역에서 훨씬 복원성이 높은 것으로 확인되었다.

4.3.2 건물고(建物高)

다른 발견으로서는 1층 또는 2층 구조보다 눈에 띄게 복원성이 있는 3층 이상 고층 건물이 구조적 취약성을 크게 줄일 수 있음을 나타내었다(Suppasri 등, 2013). 높은 층을 가진 건물의 지지부재(支持部材)는 큰 중력과 횡력에 견디도록 설계되었고, 따라서 지진해일 하중에 큰 저항력이 있다(Reese 등, 2011).

4.3.3 건물용도

또한 건물의 용도는 구조물의 피해 수준에 상당한 영향을 미치는 것으로 조사되었다. 예를 들어 공공시설 또는 산업시설은 주거용 건물보다 지진해일 하중에 강한 내구성을 보인다(Suppasri 등, 2014; Leelawat 등, 2014). 국가에 따라, 건물 점유와 용도 변경은 수직 및 측면하중 경로의 여분(餘分), 연성, 내화성, 점진적 붕괴의 억제 요소 등의 측면에서 지역 건축 관행에서 요구되는 구조적 건전성 수준을 결정한다. 일본처럼 건축기준이 잘 완비된 국가에서는 중요시설(즉, 병원)은 높은 수준의 건전성을 갖도록 설계되어야 하며, 따라서 일반적으로 지진해일 하중하에서 주거시설 및 중요하지 않은 시설보다 양호한 거동을 보여야 한다.

4.3.4 건물 주변 영향

리아스식('들쭉날쭉하게 이어진') 해안과 같이 지진해일을 증폭시킬 경향을 가진 해안선에 입지(立地)한 구조물은 높은 구조적 취약성을 보인다. 도시의 규모 측면에서 하천(상류)에 인접해 있는 건물은 흐름과 그 영향을 직접 미칠 수 있는 건물과 비교했을 때, 상당히 낮은 피해가능성을 보인다(Charvet et al, 2014b). 실제로 하천의 존재는 지진해일 흐름이 유로(流路) 효과를 통해 내륙으로 침투할 수 있기 때문에 다소 불리한데, 지진해일의 하천제방 월류(越流)는 하천홍수와 매우 유사한 범람과정을 통해 발생하는 것으로 보이며, 지반고와 하천제방 마루고 사이의 과잉체적(過剰體積)과 수두차(水頭差)가 흐름수심과 속도를 대부분 결정한다. 따라서 지진해일로 인한 하천침수는 국지적 지리적인 제약보다 입사지진해일파(入射津波)의 영향을 적게 받는다.

또한 Charvet 등(2014b)의 결과에서 2011년 동일본 대지진해일의 내습 시 일반적으로 흐름수심 및 유속이 높았던 지역 내 해안방재구조물(海岸防災構造物)이 건물피해 확률을 감소시키는 데 도움이 되었다고 언급하였다. 이는 2009년 사모아 지진해일 내습 동안 방호(防護)된 건물들이 훨씬 낮은 피해의 확률을 보인다는 Reese 등(2011)의 결과와 일치한다(5장 참조).

5. 장래개선 및 적용

5.1 모형 진단

아쉽게도 지진해일 유발 피해에 적용할 수 있는 취성연구의 발전은 아직 초기단계로 모형성능에 대한 합리적인 평가가 드물어, 확률추정 시 불확실한 출처를 식별할 수 없어 모형개선을 방해한다. 취성결과를 추가로 활용(즉, 정량적으로)하기 위해서는 평가절차(즉, 모형 진단)를 수행하여 사용 중인 모형이 데이터를 만족스럽게 표현하는지 여부를 밝혀야 한다. 좀 더 구체적으로는 진단은 불확실한 출처를 구별하는 것을 목표로 하며, 선택한 체계적인 식 (3)과 무작위 구성요소(확률밀도함수)가 적절한지 여부를 확인한다.

5.1.1 절대 적합도(즉, 모형이 데이터를 만족스럽게 부합(符合)하는지 여부?)

이항모형(예 : 로지스틱 회귀분석)인 경우, 각 곡선에 대한 모형오차(또는 피어슨(Pearson) 잔차 ; Mc Cullagh 및 Nelder, 1989)를 도해적(圖解的)으로 검사할 필요가 있는데, 다음과 같은 사항을 알기 위함이다.

- 모형에 대한 추가 매개변수/영향의 비선형적 기여(오차에 존재하는 경향인가?)
- 연결함수의 잠재적 부적절성(不適切性)
- 영향력 있는 점 또는 특이점(特異點)
- 과분산(過分散)(잔차(殘差)[4]나 오차의 값은 평균에서 2개 이상의 표준편차를 가지므로 분포선택에 잠재적 문제를 나타냄)

순서형 모형 및 다항식 모형인 경우, 예상확률 대 관측확률 또는 계수(計數, Count) 그래프를 사용할 수 있다.

5.1.2 상대적 적합도(즉, 복잡한 모형이 단순한 모형보다 나은가?)

내포(Nested)된 모형의 편차(偏差)에 기초한 Akaike 정보 기준(AIC-Akaike, 1974) 또는 우도비율검정과 같은 상대적 적합도 측정은 모형비교에서 효과적인 수단이다. 예를 들어 동일 데이터와 동일 통계분포에 근거한다.

- 우도비율검정(遇度比率檢定)[5]은 모수(母數)가 많은 모형이 모수가 적은 단순모형보다 많이 적합한지 여부를 평가하는 데 사용할 수 있다(즉, 중첩모형).
- AIC는 다른 2개의 동일모형을 단지 연결함수로만 비교하는 데 사용할 수 있다. AIC는 다음과 같이 계산할 수 있다.

$$AIC = 2p - 2\ln(L) \tag{4}$$

$$L(\theta, \psi \,|\, DS) = P(ds = DS | \theta, \psi) \tag{5}$$

식 (4)의 $-2\ln(L)$는 모형의 편차(모형오차의 측정치), p는 모형에서의 매개변수 개수, ψ는 산포(散布)매개변수(모형의 분산함수)이고, L은 ds의 결과를 매개변수로 나타내는 DS를

4 　잔차(殘差, Residual) : 측정치와 최확치와의 차이(잔차＝측정치－최확치)로 잔차의 대수합은 측정치의 수에 관계없이 항상 0에 접근한다.

5 　우도비율검정(遇度比率檢定, Likelihood Ratio Test) : 어떤 모형이 표본 데이터에 더 나은 적합도를 제공하는지 확인하기 위하여 모든 모수가 자유인 제약이 없는 모형과 귀무가설에 의해 더 적은 수의 모수로 제약되는 모형과 같은 2가지 모형의 적합도를 비교하는 가설검정을 말한다.

가진 우도함수(Mc Cullagh 및 Nelder, 1989)이다. 데이터에 가장 잘 맞는 모형은 가장 적은 AIC를 갖는 모형이다.

경험적 취약성 평가 맥락에서의 모델구축 및 평가에 대한 상세한 방법론은 Rdsetto 등 (2014)에서 확인할 수 있다.

그림 14는 로지스틱 회귀분석(이항(Binomial), 로짓(Logit))에서 도출된 취성곡선과 관련된 대표적 진단그림이다. 선형예측 매개변수(또는 독립매개변수)를 나타낸 피어슨(Pearson) 잔차는 뚜렷한 추세를 보이지 않아야 하고, 분산의 이질성(異質性)이 없어야 하며, 평균(과대산포 (過大散布, Overdisperson))에서 표준편차 $[-2;2]$ 보다 멀지 않아야 한다. 잔차는 0에 가까운 평균도 가져야 한다(이 사례에서는 DS1~DS5 사이에서 0.21, 0.25, -0.15, -0.39, -0.25를 얻는다). 그래프에서 잔차(殘差)는 경미~중간 피해상태인 경우인 약간의 추세를 가지고, 중

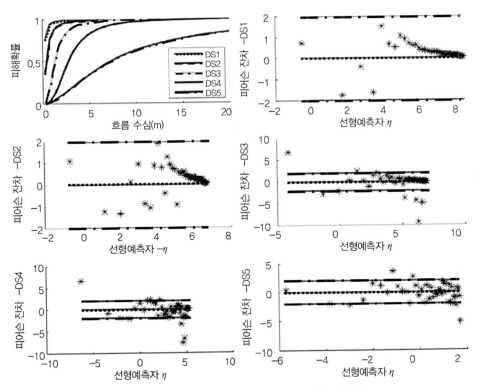

* DS는 표 1의 일본 국토교통성과 지자체에서 사용한 피해상태분류등급

그림 14 2011년 동일본 대지진해일 이후 – 동일본 해안에 대한 자료 수집 – 의 철근콘크리트(RC) 건물 피해에 대한 로짓연결함수(로지스틱 회귀분석)를 갖는 이항 분포를 이용한 취성함수의 유도에 따른 모델 진단 사례 (Charvet, 2012b). 좌측 위 : 각 피해상태에 대한 취성곡선. 각 곡선과 연관된 Pearson(피어슨) 잔차는 2개의 표준편차 간격(일점쇄선)과 함께 선형예측자를 나타냄

간~심한 피해상태인 경우 일부 과대산포가 있음을 보여준다. 위의 기준에 따르면 이 사례에서 DS5의 잔차도(殘差圖)는 허용 가능한 것으로 간주할 수 있지만, 데이터가 큰 값 영역에 군집하여 있는 것으로 보이기 때문에 낮은 선형예측자(線形豫測子)에 더 많은 점이 있는 것이 바람직하다.

그림 15는 순서형 회귀(Ordinal Regression)와 관련된 진단그림을 나타낸다. 예상확률이나 계수는 예상상대(豫想相對)와 비교하여 표시하였으며, 적합치(適合値)가 만족스러우면 45도(°) 선에 점들이 가까이 있을 것으로 예상한다. 제시된 케이스인 경우, 선택된 모형이 적합치로부터 일부 체계적인 편차(偏差)를 갖지 못한다는 것을 알 수 있다. Charvet 등(2014b)은 이것은 선형예측자에서 매개변수의 결측(유속 또는 표류물 충격 등)에 의한 것일 수 있다고 언급하였다.

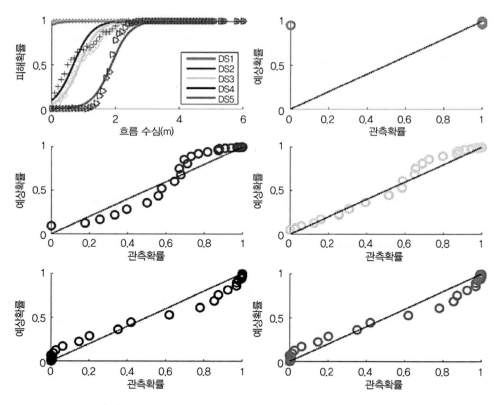

* DS는 표 1의 일본 국토교통성과 지자체에서 사용한 피해상태분류등급

그림 15 2011년 동일본 대지진해일 이후 이시노마키시의 목조 건물 손상에 대한 로짓연결함수를 갖는 순서형 회귀분석을 이용한 취성함수의 유도에 따른 모형 진단 사례(Charbet 등, 2014b). 좌측 위 : 각 피해상태에 대한 취성곡선. 각 곡선과 관련된 예상확률 대 관측확률은 적합치로부터 체계적인 편차를 보여줌

5.2 추가적인 지진해일 매개변수

앞의 절에서 언급한 매개변수 외에도, 건물의 층수(層數), 구조적 재료 및 건물용도와 같은 일부 다른 구조적 취약성 매개변수가 지진해일 피해에 영향을 미치는 것으로 확인되었다. Leelawat 등(2014)의 이시노마키시(石卷市) 데이터세트를 이용한 순서형 회귀분석 결과에 따르면 지진해일로 인한 건물피해에 영향을 미치는 주요독립매개변수에는 침수심, 건물용도(숙박시설, 상업 시설, 수송/보관 시설) 및 구조재료(RC(철근콘크리트) 및 철골(鐵骨))가 포함된다. 더욱이 구조적 재료에 따라 데이터를 나눈 분석결과, 층수(層數)는 목조 및 철골 건물 경우에 중요한 매개변수가 된다는 것을 알아냈다. 동시에 건물을 용도별로 분류할 때, 층수는 숙박시설과 수송/보관시설에서도 중요하다(Leelawat 등, 2014).

4.3절에서 강조한 결과와 같이 벽과 출입문(Sheltering)의 개구부 수/크기가 지진해일 피해의 심각성에 영향을 미치므로 향후 피해평가 시 이에 대한 대책을 보고하고 수량화하는 것이 바람직할 것으로 밝혔다.

예를 들어 대피소는 2치 변수(二値變數, Binary Variable)[6]로 나타낼 수 있으며(즉, 건물이 어떤 형태의 방호(防護)로부터 효과를 나타내는지 여부), 주(主) 흐름방향에 수직인 개구부의 전체면적을 독립매개변수로 사용할 수 있다.

또한 지진해일 파랑의 횟수 및 수몰지속시간(水沒持續時間)과 같은 요인들이 피해확률에 크게 영향을 미칠 것으로 예상되는데, 예를 들면 세굴(洗掘)과 장기하중(長期荷重)은 피해확률을 가중시킨다. 파랑의 횟수는 지진해일 관측 또는 수치시뮬레이션에서 알 수 있으며, 수몰지속시간은 파랑주기(波浪週期)로부터 계산할 수 있다. 결국 Charvet(2012a, b)의 실험결과는 건물의 배치방향이 건물 전면(前面)에서의 충격력 크기를 결정하는 데 매우 중요하며, 건물을 45도(°) 회전시킬 때 훨씬 감소된 하중(일반적으로 바다에 직면(直面)한 위치와 비교해볼 때) 작용을 받는다.

또한 Charvet 등(2014a, b)은 흐름수심 함수로만 표현되는 피해확률 데이터가 심하게 산재(散在)하여, 구조적으로 강한 재료(RC 및 철골)의 피해예측 매개변수(특히 심한 피해)로 흐름

---

6   2치 변수(二値變數, Binary Variable) : 2종류의 값만을 취하는 논리변수로 두 값을 각각 1, 0으로 표시하고 명제의 참과 거짓, 전압 레벨의 고저, 접점의 개폐 등에 대응시킨다.

수심만 잡는 것은 불충분하다는 것을 발견하였다. 좀 더 나은 예측을 약한 구조적 유형에 적용할 수 있지만, 적합치로부터 규칙적인 편차는 여전히 존재한다. 이는 흐름수심만으로는 붕괴나 심한 구조적 피해의 원인으로 잡을 수 없으며, 일반적으로 강한 유속, 세굴 또는 표류물 충격을 피해원인으로 보아야 한다고 하였다(EEFIT, 2013; Charvet 등, 2014a, b).

　따라서 피해예측을 개선하기 위해서는 흐름수심 이외의 지진해일 매개변수의 수집과 산정(算定)을 개량할 필요가 있다. 예를 들어, 유속은 내륙 지진해일 침수의 수치시뮬레이션을 통해 계산할 수 있다. 신뢰할 만한 수치시뮬레이션의 침수결과를 얻으려면 미세한 격자지형 및 수심데이터를 사용하여 침수수치모델링을 실행해야 하며, 가급적 Navier-Stokes 방정식과 같은 고차(高次) 수치모델을 사용해야 한다(Charvet, 2012a 참조). 그러나 신뢰성 있는 유속의 획득(獲得)은 그러한 제한된 지리적 표고(標高)[7] 데이터의 가용성(可用性)과 고정도(高精度) 침수수치모델의 실행으로 인한 높은 계산비용 때문에 실제로 어려울 수 있다. 선형 또는 비선형 천해방정식(淺海方程式)에 근거한 저차원(低次元) 모델을 사용할 수 있지만, 강한 비선형(非線型) 및 쇄파(碎波)를 처리할 수 없으며, 외빈[8](外濱, Nearshore) 및 향안(向岸, Onshore)에서는 부정확한 결과가 발생할 수 있다(Rossetto 등, 2011). 표류물 충격 및 세굴의 영향은 현장조사 시 이들의 매개변수에 관해 거의 보고되지 않아 정량화시키는 데 문제가 있다. 세굴영향은 토양 상태, 지진해일의 유입주기(流入週期)와 유출주기(流出週期)의 횟수 및 기초심(基礎深)에 따라 달라진다(Chock 등, 2011). 구조물에 충격을 주는 방수성(防水性) 표류물로 유발되는 피해의 양은 물체의 크기, 질량 및 개체의 유효접촉강성도(有效接觸剛性度), 표류물의 잠재적인 댐핑(Damming)과 같은 수많은 요인(목표건물 및 목표구조물에 대한 충격의 위치(즉, 구조적 또는 비구조적) 등)에 따라 달라진다(Chock 등, 2011). 따라서 댐핑 내 유속은 흔히 흐름속도와 동일하다고 잡는다(FEMA, 2005; 이 가정이 실제로 타당하지 않다고 여길지라도). 가장 중요한 것은 현장조사팀이 피해현장에 접근하기 전에 관계 당국이 자주 대형 표류물을 제거하는 경우가 많아 지진해일에 따른 구조물의 붕괴나 손상에 미치는 표류물의 영향을 평가하기는 매우 어렵다.

7　표고(標高, Eelevation) : 평균해수면으로부터 측점까지의 중력방향을 따라 관측한 연직거리을 말한다. 즉, 기준면의 표고는 (±)0.00로서, 일반적으로 기준면으로는 평균해수면을 이용한다.

8　외빈(外濱, Near-shore) : 원빈(遠濱)의 육지 쪽 끝에서부터 간조(干潮) 시 정선(汀線)까지의 영역으로 쇄파가 발생하는 곳을 말한다.

지진해일 취성을 연구한 문헌에 그런 매개변수가 나타나기 시작했다. Suppasri 등(2012a)은 비선형의 천해파랑방정식을 사용한 수치시뮬레이션을 통해 유속을 계산하였고, 2004년 인도양 지진해일, 2010년 칠레 지진해일, 2011년 동일본 대지진해일을 포함한 여러 지진해일 시나리오에서 흐름수심(수치), 유속(수치) 및 동수력(해석)의 함수로써 건물피해 가능성을 연속적으로 나타낸 2차원 취성곡선을 얻었다. Reese 등(2011)은 충격의 흔적이 있는 조사대상건물과 그렇지 않은 다른 건물에 대한 각각의 취성함수를 유도했다. 두 연구의 결과에서 그러한 매개변수가 건물피해확률에 영향을 미친다는 것을 추론(推論)할 수 있다(즉, 높은 유속과 표류물의 영향을 받는 건물은 피해확률이 높다). 그러므로 앞으로의 연구는 취성함수에 대한 이러한 매개변수들의 영향을 동시에 정량화(定量化)시키는 것을 목표로 해야 한다.

그림 16의 취성표면(脆性表面)은 이 장의 저자들이 2011년 동일본 대지진해일 시 극심한 피해를 입었던 게센누마시(気仙沼市)의 목조건물 피해에 대한 순서형 회귀분석 후 구한 초기결

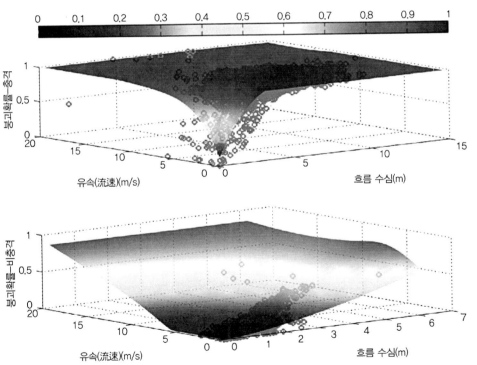

그림 16 2011년 동일본 대지진해일 기간 중 게센누마의 목조건물에 대한 DS5('붕괴')에 도달하거나 초과할 확률을 나타내는 취성표면. 개별지점은 지진해일 흐름수심 및 유속을 고려할 때 개별 건물의 예상확률을 나타냄. 표면은 2차원 격자의 순서형 회귀 모형에서 이산예상확률을 근사(近似)시켜 작성하였음

과를 나타낸다. 이러한 분석을 위해 식 (3)의 확률매개변수로 흐름수심(실험), 유속(수치), 표류물 충격(0 또는 1의 가매개변수(假媒介變數)) 및 구조물의 층수 등을 포함한다. 목조건물의 붕괴 가능성에 표류물 충격이 결정적 요인이라는 것을 알 수 있다.

이러한 최근 결과는 향후 취성분석에 중요한 문제를 부각시킨다. 필요한 데이터를 얻는 것 외에도, 여러 추가매개변수를 포함한 3차원 이상의 취성함수를 구하여, 폭넓은 엔지니어와 방재실무가 쉽게 분석하고 사용할 수 있어야 한다.

5.3 추가적인 건물특성

아직 건물취성평가에서 많은 건물특성의 영향을 조사하지는 않았지만, 피해확률에 영향을 미칠 가능성이 있다. 예를 들어, 흐름경로에 개구부의 존재(즉, 창문과 벽이 부서져)와 위치도 중요한데, 개구부의 존재와 위치는 건물의 전면(前面)에 축적되는 정수압과 동수압이 있기 때문이다(EEFIT, 2013). 수직하중 경로의 중복성은 건물이 제한된 수의 구조요소(構造要素)(즉, 4개의 기둥)에 의해서만 지지되는 경우, 부유 표류물이 하나 또는 2개의 기둥을 손상시키는 경우 전체 구조물의 붕괴를 초래할 수 있어 중요한 요인이다(그림 7). 얕은 기초의 존재할 경우 기초 주변을 세굴시켜 구조물의 취약성을 크게 증가시킬 것이다(Jackson 등, 2005; Ruangrassamee 등, 2006; EEFIT, 2011). 마지막으로 건물연령(建物年齡)은 시공 중에 따르는 설계기준(즉, 지진 전과 후 코드)과 건물수명 동안 재료의 내구성이 저하될 가능성에 영향을 미칠 것이다.

5.4 피해등급개선

제2.3절에서는 서로 다른 지진해일 사건과 국가 간의 취성비교가 가능하도록 지진해일 피해평가에 사용되는 피해등급 개선과 조화의 필요성을 강조했다. 피해등급에 보고된 구조물의 상태정의와 수준 개수는 중요한 역할을 담당할 것이다.

첫째, 현장에서 손상된 건물의 분류에 피해등급을 주로 사용하므로 잠재적(潛在的) 오분류(誤分類)를 방지하기 위해서는 피해정의에 대한 모호함이 없어야 한다. 유감스럽게도 표 1의 피해상태분류표는 그렇기 때문에, DS4에 대한 피해정의는 DS3 및 DS5에 대한 정의와 매우 가까워 혼동을 일으킬 수 있다. 교차표 분석(Leelawat 등, 2014)에 따르면 실제 DS4 경우의 60% 이상이 DS5와 비슷한 특성을 가진 것으로 보이지만, 34%는 DS3과 유사하게 보인다. 따라서 설명기준에서 오분류(즉, DS5의 과대산정 또는 DS3의 과소산정)될 가능성이 있다.

그림 15의 취성곡선에서 이 문제를 설명하면, 조사한 DS4 건물의 숫자가 매우 작아 DS4와 DS5 곡선이 완전히 겹친다. 또한 객관적인 취성평가의 중요한 요소 중 하나는 취약성 관계의 미래예측(즉, 미래사건에 대한 경제적 손실 및 인명피해 가능성)일 수 있다. 그러나 미래예측은 모든 피해상태의 조합으로 가능한 모든 결과를 나타낼 것을 필요로 한다. 피해상태는 상호배타적이고 집합적으로 철저해야 하는데, 즉 무피해(無被害)부터 완전한 파괴에 이르기까지 독립매개변수(들)의 강도증가를 나타내야만 한다(Charvet 등, 2014a). 이러한 방법으로 주어진 강도수준(强度水準)의 손실예측에 필요한 피해확률행렬(被害確率行列)은 연속된 두 취성곡선 사이의 차이로 평가할 수 있다. 그러나 표 1은 '붕괴'와 '유실'의 피해상태는 기본적으로 위의 요구사항을 위반하여 서로 다른 붕괴모드를 나타낸다. 이러한 한계는 Charvet 등(2014a)이 나타낸 바와 같이 지진해일 강도의 각 수준에 대해 이 2단계에서의 건물 수를 집계하고 2단계(또는 그 이상) 분석을 수행하여 해결할 수 있다. 마지막으로 피해등급을 산정할 때는(앞서 언급한 요구사항을 지키며 점진적인 피해증가를 나타내는) 합리적인 개수의 수준과 모델링할 각 피해범주에 대한 적절한 데이터 지점들 사이에서 균형을 찾는 것이 필수적이다. 광범위한 피해등급은 데이터베이스의 모든 정보를 포착(捕捉)하지 못할 수 있지만, 극히 세부적인 피해등급은 희소 데이터와 같이 사용하기 어렵다.

6. 결 론

이 장에서는 건물피해평가와 관련된 주요측면을 설명하며, 미래 지진해일 조건하에서 지진해일 피해확률을 예측할 수 있는 확실한 방법인 취성함수에 대해 자세히 부연설명(敷衍說明)하였다. 취성예측에 사용될 지진해일 피해에 관한 특정예측매개변수를 구별하기 위해서는 건물파괴모드와 그 특정 원인(즉, 지향성(指向性)인 지진해일 하중, 충격 또는 인화성(引火性) 표류물(漂流物)로 인한 화재와 같은 2차 피해)을 세심하게 평가해야 한다. 이러한 발견에 비추어, 그러한 구조물의 피해가능성을 줄이기 위해서는(즉, 인명손실), 지진해일 대피소 설계 시 각별한 주의를 기울여야 한다. 건물취성에 대한 이전의 지진해일 연구에서는 각 피해 상태에 대해 서로 다른 독립매개변수의 기여(寄與)를 보여주었으며, 특히 지진해일 흐름수심 만으로는 신뢰할 수 있는 확률 예측치를 산출할 수 없다고 하였다. 또한 취성예측에서 데이터의 오분류(誤分類)와 불확실성을 방지하기 위해 피해등급의 개선이 반드시 필요한 것으로 확인되었다. MLIT(일본 국토교통성)가 정의한 피해등급인 경우, 피해상태 4(DS4)에 대한 설명이 피해상태 3(DS3)과 5(DS5)에 너무 유사하여 현장조사 중 오분류(誤分類)로 이어질 수 있으므로 수정되어야만 한다고 제안하였다. 현재 연구는 현장조사자들에게 지진해일 피해를 평가하기 위한 보다 신뢰성 있고 객관적이며 보편적인 도구를 제공하기 위한 지진해일 피해 등급 설계지침을 제안하는 것을 목표로 한다. 일반화된 선형모형에 기초한 새로운 소성함수 유도방법은 기존 선형모형의 단점을 일부 보완하고 있으며 그 성격에 따라 건물피해 데이터를 잘 처리할 수 있다. 그렇지만 모형 진단 시 엄격하게 적용하여야 하며, 사용된 데이터의 질(質)은 효과적인 모형을 구축하고 그들의 성능을 평가하기 위한 가장 중요한 요소들 중 하나이다. 침수심과 유속의 결과인 동수력 및 정수력의 조합을 잘 이해하기 위해 3D(3차원)－지표면을 사용한 새로운 취성함수표현방법을 도입하였다. 지진으로 유발된 피해 및 후속 지진해일 하중에 따른 취성예측의 불확실성을 어떻게 잘 처리할지에 대한 방법이 이 주제에 대한 향후 연구과제이다.

참고문헌

1. Akaike, H., 1974. A new look at the statistical model identification. IEEE Trans. Autom. Control 19, 6.

2. Architectural Institute of Japan (AIJ), 1994. Structural Design Guidelines for Reinforced Concrete Buildings. Architectural Institute of Japan, Tokyo. ISBN : 4-8189-0428-7, C3052, 207p.

3. Charvet, I., 2012a. Experimental modelling of long elevated and depressed waves using a new pneumatic wave generator. PhD thesis, University College London.

4. Charvet, I., 2012b. Logistic regression analysis applied to the 2011 Japan Tsunami Dataset for the prediction of damage probability to buildings. Technical Report 2012UCL-EPICentre/Willis Re.

5. Charvet, I., Suppasri, A., Imamura, F., Rossetto, T., 2013. Comparison between linear least squares and GLM regression for fragility functions : example of the 2011 Japan tsunami. In : Proceedings of International Sessions in Coastal Engineering, JSCE Vol.4, Fukuoka, Japan, November 13-15, 2013.

6. Charvet, I., Ioannou,I., Rossetto,T., Suppasri, A., Imamura, F.,2014a. Empirical vulnerability assessment of buildings affected by the 2011 Great East Japan tsunami using improved statistical models. Nat. Hazards 73 (2), 951–973.
   http://dx.doi.org/10.1007/s11069-014-1118-3, New York.

7. Charvet, I., Suppasri, A., Imamura, F., 2014b. Empirical fragility analysis of building damage caused by the 2011 Great East Japan Tsunami in Ishinomaki City using ordinal regression, and influence of key geographical features. Stoch. Env. Res. Risk A. 28 (7), 1853–1867. http://dx.doi.org/10.1007/s00477-014-0850-2, Janeza Trdine 9, 510, Croatia. 8. Chock, G.Y.K., Robertson, I., Riggs, H.R., 2011. Tsunami structural design provisions for a new update of building codes and performance-based engineering. In : Proceedings of Solutions to Coastal Disasters 2011, June 26-29, 2011, Anchorage, Alaska.

9. Chock, F., Carden, L., Robertson, I., Olsen, N., Yu, G., 2013. Tohoku tsunami-induced building failure analysis with implications for U.S. tsunami and seismic design codes. Earthquake Spectra 29, S99–S126.

10. Dominey-Howes, D., Papathoma, M., 2007. Validating the "Papathoma Tsunami Vulnerability Assessment Model" (PTVAM) using field data from the 2004 Indian Ocean tsunami. Nat. Hazards 40, 113–136.

11. EEFIT, 2006. The Indian Ocean tsunami of 26 December 2004 : mission findings in Sri Lanka and Thailand. Institution of Structural Engineers (online).
    http://www.istructe.org/resources-centre/technicaltopic-areas/eefit/eefit-reports.

12. EEFIT, 2011. The Mw 9.0 Tohoku earthquake and tsunami of 11th March 2011─a field report by EEFIT. Institution of Structural Engineers (online). www.istructe.org/resources-centre/technical-topic-areas/ eefit/eefit-reports.

13. EEFIT, 2013. Recovery after the 2011 Tohoku earthquake and tsunami : a return mission report by EEFIT. Institution of Structural Engineers (online). www.istructe.org/resources-centre/technical-topic-reas/eefit/eefit-reports.

14. Farreras, S.F., 2000. Post-tsunami field survey procedures : an outline. Nat. Hazards 21, 207─214.

15. FEMA, 2005. Coastal construction manual volume II. Principles and practices of planning, siting, designing, constructing and maintaining buildings in coastal areas. FEMA P-55 II, third ed. Washington, D.C.

16. Forbes, C., Evans, M., Hastings, N., Peacock, B., 2011. Statistical distributions, fourth ed. Wiley Series in Probability and Statistics, Wiley, London.

17. Foytong, P., Ruangrassamee, A., 2007. Fragility curves of reinforced-concrete buildings damaged by a tsunami for tsunami risk analysis. In : The Twentieth KKCNN Symposium on Civil Engineering. Jeju, Korea, October 4-5, 2007, pp. S8─S47.

18. Gelman, A., Hill, J., 2007. Data analysis using regression and multilevel/hierarchical models. Analytical methods for social research series. Cambridge University Press, Cambridge.

19. Gokon,H.,Koshimura,S.,Matsuoka,M.,Namegaya,Y., 2011.Developing tsunami fragility curves due to the 2009 tsunami disaster in American Samoa. In : Proceedings of Coastal Engineering Conference, Japan Society of Civil Engineers, Morioka, November 9-11, 2011 (in Japanese).

20. Green, S.B., 1991. How many subjects does it take to do a regression analysis? Multivar. Behav. Res. 26, 499─510.

21. Grunthal, G., 1998. Grunthal, G., Musson, R.M.W., Schwarz, J., Stucchi, M. (Eds.), In : European Macro seismic Scale, vol. 15. European Seismological Commission, Luxembourg, 1-1-1998.

22. Intergovernmental Oceanographic Commission (of UNESCO), 1998. Post-Tsunami Survey Field Guide, first ed. Manuals and Guides #37, Paris, France.

23. Iuchi, K., Johnson, L.A., Olshansky, R.B., 2013. Securing Tohoku's future : Planning for rebuilding in the first year following the Tohoku-Oki earthquake and tsunami. Earthquake Spectra 29, S479─S499.

24. Jackson, L.E., Vaughn Barrie, J., Forbes, D.L., Shaw, J., Manson, G.K., Schmidt, M., 2005. Effects of the 26 December 2004 Indian Ocean Tsunami in the Republic of Seychelles. Report of the CanadaUNESCO Indian Ocean Tsunami Expedition, January 19-February 5, 2005. Open File 4539.

25. Koshimura, S., Gokon, H., 2012. Structural vulnerability and tsunami fragility curves from the 2011

Tohoku earthquake tsunami disaster. In : Proceedings of Coastal Engineering conference, JSCE, vol. 68, pp. 336–340 (in Japanese).

26. Koshimura, S., Matsuoka, M., Kayaba, S., 2009a. Tsunami hazard and structural damage inferred from the numerical model, aerial photo sand SAR imageries. In : Proceedingsof the7thInternationalWorkshop on Remote Sensing for Post Disaster Response. University of Texas, Texas, United States, October 22-23, 2009 (CD-ROM).

27. Koshimura,S.,Namegaya, Y.,Yanagisawa,H.,2009b.Tsunami fragility : a new measure to assess tsunami damage. J. Disaster Res. 4, 479–488.

28. Koshimura, S., Oie, T., Yanagisawa, H., Imamura, F., 2009c. Developing fragility functions for tsunami damage estimation using numerical model and post-tsunami data from Banda Aceh, Indonesia. Coast. Eng. J. 51, 243–273.

29. Leelawat, N., Suppasri, A., Charvet, I., Imamura, F., 2014. Building damage from the 2011 Great East Japan Tsunami : quantitative assessment of influential factors—a new perspective on building damage analysis. Nat. Hazards 73 (2), 449–471.
   http://dx.doi.org/10.1007/s11069-014-1081-z.

30. Levy, J.K., Hall, J., 2005. Advances in flood risk management under uncertainty. Stoch. Env. Res. Risk A. 19, 375–377.

31. Mas, E., Koshimura, S., Suppasri, A., Matsuoka, M., Matsuyama, M., Yoshii, T., Jimenez, C., Yamazaki, F., Imamura, F., 2012. Developing Tsunami fragility curves using remote sensing and survey data of the 2010 Chilean Tsunami in Dichato. Nat. Hazards Earth Syst. Sci. 12, 2689–2697.

32. Masuda, M., Williams, C., Shahkarami, A., Rafique, F., Bryngelson, J., Kondo, T., 2012. Tsunami vulnerability function development base on the 2011 Tohoku earthquake in Japan. In : Proceedings of the 15th World Conference on Earthquake Engineering, Lisbon, Portugal.

33. Matsutomi, H., Harada, K., 2010. Tsunami-trace distribution around building and its practical use. In : Proceedings of the 3rd International Tsunami Field Symposium, Sendai, Japan, April 10-11, 2010, session 3-2.

34. Mc Cullagh, P., Nelder, J.A., 1989. Generalized Linear Models, second ed. Chapman & Hall/CRC, Boca Raton, Florida.

35. Miura, H., Wijeyewickrema, A., Inoue, S., 2006. Evaluation of tsunami damage in the eastern part of Sri Lanka due to the 2004 Sumatra earthquake using remote sensing technique. In : Proc. 8th National Conference on Earthquake Engineering, Paper No. 8, NCEE-856.

36. MLIT, 2012. Survey of tsunami damage condition. (in Japanese).

http://www.mlit.go.jp/toshi/toshihukkou-arkaibu.html, accessed (04.07.2012.).

37. Murao, O., Nakazato, H., 2010. Vulnerability functions for buildings based on damage survey data in Sri Lanka after the 2004 Indian Ocean tsunami. In : Proceedings of the 7th International Conference on Sustainable Built Environment, Kandy, December 13-14, 2010.

38. Myung, I.J., 2003. Tutorial on maximum likelihood estimation. J. Math. Psychol. 47, 90–100.

39. Narita, Y., Koshimura, S., Gokon, H., 2013. Developing tsunami fragility curves based on the building damage data of the 2011 Great East Japan tsunami. In : Proceedings of Civil Engineering conference Tohoku branch, JSCE, II-53 (in Japanese).

40. Nihei, Y., Maekawa, T., Ohshima, R., Yanagisawa, M., 2012. Evaluation of fragility functions for tsunami damage in coastal district in Natori City, Miyagi Prefecture and mitigation effect of coastal dune. In : Proceedings of Coastal Engineering conference, JSCE, vol. 68, pp. 276–280 (in Japanese).

41. Omira, R., Baptista, M.A., Miranda, J.M., Toto, E., Catita, C., Catalao, J., 2010. Tsunami vulnerability assessment of Casablanca-Morocco using numerical modelling and GIS tools. Nat. Hazards 54, 75–95.

42. Papathoma, M., Dominey-Howes, D., 2003. Tsunami vulnerability assessment and its implications for coastal hazard analysis and disaster management planning, Gulf of Corinth, Greece. Nat. Hazards Earth Syst. Sci. 3, 733–747.

43. Peiris, N., 2006. Vulnerability functions for tsunami loss estimation. In : Proceedings of 1st European Conference on Earthquake Engineering and Seismology, No.1121.

44. Reese, S., Bradley, B.A., Bind, J., Smart, G., Power, W., Sturman, J., 2011. Empirical building fragilities from observed damage in the 2009 South Pacific Tsunami. Earth Sci. Rev. 107, 156–173.

45. Rossetto, T., Peiris, L.M.N., Pomonis, A., Wilkinson, S.M., Del Re, D., Koo, R., Gallocher, S., 2007. The Indian Ocean tsunami of December 26, 2004 : observations in Sri Lanka and Thailand. Nat. Hazards 42, 105–124.

46. Rossetto,T., Allsop,W.,Charvet,I., Robinson,D.,2011. Physicalmodellingof tsunamiusinga new pneumatic wave generator. Coast. Eng. 58, 517–527.

47. Rossetto, T., Ioannou, I., Grant, D.N., 2014. Guidelines for empirical vulnerability assessment. GEM Technical ReportGEM Foundation, Pavia, Italy.

48. Ruangrassamee, A., Yanagisawa, H., Foytong, P., Lukkunaprasit, P., Koshimura, S., Imamura, F., 2006. Investigation of tsunami-induced damage and fragility of buildings in Thailand after the December 2004 Indian Ocean Tsunami. Earthquake Spectra 22, 377–401.

49. Shuto, N., 1993. Tsunami intensity and disasters. In : Tinti, S. (Ed.), Tsunamis in the World. Kluwer Academic. Publisher, Dortrecht, pp. 197–216.

50. Suppasri, A., Koshimura, S., Imamura, F., 2011. Developing tsunami fragility curves based on the satellite remote sensing and the numerical modeling of the 2004 Indian Ocean tsunami in Thailand. Nat. Hazards Earth Syst. Sci. 11, 173–189.

51. Suppasri, A., Koshimura, S., Matsuoka, M., Gokon, H., Kamthonkiat, D., 2012a. Application of remote sensing for tsunami disaster. In : Chemin, Y. (Ed.), Remote Sensing of Planet Earth. InTech, ISBN : 978-953-307-919-6. Janeza Trdine 9, 51000 Rijeka, Croatia. 52. Suppasri, A., Mas, E., Koshimura, S., Imai, K., Harada, K., Imamura, F., 2012b. Developing tsunami fragility curves from the surveyed data of the 2011 Great East Japan tsunami in Sendai and Ishinomaki Plains. Coast. Eng. J. 54, Special Anniversary Issue on the 2011 Tohoku Earthquake Tsunami, p. 1250008.

53. Suppasri, A., Mas, E., Charvet, I., Gunasekera, R., Imai, K., Fukutani, Y., Abe, Y., Imamura, F., 2013. Building damage characteristics based on surveyed data and fragility curves of the 2011 Great East Japan tsunami. Nat. Hazards 66, 319–341.

54. Suppasri, A., Charvet, I., Imai, K., Imamura, F., 2014. Fragility curves based on data from the 2011 Great East Japan tsunami in Ishinomaki city with discussion of parameters influencing building damage. Earthquake Spectra.
   http://dx.doi.org/10.1193/053013EQS138M.

55. Valencia, N., Gardi, A., Gauraz, A., Leone, F., Guillannde, R., 2011. New tsunami damage functions developed in the framework of SCHEMA project : application to European-Mediterranean coasts. Nat. Hazards Earth Syst. Sci. 11, 2835–2846.

56. Yanagisawa, H., Yanagisawa, H., 2012. Fragility function of house damage by the 2011 off the Pacific Coast of Tohoku earthquake tsunami. In : Proceedings of Coastal Engineering conference, JSCE, vol. 68, pp. 401–405 (in Japanese).

CHAPTER
10
2011년 동일본 대지진해일 시 사망률과 대피행동

1. 서 론

2011년 3월 11일 모멘트 규모 M_w 9.0의 지진이 대규모 단층지역을 따라 발생했다(길이 450km 및 폭 200km). 이것은 일본을 강타했었던 가장 강력한 지진 중 하나로, 역사상 세계에서 가장 큰 규모인 5개의 지진 중 하나이었다(USGS, 2014년 3월 6일). 2011년 동일본 대지진해일은 약 16~25조 엔(¥)(일본 내각부(內閣部)의 추정치 2011년 기준 170~270조 원, 2019년 6월 환율기준)의 경제적 손실을 발생시켜 사회간접자본(社會間接資産),[1] 주택 그리고 민간기업 시설들에 직접적인 피해를 입혔다(2011년 일본 재난관리백서). 또한 이 지진은 심각한 지진해일을 발생시켜 2만여 명의 사망·실종자, 도로와 교량 피해, 일반적인 재산 피해, 수많은 건물의 붕괴나 불안정화를 초래했다. 사망자 1만 5,871명, 실종자 2,854명(일본 경찰청, 2015년 3월 11일) 가운데 이 중 다수는 도호쿠(東北) 지역(즉, 이와테현, 미야기현 및 후쿠시마현)에 있었고, 그중 92.5%는 익사했다(일본 경찰청, 2015년 4월 11일).

도호쿠 지역은 지난 120년 동안 일련의 주요 사건들-1896년 메이지 산리쿠(모멘트 규모 M_w 8.5), 1933년 쇼와 산리쿠(모멘트 규모 M_w 8.4) 및 1960년 칠레(모멘트 규모 M_w 9.5)-때문에 형성된 인식(認識)으로 인해 세계에서 가장 지진해일 관련 비상사태 대비 태세를 잘

---

[1] 사회간접자본(社會間接資本, Social Overhead Capital) : 항만·도로·철도·전기·가스, 공중보건에 필요한 시설과 설비 등 어떤 제품을 생산하는 데 직접 사용되지는 않지만 생산 활동에 직간접적으로 도움을 주는 기반시설을 말한다.

갖춘 연안지역 중 하나이었다. 또한 지역 관계 당국과 주민들은 이 지역의 지진해일 대비를 분명히 심각하게 받아들이고 있었는데, 이는 높은 수준의 지진해일 인식을 나타낸다(11장 참조).

경감(輕減)계획은 재난손실을 줄이고 재난피해, 재건 및 반복되는 피해의 악순환(惡循環)을 깨뜨리기 위한 장기적인 지역사회의 전략기초를 마련한다(Hamada와 Yun, 2011). 모든 방재 노력의 주요 관심사는 사망 및 부상 경감이다(Spence 등, 2011). 일반적인 경감노력은 다음과 같이 2가지 형태로 나눌 수 있다.

- 구조적 경감대책(하드웨어 대책) − 방재시설 건설을 포함하는 구조적 방재대책. 여기에는 방파제, 해안제방(海岸堤防, Coastal Dike), 방조제(防潮堤, Seawall)[2]와 같은 방재구조물 설치는 물론, 구조물의 복원성과 피해저항을 높이기 위한 엄격한 건축지침, 공학적 설계 및 건설시공을 통해 위험(Hazard)에 노출된 건축물과 사회기반시설의 강화를 포함한다.
- 비구조적 경감대책(소프트웨어 대책) − 위험 지역으로부터 새로운 전개(展開)를 유도하여 사람들이 위험지역 가까이에 거주하는 것을 예방한다(즉, 대피계획과 같은 비상대처계획(EAP) 및 해저드맵(Hazard Map)). 이는 토지이용계획 및 규제를 통해 이루어질 수 있다. 또한 재난 발생 후 피해를 본 사회기반 시설 및 주택을 안전한 지역으로 이전시키고 재난 발생 시 안전한 장소로 대피시키는 것도 포함된다.

구조적 대책과 비구조적 대책은 동시에 고려하여 시행해야만 한다. 또한 최근의 대규모 재난으로부터 얻은 교훈은 인간의 행동이 구조적 및 비구조적 대책은 물론 자연재난 경감에도 중요한 역할을 한다는 것이다. 특히 주민들이 취하는 대피행동은 대규모 재난에 대비한 인명손실 경감대책 중 핵심적이다. 이러한 노력은 구조적, 장소적 및 운영상의 리스크 경감 개념과 연계할 수 있다(Scawthorn 및 Chen, 2002).

일본은 지진해일 예·경보 시스템이 존재하였지만, 연안에 거주하는 주민들은 자주 이 사

---

2   방조제(防潮堤, Seawall) : 태풍 등에 의한 고파랑과 지진해일, 폭풍해일의 피해를 줄이기 위한 제방으로 더 정확하게는 해일에 의한 재난을 저감(低減)시키기 위하여 설치된 제체(堤体), 벽체(壁体), 수문(水門) 등의 구조물 및 호안(護岸), 도로 등의 부속물을 말한다.

건에 예상치 못한 반응을 보였다(즉, 소요(所要) 시간 내에 대피소로 대피하거나 전혀 대피하지 않았다). 그러나 지진해일인 경우 생존을 보장하는 가장 중요한 요인은 지진 직후 바로 대피하는 것이다. Hamada와 Yun(2012a, b)에 따르면, 불행히도 2011년 동일본 지진 발생 직후 단지 11%의 사람들만이 피해를 입은 연안지역으로부터 즉시 대피하기 시작했다.

따라서 이 장은 대피행동에 중점을 두되, 위에서 서술한 노력을 고려한 주민피해를 조사할 것이다. 또한 이전(以前) 대피행동에 대한 이전(以前)의 연구를 검토하여, 재난관리대책의 추진의 효과성을 정량적으로 평가하기 위해 주요 매개변수들을 조사할 것이다.

2. 2011년 동일본 대지진해일 이후의 경감 연구

2.1 대피빌딩과 연관된 구조적 경감

사회기반시설과 자연재난에 관한 많은 연구는 전통적으로 그런 시스템(즉, 교량 피어)의 메커니즘이 극한력(極限力)이나 한계조건에 직면했을 때 어떻게 작용하는지 이해하는 데 초점을 맞추어왔다. 일본교량협회(JBA, Japan Bridge Association)에 따르면, 지진해일 피해지역 내 기설치된 총 3,004개(즉, 일본 전체의 6%) 교량 중 190개 교량은 운영 상태를 유지하기 위해 일부 조치가 필요하며, 저항내력(抵抗耐力)을 회복하기 위해 299개(도호쿠 지역 총교량의 10%)의 교량의 보수(補修)가 필요하다고 보고하였다(JBA, 2011). 게다가 해안선 근처 평지에 있는 대부분의 목조 가옥들은 지진해일로 휩쓸려 나갔다(18장 및 20장 참조). 철근콘크리트(RC, Reinforced Concrete) 건물 또한 피해를 입었지만, 붕괴하지는 않았다(9장 참조). 또한 다수의 파손된 차량, 선박, 주택이 침수지역 내에서 표류하는 것이 목격되었으며(PARI, 2011), 이로 인해 피해는 더욱 가중(加重)되었다(표류물이 건물과 구조물에 충격을 주어 피해를 키웠다).

그림 1(a)은 침수지역 내에 있음에도 불구하고 지진해일 내습을 견뎌낸 건물이다. 해수(海水)가 5층 지붕까지 도달하여 건물 전체가 물속에 잠기었다. 그러나 상부(上部) 구조와 콘크리트 파일 기초에 심각한 구조적 손상은 발견되지 않았다. 그림 1(b)와 같이 해안가에 위치한 지진해일 대피빌딩들은 지진해일로부터 대피한 사람들의 생명을 구했다. 이 경우 지진해일

의 해수가 두 빌딩의 2층까지 차 올라왔지만 이 빌딩들은 지진해일에 맞서 잔존(殘存)하여 약 830명 사람들의 생명을 구했다.

그림 1 (a) 지진해일을 견뎌낸 이와테현(岩手県) 리쿠젠타카타(陸前高田)의 5층 콘크리트 건물(2011년), (b) 주민들을 구한 미야기현(宮城県) 게센누마시(気仙沼市)에 있는 지진해일 대피빌딩들(2011년)

2004년 인도양 지진해일 때 인도네시아 반다아체에서도 이와 비슷한 사례에 관한 보고가 있었다(Hamada와 Yun, 2012a). 일부 회교사원이 해안선을 따라 입지(立地)하였음에도 불구하고 지진해일을 견뎌내었다. 지진해일 내습에 견딜 수 있는 이러한 건물들의 사례는 그러한 사건에서 잔존할 수 있는 건물을 설계하는 것이 가능하다는 것을 분명히 보여준다(9장, 18장, 20장, 22장 및 23장 참조). 그러므로 만약 그런 크고 높은 건물들이 해안가 근처에 입지해 있고, 어떤 잠재적인 지진해일보다도 높게 설계한다면, 그 건물들은 내습하는 지진해일 또는 고파랑에서 피난할 수 있는 안전한 장소가 될 수 있다.

2.2 비구조적 경감대책

2.2.1 지진해일 예·경보 시스템

일본 지진해일 예·경보 시스템은 1952년 구축되어 일본 기상청(JMA, Japan Meteorological Agency)이 관리해왔다. 기상청은 일본 전역에 187개 지진관측소(JMA, 2011년 7월), 42개 실시간 부이(Buoy)를 운영하며 수위 관측소를 모니터한다(Nowphas, 2011). 중앙센터에서는 삿포로, 센다이, 도쿄, 오사카, 후쿠오카 및 오키나와에 위치한 6개 지역 센터의 정보를 받는다. 중앙센터에는 지진 및 지진해일 관측 시스템(ETOS, Earthquake and Tsunami Observation System)이라 불리는 지진 관련 매개변수를 계산할 수 있는 자동시스템이 갖추어져 있다. JMA는 지진 발생 후 3분(min) 이내에 지진해일 위험이 예상되는 모든 지역에 정보를 제공하는데, 실제상황이었던 2011년 3월 11일에도 대피시간을 극대화하기 위해 첫 번째 경보를 신속히 발령하였다. 첫 경보 후 28분(min) 후에 두 번째 경보가 발표되었고, 지진해일의 예상고(豫想高)는 10m 이상이었다(Ozaki, 2012; Yun 및 Hamada, 2012b). 이러한 정보흐름을 보여주는 표 1은 미야기현 게센누마시(気仙沼市)에서 발생한 지진해일 예·경보 시스템의 작동기록을 보여준다.

표 1 2011년 3월 11일 게센누마시에서의 지진해일 예·경보 시스템 작동 기록(FDMA, 2011)

시간	내용	비고
14:46	지진 발생(지진강도 모멘트 규모 6(하), 일본기상청(JMA, Japan Meteorological Agency))	재난대책 및 복구 본부가 설치됨
14:46	관공서와 도시 전체가 정전(停電)됨	
14:48	방재센터의 라디오 방송발표 : "지진해일 위험이 있으니 높은 곳으로 대피하십시오."	지진해일 경보(警報)
14:49	일본 기상청(JMA)는 대형 지진해일의 가능성에 대해 경고를 했음	예상 지진해일 : 오후 15시경에 지진해일파고 6m가 현(県)에 도달함
14:52	대피명령은 방재센터의 라디오 방송발표를 통해 시민들에게 내려졌음	대피 명령은 지진 발생 후 약 30회 반복하여 발령하였음

표 1 2011년 3월 11일 게센누마시에서의 지진해일 예·경보 시스템 작동 기록(FDMA, 2011)(계속)

시간	내용	비고
15 : 24	미야기현(宮城県)은 지진해일고를 10m 또는 그 이상으로 수정했음	지진해일고를 수정하여 대피 명령이 내려졌음
15 : 30	지진해일이 게센누마시를 침수시키기 시작했음	참고동영상 (https://www.youtube.com/watch?v=Ann 27T6JTek)
16 : 15	50명이 방재센터로 대피했음	120명의 사람들이 정부청사(政府廳舍)로 대피했음
16 : 35	200명이 현청사(県廳舍)로 대피했음	
17 : 50	70~80명의 사람들이 야스라기(やすらぎ; 게센누마시 사회복지센터)(건물 3층)로 대피했지만, 건물은 2층까지 침수되었음	침수된 일부 지역에서 해상 화재가 발생했음 참고동영상 (https://www.youtube.com/watch?v=KSP-g8jbARI)
18 : 05	어시장(魚市場) 1층에서 큰불이 났음. 약 1,000명의 사람들이 건물 아래층에서 지붕으로 대피했음	
18 : 06	50명이 호텔 '익케이카쿠(景閣)' 옥상으로 대피했음	
19 : 13	주민 450명이 중앙 주민센터 옥상(건물 1층 침수)으로 대피하였고, 400명은 야요이(ヤヨイ) 식품회사 건물로 대피했음	
22 : 09	49명의 사람들이 무카이나다(向洋) 고등학교의 옥상으로 대피했음	

2.2.2 방재훈련(防災訓練)

지진(지진해일 포함)이나 태풍과 같은 자연재난이 빈번하게 발생하는 일본에서는 지방자치단체가 지역주민들에게 배포한 매뉴얼 중 이런 리스크에 대처하는 방법에 대한 다양한 매뉴얼이 존재한다. 재난이 닥쳤을 때, 사람들은 보통 공황(恐慌, Panic) 상태에 빠지지만(Wegscheider 등, 2011), 그들은 중요한 생존결정을 내려야만 한다. 즉, 그들은 상황을 분명히 인식하여 바로 무엇을 해야 할지 결정해야만 한다. 잘 만들어진 재난대비 매뉴얼은 최선의 선택을 가능케 한다. 이에 따라 일본 문부과학성(MEXT, The Ministry of Education, Culture, Sports, Science and Technology)은 3단계(국내, 지역사회 및 학교)의 지진 및 지진해일 대비 재난교육을 실시하고 있다. 국내, 지역사회 및 학교 단계. 2008년부터 2010년까지 다음과 같이 구성된 지역 재난교육을 지원하기 위한 프로젝트를 수행하였다.

(a) 재난경감 관련 교재(教材) 발간

(b) 교사를 포함한 학교 직원들을 위한 훈련 및 교육 과정 개설

(c) 실용적인 재난 교육 프로그램 개발

예를 들어 2005년부터 가마이시시(釜石市)는 군마대(群馬大) Katada 교수의 적극적인 협조를 받아 훈련과정을 실시하고 있었다. 그 슬로건은 '아이들 안전'이다. 이 재난 예방교육에는 3가지 대피 원칙이 제시되어 있다.

(a) 어떠한 과거 경험이나 가정(假定)을 무조건 믿지 마라.

(b) 어떤 상황하에서도 최선을 다하라.

(c) 솔선수범하고, 대피를 북돋아라.

그 결과 2011년 가마이시 시에서의 성인 사상자는 거의 1,000명(일본 소방청에 따르면 인구의 8.5%, 2013년 6월 26일)에 육박했지만, 어린이 전체 3,244명 중 단지 5명만(생존율 : 99.8%)이 사망했다. 이런 결과를 '가마이시의 기적'이라고 하지만 이는 기적이 아니라 방재노력의 결과이다.

또한 게센누마시는 '자신의 행동에 따른 재난경감과 상호 협조'라는 슬로건하의 재난교육을 실시하였다. 시(市)는 연령, 교육과정, 거주지 등을 고려하여 재난경감 프로그램을 개발했다. 시(市)는 재난에 효과적으로 대처하는 방법을 교육하기 위해 방재워크숍 실시, 일반인 및 초등학교학생을 위한 강의를 한다. 학교에서는 방재교육을 위해 연간 약 30시간이 할당되어 있다. 하급생들은 재난 시 후배들을 이끄는 상급생들과 연결되어 있다. 이런 결과로 인해 게센누마시 6,054명의 학생 중 단지 12명만이 재난의 희생자가 되었다.

3. 2011년 동일본 대지진해일 시 대피행동

2011년 동일본 대지진해일 동안 468,600명 이상의 사람들이 대피하였으며, 지진으로 인한 지진해일로부터 대피하려는 대규모 주민 이동이 있었다(2011년 3월 14일, 일본 경찰청). 생존자와 비생존자 간의 비교 분석을 통해 대피와 관련된 몇 가지 매우 중요한 실제문제에 대

한 소중한 통찰력을 얻을 수 있다. 따라서 이 절(節)에서 저자들은 과거 지진해일 발생 시 대피행동에 대한 기존 연구를 검토하고 사망자의 대피행동에 영향을 준 요인을 조사하였다.

3.1 이전의 대피행동에 관한 연구

대피는 일반적으로 재난, 특히 지진해일의 악영향을 경감하기 위해 사용하며 비상대처계획(EAP)에 일반적인 전략이다(Cove & Johnson, 2003; Lachman 등, 1961). 지진으로 인한 지진해일 발생 시 이전의 대피에 관한 대부분 연구는 누가 또는 얼마나 많은 사람이 대피했는지 예측하기 위한 것이었으며, 모두 개인특성 및 지역사회 대피신호에 초점을 맞추었다.

- 개인 특성 – 개인에 따라 성공적인 대피에 영향을 미쳤는가를 보여주기 위해 가구(家口) 내 연령, 아동 또는 노인의 존재, 성별, 재난에 대한 이전의 경험과 같은 특징을 실험하였으며, 상황에 따라 다양한 결과를 보여준다(Dash 및 Gladwin, 2007; Yeh, 2010; Goto, 2012). 조기대피(早期待避)를 생존의 핵심요인으로 검토하였으며, 대피 이유와 대피하지 않은 이유도 분석하였다(Quarantelli, 1985; Riad 등, 1999; Sorensen, 1991).
- 지역사회 대피신호 – 방재훈련과 조기 예·경보 시스템을 통해 대피가 쉬운 지역사회는 주민들이 지진해일 리스크로부터 안전하고 효율적으로 피할 수 있었다(Fujinawa, 2013; Noda, 2013; Gregg 등, 2006; Papathoma 등, 2003).

표 2는 대피절차에 대한 이해를 높이기 위해 1980년 이후 일본에서 발생한 지진해일 시 대피행동의 개요와 영향을 받은 주민에 대한 설문조사 결과를 나타낸다. 경보는 28회 발령(發令)되었고, 이들 경보 중 4회는 지진해일고가 3m 이상인 지진해일 경보였다. 대피율은 대피할 전체 인구에서 대피자의 비율로 정의되며, 장소마다 다르다. 또한 다른 지진해일의 경우 특정 지점에서의 대피율은 사건마다 다르다. 그러나 대피율은 지진해일의 크기에 의존하지 않았으며 1982년 1.1%에서부터 1993년 89.2%까지 다양했다. 이것은 대피행동을 더 잘 이해하기 위해 포괄적인 연구를 수행하여야 한다는 것을 보여준다.

표 2 과거 일본의 지진과 지진해일 발생 시 대피형태(待避形態)

구분	일본 중부 지진	홋카이도(北海道)-난세이(南西)-오키(沖) 지진	토카치-오키(十勝沖) 지진	동치시마(東千島) 열도(列島) 지진	칠레 중부 해안 지진	동일본 대지진
발생시간	1983년 5월 26일 11시 59분	1993년 7월 12일 22시 17분	2003년 9월 26일 4시 50분	2006년 11월 15일 20시 40분	2010년 2월 2일 15시 34분	2011년 3월 11일 14시 46분
모멘트 규모	M_w 7.7	M_w 7.8	M_w 8.0	M_w 7.9	M_w 8.8	M_w 9.0
지진해일 경보	대형 지진해일	대형 지진해일	지진해일	지진해일	대형 지진해일	대형 지진해일
최대 지진 해일고 (장소)	1.94m (일본 노시로코우(能代))	1.75m와 그 이상 (일본 이사키(江差))	2.55m (일본 토카치항(十勝港))	0.84m (일본 미야케시마 츄보타(三宅島 坪田))	1.28m (일본 수사키코우(須崎港))	9.3m (일본 소마(相馬))
사망자 및 실종자	104명	230명	2명	0명	0명	19,225명
지역 (샘플 수)	노시로코우(能代) (1,000 개)	오쿠시리정(奧尻町) (204개)	홋카이도(北海島) 해안 8개 도시 (2,500개)	홋카이도(北海島) 해안 3개 도시(600개)	아오모리현(青森県), 이와테현(岩手県), 미야기현(宮城県) 내 36개 도시 (5,000개)	이와테현(岩手県), 미야기현(宮城県), 후쿠시마현(福島県) (870개)
대피율(%)	3.6%	89.2%	55.8%	46.7%	37.5%	57%
대피동기	–	• 일본 중부 지진 경험 : 50.5% • 가족에 의한 경고 : 39.0% • 친척, 이웃에 의한 경고 : 19.8%	• 지진해일이 진동(震動) 상태에서 발생한다고 생각 : 63.8% • 시(市)·정(町)·촌(村)별 경보 : 54.2% • 지진해일 경보 : 51.1%	• 지진해일 경보 : 67.9% • 시·정·촌별 경보 : 50.0% • 가족에 의한 경고 : 39.3%	• 시·정·촌별 경보 : 47.1% • 1980년 칠레 지진 및 지진해일 경험 : 44.0% • 대형지진해일 경보 : 41.3%	• 이렇게 큰 진동(震動) 후 지진해일이 올 것이라고 본능적으로 생각 : 48% • 가족, 이웃에 의한 경고 : 20% • 대형 지진해일 경보 : 16%
대피하지 않은 이유	–	–	• 현재 있는 곳이 위험하다고 생각하지 않았음 : 59.6% • 방파제와 방조제를 넘어서는 큰 지진해일이 올 거라고 생각하지 않음 : 21.4% • 지진해일고가 2m라는 방송을 들었음 : 20.0%	• 현재 있는 곳이 위험하다고 생각하지 않았음 : 54.0% • 방파제와 방조제를 넘어서는 큰 지진해일이 올 거라고 생각하지 않았음 : 36.8% • 지진해일고가 0.4m라는 방송을 들었음 : 29.9%	• 언덕 위에서도 침수가 되는 줄 몰랐음 : 52.7% • 다른 지역의 지진해일고가 높지 않았음 : 19.2% • 3m 미만의 지진해일만 온다고 생각했음 : 16.5%	• 집으로 돌아감 : 22% • 가족을 찾거나 만나러 감 : 21% • 가족의 안전 확인 : 13%
지진해일 경보(警報)를 들은 사람의 비율	54.2%	13.2%	86.8%	82.2%	98.4%	87.7%

출처 : 일본 내각부(內閣府)의 자료를 수정 및 번역(2011년 9월 28일)

2011년 동일본 대지진해일 당시 주민행동에 대한 여러 연구가 조사데이터를 사용하여 수행되었지만 대피율에 대한 공통된 합의(合意)는 없었다. 예를 들어 이와테현, 미야기현, 후쿠시마현에서 온 870명의 대피자들을 대상으로 JMA, 일본 소방청, 일본 내각부 등은 대피행동과 지진해일 피해의 관계를 파악하기 위한 설문지로 합동 조사를 실시하였다. 조사 결과 '즉시(卽時) 대피자'는 496명(지진 발생 직후 대피한 사람으로 표본의 57%)이 있었고, 267명은 지연(遲延) 대피자(지진 직후 즉시 대피하지 않고 어느 정도 시간이 지난 후 대피한 사람으로 표본의 31%)로 나타났다. 또한 응답자 중 11%는 전혀 대피하지 않았지만, 운(運) 좋게도 지진해일에서 살아남았다. 대피하지 않은 사람들 중 34%는 가족을 찾거나 데려오기 위해 집으로 돌아갔으며, 11%는 자신의 개인적인 경험이나 다른 믿음으로 인해 큰 지진해일이 그들이 있는 지역으로 내습하는 것은 불가능하다고 생각했다. 일부 사람들은 마을에 있었던 기존 방파제나 방조제의 존재가 그들을 보호할 것이라고 믿었다. 지진해일로부터 도망치기를 주저한 일부 대피자는 미지정 대피소나 당시 그들이 있었던 건물의 위층으로 올라갔다.

이 장은 재난 시 대피자의 행동형태를 조사하여 이전의 재난경감분야 연구를 확장하고 보완한다. 이전의 연구자들은 생존자의 대피행동을 분석했지만, 일반적으로 비생존자(사망·실종자)에 대한 데이터를 수집하는 데 내재(內在)된 곤란 때문에 비생존자를 제외했다. 이 연구에서의 저자들은 2011년 지진해일의 생존자와 비생존자 모두로부터 얻은 데이터를 사용하여 개개인의 대응에 영향을 미치는 몇 가지 요인을 분석했다. 그 결과는 지진해일로 인한 사망의 가능성을 증대시키는 개인특성의 형태에 관한 몇 가지 유효한 정보를 제공하는데, 다음과 같은 사항을 포함한다.

- 대피자의 특성(즉, 연령) – 사망은 어느 범위까지 개인의 원인이 있는가?
- 재난 이전 준비성 – 준비수준(즉, 방재교육)과 생존율 사이에는 어떤 관계가 있는가?
- 대피시간 – 예·경보나 지진동에 대응하여 생존자, 사망자와 실종자의 행동은 어떻게 다른가?
- 비생존자와 단독 생존자 그룹 간의 행동 차이 – 지진해일 대피원칙의 효과성

생존자들의 대피경험은 지진해일 대피와 관련된 몇 가지 매우 중요한 현실적인 문제들을

검토할 기회를 제공했다. 생존자와 비생존자 사이의 비교 분석은 대피에 관한 몇 가지 중요한 실제 문제에 영향을 미치는 요인들에 대한 소중한 이해를 제공한다.

3.2 데이터 출처

데이터는 재난 및 기상 데이터를 다루는 전문 회사인 웨더뉴스(Weathernews Corp, 2011)를 통해 2011년 5월 18일부터 6월 12일까지의 데이터를 온라인(On-line)으로 수집하였다. 그 결과 웨더뉴스는 홋카이도현, 아오모리현, 이와테현, 미야기현, 후쿠시마현, 이바라키현, 지바현의 침수 및 비침수지역에 관한 데이터 보고서를 발행했다. 데이터 중 약 85%는 가장 심각한 피해를 입은 3개 지역－미야기현, 이와테현 및 후쿠시마현－으로부터 수집한 데이터였다. 오로지 침수지역의 생존자 522명, 사망 또는 행방불명된 사람 631명, 즉 전체 1,153명의 데이터를 사용하여 생존자 및 사망·실종자의 대피행동을 비교하였다. 사망·실종자의 행동에 대한 데이터는 가족, 친척 또는 친구/이웃으로부터 구할 수 있었다. 이번 조사에서는 연령, 직업, 성별, 주소뿐만 아니라 대피행동과 소지(所持)한 개인준비물에 관한 5가지 질문을 하였다. 5가지 질문은 다음과 같다.

Q1 : 지진해일로부터 대피하는 데 얼마만큼의 시간이 걸렸나?
Q2 : 당신이 대피를 개시(開始)한 것은 무엇 때문인가(즉, 지진해일 예·경보)?
Q3 : 당신이 살아남은 이유가 무엇이라고 생각하느냐(또는 어떤 사람이 사망한 이유는)?
Q4 : 지진해일 재난 전에 당신이 취한 대비는 무엇이었나?
Q5 : 2011년 3월 11일 당신(어떤 사람이 사망했을 때) 연령(≤ 19세, 20～29세, 30～39세, 40～
   49세, 50～59세, 60～69세, 또는 70세～) 및 성별과 직업과 주소는?

지진해일 대피원칙의 효과성을 분석하기 위해, 응답자들이 자유롭게 대답하고 행동을 설명할 수 있도록 개방형 질문도 채용하였다. 생존자와 사망·실종자 사이의 행동 형태와 행동 빈도에 상당한 차이가 있다고 가정한다. 비생존자와 생존자의 이런 차별화된 행동은 많은 사람이 이 재난의 희생자가 되었는지를 설명하는 잠재적(潛在的)인 요인으로서 작용한다. 이번 절에서는 각 개인에 관한 완벽한 묘사(描寫)를 할 수 없어, 각 질문에 대한 응답자 수의 불일치가 있을 수 있다는 점에 유의해야 한다.

3.3 대피행동에 영향을 미치는 요인

3.3.1 대피개시시간

그림 2는 생존자 및 사망·실종자의 전체 데이터 세트를 사용한 분석결과를 보여준다. 생존자 중 지진 발생 후 20분(min) 이내에 대피한 생존자가 67%이며, 이 시간 내에 대피한 사망·실종자는 36%로 그 사이에 뚜렷한 차이가 있다. 대피하지 않았거나 대피할 수 없었던 그룹 내에서의 사망·실종자 중 48%가 대피를 하지 못했지만, 생존자 중 단지 11.5%만이 이 범주에 속하는 것으로 나타나 분명한 차이가 있다. 20분 이내에 대피한 사람 중 36%가 사망한 이유는 다음과 같이 볼 수 있다.

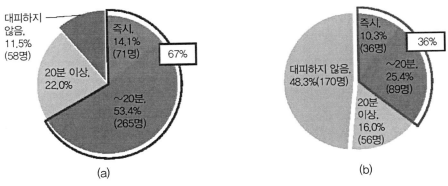

그림 2 (a) 생존자의 대피시작 시간(N_S : 생존자 수=505명), (b) 사망·실종자의 대피시작 시간(N_D : 사망·실종자 수에 대한 응답=351명)

(a) 그들 중 약 30%는 대피소가 거주지역과 멀리 떨어져 있거나 안전하지 않은 대피소와 같은 대피소와 관련된 곤란을 겪었다(즉, 건물이 붕괴되거나 월파(越波)를 당하였다., Shibayama 등, 2013). 대피 관련 어려움을 겪은 사람 중 사망한 사람과는 달리, 대피하지 않고도 살아남은 생존자 중 11.5%는 이미 안전한 장소에 있었다고 답했다.

(b) 일부 개인들은 처음에는 대피소로 대피했지만, 약 20%는 지진해일이 완전히 끝나기 전에 여러 가지 목적(즉, 더욱더 안전한 장소로 이동 또는 가족을 찾거나 소지품을 챙

기러 갔다.)으로 귀가(歸家)하였거나, 다른 장소로 돌아가다가 참변을 당하였다.

생존자 및 사망·실종자 사이에 대한 상기의 차이점은 안전한 장소로의 조기대피가 주요 지진해일 사건에 대한 생존 가능성을 향상시키는 핵심 요인 중 하나임을 나타낸다.

3.3.2 연령영향(年齡影響)

그림 3에는 생존자 및 사망·실종자에 대한 연령분포를 나타내었다. 생존자 중 63%는 39세 이하이고, 60세를 넘는 사람은 단지 3%이었다. 사망·실종자 중 단지 29%만이 39세 이하이고, 46%가 60세를 넘었다. 사망률에 대한 연령의 영향은 60세 이상의 사람들이 지진해일 재난에 더 취약하다는 것을 보여주는데, 이 사실은 앞선 연구결과와 일치한다(Yeh, 2010; Tatsuki, 2013; Ushiyama 및 Yokomaku, 2011).

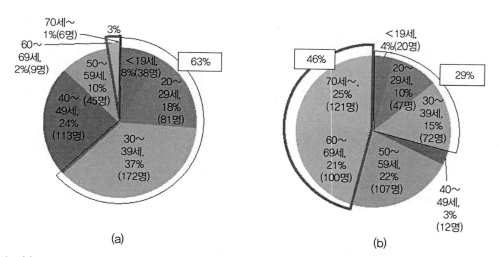

그림 3 (a) 수집된 데이터를 사용하여 생존자의 연령비율(N_S=464명), (b) 사망·실종자의 연령비율(N_D=479명)

그림 4(a)는 60세 이상의 사망·실종자에 대한 대피개시시간을 나타낸 그림이다. 반 이상 (63%)이 대피하지 않았거나 할 수 없었고 단지 5%만이 지진 직후 바로 대피하였다. 사망·실종자 중 고령자들이 가장 큰 부분을 차지하는 상당한 이유는 그림 4(b)에 나타내었다. 고령자들은 24%가 대피소까지 통행 곤란(즉, 대피소까지 장거리이다.)으로 인하여 대피에 어려움을

겪었고, 22%는 빨리 달리는 것과 같은 육체적 건강문제를 가지고 있었다. 게다가 14%는 교통문제(교통 혼잡 또는 요철(凹凸) 있는 도로), 12%는 다른 사람을 보살피느라고 11%는 다른 이유(즉 대피소가 어디에 있는지 몰랐다.)가 있었다.

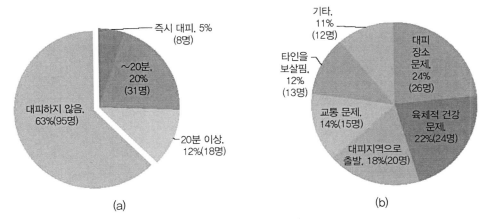

그림 4 (a) 60세 이상 사망 또는 실종된 노인의 대피 시작 시간(N = 152명), (b) 사망한 이유에 대한 질문에 대한 답변(N = 110명)

3.3.3 직업영향

그림 5는 두 그룹 사이의 직업 차이를 나타낸 것이다. 사무직 근로자는 생존자 중 31%를 구성하지만 사망·실종자 중에서는 단지 21%이다. 다른 한편으로는 주부(29%)와 상점/중소기업 근로자(15%)들이 그림 5(b)에 보이는 바와 같이 사망·실종자 중 거의 반을 차지한다. 주부나 중소기업 근로자를 위해 제공되는 정보와 안내가 적었을 수 있지만, 사무직 근로자는 동료와 직장으로부터 높은 지원을 받을 가능성이 있다. 주부가 사망·실종자 중 가장 높은 비율을 차지하는 또 다른 이유는 대부분의 목조 가옥이 지진해일에 휩쓸려갔기 때문이다.

2012년 4월 19일 일본 경찰청의 보고서에 따르면 미야기현, 이와테현, 후쿠시마현 3개 현의 사망·실종자 중 1,000여 명은 70대 여성이고, 목조 가옥에 머물러 있어 휩쓸려 간 사람은 은퇴자들이었다. 게다가 학생은 생존자 중 10%이지만, 사망·실종자 중 5%를 차지한다. 이런 이유는 직장인의 경우에서와 비슷할 수 있다. 학생은 교사들로부터 대피교육과 지진해일 정보에 대한 교육을 받을 가능성이 크다. 이것은 대피와 지원에 관한 정보를 덜 받는 특정한 직업을 가진 사람들이 지진해일에 취약했을 수도 있다는 것을 보여준다.

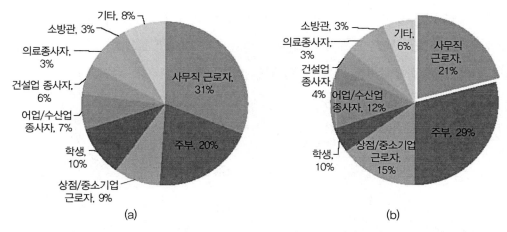

그림 5 (a) 생존자의 직업(N_S=394), (b) 사망자와 실종자의 직업(N_D=372). 위의 데이터는 공란(空欄) 답변과 1% 미만의 항목은 제외함

3.3.4 지진해일 예·경보의 영향

표 3은 274명의 생존자에 대한 지식의 근거에 대한 정보를 나타낸 것으로, 이들 중 다수는 지진해일 위협에 대한 직접적인 인식(즉, 진동감지(震動感知)) 또는 다른 간접적인 근거(즉, 예·경보 또는 다른 사람의 지시)에서 얻은 결과로서 공식적 방재훈련에 참여하지 않았음에도 불구하고 대피방법과 장소를 파악할 수 있었다. 따라서 대피교육에 관한 다른 노력뿐만 아니라, 공식적인 예·경보와 주변 사람들에 의한 구두경고(口頭警告)의 역할도 강조하여야 한다.

Marín 등(2010)은 대피에 대한 자연적 신호가 효과적이고 경보 시스템보다 낫다고 주장했지만, 모든 사람이 자연적인 경고 신호를 감지한 후 대피하는 것은 아니며(Sorensen, 1991),

표 3 생존자들의 지식 근거

정보의 근거	퍼센트(%)
지진해일 예·경보(豫·警報) 및 경계(警戒)	27
진동감지(震動感知)	23
주변 사람들이 말하는 지진해일 예·경보	21
지진해일을 봤음	17
공식 대피명령 및 지시	9
대피하는 사람들을 봤음	3

자연적 신호는 대피방법과 장소에 대한 합리적인 지침을 제공할 수 없다(Gregg 등, 2006). 게다가 Ushiyama와 Atsuo(2010)는 2010년 칠레 지진해일 때 이와테현과 미야기현의 응답자들이 지진해일 예·경보를 받았음에도 불구하고 대피하지 않은 것으로 조사됐다. 그러나 이 경우에서와 같이 지진해일이 멀리서 발생하였으므로(칠레), 응답자들은 자연적 경고신호를 경험하지 못했고(지진동), 따라서 실제적인 지진해일의 리스크가 있다고 믿지 않았다.

따라서 이에 따라 준비되지 않은 생존자가 확신을 가진 채 대피하기 위해서는 자연적 신호를 감지한 뒤 지진해일 예·경보와 경고신호를 받아야 할 필요가 있다. 그러므로 공식적인 예·경보/해제 명령과 주변사람들의 구두경고 역할은 물론, 인명을 구하기 위한 대피교육에 대한 노력을 함께 강조하여야 한다.

3.4 지진해일로 인한 사망 가능성 예측

앞선 절(節)에서 설명한 결과에 근거하여 저자들은 회귀 모델을 사용해 지진해일로 인한 사망 리스크가 높은 개인을 조사했다(Riad 등, 1999). 공란(空欄) 답변을 제외시킨 후 표본크기는 610명(생존자 74%, 여성 48%, 연령별로 이질적(異質的)(평균 36.6세로 표준편차(SD)는 15.9세)이다)이었다. 표 4는 지진해일로 인한 사망가능성의 확률을 증가시키는 특징을 예측한 것으로, 표 5는 사망자에 영향을 미치는 모든 매개변수에 대한 평균(Mean), 표준편차(Standard Deviation, SD) 및 상관관계(Correlation)를 나타낸다. 중요한 사항은 이 절의 나머지 부분에서 언급할 것이다. 표 4를 이해하기 위해 표준화 회귀계수를 괄호 안의 표준오차와 함께 언급하였다. $p-$ 값이 작을수록 검정(檢定)에서 귀무가설(歸無假說)[3]을 강하게 기각(棄却)한다. 표에서 기호 '**'로 표시된 $p < 0.01$의 인자(因子)는 강한 사망 가능성의 상호관계를 갖는 것을 의미한다.

강한 예측변수는 연령과 대피개시시간이다($p < 0.01$). 고령자는 젊은 사람보다 취약하다. 그리고 늦게 대피하는 사람은 조기 대피자보다 위험하다. 다른 주요 예측변수인 경우, 상점/중소기업 근로자, 어업/수산업 종사자, 소방관 또는 학생은 사무직 근로자보다 사망확률이

---

3   귀무가설(歸無假說, Null Hypothesis) : 설정한 가설이 진실할 확률이 매우 적어 처음부터 버릴 것이 예상되는 가설을 말한다.

증가한다.

더군다나 그것은 한 사람이 훈련에 참여하느냐, 미참여하느냐에 따라 대비(對備)하는 것이 어떻게 달라지는지를 보여준다. 표 4에는 5가지 단계의 대비(對備)가 있다(4. 재난 전 방재(防災)훈련에 참가, 3. 대피경로를 따라 도보, 2. 대피경로 숙지(熟知), 1. 대피소 숙지, 0. 상기 아무것도 안 한다). 그런 다음 2가지 다른 모델을 실행하여 대피 시 대비가 수행하는 역할을 이해했다. 모델(1)은 상위 단계의 대비가 하위 단계의 대비보다 도움이 되는가를 시험한다. 모델(2)는 훈련에 참여할 때와 그렇지 않을 때 어떻게 실행되는지를 비교한다. 모델(1)에서 상위단계 대비는 하위 단계 대비를 하는 것보다 크게 도움이 되지 않았다. 그러나 재난 훈련 (최고 대비 단계) 참여는 표 4의 모델(2)에 나타낸 바와 같이 생존에 효과적이었다(−0.87, $p < 0.01$).

표 4 지진해일로 인한 사망의 가능성을 증가시키는 특징에 대한 예측

지진해일로 인한 사망 가능성	모델 (1)		모델 (2)	
1. 연령	0.75**	(0.17)	0.75**	(0.17)
2. 성별(性別)	0.15	(0.39)	0.17	(0.39)
3. 침수장소의 유형(실외)	−0.06	(0.32)	−0.05	(0.35)
4. 대피개시시간	0.69**	(0.12)	0.70**	(0.13)
5. 대비	−0.1	(0.08)	−	−
6. 재난 이전에 방재훈련에 참가	−	−	−0.87**	(0.12)
7. 직업				
7.1 사무직 근로자(참고 카테고리)	−	−	−	−
7.2 주부(主婦)	0.49	(0.33)	0.45	(0.34)
7.3 상점/중소기업 근로자	0.67**	(0.11)	0.65**	(0.08)
7.4 학생	1.92+	(1.02)	1.97*	(1.00)
7.5 어업/수산업 종사자	1.78	(0.26)	1.77**	(0.29)
7.6 건설업 종사자	0.48	(0.74)	0.47	(0.74)
7.7 의료 종사자	0.22	(0.21)	0.17	(0.23)
7.8 소방관	1.58+	(0.84)	1.62+	(0.85)
7.9 기타	0.53**	(0.11)	0.53**	(0.14)

참고 : 관측자 수=610명(생존자 수=457명, 비생존자(非生存者) 수=153명). 대비(對備) (4. 방재교육 참여; 3. 대피경로를 따라 도보(徒步); 2. 대피경로 숙지(熟知); 1. 대피소 숙지; 0. 상기 내용 없음). 재난 발생 전 방재교육 참여(1. 참여; 0. 미참여(未參與)). 직업 데이터에는 공란(空欄) 답변과 1% 미만의 항목이 제외된다. 표준회귀계수(標準回歸係數)를 보고함. 괄호 안은 표준오차이다. 사망 가능성을 예측하기 위해 조건부 로지스틱 회귀모형을 각각 모델 (1)과 (2)의 유사 R^2=0.30, 0.31로 개발했음. p는 시험 통계량과 관련된 p-값임. p-값이 작을수록 검정(檢定)에서는 귀무가설(歸無假說)을 강하게 기각(棄却)함. 만약 p-값이 0.01(및 " ** "로 표시)보다 작으면, " * " 또는 " + "보다 강한 관계임. $+p < 0.10$. $^*p < 0.05$. $^{**}p < 0.01$.

표 5 지진해일에 의한 대피형태와 사망률에 대한 평균, 표준편차, 상관관계

매개변수	1	2	3	4	5	6	7	8	9	10	11	12	13	14	15
1. 연령(年齡)	1.00														
2. 성별(性別)	−0.03	1.00													
3. 대피시작시간	0.28**	−0.02	1.00												
4. 침수장소	−0.13**	0.21**	−0.05	1.00											
5. 대비	0.08**	0.09*	−0.06	−0.08	1.00										
6. 훈련에 참가	0.03	0.11*	−0.04	−0.02	0.81	1.00									
7. 직업															
7.1 주부(主婦)	0.08+	−0.45**	0.06	−0.05	−0.11*	−0.13**	1.00								
7.2 상점/중소기업 근로자	0.17**	0.09*	0.03	−0.06	0.12**	0.08	−0.15**	1.00							
7.3 학생	−0.39**	0.09*	−0.02	0.01	0.02	0.02	−0.13**	−0.09*	1.00						
7.4 어업/수산업 종사자	0.10*	0.03	−0.05	0.04	0.11*	0.08	−0.13**	−0.09	−0.08	1.00					
7.5 건설업 종사자	0.01	0.21**	−0.11	0.14**	−0.06	−0.05	−0.11	−0.07	−0.07	−0.07	1.00				
7.6 의료종사자	0.01	−0.14**	0.03	−0.09*	−0.01	−0.06	−0.10*	−0.07	−0.06	−0.06	−0.05	1.00			
7.7 소방관	−0.06	0.12**	0.05	0.08*	0.04	0.05	−0.08	−0.05	−0.05	−0.05	−0.04	−0.04	1.00		
7.8 기타	0.08	0.10*	0.07	0.03	0.03	0.06	−0.24**	−0.17**	−0.15**	−0.16**	−0.12**	−0.12**	−0.09*	1.00	
8. 지진해일에 의한 사망률	0.48**	0.02	0.34**	−0.09*	0.02	0.02	0.09	−0.06	0.15	−0.03	−0.04	0.04	0.04		1.00
평균	3.66	0.52	2.52	0.41	1.05	0.13	0.17	0.09	0.08	0.05	0.05	0.04	0.03	0.22	0.25
표준편차	1.59	0.50	0.96	0.49	1.42	0.34	0.38	0.29	0.27	0.22	0.21	0.21	0.16	0.42	0.43

참고 : N =610 나이(1 = ≤19세; 2=20~29세; 3=30~39세; 4=40~49세; 5=50~59세; 6=60~69세; 7=70세~). 성별(여성=0; 남성=1). 대피개시시간(즉시=1; 20분 이내=2; 20분 이상 =3; 대피 없음=4). 침수장소(건물=0; 실외=1). 대비(對備)(4. 방재교육 참여; 3. 대피경로의 도보(徒步); 2. 대피경로 인지(認知); 1. 대피소 인지; 0. 상기 내용 없음). 재난 발생 전 방재교육 참여(참가=1; 미참여(未參與)=0). 직업 데이터에는 공란 답변과 1% 미만의 항목은 제외한다. $^*p<0.05$. $^{**}p<0.01$.

결론적으로 다른 조건들이 동일하다고 가정할 때(즉, 동일 지역사회의 동일 지진해일) 조기 대피 실행은 대비의 부족함에도 불구하고 생존가능성을 높인다. 대피에 곤란을 겪었던 고령자 또는 훈련에 참여하지 않은 특정 직업에 종사하는 사람들은 재난 희생자가 될 가능성이 컸다.

3.5 대피행동에 대한 비교분석 : 생존자와 비생존자

이 장에서는 대피방해행동을 안전한 곳으로 대피를 막는 장애(障礙)로 개인을 사망으로 이끄는 행동이라고 보았다. 재난 시 대피방해행동으로는 대피하지 않는 행동, 아무런 조치도 취하지 않는 행동, 너무 늦게 대피하는 행동 또는 대피를 제지(制止)하는 행동을 포함한다. 이것은 큰 부상이나 사망을 초래하는 길로 이끄는 행동(또는 행동부족)이다.

반면 효과적인 대피행동은 상반된 효과를 가져왔다. 효과적인 대피행동의 전형적인 예(例)는 망설임 없이 대피하는 것으로 개인의 생명을 구하는 첩경(捷徑)이다.

3.5.1 데이터 처리 : 텍스트 분석

먼저 저자들은 웨더뉴스(Weather News)가 도호쿠(東北) 지역에서 게재(揭載)한 논평을 정성적으로 분석했다(3.2 절 참조). 특히, 개방형 응답은 지진 발생 시 거주자의 행동과 반응에 관한 정보를 제공했다. 전체적으로 많은 텍스트 주석(註釋)을 분석하기 위해 일본어로 된 선택된 키워드를 가지고 텍스트 마이닝(Text Mining) 도구(KH Coder[4], Higuchi, 2012 참조)[5]를 실행했다. 텍스트 마이닝은 다양한 범주와 목적에 따라 연구를 진행해왔다(Tanabe 등(1999); He & Chu(2010)). 특히 2011년 동일본 대지진해일 때는 대중미디어를 통해 엄청난 양의 정보를 얻을 수 있었다. 텍스트에 나타난 특정 단어들의 빈도에 기초하여, 답변의견을 5개의 그룹으로 분류하였다. 표 6은 얻었던 데이터의 유형에 관한 결과를 제시하며, 답변 의견 중 7.2%만이 대피행동을 반성할 수 있는 조치에 대한 정보를 포함한 결과를 나타낸다(Yun 등, 2012).

그러나 문맥(文脈) 정보를 얻지 않고서는 일본어를 이해하는 것은 어려우므로 단순히 행동 분석에 텍스트 마이닝 도구를 사용하는 것은 매우 곤란하다. 예를 들어, 문장에 따라 일본어

표 6 응답자별 의견분석

의견(도호쿠 지역의 4,450명)	빈도(頻度)(%)
자신 또는 환경에 대한 보고	90.9
신(神)께서 그들과 그들의 가족을 구해주신 것과 받은 도움에 대한 감사	1.2
관심과 애도의 표시	0.7
효과적인 대피행동	3.7
대피-방해 행동	3.5

---

4   KH Coder : 컴퓨터 지원 질적 데이터 분석, 특히 정량적 내용 분석 및 텍스트 마이닝을 위한 오픈 소스 소프트웨어를 말한다.

5   텍스터 마이닝(Text Mining) : 비정형 텍스트 데이터에서 새롭고 효과적인 정보를 찾아내는 과정 또는 기술을 말한다.

타수카루(助かる)라는 단어는 영어로 (a) '구제되다' 및 (b) '도움이 되다'라고 번역된다. 그것의 의미가 '구제되다'가 될 때 그것은 대피에 관한 의미를 나타낼 수 있다. 이와는 대조적으로, '도움이 되다'는 단순히 보통 상황을 설명하는 데 사용된다. 따라서 도구를 실행한 후 주요 단어와 문장을 모아서 의미를 갖는 답변의견을 어떻게 분류할 것인가를 검토하는 등 결과를 재확인할 필요가 있다. 이 연구는 5개 현(県)의 사망 또는 실종자에 대한 107개(미야기현 74개, 이와테현 18개, 후쿠시마현 9개, 이바라키현 4개, 및 지바현 2개)의 선택된 답변의견을 분석하였다. 다음은 분석하였던 몇 가지 답변의견에 대한 유형의 예시를 들어놓았다.

- 소방대원이 사망 하였다. 그는 수문(水門)을 달으러 갔으나, 그는 수문과 함께 완전히 사라졌다(30~39세 남자, 이와테현 리쿠젠타카타시(陸前高田市)).
- 그는 대피할 것이라고 이웃에게 말했으나 그는 스스로 대피할 수 없었다(60세 남자, 미야기현 이시노마키시(石巻市)).

재난경감분야의 전문가는 답변의견으로부터 183개 의미 있는 단어 또는 문장을 발췌(拔萃)하였다. 답변의견은 대피-방해 행동, 효과적인 대피행동, 자신 또는 환경에 대한 보고, 관심과 애도, 그리고 개인이나 신에 대한 감사로 분류되었다. 그림 6은 분석 흐름도를 나타낸 것이다.

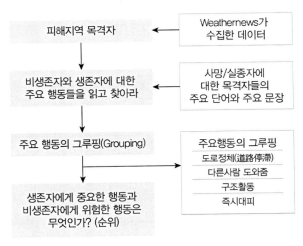

그림 6 데이터 분석흐름도

3.5.2 행동 순위

표 7과 8에 각각 대피－방해 행동 또는 효과적인 대피행동의 순위를 분석하여 나타내었다. 표 7 및 8에서 조기대피개시(早期待避開始)는 지진해일 안전에 매우 중요한 것이 분명하다. 표 8에 나타낸 효과적인 대피행동에 관해서는 지진해일을 예상하지 못한 일부 사람들은 주변 사람들로부터 구두(口頭)로 경고를 받은 결과 가까스로 대피했다. 표 7에 나타난 대피－방해 행동에 대해서는 지진해일 예·경보발령에도 불구하고 지진이 발생했을 때 낮은 지대(地帶)에 있었던 많은 사람들은 높은 곳으로 대피할 시간이 없었다. 또한 대피에 대한 어떠한 조치도 취하지 않아 생명을 잃은 사람들도 있었다. 지진해일 대피용으로 지정된 대피소에 장기간 머무는 것이 가장 중요하다. 지진해일 경보가 발령된 후 많은 사람들이 대피소로 대피했지만 지진해일이 완전히 끝나기 전에 그들의 집으로 돌아갔다. 표 7에 나타난 일부 행동은 논란이 될 수 있다. 일본에서는 '다른 사람을 돕는 것'을 대피행동의 일환으로 여긴다. 그러나 본 연구에서는 '남을 돕는 것'은 대피 중인 사람을 지체(遲滯)시키거나 방해하여 자신의 생명을 보호하지 못하는 대피－방해 행동으로 본다.

지진해일 경보가 발령되었지만 교통 체증으로 사망한 사람들의 사례가 있었다(Imamura 및 Suppasri, 2012). 따라서 자동차를 이용한 용이(容易)한 대피계획을 검토하는 것이 매우 중요하다(28장 참조).

표 7 대피－방해 행동의 순위

순위	행동	빈도(%)
1	도로 막힘(교통정체(交通停滯))	26.3
2	다른 사람을 도와줌	22.4
3	구조활동 실행	13.9
4	잘못된 정보 또는 정보가 없어 대피를 하지 않음	13.7
5	가족/친척을 찾으러 감	9.7
6	과거 경험을 바탕으로 경보(警報)를 무시	8.9
7	정해진 대피소를 떠남	5.1

표 8 효과적인 대피행동의 순위

순위	행동	빈도(%)
1	즉시 대피	52.5
2	다른 사람의 지시에 따름	39.4
3	이전 재난을 상기(想起)함	8.1

방재는 건물 개선 및 보강과 같은 구조적 접근에만 의존하기보다는 경고 시스템의 개선 및 철저한 대피교육과 같은 비구조적 대책도 필요하다. 사람 행동을 변화시키기는 어렵지만 그 보상은 분명히 노력할 가치가 있다.

4. 논 의

이 연구는 2011년 지진해일 당시 생존자와 사망·실종자 사이의 행동 차이를 조사했으며, 침수지역의 비생존자 데이터를 포함하여 지진해일과 경험한 사람의 생존 여부에 영향을 미치는 요인들을 분석했다.

생존자와 사망·실종자 사이의 중요한 차이는 연령, 직업 및 대피개시시간과 관련이 있다는 것을 발견하였다. 회귀분석 결과로서 지진해일로 인한 사망률을 증가시킬 가능성이 있는 특징을 기술하였다. 지진해일 시 소규모 지원만을 받는 고령층과 특정 직업을 가진 사람들의 집단이 지진해일에 매우 취약하였다. 지진해일로부터 인명을 지키는 초기 단계는 재난이 일어날 것이라는 어떤 인식이 있자마자 개인이 안전한 장소로 자율적으로 대피하는 것이다. 더군다나 안전하고 합리적으로 지정된 대피장소에 머무르는 것도 중요하다. 이런 점에서 지진해일이 완전히 끝나기도 전에 대피소로 대피했던 일부 사람들이 그들의 집으로 돌아가 버림으로써 어떻게 사망했는지를 기억해야 한다(Yu 및 Hamada, 2012b). 게다가 재난 전 대비가 부족함에도 불구하고 예·경보가 사람들을 대피토록 촉발(促發)시켰기 때문에 생명을 구하는 지진해일 예·경보 역할도 중요하다.

이 장의 후반부는 사망·실종자 집단과 생존자 집단의 행동형태 차이를 조사했다. 분석 후 생존자의 효과적인 행동과 사망·실종자로부터의 대피-방해 행동을 분석하였다. 이러한 행동들의 빈도에 근거하여, 행동의 순위를 제공하였다. 그 결과 사망·실종자 집단 간 행동 차이와 생존자의 행동 차이를 확인할 수 있었다. 생존자들은 즉각적인 대피 행동을 취했다. 이와는 반대로, 사망·실종자에 관한 정보 중 두 번째로 자주 실행한 행동으로 '대피 중 다른 사람을 돕는 것'이라는 것을 보여주었는데, 이는 논란의 여지가 있는 항목으로 대피에 방해가 되고 위험에 처할 확률을 높일 수 있는 행동으로 여겨진다.

그러나 그런 발견에 근거하여 모든 사람들이 각각의 재난에 대해 따라야 하는 기본적인 원칙은 없다. 생존자나 비생존자(사망·실종자)가 아닌 사람들이 재난 동안 어떻게, 왜 다르게 행동했는지에 대해서는 아직도 알아야 할 것이 많다. 지진해일 대피원칙에 따라 사람들이 올바른 결정을 내릴 수 있도록 하는 방법에 대한 이해를 증진시킬 필요가 있다.

이 연구는 약간의 한계가 있다. 사망자와 실종자로부터 데이터를 수집하는 것이 명백히 어렵고, 데이터는 대피과정에서 그들 주변에 있었던 사람들의 목격담(目擊談)을 활용했다. 6가지 원칙에 대한 빈도수 분석에도 불구하고, 취한 행동패턴에서 조합이나 시간순서의 분석도 필요한 것으로 보인다. 게다가 단순 함수를 이용한 분석에 텍스트 마이닝(Text Mining) 방식을 적용한 것은 이번이 처음이다. 이 방법은 재난대피분석에 적합한지 확인하기 위해 다른 재난의 데이터와 비교해야 한다.

구조물 피해와는 달리 인명손실은 사람들이 재난 중에 어떻게 행동하느냐에 달려 있다. 미래 재난에 대비하여 사람들은 주어진 사건 동안 주어진 행동형태가 대피에 도움이 될 것인지를 정확히 판단하는 교육 및 훈련을 받을 수 있다. 따라서 이 장은 생존자와 사망·실종자를 구분하는 요인을 잘 이해하고 사망률의 예측치를 개선하는 데 기여한다. 이러한 결과에 따라 고취약성(高脆弱性) 가진 그룹과 대피행동원칙을 고려한 효과적인 대피경보(待避警報) 메시지 그리고 지진과 지진해일에 대한 대책을 발전시킬 수 있다.

5. 결론

2011년 동일본 대지진해일은 충분한 대비(對備)를 갖추었다고 여겨지는 지역에서 많은 사상자를 내었다. 이 장에서는 생존자와 비생존자의 데이터를 사용해 주민들이 취한 지진해일 대피행동과 원칙의 중요한 차이를 비교하고 논의하였다. 이 장에 약술(略述)된 분석에 기초하여, 몇 가지 결과가 확인되었다.

(1) 연령과 대피개시시간은 중요한 사상자율의 예측변수이다. 노인은 젊은 사람보다 취약하다. 늦게 대피하는 사람은 일찍 대피하는 사람보다 위험하다.
(2) 또 다른 주요 예측변수인 상점/중소기업 근로자, 어업/수산업, 소방관 및 학생들은 재난 훈련에 덜 참여했기 때문에 사무직 근로자보다 리스크가 크다.

(3) 모델 (2)의 회귀분석에서는 사람들의 훈련참여 여부에 따라 그 사람의 수행 능력이 어떻게 달라지는지를 보여준다. 모델 (1)의 경우, 하위(下位) 단계 대책과 비교하여 고위(高位) 단계의 대책은 크게 도움이 되지 않았다. 따라서 검토된 대비 행동 중 공식훈련에 참여하는 것은 생존가능성을 증가시키는 데 가장 효과적이며 유일(唯一)한 것이다 (즉, 단지 대피소만 어디에 있는지 아는 것과 반대로).

(4) 2011년 재난 시 생존자와 비생존자 간의 대피행동의 차이를 근거로 효과적인 대피를 이끌려면 지진해일의 피해를 받을 수 있는 주민들의 조기대피 중요성을 이해시키는 것이 중요하다. 물론 지정된 안전한 대피 장소에 머물러 있는 것도 중요하다.

(5) 반대로 표 7에서 비생존자의 행동을 분석한 결과 두 번째로 높은 순위는 '대피 중 다른 사람을 돕는 것'이었다. 일본에서는 대피 방법의 일환(一環)으로 '다른 사람을 돕는 것'을 추천하지만, 이는 대피 중인 사람의 대피를 지연시키고, 사람들의 생존 가능성을 감소시킬 수 있는 논란의 여지가 있는 행동이다.

참고문헌

1. Cova, T.J., Johnson, J.P., 2003. A network flow model for lane-based evacuation routing. Transp. Res. A Policy Pract. 37 (7), 579–604.

2. CabinetOffice,GovernmentofJapan, 2011.White Paper on Disaster Management 2011 Executive Summary (Provisional Translation).
   http://www.bousai.go.jp/kaigirep/hakusho/ pdf/WPDM2011_Summary.pdf.

3. Dash, N., Gladwin, H., 2007. Evacuation decision making and behavioral responses : individual and household. Nat. Hazards Rev. 8 (3), 69–77.
   http://dx.doi.org/10.1061/(ASCE)1527-6988(2007)8 : 3(69).

4. Fire and Disaster Management Agency (FDMA), 2011. 東日本大震災における気仙沼市の初 期の災害対応について(EmergencyResponsefortheGreatEastJapanEarthquakeinKesennumaCity).
   http://www.fdma.go.jp/disaster/chiikibousai_kento/houkokusyo/sanko-2-2-1.pdf(in Japanese, accessed 7 July 2014).

5. Fujinawa, Y., Noda, Y., 2013. Japan's earthquake early warning system on 11 March 2011 : performance, shortcomings, and changes. Earthquake Spectra 29 (S1), S341–S368. http://dx.doi.org/ 10.1193/ 1.4000127.

6. Goto, Y., 2012. Fact-finding about Evacuation from the Unexpectedly Large Tsunami. Japan Association for Earthquake Engineering, pp. 1617–1628.

7. Gregg, C.E., Houghton, B.F., Paton, D., Lachman, R., Lachman, J., Johnston, D.M., Wongbusarakum, S., 2006. Natural warning signs of tsunamis : human sensory experience and response to the 2004 Great Sumatra Earthquake and Tsunami in Thailand. Earthquake Spectra 22 (S3), 671–691.

8. Hamada, M., Yun, N.Y., 2011. Future directions of earthquake-tsunami disaster reduction based on the lessons from the 2011 Great East Japan Earthquake. In : 4th Japan-Greece Workshop on Seismic Design of Foundation : Kobe Gakuin University.

9. He, J., Chu, W.W., 2010. A Social Network-Based Recommender System (SNRS). Springer US, Boston, MA, pp. 47–74.

10. Higuchi, K., 2013. KH Coder 2.x Reference & Manual (in Japanese, uploaded on 05.08.13).

11. Imamura,F., Suppasri,A., 2012. Damagedue to the2011 TohokuEarthquake Tsunami and Its Lessons for Future Mitigation. Japan Association for Earthquake Engineering, pp. 21–62.

12. Japan Bridge Association (JBA, 日本橋梁建設), 2011. 東日本大震災橋梁被害調査報告 (Investigation report of bridge damages due to 2011 Great East Japan Earthquake). http://www.jasbc.or.jp/seminar/

files/20120620/001.pdf (accessed 7 July 2014).

13. Japan Meteorological Agency (JMA), 2011. JMA released in 7 October 2011, pp. 184–187. http://www. jma.go.jp/jma/press/1110/07a/tsunami-kansoku.pdf (accessed 7 July 2014).

14. Lachman, R., Tatsuoka, M., Bonk, W.J., 1961. Human behavior during the tsunami of May 1960 research on the Hawaiian disaster explores the consequences of an ambiguous warning system. Science 133 (3462), 1405–1409.

15. Marı´n, A., Gelcich, S., Araya, G., Olea, G., Espı´ndola, M., Castilla, J.C., 2010. The 2010 tsunami in Chile : devastation and survival of coastal small-scale fishing communities. Mar. Policy 34 (6), 1381–1384.

16. National Police Agency, Damage Situation and Police Countermeasures associated with 2011 Tohoku district-off the Pacific Ocean Earthquake on March 11, 2015, http://www.npa.go.jp/archive/keibi/biki/higaijokyo_e.pdf.

17. Nowphas at Marin Information Group, 2011. http://www.pari.go.jp/unit/kaisy/en/nowphas/ (accessed 7 July 2014).

18. Ozaki, T., 2012. JMA's tsunami warning for the 2011 Great Tohoku Earthquake and Tsunami warning improvement plan. J. Disaster Res. 7, 439–445.

19. Papathoma, M., Dominey-Howes, D., Zong, Y., Smith, D., 2003. Assessing tsunami vulnerability, an example from Herakleio, Crete. Nat. Hazards and Earth Syst. Sci. 3 (5), 377–389.

20. Port and Airport Research Institute (PARI), 2011. http://www.pari.go.jp/files/3642/1049951767.pdf (accessed 7 July 2014).

21. Quarantelli, E.L., 1985. Social support systems : Some behavioral patterns in the context of mass evacuation activities. In Snowder, B.J., Lystad, M. (Eds.), Disasters and Mental Health : Selected Contemporary Perspectives and Innovations in Services to Disaster Victims. Washington, DC : American Psychiatric Press, pp. 131–146.

22. Riad, J.K., Norris, F.H., Ruback, R.B., 1999. Predicting evacuation in two major disasters : risk perception, social influence, and access to resources. J. Appl. Soc. Psychol. 29 (5), 918–934.

23. Sahami, M., Dumais, S., Heckerman, D., Horvitz, E., 1998. A Bayesian approach to filtering junk e-mail. In : Learning for Text Categorization : Papers from the 1998 Workshop, vol. 62, pp. 98–105.

24. Scawthorn, C., Chen, W.F. (Eds.), 2002. Earthquake Engineering Handbook (Vol. 24). CRC press.

25. Shibayama, T., Esteban, M., Nistor, I., Takagi, H., Thao, N., Matsumaru, R., Mikami, T., Aranguiz, R., Jayaratne, R., Ohira, K., 2013. Classification of tsunami and evacuation Areas. Nat. Hazards 67 (2), 365–386.

http://dx.doi.org/10.1007/s11069-013-0567-4.

26. Sorensen, J.H., 1991. When shall we leave? Factors affecting the timing of evacuation departures. Int. J. Mass Emerg. Disasters 9 (2), 153–165.

27. Spence, R., Scawthorn, C., So, E., 2011. Human Casualites in Earthquales : Progress in Modeling and Mitigation (Vol. 29). Springer.

28. Tanabe, L., Scherf, U., Smith, L.H., Lee, J.K., Hunter, L., Weinstein, J.N., 1999. Med Miner : an Internet text-mining tool for biomedical information, with application to gene expression profiling. Bio techniques 27 (6), 1210–1214.

29. Tatsuki, S., 2013. Old age, disability, and the Tohoku-Oki Earthquake. Earthquake Spectra 29, S403–S432.

30. Ting, S.L., Ip, W.H., Tsang, A.H., 2011. Is Naı ̈ve Bayes a good classifier for document classification? Int. J. Software Eng. Appl. 5 (3), 37–46.

31. Ushiyama, M., Atsuo, N., 2010. Report of filed survey on evacuation behavior in 2010 Chilean Earthquake. Tsunami Eng. 27, 73–81 (in Japanese).

32. Ushiyama, M., Yokomaku, S., 2011. Characteristics of death or missing caused by 2011 Great East Japan Earthquake and Tsunami. Tsunami Eng. 28, 117–128 (in Japanese). 33. Weather news Corp., 2011. Report on the survey of the 2011 Great East Japan Earthquake and Tsunami. http://weathernews.com/ja/nc/press/2011/110908.html(in Japanese, accessed September 2011). Wegscheider, S., Post, J., Zosseder, K., M€uck, M., Strunz, G., Riedlinger, T., Muhari, A., Anwar, H.Z., 2011. Generating tsunami risk knowledge at community level as a base for planning and implementation of risk reduction strategies. Nat. Hazards Earth Syst. Sci. 11 (2), 249–258.

34. Xu, X., Wang, L., Ding, D., 2004. Learning module networks from genome-wide location and expression data. FEBS Lett. 578 (3), 297–304.

35. Yeh, H., 2010. Gender and age factors in tsunami casualties. Nat. Hazards Rev. 11, 29–34.

36. Yun, N.Y., Hamada, M., 2012a. A study on human impacts caused by the 2011 Great East Japan Earthquake and the 2004 Indian Ocean Earthquake, Japan Association for Earthquake Engineering (oral presentation at conference, March in 2012). 37. Yun,N.Y.,Hamada,M.,2012b.Evacuation behaviors in the 2011 Great East Japan Earthquake. J. Disaster Res. 7, 458–467.

38. Yun, N.Y., Hamada, M., Norio, D., Lee, S.W., 2012. Study on tsunami evacuation behavior and effectiveness of tsunami evacuation principles in the 2011 Great East Japan Earthquake, JAEE (oral presentation in conference).

CHAPTER 11

전 지구적 지진해일 인식의 대두 :
칠레, 인도, 일본 및 베트남에서의 방재 분석

1. 서 론

지진해일은 일반적으로 강력한 지진이나 해저 산사태에 의해 발생하며, 인근 해안이나 심지어 먼 해안가를 파괴하는 힘을 지닌 장주기의 파랑이다. 대중언론이 세계 여러 지역의 연안재난을 단시간 내에 대서특필하였기 때문에 지진해일과 관련된 리스크에 대한 전 세계의 관심이 증가해왔다(2004년 인도양 지진해일(1장 참조)부터 2011년 동일본 대지진해일까지 (10, 13, 15 및 17장 참조)). 이번 세기 중 가장 최악의 큰 재앙(災殃) 중 하나인 2004년 인도양 지진해일은 언론이 참상(慘狀)을 널리 알리고 그 명칭에 '지진해일'이라는 용어를 소개하였다 (일본 및 칠레와 같은 일부 국가는 이런 사건에 대한 장기간의 경험과 인식을 가지고 있었다., Esteban 등, 2013).

그러한 사건과 관련된 사상자의 수가 너무 많아 여러 나라들이 조기 예·경보 시스템과 대피계획을 수립하게 되었다. 비록 세계 여러 지역에서 발생하는 지진해일의 발생빈도는 낮아 단기적으로는 이치에 맞지 않을 수도 있지만, 장기적으로 이런 노력을 유지 및 발전시킨다면, 사상자의 수를 크게 줄일 수 있다(Mikami 등, 2012, 10장 참조). 지진해일에서 사망률을 최소화하기 위해서는 지진해일에 대한 고양(高揚)된 인식을 갖추어야 하며 그것을 유지하여야만 한다. 이것은 지진해일 대피빌딩과 주택증고(住宅增高)와 같은 사회기반시설 및 방재(防災)교육·훈련(주민에게 이런 사건에 대해 가르치고 정기적인 대피훈련을 실시한다.)에 상당한 투자를 필요로 한다(25, 27 및 3장 참조).

2004년 인도양 지진해일 이전에 대부분 국가의 일반 주민들은 지진해일과 지진해일이 해안거주지에 미치는 리스크에 대해 알지 못했다. 표 1에 나타낸 것과 같이, 지진해일 인식 및 대책의 존재는 관계 당국/기관 또는 주민 중 어디에 초점을 맞추느냐에 따라 다양한 요인을 반영할 수 있다(Esteban 등, 2013). Esteban 등은 3개의 주요 지진해일(2010년 칠레, 2010년 인도네시아 및 2011년 일본) 내습 동안의 대피의향(待避意向)을 분석함으로써 지진해일에 대한 현지주민들의 인식을 조사했다. 각각의 지진해일 사건에 따른 관계 당국/기관 차원에서의 주요 추진력은 방재구조물 건설, 리스크 지역으로부터의 지역사회 이주, 대피 시스템 개선을 통해 재난대비태세를 강화하려는 것으로 이는 관계 당국/기관 차원의 지진해일 인식개선(認識改善)을 의미한다(Esteban 등, 2013). 이 모든 요인을 지진해일 이전에 다층방재개념(多層防災概念)이 존재했는가 하는 측면에서 분석함으로써, 지진해일 이전 각 국가의 지진해일 리스크 인식 범위를 파악할 수 있다. 다층방재는 침수 리스크확률 저감대책과 침수방재 시스템에 리스크 경감대책의 통합하는 침수 리스크 관리의 개념이다(네덜란드의 국가수자원정책(國家水資源政策), 2012; 25장 참조). 전자의 역할은 침수를 방지하는 것이지만, 후자의 역할은 방재시설의 설계치를 초과한 극한사건(極限事件)으로 침수가 발생하는 경우에만 기능을 발휘하는 것을 의미한다. 다층방재 시스템 내에서는 다음과 같이 3가지 방재단계로 구분할 수 있다.

표 1 관계 당국 / 기관 차원 또는 주민 차원에서 인식도를 반영할 수 있는 요인

당국 / 기관 차원	주민 차원
(1) 리스크 인식의 정도 (2) 리스크 감소를 위한 대책을 취할 의향 (3) 관계 당국이 과거에 실시하였던 대책의 종류 　　(즉, 지진해일 리스크 인식을 나타내는 다층방재)	(1) 대피의향 (2) 지진해일 리스크를 저감하려는 관계 당국의 지원하기 위한 노력 (3) 개별적인 보호조치

출처 : Esteban 등, 2013

- 1단계 – 예방 : 이것은 해수(海水)가 일반적인 주거지역을 침수시키는 것을 방호(防護)하기 위한 방파제나 해안제방과 같은 해안·항만구조물 건설 등 다양한 대책을 포함한다.
- 2단계 – 공간 해결책 : 침수가 발생할 경우 손실을 줄이기 위해 건물에 관한 공간계획 및

건물 적응을 활용한다. 2단계 대책의 일부인 공간계획은 중요한 사회기반시설인 건물을 고지대(언덕)에 배치하는 것과 가장 중요기능을 고층(高層)에 배치함으로써 고층건물의 침수방지를 하는 것이다.

- 3단계 – 위기관리 : 여기에는 재난대비계획과 같은 비상대처계획(EAP), 해저드맵(Hazard Map), 조기 예·경보 시스템, 대피 및 의료지원과 같은 침수에 대한 조직적인 대책을 포함한다. 3단계 대책의 주된 초점은 인명손실(人命損失)에 대한 경감 (輕減)이다. 지진해일의 경우 3단계 중 가장 중요한 구성요인은 특히 현재 레벨 2[1]라고 불리는 사건에 대한 신속한 대피계획을 갖는 것이다(Shibayama 등, 2013; 지진해일 레벨에 대한 자세한 정보는 1 장 및 15장 참조).

세계 여러 국가의 다층방재 시스템 중 각 단계를 개발시키는 정도는 정부와 지역사회의 우선순위와 인식수준에 따라 달라진다(Esteban 등, 2013). 인식수준은 과거의 폭풍해일이나 지진해일의 발생빈도와 재현빈도에 따라 달라지며, 우선순위, 즉 대비(對備)의 정도는 종종 인명, 경제적 자산 및 자연환경 측면에서 보전하여야 하는 지역의 가치, 그리고 재난관리 프로젝트에 자금을 조달할 수 있는 경제적 재원(財源)을 가능하게 하는 정책결정의 유연성과 관련이 있다(Tsimopoulou 등, 2012, 2013).

이번 장에서는 2004년 인도양 지진해일 이후 주민과 관계 당국/기관 차원의 지진해일 인식이 어떻게 개선하였는지에 대해 논의한다. 저자는 최근 지진해일 피해를 입었던 세 국가 – 인도네시아, 칠레 및 일본 – 에 존재하였던 인식을 분석할 것이다. 또한 이러한 국가들의 상황은 최근 지진해일의 영향을 받지 않았던 베트남과 같은 나라에서도 지진해일 경감노력이 어떻게 진행되고 있는지 보면 비교가 될 것이다. 이 분석은 다층방재개념을 활용해 지진해일 인식과 대비의 정도를 명확히 할 것이며, 각국의 저자들이 실시한 현장조사 및 설문지의 결과로써 보완할 것이다.

---

1   레벨 2(Level 2) : 2011년 동일본 대지진해일 이후 상정된 지진해일로 대략 수백~천 년에 한 번 정도의 빈도로 발생하고 극심한 피해를 유발하는 최대급 지진해일을 말한다(1장 참조).

2. 칠레 중부

칠레는 역사를 통틀어 주기적으로 지진해일 피해를 입었는데, 최근 대규모 지진해일 피해를 당한 때는 1960년이었다(6장 참조). 따라서 지진해일 위험(Hazard)이 여러 칠레의 해안거주지에 끼치는 위협은 여전히 기성세대의 가슴속에 남아 있었다. 2010년 2월 27일, 모멘트 규모 M_w 8.8의 지진은 칠레 해안지역에 심각한 피해를 입힌 지진해일을 발생시켰다(Mikami 등, 2011). 그림 1에 나타낸 바와 같이 칠레 해안의 넓은 범위에 걸쳐서 지진해일 흔적고는 4~10m로 측정되었고, 최대 처오름고는 20m를 넘었다. 지진해일 흔적고, 대피 및 재난 후 생활상에 대한 정보를 수집하기 위해 체계적인 설문조사를 실시하였다(Mikami 등, 2011).

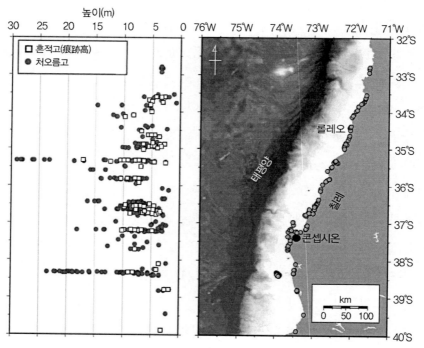

그림 1 2010년 칠레 지진해일 이후 지진해일 흔적고 및 처오름고, 도호쿠대학(東北大學) 재난대책 연구센터(2010)와 Fritz 등(2011)

표 1에 제시된 정의에 따르면, 칠레에서는 적절한 지진해일 대책이 수립되지 않았다고 할 수 있다. 즉, 1단계 대책은 사실상 존재하지 않았으며, 존재하더라도 그것들은 그 지역의 우연한 특징인 것처럼 보였다(Esteban., 2013).

예를 들어 롤레오(Llolleo) 사구(砂丘)마을에서는 사구가 해안선 일부를 방호하였는데(그림 2 참조), 비록 그 사구가 마을의 북쪽 반을 방호하는 데 효과적이었지만, 사구 남쪽에는 약간 의 틈이 있어 그 틈으로 지진해일이 내습하여 마을 절반을 파괴시켰다(그림 3 참조).

그림 2 롤레오의 한쪽에 위치하여 연속적인 피해를 입지 않은 사구는 지진해일로부터 마을의 북쪽을 효 과적으로 방호하였음

그림 3 지진해일이 내습하여 롤레오 남쪽 주변의 사구피 해를 입히고 마을 남쪽의 절반을 파괴시켰음

2단계 대책 중 유일한 대책인 기둥을 갖춘 주택(그림 4 참조)은 분명히 제도적 차원에서 좌 우된 것이 아니라 주민 스스로 시도한 방재대책이었다. 이는 소유자가 이 지역의 염수침입(鹽 水侵入)이나 만조(滿潮) 시 침수를 피하고 싶어 한다는 것을 의미할 수 있지만, 앞선 지진해일 사건으로부터 체득(體得)한 지진해일 인식의 결과라고 할 수 있다(1960년 또는 심지어 1877년 지진해일(Aranguiz 등, 2014); 6장 참조). 그러나 이러한 인식은 제도적(制度的) 차원(次元)에서 명 백히 존재하지 않았는데, 특히 지진해일 예·경보 시스템이나 다른 대책이 마련되지 않았다는 점을 고려할 때, 제도적 규정(規定)·지침(指針)이 있었다면 사람들이 그러한 잠재적 리스크 지 역의 거주를 예방할 수 있었다. 그리고 2단계 대책은 칠레 대부분 지역에 걸쳐 부재(不在)하였 다. 기둥을 갖춘 주택을 발견한 장소는 최근의 리스크 관리전략 일부라기보다는 역사적 사건 들을 통해 확립된 것으로 보인다(예전 지역수도(地域首都)가 기록적 지진해일로 여러 번 파괴 된 이후, 현재 위치인 콘셉시온(Concepción)으로 이전(移轉)하였다(Aránguiz(2010) 및 6장 참조)). 이는 지진해일 인식의 존재뿐만 아니라 '지진해일 문화유산'이 있었다고 해야 할 것이다.

그림 4 일로카(Iloca)의 기둥 위 주택

3단계와 관련한 대피소 건물이나 대피계획은 거의 존재하지 않았다. Esteban 등(2013)이 실시한 지역주민에 대한 체계화된 설문조사에서 연안지역 주민의 약 50%가 대피훈련에 참여하지 않았거나 어릴 때만 참여하였던 것으로 나타났다(22%). 지진해일 예·경보 시스템은 존재하였으나, 관계 당국은 합리적인 대책을 취하지 못했고 지진해일 예·경보도 발령하지 않았다. 이런 실패에도 불구하고, 지진해일 내습 시 대부분의 해안주민들은 해안지역으로부터 대피했다. 내습하는 지진해일의 잠재적 리스크를 알았던 어민들이 주민들에게 대피하라고 지시하였다는 증거가 있었다(Esteban 등, 2013). 여러 해안지역의 주민들 중 일부는 어민들이었고, 그들은 일반화된 지진해일 인식을 가지고 있었다는 사실이 중요하다. 대부분의 주민들은 실제로 지진 발생 직후 주변 언덕으로 대피하였지만 일부는 지진해일이 발생한 후까지 기다렸다(Esteban 등, 2013). 결국 국가관계 당국의 예·경보실패에도 불구하고, 대부분의 사람들은 지역 어민들의 지시와 일부 지방 관계 당국의 예·경보에 따라 대피하였으므로 사상자는 적었다(Esteban 등, 2013; 6장 참조).

어민들이나 지방 관계 당국의 지시에 따라 주민들이 인근 언덕으로 신속하게 대피한 대피속도와 제한된 사상자 수는 주민 차원의 높은 지진해일 인식을 갖추고 있었음을 가리킨다. 지진해일 인식은 지진해일의 여파로 더욱 강화되었으며, 제도적 차원의 중요한 노력도 이루어지고 있다. 이런 점에서 저자들은 재난대비능력을 향상하기 위한 다양한 연구와 조사가 칠레 전역에 걸쳐 진행 중임을 알고 있다. 재난대비능력은 특히 최근 지진활동이 없었던 지역(즉, '지진공백역')에 우선권을 두어야 하는데, 이러한 지역은 장래에 지진피해를 볼 가능성이 더 크기 때문이다(Aranguiz 등, 2014; 6장 참조). 2010년 지진해일 피해를 입은 지역에서 방조제 건설 및 고가주택건축(高架住宅建築)과 같은 중요한 사회기반시설 개선이 이루어지고 있다(그림 5 참조). 그러나 고가(高架) 주택이 반드시 높은 복원성을 갖지 않으며, 어떤 경우에는 대피에 장애가 되는 것에 유의할 필요가 있다(Khew 등, 2015). 그리고 지방 관계 당국은 지진해일 기념비(記念碑)와 대피표지판을 설치하기 시작하였는데, 그것은 지진해일이 제기(提起)한 리스크를 미래세대에 생생하게 전달하기 위한 것으로 지진해일 사건을 기억하는 데 도움을 줄 것이다. 그러한 대책은 분명히 지역주민들 사이에 높은 수준의 지진해일 인식을 유지하기 위해 중요하지만, 지방 관계 당국은 효과적인 방재교육과 훈련에도 힘써야 한다(일본에서의 이것에 관한 추가논의는 10장과 20장 참조).

그림 5 2010년 지진해일 사건 이후 칠레에 건축된 고가주택

3. 인도네시아 믄타와이 제도

2010년 10월 25일 인도네시아 믄타와이(Mentawai)섬에서 모멘트 규모 M_w 7.7의 지진이 발생하여 이 섬들의 해안지역을 내습한 지진해일이 발생했다(그림 6 참조). 지진해일은 일부 철근콘크리트나 철골 건물만을 남긴 채 바닷가에 인접한 일반적인 목조 가옥을 휩쓸어버렸다(그림 7과 5장 참조). 합리적인 지진해일 다층방재 시스템이 존재하지 않았던 것이 명백하다. 해안림(海岸林)이 유일한 방재시설(防災施設)이었는데, 이 숲들은 폭이 넓지 않아서 배후 마을들을 방호할 수 없었다. 이 마을들은 대개 바다에 너무 인접해 있었으므로, 2단계 대책에 대한 검토가 이루어지지 않았음을 보여준다. 자연재난의 위협에도 불구하고 사람들이 원래 해안에 가까이에 살기를 원하기 때문에 놀라운 일이 아니다. 그러나 해안에 인접한 마을들 중 일부는 해안가로부터 다소 떨어진 내륙에 입지했는지는 분명하지 않지만, 지진해일의 내습 시 발생한 굉음(轟音)을 듣고 주민들에게 대피할 여분의 시간을 가져 대피할 수 있었다. 기록 안 된 예전의 지진해일은 해안에 인접한 마을들을 파괴하였을 가능성이 있다. 그러므로 대부분의 마을들이 해안선으로부터 멀리 떨어져 입지하고 있었다는 사실은 지역주민들이 그것을 인식하지 못하더라도 일종의 '지진해일 문화유산'인 셈이다.

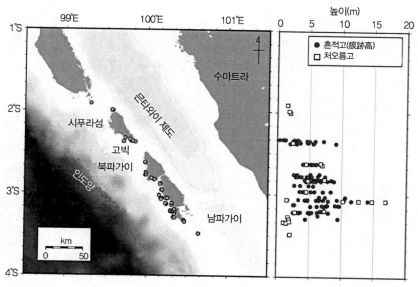

그림 6 2010년 믄타와이 제도 지진해일 이후 지진해일 흔적고 및 처오름고. Tomita 등(2011), Hill 등(2012), Satake 등(2012), and Mikami 등(2014)

그림 7 주택 1동(棟)만 남아 있는 인도네시아 보수아(Bosua) 마을

적절한 철근보강(鐵筋補强)을 한 견고한 콘크리트 건물은 이런 지진해일을 견뎌낼 수 있었다(9장과 20장 참조). 3단계 대책(25장 및 29장 참조)의 경우 특히 중요한 것은 지진해일 발생 시 주민들이 상부층(上部層)으로 대피할 수 있도록 다층주택(多層住宅)을 보유하는 것이다(일반적으로 '수직대피'라고 일컫는다). 시공품질(施工品質)은 성공적인 수직대피를 위해 매우 중요하며 부실(不實)한 건물은 대피건물로서 역할을 할 수 없다(즉, 견고하고 높은 건물은 지진해일과 폭풍해일 때 대피소 역할을 할 수 있다. Shibayama 등, 2013). 그러나 믄타와이 제도 내 대부분의 집들은 목조(木造)로 지어졌고 단지 벽의 기초에만 콘크리트 벽돌을 사용했을 뿐이다(그림 7 참조).

다른 형태의 3단계 대책을 더 발전되었다. 지진해일 부이(Buoy)를 포함한 지진해일 예·경보 시스템을 설치했지만 지진해일 발생 당시 작동되지 않았다. 믄타와이 제도의 지진은 뚜렷한 지진동(地震動)을 일으키지 않았지만(Hill 등, 2012), 지진동에 반응한 사람들은 지진해일 위협을 알고 즉시 그 지역을 대피했다. Esteban 등(2013)은 인터뷰한 지역주민들이 말하기를, 대피를 촉발시킨 정보의 출처는 라디오 및 지역구호단체 또는 주민 스스로의 결단력이었다고 보고하였다.

일부 거주지 주민들은 지진해일 훈련에 참가했다고 말했지만 다른 거주지의 주민들은 훈련에 참여하지 않았다고 말하는 등 마을마다 대피준비수준이 달랐다(Esteban 등, 2013). 그렇지만 대부분의 경우 대피는 성공적이었는데, 지역주민들이 대피할 수 있는 충분한 시간이 있었기 때문이다. 이는 칠레의 경우처럼 발전되지 않았을지라도 일부 지진해일 인식존재(認識存在)가 내재하고 있음을 암시한다. 이런 인식의 근원은 선대(先代)로부터 전달된 지식보다는 지진해일 교육/훈련 또는 2004년 인도양 지진해일(즉, 인도양 지진해일 기간 동안 매스미디어(Mass Media)가 전달한 직접적인 지식)의 기억인 것으로 보인다. Esteban 등(2013)은 예전 지진해일 사건에 근거한 강한 지진해일 인식이 설문조사로 포착(捕捉)되지 않았는지 이해할 수가 없었다. 그 이유는 지진해일 리스크가 높은 지역에 입지한 섬임에도 불구하고, 오랜 기간 동안 지진해일이 발생하지 않았거나, 또한 조사된 마을들이 일반적인 지진해일 피해를 입지 않았던 섬의 지역에 살던 후손이거나 인도네시아 다른 지역에서 온 이주자들로 이루어진 '비교적 새롭게' 형성한 마을일 가능성이기 때문이다. 그렇지만 현재 이 사건의 결과로 비교적 높은 수준의 지진해일 인식이 존재했었던 것이 명백하다. Esteban 등(2013)은 지진해일로 완전히 파괴된 '구(舊)' 고빅(Gobik) 마을의 주민이 해안선으로부터 멀리 떨어진 '신(新)' 고빅으로 이주하는 등 일부 마을들이 더 멀리 내륙의 안쪽으로 이주(移住)하기로 결정하였다는 보고하였다(5장 참조).

4. 일본 도호쿠

2011년 3월 11일이 일본 북동쪽 해안에서 일어난 모멘트 규모 M_w 9.0 지진은 대규모 지진해일을 발생시켜 도호쿠(東北) 해안선을 초토화시키고 많은 사상자를 발생시켰다(2011년 동일본 지진 및 지진해일 합동조사단의 데이터에 따르면). 지진해일 흔적고는 미야기 북쪽은 10m 이상, 센다이만 해안을 따라서는 5~10m, 이바라키 해변과 지바 해안은 약 5m 범위로 관측되었다. 센다이 평야에서는 최대 지진해일 흔적고가 19.5m이었고, 지진해일이 단파(Bore) 형태로 내륙 4~5km 이상으로 진행하였다(Mikami 등, 2011).

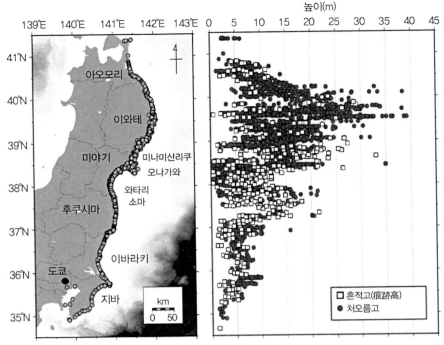

그림 8 2011년 동일본 대지진해일 때 일본 동해안을 따라 여러 지점에서 측정한 지진해일 흔적고 및 처오름고. 출처는 2011년 동일본 지진 및 지진해일 합동조사단 자료(The Tohoku Earthquake Tsunami Joint Survey(TTJS) Group)

철근콘크리트 구조물을 포함한 건물들이 유실되거나 큰 피해를 입었다. 수많은 선박은 좌초(坐礁)되었다. 해안제방, 방조제, 지진해일 수문, 방파제, 해안림과 같은 해안방재구조물들이 궤멸(潰滅)되어 큰 피해를 입었다(15～20장 참조). 과거에도 869년 조간(貞観), 1611년 케이초－산리쿠(慶長-三陸), 1896년 메이지－산리쿠(明治-三陸), 1933년 쇼와－산리쿠(昭和-三陸), 1960년 칠레 지진해일 등과 같은 지진해일이 자주 이 지역을 내습하였으므로 지진해일 발생 가능성을 널리 예상하였다. 그럼에도 불구하고 2011년 지진해일은 869년에 일어난 조간 지진해일과 유사하여 일본 역사상 기록된 최악의 사건들 중 하나이다(Sawai 등, 2006).

2011년 동일본 대지진해일이 칠레, 믄타와이 지진해일과 차이점은 20세기에 걸쳐 일본정부가 그러한 지진해일을 예상하고 다양한 지진해일대책(모든 단계의 요소를 포함한다.)을 마련해왔다는 점이다. 이것은 2011년 지진해일 이전, 일본에는 제도적(制度的) 및 시민 차원의 높은 수준의 지진해일 인식이 존재했다는 것을 분명히 보여준다. 그러나 피해를 입은 해안선을 따라 적용된 지진해일 대책형태는 일정하지 않았다. 1단계 대책은 북부 해안선 지역(리아스식 해안[2]으로 알려졌다.)을 따라 외해 방파제 및 지진해일 방조제 등이 있었으며 남부지역(센다이 해안평야로 부르며 주로 폭풍해일에 대비한 구조물이었다.)에는 해안제방 및 사질인접지(砂質隣接地)가 있었다. 그림 9와 10에서 볼 수 있듯이, 대부분 이런 형태의 구조물과 구조물 배후지역은 큰 피해를 입었으며, 15~20장에 상세히 기술되어 있다.

그림 9 후쿠시마현(福島県) 소마시(相馬市)의 해안제방을 월류(越流)로 광범위한 피해발생. 지진해일을 견뎌낸 해안제방 앞에는 피복재(被覆材)가 있었음

그림 10 미야기현(宮城県) 와타리시(亘理市)의 해안제방 파괴

일본의 2단계 대책은 완전히 개발되지 않아, 특색이 있었지만 지진해일 피해경감을 위한 일반적인 전략체계에는 포함되지 않았다. 지반고 15m에 입지하여 지하 1층만 침수된 오나가와(Onagawa) 병원처럼 고지대(언덕)에 학교와 병원이 있어 다른 대부분의 다른 건물보다 피해를 덜 입었거나 피해를 입지 않았다(그림 11 참조). 반면에 해안 근처에 위치한 미나미산리쿠(Minamisanriku) 방재센터(그림 12 참조)와 같이 파괴된 행정관청들이 있었는데, 이것은 2단계 대책이 정확하게 시행되지 않았을 수도 있다는 점을 나타낸다.

지진이 발생한 지 불과 3분(min) 만에 최초 지진해일 경보가 발령되었지만 지진 발생 28분(min) 후에 다시 업데이트되었다. 도호쿠(즉, 1896년 메이지-산리쿠 지진해일, 1933년 쇼와-산리쿠 지진해일 및 1960년 칠레 지진해일)에서는 지진해일 발생빈도가 높아 지역주민과 어

---

2   리아스식 해안(Rias Coast) : 하천에 의해 침식된 육지가 침강하거나 해수면이 상승해 만들어진 해안으로 해안선이 복잡하고, 해수면이 정온하여 양식(養殖) 등에 좋다.

그림 11 미야기현(宮城県) 오나가와정(女川町) 고지대　　그림 12 미야기현(宮城県) 미나미산리쿠(南三陸) 방재
　　　　　(언덕)(高地帶) 입지한 병원　　　　　　　　　　　　　센터

린이들이 대피훈련(일본에서는 적어도 1년에 한 번, 9월 1일을 '방재(防災)의 날로 지정, 28장 참조)에 자주 참여하므로 3단계 대책(조기경보 및 대피계획)이 잘 실행되었다. 그 결과 가마이시(이와테현)와 게센누마(미야기현)에서는 사상자가 1,000명 정도였지만, 어린이는 3,244명 중 5명(가마이시), 어린이 6,054명 중 12명(게센누마)만이 지진해일의 희생자였다(Yun과 Hamada, 2012). 예전의 지진해일 해저드맵(Hazard Map)은 예측된 모멘트 규모 M_w 7.5~8.0 지진(훨씬 더 작은 침수지역을 발생시킨다.)에 대해 준비하고 있었으므로, 지역주민들은 그들 주위의 구두경고(口頭警告), 공식 대피명령 또는 경고 메시지로 대피방법과 대피장소를 알고 있었다(29장 참조).

　그러나 일부 지역에서는 대피 가능시간이 너무 짧았고(13장 참조), 많은 사람이 고지대(언덕)로 다양한 장비들을 가지고 이동하려고 시도하는 동안 사망하였다(Yun 및 Hamada, 2012). 또한 일부 지역에서 차량을 사용하지 말라는 지시에도 불구하고 주민들은 차량을 사용하려고 시도하는 바람에 심각한 교통체증을 유발하여 사망률을 증가시켰다(28장 참조). 그렇지만 도호쿠는 지진해일 비상사태 시 세계에서 가장 잘 준비된 연안지역 중 한 지역으로 여겨지며, 높은 수준의 지진해일 인식을 가진 지방 관계 당국과 주민들은 지진해일 대비(對備)를 분명히 진지하게 받아들여왔다. 이 지역의 전역(全域)에 걸쳐, 예전 사건들로부터 이전 사건의 기억을 생생하게 상기(想起)시키는 많은 지진해일 기념비, 수목한계선(樹木限界線)[3] 그리고 지진해일 흔적고 표지(신사(神祠) 및 절에 기록된 유적을 포함하면)를 발견할 수 있었다

(28, 29장 및 Suppasri 등, 2012a, b 참조). 2011년 지진해일 이후, 다른 기념비, 표지 및 상징물들도 만들었는데, 이것은 확실히 후세들에게 지진해일 인식을 전승(傳承)하는 데 도움이 될 것이다(28장 및 29장 참조). 특히 흥미로운 것은 모든 주요 도로를 따라 침수역의 시점과 종점을 나타내는 침수표지판을 설치하였는데, 향후 운전자는 이 표지판을 보고 과거사건을 끊임없이 상기(想起)할 것이다. 이러한 표지판의 존재만으로는 모든 인구(이미 많은 기념비가 존재했다는 사실에서 알 수 있듯이)에 대한 재난인식을 높이는 데 도움이 되지 않을 수 있기 때문에 이러한 표지판의 존재와 더불어 분명히 광범위한 교육 노력이 보완되어야 한다는 점에 유의해야 한다. 그렇지만 칠레의 경우처럼 표지판은 재난인식을 높이는 교육의 보완적인 역할을 할 수 있다.

5. 베트남 중부 : 최근 지진해일 영향을 받지 않은 국가의 비상인식

2004년 인도양 지진해일 이후 매스미디어가 보도한 극심한 지진해일 사건들은 세계적으로 지진해일과 관련된 리스크 인식을 증대시키고 있다(1장 참조). 이러한 경우를 강조하기 위해 저자들은 수세대 동안 지진해일의 피해를 받지 않은 나라인 베트남의 경우를 연구하기로 선택하였다(Ca, 2014). 이를 통해 인접국가의 지진해일 방송을 통한 중부 베트남 주민의 인식도(認識度) 이해(理解)를 파악할 수 있을 것이다. 이번 절에는 베트남에서의 다양한 방재계층 존재를 알아내기 위해 실시된 현장조사와 동시에 베트남 중부 지역에서 수행한 구조화된 설문조사 결과를 제시한다.

5.1 참가자 및 설문지

Esteban 등(2014)은 제도적 차원 및 시민차원에서의 지진해일에 대한 인식도를 이해하기 위해 개인별로 2가지 특징적 세트 중에서 구조화된 설문조사를 실시했다.

---

3   수목한계선(樹木限界線, Timber Line, Tree Line) : 기후가 어느 정도 건조되거나 한랭해져 수목이 생육할 수 없는 한계선을 말하며 삼림한계선, 수목선, 고목한계라고도 한다.

- 중부 베트남의 해안지역을 대상으로 한 현장조사에서 우연히 만난 연안지역사회의 주민들
- 저자들이 개최한 세미나에 참석한 토목 엔지니어들 및 지방공무원들

조사팀은 7명으로 구성되었고, 다낭(Đà Nẵng)에서부터 냐짱(Nha Trang)까지 약 550km의 지역을 담당하였다(그림 13 참조). 설문지는 해변, 식당, 커피숍에서 휴식을 취하는 사람들에서부터 걸어 다니는 사람들에 이르기까지 다양한 장소와 상황에서 마주친 총 153명의 개인들에게 배포하여 작성하였다. 또한 토목 엔지니어들과 지방공무원들에 대한 조사는 2014년 1월 8일 베트남 꽝응아이(Quảng Ngãi)시에서 열린 '연안재난과 기후변화'에 관한 세미나 기간 동안 실시하였다. 이 설문지는 두 경우 모두 같았고, 지진해일 및 폭풍해일에 대한 인식상태와 관련하여 총 12개의 질문을 하였는데(Esteban 등, 2014), 이 장에서는 지진해일 경우와 관련된 결과만 기술할 것이다.

Esteban 등(2014)은 응답자 중 71%가 남성이고 29%만이 여성인 관계로 전체 남성 대 여성 비율이 불균형하였다고 보고했다. 그 이유 중 일부는 거의 모든 토목 엔지니어들과 지방공

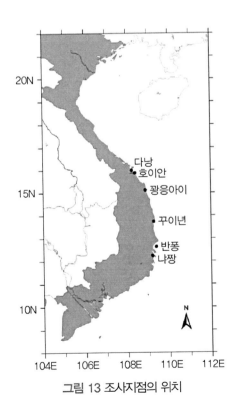

그림 13 조사지점의 위치

무원들이 남성이었기 때문이다(이 그룹 내에서 총 45명의 응답자 중 94%가 남성이었다). 이 그룹을 배제하면 남성(60%) 대 여성(40%) 비율이 더 균형 있게 된다. 응답자의 67%는 40세 미만으로 주로 젊었는데, 이것은 베트남처럼 젊은 층 인구 세대를 가진 개발도상국의 전형으로 여길 수 있었다(그림 14 참조). 연령분포에서 예상할 수 있듯이, 많은 응답자는 학생이 었다(15%). 이 샘플에서 가장 많은 수의 토목엔지니어와 지방공무원인 사무직 근로자는 가장 다수의 비율을 차지하고 있다(그림 15에서와 같이 39%). 이 그룹 이외에도 어민(10%)과 경찰, 군(軍) 관계자들과 같은 당국자(15%, 대피 업무를 다루는 사람)가 응답자 중 많은 수를 차지하였다. 노동자와 봉사자는 각각 8% 및 3%에 달하였다. 대부분 성인들은 결혼했고(그림 16에서 65%), 93% 응답자(그림 17 참조)가 가족과 함께 살고 있었다.

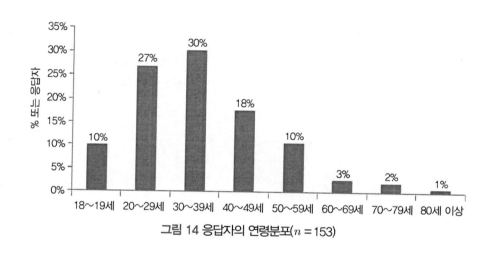

그림 14 응답자의 연령분포($n = 153$)

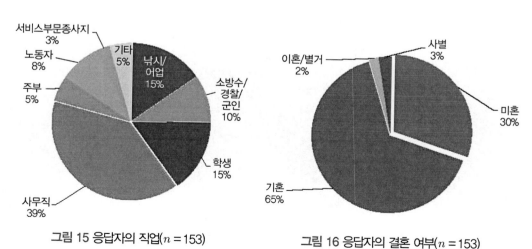

그림 15 응답자의 직업($n = 153$)   그림 16 응답자의 결혼 여부($n = 153$)

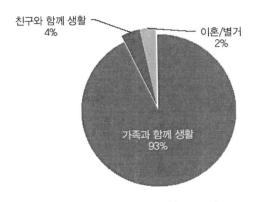

그림 17 가구특성(家口特性)($n = 153$)

5.2 설문결과

Esteban 등(2014)에 따르면 실질적으로 토목 엔지니어와 지방공무원 중 대부분과 함께 전체 응답자(그림 18 참조) 중 81% 이상이 지진해일 존재와 본질을 인식하여 비교적 높은 수준의 제도적 차원 및 지역시민인식을 보였다고 하였다. 최근 베트남에서는 지진해일이 발생한 적은 없지만(Ca(2014) 또는 Mikami 및 Takabatake(2014)), 최근 일본이나 인도네시아와 같은 다른 나라에서 일어난 지진해일은 베트남의 재난에 대한 경각심을 불러 일으켰으며, 전체 응답자 중 83%가 지진해일이 베트남의 리스크 요인이 될 것이라고, '강하게' 또는 '아주 강하게' 느낀다고 대답했다는 점을 유념(有念)해야 한다(그림 19 참조). 토목 엔지니어와 지방공무원은 잠재적인 지진해일 리스크를 훨씬 강하게 느꼈는데, 이와 같은 높은 인식을 갖춘 이런

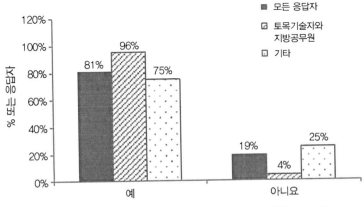

그림 18 지진해일의 특징을 알고 있는 응답자 비율($n = 153$)

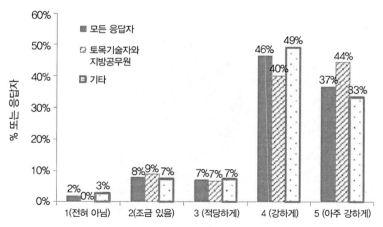

그림 19 지진해일이 자신들에게 실제 리스크라고 생각한 응답자 분포(n = 153). 1(전혀 그렇지 않음)의 답변은 그들은 전혀 리스크하지 않다는 것을 나타내며, 5(아주 강하게) 응답자는 그러한 사건이 매우 실제적인 리스크라고 여기 것으로 나타냄

집단에서 특히 태풍과 같은 자연재난의 대비와 결과에 대해 빠른 대처를 해야 한다는 결론일 수 있다. 모든 그룹에서 지진해일 대책과 관련하여, 응답자 중 절반(43%)만이 해안침수 발생 시 대피방법을 모른다고 보고하였다(그림 20 참조). 지진해일 예·경보 시스템에 대한 인식과 그림 21(Mikami 및 Takabatake, 2014)에 나타낸 바와 같이 그러한 시스템이 이미 다낭과 같은 장소에 설치되었다는 사실에도 불구하고, 전체 응답자 중 75%는 그러한 시스템이 시행되고 있는가를 알지 못했다(그림 22 참조). 이 시스템은 현재 군(軍)과 연결되어 있었지만, 아마 많은 토목 엔지니어나 지방공무원들은 이 시스템을 알지 못했다고 한다.

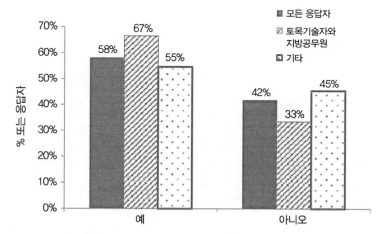

그림 20 해안침수에 대해 어떻게 대피하는지 아는 응답자 분포(n = 153)

그림 21 베트남 다낭의 지진해일 경보스테이션

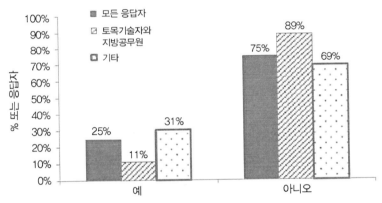

그림 22 지진해일 대피 시스템이 해당 지역에 존재하는지 여부를 알고 있는 응답자 비율($n = 153$)

6. 전 지구적(全地球的) 지진해일 인식의 도래(到來)

본 장은 2010년부터 2014년까지 4년간 4개국을 대상으로 지진해일 인식수준을 파악하고 자 하였다. 이런 점에서 최근 사건들로 인해 인식을 강화하고 있는 국가의 인식 상태는 시간 이 지남에 따라 변화하고, 그 후 이런 인식은 교육과 훈련에 대한 상당한 투자를 하지 않는 한 점차적으로 쇠퇴(衰退)하면서 사라지게 된다는 점에 유의해야 한다. 이 개념은 그림 23에 도식화되어 있으며, 이는 특정 지진해일 사건(2004년 인도네시아, 태국 또는 스리랑카와 같이

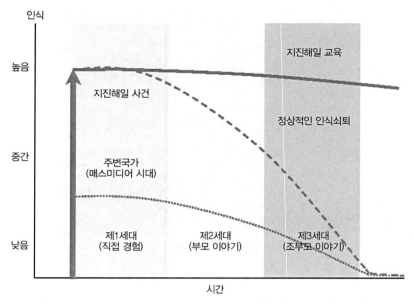

그림 23 지진해일을 직접 경험한 국가의 시간에 따른 지진해일 인식의 개념화 및 그 쇠퇴

몇 세대 동안 지진해일을 경험하지 않았던 나라)이 급속하게 인식도를 향상시킬 수 있는지를 보여준다. 부모로부터 자녀 또는 손자·손녀들에게까지 전해지는 이야기의 형태로 일부 인식을 전승(傳承)할지라도, 이 사건을 직접 경험한 사람들로부터 이민자와 후세에게 서서히 계승(繼承)함에 따라 이러한 인식은 점차 쇠퇴할 것이다. 결국 2011년 일본 도호쿠(東北)에서 지녔던 것과 비슷한 높은 인식 상태의 보전에 성공할 수 있는 지진해일 기념비, 교육, 훈련에 상당한 투자를 하지 않는다면, 이 사건의 모든 기억은 결국 사라질 것이다. 이 그래프는 아무리 좋은 교육제도라도 사회 모든 구성원에게 혜택을 줄 수 없고, 그들 중 일부는 그러한 사건이 그들의 생애(生涯) 동안 일어날 것 같지 않다고 여길 수도 있어, 어느 정도 쇠퇴는 불가피하다는 것을 보여준다.

다시 한번 고립된 하나의 지진해일 사건이 발생한다면, 비록 이 인식은 시간과 함께 쇠퇴할지라도, 매스미디어(Mass Media) 시대의 지진해일 사건이 주변 국가들에서도 어떻게 인식을 불러일으키는지 주목하는 것은 흥미롭다. 그러나 현대 매스미디어는 지구의 가장 먼 구석까지 이러한 사건들을 끊임없이 전달하기 때문에 온 지구에 이 사건들에 관한 계속적인 소개는 그들이 제기하는 리스크를 끊임없이 상기시키는 역할을 할 것이다.

따라서 베트남과 같이 오랜 기간 동안 지진해일을 경험하지 못한 나라들(그림 24 참조)에서 '중간 수준'의 인식을 유지하는 데 도움이 될 수 있다. 그러나 매스미디어가 스스로 얼마나 많은 인식을 창출할 수 있는지는 한계가 있을 수 있으며, 다층방재(多層防災) 시스템의 일부로서 지진해일에 대한 교육실시 및 방재 시스템을 구축하지 않는다면, 국가는 '높은 수준'의 인식상태에 도달할 수 없을 것이다. 따라서 '교육격차'가 존재하며(그림 24 참조), 원지(遠地) 지진해일 사건의 반복적인 매스미디어 보도도 이 격차를 해소하는 데 실패할 수 있다. 이에 따라 4개국에 대한 분석은 그것이 수행된 정확한 시간 동안만 유효하다는 것은 분명하다. 저자들은 2010년 칠레와 2011년 일본의 지진해일 이후 각각 어떻게 인식도가 높아졌는지를 강조했다.

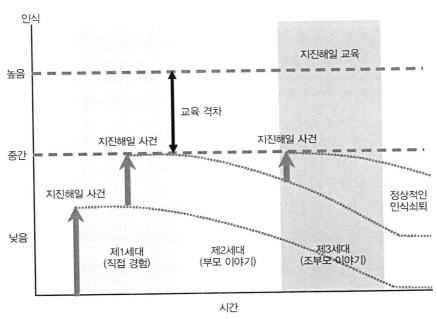

그림 24 지진해일을 직접 경험하지는 않았지만 매스미디어를 통해 그러한 사건에 대한 교훈을 배우는 국가의 시간에 따른 지진해일 인식의 개념화 및 그 쇠퇴

자연재난 방재에서 가장 중요한 형태의 대책은 대피 시스템으로, 이는 3단계 대책이라고 할 수 있다. 연안재난에 대한 성공적인 대피는 예·경보 시스템을 갖추는 것뿐만 아니라, 지역주민들이 지진해일로 인한 리스크를 알아차려(Esteban 등, 2013) 그러한 상황에서 무엇을 해야 하는지 아는 것이 필요하다. 이 장에서는 베트남과 같이 최근 지진해일이 발생한 적이 없는

나라에서도 국민들이 지진의 리스크를 인식하고 있는 가운데−주변 국가들의 지진해일 사건들을 통하여−조기경보(早期警報) 시스템을 구축(構築)하기 위한 노력을 기울이고 있다는 점을 강조한다. 최근에 지진해일이 없으면서도 그러한 경보 시스템을 구축하고 있다는 사실(그림 21 참조)은 베트남 당국이 어느 정도 리스크를 인지하고 있으며, 높은 리스크로 간주하지 않더라도(Ca, 2014 참조) 이러한 리스크를 줄이기 위한 대책을 기꺼이 취할 의향이 있음을 보여준다. 시민수준에서 그 결과는 응답자 중 81%가 지진해일에 대해 알고, 단지 58%만이 대피방법을 알고 있어, 대체로 베트남 국민은 연안재난의 리스크에 대해 높은 수준의 인식을 갖추고 있다는 것을 보여준다.

관계 당국의 관점에서 본 연안재난 인식과 대비의 존재는 지진해일 이전에 투자한 대책의 유형을 통해 측정할 수 있다. 다양한 다층방재 시스템의 존재는 높은 수준의 인식과 대비를 나타낸다. 그러나 Esteban 등(2014)은 1단계 대책 측면에서 바라본 베트남 중부 해안은 많은 것을 발견할 수 없었다고 보고하였다. 2단계 대책의 존재에 대한 정량화는 더욱 어려웠다. 다낭과 냐짱과 같은 일부 지역에서는 관광 목적으로 백사장을 보전하기 위해 현재 해변 근처의 건축을 금지하고 있다. 이것은 해안침수로부터 완충지대를 조성함으로써 상호이익을 추구할 수 있지만, 무이네(Mũi Né)와 같은 남쪽의 다른 지역에는 그러한 지침이 존재하지 않았다. 무이네 같은 남쪽 지역에서 제공하는 방재의 정도는 실제로 알려져 있지 않지만, 향후 연구를 통해 수량화할 수 있다.

믄타와이 제도의 경우, 고빅(Gobik) 마을 주민들은 지진해일을 피할 목적으로 다른 지역의 고지대(언덕)('신(新)고빅' 마을)에 재건축하기 시작했으며, 이는 2단계 대책의 달성하기 위한 노력이 어떻게 진행되고 있는지를 보여준다. 그러나 이것은 마을 차원에서 실시된 것으로 보이며, 시간이 지난 후 다른 지역에서 온 사람들이나 지진해일을 경험한 사람들의 후손들이 이 사건을 '잊어버릴' 수 있기 때문에 사람들이 지진해일 이전(以前)에 살았던 해안지역으로 되돌아갈 가능성도 있다.

지역주민들이 과거 지진해일 사건을 '잊지' 않고 높은 리스크에 처한 지역의 주택건축을 금지하는 것은 효과적인 2단계 대책을 달성하기 위한 중요한 제도적 대책이다. Suzuki(2012)는 일본 도니−홍고(Toni-Hongo, 唐丹-本鄉) 마을의 경우를 그러한 사례로 보았다. 이 마을은 1896년 메이지 산리쿠 지진해일로 파괴되어 주민의 88%가 사망하였는데, 이를 계기로 생존자들은 산비탈로 이주하게 되었다. 하지만 결국 생활불편 때문에 어민들과 그 가족 중 사실상 이주가구(移住家口)는 5가구뿐이었다. 이주는 실패했고, 1933년 지진해일로 인해 마을은 또다시 파괴되었는데, 이번에는 주민 중 53%가 사망하였다. 그리하여 1933년 지진해일의 결과로 주민들은 산비탈의 계단식 토지로 이주하기로 결정했고, 침수지역에 주택건축도 금지되었다. 1960년 칠레 지진해일 이후 방재구조물의 건설이 시작되었고, 1969년 최초 5m 높이의 방조제가 완성되었으며 1980년 11.8m로 증고(增高)시켰다. 그러나 1960년 칠레 지진해일 이후 점차 낮은 지역에 일부 집들이 지어졌고, 2011년 지진해일로 결국 그중 50동이 파괴되었다(주민들은 여전히 고지대(언덕)에 살고 있고 지진해일이 발생할 경우 그곳으로 대피해야만 한다는 분명한 징후가 있었기 때문에 2011년 동일본 대지진해일 시 마을 내 사망률은 0.7에 불과했다).

각 역사적 지진해일 사건의 최대 지진해일 흔적고(痕迹高)와 사망률 비율 사이의 상관관계는 경험과 인식이 사망률에 어떻게 영향을 미칠 수 있는지를 설명하는 데 사용할 수 있다. 일본 산리쿠(三陸)와 센다이(仙台)지역에서 역사적 지진해일 사망률의 사례(Kawata(1997) 및 Suppasri et al,(2012c) 연구)는 지진해일이 발생할 때 지진해일 인식의 발전이 어떻게 생명을 구할 수 있는지를 설명한다(그림 25 참조). 1896년 메이지−산리쿠 지진해일의 사망률은 높았는데, 10m가 넘는 평균 지진해일 흔적고를 보였다. 이 사건 이후 37년 지난 1933년 쇼와−산리쿠 지진해일의 흔적고는 매우 높았지만 사망률은 더 낮았다. 산리쿠 해안을 따라 발생한 2011년 동일본 대지진해일의 사망률은 반복되는 재난을 통한 인식향상이 사망률을 낮추는 데 기여함에 따라 1933년 쇼와−산리쿠 지진해일 사망률과 비슷했다. 그러나 2011년 동일본 대지진해일에서 남쪽의 센다이 평야해안은 북쪽의 리아스식 해안선보다 상대적으로 낮은 지진해일 흔적고를 경험했음에도 불구하고 비교적 높은 사망률을 초래했다. 이와 같이 지진해일 인식 차이는 합리적인 지진해일 인식을 개발하여 유지해야만 하는 중요성을 분명히 보여준다. 그림 26은 2004년 인도양 지진해일로 인한 사망률(삼각형 표시)과 2004년 지진해일 이후 인도네시아의 국지(局地) 지진해일로 인한 사망률(원 표시)을 비교한 것이다. 이 그림에서 볼 수 있듯이 인도네시아 연안주민은 예전에 지진해일 경험이 없어 인도네시아 반다아체에서 발생한 2004년 지진해일로 인한 사망률이 가장 높았는데, 이것은 1896년 일본의 메이지−산리쿠 지진해일과 비교된다. 인도 및 태국과 같은 다른 나라들은 지진해일 파원역

(波源域)으로부터 멀리 떨어진 곳에 입지하고 있어 흔적고가 어느 정도 낮아 때문에 비교적 사망률이 낮았다. 2006년 자바와 2010년 믄타와이 지진해일(모두 국지 지진해일) 시 인도네시아 사망률은 감소하였는데, 그 이유는 주민들이 2004년 지진해일로 지진해일 인식을 체득하였고 지진해일 흔적고가 낮았기 때문이다. 이것은 제도적 차원의 지진해일 인식과 대책이 주민 차원에서 형성되기 시작하여 이미 존재하고 있었음을 보여준다(어느 정도).

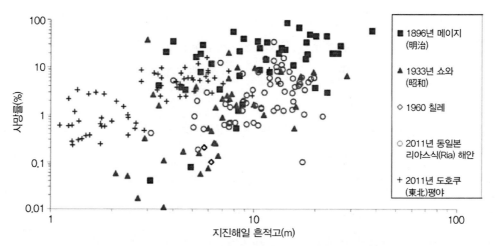

그림 25 일본의 역사적 지진해일로부터 도호쿠 지역의 지진해일 사망률

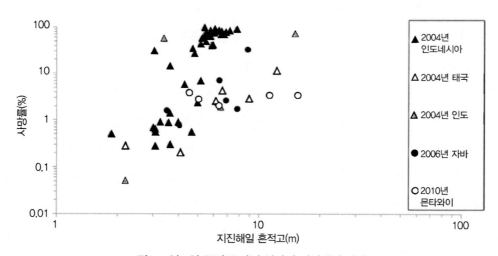

그림 26 인도양 주변 국가의 역사적 지진해일 사망률

이러한 결과는 대피를 조장(助長)하고 사망률을 줄일 수 있어 다층방재 시스템 내에서 3단계에 속하는 경험과 대비의 중요성을 나타낸다(10장 참조). 그 결과는 표 2에 요약한 바와 같이 인도양과 태평양에서 발생한 최근의 대규모 지진해일에서 볼 수 있는 지진해일 인식 발전의 좋은 사례이다.

표 2 이 장에서 논의된 각 지역의 요약. 괄호 안의 결과는 종합적인 최근의 지진해일 리스크 관리 전략의 일부가 아닌 지형적(地形的)인 사고, 주민 차원에서 취해진 대책 또는 관계 당국/기관 차원에서 실패한 대책 중 하나를 나타냄

지역	마지막 지진해일 때 발견된 지진해일 대비 상태			마지막 주요 지진해일 사건	마지막 지진해일로서 동일 지역에서의 역사적 주요 지진해일
	계층 1 (예방)	계층 2 (공간적 해결책)	계층 3 (비상대처계획) (EAP)		
칠레 중부	(사구(砂丘))	(기둥 위의 주택)	(지진해일 예·경보 시스템) (대피훈련)	2010년 2월	1835년, 1751년, 1657년, 1570년 (Lomnitz, 2004)
인도네시아 믄타와이		해안림(海岸林)	(지진해일 예·경보 시스템) (대피훈련)	2010년 10월	지난 700년 동안 4개의 연속적 사건이 발생함(Sieh 등, 2008)
일본 도호쿠	해안구조물	해안림, 고지대(언덕) 위의 중요건물들	지진해일 예·경보 시스템, 대피훈련, 지진해일 기념물	2011년 3월	1960년, 1933년, 1896년, 1611년, 869년(Watanabe, 1964)
베트남 중부	없음	일부 도시는 해안선 가까이 건물 건축 금지	(일부 지역에 지진해일 예·경보 시스템)	1923년(?)	1877년, 1882년, 19세기 말, 1923년 (Ca, 2008 및 Ca와 Xuyen, 2008)

7. 결론

최근의 지진해일 사건은 전 세계적으로 지진해일에 대한 인식을 향상시키는 데 크게 기여했다. 매스미디어가 전 세계 구석구석까지 도달할 수 있어 동영상 기록장치가 널리 보급된 시대(휴대폰 또는 카메라 형태로)에 재난을 당하지 않은 국가의 사람들도 처참한 재난 장면을 쉽게 볼 수 있었다. 본 장에서 분석된 장소들에 따르면 2011년 지진해일 당시 산리쿠 해안에 살았던 사람들이 센다이 해안에 살았던 사람들보다 지진해일에 대한 인식과 대책이 더 높았다. 믄타와이 제도와 같은 다른 장소의 지진해일 인식은 교육과 최근 사건들로 개선(改

善)되기 시작했지만, 과거 사건들과의 전통적인 관련성이 덜 분명했다. 칠레는 오랜 기간의 지진해일 사건역사를 가지고 있지만, 2010년 지진해일 당시 높은 수준의 인식을 가진 연안 지역사회(특히 어민들)는 낮은 수준의 제도적 및 국가적 차원의 대책과는 대조적이다. 그러나 칠레와 일본 모두 지진해일 사건으로부터 많은 교훈을 배우고 있다는 것에 주목할 필요가 있으며, 그리고 이것이 결국 더 높은 수준의 복원성을 도출할 것으로 기대한다. 또한 베트남과 같이 지진해일을 경험하지 않은 나라도 이러한 교훈으로부터 배우는 것처럼 보이며, 주민 차원과 제도적 차원 모두에서 방재역량을 증진하기 시작한 것은 고무적이다.

지진해일 영향을 받을 리스크가 내재(內在)하는 모든 국가에서 연안재난 인식은 미래에도 지속적으로 향상하여야 하며, 세대 간 차원에서 적절히 유지되어야만 한다. 이런 인식은 효과적인 다층방재(多層防災) 시스템 발전을 위한 필요조건으로, 연안지역사회에서 최악의 시나리오 사건 발생 시 3단계 대책(즉, 대피)은 반드시 필요하다(Shibayma 등(2013)이 정의한 레벨 2 사건들에 대해서).

참고문헌

1. Ara´nguiz, R., 2010. Numerical simulation of the 2010 tsunami with a non-uniform initial condition. Rev. Obras Proyectos 8, 12-18 (in Spanish).

2. Aranguiz, R., Shibayama, T., Yamazaki, Y., 2014. Tsunamis from the Arica-Tocopilla source region and their effects on ports of Central Chile. Nat. Hazards 71 (1), 175- 202. 3. Ca, V.T., 2008. Establishing tsunami hazard map for Vietnamese coasts, MoNRE, Final Report, 267p (in Vietnamese)

4. Ca,V.T.,2014.Tsunami hazard in Vietnam. In: Thao,N.D., Takagi,H., Esteban,M. (Eds.),Coastal Disasters and Climate Change in Vietnam: Engineering and Planning Perspectives. Elsevier, Amsterdam.

5. Ca, V.T., Xuyen, N.D., 2008. Tsunami risk along Vietnamese coast. J. Water Resour. Environ. Eng. 23, 24-33, Water Resources University.

6. Esteban, M., Tsimopoulou, V., Mikami,T., Yun, N.Y., Suppasri, A., Shibayama,T., 2013. Recent tsunami events and preparedness: development of tsunami awareness in Indonesia, Chile and Japan. Int. J. Disaster Risk Reduct. 5, 84-97.

7. Esteban, M., Thao, N.D., Takagi, H., Valenzuela, P., Tam, T.T., Trang, D.D.T., Anh, L.T., 2014. Storm surge and tsunami awareness and preparedness in Central Vietnam. In: Thao, N.D., Takagi, H., Esteban, M. (Eds.), Coastal Disasters and Climate Change in Vietnam: Engineering and Planning Perspectives. Elsevier, Amsterdam.

8. Fritz, H.M., et al., 2011. Field survey of the 27 February 2010 Chile tsunami. Pure Appl. Geophys. 168 (2011), 1989-2010.

9. Hill, E.M., et al., 2012. The 2010 Mw 7.8 Mentawai earthquake: very shallow source of a rare tsunami earthquake determined from tsunami field survey and near-field GPS data. J. Geophys. Res. http://dx.doi.org/10.1029/2012JB009159, in press.

10. Kawata, Y., 1997. Prediction of loss of human lives due to catastrophic earthquake disaster. J. Soc. Nat. Disaster Sci. 16 (1), 3-13 (In Japanese).

11. Khew, Y.T.J., Jazebski, M., Fatma, D., Jianping, G., Esteban, M., Aranguiz, R., Akiyama, T., 2014. Co benefit assessment of tsunami mitigation structures in contribution to coastal community resilience: a case study of the greater conception, Chile. Sustainability Science. (under review).

12. Lomnitz, C., 2004. Major earthquakes of Chile: a historical survey, 1535-1960. Seismol. Res. Lett. 75, 368-378.

13. Mikami, T., Takabatake, T., 2014. Evaluating tsunami risk and vulnerability along the Vietnamese Coast. In: Nguyen, D.T., Takagi, H., Esteban, M. (Eds.), Coastal Disasters and Climate Change in

Vietnam : Engineering and Planning Perspectives. Elsevier, Amsterdam. 13. Mikami, T., Shibayama, T., Takewaka, S., Esteban, M., Ohira, K., Aranguiz, R., Villagran, M., Ayala, A., 2011. Field survey of tsunami disaster in Chile 2010. J. Jpn Soc. Civil Eng. Ser. B3 (Ocean Eng.) 67 (2), I_529–I_534.

14. Mikami, T., Shibayama, T., Esteban, M., Matsumaru, R., 2012. Field survey of the 2011 Tohoku earthquake and tsunami in Miyagi and Fukushima Prefectures. Coastal Eng. J. 54 (1), 1250011.

15. Mikami, T., Shibayama, T., Esteban, M., Ohira, K., Sasaki, J., Suzuki, T., Achiari, H., Widodo, T., 2014. Tsunami vulnerability evaluation in the Mentawai Islands based on the field survey of the 2010 tsunami. Nat. Hazards 71 (1), 851–870.

16. National Water Plan of the Netherlands, http://english.verkeerenwaterstaat.nl/english/Images/NWP%20english_tcm249-274704.pdf(accessed 10.08.2012.).

17. Satake, K., Nishimura, Y., Putra, P.S., Gusman, A.R., Tanioka, Y., Fujii, Y., Sunendar, H., Latief, H., Yulianto, E., 2012. Tsunami source of the 2010 Mentawai, Indonesia earthquake inferred from tsunami field survey and waveform modelling. Pure Appl. Geophys. 170. http://dx.doi.org/10.1007/s00024-012-0536-y.

18. Sawai, Y., Okamura, Y., Shishikura, M., Matsuura, T., Tin Aung, Than, Komatsubara, J., Fujii, Y., 2006. Historical tsunamis recorded in deposits beneath Sendai Plain-inundation areas of the A.D. 1611 Keicho and the A.D. 869 Jogan tsunamis. Chishitsu News no. 624.pp. 36–41 (in Japanese).

19. Shibayama, T., Esteban, M., Nistor, I., Takagi, H., DanhThao, N., Matsumaru, R., Mikami, T., Aranguiz,R., Jayaratne, R.,Ohira,K., 2013.Classification of tsunami and evacuation areas.Nat.Hazards 67 (2), 365–386.

20. Sieh, K., et al., 2008. Earthquake supercycles inferred from sea-level changes recorded in the corals of West Sumatra. Science 322, 1674–1678.

21. Suppasri, A., Muhari, A., Ranasinghe, P., Mas, E., Shuto, N., Imamura, F., Koshimura, S., 2012a. Damage and reconstruction after the 2004 Indian Ocean tsunami and the 2011 Great East Japan tsunami. J. Nat. Disaster Sci. 34 (1), 19–39.

22. Suppasri, A., Shuto, N., Imamura, F., Koshimura, S., Mas, E., Yalciner, A.C., 2012b. Lessons learned from the 2011 Great East Japan tsunami : performance of tsunami countermeasures, coastal buildings, and tsunami evacuation in Japan. Pure Appl. Geophys. 170. http://dx.doi.org/10.1007/s00024-012-0511-7.

23. Suppasri, A., Koshimura, S., Imai, K., Mas, E., Gokon, H., Muhari, A., Imamura, F., 2012c. Field survey and damage characteristic of the 2011 East Japan tsunami in Miyagi Prefecture. Coastal Eng. J. 54 (1), 1–16, 1250008.

24. Suzuki, S., 2012. Tsunami resilient community development from discussions with affected people advances in coastal disasters risk management. In : Lessons From the March 2011 Tsunami and Preparedness to the Climate Change Impact Seminar, Sendai, Japan, June 7-8, 2012.

25. The 2011 Tohoku Earthquake and Tsunami Joint Survey Group, Survey data set. http://www.coastal.jp/ttjt/(release December 29, 2012).

26. Tohoku University Disaster Control Research Center, 2010. Table of tsunami trace height measured in Chile by the Japanese team : Tsunami Engineering Technical Report,

27. pp. 157–179. Available at : http://www.tsunami.civil.tohoku.ac.jp/hokusai3/J/publications/publications.html.

27. Tomita, T., Arikawa, T., Kumagai, K., Tatsumi, D., Yeom, G.-S., 2011. Field survey on the 2010 Mentawai tsunami disaster : Technical Note of the Port and Airport Research Institute, No. 1235. 23p (in Japanese).

28. Tsimopoulou, V., Jonkman, S.N., Kolen, B., Maaskant, B., Mori, N., Yasuda, T., 2012. A multi-layer safety perspective on the tsunami disaster in Tohoku, Japan. In : Proc. Flood Risk 2012 Conference (2012), Rotterdam.

29. Tsimopoulou, V., Vrijling, J.K., Kok, M., Jonkman, S.N., Stijnen, J.W., 2013. Economic implications of multi-layer safety projects for flood protection. In : Proc. ESREL Conference (2013), Amsterdam.

30. Watanabe, H., 1964. Studies on the tsunamis on the Sanriku Coast of the Northeastern Honshu in Japan. Geophys. Mag. 32 (1), 1–65.

31. Yun, N.Y., Hamada, M., 2012. Evacuation behaviors in the 2011 Great East Japan earthquake. J. Disaster Res. 7, 458–467.

CHAPTER
12 베트남의 연안재난

1. 서 론

1986년 베트남은 도이 머이(Đổi mới)라는 개혁프로그램의 일환으로 '신경제'라는 사회주의적 시장경제개혁을 도입하였다. 농업, 상업 및 공업 등에서 개인소유를 장려하였다. 경제개혁을 실시하면서 결국 1990~1997년 사이에 연 8%의 경제 GDP(Gross Domestic Product, 국내총생산)[1] 성장을 달성했고, 경제는 2001~2004년까지 연간 7%의 비율로 계속 성장하여, 베트남은 세계에서 가장 빠르게 성장하는 개발도상국 중 하나가 되었다(Thao 등, 2014).

반면, 3,260km의 해안선과 2개의 광활한 저지대 삼각주(Delta)[2](홍강 삼각주(Red River Delta)와 메콩 삼각주(Mekong Delta))를 가진 베트남은 연안재난과 기후변화에 대하여 가장 취약한 국가 중 하나로 간주될 수 있는 문제가 있다. 그러나 베트남 나라 밖에 있는 사람들은 재난에 대한 이 나라 해안이 갖는 취약점을 알아차리지 못하며, 심지어 대부분의 베트남 내 사람들조차 빈번한 해안침수 때문에 고통 (苦痛) 중인 베트남의 연안지역사회가 직면한 위험 (Peril)에 관해 알지 못한다.

---

1 국내총생산(國內總生産, Gross Domestic Product) : 외국인이든 우리나라 사람이든 국적을 불문하고 우리나라 국경 내에서 이루어진 생산 활동을 모두 포함하는 개념으로, 우리나라는 물론 전 세계 대부분의 국가의 생활수준이나 경제성장률을 분석할 때 사용되는 지표이다.

2 삼각주(三角洲, Delta) : 유출량이 크고 배수분지도 큰 강이 바다와 접하면 강의 유속이 감소됨으로써 하천 퇴적물이 하구 부근에 막대하게 퇴적되는데, 이와 같이 강어귀에 형성되는 퇴적층을 삼각주라 하며, 해안에서 바다 쪽으로 더 연장되어 성장하므로 불쑥 나온 모양을 가지게 되어 거의 삼각형과 유사하게 된다.

베트남의 자연재난에 대한 인식 부족에는 여러 가지 이유가 있다. 사실 베트남에서는 적어도 수십 년 동안 극심한 대규모 재난이 겪지 않았던 반면, 인접한 재난에 취약한 국가들은 이 기간 동안 여러 번의 재난을 겪었다. 이 기간 동안 5,000명 이상의 사상자를 발생시킨 주요 연안재난 사건으로는 일본의 2011년 동일본 대지진해일(10, 11, 13, 17, 18, 20, 25, 28 및 29장)과 1959년(33장 참조) 태풍 베라(Vera)(일본에서는 이세만(伊勢灣) 태풍으로 알려져 있고, 사망·실종자는 5,098명이었다), 필리핀의 1976년 모로만(Moro Gulf)[3] 지진, 1991년 태풍 셸마(Thelma, 유링(Uring)) 및 태풍 하이옌(8장 참조), 인도네시아 및 태국의 2004년 인도양 지진해일(1장 및 27장 참조) 등이 있다.

만약 재난으로 인한 막대한 피해가 발생하여 매스미디어가 그것을 널리 보도한다면, 세계의 관심은 피해 지역에 집중되어 특정 국가나 지역이 직면한 리스크에 대한 인식을 높이는 데 기여할 것이다(11장 참조). 그러나 뉴스 매체가 인적·재산적 손실의 한계로 인한 경미한 재난을 보도하지 않는 경우에는 사람들은 특히 미래 어떤 리스크에 직면할지를 인지(認知)하지 못할 수 있다. 이러한 이유로 베트남은, 그 나라가 직면한 높은 리스크에도 불구하고, 연안재난에 가장 취약한 나라 중 하나로써 전 세계인들에게 인식되지 않은 것 같다. 사실상 지역적으로 인정된 여러 잠재적 재난원인이 존재하지만, 과거에는 이러한 잠재적 재난원인이 비교적 관심을 받지 못하는 경우가 많았다.

지난 몇 년 동안, 이 장의 저자들은 베트남 북쪽의 중국 경계에서 남쪽 메콩 삼각주 끝까지 베트남 해안의 현재 상황을 이해하기 위해 일련의 조사를 실시하였다(그림 1 참조). 여전히 정상적으로 보여 심각한 문제를 보이지 않는 해빈(海濱)도 있지만, 베트남의 여러 해안지역들은 심각한 침식(浸蝕)과 고파랑(高波浪) 피해를 입고 있다. 해안침식은 베트남이 당면한 가장 시급한 문제 중 하나로 보인다. 해안공학 분야의 확립된 이론에 따르면, 이러한 침식을 일으키는 대부분의 원인은 해안제방 및 돌제(突堤), 매립지, 댐, 하천제방 보호 또는 준설공사와 같은 해안환경에서의 인공적인 간섭(干涉)과 관련되며, 이 모든 것은 해안토사수지(海岸土砂收支)[4]의 불균형인 결과로 해빈단면변화(海濱斷面變化)를 일으킨다.

---

3 모로만(Moro Gulf) 지진 : 1976년 8월 16일, 필리핀 인근 코타바토 해구에서 파괴적인 지진(리히터 규모 8.0)이 필리핀 최남단이자 가장 큰 섬인 민다나오섬에 일어나, 이로 인해 모로만과 셀레베스 해에서 지진해일이 발생하여 북쪽과 남쪽 잠보앙가, 북쪽과 남쪽 라나오, 북쪽 코타바토, 마구인다나오, 술탄 쿠다라트(민다나오) 그리고 이웃한 수루섬의 해안지역에서 약 8,000명의 사람이 사망했다.

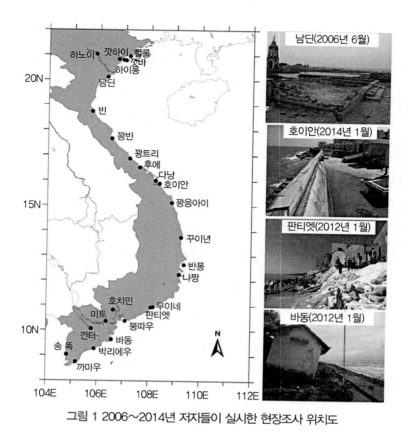

그림 1 2006~2014년 저자들이 실시한 현장조사 위치도

2. 베트남에서의 연안재난 및 기후변화 개요

동적해안과정(動的海岸過程) 결과로써 베트남 해안은 현재 침식 문제에 직면해 있다. 일부 연구자들은 남 디잉(Nam Định), 꽝닌성(Quảng Ninh), 꽝빈성(Quảng Bình), 꽝남성(Quảng Nam), 띠엔 장(Tiền Giang), 까 마우(Cà Mau)주(州), 판 티엣(Phan Thiết) 및 하이퐁(Haiphong) 도시들과 같은 많은 베트남의 여러 해안선을 따라 몇 가지 해안침식 문제를 조사했다(Takagi

---

4 해안토사수지(海岸土砂收支) : 해안침식(海岸浸蝕)은 파랑이 사빈, 사구, 암석해안 및 해안절벽 등에 작용한 결과 바다와 육지의 경계인 정선(汀線)이 후퇴하는 현상으로 해면 상승에 따라 정선이 후퇴하는 현상은 동적인 변화를 수반하지 않는 한 해안침식이라고는 하지 않는다. 좁은 의미에서의 해안침식은 사빈해안에서 운반되는 토사량(土砂量)에 비해 유출되는 토사량이 많을 경우를 말하는데, 이들 같은 토사수지(土砂收支)는 수직방향 및 수평방향으로 나누어 고려할 수 있어, 정선에 평행한 방향으로 운반되는 토사량을 연안표사량, 정선에 수직한 방향으로 이동하는 토사량을 해안표 사량이라고 부른다.

등, 2014a, Cong 등, 2014, Larson 등, 2014).

여러 장소에서의 해안침식은 해안인접부분에 설치된 해안구조물에 의해 가속화된다 (Takagi 등, 2014a). 일반적으로 해안제방과 같은 해안구조물은 그것이 축조(築造)된 해안선을 보호하기 위한 것이지만, 종종 연안수송(Longshore Transport)[5] 방향을 따라 해안구조물 하류 쪽으로 모래가 이동되면서(표사(漂砂, Littoral Drift)),[6] 동일 해안의 다른 지역에 침·퇴적 등 새로운 문제를 발생시킨다. 베트남의 여러 해안지역에서 목격된 모래채취(Sand Mining)는 해안침식을 가속 및 가중시키는 관행(慣行)이다. 활발한 경제성장에 힘입어 베트남에서 급성장하고 있는 건설자재 수요가 이러한 관행에 직접적인 영향을 미친다. 그러므로 해안문제를 이해하기 위해서는 물리적 과정뿐만 아니라 경제개발(Thao 등, 2014), 법률과 지침·규정 (Cong 등, 2104)과 같은 사회적 영향도 고려해야 한다.

침식 중인 해안을 보전하기 위한 여러 가지 대책들을 시도하였다. 하지만 이 대책들 중 일부는 강한 파랑으로 파괴되었다(Cong 등, 2104). 반면, 메콩 삼각주의 침식해안에는 퇴적 (Sedimentation) 증가 효과가 있는 대나무와 현지재료를 응용한 혁신적인 방파제를 적용시켜왔다. 이러한 접근방식의 적용이 용이한 해안선은 비교적 경제적인 방법인 맹그로브(Mangrove) 서식(棲息)에 적합한 환경조건을 창출할 수 있다는 것을 분명히 보여준다(Schmitt 및 Albers, 2014). 따라서 쏙 짱(Sóc Trăng) 및 타잉 화(Thanh Hóa)주(州)에서는 맹그로브 숲 조성을 시도하고 있다(Cong 등, 2104).

자연재난 측면에서 볼 때, 태풍은 베트남 해안지역에서 가장 큰 위협이다(Takagi 등, 2014b, Hung 및 Cong 등, 2104). 특히, 북부 해안은 베트남 다른 어느 지역보다 태풍이 가장 빈번하게 내습한다(Hung 및 Larson, 2014). 태풍 내습 중 홍강 삼각주 해상에서의 최대폭풍해일은 평균해수면(MSL)상 1~1.5m 높지만, 폭풍해일이 해안을 향해 진행함에 따라 일반적으로 높아진다(Larson 등, 2014). 베트남 남부에서 대형 태풍이 발생할 가능성은 베트남 북부 및 중부 지방보다 매우 적다. 하지만 그렇다고 해서 베트남 남부지방이 태풍에 덜 취약하다는 뜻은

---

5   연안수송(沿岸輸送, Longshore Transport) : 연안류와 이안류에 의한 해수나 퇴적물의 수송을 말한다.
6   표사(標砂, Littoral Drift) : 모래가 파의 운동과 이것에 따른 연안류에 의해 해안 부근을 이동하는 현상 또는 그 모래로, 표사에는 쇄파에 의해 부유한 해저의 모래가 운반되어 이동하는 부유 표사와 기파(寄波),인파(引波)에 의해 해안상(海岸床)을 상하 운동하면서 이동하는 해안선 표사가 있다.

아니다. 과거에 발생하였던 몇 개의 열대성 저기압에 대한 수치시뮬레이션에서 베트남 남부 해안지역에서 1m나 높은 폭풍해일이 발생했음을 보여준다(Takagi 등, 2014b).

베트남은 아마도 19세기 이후 오랫동안 지진해일 재난을 경험하지 않았다. 수치시뮬레이션에서는 마닐라 해구(海溝)에서 모멘트 규모 M_w 8.0을 갖는 해저지진으로 발생한 지진해일이 베트남 중부 해안에서 1m 이상의 지진해일고를 발생시킨다고 알려져 있다(Ca, 2014; Mikami 및 Takabatake, 2014; Esteban 등, 2014a, b). 지진해일파는 지진 후 약 2시간 후에 이 지역에 도달하고 1m 이상의 높이가 될 가능성이 있으며, 심각한 피해를 일으킬 수 있다(Mikami 및 Takabatake, 2014).

따라서 베트남에서의 재난 리스크 관리에서 특히 취약한 연안지역 저지대를 따라 폭풍해일 및 지진해일에 관한 대비(對備)를 강조할 것이다. 사실, 베트남 정부 당국은 지진해일 조기 예·경보 시스템과 같은 재난대책시설 구축에 어느 정도 노력을 기울이고 있다(Esteban 등, 2014a, b). 그러나 지역마다 자연재난에 대한 사람들의 인식은 다르다. 특히 과거에 중요한 사건을 겪지 않은 사람들은 임박(臨迫)한 위협이 갖는 전체 리스크 범위나 미래 재난에 대한 대책의 타당성을 제대로 이해하지 못할 수 있으며, 폭풍해일이나 지진해일이 발생했을 때 대피방법을 모를 수 있다(Esteban 등, 2014a, b, 11장 참조).

기후변화 측면에서 보면 최근 베트남 주변 기록적인 열대성 저기압 경로는 기후변화영향이 자연적(自然的) 가변성(可變性)과 어떻게 구별되는지에 대한 명확한 판단근거를 제공하지 않는 것 같다. 따라서 현재 자연적 가변성에 내재(內在)된 무작위성(無作爲性)은 재난 리스크 관리의 관점에서 볼 때 기후변화보다 중요하게 여길 수 있다(Takagi 등, 2014b). 마찬가지로 기후변화가 재난에 미칠 영향 및 결과는 일반적으로 인식하는 것만큼 간단하지 않지만, 현대사회에서는 그 원인을 심층조사(深層調査)하지 않은 채 전례(前例)없는 재난을 기후변화영향과 연관시키는 일반적인 경향이 있다.

그럼에도 불구하고 기후변화가 실제로 어떻게 일어나고 있고, 그것이 해수면 상승에 영향을 미쳐 천천히 진행되고 있다는 것을 나타내는 과학적 증거가 있다. 베트남 해안의 조위계(潮位計) 데이터를 보면 1993~2008년 사이에 해수면은 약 3mm/년씩 증가하였다는 것을 알 수 있다. B2 중간단계 배출 시나리오[7]에 대한 결과에서 21세기 말까지 베트남 해안지역의 평균해수면 상승은 57~73cm 사이가 될 것임을 보여주었다(Thanh, 2014). IPCC(Intergovernmental

Panel on Climate Change, 기후변화에 관한 정부 간 협의체) 5차 평가보고서(AR5, Fifth Assessment Report)의 예측을 바탕으로 2100년까지 해수면 상승 시나리오가 60cm라고 가정하면 메콩 삼각주 일부 지역이 침수되는 지속기간은 연간 2.5%에서 24%로 증가할 것이다(Takagi 등, 2014c). 이러한 잦은 침수는 일상생활, 농업 및 교통에 큰 영향을 미칠 수 있고 지역의 사회·경제적 구조에 장기적으로 부정적인 결과를 가져올 수 있다.

비교적 고지대(언덕)에 사는 사람들은 해수면의 상승을 견딜 수 있을 것이다. 그러나 메콩 삼각주 같이 저지대(低地帶)에 입지한 이 지역사회는 상승하는 해수면에 적응하기 위해 그들의 생활방식을 과감하게 바꾸어야 하거나 이주(移住)하도록 강요받을 수도 있다. 이에 대한 근본적인 이유 중 하나는 여러 지역의 염분이 증가할 것으로 예상되는데, 이것은 삼각주 지역의 농지생산성(農地生産性) 저하(低下)를 초래할 것이다. 앞으로 염수침입(鹽水侵入)[8]은 건기(乾期)에 점진적인 시작이 예상되며 메콩 삼각주의 지속가능한 농업발전과 베트남의 식량안보에 위협이 될 것이다(Toan, 2014). 또한 내륙 안쪽까지의 염수침입은 메콩강 상류(上流) 지역에서의 신규수량조절(新規水量調節) 수공구조물(水工構造物)[9] 건설 영향, 인구증가, 도시화 및 산업화로 인하여 더 심해질 예정이다(Trung 및 Tri, 2014).

메콩 삼각주와 같은 지역은 세계 쌀 생산의 상당 부분을 차지하고 있어, 기후변화가 이 지역에 미치는 영향은 베트남뿐만 아니라 전 세계적인 경제적 영향 및 공중보건[10](公衆保健, Public Health)에 영향을 미칠 것이다. 지금까지 베트남 정부는 사례별 접근방법을 이용해 재

---

7   B2 중간단계 배출 시나리오(B2 Medium Emission Scenario) : IPCC 제4차 평가보고서(2007)에 근거한 시나리오(A1, A2, B1, B2)의 한 종류로서 지역공존형 사회 시나리오라고도 부르며, 경제, 사회 및 환경의 지속가능발전을 지역의 문제와 공평성을 강조하여 모색하려는 시나리오로 환경보호와 사회적 분배에 중점을 두지만 지역수준에서 문제해결에 초점을 맞추는 측면이 중요한 시나리오를 말한다.

8   염수침입(鹽水侵入, Saline Water Intrusion) : 염수침입은 바닷물인 염수가 담수 대수층(淡水帶水層)으로 이동해 들어오는 현상을 말하며, 이로 인해 음용수자원의 오염을 비롯한 여러 바람직하지 못한 결과가 초래될 수 있다. 해안가나 도서 지역에서는 대수층이 해수와 연결되어 있어 어느 정도의 염수침투가 이루어지기는 하나, 특히 문제가 되는 것은 오랜 기간 지속되는 가뭄이나 지속적이고 과도한 양수를 통해서 지하수면이 해수면보다 낮아지게 되어 염수가 다량으로 유입되는 경우이다. 이 경우, 염수는 다량의 광물질이 녹아 있어 담수에 비해 밀도와 수압이 높아서 담수 대수층의 하부를 통해서 밀고 들어오게 된다.

9   수공구조물(水工構造物) : 하천의 홍수 또는 수자원의 호우 영향을 제어하기 위해 만든 구조물로서 댐, 저수지, 제방, 배수펌프, 배수로, 여수로, 방수로 유수지 및 저류지 등과 같은 시설물을 말한다.

10   공중보건(公衆保健, Public Health) : WHO의 정의에 의하면 환경위생의 개선, 전염병의 예방, 개인위생의 원리에 기초를 둔 위생교육, 질병의 조기진단과 예방적 치료를 위한 의료 및 간호 업무의 조직화, 나아가서는 지역사회의 모든 주민이 건강을 유지하기에 충분한 생활수준을 보장하는 사회기구의 발전을 겨냥하고 실행하는 지역사회의 노력을 통해서 질병을 예방하고, 생명을 연장하며, 건강과 인간적 능률의 증진을 꾀하는 과학이자 기술이다.

정착 프로그램을 추진해왔기 때문에 강제 이주자들은 경제 이주 문제나 환경 이주를 전담하는 특정 기관이 없다는 사실을 알게 될 것이다(Yamamoto, 2014).

사례별 접근방법은 적응전략에 따라 해안선을 방호하고 침수 리스크에 처한 지역을 증고(增高)시키기 위한 대규모 사회기반시설 프로그램을 실행할 수 있다. 사실상 이미 해안호안(海岸護岸, Coastal Revetment)[11]이 해안선 상당 부분을 방호하고 있고, 지역사회에 공헌(貢獻)하는 많은 어항들은 해안호안을 갖고 있다. 그러나 해수면 상승으로 현재보다 높은 고파랑(高波浪)이 해안선을 강타하게 될 것이며, 이는 특히 구조물의 수명(壽命)이 끝날 무렵에는 더욱 강한 방재구조물을 필요로 할 것이다(Esteban 등, 2014a, b).

기후변화와 관련된 문제들을 다루기 위해서 베트남에서 정부적 차원 또는 제도적 차원의 체계를 개발하여야 한다. 이런 점에서 주류(主流)를 이루는 CCA(Climate Change Adaptation, 기후변화대응)는 중요하다. 이것은 원래 정책수립, 기획(企劃), 예산, 시행(施行), 모니터링의 모든 과정에서 기후변화와 관련된 리스크를 고려하여 해결하는 정책이다. CCA 개발은 베트남에서 시작되었지만, 주류화(主流化) 패러다임으로서는 여전히 제약을 가져 아직 완전히 새로운 거버넌스(Governance)[12] 구조로 구축되지 못했다(Knaopen, 2014).

3. 열대성 저기압

베트남 재난의 약 80%를 차지하는 것은 열대성 저기압 피해이다(GTZ, 2003). 베트남 중부지방의 태풍 최다발생(最多發生)은 보통 10월이지만 남부지방은 일반적으로 11월경에 집중된다. 20세기 동안 베트남에 접근하였거나 피해를 준 태풍과 열대성 저기압은 대략 786회이었다. 이러한 폭풍들은 일반적으로 본토, 특히 베트남 북부와 중부의 해안지방을 강타하였다.

---

11 해안호안(海岸護岸, Coastal Revetment) : 해안가는 일반적으로 파랑이나 해일 때문에 침식이 자주 일어나므로, 이러한 침식을 미연에 방지하고 해수가 육지를 침식하는 것을 막기 위한 해안보전의 목적으로 정선(汀線) 근처를 따라 설치하는 구조물을 말한다.

12 거버넌스(Governance) : 사회 내 다양한 기관이 자율성을 지니면서 함께 국정운영에 참여하는 변화 통치방식을 말하며, 다양한 행위자가 통치에 참여·협력하는 점을 강조해 '협치'라고도 한다. 오늘날의 행정이 시장화, 분권화, 네트워크화, 기업화, 국제화를 지향하고 있기 때문에 기존의 행정 이외에 민간 부문과 시민사회를 포함하는 다양한 구성원 사이의 네트워크를 강조한다는 점에서 생겨난 용어다.

현 연구에서 저자들은 1951~2010년 사이의 남중국해(South China sea, 南中國海)를 지나온 태풍경로를 분석하기 위해 미국합동태풍경보센터(The Joint Typhoon Warning Center)의 태풍 최적경로데이터(Typhoon Best Track Data)를 사용하였다. 데이터는 시간, 폭풍 중심부의 지리적 위치, 폭풍 중심부의 최소해수면 기압 및 최대풍속(the Maximum Sustained Wind Speed)(단위는 노트(Knots))으로 구성된다.

베트남 해안에 접근하는 열대성 저기압의 발생을 좀 더 자세히 조사하기 위해, 저자들은 열대성 저기압 경로가 해안선과 교차하는 장소로 정의(定義)되는 상륙지점을 찾아내기 위한 수치코드(Numerical Code)를 개발했다. 그림 2와 3은 베트남 전체 해안선에 따른 열대성 저기

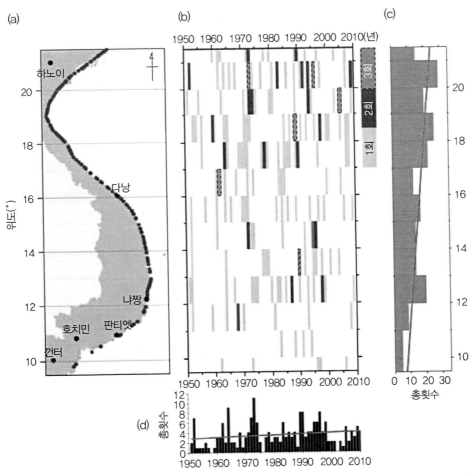

그림 2 (a) 1951~2010년 사이 열대성 저기압이 베트남 해안에 상륙한 지점, (b) 해안선의 위도 각 1° 구간에 대한 연간상륙 빈도, (c) 1951년에서 2010년 사이 해안선의 위도 각 1° 구간에 대한 총 상륙횟수, (d) 1951~2010년 사이에 베트남에 상륙한 열대성 저기압의 연간 총 상륙횟수

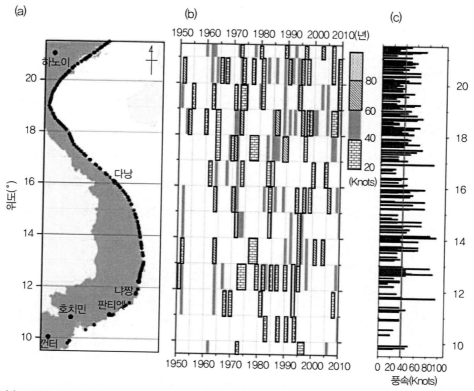

그림 3 (a) 1951~2010년 사이에 열대성 저기압이 베트남 해안을 따라 상륙한 지점, (b) 해안선의 위도 각 1° 구간
에 대한 최대 열대성 저기압 풍속, (c) 1951~2010년 사이에 열대성 저기압이 상륙했을 때의 풍속

압의 시간적패턴과 공간적 패턴 모두를 상세하게 분석하기 위해 만들었다. 열대성 저기압
상륙 패턴은 북쪽에서부터 남쪽에 이르기까지 시간과 장소에 따라 크게 변화하였다는 것을
쉽게 알 수 있다. 또한 그림 2(d)에서는 많은 열대성 저기압이 주로 연간 또는 십 년간 빈도
(頻度)로 변화하는 특징을 갖는다. 표 1은 지난 60년 동안 베트남 해안을 지나는 열대성 저기
압의 수를 보여준다. 각각의 열대성 저기압은 상륙한 시점(時點)에 따라 시간흐름에 따른 추
세를 확인하기 위해 3개의 위도 존(Zone)(북부, N21.5°~18°; 중부, N18°~14°; 남부, N14°~
9.5°)으로 나누었다. 베트남 남부지방은 북부지방 및 중부지방에 비해 일반적으로 태풍에 덜
취약하다. 열대성 저기압이 베트남 최남단에 상륙하더라도, 태풍의 발생 가능성은 북부나 중
부 해안보다 훨씬 적은 것으로 보인다. 인기 관광지인 냐짱(Nha Trang)을 포함하는 북위
N12°~N13°인 저위도(低緯度)에서도 태풍 상륙빈도가 중간 정도라는 점도 주목할 만하다. 따
라서 남부 해안은 그림 3(c)에서 볼 수 있듯이 강풍을 동반한 주기적인 열대성 저기압 때문에

피해를 입어왔다. 이 결과에 따르면 저위도(남부 해안)의 열대성 저기압은 고위도(중부 해안과 북부 해안)와 비슷한 강도(强度)를 가질 수 있으므로, 앞으로 남부 해안에서의 열대성 저기압에 대한 재난경감전략계획을 수립할 때 풍속을 과소평가해서는 안 된다.

표 1 1951∼2010년 사이 60년간 베트남 해안에 상륙한 열대성 저기압의 수를 3개의 위도 존(Zone)으로 분류하였음

연도(Year) 존(Zone)	1951∼1960	1961∼1970	1971∼1980	1981∼1990	1991∼2000	2001∼2010	합계
북부 (21.5°∼18°)	10 (53%)	9 (27%)	20 (48%)	15 (36%)	20 (45%)	16 (57%)	90 (43%)
중부 (18°∼14°)	4 (21%)	16 (49%)	14 (33%)	15 (36%)	11 (24%)	6 (22%)	66 (32%)
남부 (14°∼9.5°)	5 (26%)	8 (24%)	8 (19%)	12 (28%)	14 (31%)	6 (21%)	53 (25%)
총 열대성 저기압 수(개)	19 (100%)	33 (100%)	42 (100%)	42 (100%)	45 (100%)	28 (100%)	209 (100%)

4. 폭풍해일

폭풍해일은 대양(大洋) 해수면을 밀어 올리는 강풍과 폭풍체계 중심부의 저기압이 해수면을 상승시키는 것이다. 베트남 연안을 따라 수행한 연구는 비교적 적었는데, 예외적으로 국제연합개발계획(UNDP, United Nations Development Programme)[13]하에서 베트남 연구자들(즉, Pham, 1992)이 일련의 연구를 실시하였다. Pham(1992)은 북위 N16°∼N22°인 베트남 북부 해안의 폭풍해일에 대한 개요를 제공했다. Nguyen(2008)은 2001년 베트남 중부 해안에 상륙한 태풍 링링(Ling Ling) 시 발생한 폭풍해일에 대한 시뮬레이션을 실행하였다. Larson 등(2014)은 베트남 북부지방의 폭풍해일에 대한 몇 가지 연구를 소개했다. 태풍내습 중 홍강 삼각주 인근 해상(海上)의 최대폭풍해일은 평균해수면(MSL)상 1∼1.5m가 되지만, 해안을 향해 진행함에 따라 일반적으로 높아진다. 즉, 해안제방 및 기타 해안보전구조물 전면(前面)에서 폭풍

---

13 국제연합개발계획(UNDP, United Nations Development Programme) : 세계 최대의 다자간 기술원조 공여 계획으로 국제연합의 개발 활동을 조정하는 중앙기구로서, 국제연합 헌장의 정신에 입각해 개발도상국의 경제적, 정치적 자립과 경제·사회의 발전을 목적으로 한다.

해일은 평균해수면상 2.5~3.0m까지 관측되었다. 그러나 태풍 중 30%가 1m 이상의 폭풍해일고를 발생시키고, 단지 폭풍해일 중 4%만이 2m 이상의 높이에 도달한다. 그러므로 베트남 남부지방에서의 열대성 저기압으로 인한 폭풍해일 리스크를 산정한 연구는 거의 없었다. 그 이유 중 일부는 앞서 설명한 것처럼 베트남 남부지방에서는 열대성 저기압이 자주 발생하지 않는 반면, 베트남의 북부지방과 중부지방은 매번 열대성 저기압의 영향을 많이 받기 때문이다. 열대성 저기압은 때때로 베트남 남부지방까지 내습한다. 예를 들어, 1997년 늦은 10월 남중국해에서 형성된 강력한 태풍 린다(Linda)는 많은 어민과 선원을 태풍경로로부터 피항(避港)시켰고, 결국 베트남 남부지방 해안에 광범위한 피해를 일으켰다(UNDP, 2003). 린다는 지난 수십 년 동안 베트남 남부지방을 내습한 태풍 중 최악의 태풍으로 여겨지는데, 이 태풍으로 말미암아 311명이 사망했고 총 3억 8천5백만 달러($)(4,400억 원, 2019년 6월 환율기준)의 피해를 입었다. 태풍 시 발생한 호우로 말미암아 홍수가 발생해 약 20만 동(棟) 주택이 파괴되거나 파손되었고 38만 3천여 명이 집을 잃었다. 린다의 경로에서 발생한 폭풍해일은 충분히 조사되지 않았지만, 폭풍해일고는 메콩강(Mekong River) 하구에서 약 1m에 도달하였던 것으로 보인다(그림 4, Takagi 등, 2014b).

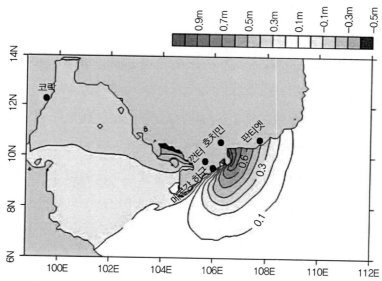

그림 4 1997년 태풍 린다가 베트남 남부 해안을 내습 시 폭풍해일고에 대한 수치시뮬레이션 결과. 태풍 린다는 메콩 삼각주를 통과하여 결국 타이만(Gulf of Thailand)을 강타하였음

5. 지진해일

베트남은 지진해일이 발생하기 쉬운 나라가 아니어서 역사적 지진해일 사건에 대한 제한된 기록만 있다. 베트남 해안을 따라 발생한 지진해일 사건에 대한 믿을 만한 기록은 역사책에 기록된 2가지 사건뿐이다(Ca, 2014). 첫 번째 사건은 "1877년 9월부터 12월까지 빈 투언(Bình Thuân)에는 3번의 지진이 있었고, 처음에는 강물이 상승하였고 벽돌집이 흔들렸다. 이후 두 번의 지진은 처음보다 약했다"라고 대남(大南)의 공식역사라는 책에 기록되어 있다. 두 번째 사건은 대남통일사(大南統一史, 베트남어로 Dai Nam Nhat Thong Chi)로 불리는 역사책에 기록된 것으로, 이 책은 어떻게 "1882년 빈 투언(Bình Thuân) 해안에 지진이 일어났고, 고파랑이 하루 내에 크고 많은 굉음(轟音)과 함께 상승했다"라는 내용을 담고 있다. 그 책들은 재산이나 인명 등 어떠한 손실에 대해서 언급하지 않았다. 세계의 다른 서적으로부터 그당시 모든 지진기록을 찾아보면 1882년에 그런 지진이 발생하지 않았음을 알 수 있다. 그러므로 기록된 지진해일을 일으킨 지진은 국발지진(局發地震)[14]이었고, 지진 규모가 작아서 멀리 떨어진 곳의 어떤 장치도 그것을 기록할 수 없었다.

Ca, Xuyen(2008) 및 Ca(2008)는 베트남 역사책을 참고하여 현장조사를 실시함으로써 19세기와 20세기에 발생하였던 5개의 역사적 지진해일 사건(표 2)을 소개했다. 이 5개 사건에 따르면, 거의 모든 베트남 해안은 지진해일이 발생하기 쉬운 것으로 여겨진다. 하지만 이러한

표 2 베트남 역사상 가능성 있었던 지진해일 사건들

연도	영향지역	비고
1877	빈 투언(Bình Thuân)(남동부)	지진이 일어나는 동안, 강물이 상승
1882	빈 투언(Bình Thuân)(남동부)	고파랑(高波浪)을 동반한 지진
19세기 말과 20세기 초	디엔 차우(Dien Chau)(북중부 해안)	신뢰성이 낮은 사건. 해저 산사태(Submarine Landslide)로 발생할 가능성
1923	냐짱(Nha Trang)(남중부 해안)	신뢰성이 낮은 사건. 화산활동으로 발생할 가능성
1978	트라코(Tra Co)(북동부)	신뢰성이 낮은 사건. 풍파(風波)가 발생할 가능성(?)

---

14 국발지진(局發地震, Local Earthquake) : 진앙으로부터 100km까지의 거리를 소구역이라고 보통 말하는데, 특정 소지역(小地域)에서 일어난 국제진도계II이상의 매우 작은 지진을 말한다.

사건들 중 일부는 완전히 조사되고 검증되지 않았으며, 따라서 베트남에서 가능한 지진해일 시나리오에 관한 추가적인 연구가 필요하다.

Mikami와 Takabatake(2014)는 표 3에서와 같이 Okal 등(2011)이 제안한 가상적인 대이변(大異變)의 지진 시나리오를 기초로 한 지진해일 수치시뮬레이션을 수행했다. 수치시뮬레이션에 사용된 지진 모멘트 규모는 M_w는 Phuong 등(2012)이 통계분석을 통해 구한 마닐라 해구의 최대 예측규모(8.3~8.7)와 일치한다. 마닐라 해구의 지진해일로서 더 심각한 시나리오가 제안되어 있으므로, 이 시나리오는 기존연구 중 최악의 시나리오는 아니라는 점에 유의해야 한다(Mikami와 Takabatake, 2014).

표 3 단층(斷層) 매개변수(Okal 등, 2011)

위치	깊이 (km)	길이 (km)	폭 (km)	주향각(走向角) (°)	경사각 (°)	미끄럼방향각 (°)	평균변위 (m)
16.0°N, 118.8°E	10	400	90	355	24	72	6

최대 지진해일 진폭의 분포는 그림 5(a)와 같다. 지진해일 지향성[15]으로 인해, 주로 남중국해에서 발생한 지진해일은 베트남 중부 해안지방을 향한 방향에서 큰 지진해일 진폭(振幅)이 관측된다. 베트남 해안의 다른 부분, 즉 북부와 남부는 중부보다 작은 지진해일 진폭이다. 지진해일 진폭이 0.01m 이상으로 커지는 시간으로 정의되는 지진해일 도달시간 분포를 그림 5(b)에 나타내었다. 베트남 중부 해안지방은 지진 발생 2시간 후 지진해일이 내습한다. 베트남 해안 전체가 지진해일 내습을 경험하는 데는 몇 시간 이상 걸릴 것이다. 즉, 마닐라 해구에서 큰 규모의 지진해일이 발생하더라도 관계 당국은 내습하는 지진해일에 대한 정보를 베트남 전 국민에게 전파하기에는 충분한 시간이 된다.

---

15 지진해일 지향성(津波 指向性,Tsunami Directivity) : 지진해일은 해저지반의 변위면과 직각방향으로 방사(放射)하므로 장축(長軸)과 단축(短軸)의 비가 클수록 장축에 직각인 방향으로 진행하는 지진해일 에너지의 비율은 커지는 것을 말한다.

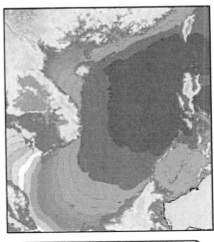

0.0 0.2 0.4 0.6 0.8 1.0 1.2 1.4 1.6 1.8 2.0
최대 지진해일 진폭(m)
(a)

0 1 2 3 4 5 6 7 8 9 10 11 12 13 14 15
지진해일 도달시간(hour)
(b)

그림 5 남중국해에서의 최대 지진해일 진폭과 지진해일 도달시간

6. 해안침식

Cong 등(2014)은 최근 몇 년 동안 베트남의 해안침식에 대해 논의하였고, 여러 지방의 침식지역에 대한 자세한 정보를 제공하였다(표 4).

대부분의 베트남 해안지역은 어느 정도 해안침식을 영향을 받고 있다. 특히 두 삼각주지역, 즉 홍강 삼각주(Red River Delta)와 메콩 삼각주(Mekong Delta)의 하구근처에서의 해안침식이 심각한데, 이 지역은 지형학적으로 불안정하여 여전히 급격한 동적변화과정(動的變化過程)을 겪고 있기 때문이다(Hung 및 Larson, 2014). 이 지역의 자연적인 지형변화는 심각한 침식 및 퇴적문제를 발생해왔으며, 때로는 지역주민을 인접 지역으로 이주시키기도 했다.

표 4 베트남 해안의 침식지역(Cong 등으로부터 자료 가져옴. 2014)

성(省)	현(縣)	침식면적(ha)	성(省)	현(縣)	침식면적(ha)
꽝닌 (Quang Ninh)	하이닌(Hai Ninh)	181.6	닌빈(Ninh Binh)	김손(Kim Son)	−
	꽝하(Quang Ha)	86.3	탄호아 (Thanh Hoa)	엔가손(Nga Son)	71.8
	티엔옌(Tien Yen)	139.4		하우로크(Hau Loc)	204.4
	캠파(Cam Pha)	152.3		호앙호아(Hoang Hoa)	256.9
	홍가이(Hon Gai)	35.1		샘손(Sam Son)	36.8
	호안보(Hoanh Bo)	13.3		쿵쉐옹(Qung Xuong)	144.4
	옌흥(Yen Hung)	29.8		틴지아(Tinh Gia)	305.2
하이퐁 (Hai Phong)	투이 응우옌 (Thuy Nguyen)	1.7	응허안(Nghe An)	퀸루(Quynh Luu)	278.9
	도손(Do Son)	91.1		디엔차우(Dien Chau)	275.3
	키엔투이(Kien Thuy)	10.4		응기락(Nghi Loc)	369.9
	티엔랑(Tien Lang)	26.5		응기쉰(Nghi Xuan)	185.1
타이빈 (Thai Binh)	타이투이(Thai Thuy)	98.9	하틴(Ha Tinh)	탁하(Thach Ha)	81.6
	텐하이(Tien Hai)	34.1		캠슈이엔(Cam Xuyen)	149.3
남친 (Nam Đinh)	자오투이(Giao Thuy)	142.4		키안(Ky Anh)	151.7
	하이하우(Hai Hau)	322.4			
	응기아흥 (Nghia Hung)	114.4			
꽝빈 (Quang Binh)	꽝트래치 (Quang Trach)	126.7	칸호아 (Khanh Hoa)	반닌(Van Ninh)	96.4
	보트래치(Bo Trach)	88.1		닌호아(Ninh Hoa)	116.7
	옹호이(Đong Hoi)	39.1		디엔칸(Dien Khanh)	34.8
	꽝닌(Quang Ninh)	29.7		냐짱시 (Nha Trang City)	105.1
	르투이(Le Thuy)	65.7			
꽝트리 (Quang Tri)	벤하이(Ben Hai)	32.5		캠란(Cam Ranh)	208.4
	트리우하이 (Trieu Hai)	153.2		닌하이(Ninh Hai)	136.5
투아 티엔−휴 (Thua Thien−Hue)	후옹트라 (Huong Tra)	115.7	닌투안 (Ninh Thuan)	판랑(Phan Rang)	281.7
	푸방(Phu Vang)	348		탁참(Thap Cham)	
	퐁디엔 (Phong Dien)	85.1		닌투어(Ninh Phước)	287.8
	푸락(Phu Loc)	160.9		투이퐁(Tuy Phong)	152.9
다낭시(Da Nang City)		−	빈투언 (Binh Thuan)	박빈(Bac Binh)	86
꽝남 (Quang Nam)	호이안(Hoi An)	82.2	하틴(Ha Tinh)	판티엣(Phan Thiet)	239.8
	탄빈(Thanh Binh)	128.3		함투안남 (Ham Thuan Nam)	136.2
	탐키(Tam Ky)	142.2		함탄(Ham Tan)	212.5
	누이탄(Nui Thanh)	437.3	호치민시 (Ho Chi Minh City)	껀저(Can Gio)	975.7
			티엔장 (Tien Giang)	고콩시옹 (Go Cong Đong)	432.5

표 4 베트남 해안의 침식지역(Cong 등으로부터 자료 가져옴. 2014)(계속)

성(省)	현(縣)	침식면적(ha)	성(省)	현(縣)	침식면적(ha)
꽝가이 (Quang Ngai)	빈선(Binh Son)	192.8	벤트레 (Ben Tre)	빈차이(Binh Đai)	497.1
	선틴(Son Tinh)	165.2		바트라이(Ba Tri)	171.8
	꽝가이마을 (Quang Ngai town)	25		탄푸(Thanh Phu)	1178
	투냐(Tu Nghia)	30.2	트라빈 (Tra Vinh)	트라쿠(Tra Cu)	55.1
	모득(Mo Duc)	215.4		카우은강 (Cau Ngang)	110.9
	득포우(Duc Pho)	150.2		두옌하이 (Duyen Hai)	968.8
빈인 (Binh Đinh)	호아이논(Hoai Nhon)	68.1	속트랑 (Soc Trang)	롱푸(Long Phu)	336.3
	푸마이(Phu My)	165.5		트룽빈(Trung Binh)	202.6
	푸캣(Phu Cat)	106.4		빈차우(Vinh Châu)	317.3
	투푸옥(Tuy Phuoc)	85.4	박리우 (Bac Lieu)	지아라이(Gia Rai)	184.4
	쿠이혼시 (Qui Nhon city)	175.5	카마우 (Ca Mau)	땀로이(Đam Roi)	2181.7
푸옌 (Phu Yen)	송카우(Song Cau)	446		앵콕힌(Ngoc Hien)	4752
	투이안(Tuy An)	121.2	키엔강 (KienGiang)	하톈(Ha Tien)	2187.7
	투이호아마을 (Tuy Hoa town)	160.9			
	투이호아(Tuy Hoa)	120.5			

해안제방 등 해안·항만구조물과 같은 인위적 간섭도 해안침식의 한 원인으로 여겨진다. Takagi 등(2104a)은 급성장하는 리조트 내 민간호텔이 해빈보호를 목적으로 돌제(突堤)[16]를 축조함으로써 어떻게 침식이 시작되어 확대되고 있음을 명확히 보여주는데(그림 6), 이것은 미래 가능한 환경영향을 이해하는 전문지식의 부족 및 강력한 규제의 부재(不在)로 말미암아 여러 해안지역의 리스크를 증가시킨다는 것을 보여준다.

덕롱(Duc Long)은 최근 몇 년 동안 심하게 침식된 해빈 근처에 있는 판 티엣(Phan Thiết)시의 연안지역사회 중 하나이다(그림 7). 이 연안지역사회의 침식결과로 해빈은 점진적으로 육지 쪽으로 이동하였고, 작은 해식애(海蝕崖)[17] 전면에 매우 좁은 해빈이 생겼는데, 해식애는 이전의 해안(海岸) 전사구(前砂丘) 꼭대기이었다. 주민들과 관계 당국은 즉각적이며 다양한

---

16 돌제(突堤, Jetty, Groin): 육상으로부터 바다 쪽으로 가늘고 길게 돌출된 형식의 구조물로 여러 개의 돌제를 적당한 간격으로 배치시킨 돌제군(突堤群)으로서 기능하는 경우가 많다.

17 해식애(Coastal Cliff, 海蝕崖): 파랑에 의해 육지가 침식되어 형성된 절벽 또는 급비탈면을 말한다.

해안보전조치를 실시하여 침식을 막아 보려고 노력했지만 그러한 대책이 침식과정을 중지시키지는 못했다.

그림 6 2006~2012년까지 베트남 무이네에서의 호텔 동·서쪽 해안선 변화(© Google Earth)

(a) 2012년 1월

(b) 2010년 1월

그림 7 판티엣시의 덕롱에서 찍은 사진

7. 메콩 삼각주에서의 침수와 해수면 상승

지구상에서 가장 긴 하천 중 하나인 메콩강은 수원(水源)으로부터 남중국해까지 약 4,800km 거리를 걸쳐 남쪽으로 흐르며, 총유역면적은 6개국(중국, 미얀마, 라오스, 태국, 캄보디아, 베트남)의 795천km²에 이른다. 하구(河口)의 연평균유량에 근거하면 메콩강은 세계의 하천 중 10위에 해당한다(메콩강위원회, 2005). 메콩강은 대유역(大流域)을 가지고 있어 기후변화에서 세계에서 가장 민감한 지역 중 하나로 여겨왔다(WWF, 2009).

Takagi 등(2014c, d)은 메콩 삼각주에서 가장 큰 도시인 껀터(Cần Thơ)시의 계절적인 하천 범람 위험(Hazard) 및 미래 해수면 상승에 따라 악화할 수 있는 현상을 조사하였다. 상류로부터 하천유량 또는 호우유출(豪雨流出)로 인한 홍수에 주로 초점을 맞춘 이전 연구와는 달리 Takagi 등은 대양(大洋)의 조석영향(潮汐影響)을 조사하여 하구로부터 80km 떨어진 내륙에 위치한 껀터(Cần Thơ)와 같은 상류지역에서도 해수면을 결정하는 방법을 밝혀냈다(그림 8).

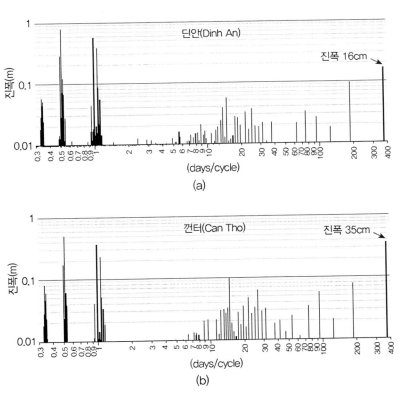

그림 8 2009년 7월부터 2010년 6월까지의 시간별 조석 데이터를 바탕으로 한 딘안 및 껀터에서 수위의 진폭 스펙트럼

그림 8은 하구 도시(딘안(Dinh An, 또는 DA))와 껀터(Can Tho, 또는 CT)의 수위변화의 주파수 특성에 대한 진폭 스펙트럼을 나타낸다. 연간주기(365days/cycle)에 해당하는 진폭은 DA의 경우 약 16cm이고 CT의 경우 최대 35cm까지 증가한다. 두 지점 사이의 이런 조석증폭(潮汐增幅)은 DA와 CT 사이의 진폭이 거의 같음을 나타내는 반년(半年) 주기에서는 볼 수 없다(그림 8(a)과 8(b)에서 약 182.5 days/cycle). 이러한 결과를 토대로 CT에서 수위변화의 년(年)주기는 천문조(天文潮)와 하천유량으로 인한 동요(動搖)로 결정된다. 각 물리적 요인의 기여도는 거의 같은 순서로 나타나므로 향후 수위와 범람에 대한 평가 시 주의 깊게 고려해야만 한다.

하천흐름은 조석감쇠(潮汐減衰)를 일으켜 유입되는 조석에너지를 뚜렷하게 감소시키며, 특히 우기(雨期)에 이 영향은 명확히 나타난다. 메콩강 위원회에서 모니터링한 수위를 기초로 한 분석 결과에 따르면 2009년 7월~2010년 6월 사이에 껀터 하천제방 근처 지반(地盤)이 총 215시간 동안 침수된 것으로 나타났다(1년 기간 동안 시간의 2.5%에 해당된다).

IPCC AR5의 예측에 근거하여 2050년까지 25cm, 2100년까지는 60cm라는 2가지 해수면 상승 시나리오를 가정하면, 그림 9는 침수지속시간이 현재 2.5%(2009년)로부터 7.5%(2046~2065년) 및 24%(2100년)까지 각각 연장될 것이다(Takagi 등, 2014d). 또한 저자들이 실시한 현장조사에 따르면 최근의 침수사건에서 침수위는 껀터 도심지 도로 상 47cm에 도달하는 것으로 나타났다(그림 10). 이러한 침수는 지역의 일상생활, 농업 및 교통에 영향을 미칠 수

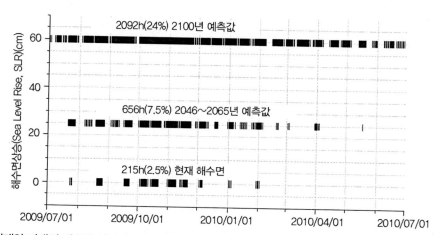

그림 9 현재와 미래의 해수면 시나리오 아래에서의 껀터 제방 및 도심 지역의 침수빈도(IPCC AR5로 예측한 연간 시간과 1년 기간에 대한 연간 시간의 비율(%))

그림 10 껀터 도심지에서 정적 GPS 시스템을 이용한 지형 조사. 그림은 2009년 최대치와 다양한 SLR(해수면 상승, Sea Level Rise) 시나리오 아래에서의 동등한 예측에 따른 여러 침수위를 표시함

있으며 이러한 사건의 빈도와 높이가 증가하면 삼각주 거주민의 사회·경제적 여건에 부정적인 영향을 미칠 수 있다. 지역주민들은 현재 낮은 침수사건에 대해 상당한 복원성을 보이지만, 향후 빈도(頻度)와 강도면(强度面)에서 침수위(浸水位)가 증가하면 대응조치가 필요하다.

8. 결론

베트남은 3,200km 길이의 해안선과 2개의 광활한 삼각주 저지대를 갖고 있어 세계에서 연안재난과 기후변화에 가장 취약한 나라 중 하나이다. 그러나 베트남 국외 사람들은 재난에 맞서는 이 나라의 해안 취약성을 알아차리지 못하는 것으로 보이며, 심지어 대부분의 베트남 국내 사람들조차 자주 해안침수로 고통받고 있는 그들 자신의 지역사회가 직면하는 위험(Hazard)의 정도를 깨닫고 있지 못할 수 있다.

이 장에서 저자들은 현재 연안지역사회가 겪고 있는 문제가 얼마나 심각한 지에 대한 인식을 높이기 위해 베트남의 연안재난에 대해 설명했다. 제2절에서는 최근 베트남의 해안문제와 관련된 많은 연구를 요약하였는데, 여기에는 해안침식, 태풍, 폭풍해일, 지진해일, 침수, 해수면 상승 등의 문제를 포함한다. 제3절에서는 베트남 해안선 전체에 따라 상륙한 열대성 저기압의 시간적 및 공간적 경향을 정량화하기 위해 몇 가지 분석을 실시했다. 그 결과 베트남 남부지방은 북부지방과 중부지방에 비해 태풍에 덜 취약하다는 것을 확인할 수 있었다. 그리고 열대성 저기압이 베트남의 최남단 지역에서도 상륙했던 것으로 나타난다. 4절에서는 특히 남부지방 해안에서 발생 가능성 있는 폭풍해일에 대해 논의하였다. 수치시뮬레이션 결과는 베트남 남부지방의 폭풍해일 범위가 북부지방 폭풍해일의 범위보다 작다는 것을 나타낸다. 그러나 저지대가 매우 넓게 펼쳐 있는 메콩 삼각주의 지형적 특성은 폭풍해일이 비교적 적더라도 심각한 결과를 초래할 수 있다. 5절에서는 아마도 19세기 이후 오랫동안 지진해일 재난을 경험하지 않았던 베트남의 역사적인 지진해일에 대해 설명하였다. 해저지진으로 발생할 지진해일을 수치시뮬레이션으로 계산한 결과, 마닐라 해구에서 모멘트 규모 M_w 8.0 지진이 발생할 때 베트남 중부지방은 1m 이상의 지진해일고(津波高)가 내습하는 것으로 나타났다. 제6절에서는 베트남 지방에 따른 해안침식정도를 제시했다. 또한 베트남에서 빠르게 성장하는 연안도시 중 한 곳에서 발생하는 심각한 해안침식을 제시하였고, 침식원인에 대해서도 언급하였다. 7절에서는 해양조석영향과 해수면 상승을 고려한 메콩 삼각주의 침수를 설명하였으며, 장래 정량적인 예측 결과 침수지속시간이 길게 늘어나 지역사회에 상당한 영향을 미칠 것으로 예상되었다.

참고문헌

1. Ca, V.T., 2008. Establishingtsunami hazard map for Vietnamese coasts, MoNRE, Final Report, 267 pages (in Vietnamese).

2. Ca,V.T.,2014.Tsunamihazard inVietnam.In : Thao,N.D., Takagi,H., Esteban,M. (Eds.), Coastal Disasters and Climate Change in Vietnam : Engineering and Planning Perspectives, first ed. Elsevier, Amsterdam, pp. 277–302. http://dx.doi.org/10.1016/B978-0-12-800007-6.00013-7.

3. Ca, V.T., Xuyen, N.D., 2008. Tsunami risk along Vietnamese coast. J. Water Resour. Environ. Eng. 23, 24–33.

4. Cong, L.V., Cu, N.V., Shibayama, T., 2014. Assessment of Vietnam coastal erosion and relevant laws and policies. In : Thao, N.D., Takagi, H., Esteban, M. (Eds.), Coastal Disasters and Climate Change in Vietnam : Engineering and Planning Perspectives, first ed. Elsevier, Amsterdam, pp. 81–106. http://dx.doi.org/10.1016/B978-0-12-800007-6.00004-6.

5. Esteban, M., Thao, N.D., Takagi, H., Valenzuela, P., Tam, T.T., Trang, D.D.T., Anh, L.T., 2014a. Storm surge and tsunami awareness and preparedness in Central Vietnam. In : Thao, N.D., Takagi, H., Esteban, M. (Eds.), Coastal Disasters and Climate Change in Vietnam : Engineering and Planning Perspectives, first ed. Elsevier, Amsterdam, pp. 321–336. http://dx.doi.org/10.1016/B978-0-12-8000076.00015-0.

6. Esteban,M.,Takagi, H., Thao,N.D., 2014b. Tropical cyclone damage to coastal defenses : future influence of climate change and sea level rise on shallow coastal areas in Southern Vietnam. In : Thao, N.D., Takagi, H., Esteban, M. (Eds.), Coastal Disasters and Climate Change in Vietnam : Engineering and Planning Perspectives, first ed. Elsevier, Amsterdam, pp. 233–255. http://dx.doi.org/10.1016/ B978-0-12-800007-6.00011-3.

7. GTZ,2003.Climate change and development in Vietnam : agriculture and adaptation for the Mekong Delta Region. In : Climate Protection Programme, 30 pp.

8. Hung, N.M., Larson, M., 2014. Coastline and river mouth evolution in the Central Part of the Red River Delta. In : Thao, N.D., Takagi, H., Esteban, M. (Eds.), Coastal Disasters and Climate Change in Vietnam : Engineering and Planning Perspectives, first ed. Elsevier, Amsterdam, pp. 43–79. http://dx.doi. org/10.1016/B978-0-12-800007-6.00003-4.

9. Knaepen,H.L.,2014.Main streaming climate change adaptation into Vietnamese development as a new policy arrangement. In : Thao, N.D., Takagi, H., Esteban, M. (Eds.), Coastal Disasters and Climate Change in Vietnam : Engineering and Planning Perspectives, first ed. Elsevier, Amsterdam, pp. 355–377. http://dx.doi.org/10.1016/B978-0-12-800007-6.00017-4.

10. Larson, M., Nguyen, M.H., Hanson, H., Sundstr€om, A., S€odervall, E., 2014. Impacts of typhoons on the Vietnamese coastline : a case study of Hai Hau Beach and Ly Hoa Beach. In : Thao, N.D., Takagi, H., Esteban, M. (Eds.), Coastal Disasters and Climate Change in Vietnam : Engineering and Planning Perspectives, first ed. Elsevier, Amsterdam, pp. 17–42. http://dx.doi.org/10.1016/B978-0-12-8000076.00002-2.

11. Mekong River Commission (MRC), 2005. Overview of the Hydrologyof the Mekong Basin, ISSN : 1728 3248

12. Mikami, T., Takabatake, T., 2014. Evaluating tsunami risk and vulnerability along the Vietnamese coast. In : Thao, N.D., Takagi, H., Esteban, M. (Eds.), Coastal Disasters and Climate Change in Vietnam : Engineering and Planning Perspectives, first ed. Elsevier, Amsterdam, pp. 303–319. http://dx.doi.org/10.1016/B978-0-12-800007-6.00014-9.

13. Nguyen, T.S., 2008. Storm surge predictions for Vietnam coast by Delft3D model using results from RAMS model. In : Proc. the Fifth Anniversary Workshop of the Marine and Coastal Engineering Faculty of Water Resource Univ. Vietnam, pp. 39–47.

14. Okal, E.A., Synolakis, C.E., Kalligeris, N., 2011. Tsunami simulations for regional sources in the South China and adjoining seas. Pure Appl. Geophys. 168, 1153–1173.

15. Pham, V.N., 1992. The storm surge models, UNDP Project VIE/87/020.

16. Phuong, N.H., Que, B.C., Xuyen, N.D., 2012. Investigation of earthquake tsunami sources, capable of affecting Vietnamese coast. Natural Hazards 64 (1), 311–327.

17. UNDP, 2003. Summing-up report on disaster situations in recent years and preparedness and mitigation measures in Vietnam.

18. Schmitt, K., Albers, T., 2014. Area coastal protection and the use of bamboo breakwaters in the Mekong Delta. In : Thao, N.D., Takagi, H., Esteban, M. (Eds.), Coastal Disasters and Climate Change in Vietnam : Engineering and Planning Perspectives, first ed. Elsevier, Amsterdam, pp. 107–132. http://dx.doi.org/10.1016/B978-0-12-800007-6.00005-8.

19. Takagi, H., Esteban, M., Tam, T.T., 2014a. Coastal vulnerabilities in a fast-growing Vietnamese City. In : Thao, N.D., Takagi, H., Esteban, M. (Eds.), Coastal Disasters and Climate Change in Vietnam : Engineering and Planning Perspectives, first ed. Elsevier, Amsterdam, pp. 157–171. http://dx.doi.org/10.1016/B978-0-12-800007-6.00007-1.

20. Takagi, H., Thao, N.D., Esteban, M., 2014b. Tropical cyclones and storm surges in Southern Vietnam. In : Thao, N.D., Takagi, H., Esteban, M. (Eds.), Coastal Disasters and Climate Change in Vietnam : Engineering and Planning Perspectives, first ed. Elsevier, Amsterdam, pp. 3–16. http://dx.doi.org/10.1016/B978-0-12-800007-6.00001-0.

21. Takagi, H., Tran, T.V., Thao, N.D., Esteban, M., 2014c. Ocean tides and the influence of sea-level rise on floods in Urban areas of the Mekong Delta. J. Flood Risk Manage, Wiley. http://dx.doi.org/10.1111/ jfr3.12094.

22. Takagi, H., Ty, T.V., Thao, N.D., 2014d. Investigation on floods in Can Tho City : influence of ocean tides and sea level rise for the Mekong Delta's Largest City. In : Thao, N.D., Takagi, H., Esteban, M. (Eds.), Coastal Disasters and Climate Change in Vietnam : Engineering and Planning Perspectives. first ed. Elsevier, Amsterdam, pp. 257–274. http://dx.doi.org/10.1016/B978-0-12-800007-6.00012-5.

23. Thanh, N.D., 2014. Climate change in the coastal regions of Vietnam. In : Thao, N.D., Takagi, H., Esteban, M. (Eds.), Coastal Disasters and Climate Change in Vietnam : Engineering and Planning Perspectives, first ed. Elsevier, Amsterdam, pp. 175–198. http://dx.doi.org/10.1016/B978-0-12-8000076.00008-3.

24. Toan,T.Q.,2014.Climate change and sea level rise in the Mekong Delta : Flood.In : Thao,N.D., Takagi,H., Esteban, M. (Eds.), Coastal Disasters and Climate Change in Vietnam : Engineering and Planning Perspectives, first ed. Elsevier, Amsterdam, pp. 199–218 Tidal Inundation, Salinity Intrusion, and Irrigation Adaptation, Methods. http://dx.doi.org/10.1016/B978-0-12-800007- 6.00009-5.

25. Trung, N.H., Tri, V.P.D., 2014. Possible impacts of seawater intrusion and strategies for water management in coastal areas in the Vietnamese Mekong Delta in the context of climate change.In : Thao,N.D., Takagi, H., Esteban, M. (Eds.), Coastal Disasters and Climate Change in Vietnam : Engineering and Planning Perspectives, first ed. Elsevier, Amsterdam, pp. 219–232. http://dx.doi.org/10.1016/B978-012-800007-6.00010-1.

26. Thao, N.D., Takagi, H., Esteban, M., 2014. Economic growth and climate change challenges to Vietnamese Ports. In : Thao, N.D., Takagi, H., Esteban, M. (Eds.), Coastal Disasters and Climate Change in Vietnam : Engineering and Planning Perspectives, first ed. Elsevier, Amsterdam, pp. 339–354. http://dx.doi.org/10.1016/B978-0-12-800007-6.00016-2.

27. WWF, 2009. The Greater Mekong and Climate Change : Biodiversity, Ecosystem Services and Development at Risk. WWF, Bangkok, Thailand, 34 pp.

28. Yamamoto, L., 2014. Environmental displacement in Vietnam. In : Thao, N.D., Takagi, H., Esteban, M. (Eds.), Coastal Disasters and Climate Change in Vietnam : Engineering and Planning Perspectives, first ed. Elsevier, Amsterdam, pp. 379–393. http://dx.doi.org/10.1016/B978-0-12-800007-6.00018-6.

일본의 향후 지진해일에 따른 인명손실에 대한 현재 리스크 예측

1. 서 론

지진해일은 연안지역을 황폐화시킬 수 있으며, 연안지역에 거주하는 사람들의 생명을 위협할 수 있다. 인류 역사상 최악의 지진해일 중 하나는 2011년 3월 11일 발생하였는데, 일본 태평양 연안의 모멘트 규모 M_w 9.0 지진(일본 기상청, 2011)으로 발생한 지진해일이 일본 북동부 해안선의 많은 부분을 초토화시켰다. 센다이 평야(Sendai Plain)에 따른 최대 지진해일 흔적고는 19.5m이었고 지진해일은 단파(段波) 형태로 내륙 약 4~5km까지 내습하였다. 산리쿠 해안(Sanriku Coast)에서 관측된 최대 지진해일 처오름고(Run-up Height)는 40.4m로 지난 10년 동안 발생한 전 세계의 지진해일 중 두 번째로 큰 지진해일로 기록되었다(동일본 지진 및 지진해일 합동조사단, 2011, 1장 및 17~19장 참조). 재난을 대비하여 일본 관계 당국은 해안선 전체에 대규모 연안방재시설을 건설해왔지만(지진해일 또는 그 지역을 자주 강타한 태풍으로 인한 폭풍해일을 방호하기 위해), 지진해일이 모든 것을 휩쓸어버려 400km²가 넘는 육지가 침수되었다. 지진해일은 연안방재시설(해안제방, 방조제, 방파제 또는 해안림(海岸林)을 포함)을 침수시켰을 뿐만 아니라, 철근콘크리트 건물 및 교량과 같은 다른 구조물에도 상당한 피해를 발생시켰다(Mori 등, 2012; Watanabe 등, 2012; Ogasawara 등, 2012; Shimozono 등, 2012; Suppasri 등, 2012a, 2012b; Kakinuma 등, 2012 및 Mikami 등, 2012, Eseban 등, 2013, 15~20장).

2011년 3월 광범위한 산리쿠(三陸) 해안선의 지진해일 피해는 일본에서 역사기록을 시작한 이후 피해를 입힌 최악의 지진해일 중 하나로 여겨지고 있다. 산리쿠와 센다이(仙台) 해안선은 일본 역사 중 1,000년 동안의 지진해일 피해가 기록되었다. 가장 파괴적인 5개 지진해일은 869년 조간(貞觀), 1611년 게이쵸−도호쿠(慶長−東北), 1896년 메이지−산리쿠(明治−三陸), 1933년 쇼와−산리쿠(昭和−三陸), 1960년 칠레 지진해일로 알려져 있다(Watanabe, 1985). 따라서 2011년 도호쿠(東北) 지진 및 지진해일은 서기 869년에 발생한 조간 지진해일과의 유사성으로 인하여 약 1,000년의 재현기간(再現期間)을 가진 것으로 알려져 있다(Sawai 등, 2006). 오로지 삼대실록(Sandai-Jitsuroku, 三代実録)[1]로 알려진 역사적 문헌에만 조간 지진해일의 설명이 나오는데, 이 문헌에는 도호쿠 해안지역이 침수되어 약 1,000명이 익사(溺死)한 것으로 적혀 있다(당시 인구밀도가 매우 낮았던 점에 유의해야 한다). 에도시대(江戸時代)[2](1603∼1867년) 이후 지진해일 기록 숫자와 질(質)이 뚜렷하게 증가했는데, 예를 들어 게이쵸−도호쿠(慶長−東北) 지진해일(1611) 보고에 따르면 지진해일은 홋카이도에서부터 산리쿠까지 광범위한 해안지역에 영향을 미쳤다. 도호쿠에서는 파랑이 내륙으로 4km까지 내습하여 해안지역에 큰 피해를 입혔다(Sawai 등, 2006).

메이지(明治) 시대(1868∼1912년) 시작 이후로 산리쿠 해안에는 3개의 대규모 지진해일을 내습했는데, 이 모두는 엄청난 피해를 발생시켜 많은 인명을 빼앗아갔다. 이 3개의 지진해일 중 첫 번째는 22,000명 사람들이 사망한 것으로 알려진 메이지−산리쿠(明治−三陸) 지진해일이었다. 소규모의 근해지진(近海地震)으로 발생한 이 지진해일은 최대 지진해일고가 최대 20m에 이르렀다. 두 번째로 발생한 지진해일도 근해지진으로 발생한 쇼와−산리쿠(昭和−三陸) 지진해일로 산리쿠 해안에서 3,000명을 사망시켰다. 마지막으로 2011년 이전 마지막 사건은 1960년 칠레 지진해일로, 칠레에서 발생한 모멘트 규모 M_w 9.5의 지진으로 촉발(觸發)되었다(6장 및 20장 참조). 이 사건은 일본 산리쿠 해안을 포함하여 환태평양(Pacific Rim) 지

---

1   삼대실록(Sandai-Jitsuroku, 三代実録) : 키요카즈(清和), 요제이(陽成), 고코(光孝) 천황세대의 편년체의 정사로서 육국사(六国史)의 하나로 50권이다. 우다(宇多) 천황의 칙령에 의해서 간표(寛平) 4(892)년 편찬에 착수, 연희(延喜) 1(901)년 완성하였고, 천안(天安) 2(858)년∼인화(仁和) 3(887)년까지 역사를 다루었다. 육국사 중 가장 잘 갖추어져 있다. 종래의 정사에서는 생략되고 있던 상표문(上表文)이나 항례(恒例)의 연중행사도 정리해 전기(伝記)를 게재한 인물의 대상범위를 넓히고 있다.

2   에도시대(江戸時代) : 도쿠가와 이에야스(德川家康)가 세이이 다이쇼군(征夷大將軍)에 임명되어 막부(幕府)를 개설한 1603년부터 15대 쇼군(將軍) 요시노부(慶喜)가 정권을 조정에 반환한 1867년까지의 봉건시대를 말한다.

역의 여러 국가에 영향을 미쳤는데, 100명이 넘는 사람들의 목숨을 앗아갔다.

2011년 동일본 대지진해일로 대규모 사상자를 기록하였는데, 2012년 기준 15,867명이 사망하고 2,909명이 여전히 실종 상태이었다(일본 경찰청, 2012년 7월 11일). 사망자 중 90% 이상이 지진해일로 인한 침수로 익사했다. 일본 기상청(JMA, the Japan Meteorological Agency)은 대피시간을 최대로 하고 사상자를 줄이기 위해 지진 발생 3분(min) 후 처음으로 지진해일 경보를 발령하였지만 주민들 중 40% 이상이 지진해일이 도착했을 때 대피하지 않았거나 침수지역 내 있었다(Yun 및 Hamada, 2012). 많은 사람이 목숨을 잃었기 때문에 지진해일 재난관리 위원회가 왜 사람들이 대피하지 않았는지를 알아내어 향후 이러한 사건들을 다루기 위한 새로운 전략을 제시해야만 한다.

그러나 일반적으로 지진해일 흔적고가 커지면 사망률도 증가한다고 알려져 있지만(Suppasri, 등, 2012a, 2012b 참조), 지진해일 흔적고와 유효한 대피시간과의 상관관계는 문헌에서 분명하지 않다. 본 연구의 목적은 먼저 2011년 동일본 대지진해일의 최대고와 도달시간을 처음으로 연구함으로써 이것과 침수지역의 인명손실 간의 관계를 분석하는 것이다. 결과적으로 새로운 지진해일 범주(範疇)를 제안하여 다양한 지진 시나리오가 일본의 타 지역 연안 거주지에 미치는 잠재적인 위협을 예측하는 데 사용할 것이다(즉, 남부 간토(関東) 해안선에 따라 있는 도쿄만(東京灣) 및 사가미만(相模灣)).

2. 지진해일고 및 도달시간이 사망에 미치는 영향

지진해일고, 도달시간과 사망과의 관계는 여러 연안지역사회의 다양한 수준의 재난대비 및 대책으로 활용할 수 있으며 원래 국가 및 지역에 따라 다르다는 것을 이해하는 것이 중요하다. 일본, 특히 도호쿠 지방인 경우, 지진해일 대비 수준은 세계에서 가장 최고는 아니더라도 세계 최고 수준이었음이 분명하다(10장 및 11장 참조). Mori 등(2012)은 많은 사상자를 기록하였지만 지진해일이 현대적인 지진해일 대책 시스템을 갖춘 지역을 내습한 것은 역사상 처음이라고 지적한다.

저자가 도출한 모델은 분명히 도호쿠 지방에 초점을 두고 있어, 일본이나 세계 다른 지역에 대한 적용성은 그다지 명확하지 않다. 그러나 도호쿠 지방은 방재를 가장 잘 준비해왔고

지역주민들 사이에서도 방재에 관한 높은 수준의 인식을 가져(10장 및 11장 참조), 다른 곳에서 예상할 수 있는 사상자의 수보다 보수적인 추정을 제공한다(지진해일 대책이 미비한 지역과 비교하여). 이러한 결과를 얻는 것은 장래 재난 리스크 관리전략을 개선하고 해안선 중 어느 지역의 해안선이 잠재적으로 더 리스크 할 예정인지를 강조하기 위해 중요하다. 이것이 일본의 타 지역에 어떻게 적용될 수 있는지 보여주기 위해 저자들은 도쿄만과 사가미만에 대한 다른 잠재적 지진 위협을 분석하여 재난대책을 세우려고 시도할 때 어느 지역이 더 큰 리스크에 처하게 될 것인지 또한 재원(財源)의 우선순위를 어떻게 두어야 하는지를 제시하였다.

2.1 데이터/방법/분석

2011년 동일본 지진 및 지진해일 합동조사단은 피해를 입은 해안지역을 따라 흔적고와 그 영향을 종합적으로 측정하기 위하여 지진해일 내습(來襲) 직후(直後) 구성되었다. 이 그룹은 아마도 일본 전국의 여러 기관으로부터 온 학자, 엔지니어 및 정부 공무원으로 구성된 최대 규모의 지진해일 조사팀이었다. 이 정보의 대부분은 동일본 지진 및 지진해일 합동조사단의 웹사이트(2011년)에서 확인할 수 있다. 이 정보를 출처(出處)로 사용하여 도호쿠 해안선의 각 지역에 따른 개별지점의 도달시간과 최대 지진해일 흔적고를 나타내는 그림 1을 작성하였다.

이 도호쿠 해안선은 실제로 2개의 별개부분(別個部分)으로 구성되어 있어 지진해일고와 도달시간에 상당한 차이가 있다. 북쪽으로는 리아스식 해안선이 미야기현(宮城県) 북부에서부터 시작하여 이와테현(岩手県)까지 뻗어 있다. 이 리아스식 해안선은 예전 하곡(河谷) 침수(沈水)로 형성된 피요르(Fjord)[3]와 같은 해안입강(海岸入江)이다(빙하계곡의 침수로 형성된 피요르와는 대조적이다). 결과적으로 이런 형태의 해안선은 매우 불규칙하고 들쭉날쭉하여 좁고 가파른 만(灣)이 형성되어 내습(來襲)한 지진해일이 휩쓸고 들어와 안쪽의 흔적고를 증가시킨다. 만(灣)은 일반적으로 높은 절벽으로 둘러싸여 있으며 결과적으로 대부분 거주지는 이전부터 해안선에 인접한 상대적으로 좁은 띠와 같은 평지에 조성되었다. 대조적으로, 도호쿠

---

3   피오르(Fjord) : 빙식곡(氷蝕谷)이 침수하여 생긴 좁고 깊은 후미(後尾)를 말하며, 세계에서 가장 긴 피오르는 노르웨이의 송네피오르(Sognefiord)로서 그 길이가 204km가량이며, 캐나다의 북극해 연안에도 많은 피오르가 있다.

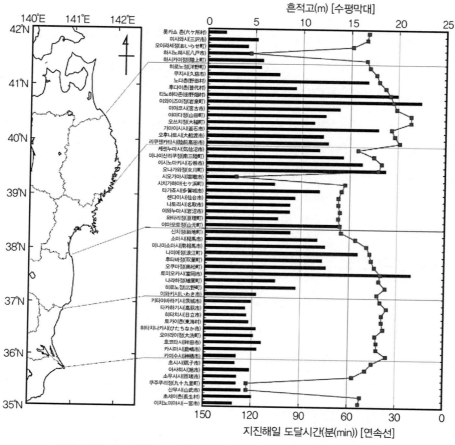

그림 1 2011년 동일본 대지진해일 시 최대 지진해일 흔적고와 도달시간

의 남쪽 절반(대도시인 센다이시에서부터 출발하여 남쪽으로 후쿠시마현(福島県)까지의 연안을 말한다.)은 저지대 해안평야와 그 앞쪽에 완만한 경사의 사빈(沙浜)을 갖는 것이 특징이다. 북쪽의 리아스식 해안선에는 지진해일을 막기 위해 특별히 설계된 다양한 대책을 수립해왔던 반면, 일반적으로 남쪽의 저지대 지역은 폭풍해일과 고파랑을 막기 위해 해빈배후에 축조된 해안제방을 볼 수 있다. 리아스식 해안선은 고파랑이 영향을 미쳤으나(지진해일고 10~20m), 저지대 지역은 특징적인 해안선과 단층선(斷層線)으로부터 각 해안거주지까지 센다이 평야를 따라 흘러들어 내습한 최대지진해일고의 범위는 5~15m이었다. 또한 지진해일은 리아스식 해안선을 향하여 빠르게 전파(傳播)하여 그 지역에 사는 주민들의 대피 가능한 시간은 20분(min)으로 짧았던 반면, 센다이 평야의 일부에서는 대피 가능시간이 1시간을 넘

었다. 눈에 띄는 예외는 마츠시마만(松島灣) 인근 장소로, 만을 구성하는 지형 및 섬들이 내습한 지진해일을 어느 정도 막았다. 그렇지 않은 지역인 굴곡이 심한 리아스 해안선 주변에서는 파랑전파의 복합적인 특성(입사파(入射波)는 파랑 회절, 굴절 및 반사 때문에 변형된다)을 그림 1에서 볼 수 있다.

2.2 2011년 동일본 대지진과 지진해일 사상자율

그림 2는 분석된 해안 거주지의 총사상자 수와 침수지역 인구 중 사상자율을 각각 나타낸다. 이 그림은 일본 소방방재청(2012)과 일본 통계청(2011)의 데이터를 이용하여 만들었다.

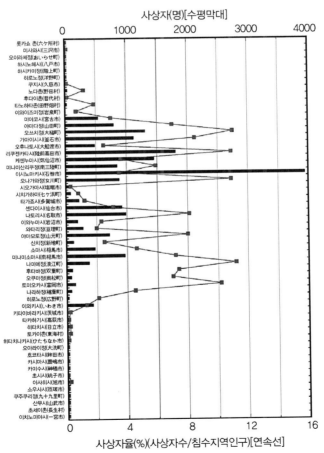

그림 2 도호쿠 지역의 각 연안거주지에 대한 침수지역 인구 중 사상자 및 사상자율 기록

여러 해안거주지에 사는 총인구는 훨씬 많았지만 해안선에 가까운 평지(平地) 중 이용 가능한 공간이 제한되어 많은 주택을 고지대(언덕)에 건축하였기 때문에 지진해일 영향을 받지 않았음을 유의하는 것이 중요하다. 그러므로 저자들은 현재 분석에서 침수지역에 살았던 인구비율만을 고려했다. 높은 고지대(언덕)에 입지한 주택에 살고 있었던 일부 개인은 바다 가까이에 있었던 것을 발견할 수도 있지만 그 반대도 가능하므로 논의의 여지가 있을 수 있다. 따라서 이러한 데이터의 사용은 완벽하지는 않지만 적어도 리스크에 처한 인구의 일반적인 비율을 나타내는 지표로 제공될 수 있다.

2.3 분석

Suppasri 등(2012a, 2012b)이 설명했듯이 지진해일고와 사상자율(死傷者率) 사이에는 분명한 관련이 있다. 또한 저자들은 1896년과 1933년 지진해일 발생이 어떻게 산리쿠 해안주민들에게 지진해일 리스크에 대해 어떻게 가르쳤는지 설명하였다. 이는 대부분의 주민들이 어떻게 해안지역을 신속하게 대피하였는지 파악하는 데 도움이 된다. 2001년 동일본 대지진해일 시 최초 지진해일 경보는 지진해일 발생 3분(min) 후 발령(發令)되었으며 연안 도시에 설치된 확성기를 통해 전파되었다(Hasegawa, 2013).

그러나 지진해일 경보가 신속히 발표되어 많은 사람이 대피하는 데 도움이 되었다는 사실에도 불구하고 일부 주민들의 기상청 초기 지진해일고(Hasegawa, 2013)에 대한 과소평가 때문에 대피하지 않아 일부 사상자가 발생하였다(Yun 및 Hamada, 2012, 10장 참조).

다른 사상자는 안전한 대피소에 도착한 후에도 일부 주민들이 나중에 가족을 데려오기 위해 또는 가재(家財)를 가져오는 등의 여러 가지 이유로 귀가(歸家)하는 바람에 결국 지진해일에 휩쓸려 발생하였다(Suppasri 등, 2012a, 2012b; Hasegawa, 2013, 29장 참조). 또한 사상자 중에는 비상대처계획(EAP)에 계획에 관한 업무를 담당하고 있어 지진해일을 막기에 충분히 높은 지진해일 수문 또는 육갑문(陸閘門)[4]이라고 예상하여 수문 또는 육갑문을 폐쇄하기 위해 해안지역 내 들어갔던 지역소방대원들도 있었다(Hasegawa, 2013, 29장).

---

4   육갑문(陸閘門) : 도로상에 설치하는 것으로 제방 역할을 하는 개폐 가능한 수문으로, 어항, 해안으로의 출입구 및 하천을 따라 건설된 도로에 설치하며 평소에는 차량 및 사람의 통행을 위해 열어놓지만 하천 수위가 올라가거나 폭풍해일, 지진해일 시는 폐쇄한다.

대피과정에서의 인간행동에 영향을 미치는 이유로서는 상기 설명한 것 외에 다른 여러 가지 이유도 있지만, 지진해일고와 도달시간은 사상자율에 영향을 미치는 주요 요인이다(10장 및 28장 참조). 이를 더 자세히 분석하기 위해 그림 1과 2의 조합시킨 데이터를 이용하여 그림 3의 그래프를 작성했다. 그림은 지진해일고가 높고 대피시간이 짧을수록 사상자 수가 일반적으로 증가하는 추세를 나타낸다. 따라서 세 번째 다른 지진해일 범주는 일본에서의 잠재적 인명손실 리스크 r에 기초하여 제안되었다. 이 r에 대한 임계치는 표 1에 나타낸 것처럼 그림 3의 외관검사(外觀檢査)로 설정하며 다음 식 (1)과 같이 주어진다.

$$r = 5.68 \log H - 0.03t - 1.05 \tag{1}$$

여기서, H는 최대 지진해일고(단위 : m), t는 각 지점에 최대지진해일고가 도달하기 위한 시간(단위 : 분(min)), r은 도호쿠에서의 잠재적 인명손실리스크이다. 지진해일의 최초 도달시간보다 가장 높은 최대지진해일고를 가진 파랑의 도달시간을 고려하는 이유는 도호쿠 지역 전체에 걸쳐 여러 가지 지진해일 대책(해안제방, 방조제, 방파제 등)이 존재하기 때문이다.

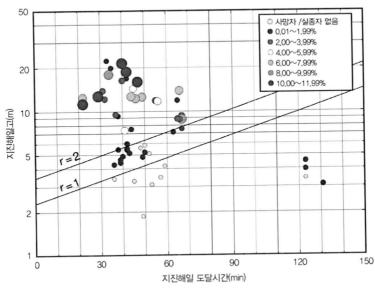

그림 3 인명손실(침수지역 내에서 사망한 인구의 비율), 지진해일고 및 지진해일 도달시간 사이의 관계

표 1 다양한 수준의 인명손실리스크 r에 대한 일본에서의 지진해일 분류

범주	인명손실리스크(r)	침수지역의 사망률 (침수지역에서 사망한 사람의 %)	비고
0.00	$r < 1$	거의 없음	어업 및 관광 기반시설(보트, 해변, 호텔 등)의 경미한 피해
			상황에 따라 일부 제한된 인명피해
1.00	$1 \leq r < 2$	0.01~1.99	사상자 발생 시작
2.00	$2 \leq r < 3$	2.00~	주민 거주지와 인구에 대한 중간단계부터 심각한 상태로까지의 피해

따라서 지진해일 파랑은 먼저 방재구조물 전면(前面)에서 형성되기 시작하며 몇 분(min) 후 파고(波高)가 근접한 시간에 방재구조물을 월파(越波)하여 그 배후지역을 침수시킨다. 따라서 가장 중요한 시점(時點)은 지진해일이 방재구조물을 월파(越波)할 때로, 이것이 일어나기 전에 주민들은 대피하여야만 한다.

충분한 대피시간이 있는 경우에도 인간의 무작위성(無作爲性)과 행동으로 인하여 사상자가 발생된다 점에 유의해야 한다(그림 3의 맨 아랫부분 참조). 이런 것들은 지진해일 내습 시 사람들이 바다를 가서 보거나, 소지품을 찾으러 집으로 돌아가거나 하는 그런 행동을 결정하는 등과 같은 많은 쟁점(10장과 Yun 및 Hamada, 2012) 탓으로 돌릴 수 있다. 따라서 이러한 점들은 이번 분석 시 무시하였다.

일본의 지진해일 대책상황을 고려할 때, 범주 0의 지진해일은 주민 거주지에 리스크가 거의 없으므로 어업시설에 약간의 손상을 입히고 특정상황에 따라 매우 제한된 약간의 사상자가 발생할 수 있다. 반면 범주 1의 지진해일은 특히 고령자나 임산부와 같이 취약한 지역사회 구성원들(재난약자(災難弱者)[5])에게 위협이 된다. 범주 2의 지진해일은 재난을 잘 준비한 지역사회일지라도 지진해일고 또는 지체된 예·경보(豫·警報)시간은 문제를 일으켜 사회 모든 부문에서 궤멸적(潰滅的)인 피해와 인명손실을 초래하는 심각한 사건이 될 수 있다.

지진해일고와 지진해일이 각 지점에 도달하는 데 걸리는 시간은 복잡한 리아스식 해안선 지형에 따라 다르며, 그림 1에 표시된 차이점 중 일부를 설명할 수 있다. 비교적 서로 가까이

5　　재난약자(災難弱者) : 재난이 발생하면 자기 힘으로 대피 또는 대응할 수 있는 신체적 능력이 부족한 노인이나 어린이, 장애인이 대표적이다.

입지한 해안거주지일지라도 다양한 지형특징을 갖는 만(灣)의 가장자리 주위에서의 회절(回折) 및 굴절(屈折)하는 파랑의 변형과정으로 서로 다른 흔적고 또는 도달시간을 가질 수 있다. 더욱이 그림 4는 지진해일 대책고(對策高)(육지로 진입하는 파랑을 지연시켜서 추가 대피시

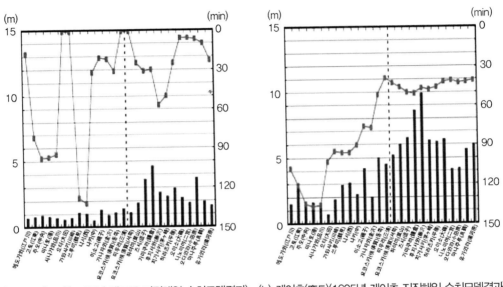

(a) 겐로쿠(元禄)(1703년 겐로쿠 지진해일 수치모델결과)   (b) 케이쵸(慶長)(1605년 게이쵸 지진해일 수치모델결과)

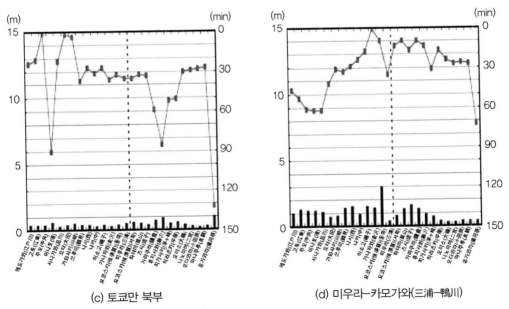

(c) 토쿄만 북부   (d) 미우라-카모가와(三浦-鴨川)

그림 4 도쿄만과 가나가와현 남부 해안의 4개 지진 시나리오에 대한 최대 지진해일고(수직막대) 및 도달시간(연속선). 일부 지역의 최초 도달시간은 피크고(Peak Height) 도달시간보다 훨씬 더 빠를 수 있다는 점에 유의

간을 제공할 수 있다.), 지역 내 주택의 상대적 분포(즉, 대부분 거주지가 침수지역 내에 있지만 언덕과 가깝다.), 대피계획 또는 기타 대책의 효과와 같은 다른 매개변수들에 의해 영향을 받는 값들 사이의 산포(散布)가 어떻게 발생하는지를 보여준다. 이러한 쟁점에도 불구하고 그 결과는 어떤 지역이 큰 리스크에 처해 있는지 대략적인 정보를 제공할 수 있으므로 제안된 지진해일 범주는 향후 대책의 우선순위를 정하는 계획을 세우는 데 도움이 될 수 있다.

3. 남부 간토지역의 지진해일 대책 분석 및 우선순위 결정(도쿄만 포함)

기록적인 지진해일 데이터(2011년 동일본 대지진해일과 같은)를 분석하는 실제목적은 연안지역 사회의 재난 리스크 대책 및 복원성을 향상시킬 수 있다는 것이다. 이러한 분석의 관련성을 강조하기 위해 저자들은 이전 절에서 얻은 결과를 도쿄 및 가나가와현(神奈川県)에서 발생이 예상되는 서로 다른 잠재적(潛在的) 지진이 연안지역사회에 가할 수 있는 위협에 적용시켰다.

3.1 수치시뮬레이션

도쿄만과 가나가와현 남부 해안 주변의 일반적인 지진해일 거동을 이해하기 위해 지진해일 전파에 대한 수치시뮬레이션을 실시하였다. 시뮬레이션은 네스트(Nested) 접근법을 사용하여 광역도메인(전체 일본 열도를 포함)에 대해 1,350m 격자(格子), 중간 도메인은 450m, 도쿄 및 사가미만 지역의 상세 도메인에 150m 격자를 사용하였다. 지배방정식은 비선형 천수(淺水) 방정식과 유한차분법(有限差分法)이며, 방정식을 풀기 위해 리프－플로그법(Leap-frog Scheme)을 채용하였다(즉, Ohira 및 Shibayama, 2012 참조). 그 식은 다음과 같다.

$$\frac{\partial \eta}{\partial t} + \frac{\partial M}{\partial x} + \frac{\partial N}{\partial y} = 0 \tag{2}$$

$$\frac{\partial M}{\partial t} + \frac{\partial}{\partial x}\left(\frac{M^2}{D}\right) + \frac{\partial}{\partial y}\left(\frac{MN}{D}\right) + g\,D\,\frac{\partial \eta}{\partial x} + \frac{g\,n^2}{D^{7/3}}\,M\sqrt{M^2 + N^2} = 0 \tag{3}$$

$$\frac{\partial N}{\partial t} + \frac{\partial}{\partial x}\left(\frac{MN}{D}\right) + \frac{\partial}{\partial y}\left(\frac{N^2}{D}\right) + g\,D\,\frac{\partial \eta}{\partial y} + \frac{g\,n^2}{D^{7/3}}\,N\sqrt{M^2 + N^2} = 0 \qquad (4)$$

여기서 η는 정수면(靜水面)로부터 자유수면 변위, M 및 N은 x 및 y 방향 각각의 수심평균 체적플럭스(Volume Flux), D는 총수심, t는 시간, g는 중력가속도 그리고 n은 만닝조도계수(Manning's Roughness Coefficient)이다.

수심 데이터는 대양수심도(GEBCO, the General Bathymetric Chart of the Oceans)에서 얻었다. 이 데이터는 격자 크기가 30각초(角秒, Arcsec)(약 900m)로 구성된다. 이 시뮬레이션에서 초기수면운동은 해저변위와 같다. 해저변위는 Mansinha 및 Smylie(1971)가 제안한 공식을 바탕으로 계산한다.

3.2 지진 시나리오

일본 주요 도시들 중 많은 수(도쿄(東京), 요코하마(横浜) 또는 가와사키(川崎))가 도쿄만 지역에 위치해 있어 잠재적인 지진해일 침수로 많은 사상자를 낼 수 있다. 이 지역에는 앞으로 30년 이내에 발생할 가능성이 높은 4개의 대상 지진이 있다. 이러한 지진을 도쿄만 북부, 미우라(三浦)－카모가와(鴨川), 겐로쿠(元禄) 간토(関東)와 게이쵸(慶長) 지진이라고 부른다. 겐로쿠 간토와 게이쵸는 각각 1703년과 1605년에 발생한 역사적 지진이다. 도쿄만 북부와 미우라－카모가와는 도쿄지역에서 예측되는 지진이다. 예를 들어 도쿄만 북부 지진은 도쿄 만내(灣內) 단층선에서 유래되는 것으로 모멘트 규모 M_w 7.3만큼 강하다. 표 2에 단층선 위치 및 기타 매개변수를 나타내는 고려된 모든 시나리오 요약을 수록하고 있다. 그러한 시나리오의 편집은 출처(出處)인 Namegaya 등(2011), 가나가와현(神奈川県)(2012)과 중앙방재 위원회(2004)로부터 나온 지질데이터를 이용했다.

표 2 지진 시나리오 및 시나리오에 사용된 관련 매개변수

지진	오세아닉 트렌치형(Oceanic Trench Type)		도쿄 내륙 지진	
	사가미(相模) 해곡(海谷)[6]	난가이(南海) 해곡	도쿄만	도쿄만 입구
	겐로쿠(元禄) 간토(関東)	게이쵸(慶長)	도쿄만 북부	미우라－카모가와 (三浦－鴨川)
연도	1703년	1605년	[가정]	[가정]
모멘트 규모	M_w 8.2	M_w 7.9	M_w 7.3	－
단층모델	Namegaya 등(2011)	가나가와현 (神奈川県)(2012)	일본중앙방재회의 (2004)	가나가와현 (神奈川県)(2012)
단층장소/ 초기조건				
깊이(km)	－	1	7	0.1
주향각(°)	－	250	296	296
경사각(°)	－	60	23	60
미끄럼방향각(°)	－	109	138	90
길이(km)	－	220	63.64	50
폭(km)	－	80	31.82	19
변위(m)	－	8.0	1.2	5
비고	35개 단층 포함			

3.3 시뮬레이션 결과

그림 4는 다양한 지진 시뮬레이션의 결과를 나타내며, 고려되었던 4개 지진 시나리오의 최대 지진해일고와 최소도달시간을 나타낸다. 각각의 4가지 시나리오는 각 지점에서 다른 형태의 지진해일 흔적고와 도달시간을 보인다. 일반적으로 말하면 도쿄만 북부 및 미우라(三浦)－카모가와(鴨川) 지진은 낮은 흔적고를 발생시키므로, 특히 이 지역에 있는 기존 해안·항만 방재시설의 마루고를 고려할 때, 제한적인 리스크를 내포하고 있다. 그러나 게이쵸(慶長) 및 겐로쿠(元禄) 지진은 잠재적으로 더 리스크하다. 이 2가지 지진은 1시간 이내로 해안지역에 매우 빨리 도달하는 지진해일을 발생시킬 것으로 예상할 수 있어 때때로 대피시간이

---

6   해곡(海谷, Trough, Oceanic Trough) : 해저에 긴 함몰이 있는 지역으로 평평한 바닥과 완만한 경사가 특징이며, 해구(海溝)에 비해 수심이 얕고 길이가 짧으며 너비가 좁고, 지형적으로 완만한 경사를 지닌 해저의 선형함몰대(陷沒帶)를 말한다.

훨씬 제한적일 것이다. 특히 게이쵸 지진으로 발생하는 지진해일고는 매우 높으며, 후지사와(藤沢)와 같은 장소에서는 거의 지진해일고가 10m 높이를 가져 해안거주지에 큰 위협이 될 수 있다.

3.4 대책의 우선순위

그림 4를 사용하여 각 지역에 대한 매개변수 r을 계산할 수 있었다. 그림 4는 초기 지진해일의 도달시간이 아니라 지진해일의 피크(Peak) 도달시간을 보여준다. 다양한 전파현상(반사, 굴절 등)으로 이들 값 사이에는 약간의 불일치가 있으며 일부 지역에서는 다른 지역보다 늦게 최대 지진해일고에 다다른다. 다양한 해안방재시설을 갖춘 지역인 경우 일반적으로 지진해일은 초기도달시간보다도 파랑피크에 가까워질수록 서서히 증대하여 방재시설을 월류(越流)하므로, 초기파랑보다는 파랑 피크도달시간이 중요하다.

표 3은 검토한 각 연안지역과 지진 시나리오에 대한 도쿄 및 가나가와현을 포함한 남부 간토지역에서의 잠재적 인명손실리스크 r을 나타내고 있다. 대부분 경우 매개변수 r은 음수(陰數)로 지진해일 시나리오가 그 지역에 비교적 낮은 리스크를 발생시킨다는 것을 알 수 있다. 반면 r 값이 1을 넘으면 (즉, 지진해일 범주 1 또는 2 표현) 지진해일 대책과 연안주민 대피에 대해 각별한 주의를 기울여야만 한다. 일반적으로 말해서, 겐로쿠 간토와 게이쵸 지진해일이 연구대상 지역에 가장 큰 위협이 될 것이며, 사가미만 주변의 여러 연안지역사회는 가장 큰 리스크에 처해 있는 것으로 보인다. 물론 이것은 이미 널리 알려진 얘기지만, 현재 연구는 그러한 지진에 의해 야기될 수 있는 인명손실과 관련된 리스크에 대해 직접적인 정량화(定量化)를 제공한다.

표 3 해안지역 및 지진 시나리오 고려한 일본 남부 간토의 잠재적 인명손실리스크 r

도(都)·현(県)	만(湾)	지역	겐로쿠(元禄)	게이쵸(慶長)	도쿄 북부	미우라 – 카모가와 (三浦 – 鴨川)
도쿄	도쿄만	에도가와(江戸川区)	−2.6	−3.2	−4.2	−2.5
		고토구(江東区)	−4.2	−2.1	−4.1	−2.0
		중앙구(中央区)	−4.3	−3.7	−3.7	−2.4
		미나토(港区)	−4.4	−3.9	−5.2	−2.5
		시나가와구(品川区)	−4.4	−4.0	−4.3	−2.7
		오타구(大田区)	−2.2	−4.9	−3.6	−3.1
가나가와		가와사키(川崎)	−1.6	−2.4	−3.1	−2.3
		츠루바(鶴見)	−4.4	−1.3	−4.6	−1.2
		니시구(西区)	4.8	1.1	4.2	0.9
		나카구(中区)	−3.5	−1.7	−4.9	−2.0
		이소고구(磯子区)	−0.8	0.2	−4.4	−0.6
		가나자와구(金沢区)	−1.9	−1.7	−5.3	−0.2
		요코스카(横須賀)(동부)	−1.5	1.4	−4.4	1.3
		미우라(三浦)	−0.1	1.5	−4.3	−4.2
	사가미만(相膜湾)	요코스카(横須賀)(서부)	−0.7	1.7	−3.6	−1.9
		하야마(葉山)	−0.3	2.0	−3.6	−0.6
		즈시(逗子)	1.2	2.1	−4.3	−0.3
		가마쿠라(鎌倉)	1.8	2.7	−3.9	−0.5
		후지사와(藤沢)	−0.4	3.2	−3.9	−1.5
		치가사키(茅ヶ崎)	−0.4	2.0	−4.0	−2.5
		히라츠카(平塚)	0.8	2.1	−3.7	−3.7
		오이소(大磯)	0.8	2.3	−4.0	−4.5
		니노미야(二宮)	0.1	1.2	−4.2	−4.7
		오다와라(小田原)	2.0	1.3	−4.8	−4.3
		마나주루(真鶴)	0.3	2.0	−4.6	−4.3
		유가와라(湯河原)	−0.7	2.1	−5.1	−5.7

4. 가능한 대책논의

2011년 동일본 대지진해일은 확실히 지진해일 리스크 관리에서 일본 및 전 세계적으로 기존 개념과 인정된 관행에 대한 도전이었다. 지진해일 내습에 잘 대비했다고 여겨지는 국가의 피해규모와 사상자 수는 틀림없이 해안·항만 관련 엔지니어와 방재실무자, 연안지역

관리자, 그리고 지방 및 정부 정책수립자 사이에 논쟁을 불러일으켰다. 사실 일본 내 연안지역사회들은 재난훈련에 대한 오랜 역사를 가지고 있어 전통적으로 다른 여러 종류의 지진해일 대책수립에 많은 예산을 투자해왔다. 학생들은 일반적으로 정기적인 대피훈련을 받아왔으며, 주민들은 지진해일 대피 예·경보 이후 대피지역으로 피하도록 교육 및 훈련되어 있었다(Suppasri 등, 2012a, 2012b). 이것은 침수지역이 40%나 차지함에도 불구하고 그렇게 많은 사람이 생존할 수 있었던 이유이다(10장 및 28장 참조).

이러한 사건은 비극적인 결과에도 불구하고 미래의 리스크를 강조하고 지역사회 복원성을 향상시킬 수 있는 기회를 제공한다. 2011년 동일본 대지진해일인 경우 이러한 큰 재앙적인 사건이 고유성(固有性)을 발생시킨 시점을 보면, 과거 실수를 반복한다고 말할 수 없다. 이 사건 이후 지진해일 빈도(頻度)와 심각성 관점에서의 설계기준개념을 이끌기 위해 2가지 다른 지진해일 레벨이 제안되었다(Shibayama 등, 2013). 레벨 1 사건은 재현기간(再現期間)이 수십 년에서 백 수십 년인 사건을 나타내며 레벨 2 사건은 드물게 수백 년에서 천 년 빈도로 발생한다. Shibayama 등(2013)은 이 두 레벨들이 현재 일본 해안 리스크 관리 커뮤니티에서 확립되었을지라도 각 사건에 대한 정확한 재현기간을 어떻게 고정할 것인지에 관한 주의가 필요하다고 말했다. 구조적 대책(방파제, 방조제 또는 해안제방 등과 같은)이 반드시 인명손실을 막는 수단이라는 생각은 이미 폐기되었다. 그러므로 해안·항만구조물의 목적은 레벨 1 사건에 대해서만 인명과 재산을 보호하기 위한 시도를 하는 것이다. 그런 구조물을 설계하는 정확한 방법은 아직 완전히 확립되지 않았지만(Esteban 등(2008, 2013), Nistor 등(2009), Nouri 등(2010), Takagi 및 Bricker(2014), 19장, 21장 및 22장 참조), 합리적인 안전율(安全率)을 사용하면 해안·항만구조물은 지진해일에 견딜 수 있을 것으로 보인다. 특히 파랑에 따른 광범위한(자주 대재앙적인) 피해를 고려할 때 현재로선 인명손실의 감소에 기여하는 구조적 대책이 어느 정도 효과를 보는지는 불분명하다. 가마이시(釜石) 완코우(灣口) 방파제 전면과 배후에서 실시한 예비평가에서 이 방파제는 침수심 40~50% 정도(13.7→8m) 줄이는 데 기여하였고, 주민들의 대피 가능시간을 약 5~6분(min) 정도 지연시켜주었다(동일본 지진 및 지진해일 합동조사단, 일본 항만공항기술연구소(PARI, Port and Airport Research Institute)로부터 나온 데이터). 이를 정확하게 확인하기 위해서는 더 많은 연구가 필요하지만, 주민들에게 추가대피시간을 제공하는 구조물의 건설(지진해일 방파제)은 지진해일 범주(표 1에서 언급)

를 줄이는 데 사용될 수 있다. 따라서 레벨 1 지진해일에 대하여 설계된 구조적 대책은 레벨 2 지진해일 동안 대피에 도움이 되고 지역주민의 리스크를 저감시키는 데 공헌하는 방식으로 계획하여야만 한다. 본 장에서 제안된 방법은 지진해일의 접근을 지연시키고 사람들에게 추가대피시간을 제공하기 위해 방재대책 건설에 우선순위를 두어야 할 지역을 선택하는 데 사용할 수 있다. 그러나 제안된 방법론에는 몇 가지 한계가 있다. 연안지형 형태와 인구분포를 고려하지 않고, 흔적고와 대피시간이라는 2가지 요인만을 근거로 해 단순히 사상자 발생 가능 수준을 예측하였고, 그림 5에 나타낸 것처럼(25장 및 29장 참조) 주거지역의 뚜렷한 증고(增高)와 같은 다층방재 시스템 구축을 위해 지역 주변의 현재 진행 중인 방재구조물 개선을 고려하지 않았다는 점이다. 다층방재 시스템은 많은 비용이 들어도 사상자를 상당히 줄일 수 있다. 또한 이 방법은 결국 다른 나라의 결과와 상호 비교하면서 발전시켜야 한다.

그림 5 도호쿠 지역 전역(全域)에서의 주거지역을 지상 몇 m 위로 증고(增高)시키는 공사 중임. 사진은 2014년 9월 리쿠젠타카시(陸前高田市)에서 진행 중인 공사임

구조적 대책이 지진해일 내습을 지연시킬 수 있겠지만, 궁극적인 인명보호는 항상 대피계획, 지진해일 대피소 건축, 대피빌딩 또는 주민들을 인근 고지대 또는 언덕으로 쉽게 접근시킬 수 있는 네트워크 형성과 같은 비구조적 대책에 의존해야 한다. 대피빌딩이나 지진해일

대피소는 가장 극한상황에서도 월류(또는 월파)되지 않도록 레벨 2 지진해일을 염두에 두고 설계해야 한다(Shibayam 등, 2013). 이런 점에서 전통적인 지진해일 리스크 관리는 최악의 시나리오가 아니라 역사적 기록 데이터나 예측지진에 근거했다는 점에 유의해야 한다. 그러나 2011년 동일본에서 최악의 시나리오 사건이 발생할 수 있다는 것이 밝혀졌으므로, 이러한 최악의 시나리오에 대비하여 대피전략을 수립하는 것이 필수적이다. 따라서 향후 대피빌딩은 역사적 지진해일 기록의 발생 여부에 관계없이 일정 재현기간 내에 예상되는 최고 지진해일 흔적고에 맞춰 설계하여야 한다. 이 재현기간을 어떻게 선택하여야 할지는 아직 명확하지 않고, 재현기간 예측이 전통적인 지진해일 재난 리스크 관리로부터 크게 벗어나지만 일본연안의 각 특정 범위와 관련된 위험(Hazard)에 대한 광범위한 재평가가 필요할 것이다.

5. 결론

도호쿠 지역은 지진해일 대책을 잘 갖추어졌다고 여겨졌지만, 2011년 동일본 대지진해일은 해안방재구조물을 압도하여 사상자가 많았다. 저자들은 이러한 사상자들과 일부 해안거주지 침수지역 내에서 주민비율, 주민들이 대피할 수 있는 시간 및 지진해일고와 어떤 상관관계가 있는지를 분석했다. 그 결과 침수지역 내 사상자율과 지진해일고 사이에서는 양(陽)의 상관관계와 도달시간 사이에서는 음(陰)의 상관관계(즉, 긴 지진해일 도달시간은 주민들이 성공적으로 대피할 시간을 갖게끔 한다.)가 성립할 수 있다.

이 상관관계에 따라 주어진 지진해일이 거주지 내 인명에 미칠 수 있는 잠재적 리스크를 분류하기 위해 새로운 지진해일 범주를 도입하였다. 그런 범주 유효성을 입증하기 위해 저자들은 일본 전체 인구 중 높은 비율(인구가 가장 많은 도쿄와 요코하마 두 도시를 포함하면 총인구 3천만 명 이상)이 모여 있는 일본 간토지방에 대한 다양한 지진 시나리오를 분석했다. 도쿄만 주변의 지역은 크게 리스크하지 않은 듯 보이지만 겐로쿠 간토와 게이쵸 지진해일은 사가미만 주변의 다양한 연안지역사회에 중대한 위협이 될 수 있다. 따라서 저자들은 이 지역을 중심으로 한 향후 지진해일 대책이 우선시되어야 한다고 생각한다. 다양한 지진해일 시나리오가 지역에 미치는 리스크를 분석하고 지역주민의 대피전략 개선방안을 분석하기 위한 향후 연구가 이루어져야 한다.

참고문헌

1. Central Disaster Prevention Council, Metropolitan Earthquake Prevention Professional Committee, 2004. Earthquake working group report (figures and tables). http://www.bousai.go.jp/kaigirep/chuobou/senmon/shutochokkajishinsenmon/12/pdf/shiryo2-2.pdf, 97 pp. (in Japanese).

2. Esteban, M., Nguyen, D.T., Takagi, H., Shibayama,T., 2008. Analysis of rubble mound foundation failure of a caisson breakwater subjected to tsunami attack. In : 18th Int. Offshore and Polar Engineering Conference, Vancouver.

3. Fire and Disaster Management Agency, 2012. Report about the 2011 Tohoku earthquake and tsunami, no. 147. http://www.fdma.go.jp/bn/higaihou_new.html (in Japanese).

4. Hasegawa,R.,2013. Disaster Evacuation from Japan's2011 Tsunami Disaster and the Fukushima Nuclear Accident, Studies No. 05/13. IDDRI, Paris, France, 54 pp.

5. Japan Meteorological Agency, 2011. http://www.jma.go.jp/jma/indexe.html Accessed 20 March 2014.

6. Kakinuma, T., Tsujimoto, G., Yasuda, T., Tamada, T., 2012. Trace survey results of the 2011 Tohoku earthquake tsunami in the north of Miyagi prefecture and numerical simulation of bidirectional tsunamis in Utatsusaki Peninsula. Coast. Eng. J. 54 (1), 1250007.

7. Kanagawa Prefecture, 2012. Report on new tsunami inundation map.
    http://www.pref.kanagawa.jp/ uploaded/life/484439_858154_misc.pdf, 42 pp.

8. Mansinha, L., Smylie, D.E., 1971. The displacement fields of inclined faults. Bull. Seismol. Soc. Am. 61, 1433-1444.

9. Mikami, T., Shibayama, T., Esteban, M., Matsumaru, R., 2012. Field survey of the 2011 Tohoku earthquake and tsunami in Miyagi and Fukushima Prefectures. Coast. Eng. J. 54 (1), 1-26.

10. Mori, N., Takahashi, T., The 2011 Tohoku Earthquake Tsunami Joint Survey Group, 2012. Nationwide post event survey and analysis of the 2011 Tohoku earthquake tsunami. Coast.Eng.J. 54(1),1250001.

11. Namegaya,Y.,Satake,K.,Shishikura,M.,2011.Fault models of the 1703 Genroku and 1923 Taisho Kanto earthquakes inferred from coastal movements in the southern Kanto area. Annu. Rep. Act. Fault Paleoearthq. Res. 11, 107-120.
    http://unit.aist.go.jp/actfault-eq/seika/h22seika/pdf/namegaya.pdf.

12. Nistor, I., Palermo, D., Nouri, Y., Murty, T., Saatcioglu, M., 2009. Tsunami forces on structures. Handbook of Coastal and Ocean Engineering. World Scientific, Singapore, pp. 261-286.

13. Nouri, Y., Nistor, I., Palermo, D., Cornett, A., 2010. Experimental investigation of tsunami impact

on free standing structures. Coast. Eng. J. 52 (1), 43–70.

14. Ogasawara, T.,Matsubayashi,Y.,Sakai,S.,Yasuda,T.,2012. Characteristics on tsunami disaster of northern Iwate Coast of the 2011 Tohoku earthquake tsunami. Coast. Eng. J. 54 (1), 1250003.

15. Ohira, K., Shibayama, T., 2012. Wave behaviour in Tokyo Bay caused by a tsunami or long-period ground motions. In : Coastal Structures Conference, 2012, Yokohama, Japan.

16. Sawai, Y., Okamura, Y., Shishikura, M., Matsuura, T., Than, T.A., Komatsubara, J., Fujii, Y., 2006. Historical tsunamis recorded in deposits beneath Sendai Plain–inundation areas of the A.D. 1611 Keicho and the A.D. 869 Jogan tsunamis. Chishitsu News No. 624, pp. 36–41 (in Japanese).

17. Shibayama, T., Esteban, M., Nistor, I., Takagi, H., DanhThao, N., Matsumaru, R., Mikami, T., Aranguiz,R., Jayaratne, R.,Ohira,K., 2013. Classification of tsunami and evacuation areas. Nat.Hazards 67 (2), 365–386.

18. Shimozono, T., Sato, S., Okayasu, A., Tajima, Y., Fritz, H.M., Liu, H., Takagawa, T., 2012. Propagation and inundation characteristics of the 2011 Tohoku tsunami on the central Sanriku Coast.Coast.Eng.J. 54 (1), 1250004.

19. Statistics Bureau, 2011. Population Survey in Inundated Area. http://www.stat.go.jp/info/shinsai/.

20. Suppasri, A., Koshimura, S., Imai, K., Mas, E., Gokon, H., Muhari, A., Imamura, F., 2012a. Field survey and damage characteristic of the 2011 East Japan tsunami in Miyagi prefecture. Coast. Eng. J. 54 (1), 1250008.

21. Suppasri, A., Shuto,N.,Imamura,F., Koshimura, S.,Mas,E.,Yalciner,A.C.,2012b. Lessons learned from the 2011 Great East Japan tsunami : performance of tsunami countermeasures, coastal buildings, and tsunami evacuation in Japan. Pure Appl. Geophys. 170 (6-8), 993–1018. http://dx.doi.org/10.1007/s00024-012-0511-7.

22. Takagi, H., Bricker, J., 2014. Assessment of the effectiveness of general breakwaters in reducing tsunami inundation in Ishinomaki. Coast. Eng. J. 56 (4), 1450018.

23. The 2011 Tohoku Earthquake Tsunami Joint Survey Group, 2011. Nationwide field survey of the 2011 off the Pacific coast of Tohoku earthquake tsunami. J. Jpn. Soc. Civ. Eng. 67 (1), 63–66.

24. Watanabe, H., 1985. Comprehensive Bibliography on Tsunami of Japan. University of Tokyo Press, Tokyo, 260 pp. (in Japanese).

25. Watanabe, Y., Mitobe, Y., Saruwatari, A., Yamada, T., Niida, Y., 2012. Evolution of the 2011 Tohoku earthquake tsunami on the Pacific Coast of Hokkaido. Coast. Eng. J. 54 (1), 1250002.

26. Yun, N.Y., Hamada, M., 2012. Evacuation behaviors in the 2011 Great East Japan earthquake. J. Disaster Res. 7, 458–467.

CHAPTER
14
페르시아만 및 오만만의 지진해일 내습 가능성에 관한 연구

1. 서 론

지진해일은 해저 산사태, 화산폭발 또는 지각변동과 같은 해저지형의 급격한 변형으로 발생할 수 있는 장주기(長週期) 파랑이다. 대규모 지진해일을 발생하기 위해서는 경사이동단층(傾斜移動斷層)[1] 지진 메커니즘에 의한 상당한 수직 오프셋(Offset)이 필요하다고 생각되며, 주향이동단층(走向移動斷層)[2] 지진은 지진해일 발생 가능성이 작다. 대규모 체적(體積)을 가진 물질의 큰 해저이동에 따른 주향이동단층(산사태 포함)도 지진해일을 발생시키지만, 지진해일 발생 가능성은 경사이동단층(斷層)이 주향이동단층보다 크다.

대부분의 지진해일은 태평양과 접경(接境)하고 있는 나라들에서 발생하지만, 2004년 인도양 지진해일(Shibayama의 1장 참조)과 같은 최근 대규모적이며 파괴적인 지진해일들은 세계 다른 지역의 지진해일 발생에 관한 연구의 필요성을 부각시켰다. 이 장에서는 페르시아만(Persian Gulf)과 오만만(Gulf of Oman) 연안의 역사적 지진해일 내습에 대한 조사를 소개한다(그림 1). 그리고 페르시아만과 오만만의 주변 연안에 대한 향후 지진해일 내습 가능성도 설명할 것이다.

---

1 경사이동단층(傾斜移動 斷層, Dip-slip Fault) : 지각이 단층작용을 받았을 때의 이동방향의 한 형태를 말하며, 이동방향은 단층작용을 받는 지층과 같은 방향, 즉 단층경사와 일치하여 이동한다.

2 주향이동단층(走向移動 斷層, Strike-slip Fault) : 단층의 상반(上盤)과 하반(下盤)이 단층면의 경사와는 관계없이 단층면을 따라 수평으로 이동된 단층을 말한다.

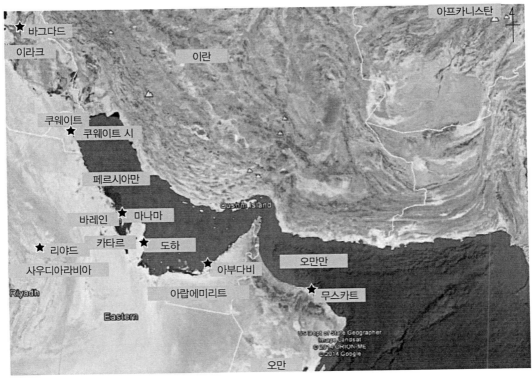

그림 1 중동의 페르시아만과 오만만의 위치

2. 페르시아만 지진해일

2.1 서론

페르시아만은 입구인 호르무즈 해협(the Strait of Hormuz)으로부터 이란 남쪽까지 거의 1,000km인 긴 수역(水域)으로 평균 수심 40m와 최대수심 170m를 가진다(그림 2). 페르시아만은 그림 3과 같이 아라비아 플레이트(Arabian Plate)과 유라시아 플레이트(Eurasian Plate) 사이의 경계 중 일부가 페르시아만의 북쪽 해안선과 접하고 있어 지진이 자주 발생한다. 유라시아 플레이트에 대한 아프리카 플레이트 및 아라비아플레이트의 북쪽으로 이동은 오만만 동쪽에서 섭입대(攝入帶)를 갖는 페르시아만의 북쪽 가장자리를 따라 이란 자그로스(Zagros)산맥을 형성하였다. 이 지역에 대한 전략적 및 경제적인 중요성에도 불구하고 페르시아만에서의 지진해일 위험(Hazard)에 관한 연구는 문헌에서 거의 찾아볼 수 없다.

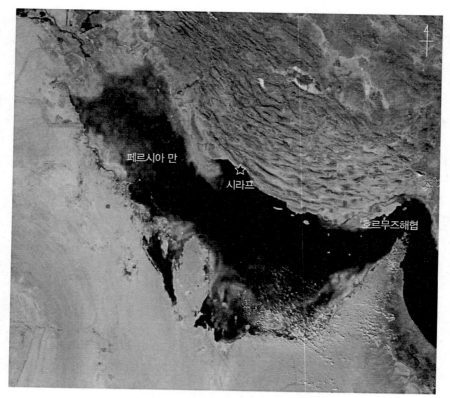

그림 2 페르시아만과 호르무즈 해협 위성사진

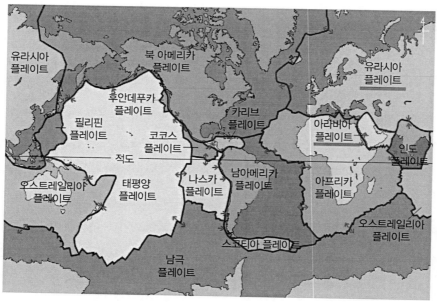

그림 3 유라시아 플레이트와 아라비아 플레이트 등 세계의 구조 플레이트(Tectonic Plate)

2.2 이 지역에서의 지진해일 역사

표 1은 페르시아만에서 기록된 지진해일을 나타낸다(McEvilly 및 Razani, 1973). 페르시아만 (그림 2)의 북동부 지역 시라프항(Siraf Port)에서는 978년 및 1008년에 대규모 지진이 발생했다. 978년 지진으로 인한 큰 피해에도 불구하고 역사적인 기록에는 지진해일이 언급되지 않았다. 그러나 전하는 바에 따르면, 그 지역을 강타했던 다음 지진(거의 30년 후, 1008년 봄)은 승선(乘船)했던 선원들과 함께 많은 선박을 침몰시킨 파랑이 발생했다고 한다(Jordan, 2008). 이 후자의 사건에 대해서 McEvilly와 Razani(1973)는 '바다가 육지를 침수시켰을 때' 많은 사람이 사망했다고 지적했다. 그러나 Ambraseys와 Melville(1982)은 파랑이 토지를 침수시켰다는 증거는 없으며 선박의 침몰은 지진으로 인한 파랑과 연관이 없다고 말했다. 같은 시기에 전해지는 다른 기록들에서는 강풍이 그 지역에 영향을 끼쳤다는 것을 언급한다. 따라서 기록된 침수와 선박 파손은 폭풍해일이었을 수도 있다(Jordan, 2008). 상기의 불확실성에 근거하면 1008년 지진으로 인해 페르시아만에서 실제로 지진해일의 발생 여부를 판단하는 것은 곤란하다.

표 1 페르시아만의 역사적 지진해일 기록(McEvilly and Razani, 1973)

발생연도	위치	비고
978년	이란 시라프	지진해일이 보고되지 않은 대지진
1008년	이란 시라프	큰 지진에 이어 많은 배를 침몰시킨 고파랑

2.3 향후 지진해일 내습 가능성

호르무즈 해협(the Strait of Hormuz)의 폭이 가장 좁은 곳은 33km, 폭이 가장 넓은 곳은 약 95km에 불과하여 오만만과 아라비아 해로부터 페르시아만으로 들어가는 지진해일 가능성을 제한한다. 예를 들어 Rastgoftar(2011)의 1945년 마크란(Makran) 지진해일에 대한 수치시뮬레이션에서는 호르무즈 해협에서 5cm 정도의 작은 지진해일 흔적고(痕迹高)를 나타낸다(이 장의 뒤에서 언급할 것이다). 따라서 오만만으로부터 페르시아만으로 내습하는 지진해일은 호르무즈해협과 인근 소지역(小地域)에만 영향을 줄 수 있다고 결론지을 수 있다.

1008년 시라프에서의 사건(불확실하다)이 페르시아만에서 유일하게 기록된 과거 지진해일이지만, 주요 단층존재와 높은 지진활동도 때문에 지진해일 발생 위험을 배제할 수 없다. 이란지진센터(the Iranian Seismological Center)의 데이터에 근거한 그림 4는 페르시아만과 주변 지역의 진앙(震央)[3]을 나타내며 페르시아만 및 이란의 북부에서 높은 지진활동도를 보인다(IRSC, 2014).

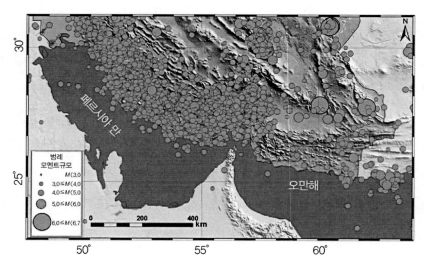

그림 4 페르시아만과 인접 해안의 지진활동도(地震活動度)(1964~2000)

이란의 남쪽에 있는 단층에 관한 연구가 발표되었지만 페르시아만 단층은 아직 완전히 조사되지 않았다. 그렇지만 지질학자들은 카타르-카제룬(Qatar-Kazerun)(Aghanabati, 2004) 및 페르시아만(Khoshamadi, 2010) 단층이라고 불리는 2개의 주요 단층이 페르시아만 중앙 및 북서부에 각각 존재함을 확인했다(그림 5).

카제룬(Kazerun)(또는 카타르-카제룬) 단층은 카제룬시에서 서쪽으로 약 15km 떨어진 이란의 자그로스(Zagros)산맥 지대에 존재하는 대략 북쪽으로 기울어진 주향이동단층(走向移動斷層)이다. 지구 물리학과 지형학 표시에 근거하면, 이 단층은 페르시아만을 통과하여 카타르로 뻗어 있다고 알려져 있다. 이 단층 활동으로 978년 및 1008년의 대규모 지진이 일어나 시라프항을 파괴시켰다.

---

3   진앙(震央, Epicenter) : 진원(震源)은 지진을 일으키며 에너지가 처음 방출된 지점이며, 진앙은 진원에서 수직으로 지표면과 만나는 지점으로, 즉 진원은 진앙의 정보에 진원 깊이를 더하여 나타낸다.

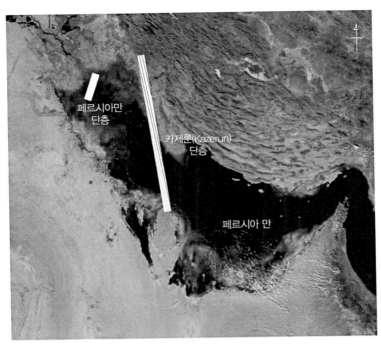

그림 5 페르시아만 단층과 카제룬 단층의 위치도

페르시아만 단층은 페르시아만 북서쪽에 위치한 길이 97km인 소규모 주향이동단층이다. 1962년, 1976년, 1933년 및 1996년에 모멘트 규모 M_w 4~5인 지진이 이 단층 근처에서 발생하였다(Khoshamadi, 2010).

최악(最惡)의 시나리오인 카제룬 단층의 지진으로 발생된 지진해일 발생 및 전파에 관한 수치시뮬레이션의 결과에서는 페르시아만 전체의 얕은 수심 때문에 해안선에 인접한 고지대(언덕)(高地帶)의 지진해일 흔적고가 작다는 것을 나타낸다(Golbaz, 2012). 지진해일 발생역 자체가 천해(淺海)에 있기 때문에 초기 작은 지진해일고의 증대를 초래하는 천수효과(淺水效果)[4]는 페르시아만에서는 그리 크지 않을 것이다. 이것은 세계의 다른 천해역에서 발생하는 것과 비슷한 형태로 대양심해(大洋深海)에서 발생한 지진해일과는 달리 지진해일고는 연안역(沿岸域)의 파랑변형과정으로는 크게 증가하지 않는다. 더욱이 페르시아만의 얕은 수심은 해안으로 전파되는 지진해일 파랑의 에너지 소산(消散)을 증가시킨다.

---

[4]   천수효과(淺水效果, Shoaling Effect) : 파랑이 수심이 얕은 해역(천해역, (淺海域))에 진입했을 때 해저의 영향을 받아 파고, 파속 및 파장이 변화하는 효과를 말한다.

3. 오만만 지진해일

3.1 서론

오만만은 아라비아해와 호르무즈해협을 연결하는 수역(水域)으로써 페르시아만과 연결된다
(그림 1). 오만만의 마크란 섭입대(Makran Subduction Zone, MSZ)와 순다 섭입대(Sundra Subduction
Zone)는 인도양에서 2개의 가능한 지진해일 파원역(波源域)이다(UNESCO, 2009). 그림 6은
인도양의 북서쪽에 있는 유라시아판과 아라비아판 사이의 경계에 있는 마크란 섭입대(攝入
帶)를 나타낸다(Heidarzadeh et al, 2008). 마크란 섭입대의 지진활동과 지진해일 발생 가능성
은 순다 섭입대의 지진해일보다 낮지만 예전에 일부 격렬한 지진과 지진해일이 발생하였다.
그중에는 1945년 모멘트 규모 M_w 8.25 지진으로 4천 명 이상의 사망자를 발생시킨 마크란
지진해일이 포함된다(Heck, 1947).

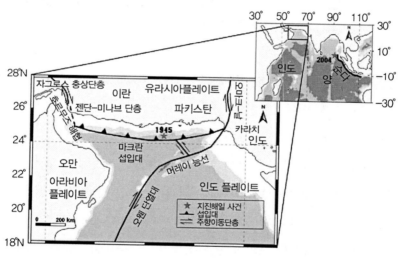

그림 6 마크란 섭입대 구조도(構造圖)(Heidarzadeh 등, 2008)

오만만 북쪽 해안선과 평행하게 호르무즈해협에서부터 동쪽까지 뻗어 있는 마크란 경사
이동단층은 60번 이상의 경미(輕微)한 진동(震動)에서부터 강렬한 진동까지의 기록이 존재한
다. 이 활발한 단층은 이란, 오만 및 파키스탄의 해안선을 직접 내습할 수 있는 대규모 지진
해일을 발생시킬 가능성이 있다(그림 7).

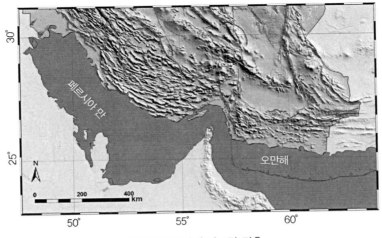

그림 7 오만만의 마크란 단층

3.2 이 지역의 지진해일사건 역사

북인도양(the North Indian Ocean)의 역사적인 지진해일 기록을 표 2에 제시하였다(Murty 및 Bapat, 1999). 그림 8은 기원전 326년의 진앙지를 보여준다. 인더스강 삼각주(Indus River Delta)/쿠치(Kutch) 지역 근처의 지진, 즉 북인도양에서 가장 오래된 지진해일 기록과 마크란 단층을 따라 발생한 1945년 지진이다(표 2). 기원전 326년 11월에 발생한 지진해일은 알렉산더 대왕(Alexander the Great)이 인도를 정벌(征伐)한 후 해로(海路)를 통하여 그리스로 귀향할 때 알렉산더 대왕의 마케도니아 함대를 전멸(全滅)시켰다.

표 2 북인도양의 역사적인 지진해일 기록(Murty and Bapat, 1999)

발생일	비고
B.C. 326년	알렉산더 대왕 시대
1008년 4월 1일~5월 9일	근지지진(近地震)으로 이란 해안에 지진해일 발생
1883년 8월 27일	크라카타우*(Krakatoa) 마드라스(Madras)에서 1.5m 지진해일, 나가파티남(Nagapattinam)에서 0.6m 지진해일, 아르덴(Arden)에서 0.2m 지진해일 발생
1884년	벵골만(Bay of Bengal) 서부의 지진 포트블레어(Port Blair) 듀블렛(Dublet)의 지진해일(후글리강(Hooghly River) 입구)
1941년 6월 26일	12.9°N, 92.5°E의 안다만해(Andaman Sea)에서 모멘트 규모 8.1 지진 발생 인도 동부 해안의 지진해일의 진폭(振幅)은 0.75~1.25m
1945년 11월 27일	카라치(Karachi) 남쪽 70km 지점, 24.5°N, 63.0°E에서 모멘트 규모 8.25 지진 발생 쿠치(Kutch)의 지진해일 진폭은 11.0~11.5m

* 크라카타우 : 자바(Java)와 수마트라(Sumatra) 사이의 순다(Sunda) 해협에 있는 인도네시아의 화산섬; 1883년의 분화는 화산의 분화로서는 역사상 최대의 것임

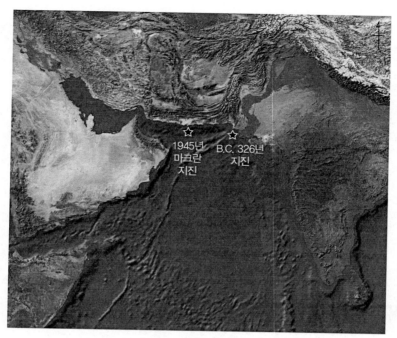

그림 8 B.C. 326년과 1945년 오만만에서 발생한 지진

　1945년 11월 28일 마크란 해안에서 모멘트 규모 M_w 8.1의 강력한 지진으로 발생한 지진해 일은 가장 근래 오만만에서 일어난 지진해일이었다(Ambraseys 및 Melville). 그림 8은 25.15°N, 63.48°E에 위치한 파키스탄 파스니항(the Port of Pasni) 해상(海上) 진앙지점(震央地点)을 나타 낸다. 지진으로 인한 사망자 수는 300명 미만이었지만 지진해일로 사상자 수가 4,000명으로 크게 증가하였다(Ambraseys 및 Melville). 가장 극심한 피해를 입은 지역은 파스니와 오르마라 (Ormara)였으며 지진해일 흔적고는 12~15m이었다(Pendse, 1946; Berninghausen, 1966).

　이란 차바하르(Chabahar)에 사는 일부 노인들이 1945년 11월 지진해일로 인한 심각한 피해 를 여전히 기억하고 있지만, 이란 해안의 실제 지진해일 흔적고에 대한 정보는 없다. Hamzeh 등(2013)은 현장측정 및 노인 거주자들과 인터뷰 조사 후 이란 파사반다르(Pasabandar), 베리 스(Beris) 및 차바하르항에서의 지진해일 흔적고는 각각 약 8m, 5m 및 2m 정도라고 추정했다.

　상기 보고된 1945년 지진해일에 대한 현장관측은 다른 연구자들의 수치시뮬레이션 지진 해일 파고(波高) 및 수치시뮬레이션의 침수결과와는 일치하지 않는다(즉, Heidarzadeh 등, 2009; Neetu 등, 2011; Rastgoftar, 2011). 예를 들어, 그림 9와 10은 파키스탄과 이란의 해안선에 따른

일부 수치관측지점(數値觀測地點)에서의 1945년 마크란 지진해일을 시뮬레이션한 지진해일
파의 시계열(時系列)[5]로 MOST(Method of Splitting Tsunami) 수치시뮬레이션을 사용하여 계산
하였다(Rastgoftar, 2011). 다른 연구자의 수치시뮬레이션 결과와 마찬가지로 수치시뮬레이션
결과는 인터뷰조사 및 현장관측과 뚜렷한 차이가 있음을 보여준다. 예를 들어, 파스니에서의
지진해일 수치모델 흔적고(그림 10의 D지점)인 3m는 현장측정치 12~15m 값보다 훨씬 적
다. Rastgoftar(2011)는 지진해일 파고와 도달시간 차이의 원인은 해저산사태(Submarine
Landslide)라고 하였다. 1945년 인도와 영국 간 광범위한 해저전신(海底電信) 케이블 피해와 파
스니 해안지역의 산사태는 지진으로 발생한 해저산사태를 입증한다.

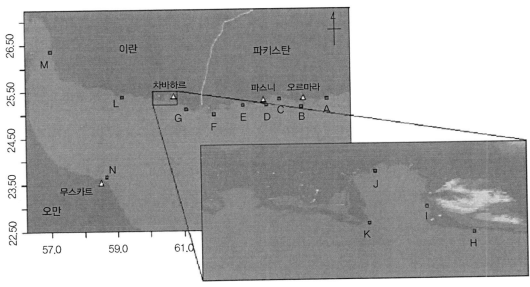

그림 9 1945년 지진해일 시뮬레이션을 위한 수치관측지점 위치(Rastgoftar, 2011)

---

5   시계열(時系列, Time Series) : 확률적 현상을 관측하여 얻은 값을 시간의 차례대로 늘어놓은 계열로 기상 현상, 경제
     동향 따위의 통계 이론에 쓰인다.

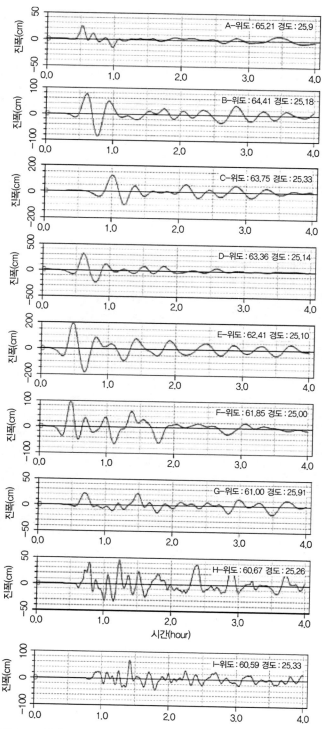

그림 10 관측지점 A~N에서 1945년 지진해일 시뮬레이션된 지진해일 시계열(Rastgoftar, 2011)

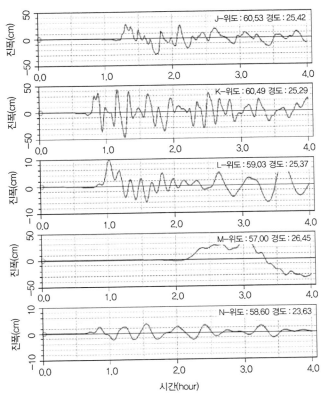

그림 10 관측지점 A~N에서 1945년 지진해일 시뮬레이션된 지진해일 시계열(Rastgoftar, 2011)(계속)

4. 결 론

1008년 봄의 시라프항에서 발생하였던 불확실한 지진해일 사건을 제외하면, 페르시아만에서 입증된 지진해일이 없었다. 호르무즈 해협의 폭이 좁기 때문에 지진해일 파랑이 오만만으로부터 페르시아만으로의 내습(來襲)을 제한한다. 더욱이 페르시아만 내에서 지진해일이 발생하면 해안지역으로 전파되는 지진해일 파고는 천해수심(淺海水深)이 갖는 작은 천수효과(淺水效果)와 해저마찰로 인한 큰 소산(消散) 때문에 지진해일 파고를 효과적으로 제한한다. 따라서 페르시아만의 지진해일 리스크는 매우 적다는 결론에 도달할 수 있다.

반면에 역사적 사건과 지질학적 연구결과에 따르면, 오만만 해안의 지진해일 발생 가능성은 매우 높다. Smith 등(2013)의 최근 연구에서 리히터 규모(Richter Scale)[6] 9.2 지진이 마크란 섭입대(MSZ, Makran Subduction Zone)에서 일어나면 대규모 지진해일이 발생될 수 있다는 것을 보여주었다. 따라서 공공방재측면에서 지진해일 예·경보 시스템의 개발 및 실행이 필요하며 해안재산 및 기반시설에 대한 피해를 줄이기 위한 다른 대책을 고려하여야만 한다.

활성(活性) 마크란 경사이동단층은 이란, 파키스탄 및 오만 해안과 매우 가깝기 때문에 기존 지진해일의 예·경보 시스템으로는 적절한 대피시간을 제공하지 못할 수 있다. 수치시뮬레이션 결과는 지진해일 제1파는 지진 발생 후 15~25분(min) 만에 이란 해안지역을 침수시킬 수 있음을 보여준다. 그 예로서는 1993년 7월 12일 일본 홋카이도(北海道) 오쿠시리섬(奧尻島)에서의 리히터 규모 7.7의 지진 후 발생한 근지지진해일(近地津波)[7]의 비효율적인 예·경보 시스템을 들 수 있다. 이 경우 지진해일 경보는 지진 발생 5분(min) 후에 발령(發令)되었지만 진앙지(震央地)로부터 해안선까지 거리가 짧았기 때문에 피해 및 사망자 수를 줄이는 데 실질적인 효과를 보지 못했다.

마크란 지진해일 대책을 개선하기 위한 단순대책은 지진해일의 자연적인 경고징후(警告徵候)에 대한 지역사회 인식을 높이는 것이다(5장, 9장 및 10장 참조). 마크란은 경사이동단층이므로 모든 지진에 의한 지진해일 발생 리스크가 높다. 만약 해안지역의 저지대(低地帶)에 거주하는 사람들이 대규모 지진을 느낀다면 높은 고지대(언덕)로 재빨리 대피하는 것이 가장 중요하다. 또한 지방 관계 당국은 지속적인 대피훈련을 실시하여만 하고 지진해일의 내습에 따른 해수(海水)의 갑작스러운 후퇴와 공해상(公海上)으로부터 굉음(轟音)과 같은 여러 지진해일의 자연적인 경고징후에 대한 교육을 주민에게 실시하여야 한다. 사람들을 손쉽게 고지대(언덕)로 대피시키기 위해서는 대피경로의 정의 및 개선이 필요불가피하다(1장, 27장 및 28장 참조).

---

6 리히터 규모(Richter Magnitude Scale) : 지진이 발생했을 때, 방출된 에너지의 크기를 나타내는 지표로 지진의 절대적인 규모를 정량적으로 표시하는 데 널리 사용된다. 지진학자인 베노 구텐베르크와 미국의 지질학자 찰스 리히터에 의해 1935년에 도입되었다. 이 기준은 원래 어떤 지진계에 의해 기록된 미국 남부 캘리포니아의 한 지방에서 발생한 지진의 규모를 측정하기 위해 고안되었다. 리히터 규모의 수치가 1 높아지면 에너지는 약 32배가 된다. 즉, 리히터 규모 9는 7에 비해 약 1000배(≒32×32)의 에너지를 갖는다.

7 근지지진해일(近地津波, Nearshore Tsunami) : 연안으로부터 600km 이내에 발생된 지진에 의한 지진해일로 도달시간이 수분~수십 분에 해당하는 지진해일을 말한다. 이와는 반대로 600km 이상인 지역에서 발생된 지진으로 인한 지진해일은 원지지진해일(遠地津波)로 도달시간이 수 시간~20시간에 해당한다.

참고문헌

1. Aghanabati, A., 2004. Geology of Iran. Geological Survey of Iran (GSI), Tehran, 586 pp. (in Persian).

2. Ambraseys, N.N., Melville, C.P., 1982. A History of Persian Earthquakes. Cambridge University Press, New York 219 pp.

3. Berninghausen, W.H., 1966. Tsunamis and Seismic seiches reported from regions adjacent to the Indian Ocean. Bull. Seismol. Soc. Am. 56 (1), 69-74.

4. Byrne, D.E., Sykes, L.R., Davis, D.M., 1992. Great thrust earthquakes and aseismic slip along the plate boundary of the Makran Subduction Zone. J. Geophys. Res. 97 (B1), 449-478.

5. Golbaz, A., 2012. Probability of Tsunami in the Persian Gulf. (Master dissertation). Department of Civil Engineering, K.N. Toosi University of Technology, Tehran, 115 pp. (in Persian).

6. Hamzeh, M.A., Okal, E., Ghasemzade, J., Baskleh, G.R., 2013. Investigating through the effects of the 1945 tsunami of Pakistan on Iranian Makrancoasts. In : National Congress of Development of Makran Coast and the Maritime Authority of Iran, Chabahar, Iran.

7. Heck, N.H., 1947. List of seismic sea waves. Bull. Seismol. Soc. Am. 37 (4), 269-286.

8. Heidarzadeh, M., Pirooz, M.D., Zaker, N.H., Yalciner, A.C., Mokhtari, M., Esmaeily, A., 2008. Historical tsunami in the Makran subduction zone off the southern coasts of Iran and Pakistan and results of numerical modeling. Ocean Eng. 35 (8-9), 774-886.

9. Heidarzadeh, M., Pirooz, M.D., Zaker, N.H., Yalciner, A.C., 2009. Preliminary estimation of the tsunami hazards associated with the Makran subduction zone at the northwestern Indian Ocean. Nat. Hazards 48 (2), 229-243.

10. IRSC, 2014. Iranian Seismological Center, Institute of Geophysics, University of Tehran. Basic Parameters of Earthquakes in Iran (৳2000). http://irsc.ut.ac.ir/index.php (accessed 10.01.15).

11. Jordan, B.R., 2008. Tsunamis of the Arabian Peninsula, a guide of historic events. Sci. Tsunami Hazards 27, 31-46.

12. Khoshamadi,S.,2010. Study of Seismotectonics, Seismicity and Seismic Zone of North West of the Persian Gulf. (Master dissertation). Faculty of Basic Science, Tehran North Branch, Islamic Azad University, Tehran, 208 pp.

13. Lisitzin, E., 1974. Sea Level Changes. Elsevier Oceanographic Series 8Elsevier Sci, Publ. Co., Amsterdam, Oxford, New York, 273 pp.

14. McEvilly, T.V., Razani, R., 1973. The Qir, Iran earthquake of April 10, 1972. Bull. Seismol. Soc. Am. 63, 339-354.

15. Murty, T.S., Bapat, A., 1999. Tsunamis on the coastlines of India. Sci. Tsunami Hazards 17 (3), 167–172.

16. Neetu, S., Suresh, I., Shankar, R., Nagarajan, B., Sharma, R., Shenoi, S.S.C., Unnikrishnan, A.S., Sundar, D., 2011. Trapped waves of the 27 November 1945 Makran tsunami : observations and numerical modeling. Nat. Hazards 59 (3), 1609–1618.

17. Pendse, C.G., 1946. The Mekran earthquake of the 28th November 1945. India Meteorol. Dep. Sci. Notes 10 (125), 141–145.

18. Rastgoftar, E., 2011. Numerical modeling of tsunami on Iranian Coasts. (Master dissertation). Department of Civil Engineering, K.N. Toosi University of Technology, Tehran, 152 pp. (in Persian).

19. Smith, G., McNeill, C.L., Wang, K., Henstoke, J., 2013. Thermal structure and megathrust seismogenic potential of the Makran Subduction Zone. Geophys. Res. Lett. 40 (8), 1528– 1533.

20. UNESCO,2009.Tsunami Risk Assessment and Mitigation for The Indian Ocean; Knowing Your Tsunami Risk—and What To Do about It, IOC Manual and Guides No. 52. UNESCO, Paris, 82 pp.

PART III

감재 대책(구조적 대책)

CHAPTER 15 지진해일 내습에 대한 방파제 안정성

1. 서 론

많은 해안·항만구조물로 일본 해안선의 상당 부분을 지진해일로부터 방호(防護)하고 있었지만(Naksuksakul, 2006), 2011년 3월 11일 이전에는 이러한 구조물의 신뢰성은 거의 주목받지 못했다. 이 날 일본 동북부 연안 해상에서 모멘트 규모 M_w 9.0의 강력한 지진이 일본 도호쿠(東北) 지역의 해안·항만방재구조물을 압도(壓倒)하는 대규모 지진해일을 발생시켜 수백 킬로미터(km)의 연안에 산재(散在)한 거주지를 초토화시켰다. 2011년 동일본 대지진해일 이후 일본해안공학회(the Japanese Coastal Engineering Community)는 지진해일을 심각성과 강도에 따라 특별한 2가지 레벨로 분류하기 시작하였다(Shibayama 등, 2013 및 지진해일 레벨에 관한 보다 자세한 사항은 1장 참조). 2011년 지진해일 사건은 현재 재현기간이 수천 년 정도인 레벨 2 사건에 해당된다(Shibayama 등, 2013).

2011년 사건 이후 지진해일의 재난관리개념을 재평가하였는데, 일반적인 지진해일 대책은 재현기간이 수십 년에서 백수십 년 정도인 레벨 1 사건에 견디도록 설계하여야 한다고 여겼다(Shibayama 등, 2013). 방파제(防波堤, Breakwater)[1]나 해안제방과 같은 본질적인 '구조적 대책'은 레벨 1 사건에 대한 인명과 재산의 손실을 막을 수 있을 정도로 강해야만 한다. 그러

---

1   방파제(防波堤, Breakwater) : 항만시설이나 선박을 외해의 파랑으로부터 보호하기 위한 외곽시설(外廓施設)로써 구조형식에 따라 직립제, 경사제, 혼성제, 소파블록피복제, 중력식 특수방파제로 분류할 수 있다.

나 레벨 2 사건에 대한 대책의 구축은 비용 – 편익관점에서 비현실적이다. 따라서 레벨 2 사건 중 지진해일이 구조적 대책을 압도(壓倒)하면 해안 거주지역에 사는 주민의 방호는 대피계획 및 고층 건물과 같은 '비구조적 대책'에 의존해야 할 것이다(25장 및 29장 참조). 그렇지만 구조적 대책은 내습지진해일파(來襲津波)를 지연시켜 주민들에게 그 지역을 대피할 추가시간을 제공하는 부가적인 역할을 한다. 지진해일이 발생하기 쉬운 지역 내의 많은 구조물은 주로 태풍을 대비하여 설계하였지만, 레벨 1 지진해일 사건에서도 피해를 거의 입지 않고 잔존(殘存)하여 그 배후에 있는 지역사회와 사회기반시설에 대한 어느 정도 방호를 지속적으로 제공하는 것이 바람직하다. 또한 레벨 2 사건인 경우에도 구조물 중 일부가 피해를 보거나 제한된 피해상태 아래에서도 견뎌내기 위해 특별히 설계할 필요가 있고, 특정구조물이 얼마나 복원성을 갖는지 파악하여야 한다.

여러 유형의 구조물에 대한 다양한 손상메커니즘이 보고되었다(Jayaratne 등, 2013; Mikami 등, 2012; 16~20장). 그러나 일반적인 소파블록 피복제[2](테트라포드(Tetrapod)[3]와 같은 피복재(被覆材, Armor Unit)로 보호한다)는 케이슨(Caisson)식 혼성제[4]보다 더 복원성이 있는 것처럼 보인다. 피복재에 대한 피해는 방파제 자중(自重)에 반비례하며, 일반적인 풍파(風波, Wind-induced Wave)에 대한 Van der Meer(1987)와 같은 공식에서 예측할 수 있는 것처럼 무거운 피복재일수록 피해가 적다. 그러나 2011년 지진해일 이전의 대부분 연구에서는 케이슨 거동(擧動)을 풍파에 대한 설계와 관련이 있는지를 연구하였다(즉, Goda, 1985; Tanimoto 등, 1996; Esteban 및 Shibayama, 2006; Esteban 등, 2007a, 2007b, 2012b). 지진해일인 경우 지진해일 영향을 근사(近似)하기 위해 고립파(孤立波, Solitary Wave)[5](Tanimoto 등(1984) 및 Ikeno 등,

---

2　소파블록 피복제(消波 Block 被覆堤) : 직립제(直立堤) 또는 혼성제(混成堤)의 전면에 소파블록을 설치한 것으로 소파블록으로 파랑의 에너지를 소산시키며, 직립부는 파랑의 투과를 억제하는 기능을 가진다.

3　테트라포드(Tetrapod, TTP) : 파랑의 소파(消波)를 위해서 피복석 대신 사용하는 콘크리트 이형(異型)블록으로, 4개의 뿔 모양으로 생겼으며 방파제 및 호안 등에서 사용되어 파랑에너지를 약화시키는 역할을 한다. 프랑스의 Neyrpic사에서 1949년에 개발한 이 콘크리트 이형블록은 다음과 같은 특징이 있다. ① 피복층이 거친 면이 되어 투과성이 좋으므로 파압, 파의 기어오름 및 반사파를 감소시켜 파의 에너지를 감소시킨다. ② 블록은 서로 엇물려 안정한 급경사의 비탈면에서 시공할 수 있으므로 경제적인 단면을 얻을 수 있다. ③ 블록의 중심 위치가 낮고 안정성이 좋아 콘크리트 블록에 비하여 중량을 가볍게 할 수 있다. ④ 시공에서 특별한 주의가 필요없다.

4　케이슨식 혼성제(Caisson-type 混成堤) : 기초사석부 위에 직립벽인 케이슨(Caisson)을 설치한 것으로 파고에 비하여 마루가 높은 경우에는 경사제(傾斜堤)에 가깝고 낮은 경우에는 직립제(直立堤)의 기능에 가깝다.

5　고립파(孤立波, Solitary Wave) : 파장이 무한히 길고 주기도 또한 무한대인 파도로서 실제의 해안에서는 볼 수 없으며, 그 파형은 전부 정수면(靜水面) 위에 있으며 파고 H는 정수면으로부터 파봉(波峰)까지의 높이가 된다. 또한 고립파에서는 물입자가 파의 진행에 따라 파의 방향으로 진행할 뿐이며 후퇴하는 일은 없으므로, 정수면 위의 수량 전체가 그대로 수송된다.

2001; Ikeno 및 Tanaka, 2003 참조) 또는 단파(段波, Bore)를 사용해왔다(16장 참조). 동일 유형의 개념을 사용하여, Esteban 등(2008a, 2008b)은 다른 유형의 고립파에 대한 케이슨식 혼성제의 사석기초(捨石基礎) 마운드(Mound) 변형을 계산했다. 이어서, 부분적으로 다양하게 손상된 피복층(被覆層) 효과를 고려하기 위해 Esteban 등(2009)은 피복재로 보호된 케이슨에 작용하는 고립파의 힘을 실험적으로 측정하여 케이슨 틸팅(Tilting)을 결정하였다.

피복재 설계와 관련된 예상유속(豫想流速) 공식은 이전의 여러 연구조사결과를 집약(集約)한 SPM(Shore Protection Manual, 1977)에 이미 게재되어 있다. Esteban 등(2013)은 2011년 동일본 대지진해일 흔적고에 근거를 둔 다른 방법을 제안하였다. 최근 일본의 여러 연구자들의 연구에 따르면(Sakakiyama, 2012, Hanzawa 등, 2012, 및 Kato 등, 2012), 실무 엔지니어가 장시간의 컴퓨터 시뮬레이션을 수행하지 않고는 실제 지진해일 경우에 대한 매개변수를 신뢰성있게 예측하는 것이 어려우므로, 유속과 월파(越波) 효과에 초점을 맞추어 지진해일 내습에 대한 피복재 설계의 대안(代案)을 제안해왔다.

이 장의 목적은 지진해일이 발생하기 쉬운 지역에서 소파블록 피복제를 설계하는 방법에 관한 현재 경험적 지식을 검토하는 것이다. 전체목표는 다른 매개변수를 무시하면서 예상 지진해일 흔적고에 기초한 방파제의 설계를 가능토록 실무 엔지니어에게 간단한 지침을 제공하는 것이다.

2. 과거 지진해일 시 방파제 손상

최근 Esteban 등(2013)이 자세히 설명한 바와 같이 특히 스리랑카(2004년 인도양 지진해일 동안, Shibayama 등, 2006)와 일본 북동부(2011년 동일본 대지진해일)에서는 지진해일로 여러 방파제가 손상을 입었다. 또한 상기(上記)의 저자들은 그들이 조사한 각각의 방파제들에 대한 피복재 손상매개변수인 S를 제안했다. 이 S 매개변수는 다음과 같이 정의된 Van der Meer(1987)가 제안한 변형정도 S와 비슷하다.

$$S = \frac{A_e}{D_{n50}^2} \tag{1}$$

여기서 A_e는 정수면(靜水面, Still Water Level)으로부터 하나의 파고(波高)를 더하거나 뺀 방파제 단면의 침식부 면적, D_{n50}은 피복재의 평균 지름이다(16장 참조). 스리랑카항(港)인 경우 이 S 값은 각 방파제를 원 상태로 복구하는 데 필요한 평균재료량으로 조사하였지만, 일본의 경우 각 방파제 단면에서 가장 심하게 손상된 부분의 이탈(離脫)된 피복재 수를 기준으로 잡았다. Esteban 등(2013)은 적출(摘出)된 피복재의 수와 상관없이 파괴적인 손상(Kamphuis (2000) 이후)인 경우에서도 $S = 15$로 잡는다. 따라서 S 값이 15보다 큰 손상(즉, 사석식(捨石式) 경사제인 경우)은 $S = 15$로 잡았다.

2.1 피해를 입은 스리랑카항

2004년 수마트라(Sumatra) 앞바다에서 모멘트 규모 M_w 9.0의 강진(强震)으로 발생된 대규모 지진해일이 스리랑카(Sri Lanka)를 강타하였다(1장 참조). 이 지진해일은 스리랑카 1,100km의 해안선에 영향을 미쳐 약 3만 9천 명의 사망자와 10만 채의 주택을 파괴했다. 히카두와(Hikkaduwa), 미리사(Mirissa) 및 푸라나웰라(Puranawella) 등을 포함한 어항들이 심하게 파손되었다. 당시 여러 번의 현장조사 시 3.0m 미만에서 11.0m 이상까지 상당한 지진해일 흔적고를 측정하였는데, 그 높이는 일반적으로 남쪽 해안에서 서쪽 해안으로 갈수록 감소경향을 보인다(Okayasu 등, 2005; Wijetunge, 2006, 1장 참조).

2.1.1 히카두와 어항

히카두와 어항은 콜롬보(Colombo)에서 남쪽으로 약 100km 떨어진 스리랑카의 남서쪽 해안에 입지하고 있다. 항구에는 2개의 방파제(사석식경사제)가 있으며, 남쪽(주(主)방파제) 및 외부 방파제 길이는 약 378m이고 북쪽(부(副)방파제) 방파제의 길이는 291m이다.

주방파제의 육지 쪽과 바다 쪽은 1.0~3.0톤(ton)의 피복석(被覆石)[6]으로 덮여 있는 반면 외부 방파제는 6.0~8.0톤(ton)의 피복석을 사용했다. 외부 방파제 제두부(防波堤 堤頭部)[7]는 8.0~

---

6   피복석(被覆石, Armor Stone) : 제방이나 방파제 등 외곽시설의 제체(堤體)를 구성하는 석재가 파력으로부터 손실되는 것을 보호하기 위하여 그 위에 쌓는 큰 돌을 말하며, 큰 돌은 석산에서 발파하여 생산하나 규격석(規格石)의 생산이 어려워 파랑이 큰 곳에서는 피복용으로 테트라포드(TTP), 중공삼각블록, 아치트라이바 등 이형블록을 제작하여 사용한다.

7   방파제 제두부(防波堤 堤頭部, Breakwater Head) : 방파제의 바다측 단부로써 일반적으로 간부보다 단면(중량)을 크게 한

10.0톤(ton)의 피복석으로 이루어져 있었다. 이 지점에서 측정된 지진해일고는 4.7m(1장 참조)로 여유고(餘裕高)는 3.5m이었기 때문에 지진해일이 월류고(越流高) 1.2m(4.7−3.5m)를 상회하여 방파제를 월파(越波)했을 것이라고 예상된다. 이 손상단면의 방파제 전면수심(前面水深)은 MSL(Mean Sea Level, 평균해수면, 平均海水面)보다 약 0.5~4.0m 낮았다. 그림 1은 S 계수가 평균 4.5로 외부 방파제의 주피복석(主被覆石)에 대한 손상을 나타낸다.

그림 1 히카두와 어항 외부 방파제의 바다 쪽에서 이탈된 피복석

2.1.2 미리사 어항

미리사 어항은 갈레(Galle)로부터 동쪽으로 약 27km 떨어진 웰리가마만(Weligama Bay) 동쪽에 있다. 이 항(港)의 방파제는 사석식경사제로 403m의 주(主)방파제와 105m의 부(副)방파제로 이루어져 있다. 주방파제 바다 쪽은 4~6톤(ton) 피복석으로 덮었지만, 육지 쪽은 3~4톤(ton) 피복석을 사용했다. 주방파제 수심은 현장조사 당시 평균해수면(MSL) 아래 3.0~

다. 즉 방파제 제두부에는 다방면에서 파랑이 처오르기에 제두부보강을 하고 있으며 피복석 규격(중량)도 제체의 1.5배로 하고 있다.

5.0m로 변동적인 수심을 가졌다. 이 지점에서 측정된 지진해일고는 5.0m이므로 월류고 1.5m(5.0−3.5m 차이)를 상회했을 것이다(방파제 여유고는 3.5m이었기 때문에). 그림 2는 주방파제의 바다 쪽에서 관측된 피해를 나타낸다($S=5.3$).

그림 2 미리사 어항 주방파제 마루와 바다 쪽에서 이탈된 주피복석

2.1.3 푸라나웰라 어항

푸라나웰라(Puranawella) 어항은 스리랑카의 남단(南端)에 있다. 항구에는 2개의 사석식경사제(捨石式傾斜堤)가 있는데, 남쪽에 있는 주(主)방파제(길이 405m)와 항구 북쪽에는 부(副)방파제(길이 200m)가 있다. 주 방파제 바다 쪽의 제근부(堤根部) 구간에는 2.0~4.0톤(ton) 외부 피복석으로 덮여 있었고, 제간부(堤幹部) 구간 내의 바다 쪽 및 육지 쪽은 4.0~6.0톤(ton) 피복석을 사용했다. 방파제 제두부(堤頭部)에는 5.0~8.0톤(ton)의 피복석을 덮었다. 주방파제의 수심은 현장조사 당시 평균해수면(MSL)으로부터 3.0~7.0m 변동된 수심을 가졌다. 모든 구간에서 여유고는 3.5m, 지진해일이 모든 구간에서 월류고 2.5m(6.0−3.5m)를 가진 채 월파하였을 것이라고 예상된다. 그림 3에서 볼 수 있듯이 주방파제를 따라 여러 곳의 외부 피복석

을 교체하였다. 이 지점에서 측정된 지진해일고는 6.0m로, 제근부(堤根部) 구간과 제두부(堤頭部) 구간에서 상응하는 S 매개변수는 각각 3.71과 7.38로 나타났다.

그림 3 푸라나웰라 어항의 주방파제 마루와 바다 쪽에서 이탈된 주피복석

2.2 피해를 입은 일본 내 항구

2.2.1 구지(久慈, Kuji)항

이와테현(岩手県) 북부에 위치한 구지항(久慈港)에는 그림 4에 나타낸 것처럼 피복재로 6.3톤(ton) 테트라포드를 사용한 소파블록 피복제가 있다. 방파제는 지진해일 내습파(來襲波)가 직접 강타했기 때문에 지진해일과 직접 부딪쳤지만, 손상을 당한 것처럼 보이지 않는다($S=$ 0). 2011년 방파제 배후에서 동일본 지진 및 지진해일 합동조사단(Tohoku Earthquake Tsunami Joint Survey Group)이 측정한 지진해일 흔적고는 각각 6.34m, 6.62m 및 7.52m로 이 지역의 지진해일 흔적고는 낮았다(피복재 안정성에 대한 후속 분석을 위해 6.62m를 선택하였다 (Mori 등, 2012). 방파제의 여유고가 6.2m이었으므로 지진해일은 방파제를 거의 월파하지 못하였다.

그림 4 구지항의 경사가 급한 테트라포드 피복층

2.2.2 노다항

지진해일 파력(波力)이 케이슨과 피복재인 3.2톤(ton) 테트라포드(Tetrapod)를 이동시키고 산란(散亂)시킨 한 구간($S=15$)을 제외하곤 이 어항의 소파블록 피복제 대부분은 지진해일 내습을 견뎌냈다. 이 구간은 그림 5에 나타나 있으며, 손상된 구간은 25톤(ton) 테트라포드를 사용하여 임시로 보수(補修)하였다. 방파제 배후에서 동일본 지진 및 지진해일 합동조사단 (the Tohoku Earthquake Tsunami Joint Survey Group, 2011)이 측정한 흔적고는 16.58m, 17.64m 및 18.3m이었다(분석을 위한 대표치로 파고 17.64m를 선택하였다. 노다항(野田, Noda)의 방파제 여유고는 5.4m에 불과해 월류고(越流高)는 12.24m(17.64－5.4m)이었을 것이다. 손상을 입은 구간은 방파제 제두부(堤頭部) 부근이 아니라 육지에 가까운 지점에 있어 이에 대한 손상메커니즘은 명확하지 않다. 이러한 영향을 확인하기 위해서는 자세한 분석이 필요하지만, 국소적(局所的) 수심(水深)효과가 이 구간에서의 파고를 증대 및 강화시키는 역할을 하였을 수도 있다.

그림 5 25톤(ton) 테트라포드를 사용하여 임시로 보수한 노다항의 방파제 피해

2.2.3 타로항

타로(田老, Taro)항을 방호하던 각종 방파제가 큰 피해를 입었다. 만구(灣口)에 있는 방파제(그림 6 참조)는 뚜렷한 2개 구간으로 구성되어 있었다. 전체 중 대략 2/3는 70톤(ton) 또는 100톤(ton)짜리 중공(中空) 피라미드 피복재로 보호된 800톤(ton) 케이슨이며(2종류 중량을 가진 구조물을 케이슨 축조에 사용하였다.), 나머지는 비슷한 피복재로 보호하였지만 그 배후에는 어떤 케이슨도 없었다(방파제 중 이 구간은 작은 섬들 근처로 복잡한 수심 내에 위치하고 있었다).

이 방파제 중 '사석 마운드형 구간'은 피복재가 지진해일력에 의해 흐트러져($S=15$) 완전히 파괴되었다(그림 6에 나타난 것처럼 방파제의 가장 가까운 쪽). 이 방파제 배후에는 지진해일로 파괴된 25톤(ton) 테트라포드로 구성된 2개의 소파블록 피복제가 있었는데, 항(港) 주위에는 케이슨과 테트라포드가 산란(散亂)되어 있었다($S=15$).

이 항구의 각 지점에 부딪혔을 때 파고를 예측하는 것은 어려운 일이라, 동일본 지진 및 지진해일 합동조사단(2011)의 측정치(방파제 배후 많은 지점에서의 측정치는 13.86m, 15.18m,

19.55m, 19.56m, 21.03m 및 21.95m이었다.)에서도 상당한 차이들이 있었다. 측정 지점들은 모두 만구(灣口)에 있는 주방파제 배후에 위치해 있어 지진해일이 구조물과 부딪칠 때 실제 파랑 크기에 대한 불확실성을 가중시켰다.

그림 6 타로항의 외곽(外廓) 방파제. 2012년 9월까지 흩어진 많은 피복재를 모아 원래 위치에 설치했음

이러한 측정의 차이 중 일부는 그 지역을 방호하는 여러 방파제와 연안 섬(Offshore Island)들로 인한 복잡한 차폐과정(遮蔽課程)과 관련이 있을 수 있다(Esteban 등(2013) 참조). 따라서 적어도 외부 방파제는 21.03m 지진해일고에 직면했을 가능성이 있고 내부 방파제는 15.18m 지진해일고인 상대적으로 작은 파랑에 직면했을 가능성이 있다. 방파제의 여유고는 약 4.1m 로 외부 방파제와 내부 방파제인 경우 각각 15.93m(21.03−4.1m)와 11.08m(15.18−4.1m)의 월류고(越流高)를 나타내었다.

2.2.4 오키라이항

오키라이(越喜来, Okirai) 어항은 2011년 동일본 대지진해일 시 지진해일력에 의해 제거된

3.3톤(ton) X-블록을 사용한 소파블록 피복제가 어항을 방호해왔다($S=15$). 이 때문에 피복재뿐만 아니라 일부 케이슨도 손상을 입었다(그림 7의 원 참조). 동일본 지진 및 지진해일 합동조사단(2011)은 방파제 배후 15.54m, 15.57m 및 16.17m 흔적고를 측정하였으며, 이 지점의 대표치를 15.57m로 선정하면 13.57m (15.57-2.0m) 예측 월류고를 나타냈다(방파제의 여유고는 2.0m이었다).

그림 7 케이슨 구간이 사라진 오키라이항의 방파제 피해

2.2.5 이시하마항

이시하마(石浜, Ishihama)항은 게센누마(気仙沼, Kesenuma) 동쪽 해안선에 비교적 길게 뻗어 있는 구간을 따라 입지하고 있다. 이 어항에는 둘 다 테트라포드를 사용한 대략 동급(同級) 규모인 2개의 소파블록 피복제를 건설하였다. 그러나 피복재(被覆材)의 크기는 2개의 방파제를 통하여 다르다. 북쪽 방파제는 육지와 접해 있는 단부(端部) 구간에 2톤(ton) 피복재를 설치하였는데, 손상되어 단지 수면 위로만 볼 수 있었다($S=15$). 방파제의 제간부(堤幹部)에는 8톤(ton)짜리 테트라포드가 있었는데, 부분적으로는 손상되었다($S=5$). 마지막으로 심하게 이동되지 않았던 것으로 보이는 거대한 테트라포드가 방파제 제두부(堤頭部)를 보호하였다

(테트라포드군(群)의 원래 위치를 몰라 이것을 확인하기는 어렵지만, 1개는 분명히 옮겨졌고, 더 많은 테트라포드가 이동하였을 가능성도 있다). 북 방파제에 있던 케이슨 중 어느 것도 변위(變位)를 보이지 않았다.

또한 육지 쪽 근처 비교적 작은 2톤(ton)의 피복재로 보호받았던 남 방파제는 북쪽 방파제와 비슷한 방식으로 손상을 입었다($S=15$). 방파제 제근부(堤根部) 구간은 여러 종류의 피복재인 2톤(ton), 3.2톤(ton) 및 6.3톤(ton) 중량이 혼재되어 방호받고 있었다. 이렇게 혼재된 이유는 불분명하며 가벼운 피복재 중 일부는 원래 인접 구간에서 왔으며 파랑에 의해 이동될 가능성이 있다. 그렇지만 피복재 사이 간극(間隙)을 볼 수 있었다($S=4$). 방파제의 제간부(堤幹部) 구간은 6.3톤(ton)보다 훨씬 무거운 재료로 설치되어 있어 이동되지 않은 것으로 보였다. 그러나 제두부(堤頭部)는 피복재로 보호받지 않아서 마지막 케이슨이 바다 쪽으로 기울어졌지만 인접 케이슨으로부터 여전히 접근할 수 있었다. 동일본 지진 및 지진해일 합동 조사단(2011)은 방파제 배후 14.88m, 15.39m, 15.54m의 흔적고를 측정하였으므로 구조물 분석 시 파고 15.39m를 사용하였다. 여유고는 방파제의 여러 구간을 따라 다양하므로(5.2~5.6m), 약 10m(15.39−5.2m)의 월류고를 보였다(그림 8).

그림 8 이시하마항의 피복재 피복구간에서의 간극

2.2.6 히카도항 및 오오야항

두 항(港)이 입지한 지점 주변에서 측정한 3개의 파고는 각각 15.7m(현재 분석을 위해 저자들이 스스로 선택한 지점), 15.0m 및 16.55m(동일본 지진 및 지진해일 합동조사단, 2011)이었다. 오오야(大家, Ooya)항에서의 여유고는 1.8m, 히카도(日門, Hikado)항의 여유고는 3.4m로 각각 월류고 13.9m(15.7−1.8m)와 12.3m(15.7−3.4m)로 되었다.

Esteban 등(2012a)은 3가지 다른 종류의 피복재가 방파제에 설치되어 있었다고 보고했다. 오오야항에는 3.2톤(ton) 씨락(Sea-Lock)(그림 9 참조)이 있었고, 히카도항은 방파제를 따라 5.76톤(ton) X−블록과 28.8톤(ton) 중공(中空) 피라미드 피복재 둘 다를 가지고 있었다(그림 10에 볼 수 있듯이 방파제의 제간부(堤幹部)에는 X−블록(X−block), 제두부(堤頭部)에는 더 무거운 중공 피라미드). 더 무거운 피복재인 중공 피라미드는 피해를 덜 입었지만 X−블록과 씨락 피복재는 완전히 손상을 입었다($S=15$). 흥미롭게도 이 항들의 케이슨은 어느 곳에서도 눈에 띄는 피해를 입지 않았다.

그림 9 오오야항의 씨락 피복재 피해상황

그림 10 히카도항의 X－블록 피복재 손상상황

3. 지지력 손상

2011년 동일본 대지진해일 때 여러 케이슨들의 후단부(後端部)가 사석 마운드 쪽으로 이탈되는 손상의 징후를 보였다(19장 참조). 여러 형태의 고립파에 대한 혼성제 및 소파블록 피복제의 안정성을 확인하기 위해 수리모형실험(水理模型實驗)[8]을 실시한 Esteban 등(2009)은 이런 형태의 손상모드에 대해서 이 장에서 설명하였다.

---

8   수리모형실험(水理模型實驗, Hydraulic Model Test) : 물체의 물리적 복제품을 모형(model)이라 하며, 이 모형을 이용하여 유체(대부분 물)에서 이루어지는 실험을 수리모형실험이라 한다. '모형'이라는 단어는 빼고 그냥 수리실험이라고도 한다. 수리모형실험을 통해 유체의 표면 또는 그 속에서 일어나는 갖가지 물리 현상의 핵심적인 특성을 관찰하고 계측할 수 있다. 유체 현상을 수학 이론 또는 컴퓨터 계산을 통해 해석하기 어려울 때 수리실험을 하는 경우가 많다.

3.1 실험장치

Esteban 등(2009)은 케이슨을 통하여 자갈 기초에 전달되는 하중을 측정하기 위해 고립파를 이용한 수리모형실험을 실시했다. 이 실험은 일본 요코하마국립대학의 수리공학실험실에 설치된 길이 15.3m, 폭 0.6m, 수심 0.55m의 2차원 조파수로(造波水路)[9]에서 실시하였다. 그림 11은 축척 1:100을 사용하여 모델링한 조파수로와 사용된 장치를 도식적 표현한 그림이다. 프루드수 상사법칙(Froude Number Similarity)[10]은 수심 $h = 15 \sim 19$cm에 대해 실시된 실험 내내 사용하였다. 조파수로의 한쪽 끝에는 수조(水槽)(길이 2.25m×폭 0.6m×깊이 0.55m)를 만들면서 수문을 설치해두었는데, 이 수문은 개방속도(開放速度)를 일정하게 유지되도록 무거운 중량물이 부착된 도르래 시스템을 사용하여 개폐(開閉)시켰다. 수로 중간과 구조물에 부딪히기 직전의 파형(波形)을 측정하기 위하여 2개의 파고계(波高計)를 설치하였다.

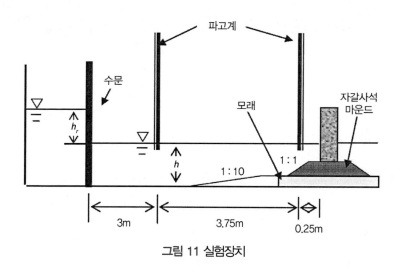

그림 11 실험장치

모델 케이슨의 치수는 그림 12에서 볼 수 있다. 사용된 모래입자의 평균입경은 10mm이었다. 케이슨(높이 24cm×길이 12cm×폭 20cm)은 최종밀도가 실제 콘크리트 케이슨의 밀도($\rho =$

---

9 조파수로(造波水路, Wave Basin) : 조파장치를 부속시킨 모형실험용 수조로서 일반적으로 길이와 폭이 수심에 비해 훨씬 크며 주로 3차원적 현상을 연구할 목적으로 사용된다.

10 프루드수 상사법칙(Froude Number Similarity) : 중력의 영향이 있는 경우, 그 작용이 서로 닮기 위해서는 관성력과 중력비를 나타내는 프루드수(Froude Number)가 동일해야 한다.

2.0ton/m³)와 비슷한 사철(砂鉄)과 일반 모래가 혼합된 유리 외피(外皮)로 제작하였다. 개별적인 피복재 배치가 기초상 케이슨에 작용하는 하중에 어떠한 영향을 미치는지 조사하기 위해, 그림 12(케이슨 전체 높이를 피복재로 배치하는 A로부터 피복재를 배치하지 않는 D까지)와 같이, 총 4개의 개별적인 테트라포드 피복재 배치를 하였다. 비디오 분석 결과 배치된 피복재를 통과하는 지진해일 내습으로 제한된 테트라포드의 이동을 보여, 지지력 손상에 관한 자세한 조사를 할 수 있었다.

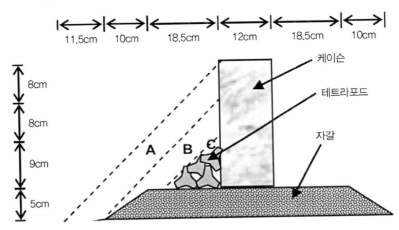

그림 12 피복재 A~D 배치를 나타내는 모델 케이슨의 치수

Esteban 및 Shibayama(2008)는 케이슨의 수직변위를 결정하는 데 케이슨 후단부 하중이 중요하다고 언급했다. 따라서 케이슨 후단부로부터 1.5cm 위치에 측정장치의 헤드(Head)가 위치하도록 기초 상단에 단일 로드 셀(Load Cell)을 배치하였다. 케이슨 전면에 고해상도 디지털 카메라를 설치하여 파랑 내습을 찍고 손상 메커니즘을 확인하였다.

3.2 실험 케이스

표 1과 같이 여러 가지 고립파를 발생시키기 위해 실험 케이스를 반복하였다. 표 1에 나타낸 케이스에 따라 수위조절(水位調節)을 위해 수로의 한쪽 끝에 있는 수조(水槽)를 물로 채웠다. 이어 고립파를 발생시키기 위해 도르래 끝단에 붙어 있는 중량물을 재빨리 풀어 수문을 개방했다. 이렇게 발생한 파랑을 제1번 파고계에서 측정한 결과 일반적인 파고 7~10cm로

3.9~4.16m/s 속도를 가졌으며, 케이슨과는 부딪치면서 천수(淺水)효과로 인하여 파고는 17~20cm까지 증가하였다.

표 1 실험 케이스

실험 케이스	수심 h(cm)	단(段) $(h-h_r)$(cm)	반복 횟수	분류형태	비고
T1	15	15	1	단파(段波) 형태	케이슨에 도달하기 전에 파랑이 쇄파. 도착하는 파면(波面)은 높은 난류(亂流)가 특징임
T2	17	15	6	케이슨 상에서 쇄파(碎波)	고립파(孤立波) 후면에 많은 양의 물이 있기 때문에 매우 긴 파랑의 주기를 갖지만, 전면은 쇄파되는 풍파(風波)와 비슷하게 보임
T3	19	15	7	케이슨 상에서 완전한 쇄파	입사파(入射波)가 케이슨에 가까워지면 충격(衝擊) 전에 변형되기 시작함

Esteban 등(2008a, 2008b)은 그림 11에 나타낸 실험장치인 경우 시험할 수 있는 실험조건이 제한되어 있어, 이 범위를 벗어난 실험 조건에서는 완전한 케이슨 손상을 초래할 수 있다고 판단했다. 일반적으로 수심 h가 깊을수록 입사파(入射波)는 케이슨에 접근할 때 조금씩 두드러지는 중복파[11](重複波)인 것처럼 보였고(케이스 T3), h가 얕아지면 도달하는 파면(波面, Wave Front)은 보다 편심적(偏心的)으로 되어 결국 쇄파(碎波)처럼 보였다(케이스 T2). 케이스 T1의 경우, 수조의 중앙 구간에서 깨어져 입사파는 단파(段波)형 지진해일처럼 보였다. 이러한 모든 실험 케이스에 대한 상세한 내용은 파형(波形)에 대한 일반적인 설명과 함께 표 1에 요약되어 있다.

3.3 실험결과

그림 13은 그림 11에서 보인 2개 파고계에 나타난 일반적인 T2 파랑 케이스의 파형을 나타낸다. 동일 속도로 수문을 개방하고 수로 뒤의 수단(水段)을 일정하게 유지함으로써 발생된 초기 파랑은 모든 실험 케이스에서 비슷하다(7~8cm 파고). 그러나 케이스 T1과 T2의 경

---

11 중복파(重複波, Standing Wave, Clapotis) : 입사해오는 진행파(進行波)와 반사파(反射波)가 겹쳐서 만드는 파랑으로 어떤 매질 속에 파가 존재할 때 각 지점에서 진폭이 일정한 값을 가지며, 진폭이 최소가 되는 지점을 파절(波節, Node)이라 부르며, 진폭이 최대가 되는 지점을 파복(波腹, Anti-node)이라 말한다.

우, 바닥마찰이 파랑에 강한 영향을 미쳐, 케이슨에 도달할 때까지 파랑이 쇄파하거나(T1) 거의 쇄파한다(T2).

그림 14는 케이스 T2의 모든 피복재 배치에 대한 케이슨 후단부(後端部)의 하중시간이력 (荷重時間履歷)을 나타낸 것으로, 테트라포드 배치 유형에 따라 발휘되는 하중이 얼마나 강한 영향을 미치는가를 보여준다.

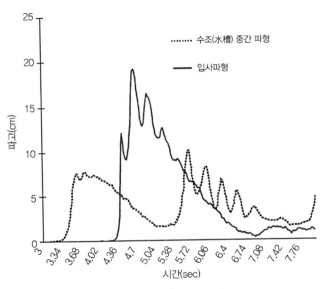

그림 13 파형(케이스 T2)

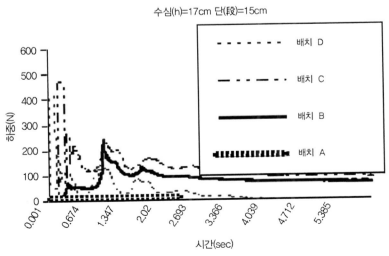

그림 14 실험 케이스 T2의 케이슨 후단부에서의 하중시간이력

이 경우 전체 피복재 설치 시(배치 A) 가장 낮은 하중(거의 0)을 기록하며, 이외 배치 시는 배치 A보다 높은 하중을 기록한다. 특히 배치 C와 D일 때 고강도(高强度)로 단시간의 충격하중이 기록되었다. 그림 15와 16은 케이슨 전면 수심이 사석 마운드 기초에 작용하는 하중에 영향을 미친다는 것을 보여주며 배치 B와 D일 때 여러 수심에 대한 하중시간이력의 비교를 나타낸다.

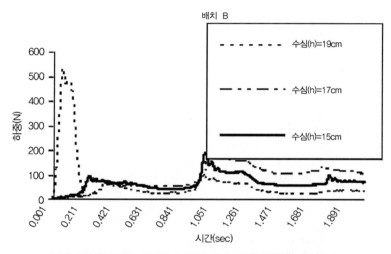

그림 15 배치 B의 다양한 수심에 대한 하중이력(荷重履歷) 비교

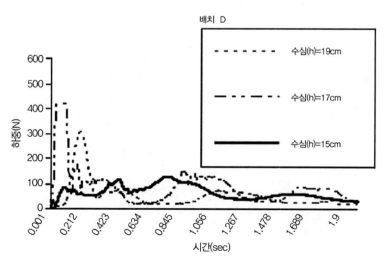

그림 16 배치 D의 다양한 수심에 대한 하중이력(荷重履歷) 비교

한 가지 흥미로운 결과는 케이스 T3인 경우 기초에 작용하는 하중은 배치 C 및 D보다 배치 B에서 더 크다는 것이다(그림 15 및 16 참조). 이것은 예상했었던 것으로 일본 엔지니어들은 종종 방파제 연장방향(延長方向)으로 소파블록 피복제 및 케이슨식 혼성제만 있는 방파제 사이의 천이영역(遷移領域)(즉, 피복재가 마감되는 영역과 연결되어 방파제의 더 깊은 구간에 케이슨만 있는 가변적인 영역이다.)이 비천이(非遷移)영역보다 더 심한 피해를 입는다는 것이 관측되었기 때문이다.

실험실에서 재현된 여러 형태의 파랑은 기초에 작용하는 하중에 확실한 영향을 미쳤다. 영향을 미친 주요 두 요인은 파형(波形)과 파랑이 케이슨에 직접 부딪히거나 단지 테트라포드를 통과한 후 위로 쳐 올라갔기 때문이다.

- 거의 쇄파 : 파랑이 케이슨에서 직접 쇄파하면 하중형상(荷重形狀)은 높은 초기 피크와 그 다음의 작은 요동(搖動)이 특징이다. 배치와 관련하여 가장 높은 하중은 B, C, D 및 A 순(順)으로 기록되었다.
- 쇄파(碎波) : 배치 C 및 D의 하중형상은 일반적인 높고 짧은 취송시간(吹送時間)인 '교회지붕' 형태를 보이는 쇄파/충격 풍파와 매우 유사하며, 이후 케이슨에 축적(蓄積)된 물의 질량으로 인한 전형적인 작은 요동이 뒤를 따른다. 이 경우 배치 B는 배치 C 및 D보다 훨씬 작은 하중을 발생시켰다.
- 단파(段波) 형태 : 쇄파 후에 생성된 난류(亂流)로 인해 파력의 충격성분이 완전히 손실되고 대부분 정수압(靜水壓)이 케이슨에 작용한다. 이 파랑하중은 기초에는 거의 작용하지 않으며, 케이슨식 혼성제가 이러한 형태의 파랑내습에 대해 비교적 안전해야 한다는 것을 의미한다. 흥미롭게도 실험 케이스 T1과 T2 시의 배치 B에 대한 하중형상과 유사하며(그림 15 참조), 이는 케이슨까지 쳐 올라가는 매우 흐트러진 파랑의 전형적인 하중시간이력임을 알 수 있다(케이스 T1에서 방파제에 도달한 파랑은 이미 단파되었고, 케이스 T2에서 파랑은 테트라포드에 부딪쳐 격렬한 방식으로 케이슨 쪽으로 쳐 올라갔다).

파랑이 케이슨과 직접 충돌한 모든 케이스에는 높은 하중이 작용하였다. 그림 17(a)~(c)는 케이스 T3의 배치 B인 경우 파랑이 케이슨에 접근할 때 파랑의 진행에 대한 3가지 사진을 보여준다. 이 사진은 쇄파가 어떻게 케이슨과 직접 부딪치는지를 보여주며, 기초 위 케이슨에 하중이 크게 작용하는 것으로 나타낸다(그림 15). 다른 한편, 그림 18(a)～(c)는 케이스 T2 인 경우 테트라포드상에서 어떻게 파랑이 쇄파된 후 처오름이 케이슨에 부딪혀 훨씬 낮은 파압(波壓)을 갖는 사진을 보여준다.

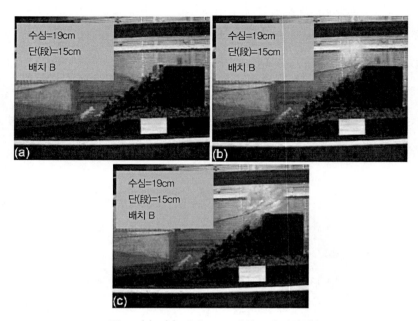

그림 17 (a)～(c) 케이스 T3 배치 B의 파랑연속

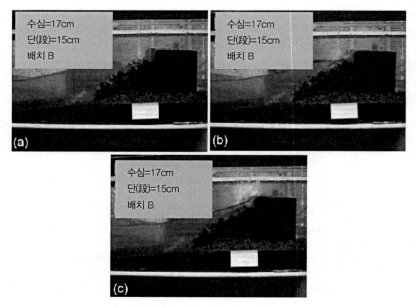

그림 18 (a)～(c) 케이스 T2 배치 B의 파랑연속

그림 14~16의 하중시간이력 차이는 테트라포드 피복재의 수심과 배치를 고려하여 설명할 수 있다. 예를 들어, 배치 A와 B 시 케이슨과 충돌 전 파랑은 테트라포드에 충돌하는 반면, 그림 14의 배치 C와 D에서는 파랑이 케이슨에 직접 충돌할 때 높은 하중을 생성하였다. 그림 15에 대한 비디오에서는 배치 B 시 $h = 17\text{cm}$ 및 $h = 15\text{cm}$(각각 케이스 T2 및 T1)에 대해서 파랑이 테트라포드를 처음으로 충돌할 때를 보여주므로 파랑이 케이슨과 먼저 부딪칠 경우보다 적은 하중을 기록하였다(케이스 T3). 그림 16은 테트라포드가 없는 경우일 때 상황을 나타내는 것으로 Esteban 등(2008a, 2008b)은 배후 하중을 결정하는 주요 요인이 파형(波形)과 어떠한 관련이 있는지를 보여준다. 이 경우 $h = 15\text{cm}$는 단파(段波, Bore) 형태의 파랑(그림 19 참조)을 나타내며, 대부분의 파랑에너지는 케이슨에 도달하기 전에 소산(消散)되므로 매우 작은 하중이 기록되었다. 다른 두 케이스(T2, T3)인 경우 파랑은 케이슨에 직접 작용하며, '교회지붕과 같은' 하중시간이력이 얻어지며 이는 풍파의 쇄파와 매우 유사하다.

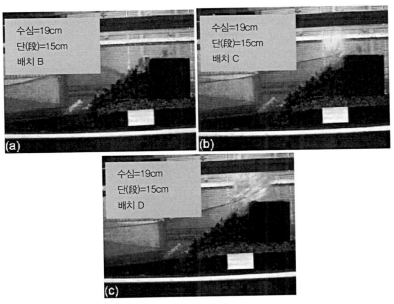

그림 19 (a)~(c) 단파 형태를 보이는 케이스 T1 배치

파랑이 케이슨에 직접 충돌할 수 있지만 케이슨 앞에서 테트라포드의 이동이 제한적이거나 없는 경우(배치 C 및 D)로, 손상모드에 대한 비디오 분석 시 케이슨은 강렬한 흔들림을 나타낸다.

마치 고립파는 파랑의 질량이 케이슨 앞에 축적되면서 솟아오르는 듯이 보이고, 정수압(靜水壓) 상단에 있는 수많은 '미니 파랑'에 의해 형성되는 것처럼 보인다. 원래 첫 번째 파랑 부분은 '교회 지붕' 모양을 갖는 풍파의 특징을 가지지만, 그다음에 조금 낮은 크기의 후속 파봉(波峰)이 이어진다(그림 14 및 16에 볼 수 있음). 단파 형태의 파랑(케이스 T1)은 요동(搖動)을 생성하지 않았고 단순히 케이슨에 유사(類似) 정압력(靜壓力)을 가하는 것처럼 보였다. 이런 유형의 손상은 배치 B에서 관찰되지 않았지만(그림 15 참조), 초기 파랑이 케이슨에 부딪친 다음 도달한 '미니 파랑'이 테트라포드 상단에 축적되기 때문에, 대부분 낮은 크기의 파봉으로 형성된 이러한 '차단(Block)'은 배치 C와 D에서 관측되었다.

그림 17(b)와 (c)는 케이스 T3의 배치 B일 때 파랑이 케이슨에 부딪칠 때의 파랑형상을 보여준다. 이들 그림을 그림 18(b)와 비교하면, 파고가 비슷하더라도, 케이슨에 부딪히는 파랑 형상이 다르다는 것을 알 수 있다. 그림 17(b)는 그림 18(b)보다 고수위(高水位)를 보이고, 또한 그림 19(c)보다도 높은데, 이는 피복재 배치가 입사파 형상에 어떻게 영향을 미치는지 분명히 보여준다.

4. 지진해일 내습에 따른 피복재 설계

앞 절에서 케이슨의 지지력 손상 시 고려 사항은 부분적으로 손상된 피복재(被覆材)(예를 들어 제1 지진해일파 내습 시 피복재 적출(摘出) 발생)가 사석 마운드 기초 위 케이슨에 작용하는 압력을 증가시킬 수 있음을 보여주었다. 따라서 지진해일 내습 중 케이슨 피해를 방지하려면 이번 절에서 설명할 피복재를 올바르게 설계할 필요가 있다.

4.1 피복재 안정분석에 대한 역사

저자들은 과거 지진해일 발생 시 피복재 안정성과 관련된 분석의 출발점으로 Hudson 공식 (Hudson Formula, Hudson, 1959; CERC, 1984; Kamphuis, 2000)을 사용하였다. 이 공식에 따르면 필요한 피복재 중량 W는 다음과 같이 설계 입사파고 H에 비례한다.

$$W = \frac{\gamma H^3}{K_D (S_r - 1)^3 \cos\alpha} \tag{2}$$

여기서, γ는 피복재 밀도(ton/m³), S_r은 피복재의 상대수중밀도, α는 구조물 경사각(°)이고 K_D는 실험적으로 정해지는 피해계수이다. K_D 값 사용은 비월파(非越波)된 풍파에 노출된 사석식 구조물에 대한 것으로 현재 지진해일의 연구방법에 사용하려는 목적이 아님을 주의 해야만 한다(즉, 사석식경사제 및 혼성제를 월파하는 장주기파(長週期波)를 위한 것이다). 그 렇지만 K_D 값은 지진해일류가 구조물에 힘을 발생 시킬 때 피복재의 맞물림(Interlocking) 효과로 저항하는 데 기여할 것이다. 더 나은 대책이 없으므로 Esteban 등(2013)은 이 문제에 관한 많은 연구가 필요한 것은 분명하지만 K_D 값을 사용하여야만 한다고 제안한다.

Van der Meer(1987) 공식과는 다르게, Hudson 공식은 주어진 사건에 대한 예상피해도(豫想被害度, Degree of Damage)를 알려주지 않는다. 그러나 구조물 복원성을 정량화(定量化)할 목적으로 피복재의 피해는 식 (1)과 같이 Van der Meer가 사용한 것과 유사한 변형정도 S를 사용하여 측정하였다. R 비율은 Hudson 공식에서 H_s(유의파고) 대신에 지진해일고 $H_{tsunami}$를 사용하여 산출한 피복재 중량 $W_{required}$ 대한 실제 방파제에서의 피복재 실중량(實重量) W_{actual}로 정의한다.

$$R = \frac{W_{actual}}{W_{required}} \tag{3}$$

여기서,

$$W_{required} = \frac{\gamma H_{tsunami}^3}{K_D (S_r - 1)^3 \cos\alpha} \tag{4}$$

표 2는 각각의 K_D 값과 함께 분석된 각 방파제 구간에서 사용된 매개변수의 개요를 나타 낸다(예를 들면 Kamphuis, 2000 참조). 이 표는 Esteban 등(2012a)이 고립파를 사용하여 실시하

였던 사석식(捨石式) 경사제에 대한 비월파(非越波) 실험결과를 나타낸다. 실험은 1/100 축척을 사용하여 실시하였으며, 표 2에서 프루드 상사칙(Froude Scaling)을 사용하여 원형차원(原型次元)으로 확대시켰다. 표 2에서 현장조사 결과는 월류(越流) 또는 월파한 방파제에 해당하지만, Esteban 등(2012a)의 실험은 비월파이기 때문에 두 세트의 데이터를 함께 분석할 수 없다. 데이터를 포함시킨 이유는 실험실 실험 시 작성된 추세선(趨勢線, Trend Line)의 경향(傾向)에 대한 몇 가지 증거를 제공하기 위함이다. 즉, 낮은 S(변형정도) 값을 얻기 위해서는 큰 R이 필요하다. 다른 실험 결과는 16장에 제시되어 있지만 현재 분석 시 포함하지 않았다.

표 2 각 방파제 구간 분석에 사용된 모든 매개변수의 요약

방파제 구간	유형	$H_{tsunami}$ (m)	여유고 (m)	W_{actual} (ton)	S	K_D	α (°)	$W_{required}$ (ton)
오오야항	혼성제	15.7	1.8	3.2	15	10	30	122.2
히카도항 X-블록	혼성제	15.7	3.4	5.8	15	8	30	152.7
히카도항 중공 피라미드	혼성제	15.7	3.4	28.8	4	10	30	122.2
구지항	혼성제	6.62	6.2	6.3	0	8	45	19.8
타로 중공 피라미드(A1)	혼성제	21.03	4.1	70	0	10	30	293.7
타로 중공 피라미드(A2)	혼성제	21.03	4.1	100	0	10	30	293.7
이시하마(石浜) 테트라포드(A1)	혼성제	15.39	5.2	2	15	8	30	143.9
이시하마(石浜) 북측 테트라포드 (A2)	혼성제	15.39	5.4	8	5	8	30	143.9
이시하마(石浜) 북측 테트라포드(A3)	혼성제	15.39	5.6	16	1	8	30	143.9
이시하마(石浜) 남측 테트라포드(A1)	혼성제	15.39	5.2	2	15	8	30	143.9
이시하마(石浜) 남측 테트라포드(A2)	혼성제	15.39	5.2	3.2	4	8	30	143.9
이시하마(石浜) 남측 테트라포드(A3)	혼성제	15.39	5.2	6.3	0	8	30	143.9
타로 테트라포드	혼성제	15.18	4.1	25	15	4	30	276.1
노다항	혼성제	17.64	5.4	3.2	15	4	30	433.3
오키라이(X-블록)	혼성제	15.57	2	3.3	15	4	30	298
히카두와 구간 2-7	사석식경사제	4.7	3.5	6	5	4	30	8.2
미리사 구간 1	사석식경사제	5	3.5	2	6	4	30	9.9

표 2 각 방파제 구간 분석에 사용된 모든 매개변수의 요약(계속)

방파제 구간	유형	$H_{tsunami}$ (m)	여유고 (m)	W_{actual} (ton)	S	K_D	α (°)	$W_{required}$ (ton)
미리사 구간 2-10	사석식경사제	5	3.5	4	5	4	30	9.9
관측한 푸라나웰라 구간 2, 1A, 1, 2A, 2	사석식경사제	6	3.5	4	4	4	30	17.1
푸라나웰라 구간 5, 6A, 6	사석식경사제	6	3.5	5	7	4	30	17.1
타로 중공 피라미드(B1)	사석식경사제	21.03	4.1	70	15	10	30	293.7
타로 중공 피라미드(B2)	사석식경사제	21.03	4.1	100	15	10	30	293.7
실험실 실험(암석, A1)	사석식경사제	8.4	비월파	28	0	4	30	40.4
실험실 실험(암석, A2)	사석식경사제	8.4	비월파	28	0	4	45	70
실험실 실험(암석, B1)	사석식경사제	8.4	비월파	33	0	4	30	40.4
실험실 실험(암석, B2)	사석식경사제	8.4	비월파	33	0	4	45	70
실험실 실험(암석, C1)	사석식경사제	8.4	비월파	38	0	4	30	40.4
실험실 실험(암석, C2)	사석식경사제	8.4	비월파	38	0	4	45	70

5. 지진해일에 대한 피복재설계

Esteban 등(2013)은 지진해일이 발생하기 쉬운 지역의 피복재 설계를 위해 사용할 수 있는 Hudson 공식을 수정했다. 저자들에 따르면 지진해일이 발생하기 쉬운 지역에서 소파블록 피복제를 설계할 때의 피복재는 여느 방파제 설계와 마찬가지로 풍파(風波)에 대한 Van der Meer 식 또는 Hudson 공식을 사용하여 설계하였다. 그러나 설계 절차를 종료할 때 방파제가 다음 공식의 조건을 충족하는지 확인해야만 한다.

$$W = A_t \frac{\gamma H_{tsunami}^3}{K_D (S_r - 1)^3 \cos\alpha} \tag{5}$$

여기서 $H_{tsunami}$는 설계지점의 지진해일 레벨(Level) 특정파고(特定波高)이고 A_t는 표 3에서 구한 무차원(無次元)계수이다. 이 A_t는 방파제 및 지진해일 레벨 유형에 의존하고 월파효과를 포함하며, 그림 20 및 21에서 구할 수 있다.

표 3 다양한 방파제 유형 및 지진해일 레벨에 대한 A_t (식 (5) 참조) 값

| 방파제 유형 | A_t에 대한 구조형식 및 지진해일 레벨 | | |
	보통 방파제 (레벨 1 지진해일)	중요 방파제 (레벨 2 지진해일)	매우 중요 방파제 (레벨 2 지진해일)
사석식경사제	1.0	0.65	1.0
혼성제	0.35	0.15	1.0

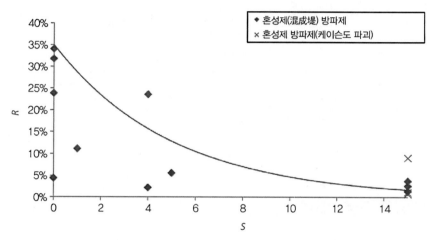

그림 20 혼성제에 대한 $R(=W_{actual}/W_{required})$과 S(변형정도)의 도식화

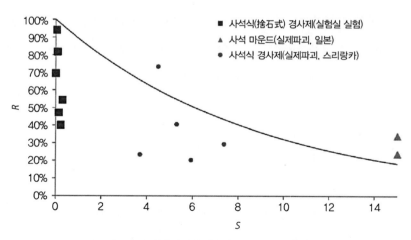

그림 21 사석식경사제에 대한 R과 S의 도식화

레벨 1 사건인 경우 모든 방파제의 피복재는 방파제가 지진해일의 제1파뿐만 아니라 후속 파(後續波)에도 견뎌내어 피해가 거의 발생하지 않아야 하며(즉, S 값 2 이하), 구조물이 크게 변형되지 않아 피복재의 부분적인 손상으로 파력의 증폭(增幅)(이 앞 장(章)에서 서술한 바와 같이)을 초래하지 않아야 한다. 그러나 레벨 2 사건인 경우 일반적인 방파제는 손상을 입어 강한 규모의 지진해일사건에 대비한 설계는 비경제적이라고 예상된다. 비경제적임에도 불구 하고, 실무 엔지니어는 이러한 강한 규모의 지진해일 사건에 대비한 특정 방파제를 설계할 수도 있다(즉, 일부 중요시설 및 재난 후 복구·구호활동에 이용되는 항만(港灣)을 방호하기 위해서이다). 이 경우 '중요 방파제'는 계속적인 방호를 제공할 수 있도록 부분적 손상을 염 두에 두고 설계하여야만(예를 들어 $S=4$) 하지만 건설하는 데 너무 비경제적이지는 않아야 만 한다. 이 방파제는 지진해일 사건 이후의 사용도 중요하기 때문에 월파(越波)를 허용하여 야 하며, 그렇지 않으면 불필요한 높은 여유고가 필요하다. 이것에 대한 한 가지 중요한 예외 는 원자력 발전소 방재(防災)와 같은 어떤 상황에서도 파괴의 발생을 허락할 수 없는 중요한 사회기반시설을 방호(防護)하는 방파제일 것이다. 저자들은 그런 방파제 건설도 핵(核) 시설 을 100% 안전하게 방호할 것이라고 믿지 않지만, 후쿠시마 원전의 대재앙은 지진해일이 연 안지역사회에 미친 리스크를 입증하였다. 그럼에도 불구하고 절대적으로 필요한 경우 매개 변수는 레벨 2 사건일 때, 방파제의 마루높이는 $H_{tsunami}$보다 높고 가능한 가장 보수적인 매개변수(레벨 2 사건의 $H_{tsunami}$ 및 $A_t=1$)을 사용하여 설계해야만 한다.

이러한 유형의 설계에서는 $H_{tsunami}$를 정확하게 분석하는 것이 매우 중요한데, 해당 지역 의 지진해일에 대한 역사적 기록과 인정된 리스크 인식에 해당하는 특정파고를 선택해야 한 다(25장 참조). 이중(二重) 지진해일 레벨(레벨 1, 2) 분류를 중심으로 형성된 일본의 경우, 특 정 장소에서 발생할 수 있는 최고 지진해일 흔적고(수천 년의 재현기간)는 레벨 2의 $H_{tsunami}$ (지진해일 레벨에 대한 보다 자세한 사항은 1장 참조)로 사용해야만 한다. 불행하게도 합리 적인 레벨 2 지진해일고를 확인하는 것은 어렵다. 그것을 확인하려면 수천 년에 걸친 역사적 기록이 필요하다. 비록 대부분 나라의 역사가 매우 짧아 심지어 지진해일이 역사적 문서에 기록되어 있다 할지라도 보통 상세한 정보를 제공하지 않는다(특히 아주 오래된 문서인 경 우). 그러므로 인간의 활동이 도시지역 내 최상층 지반을 교란시키기 때문에 신뢰할 수 있는 결과를 얻기 어려운 것처럼 보이지만 고지진해일분야(古津波分野)는 매우 유용하며, 가장 큰 관심을 끄는 지역은 대부분의 인구가 집중된 연안지역이다(Shibayama 등, 2013).

6. 설계사례

본 절에서 요약한 설계방법론을 설명하기 위해 지진해일이 발생하기 쉬운 지역의 방파제 설계에 대한 2가지 실용적 사례를 아래에 자세히 설명한다. 제시된 사례들은 본 장의 앞부분에서 설명한 여러 항(港) 중에서 2개의 항에 필요한 피복재조건이다. 레벨 1 사건인 경우 $H_{tsunami}$=7m, 레벨 2 사건인 경우 2011년 동일본 대지진해일 시 내습한 파고와 같은 $H_{tsunami}$을 갖는 2개 항을 가정한다. 표 4는 설계를 요약한 것으로, 만약 피복재와 방파제 유형이 모두 동일하다면 타로(田老, Taro)항 및 오오야(大家, Ooya)항 모두 레벨 1 사건에 저항하는 데 필요한 크기의 피복재를 갖는다(2011년 동일본 대지진해일 이전에 실제 오오야항의 씨락 (Sea-Lock)은 계산된 필요한 3.8톤(ton)보다 약간 작은 3.2톤(ton)이다). 하지만, 어떤 이유이든 간에 타로항의 레벨 2 지진해일 사건은 190톤(ton)이 필요한데, 이것은 2011년 지진해일 이전의 가장 큰 중공 피라미드 피복재(100톤(ton))의 2배 무게로 타로항 외부 방파제는 운용 (運用) 상태를 유지해야만 한다. 만약 방파제가 그 배후에 건설된 가상적인 원자력 발전소를 방호하기 위해 필요하다면, 그때의 피복재 무게는 290톤(ton)으로 방파제 마루높이는 21m보다 높아야 하며, 방파제의 유형에 대한 변화가 필요하다(방파제 배후를 침수시키지 않으려면 케이슨이 필요하듯이).

표 4 다양한 유형의 방파제 형식에 필요한 피복재 크기의 사례

방파제와 피복재	방파제 형식 (지진해일 레벨)	유형	$H_{tsunami}$(m)	A_t(−)	$W_{required}$(ton)	비고
타로항 중공 피라미드	보통(레벨 1)	사석식경사제	7	1	10.8	지진해일 이전(以前) 피복은 70~100톤(ton) 이었음
	중요(레벨 2)	사석식경사제	21.03	0.65	190.9	
	매우 중요(레벨 2)	혼성제	21.03	1	293.7	
오오야항 씨락	보통(레벨 1)	혼성제	7	0.35	3.8	지진해일 이전(以前) 피복은 3.2톤(ton)이 었음
	중요(레벨 2)	혼성제	15.7	0.15	18.3	
	매우 중요(레벨 2)	혼성제	15.7	1	122.2	

7. 논의

이 장은 지진해일 내습에 대응한 케이슨식 혼성제와 피복재의 손상을 조명하려고 시도했다. 2가지 손상 메커니즘, 즉 케이슨 후방(後方)의 지지력 손상과 피복재 적출에 대해서 논의하였다. Esteban 등(2008a, 2008b)이 언급한 바와 같이 비월파(非越波) 지진해일파의 지지력 손상과 관련하여, 정확한 사석 마운드의 수직변형을 계산하기 위해서는 케이슨 방파제 기초상에 작용하는 고립파에 의해 작용하는 정확한 하중예측이 필수적이다. 저자들은 '교회지붕과 같은 파봉(波峯)'이 대부분의 수직변형에 어떻게 기여(寄與)하였는지 나타내었고, 따라서 이러한 파봉이 언제 나타날지에 대한 정확한 예측은 매우 중요하다고 하였다. 이 장은 잠재적 지진해일파가 방어적(防禦的) 피복층에 영향을 미치는지 아니면 케이슨 방파제 자체에 영향을 미치는지 결정하는 것이 얼마나 중요한지를 보여준다. 또한 케이슨 전면수심(前面水深)을 고려하는 것(케이슨식 혼성제는 자주 심해(深海)에 설치된다)과 지진해일이 방파제에 도달할 때 어떤 파형(波形)을 갖는 지도 매우 중요하다(19장 참조).

이 장에서 강조한 실험에서 고립파(孤立波) 내습 시 케이슨식 혼성제 전면(前面)의 수위 상승과 테트라포드층(層) 배치는 안정성에 결정적인 영향을 미친다는 것을 보여주었다. 천해(淺海)($h < 15cm$)에서의 실험결과, 고립파는 케이슨에 거의 압력을 미치지 않는 단파(段波, Bore)가 된다는 것을 보여주었다. 반면에 일반적으로 수심 h가 증가할수록 케이슨의 취약성은 증가하는 것으로 보이며, 일반적으로 h 값이 가장 클 때 케이슨 배후에서 최고하중이 측정되었다. Esteban 등(2008a, 2008b)은 $h > 20cm$일 때 케이슨이 유실(流失)되는 모습을 보였다고 하였다(이것은 19장에서 강조한 바와 같이, 2011년 동일본 대지진해일 시 가마이시 방파제의 지지력 손상과 관련이 있다).

실험에서 강조된 가장 위험한 형태의 파랑은 방파제를 월류하는 파랑으로 방파제를 전도(顚倒)시키거나 완전히 유실시킬 수 있다. 그럼에도 불구하고 현장에서 이러한 파랑의 실제 거동(擧動)은 제19장에서 논의한 것처럼 훨씬 복잡할 수 있다. 2011년 동일본 대지진해일의 비디오 장면을 판단해보면 이러한 사건은 복잡한 현상으로 구성되며, 정의된 손상모드 중 하나는 월파효과(越波效果)이다. 지연(遲延)된 월류효과(越流效果)가 매우 강한 흐름을 일으켜 도호쿠(東北) 해안선의 여러 구조물은 구조물의 육지 쪽 세굴(洗掘)로 인하여 손상을 입었다(17장 참조). 이로 인해 일부 연구자들(Kato 등, 2012; Sakakiyama, 2012; Hanzawa 등, 2012)은 손상모드가 이 월류(越流)와 직접인 관련이 있음을 밝혀냈다. 따라서 실험실 실험 중 지진해일을 모의화(模擬化)하기 위한 고립파의 사용은 지진해일 월류인 경우 타당하지 않을 수 있으며, 이 장에서 강조된 일부 실험의 타당성을 감소시킬 수 있다. 그렇지만 고립파를 사용한 실험은 가장 위험한 하중부분인 초기충격을 일으킬 수 있는 비월류(非越流) 지진해일인 경우에 대한 효과적인 입력 데이터를 제공할 수 있다.

피복재 손상과 관련하여 궁극적으로 피복재 손상에서 흐름(Current)이 결정적 요인일지라도, 아마도 파고와 흐름크기 사이에는 관계가 있을 것이다. 주어진 지진해일 사건에 대한 정확한 흐름크기를 설정하는 것은 지진해일고(津波高)를 설정하는 것보다 훨씬 어렵다(현장조사에서는 쉽게 측정 가능하다).

따라서 실무 엔지니어는 제안한 공식을 흐름효과의 대체용(代替用)으로 사용할 수 있어 필요한 피복재 크기를 계산하는 데 쉽게 이용할 수 있다. 이 장에서는 지진해일이 발생하기 쉬운 지역에서의 혼성제 또는 사석식(捨石式) 경사제 설계가 복잡하기 때문에 기존 방파제 설계와 달리 추가 점검과 검토가 필요하다고 언급했다. 각 방파제 유형에 대한 정확한 손상 메커니즘은 여전히 불분명하며, 내습파(來襲波, 압파(押波)) 또는 출사파(出射波, 인파(引波))에 따른 피복재의 원위치(原位置)의 이탈 여부(離脫與否)는 이 장에서 분석한 다른 어떤 항(港)에서도 쉽게 규명(糾明)할 수 없었다. 저자들이 실시한 몇 가지 추가실험은 내습지진해일파(압파)(來襲津波, 押波)[12]가 케이슨을 일부 이동을 일으킬 수는 있지만 정의된 피복재 손상모드는 출사지진해일파(인파)(出射津波, 引波)[13] 때문에 발생한다(그림 22 및 23 참조). 그러므로 이에 관한 추가연구가 필요하며, 다른 영향인 파랑의 월파로 인한 구조물 육지 쪽 비탈면 선단의 잠재적 세굴파괴(洗掘破壞)도 조사해야 한다(19장 참조). 초기월파(初期越波) 동안에서 대부분의 구조물의 육지 쪽 비탈면 선단파괴가 일어날 높은 가능성에 유의해야만 하며, 일단 방파제 배후에 큰 지진해일 흔적고가 형성되면 흐름은 흔적고보다 낮은 곳으로 흐르게 되므로 세굴 리스크는 줄어든다.

---

12 내습지진해일파(압파)(來襲津波(押波), Incoming Tsunami Wave) : 수심 깊은 곳으로부터 얕은 쪽을 향하는 지진해일로 육상을 소상하면서 서서히 높은 곳으로 도달하며 그 진행속도는 사면을 올라가면 점차 늦어진다. 그러나 경사가 거의 없는 평야에서는 진행 속도는 별로 떨어지지 않고 내륙 깊숙이까지 진입하는 성질을 가진다.

13 출사지진해일파(인파)(出射津波(引波), Outgoing Tsunami Wave) : 육상 혹은 해저의 높은 곳에서 낮은 곳으로 중력에 의해 흐르는 지진해일로 진행속도가 점차 빨라지므로 압파보다 파괴력이 커서 건물을 넘어뜨리거나 밀어 이동시킨다.

그림 22 내습지진해일파에 의한 소파블록 피복제의 월파(참고 : 피복재 무피해)

그림 23 출사지진해일파에 의한 소파블록 피복제의 월파(참고 : 심한 피복재 피해)

과거 일본의 지진해일 대응대책은 예상 지진해일고보다 높게 설계하였지만, 결국 2011년 지진해일시 과소설계로 판명(判明)났다. 결과적으로 레벨 2 사건에 대한 지진해일 대책을 보강하는 것은 너무 어렵고 비경제적이지만, 일부 중요 구조물은 비파국적(非破局的)인 방식으로 손상을 입을 수 있도록 설계되어야만 한다는 일반적인 인식이 있다. 이런 인식들에 대해 Kato 등(2012)은 "견고하면서 잘 부서지지 않는 구조물"을 제안했는데, 이 구조물은 일부 기능을 유지하면서 지진해일 진행 과정에서 천천히 손상을 입는 구조물이다(이 개념은 다른 저자들이 "복원성 있는" 구조물로 묘사한 것과 비슷하며 설계하중이 크게 초과하더라도 제한된 손상을 입는 구조물을 나타낸다). "견고하면서 잘 부서지지 않는" 구조물과 정상적인 구조물의 차이는 가마이시(釜石) 방파제(지진해일로 큰 손상을 입었으나 어느 정도 견뎌내어 "견고하면서 잘 부서지지 않는 구조물"로 여길 수 있다) 및 오후나토(大船渡) 방파제(완전히 파괴되었다) 손상에서 볼 수 있다.

8. 결 론

과거에는 지진해일 사건의 빈도가 상대적으로 낮고, 특히 지진해일을 견딜 수 있도록 특별히 설계된 구조물의 희소성 때문에 지진해일 내습에 따른 방파제 피복재 설계는 거의 주목을 받지 못했다. 대다수 국가(일본을 제외하고 틀림없이)들은 대규모 대책을 세우려고 하지 않았지만, 장래에는 변화할 가능성도 있다. 그러나 2011년 동일본 대지진해일이나 2004년 인도양 지진해일과 같은 최근 발생한 사건들의 현장조사에서는 이런 대책을 설계하는 기존 방법에 결함이 있다는 것이 나타났다.

따라서 지진해일 대책 중 설계방법을 개선하는 것은 대단히 중요하다. 이 장에서는 지진해일 내습에 견딜 수 있는 케이슨식 혼성제와 소파블록 피복제(피복된 케이슨식 혼성제인 경우)를 어떻게 설계할지 관한 약간의 식견(識見)을 제공한다. 특히 중요한 것은 제1 지진해일파 동안 피복재 손상인데, 이는 이후 후속 지진해일파 또는 풍파와 같은 파랑으로 인한 피해의 증대(增大)를 초래할 수 있다. 이를 방지하려면 피복재를 합리적으로 설계하여 레벨 1 및 2의 지진해일 사건에 대한 별개(別個) 레벨의 복원성을 가져야만 하고, '보통', '중요' 및 '매우 중요'의 구조물과 같은 명확한 방파제 역할 구분이 필요하다. 지진해일이 발생하기 쉬운 지역에서 대부분의 '보통' 방파제는 레벨 1 사건을 견딜 수 있도록 설계하여야만 하며, '중요' 사회기반시설은 극단적인 레벨 2 지진해일 사건으로 월류(越流)된 후에라도 기능을 유지하도록 설계(S 값이 4와 같은 부분적인 손상을 허용한다.)하여야만 한다. '매우 중요한' 사회기반시설(원자력 발전소 방호시설과 같은)은 레벨 2 사건 중에도 어떠한 손상이나 월류(越流)가 발생하지 않도록 설계하여야만 한다. 이러한 요구사항은 이러한 '매우 중요한' 사회기반시설에 대한 까다로운 설계 요구사항을 발생시켜 경제적 비용을 크게 증가시킨다.

요약된 설계방법의 주요 문제점 중 하나는 레벨 1 및 2 사건에 대한 정확한 필요 지진해일 흔적고(津波痕迹高)를 설정하는 데 있다. 대부분 국가들은 수천 년에 걸친 기록이 없기 때문에(기록이 있다 할지라도 상세하지도 않으면서 문서로 남아 있지 않았다), 리스크에 처한 국가들의 지진해일 재현기간을 결정하기 위해 지진해일 퇴적(堆積) 및 지진단층(地震斷層)에 관한 연구를 강화하여야만 한다.

참고문헌

1. CERC, 1984. Shore Protection Manual. Co. Eng. Res. Centre, U.S. Corps of Engineers, Vicksburg.

2. Esteban, M., Shibayama, T., 2006. Laboratory study on the progression of damage on caisson breakwaters under impact waves. In : Techno-Ocean/19th JASNAOE Ocean Engineering Symposium, Kobe, (published in CD-ROM).

3. Esteban, M., Shibayama, T., 2008. Computational estimation of caisson sliding and tilting of Susami west breakwater due to typhoon. In : 33rd Annual Journal of Civil Engineering in the Ocean, JSCE, Japan.

4. Esteban, M., Takagi, H., Shibayama, T., 2007a. Improvement in calculation of resistance force on caisson sliding due to tilting. Coast. Eng. J. 49 (4), 417-441.

5. Esteban, M., Takagi, H., Shibayama, T., 2007b. Evaluation of the active depth of foundations under a caisson breakwater subjected to impact waves. In : Proc. of Int. Conf. Coastal Structures, Venice.

6. Esteban, M., Danh Thao, N., Takagi, H., Shibayama, T., 2008a. Laboratory experiments on the sliding failure of a caisson breakwater subjected to solitary wave attack. In : PACOMS-ISOPE Conference, Bangkok, Thailand.

7. Esteban, M., Danh Thao, N., Takagi, H., Shibayama, T., 2008b. Analysis of rubble mound foundation failure of a caisson breakwater subjected to tsunami attack. In : 18th ISOPE International Offshore and Polar Engineering Conference, Vancouver.

8. Esteban, M., Danh Thao, N., Takagi, H., Shibayama, T., 2009. Pressure exerted by a solitary wave on the rubble mound foundation of an armoured caisson breakwater. In : 19th International Offshore and Polar Engineering Conference, Osaka.

9. Esteban, M., Morikubo, I., Shibayama, T., Aranguiz Mun˜oz, R., Mikami, T., Danh Thao, N., Ohira, K., Ohtani, A., 2012a. Stability of rubble mound breakwaters against solitary waves. In : Proc. of 33rd Int. Conf. on Coastal Engineering, Santander, Spain. 10. Esteban, M., Takagi, H., Shibayama, T., 2012b. Modified heel pressure formula to simulate tilting of a composite caisson breakwater.Coast.Eng. J. 54(4). http://dx.doi.org/10.1142/S0578563412500222.

11. Esteban,M.,Jayaratne,R.,Mikami,T.,Morikubo,I., Shibayama,T.,DanhThao,N.,Ohira,K.,Ohtani,A., Mizuno, Y., Kinoshita, M., Matsuba, S., 2013. Stability of breakwater armour units against tsunami attack. J. Waterw. Ports Coast. Ocean Eng. 140, 188-198.

12. Goda, Y., 1985. Random Seas and Design of Maritime Structures. University of Tokyo Press, Tokyo.

13. Hanzawa, M., Matsumoto, A., Tanaka, H., 2012. Stability of wave-dissipating concrete blocks of

detached breakwaters against tsunami. In : Proc.of the33rd Int. Conference on Coastal Engineering, ICCE, Santander, Spain.

14. Hudson, R.Y., 1959. Laboratory investigation of rubble-mound breakwaters. J. Waterways, Harbours Div. 85, 93–121.

15. Ikeno, M., Tanaka, H., 2003. Experimental study on impulse force of drift body and tsunami running up to land. Proc. Coast. Eng. 50, 721–725.

16. Ikeno, M., Mori, N., Tanaka, H., 2001. Experimental study on tsunami force and impulsive force by a drifter under breaking bore like tsunamis. Proc. Coast. Eng. 48, 846–850.

17. Jayaratne, R, Mikami, T., Esteban, M., Shibayama, T., 2013. Investigation of coastal structure failure due to the 2011 Great East Japan Earthquake Tsunami. In : Proc. of Coasts, Marine Structures and Breakwaters, Edinburgh, UK.

18. Kamphuis, J.W., 2000. Introduction to Coastal Engineering and Management. World Scientific, Singapore.

19. Kato, F., Suwa, Y., Watanabe,K., Hatogai, S., 2012.Mechanism of coastal dike failure induced by the Great East Japan Earthquake Tsunami. In : Proc. of 33rd Int. Conf. on Coastal Engineering, Santander, Spain.

20. Mikami, T., Shibayama, T., Esteban, M., Matsumaru, R., 2012. Field survey of the 2011 Tohoku earthquake and tsunami in Miyagi and Fukushima prefectures. Coast. Eng. J. 54 (1), 1–26.

21. Mizutani, S., Imamura, F., 2000. Hydraulic experimental study on wave force of a bore acting on a structure. Proc. Coast. Eng. 47, 946–950.

22. Mori, N., Takahashi, T., The 2011 Tohoku Earthquake Tsunami Joint Survey Group, 2012. Nationwide survey of the 2011 Tohoku earthquake tsunami. Coast. Eng. J. 54 (1), 1–27.

23. Naksuksakul, S., 2006. Risk based safety analysis for coastal area against tsunami and storm surge. Doctoral Dissertation, Yokohama National University.

24. Okayasu, A., Shibayama, T., Wijayaratna, N., Suzuki, T., Sasaki, A., Jayaratne, R, 2005. 2004 damage survey of southern Sri Lanka 2005 Sumatra earthquake and tsunami.Coast.Eng.Proc.52,1401–1405.

25. Sakakiyama, T., 2012. Stability of armour units of rubble mound breakwater against tsunamis. In : Proc. of 32nd Int. Conf. on Coastal Engineering, Santander, Spain.

26. Shibayama, T., Sasaki, J., Takagi, H., Achiari, H., 2006. Tsunami disaster survey after Central Java tsunami in 2006. In : Proceedings of the Tsunami, Storm Surge and other Coastal Disasters Symposium, Sri Lanka, pp. 9–13.

27. Shibayama,T.,Esteban,M.,Nistor,I.,Takagi,H., Danh Thao, N.,Matsumaru, R., Mikami,T., Aranguiz,R.,

Jayaratne, R., Ohira, K., 2013. Classification of tsunami and evacuation areas. J. Nat. Hazards 67 (2), 365-386.

28. Tanimoto, L., Tsuruya, K., Nakano, S., 1984. Tsunami force of Nihonkai-Chubu earthquake in 1983 and cause of revetment damage. In : Proceeding of the 31st Japanese Conference on Coastal Engineering, JSCE.

29. Tanimoto, K., Furakawa, K., Nakamura, H., 1996. Hydraulic resistant force and sliding distance model at sliding of a vertical caisson. Proc. Coast. Eng. 43, 846-850 (in Japanese).

30. Van der Meer, J.W., 1987. Stability of breakwater armour layers. Coast. Eng. 11, 219- 239.

31. Wijetunge, J.J., 2006. Tsunami on 26 December 2004 : spatial distribution of tsunami height and the extent of inundation in Sri Lanka. Sci. Tsunami Haz. 24 (3), 225-239.

CHAPTER 16 지진해일에 대한 이안제의
안정성과 감재(減災)[1] 효과

1. 서론

최근 일본 토카이(東海), 도난카이(東南海), 난카이(南海), 미야기(宮城) 근해와 같은 근해지진(近海地震)에 의한 지진해일 발생 리스크는 시간의 경과와 함께 증가할 것으로 여겨진다. 지진해일은 장거리를 전파하므로 2010년 칠레 지진해일과 같은 사건은 일본과 같은 국가뿐만 아니라 태평양 다른 섬들에도 리스크를 초래한다(6장 및 7장 참조). 2011년 3월 11일, 도호쿠(東北) 지진에 의한 일본 동북부 연안에서 발생한 엄청난 지진해일은 주로 도호쿠와 간토(関東) 지방의 동쪽 해안을 중심으로 일본 연안에 막대한 피해를 입혔다. 사건이 발생한 이래로 피해를 입은 해안·항만 구조물을 신속하게 복구하고 재건하려는 노력이 진행되고 있지만 재난 발생 후 약 3년 지난 이 장(章)의 작성 시점까지 완전히 회복되지 않고 있는 실정이다.

이안제[2](離岸堤, Detached Breakwater)는 특히 일본에서 방조제나 해안제방 전면(前面)에 널리 설치되어 있다. 그림 1은 2011년 3월 11일 지진해일 내습 직후에 찍은 후쿠시마현(福島県) 소마(相馬) 해안지역의 구글(Google) 위성사진을 나타낸 그림으로, 해안제방 전면에 설치된

---

1   감재(減災) : 방재(防災)는 지진, 해일, 풍수해 및 화산분화 등의 재난으로 인한 피해가 없도록 하는 개념으로 종합적이며 이상적인 대책이지만, 감재(減災)는 피해가 발생하는 것을 전제로 하고, 그것을 가능한 최소한으로 억제하는 개념으로 구체적이며 현실적인 대책을 일컫는다.

2   이안제(離岸堤, Detached Breakwater) : 해안과 거의 평행하게 소파블록을 해수면 위까지 쌓아올린 구조물을 말한다.

이안제로 방호(防護)된 해안제방 피해사례를 보여준다. 이안제 사이의 간극(間隙) 바로 뒤에 위치한 해안제방은 이안제 배후에 있는 것과 비교하여 훨씬 심한 피해를 나타냈다. 그림 2는 소마해안에서 그림1의 우측 사진의 좌·우단(左·右端)을 볼 수 있는 이안제를 찍은 사진이다. 지진해일 내습(來襲) 전(前) 사진 중앙에 있었던 해안제방(전면에 이안제가 없었다.)은 지진해 일력(津波力)과 흐름의 힘으로 완전히 침식되었지만 이안제 배후 해안제방은 그림 1과 같이 남아 있었다.

그림 1 2011년 3월 14일 일본 소마 해안의 지역사진(출처 : 구글 어스)

그림 2 2011년 4월 29일 소마 해안의 스냅(Snap) 사진

해안제방 손상 메커니즘은 간단하지 않으며, 이번 장에서는 입사지진해일(入射津波, 압파(押波)), 환류(還流, Return Flow) 및 측방류(側方流, Lateral Flow)와 같은 여러 관점에서 논의할 것이다. 현 시점에서 지진해일에 대한 이안제의 감재효과(減災效果)를 자세하게 평가하는 것은 어렵지만, 그림 1, 2는 이안제가 실제로 지진해일력(津波力)을 경감시키고 그 배후에 있는 구조물을 방호하는 데 효과적이었음을 보여준다.

지진해일 재난에 대한 이안제 효과와 소파콘크리트 블록의 안정성을 평가하기 위해 여러 수리학적(水理學的) 현상, 예를 들어 이안제 배후 방조제, 해안제방 또는 호안에 대한 파의 처오름 및 파압 감소, 이안제 피복재의 안정성, 세굴(洗掘) 등에 관한 연구를 수행하여야만 한다.

지금까지 이안제 효과에 대해서는, 단지 파랑 처오름 감소에 관한 일부 연구만 수행해왔다(즉, 1983년 일본 서중부(西中部) 지진해일 후 Uda 등, 1986 및 Nakamura 등, 1998). 방조제와 같은 수직벽에 대한 지진해일력은 이미 상세히 연구되었지만(즉, Asakura 등, 2002, Kato 등, 2006, 및 Mizutani와 Imamura, 2000), 이안제 배후 방조제의 파압 감소효과는 지금까지 거의 주목을 받지 못했다. 2004년 인도양 지진해일 발생(1장 참조) 이후 몰디브(Maldives) 말레(Male)섬을 둘러싼 이안제가 지진해일의 침수로부터 말레섬을 방호(防護)했다고 언급하였다(Fujima 등, 2006). 불행히도 이것에 관한 상세한 조사는 없어 그런 가능성을 설계방법으로 결합한 후 공식화(公式化)시키지는 못하였다. 연안지역 내 지진해일 피해를 저감할 수 있는 방법을 이해하기 위해서는 이안제 효과를 합리적으로 예측하여야만 하고 지진해일파에 대한 소파 콘크리트 블록의 안정성을 고려해야만 한다.

이런 맥락에서 최근 실제 이안제 피해를 감안하여, 방조제에 작용하는 지진해일 처오름 및 파압 감소에 대한 이안제 효과를 연구해왔다(Hanzawa 등, 2011). 게다가 이 연구 이후 이안제의 소파 콘크리트 블록 안정성을 평가하기 위해 지진해일 고립파를 사용하여 면밀하면서 체계적인 수리모형실험을 수행하였다. 그 결과 지진해일에 대한 콘크리트 블록 안정성을 향상시키는 대책을 제안하였다. 안정성 이외에도 상기의 연구결과를 보완하기 위해 실제 가능한 소파 콘크리트 블록의 이동을 고려한 파랑 처오름 감소에 관한 이안제 성능을 조사하였다(Hanzawa 등, 2012).

지진해일 저감과 이안제 안정성에 관한 여러 연구가 여전히 필요하지만 이 장에서는 이 분야에 대한 가장 최근의 지식을 요약하고 수리모형실험으로부터 구한 결과를 강조할 것이다.

2. 수리모형실험

2.1 조파수로장치(造波水路裝置)

그림 3은 피스톤형 조파기(造波器)가 장착된 길이 30m, 폭 0.5m, 깊이 1.0m의 조파수로 장

치를 나타낸다. $x=3.75 \sim 4.25$m에는 1/5 경사(傾斜)로 설정하였다. $x=4.25$m에서 시작하여 $x=13.25$m까지는 1/30 경사이다. 평평한 바닥인 $x=13.25 \sim 14.25$m에는 평평한 소단(小段), 그다음은 1/20 경사로 설치하였다. 그림 3에서와 같이 수면측정을 위해 $x=2.25$m에서 14.25m(St. 1~13)까지 총 13개의 파고계(波高計)를 설치하였다. 그러나 이안제에 대한 수리모형실험(水理模型實驗) 시 이안제의 모형이 있는 구간인 No. 9번 파고계와 방조제의 수리모형실험 시 방조제의 모형이 설치된 구간인 No. 12 및 No. 13번 파고계는 구조물과 중복해서 설치하지 않았다(그림 3(b)에서 확실히 알 수 있다).

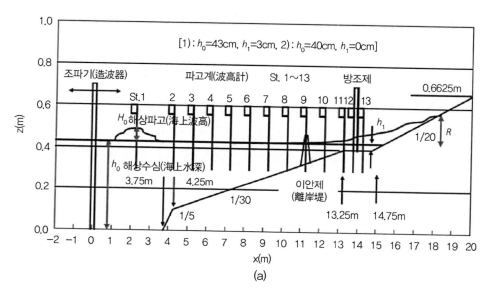

(a)

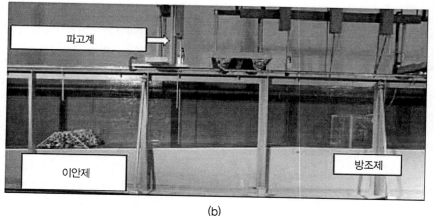

(b)

그림 3 조파수로장치

2.2 구조물

2.2.1 이안제

그림 4(a)는 조파수로에 설치된 일반적인 이안제(離岸堤) 형태의 단면을 보여준다. 이안제 중심은 $x = 11.25$m로 설정하였다(St. 9). 이안제는 소파 콘크리트 블록, 즉 질량 59g을 갖는 테트라포드를 사용하여 만들었다. 이안제의 마루폭은 테트라포드 유닛(Unit) 3열(列)을 늘어 뜨린 폭과 같았다. 마루높이는 평균수면(Mean Water Level) 위 여유고 $h_c = 4$cm로 설정하였다. 일반형식 이안제 외에 마루높이가 정수위(靜水位, Still Water Level, S.W.L), 즉 여유고가 없는 $h_c = 0$cm(그림 4(b))인 수중(水中) 형식의 이안제도 실험하였다. 그림 4(a)와 (b)는 해상수심 $h_0 = 43$cm에서 실시한 실험 케이스를 보여준다. 또한 해상수심 $h_0 = 40$cm인 실험 케이스인 경우에 대해서도 일반형식과 수중형식의 이안제에 대한 실험을 실시하였는데, 이안제의 마루폭과 여유고는 수심 $h_0 = 43$cm인 케이스와 동일하다. 파의 처오름 및 파압실험인 경우, 테트라포드 유닛을 원위치(原位置)에 고정시켰는데, 유닛의 이탈(離脫)을 피하고 다른 효과와 분리하기 위함이다.

그림 4(a)에 나타낸 일반형식의 이안제는 마루높이가 정수위(S.W.L)상 $0.5H$을 갖는 표준 단면을 실험하였는데, 여기서 H는 설계파고이다. 파고 $H = 8$cm를 사용하였고, 피복재 안정성은 질량 59g 테트라포드에 대해 $K_D = 8.3$으로 잡아 Hudson 공식(1959)으로 계산하였다.

$$M = \frac{\rho_r H^3}{K_D(S_r - 1)^3 \cot\alpha} \tag{1}$$

여기서 M은 테트라포드 질량, H는 설계파고, ρ_r은 테트라포드 질량밀도, $S_r = \rho_r / \rho_w (\rho_w :$ 해수의 단위질량), α는 경사각, K_D는 실험적으로 정해지는 피해계수이다.

그림 4(b)에 나타낸 수중형식은 후술(後述)할 지진해일파 내습의 효과를 평가하기 위하여, 제1 지진해일파로 피해를 입은 이안제(離岸堤)를 수치시뮬레이션하였다. 주어진 지진해일 사건은 단시간에 해안선을 내습하는 여러 파랑으로 이루어져 있기 때문에 지진해일 저감을 논의할 때는 연속적인 지진해일파 내습에 대한 이러한 고려사항이 필요하다. 따라서 수중형식의 단면은 이 장의 뒷부분에서 나타낼 실험에서 실시된 안정성 실험을 근거로 심하게 피해를

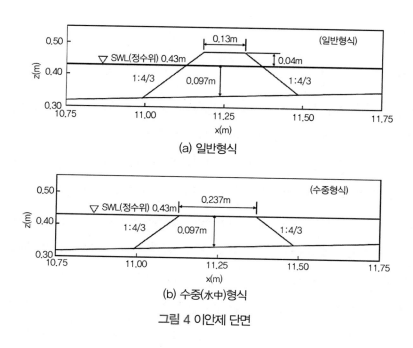

(a) 일반형식

(b) 수중(水中)형식

그림 4 이안제 단면

입은 이안제로 수치시뮬레이션하였다.

2.2.2 방조제

방조제는 그림 3에서와 같이 $x = 13.75\text{m(St.12)}$에 설치되었다. 그림 5에 나타낸 것처럼 1.96N/cm^2 용량을 갖는 7개의 파압계(波壓計)를 방조제표면에 설치하였다. 이 장의 연구인 경우 방조제 실험을 위한 파고(波高) 선택 시 검토한 지진해일은 월파하지 않는다고 가정하였다.

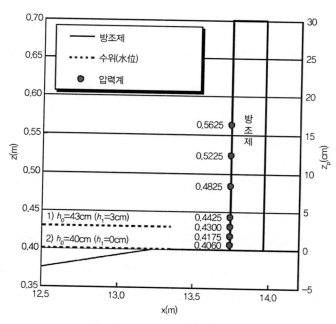

그림 5 파랑 압력계의 얼라인먼트(Alignment)

2.3 실험 케이스

2.3.1 방조제에 대한 파의 처오름과 파압에 관한 실험 케이스

표 1은 파의 처오름 및 파압($波壓$)에 대한 수리모형실험 케이스를 보여준다. 케이스 1과 2는 각각 이안제가 없는 경우와 있는 경우에 대한 파의 처오름을 측정한 실험이다. 케이스 3과 4는 각각 이안제가 없는 경우와 있는 경우에 대한 방조제의 파압을 측정한 실험이다. 접미숫자 1은 해상수심 h_0 =43cm(만조($滿潮$) 케이스; 이안제 및 방조제의 수심은 각각 h_D = 9.7cm 및 h_1 =3cm임)의 만조위($滿潮位$)이고, 접미숫자 2는 해상수심 h_0 =0.40cm(간조($干潮$) 케이스; h_D =6.7cm 및 h_1 =0cm임)일 때 만조위이다. 이안제가 있는 실험 케이스인 경우 (1)과 (2)가 각각 일반형식(마루고 h_c =4cm)과 수중형식(마루고 h_c =0cm)을 나타낸다.

표 1 처오름 및 파압에 대한 수리모형실험

케이스	수심		구조물			측정항목	
	해상 h_0(cm)	평평한 지역 h_1(cm)	이안제 형식		방조제	처오름	파압
			일반 h_c =4cm	수중 h_c =0cm			
1−1	43	3	−	−	−	○	−
1−2	40	0	−	−	−	○	−
2−1(1)	43	3	○	−	−	○	−
2−1(2)	43	3	−	○	−	○	−
2−2(1)	40	0	○	−	−	○	−
2−2(2)	40	0	−	○	−	○	−
3−1	43	3	−	−	○	−	○
3−2	40	0	−	−	○	−	○
4−1(1)	43	3	○	−	○	−	○
4−1(2)	43	3	−	○	○	−	○
4−2(1)	40	0	○	−	○	−	○
4−2(2)	40	0	−	○	○	−	○

처오름고는 현장조사 시 줄자를 사용하여 측정파랑($測定波浪$)이 도달한 수직고($垂直高$)로 정의한다. 본 연구에서는 St.1에서 해상파고 H_0가 1~9cm인 고립파를 발생시켰다.

2.3.2 소파블록 안정성을 위한 실험 케이스

표 2는 테트라포드 피복재 안정성을 분석하기 위해 실시한 수리모형실험 케이스를 나타낸다. 케이스 A와 B는 각각 이안제에서의 수심 $h=9.7$cm(해상수심 $h_0=43$cm)와 수심 $h=6.7$cm(해상수심 $h_0=40$cm)를 갖는 실험 케이스이다. 본 연구에서는 소파(消波) 콘크리트 블록의 안정성에 미치는 마루높이의 영향을 분석하기 위해 마루고 $h_c=4$cm인 기본 케이스 외에도 마루고 $h_c=8.0$cm와 12.0cm에 대해서도 실험하였다. 소파 콘크리트 블록의 안정성에 대한 질량증가효과를 검증하기 위해 98.6g 및 125.0g의 질량을 갖는 테트라포드도 58.9g의 기본 케이스에 추가하여 실험하였다.

표 2 처오름 및 파압에 대한 수리모형실험

케이스	이안제에서의 수심 h(cm)	마루높이 h_c(cm)	테트라포드 질량(g)
A-1-1			58.9
A-1-2		4.0	98.6
A-1-3			125.0
A-2-1			58.9
A-2-2	9.7	8.0	98.6
A-2-3			125.0
A-3-1			58.9
A-3-2		12.0	98.6
A-3-3			125.0
B-1-1		4.0	58.9
B-2-1	6.7	8.0	58.9
B-3-1		12.0	58.9

그림 3 내 St.1에서의 조파판(造波板) 전면 해상파고(H_0)는 1~9cm로 파의 처오름 및 파압(波壓)에 대한 실험과 비슷하다. 파랑변형과정(波浪變形過程)으로 이안제에서의 파고(St.9)는 약 15cm까지 도달하였다.

이안제 단면변화는 이번 절에서 설명한 것처럼 각 파랑에 대해 측정한 후, 단면을 복구시켰다.

소파 콘크리트 블록에 대한 피해는 일반적으로 이안제 내의 총 블록 수에 대한 피해를 입은 블록의 백분율로 정의되는 매개변수 D로 나타내어왔다. 그러나 지진해일 피해 시 심각한 피해를 예상할 수 있으므로, 현재 연구에서 이 방법은 적절하지 않은 것으로 간주한다. 따라서 Van der Meer(1987)가 제안한 피복석의 변형량을 나타내는 지수로 피해율의 일종인 변형정도 S를 사용하여 다음과 같이 계산할 수 있었다.

$$S = \frac{A_e}{D_n^2} \tag{2}$$

여기서, A_e는 침식역(浸蝕域)의 단면적, $D_n = V^{1/3}$, V는 테트라포드 1개의 체적이다.

그림 6은 Van der Meer 방법을 근거로 한 피해의 정의를 보여준다. 그림 7은 지진해일파 내습(來襲) 전후(前後) 이안제의 예를 나타낸다.

그림 6 이안제에 대한 피해의 정의

(a) 지진해일 내습 전

(a) 지진해일 내습 후

그림 7 지진해일 내습 전후의 이안제 예

3. 실험결과 및 논의

3.1 파의 처오름

그림 8은 파의 처오름(R)에 대한 실험결과를 나타낸다. 가로축은 H_0 / h_0 (H_0 : St.1에서의 파고)이고 세로축은 R / H_0이다. 처오름 실험은 각 지진해일 파고에 대해 2번씩 실시하였다.

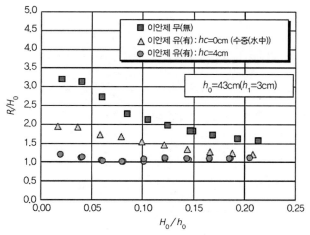

(a) $h_0 = 43$cm(케이스 $1-1$, $2-1$(1),(2))

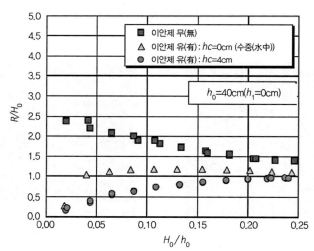

(b) $h_0 = 40$cm(케이스 $1-2$, $2-2$(1),(2))

그림 8 파 처오름(Wave Run-up)

그림 8(a)와 (b)는 각각 해상수심 h_0＝43cm(케이스 1－1, 2－1(1),(2))와 해상수심 h_0＝40cm(케이스 1－2, 2－2(1),(2))인 결과에 해당한다. 그림에서 알 수 있듯이 두 수심 모두에 대해 이안제가 있으면 처오름고는 감소한다. 이안제에 의한 처오름 감소효과(減少效果)는 파고가 큰 경우가 작은 경우보다 크다. 처오름고는 수심이 깊을 때 해상파고의 차원(次元)과 관련이 있다. 제1 지진해일파로 이미 피해를 입은 구조물인 경우를 모의화(模擬化)한 수중형식의 이안제는 처오름 감소에 대한 비교적 높은 효과를 보인다.

그림 9는 처오름고 감소율을 보여준다. 그림 9(a) 및 그림 9(b)는 각각 그림 8(a) 및 그림 8(b)에 대응한다. 가로축은 그림 8과 같으며 세로축은 이안제가 있는 케이스의 처오름고와 이안제가 없는 케이스의 처오름고 비율이다. 그림에서 알 수 있듯이 일반형식 이안제 케이스인 경우 파의 처오름은 깊은 수심 케이스인 경우 35~70% 및 얕은 수심 케이스인 경우 10~70%로 줄일 수 있다. 수중형식 이안제 케이스에도 처오름고는 깊은 수심의 케이스 및 얕은 수심의 케이스인 경우 각각 60~80% 및 40~80%로 줄일 수 있다.

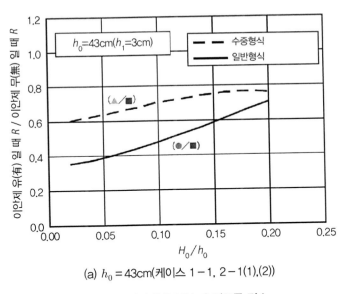

(a) h_0＝43cm(케이스 1－1, 2－1(1),(2))

그림 9 이안제에 의한 파 처오름 감소

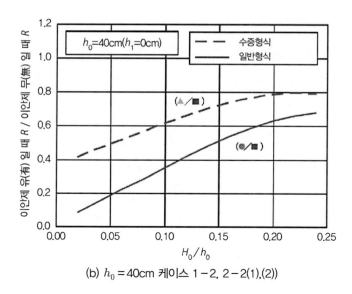

(b) $h_0 = 40$cm 케이스 1−2, 2−2(1),(2))

그림 9 이안제에 의한 파 처오름 감소(계속)

3.2 파압

그림 10은 방조제에서 측정된 파의 압력분포의 한 예를 나타낸다. 파압실험은 처오름 실험과 동일한 방식으로 각 지진해일고에 대해서 2번씩 실시하였다. 그림 10(a)는 해상수심 $h_0 =$ 43cm인 깊은 수심에 관한 결과를 보여준다(케이스 3−1, 4−1(1),(2)). 세로축 z_p는 각 파압계(波壓計)의 위치이고 가로축은 각 위치에서의 원압력(原壓力) 데이터이다. 그림의 상단, 중간 및 하단은 각각 해상파고(海上波高) $H_0 = 1.7$cm, 5.3cm 및 8.9cm인 실험 케이스에 해당한다. 실선은 벽을 따라 각 지점에서 실시한 2번 실험의 평균파압치를 나타낸다. 최대파압은 방조제 전면 수심 3cm를 갖는 케이스의 정수위(靜水位, SWL)에서 측정되었다. 파압과 압력발생의 최대고(最大高)는 수중형식이라 할지라도 이안제 존재로 인해 감소되었다.

그림 10(b)는 해상수심 $h_0 = 40$cm인 얕은 수심에 대한 실험 케이스의 결과를 보여준다(케이스 3−2, 4−2(1),(2)). 최대 파압은 방조제 바닥에서 측정되었다. 수심이 깊은 케이스와 마찬가지로 벽 전면 이안제가 설치된 케이스에서는 파압감소가 관측되었다. 전체적인 파압 형상은 작은 파고에 대해서는 비교적 단순한 선이지만 높은 파고에 대해서는 더 복잡하다. 이러한 현상은 파고, 입사파 형상 및 향후 연구의 목표가 되어야만 할 기타 수리학적(水理學的) 메커니즘의 영향을 받은 것으로 여겨진다.

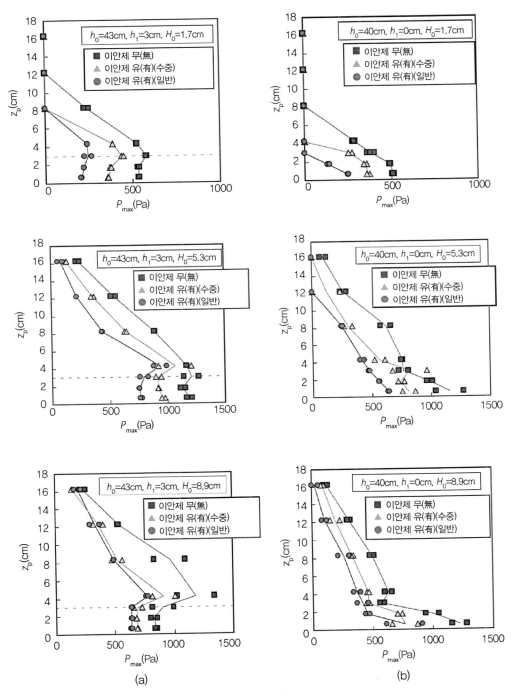

그림 10 파압분포

그림 11은 실시된 모든 실험의 파압분포를 보여준다. 세로축은 방조제 없이 St.12에서 측정된 진폭(振幅)인 입사진폭 η_{max}에 의해 정규화(正規化)된 정수위 상의 위치이다. 가로축도 η_{max}에 의해 정규화된 파압이다. 그림 11(a)는 깊은 해상수심 $h_0 = 43cm$인 실험 케이스의 데이터를 보여준다(케이스 3-1, 4-1(1),(2)). 데이터는 다소 분산(分散)되었지만 일반형식의 이안제와 수중형식의 이안제가 있는 케이스 및 이안제가 없는 케이스 모두 비슷한 경향을 볼 수 있다. 이것은 η_{max}를 사용함으로써 파압분포를 균일하게 표현할 수 있음을 의미한다. 그림 11(a)의 실선(實線)은 Ikeno 등(2001)이 방조제 전면에 이안제가 없는 케이스에 대해 제안한 공식이다. 제안한 공식은 이안제가 있는 케이스인 경우에도 전체적인 파력분포형태와 일치되는 것으로 보인다. 그러나 본 실험에서 얻은 데이터의 피크치는 Ikeno 등(2001)이 제안한 공식을 나타낸 선보다 조금 높다. 따라서 올바른 설계방법론을 도출하기 위해서는 더 많은 논의와 분석이 필요함을 알 수 있다.

그림 11(b)는 얕은 해상수심 $h_0 = 40cm$를 갖는 실험 케이스의 데이터를 나타낸다(케이스 3-2, 4-2(1),(2)). 그림 11(a)와 유사하게, 이것은 파압분포에 입사진폭 η_{max}를 사용함으로써

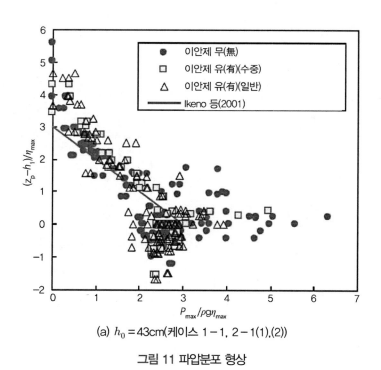

(a) $h_0 = 43cm$(케이스 1-1, 2-1(1),(2))

그림 11 파압분포 형상

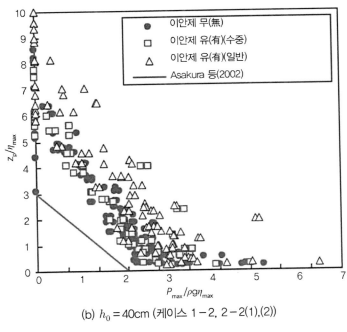

(b) $h_0 = 40\text{cm}$ (케이스 1-2, 2-2(1),(2))

그림 11 파압분포 형상(계속)

균일하게 표현할 수 있음을 의미한다. 그림의 실선은 Asakura 등(2002)이 제안한 공식을 나타낸 선이다. 그러나 저자의 실험에서 얻은 데이터는 Asakura 공식에 의해 제안된 값보다 약 2배 큰 값을 얻었다.

Asakura 파압데이터는 실제 건물 앞에 축조된 직립 방조제를 월파한 흐름 때문에 충격을 받는 육지 쪽에 있는 구조물(육지 쪽 건물과 같은)에서 얻었다. 결과적으로 구조물에 작용하는 유체의 운동량이 다르다. Achmad 등(2009) 및 Tominaga 등(2007)은 Asakura 공식은 파압을 과소평가하였다고 지적하며, 이 문제에 관한 추가 연구의 필요성을 강조했다.

그림 12는 각 위치에서 파압의 적분으로 계산된 총파력(總波力) F를 나타낸다. 세로축은 이안제가 없을 때 파력(波力)과 이안제가 있을 때 파력의 비율이고 가로축은 수심에 대한 상대파고(H_0/h_0)이다. 무피해(無被害)를 입은 일반형식의 이안제는 이안제가 없는 경우의 총파력보다 60%(그림 12의 굵은 회색 실선) 미만으로 줄일 수 있다. 파고가 작을수록 파력 감소효과가 커진다. 수중형식 이안제조차도 이안제가 없는 경우보다 파력을 80%(그림 12의 굵은 회색 파선) 이하로 줄일 수 있다.

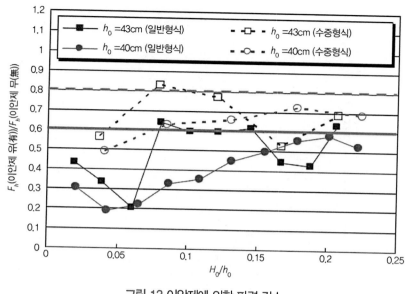

그림 12 이안제에 의한 파력 감소

3.3 소파블록의 안정성

3.3.1 단면변화

그림 13은 이안제 수심 h =6.7cm인 실험 케이스에 대한 지진해일파 내습 전후 이안제의 단면적 변화를 보여주는 안정성 실험결과의 예를 제공한다. 그림에서 η_{max} 은 이안제가 없는 상태에서 측정한 St.9의 입사진폭이다. 그림에서 알 수 있듯이 일반적으로 이안제의 후면(後面) 비탈면은 실험 중 피해를 입었다. 그림 13(a) 및 (b)에 대응하는 η_{max}, S 및 D는 각각 6.9cm, 1.27, 4.1% 및 11.4cm, 3.74, 19.7%이다. 케이스 (a)의 경우, 피해도 D =4.1%로 K_D는 4.4로 계산되었다. 반면, K_D =8.3에 대한 일반적인 풍파고(風波高)는 D =1%의 피해도가 예상된다. 이것은 만약 지진해일 파고(波高)와 풍파(風波)[3]의 유의파고(有義波高)[4]가 동일하다면,

---

3   풍파(風波, Wind Wave) : 물 표면을 부는 바람의 작용에 의해 발달한 파랑(Wave)으로서 주기는 10~15sec 이하이며, 파고는 보통 2m 이하로 풍랑(風浪)이라고도 하며, 풍파가 바람이 없는 다른 해역으로 진행하는 경우에는 이를 너울(Swell)이라 한다. 풍파는 일반적으로 마루가 뾰족하고 둥근 모양의 골을 가지며 파도와 파도 사이의 간격이 비교적 짧지만 너울은 마루와 골이 둥글고 그 간격이 긴 것이 보통이다.

4   유의파고(有義波高, Significant Wave Height) : 유의파란 불규칙한 파군을 편의적으로 단일한 주기와 파고로 대표한 파로서, 하나의 주어진 파군 중 파고가 높은 것부터 세어서 전체 개수의 1/3까지 골라 파고나 주기를 평균한 것으로, 삼분의 일(1/3) 최대파고라고도 하며 Characteristic Wave라고도 하며, 항만구조물 설계에 적용하기도 한다.

지진해일파의 피해는 보통 풍파의 피해보다 크다는 것을 의미한다.

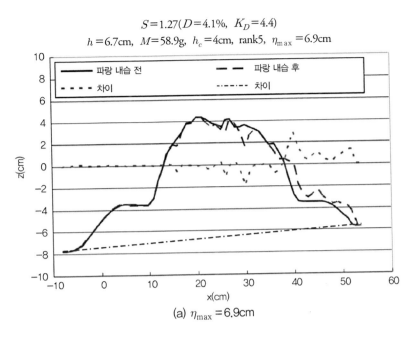

(a) $\eta_{\max} = 6.9$cm

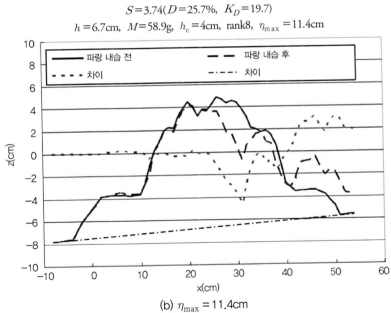

(b) $\eta_{\max} = 11.4$cm

그림 13 지진해일파 내습 전후의 단면변화 사례

실제 이안제는 고파랑(高波浪)으로 인한 피해를 입은 후에 일반적으로 소파 콘크리트 블록을 하나씩 하나씩 다시 위치를 잡아 제자리에 배치한다. 피해를 본 부분은 일반적으로 전면(前面)/후면(後面) 비탈면의 견부(肩部)와 마루 부분이다. 반면에 지진해일파랑에 대해서 이안제는 주로 후면 비탈면 주변과 수면이 가장 최고높이에 도달한 후에 테트라포드가 활동(滑動) 형태로 이동될 때 피해를 입는 경향이 있다. 이러한 피해 메커니즘의 차이는 매우 중요하며, 지진해일에서 이안제의 소파 콘크리트 블록 안정성 향상을 위한 시사(示唆)를 위해 흐름장의 관점에서 나중에 논의할 것이다.

그림 14는 이안제 수심 h =9.7cm인 케이스인 경우인 η_{max}과 S의 사이 관계로서의 실험결과이다. 가로축은 테트라포드 공칭(公稱)크기인 D_n로 정규화시켰다. 그림 14(a)~(c)는 마루높이 h_c =4cm, 8cm 및 12cm인 케이스에 해당한다. 각각의 수치는 테트라포드 질량 98.6g 및 125.0g에 비교하여 기본 케이스인 테트라포드 질량 58.9g인 결과를 보여준다. 그림에서 보면 당연히 예상할 수 있듯이 질량이 무거울수록 피해는 적어지며, S와 η_{max}/D_n 사이는 선형관계(線形關係)를 볼 수 있다. 또한 테트라포드 안정성에 대한 높은 마루높이 영향도 볼 수 있다. 그러나 마루고의 증고(增高)보다 개별 피복재의 질량 증가가 안정성에 더 효과적일 수 있다.

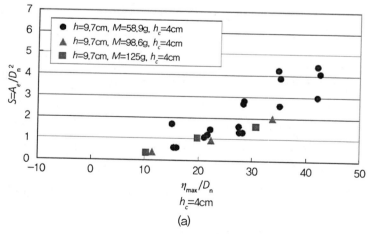

그림 14 η_{max}와 S(h =9.7cm) 사이의 관계

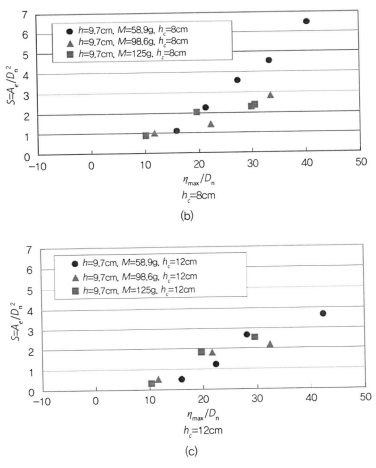

(b)

(c)

그림 14 $\eta_{\max}$와 $S(h = 9.7\text{cm})$ 사이의 관계(계속)

그림 15와 16은 이안제 수심 h =9.7cm와 6.7cm에서 실험 케이스의 실험결과를 비교한 것이다. 테트라포드 질량과 마루높이는 두 경우 모두 M=58.9g, h_c=4cm이다. 그림 15의 가로축은 $\eta_{\max} / D_n$이며, 그림 14와 동일하다. 수심이 작을수록 피해가 커지는 것을 알 수 있다. 그 이유는 지진해일고가 동일하면 유입수량은 일정하게 유지되어 얕은 수심인 경우의 유속이 빨라져 이안제에 더 큰 피해를 입힐 수 있기 때문이다.

그림 16에서 가로축은 $\eta_{\max} / h$이다. 그림 16의 분산(分散)은 그림 15의 분산보다 작다. 이러한 결과로부터 이안제의 유속증가와 피해는 매개변수 $\eta_{\max} / h$로 나타낼 수 있다.

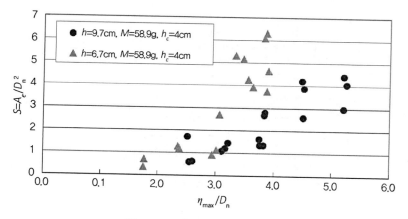

그림 15 $\eta_{\max}/D_n$와 S 사이의 관계

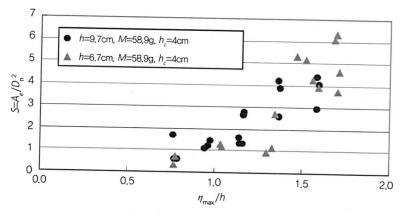

그림 16 $\eta_{\max}/h$와 S 사이의 관계

3.3.2 CADMAS - SURF에 의한 흐름장(Flow Field) 분석

이 장에서는 이안제 주위 및 내부 흐름장을 수치시뮬레이션을 이용하여 분석하였다. 이것을
수행하기 위하여 VOF(Volume of Fluid) 방법(Hirt 및 Nichols, 1981) 중 하나인 CADMAS-SURF[5]
(Isobe 등, 1999, 2002)를 이용하였다. 규칙파(規則波)에 따른 흐름장과 함께 고립파(孤立波)로

---

5   CADMAS-SURF : 2차원의 수치파동수로 프로그램으로써 자유수면에 대해 VOF(Volume of Fluid) 방법을 적용하고, 난
류모델과 투과성 모델(Porous Model) 등을 적용하고 있기 때문에 지금까지 수치계산으로는 재현하기 어려웠던 쇄파상
황이나 쇄파 이후의 재생파랑, 월파 등의 재현이 가능하다. 그리고 경사방파제나 소파블록 등과 같이 공극을 갖는
구조체 내부에서의 수리특성도 나타낼 수 있다는 점에서 수리모형실험을 어느 정도 대체할 수 있는 프로그램이라
할 수 있다.

인한 흐름장을 수치시뮬레이션하였다. 그림 17(a) 와 (b)는 각각 주기 2초(sec)인 고립지진해 일파와 규칙파하에서 이안제 중앙 구간에서 계산된 수위변화의 시계열(時系列)을 나타낸다. 그림 18(a)~(c)는 그림 17에서 나타낸 바와 같이 이안제 중앙 구간의 수위가 최대 및 그 피크 이후 0.2초(sec)와 0.4초(sec)일 때 이안제 내부 및 주위의 속도벡터를 보여준다. 좌측은 고립 지진해일파(孤立津波)에 대한 것이고 우측은 규칙파(規則波)에 관한 것이다. 그림에서 알 수 있듯이 고립지진해일파인 경우 수위가 가장 최고점에 도달한 직후 이안제 후면비탈면을 따라 매우 높은 하강유속(下降流速)을 나타내는 것을 명확하게 볼 수 있다. 이런 유형의 흐름장은 고립지진해일파 내습을 받은 테트라포드 피복재의 활동파괴 메커니즘 현상을 명확하게 설명한다.

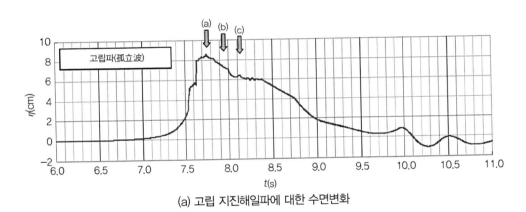

(a) 고립 지진해일파에 대한 수면변화

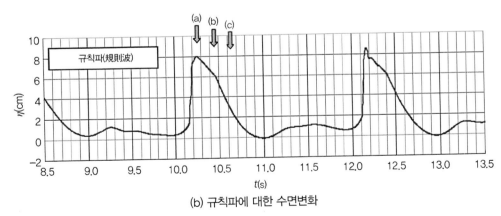

(b) 규칙파에 대한 수면변화

그림 17 CADMAS-SURF(이안제의 중앙부)에 의해 계산된 수면변화의 시계열

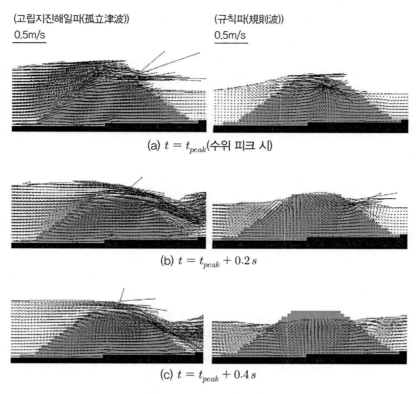

(고립지진해일파(孤立津波))   (규칙파(規則波))
0.5m/s   0.5m/s

(a) $t = t_{peak}$(수위 피크 시)

(b) $t = t_{peak} + 0.2\,s$

(c) $t = t_{peak} + 0.4\,s$

그림 18 CADMAS – SURF로 계산한 유속(流速)

3.3.3 피복재의 안정성향상

앞에서 논의한 바와 같이 소파 콘크리트 블록으로 만들어진 이안제는 일반적으로 후면에서 고립지진해일파로 인한 활동파괴(滑動破壞)로 피해를 입게 될 것이다. 이 현상은 앞서 CADMAS – SURF로 계산되었듯이 이안제 비탈면에 따른 매우 높은 하강유속 때문이다. 이 현상을 토대로 이안제 안정성을 향상시키는 방법을 분석하기 위해 추가적인 수리모형실험을 실시하였다. 이 실험인 경우 이안제 후면에 있는 테트라포드 첫 번째 열(列)을 철사(鐵絲)로 고정하였다. 그림 19(a)와 (b)는 각각 이안제 첫 번째 열을 고정하거나 고정하지 않은 실험 케이스 결과를 보여준다. 그림에 나타난 바와 같이, 이안제 후면 쪽 첫 번째 열을 고정시킴으로써 이안제 안정성을 확실히 향상시킬 수 있다. 실제 현장에서 이안제의 테트라포드를 고정시키는 실용적인 방법은 테트라포드 첫 번째 열에 인접하여 강관(鋼管) 파일을 항타(抗打)하거나 편평한 형상을 가진 중량 콘크리트 블록을 설치하는 것과 같은 여러 대안을 검토할 수 있다. 그러나 그러한 아이디어를 실천하기 위해서는 이러한 대안을 설계하는 방법에 대한 많은 검토를 수행하여야 하며, 강관파일에 작용하는 파력, 건설비용 등에 대한 검토가 필요하다.

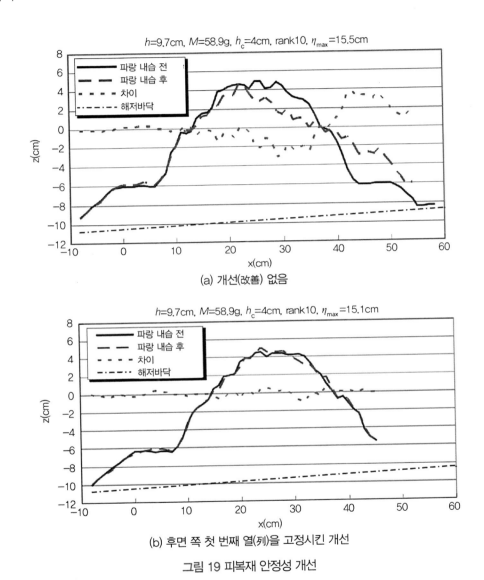

(a) 개선(改善) 없음

(b) 후면 쪽 첫 번째 열(列)을 고정시킨 개선

그림 19 피복재 안정성 개선

3.3.4 지진해일파의 처오름 감소

파의 처오름을 감소시키기 위한 이안제 효과는 이 장 3.1절에서 실험적으로 논의하였다. 이 실험에서는 소파 콘크리트 블록의 이동을 막고자 그물로 고정하였다. 피해를 입은 이안제로 인한 방호(防護)는 이안제 마루높이가 수면상에 있지 않은 단면(수면과 일치하거나 수면 아래)을 사용하여 수리모형실험을 실시하였다. 그러나 실제로는 피복블록 이동으로 인해 테트라포드 유닛이 피해를 입을 수 있으므로 이안제 피해를 고려한 파의 처오름 감소를 평가하기 위한 추가적인 수리모형실험을 실시하였다.

그림 20은 수리모형실험 결과를 보여준다. 사각형, 파란색 원 및 삼각형 표시는 각각 이안제가 없을 때, 무피해(無被害) 이안제 및 수중형식 이안제를 나타낸 것이다. 다이아몬드 표시는 블록 이동을 허용한 무피해 이안제 유형의 케이스를 나타낸다.

블록이 이동되더라도 처오름 감소에 미치는 영향은 블록 이동이 없는 케이스와 동일하다. 앞에서 설명한 것처럼 이안제는 수면이 최고높이에 도달한 직후에 피해를 입기 쉽다. 이것은 이안제가 피해를 발생할 때까지 지진해일 파랑에너지 소산(消散) 포텐셜(Potential)을 보존할 수 있어 처오름을 감소시키는 데 도움이 될 수 있음을 의미한다.

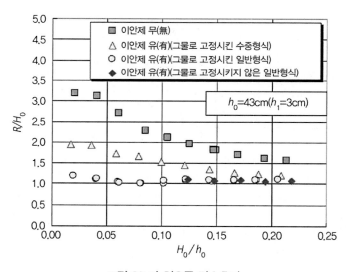

그림 20 파 처오름 감소효과

4. 결 론

이 장에서는 이안제 배후 방조제의 처오름 및 파압 감소 측면에서 본 지진해일 저감에 미치는 이안제 영향에 대해 자세히 논의했다. 또한 소파 콘크리트 블록 안정성은 고립파를 사용하여 실시한 수리모형실험에 근거하여 설명하였다. 이 장의 주요 결론은 다음과 같이 요약한다.

(1) 이안제는 고립지진해일파(孤立津波)의 처오름을 감소시킬 수 있다. 이안제가 있을 때 파의 처오름고는 이안제가 없는 경우의 10~70%이다. 또한 피해를 입은 이안제도 지진해일 처오름 감소에 효과적이다. 만약 이안제가 수중에 있더라도 처오름고는 40~80%까지 줄일 수 있다(즉, 제1 지진해일파로 부분적인 피해를 입은 경우).

(2) 방조제에 작용하는 지진해일 파압은 이안제가 설치되어 있을 때 이안제가 없을 때와 비교하여 60% 이하로 감소될 수 있다. 마찬가지로 피해를 입은 이안제로도 파압을 80% 이하로 줄일 수 있다.

(3) 이안제의 후면 비탈면에 있는 대부분의 테트라포드는 전면에 있는 테트라포드보다 고립지진해일 파로 피해를 더 입는다. 또한 수면이 가장 최고높이에 도달한 후 테트라포드 활동파괴 메커니즘이 발생하여 피해를 입을 가능성이 있다.

(4) 주어진 풍파고(Wind Wave Height)에 대해 Hudson 공식을 사용하여 계산한 테트라포드 질량은 동일 고립지진해일파고(Solitary Tsunami Wave Height)로 계산한 질량에 대해 충분히 안정적이지 않다. 파고가 동일하게 유지하더라도 얕은 수심은 깊은 수심보다 이안제에 더 큰 피해를 초래한다. 이안제가 설치된 수심에 대한 상대파고는 이안제 피해를 평가하는 신뢰할 수 있는 매개변수가 될 수 있다.

(5) 이안제 안정성은 이안제 후면의 첫 번째 열(列, Row)을 고정시킴으로써 상당히 향상시킬 수 있다.

(6) 블록이 이동하더라도 처오름 감소에 미치는 영향은 블록이동이 없는 경우와 동일하다.

이 장에서 기술되고 논의된 내용은 혁신적이며 특별한 연구에 대한 첫 단계로 여길 수 있다. 그럼에도 불구하고 이안제를 개선하고 광범위한 범위의 설계조건으로 실제 이안제 설계를 가능케 하는 완전한 방법론을 공식화하기 위해서는 추가적인 연구가 필요하다.

참고문헌

1. Achmad, F., Shigihara, Y., Fujima, K., Mizutani, N., 2009. A study on estimation of tsunami force acting on structures. J. Coast. Eng. 56, 321-325 (in Japanese).

2. Asakura, R., Iwase, K., Ikeya, T., Takao, M., Kaneto, T., Fujii, N., Ohmori, M., 2002. The t sunami wave force acting on land structures. In : Proceedings of the 28th International Conference on Coastal Engineering, ASCE, pp. 1191-1202.

3. Fujima, K., Shigihara, Y., Tomita, T., Honda, K., Nobuoka, H., Hanzawa, M., Fujii, H., Ohtani, H.,Orishimo, S., Tatsumi, M.M., Koshimura, S., 2006. Survey results of Indian Ocean Tsunami in the Maldives. Coast. Eng. J. 48 (2), 81-97.

4. Hanzawa, M., Matsumoto, A., Tanaka, H., 2011. Experimental research on detached breakwaters' effect on tsunami disaster mitigation. In : Proceedings of Coastal Structures, ASCE, pp. 755-766.

5. Hanzawa, M., Matsumoto, A., Tanaka, H., 2012. Stability of wave-dissipating concrete blocks of detached breakwaters against tsunami. In : Proceedings of the 33th International Conference on Coastal Engineering, ASCE.

6. Hirt, C., Nichols, B.D., 1981. Volume of fluid (VOF) method for dynamics of free boundaries. J. Comput.Phys. 39, 201-205.

7. Hudson, R.Y., 1959. Laboratory investigation of rubble-mound breakwaters. J. Waterways, Harbors Div.85 (WW3), 93-121, ASCE.

8. Ikeno, M., Mori, N., Tanaka, H., 2001. Experimental study on tsunami force and impulsive force by a drifter under breaking bore like tsunamis. Proc. Coast. Eng. 47, 846-850 (in Japanese).

9. Isobe, M., Xiping, Y., Umemura, K., Takahashi, S., 1999. Study on development of numerical wave flume. Proc. Coast. Eng. 46, 36-40 (in Japanese).

10. Isobe, M., Hanahara, Y., Xiping, Y., Takahashi, S., 2002. Numerical simulation of waves overtopping a breakwater. In : Proceedings of the 28th International Conference on Coastal Engineering, ASCE, pp. 2273-2285.

11. Kato, F., Inagaki, S., Fukuhama, M., 2006. Wave force on coastal dike due to tsunami. In : Proceedings of the 30th International Conference on Coastal Engineering, ASCE, pp. 5150-5161.

12. Mizutani, M., Imamura, F., 2000. Hydraulic experimental study on wave force of a bore acting on structure. Proc. Coast. Eng. 47, 946-950 (in Japanese).

13. Nakamura, K., Sasaki, T., Nakayama, A., 1998. Hydraulic model study on reduction of run-up of tsunami by coastal structures. Proc. Civil Eng. Ocean 14, 293-298 (in Japanese).

14. Tominaga, K., Nakano, S., Amou, S., 2007. Experimental study on bore acting on a coastal dike. Proc. Coast. Eng. 54, 826–830(in Japanese).

15. Uda, T., Omata, A., Yokoyama, Y., 1986. Effect of detached breakwaters against tsunami run-up on the beach. Proc. Coast. Eng. 34, 461–465 (in Japanese).

16. van der Meer, J.W., 1987. Stability of breakwater armor layers—design formulae. Coast. Eng.11, 219–239.

**2011년 동일본 지진과 대지진해일로
인한 해안·항만 구조물 파괴**

1. 서 론

2011년 3월 11일 오후 2시46분(일본 표준시간) 모멘트 규모 M_w 9.0인 섭입대(攝入帶) 지진 결과로 발생된 대규모 지진해일이 일본 도호쿠 연안(동북지방)을 강타하였다. 이것은 기록물 보존이 시작된 19세기 이후 기록된 가장 격렬한 자연재난 중 하나로 여겨졌다. 지진 진앙지 (震央地)는 미야기현(宮城県)에 위치한 센다이시(仙台市) 동쪽 약 130km 떨어진 외해(外海)이었다. 일본 기상청(JMA, Japanese Meteorological Agency)은 이 지진으로 약 400×200km 지역이 파열(破裂)되어, 그 결과 일부 지역의 지반변위는 수직으로 약 1.0m, 수평으로 5.0m로 나타났다. 1000년 동안 한 번 발생하는 재현기간을 가진 이 레벨 2 지진해일 사건(Shibayama 등, 2013, 1장 참조)은 도호쿠 지방(東北地方)의 처오름고를 10m부터 때로는 40m 이상, 그리고 여러 지역에서 10m이상의 흔적고(痕迹高)를 발생시켰다. 총사망자는 15,000명을 넘었고 16만 명이 넘는 사람들이 대피하였다. 재산손실은 2천억~3천억 달러($)(236~354조 원, 2019년 6월 환율기준)로 예측되는데, 이는 현대역사상 가장 큰 경제적 손실을 기록한 자연재난으로 기록되었다(Swanson 등, 2001).

일본 해안의 해안방재는 주로 콘크리트로 피복된 해안제방(Coastal Dike), 방조제(防潮堤, Seawall) 또는 이 두 유형의 조합으로 구성된다. 2011년 사건 이후 지진해일 내습으로 인한 해안·항만방재구조물의 수리학적 파괴과정을 확인하고 지식을 향상시키기 위한 많은 노력을 기울였다. 많은 해안공학 엔지니어와 연구자는 지진해일파(15장, 16장, 18장, 19장 및 20장 참조), 흐름 및 표사 특성, 해안수심 및 해변지형이 야기(惹起)한 파괴모드를 지배하는 물리적 메커니즘을 발견하기 위하여 여러 실험을 수행하였고, 지진해일 후 현장조사를 실시하였다. 여러 지역에서 해안·항만방재에 대한 유사성을 발견할 수 있었지만, 지진해일 후 현장조사에서 다양한 파괴 메커니즘을 관측하였다(즉, Kato 등, 2012; Jayaratne 등, 2013). Kato 등(2006)에 따르면 지진해일로 인한 파괴과정은 지진해일 처오름과 지진해일 인파(引波) 동안 파반공(波返工)¹ 유실 및 해안·항만구조물의 육지 쪽·바다 쪽 선단(先端) 세굴로 발생할 수 있다는 것을 관측하였다. 더욱이 Kato 등(2012)이 2011년 3~5월 사이에 미야기현, 이와테현 및 후쿠시마현에서 실시한 현장조사에서 해안구조물의 8가지 파괴모드를 정의하고 지진해일 월류(越流)로 생긴 부압력(負壓力)이 어떻게 마루 및 육지 쪽 피복재 파괴를 초래(招來)하였는지를 설명했다. 또한 Shuto(2009)는 1933년 산리쿠(三陸) 지진해일과 1960년 칠레 지진해일에 대한 지진해일 역사를 언급하고, 월류 및 인파(引波) 결과로 발생한 해안구조물의 임계파괴(臨界破壞)를 설명했다.

이러한 연구결과에서 기존 방재 시스템은 단점을 보여, 이로 인해 해안선 배후주거지역 및 사회기반시설의 방재대책, 특히 일본 및 전 세계 여러 지역 중 지진해일이 발생하기 쉬운 지역의 해안·항만방재구조물의 안정성과 성능설계를 개선 중에 있다. 원래 지진해일이 발생하기 쉬운 지역의 안전기준을 충족시키기 위해서는 지진해일 후 현장조사·분석을 통해 건전하고 합리적인 설계기준을 개발해야 한다(즉, Jayaratne 등, 2013).

이 장에서는 2011년 동일본 대지진해일로 인한 해안·항만구조물의 파괴 메커니즘을 광범위하게 검토하여 향후 지진해일 사건 시 파괴력을 완화시키기 위한 여러 형태의 방재계획을 수립하는 데 효과적인 정보를 제공할 것이다. 저자는 현장조사 중 발생한 빈도에 따른 파괴 메커니즘을 평가하여 개선된 설계기준에 반영할 것이다.

---

1   파반공(波返工, Parapet) : 해안제방 또는 호안 등의 상면을 바다 쪽으로 구부러지게 하여 파랑을 바다 쪽으로 돌리게 만든 해안구조물을 말한다.

2. 지진해일 발생 후 현장조사

2.1 조사한 해안지역

　미야기현(宮城縣) 및 후쿠시마현(福島縣)의 8개 지역(표 1 참조)에서 수집한 현장 데이터(디지털 사진/비디오, 지반 샘플, 지리정보, 구조물 제원, 세굴 특징 및 제원(諸元) 등)를 분석하여 해안제방, 방조제 및 방파제와 같은 해안·항만방재구조물의 파괴 메커니즘을 확인했다. 그림 1은 도호쿠 지역에서 조사한 지점의 위치를 나타낸 것이다.

표 1 미야기현과 후쿠시마현의 현장조사 지점

연번	도시	현(県)	좌표	
			경도(經度)	위도(緯度)
1	이시노마키(石卷)(동부)	미야기(宮城)	141° 18.312′	38° 24.895′
2	이시노마키(石卷)(서부)	미야기(宮城)	141° 14.868′	38° 24.335′
3	히가시마츠시마(東松島)	미야기(宮城)	141° 09.667′	38° 22.059′
4	이와누마(岩沼)	미야기(宮城)	140° 09.667′	38° 03.224′
5	와타리(亘理)	미야기(宮城)	140° 55.283′	38° 02.262′
6	야마모토(山元)	미야기(宮城)	140° 54.930′	37° 57.613′
7	시치가하마(七ヶ浜)	미야기(宮城)	141° 03.872′	38° 17.289′
8	소마(相馬)	후쿠시마(福島)	141° 09.667′	37° 46.165′

그림 1 미야기현과 후쿠시마현에 있는 조사지점의 위치도, 괄호 안에 지진해일 흔적고 표시

2.2 해안제방 및 방조제의 관측된 파괴 메커니즘

지진해일 현장데이터를 바탕으로 저자는 수리학적 파괴 및 지배 메커니즘을 분석했다. 결국 해안·항만 방재구조물의 전체적인 붕괴는 지진해일로부터 유발(誘發)된 몇 가지 유형의 힘과 메커니즘이 함께 결합되어 작용됨으로써 초래되었다. 더욱이 조사된 모든 지점은 하나 이상의 파괴유형을 보였으며, 이는 지진해일이 갖는 성질과 지역적인 지형특성 때문이었다. 다음과 같은 6가지 유형의 파괴모드가 전체적으로 조사된 손상된 해안제방과 방조제에서 관측되었다.

1. 육지 쪽 비탈면 선단(先端)에서의 세굴파괴
2. 마루 피복재 파괴
3. 육지 쪽 비탈면 피복재 파괴
4. 바다 쪽 비탈면 선단세굴 및 피복재 파괴
5. 전도파괴(顚倒破壞)
6. 파반공(返波工) 파괴

2.2.1 육지 쪽 비탈면 선단에서 세굴파괴

육지 쪽 비탈면 선단의 세굴은 2011년 지진해일로 인한 주요 파괴모드로 확인되었다. 주로 지진해일파 처오름(Run-up) 및 수위하강(Draw-down) 과정에서 이 파괴가 발생하였다. 조사된 대부분 지역에서 구조물 육지 쪽에 깊은 세굴(洗掘) 도랑(溝)이 관측되었고 해안방재구조물이 완전히 또는 부분적으로 파괴되었다. 그러나 정확한 파괴 메커니즘은 구조물에 따라 약간씩 다르다. 본질적으로 2가지 유형의 해안방재구조물이 8개 지점에서 관측되었다.

1. 콘크리트 판(板)과 인공 피복재으로 피복된 흙댐 해안제방(Earth Filled Dike)
2. 2차 방재벽(防災壁)으로써 반곡형(反曲形) 콘크리트 방조제

흙댐 해안제방에 대한 세굴 메커니즘의 물리적 과정은 다음과 같다. 처음 지진해일 내습 시 지진해일파가 구조물의 마루를 월류(越流)하여 높은 난류(亂流) 유속을 가진 사류2(射流)를 생성하면서 해수(海水)가 육지 쪽 비탈면 및 선단 쪽으로 흐른다. 지진해일 수위하강(Draw-down)

과정이 끝날 때 높은 유속을 가진 사류속(射流速)은 감소하면서 육지 쪽 비탈면 선단(先端) 기부층(基部層, Bed Stratum)에 작용하는 압력이 낮아진다. 동시에 간극수압구배(間隙水壓句配)가 형성되어 흙 입자 내의 유효응력은 감소된다(Tonkin 등, 2003).

빠른 지진해일류(津波流)로 유도(誘導)된 표면전단응력이 구조물 비탈면 선단 재료의 한계전단강도(限界剪斷强度)[3]를 초과하면 흙 세굴이 발생한다. 그림 2(a)~(f)는 해안제방의 피해형상과 붕괴 메커니즘을 묘사한 것이다.

다른 한편으로 그림 2(g)는 배후지로 내습(來襲)하는 파의 월파량을 줄여 파랑을 바다로 되돌리기 위해 만들어진 파반공(波返工) 콘크리트 방조제의 파괴 메커니즘을 보여준다. 그러나

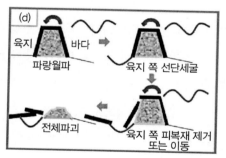

그림 2 해안제방의 육지 쪽 비탈면 선단에서의 세굴파괴(洗堀破壞) : (a) 이와누마(岩沼) 제방에서의 선단세굴, (b) 시치가하마(七ヶ浜) 제방에서의 선단세굴, (c) 소마(相馬) 제방에서의 선단세굴, (d) 육지 쪽 비탈면 선단에서의 세굴로 인한 해안제방의 파괴과정

2　사류(Supercritical Flow, 射流) : 개수로(開水路)의 흐름에서 유속이 한계유속(限界流速)보다 빠른 흐름으로 일반적으로 프루드수(Froude Number)가 1보다 클 경우를 말한다.

3　한계전단강도(Critical Shear Strength, 限界剪斷强度) : 지반 또는 토질에 전단하중(Shear Load)이 가해졌을 때, 지반이 구조적으로 파괴되지 않는 최대응력값을 전단강도라 하는데, 여기에서는 지진해일류로 유도된 표면전단하중과 구조물 비탈면 선단 재료(토질)의 최대응력과 평형상태(파괴가 발생하기 직전)에 있을 때의 강도를 한계전단강도라고 말한다.

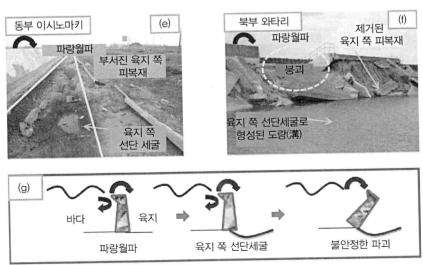

그림 2 해안제방의 육지 쪽 비탈면 선단에서의 세굴파괴(洗堀破壞) : (e) 동부 이시노마키(石卷) 반곡형 방조제에서의 선단세굴, (f) 북부 와타리(亘理) 반곡형 방조제에서의 선단세굴, (g) 육지 쪽 비탈면 선단에서의 세굴로 인한 반곡형 방조제의 파괴과정(계속)

파반공은 지진해일 월류를 염두에 두고 설계된 것이 아니어서, 육지 쪽 비탈면 선단(先端)에서 흙 세굴이 발생할 때 구조물의 기초가 불안정해져 결국은 전도(顚倒)되거나 활동(滑動)되어 붕괴될 것이다(그림 2(g) 참조).

2.2.2 마루 피복재 파괴

마루 피복재의 부상(浮上) 및 유실로 인한 구조물 마루피해는 현장조사 중에 관측된 2번째 유형의 파괴유형이었다. Kato 등(2012)이 실시한 수리모형실험에 따르면, 마루 피복재 파괴는 지진해일 월류로 인한 마루와 마루의 가장자리에 작용하는 부(負)의 흡입압력(吸入壓力)으로 인해 발생할 수 있다. 단파(段波) 형태의 지진해일파가 해변에 도착하면 파면(波面)에는 양(陽)의 와도(渦度)와 비회전(非回轉)흐름을 포함한다. 이러한 부압력(負壓力)은 상향 흡입력을 발생시키고 이 힘이 피복재의 저항력보다 클 때 마루 피복재는 이탈된다. 또한 파괴된 마루 콘크리트 판(板)을 통해 월류된 지진해일이 해안구조물 중심부(Core)로 침투(浸透)하면서 해안구조물 내 중심부 재료의 세굴과정이 더욱 가속된다. 그림 3(a)~(e)는 마루 피복재 파괴와 및 완전한 손상에 대한 몇 가지 사례를 보여준다.

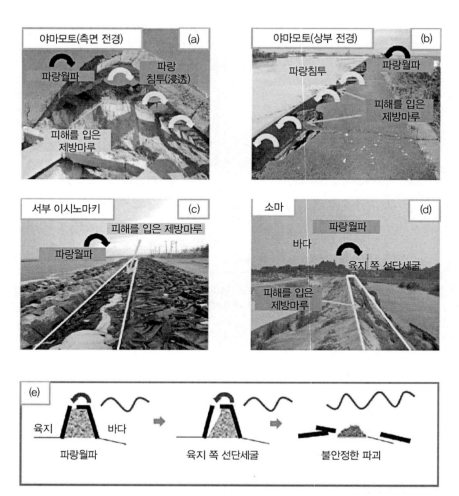

그림 3 해안제방의 마루 피복재 파괴 : (a) 야마모토시(山元市)에서의 마루파괴로 세굴된 제방본체, (b) 야마모토시에서 발생한 마루 피복재 파괴, (c) 서부 이시노마키(石卷)에서 발생한 제방마루 피해, (d) 소마(相馬)의 마루 피복재 파괴로 인한 해안제방의 파괴모습

2.2.3 육지 쪽 비탈면 피복재 파괴

관측된 세 번째 파괴유형은 그림 4(a)～(c)에서 나타낸 바와 같이 육지 쪽 비탈면 피복재 파괴이었다. 마루 피복재 파괴와 마찬가지로 이 파괴는 지진해일 월파로 야기된 부압력(負壓力)으로 육지 쪽 피복석 제거를 일으킨다. 결과적으로 육지 쪽 비탈면 피해는 아마 지진해일 수위하강 과정에서 일어나며, 이 과정은 연속적인 지진해일파로 악화될 수 있어, 결국 해안제방이 완전히 붕괴될 수 있다. 게다가 침수심(월파)이 증가하면 월파의 속도도 증가하고 결국 지반 세굴이 증가하게 된다(Jayarantne 등, 2014). 해안 방재구조물 파괴가 전적으로 이러한

유형의 메커니즘이었지만, 히가시마츠시마시(東松島市) 및 이시노마키항(石巻港)의 해안제방 육지 쪽 비탈면 선단에서의 피해흔적은 좀처럼 발견할 수 없었다.

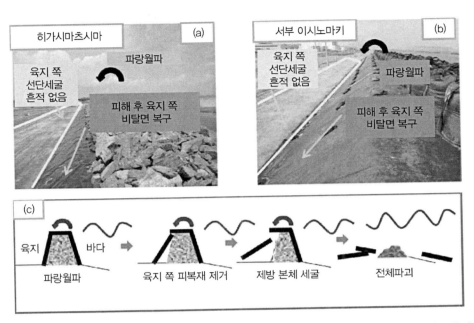

그림 4 육지 쪽에서의 비탈면 피복재 파괴 : (a) 히가시마츠시마(東松島) 제방의 육지 쪽 비탈면 피복재 파괴, (b) 서부 이시노마키(石巻) 제방의 육지 쪽 비탈면 피복재 파괴, (c) 육지 쪽 비탈면 피복재 파괴로 인한 해안제 방의 파괴과정

2.2.4 바다 쪽 비탈면 선단세굴 및 피복재 파괴

이 파괴모드는 궁극적으로 치명적인 파괴를 야기(惹起)하는 지배적인 메커니즘은 아닐지라도 현장조사 동안 바다 쪽 비탈면 선단세굴 및 피복재 파괴 흔적을 관측할 수 있었다.

지진해일이 바다로 인파(引波)될 때 구조물의 바다 쪽에서 선단세굴을 이따금 관측할 수 있었는데, 이는 바다 쪽 피복석 비탈면을 불안정하게 만든다. 이것은 지진해일 파랑의 급격한 처오름 및 처내림 과정으로 불안정하게 된 주(主)피복재는 지진해일 흐름으로 인해 부상(浮上)되어 유실될 수 있다. 간극수압구배의 증가로 인해, 선단재료(先端材料)에서 유효전단응력이 생성될 수 있다. 궁극적으로 이것은 선단과 노출된 바다 쪽 비탈면에서 점진적인 세굴이 해안제방을 완전한 파괴로 이끈다(그림 5(a)~(d)).

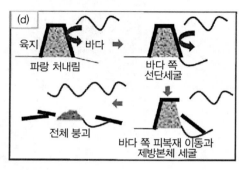

그림 5 바다 쪽 선단 및 피복재 파괴 : (a) 바다 쪽 비탈면 피복재 파괴로 손상된 북부 와타리(亘理)의 복구된 호안, (b) 히가시마츠시마(東松島)의 바다 쪽 비탈면 피복재 파괴 후 복구된 호안, (c) 시치가하마(七ケ浜)에서의 바다쪽 피복재 파괴로 피해를 본 바다 쪽 비탈면, (d) 해안제방의 바다 쪽 선단세굴 파괴과정 및 비탈면 파괴

2.2.5 전도파괴

일반적으로 전도파괴(顚倒破壞)는 해안제방보다 오히려 방조제에서 발생한다. 지진해일파가 방조제 인근에 도달하여 벽에 차곡차곡 축적(蓄積)하기 시작하면 양측(바다 쪽 및 육지 쪽) 수위차(水位差)로 인해 정수압이 생성된다. 이 압력 차로 인해 횡(橫) 추력(推力)[4]이 벽에 가해지고 불안정이 발생한다. 구동(驅動)모멘트가 벽의 자중(自重) 때문에 발생하는 안정(安定)모멘트를 초과하면 방조제는 전도되어 파괴된다.

지진해일 내습 초기단계에서 전도한계에 도달하면 벽은 육지 쪽으로 전도될 수 있고, 만약 수위하강 과정에 있으면 벽이 바다 쪽으로 전도될 수도 있다. 저자가 실시한 현장조사 중 수위하강으로 전도된 해안구조물은 볼 수 없었다.

---

4 추력(推力, Thrust) : 뉴턴의 제2 법칙과 제3 법칙에서 정량적으로 표현된 반력(反力)으로 시스템의 힘이 증가하거나 질량이 증가할 때 반작용으로 반력이 형성된다.

또한 액상화(液狀化)[5]는 지진작용하에서 전도유형의 파괴모드를 발생시킬 수 있다. 지진운동으로 발생한 진동(振動)효과는 기초 아래 지층(地層)을 액상화시키고 하층토(下層土)의 부등침하(不等沈下) 발생시켜 방조제를 불안정하게 한다. 그때에 파랑으로 발생된 힘은 위에서 서술한 바와 같이 전도모멘트를 발생시켜 그림 6(a)~(c)와 같이 결국 방재구조물을 파괴시킬 것이다.

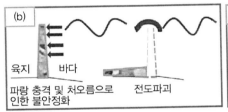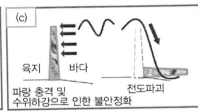

그림 6 방조제 전도파괴 : (a) 북부 와타리(亘理) 방조제의 전도파괴, (b) 지진해일파 처오름으로 인한 전도파괴, (c) 지진해일파 수위하강으로 인한 전도파괴 과정

2.2.6 파반공 파괴

지진해일 처오름과 수위하강은 파반공(波返工, Parapet Wall) 파괴를 유발할 수 있다(Kato 등, 2006). 파반공에 슬래밍 힘(Slamming Force)을 가할 수 있는 충격쇄파(衝擊碎波)적인 단주기 지진해일파의 측압력 때문에 파괴를 일으킨다. 이는 파의 처오름 및 수위하강 과정 중

---

5   액상화(液狀化, Liquefaction) : 포화된 모래지반이 큰 흔들림을 받으면 지반을 구성하는 모래입자의 골격구조가 무너져 모래입자 사이의 간극(間隙)에 있던 모래입자가 떨어져 지반 내에 과잉간극수압(過剩間隙水壓)이 발생하여 축적(蓄積) 되는데, 액상화 상태는 과잉간극수압이 지진 전 지반의 유효상재압과 같은 경우에는 흙입자 간에 작용하는 유효응력 은 0이 되어 모래입자가 물에 뜨는 진흙탕(泥水)과 같은 상태이다.

파반공에 전단응력(剪斷應力)이 가해져 이 응력이 파반공의 전단강도(剪斷强度)[6]를 초과하면 파괴가 시작된다. 또한 충격하중(衝擊荷重)에 의해 유도된 압축응력이 파반공의 압축강도를 초과함으로써 파반공에 균열이 생기고 과압축(過壓軸)하에서는 구조물이 파괴될 수 있다. 지진해일 처오름과 충격력으로 인해 파반공 파괴가 일어나면 파괴된 파반공은 해안제방 육지 쪽 배후로 떨어진다. 반면, 만약 지진해일 수위하강 과정이 발생한다면 파반공은 바다 쪽으로 떨어진다(그림 7(a)~(c) 참조).

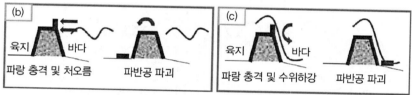

그림 7 파반공벽 파괴 : (a) 소마(相馬)에서의 파반공 파괴, (b) 파랑 처오름으로 인한 파반공 파괴과정, (c) 파랑 수위하강으로 인한 파반공 파괴과정

2.3 사석식 이안경사제의 관측된 파괴모드

현장조사 기간 중 이시노마키시(石卷市) 상항(商港)의 이안제 파괴를 관측하였다. 이 항만에 있는 대부분 방파제는 사석식(捨石式) 이안경사제(離岸傾斜堤)들로, 지진해일 내습 후 주(主)피복재가 유실되고 산란된 것으로 밝혀졌다. 이것은 분명히 지진해일파 작용에 따른 거대한 압력과 지진해일류의 작용결과였다. 이 지점에서의 이안제 파괴는 이안제 비탈면의 전면과 후면 사이 압력차인 정수압(靜水壓)으로 인해 발생하였다.

---

6   전단 강도(剪斷强度, Shearing Strength) : 어떤 물체 또는 구조물에 전단하중(Shear Load)이 가해졌을 때, 물체가 구조적으로 파괴되지 않는 최대응력(Stress)값을 전단강도라 한다.

횡방향 외력으로 주(主)피복재가 밀려나 구조물로부터 멀리 이탈(離脫)되었다. 또한 월류 파압과 빠른 유속으로 인한 구조물 육지 쪽에 세굴이 발생되었다고 추측된다. 지진활동 때문에 해저(海底)지반이 액상화(液狀化)될 수 있으므로 결과적으로 이안제 기초가 부등침하되어 피해를 가중시킬 수 있다. 그림 8(a)는 유실된 피복재로 인한 이시노마키항(石卷港) 이안제 파괴를 보여준다.

그림 8 이안제 파괴 : (a) 동부 이시노마키(石卷)의 이안제 파괴, (b) 2011년 동일본 지진해일 이전 동부 이시노마키 이안제, (c) 2011년 동일본 지진해일 이후 동부 이시노마키의 이안제(출처 : 구글 어스)

2.4 해안제방과 방조제의 파괴유형 순위

표 2는 현장조사 동안 관측된 각 파괴유형 지점의 수에 따른 파괴유형의 순위를 나타낸다. 참고(그림 9)로 각 파괴유형(단지 저자가 가진 관측 데이터만을 사용)의 발생확률도 표시한다.

표 2 확인된 파괴유형의 순위 및 발생빈도

순위	파괴유형	관측한 지점의 수	발생빈도(%)
1	육지 쪽 비탈면 선단에서의 세굴파괴	5	62.5
2	마루 피복재 파괴	3	37.5
3	육지 쪽 비탈면 피복재 파괴	2	25.0
4	바다 쪽 비탈면 선단세굴 및 피복재 파괴	2	25.0
5	전도파괴	1	12.5
6	파반공 파괴	1	12.5

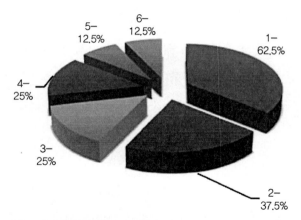

그림 9 저자가 확인한 파괴유형의 발생빈도에 대한 그래픽 표시

3. 미래 지진해일에 대한 구조물 복원성을 향상시키기 위한 권고

2013년 도호쿠 지역에서 저자들이 실시한 최근 설문조사에서 해안제방을 재건(再建)하는 과정에서 많은 개선이 이루어졌음을 확인할 수 있었다. 이 중 대부분은 지진해일 월파로 인한 육지 쪽 비탈면 선단세굴 가능성 문제를 다룬 것이다. 그림 10(a)와 (b)는 각각 야마모토시(山元市)와 와타리시(亘理市)에서 새로이 건설된 해안제방과 보강된 육지 쪽 비탈면 선단을 보여준다. 이 지역들 제외하고 저자들은 이 지역의 다른 장소를 재조사했는데, 일반적으로 중량(重量) 콘크리트 블록을 육지 쪽 비탈면 선단에 설치하여 적절히 시멘트로 그라우팅(Grouting)[7]하였다. 또한 해안제방 마루 피복의 채움(Fill)을 위해 설치한 다양한 중량 콘크리트 블록을 육지 쪽 비탈면에도 설치하였다. 이러한 설계는 다음과 같은 여러 방법으로 해안제방을 보강 및 강화할 것이다.

---

7   그라우팅(Grouting) : 시멘트와 같은 충전재(充填材)를 건축물이나 석축의 틈, 암석의 균열, 투수성 지층 등에 강제로 주입하는 공법을 말한다.

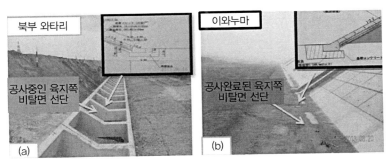

그림 10 육지 쪽 비탈면 선단세굴에 대해 실시한 저감대책(低減對策) : (a) 공사 중인 북부 와타리(亘理) 해안제방의 육지 쪽 비탈면 선단, (b) 새롭게 건설된 이와누마(岩沼) 해안제방의 육지 쪽 비탈면 선단

- 육지 쪽 비탈면 선단을 방호하기 위한 무거운 콘크리트 블록의 설치로 지반 내부의 증가된 간극 수압구배로 발생되는 부상압력(浮上壓力)에 충분히 저항할 수 있다.
- 육지 쪽 비탈면 선단에서의 콘크리트 블록 주위 콘크리트 밀봉(密封, Seal)은 선단 내부의 지진해일 침투수(浸透水)를 감소시키고 지진해일 수위하강 과정의 간극수 압력을 지연시킬 수 있다.
- 육지 쪽 비탈면에 설치된 무거운 콘크리트 블록은 지진해일의 월류로 야기된 압력에 저항할 수 있어 육지 쪽 비탈면 침식(浸蝕)을 방지한다.

4. 결 론

2011~2013년 기간 동안 저자들이 실시한 지진해일 현장조사 동안 실시한 관측 및 측정을 토대로 2011년 동일본 대지진해일로 피해를 입은 미야기현 및 후쿠시마 현에서의 해안제방과 방조제에서 6가지 유형의 파괴모드를 확인하였다. 특히 대부분 장소에서 육지 쪽 비탈면 선단에서 세굴파괴를 보여 결국 비탈면이 파괴되는 참사를 야기했다. 따라서 이 파괴 메커니즘은 극한의 레벨 2 지진해일에서 예상할 수 있는 중대한 파괴모드인 것으로 보인다(Shibayama 등, 2013, 1장 참조). 따라서 지진해일재난이 발생하기 쉬운 지역의 해안제방 설계는 육지 쪽 비탈면 선단과 비탈면에 대한 보강대책을 신중하게 고려해야만 한다.

게다가 활동(滑動), 전도(顚倒), 육지 쪽 기초사석 세굴 및 지진해일 흐름으로 야기된 간극수압 구배로 인한 양력(揚力)과 생성된 항력(抗力)과 같은 여러 가지 파괴 메커니즘은 방파제 파괴를 일으켰다(15장, 16장, 18장 및 19장 참조). 조사지역의 사석식 이안경사제에 대한 가장 공통된 파괴모드는 지진해일파로 야기된 흐름으로 인한 주피복재(主被覆材) 산란(散亂) 및 육지 쪽 기초사석 세굴로 확인되었다.

참고문헌

1. Arikawa, T., Sato, M., Shimosako, K., Hasegawa, J., Yeom, G.S., Tomita, T., 2012. Failure mechanisms of Kamaishi breakwater due to the Great East Japan Earthquake Tsunami. In : Proceedings of the 33rd International Conference on Coastal Engineering, ASCE, Santander.

2. Jayaratne, R., Mikami, T., Esteban, M., Shibayama, T., 2013. Investigation of coastal structure failures due to the 2011 Great Eastern Japan Earthquake Tsunami. In : Coasts, Marine Structures and Breakwaters Conference, Institution of Civil Engineers, Edinburgh.

3. Jayaratne, R., Abimbola, A., Mikami, T., Matsuba, S., Esteban, M., Shibayama, T., 2014. Predictive model for scour depth of coastal structure failures due to tsunamis. In : Proceedings of the 34th International Conference on Coastal Engineering, ASCE, Seoul.

4. Kato, F., Inagaki, S., Fukuhama, M., 2006. Wave force on coastal dike due to tsunami. In : Proceedings of the 30th International Conference on Coastal Engineering, ASCE, San Diego, Available at : http://www.pwri.go.jp/eng/ujnr/joint/37/paper/13kato.pdf (accessed 15.11.14).

5. Kato, F., Suwa, Y., Watanabe, K., Hatogai, S., 2012. Mechanism of coastal dike failure induced by the Great East Japan Earthquake Tsunami. In : Proceedings of the 33rd International Conference on Coastal Engineering, ASCE, Santander.

6. Shibayama, T., Esteban, M., Nistor, I., Takagi, H., Thao, N.D., Matsumaru, R., Mikami, T., Aranguiz, R.,Jayaratne, R., Ohira, K., 2013. Classification of tsunami and evacuation areas. Nat. Hazards 67 (2), 365–386, Springer. Available at : http://link.springer.com/article/10.1007%2Fs11069-013-0567-4 (accessed 20.11.14).

7. Shuto, N., 2009. Damage to coastal structures by tsunami-induced currents in the past. J. Disaster Res. 49 (6), 462–463, Available at : http : //www.fujipress.jp/finder/xslt.php?mode¼present&inputfile¼DSS TR000400060011.xml (accessed 16.11.14).

8. Swanson, D., Middleton, R., Pierepiekarz, M., Cui, Y., Brallier, P., Xia, T., Chin, K., Hess, G., Siu, J.C.,Lindquist, D., Taylor, A.W., Bishop, E., 2011. 2011 Great East Japan (Tohoku) Earthquake and Tsunami, Great East (Tohoku) Earthquake 2011 Reconnaissance Observations. Structural Engineering Association, Washington, pp. 1–16.

9. Tonkin, S., Yeh, H., Kato, F., Sato, S., 2003. Tsunami scour around a cylinder. J. Fluid Mech.496, 165–192, Cambridge University Press.

CHAPTER 18

지진해일 시 방파제 피해 및 침수범위 감재(減災)에 미치는 방파제 영향 : 2011년 동일본 지진과 대지진해일의 사례연구

1. 서 론

2011년 3월 11일, 일본 동북부 해안에서 강력한 지진이 일어나 광범위한 도호쿠(東北) 해안 지역을 초토화한 대규모 지진해일이 발생시켰다. 일본은 이러한 유형의 재난에 대비하여 미리 잘 준비하였음에도 불구하고 많은 사상자를 기록하였다(Shibayam 등, 2013). 2011년 동일본 지진과 대지진해일(이후로 2011년 동일본 대지진해일로 간단히 언급한다.)은 미야기현, 이와테현, 후쿠시마현 및 다른 현에서 15,889명의 목숨을 앗아갔고, 2014년 기준 2,609명이 실종상태였다(일본 경찰청, 2014). 2011년 지진해일은 서기 869년에서 발생한 조간 지진해일(Jogan Tsunami)[1]과 유사한 1,000년에 1번 발생할 사건이다(Sawai 등, 2006).

64개의 다른 대학들과 연구기관들로부터 파견된 299명 연구원으로 구성된 2011년 동일본 지진 및 지진해일 합동조사단(TTJS, The 2011 Tohoku Earthquake Tsunami Joint Survey Group, 東北地方太平洋沖地震津波合同調査グループ)은 홋카이도(北海島)에서부터 큐슈(九州)까지 2,000km 에 이르는 일본 연안의 지진해일 흔적고(痕迹高)를 측정했다(그림 1에 부분적으로 표시). 최대 처오름고가 10m 이상인 지역이 530km로 연안을 따라 분포되었고, 최대 처오름고가 20m 이상인 지역은 200km이었다(Mori 등, 2012).

---

1 조간(貞観) 지진해일 : 일본 헤이안(平安) 시대(서기 869년)에 산리쿠(三陸) 해상에서 발생한 지진해일로 지진 규모 8.3 이상으로 예측된다.

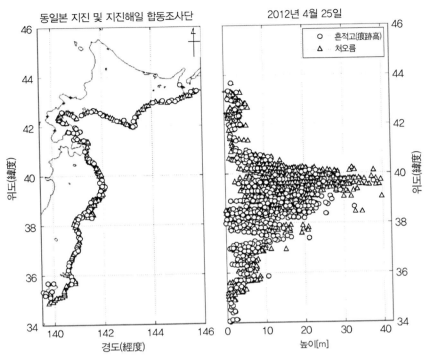

그림 1 2011년 동일본 지진 및 지진해일 합동조사단이 측정한 홋카이도(北海島)에서 도쿄(東京)까지 지진해일 흔적고 등 분포

일본은 길고 불규칙한 해안선의 길이가 29,750km로 세계에서 여섯 번째로 긴 해안선을 가진 나라이다. 산업원자재 및 수산물의 수요가 높아 일본 해안을 따라 방파제가 설치된 항(港)을 어디에서나 볼 수 있다. 지진해일 발생 후 즉각적인 재난구호 및 복구활동을 위한 항만의 중요성을 감안할 때 효과적인 항만운영을 위해서는 필요한 최소수준의 방파제 기능성을 유지해야 한다. 그러나 가마이시항 완코우 방파제(釜石港灣口防波堤, The Kamaishi Offshore Breakwater)와 같은 이른바 지진해일 방파제를 제외한 어항(漁港) 방파제 또는 공업항 방파제는 일반적으로 지진해일이 아닌 풍파(風波)에 대해서만 설계해왔다(15장 참조). 실제로 2011년 지진해일은 많은 방파제를 휩쓸고 가버려 그중 일부는 파괴되었던 반면, 일부 방파제는 지진해일을 견뎌내어 배후지 내 지진해일 침수를 막아내어 항만운영을 즉시 재개할 수 있었다. 그러나 기술적으로 말해서 지진해일 발생 시 방파제의 안정성을 충분히 조사하지 않았었다(Esteban 등, 2013). 또한 지진해일 침수를 경감시키는 방파제 효과도 분명하지 않다.

2. 2011년 지진해일의 방파제 파괴 분석

이 절에서는 2011년 지진해일로 영향을 받은 방파제 중 파괴를 당한 방파제 비율, 방파제 파괴율과 지진해일고(津波高)와의 상관관계(相關關係)를 알아보기 위해 지진해일고가 파괴도 (破壞度)에 어떤 영향을 미쳤는지 조사하였다.

2.1 방법론

저자는 2011년 지진해일 전후(前後) 구글 어스(Google Earth)가 제공한 위성 이미지를 사용 하여 방파제 파괴를 시각적으로 조사했다. 어항이나 공업항을 방호하기 위한 67개 방파제를 포함하여 아오모리현(青森県)부터 후쿠시마현(福島県)까지의 해안범위를 고려하였다. 그림 2 는 방파제 파괴를 어떻게 확인할 수 있었는지에 대한 예를 제공한다. 그림 2(a)는 방파제의 콘크리트 케이슨 구성부분이 시각적인 피해를 보이지 않는 무피해(無被害) 항(港)을 나타내 고, 그림 2(b)는 방파제가 부분적으로 파괴된 항을 나타낸다. 그러한 경우 파괴율은 지진해일 전후의 방파제 범위를 비교함으로써 계산하였다. 그림 2(c)는 완전히 파괴된 방파제를 나타

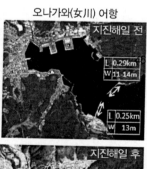

(a) 무피해　　　(b) 파괴율 44.6%　　　(c) 파괴율 100%

그림 2 2011년 지진해일 전후에 찍은 위성사진은 방파제 피해가 시각적으로 정량화된 모습을 나타냄

낸다. 방파제 연장(延長) 외에도 구글 어스의 측정도구를 사용하여 폭(幅)을 개략적으로 측정했다. 이 방법에 따른 대략적인 측정은 약간의 불확실성이 있지만 저자는 이시노마키어항(石巻漁港) 방파제의 추정폭(推定幅)과 실제 준공도면(竣工圖面)을 비교했을 때 오차가 50cm에 불과하므로 적용 가능한 것으로 여겨졌다(이후 그림 8 참조).

저자는 방파제 파괴율과 지진해일고를 상관관계(相關關係) 알아내기 위해 동일본 지진 및 지진해일 합동조사단이 제공한 지진해일 데이터 세트(2012년 3월 공개)를 사용하여 방파제 주변 지진해일고를 예측하였다. 2011년 지진해일 당시 방파제에서 측정한 데이터가 없기 때문에 방파제 주변 지점에서 관측된 데이터를 사용하여 지진해일고를 보간(補間)하였다. 이 예측을 수행하기 위해 식 (1)에 나타낸 것처럼 가우스(Gaussian) 가중함수(Weighting Function, 加重函數)를 본 연구에서 채택하였다.

$$f(r) = \frac{1}{\sqrt{2\pi}} e^{-\frac{1}{2}\left(\frac{r}{r_{ref}}\right)^2} \tag{1}$$

여기서, $f(r)$은 거리 r에서의 확률함수이고 r_{ref}는 기준거리(基準距離)이다. 기준거리가 클수록 각 방파제의 예측 지진해일고에 영향을 주는 관측지점 수는 더 많아진다. 그러나 방파제에서 너무 멀리 떨어진 관측점은 방파제 자체와 관련이 없는 지진해일고를 나타낼 수 있다. 여러 기준거리의 가정(假定)한 시도(試圖) 후 $r_{ref} = 2\text{km}$를 선택하였다. 이 설정(設定)을 사용하면 67개 방파제 중 6개 방파제는 방파제 주변의 데이터가 부족하기 때문에 지진해일고를 예측할 수 없다. 그러므로 이후 절(節)에서는 방파제 파괴와 지진해일고 사이의 상관관계를 논의할 때 6개를 뺀 나머지 61개 방파제만 고려하겠다.

2.2 도호쿠 태평양 연안의 방파제 파괴율

그림 3은 도호쿠(東北) 태평양 연안을 따라 앞 절에서 언급한 방법으로 검색(檢索)된 방파제 파괴율을 나타낸 것이다. 피해범위는 무피해(無被害)(흑색 원), 0~50% 피해율(백색 원)과 50~100% 피해율(정사각형)의 3가지 범주로 분류한다.

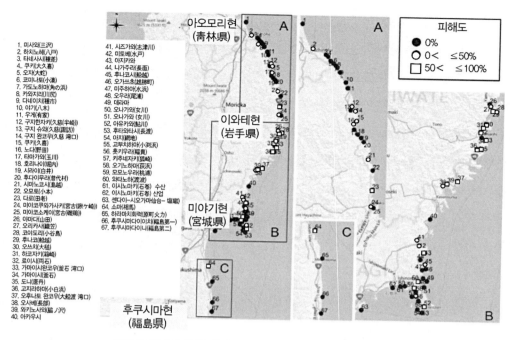

1. 미사와(三沢)
2. 하치노헤(八戸)
3. 타네사시(種差)
4. 쿠키(大久喜)
5. 오자(大蛇)
6. 코미나토(小湊)
7. 가도노하마角(角ノ浜)
8. 카와지이치(川尻)
9. 다네이치(種市)
10. 야기(八木)
11. 우게(有家)
12. 구지한자키(久慈(半崎))
13. 구지 슈와codes(諏訪)
14. 구지 완코우(久慈 湾口)
15. 쿠키(久喜)
16. 노다(野田)
17. 타마가와(玉川)
18. 호리나이(堀内)
19. 시라이(白井)
20. 후다이무라(普代村)
21. 시마코시(島越)
22. 오모토(小本)
23. 다로(田老)
24. 미야코쿠와가사키(宮古(鍬ヶ崎))
25. 미야코소케이(宮古(磯鶏))
26. 야마다(山田)
27. 오리카사(織笠)
28. 코이도리(小谷鳥)
29. 후나고시(船越)
30. 오쓰치(大槌)
31. 하코자키(箱崎)
32. 료이시(両石)
33. 가마이시완코우(釜石 湾口)
34. 가마이시(釜石)
35. 도니(唐丹)
36. 고지라하마(小白浜)
37. 오후나토 완코우(大船渡 湾口)
38. 오사베(長部)
39. 와키노사와(脇ノ沢)
40. 아카우시

41. 시즈가와(志津川)
42. 미토베(水戸)
43. 아지카와
44. 나가주라(長面)
45. 후나코시(船越)
46. 오가쓰초(雄勝町)
47. 미주하마(水浜)
48. 오우라(尾浦)
49. 데라마
50. 오나가와(女川)
51. 오나가와 (女川)
52. 아유카와(鮎川)
53. 후타와타시(長渡)
54. 야지(網地)
55. 고부치하마(小渕浜)
56. 롯카이(福貴)
57. 키우네자키(狐崎)
58. 오기노하마(荻浜)
59. 모모노우라(桃浦)
60. 와타노하(渡波)
61. 이시노마키(石巻) 수산
62. 이시노마키(石巻) 산업
63. 센다이-시오가마(仙台-塩竈)
64. 소마(相馬)
65. 하라마치화력(原町火力)
66. 후쿠시마다이이치(福島第一)
67. 후쿠시마다이니(福島第二)

그림 3 일본 도호쿠 태평양 연안 67개 항의 위치와 그 피해율

이와테현 남부 연안과 미야기현 북부 연안에는 높은 피해율이 나타나며 이런 경향은 연안에 따른 지진해일고 분포와 일치하는 것으로 보인다(그림 1). 결과적으로 방파제 피해와 지진해일고 사이에는 어느 정도 상관관계가 존재할 것으로 예측할 수 있다. 하지만 일부 방파제는 남아 있었던 반면 바로 인근 방파제는 유실(流失)되어버린 사실은 흥미롭다. 이 사실은 지진해일 자체의 특징 외에도 각 방파제의 제원(諸元) 수치(數値)를 평가할 필요가 있음을 의미한다.

2.3 방파제 파괴평가

실제로 방파제 안정성은 여러 요인으로 결정되며 통계적 불확실성을 결합시킨 복잡한 방법론으로 정량적인 평가를 할 수 있다(즉, Takagi 등, 2011; Takagi 와 Esteban, 2013; 30장 참조). 그러나 이 평가에는 방파제 기하학적 구조, 지진해일력, 수위의 시간이력(時間履歷) 및 기타 여러 가지 물리적 매개변수와 같은 상세한 정보가 필요하다. 검색된 모든 방파제에 대해서 이러한 상세한 데이터를 수집하기는 어렵다. 본 연구목적은 거시적(巨視的) 분석결과(分

析結果)를 제공하는 것이므로 방파제 특성을 고려하여 각 방파제의 폭만을 고려하였다. 그림 4는 방파제 피해와 2개의 독립매개변수 사이의 상관관계를 나타낸다(방파제 중앙 구간에서의 지진해일고와 방파제 폭).

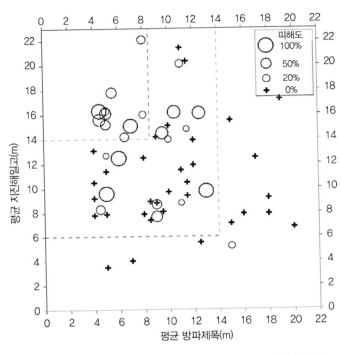

그림 4 방파제 피해도, 지진해일고 및 방파제 폭과의 상관관계

방파제 피해는 지진해일고뿐만 아니라 방파제 폭의 변화에 따라 변하는 것으로 보아야 한다. 원래 지진해일고가 높을수록, 방파제 폭이 작을수록 더 큰 피해가 관측된다. 이 그림에서 폭 8m 이하인 방파제는 지진해일고가 14 m를 초과했을 때 항상 피해를 입는 것으로 나타났다. 반면 방파제 폭이 14m 이상이고 지진해일고가 6m 미만인 경우 방파제가 크게 피해를 입지 않는 것이 분명하다. 이러한 경험적 발견은 항만운영·관리당국이나 방재공무원들이 향후 잠재적인 지진해일 발생 시 방파제 파괴가능성을 평가하는 데 효과적이다.

3. 기존 방파제의 지진해일 침수감재효과(浸水減災效果)

지진해일 감재(減災)에 대한 기존 방파제 효과(이 장에서는 특히 지진해일을 예방하기 위해 특별히 설계되지 않은 방파제를 말한다.)는 2011년 지진해일 이후에도 충분히 조사되지 않았다.

따라서 본 절에서는 지진해일의 침수방지를 위한 기존 방파제의 효과를 명확히 하고 이시노마키(石巻)의 두 지구 사이에 있는 건물피해 차이에 대한 이유를 알아보려고 한다. 이 절에서 저자들은 이 장의 후반부에 나타낸 결과를 도출하는 데 사용된 방법론을 간략하게 설명한다. 독자는 Takagi와 Bricker(2014)에서 모델 검증을 포함하여 자세한 설명을 찾을 수 있다.

3.1 이시노마키의 사례연구

미야기현의 광역 이시노마키지역(이시노마키시(石巻市), 히가시마츠시마시(東松島市), 오나가와정(女川町)으로 구성)은 2011년 지진해일로 심한 피해를 입었는데, 사망자 4,831명, 실종자 895명 및 30,781동(棟)의 주택이 파괴되었다(Sanriku Kahoku Shimpo, 2014). 특히 가장 황폐된 장소 중 하나가 이시노마키시(石巻市)이었다. 이 도시의 총 사상자 수는 3,892명으로 지진 및 지진해일과 관련된 총사상자 수의 20%를 차지한다(일본 소방청의 2011년 10월 통계에 따르면). 지진해일은 총 72km² 지역(전체 시역(市域)의 13.2% 해당)을 침수시켰으며, 이로 인해 20,005동의 주택이 완전히 파괴되었다. 동일본 지진 및 지진해일 합동조사단은 이 지역에서 3~8m의 지진해일고를 관측했다. 이처럼 큰 지진해일이 주민들에게 큰 피해를 주었지만, 이시노마키의 지진해일의 수위는 수위가 15m 또는 그 이상인 미야기현이나 이와테현 북부지역보다 훨씬 낮았다. 또한 이시노마키시의 지진해일고는 후쿠시마현이나 센다이평야의 북부지역보다 작았으며, 10년 남짓에 한 번씩 발생한 큰 지진해일은 물론 폭풍해일을 경험했던 일본인의 정신적 측면에서 볼 때 매우 크지 않았다.

그림 5는 언덕 꼭대기(히요리야마공원, 和山公園)에서 찍은 (a) 도시의 서쪽(미나미하마·카도와키(門脇·南浜)지구)과 (b) 동쪽(이시노마키 어항의 공업지구) 사진이다. 이 두 사진을 비교해보면 전자(前者) 지구(地區)의 건물피해 정도는 후자(後者) 건물보다 심했던 것으로 보인다. 도시의 서쪽에는 방파제가 없었던 반면, 동쪽 어항의 공업지구 전면(前面)에는 방파제가 설치되어 있었다. 직관적으로 이런 뚜렷한 특징이 두 지구 사이 건물피해의 큰 차이를 야기한 것 같다.

그림 5 2011년 지진해일 직후의 상황(좌측 : 미나미하마·카도와키(南浜·門脇)지구의 주택가, 우측 : 이시노마키 어항의 공업지구)

일부 도호쿠 지역의 방파제는 산리쿠(三陸) 리아스식 해안의 오후나토(大船渡) 방파제와 같이 지진해일을 견딜 수 있도록 설계된 것과 오나가와(女川) 방파제처럼 풍파(風波)에 대하여 설계된 방파제가 있었다. 이시노마키 어항에 건설된 방파제는 후자인 경우로, 즉 지진해일파가 아니라 풍파에 대하여 설계되었다.

3.2 2011년 지진해일로 인한 이시노마키 내 건물 피해

그림 6은 2개의 특징적인 지구(地區)를 나타낸다. 지구 1은 이안제(離岸堤)의 방호(防護)가 없는 주거지구인 반면, 지구 2는 큰 파랑으로부터 산업시설 및 선박 등을 방호하기 위해 대규모 방파제가 설치되어 있는 이시노마키(石卷) 어항 배후 공업지구였다.

지구 1은 토지이용계획법(Land Use Planning Law)에 따라 주거지구로 지정되었으므로 저층 주거용 건물(단층 또는 2층 높이)이 지구에서 우세(優勢)했다. 지구 2는 공업지구로 지정되어 주거용 건물뿐만 아니라 모든 형태의 공장을 건축할 수 있었다. 실제로 항만근처 지구 2의 남쪽 부분(그림 6의 하단)은 큰 수산공장(水山工場)이 주로 입주(入住)하고 있었다. 그렇지만 지구 2의 북쪽 부분에는 저층 주거용 주택과 소규모 공장이 많이 있었다.

저자들은 지진해일 직전의 개별 건물 지형을 나타내는 일본 국토지리원(国土地理院, Geospatial Information Authority of Japan) GIS[2]지도와 지진해일 직후의 구글 위성 이미지를 비교하여 이 두 지구의 피해건물수를 시각적으로 계산했다(그림 7). 피해건물의 정의는 완전히 유실(流失)된 건물만 피해건물로 보았다. 여전히 원위치에 서 있던 부분적인 피해를 입은 건물은 포함하지 않았다. 표 1은 지구 1과 2에서의 피해건물 비율이 각각 87% 및 25%라는 것을 나타낸다.

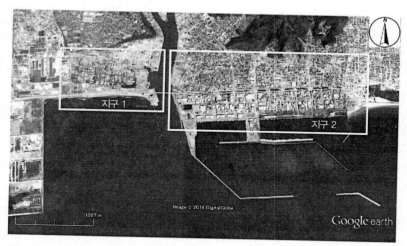

그림 6 이시노마키의 특별한 두 지구(지역 1 : 방파제가 설치되지 않은 주거지구, 지역 2 : 방파제가 설치된 공업지구)

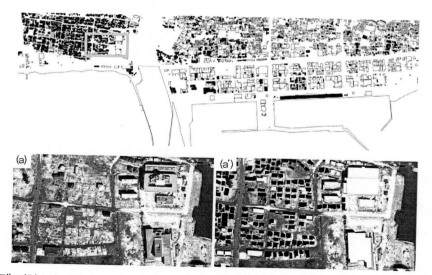

그림 7 (상단) 지역 1과 지역 2 사이의 건물피해 차이(하단) 어떤 건물이 피해를 당했는지를 알 수 있는 사례(흑색(黑色)으로 채워진 지역은 유실(流失)된 건물). 지도의 좌측 상단 회색(灰色) 직사각형은 사진의 위치(a)를 나타냄. (하단) 그림 (a)와 (a')은 2011년 지진해일 직후에 (a)(피해를 입은 후 건물)와 (a')(피해를 입기 전 건물)를 서로 겹친 위성 이미지를 나타냄

---

2 GIS(Geographic Information System, 지리정보 시스템) : 지리정보 및 부가정보를 컴퓨터상에서 작성·보존·이용·관리·표시·검색하는 시스템을 말하며, 인공위성, 현지답사 등에서 얻은 데이터를 공간, 시간 면에서 분석 편집할 수 있으며 과학적 조사, 토지, 시설이나 도로 등의 지리정보 관리, 도시계획 등에 이용된다.

표 1 이시노마키시 두 지구의 특성과 피해 건물에 대한 분석

구분	해안선	토지이용	건물	피해주택의 수(비율)
지구 1	사빈(沙濱)해안, 해안제방	주거지역	주거용 주택	1,950동(棟) 중 1,701동(87%)
지구 2	어항, 방파제, 매립(埋立)	공업지역	공장+주거용 주택	3,971동(棟) 중 998동(25%)

3.3 이시노마키 어항 방파제

이시노마키어항의 외부 방파제 단면을 그림 8에 나타내었다. 방파제는 피복블록(25톤(ton))을 갖는 전형적인 소파블록 피복제(피복된 케이슨식 혼성제)이다. 이 방파제는 원래 항만을 풍파(風波)로부터 방호하기 위해 설계되었지만 방파제는 심각한 구조적 파괴 없이 지진해일을 견뎌냈다.

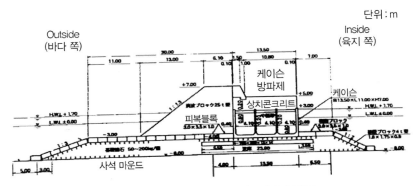

그림 8 이시노마키 어항의 외부방파제 단면

3.4 방법론

3.4.1 수치모형실험(수치시뮬레이션)

독자(讀者)는 지구 1과 2 사이의 건물 피해 정도를 볼 때 방파제가 지진해일 에너지를 줄이고 항만 배후 지역의 피해를 최소화했다는 인상을 가질 수 있다. 하지만 2011년 지진해일 에너지 저감에 대한 방파제 기여는 과학적으로 분명하지 않다.

따라서 현재 연구에서 저자들은 2차원 수치시뮬레이션을 사용하여 방파제가 지진해일 침수에 미치는 영향을 밝히려고 시도했다. 이를 위해 심해(深海)에서 천해(淺海)로 전파하여 결

국은 이시노마키시(石卷市)에 침수를 유발한 지진해일의 시뮬레이션에 Delft 3D Flow(버전. 3.42)를 사용하였다. 수치시뮬레이션은 3D 도메인에도 적용할 수 있지만 현재 연구는 2D 수평격자(格子)의 코드(Code)로 가장 일반적으로 사용되는 지진해일 수치시뮬레이션인 비선형(非線形) 장파(長波) 모델과 유사하다. 현재 연구에서는 그림 9와 같이 해상경계에 따른 지진해일 입력값으로써 GPS 부이(Buoy) 수위를 직접 사용하였다. 해상경계는 미야기현 및 후쿠시마현 중부의 근해(近海)에 설치된 2개의 GPS 부이 사이에 정렬시켰다. 2개의 GPS 부이 지점에서 관측된 지진해일고를 근거하여 선형보간(線形補間)시킨 입력 데이터를 생성하였다. 계산도메인은 수치시뮬레이션을 효과적으로 실행하기 위해 540m, 180m, 60m 및 20m 격자를 각각 (a)~(d)까지 4개의 도메인으로 구성하였다(그림 9 참조). 4번째 도메인 (d)에는 방파제 및 해안제방을 포함한 이시노마키의 상세한 지형도(地形圖)를 포함한다.

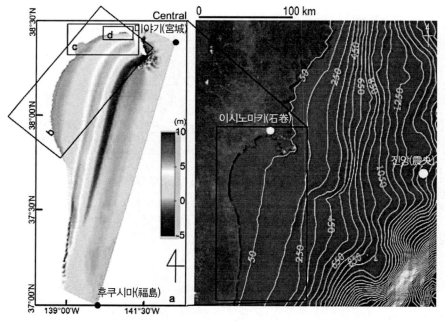

그림 9 540m (a)에서 20m (d)까지의 격자 크기가 다른 4개 영역을 포함하는 계산 도메인(Domain)

격자 (a)~(c)의 수심은 JODC(Japan Oceanographic Data Center, 일본해양데이터센터)가 제공한 500m 메시(Mesh)를 근거로, 격자 (d)의 수심은 이시노마키항 주변의 상세한 해도(海圖)를 수치화(數値化)시켜 만들었다. 이시노마키의 지형도(地形圖)는 지진 후 조사된 GSI의 5m 수치표고모델(DEM, Digital Elevation Model)을 사용하여 최대 0.5~1.0m 침하를 보이는 지반침하(地盤沈下) 영향을 감안하여 만들었다(GSI, 2011). 수심데이터는 지진해일이 이시노마키에 도달한 때의 조위(潮位)를 고려하여 수정하였으며, 또한 GSI 수치표고모델에서 사용된 평균해수면 기준에 맞게 조정하였다(도쿄만 평균해수면[3](東京灣平均海水面, Tokyo Peil, T.P)).

3.4.2 현장조사

저자들은 수치시뮬레이션의 정확성을 검증(檢證)하고 이시노마키에서의 해안제방 및 방파제에 대한 상세한 정보를 수집하기 위해 현장조사를 실시했다(그림 10). 현재까지 개발된 가장 정밀한 모델 중 하나인 GSI DEM에서 특히 해안구조물인 해안제방이 가느다란 선과 같이 나타나므로 실제 지반고(地盤高)를 정확하게 반영하지 못할 수 있다. 현장조사에서는 고정밀 GPS 장비를 사용하여 해안제방의 지반고를 측정한 후, 이 지반고를 GSI DEM에 추가 입력시켰다.

그림 10 저자들이 측정한 이시노마키 해안제방고(海岸堤防高)

동일본 지진 및 지진해일 합동조사단의 지진해일 침수에 관한 관측으로부터 얻은 데이터를 사용하여 수치시뮬레이션의 정확성을 검증했다. 그림 11은 지구 1과 지구 2의 15개 지점에서 관측한 T.P. 0m(도쿄만 평균해수면)상 지진해일 흔적고를 나타낸다. 괄호 안은 침수심(浸水深)으로 관측된 지진해일고에서 GSI DEM의 지반고(地盤高)를 뺀 값이다.

---

3   도쿄만 평균해수면(東京灣平均海面, Tokyo Peil, T.P) : 일본수준원점으로 일본 전국의 지반고(地盤高) 기준을 말하며, 우리나라의 수준원점은 인천평균해수면이다.

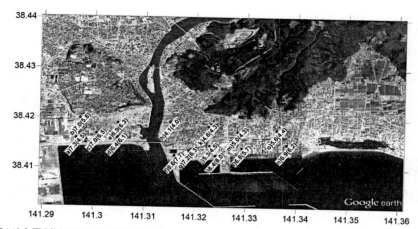

그림 11 2011년 동일본 지진 및 지진해일 합동조사단(The 2011 Tohoku Earthquake Tsunami Joint Survey Group, TTJS)이 측정한 평균해수면상 지진해일 흔적고 등. 괄호 안에 있는 숫자는 지반상의 침수심(浸水深) 을 나타냄. a~e 지점은 지구 1, f~o 지점은 지구 2에 해당함

3.4.3 방파제가 없을 때 가상적 지형

방파제가 없는 가상적(假想的) 분석은 가상적 표고를 사용한 수치시뮬레이션으로 쉽게 실행할 수 있어 방파제가 설치된 실제 케이스와 비교할 수 있다. 그림 12(b)는 이시노마키 어항의 방파제가 없다고 가정한 후 얻은 가상적인 지형(地形)을 나타낸다. 사실, 방파제가 없다고 가정할 때의 수심은 준설(浚渫)로 유지되는 계류지(繫留地)[4]가 아닌 일반적인 해변형상과 비슷하게 고려하는 것이 당연하다. 그러나 본 연구의 주요 목적은 방파제 자체 영향을 조사하기 위함으로 본 연구에서는 방파제 없을 때 주변수심을 현재 수심과 동일하다고 가정하였다. 또한 그림 12(c)에 방파제로 완전히 둘러싸인 가상적인 항만을 가진 다른 케이스를 제시하여 지진해일에 대한 방파제의 유효성을 이 장(章)의 후반 절에 언급하였다.

3.5 방파제 영향

그림 12에 나타낸 바와 같이 3가지 외형(外形)(방파제 설치, 방파제 미설치 및 방파제로 둘러싸인 항만) 결과를 비교함으로써 이시노마키 어항에서의 방파제 영향을 조사하였다. 수

---

4   계류지(繫留地, Mooring) : 선박을 부두, 방파제 또는 부이(Buoy) 등 해상 계류시설 또는 해양구조물 등의 접안설비에 고박(固縛)하는 장소를 말한다.

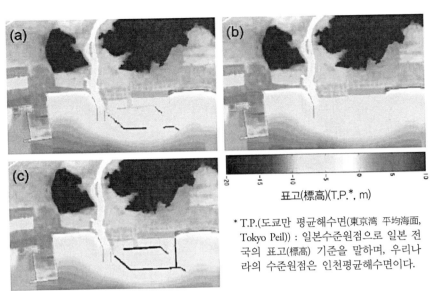

그림 12 (a) GSI의 5m DEM을 이용하여 만든 지형도로서, 저자가 측정한 해안제방 및 방파제의 정밀한 지반고를 포함시켜 부분적으로 수정한 지형도, (b) 가상의 지형도로서 이시노마키 어항의 방파제를 제거함(제거된 곳의 수심은 삼각형 보간법을 사용하여 보간수심(補間水深)으로 대체하였음). (c) 방파제로 완전히 둘러싸인 항만이 있는 가상 지형도

치시뮬레이션은 만닝(Manning) 계수 n이 0.3일 때 현장조사 시 측정한 지진해일 흔적고(痕迹高)와 양호한 일치를 보였다(Takagi와 Bricker, 2014). 저자들이 측정한 실제 방파제에 추가하여 방파제의 월파(越波)가 지진해일 거동에 미치는 영향을 조사하기 위해 높은 마루고를 갖는 가상(假想) 방파제를 평가하였다. 가상 방파제의 마루고는 월파를 허용하지 않을 정도로 충분히 높게 설정했다. 마지막 케이스는 방파제 개구부(開口部)의 영향을 조사하기 위해 방파제가 충분히 방호하도록 가정된 방파제로 둘러싸인 항만이다.

그림 13에 결과가 나와 있다. 지구 1((a)점~(e)점)의 수위(水位)는 수치모델의 4가지 시나리오에서 달라지지 않는다. 이 지구는 방파제가 직접 방호하지 않았기 때문에 이와 같은 결과는 당연하다. 그리고 인접지구(지구 2)에 축조(築造)된 실제 방파제로부터 반사로 인한 지진해일고 증폭 가능성과 같은 파랑변형 및 전파(傳播) 영향 때문에 지구 1에 심각한 부정적인 영향을 미치지 않았음을 의미한다.

반면에 지구 2에서는 지진해일고 차이를 발견할 수 있다((f)점~(o)점). 방파제는 지진해일 피크 도달을 몇 분 동안 지연(遲延)시키는 것 같다. 비록 방파제가 지진해일 도달을 어느 정도 지연시키는 데 기여(寄與)했음에도 불구하고, 그 영향은 지진해일 도달시간을 6분(min)이나 지연시킨 가마이시(釜石) 지진해일 방파제(지진해일을 막기 위해 특별히 설계되었다.) 케이스만큼 길지는 않다(PARI, 2011). 지진해일고 측면에서 볼 때, 그림 중 어느 것도 반직관적(反直觀的)으로 이시노마키의 방파제 배후에서의 수위감소를 나타내지는 않는다.

지진해일고가 감소되어도 방파제가 파괴되는 2가지 이유가 있다. 1) 지진해일은 방파제 마루(Crest)를 월파(越波)하고, 2) 지진해일 방파제의 개구부를 통해 침입한다. 첫 번째 이유는 실제 방파제인 경우와 높은 마루고를 갖는 가상 방파제인 경우의 결과가 거의 동일하기 때문에 배제(排除)시킬 수 있다. 두 번째 이유가 더 타당한 것 같다. 방파제들 사이의 개구부(開口部)가 상당히 넓고, 방파제 본체(本體)의 바다 쪽과 육지 쪽 수위차(水位差)로 인해 해수가 개구부로 쉽게 들어올 수 있다(동수력과 정수력이 작용해서). 이에 따라 육지 쪽 수위는 빠르게 높아져 불과 몇 분(min) 만에 바다 쪽 수위(水位)와 같은 수위에 도달한다.

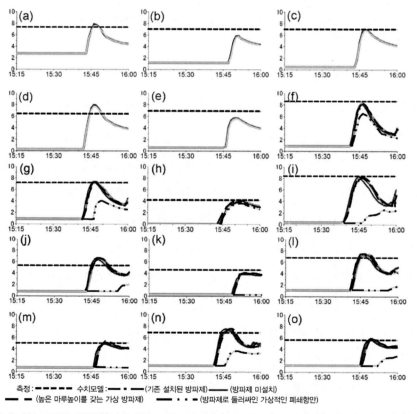

그림 13 3가지 다른 기하학적 형상(일점쇄선 : 기존 설치된 방파제, 검은색 : 방파제 미설치, 파선 : 높은 마루높이를 가진 가상 방파제, 이점쇄선 : 방파제에 의해 완전히 둘러싸인 가상적 항만)을 가진 다양한 지점에서 계산된 수위. (a)~(o) 표시는 그림 11의 지점과 상응됨

반면 방파제에 의해 완전히 둘러싸인 항만의 배후지(背後地)에서는 수위가 크게 낮아진다. 이것은 직관적으로 믿을 수 있는 결과지만, 만약 지진해일이 도달하기 전에 개구부를 폐쇄(閉鎖)할 수 있는 일종의 메커니즘을 갖춘다면 항만에 대한 지진해일 침수를 상당히 줄일 것이다.

그림 14는 두 시나리오, 즉 실제 설치된 방파제 케이스와 방파제 없는 가상적 케이스의 수치시뮬레이션한 지진해일 유속을 비교한다. 방파제가 있을 때 항만 배후지에서 약간의 시차(時差)를 나타나지만 방파제가 있거나 없는 경우 둘 다 유속은 크게 다르지 않음을 보여준다. 계산된 유속 크기는 1.0~1.5m/s 범위 내에 있다. 이 값은 Hatori(1984)가 세 번의 과거 지진해일(1944년 토나가이(東南海), 1946년 난카이(南海) 및 1960년 칠레) 내습 시 주택 밀접 지역의 포장도로(舖裝道路) 상 계산한 유속 1~3m/s 값과 일치한다.

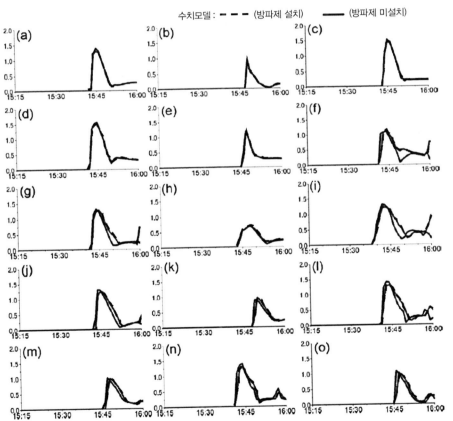

그림 14 서로 다른 두 형상(점선 : 실제 설치된 방파제, 흑색 : 방파제 미설치)에 대한 여러 지점에서 계산된 수심평균속도(단위 : m/s). (a)~(o) 표시는 그림 11의 지점과 상응됨

또한 현재 수치시뮬레이션은 종종 유체 에너지의 손실을 초래하는 동적수직운동(動的垂直運動)을 무시한 2D 수평모델을 사용하여 실행하였다는 점에 유의해야 한다(즉, Bricker 등, 2013). 현재 케이스와 같은 얕은 외빈수심경사(外賓水深傾斜)에서는 현 수치시뮬레이션으로서 처리할 수 없는 지진해일 단파(段波) 솔리톤(Soliton)[5]의 영향이 미칠 수 있다(Robertson 등, 2011). 이러한 요인들은 중요하며 방파제 배후에서 수위, 유속 및 지진해일 거동에서 어느 정도의 차이를 발생시킨다. 3D 유체운동 영향을 완전히 이해하려면 매우 상세한 격자를 갖는 3D모델을 이용한 수치계산해석(數值計算解釋)이 필요하다. 그러나 이는 높은 계산비용 때문에 공학적 계산에는 실용적이지 않다.

3.6 논의

이번 수치시뮬레이션은 지진해일 흔적고를 감소시키는 기존 방파제의 기여도가 명확하지 않음을 보여준다. 따라서 이 절에서는 지구 1과 2 사이의 건물 피해 차이 원인을 밝히기 위해 수치모델결과를 보다 상세하게 조사한다. 미국연방재난관리청(FEMA, The Federal Emergency Management Agency)은 구조물에 작용하는 지진해일 하중계산의 공식을 제공하는 문서 중 하나인 FEMA P646(Applied technology Council, 2008) 지침을 발표했다(21장 참조). 이 지침은 정수력, 부력, 동수력, 표류물 충격력 및 표류(漂流物)에 의한 댐핑(Damming)을 포함하는 지진해일력 구성성분에 대해 설명한다. 이러한 모든 힘이 건물피해에 큰 영향을 미치는 것은 명백하지만, 동수력(動水力), 특히 항력(抗力)은 가장 큰 영향을 미칠 수 있는 힘이다. 지진해일로 인한 항력은 다음과 같은 방정식으로 나타낸다.

$$D = \frac{1}{2} \rho \, C_D \, A \, U^2 \tag{2}$$

여기서, D는 항력, ρ는 해수밀도, C_D는 항력계수, A는 물체의 직교투영(直交投影) 면적

---

5   솔리톤(Soliton) : 멀리까지 얕은 수심으로 구성되어 있는 해안에 지진해일이 전파되면 비선형성과 분산성효과로 인해 하나의 파봉이 여러 개의 파로 분열되는 솔리톤 분열을 하는 경우가 있는데, 솔리톤 분열된 지진해일은 파고 증폭이 크므로 주의할 필요가 있다.

및 U는 유속이다. 본 연구에서 유체밀도는 해수(海水)라 가정하여 1,030kg/m³이고 항력계수는 Applied Technology Council(2008)에 따라 C_D=2.0이라고 가정하였다.

각 계산격자 셀(Cell)에서의 최대항력(最大抗力)(단위폭당)을 2011년 3월 11일 15시 15분부터 16시까지 연속데이터로부터 추출해서 그림 15에 나타내었다. 그림에서는 최대침수심과 지진해일 유속도 표시하였다.

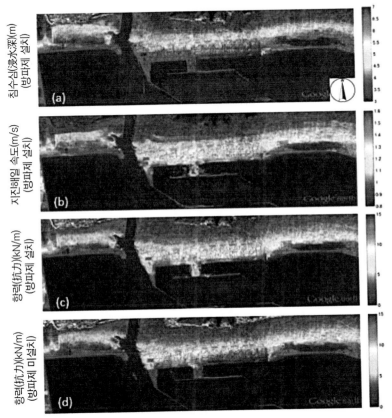

그림 15 (a) 최대침수심, (b) 최대유속, (c) 최대항력, (d) 방파제 미설치 시 최대항력

침수심은 지구 1보다 지구 2에서 작은 것으로 보인다. 특히, 수위가 5m 미만인 지구 2의 상부(북쪽 부분)에서 침수심은 상당히 줄어든 것으로 보인다. 반면, 지구 1의 약 3분의 2가 5m 이상 깊이까지 침수된다. 지구 1이 지구 2보다 심각한 침수를 보인 총면적이 크다는 것은 명백하며, 따라서 침수심의 차이는 두 지구 사이의 건물피해범위에 뚜렷한 차이를 야기할

수 있다. 게다가 지진해일 유속도 두 지구 사이에 차이가 있는데, 지구 1인 해안지역에서 빠르고 지구 2인 항구 배후에서는 느리다. 따라서 침수심과 유속 모두를 강화(强化)시키는 항력분포는 두 지구 사이에서 매우 다르다. 지구 2의 상부에서 항력은 5kN/m 미만인 반면, 지구 1의 대부분은 항력 5kN/m를 초과한다. 따라서 항력의 차이는 건물피해 범위 차이에 대한 원인 중 하나이다.

얼핏 보면 방파제가 항만배후지역의 항력을 효과적으로 감소시키는 것처럼 보일 수 있지만, 앞의 절에서 설명한 바와 같이 방파제의 설치유무(設置有無)에 따라 수위나 유속이 크게 다르지 않기 때문에 반드시 그렇지는 않다. 건물피해 차이는 지구 1과 지구 2 사이의 수심 및 토지이용 차이에 주로 기인할 수 있다고 여겨진다. 지구 1은 자연해빈(自然海濱)으로 구성되며, 지구 2는 호안선단(護岸先端)에서부터 바다 쪽으로 준설(浚渫)된 항만이다. 호안(護岸)벽(壁)에 의한 지진해일 에너지의 반사는 항만 근처의 지진해일 에너지를 감소시키는 역할을 했을 것이다. 게다가 항만에 인접하여 철근콘크리트로 만든 공장건물의 존재는 항만의 육지 쪽에 있는 주거지역을 보호했을 수 있다.

실제로 그림 15(c)(방파제가 있는 경우)는 그림 15(d)(방파제가 없는 경우)에 비해 항만 배후의 항력을 즉시 소폭(小幅)으로 감소시켰다는 것을 보여준다. 단, 지구 2 상부(주거지)에서의 항력 감소는 관측되지 않는다. 따라서 주거지역의 항력감소에 대한 방파제 기여는 제한적인 것으로 보인다.

그림 7에서도 지구 2의 하부에 있는 항력을 지구 1의 항력과 비교하더라도 지구 2의 하부에 있는 건물 피해범위는 이론적으로 지구 1의 건물피해 범위보다 작다는 것을 보여준다. 이에 따르면 항력 차이는 건물 피해 차이를 충분히 설명할 수 없다는 것이 분명하다. 이미 언급했듯이 토지이용은 각 지역마다 달랐다. 지구 1은 주거지역 내 저층목조주택이 대부분이었고, 지구 2 하부는 공장으로 조성된 공업지역이었다. 토지이용의 차이로 인해 지구 2의 건물은 지구 1의 건물보다 높고 튼튼한 자재(資材)로 건축하는 등 지구 간 건물규모와 구조형식도 다르다. 일반적으로 2층 이상 건물은 동일 침수심하에서 1 또는 2층 건물보다 훨씬 튼튼한 것으로 확인되었다(Suppasri 등, 2013; 9장 참조). 따라서 토지이용(주거 대 공장)의 차이는 건물피해에 영향을 미치는 요인 중 하나가 될 수 있다.

현 수치시뮬레이션은 종종 유체 에너지의 손실을 초래하는 동적수직운동을 무시한 2D 수평모델을 사용하여 실행하였다는 점에 유의해야 한다(즉 Bricker 등, 2013). 현재 케이스와 같은 얕은 외빈(外賓)에서의 수심경사에서는 현 수치모델에서는 처리할 수 없는 지진해일 단파(段波) 솔리톤(Soliton)도 영향을 미칠 수 있다(Robertson 등, 2011). 이러한 요인들은 중요하여 방파제 배후에서 수위, 유속 및 지진해일 거동에서 어느 정도의 차이를 발생시킨다.

4. 결론

이 장에서는 2011년 지진해일로 해안선을 따라 파괴된 방파제의 비율과 지진해일고가 파괴도(破壞度)에 어떤 영향을 미쳤는지를 조사했다.

이와테현 남부 연안과 미야기현 북부 연안에서는 방파제의 파괴율이 높았으며, 이런 경향은 해안에 따른 지진해일고 분포와 일치하는 것으로 보인다. 지진해일고가 높을수록 또는 방파제의 폭이 좁을수록 큰 피해가 관측되었다. 폭 8m 미만의 방파제가 14m를 넘는 지진해일고의 내습을 받을 때 필연적으로 어느 정도 피해를 입었음이 정량적으로 입증되었다. 반면에 폭이 14m를 초과하는 방파제 그리고 6m 미만인 지진해일고의 내습을 받는 방파제는 크게 피해를 당하지 않았다. 저자들은 이러한 경험적 연구결과가 미래 잠재적인 지진해일에 대비한 방파제 파괴 가능성을 평가하는 데 항만관리당국이나 방재공무원에게 도움이 될 것으로 기대한다.

또한 이 장은 지진해일 침수를 감소시키는 데 방파제 효과를 확인하기 위해 이시노마키 어항방파제를 조사했다. 기존 방파제가 있거나 없는 배치를 사용하여 수행된 수치시뮬레이션에서는 방파제가 배후지구의 침수범위를 뚜렷이 감소시키지 않았음을 보여준다. 침수심과 유속 모두의 함수인 항력은 두 지구 건물피해비율의 차이를 어느 정도 설명할 수 있다. 또한 주거지구 대 공장지구와 같은 토지이용 차이가 건물 피해를 결정짓는 중요 요인이 될 가능성이 높아 지진해일이 발생하기 쉬운 지역의 연안지역계획을 신중하게 수립할 필요가 있다. 주거지역은 가능한 한 해안선에서 이격(離隔)시켜며, 특히 목조저층(木造底層) 건물인 경우에 특히 그렇다.

방파제로 보호하는 차폐지역과 비차폐(非遮蔽) 지역을 비교할 때, 2D 천해 방정식 수치모델 결과는 침수 시 뚜렷한 차이를 보이지 않는다. 명확한 결론을 도출하기 위해서는 3D 다위

상(多位相) 유동수치모델을 사용하여 자세한 조사를 수행하여야 하고, 저자는 기존 재래식 방파제의 지진해일에 대한 효과를 현재로서는 과대평가해서는 안 된다고 제안한다. 이 장은 만약 방파제 개구부에 지진해일이 도달하기 전에 폐쇄할 수 있는 시스템을 설치한다면 항만의 지진해일 침수를 상당히 줄일 수 있음을 입증하였다.

참고문헌

1. Bricker, J.D., Takagi, H., Mitsui, J., 2013. Turbulence model effects on VOF analysis of breakwater overtopping during the 2011 Great East Japan Tsunami. In : Proceedings of the 35th IAHR World Congress. Chengdu, Sichuan, China.

2. Esteban, M., Jayaratne, R., Mikami, T., Morikubo, I., Shibayama, T., Danh Thao, N., Ohira, K., Ohtani, A., Mizuno, Y., Kinoshita, M., Matsuba, S., 2013. Stability of Breakwater Armour Units Against Tsunami Attack. J. Waterw. Port. Coast. Ocean Eng. 140, 188-198.

3. GSI (2011) The 2011 off the Pacific coast of Tohoku Earthquake Vertical deformation calculated from slip distribution model, http://www.gsi.go.jp/common/000060406.pdf (Accessed on April 5, 2014).

4. Hatori, T., 1984. On the damage to houses to tsunamis. Bill. Earthq. Res. Inst. Univ. Tokyo 59, 433-439(in Japanese).

5. Mori, N., Takahashi, T., 2012. The 2011 Tohoku Earthquake Tsunami Join Survey Group. Coast. Eng. J.54 (1), 27.

6. National Police Agency of Japan, 2014. In : Damage situation and police countermeasures associated with 2011 Tohoku district—off the Pacific Ocean Earthquake, August 8, 2014. http://www.npa.go.jp/archive/keibi/biki/higaijokyo_e.pdf (Accessed on September 1, 2014).

7. Port and Airport Research Institute (PARI), 2011. Verification of breakwater effects in Kamaishi Ports, http://www.pari.go.jp/info/tohoku-eq/20110401.html

8. Robertson, I.N., Paczkowski, K., Riggs, H.R., Mohamed, A., 2011. Experimental Investigation of Tsunami Bore Forces on Walls. In : Proceedings, ASME 2011 30th International Conference on Ocean, Offshore and Arctic Engineering, Rotterdam, The Netherlands, OMAE-11-1030.

9. Sanriku Kahoku Shimpo, 2014. Surviving The 2011 Tsunami—100 Testimonies of Ishinomaki Area Survivors of the Great East Japan Earthquake. ISBN : 978-4-8451-1351-4.

10. Sawai, Y., Okamura, Y., Shishikura, M., Matsuura, T., Than, T.A., Komatsubara, J., Fujii, Y., 2006. Historical tsunamis recorded in deposits beneath Sendai Plain-inundation areas of the A.D. 1611 Keicho and the A.D. 869 Jogan Tsunamis. Chishitsu News 624, 36-41 (in Japanese).

11. Shibayama, T., Esteban, M., Nistor, I., Takagi, H., Thao, N.D., Matsumaru, R., Mikami, T., Aranzuiz, R., Jayaratne, R., Ohira, K., 2013. Classification of Tsunami and Evacuation Areas. Nat. Hazards 67, 365-386.

12. Suppasri, A., Mas, E., Charvet, I., Gunasekera, R., Imai, K., Fukutani, Y., Abe, Y., Imamura, F., 2013. Building damage characteristics based on surveyed data and fragility curves of the 2011 Great East Japan

tsunami. Nat. Hazards 66 (2), 319–341.

13. Syme, W.J., 2008. Flooding in Urban Areas 2D Modelling Approaches for Buildings and Fences. In : 9th National Conference on Hydraulics in Water Engineering.

14. Takagi, H., Bricker, J., 2014. Assessment of the effectiveness of general breakwaters in reducing tsunami inundation in Ishinomaki. Coast. Eng. J. 56, 1450018. http://dx.doi.org/10.1142/S0578563414500181.

15. Takagi, H., Esteban, M., 2013. Practical methods of estimating titling failure of caisson breakwaters using a monte-carlo simulation. Coast. Eng. J. 55 (3), 22.

16. Takagi, H., Kashihara, H., Esteban, M., Shibayama, T., 2011. Assessment of future stability of breakwaters under climate change. Coast. Eng. J. 53 (1), 21–39. Technology Council, Applied, 2008. Guidelines for Design of Structures for Vertical Evacuation from Tsunamis. Prepared for the Federal Emergency Management Agency (FEMA) as publication P646, Washington, D.C, 176 p.

17. The 2011 Tohoku Earthquake Tsunami Joint Survey (TTJS) Group, 2011. Nationwide field survey of the 2011 Off The Pacific Coast of Tohoku Earthquake Tsunami. J. Jpn. Soc. Civil Eng., Ser. B2 (Coastal Engineering) 67 (1), 63–66.

CHAPTER 19 2011년 동일본 대지진해일로 인한 해안·항만구조물의 피해 메커니즘

1. 가마이시 완코우 방파제

1.1 서론

2011년 3월 11일 발생한 동일본 대지진해일은 광범위한 파괴를 일으켰지만, 일부 지역에서 지진해일 충격을 감소시키기 위해 세계에서 가장 깊은 수심에 특별히 설계 및 축조된 가마이시(釜石) 완코우 방파제(灣口防波堤)와 같은 해안·항만방재구조물(海岸·港灣防災構造物)이 충격을 완화시켰다(Takahashi 등, 2011). 그림 1은 가마이시 방파제 위치를 나타내며, 그림 2는 이 방파제의 표준적인 심해 케이슨(Caisson) 및 사석 마운드 기초에 대한 단면형상도를 보여준다. 지진해일 발생 시 방파제를 월파(越波)하였다. 지진해일 사건이 발생한 후, 많은 케이슨은 더 이상 수면 위로 보이지 않았는데, 수중 음파탐지조사에서 케이슨들은 육지 쪽 방향으로 사석 마운드 기초로부터 이탈(離脫)된 채 해저(海底)에 놓여 있었다(Arikawa 등, 2012). 다른 케이슨들은 여전히 수면 위에 보였지만 더 이상 수직으로 서 있지 않았다.

수중 음파탐지조사에서는 케이슨 변위를 보여주는 것 이외에도 심각한 사석 마운드 기초 침식을 나타내었다. Arikawa 등(2012)은 가마이시 방파제의 월파를 재현하기 위한 수리모형실험을 실시한 후, 케이슨 변위의 근본 원인은 동수력적 세굴이라는 결론을 내렸다. 월파 제트(Overtopping Jet)가 케이슨의 육지 쪽으로 거꾸러지면서 케이슨 후미말단(後尾末端) 인근에 골(Trough, 谷)을 발생시켜, 결국 케이슨을 그곳으로 굴러떨어지게 하였다. 게다가 케이슨들 사이 1m 간격(間隔)은 케이

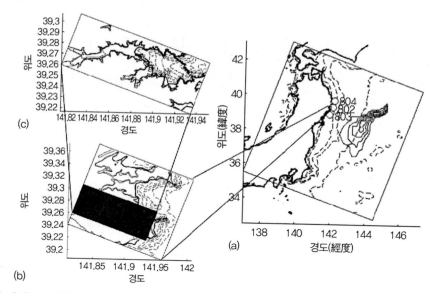

그림 1 (a) 태평양 도메인 지도(2km 해상도). 50m, 100m, 500m, 1000m 및 5000m에서의 등수심(等水深)(파선). 2m, 4m, 6m 및 8m인 초기 지진해일 파원수위고(波源水位高) 등고선(等高線)(실선). 동그라미는 PARI(일본 항만공항기술연구소)의 GPS 부이 802, 803 및 804임. (b) 가마이시 지역 해안(200m 해상도)의 20m 간격의 등수심(파선) 및 등고선(실선) (명확성을 위해 40m 이상의 지형 생략). (c) 가마이시만(釜石灣) 도메인 지도 (20m 해상도). 10m 간격의 등수심(파선) 및 등고선(실선) (명확성을 위해 40m 이상의 지형 생략)

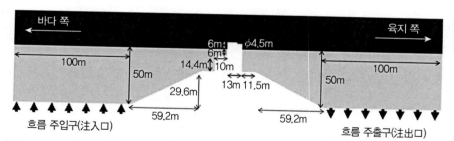

그림 2 케이슨 및 사석 마운드(백색), 해수(회색), 공기(흑색)를 나타낸 CFD 모델의 단면도메인. 표시된 해수위(海水位)는 이 장에서 논의된 수위에 대한 기준면인 평균저조위(平均低潮位). 바다 쪽은 좌측에 있고, 육지 쪽은 우측에 있음. 힘 계산인 경우, 이 연구에서 도메인의 길이는 30m(지면에 수직)로 그 방향의 실물(實物) 케이슨 길이로 가정하였음

슨 사이의 세굴을 일으킬 정도로 강한 흐름을 유발하였다.

그러나 Arikawa 등의 실험에서는 사석 마운드 지반파괴의 가능성을 고려하지 않았다. Takagi 와 Esteban(2013)은 폭풍우 동안 가장 일반적인 케이슨식 혼성제 피해 모드 중 하나는 방파제 가 비교적 심해(深海)에 있을 때 사석 마운드 기초의 펀칭 파괴(Punching Failure)라고 언급했다. 또한 Yaoi 등(2012)은 원심력시험(遠心力試驗, Centrifuge Experiment)[1]을 실시하여 심해에 설치된 케이슨의 월파 동안 기초 지지력(基礎支持力) 파괴가 발생할 수 있음을 보여주었다.

여기에 제시된 연구는 가마이시 방파제가 경험한 실제 월파조건을 재현하기 위하여 2차원 천해방정식(淺海方程式)모델을 사용한다. 그때에 방파제의 바다 쪽 및 육지 쪽 수위는 2차원 단면VOF(Volume of Fluid)법을 이용한 CFD(Computational Fluid Dynamics) 모델에서 경계조건 으로 사용하여 케이슨과 그 사석 마운드 기초에 작용했던 힘을 분석한다. 그 결과 심해에서 의 케이슨 펀칭 파괴는 지진해일 시 케이슨의 파괴가능성 있는 모드라는 것을 보여준다. 이 와 같이 케이슨 파괴를 유발하는 세굴을 방지하기 위한 세굴방지대책(피복재와 같은)은 필 요하지만, 월파(越波) 동안 심해에 설치된 케이슨의 지반파괴를 방지하기에는 충분하지 않을 수 있다.

1.2 방법

1.2.1 지진해일 천해모델링

가마이시 방파제 인근 지진해일 거동은 2차원 수심-평균된 모드로 실행되는 Delft-3D 동수력 모델로 수치시뮬레이션하였다. 도메인(Domain) 분할로서는 가장 넓은 격자는 2km 해 상도를 가지며, 해상도가 200m인 중간 격자, 상세 격자로 해상도가 20m를 사용하였다(그림 1). 외양(外洋)에서 500m 해상도의 수심 데이터를 사용하였고(일본 해양 데이터 센터, 2012), 50m 해상도 수심 데이터는 가마이시만(釜石灣)에서 사용하였다(일본 국토교통성). 육상지형 은 50m 메시 측량 데이터를 이용하였다(GSI, 2012).

해저조도(海底粗度)는 만닝(Manning)계수 n이 0.02로 모든 곳에서 일정하다고 가정하였다. 이 수치시뮬레이션의 목표는 방파제 근처 파랑거동을 재현하는 것으로, 육상에서 경험한 침

1 　원심력시험(遠心力試驗, Centrifuge Experiment) : 지반·토질 구조물과 기초구조물 등의 복잡한 거동이나 지진에 의한 재 난 메커니즘을 해명하거나 구조물의 설계·시공 합리화나 내진성 향상의 기술을 개발하기 위해서는 실물(實物)을 상 정한 실물실험을 실시하는 것이 이상적이지만, 현실적으로는 극히 곤란하여, 축척모형을 사용하지만, 실현상을 재현 하기 위해서는 상사법칙(相似則)을 만족시킬 필요가 있다. 원심력시험은 축척모형에 그 축척에 따른 원심가속도를 작 용시킴으로써 실물실험에 가까운 결과를 얻을 수 있는 시험으로, 흙의 강도(强度) 및 세기는 구속압(拘束壓)에 강하게 의존하기 때문에, 축소모형에 의해 실현상을 재현하기 위한 상사법칙을 만족시키기 위해서, 축척에 따른 원심력을 작용시켜 중력(중력가속도)을 증가시킬 필요가 있다.

수가 아니었기 때문에, 일정한 만닝(Manning)계수의 n 사용이 가능하다. 태평양에서의 도메인은 2km 해상도를 가지며 Delft-3D에서의 리만(Riemann) 경계조건을 사용했다. 경계로부터 지진해일파의 반사를 최소화하기 위해, 격자는 지진해일 파면(波面)과 평행한 방향을 잡았다. 수치시뮬레이션의 시간스텝(Time Step)은 안정성을 확보하기 위해 0.3초(sec)로 잡았다.

초기 조건은 평균저조면(平均低潮面) 근처의 수위(水位)로 구성되었다. 태평양에서의 도메인인 2km 해상도에서, 사용된 지진해일 파원(波源)은 Saito 등(2011)의 파원에 근거를 두었다. 그러나 Saito 등(2011)의 파원은 PARI(2012)가 측정한 파원보다 작은 지진해일을 가마이시 인근에서 발생시켰다. 이 때문에 Saito 등(2011)의 파원을 약간 더 크게 수정하여(Takahashi 등이 결정한 파원과 유사하게, 2011) 북동쪽으로 확장시켰다. 사용된 파원수위(波源水位)는 그림 1과 같다. 그림 3은 이 파원으로부터 발생한 지진해일 수위와 가마이시에 가장 가까운 일본 항만공항기술연구소(PARI, Port and Airport Research Institute)의 3개 부이에서 관측한 수위와의 비교를 나타낸다. 모델링된 수위는 측정 수위와 잘 일치한다.

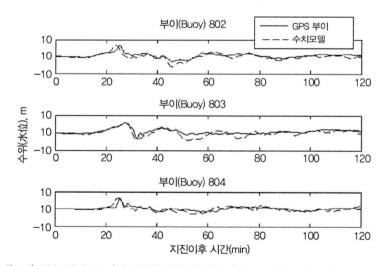

그림 3 가마이시(釜石) 인근 해역 PARI(일본 항만공항기술연구소)의 GPS 부이 측정치 및 수치모델링(Delft-3D) 계산치의 비교

지진해일 거동을 2시간 동안 수치시뮬레이션하였다. 관측에서 방파제 케이슨이 육지 쪽 방향으로 변위된 것으로 나타났기 때문에, 지진해일 내습파 동안 파괴되었을 가능성이 있다. 그림 4는 지진해일 월파(방파제 마루고는 삭망평균간조면상 6m)가 시작하는 시간부터 지진

해일 파봉(波峯) 지나갈 때까지 수치시뮬레이션된 방파제 양측의 수위를 공간평균(空間平均)한 것이다. 방파제 바다 쪽에서의 최대 모델링 수위는 약 13m, 방파제 간 최대 수위차(水位差)는 9m이었다. 이는 Arikawa 등(2012)이 언급한 천해(數值淺海) 수치시뮬레이션 결과와 일치한다.

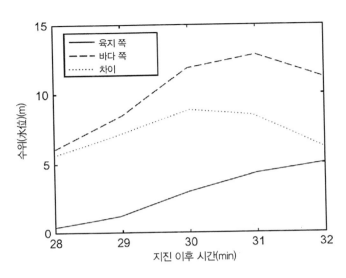

그림 4 가마이시 방파제 남쪽 구간 중앙부의 바다 쪽 및 육지 쪽에 있는 수위에 대한 수치모델링(Delft-3D)과 입사(入射) 지진해일파 내습 동안 방파제를 가로지르는 수위의 차이

1.2.2 방파제 월파에 대한 CFD(Computational Fluid Dynamics, 계산유체역학) 모델링

케이슨과 그 기초에 작용하는 힘들을 모델화하기 위해, OpenFOAM(Open Source Field Operation And Manipulation)[2] CFD 모델을 사용했다. OpenFOAM 내에서, 공기(밀도 1kg/m^3) 및 물(밀도 $1,020\text{kg/m}^3$) 모두를 시뮬레이션하기 위해 InterFOAM VOF 모듈을 적용하였다. 그림 2는 2차원 단면 모델 도메인을 보여준다. 케이슨에 작용하는 힘을 계산할 목적으로, 도메인은 길이 30m(지면(紙面)에 수직방향)로 가정하였다. 도메인 내에서 케이슨은 조도(粗度) 길이 1mm를 갖는 비슬립(No-slip) 수리학적 거친 경계를 갖는 반면, 사석 마운드는 공극률(Porosity, 空隙率) 0.4와 다아시-포치하이머(Darcy-Forchheimer) 계수가 $\alpha_0 = 1,500$과 $\beta_0 = 3.6$

---

2   OpenFOAM(Open Source Field Operation And Manipulation) : 수치해석 개발 및 수치유체역학을 포함한 연속체역학 전후처리용 C++제 툴박스(Tool Box)로, GNU(General Public License) 공개의 오픈 소스이며 명칭은 2007년에 OpenCFD Ltd가 등록 후 2011년에 OpenFOAM 재단이 비독점 권리자가 됐다.

인 다공성류(多孔性流) 도메인이었다(Mitsui 등, 2012). 도메인의 좌측과 우측은 자유슬립(Free-slip) 벽이었다. 상단 표면은 대기에 개방되어 있었다. 난류는 기상(氣相, Air Phase)에서 무시되었던 반면, 난류는 수상(水相, Water Phase)에서 표준 레이놀즈 평균화된 나비아 스토스(Reynolds Averaged Navier Stokes) κ-ϵ 공식을 사용하여 모델링하였다.

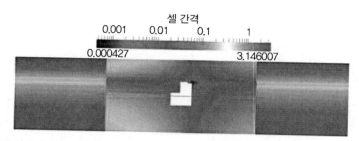

그림 5 수치모델 격자(格子) 셀(Cell) 면적(단위 : m²). 셀은 직사각형이기 때문에 셀 치수는 대략 면적의 제곱근임. 격자는 월파랑(越波量)이 많은 지역에서 가장 촘촘함. 다공성 사석 마운드는 격자의 일부인 반면 케이슨은 격자의 일부가 아니라는 점에 유의함

실험실 수로를 수치시뮬레이션하여, 마운드 양측 해저면을 통해 물이 잘 차올라 배수(排水)되도록 하고(그림 2에 나타낸 바와 같이), 유량을 설정하여 케이슨 양측에서 그림 4의 수위를 재현할 수 있도록 하였다. 이러한 설정방식(양측 벽 대신에 경계조건을 수위와 유속으로 사용)은 수치시뮬레이션 안정성을 향상시켰다.

수치시뮬레이션은 가변크기의 직사각형 격자로 구성되었으며, 격자 셀 면적은 그림 5에 나타나 있다. 월파(越波) 제트 도메인의 격자 셀 치수는 2cm×2cm 정도로 촘촘한 반면, 촘촘한 흐름 격자 셀 크기 면적으로부터 멀리 이격(離隔)된 곳에서는 1m까지 성기였다. 사석 마운드의 육지 쪽 및 바다 쪽(유입장소와 유출장소)의 수평모델 해상도를 10m까지 낮추었다. 수치시뮬레이션 실행시간을 줄이기 위해 모델 도메인 양쪽에는 낮은 해상도를 설정하였다. 이 영역의 유속은 매우 작으므로, 그 영역에서의 월류(越流)나 케이슨에 작용하는 힘 산정에 대해 우려할 필요가 없었다. 모델 시간 스텝은 쿠랑 수(Courant Number)[3] 안정성을 보장하기

---

3   쿠랑 수(Courant Number) : 계산유체학 수치모델에서 쿠랑 수는 속도, 셀 크기 및 시간 단계에 따라 달라지며 일반적으로 각 셀에 대해 계산되고, 쿠랑 수의 CFD(계산유체역학)시뮬레이션에 대한 물리적인 설명은 유체가 계산 셀을 통해 어떻게 움직이는지에 나타낸다. 만약 쿠랑 수가 ≤1일 경우, 유체입자가 한 시간스텝 내에서 한 셀에서 다른 셀로 이동하며, 쿠랑 수 >1 이상일 경우, 유체입자는 각 시간스텝 내에서 둘 이상의 셀을 통해 이동하여 수렴에 부정적인

위해 자동적으로 변경하였지만, 일반적으로 0.001초(sec) 오더로 진행시켰다. 또한 명확한 자유표면을 지속시키기 위해, 자유표면에 비확산(非擴散)(압축 경계면)을 적용했다.

1.3 결론

그림 6은 수치시뮬레이션된 케이슨의 월파를 나타낸다. 2가지 중요한 현상을 여기에서 볼 수 있다. 첫째로, 혼입공기(混入空氣)가 부력을 받았지만 월파 제트는 최대 8m/s 속도로 사석 마운드와 부딪쳤는데, 이는 Arikawa 등(2012)이 월파 제트로 인한 세굴이 케이슨 파괴 원인이라는 결론을 입증한다. 둘째, 월파 제트는 월파수위가 증가함에 따라 케이슨의 육지 쪽으로부터 점점 더 멀어져, 제트 배후 형성된 소용돌이 때문에 월파 제트 뒤의 압력은 정수압을 상당히 감소시킨다.

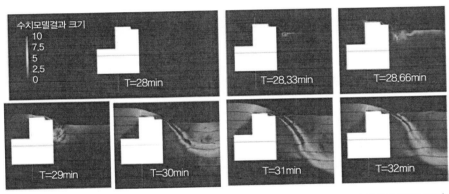

그림 6 방파제 월파 중 CFD 시뮬레이션 결과. 물의 등압선(等壓線) 간격은 50kPa로 나타내며, 자유 표면의 계기압력(計器壓力)은 0kPa로 표시됨. 음영처리(Shading)는 흐름속도(m/s)임. 바다 쪽은 좌측에 있고, 육지 쪽은 우측에 있음

1.3.1 케이슨에 작용하는 힘의 계산

OpenFOAM은 케이슨의 모든 표면을 따른 각 격자 셀에서의 압력을 계산한다. 이것은 바닥 표면을 포함하며, 케이슨 아래의 사석 마운드는 다공질체(多孔質体)로 모델링시켜(Mitsui 등, 2012), 그래서 마운드를 통과하는 흐름과 케이슨 바닥면에 작용하는 수압을 수치시뮬레

영향을 미칠 수 있다.

이션에서 구한다. 식 (1)~(3)은 수압에 의해 케이슨에 작용하는 순수평(純水平) 및 순수직(純垂直) 힘을 결정한다. 수압으로 인해 케이슨 후미하단(後尾下端)에 대한 전도(顚倒) 모멘트는 식 (4)로 구한다.

$$\overrightarrow{F_k} = P_k dA_k \hat{n_k} \tag{1}$$

$$F_{drag} = \sum \overrightarrow{F_k} \cdot \hat{i} \tag{2}$$

$$F_{lift} = \sum \overrightarrow{F_k} \cdot \hat{j} \tag{3}$$

$$M_{o.t} = -\sum \overrightarrow{r_k} \times \overrightarrow{F_k} \tag{4}$$

여기서 F_k는 케이슨 표면을 따라 k번째 셀에 작용하는 힘, P_k는 케이슨 표면을 따라 k번째 셀에 작용하는 압력, dA_k는 케이슨 표면에 따른 k번째 셀 면적, $\hat{n_k}$는 케이슨 표면에 따른 k번째 셀에 수직한 단위벡터, F_{drag}는 케이슨에 작용하는 총 항력(抗力), $\hat{i}$는 수평단위벡터, F_{lift}는 케이슨에 작용하는 총 양력(揚力), $\hat{j}$는 수직단위벡터, $M_{o.t}$는 케이슨 후미하단에 대한 전도모멘트 및 r_k는 케이슨 후미하단에서부터 케이슨 표면을 따른 k번째 셀까지 가리키는 벡터이다.

케이슨 후미하단에서의 사석 마운드 기초에 작용하는 펀칭압력(Punching Pressure)을 구하기 위해(Goda, 2010), 사석 마운드 기초에 의한 케이슨에 작용하는 수직력 W_e는 식 (5)로 구한다.

$$W_e = mg - F_{lift} \tag{5}$$

여기서 m은 케이슨 질량이고 g는 중력가속도이다(부력의 영향은 이미 F_{lift} 항에 포함되어 있다). 수직력에 의한 케이슨 후미하단에 대한 모멘트 M_e는 식 (6)으로 주어진다.

$$M_e = mgt - M_{o.t} \tag{6}$$

여기서 t는 케이슨 후미하단과 케이슨 질량 중심 사이의 수평거리이다. 케이슨 후미하단과 수직 합력(合力) W_e 지점 사이의 수평거리 t_e는 식 (7)과 같다.

$$t_e = \frac{M_e}{W_e} \tag{7}$$

그때에 케이슨 후미하단에서의 펀칭압력 P_e은 식 (8)로 계산한다.

$$P_e = \begin{cases} \dfrac{2W_e}{3t_e} & : t_e \leq B/3 \\ \dfrac{2W_e}{B}\left(2 - 3\dfrac{t_e}{B}\right) & : t_e > B/3 \end{cases} \tag{8}$$

여기서 B는 케이슨 폭이다(그림 2에서는 23m).

1.3.2 케이슨에 작용하는 합력

그림 7은 월파(越波) 동안 케이슨에 작용하는 계산된 항력을 시간함수로 나타낸다. 실선은 CFD 모델의 결과를 보여준다. 점선은 케이슨을 가로 지르는 수위차로 인해 케이슨에 작용하는 수평력인 정수항력(靜水抗力)을 나타낸다. 이 두선의 차이는 케이슨의 비정수력(非靜水力)인데, 이는 월파 유량율(流量率)이 증가하고 월파 제트가 케이슨으로부터 멀리 떨어질 때 케이슨 육상 쪽으로 유도된 흡입(吸入) 때문이다(이 흡입은 그림 6에서 케이슨 육상 쪽 압력 등고선의 순간적인 강하에서 뚜렷하다). 파선은 케이슨과 사석 마운드 사이의 마찰계수가 0.6이고(Goda, 2010), 케이슨의 속채움의 단위중량이 1,900kg/m³이라고 가정하여 계산된 케이슨 활동(滑動)에 저항하는 마찰력을 나타낸다. 그림 7은 케이슨에 작용하는 수평력이 결코 활동을 유발할 정도로 강력하지 않다는 것을 보여준다.

그림 8은 케이슨에 대한 양력(揚力)을 보여준다. 이전과 같이 정수(靜水) 성분(점선)은 케이슨 자체의 부력(浮力)으로 인한 것이다. 전양력(全揚力, 실선)은 월파하는 동안 케이슨 위 동적인 상승으로 인해 케이슨 부력보다 약간 크지만 효과는 미미하다. 양력은 케이슨 중량(파선)보다 훨씬 작다.

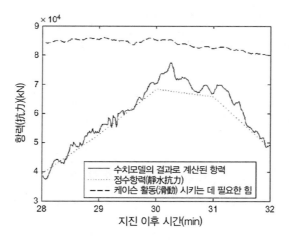

그림 7 모델 도메인 30m 케이슨 길이(지면에 수직)에 작용하는 수평방향 힘

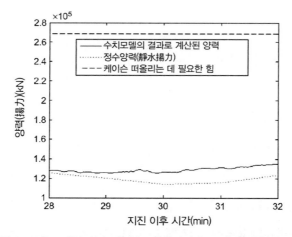

그림 8 모델 도메인 30m 케이슨 길이(지면에 수직)에 작용하는 양력

그림 9는 케이슨 후미하단(육지 쪽)에 대한 전도(顚倒) 모멘트를 나타낸다. 앞에서와 마찬가지로 이 모멘트(점선)의 정수(靜水) 성분은 케이슨 수위차로 인한 케이슨에 작용하는 수평력 때문이다. 전체 전도모멘트(실선)는 위에서 서술한 흡입 때문에 정수모멘트보다 크다. 그렇지만 케이슨 중량(파선)으로 인한 복원(復原) 모멘트가 전도모멘트보다 크기 때문에 전도모멘트로 인한 케이슨의 전복은 가능하지 않다.

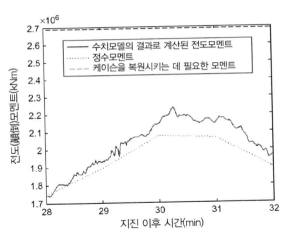

그림 9 모델 도메인 30m 케이슨 길이(지면에 수직)에 작용하는 전도모멘트

그림 10은 케이슨 후미하단에서의 펀칭 압력을 보여준다. 총펀칭압력은 최대 1,000kPa에 이르지만, 정수(靜水) 성분(점선)은 케이슨을 가로지르는 수위차로 인해 최대 900kPa 펀칭압력을 가해진다. 허용 설계 펀칭 압력(파선)은 600kPa인 반면(Goda, 2000), Uezon과 Odani(1987)는 임계 펀칭압력 800kPa이 서서히 증가하는 횡력(橫力)에 대응한 현장의 유사 구조물에 관한 실험 때 사석 마운드 기초 파괴를 발생시킨다는 것을 보여주었다. 그림 10은 가마이시(釜石) 방파제 케이슨이 약 2분 동안 설계치 또는 임계치보다 훨씬 큰 펀칭 압력이 작용했음을 보여준다.

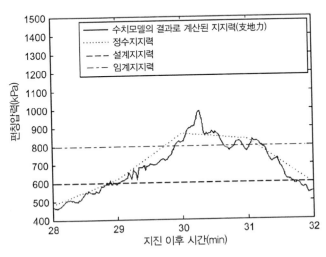

그림 10 모델 도메인 30m 케이슨 길이(지면에 수직)에 대한 케이슨의 후미하단에 작용하는 지지력

1.4 실험비교

CFD 모델 결과를 검증하기 위해, 월류 제트 거동과 Mitsui 등(2012) 실험과의 정성적(定性的) 비교를 실시하였다. Mitsui는 InterFOAM VOF 수치시뮬레이션에서 월파 제트 아래 갇힌 공기는 제트에 혼입(混入)되는 속도를 과대산정하여 제트가 방파제 육지 쪽 벽(壁)을 충동적으로 빠르게 당기는 결과를 초래한다는 것을 발견했다. Bricker 등(2013)은 공기연행(空氣連行)의 과대산정을 방지하기 위해 수상(水相)에서만 와점성(渦粘性)을 고려하는 수정난류모델을 공식화했다. 이 수정난류모델을 본 연구의 시뮬레이션에서 사용한다.

1.5 결론

2011년 지진해일 동안 가마이시 방파제의 잠재적 파괴모드를 평가하는 데 수치시뮬레이션을 사용하였다. Arikawa 등(2012)이 보고한 세굴 이외에도, 사석 마운드 기초의 펀칭 파괴가 방파제 파괴 원인이었다. CFD 시뮬레이션으로 추산(推算)한 펀칭응력치는 Uezono와 Odani(1987)가 보고한 임계치 800kPa보다 크다.

2. 우타쓰 고속도로 교량

2.1 서론

미야기현(宮城県) 미나미산리쿠(南三陸)에 있는 우타쓰(歌津) 고속도로교(그림 11)는 어항과 하구(河口)를 가로 지르는 평균수면상 6.6m 위(교량의 현재(弦材)까지)에 있는 콘크리트 거더교[4](Girder Bridge)였다. 이 지점에서의 고속도로는 평면곡선(平面曲線, Horizontal Curve)[5]으로

---

4   거더교(Girder Bridge) : 강판·형강을 붙여서 만든 보(플레이트 거더)를 주요 지지구조(支持構造)로 한 다리로 좁은 뜻으로는 형교(Beam Bridge)를 말하는 경우도 있다. I형 도리와 상자형 도리가 많이 쓰이는데, I형의 수직부분을 플랜지(Flange), 수평부분을 웨브(Web)라고 하는데, 이러한 다리는 부재가 적게 들고 단순하여 설계 및 제작이 쉽고, 외관도 산뜻하다.

5   평면곡선(平面曲線, Horizontal Curve) : 도로 평면 선형상 그 방향을 바꾸기 위하여 설치하는 곡선형의 총칭으로 원곡선(圓曲線), 완화곡선(緩和曲線) 및 이들로 조합된 것과 클로소이드(Clothoid) 곡선 등 모든 곡선 형상을 말한다.

인해 교량 덱은 3° 기울어졌다. 2011년 동일본 대지진해일 동안 덱 C, D 및 E(그림 12 중) 파괴는 이탈 방지장치(Unseating Prevention Devices, UPDs, 그림 13)가 손상되지 않은 채 남아 있었기 때문에 이상했다. 이동된 교량 덱은 교각(橋脚) 육지 쪽으로 거꾸로 뒤집혀 있었는데,

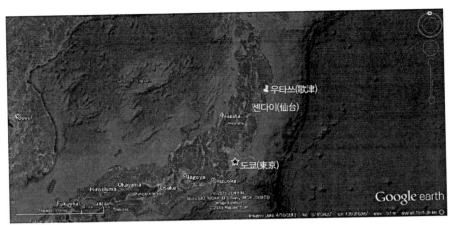

그림 11 우타쓰 교량의 위치를 보여주는 구글 어스 이미지

그림 12 지진해일 전후 우타쓰 교량의 구글 어스 이미지. 위치 표시는 개별 덱 세그먼트로 나타냄

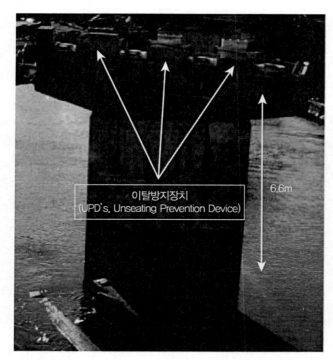

이탈방지장치
(UPD's, Unseating Prevention Device)

6.6m

그림 13 그림 12의 교량 덱 C와 D 사이의 교각에서 서쪽을 바라보고 찍은 사진

이것은 지진해일이 내습(來襲)할 동안 각 교량 덱(Deck)은 그 교각으로부터 회전하여(단순히 밀쳐진 것 아니라) 벗어났다는 것을 암시한다. 현지 주민이 찍은 비디오의 동영상에서 우타쓰의 지진해일은 부서지는 단파(段波, Bore)가 아니라 서서히 상승하는 자유수면(自由水面)과 같이 거동했는데(약 1m/min), 교량 덱은 깊게 잠길 때까지 파괴되지 않았으며 교량 근처 육지 쪽 방향으로의 유속은 약 3m/s이었다.

천해수치모델은 현장에서의 흐름조건을 생성하였으며, 그 결과는 교량 덱(Deck)에 미쳤던 힘을 계산하기 위해 소축척 OpenFOAM Volume of Fluid(VOF) 모델에 대한 경계조건으로 사용하였다. 교량 덱 그 자체 이외에도, 마을 방조제(防潮堤)도 모형 도메인에 포함시켰고, 지반 경사도 고려하였다.

VOF 시뮬레이션의 정확성은 Kerenyi 등(2009)의 실내실험과 비교하여 검증하였다. 현장규모 모델링 결과는 교량 덱 인근 방조제의 존재, 바다 쪽으로 상향(上向)인 덱 경사, 물과 혼입된 퇴적물, 거더(Girder) 사이에 갇힌 공기 등 여러 요소가 우타쓰 교량의 덱 파괴에 기여하였음을 나타낸다.

2.2 실내실험 비교

실제 교량침수에 대한 OpenFOM VOF 모델적용을 검증하기 위해 1 : 40 축척 모델 3-거더 교량 상면에 대한 Kerenyi 등(2009)의 실내실험을 시뮬레이션하였다. 자세한 사항은 Bricker와 Nakayama(2014)에 자세히 설명되어 있다. 시뮬레이션과 Kerenyi의 실험에서 교량 덱이 부분적으로 잠겨 있을 때 흐름은 덱 아래에서 가속(加速)으로 부압(負壓)이 생겨 덱에 작용하는 힘은 아래쪽으로 향하기 때문에 교량은 음(陰)의 양력(揚力)이다. 교량이 완전히 잠기면 양력계수(揚力係數)는 최대 음의 값에 도달한다. 교량의 수몰(水沒)이 깊어질수록 일부 물은 덱 위로 흘러 덱 아래 흐름의 가속도를 줄여 덱에 작용하는 음의 양력은 줄어든다. 매우 큰 침수(浸水) 시 교량 덱 위 흐름과 아래 흐름이 거의 같으면 음의 양력은 매우 작다.

2.3 우타쓰 인근 지진해일 거동

현지 주민이 찍은 비디오의 동영상에 근거하면, 우타쓰 지진해일은 쇄파(碎波)하거나 슬래밍(Slamming)하는 단파(段波)가 아닌 급상승하는 자유수면(하천홍수 또는 폭풍해일)과 같이 거동했다. 다리가 잠긴 후, 다리 근처 흐름은 그 밑에 떠다닌 어선의 시각적 추적을 기준으로 약 3m/s 유속을 나타냈다(그림 14). 교량은 최대수심에 도달할 때까지 비디오의 동영상은 교량 덱 위 수면이 교란(攪亂)되는 모습이 나타나 교량이 깊이 잠길 때까지 덱은 파괴되지 않았음을 알 수 있다. 또한 비디오의 동영상은 지진해일 제1파(波)가 물러갈 때쯤에는 교량 덱이 이미 파괴된 것을 보여준다. 덱이 육지 쪽 방향으로 이동하였음을 보여주는 관측과 함께, 덱은 최대침수심 시각 근처에 파괴되었고, 그때 흐름은 여전히 육지 쪽으로 흘렀다는 것을 예측할 수 있다.

우타쓰 교량 현장에서의 지진해일 거동을 확인하기 위해 Delft-3D 수치모형모델을 사용하여 2차원 천해방정식 시뮬레이션을 실행하였다. Bricker와 Nakayama(2014)가 자세히 설명한 바와 같이, 지진해일 파원(波源)데이터(초기 수위고(水位高))는 이 장(章)의 앞부분에서 설명했듯이 Saito 등(2011)이 결정한 초기 해수면에서 나왔다. 제1파 동안 입사파 시 최대유속(최대침수심 시각을 포함한다)은 3m/s이다. 이것은 최대침수심 시각 근처에서 비디오가 보여주는 유속과 가깝다. 동일본 지진 및 지진해일 합동조사단(2011)이 해수면상 약 15m 흔적고를 측정했지만 수치시뮬레이션을 실시한 결과 최대침수심은 해수면상 23m이다.

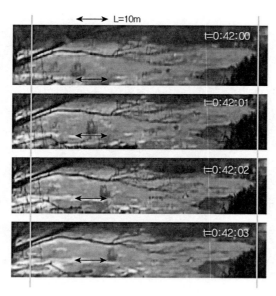

그림 14 폭 3m 어선의 표류 추적. 미나미산리쿠정(南三陸町)의 Katsuya Oikawa 씨가 촬영한 유튜브 동영상

2.4 현장규모 시뮬레이션을 위한 모델 설정

Bricker 및 Nakayama(2014)는 우타쓰 교량 덱에 작용하는 힘에 대한 OpenFOAM VOF 시뮬레이션을 실시하였다. 천해모델에 의한 추산과의 일치를 위해 이 소규모 모델에 수위 및 흐름 경계조건을 주었다. 모델에서의 유속은 3m/s로 유지시켰고 수면은 약 1m/min 속도로 상승시켰다(그림 14). Deft 수치시뮬레이션에서는 최대 수위고를 약 13m 추산하였지만, OpenFOAM 모델은 최대 수위고가 약 15m 높이까지 도달하였는데, 이는 동일본 지진 및 지진해일 합동 조사단(2011)이 교량근처에서 측정한 흔적고와 같았다.

수치시뮬레이션에서는 거더(Girder)[6] 사이에 갇혀 있던 공기가 위쪽으로 빠져 나올 수 없다고 가정했다. 또한 공기는 비압축성 인 것으로 가정하였다. 교량 덱 파괴를 조사하기 위해 여러 시나리오에 대한 현장규모 시뮬레이션을 실행했다. 기본 케이스 시나리오는 덱 육지 쪽 방향 10m 내에 방조제가 있으면서 바다 쪽으로 3°의 편구배(偏勾配)[7]를 갖는 덱으로 구성

---

6 거더(Girder) : 교량의 상부구조물로서 교량하중을 지지하는 보를 뜻하는 말로써 보통 I형이나 상자형 단면으로 만들어 자체 중량은 줄이고, 휨이나 비틀림, 수평하중 등에 대해 입체적으로 저항할 수 있도록 설계하며, 빔(Beam), 드와프(Trough), 플레이트(Plate) 등으로 구성된다.

7 편구배(Cant, 偏勾配) : 철도 노선이나 도로의 곡선부를 주행하는 차량은 원심력 때문에 바깥쪽으로 떨어져 나가려고 하기

된다(그림 15). 덱 경사각의 효과를 조사하기 위해 수평 덱을 사용한 시뮬레이션도 고려했다. 교량 덱 하부를 통과하는 방조제가 있는 그림 12의 덱 E도 또한 고려하였다. 상기 4가지 케이스 모두는 흐름에 혼입된 퇴적물 영향을 고려하여 혼탁한 해수밀도(海水密度) 1,030kg/m³으로 가정했으며, 밀도 1,100kg/m³ 사용하는 기본 케이스의 수치시뮬레이션도 평가했다.

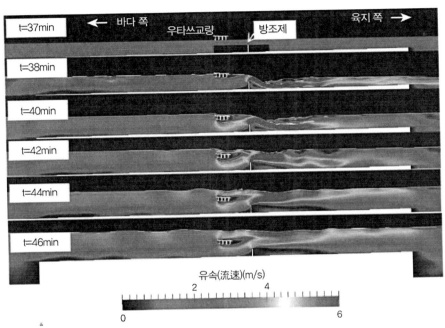

그림 15 기본 케이스에 대한 유속(음영) 및 자유수면 위치의 시계열

2.5 현장규모의 시뮬레이션 결과

양력이나 모멘트가 노출된 교량 덱을 변위시키는지를 결정하기 위해서는 일반적인 콘크리트 밀도를 2,600kg/m³이라고 가정하여 단위길이당 교량 중량을 산정해야 한다. 덱은 교량 단위길이당 공기 중 중량은 227kN/m이었고, 육지 쪽 거더에 대한 교량 단위길이당 복원(復原) 모멘트는 683kNm/m이었다. 수치시뮬레이션으로 계산된 압력장(壓力場)은 부력 영향을 고려하기 때문에 덱 운동이 발생하기 위해서는 공기 중의 교량 중량과 모멘트를 초과해야만

때문에 이것을 방지하기 위해 곡선부에서 바깥쪽을 안쪽보다 일정 값만큼 높여 준 것을 말하며 편경사라고도 한다.

하는 양(量)을 가져야 한다.

그림 16은 수몰(水沒)이 진행됨에 따라 덱에 작용하는 양력(揚力)이 증가한 것을 보여준다. 완전한 수몰 전에 덱 하부의 흐름 가속도는 덱에 하향력(下向力)을 발생시켰지만, 그와 동시에 수몰은 덱의 부력(浮力)으로 인해 상향 양력을 발생시켰으며 최종결과는 큰 수몰일수록 양력 증가를 가져왔다. 완전히 잠긴 후 부력은 일정하게 유지되었지만 덱 아래 흐름 가속도로 인한 하향력은 덱 위 흐름 가속도가 증가함에 따라 감소했다. 따라서 순양력(純揚力)은 수몰이 깊을수록 증가하였다. 또한 전도(顚倒)모멘트는 수몰과 함께 증가하였다. 양력과 전도모멘트에서의 심한 변동(變動)은 덱 위 자유수면의 급강하(急降下) 때문이다.

그림 16은 기본 케이스인 덱에 작용하는 전도모멘트는 수위가 13m 또는 그 이상일 때 $t = 44\text{min}$ 이후 초기파괴를 일으킬 정도로 충분히 커지지 않았다. 그림 15에서 볼 수 있듯이, 이 시각에 덱 꼭대기 상부 흐름은 덱 바로 아래 흐름보다 빠르기 때문에 강한 양력을 허용한다(스스로 교량파괴를 일으킬 만큼 강하지는 않지만). 이 외에도 덱 경사도는 덱 선단(先端) 바로 위의 흐름 박리(剝離) 및 빠른 유속을 발생시켜 덱에 작용하는 전도모멘트의 원인이 된다. 게다가 거더 사이에 갇힌 공기 존재는 덱 저면(底面)에 높은 압력을 가하였다. 이 힘들을 합치면 때때로 덱 파괴를 일으킬 만큼 전도모멘트를 충분히 커지게 하였다. 예상할 수 있듯이 탁류(濁流)인 경우(농후(濃厚)한 케이스) 부력 및 동수력의 영향 증가로 인해 파괴가 더욱 쉽게 발생한다.

수평 덱인 경우 선단 위로 흐르는 흐름 가속도는 경사 덱(기본) 케이스만큼 강하지 않았으므로 이 지점의 압력 감소는 그리 강하지 않았다. 그에 상응하여 덱에 작용하는 양력 및 모멘트는 경사 덱보다 수평 덱인 케이스가 매우 약했다. 방조제가 없는 케이스인 경우 양력 및 모멘트는 기본 케이스보다 훨씬 약했다. 방조제가 없기 때문에 이 교량 바로 밑 흐름에 대한 저항은 기본 케이스보다 낮았다. 따라서 방조제가 없는 경우는 방조제가 있는 경우보다 교량 바로 밑에서 빠른 흐름을 겪었고 흐름가속에 의한 하향 동수력은 방조제가 있는 케이스보다 방조제가 없는 케이스에서 강하게 유지되었다. 방조제가 교량 덱에 매우 가깝게 통과하는 케이스는 양력과 모멘트가 다른 어느 케이스보다 훨씬 강하다. 그 이유는 교량과 방조제의 육지 쪽 자유수면의 갑작스러운 급강하(急降下) 때문이다. 이 급강하로 인해 교량의 바다 쪽에 가해지는 압력은 육지 쪽의 압력보다 훨씬 낮아서 강한 항력(抗力)을 일으킨다. 더구나 교량 덱 상부의 강한 흐름가속도는 증가된 양력을 일으킨다. 이러한 항력과 양력은 큰 전도모멘트를 발생시킨다. 이 케이스에서 양력 및 모멘트의 강도(强度)는 그림 12의 덱 E 육지 쪽 변위에 큰 영향을 미칠 수 있다.

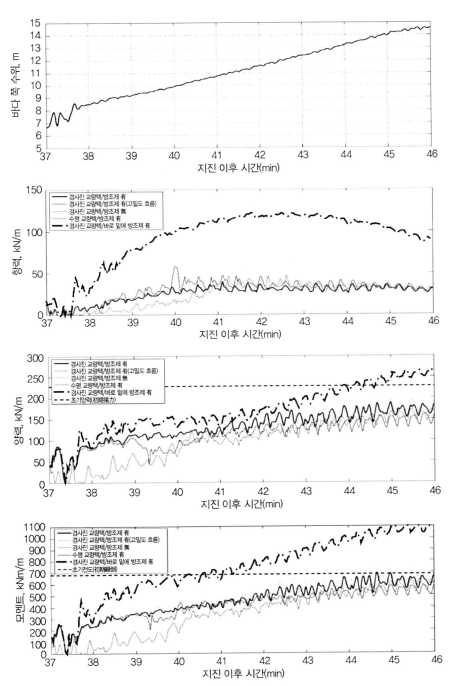

그림 16 (평균해수면으로부터) 교량수위 및 교량 덱에 작용하는 양력, 항력과 전도모멘트

해수밀도 1,030kg/m³인 모든 케이스인 경우, 거더 사이에 갇힌 공기(수치시뮬레이션을 포함한다.)는 약 78kNm/m인 정수 부력과 약 245kNm/m인 전도모멘트를 발생시킨다. 시뮬레이션에 따르면 흐름 난류는 거더 사이 공기를 거의 혼입(混入)하지 않았으므로 이 공기는 시뮬레이션 지속시간 동안 덱 부력의 원인이 된다.

2.6 결론

일본 미나미산리쿠 우타쓰 고속도로 교량 근처 지진해일 거동을 평가하기 위해 Delft-3D 모델을 이용한 천해흐름 수치시뮬레이션을 실시하였다. 사건의 비디오 영상(映像)과 함께, 침수는 입사파 내습 시 유속은 3m/s까지 증가하였고 흐름수심은 15m까지 서서히 상승하는 자유수면으로 구성된다. 이런 매개변수들은 교량 덱의 소축척 2차원(측면상) OpenFOAM VOF 모델의 경계조건으로 사용되었다. VOF 모델은 비디오의 동영상과 일치하여 교량 덱은 지진해일에 의해 깊이 수몰(水沒)될 때까지 파괴하지 않았다.

덱 파괴에 기여한 한 가지 요인은 수치시뮬레이션에서 알 수 있듯이 수평 덱은 파괴되지 않았지만 경사 덱이 파괴된 것은 덱의 바다 쪽이 상향으로 경사를 가졌기 때문이다. 덱 파괴 가능성을 높이는 또 다른 요인은 덱 근처에 기설치 되어 있었던 방조제 때문이다. 방조제가 덱에 가까이 있을수록, 강한 동수력(動水力)이 덱에 작용하였다.

이는 그림 12에 나타난 것과 같이 이동된 덱 위치의 횡단변이(橫斷變移)로서 설명할 수 있다. 방조제 없다고 가정하여 실시한 수치시뮬레이션에서는 교량은 파괴되지 않았다. 파괴에 기여하는 또 다른 요인은 갇힌 공기의 존재이다. 갇힌 공기를 제거하면 교량 덱 바로 밑으로 방조제가 통과하는 케이스를 제외하고 모든 케이스에서 덱 파괴를 막을 수 있었다. 해일 형태인 지진해일이 발생하는 지역에서의 교량 설계에서는 이러한 3가지 요인(덱 경사, 방조제와 같은 인근 구조물의 존재 및 공기 포착(捕捉))을 고려하여야만 한다. 시뮬레이션에 따르면 흐름에 혼입된 퇴적물 존재가 덱 파괴 가능성을 높여 주지만 설계자가 제어할 수 있는 요인은 아니다.

3. 노다무라 콘크리트 도로교(道路橋)

3.1 서론

교량파괴의 또 다른 유형은 해안 근처에 위치한 낮은 여유공간(Clearance)[8]을 갖는 철근콘크리트 거더 교량파괴이었다. 이와테현(岩手県) 노다무라(野田村) 히로치바시(広内橋) 교량은 그림 17에 나타낸 바와 같이 매우 낮게 위치한 교량으로 하천 위 여유공간은 2.4m에 불과하였다. 우타쓰 고속도로 교량과는 달리 덱은 전도되지 않았으나 덱의 수평운동을 구속하는 정착철근(定着鐵筋)의 심한 손상 없이 수 미터(m) 육지 쪽으로 수평 이동하였다. 이것은 지진해일이 덱을 수평으로 밀기 전 또는 동시에 바다 쪽에서 들어 올렸음을 의미한다. 구조물과 교량에 작용하는 지진해일 파력에 대한 예전 연구(Kosa 등, 2011; Shoji 등, 2010; Hiraki 등,

그림 17 이와테현 노다무라시에 있는 히로치바시 교량 파괴. 상단 사진은 육지 쪽을 보고 찍은 사진. 하단 좌측사진은 교량 덱이 육지(좌측) 쪽으로 이동한 모습. 하단 우측은 앵커 바(Anchor Bar)가 육지 쪽으로 구부러진 것을 보여줌

---

8   여유공간(Clearance) : 보통 교량의 거더 아래 공간 등을 가리키는데, 거더 아래에는 그 교량 밑을 횡단하는 도로나 철도의 건축 한계에 상당하는 공간을 확보할 필요가 있으며, 도로의 경우 차도부에는 높이 4.5m, 보도부에는 높이 2.5m의 차량 또는 사람이 통행하기 위한 공간을 확보해야 한다.

2011)에서 파력은 주로 수평적이며, 수직양력은 단지 권파(卷波)[9]가 구조물과 충돌하는 짧은 시간 동안에만 작용한다고 지적했다. 노다무라 근처 지진해일파는 수 미터(m) 파고를 갖는 단파를 형성했지만 권파에 따른 보고(報告)는 없었다. 어떤 종류의 파랑과 흐름이 이러한 종류의 파괴를 일으킬 수 있는지 알아내기 위해 다양한 시나리오하에서의 지진해일 흐름에 대한 수치시뮬레이션을 실시하였다.

3.2 수치모형실험(수치시뮬레이션)

히로치바시(広内橋) 콘크리트 거더 교량의 파괴 메커니즘을 조사하기 위해 강체운동분석과 결합된 Kobe University Large Eddy Simulation(KULES) 코드를 그림 18에 나타낸 흐름에 적용하였다. 시뮬레이션 도메인은 우타쓰 고속도로 교량보다 작지만, 난류변동을 해결하기 위한 격자 해상도(흐름 및 교량 축 방향으로 0.2m, 수직방향으로 0.075m)는 더 높다. 지진해일은 이 그림의 좌측에서 내습(來襲)하는 것으로 가정하였으며 교량 폭 방향으로 교량을 넘어 하천을 거슬러 올라간다. 교량상부는 지진해일 흐름영향을 받는 중심경간(中心徑間)에서 충분히 떨어진 2개 단(端)에서의 교대(橋臺) 위에 놓인 4개의 거더에 의해 지지(支持)된다. 따라서 경간 중심 부근에서의 흐름을 시뮬레이션하였고 덱 운동은 교량 덱 축(軸)에 수직인 평면에서 발생한다고 가정한다. 또한 4개의 거더와 슬래브는 하나의 고정체(固定體)에 단단히 연결되어 있다고 가정하고 반력(反力)은 2개의 외부 접점(接點)에서 작용하여 덱이 지점(地點) 아래로 떨어지는 것을 방지하고 수평방향으로 마찰력, 정적내력(靜的耐力) 및 이동력이 작용하는 것으로 가정한다. 단면 형상 및 치수는 히로치바시 교량의 단면형상 및 치수이다. 정적 및 동적 마찰계수는 각각 0.7 및 0.2로 가정한다.

LES 분석에 의해 계산된 압력 및 전단응력은 수직력 F_z, 수평력 F_x 및 중심(重心) CG에 대한 전도모멘트 M을 구하기 위해 매 10회의 계산시간 스텝마다 한 번씩 교량 단면의 모든 침수(浸水) 표면에 대하여 적분(積分)시킨다. 그런 다음 덱 운동을 분석하고 다음 시간스텝의 흐름계산을 진행하기 전에 위치와 방향을 업데이트시킨다. F_x의 방향은 육지 쪽 방향으로

---

9 권파(卷波, Plunging Wave) : 쇄파의 한 종류로 파도가 뚜렷이 앞으로 기울어지고 이어서 앞면이 앞으로 뒤집어져 공기를 말아 넣어 물 덩어리 전체가 한꺼번에 던져지는 형태로 부서지는 파도로, 파장이 긴 파에서 일어난다.

양(陽)의 값을 가지며, 모멘트는 덱을 바다 쪽 상향(上向)으로 회전시키는 방향을 양의 값을 갖도록 한다.

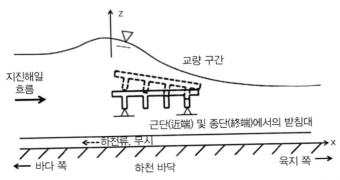

그림 18 수치시뮬레이션을 위한 낮은 교량 구간을 통과하는 지진해일 흐름의 구성

3.3 수치시뮬레이션 결과

먼저 계산은 완전히 발달된 2차원 난류개수로(亂流開水路) 흐름의 수면 아래 충분히 수몰(水沒)된 상태에 있는 덱에서 시작한다. 초기 흐름수심은 $h_{in}=5m$이고, 덱 상부면은 수면 아래 1m에 있고 평균유입유속은 $V_{in}=5m/s$이다. 이러한 수치(數値)는 실제 지진해일 동안 발생했을 가능성이 있지만 실제 데이터를 근거하지는 않았다. 그림 19는 경간 중심에서 수직면의 순간 흐름장과 수평력, 수직력 및 전도모멘트 M_A(육지 쪽 지점 주변)의 시간이력을 보여준다. 상단 흐름장 그림은 가정(假定)한 초기조건으로부터 천이(遷移)된 그림이고 하단은 정상(定常) 상태에 도달한 후 그림이다. 이 그림은 총속도 V 및 압력의 크기를 착색등고선(着色等高線)으로 표시한 속도 벡터(Vector)로 나타낸다. 압력등고선 증가량은 1m 높이의 수주(水柱) 중량과 거의 같다. 초기 1초(sec)가량은 경계조건에 맞추기 위해 가정된 흐름장으로부터 스핀 업(Spin-up)[10]된다(그림 19의 첫 번째 그림 참조). 정상상태에 도달하는 데 수 초(sec)가 걸리는 것으로 나타나며, 유량 q_{in}은 계산에서 일정하게 유지되기 때문에 유입부(流入部)에서 흐름수심은 약 1m 증가하고 평균유입속도는 약 1m/s만큼 감소한다. 임계미만(臨界未滿) 프루드수(0.7)에서의 유입수심 증가는 예상하였던 바이다. 초기상태($t=1.0$초(sec))에서 정수

---

10   스핀 업(Spin-up):정지한 유체가 외부에서 가해지는 와도(渦度)에 의해 강제회전으로 천이되는 과정을 말한다.

압 값보다 작은 압력영역과 대략 일치하는 급류영역은 육지 쪽 덱 모서리 부근 바로 위 및 바다 쪽 덱 아래 모서리 근처에 보인다. 정상상태에서는 덱 바로 우측 흐름은 사류(射流)[11]가 되고 완만한 도수(跳水)[12]가 발생하여 유출부에서는 초기 상류(常流)[13]로 되돌아간다(그림 19의 2번째 그림 참조).

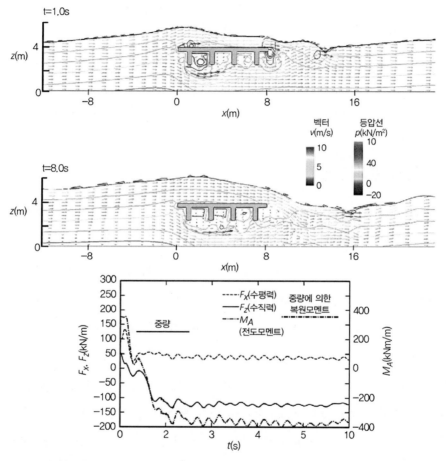

그림 19 정상유입류율(定常流入流率) q_{in} =25m³/m/s 및 수심 h_{in} =5m에 대한 수치시뮬레이션 결과. 상단 그림에서 벡터는 총 속도를 나타내며, 등압선은 10kN/m²의 간격으로 압력을 나타냄

---

11 사류(射流, Supercritical Flow) : 개수로의 흐름에서 유속이 한계유속보다 빠른 흐름으로 일반적으로 프루드수(Froude Number)가 1보다 클 경우를 말한다.

12 도수(跳水, Hydraulic Jump) : 흐름이 사류(射流)에서 상류(常流)로 바뀔 때는 그 변화가 불연속적으로 일어나며, 표면에 현저한 소용돌이를 동반하기 때문에 흐름은 작은 수심으로부터 큰 수심으로 급격히 변하는데, 이 현상을 말한다.

13 상류(常流, Subcritical Flow) : 와류(渦流)가 발생하지 않는 속도 범위 내 유체의 흐름을 말한다.

동수력의 수평성분 F_x, 수직성분 F_z 및 덱이 전도(顚倒)될 때 예상전심(豫想轉心)인 하류 빔(Beam) 바닥 주위에 대한 모멘트 M_A에 대한 시계열(時系列)들을 그림 19에 나타내었다. F_z은 50kN/m인 정적(靜的) 부력으로 시작하지만 약 $t = 0.5$초(sec) 후에는 음(陰)으로 되고 약 $t = 1.0$초(sec) 후에는 M_A도 음(陰)이 된다. 단위경간당 덱 중량(125kN/m)과 중량으로 인한 복원 모멘트(375kNm/m)가 같은 그림에 표시되어 있다. 수평력은 항상 양(陽) 값이며 초기에는 단지 중량과 가깝다. 이 시뮬레이션의 초기조건에서 개수로 속도분포를 모든 곳에서 인위적으로 부과(賦課)하였다. 초기 스핀 업 기간 후 F_x는 약 50kN/m에서 변동을 거듭하며, 이는 중량의 1/2보다 작고 정지마찰저항력(停止摩擦抵抗力)보다 낮으므로 덱 이동을 유발하기에 충분하지 않다. 증가된 유속은 단지 하향력만을 증가시켜 정지마찰증가 및 이동에 대한 저항이 더 커진다. 이는 우타쓰 고속도로 교량의 높은 여유공간을 갖는 덱에 대한 시뮬레이션 결과와 일치한다. 따라서 덱을 완전히 침수하게끔 하는 정상류(定常流)는 정착장치 없더라도 덱을 움직일 만큼 강한 힘을 유발(誘發)하지 않는다.

다음 시나리오의 결과는 그림 20에 나와 있다. 이 케이스에서는 덱은 처음에는 수면 위로 노출되고 파고 2m인 파랑이 5m/s 유속으로 교량에 접근한다. 교량 덱에 작용하는 파력에 대한 Hiraki 등(2011)의 실험적 연구에 따르면, 이것은 큰 수직력이 발생할 수 있는 상황이다. 대표적인 경우의 흐름장과 힘의 시간이력 및 현재 시뮬레이션에서 나온 모멘트를 그림 19와 같이 나타내었다. 파면(波面)이 약 $t = 0.6 \sim 1.2$초(sec)에서 교량 덱과 충돌할 때 큰 수직력과 전도모멘트가 발생하는 것을 볼 수 있다. 힘에 따른 그림은 파랑이 교량의 4개의 개별(個別) 빔(Beam)과 바닥면과 충돌할 때 각 단계에 상응하는 여러 개 피크(Peak)를 나타낸다. 아래 쪽 빔들 사이 공동(空洞) 내 공기는 대기와 연결되어 있고 그곳의 압력은 대기압으로 가정했다는 것에 유의한다. 양력은 2번째 피크에서 최대치를 취하며 전도모멘트는 순간적으로 중량에 매우 가깝다. 그러나 물이 덱 상부 표면 위로 흐르기 시작할 때(아래 그림 중 좌측) 양력은 점차적으로 감소하고 약 t = 3.0초(sec)에서 약간 음(陰) 값을 갖는다. 이런 양력의 거동은 Hiraki 등(2011)의 실험과 일치한다. 2개의 큰 피크 동안 수평력은 정지마찰력보다 커지지만 현재 흐름-구조물 상호작용 계산에서는 이들 운동을 유발시키기에 충분하지 않음을 나타낸다. 시뮬레이션된 최종 시나리오는 다음과 같다. 덱은 초기에 느린 1m/s 유속으로 완전히 잠기게 된다. 이것은 전체 부력과 매우 작은 하향의 동수력을 제공한다. 이 힘들은 작아 운동을 발생시키지 않는다.

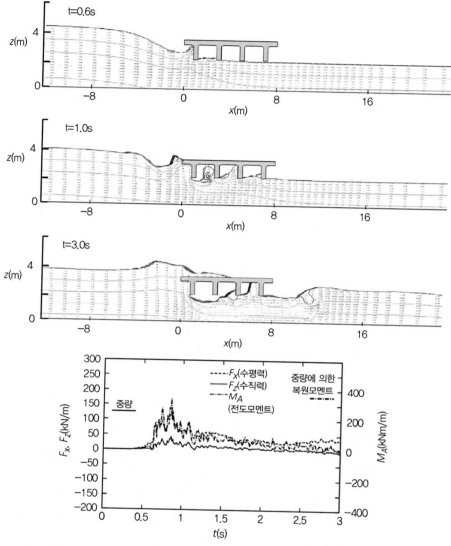

그림 20 파고 2m 파랑해일로 유입 V_{in} =5m/s 및 초기수심 h_{in} =2.3m에 대한 수치시뮬레이션 결과. 범례(範例)는 그림 19와 같음

그런 다음 5m/s 유속을 가진 파고 1m인 파랑을 접근시킨다. 이 시뮬레이션 결과는 그림 21에 나와 있다. 교량 덱 주변 압력 분포는 초기에 거의 정수(靜水)이다. 증가된 유속을 갖는 파랑이 접근함에 따라, 교량 덱에 의한 장애물로 인해 수면이 상승하고 바다 쪽 덱 끝에서 압력이 증가하게 된다. 이러한 불균일한 압력 증가로 인해, 전도모멘트는 증가한다. 약 t = 10.5초(sec)에서 전도모멘트가 복원 모멘트를 초과하므로 덱은 회전하기 시작한다.

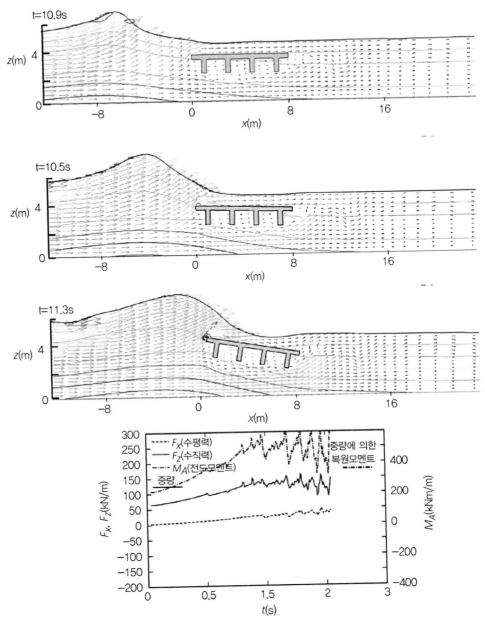

그림 21 파고 2m인 파랑해일로 속도 5m/s인 초기흐름 V_{in} =1m/s 및 수심 h_{in} =5m에 대한 수치시뮬레이션 결과. 범례는 그림 19와 같음

이 증가된 받음각(迎角)[14]으로 인해 양압력은 증가한다. $t = 10.9$초(sec)에 이르면 양압력은 덱 중량만큼 커지게 된다. 이것은 전체 덱이 교대(橋臺)로부터 떨어져 올라가는 순간이다. 그때에 수평마찰 저항력을 완전히 잃어버리고 작지만 중량의 1/5 미만인 수평력에 의해 덱은 수평으로 이동하기 시작한다. 이 이후 힘(운동과 함께)은 격렬하게 변동한다.

위의 3가지 시뮬레이션 시나리오 결과는 제1 지진해일파가 교량 덱을 완전히 수몰시킨 후에 발생시킬 수 있는 파랑해일(波浪海溢)로 인해 히로치바시(広内橋) 교량의 파괴가 일어날 수 있음을 나타낸다. 파괴는 전도모멘트가 덱을 조금 경사지게 유도함으로써 시작되었고, 파괴는 바다 쪽 수직운동 억제 메커니즘으로 파괴를 방지할 수 있다.

3.4 결론

이와테현(岩手県) 노다무라(野田村) 히로치바시(広内橋) 교량의 파괴 메커니즘을 조사하기 위해 흐름−구조물 상호작용에 대한 시뮬레이션을 실시하였다. 평탄지(平坦地)에서의 프루드 수(Froude Number)[15]값과 같이, 해수면에 가까운 거더 교량(낮은 여유공간)의 정상동수력(定常動水力)은 일반적으로 수평적이며 압도적으로 커지지 않는다. 그러나 높은 유속의 파랑해일이 교량 덱과 충돌할 때 전도모멘트는 덱을 회전시킬 정도로 커질 수 있다. 덱의 작은 경사각은 덱을 멀리 움직일 수 있는 모멘트와 양압력을 증가시킬 수 있다.

4. 세굴(洗掘)

동일본 대지진해일은 전술한 바와 같이 수력(水力, Hydraulic Force)이 해안구조물에 피해를 입힌 것 외에도 이러한 구조물을 지지(支持)하는 지반을 세굴(洗掘)시켜 여러 방조제, 건물

---

14 받음각(迎角, Angle of Attack) : 받음각이란 공기가 흐름의 방향과 날개의 경사각이 이루는 각도를 말하며, 일반적으로 받음각이 커질수록 양력(Lift)도 증가하게 된다. 이 장에서는 지진해일이 교량 덱와 부딪칠 때 지진해일 흐름의 방향과 교량 덱와의 경사각이 이루는 각도로 말한다.

15 프루드수(Froude Number) : 개수로에서의 유속 v와 파의 전파속도 v_0의 비를 말하며, $F_r = \dfrac{v}{v_0} = \dfrac{v}{\sqrt{gh}}$ $F_r > 1$(사류), $F_r = 1$(한계류), $F_r < 1$(상류)(여기서, g : 중력가속도, h : 수심)이다.

및 해안제방을 파괴했다. Tokin 등(2014)이 기술한 바와 같이 지진해일로 인해 다양한 형태의 세굴이 관찰되었는데, 다음과 같다.

- 국소 세굴(그림 22) : 교량의 교각(橋脚) 및 기초 주위에서 흐름가속으로 발생
- 월파(越波) 세굴(그림 23) : 방조제를 월파한 흐름이 지반과 충돌하여, 폭호(瀑壺)[16]를 발생 (입사 흐름(Incident Flow) 또는 수위하강흐름(Drawdown Flow) 동안)
- 수로화(水路化)된 세굴(그림 24) : Mano 등(2012)이 언급한 바와 같이 방조제 등과 같은 장애물 때문에 수위하강 흐름이 차단되어 이러한 구조물과 흐름이 집중된 지점에 구조물과 평행한 강한 흐름 및 깊은 세굴 도랑이 형성되어 발생(즉, 제방의 파손)
- 일반적인 세굴 : 지형 및 파랑형태의 불균형 때문에 발생

그림 22 미야기현 미나미산리쿠(南三陸) 우타쓰 고속도로교 교각 주변을 국소세굴. 2011년 12월 18일 사진 촬영

그림 23 미야기현 이시노마키시 방조제의 육지 쪽 세굴. 2013년 3월 13일 사진

---

16 폭호(瀑壺, Plunge Pool) : 폭포의 기저부에서 물이 떨어지는 힘에 의해, 특히 소용돌이 효과로 우묵하게 침식된 구멍을 말하며, 이 장에서는 지진해일이 방조제를 월파할 때 낙하하면서 생긴 세굴구멍을 말한다.

그림 24 이와테현 미야코시에서 수로화된 세굴과 월파 세굴. 2011년 12월 17일 사진. 해안제방을 2등분하는 성토 (盛土)된 도로는 지진해일 이후의 공사임

　　Bricker 등(2012)은 지바현(千葉県), 이바라키현(茨城県) 및 남부 후쿠시마현(福島県) 에 있는 건물 기초 옆 세굴구멍(국소세굴)과 방조제 월파로 육지 쪽에 생긴 세굴 도랑(월파세굴)은 홍수 영향을 받는 구조물 기초의 세굴심(洗掘深)을 예측하기 위해 설계공학 실무에 사용된 실험적 및 이론적 분석 방법과 잘 일치하였다. 그러나 Bricker 등(2012)의 관측은 모두 지진해일 피해 지역의 남쪽 주변을 따라 실시하여 조사지역의 침수심은 2m를 초과하지 않았다.

　　그러나 이와테현, 미야기현, 북부 후쿠시마현에서는 침수심(浸水深)이 남쪽보다 훨씬 컸다 (동일본 지진 및 지진해일 합동조사단, 2011). Bricker 등은 4m보다 큰 침수심 경우, Tonkin 등 의 실험에서 입증(立證)된 것과 같이 급속한 수위하강으로 유발된 액상화(液狀化)(사질토(砂質 土)에서의 잔류간극수압(殘留間隙水壓) 때문에)로 세굴이 발생될 수 있다고 예측했다. Mano (2014)는 또한 Tonkin 등(2003)의 개선된 세굴이론이 미야기현의 해안제방 옆 세굴 도랑 깊이 를 추산하는 데 중요하여 이론화시켰다. Tonkin 등(2014)은 제한된 지진해일 지속기간 동안 급속한 수위하강으로 유발된 액상화 작용의 세굴이론은 최대심도가 약 4m에 이르고 동일본 지진해일 시 관측으로 결과를 검증할 수 있었음을 보여준다. 그러나 Tonkin 등(2014)은 지진 해일로 유발(誘發)된 세굴에 대한 측정치가 아직 너무 적어서 확실한 결론을 도출할 수 없다 고 말했다.

5. 결론

2011년 동일본 대지진해일동안 해안구조물들은 다양한 메커니즘 때문에 피해를 입었고 이러한 각각 메커니즘에 대한 미래 구조물 방재는 신중하게 설계되고 경우별 상황에 맞는 대응책이 필요하다. 가마이시(釜石) 방파제는 케이슨 육지 쪽 비피복(非被覆)된 사석 마운드 위를 작용한 월파 제트(Overtopping Jet)로 인한 세굴(Arikawa 등이 언급한 바와 같이, 2012)과 케이슨 후미하단(後尾下端)에서 사석 마운드 기초의 지지력(支持力)을 초과하는 펀칭 압력으로 인한 기초 파괴(이번 장에서 언급한 바와 같이)의 결합으로 파괴되었다. 세굴 방지를 위해서는 사석 마운드 기초의 육지 쪽 피복이 필요할 것이다(바다 쪽은 이미 태풍 동안 파랑으로 유발된 세굴로부터 보호하기 위해 이미 예전부터 피복시켜왔다). 지지력 파괴를 방지하려면 각 케이슨 저면(底面)을 넓혀야 하며, 이는 케이슨 후미하단에서의 펀칭압력을 감소시킨다. 우타쓰(歌津) 교량은 덱을 뒤집어놓을 만큼 충분히 큰 유체 양력(流體揚力)과 덱에 작용하는 전도력(顚倒力)이 조합되어 전도(顚轉)되었다. 원인 분석에서 거더(Girder)들 사이 공동(空洞)에 갇힌 공기가 덱의 파괴 원인이며 공기의 배출(排出)이 파괴를 막을 수 있음을 보여준다. 덱의 편구배(偏勾配)를 바다 쪽으로 상향시킨 것도 파괴원인이었다. 수평인 덱은 파괴하지 않았지만 실제로 덱은 고속도로의 평면곡선을 따라 운전자의 주행안전(走行安全)을 위해 편구배(片句配)시켜야만 한다. 결국 교량 하부에 설치되었던 방조제 존재는 교량 하부에서의 흐름에 대한 저항력을 증가시켰고, 그 결과 덱 바로 위 빠른 흐름(따라서 낮은 압력)과 교량이 깊게 수몰(水沒)될 때 덱 아래의 느린 흐름(따라서 높은 압력)을 초래했기 때문에 덱의 파괴가 불가피하였다. 방조제가 없거나 방조제가 교량에서 멀리 떨어져 있었다면 덱은 파괴되지 않았을 것이다. 서로 영향을 미치는 인근 구조물로 인한 이러한 유형의 피해를 막기 위해 도시계획 또는 건축법규 등 여러 부문 간의 조화가 필요하다. 이와테현 노다무라에 있는 히로우치바시 교량은 우타쓰 교량과 다른 외형구조(낮은 여유 공간과 짧은 거더)를 가지고 있었으며, 시뮬레이션에서는 교량을 원래 위치로부터 이동시키는 지진해일이 존재하였다는 것을 보여주었다. 위에 제시된 피해대책 이외에도 Kawashima와 Buckle (2013)은 교량 하부구조(下部構造)의 중량이 덱 변위를 막을 수 있도록 지진해일이 발생하기 쉬운 교량 덱에 결속(結束)장치를 설치하여야 함을 제안한다.

세굴은 2011년 지진해일 동안 해안구조물 파괴의 또 다른 주요 핵심 원인이었다. 국소 세굴심(洗掘深) 및 월파 세굴을 예측하기 위해 최신의 실험방법이 필요하며, 이러한 방법은 지진해일 동안 파괴를 막기에 충분한 기초 및 푸팅(Footing)을 설계하는 데 사용될 수 있다(설계 지진해일 흐름깊이와 유속을 충분히 잘 예측할 수 있다고 가정하면, 그 자체가 유망한 연구분야이다). 세굴을 발생시키는 급속한 수위강하로 유도된 액상화(Tonkin 등, 2003) 및 단기간의 지진해일 지속시간으로 인한 세굴심 한계(Tonkin 등, 2004)는 지진해일 사건 동안 구조물에 영향을 줄 수 있어, 이런 물리적 현상이 지배적일 때 세굴심(洗掘深)을 예측하기 위해 (그래서 설계지침을 개발하기 위해) 이러한 과제에 관한 추가연구가 필요하다는 점을 강조했다.

참고문헌

1. Arikawa, T., Sato, M., Shimosako, K., Tomita, T., Tatsumi, D., Yeom, G., Takahashi, K., 2012. Investigation of the Failure Mechanism of Kamaishi Breakwaters Due to Tsunami : Initial Report Focusing on Hydraulic Characteristics. Technical Note No. 1251. Port and Airport Research Institute, Yokosuka, Japan (in Japanese).

2. Bricker, J.D., Nakayama, M., 2014. Contributions of trapped air, deck superelevation, and nearby structures to bridge deck failure during tsunami. J. Hydraul. Eng.. 140 (5), 05014002-1-7.

3. Bricker, J.D., Francis, M., Nakayama, A., 2012. Scour depths near coastal structures due to the 2011 Tohoku Tsunami. J. Hydraul. Res. 50 (6), 637–641.

4. Bricker, J.D., Takagi, H., Mitusi, J., 2013. Turbulence model effects on VOF analysis of breakwater overtopping during the 2011 Great East Japan Tsunami. In : Proceedings of the 2013 IAHR World Congress, Chengdu, Sichuan, China, Paper A10153.

5. Goda, Y., 2010. Random Seas and Design of Maritime Structures, Third ed. World Scientific, New Jersey, p. 708.

6. GSI (Geospatial Information Authority of Japan, 2012). 50 mmesh digital elevation map for eastern Japan. CD-ROM.

7. Hiraki, Y., Shoji, G., Iidaka, M., Fujima, K., Shigihara, Y., 2011. Evaluation of Vertical Force Acting on a Bridge Deck Subjected to Breaker Bores. Annu. J. Coast. Eng., JSCE, Ser. B2 67 (2), I_266–I_270 (in Japanese).

8. Japan Oceanographic Data Center, 2012. http://jdoss1.jodc.go.jp/cgi-bin/1997/depth500_file.jp (accessed January 2012).

9. Joint Survey Group, 2011. The 2011 Tohoku Earthquake Tsunami Joint Survey Group Information Homepage. http://www.coastal.jp/tsunami2011/.

10. Kawashima, K., Buckle, I., 2013. Structural performance of bridges in the Tohoku-Oki earthquake. Earthq. Spectra 29 (S1), S315–S318.

11. Kerenyi, K., Sofu, T., Guo, J., 2009. Hydrodynamic Forces on Inundated Bridge Decks. Report No. FHWA-HRT-09-028 of the Federal Highway Administration.

12. Kosa, K., Akiyoshi, S., Nii, Y., Kimura, K., 2011. Experimental study to evaluate the horizontal force to bridge by tsunami. J. Struct. Eng. JSCE 57A, 442–453 (in Japanese).

13. Mano, A., 2014. Large scale scouring by the 2011 Tohoku Tsunami. In : International Workshop on the Application of Fluid Mechanics to Disaster Reduction, February 21-22, 2014, Sendai, Japan.

14. Mano, A., Tanaka, H., Udo, K., 2012. Destruction mechanism of costal levees on the Sendai Bay coast hit by the 2011 Tsunami. In : Proceedings of 33rd Conference on Coastal Engineering, Santander, Spain.

15. Ministry of Land, Infrastructure, and Transport, data received May 2012. Sendai Research and Engineering Office.

16. Mitsui, J., Maruyama, S., Matsumoto, A., Hanzawa, M., 2012. Stability of armor units covering harbor side rubble mound of composite breakwater against tsunami overflow. J. JSCE, Ser. B2 (Coast. Eng.) 68 (2), I_881–I_885 (in Japanese).

17. Nakayama, A., 2012. Large-eddy simulation method for flows in rivers and coasts constructed on a Cartesian grid system. Mem. Constr. Eng. Res. Inst. 54, 13–27.

18. Port and Airport Research Institute, 2012. GPS buoy data. http://nowphas.mlit.go.jp/nowphasdata/sub300.htm (accessed January 2012).

19. Saito, T., Ito, Y., Inazu, D., Hino, R., 2011. Tsunami source of the 2011 Tohoku-Oki earthquake, Japan : inversion analysis based on dispersive tsunami simulations. Geophys. Res. Lett. 38, L00G19.

20. Shoji, G., Hiraki, Y., Fujima, K., Shigihara, Y., 2010. Experimental study on fluid force on a bridge deck subjected to plunging breaker bores and surging breaker bores. J. JSCE, Ser. B2 (Coast. Eng.) 66 (1), 801–805 (in Japanese).

21. Takagi, H., Esteban, M., 2013. Practical methods of estimating tilting failure of caisson breakwaters using a Monte-Carlo simulation. Coast. Eng. J. 55, 1350011. http://dx.doi.org/10.1142/S0578563413500113.

22. Takahashi, S., Toda, K., Kikuchi, Y., Sugano, T., Kuriyama, Y., Yamazaki, H., Nagao, T., Shimosako, K., Negi, T., Sugeno, H., Tomita, T., Kawai, H., Nakagawa, Y., Nozu, A., Okamoto, O., Suzuki, K., Morikawa, Y., Arikawa, T., Iwanami, M., Mizutani, T., Kohama, E., Yamaji, T., Kumagai, K., Tatsumi, D., Washizaki, M., Izumiyama, T., Seki, K., Yeom, G., Takenobu, M., Kashima, H., Banno, M., Fukunaga, Y., Sakunaka, J., Watanabe, Y., 2011. Urgent Survey for 2011 Great East Japan Earthquake and Tsunami Disaster in Ports and Coasts. Technical Note No. 1231. Port and Airport Research Institute, Yokosuka, Japan (in Japanese).

23. Tonkin, S.P., Yeh, H., Kato, F., Sato, S., 2003. Tsunami scour around a cylinder. J. Fluid Mech. 496, 165–192.

24. Tonkin, S.P., Francis, M., Bricker, J.D., 2014. Limits on coastal scour depths due to tsunami. In : Davis, et al. (Ed.), International Efforts in Lifeline Earthquake Engineering. ASCE, pp. 671–678.

25. Uezono, A., Odani, H., 1987. Planning and construction of the rubble mound for a deep water breakwater : the case of the Kamaishi bay mouth breakwater. Coastal and Ocean Geotechnical

Engineering. The Japanese Geotechnical Society, Tokyo, Japan (Chapter 4.1) (in Japanese).

26. Yaoi, Y., Iai, S., Tobita, T., 2012. Centrifuge tests and analysis of complex breakwater failure due to tsunami. In : Proceedings of the Japan Society of Civil Engineers Annual Congress, Nagoya, Japan, pp. 435–436 (in Japanese).

CHAPTER 20

지진해일 이후 공학적인 포렌식 조사 :
사회기반시설에 대한 지진해일 충격 - 2004년 인도양,
2010년 칠레 및 2011년 동일본 대지진해일 현장조사 교훈

1. 서 론

2000년 이후 발생한 몇몇 주요한 지진해일 사건들은 심각한 경제적 손실, 더 중요한 것은 대규모 인명피해를 야기(惹起)했다. 이것은 해안선 근처에 있는 대부분의 연안지역사회와 관련된 사회기반시설은 내습(來襲)하는 지진해일이 발생시키는 쇄파(碎波)와 내륙 침수로 유발된 극한동수력(極限動水力)을 견뎌내는 내구력(耐久力)이 부족하였기 때문이다(Yeh 등, 2005; Ghobarah 등, 2006; Nistor 등, 2009; Palermo 등, 2013; Nistor와 Murty, 2009).

지진해일 발생, 전파 및 해안침수지역에 관한 연구가 수십 년 동안 진행되었지만, 2004년 12월 26일 지진해일로 인한 침수에 대비하지 않았던 인도양(印度洋) 인접 국가들에 대한 지진해일의 파괴적인 영향은 대중인식을 높이는 결과를 낳았다(11장 참조). 동수력 영향이 해안기반시설에 대한 미치는 영향에 대한 조사결과, 기존 건축지침과 구조설계기준에서 제대로 언급되지 않았고, 대부분 경우 지진해일로 인한 하중과 영향을 명시하지 않는 것으로 나타났다. 2004년 인도양 지진해일 이전에는 지진해일로 유발된 힘에 대한 구조물의 설계가 지진해일 예·경보 시스템을 향한 관심과 비교했을 때 특히 중요하지 않은 것으로 여겨졌다.

2004년 12월 인도양 지진해일 이후 실시한 지진해일 예비조사에서 지진해일로 유발된 힘이 구조물의 심각한 피해나 붕괴로 이끌 수 있다는 것을 밝혀냈다(Ghobarah 등, 2006; Nistor 등, 2005; Saatcioglu 등, 2006; Yamamoto 등, 2006; Nistor 등, 2011; Anawat에 의한 9장 참조). 지진해일이 발생하기 쉬운 지역의 해안선으로부터 일정 거리 내에 설계 및 시공된 기반시설

은 이러한 힘을 합리적으로 고려함이 필수적이라는 것이 분명해졌다. 저자들이 참여한 2회의 지진해일(2010년 칠레 및 2011년 동일본) 포렌식(Forensic)[1] 현장조사에서 극한동수력 작용을 받는 기반시설에 대한 합리적인 설계지침의 개발필요성이 더욱 강조되었다. 약 27만 명의 희생자(사망·실종자 포함)를 낸 2004년 12월 인도양 지진해일(1970년 11월 방글라데시 사이클론 볼라(사망·실종자 약 50만 명)로 인한 폭풍해일 이후 인류 역사상 두 번째로 많은 인명손실을 발생시킨 자연재난) 이후 현장조사, 2007년 4월 남태평양 지진해일(솔로몬 제도), 2010년 2월 칠레 지진해일, 2010년 10월 서수마트라 인도네시아 지진해일, 2011년 3월 동일본 대지진해일(인류역사상 가장 큰 경제적 손실을 일으킨 자연재난)의 현장조사는 지진해일로 유발된 힘의 영향에 대한 이해와 지진해일 내습지역인 해안선 근처에 위치한 구조물에 대한 설계지침의 필요성을 강화시켰다(Yamamoto 등, 2006; Nistor 등, 2009; Koshimura 등, 2009). 해안기반시설에 작용하는 지진해일의 극한동수력을 제대로 정량화하는 것 외에 그러한 재난의 특징인 엄청난 경제적 및 사회적 결과를 고려할 때 충격 메커니즘과 본질의 이해는 필수적이다. 해안·항만구조물에 작용하는 지진해일력의 연구에 대한 광범위한 문헌검토 결과(Nistor 등, 2009), 해안·항만구조물에 작용하는 지진해일 하중을 특별히 다루는 설계기준이나 건축지침·법규가 부족한 실정이었다. 게다가 FEMA 55 (2000)와 같은 기존지침서는 주로 폭풍해일로 인한 해양구조물 또는 해안침수를 위해 만들어졌다. Okada 등(2005)은 구조물의 지진해일 하중에 관한 규정을 제안하면서, 유체압력 분포 및 최근 의문시 되는 관련된 힘 등을 설계매개변수로 채택하였다(Palermo 등, 2009). 그러나 구조공학측면에서 흐름-구조물 상호작용이 동수력의 시간이력(時間履歷) 응답과 크기에 미치는 영향은 그때까지 조사하지 않았다(Yeh 등, 2005). 이에 대응하여 지진해일로 유발된 극한 동수력과 구조물에 미치는 영향에 대한 상세한 조사 및 정확한 정량화(定量化)에 중점을 둔 연구를 최초로 시작하였다. 즉, 오타와(Ottawa)대학에서는 (1) 지진해일영향을 받는 해안기반시설의 지진해일 이후 포렌식 조사, (2) 구조물 요소에 작용하는 지진해일의 단파(段波) 영향을 연구하기 위한 종합적인 실험연구 프로그램 및 (3) 동수력과 구조물에 유도된 하중의 크기 및 과도특성을 정확하게 시뮬레이션할 수 있는 새로운 수학적 및 수치시뮬레이션의 개발을 시작하였다. 이 연

---

1   포렌식(Forensic) : 범죄를 밝혀내기 위한 수사에 쓰이는 과학적 수단이나 방법, 기술 등을 포괄하는 개념으로, 공청회를 뜻하는 라틴어 'forensis'에서 유래한 만큼 공개적인 자리에서 누구나 인정할 수 있는 객관성 담보가 목적이며, 여기에서는 과학적이고 공학적인 현장조사를 의미한다.

구의 목표는 지진해일이 발생하기 쉬운 지역에 있는 기반시설을 합리적으로 설계하기 위해 엔지니어, 연안역(沿岸域) 관리자와 방재실무자가 사용할 신뢰할 수 있는 설계기준과 도구를 개발하는 것이다.

2. 지진해일 기본변형 및 지진해일로 유발(誘發)된 힘의 특성

지진해일파는 해저지진, 화산폭발, 산사태로 인한 수중사태(水中沙汰, Submerged Landslide) 또는 공중사태(空中沙汰, Aerial Landslide) 등 여러 자연현상으로 야기될 수 있다. 그러나 대부분 지진해일은 주로 섭입대(攝入帶)인 텍토닉 플레이트(Tectonic Plate)[2] 경계에 따른 지진으로 발생된 급격한 대양해저(大洋海底)의 수직상승으로 일어난다. 이렇게 엄청난 양을 가진 해수(海水)의 수직변위는 수천 km 거리를 고속으로 전파하는 지진해일파(津波)를 발생시킨다. 심해 대양에서 지진해일파의 속도는 수심에 비례하기 때문에 시속(時速)은 수백 km에 이를 수 있다. 그러나 지진해일파가 해안선을 향해 다다르면 수심이 감소함에 따른 해저경사 때문에 '압박(壓迫)'을 받게 된다. 그 결과 파고는 증가하는 반면 파속(波速)은 감소한다. 지진해일파는 해안수심(海岸水深)에 의존하면서 근해(近海)에서 쇄파되어 댐 붕괴로 발생하는 홍수파(洪水波)[3]와 같은 단파(段波, Bore) 형태로 저지대 해안지역을 침수시키면서 전진할 수 있다. 해안선과 내륙을 향해 전진하는 단파는 비말(飛沫)을 가진 난류벽(亂流壁)과 비슷한데, 이 경우 파랑은 쇄파하면서 그 형태를 완전히 잃는다. 반대로 지진해일의 침수는 갑자기 상승하고 전진하는 조석(潮汐)처럼, 비쇄파 지진해일파는 해수면의 점진적인 상승과 후퇴를 하면서 발생할 수도 있다. 그러나 이것은 산호환초(珊瑚環礁) 경우와 같이 외빈(外濱) 해빈경사가 비교적 가파른 경우에만 발생한다. 대륙붕의 폭(幅), 초기 지진해일 파형(波形),[4] 해빈경사, 지진해일 파장의 길이는 모두 지진해일 파랑의 쇄파형태를 지배하는 매개변수들이다. 쇄파된 지진

---

2 텍토닉 플레이트(板構造論, Tectonic Plate) : 지구표면은 여러 개의 굳은 판으로 나누어져 있는데, 판이 변형 내지는 서로 수평운동을 하고 있다는 개념에 바탕을 둔 이론을 말한다.

3 홍수파(洪水波, Flood Wave) : 수위가 최대치로 상승하였다가 저하되는 현상으로, 지속된 강수(降水)에 의해 유출이 시작되는 유역에서 하천의 유량이 점점 상승해 수위가 첨두(尖頭)까지 올라간 후 다시 내려오는 일련의 과정을 말한다.

4 파형(波形, Waveform) : 파랑에 의해 나타나는 변위가 어떤 모양을 주기적으로 반복할 때, 그 반복되는 단위 곧 한 파장 안에 들어 있는 변위의 모양을 파형이라고 한다.

해일파는 육지로 이동하면서 해안지역 육지지형에 따라 경로에 놓여 있는 기반시설에 큰 영향을 미칠 수 있다. 해안지역 중 저지대는 지진해일 파랑 및 뒤이어 일어나는 해안침수에 특히 취약하다. 게다가 지진해일파로 유발되는 동수력적 충격의 메커니즘은 폭풍해일로 발생한 것과 상당히 다르다. 지진해일파의 수위증가인 경우 불과 몇십 초(sec)인 것과는 달리 폭풍해일 결과로 인한 해안침수의 수위 증가는 몇 시간 또는 몇 분에 걸쳐 발생한다.

지진해일로 유발된 힘의 크기와 작용을 정의하기 위해서는 3가지 매개변수가 필수적이다. (1) 침수심, (2) 유속 및 (3) 흐름방향. 이러한 매개변수는 주로 (a) 지진해일 파고와 파장, (b) 해안지형, (c) 해안내륙(海岸內陸)의 조도(粗度)에 달려 있다. 따라서 지진해일로 인한 해안침수의 범위 및 특정 지점에서의 침수심은 여러 크기와 방향을 가진 지진해일 사건을 이용하여 예측할 수 있으며 그에 따라 해안침수를 수치모델링할 수 있다. 그러나 유속과 흐름방향의 예측은 일반적으로 어렵다. 유속은 크기에 따라 변할 수 있지만 흐름방향은 육상지형, 토양피복(土壤被覆) 및 장애물에 따라 달라질 수 있다.

지진해일로 유발된 침수 때 발생하는 주요 힘의 구성성분으로는 (1) 정수력, (2) 동수력(항력), (3) 부력과 양압력, (4) 충격력, (5) 표류물 충격과 댐핑(Damming)이 있다. 정수력(靜水力)은 정지해 있거나 천천히 움직이는 수괴(水塊)의 결과로서 구조물의 반대편에 있는 수위차(水位差)로 발생한다. 동수력(動水力)(항력)은 구조물 주변의 지진해일 흐름 때문에 발생한다. 부력(浮力)은 지진해일로 유발된 침수로 인해 수몰(水沒)되거나 부분적으로 수몰된 구조물에 발생한다. 이런 힘들은 활동 및 전도에 대한 저항감소를 통해 안정성 파괴를 초래할 수 있다. 수평구조요소(水平構造要素)에 작용하는 양력(揚力) 또한 부력과 연관되어 있다. 게다가 동수력은 급격히 상승하는 수위 또는 유속의 수직성분으로 인해 수평부재에 작용하는 양력에 부가(附加)될 수 있다. 충격력은 구조물과 충돌하는 지진해일 흐름의 선단(先端)과 구조물 충돌로 생긴 결과이다. 표류물 충격력은 지진해일로 운반된 떠다니는 자동차, 건물의 부유(浮游)부분, 유목(流木), 보트 및 배 때문에 발생한다. 큰 표류물은 개별적인 구조요소의 파괴를 일으키며 점진적인 붕괴의 원인이 될 수 있다. 지진해일로 인한 표류물이 구조물 앞에 축적(蓄積)되면서 댐 효과(Damming Effect)를 일으켜 동수력이 증가하는 흐름에 노출된 지역을 늘어난다. 지진해일의 수위하강 동안 수평구조인 바닥 시스템에 물을 보유하고 있으면 중력(重力)이 발생한다. Nistor 등(2009), Palermo 등(2009)과 FEMA P646(2012)은 이러한 힘을 계산하기 위한 공식을 포함하여 개별 힘의 구성성분에 대한 포괄적인 데이터를 제공한다.

3. 지진해일에 대한 포렌식 현장조사

해안지역에 위치한 기반시설 및 지진해일파에 의한 지역사회의 파괴규모는 지진해일 발생 후 예비조사(豫備調査)를 통해서만 알 수 있다. 지진해일 발생 후 현장조사는 측정치를 기록하고 현장 데이터를 수집하며 지역주민 및 지방 관계 당국과 인터뷰를 통해 지진해일이 연안지역사회에 미치는 영향을 이해하고 계량화(計量化)할 수 있는 비길 데 없는 기회를 제공한다. 수집된 정보와 데이터는 지진해일로 인한 파괴적인 결과로부터 주민과 기반시설을 방호하는 데 필요한 예방책과 공학적인 해결책을 모색(摸索)하는 데 많이 사용할 수 있다. 공간적인 지진해일로 인한 침수 매개변수들의 현장측정(침수심과 내륙 침수범위) 이외에도 여기에서 언급된 지진해일 전후 조사의 주요 초점은 기반시설의 정성적 및 정량적인 피해산정이다.

3.1 2004년 인도양 지진해일의 포렌식 과학조사

오타와대학, 맥마스터(Mcmaster)대학(캐나다), 요코하마 국립 및 와세다 대학(일본)의 연구자들은 서로 협력하여 주요한 3개의 지진해일(2004년 인도양, 2010년 칠레 및 2011년 일본)이 영향을 미친 여러 지역에서 포렌식 지진해일 예비조사를 여러 차례 실시하였다. 2004년 12월 인도양 지진해일 직후에 태국과 인도네시아에서 처음 현장조사를 수행하였으며(2005년 1월), 칠레의 중부지방 해안을 강타한 2010년 지진해일(2010년 4월)과 2011년 3월 동일본 대지진해일이후의 전체 도호쿠(東北) 해안을 따라 마지막으로 조사가 이루어졌다(2011년 4월). 또한 재건활동(再建活動) 효과를 평가하고 인도양 연안지역에 대한 지진해일로 야기된 다른 피해를 조사하기 위해 지진해일 전후 조사를 실시하였다. 이러한 재난전후 현장조사에는 태국(2005), 스리랑카(2006) 및 탄자니아(2007)가 포함되었으며 기반시설 재건, 침수가 빈발한 지역의 위험경감(危險輕減) 및 연안지역사회에 대한 지진해일의 장기적 영향 조사에 중점을 두었다.

2005년 1월 오타와대학과 맥마스터대학으로 구성된 연구팀이 태국과 인도네시아에 대한 첫 번째 지진해일 예비조사를 실시했다. 이 조사는 인도네시아인 경우 진원지(震源地)와 가까운 도시 및 농촌지역으로 설계 또는 비설계로 건축된 구조물 모두에 중점을 두었다(Saatcioglu 등, 2006; Ghobaeah 등, 2006).

태국 푸껫섬(Phuket Island)의 라와이 비치(Rawai Beach), 카타 노이 비치(Kata Noi Beach), 카타 비치(Kata Beach), 파통 비치(Patong Beach) 및 카말라 비치(Kamala Beach)를 먼저 조사하였고, 그다음 푸껫섬에서 남쪽으로 약 48km 떨어진 피피섬(Phi-Phi Island)과 푸껫 북쪽으로 약 100km 떨어진 해안도시 카오락(Khao Lak)을 조사하였다. 작은 기둥을 가진 비설계된 저층 철근콘크리트 구조인 건물은 지진해일 하중에 취약하여 부분적 또는 완전히 붕괴하였다. 이 건물들이 만약 해안 근처에 있었다면 심각한 피해를 입었을 것이다. 또한 설계된 구조물도 피해를 입었는데, 많은 구조물 특히 해안 가까이 입지하여 뚜렷한 흐름수심 및 유속에 노출된 경우 원상태(原狀態)를 유지할 수 없었다. 그림 1과 2는 태국 푸껫섬 북쪽의 카오락(Khao Lak)에서 조사한 여러 가지 구조물의 피해를 나타낸다.

두 번째 포렌식 지진해일 조사는 수마트라(Sumatra) 북단에 있는 인도네시아 아체주(Aceh Province)의 주도(州都)인 반다아체(Banda Ache)에서 실시하였다. 아체주 지역과 반다아체(Banda Aceh)시는 엄청난 규모의 지진해일 피해를 입었고 실제로 인도양 분지(盆地) 주변 모든 연안지역사회 중 가장 큰 지진해일 피해를 입은 도시이었다. 비설계(非設計)된 수많은 철근콘크리트 건물이 구조적 피해를 입었다는 것이 관측되었다. 광범위한 지진해일로 인한 침수결과로 반다아체시 주민의 1/4가량이 사망하였다(반다아체시 인구 264,618명 중 61,065명이 사망, 반다아체시 홈페이지(2007) 참조). 공간적인 침수범위에 대한 측정결과, 침수는 내륙으로 수 킬로미터 떨어진 곳까지 도달(到達)하였다(28장 참조). 반다아체 지역에서의 해안·항만구조물 중 상당 부분(어항(漁港), 상항(商港), 해안제방 등)이 완전히 파괴되었다(Saatcioglu 등, 2006). 비설계된 수많은 철근콘크리트 건물 중, 특히 1층 기둥이 구조적 피해를 입었다. 취약한 내진설계 및 관행고수(慣行固守) 때문에 다층(多層)으로 설계 후 철근콘크리트로 지어진 공공건물도 지진피해를 입었다. 조적벽(組積壁)[5]의 피해는 분명했지만 여러 이슬람 사원은 지진해일 재난을 견뎌냈다. 파괴 정도는 궤멸적(潰滅的)일 만큼 처참하였다. 대다수 1~

---

5   조적벽(組積壁, Masonry Wall) : 건축자재인 돌, 벽돌, 콘크리트블록을 쌓아 올려 외벽, 내벽이라고 하는 벽면을 만드는 것을 말하며 벽에 의해서 지붕, 천장 등의 상부구조물을 지지한다.

그림 1 태국 푸껫섬 북쪽의 지진해일로 인한 구조적 피해

그림 2 2004년 12월, 태국 카오락항의 지진해일 피해

2층 저층(底層) 건물은 공학적 설계에 대한 근거 없이 현장타설 콘크리트를 사용하여 지어졌다. 직경 8mm인 4개의 원형(圓形) 및 이형철근(異形鐵筋)을 포함하여 기둥 모서리 철근비(鐵筋比)[6]가 약 0.5%(단면적은 약 200mm²임)인 기둥이 매우 드물었다. 이런 기둥들의 휨 내력은 지진해일의 쇄파 시 작용하는 모멘트보다 상당히 작고, 지진해일 시 자주 관측된 표류물 충

---

6   철근비(鐵筋比, Reinforcement Ratio) : 철근콘크리트 구조에서 철근 단면적의 콘크리트 단면적에 대한 비로 체적비라고
     도 말한다.

격을 고려하지 않더라도 동수력으로 인한 모멘트보다 약간 작게 산정되었다. 그림 3은 지진해일로 유발된 침수로 반다아체에서 관측된 전형적인 구조적 피해를 나타낸다.

그림 3 2004년 12월 인도양 지진해일로 인한 인도네시아 반다아체에서의 지진해일 피해

3.2 2010년 칠레 지진해일에 대한 포렌식 과학조사

2010년 2월 27일 칠레(Chile)의 태평양 연안을 따라 모멘트 규모 M_w 8.8의 대지진이 발생했다. 이 지진의 진원(震源)깊이는 약 30km이었고 진앙지(震央地)는 치얀(Chillán)시 북서쪽 95km 지점에 있었다. 지진 시 파괴는 100km 이상의 폭과 약 500km의 길이를 가지며 칠레 중부 해안선과 평행했다. 제1 지진해일파가 지진 30분 후에 발파라이소(Valparaiso)에서 관측되었다(Dunbar 등, 2010). Lagos 등(2010)이 현장조사 중에 기록한 지진해일 파랑 중 가장 큰 파고는 콘츠티투티온(Constitución)시에서는 11.2m, 디차토(Dichato)와 토메(Tomé)에서는 파고 8.6m인 지진해일파(津波)를 측정하였다. Fritz 등(2011)은 지진해일이 콘츠티투티온의 해안절벽(海岸絶壁)에서 국지 처오름(Wave Run-up) 29m에 도달했다고 언급했다. 블라야 퓨레마(Playa Purema)에서의 최대침수거리(最大浸水距離)는 약 1,032m로 관측되었다. 여러 연안지역사회가 광범위한 피해를 입었지만 지진해일로 인한 사상자 수는 적었다(6장 참조). 국제지진해일정보센터(ITC, International Tsunami Information Center)에 따르면, 지진해일로 인한 사망자는 약 124명이었다. 지진해일 사상자 수가 적은 이유는 다음과 같은 직접적인 2가지 원인에 따른 결과였다. 첫째, 칠레는 1960년에 지역주민들의 뇌리(腦裏)에 새겨진 최악의 지진해일을 경험했다(11장 참조). 1960년 지진해일은 모멘트 규모 M_w 9.5인 지진으로 촉발되어, 지진해일로

약 1,000명 사망자가 발생했다. 이사모차(Isla Mocha)에서의 최대파고는 25m이었다. 따라서 2010년 지진해일의 경우, 해안에 거주하는 사람들은 지진동(地震動)을 감지(感知)하자마자 즉시 고지대(高地帶)(언덕)로 대피하였다. 둘째, 칠레의 중부 해안선은 자연적으로 수직대피를 할 수 있는 언덕과 아주 가깝다(11장 참조).

캐나다의 관련 전문분야 연구팀은 2010년 2월 27일 지진과 지진해일 이후 2010년 3월에 2번째로 지진해일 현장예비조사를 칠레의 중부지방 해안선을 따라 실시하였다. 연구팀은 지진해일로 발생된 피해를 조사했다. 캐나다 지진공학협회(Canadian Association of Earthquake Engineering)(Palermo 등, 2013)의 후원하에 조직된 예비조사팀은 남부 탈카우아노(Talcahuano)부터 북부 피치레무(Pichilemu)까지 400km 범위의 칠레 해안선을 따라 지진해일로 발생된 피해를 조사했다. 그림 4는 이 지진해일 현장조사 중 조사한 전형적인 주택 피해를 나타낸다.

그림 4 2010년 2월 칠레 지진해일로 인한 지진해일 피해

지진해일을 견뎌낸 구조물은 구조물 위치에서의 침수심을 규명(糾明)할 수 있는 기회를 제공한다. 대부분의 피해를 입은 구조물은 해안선 근처의 침수역(浸水域) 내에 위치한 비설계된 주거용 주택이었다. 이 주거시설은 대개 경량(輕量) 목재 골조공사 또는 벽돌충진 조적벽 콘크리트골조공사로 지어졌다. 대부분의 주택은 일반적으로 외장재 또는 지붕재로서 판금결합재(板金結合材)를 사용하였다. 지진해일 동안 관측된 피해를 발생시킨 메커니즘은 내륙으로 진입하는 지진해일의 선단(先端)으로부터의 충격하중, 동수력(항력), 정수력 및 표류물 충격하중 때문이었다. 또한 주택파괴는 벽돌충진 조적벽의 펀칭(Punching), 기둥과 같은 하중지

지 요소의 부분·완전붕괴, 2층 지붕의 활동(滑動) 및 이탈 손상을 포함한다. 철근콘크리트 재료로 만든 전주(電柱) 및 도로와 같은 중요기반시설도 크게 피해를 입어, 많은 경우 파괴되었다. 광범위한 지역에서 붕괴된 주택의 목재로 형성된 작은 표류물 충격과 차량, 어선 및 선적(船積) 컨테이너의 형태인 큰 표류물 충격을 관측하였다. 이번 예비조사에서는 설계 시 고려할 표류물 유형을 구조물 장소로부터 고려해 결정해야 한다는 근거를 제공했다. 최소한 으로 목재 표류물은 고려해야만 한다. 항만 근처에 입지한 시설은 선적 컨테이너로부터의 표류물 충격을 고려하며, 어촌지역 내 위치한 시설은 어선(漁船)의 영향을 검토해야 한다.

연안지역사회의 피해는 컸지만 조사 기간 동안 흥미로운 사항은 비상대처계획(EAP)인 지진해일 대피경로표지와 지진해일 예·경보신호의 형태가 매우 분명했다는 사실이었다. 지역 주민과의 인터뷰에 따르면 주민들은 지진해일 대피에 관한 교육을 잘 받아왔다고 하였다. 이는 사상자 수를 적게 만든 주요한 원인이었다(11장 참조).

3.3 2011년 동일본 대지진해일 포렌식 과학조사

지진해일에 대한 세 번째 포렌식 과학조사는 2011년 3월의 동일본 대지진해일 이후 실시하였다. 모멘트 규모 M_w 9.0의 대지진으로 일본 동북해안에 심각하고 광범위한 피해를 입힌 지진해일을 발생시켰다. 2012년 6월 20일 기준 15,863명의 사람들이 생명을 잃었으며 2,492명은 행방불명 중이었다. 총 경제적 손실은 0.2조 달러($)(236조 원, 2019년 6월 기준)를 초과하여 자연재난으로 인한 인류 역사상 가장 큰 경제적 재앙이었다(Chock 등, 2012). 이 엄청난 지진은 몇 개의 지진해일파를 발생시켰는데 400km² 이상 육지의 침수 및 많은 사상자를 발생시켜 일본 북동부 해안선의 많은 지역에 막대한 피해를 입혔다(Shibayama 등, 2013; Watanabe 등, 2012). 센다이 평야의 경우, 최대 지진해일 흔적고는 19.5m, 최대 처오름고(Run-up Height)는 40.4m로 2000년 이후 발생한 지진해일 중 3번째로 큰 지진해일이었다(동일본 지진 및 지진해일 합동조사단, 2011). 2011년 동일본 대지진해일은 역사를 기록한 이후로 일본에 피해를 입힌 최악의 지진해일 중 하나였다. 과거 1,000년 동안 도호쿠(東北) 해안선을 강타한 주요 지진해일은 5건이다. 5건은 869년 조간(貞觀), 1611년 케이초(慶長), 1896년 메이지—산리쿠(明治—三陸), 1933년 쇼와—산리쿠(昭和—三陸), 1960년 칠레 지진해일로 알려져 있다.

(a) 미야기현 나토리(名取) (b) 이와테현 오쓰치(大槌)

그림 5 2011년 3월 동일본 대지진해일로 인한 지진해일 피해

가장 최근의 지진해일 현장예비조사는 동일본 대지진해일 직후인 2011년 4월에 실시하였다. 미국토목학회(ASCE, American Society of Civil Engineering)가 결성한 최초 국제팀 멤버 중 한 사람인 첫 번째 저자는 극한사건으로 인해 기반시설에 초래된 피해에 대해 광범위한 포렌식 지진해일 현장조사를 실시하였다. 현장조사는 이와테현, 미야기현, 후쿠시마현, 이바라키현, 지바현에서 실시하였다. 지진해일 흔적고는 이와테현과 미야기현 북부에서 15~20m 이상이었고, 센다이만(仙台灣) 해안에서는 5~15m, 이바라키현과 지바현에서는 약 5~10m이었다. 철근콘크리트 구조물을 포함한 많은 건물이 유실(流失)되었고 선박은 내륙에 좌초(坐礁)되었다. 또한 해안제방과 같은 해안방재구조물 및 해안림(海岸林)에도 큰 피해를 입었다. 건물, 교량, 라인프라인(Lifeline) 및 기타 토목구조물에 미치는 극한 동수력(極限動水力) 영향을 조사하는 데 중점을 두었다(Chock et al, 2012). 예비조사는 미래 지진해일 구조설계 지침의 개발 시 이 경험을 적용시키려는 명확한 의도(意圖)와 함께 일본 도호쿠 해안선을 따라 건물 및 기타 구조물 성능을 조사하고 기록했다. 따라서 2011년 동일본 대지진해일로 인한 건물 및 기타 구조물 피해에 대한 상세한 조사가 필수적이었다. 그림 5는 이 지진해일로 인한 광범위한 기반시설 피해를 보여준다.

도호쿠 해안지역에는 여러 방파제가 있었는데, 설치목적은 다음 2가지 중 하나에 해당한다. 고파랑(高波浪) 또는 지진해일파(津波)를 방재하기 위함이다. 도호쿠 해안선을 따라 설치된 대부분의 방파제는 폭풍(태풍)으로 인한 파랑을 막기 위해 설계되었으며, 그림 6에서와 같이 나토리(名取) 입구에 있던 방파제는 극심한 피해 내지는 완전한 파괴를 입었다(18장 참조).

그림 6 2011년 3월 동일본 지진해일로 인한 대지진해일 피해 : (a) 나토리(名取) 지역의 폭풍(暴風) 방파제(Chock 등, 2012), (b) 가마이시시(釜石市)의 지진해일 방파제(Esteban 등, 2014)

현장조사에서 여러 종류의 피복재(돌로스(Dolos), 테트라포드(Tetrapod) 등)로 방호한 소파블록 피복제는 케이슨(Caisson)식 혼성제보다 복원성을 갖는 것처럼 보였다(Esteban 등 참조, 2014). 비록 일부 소파블록 피복제의 피복재 손상이 기록되었지만, 많은 다공성(多孔性)을 갖는 소파블록 피복제가 케이슨식 혼성제 쪽보다 지진해일 파력충격을 저감시킬 수 있다(Hanzawa의 16장과 23장 참조). 일부 소파블록 피복제의 경우, 동일 방파제 내에 다른 크기와 형태가 가진 피복재를 사용하였으며, 지진해일 피해는 피복재 중량에 따라 달라진다는 것이 관측되었다. 현재, 지진해일에 대한 피복재 설계에 이용할 수 있는 공식은 거의 없으며(Esteban 등 참조, 2014), 그나마 있는 공식(公式)이라도 정확한 파괴를 산정하는 데 검증받지 못했다. 이러한 대부분의 구조물은 주로 고파랑(高波浪)에 대비하여 설계되어 왔으므로, 지진해일파에 대한 보완책을 마련하기 위해 지진해일파의 영향을 고려하는 절차를 개발하여야 한다. 조사된 구조물 중 소파블록 피복제가 지진해일에 큰 복원성을 갖는 것처럼 보였으므로 많은 공사비가 소요되지 않는 지역에 이런 구조물을 검토할 수 있다(Esteban 등, 2014, 15장 참조).

도호쿠 해안선의 상당 부분, 특히 리아스식 해안으로 구성된 산리쿠해안(三陸海岸)은 종축(縱軸)을 따라 대부분의 입사 지진해일파 에너지가 집중하기 때문에 지진해일 발생 시 특히 해안 깊숙이 침수되는 위험한 하곡(河谷)이다. 1896년과 1933년의 기록적인 지진해일 이후 일본정부는 지진해일파로부터 지역사회를 보호하기 위하여 리아스식 해안 입구에 입지한 구지(久慈), 가마이시(釜石), 오후나토(大船渡)와 같은 장소에 대규모 지진해일 방파제를 건설하기 위해 예산(豫算)을 투입했다. 이곳들은 깊은 리아스식 해안의 수심으로 인해ㅡ가마이시 방파제는 수심이 63m에 이르는 세계에서 가장 수심이 깊은 방파제이다.ㅡ방파제를 건설하는 데 엄청난 예산이 소요되었다. 그러나 현장조사에 따르면, 그림 6(b)에서 볼 수 있듯이 이 거대한 구조물들도 최대 지진해일 충격을 견디기에 충분하지 못했다. 현장조사 중 오후나토에 있는 방파제는 완전히 파괴되었고 가마이시 근해(近海)에 설치된 방파제는 심각한 피해를 입었지만 지진해일 이후에도 여전히 눈에 띄었다(19장 참조). 논란의 여지는 있지만 2011년 동일본 대지진해일 사건과 관련된 지진해일 파고에 맞춰 설계되었던 방파제는 없었다. 원래 가마이시 방파제는 삭망평균간조면(L.W.L, Low Water Level)[7]으로부터 방파제 마루 높이까지 6m 높이로 설계되었다(Takahasi 등, 2011). 향후 지진해일 방파제 설계는 합리적인 복원성을 갖는 구조물로 설계해야 한다. 이러한 분석과 함께 조사결과는 지난 수십 년 동안 종래 해안보전구조물(海岸保全構造物)(방파제, 방조제, 인공리프(Artificial Reef)[8] 등)에 작용하는 동수력 충격에 관한 연구를 실시하였지만, 내륙에 위치한 건물, 교량 및 라이프라인 (Lifeline)[9]과 같은 구조물에 작용하는 충격에 관한 연구는 매우 제한적이었다. 2004년 인도양 지진해일과 2010년 칠레 지진해일과 같은 과거 사건을 계기로 조사된 피해와 함께 2011년 3월 11일 일본 도호쿠 연안지역의 대지진해일로 인한 참상(慘狀)은 지진해일이 발생하기 쉬운 지역에 입지한 중요기반시설과 필수시설의 구조적 하중평가 및 복원성에 관한 긴급하고 상세한 연구의 필요성을 입증(立證)하였다.

4. 지진해일에 대한 포렌식 현장조사 : 교훈

주요한 지진해일 사건이후 실시한 포렌식 조사로부터 다음과 같이 많은 교훈을 얻었다.

---

7   삭망평균간조면(L.W.L, Low Water Level : 그믐(朔) 및 보름(望)날로부터 5일 이내에 나타나는 매월의 최저조위를 평균한 수위를 말한다.

8   인공리프(Artificial Reef) : 자연의 산호초가 지닌 파랑감쇠효과를 모방한 구조물로 그 구조로부터 마루폭이 매우 넓은 수중방파제(潛堤, Submerged Breakwater)라고도 말한다.

9   라인프라인(Lifeline) : 생활을 유지하기 위한 여러 시설로 도로, 철도, 항만 등의 교통시설, 전화, 무선, 방송시설 등의 통신 시설, 상하수도, 전력, 가스 등의 공급처리시설 등이 있다.

◎ 공학적(工學的)인 교훈

- 역사적 지진해일은 가능한 미래 지진해일 사건의 규모와 관련하여 소중한 정보를 제공한다. 그러나 역사적 극한 지진해일로 인하여 내륙에서 발생하였던 잠재적 흔적고 및 처오름고에 대한 양호한 측정치를 항상 제공하지 않는다. 2011년 동일본 대지진해일 경험에서 특히 역사적 지진해일 사건을 면밀히 조사하고 분석해야만 한다는 것을 입증하였다.

- 확률론적 지진해일 위험분석(PTHA, Probabilistic Tsunami Hazard Analysis)은 지진해일이 발생하기 쉬운 지역의 해안에 있는 특정지점에 대해 최대로 고려한 지진해일을 설정하거나 평가하는 방법을 이행하여야 한다. 확률론적 분석은 과학적으로 정당한 재현기간(再現期間) 동안 지리적인 지진해일 파원역(波源域) 위치와 진도(震度)에 대한 다른 시나리오도 고려해야만 한다.

- 대피와는 별도로 건물 및 중요한 기반시설에 대한 손실을 경감시킬 수 있다. 2004년 인도양 지진해일 (스리랑카 및 탄자니아) 또는 2010년 칠레 지진해일(페루치, Peluhe)인 경우에 해안식생(海岸植生)과 사구(砂丘)가 어느 정도 방호(防護)를 제공한 것처럼 보였지만, 2011년 동일본 대지진해일과 같은 거대 지진해일파에 노출된 해안지역의 해안식생 및 사구 등의 효과는 최소한의 방호효과만을 나타냈다.

- 고파랑(高波浪)를 막기 위해 설계된 해안제방은 일반적으로 강한 지진해일 월파 하중에 대해 불충분한 성능을 보였으며, 이로 인해 해안제방의 앞비탈면 또는 뒷비탈면 선단쪽에 세굴이 발생하여 제방의 많은 부분이 파괴되었다.

- 향후 지진해일 방파제 설계는 잠재적인 궤멸적(潰滅的)인 파괴를 피하고 어느 정도 복원성을 제공해야 한다(1장 참조). 그러나 현재 경험으로 고려할 때, 그런 구조물이 성공적인 방재(防災) 레벨을 제공할지는 분명하지 않다(18장 및 19장 참조).

- 지진해일 피해는 장주기(長週期)의 지진해일로 내륙으로 멀리 이동할 수 있어 높은 유출속도를 발생(지진해일의 인파(引波))할 수 있는 지진해일(津波)−분수계(分水界)에 대한 조사를 해야 한다.

- 대형 건물 주변의 흐름전환 및 가속화는 지진해일류의 인파(引波) 시 건물 주위의 흐름에 유의한다.

- 기초 시스템은 특히 건물 모서리에서의 양력(揚力)과 세굴효과를 고려해야 한다.
- 모든 구조물은 지진해일 발생 시 일반 및 진행성붕괴(進行性 崩壞)의 대상이 될 수 있다.
- 전도(顚倒)는 지진해일 설계조건으로 기초와 상부구조를 고려하여야만 한다.
- 지진해일시 거의 모든 목조골조(木造骨組) 건축물은 급속하게 기초까지 철저히 유실시켰다.
- 지진설계는 특히 저층 건물인 경우 충분한 지진해일 저항을 보장하지 않을 수 있다.
- 지진해일 유입에 따른 표류물(漂流物) 축적(蓄積)이 빠르게 발생한다. 구조물에 작용하는 하중은 표류물 댐핑(Damming) 및 폐색(閉塞)을 고려해야만 한다(이에 대한 보다 자세한 사항은 21장 참조).
- 건물에 부력을 저감시키기 위한 충분한 개구(開口)가 있어야만 한다. 분리외장재(分離外裝材)의 장점은 동수력을 크게 줄이기보다는(표류물 축적 때문에) 부력을 방지하는 데 도움이 될 수 있다.
- 구조적 상자(箱子)인 영역은 동수압력 영향을 받기 때문에 구조물 설계 시 피해야만 한다.
- 견고한 전단벽(剪斷壁)을 가진 중고층(中高層) 철근콘크리트 건물은 주변에 다수의 벽이 있는 경우에도 구조적으로 견디는 것으로 보이며, 만약 높이가 충분하면 좋은 대피구조물이 될 수 있다.
- 방재구조물은 중소규모(中小規模) 지진해일인 경우 손상효과(損傷效果)를 저감시키도록 설계할 수 있지만 대규모 지진해일 영향을 받는 지역의 경우 설계 및 시공이 어렵다.

◎ 사회적 위험저감(Hazard Mitigation) 및 인식(認識)에 대한 교훈

- 대피계획과 같은 비구조적 대책은 주민들을 고지대(高地帶)(언덕)에 접근할 수 있는 대책이어야 한다. 만약 그런 높은 표고(標高)가 적당한 거리 내에 있지 않으면 주민들은 지진해일에 견디도록 설계된 지진해일 대피소 또는 대피빌딩으로 이동할 필요가 있다(Shibayama 등, 2013).
- 방재실무자는 지진해일 예·경보가 발령(發令)되면 주민들에게 대피소를 찾을 수 있는 가장 안전한 장소로 안내하기 위해 대피구역을 분류할 필요가 있다. 지진해일이 임박(臨迫)한 경우 주민들은 대피목표지점으로 이동해야만 한다. 그 지점으로 도달하기에 충분한 시간을 확보할 수 없다고 판단되면 그때는 주민들은 좀 더 안전하지 않은 대피장소로

이동할 수도 있다. 해안지역은 빈번한 토지이용, 지형의 변화 및 도시개발로 인한 급격한 차이를 보일 수 때문에, 상세한 계획의 실행 시 신중한 고려와 함께 주기적인 검토가 이루어져야 한다.

- 지진해일 대피소 및 대피장소는 보수적(保守的)인 높이 및 설계를 고려하여 선택하여야 한다.

- 확률적 지진과 지진해일 시나리오를 근거(根據)한 공간적이고 시간적인 지진해일 충격 범위의 정확한 예측은 재난관리 및 감재(減災)에 매우 중요하다. 이것은 현재 이용 가능한 수단으로 앞으로도 지속적인 개선 및 발전시켜야만 하는 연구 분야이다.

- 2004년 인도양 지진해일의 경우 엄청난 인명손실은 주로 인도양에 대한 - 그 당시 - 조기(早期) 지진해일 예·경보 시스템의 부족 때문이었다. 이 때문에 인도양 지역에서 드물게 발생한 극한사건 (極限事件)인 2004년 인도양 지진해일은 초기 지진해일 파원역(波源域)과 멀리 떨어져 있는 국가를 포함하여 막대한 사상자를 발생시켰다. 인도양 주변 국가의 지진해일과 관련된 리스크에 대한 인식은 다음과 같이 크게 향상되었다. (1) 인도양 주변 여러 국가에 효과적인 신규 지진해일 예·경보 시스템 설치 (2) 인도양 주변의 여러 국가에서 시행되는 비상사태 대비훈련 및 인식 프로그램 증가.

- 2010년 칠레 지진해일의 직접적인 결과로 인한 사상자 수는 이전 지진해일 사건, 교육 및 대피 훈련에 의한 세대간(世代間)의 인식 및 경험, 그리고 해안선 근처 고지대(언덕)의 존재 때문에 적었다. 지진 직후 조기 예·경보 시스템 발령은 실패하였지만, 비상시 대비 프로그램의 구성요소인 지진해일이 발생하기 쉬운 지역에서의 주민교육 및 훈련의 중요성을 보여준다. 2011년 동일본 대 지진해일인 경우, 많은 사상자가 발생하였음에도 불구하고 지진해일 리스크에 대한 일본사회의 높은 인식과 교육 노력이 없었더라면 인명손실이 더 클 수도 있었다.

5. 구조물에 대한 지진해일 설계지침 : 간략한 개요

현재 지진해일에 견딜 수 있는 기반시설 설계에 관한 지침은 거의 없다. 지진해일 흔적고와 해빈경사의 함수로써 지진해일 설계하중(設計荷重)을 계산하기 위한 규정을 포함하거나 권고사항을 제공하는 제한된 수의 건축법규와 설계지침 사이에 큰 불일치가 계속 존재한다. 이 지침에는 호놀룰루시 및 카운티 건축코드(The City and County of Honolulu Building Code, CCH, 2000), 미국토목학회(American Society of Civil Engineers, ASCE 7기준(ASCE 07/2006)), 미연방재난관리청(FEMA, Federal Emergency Management Agency) FEMA 55 해안공사 매뉴얼 (Coastal Construction Manual) 및 미연방재난관리청(FEMA)의 지진해일 수직대피를 위한 구조물 설계 지침(Guidelines for Design of Structures for Vertical Evacuation from Tsunamis)이 포함된다. 그러나 이 설계지침 내 규정과 권고 사이에는 상당한 차이와 불일치가 존재한다. FEMA 55와 같은 일부 지침은 단파(段波)속도 및 표류물 충격 특성과 같이 지진해일 하중 또는 특정 매개변수를 지침마다 매우 다르게 예측하는 데 이에 대한 명확한 설명이 없다(Nistor 등, 2009). 사실 지진해일로 발생된 동수력과 지진해일 지역에 입지한 구조물 사이의 복잡한 상호작용을 아직 잘 이해할 수 없어서, 앞으로의 연구는 현재 설계 코드지침을 개선하기 위한 분야의 발전에 초점을 맞추어야 한다. 미국과 일본에서는 지진해일이 발생하기 쉬운 지역에 입지한 건물의 현행 설계규정을 개정(改訂)하기 위한 주요노력을 시작하였다(21장 및 22장 참조).

5.1 호놀룰루시 및 카운티 건축법규(CCH, The City and County of Honolulu Building Code)

호놀룰루시 및 카운티 건축코드(City and County of Honolulu Building Code) 제11조는 침수위험(Flood Hazard)이 있는 지역에 대한 규정을 제공한다. 지진해일 영향을 포함하여 해안침수에 대한 구조물 설계를 위한 침수방지 및 구조적 요구사항을 제공한다. 단파속도는 단파수심의 크기와 같다고 가정하는 반면, 기초주변 세굴은 정선(汀線)으로부터 거리 및 구조물위치에서의 지반종류에 경험적으로 근거한다. 이 코드는 부력, 해일, 항력 및 정수력을 포함한 해안침수가 건물에 영향을 주는 힘과 표류물로 인한 충격력을 예측하는 공식을 제공한다.

5.2 미국토목학회 기준 ASCE/SEI 24 - 05

미국토목학회(American Society of Civil Engineer)/구조공학연구소 기준(Structural Engineering

Institute Standard) ASCE 24-05 내침수설계(耐浸水設計) 및 시공기준(Flood Resistant Design and Construction Standard)(ASCE, 2006)은 침수위험지역에 입지한 구조물의 내침수설계 및 공사에 대한 최소한 요구사항을 제공한다. 이 기준은 미연방재난관리청(FEMA) 및 미연방홍수보험제도(NFIP, National Flood Insurance Program)의 범람원(汎濫原) 관리요구사항을 준수한다. ASCE/SEI 24-05는 정수력, 동수력, 파랑 및 표류물 하중뿐만 아니라 하중 조합을 포함하는 침수하중에 대한 건물 및 다른 구조물에 관한 미국토목학회 기준 ASCE 7-05을 설명한다.

5.3 미연방재난관리청 55

미연방재난관리청(FEMA, Federal Emergency Management Agency)은 FEMA 55로 알려진 해안공사매뉴얼(Coastal Construction Manual)을 발간했다(FEMA, 2000). 이 매뉴얼에는 해안지역에 입지하여 자연재난(즉, 허리케인, 지진, 침수 등)으로 인한 피해의 위협하에 있는 구조물의 설계 및 시공에 관한 설명을 포함하고 있다. 11장에는 하중 조합을 비롯하여 눈, 홍수, 지진해일, 바람, 토네이도 및 지진을 비롯한 현장고유적(現場固有的) 하중, 이에 부가된 하중 조합과 관련된 공식을 포함하고 있다. 침수하중에는 침수심, 웨이브 셋업(Wave Setup), 파고, 침수속도, 정수하중(靜水荷重), 파일 및 벽에 작용하는 쇄파하중(碎波荷重) 및 표류물 충격하중에 대한 예측치를 포함한다. 이 지침은 지진해일 하중이 다른 홍수하중과 유사하게 계산할 수 있음을 나타내는데, 그 이유는 지진해일로 발생된 해안침수의 물리적 특징이 일반적인 홍수와 비슷하기 때문이다. 그러나 규모, 공간적 범위, 흐름 형태와 같은 특징 중 여러 부분에서는 해안침수가 일반적인 홍수와 비교할 때 매우 다르다.

5.4 지진해일 저항력에 대한 건축물의 구조적 설계방법

2005년 일본건축센터(The Building Center of Japan)에서는 지진해일 저항력에 대한 건축물의 구조적 설계방법(SMBTR, Structural Design Method of Building for Tsunami Resistance)을 제안했다(Okada 등, 2005). 이 지침은 지진해일 침수결과로 내륙 구조물에 작용하는 하중에 대한 공식을 포함한다. 최대 지진해일력은 구조물 바닥으로부터 $3h$ 범위까지 정수압 분포로부터 계산되는데, 여기서 h는 구조물의 침수심이다. 벽의 바닥에서 발생하는 기본전단력 크기는 동일 침수심에 대한 등가정수력(等價靜水力)의 9배이다(Nouri 등, 2010). SMBTR은 부력과 다른 형태의 힘과의 하중조합이 어떤 영향을 미치는지에 대한 지침을 제공한다.

5.5 미국토목학회 기준 ASCE/SEI 7 - 10

미국토목학회(American Society of Civil Engineer) 기준 ASCE 7-10 건축물 및 기타 구조물에 대한 최소설계하중(Minimum Design Loads for Buildings and Other Structures)(ASCE, 2010)은 특정 형태의 구조요소에 대한 침수 및 파랑으로 인한 힘의 계산을 포함하여 구조설계에 대한 요구사항을 제공한다. 또한 이 기준은 조석(潮汐), 폭풍해일, 하천홍수, 부진동(副振動, Seiche) 및 지진해일과 관련된 침수지역 또는 고위험(High-hazard)이 있는 해안지역과 관련된 정의를 다루고 있다. ASCE 7-10의 5장은 파랑하중 및 파일과 벽에 작용하는 쇄파하중을 계산하는 공식을 제공한다. 공식은 유속이 3.05m/s를 초과하지 않을 때 단순히 동수하중(動水荷重)을 등가정수력(等價靜水力)으로 변환시킨다. 그렇지 않으면 동수력의 기본개념을 사용해야만 한다. 표류물 충격력에 대한 지침은 집중하중이 구조물의 가장 리스크한 지점에 가해지는 것에 근거를 두고 있지만 표류물 하중공식은 규정되어 있지 않다. 그리고 특히 이 지침은 지진해일 하중에 대한 공식을 포함하지 않는다.

5.6 미연방재난관리청 P646(2012)

미연방재난관리청(FEMA, Federal Emergency Management Agency)은 FEMA P646으로 알려진 지진해일 수직대피를 위한 구조물 설계 지침(Guidelines for Design of Structures for Vertical Evacuation from Tsunamis)을 발간했다(FEMA, 2012). 이 지침은 특히 수직대피(垂直待避)를 위해 이용되는 구조물에 대한 지진해일 하중을 계산하기 위한 공식을 제공하는 가장 최신의 공학적 지침이다. 6장에서는 지진해일로 유발된 힘의 구성요소와 구조설계기준에 대한 규정을 소개한다. 힘 성분은 구조물 주위의 정지(停止)해 있는 해수(海水) 또는 천천히 움직이는 흐름으로 인한 정수력, 물의 배수용적(排水容積)으로 인한 부력, 구조물 주변의 중속(中速)에서 고속(高速)으로 흐르는 해수 흐름에서 발생하는 동수력, 구조물에 충격을 주는 해수의 선단(先端)에서 발생하는 충격력(衝擊力), 구조물과 충돌하는 표류물(漂流物, Floating Debris)에 의한 충격력, 결국 동수력 증가를 가져오는 구조물의 상류 측 표류물 축적으로 인한 표류물의 댐핑(Damming)을 포함한다. 또한 지진해일의 수몰(水沒) 동안 잠긴 구조물의 높은 바닥(高床)에 작용하는 양력(揚力)도 고려한다.

6. 결론

이 장에서는 저자들이 지난 8년 동안 실시한 3번의 포렌식 지진해일 현장조사에서 얻은 많은 중요한 정보를 제시했다. 또한 지진해일에 의해 발생된 극한동수하중(極限動水荷重)을 예측하는 데 사용되는 최신 설계지침들을 간략히 제시하고 논의했다. 이 현장조사에서 수집된 풍부한 데이터와 후속 결과 및 현장조사 시 얻은 교훈은 지진해일이 발생하기 쉬운 지역에 있는 기반시설에 대한 설계지침의 개선에 공헌할 것이다.

참고문헌

1. ASCE, 2006. Flood Resistant Design and Construction. ASCE/SEI Standard 24-05. American Society of Civil Engineers, Reston, Virginia, USA, p. 62.

2. ASCE, 2010. Minimum Design Loads for Buildings and Other Structures. ASCE/SEI Standard 7-05. American Society of Civil Engineers, Reston, Virginia, USA.

3. CCH, 2000. City and County of Honolulu Building Code (CCH). In : Department of Planning and Permitting of Honolulu Hawaii, Honolulu, HI (Chapter 16, article 11).

4. Chock, G., Robertson, I., Kriebel, D., Francis, M., Nistor, I., 2012. Tohoku Japan tsunami of March 11, 2011—performance of structures. ASCE Report, 348 pp.

5. Dunbar, P., Stroker, K., McCullough, H., 2010. Do the 2010 Haiti and Chile earthquakes and tsunamis indicate increasing trends? Geomat. Nat. Hazards Risk 1 (2), 95–114.

6. Esteban, M., Jayaratne, R., Mikami, T., Morikubo, I., Shibayama, T., Danh Thao, N., Ohira, K., Ohtani, A., Mizuno, Y., Kinoshita, M., Matsuba, S., 2014. Stability of breakwater armour units against tsunami attack. J. Waterw. Port Coast. Ocean Eng. 140, 188–198.

7. FEMA 55, 2000. Coastal Construction Manual. Federal Emergency Management Agency, Washington, D. C., USA.

8. FEMA P646, 2012. Guidelines for Design of Structures for Vertical Evacuation from Tsunamis, fourth ed. Federal Emergency Management Agency, Washington, DC., USA.

9. Fritz, H.M., Petroff, C.M., Catalan, P.A., Cienfuegos, R., Winckler, P., Kalligeris, N., Weiss, R., Barrientos, S.E., Meneses, G., Valderas-Bermejo, C., Ebeling, C., Papadopoulos, A., Contreras, M., Almar, R., Dominguez, J.C., Synolakis, C.E., 2011. Field survey of the 27 February 2010 Chile tsunami. Pure Appl. Geophys. 168 (11), 1989–2010.

10. Ghobarah, A., Saatcioglu, M., Nistor, I., 2006. The impact of 26 December 2004 earthquake and tsunami on structures and infrastructure. Eng. Struct. 28, 312–326.

11. Koshimura, S., Oie, F., Yanagisawa, H., Imamura, F., 2009. Developing fragility functions for tsunami damage estimation using numerical model and post-tsunami data from Banda Aceh, Indonesia. Coast. Eng. J. JSCE 51 (3), 243–273.

12. Lagos, M., Arcas, D., Ramirez, T., Severino, R., Garcia, C., 2010. Alturas de tsunami modelas y observadas. Evento del 27 de Febrero de 2010. Chile/Resultados Preliminares (Personal Communication).

13. Nistor, I., Murty, T., 2009. Tsunami risk for the Canadian coastlines. In : Proc. WCCE-ECCE-TCCE Earthquake and Tsunami Conf., Istanbul, Turkey, CD-ROM, 12 pp.

14. Nistor, I., Saatcioglu, M., Ghobarah, A., 2005. Tsunami hydrodynamic impact forces on physical infrastructure in Thailand and Indonesia. In : Proc. 2006 Canadian Civil Eng. Conf. (CSCE) and 1st Specialty Conf. On Disaster Mitigation, Calgary, Canada, CD-ROM,10 pp.

15. Nistor, I., Palermo, D., Nouri, Y., Murty, T., Saatcioglu, M., 2009. Tsunami forces on structures. Handbook of Coastal and Ocean Engineering. World Scientific, Singapore, pp. 261–286 (Chapter 11).

16. Nistor, I., Palermo, D., Cornett, A., Al-Faesly, T., 2011. Field investigations and experimental and numerical modeling of tsunami-induced extreme hydrodynamic loading on structures. In : 34th IAHR Congress, Brisbane, Australia, 10 pp.

17. Nouri, Y., Nistor, I., Palermo, D., Cornett, A., 2010. Experimental investigation of the tsunami impact on free standing structures. Coast. Eng. J. JSCE, World Scientific 52 (1), 43–70.

18. Okada, T., Sugano, T., Ishikawa, T., Ohgi, T., Takai, S., Hamabe, C., 2005. Structural Design Method of Buildings for Tsunami Resistance (SMBTR), a code proposed by The Building Technology Research Institute of The Building Center of Japan.

19. Palermo, D., Nistor, I., Nouri, Y., Cornett, A., 2009. Tsunami loading of nearshore structures : a primer. Can. J. Civil Eng. NRC 36 (11), 1804–1815.

20. Palermo, D., Nistor, I., Saatcioglu, M., Ghobarah, A., 2013. Impact and damage to structures during the February 27 Chile Tsunami. Can. J. Civ. Eng. 40 (8), 750–758.

21. Saatcioglu, M., Ghobarah, A., Nistor, I., 2006. Performance of structures in Thailand during the 2004 Sumatra earthquake and tsunami, Earthquake Spectra, EERI. ASCE 22 (S3), 355–376.

22. Shibayama, T., Esteban, M., Nistor, I., Takagi, H., Thao, N.D., Matsumaru, R, Mikami, T., Aranguiz, R., Jayaratne, R., Ohira, K., 2013. Classification of Tsunami and Evacuation Areas, Natural Hazards. Springer, 67 (2), 365–386.

23. Takahashi, S., et al., 2011. Urgent Survey for 2011 Great East Japan Earthquake and Tsunami Disaster in Ports and Coasts. Technical Note of the Port and Airport Research Institute, No. 1231, p. 157 (in Japanese).

24. The 2011 Tohoku Earthquake Tsunami Joint Survey Group (299 authors), 2011. Nationwide field survey of the 2011 off the Pacific coast of Tohoku earthquake tsunami. J. Jpn. Soc. Civ. Eng. 67 (1), 63–66.

25. Watanabe,Y.,Mitobe, Y.,Saruwatari,A.,Yamada,T., Niida,Y., 2012.Evolution of the 2011 Tohoku earthquake tsunami on the Pacific coast of Hokkaido. Coast. Eng. J. JSCE 54 (1), 1250002.1–1250002.17.

26. Yamamoto, Y., Takanashi, H., Hettiarachchi, S., Samarawickrama, S., 2006. Verification of the

destruction mechanism of structures in Sri Lanka and Thailanddue to the 2004 Indian Ocean Tsunami.Coast. Eng. J. JSCE 48 (2), 117–146.

27. Yeh, H., Robertson, I., Preuss, J., 2005. Development of design guidelines for structures that serve as tsunami vertical evacuation sites. Report No. 2005-4. Washington Dept. of Natural Resources, WA, USA.

CHAPTER

CHAPTER 21 미국의 ASCE 7 지진해일 하중과 영향에 관한 설계기준

1. 서론

지진해일 위험(Tsunami Hazard)에 노출된 미국 서부(西部) 5개 주(州)의 일반적인 지역평가 정보를 표 1에 요약해놓았다. 예전에는 미연방(美聯邦)의 지진해일 영향에 대한 공학적 설계 기준이 존재하지 않았기 때문에 연안지역 해안·항만구조물의 공학적 설계 시 지진해일의 심각한 리스크를 무시하였다. 이제까지 지진해일에 대한 미국의 주안점(主眼点)은 결정론적 시나리오와 대피 예·경보프로그램을 위한 대피계획으로 복원성 있는 구조물 설계에 적용할 수 있는 일관성 있는 확률론적인 지진해일 해저드맵은 아니었다.

사실 2011년 전미연구평의회(全美研究評議會, National Research Council) 보고서인 '지진해일 경고 및 대비(Tsunami Warning and Preparedness) : 미연방 지진해일 프로그램 및 대비 활동 평가(An Assessment of the U.S Tsunami Program and the Nation's Preparedness Efforts)'는 지금까지 각 주(州)에서 사용하였던 결정론적 해저드맵에 대한 여러 접근방식이 확률론적 기준과 일치 하지 않는다는 것을 확인했다.

2011년 2월에 시작된 ASCE/SEI 7 기준위원회의 지진해일 하중 및 영향 소위원회(the Tsunami Loads and Effects Subcommittee of the ASCE/SEI 7 Standards Committee)는 ASCE 7 기준에 관한 2016년 판(版), 건축물 및 다른 구조물에 대한 최소 설계하중(Minimum Design Loads for Buildings and Other Structures)에서 새롭게 제안된 ASCE 7의 6장 ─ 지진해일 하중과 영향 ─을 발전시키 고자 노력했다.

표 1 미국 서부의 5개 주가 지진해일 위험(Tsunami Hazard)에 직접 노출됨[a]

주(州)	직접적인 리스크에 처한 인구[a,b]	경제적 자산(資産)과 주요 기반시설 현황
캘리포니아	27만 5천 명의 주민과 40만~2백만 명의 관광객; 1,352km 해안선	>2,000억 달러($)＋3개 주요 공항(샌프란시스코 국제공항, 오클랜드 국제공항, 샌디에이고 국제공항) 및 군항(軍港) 1곳, 초대형 항만 5곳, 대형 항만 1곳, 중형 항만 5곳
	지진해일 발생 후 즉각적인 영향을 받을 수 있는 총 거주자 수: 195만 명	
오리건	25천 명의 주민과 55천 명의 관광객, 483km 해안선	85억 달러($)＋필수시설, 중형 항만 2곳, 연료 저장고 허브 1곳
	지진해일 발생 후 영향을 즉시 받을 수 있는 지역의 총 거주자 수: 10만 명	
워싱톤	주민 4만 5천 명과 관광객 2만 명, 257km 해안선	45억 달러($)＋필수시설, 군항 1곳, 초대형 항만 2곳, 대형 항만 1곳, 중형 항만 3곳
	지진해일 발생 후 영향을 즉시 받을 수 있는 지역의 총 거주자 수: 90만 명	
하와이	~20만[d] 명의 주민과 17만 5천 명 이상의 관광객, 그리고 관광산업과 직접적으로 관련고 ~1000[d]동의 건물; 1,207km 해안선	400억 달러($), 국제공항 3곳, 군항(軍港) 1곳, 중형 항만 1곳, 기타 컨테이너 항만 4곳, 연료정제(燃料精製) 취급항 1곳, 지역 발전소 3곳, 정부청사 100곳
	지진해일 발생 후 영향을 즉시 받을 수 있는 지역의 총 거주자 수: 40만 명[d]	
알래스카	주민 10만 5천 명＋계절별 방문객 수; 해안선 10,621km	>100억 달러＋국제공항의 연료 저장고, 중형 항만 3개 및 기타 컨테이너 항만 9곳; 총 55곳 항만
	지진해일 발생 후 영향을 즉시 받을 수 있는 지역의 총 거주자 수: 12만 5천 명	

[a] 대피지역에 따른 추정치
[b] USGS 과학조사 보고서 2007-5208(HI), 2007-5283(OR), 2008-5004(WA), 2012-5222(CA).
[c] 전미연구평의회(National Research Council), 2011년, 지진해일 경고 및 대비: 미국 지진해일 프로그램 평가와 국가 준비 노력의 평가. 즉각적인 리스크에 처한 총인구에는 생업이나 공공시설 및 기타 서비스가 큰 지진해일 및 지진해일로 인한 침수와 함께 중단되는 동일한 국세통계구(國勢統計區)의 인구수를 포함함
[d] 대규모 알류샨 열도(Aleutian) 지진해일(하와이대학(University of Hawaii)) 및 하와이 주 민방위(Hawaii State Civil Defense)의 리스크에 노출(露出)되어 업데이트됨
[e] 주로 케치켄(Ketchikan), 시트카(Sitka), 쥬노(Juneau), 야쿠타트(Yakutat), 스캐그웨이(Skagway), 밸디즈(Valdez), 시워드(Seward), 호머(Homer), 앵커리지(Anchorage), 코디악(Kodiak), 샌드포인트(Sand Point), 언알래스카(Unalaska) 및 아닥(Adak)이다.

이 규정들은 지진해일 하중 및 영향에 관한 설계요건을 제공한다(ASCE, 2016). 국제건축코드(IBC, International Building Code)는 ASCE/SEI 기준 7에서 제시한 설계규정을 참고한다. 따라서 ASCE 7 기준은 미국 주(州), 카운티(郡) 또는 시(市)에서 국제건축코드(International Building Code)를 채택함으로써 제정된 건축코드법의 일부가 된다. ASCE 7 지진해일 하중 및 영향에 관한 장(章)은 표 2에 나타낸 바와 같이 구성되어 있다. ASCE 7 기준 내 ASCE 지진해일 하중 및 영향소위원회(小委員會)에서 개발한 접근방식은 미국의 설계사상 처음으로 포괄적인 지진해일 위험요건(Hazard Requirement)을 제공한다. ASCE 7의 지진해일 하중 및 영향을 다루는 장은 미국 알래스카(Alaska)주, 워싱턴(Washington)주, 오리건(Oregon)주, 캘리포니아(California)주 및 하와이(Hawaii)주에서 적용된다.

표 2 지진해일 하중 및 영향의 구성 : ASCE 7의 제6장

절(節)	목적
6.1 일반 요구사항	범위
6.2 정의	전문용어
6.3 기호 및 표기법	
6.4 지진해일 리스크 범주	리스크 범주
6.5 설계 침수심(浸水深) 및 유속의 분석	깊이 및 속도 결정
6.6 처오름에 근거한 침수심 및 유속	
6.7 현장별 확률론적 지진해일 위험 분석을 통한 침수심 및 유속	
6.8 지진해일 영향에 대한 구조설계 절차	설계
6.9 정수하중(靜水荷重)	유체하중(流體荷重)
6.10 동수하중(動水荷重)	
6.11 표류물(漂流物) 충격하중	표류물 하중
6.12 기초설계	기초
6.13 지진해일 하중에 대한 구조적 대책	감재(減災)
6.14 지진해일 수직대피 구조물	대피
6.15 지정된 비구조 구성요소 및 시스템	다른 시스템
6.16 비건축(非建築) 지진해일 리스크 범주 III 및 IV 구조물	
6.17 합의 표준 및 기타 참고 문서	참고기준

2. 일반적인 요건

복구가 가능한 지진해일 리스크로 경감(輕減)시키려면 즉각적인 대응과 경제적 및 사회적 복구에 필요한 중요시설(重要施設), 사회기반시설 및 핵심자원의 구조적 복원성을 제공해야 한다. ASCE 7 기준(ASCE, 2016)은 시설의 중요성 및 임계성(臨界性)을 감안(勘案)한 리스크 범주(Risk Category)에 따라 시설을 분류한다(표 3). ASCE 7 기준의 지진해일 설계요건은 지진해일 리스크 범주 및 지진해일고(津波高)에 따라 다르다. 지진해일 설계구역(Tsunami Design Zone)의 리스크 범주 III 및 리스크 범주 IV에 속하는 구조물은 ASCE 지진해일 규정에 따라야 한다. 이 규정은 저층(低層)인 리스크 범주 II 및 리스크 범주 I인 건물에는 적용되지 않는다. 지진해일 예·경보 시스템 및 비상대처계획(EAP)을 통해 대중적 인식을 갖는 사회가 되면 지진해일 발생 동안 저층인 리스크 범주 II에 속하는 건물은 이용할 수 없다. 반대로, 충분한 시간 내에 침수지역으로부터 대피하는 것이 곤란할 때, 주민들은 지진해일 침수를 피하고자

표 3 ASCE 7에 따른 건물 및 기타 구조물의 리스크(Risk) 범주

리스크 범주 I	인간에게 낮은 리스크를 나타내는 건물과 기타 구조물들
리스크 범주 II	리스크 범주 I, III, IV에 나열된 건물을 제외한 모든 건물 및 기타 구조물
리스크 범주 III	파괴 시 시민들의 일상생활에서 상당한 경제적 영향 또는 대규모 혼란을 야기할 가능성이 있는 건물 및 기타 구조물
리스크 범주 IV	필수시설(必須施設)로 지정된 건물 및 기타 구조물

높은 건물을 사용하려고 시도할 것이고(2011년 동일본 대지진해일 시의 사례는 9장과 28장 참조), 그때 주민들은 고층(高層)건물이 지진해일 동안 붕괴하지 않을 것이라고 원래 예상할 것이다. 지진해일 복원성(復原性) 설계를 위해 리스크 범주 II를 적용하기로 결정한 지역사회에서 지진해일 설계를 권고하는 리스크 범주 II의 고층건물 높이는 구조물 임계고(臨界高)인 20m(65ft.)보다 높다고 정의한다. 다층(多層) 철근콘크리트 및 강구조(剛構造)의 건물분석에 근거하여(Chock 등, 2013b 및 9장), 미국의 높은 내진설계범주(Seismic Design Category) D 요건에 따르는 건물은 일반적으로 전횡방향(全橫方向) 지진해일력에 견디는 충분한 시스템 강도(強度)를 지녀야 한다. 이 높이(20m)는 일반적으로 신뢰할 수 있어 인명보호와 합리적인 경제적 비용 모두를 충족한다. 지역사회의 적용기준인 임계고(20m)까지 건축 가능한 리스크 범주 II 건물은 지진해일이 발생하기 쉬운 지역에 지을 수 있지만 지진해일력을 고려하여 설계할 필요까지는 없다. 따라서 지역사회는 지진해일 해저드맵과 운영대응절차(運用對應節次)를 구비(具備)하는 것이 중요하다. 또한 지방자치단체는 지역사회의 지진해일 위험, 지진해일 대응절차(對應節次) 및 재난복원목표에 따라 지침상의 임계고인 20m와 다른 평균고(平均高)에 대해서도 지진해일-복원성 설계요건을 강제할 수 있다.

3. 정 의

지진해일 정의에 대한 주요 매개변수는 해상지진해일진폭(Offshore Tsunami Amplitude), 침수심(Inundation Depth), 처오름고(Runup Elevation) 및 (최대 수평) 침수한계(Inundation Limit)다. 해상지진해일진폭은 수심 100m인 곳에서 기준 해수면으로부터 지진해일 파봉(波峰)까지 높이이다. ASCE 기준은 표준화된 해상수심 100m에서의 확률론적 최대고려 지진해일(Probabilistic

Maximum Considered Tsunami) 시 주변 해수면상 진폭(振幅)으로 정의한다. 이것은 파봉(波峰)에서부터 파곡(波谷)까지인 거리인 지진해일고(Tsunami Height)와는 다르다. 침수심(Inundation Depth)은 지역 지반면(Grade Plane)[1] 기준상(基準上) 지진해일 수위의 수심(水深)이다. 침수한계(Inundation Limit)는 정선(汀線)을 기준으로 최대 수평 침수구역의 범위이다. 처오름고(Runup Elevation)는 지진해일 침수한계에서의 기준면(基準面, Reference Datum)상 표고(標高)이다. 이러한 주요 매개변수는 그림 1에 나타내었다.

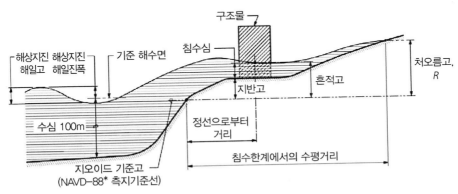

* NAVD-88(1988 North American Vertical Datum) : 1988년 설정된 북미수준원점(北美水準原点)

그림 1 ASCE 지진해일 용어 예시(例示)(ASCE, 2016)

미연방 지진해일 설계규정은 지역사회 복원성을 위한 일관된 구조적 성능의 신뢰성 기준을 달성하기 위해, 설계에 관한 새로운 세대의 확률론적 지진해일 해저드맵(Hazard Map)을 ASCE 7에 포함시켰다. 역사적 지진해일 사건에 대한 시나리오의 검토에 추가하여, 지진활동 원인을 찾으려는 확률론적 지진해일 위험분석(PTHA, Probabilistic Tsunami Hazard Analysis)을 수행한다. 확률론적 지진해일 위험분석 기법의 예는 예전 캘리포니아에서 개발되었다(Thio 등, 2010). PTHA 결과는 해상지진해일진폭(Offshore Tsunami Amplitude) 지도에 포함된다. 이 지도는 해상수심 100m의 등심선(等深線)을 정의하여 지역적 확률론적 지진해일 위험을 기록하는 역할을 한다. 확률론적 최대고려 지진해일(MCT, Maximum Considered Tsunami)은 설계 기초로써 지진해일의 현장 유입(Inflow, 압파(押波)) 및 유출 (Outflow, 인파(引波)) 단계에서의

---

1   지반면(地盤面, Grade Plane) : 건물 외벽과 인접한 준공된 평균 지반고(地盤高, Ground Elevation, Ground Height)를 나타내는 기준면이다.

침수심과 유속으로 특징지을 수 있다. 지진해일 설계구역(Tsunami Design Zone)은 최대고려지진해일(Maximum Considered Tsunami) 발생 시 범람(氾濫)되거나 침수(浸水)되는 지역이다. 이 위험확률에 대한 처오름(Runup)은 지진해일 설계구역 지도를 정의하는 데 사용된다.

최대고려지진해일(MCT)는 50년 기간 동안 2%의 초과확률 또는 2,475년 평균재현기간(平均再現期間)[2]을 가진다. 2,475년 위험레벨 최대고려 지진해일(MCT)은 등진파권(等震波圈)인[3] 지진해일의 발생영향을 갖는 ASCE 7 지진위험 기준과의 일관성을 위해 선택되었고, 따라서 확률론적 지진해일 위험분석(Probabilistic Tsunami Hazard Analysis) 기준은 미국의 지진설계 시 확률론적 지진 위험분석(Probabilistic Seismic Hazard Analysis) 기준에 사용되는 위험레벨과 일치한다. 초과확률은 특정시간 동안 해당 지점에서 위험매개변수가 초과할 가능성이다. 평균재현기간 T는 연간초과확률의 역수(逆數)이므로, 누적기간(累積期間) n년 동안 설계기준보다 큰 하나 또는 그 이상 사건들이 일어날 초과확률은 일반적으로 식 (1)과 같이 이항분포[4](二項分布)를 사용하여 표현한다. 초과확률은 $1-n$년 동안 비초과확률(非超過確率)로 다음과 같이 나타낸다.

$$P_{exceed} = 1 - P_{non-exceed} = 1 - \left(1 - \frac{1}{T}\right)^n \tag{1}$$

4. 지진해일 리스크(Risk) 범주

ASCE 지진해일 장(章)의 4절(節)에서는 특정점유/기능기준과 관련하여 지진해일 리스크 범주(Tsunami Risk Category)에 대한 상세한 정의를 나타낸다. 중요시설(Critical Facility)은 지방자치단체가 지정한 경우에만 지진해일 리스크 범주(範疇) III에 포함된다. ASCE 정책보고서(ASCE Policy Statement) 518쪽에 따르면, "중요한 사회기반시설(社會基盤施設, Infrastructure)

---

2 2,475년 평균재현기간(平均再現期間) : 2000년 이전 미국의 건축물 내진설계기준은 50년간 10%의 초과확률(재현주기 475년)을 가진 지반운동에 대해서 "인명보호(Life Safe)"를 목표로 하였지만, 2000년 이후 IBC(국제건축코드, International Building Code) 2000에서는 50년간 2%의 초과확률(재현기간 2,475년)을 가진 지반운동에 대한 "붕괴예방(Collapse Protection)"을 목표로 하고 있으며, 그것의 2/3 수준에 해당하는 지반운동을 설계지반운동으로 규정하고 있는데, 이러한 변화의 목적은 미국 전역에 걸쳐 균등한 내진안전성을 확보하기 위함이다.

3 등진파권(等震波圈, Coseismic) : 지진 발생 시 지도에서 진도(震度)가 같은 지점들을 포함하는 권역을 말한다.

4 이항분포(二項分布, Binomial Distribution) : 일정한 확률 p를 가진 독립시행을 n번 반복할 때의 확률분포를 말한다.

은 시스템, 시설, 자산(資産)을 포함하고 있어 그들의 파괴나 무력화(無力化)가 국가안보, 경제 또는 공공보건, 안전 및 복지에 지장을 줄 것이다." ASCE 7 기준의 6장에서는 다음과 같은 기술적인 정의를 사용한다.

중요시설(Critical Facility) : 전력, 연료, 물, 통신, 공중보건, 대규모 교통 기반시설 및 근본적인 국가운영을 위해 필요한 시설과 같이 대응, 복구관리계획 또는 지역사회의 지속적인 기능을 이행하는 데 필수적인 연방(聯邦) 정부, 주(州) 정부, 지방(地方) 정부, 부족(部族) 정부가 지정한 서비스를 제공하는 건물과 구조물이다. 그리고 중요시설은 지역사회에게 중요한 서비스 제공, 특정주민(가령 재난약자) 보호 및 지역사회를 위한 기타 서비스의 보급에 필수적인 것으로 여겨지는 모든 공공 및 민간시설을 포함한다.

필수시설(Essential Facility)은 긴급비상대응을 위해 필요한 시설이다. 주민들은 지진해일 도달 전에 대피하여야 하므로 지진해일 리스크 범주 IV에는 많은 필수시설을 포함할 필요는 없다. 이 시설에는 소방서, 구급차 보관시설, 그리고 비상차량 차고가 포함된다. 이 시설들은 공공이익(公共利益)을 위해 기여(寄與)하기 때문에 부득이 지진해일 구역 내에 위치할 수도 있지만, 지진해일력과 그 영향에 대한 이런 유형의 구조물 설계는 지역사회의 복원 시 최소한 이익만 가져와 비용이 많이 들 수밖에 없다. 지진해일 수직대피소(Tsunami Vertical Evacuation Refuge)는 고지대(언덕)(高地帶)로 제시간에 대피할 수 없을 때 일부 지역주민이 지진해일을 피해 바로 구조물 위로 대피할 수 있는 대피소 역할을 하도록 지정된 리스크 범주 IV 구조물이다.

지진해일 리스크가 있는 연안지역 내 반드시 존재할 수 있는 높은 리스크 범주 II 건물(지방자치단체가 지정한 곳), 리스크 범주 III 중요시설 및 리스크 범주 IV 필수시설인 경우, 설계규정은 정수력적 충격하중과 동수력적 충격하중, 표류물 축적(漂流物蓄積), 침하와 지진해일 흐름조건으로 발생되는 세굴(洗掘)을 다루고 있다. 표 4에서 주요 성능레벨은 최대고려 지진해일로써 표시된다.

표 4 리스크 범주당 지진해일 성능레벨

위험레벨(Hazard Level)	지진해일 성능레벨 목표		
지진해일 빈도	즉시 이용	피해 제어	붕괴 예방
최대고려 지진해일 (2,475년 평균재현기간)	지진해일 수직 대피 구조물	리스크 범주 IV 및 리스크 범주 III 중요시설	리스크 범주 III 및 리스크 범주 II> 지정 임계치 높이(20m)

앞서 언급된 바와 같이 건물 및 구조물은 다음과 같은 성능레벨목표 중 하나에 따라 높이 및 리스크 범주를 근거로 정의된 구조적(構造的) 성능목표(性能目標)를 갖게 된다.

- 즉시점유(卽時占有) 구조성능 : 구조물이 매우 제한된 구조손상(構造損傷)을 입어 점유하기에 안전한 사건 후 손상상태
- 손상제어(損傷制御) 구조성능 : 구조물의 구성부분이 손상되었지만 부분붕괴의 시작에 대한 상당한 저항을 가져 신뢰성을 유지하는 사건 후 손상상태
- 붕괴방지(崩壞防止) 구조성능 : 구조물의 구성부분이 손상되어 중력하중(重力荷重)은 계속 지지(支持)하지만 부분붕괴에 대한 여유를 유지하는 사건 후 손상상태

5. 침수심과 유속설계 분석

현장에서 흐름수심과 유속의 결정은 2가지 절차에 따른다. 에너지 경사선(Energy Grade Line)[5] 분석은 지진해일 설계구역지도(Tsunami Design Zone Map)에 표시된 처오름고 및 침수 한계를 정선으로부터 처오름 지점까지 지형적 횡단에 따른 수리적(水理的) 분석(分析)의 주어진 해결점(解決点)으로 취한다. 2차원 현장-고유 침수분석(Site-Specific Inundation Analysis) 시 입력 데이터로써 해상 지진해일 진폭(Offshore Tsunami Amplitude), 보존특성을 갖는 유효 파랑 주기 및 다른 파형(波形) 매개변수를 사용한다. 이것은 인근 수심도(水深圖) 및 육상 지형도(地形圖)인 고해상도(高解像度) 수치표고모델을 포함하는 수치시뮬레이션이다.

보수적인 설계흐름매개변수를 생성시키기 위해 개발된 에너지 경사선 분석은 지진해일 리스크 범주 II, III 및 IV 구조물에 대해 항상 실시하여야만 한다. 구조물의 지진해일 리스크 범주에 따른 현장-고유 침수분석(Site-Specific Inundation Analysis)은 필요 또는 불필요할 수 있다. 이 분석은 지진해일 리스크 범주 II 및 III 구조물에 대해 불필요하지만 사용할 수도 있다. 에너지 경사선 분석은 구조물의 침수심이 3.7m 미만인 경우를 제외하고 지진해일 리

---

5   에너지 경사선(EGL, Energy Grade Line) : 수로의 각 위치에서의 에너지(수두(水頭))의 높이를 연결하여 에너지의 크기 및 변화정도를 나타내는 선을 말한다.

스크 범주 IV 구조물인 경우는 실시한다.

확률론적 지진해일 위험분석(Probabilistic Tsunami Hazard Analysis)에서 수심 100m에서의 해상 지진해일파 진폭(Offshore Tsunami Wave Amplitude)을 결정한다. 해상 지진해일파 진폭지도 및 관련 파형 매개변수를 위험일관 지진해일(Hazard Consistent Tsunami)로 정의하기 위해 2,475년 위험레벨로 보정(補正)시킨다. 위험일관 지진해일은 확률론적 최대고려 지진해일 위험레벨의 영향을 반복(反復)하는 1개 이상의 등가파형(等價波形)이다. 이 정보의 주요 목적은 현장에서 흐름수심 및 속도매개변수의 시간이력을 결정하기 위해 NOAA(National Oceanic and Atmospheric Administration)의 수준점 2D 침수모델 중 하나인 상세한 공간수심 및 지형을 사용하는 리스크 범주 IV 구조물의 현장-고유 침수분석을 지원하는 것이다. 현장-고유 (Site-Specific) 시뮬레이션의 실시목적은 에너지 경사선 분석의 선형횡단 분석을 실행할 수 없는 2차원 흐름 및 방향효과를 포착(捕捉)하는 것으로 지진해일 리스크 범주 IV 구조물의 흐름 특성에 대한 추가실사(追加實査) 시 매우 효과적이다. 이 때문에 지진해일 수직대피소 구조물은 항상 현장-고유 침수분석 절차를 이용해야 한다.

지진해일 처오름을 저감시킬 수 있는 높은 밀도의 건물이 들어선 도시환경에서는 주어진 구조물의 입지장소인 '노지(露地)(건물이 없다고 가정)'에서의 현장-고유 침수분석으로 결정된 유속은 도시의 대규모 조도(粗度)에 근거한 에너지 경사선 분석 방법에 따라 결정된 유속의 90% 미만으로 잡지 않을 수 있다. 다른 지형 조도조건(粗度條件)인 경우, 주어진 구조물 지점에서의 현장-고유 침수분석 시 결정된 유속은 에너지 경사선 분석 방법에 따라 결정된 유속의 75% 미만으로 취해서는 안 된다. 이러한 안전설계 제한조건의 이유는 지진해일 모델 검증기준인 NOAA OAR PMEL-135가 현재 육상유속(陸上流速)을 검증하지 않았기 때문이다. 더욱이 지진해일 소위원회 평가 시 특정흐름의 현장관측 비디오 분석을 수행한 사례연구에서 일부 수치침수모델은 잠재적으로 실제 육상유속을 과소평가할 수 있다고 지적했다. 지형의 모수적 조도(母數的 粗度)로 에너지 경사선 분석을 실시할 때 주어진 처오름 지점까지 도달하려면 정선(汀線)의 초기 에너지가 더 많이 필요하다. 따라서 이런 관행적(慣行的) 방법에 따른 정선 에너지는 '노지(露地)'를 근거하여 실행된 2D 침수모델에서 사용된 에너지 값보다 절대적으로 크다. 이 에너지경사선 접근방식의 장점은 공학적 목적을 위한 보수적 설계치를 생성하고, 구축된 환경을 통해 발생한 유량증폭도(流量增幅度)를 함축적으로 설명한다는 것이다(표준 2D 침수모델은 일반적으로 유량증폭도를 산정하지 않는다).

6. 처오름에 근거한 침수심과 유속

일차원적인 복합수심/지형단면의 선형 횡단선을 사용하여 해안지형을 근사(近似)시킬 때, 일련의 선형경사선분(線形傾斜線分)을 이용하여 이상화시킨 지형의 에너지 경사선 분석은 최대침수심 및 유속과 같은 지진해일 침수설계 매개변수를 계산한다. 에너지 경사선 분석은 일련의 1차원적인 경사로 구성된 횡단면을 따라 수리적(水理的) 원리에 근거하여 적용시킨 절차로, 에너지 경사선의 마찰경사는 등가지형(等價地形)에 대한 대규모 조도(粗度) 만닝(Manning)계수를 사용한다(그림 2에 표시).

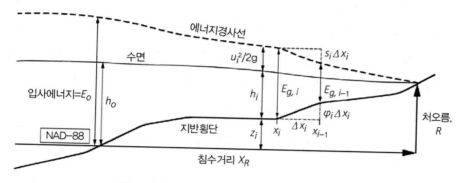

그림 2 에너지 경사선 분석법 원리예시(ASCE, 2016)

에너지 경사선을 내륙으로 횡단시킴에 따라 침수심 및 관련유속의 변화를 결정한다. 유속은 침수심의 함수로, 이 함수는 정선으로부터의 거리를 기준으로 횡단면을 따라 점진적으로 감쇠(減衰)되도록 규정한 프루드수(Froude Number)로 보정되며, 식 (2)로 계산한다.

$$F_r = \alpha\left(1 - \frac{x}{x_R}\right)^{0.5}$$

(2)

여기서, 단파(段波, Bore)조건이 존재하지 않는 지역은 α를 일반적으로 1.0으로 둔다. 단파조건이 존재하는 지역은 조금 큰 값인 1.3이 타당하다.

7. 현장 - 고유 확률론적 지진해일 위험분석에 근거한 침수심과 유속

확률론적 지진해일 위험분석(PTHA, Probabilistic Tsunami Hazard Analysis) 방법은 불확실성 처리 시 일반적으로 확률론적 지진 위험분석(Probabilistic Seismic Hazard Analysis) 방법과 일치하도록 개발되었다(Geist 및 Parsons, 2006). PTHA는 예상지진의 결합 플레이트(Plate, 板) 수렴율(收斂率)과 일치하는 각각의 가능한 섭입원(攝入源) 메커니즘(즉, 미끄러짐(Slip) 분포와 파열(破裂) 범위))이 갖는 논리트리(Logic Tree)[6] 확률에 따라 지진원(地震源) 메커니즘에서 직접 발생되는 높은 확률론적 지진해일 파형(波形, Waveform) 리스트를 생성하며, 해상(Offshore) 영역에 이러한 파형을 전파시킨다. PTHA 결과는 해상 지진해일 진폭지도에 수록(收錄)된다. 이러한 해저드맵(Hazard Map)은 100m 간격의 등수심(等水深)으로 정의되며 지역의 확률론적 지진해일 위험을 입증한다. ASCE가 수심 100m를 선택한 이유는 정선(汀線)과 평행한 불변화(不變化) 지역의 확률론적 지진해일 진폭치를 명확하게 제시할 수 있기 때문이다. 지역별로 파형 진폭 및 주기 매개변수를 지정한다.

7.1 해상지진해일진폭

해상지진해일진폭(Offshore Tsunami Amplitude)은 비교란(非攪亂) 수심 100m인 지점에서 측정된 최대고려 지진해일(Maximum Considered Tsunami) 진폭이다.

어떤 지역에 대한 확률론적 지진해일 위험 분석(Probabilistic Tsunami Hazard Analysis)의 기본가정은 다음과 같다.

1. 지진해일의 섭입대(攝入帶) 위험과 비섭입대 충상단층(衝上斷層, Thrust Fault)[7]은 각각 상응되는 지각(地殻) 매개변수로 구성된 직사각형 부단층(副斷層) 체계를 가진다.

6　논리트리(Logic Tree) : 논리적이고 체계적으로 과제를 해결하거나 문제를 규명할 때 적용하는 기법으로 과제를 해결하기 위한 목적과 수단의 구조관계 또는 원인과 결과 간의 인과관계를 논리적으로 체계화하거나 시각화하는 데 유용하게 사용된다. 즉, 현상과 문제의 원인 또는 목적과 수단을 연관성에 따라 나뭇가지 형태로 논리적으로 분해하고 전개시키는 방법이다.

7　충상단층(衝上斷層, Thrust Fault) : 역단층 중에서 단층면의 경사가 45° 이하인 단층으로 성인적(成因的)으로는 수평방향으로부터의 압축력에 의해 생긴 단층으로, 종종 습곡작용(褶曲作用)이 진행되는 과정에서 지층이 끊기어 저각(低角)의 역단층인 충상단층이 형성된다.

2. 지진해일 파형발생은 지진으로 발생되는 지진해일을 지진파열의 위치, 방향, 파열 방향과 순서를 나타내는 일련의 부단층으로부터 일어난 개별 지진해일 파형의 선형조합(線形組合)으로 분리시킴으로써 모델화시킨다.

3. 통계적으로 유효한 논리트리 접근법은 지질구조, 측지학, 역사적, 고지진해일(古津波) 데이터 및 예측된 플레이트(Plate, 板) 수렴률로부터 알 수 있는 지진해일을 발생하는 지진발생확률(地震發生確率)에 대한 모델 매개변수의 편차(偏差)를 설명하는 데 사용된다.

4. 해저수심에 따른 지진해일의 공간적 변동을 고려하기 위해 선형 천해파(淺海波) 방정식을 이용하여 심해(深海)로부터 지진해일을 전파시킨다.

5. 재현기간 2,475년의 설계레벨 초과에 대한 수심 100m, 주기 및 파형 매개변수에서의 최고해상 파고(最高海上波高)를 결정한다.

6. 관심지점의 순해상지진해일(純海上津波) 위험에 최소 90% 이상 기여(寄與)하는 지진원(地震源)과 관련된 지진 모멘트 규모(Moment Magnitude, M_w)를 분리시킨다.

7.2 위험 - 일치 지진해일 시나리오

하나 이상의 대체 지진해일 시나리오는 관심지점의 해상 지진해일 파형 특성을 재현하는 주요 세분화된 지진원(地震原) 영역에서 생성되며, 불확실성의 확률론적 처리가 시나리오 내 해상파랑 진폭에 미치는 순효과를 고려한다. 위험-일치(危險--致) 지진해일(HCT, Hazard-consistent Tsunami)은 ASCE 7 내 기술용어로, 제한된 수의 대체 시나리오로 최대 고려 지진해일(MCT, Maximum Considered Tsunami) 위험레벨 영향을 재현하는 수단이다. 위험-일치 지진해일(Hazard-Consistent Tsunami)은 확률론적 지진해일 위험분석을 실행한 후 최대고려 지진해일을 결정할 때 원래 사용된 매개변수의 불확실성에 대한 명시적 분석의 순영향을 포함하도록 하였다. 이것은 좀 더 제한된 수의 침수분석을 위해 입력을 편리하게끔 하는 절차적 수단이다. 수천 개의 시나리오를 모델링하는 과정에서 확률론적 지진해일 분석(PTHA)을 함으로써 특정지역 위험의 주요 원인을 알 수 있다. 즉, 각 원인의 기여도(寄與度)를 분리하여 해당지역의 위험에 가장 뚜렷하게 미치는 원인을 결정한다. 위험의 원인이 되는 주요 진원(震源)의 위험-일치 지진해일(HCT) 시나리오를 선택함으로써 시나리오 내 해상 지진해일 진폭을 확률론적 해상지진해일진폭(Offshore Tsunami Amplitude)과 일치시켜 위험-일치 침수를 계산할 수 있다. 따라서 수천 개 시나리오를 실행하여 확률론적인 해상지진해일진폭을 결정할 수 있지만, 지리적 특정지역의 침수한계 및 처오름 지도를 위해 지배원인(支配原因)으로부터 도출한 훨씬 적은 수의 시나리오를 실행할 수 있다.

7.3 육상지진해일 침수흐름에 대한 절차

해상지진해일진폭(Offshore Tsunami Amplitude) 지도 및 관련지역 파형 매개변수는 리스크 범주 IV인 구조물의 현장-고유 침수분석을 위해 제공된다. 현장-고유(現場-固有) 분석은 정의된 확률론적 해상지진해일진폭, 파랑 주기 및 해당지역의 파봉(波峰)과 파곡(波谷)을 가지면서 상대적 진폭을 재현하는 위험 일치 지진해일(HCT, Hazard Consistent Tsunami)을 사용한 비선형적 시간이력 침수모델 분석을 통해 실행할 수 있다. 통합 발생, 전파 및 침수 모델을 활용함으로써 현장-고유 분석은 지진원(地震源) 미끄러짐 사건을 완전한 시뮬레이션으로 실행할 수 있으며, 정의된 위험 일치 지진해일(Hazard Consistent Tsunami)의 확률적인 해상지진해일 진폭(Offshore Tsunami Amplitude)과 일치하도록 보정할 수 있다. 두 경우 모두 다음 리스트의 단계에 따라 NOAA 벤치마크 시험 케이스를 사용하여 이미 검증된 수치침수 시뮬레이션 소프트웨어를 이용해 현장에서 현장-고유 유동매개변수의 시간이력을 구한다.

7. 확률론적 해상파고(Offshore Wave Height)를 최대침수로 변형시키기 위해서는 비선형 천해 파랑방정식을 사용하여 100m 수심에서부터 정선(汀線)까지 모델링 영역을 만든다. 파랑변형에 적용할 수 있는 다음의 효과를 포함하여야 한다.

   a. 피크 연안 지진해일고를 결정하기 위한 천수효과(淺水效果)

   b. 적용 가능한 분산효과(分散效果)

   c. 반사파(反射波)

   d. 만(灣)에서의 수로효과(水路效果)

   e. 엣지파(Edge Wave),[8] 대륙붕(大陸棚, Shelf) 및 만내(灣內)의 공진(共振)

---

8 엣지파(Edge wave) : 해안을 따라 진행하는 파랑으로 그 움직임은 해변파대 내에 한정되어 있어, 이것은 해안 근처에서 일어나는 입사파의 반사와 해변파대의 내부에서 벌어지는 이들의 파랑의 굴절과 포착에 의해서 생긴다. 엣지파는 해안과 평행한 방향의 주기성과 외해로 나갈수록 지수함수(指數函數)적으로 감쇠하는 진폭을 가지므로 그들의 에너지는 굴절에 의해서 해안 근처에 포착된다. 엣지파는 입사하는 표면파의 에너지를 흡수하고 있다.

f. 단파(段波) 형성 및 전파(傳播)

　　g. 항만방파제 및 해안제방

8. 대표적인 매개변수들을 결정하기 위해 분리된 표본으로부터 각 지진해일 사건을 분석한다. 만닝 (Manning)의 등가지형(等價地形) 대규모 조도계수는 마찰을 설명하기 위해 사용된다. 최대 처오름, 침수심, 유속 및 특정 운동량 플럭스(Momentum Flux)[9]는 아래 설명 중 하나로 산정할 수 있다.

　　a. 시나리오의 가중 평균을 취함으로써 재현기간에 대한 해상지진해일진폭을 합친다(평균(Average)[10]은 2,475년 위험레벨의 평균(Mean) 산정치이다).

　　b. 계산된 지진해일 표본으로부터 흐름매개변수의 확률분포를 전개시켜 적어도 3가지 특정하중(特定荷重) 경우에 대한 흐름매개변수의 통계적 분포를 구한다.

9. 확률적 사건으로부터 관심지점에서의 침수심, 유속 및 시간 상관된 특정 운동량 플럭스의 설계 흐름매개변수를 포착한다.

8. 지진해일영향에 대한 구조적 설계절차

지진(구조물의 관성질량으로부터 발생하는 고주파(高周波)의 동적효과)과 지진해일(장주기(長週期)의 하중반전(荷重逆轉)동안 수심(水深)에 따라 변하는 내·외부 지속유체력(持續流體力)) 사이의 건물 손상 모드는 근본적으로 다르다고 이해하는 것이 중요하다. 2011년 3월 11일 동일본 대지진해일에서 수집한 사례 연구에 관한 상세한 분석을 통해 지진해일로 유발된

9　　운동량 플럭스(Momentum Flux) : 바다의 파는 파의 1주기 평균량으로 에너지를 수송하지만 동시에 운동량도 수송하는데, 이러한 바다의 파에 따른 운동량 수송을 파의 1주기 평균량의 형태로 전수심(全水深)을 통과하는 단위시간당 수송량을 말한다.

10　평균(Average) : 평균(Mean)은 세 가지 계산법이 있는데, 첫째, Arithmetic Mean(AM)으로 $A = \frac{1}{n} \sum_{i=1}^{n} a_i = \frac{a_1 + a_2 + ... + a_n}{n}$,

둘째, Geometric Mean(GM) $\left(\prod_{i=1}^{n} x_i \right)^{\frac{1}{n}} = \sqrt[n]{x_1 x_2 ... x_n}$, 셋째, Harmonic Mean(HM) $H = \frac{n}{\frac{1}{x_1} + \frac{1}{x_2} + ... + \frac{1}{x_n}} = \frac{n}{\sum_{i=1}^{n} \frac{1}{x_i}}$ 있다. 이 중에서 Average는 Arithmetic Mean(AM), 즉 모두 더해서 요인의 개수만큼 나누어주는 것을 말하는데, 즉 Average는 다양한 Mean들 중 하나이다.

건물손상모드를 조사하였다(Chock 등, 2013a). 건축구성재(建築構成材)[11]는 개별부재(個別部材)에 미치는 고강도 압력과 함께 횡력저항(橫力抵抗) 시스템에 작용하는 외력(外力)으로 생성된 내력(內力)을 동시에 받는다.

건물 및 구조물의 구조설계에는 다음과 같은 지진해일 효과를 고려하여야 한다(9장 및 19장 참조).

- 정수력, 부력 및 체류수(滯留水, Retained Water)로부터의 부가적인 유체중력하중(流體重力荷重)
- 동수력(動水力) 및 동수력적 양압력(陽壓力)
- 표류물의 충격력
- 기초세굴 및 토질(土質)에 미치는 간극수압의 연화효과(軟化效果)(지진해일 침수에 따른 토질약화(土質弱化) 현상)

지진해일 규정에는 처오름, 침수심 및 관련 유속에 대한 지진해일 흐름 조건의 물리적 일관성을 유지해야 한다고 기술되어 있다. 그림 3은 3가지 하중 케이스를 정의하기 위해 제공된다.

1. 최대침수심을 초과하지 않는 침수심에서 단층(單層) 건물 또는 1층 창문의 상단고(上端高)를 초과하지 않는 지점인 침수심에서의 부력과 동수력을 결합시킨 최소조건을 평가하여야 한다.
2. 각 방향에서 속도가 최대일 때 최대침수심 2/3
3. 유속은 각 방향으로 최대 1/3인 것으로 여겨질 때의 최대수심

동수력(Hydrostatic Loads)과 충격력은 리스크 범주(Risk Category)에 따른 중요도계수(Importance Factor, 重要度係數)에 따라 증가시켜야 한다. 유효유체밀도의 증가는 소표류물(小漂流物)로 채워진 흐름 영향 때문이다. 최소폐쇄비(最少閉鎖比)는 구조물에 대한 표류물축적(漂流物蓄積)을 설명한다. 주요횡단(主要橫斷) 이외 각 방향의 흐름방향도 고려한다. 지진해일 유입(流入, 압파(押波)) 및 유출(流出, 인파(引波)) 주기(週期)는 하중역전(荷重逆轉)뿐만 아니라 후속파하중

---

11   건축구성재(Building Component, 建築構成材) : 건축물을 구성하는 재료, 부품 중 어느 정도의 크기와 한정된 명확한 기능을 갖는 것을 말한다.

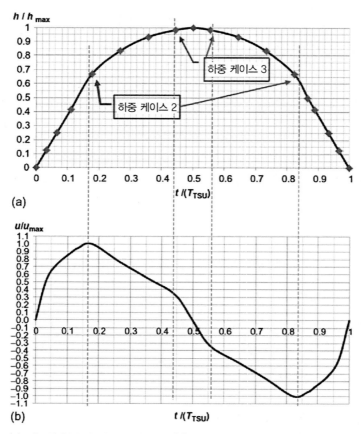

그림 3 (a) 정규화 침수심 대 정규화 시간, (b) 정규화 유속 대 정규화 시간(ASCE, 2016)

(後續波荷重) 이전(以前) 최초파랑 때문에 발생할 수 있는 세굴효과를 포함하도록 설정한다. 부하(負荷)는 2가지 지진해일인 유입과 유출 주기 중 최소를 고려해야만 하는데, 2가지 중 다른 하나는 최대설계레벨이기 때문이다. 왜냐하면 이것은 각 하중역전과 각 지진해일 유입 및 유출 주기를 통해 건물 및 건물 사이의 기초조건이 변화되기 때문에 필요하다. 건축 기초 설계는 설계지진사건 및 그 후 연이은 설계지진해일사건 발생 동안 현장지표면 및 토질(土質)특성의 변화를 고려해야만 한다.

이변(異變, Extraordinary Event)인 경우, ASCE 7절 2.5(ASCE, 2016)에 있는 구조물 및 구조요소(構造要素)는 식 (3)과 (4)의 하중조합에 명시된 입사(入射) 및 출사(出射)방향에 대한 주하중(主荷重) 효과인 지진해일력 및 영향(Tsunami Forces and Effects)인 F_{TSU}에 대한 설계를 하여야 한다.

$$0.9\,D + F_{TSU} + H_{TSU} \tag{3}$$

$$1.2\,D + F_{TSU} + 0.5\,L + 0.2\,S + H_{TSU} \tag{4}$$

여기서, F_{TSU} = 지진해일흐름의 입사 및 출사방향에 대한 지진해일하중 영향, D = 사하중(死荷重), L = 활하중(活荷重), S = 설하중(雪荷重) 및 H_{TSU} = 수몰조건(水沒條件)하에서 지진해일로 유발된 횡방향 기초압력 하중이다. H_{TSU}의 순영향(純影響)은 주하중(主荷重) 영향을 상쇄(相殺)하는 경우로 H_{TSU}의 하중계수는 0.9가 될 것이다.

미국 지진빈발지역(地震頻發地域) 내 위치한 약 20m보다 높은 고층(高層) 건물인 경우, 최대고려 지진(Maximum Considered Earthquake)에 대한 내진설계는 전체 시스템 횡강도(橫强度)의 최소 레벨을 제공한다. 전체 시스템의 강도(强度)는 전체 구조물에 작용하는 최대고려 지진해일(Maximum Considered Tsunami)의 횡력(橫力)에 대한 저항력일 것이다. 횡력저항 시스템의 전반적인 강도내력(强度耐力)은 지진초과강도계수(地震超過强度係數) Ω의 0.75배에 설계지진하중(設計地震荷重) E를 곱한 값을 사용한다.

건물이나 구조물에 가해지는 전체적인 지진해일력의 결과로 발생하는 횡력저항 시스템의 구조요소(構造要素)에 대한 내부작용은 해당 흐름 방향에 대한 동일한 개별 구조요소에 국소적으로 직접 작용하는 지진해일 압력에 의해 야기되는 임의의 합성력과 결합시켜야만 한다. 그것들이 횡력저항 시스템의 요소인가에 상관없이, 구조요소는 국소적인 '강화 저항'을 포함할 수 있어, 또한 하층(下層) 전단벽(剪斷壁)은 면외(面外) 동수력(動水力)이나 가압효과(加壓效果)를 위해 국소적 상세화(局所的詳細化)가 필요할 수 있다(Chock 등, 2013b).

2,475년 재현기간을 갖는 사건의 설계한계상태(設計限界狀態)는 구조부재(構造部材)의 설계내력(設計耐力)에 근거한다. 재료저항계수(材料抵抗係數)는 검토하려는 구성요소 및 거동에 대한 재료별 특정 기준에 규정된 값으로 사용해야 한다.

지진해일 하중 또는 영향이 구조요소의 허용기준(許容基準)을 초과하는 경우, UFC 4-023-03, 점진적인 붕괴에 저항하는 구조물 설계(Design Structures to Resist Progressive Collapse)와 같은 교대하중(交代荷重)[12] 경로설계에 관한 점진적 붕괴 절차를 적용하는 것이 대안으로 허용된

---

12 교대하중(交代荷重, Alternate Load) : 힘의 방향이 정반대로 변하도록 번갈아 가해지는 하중으로 기둥의 축(軸) 방향으로

다(미국 국방부(Department of Defense), 2013).

인근 해상지진영향을 받는 지역의 구조물은 설계지진해일의 침수에 도달하기 전에 설계지진에 저항할 필요가 있다. 태평양 북서부(Geist, 2005)와 알래스카의 경우, 설계지진해일로 인한 침수가 발생하기 전에 선행(先行) 국지해상(局地海上) 섭입지진(攝入地震)으로 유발된 지진동(地震動) 효과 및 침하에 대한 검토를 반드시 포함해야 한다. 그리고 후속 지진해일 하중효과(荷重效果)에 저항하는 구조물의 적절한 강도와 연성(延性)[13]을 확보하기 위해 구조물을 적어도 ASCE/SEI 7에 규정된 지진설계범주(Seismic Design Category) D로 지정해야만 한다.

또한 대체성능기반(代替性能基盤) 지진해일 설계를 검토하는 사람들은 초기 동적 지진하중으로부터의 연성 및 지속적인 지진해일 동수유체력(動流體水力)에 대한 요구로부터의 주요부재(主要部材)를 평가하기 위해 다중위험분석기법(多重危險分析技法)을 실시해야만 한다. 성능, 강도 및 안정성 분석을 수행하려면, 근거리(近距離) 섭입지진(攝入地震) 발생 후 잔존구조내력(殘存構造耐力)을 고려하여, 구조요소 설계가 필요한 구조성능레벨을 달성하기 위해 지진해일을 견딜 수 있는지를 확인해야만 한다.

9. 정수하중(靜水荷重, Hydrostatic Loads)

침수된 모든 건물의 구조 및 비구조 요소에 대해 부력(浮力)으로 인한 순자중(純自重) 감소를 평가해야만 한다. 건물 지반고(地盤高) 아래 전체 정수압은 실트, 모래, 자갈과 같은 투수성 기초지반(透水性 基礎地盤)을 근거로 한 보수적인 가정이지만 점토(粘土) 및 점토질 실트와 같은 점성토(粘性土)[14]에는 너무 보수적 일 수 있다. 지반 투수성은 현장에서의 지진해일 침수심 지속시간과 압력수두(壓力水頭)[15]의 측면에서 평가하여만 한다. 부력으로 인한 양압력

압축력·인장력이 교대로 가해질 경우 또는 대들보의 위아래에 굽힘이 교대로 가해질 경우 등의 하중인데, 건물에 가해지는 지진력이 그 예로써 교대하중이 가해지면 일반적으로 재료는 변형이 커져서 약해진다.

13　연성(延性, Ductility) : 탄성한계(Elastic Limit) 이상의 응력(Stress)을 가해도 파괴되지 않고 늘어나는 물체의 성질로서, 일종의 영구변형이 일어나는 것이다.

14　점성토(粘性土, Cohesive Soil) : 공기를 건조시킬 때 어느 정도의 강도가 있고 물에 적실 때도 상당한 점착력을 나타내는 흙으로 분류상은 세립토(입경이 75μm 이하의 흙입자) 함유율이 50% 이상인 흙을 말한다.

15　압력수두(壓力水頭 Pressure head) : 어떤 점에서의 압력의 크기를 수두 즉 물기둥의 높이로 나타낸 것으로 정수(靜水) 또는 유수(流水)가 갖는 압력 에너지를 말하며, 지금 압력을 ρkg/m^2 물의 단위 체적 중량을 γkg/m^{3}라고 하면, 압력

(揚壓力) 고려는 침수된 외벽면적의 25% 미만인 개구부를 가진 분리벽(分離壁)이 없는 폐쇄공간(閉鎖空間)을 포함해야 한다. 또한 부력은 통합된 구조적 슬래브와 벽들이 분리되지 않은 폐쇄공간에 갇힌 공기의 효과를 포함해야 한다. 대형 미사일의 폭발에 따른 파편(破片) 충격 또는 충격파 하중을 위해 설계된 창을 제외한 모든 창은 침수심이 창문의 상단에 도달할 때 개구(開口)로 간주될 수 있다. 부력을 가진 양압력은 내부공간의 침수를 허용하거나 정수두(靜水頭) 압력, 충분한 자중(自重), 정착장치(定着裝置) 또는 상기 설계 고려사항의 조합을 통한 압력해방(壓力解放) 또는 구조적 항복이완(降伏弛緩)을 설계함으로써 구조 슬래브 바로 아래 축적되는 정수압을 방지하여 예방할 수도 있다. 개구부가 벽면적의 10% 미만이거나 인접한 분리벽이 없는 길이가 10m 이상, 길이에 상관없이 2면 또는 3면의 구조벽(構造壁) 배치를 갖는 구조벽은 지진해일 유입(流入) 중 불균형적인 정수횡력(靜水橫力)에 저항하도록 설계하여야 한다. 최대침수심 아래의 모든 수평바닥은 수위강하(Drawdown) 시 내부저수(內部貯水)된 물이 충분한 시간 내에 빠져나가지 못할 수 있으므로 사하중(死荷重)에다가 잔류수(残留水) 상재하중(上載荷重)을 더하여 설계하여야만 한다.

10. 동수하중(動水荷重, Hydrodynamic Loads)

흐름이 유로(流路) 내 물체 주위로 흐를 때 동수력이 발생한다. 지진해일 침수는 급상승 해일(海溢),[16] 혹은 쇄파된 단파(段波) 거동을 취할 수 있다. 여기에서는 이 2가지 조건을 모두 고려한다. 즉, 구조물에 대한 전체적인 동수력(Hydrodynamic Loads)적 항력(抗力) 및 개별 구성요소에 대한 압력을 검토한다. 건물 횡골조체계(橫骨組體系)는 유입류(流入流)나 유출류(流出流)에 의해 생긴 전체적인 항력에 저항하도록 설계하여야만 한다. 마찬가지로 횡방향 동수력적 압력하중은 침수류수심(浸水流水深, Inundation Flow Depth) 수심 아래에 있는 모든 구조요소(構造要素) 및 폐쇄요소(閉鎖要素) 골조(骨組)의 투영면적(投影面積)에 작용시켜야만 한다. 슬래브의 동수력적 양압력은 폐쇄류(閉鎖流)가 발생하는 부분에 작용시켜야만 한다. 건물 내에

수두 h=p/γ의 관계가 있으며, 길이의 단위로 표시된다.

16　해일(海溢, Surge) : 지진이나 화산 폭발 등 해저의 지각 변동이나 폭풍 등 해상의 기상 변화에 의하여 생성된 파랑이 해안에 접근하여 해수면이 이상적으로 높아지는 현상을 말한다.

폐쇄공간이 있어 구간의 흐름을 방해하는 경우 동수력적 흐름 정체 내부압력을 가해야 한다.

얕은 근해 수심경사 또는 불연속적인 암초가 있는 경우, 지진해일 단파(Bore) 솔리톤(Soliton)도 동수력적 해일에 중첩(重疊)하는 것으로 여겨야만 한다. 단파(段波) 충격으로 발생된 순간 동수하중(瞬間動水荷重)은 심각할 수 있다(Robertson 등, 2011). 해상등심선(海上等深線)을 따라 지정된 위치에서 벽과 슬래브에 가해지는 단파(Bore) 충격력은 동수력적 항력의 150%에 해당하는 증폭력(增幅力)을 갖는다고 간주해야만 한다.

초기에(즉, 지진해일이 도달하기 전) 밀폐된 건물에 작용하는 하중은 외부 담의 압력노출 표면적의 70%인 최소폐색율(最小閉塞率)로 가정하여 계산해야 한다. 이는 구조물 측면에 축적된 표류물과 구조물 밖으로 쉽게 흘러나올 수 없는 장비 또는 가구 등과 같은 건물내용물로 인한 내부 폐색(內部閉塞) 때문이다. 파괴적 지진해일 피해를 입은 건물의 현장관측 시 부딪치는 실제적인 문제로서는, '분리' 벽은 주로 외부 표류물의 양이 많아 구조적 하중을 완화하지 못한다. 또한 건물 내부 내 샛기둥(Stud)[17]과 층도리(Girth, Girt)[18]에 건물 내용물이 포착(捕捉)되어 내부 표류물로 인한 동수력적 항력을 발생하여 이 하중이 구조물에 전달될 수 있다. 폐색율이 20% 이하인 개방형 구조물의 경우, 지진해일 후 현장조사에서 구조골조 요소에 여전히 표류물이 축적되어 있었던 것이 관측되었다. 이러한 이유로 최소 폐색율 50%는 추가 표류물 축적을 나타내며 포착된 표류물의 동수력적 항력은 구조물로 전달된다. 또한 개방형 구조물의 개별 기둥과 벽 피어(Wall Pier)에 작용하는 동수력(動水力)의 누적합계(累積合計)는 50% 폐쇄된 전체 구조물의 정수력(靜水力)과 등가(等價)일 수 있다.

지진해일 리스크 범주 II 건물 및 구조물인 경우 동수력 흐름의 효과를 나타내기 위해 보수적이면서 단순한 가상(假想) 정수(靜水) 횡압력을 구조물에 적용할 수 있다. 불확실성을 감안하여 해수밀도(海水密度) 2.5배의 유체밀도로 현장침수심의 1.3배를 최대침수심으로 하는 흐름이 갖는 힘을 사용하여 결정한다. 이 단순화 방법은 지진해일 저항에 대한 건물의 구조설계법(Structural Design Method of Buildings for Tsunami Resistance)을 사용한 일본의 접근방법과 비슷하다(Okada 등, 2004).

---

17 샛기둥(Stud) : 경량목구조에 가장 기본이 되는 부재로, 건축물의 하중을 수직으로 받쳐 지면으로 전달하는 역할을 한다.
18 층도리(Girth, Girt) : 2층 구조의 상·하 중간의 2층 마룻바닥이 있는 부분에 수평으로 대는 가로재를 말한다.

11. 표류물 충격하중

지진해일은 많은 양의 표류물(漂流物)을 운반시킬 수 있다. 사실상 흐름경로에 있는 물체는 침수심에서 부유(浮遊)할 수 있고 흐름에 저항하지 못하는 물체는 표류물이 될 것이다. 일반적인 예로는 나무, 나무 전봇대, 자동차, 목재골조 가옥 및 그 일부가 있다. 전석(轉石)[19]이나 콘크리트 조각 같은 일부 비부유(非浮遊) 표류물은 흐름이 충분히 강하면 표류물이 될 수 있다. 부유된 표류물 충격은 현장의 침수심 내 모든 주위의 중력−하중−전달 시스템(Gravity- Load-Carrying System)의 구조요소(構造要素)에 적용된다. 454kg 이하 통나무, 부유된 승용차 및 침수된 채 굴러다니는 전석 또는 콘크리트 덩어리 표류물(중량 2,268kg)의 충격은 주위 수직적 구조요소의 설계 시 평가해야 한다. (1) 통나무 또는 전봇대, (2) 승용차, (3) 전석 및 콘크리트 파편의 편재성(遍在性)은 만약 침수심 및 속도가 실현 가능할 경우 이들이 구조물에 충격을 미칠 것이라는 가정이 필요하다. 이러한 순간하중(瞬間荷重)은 지속적인 동수력과 같은 다른 지진해일 관련하중과 결합시킬 필요는 없다.

다른 표류물 충격력은 구조물의 위치와 지진해일 동안 현장에 도착할 것으로 예상되는 주변 지역의 잠재적 표류물에 따라 적용할 수 있다. 어항, 항만 또는 선적 컨테이너 야드 주위에서 표류물 충격 위험구역 범위를 결정하기 위한 경험적 접근법은 표류물의 발생원(發生源)과 설계될 구조물 사이에 있을 기타 중요한 구조물과 함께 근처 가능한 표류물의 양과 주변 흐름수심에 근거로 한다.

절차에 대한 기본개념은 표류물과 연관된 계획면적의 50배에 해당하는 면적을 가진 45° 모양의 부채꼴 구역을 설정하여 이 구역에는 일단 표류물이 흩어지면 평균농도 2%(즉, "면밀도(面密度, Area Density)[20]")를 가진다. 첫째, 유입에 따른 표류물충격위험구역(Debris Impact Hazard Region)의 원호(圓弧)는 다음과 같이 그린다. 표류물 발생원에서의 총표류물면적(總漂流物面積)의 50배인 면적을 갖는 45° 원호구역은 하나의 원호와 2개 방사경계선(放射境界線)로 이루어진 부채꼴 구역 영역으로 정의하는데, 이 영역은 표류물농도(漂流物濃度)는 2%를 갖는

---

19   전석(轉石, Boulder, Boulder Stone) : 암반에서 떨어진 바위 덩어리가 그 아래쪽의 비탈면에 불안정한 상태로 정지하고 있는 상태를 말하며, 하부 지반이 빗물로 침식된다든지, 지진력(地震力)이 작용한다든지 하면 안정을 잃고 전동(轉動), 낙하하여 낙석이 된다.

20   면밀도(面密度, Area Density) : 물질이 어떤 표면 위에 분포되어 있을 때 단위면적당 질량을 말한다.

다. 둘째, 표류물은 수위강하 시 정선(汀線) 쪽으로 수송될 수 있어, 유출 시 표류물 충격위험 구역은 원호(圓弧)를 180° 회전시키고 그 중심선과 2% 농도레벨로 정의되는 원호의 교차점(交叉點)에 중심선을 맞추어서 그린다. 유입구역(유입 시 표류물 충격위험구역)에만 포함되는 건물 및 기타 구조물은 유입 시 운반된 컨테이너 또는 기타 선박들의 충격에 대한 설계를 해야 한다. 역전(逆轉)된 두 번째 구역(유출 시 표류물 충격위험구역)에만 포함된 건물 및 기타 구조물은 유출 시 운반된 컨테이너 또는 기타 선박들의 충격에 관한 설계를 하여야 한다. 양쪽 구역에 모두 포함된 건물 및 기타 구조물은 양방향으로 이동하는 컨테이너 또는 기타 선박들에 의한 충격을 설계해야 한다. 이 양방향으로 구획된 영역에서는 충돌충격(衝突衝擊)을 받을 가능성이 더 크다(그림 4에 표시).

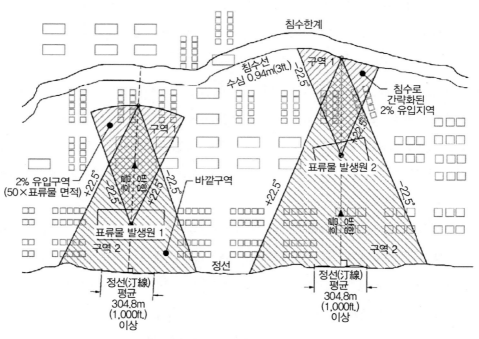

그림 4 표류물 충격위험구역 결정 예시(ASCE, 2016)

선적항(船積港)의 표류물 충격위험구역 내에 입지한 건물 및 기타 구조물인 경우 중력－하중－전달 시스템의 주위 수직적 구조요소에 대한 선적 컨테이너 충격이 발생한다고 가정해야 한다. 부두 및 잔교(棧橋)에 인접한 리스크 범주 III 및 IV 건물 및 구조물의 경우, 중력－

하중-전달 시스템의 주위 수직적 구조요소에 대한 매우 큰 질량충격(대형선박과 같은)을 산정하여야 한다. 유입 또는 유출방향 범위 내 수직인 주요 구조축(構造軸)에 위치한 주변 중력-하중-전달 구조요소에 침수심 내 가장 심각한 충격하중 영향을 작용시켜야만 한다.

표 5는 설계 요구사항, 특히 각 표류물 충격 유형을 고려하는 데 필요한 임계류수심(臨界流水深)을 요약한 것이다.

표 5 표류물 충격에 대한 필요한 설계조건

표류물	건물 및 다른 구조물	임계수심 (臨界水深)
전봇대, 통나무, 승용차	모두	0.91m(3ft.)
전석(轉石) 및 콘크리트 잔해	모두	1.8m(6ft.)
수송 컨테이너 (구조물이 표류물 충격위험구역 내에 있는 경우)	모두	0.91m(3ft.)
선박 또는 바지선(Barge) (구조물이 표류물 충격위험구역 내에 있는 경우)	지진해일 리스크 범주 III 중요시설 및 지진해일 리스크 범주 IV	3.6m(12ft.)

12. 기초설계

구조물 기초 및 지진해일 방파제(Tsunami Barrier) 설계 시 설계 지진해일 동안 현장 지표면 및 원위치(源位置) 토질특성의 변화를 고려해야 한다. 기초는 이러한 조건하에서 상부구조물(上部構造物)의 중첩하중(重疊荷重)을 지지(支持)하도록 설계하여야 하므로, 기초는 해당 일반 현장의 침식과 세굴 동안 및 그 이후 이 절(節)에서 확인된 수직 및 수평의 지진해일하중에 견디도록 설계하여야 한다. 지반조사 보고서 내 기초영향으로써 사면 불안정, 액상화(液狀化), 총침하(總沈下) 및 부등침하(不等沈下), 침강(沈降), 지반붕괴(地盤崩壞), 지진에 의한 측방확산(側方擴散) 또는 측방유동(側方流動)에 대한 검토를 포함하여야만 한다. 국지 해상섭입대(海上攝入帶) 지진의 영향을 받는 알래스카와 북서태평양 지역에 위치한 주(州)들은 앞에서 언급한 지역 해상 최대고려지진(Maximum Considered Earthquake)의 지진동 및 침강을 지진해일 도착 이전에 고려하여야 한다.

토질(土質)과 같은 비선형 재료의 경우, 일부 파괴면(破壞面)을 따라 한계상태가 존재한다고 가정하고 평형해석(平衡解析)으로부터 나온 합력(合力)과 그 토질에 대한 감소된 공칭강도 (公稱强度)와 비교한다. 따라서 이 접근법을 일반적으로 한계평형해석(限界平衡解析)[21]이라고 한다. 가정된 파괴가 발생하지 않도록 저항계수를 토질의 공칭강도에 적용시킨다. 기초 안정 성 한계평형해석에서 산정되는 지진해일 파괴 메커니즘은 다음과 같다.

- 측면 미끄러짐(한쪽면의 국소세굴(局所洗掘)로 인한 불균형 측방토압의 부가영향을 갖는 지진해일력)
- 융기(隆起) 또는 부상(浮上)
- 사면 안정성 분석(침수의 포화 및 간극수압에 따른 토질약화(土質弱化) 현상으로 인한)
- 지지력(支持力)(토질강도 특성은 지속적인 간극수압의 영향을 받을 수 있지만, 측방 미끄러짐 파괴는 일반적으로 실제 지압파괴(地壓破壞)[22] 이전에 발생)

구조물 주변의 지진해일 흐름은 기초요소 주변 국소세굴을 유발(誘發)시키며, 또한 지속적인 흐름은 현장에서 일반적인 침식을 일으킬 수 있다. 국소세굴은 간극수압에 따른 토질약화에 의해 증대(增大)될 수 있는 지속흐름 전단효과를 포함해야만 한다. 설계에 대한 지속흐름 세굴은 그림 5에서와 같이 흐름 수심 함수로 결정하는 것이 가능하다. 국소세굴심(局所洗掘深)은 최대흐름 프루드수(Froude Number)가 0.5 미만인 영역에서는 조정계수(調整係數)로 감소시켜야만 한다. 지진해일 설계구역(Tsunami Design Zone) 부분에서는 세굴심 값에 수평 침수한계(水平浸水限界) 지점에서는 0, 프루드수가 0.5인 지점인 수평침수한계 1.0까지 선형적(扇形的)으로 변하는 조정계수를 곱한다. 이것은 육지 쪽 침수종점(浸水終點)에서의 감소된 유속으로 인한 짧은 세굴흐름 지속기간을 반영하여야 하기 때문이다. 깊은 기초는 일반현장의 침식과 세굴 및 그 후에 수직 및 수평 지진해일력에 저항하도록 설계하여야만 한다. 구조적 하중에 저항하기 위한 기초근입심(基礎根入深)과 노출된 말뚝(Pile) 성능은 침수 및 간극수

---

21 한계평형 해석(限界平衡解析, Limit Equilibrium Analysis) : 사면안정해석뿐만 아니라 토압, 지지력 등과 같은 지반공학적 문제를 설명·해결하는 데 기초를 이루는 방법으로 대상 지반을 하나의 토체(土體)로 간주하여 임의의 파괴면에 대한 힘 또는 모멘트의 평형조건을 고려하는 것을 말한다.

22 지압파괴(地壓破壞, Bearing Failure) : 지압응력(지반의 중력 작용에 의해 가해지는 단위면적당 변형력)이 최대 허용 지압 응력을 초과할 때, 들보의 받침부 위에 높은 부재의 일부가 쭈그러지거나 압착되는 현상을 말한다.

압 연화는 물론 국소세굴로 인한 일반적인 침식누적영향(浸蝕累積影響)을 고려해야만 한다.

기초를 보호하고 직접하중을 완화하도록 장벽(Barrier), 소단(小段), 토목섬유 보강 또는 지반개량과 같은 대책을 적용할 수 있다. 근지(近地) 지진해일 위험이 있는 경우 지진동(地震動) 직후 원위치 토질과 현장 지표면에서는 액상화, 측방확산 및 단층파괴(斷層破壞)이 발생할 수 있다.

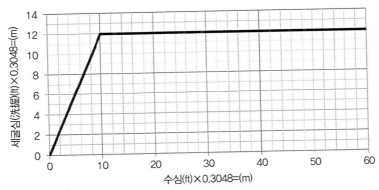

그림 5 지속 흐름 및 간극수압에 따른 토질약화로 인한 국소세굴심(ASCE, 2016)

13. 지진해일 하중에 대한 구조적 대책

잠재적 극한규모 또는 심각성을 갖는 지진해일 하중에 대해서는 개방 구조물을 포함한 강력하거나 여재(餘材)를 갖는 구조적 대책 사용과 지진해일 하중 및 세굴에 견딜 수 있는 지진해일 저감방호시설 사용이 필요하다. 지진해일 저감방호시설은 공학적인 소단(小段) 또는 벽(壁)에서부터 해안기반시설 방호를 위한 수문(水門)을 가진 대규모 차수벽(遮水壁)에 이르기까지 광범위한 재료 및 설계로 구성된다.

14. 지진해일 수직대피소 구조물

수직대피소구조물(Vertical Evacuation Refuge Structure)은 고지대(언덕, 高地帶)가 존재하지 않거나 지진해일 예·경보 후 지진해일 도달 전 완전대피(完全待避)할 시간이 충분하지 않는 지역사회에 대체대피시설(代替待避施設)로 지정된 지진해일 대피구역(Tsunami Evacuation Zone) 내 설치된 특별한 건물과 구조물에 대한 명칭이다. 이 건물이나 구조물은 모든 최대고려 지진해일(Maximum Considered Tsunami)의 영향에 저항하는 데 필요한 강도(强度)와 복원성을 가져야 한다. 일본 도호쿠 지방의 북동쪽 해안선을 따라 2011년 3월 11일 발생한 동일본 대지진해일의 참상(慘狀)에도 불구하고, 수천 명의 생존자들에게 안전한 대피를 제공한 많은 지진해일 대피빌딩이 있었다(Fraser 등, 2012). 미국에서 FEMA P646(Applied Technology Council, 2012)이 일련의 지침으로 존재하지만 건축 코드 및 설계 기준을 작성하는 데 필요한 의무사항은 아니다. 따라서 ASCE 7 기준은 이러한 구조물에 대한 기술적 요구사항을 통합하여 P646의 사전기준지침(事前基準指針)을 충족(充足)시킨다. 특히 중요한 고려사항은 침수되지 않은 대피소와 피난민에게 구조적인 인명보호를 보장해야 하기 때문에 수직대피소의 표고(標高)와 높이이다. 그러므로 흔적고(痕迹高) 예측에는 인명보호를 위한 추가적인 보수성(保守性)이 필요하다. 그러므로 지진해일 대피지역의 최소표고는 그림 6에 나타낸 바와 같이 현장에서 예상되는 최대고려 지진해일(Maximum Considered Tsunami) 흔적고에 30%를 증가시켜서 3m를 더한 값이다.

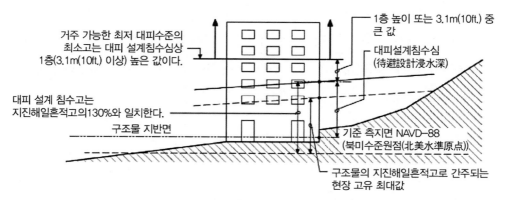

그림 6 최소 대피고(待避高) 및 설계침수심 등(ASCE, 2016)

15. 지정된 비구조요소와 시스템

지정된 비구조요소(非構造要素)와 시스템은 지진과 지진해일 사건 후에도 계속 기능을 수행할 필요가 있기 때문에 특별한 주의가 필요하다. 이러한 이유로 지진영향에 사용되는 것과 같이 지진해일 영향에도 지정된 비구조요소에 대한 동일한 정의를 사용한다. 지진해일 관점에서 지정된 비구조요소가 필요에 따라 성능을 발휘하기 위해 사용할 수 있는 2가지 접근방식이 있다. 한 가지 접근법은 최대고려 지진해일(Maximum Considered Tsunami) 흔적고보다 높은 주요구조물에서 구조요소를 설치한다. 또 다른 접근방법은 침수영향으로부터 구조요소를 방호하는 것이다.

16. 구축물[23]

지진해일 관점에서 볼 때, 지진해일 영향에 저항하기 위한 구축물(構築物)을 설계하는 데 사용할 수 있는 4가지 이상의 접근 방법이 있다. 첫 번째는 지진해일력의 영향에 직접적으로 저항할 수 있는 구축물과 기초를 설계하는 것이다. 두 번째는 최대고려지진해일(Maximum Considered Tsunami)의 최대흔적고(最大痕迹高)상에 구축물을 안전하게 설치하는 것이다. 세 번째 접근법은 침수영향으로부터 구성요소를 방호하는 것이다. 네 번째 접근법은 구축물을 유지할 수 있는 높이까지 흐름수심을 완화시키는 방호벽(防護壁)을 설계하는 것이다(구축물을 전부를 침수당하지 않게 건조하게 유지시키는 대신).

17. 결 론

1. 미국 토목학회/구조공학 협회의 지진해일 하중 및 영향 소위원회(The Tsunami Loads and

---

23 구축물(構築物, Non-building Structure) : 인간이 계속적으로 거주·체재하는 목적 이외를 위해 설계·건설된 구조물로써 도로, 철도, 교량, 담장, 굴뚝, 수조(水曹)탱크, 송유관, 조선대(造船臺), 궤도, 부교, 저수지, 갱도, 상·하수도설비 등을 말한다.

Effects Subcommittee of the American Society of Civil Engineers/Structural Engineering Institute)
는 지진해일 하중 및 영향에 대한 ASCE/SEI 7 기준의 2016년 개정판에 새로운 장(章)을
진전시켰다. 이 방법은 불확실성을 다루는 데 확률론적 지진위험분석과 일치한다.

2. 지진해일 설계규정은 확률론적 해상지진해일진폭(Offshore Tsunami Amplitude) 지도 및
   지진해일 설계구역(Tsunami Design Zone) 침수지도를 활용한다.

3. 지진해일 침수분석 절차는 지진해일설계구역지도(Tsunami Design Zone Map)로부터의 해
   상 지진해일진폭(Offshore Tsunami Amplitude) 또는 처오름(Runup) 및 침수한계(Inundation
   Limit)의 설계지도 내 값을 근거하여 사용한다.

4. 건물성능을 결정하기 위한 구조적 하중 및 분석방법을 포함한다.

5. 지진해일 하중 및 영향(Tsunami Loads and Effects)에 대한 새로운 ASCE 7 규정은 지진해
   일 물리학과 일치하는 일련의 분석 및 설계 방법을 가능하게 한다.

6. 여기에 설명된 설계절차에 대한 보다 자세한 내용은 ASCE 7-16을 참조하길 바란다.

* 기호 및 표기

다음 기호 및 표기(表記)는 본 장(章)과 ASCE 규정에 사용된 것이다.

E_g	에너지경사선 분석에서 수두(水頭)
F_r	프루드수 $= u / \sqrt{(gh)}$
F_{TSU}	지진해일 하중 또는 영향
g	중력가속도
h_i	i 지점에서의 침수심(浸水深)
h_0	해상수심
L	활하중(活荷重)
n	만닝(Manning) 계수
NAVD88	1988년 설정된 북미수준원점(北美水準原点)
s	에너지경사선의 마찰경사
S	설하중(雪荷重)

u	지진해일 유속
x	NAVD88을 기준고로 하여 측정한 정선(汀線)으로부터의 육지 쪽 수평거리
x_R	NAVD88을 기준고로 하여 측정한 정선으로부터의 지도화된 육지 쪽 침수한 계거리
z	NAVD88 기준점상 지반고(地盤高)
α	에너지경사선 분석에서 프루드수 계수
ψ_i	i 지점에서의 평균경사도
Ω_O	지진횡력저항체계의 초과강도계수

참고문헌

1. American Society of Civil Engineers, Structural Engineering Institute, 2016. Minimum Design Loads for Buildings and Other Structures. American Society of Civil Engineers, Structural Engineering Institute, Reston, Virginia ASCE/SEI 7-16.

2. Applied Technology Council,2012.Guidelines for Design of Structures for Vertical Evacuation from Tsunamis, second ed. FEMA, Washington, DC FEMA P-646.

3. Chock,G., Robertson,I.,Kriebel, D.,Francis, M.,Nistor,I., 2013a.The Tohoku,Japan, Tsunami of March 11, 2011—Performance of Structures under Tsunami Loads. American Society of Civil Engineers, Structural Engineering Institute, Reston, Virginia 350 pp.

4. Chock,G., Carden, L., Robertson,I., Olsen, M.J., Yu, G., 2013b.Tohoku tsunami-induced building failure analysis with implications for USA tsunami and seismic design codes. Earthq. Spectra 29 (S1), S99-S126.

5. Department of Defense, 2013. Design of structures to resist progressive collapse. UFC 4-023-03. 14 July 2009 (including change 2—1 June 2013), 227 pp.

6. Fraser, S., Leonard, G.S., Matsuo, I., Murakami, H., 2012. Tsunami evacuation : lessons from the Great East Japan earthquake and tsunami of March 11th 2011. GNS Science Report 2012/17, 89 pp.

7. Geist, E., 2005. Local tsunami hazards in the Pacific Northwest from Cascadia subduction zone earthquakes. U.S. Geological Survey Professional Paper #1661-B.

8. Geist, E., Parsons, T., 2006. Probabilistic analysis of tsunami hazards. Nat. Hazards 37, 277-314.

9. National Research Council, 2011. Tsunami Warning and Preparedness, An Assessment of the U.S. Tsunami Program and the Nation's Preparedness Efforts, ISBN 978-0-309-13753-9. The National Academies Press, Washington, D.C., 296 pages.

10. Okada, T., Sugano, T., Ishikawa, T., Ohgi, T., Takai, S., Hamabe, C., 2004. Structural design method of buildings for tsunami resistance (proposed). The Building Letter, Nov., 2004, The Building Center of Japan—Building Technology Research Institute.

11. Robertson, I.N., Paczkowski, K., Riggs, H.R., Mohamed, A., 2011. Experimental investigation of tsunami bore forces on walls. In : Proceedings, ASME 2011 30th International Conference on Ocean, Offshore and Arctic Engineering, Rotterdam, The Netherlands, OMAE-11-1030.

12. Thio, H.K., Somerville, P., Polet, J., 2010. Probabilistic tsunami hazard in California. Pacific Earthquake Engineering Research Center, PEER Report 2010/108University of California, Berkeley.

CHAPTER 22 동일본 대지진해일 시 건축물의 구조적 파괴 메커니즘을 경감시키기 위해 적용된 새로운 ASCE 지진해일 설계기준

1. 서론

2011년 3월 11일 발생한 전례 없는 동일본 지진과 지진해일 시 실시간 기록된 관측을 통해 전례 없는 지진해일과 그 영향을 분석할 수 있었다. 지진해일로 인한 구조적 피해는 혼슈(本州)섬의 전체 도호쿠(東北) 지방을 따라 시(市)·정(町)·촌(村) 전역에 걸쳐 널리 미쳤다(그림 1). 주거 및 상업용 건물(2011년 동일본 지진 및 지진해일 합동조사단, 2011; NILIM/BRI, 2011; Chock 등, 2103a; Liu 등, 2013; Maruyama 등, 2013; Mase 등, 2013, 9장 및 20장), 도로 및 교량(Akiyama 등, 2013; Kawashima와 Buckle, 2013), 방조제(Seawall) 및 항만시설(Mori 등, 2013; Mase 등, 2013; Maruyama 등, 2013), 임업 및 농경지(Mori 등, 2013; Maruyama 등, 2013)와 기타 기반시설을 포함한 모든 형태를 가진 구조물의 피해를 관측·기록하였다. 사회과학자들은 직접적인 충격을 받아 대피한 주민에 대한 사회적 영향을 보고하였다(Tatsuki, 2013; Brittingham과 Wachtendorf, 2013). 이는 기반시설피해 및 재산피해를 넘어서 2011년 동일본 대지진해일이 다른 연령계층 및 특별한 요구가 있는 그룹에 끼친 다양한 취약성을 나타낸다(10장 참조). Kajitani 등(2013)은 2011년 동일본 대지진해일이 16.9조엔(¥)(약180조 원, 2019년 6월 환율기준)의 직접적인 손실뿐만 아니라, 지진해일의 직간접적인 경제적 파급효과인 식량 및 전기공급, 산업생산, 소비 및 관광에 대해서도 광범위한 영향을 끼쳤다고 말했다. 지진해일의 복구를 향한 상당한 진전이 있었지만, 일본관계 당국은 미래 지진해일 위험모델링, 대안 및 우선

순위 수립, 효율적인 복구를 포함한 황폐(荒廢된 지역의 합리적인 이용에 관한 몇 가지 중요한 결정에 대해 여전히 고민하고 있다(Iuchi 등, 2013).

그림 1 지진해일의 영향을 받은 연안지역을 나타낸 일본 혼슈섬의 북부 지역(도호쿠 지방)(제외된 구역은 후쿠시마(福島) 원자력 발전소 사건 직후 미국 시민들에게 적용된 미국 국무부가 선언한 구역)

2009년 칠레 지진해일(Robertson 등, 2012; Olsen 등, 2012b), 2007년 사모아 지진해일 (Robertson 등, 2010) 및 2004년 인도양 지진해일의 비슷한 충격과 함께 동일본 대지진해일의 처참한 광경을 목격하고 연구한 사람들은 미래 사건에 대한 대비를 강화할 필요성이 있다고 주장한다. 대비(對備)에는 재난대응교육, 예·경보 시스템 및 대피계획뿐만 아니라 인명보호, 초기 경제적 비용 및 재난 발생 후 경제적 복원성 사이의 적절한 균형을 모색(摸索)하는 지역사회 계획, 중요 기반시설 및 건물의 구조설계를 포함한다(25장과 29장 참조).

지진해일에 따른 시각적 통합관측(統合觀測)으로는 구조적인 손상과 최대흔적고를 기록하기 위한 분석(영상분석, 유량관측, 침수시간이력 및 표류물 흐름(Chock 등, 2013a; Koshimura 와 Hayashi, 2012; Foytong 등, 2013)), 지진해일 사건 전후(前後) 침수한계와 피해유형을 기록하기 위한 위성영상(Liu 등, 2013), 미래 분석을 위한 구조물 변형측정, 데이터 캡처 및 피해지역의 차원적 순간촬영을 감지(感知)하는 LIDAR[1] 영상(Olsen 등, 2012a) 등이 있다. 이 분석을 통해 관련된 지진해일 흔적고, 유속 및 구조적 하중과 연관된 다른 특징이 구조물에 미치는 영향을 잘 이해할 수 있다.

캐스캐디아(Cscadia)[2] 섭입대(Subduction Zone)(Geist, 2005) 또는 다른 지역에서 지각파열(地殼破裂)과 같은 사건으로부터 미국에서의 지진해일 발생 가능성을 인식하여, ASCE−7 기준(ASCE-7 Standard), 건물 및 기타 구조물에 대한 최소설계하중(Minimum Design Loads for Buildings and Other Structures)(ASCE, 2016; 21장 참조)과 같이 지진해일 하중 및 영향(Tsunami Loads and Effects)에 관한 장(章)을 발전시켜왔다. 2016년 ASCE 기준판(基準版)에 지진해일을 다룬 장(章)이 발표되었다. 지금 이후부터는 새로 진전(進展)된 지진해일 하중 및 영향을 다룬 장을 간단히 ASCE 7로 언급할 것이다. 이 장의 목적은 지진해일 위험(Hazard)을 경감시키는 이점(利點)과 비교하여 건물비용을 불균형적으로 증가시키지 않으면서, 특정 지진해일 위험에 적합한 건물 및 기반시설의 구조설계를 명시(明示)하는 것이다. 지진해일 이후 관측결과에 따라 표준적인 주택인 저층의 경량골조(輕量骨組) 구조물은 심각한 지진해일 침수에 대해 쉽게 설계할 수 없는 반면 다른 대형 구조물은 적어도 인명보호 또는 높은 성능수준에서 견디도록 설계할 수 있도록 한다. 저층 주거용도는 지방자치단체가 효과적인 예·경보 시스템 발령과 안전한 대피구역으로 대피시키기 때문에 지진해일 설계를 필요로 하지 않는다.

이 장의 주요 목적은 동일본 대지진해일 동안 이미 관측되고 분석된 건물을 조사하고 ASCE 7 지진해일 설계규정에 따라 그러한 건물 및 구성요소의 설계요건(設計要件)에 대한 구조적 특

---

1   라이다(LIDAR, Light Detection And Ranging, Laser Imaging, Detection and Ranging) : LIDAR는 'Light Detection And Ranging(빛 탐지 및 범위 측정)' 또는 'Laser Imaging, Detection and Ranging(레이저 이미징, 탐지 및 범위 측정)'의 약자로 펄스 레이저를 목표물에 방출하고 빛이 돌아오기까지 걸리는 시간 및 강도를 측정해 거리, 방향, 속도, 온도, 물질 분포 및 농도 특성을 감지하는 기술을 말한다.

2   캐스캐디아 섭입대(Cscadia Subduction Zone) : 캐나다 밴쿠버섬 북부에서 미국 북부 캘리포니아까지 뻗어 있는 길이 약 1,000km에 달하는 경사단층(Dipping Fault)을 말한다.

성 및 대응을 비교하는 것이다. 이는 설계규정의 견고성 및 효과성에 대한 이해를 제공하고 설계조항 또는 추후 연구가 필요한 분야에 대한 적절한 수정을 강조하는 것을 목표로 한다.

2. 제안된 ASCE 7 지진해일 하중 및 영향에 대한 설계규정

제안된 ASCE 7 기준의 설계요구사항은 21장에서 자세하게 논의하였지만, 사용의 편이를 위해 이 장에서도 간략하게 설명한다. 요구사항은 미국 알래스카주, 워싱턴주, 오리건주, 캘리포니아주 및 하와이주의 지진해일 설계구역(Tsunami Design Zone) 내에 있는 건물 리스크 범주(Risk Category) 및 높이에 따라 다르다. 고층 리스크 범주 II 구조물, 리스크 범주 III 및 리스크 범주 IV 구조물은 ASCE 지진해일 규정을 따라야 한다. 이 규정은 리스크 범주 I 및 저층 리스크 범주 II 건물에는 적용되지 않는데, 왜냐하면 이러한 구조물 또는 건물에 근무하거나 거주하는 사람들은 대피해야만 한다. 20m 이상 임계구조고(臨界構造高)를 갖는 건물은 지진해일 설계가 필요한 고층 리스크 범주 II 건물에 해당한다. 다음 3절에 간략하게 기술된 미국 북서 태평양을 대표하는 지진해일 침수심에 대한 다층(多層) 철근콘크리트 및 강구조(鋼構造) 건물 분석에 근거하여, 이 건물은 신뢰성 있는 인명보호(人命保護)와 합리적인 경제적 비용 모두에 대해 충분한 높이를 갖는다.

지진해일 침수특성을 정의하는 데 사용되는 일반적인 정의가 그림 2에 제시되어 있다. 이러한 정의는 ASCE 7에서 재현(再現)된 것으로 전체적으로 사용한다.

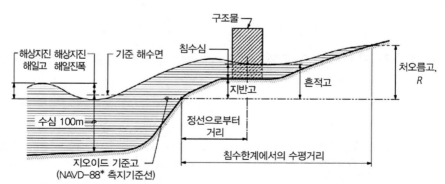

* NAVD-88(1988 North American Vertical Datum) : 1988년 설정된 북미수준원점(北美水準原点)

그림 2 지진해일 설계구역을 횡단하는 흐름에 따른 주요 정의의 예시(ASCE 7)

현장에서의 지진해일 침수 또는 흐름수심과 유속을 결정하는 절차에는 2가지가 있다.

(1) 지진해일 설계구역(Tsunami Design Zone)지도에 표시된 처오름고 및 침수한계를 모든 건물에 적용할 수 있도록 현장에서의 흐름 수심 및 수리특성을 보수적으로 명시한 에너지 경사선 분석(Energy Grade Line Analysis)

(2) 근해수심과 육지지형의 고해상도(高海象度) 수치표고(數値標高) 모델을 포함한 수치시뮬레이션 입력 자료로써 보존특성(保存特性)을 가진 해상지진해일진폭(Offshore Tsunami Amplitude), 유효파주기(有效波週期)와 기타 파형형상 매개변수를 이용한 2차원적 현장－고유 침수분석(Site-Specific Inundation Analysis)을 실시하여, 중요건물 또는 우선 설계자가 선호하는 건물의 흐름수심과 유속을 결정

침수심 및 그와 관련된 속도로 정의되는 3가지 지진해일 구조하중 케이스를 고려하여야만 한다. 이 케이스들은 세굴효과, 표류물 축적 및 주방향(主方向) 하중변화를 포함하는 다중주기(多重週期)를 고려해야 한다. 이 3가지 하중 케이스에 대한 정의를 그림 3에 나타낸다.

• 하중 케이스 1 : 최대침수심을 초과하지 않는 외부침수심에서 단층 또는 1층 창문 상단고(上端高)를 초과하지 않는 내부수심에 대한 최소부력을 산정해야 한다. 이것은 그림 3에 근거한 해당 속도에서 정수력 횡력(橫力) 및 동수력 횡력과 함께 고려된다.
• 하중 케이스 2 : 각 방향에서 속도가 최대일 때 최대침수심의 2/3
• 하중 케이스 3 : 각 방향에 대한 최대유속 1/3일 경우의 최대수심

ASCE 7 2.5절(ASCE, 2016)에서 특이한 사건으로 여겨지는 경우, 구조물 및 구조요소는 식 (1) 및 (2)의 하중조합(荷重組合)으로 나타낸 주하중(主荷重) 효과로 지진해일력(津波力) F_{TSU} 에 대해 설계하여야 한다.

$$0.9\,D + F_{TSU} + H_{TSU} \tag{1}$$

$$1.2\,D + F_{TSU} + 0.5\,L + 0.2\,S + H_{TSU} \tag{2}$$

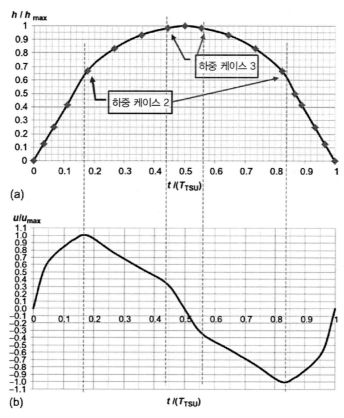

(a)

(b)

그림 3 정규화 시간에 대한 정규화 흐름 수심과 속도(ASCE 7)

여기서, D = 사하중, L = 활하중, S = 설하중(雪荷重)과 H_{TSU} = 기초상 지진해일의 지하수 침투효과로 인한 수평토압(水平土壓)[3]이다. H_{TSU}의 순영향이 주하중영향에 대응하는 곳에서 는 H_{TSU}에 대한 하중계수는 0.9일 것이다.

건물의 구성요소는 극한하중(極限荷重) 수준에서 계산되는 ASCE 7의 지진해일 압력에 대 한 설계 강도(設計强度)를 가져야 한다. 주횡력저항체계(主橫力抵抗體系)는 전체압력하중에 대 하여 설계하여야만 한다. 하중경로(荷重徑路)의 연성(延性)[4] 및 구조보전(構造保全)[5]에 대해 상

---

3 수평토압(水平土壓, Lateral Earth Pressure) : 옹벽·지하벽·흙막이벽 등에 작용하는 수평방향의 토압을 말하며 연직토압 과 구별되며 주동토압·정지토압·수동토압이 있다.

4 연성(延性, Ductility) : 금속 재료가 탄성 한도 이상의 인장력에 의해서 파괴하는 일 없이 늘려져서 소성 변형하는 성질 로써 여기에서는 건물의 콘크리트에 철근을 많이 사용함으로써 부러지지 않고 휘어지는 철근의 특성 살려 건물의 붕괴를 막을 수 있기 때문이다.

세히 기술된 고지진대(高地震帶)에서, 구조물에 작용하는 총지진해일횡력은 시스템 초과강도 계수 Ω_O를 포함한 수평지진하중의 75% 미만이면 전체 시스템 용량은 추가분석 없이 수용 가능한 것으로 여긴다. 총지진해일횡력이 개별 구성요소의 허용기준을 초과하는 경우, 설계의 업그레이드 이외에도 층붕괴(層崩壞)[6] 절차를 적용하여 대체하중경로(代替荷重徑路)에 대한 구조물을 설계할 수 있다.

3. 일반적인 구조물에 작용하는 지진하중과 지진해일 하중과의 비교

지진에 대해 보수적으로 설계된 구조물이 지진해일 설계로 어떻게 영향을 받을 수 있는지를 결정하기 위해, 전체 횡방향 지진해일 하중을 특정 횡방향 지진하중과 비교하는 것이 필요하다. 이 비교를 할 때, 미국 지진기준에 따라 설계된 구조물이 일본 지진기준에 따라 설계된 유사한 구조물과 비교하여 지진해일 발생 시 어떻게 성능이 다른지 이해하고 미국과 일본의 지진설계조항 간 차이(Kuromoto, 2006)를 검토하는 것이 바람직하다. 미국과 일본 기준은 본질적으로 공통적인 특징을 갖지만 지진설계 절차에는 상당한 차이가 있다. 두 기준 간 차이점에 대한 포괄적인 논의는 여기에서 언급하지 않았지만 Chock 등(2013b)이 자세히 설명하고 있다. 일본의 지진설계 코드는 일반적인 철근콘크리트와 철골(鐵骨) 건물에서 미국에서 통상적으로 규정한 것보다 큰 횡력(橫力)과 강성체계(剛性體系)를 갖는다. 미국의 내진설계는 연성(延性)에 대한 높은 의존도를 가지므로 탄성설계하중에 대한 큰 감소를 이용한다. 설계코드에서의 이런 차이가 갖는 잠재적인 영향으로서는 일본 지진기준에 따라 설계된 특정 높이를 가진 구조계(構造系)는 미국 지진규정에 따라 설계된 유사한 구조물보다 지진해일력에 대한 저항이 클 수 있다.

지진해일 하중에 대한 체계적인 전체저항비교 매개변수는 다음과 같다.

---

5   구조보전(構造保全, Structural Integrity) : 여러 구조요소로 구성된 구조물이 과도하게 파손되거나 변형되지 않고 자체 중량을 포함한 하중 아래에서 함께 지탱할 수 있는 기능으로서 구조물이 의도한 설계수명하의 합리적인 사용기간 동안에 설계된 기능을 수행토록 보장한다.

6   층붕괴(層崩壞, Progressive Collapse) : 일차구조요소가 손상을 입을 때 건물은 점진적인 붕괴를 겪으면, 인접 구조 요소들의 손상을 야기시키며, 이는 다시 추가적인 구조적 손상을 야기하는 것으로 건물의 무너진 층이 평평하게 짓누르는 모습이 팬케이크를 닮았다고 하여 Pancake Collapse라고도 한다.

(1) 예제로 선정된 원형(原形)의 리스크 범주 II 건물은 길이 36.5m, 폭 27.5m로 사실상 30% 개방된 건물이다.

(2) 이 건물은 고지진대(高地震帶)에 입지하고 있다(일본 지진대(地震帶) A; 미국 $S_S = 1.5$와 $S_1 = 0.6$).

(3) 접합부는 부재(部材)의 비탄성 내력(耐力)에 영향을 준다.

(4) 지진해일은 수변(水邊) 지점에서 유속이 $\sqrt{gh}$ 로 침수심이 최대침수심의 2/3일 때 프루드수(Froude Number)가 1인 최대유속에 도달한다.

(5) 각 지진해일 침수하중곡선은 침수가 최대수심으로 증가함에 따라 식 (7) (4.3 절에 주어진)의 동수하중(動水荷重) 영향의 순서를 나타낸다.

(6) 내진내력(耐震耐力)은 초과강도내력의 75%로 잡아서 사용한다.

(7) 개별구조부재파괴는 연성 및 구조보전(構造保全)으로 인해 층붕괴(層崩壞)로 이어지지 않는다고 가정한다.

그림 4는 원형(原型)의 저층 (a) 철근콘크리트 전단벽과 (b) 강구조(剛構造) 라멘(Rahmen) 골조(骨組) 건물의 비교를 나타낸다. 구조벽(構造壁) 및 강구조 라멘골조를 갖는 미국과 일본의 중층(中層) 철근콘크리트 건물은 지진해일 발생 시 붕괴방지나 인명보호에 충분히 강한 것으로 보인다. 단, 4층 깊이의 침수가 있는 지진해일에 대한 적절한 고유강도(固有強度)를 발생시키기 위해 최소코드 내진설계보다 큰 높이, 크기(질량) 또는 강화된 강도는 미국의 강구조라멘골조에 필요한 것으로 보인다(그림 4(b)).

대형 및 고층 건물의 구조 시스템은 세굴 및 양압력 저항력에 대한 기초정착(基礎定着)이 있으면 이런 원형(原型)건물보다는 본질적으로 지진해일에 대해 취약하지 않을 것이다. 시스템에 대한 확실한 분석의 필요 여부와 관계없이, 침수된 구조요소는 반드시 지진해일 하중 및 영향에 대한 분석 및 설계를 하여야만 하며, 이 평가를 통해 주요구조부재의 불안정성을 방지하기 위한 국소방호강화(局所防護強化)가 필요할 수 있다. 더욱이 향상된 성능목표를 가진 저상(低上) 다층(多層) 중요시설은 설계침수심에 따라 상당한 지진해일 저감대책이 필요할 수 있다.

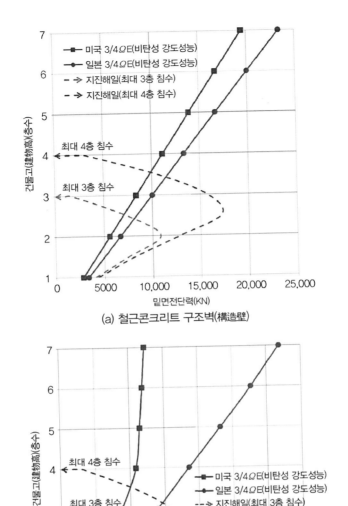

(a) 철근콘크리트 구조벽(構造壁)

(b) 강구조 라멘 골조. 실선은 각 건물고에 대한 시스템 비탄성 내력을 나타냄. 파선 곡선은 지진해일(식 (7)에 기초) 동안 침수가 증가함에 따른 동수하중(動水荷重)을 나타냄

그림 4 미국 및 일본의 비탄성 지진설계에 근거한 개별 건물고(建物高)에 대한 횡내력(橫耐力) 대비 적용된 지진해일 밑면 전단력의 비교

게다가 해상지진으로 지진해일이 발생하는 경우 지진해일이 도달하기 전에 지진피해로 인해 전체적 성능(건물 등)이 크게 손상될 수 있다. 만약 지진 발생이 가까운 근지지진(近地地震)[7]인 경우 초기저항력이 적은 구조물은 지진 중 소모(消耗)되는 전체연성(全體延性)의 비율은 큰 저항력을 가진 구조물보다 클 것이다. 이후 순환적인 지진해일 하중이 계속 작용하므로 부재연성(部材延性)은 감소할 수 있다. 따라서 최대고려지진(Maximum Considered Earthquake) 이후 연속된 최대고려지진해일에 대한 적절한 비탄성유보(非彈性留保)를 가질 수 있도록 섭입대 근처의 중요한 해안구조물에 대한 내진성능목표를 개선할 필요가 있을 수 있다. 1층과 2층 건물들은 3층 또는 4층 침수심의 지진해일을 견디기 위해서는 상당한 보강이 필요할 것이다. 1층과 2층 건물은 완전히 침수될 것이기 때문에 점유(占有)할 수 없다. 따라서 이러한 구조물에 지진해일 설계를 하는 것은 인명보호 측면에서 아무런 실익(實益)이 없다.

4. 동일본 대지진해일 동안 관측된 구조물 성능 및 ASCE 7 기준으로 계산한 설계성능과의 비교

2011년 동일본 대지진해일 당시 일본 미야기현(宮城県)과 이와테현(岩手県) 해안선의 여러 침수지역에 위치한 여러 구조물에 대해 흐름수심 및 유속예측에 근거하여 계산된 지진해일 하중을 분석하였다(Chock 등, 2013b) 선택한 구조물은 다양한 부력, 횡방향 정수력(静水力), 동수력(動水力) 및 표류물 댐핑(Damming) 하중을 받는다. 이 장은 최대 지진해일 처오름 형상이 동일본 대지진해일 발생 시 관측된 처오름 형상과 일치한다고 가정하여, 적용 가능한 ASCE 7 지진해일 하중 케이스의 하중을 받을 때 이러한 일부 구조물의 조사결과를 나타낸다. ASCE 7의 흐름수심, 유속 및 표준하중 조건을 개별적으로 계산하고 예전에 관측된 조건 및 건물응답을 비교한다. 이러한 비교는 지진해일 설계기준의 적용을 검증하며, 다른 구조물과 현장조건에 대한 지진해일 리스크를 완화하기 위한 기준의 유효성을 제공한다.

---

[7] 근지지진(近地地震) : 진앙(震央)이 관측점으로부터 가까운 거리에 있는 지진으로 보통 거리가 600km 이내인 경우를 말한다.

4.1 에너지 경사선 분석을 사용한 여러 장소의 지진해일 흐름수심과 유속의 결정

3개의 다른 도호쿠 해안지역 내 서로 다른 정선(汀線)에 수직방향으로 위치한 횡단도에 가까이 입지한 건물에 대한 하중을 계산한다. 그림 5에 여러 일본 연구진이 현장조사를 통해 파악한 지진해일 침수지역과 함께 ASCE 7의 에너지 경사선 분석(EGL)을 실시한 세 지역과 횡단도를 나타내었다(동일본 지진 및 지진해일 합동조사단, 2011).

(a) 오나가와

(b) 센다이

(c) 리쿠젠타카타

그림 5 (a) 오나가와, (b) 센다이, (c) 리쿠젠타카타 내 검토된 침수구역, EGL 횡단 및 해안구조물

횡단도는 (a) 오나가와(女川) 해안계곡 정(町)·촌(村), (b) 미나미-가모우(南蒲生) 하수처리장 위치를 가로지르는 센다이평야(仙台平野), (c) 케센강(気仙川) 삼각주 끝에 있는 리쿠젠타카타시(陸前高田市)이다.

21장에서 설명한 바와 같이 에너지 경사선(EGL, Energy Grade Line)은 지형표고(地形標高)와 지형의 수리적(水理的) 마찰(摩擦) 영향을 감안하여 내륙지형에 걸친 침수심 및 관련 유속변화를 결정한다. 유속은 식 (3)과 같이 횡단도를 따라 정선(汀線)으로부터 거리를 기준으로 서서히 감쇠(減衰)하도록 규정된 프루드(Froude)수로 보정한 침수심 함수로 가정한다.

$$F_r = \alpha \left(1 - \frac{x}{x_R} \right)^{0.5} \tag{3}$$

일반적으로 단파(段波) 조건이 존재하지 않는 지역에서는 프루드수(Froude Number) 계수 α는 1.0($x = 0$인 정선에서 프루드(Froude)수는 1.0)으로 한다. 단파(段波)조건에서는 프루드수(Froude Number) 계수는 1.3으로 잡는다.

오나가와(女川) 지형은 해당지역 LIDAR 데이터(Olsen 등, 2012a)를 기반으로 하며, GIS 소프트웨어로 불러와서 선택한 횡단도에서 지형단면을 찾았다. ASCE 7은 정선에 수직인 현장의 지점에서 횡단을 선택한 다음, 그 지점에 대한 각 방향에서 횡단(橫斷)의 방위(方位)를 22.5°까지 변경해야 한다(21장 참조). 오나가와 내 현장 세 곳은 계곡의 중앙 횡단과 가깝기 때문에, 단순화를 위해 세 현장에 대해 해안선에 수직인 주횡단(主橫斷)을 선택하였다. 그러나 이 지역의 계곡지형 특성상, 횡단지점의 미소한 변위와 방위(方位)의 변화로 횡단형태는 상당히 달라질 수 있다. 따라서 횡단면에서의 EGI 분석 민감도(敏感度)를 연구하기 위해 그림 5(a)와 같이 해안선의 한 점을 방사점(放射點)으로 3개의 서로 다른 횡단을 조사하였다. 하나의 횡단은 침수한계가 주계곡(主溪谷) 바로 북쪽까지 도달하고, 또 한 개는 계곡중심에, 마지막 횡단은 계곡 남쪽까지 침수한계이다. 세 곳의 처오름 표고는 횡단면 사이에서 거의 같아 각각 20m로 예측된다. 흐름고 및 지반고(地盤高), 흐름수심 및 유속분포는 그림 6과 같이 정선에서부터 관측된 지진해일 처오름 한계까지 내륙으로 뻗은 각 횡단을 따라 계산한다. 비교결과 EGL 방법은 일반적으로 일정한 처오름고를 갖는 선택된 횡단면에서는 영향을 받지 않는다는 것을 알 수 있다. 횡단선(橫斷線) 길이는 100% 이상 차이가 나지만 정선에서의 계산된 흐름수심은 13% 미만, 유속은 6% 미만이다. 계곡 중앙에 있는 가장 보수적인(가장 긴) 횡단도를 추가 분석에 사용한다.

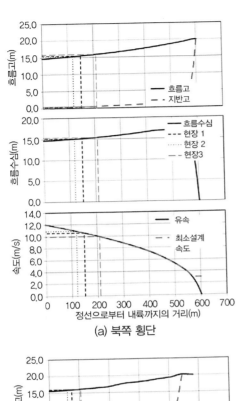

(a) 북쪽 횡단

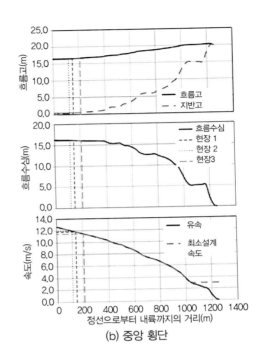

(b) 중앙 횡단

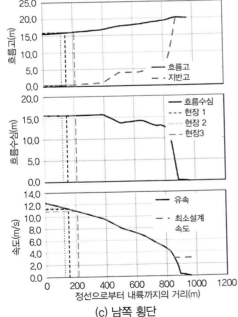

(c) 남쪽 횡단

횡단	길이 (m)	최대 처오름 (m)	정선에서의 EGL	
			흐름 수심 (m)	유속 (m/s)
북쪽	603	20	14.7	12.0
중앙	1253	20	16.4	12.7
남쪽	962	20	16.6	12.4

(d) 정선(汀線) 개요

그림 6 EGL 분석을 통한 오나가와를 횡단하는 흐름고, 흐름수심 및 속도

센다이(仙台)에서는 표고(標高) 등고선(等高線)의 간격이 1m인 일본기반지도정보(日本基盤地圖情報, Fundamental Geospatial Data of Japan)의 수치표고(數值標高)모델지형을 불러들였다. 불러들여온 지형을 분석 후 구글 어스에서 직접 추출한 횡단면의 표고와 비교한 바, 잘 일치하여 분석의 근거로 사용하였다. ASCE 7에는 수평침수한계에서의 처오름고가 횡단면에 따른 최대지형고(最大地形高)를 초과해서는 안 된다는 요건이 있다. 센다이 평야에는 배후평야보다 높이가 높은 버엄(Berm)[8]이 해안선을 따라 자리 잡고 있다(그림 7(a)). 지진해일 이후 측정에서 해안선의 최대 버엄고(Maximum Height of the Shoreline Berm) 6m보다 훨씬 낮은 약 2.5m 지반고는 침수구역의 가장자리에 처오름 높이를 나타낸다.

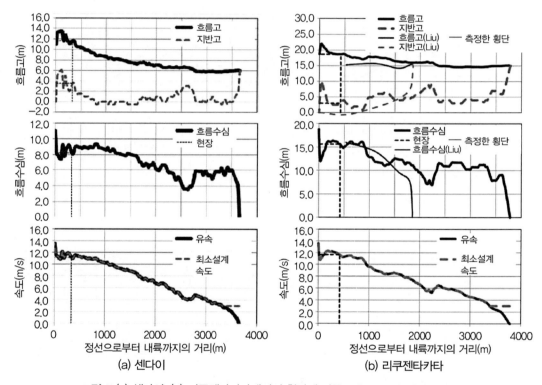

(a) 센다이   (b) 리쿠젠타카타

그림 7 (a) 센다이, (b) 리쿠젠타카타에서의 횡단에 따른 흐름고, 흐름수심 및 속도

---

8   버엄(Berm) : 해빈의 후빈(後濱, Backshore)에 좁게 발달한 평평하거나 혹은 육지 쪽으로 약간 경사진 퇴적지형으로서 폭풍 시 파랑에 의해 운반되어 퇴적된 물질로 형성되어 있다.

ASCE 7의 요구조건에 따라 수치적 불안정성이 없는 EGL 방법을 적용하기 위해, 흐름이 수평침수한계의 벽에 도달한 것처럼 침수구역 가장자리 지반고를 인위적으로 6m까지 상승시켜 에너지 경사선과 현장의 해당 설계흐름수심 및 설계유속을 보수적으로 증가시켰다. 횡단선을 따라 계산된 흐름수심과 유속은 그림 7(a)에 나와 있다. 이 상황에서 내재적(內在的) 보수성을 제한하기 위해, ASCE 7는 현장－고유분석(現場固有分析)을 허용하지만, 그 선택은 이 예제에서는 고려하지 않는다. 리쿠젠타카타(陸前高田)의 지형데이터출처는 센다이데이터와 비슷하다. 구글 어스에서의 횡단지형은 그림 5(c)에 나타내었으며, EGL 분석결과는 그림 7(b)에 나와 있다. 이것은 흔히 보이는 형상으로 일반적으로 정선(汀線)에 설치된 방조제에서 포착(捕捉)되지만 정선으로부터 수평침수한계까지 경사지게 기울어진다. EGL 분석에서 계산된 횡단점은 낮은 언덕이 끝나는 측정 지반고(Liu 등, 2012)가 있는 지점에서 측정 흐름수심을 가진 근처 횡단점과 비교한다. 측정된 데이터를 가진 횡단선은 케센강(氣仙川) 계곡까지 뻗어 있지 않아 짧고 EGL 분석에 사용되는 횡단선과 비슷하다. 횡단점 차이에도 불구하고, 지반고에 대한 측정 및 계산된 흐름수심과 흐름고 사이의 비교는 양호한 일치를 보인다.

검토한 특정현장에 대한 EGL 분석 결과를 표 1에 나타내었다. 분석은 오나가와와 리쿠젠타카타의 경우 만닝(Manning) 조도계수를 0.040, 센다이 평야인 경우 0.030으로 가정한다. 오나가와와 리쿠젠타카타에서는 프루드수(Froude Number)계수를 1.0으로, 센다이 평야에서는 1.3으로 설정한다. EGL 흐름특성은 지진해일 이후의 현장조사, 동영상 또는 기타 분석으로부터 계산된 흐름수심 및 유속과 비교할 때 일반적인 설계의도(設計意圖)한 바와 같이 보수적인 것으로 확인되었다(Chock 등, 2013b). 유속은 국부적인 유속증대(流速增大)를 설명하기 위해 약 1.5의 고유계수를 가진 것으로 예상된다. 이것은 계산속도와 측정예측속도 사이의 차이에 거의 해당한다. EGL 분석 시 해안버엄(Coastal Berm)에 따른 수정과 별도의 하중방정식으로 고려된 단파(Bore)조건 때문에 센다이 경우의 예측치는 조금 보수적이다. 현장에서의 구조물은 이후 절(節)에서 언급된 바와 같이 다양한 구조유형과 하중조건을 나타낸다. (오나가와인 경우도 피크 운동량 플럭스(Peak Moment Flux)과 관련하여 보수적으로 나타나는데, 운동량 플럭스는 동수하중(動水荷重)이 전수심(全水深)을 통과한 단위시간당 수송량이다.)

표 1 에너지 경사선의 흐름수심 및 속도 요약

장소	정선으로부터 거리(m)	계산 EGL		현장조사[1]로부터 추정치	
		흐름수심(m)	흐름속도(m/s)	흐름수심(m)	흐름속도(m/s)
오나가와					
현장 1-전도(顚倒)된 콘크리트 건물	150	16.2	11.8	19	7.4~8.2
현장 2-철골 거주지 건물	120	16.2	12.0		
현장 3-콘크리트 창고	210	16.1	11.5		
센다이					
미나미-가모우(南蒲生) 하수처리장 건물	330	8.2	11.1	6.0	6.5(단파)
리쿠젠타카타					
타카다마쓰바라(高田松原) 건물	420	15.6	11.7	10.5	7.25~7.75

[1]주의 : 현장측정, 동영상 및 기타 분석에서 도출(Chock et al., 2013b).

4.2 정수부력

그림 8의 철근콘크리트 건물에서의 정수부력(靜水浮力)이 파일기초를 들어 올렸다. 파일 캡(Pile Cap)[9]에 대한 파일연결부는 최소한의 보강철근배근(補强鐵筋配筋)으로 인장내력(引張耐力)이 거의 없음이 관측되었다. 이 건물은 약 22m(가로)×8.7m(폭)×12m(세로)이다.

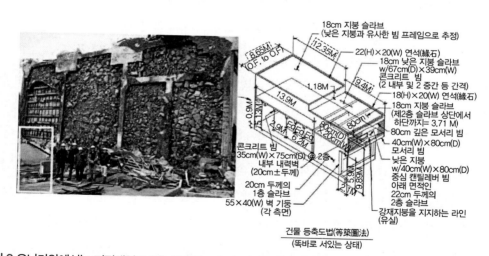

그림 8 오나가와에서는 지진해일로 2층 철근콘크리트(RC) 건물을 떠올라 전도되었음. – 직사각형 박스로 표시된 낮은 벽이 떠올라서 전도되었음. Ioan Nistor의 사진 제공, Chock의 허가하에 제공

---

9 파일 캡(Pile Cap) : 기성파일의 타입(打入)에서 파일머리부를 보호하고 해머와 파일축을 일치시키는 동시에 타격력을 말뚝에 균등하게 전달시키기 위해 파일머리에 두는 캡을 말한다.

일단 건물이 부력을 받으면서 원위치에서 약 15m 내륙으로 이동되기 전에 떠올라 낮은 벽(그림 8의 좌측)과 함께 옮겨졌다. 건물이 끌려갈 때, 작용된 지진해일 압력의 중심과 지표면상 그 압력에 대한 저항력 사이의 불균형 힘이 전도(顚倒) 모멘트를 발생시켰다. 중력(重力)에 반대로 작용하는 부력 때문에 전도모멘트에 대한 저항이 없어, 건물이 장애물인 낮은 벽과 충돌하고 난 직후 건물은 넘어졌다.

1층 바닥의 냉장실 부분은 효과적으로 밀폐되어 있어 정수압이 구조물의 중량을 초과하는 곳은 중립적인 부양(浮揚) 상태가 되었다. 구조물 손상은 정수압의 지배를 받았기 때문에 ASCE 7 하중 케이스(Load Case) 1에 근거를 둔 분석에서 건물 내·외부의 부분침수에 대한 1층 아래 또는 창문 상단까지의 높이에 따른 정수력(靜水力)을 고려한다. 건물 2층은 지상 5.13m 높이에 있어 하중 케이스 1 분석을 사용한다. 그 결과로 발생하는 지진해일 정수양력(靜水揚力)은 식 (4)와 같이 표시한다.

$$F_V = \gamma_s V_W \tag{4}$$

여기에서 V_W = 배제(排除)된 물의 체적 (5.13m×21.75m×8.65m＝965m³)(그림 8의 우측 직사각형 파선으로 둘러싸인 숫자)이고, γ_s = 부유물 및 표류물을 갖는 물의 단위중량으로 식 (5)와 같다.

$$\gamma_s = k_s \gamma_{sw} \tag{5}$$

여기에서 γ_{sw} = 해수(海水)(10.0kN/m³)의 단위중량이고, k_s = 유체밀도계수＝1.1이다. 계산된 양력 F_V＝10,620kN이다. 양력에 저항하는 구조물의 총사하중량(總死荷重量)은 구조물 골조 및 기초에 대한 상세한 측정결과 9,000kN이다(Chock 등, 2013a). 따라서 건물은 이 흐름수준에서 부유하는 것으로 예상된다. 중력하중은 지진해일력의 영향에 대응하는 하중계수의 적용(식 (1)) 시 건물 중량의 약 28%에 해당하는 순상향력(純上向力) 2,520kN을 발생시킨다. ASCE 7에서는 파일기초 설계 시 5.13m 지진해일 흔적고와 관련된 횡방향(橫防向) 동수하중(動水荷重)과 함께 순양력(純揚力)에 대한 설계를 하도록 요구할 것이다.

4.3 주횡력저항(主橫力抵抗) 시스템에 작용하는 동수력

오나가와(女川)에 위치한 3층 철골 모멘트−저항 골조 건물은 동수력(動水力) 영향을 처음으로 입증하였다(그림 9). 이 건물은 지진해일의 입사(入射, 압파(押波)) 및 출사(出射, 인파(引波)) 시 동수(動水)흐름을 모두 받았다. 건물은 출사(出射)흐름 방향으로 영구적(永久的) 횡변형(橫變形)을 가진 철골 모멘트−저항 골조만을 남겨둔 채 대부분의 비구조벽(非構造壁)이 파괴되었다.

그림 9 지진해일 수위저하 시 오나가와 3층 철골 건물을 하중가력한 전경(이미지 제공 : Ian Robertson, Tom Sawyer, Michael Olsen)

건물의 주횡저항(橫抵抗) 시스템에 작용하는 동수력을 고려하는 방법에는 2가지가 있다. 첫 번째 방법은 보수적으로 단순화된 등가균일(等價均一) 횡방향(橫方向) 정적내력(靜的耐力)이 최대계산흔적고의 1.3배 이상으로 작용한다고 가정하는 방법이다. 단위폭당힘 f_{uw}은 식 (6)과 같이 정의한다.

$$f_{uw} = 2.5\,I_{tsu}\,\gamma_s\,h_{\max}^2 \tag{6}$$

여기서 I_{tsu} = 지진해일에 대한 중요도계수(重要度係數)(이 건물에 대해서는 1.0) 및 h_{max} = 현장에서의 최대침수심이다.

EGL 분석에 따르면 이 건물의 침수심(浸水深)은 16.2m로 건물고(建物高)인 약 9.3m를 초과하였다(표 1의 현장 2). 따라서 프루드수로 속도를 결정하기 위해 전체 흐름수심을 h_{max}로 취하였지만, 단위폭당 실제 힘은 노출고비(露出高比) 9.3/16.2 = 0.574를 적용시켜 감소시킨다. 건물 폭 4.95m에 작용하는 건물에 대한 총추정력(總推定力)은 건물의 개구효과(開口效果)를 고려하지 않으면 20,510kN이다.

비선형 횡방향 하중가력분석(荷重加力分析) 분석에서 약 700kN 힘으로 관측된 변위 근처에 큰 비탄성변위(非彈性變位)를 계산하였다. 따라서 이 방법에 근거한 계산된 힘과 비교했을 때, 폐쇄계수(閉鎖係數)가 1.0인 건물은 단순화 방법에 따라 훨씬 강한 횡저항 시스템(20,510kN)으로 설계할 필요가 있다. 건물이 완전히 파괴되지 않았다는 것은 힘의 계산방법이 보수적이라는 것을 나타낸다.

두 번째, 상세한 동수횡력법(動水橫力法)은 투영(投影)된 벽면적의 폐쇄정도를 설명하기 위해 C_{cx}를 명시적(明示的)으로 사용하여 총횡력(總橫力)을 계산한다.

그 힘은 다음 식 (7)과 같이 주어진다.

$$F_{dx} = \frac{1}{2} \rho_s I_{tsu} C_d C_{cx} B (h u^2) \tag{7}$$

여기서 $\rho_s = k_s \rho_{sw} = 1.1(1,025) = 1,128 \text{kg/m}^3$(동수하중(動水荷重)에 대한 최소유체질량밀도), C_d = 항력계수(抗力係數)(건물 형상에 따름), C_{cx} = 폐쇄계수, B = 건물 폭과 $h u^2$ = 수심과 유속의 다른 조합(組合)에 대한 운동량 플럭스(Moment Flux)이다.

창문이 파손되거나 비구조벽(非構造壁) 파괴로 인하여 건물 벽이 개방될 것으로 예상하는 경우, 폐쇄계수는 건물의 총횡전단력(總橫剪斷力)을 계산하기 위해 건물개구효과(建物開口效果)를 예측하는 데 사용할 수 있다. 선택된 바닥에 대한 폐쇄계수 C_{cx}는 식 (8)과 같이 나타낸다.

$$C_{cx} = \frac{\sum\left(A_{col} + A_{wall}\right) + 1.5A_{beam}}{Bh_{sx}} \geq 0.5\text{(개구조) 또는 } 0.7\text{(폐구조)} \tag{8}$$

위에서의 A_{col} 및 A_{wall}는 모든 개별 기둥과 벽 요소의 수직투영 면적이다. A_{beam}은 흐름에 직면(直面)한 슬래브(Slab)[10] 모서리와 흐름에 측면으로 노출된 가장 안쪽 보(Beam)[11]의 합쳐진 수직투영 면적이다. 폐쇄계수치(閉鎖係數値)는 구조물의 세로축(좁은 면)에 평행한 흐름의 경우가 크고, 구조물의 넓은 면에 작용하는 흐름인 경우는 더 낮다. 그러나 만약 외부 표류물 댐핑(Damming)을 고려하지 않고 투영면적합계(投影面積合計)를 사용한다면, 비구조적 구성요소가 이탈(離脫)하도록 설계하였을 때에도 설계력(設計力)은 비보수적으로 낮을 수 있다. ASCE 7에서는 비록 벽이 비구조적이라고 여겨지더라도, 기둥은 지진해일 흐름으로부터 표류물을 포착(捕捉)하여 표류물 댐핑 효과를 발생시키는 경향이 있다고 한다. 따라서 폐쇄계수의 하한치(下限値)인 0.5는 기본적으로 벽이 없거나 거의 없는 개방형건물에 적용된다. 폐쇄계수의 최소치 0.7은 이 건물과 같이 초기에 폐쇄된 건물을 포함하여 다른 모든 건물에 적용된다. 사실 지진해일 직후 이 건물을 찍은 사진에서는 외부흐름으로 운반된 다른 철골골조(鐵骨骨組) 건물의 잔재표류물(殘滓漂流物)들이 보였다. 노출된 3층 철골골조의 폐쇄계수를 식 (8)로 계산하면 0.52이므로 최소치 0.7을 제어한다.

식 (7)에서 하중은 3 개의 하중 케이스(Load Case) 1, 2, 3 모두를 고려해야 한다. 건물의 길이방향으로 침수심에 대한 건물 폭의 비(比)가 12보다 미만인 경우, 전체 건물 항력계수는 ASCE 7에서 1.25로 주어진다. ASCE 7 하중 케이스(Load Case) 1에 따르면, 건물은 벽이 이탈하기 전 1층 높이(창문 상단)까지의 외부 횡방향 동수력 및 정수력에 대해 설계하여야 한다. 건물의 한쪽 측면에 작용하는 힘은 건물의 다른 측면에 작용하는 힘과 균형을 이루므로, 정수력은 주횡력저항(主橫力抵抗) 시스템에서는 고려할 필요가 없다. EGL 분석에서 최대침수심과 유속은 각각 16.2m와 12.0m/s이다(표 1의 현장 2). 흔적고가 3.1m(최대흔적고(16.2m)의

---

10 슬래브(Slab) : 연직 하중을 받는 면상(面狀) 부재로, 주로 면외 방향의 휨 내력에 저항하는 것으로 바닥 슬래브로서는 철근콘크리트 바닥 널을 가리키는 것이 일반적이다.

11 보(Beam) : 수직재의 기둥에 연결되어 하중을 지탱하고 있는 수평 구조부재로, 축에 직각 방향의 힘을 받아 주로 휨에 의하여 하중을 지탱하는 것이 특징인데, 철근콘크리트 구조에서는 기초의 부동침하(不同沈下)를 막기 위한 것과 기둥 밑을 고정시키기 위하여 땅속에 기둥을 수평으로 연결하는 기초보(지중보)가 있다.

0.19배)일 때의 동수력인 경우, ASCE 7에 따른 대응속도(對應速度)는 최대속도의 0.65 배, 즉 7.8m/s가 될 것이다(그림 3). 식 (7)을 사용한 대응동수력(對應動水力)을 표 2에 나타내었다. 이 경우 벽은 이 시점의 하중이력(荷重履歷)에서 아직 파괴되지 않았다고 가정하기 때문에 C_{cx}는 1.0과 같다. 이 힘(637kN)은 건물에 작용하는 최대동수력(20,510kN)보다 뚜렷이 낮다. 그러나 43kPa의 압력으로 변환시킬 때 이 힘은 창문을 깨고 거의 모든 비구조적 외장(外裝)시스템을 파괴시키기에 충분히 커서, 개구부가 건물 구내의 비구조적 부분으로 점진적으로 전개(展開)하기 전 동수력을 고려하기 위한 보수적(保守的)인 상한선(上限線)이 된다. 하중 케이스 2인 경우 최대침수심 10.8m의 2/3는 여전히 건물고 9.3m를 초과한다. 따라서 건물고는 최대유속과 함께 사용된다. 하중 케이스 3의 경우 건물고는 최대유속의 1/3일 때의 최대침수심으로 대체(代替)시킨다. 후자(後者)인 두 케이스의 폐쇄계수는 0.70으로 한다. 각 하중 케이스에 대한 흐름 방향에서의 구조물에 작용하는 흔적고, 유속 및 횡력을 표 2에 나타내었다. 이 표에서 하중 케이스 2의 설계력은 단순방법보다 훨씬 적다는 것을 알 수 있다. 이 힘은 관측된 구조손상수준(構造損傷水準)에 해당하는 비선형분석에서 예측된 700kN 힘에 비해 더 보수적인 설계가 될 수 있다. 하중 케이스 3의 힘은 건물전도(建物轉倒)로 인해 힘이 작용한 높이의 증가 없이 감소된 속도 때문에 훨씬 더 작다.

표 2 3층 철골 건물 설계력(kN) 요약[1]

방법	폐쇄계수	단순 동수력적 방법	상세 동수력적 방법		
하중 케이스			1	2	3
흔적고(痕迹高)(m)[2]		9.3	3.1	9.3	9.3
유속(m/s)		–	7.8	12.0	4.0
흐름방향의 총횡력(kN)	$C_{cx}=0.7$	–	–	3,269	363
	$C_{cx}=1.0$	20,510	637	–	–

[1]굵게 표시된 힘은 ASCE 7에 따른 힘으로 다른 숫자와 비교를 위해 나타낸다.
[2]건물이 전도(顚倒)되면 건물고(建物高)는 제한을 받는다.

4.4 건물부재(建物部材)에 작용하는 횡방향 정수력, 동수력 및 흐름 정체력

일반적으로 건물 한쪽 면 정수력은 건물 반대쪽 면의 정수력과 균형을 이루므로 횡방향(橫防向) 정수력(靜水力)은 전체적으로 구조물에 영향을 미치지 않는다. 그러나 횡방향 정수력은 한쪽 수위(水位)가 다른 쪽 수위보다 높은 벽 및 기둥과 같은 개별 구성요소에 영향을 줄 수 있다. 횡방향 정수력은 식 (9)와 같이 주어진다.

$$F_h = \frac{1}{2}\,\gamma_s\,b\,h_{max}^2$$

(9)

비단파(非段波) 조건에서 건물구성요소에 가해지는 동수력적(動水力的) 항력은 폭에 작용하는 구성요소의 크기와 모양을 고려하여 항력계수를 조정하면 건물의 주횡력저항 시스템에 작용하는 힘과 유사하다. 지진해일 흐름에 직각성분에 대한 동수력적 요소(要素)인 항력(抗力)은 식 (10)과 같이 나타낸다.

$$F_w = \frac{1}{2}\,\rho_s\,I_{tsu}\,C_d\,b\,(h_e\,u^2)$$

(10)

지진해일 흐름이 벽 구성요소의 면과 직각이 아닐 때, ASCE 7에 따라 벽에 가해지는 힘은 식 (11)으로 계산한다.

$$F_{w\theta} = F_w \sin^2\theta$$

(11)

또 다른 가능한 하중 시나리오는 흐름 정체력(停滯力)으로 일부 건물에서 존재한다. 흐름 정체현상은 구조물의 일부에 작용하는 특별한 상황에서 발생하는데, 가압(加壓) 될 수괴(水塊)를 가두면서, 이러한 압력은 흐름이 직접 작용하지 않는 다른 구성요소로 전달된다. 수괴(水塊)는 일반적으로 물로 가득 찬 단단한 벽과 슬래브로 둘러싸인 폐쇄지역이 필요하다. 베르누이(Bernoulli) 정체압력(停滯壓力)은 식 (12)와 같이 주어진다.

$$P_p = \frac{1}{2}\,\rho_s\,I_{tsu}\,u^2$$

(12)

그림 10과 같이 오나가와에 입지한 콘크리트 창고는 정수력, 동수력적 항력 및 기타 힘을 검증하는 데 사용하였다. 이 건물은 지진해일 흐름방향에 직각인 손상된 2개의 동일한 패널 (Panel)과 흐름 방향에 평행하며 손상되지 않은 약간 작은 패널을 가지고 있어 특히 흥미롭다. 또한 흐름 방향에 평행하게 배치된 비슷한 크기의 다른 2개 대형 패널도 손상되었다. EGL 분석에서 이 현장의 흔적고는 16.1m로 예측되었고 최대유속은 11.5m/s이었다(표 1의 현장 3). 구내(構內)가 아직 파손되지 않았다고 가정할 때, 하중 케이스 1은 이런 유입량의 하중 케이스는 우선 패널 상단까지 지배흐름수심을 가진 패널에 대해 먼저 고려한다. 벽의 방향과 관계없이 소형(3.3× 4.0m) 패널 및 대형(4.7×5.9m) 패널에 대한 결과적인 정수압은 식 (9)를 근거하여 표 3에 나타내었다.

그림 10 내부가압(內部加壓)에 따른 콘크리트 벽 파괴(좌측, Carden) 및 건물 위치(우측, 출처 : 아시아 항공조사)

표 3 오나가와 콘크리트 창고 ASCE 7 설계력(kN) 요약

하중 케이스		1			2	2
하중 형태	침수심(浸水深)(m)	정수력(kN)	동수력(kN)	합계(kN)	동수력(kN)	정체력(停滯力)(kN)
유속(m/s)		8.3/9.8			11.5	11.5
흐름에 직각인 대형 패널에 작용하는 총 힘	5.9	900	3,003	3,903	**4,134**	2,067
흐름에 직각인 소형 패널에 작용하는 총 힘	4.0	290	1,025	1,315	**1,968**	984
흐름에 평행인 대형 패널에 작용하는 총 힘	5.9	900	440	1,340	605	**2,067**

각 패널에 대한 패널 상단의 수심으로 동수력을 추정한다. 이 흐름수심에서의 대응속도를 그림 3을 사용하여 구한 결과 소형 패널과 대형 패널에 대해 각각 8.3m/s와 9.8m/s이다. 흐름 방향에 직각인 패널의 경우 식 (10)을 사용해 동수력을 계산했다. 흐름방향에 평행한 벽인 경우 식 (11)을 사용해 동수력을 수정한다. 이 식을 사용하여 만약 흐름이 완전히 벽과 평행하다면 그때에 동수력은 0일 것이다. 단, ASCE 7은 흐름이 표 3에 주어진 설계력을 계산하는 데 사용된 주방향(主方向)에서 22.5° 편차를 고려하도록 제안한다. ASCE 7에 근거한 이 22.5° 편차에 대한 흐름특성을 계산하기 위해 다른 횡단면을 사용할 수 있다. 단, 이전 분석에서 선택된 횡단면의 흐름이 상대적으로 둔감(鈍感)한 것으로 나타났듯이, 동일한 흐름수심과 속도를 가지면서 각도만 22.5° 변화시켜 작용한다고 가정한다.

하중 케이스 2의 경우 최대유속(11.5m/s)을 최대흐름수심의 2/3와 결합시킨다(표 1의 현장 3 참조). 이는 10.7m 해당되어, 건물고보다 크므로 각 패널고(Height of Panel)는 제한된다. 이 하중 케이스인 경우, 현재 건물이 침수됨에 따라 정수력은 감소된다고 가정한다. 식 (10) 및 (11)을 사용해 흐름에 평행하거나 직각인 패널에 작용하는 동수력을 표 3에 제시하였다.

이 건물의 경우 바다 쪽 반대편에 있는 건물 출입문 개구부와 지붕 슬래브 아래에 물의 갇힘 때문에 양방향의 벽은 유출로 인한 정체압력(停滯壓力)을 받을 수 있었다. 흐름 방향과 평행한 벽인 경우, 정체압력에 의한 힘을 식 (12)를 사용하여 계산 후 표 3에 나타내었다. 정체력 크기는 흐름과 직각을 이루는 벽에 작용하는 힘은 동수력의 50%이지만 흐름방향과 평행한 벽에는 동수력의 340%이다. 따라서 흐름방향과 평행한 벽의 외부로 향하는 설계력은 정체력이 상당히 증가할 것이다.

기존분석(Chock 등, 2013b) 시 대형 패널 주변 모서리는 약 370kN 근처에서 항복(降伏)과 570kN에서 막형성(膜形成)을 예측했다. 소형 패널인 경우 주변부 항복은 약 440kN에서 발생하였다. 제안된 기준에 근거하여 계산한 설계력을 비교한 결과 패널 설계는 상당히 미흡하였으며, ASCE 7 기준에 따라 설계를 했더라면 관측된 손상을 막았을 것으로 예상된다. 지진해일 동안 기설(既設)의 소형 패널이 손상되지 않았다는 사실은 건물에서 ASCE 7 기준에 따른 힘의 예측과 이후의 벽면 설계는 상당히 보수적일 것임을 시사(示唆)한다. 이러한 보수성은 부분적으로 비디오 분석에서 관측된 것과 비교했을 때 부분적으로 유속이 과대산정되었을 가능성이 있기 때문이다. 분석에서 약 7.5m/s 주변의 예측상한유속치(豫測上限流速値)를 사용하면 하중 케이스 2 설계하중은 소형 패널인 경우 837kN, 대형 패널의 경우 1,758kN이므로, 흐름에 직각인 소형 패널에 대한 설계력은 여전히 손상방지와 관련하여 충분히 보수적인 것으로 입증된다.

4.5 단파조건

일정한 등심선(等深線) 조건이 존재하는 일부 지역에서의 지진해일 흐름은 단파(段波, Bore) 형태로 육지에 도달할 수 있다. 이러한 유형의 흐름은 큰 에너지를 전달하는 경향이 있어, 결과적으로 빠르게 작용하는 충격력을 유발시킨다. 제안된 ASCE 7 조항에서는 다음의 조건을 만족하는 곳에서는 지진해일 단파를 발생한다고 제안한다.

1. 기존 외빈수심경사(外浜水深傾斜)는 1/100 또는 더 완만한 곳
2. 외빈수심경사를 갖는 다른 유사한 불연속성을 띤 얕은 거초(裾礁)[12]가 있는 곳
3. 역사적으로 발생한 기록이 있는 경우
4. 인정된 문헌에 기술되어 있는 곳
5. 현장고유분석에서 결정된 곳

단파의 발생조건이 존재하는 경우 일부 추가적인 설계요구사항이 필요하다. 한 가지 요구사항은 하중 케이스 2에 근거한 흐름수심과 높이를 갖는 구성요소의 동수력적 항력이 50% 증가하며, 그 힘은 식 (13)과 같이 주어진다.

$$ F_w = \frac{3}{4} \rho_s I_{tsu} C_d b \left(h_e u^2 \right) \tag{13} $$

센다이 해안선, 본항(本港) 남쪽의 해안선으로부터 약 330m 떨어진 곳에 위치한 미나미가

---

12   거초(Fringing Reef, 裾礁); 산호초 중 가장 단순한 모양으로, 그 폭은 모래사장이 있는 경사가 완만한 면이나 풍랑이 약한 곳에는 넓게 형성되고 바위가 많은 부분, 풍랑이 센 곳, 바닷물이 흐려지기 쉬운 곳에서는 좁게 형성되며, 산호초의 발달 단계 초기에 해당하는 것으로, 섬이 침수하면 보초(堡礁)·환초(環礁)로 변화한다.

모우(南蒲生)하수처리장에는 많은 건물과 구조물이 입지하고 있었다. 센다이에서 찍은 동영상은 지진해일 단파가 하수처리장 건물의 세로 벽을 직접적으로 강타한 영상을 보여준다. 그림 11은 강한 동수력으로 인한 면외(面外) 휨(Flexure) 때문에 손상된 건물 한쪽 면인 2층짜리 높은 주간(柱間, Bay)[13]을 갖는 특정 건물 내 바다 쪽 벽을 나타낸다. 중간 높이 근처의 바닥이 노출된 외벽을 횡방향으로 보강한 건물 다른 쪽은 손상을 입지 않았다. 이 건물 벽은 ASCE 7 하중조건을 적용시켜 검토한다.

(a) 외부 전경

(b) 내부 전경

그림 11 미나미가모우 하수처리장 내 펌프장 건물의 바다 쪽 건물인 철근콘크리트 벽이 지진해일 단파로 인해 직접적인 피해를 입었음(사진 제공 : Carden)

지진해일 동안 단파가 건물에 부딪히는 상태는 비교적 희소할 것으로 예상되지만, ASCE 7 기준에서는 큰 프루드수(Froude Number) 계수가 타당하다. 프루드수 계수 1.3으로 EGL 분석을 수행한 계산결과 흔적고는 8.2m 및 유속은 11.1m/s이다(표 1 참조). ASCE 7 하중 케이스(Load Case) 2를 사용하여 최대침수심의 2/3를 고려할 때, 높이는 5.5m로 관측 단파고(段波高) 6.0m보다 낮다.

식 (13)($C_d = 2.0$)에 근거한 미터 당 벽에 가해지는 힘을 표 4에 나타내었다. 이전 분석(Chock 등, 2013b)에서 벽은 약 780kN/m 근처 힘에서 손상된다고 하였다. 하중 케이스 2의 침수가 보수적으로 높은 최대유속예측치인 11.1m/s와 결합될 때, 1,150kN의 힘을 발생하며

---

13   주간(柱間, Bay) : 벽의 지주와 지주 사이로 네이브(身廊, Nave)에서의 4개 기둥(네 구석에 있는)의 공간이 되는 곳을 말한다.

이는 이전에 계산된 기존 벽의 용량인 780kN보다 크고 Chock 등(2013b)이 본 건물에 대해 산정한 바와 같이 Robertson 등(2011)의 이론적 최대압력으로부터 예측한 단파력보다 조금 크다. 따라서 ASCE 7 기준의 단파 조건에서는 큰 프루드수 계수를 채택하였다.

표 4 미나미가모우 하수처리장 건물의 설계력 요약

하중 케이스	2	2	단파 타격 및 계산된 벽 내력에서 관측된 흐름 특성(Chock 등, 2013b)
하중 형태	동수력적 단파 (EGL α =1.0)	동수력적 단파 (EGL α =1.3)	
최대 2/3에서의 침수심(m)	4.5	5.5	6.0
최대유속(m/s)	7.7	11.1	6.7
설계력(kN)	451	1,150	780

이 현장에서 EGL 방법에 적용할 수 있는 매개변수(예 : 단파 충격은 인근 강과 내륙 운하의 영향을 무시하고 횡단지형에서의 높은 지점과 일치시키기 위해 처오름고를 6m까지 증가)와 함께 계산된 유속은 지진해일 동안 관측된 값과 비교하면 보수적이다(표 4의 마지막 열(列)에 표시). ASCE 7의 하중 케이스 2는 단파조건에서 벽의 설계를 결정해야 한다고 기술하고 있는데, 이 실례에 대한 타당성을 입증한다.

비단파(非段波)조건에 대한 프루드(Froude) 계수 1.0을 사용하여 설계한 경우, ASCE 7 절차에 근거한 설계하중은 이 단파조건에서 벽에 작용하는 하중을 상당히 과소평가하고 비보수적인 설계를 초래한다. 단파조건이 물리적으로 발생하려면 프루드수 계수인 식 (3)의 α는 1.0보다 커야만 한다. 그러므로 1.0을 사용하는 것은 단파조건에 대한 ASCE 7에서 비보수적인 가정이다.

4.6 내부 구조요소

구조적 기둥과 벽과 같은 건물의 내부 구조요소는 동수력적(動水力的) 항력(抗力)에 대해서 설계할 필요가 있다. 외부구내(外部構內)가 손상되면 일반적으로 건물은 침수하기 때문에 일반적인 정수력에 맞추어 설계할 필요는 없다. 그러나 구조 엔지니어가 판단하여 구성요소의 흐름수심에 따른 건물 내부의 특정조건으로 안전계단 축, 엘리베이터 축 및 둥근 천장 벽과 같은 차동(差動) 정수력에 대한 설계를 선택할 수 있다. 내부 구성요소는 건물 외부가 표류물역(漂流物域)의 가장 중요한 구성요소를 포착하는 것으로 가정하기 때문에 표류물 댐핑을 위한 설계가 필요하지 않다. 따라서 내부요소의 설계는 흐름수심에 기초한 구조성분의 투영면적에 적용한 동수력에 기초한다.

그림 12에 나타낸 리쿠젠타카타(陸前高田)에 있는 다카다마쓰바라(高田松原) 빌딩은 흥미로운 사례 연구가 될 수 있는 매우 높은 내부 구조벽(構造壁)을 가지고 있었다. 현장의 EGL로부터 예측흐름수심은 15.6m이고 유속은 11.7m/s이다(표 1 참조). 이러한 예측치는 관측된 흐름수심 10.5m와 비단파조건(非段波條件)에서 예측된 실제속도 7.5m/s와 비교하여 보수적으로 높게 나타나므로 보수적인 힘의 예측치를 산출한다.

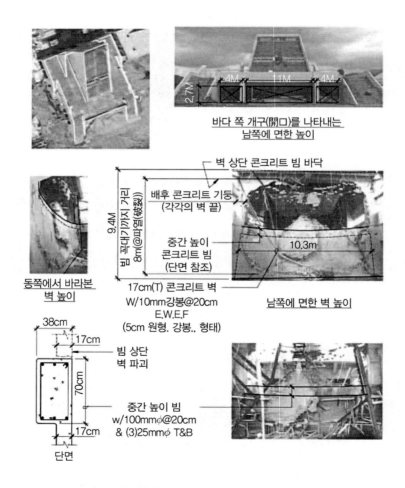

그림 12 리쿠젠타카타의 대형건물 벽 파괴 사진(사진 제공 : Chock)

이 건물의 내부벽(內部壁)은 표 5와 같은 힘을 받는다. 동수하중(動水荷重)은 식 (10)과 하중 케이스 2와 3에 근거한다. 예전 건물분석(Chock 등, 2013b) 결과 벽은 하중 300kN/m 근처에서 손상되었지만 800kN/m 정도에서 막형성(膜形成)이 되어 부가하중을 계속 전달하는 것으로 나타났다. 만약 그것이 손상되지 않았다면 약 1,000kN/m의 하중을 받았을 것이다.

표 5 다카다 마쓰바라 건물의 설계력 요약

하중 케이스	2	3
하중 형태	동수력적	동수력적
흔적고(m)	10.4	15.6
유속(m/s)	11.7	3.9
설계력(kN/m)	1,605	267

따라서 설계하중을 ASCE 7의 동수하중(動水荷重)에만 근거를 두었다면 하중조건을 견딜 것으로 예상된다. 벽은 손상된 벽 한쪽의 수직 날개벽(翼壁, Wing Wall)과 뒷면의 비구조벽(非構造壁)으로 인해 일부 정수력과 동수력의 결합 영향을 받았을 가능성이 있으며, 이는 차동정수적(差動靜水的) 조건을 발생시켰을 가능성이 있다. 그러나 이 분석은 적용 가능한 C_d계수가 2인 동수력만을 고려한 것으로, 벽에 작용하는 하중에 대한 보수적인 설계력을 제공한다.

5. 결 론

미국 ASCE 7의 건물 및 기타 구조물의 최소 설계 하중 기준(The US ASCE 7 Minimum Design Loads for Building and Other Structures Standard)에 관한 장은 지진해일 하중 및 영향에 대한 설계를 위해 발전시켜왔다. 높은 지진하중에 대한 고층건물의 주횡력저항 시스템을 설계할 때, 구조방식(構造方式)에 대한 큰 변화 없이 일반적인 지진해일하중에 대한 설계가 가능하다. 중요건물과 중·고층(中·高層) 건물의 하부 구성요소는 지진해일 하중에 대한 강화가 필요할 것으로 예상된다.

일본 도호쿠 지역(東北地域)의 피해를 입은 건물들은 여러 유형의 지진해일 하중에 대한 여러 구조응답실례(構造應答實例)를 제공했다. 측정된 구조응답(構造應答)은 새로운 ASCE 7

기준을 사용하여 개선된 설계성능(設計性能) 요구사항과 비교할 수 있다. 다양한 구조적 건물 및 지진해일 흐름 조건에 대한 지진해일 리스크를 저감시키기 위해 이 설계기준의 적용을 입증하였다. 다음은 각종 건물의 분석 결과의 요약이다.

- 흐름수심과 유속계산을 위한 에너지 경사선(EGL, Energy Grade Line)법은 일반적으로 보수적이다. 이 방법은 일반적으로 침수한계지점에서의 처오름고가 다른 가능한 횡단면 사이에서 물리적으로 일치한다면 선택한 횡단면에서는 둔감(鈍感)하다. 지역이 단파조건의 발생기준을 만족한 지역의 경우는 프루드수(Froude Number) 계수 1.3을 사용한다.
- 1층 높이와 동일한 흐름수심을 갖는 ASCE 7 요구사항에 근거한 전도(顚倒)된 건물분석은 건물 부력(浮力)을 예측하고 양압력(揚壓力)을 막기 위해 기초파일은 어느 정도의 인장내력(引張耐力)을 갖는 것이 필요했다.
- 3층 철골(鐵骨) 건물은 작용한 동수하중(動水荷重) 때문에 강한 횡방향 저항 시스템으로 설계했어야 했다. 하중으로서는 모든 구조적 기둥, 흐름과 부딪치는 들보(Beam)로 인한 항력(抗力) 및 비구조적 구성요소가 손상된 후에도 건물의 매우 심각한 폐쇄를 초래하는 표류물 댐핑(Damming)을 고려한다.
- 지진해일 동안 손상된 콘크리트 창고 내 벽은 ASCE 7 기준을 사용하여 상당히 강한 힘에 대해 설계하였더라면, 손상을 예방할 수 있을 것으로 예상한다. 해안선에 평행하게 위치한 벽은 동수력적 항력에 의해 제어되는 반면, 해안선과 직각인 벽은 ASCE 7에 의해 제안된 흐름인 정체압력(停滯壓力)으로 제어되었을 것이다.
- 미나미가모우(南蒲生) 하수처리장 내 콘크리트 벽은 단파조건 중 더 높은 프루드수(Froude Number) 계수를 고려하는 EGL 분석방법으로 설계되었더라면 단파충격을 견딜 수 있었을 것이다. 단파조건에 대한 설계강도(設計强度)를 증가시키면 손상은 감소하지만, 비단파(非段波) 지진해일력을 설계근거로 사용하였더라면 손상은 감소하지 않았을 것이다.
- 리쿠젠타카타(陸前高田)에 있는 다카다마쓰바라(高田松原) 빌딩의 내부벽(內部壁)은 ASCE 7을 이용한 동수력적 항력으로 보수적으로 설계했어야 했다.

전반적인 동일본 대지진해일 분석 시 ASCE 7은 합리적으로 정의된 지진해일 흐름조건에서 발생하는 구조적 하중 특성화 및 설계하중을 위한 신뢰할 수 있는 도구를 개발했음을 나타낸다. 특히 지진설계 요구사항에서 발생 가능한 체계적인 내력을 포함하는 경우, 연안지역 내에서 발생할 수 있는 극도로 큰 지진해일 사건을 견딜 수 있고 반드시 존재할 수 있는 중요하고 필수적인 구조물을 설계할 수 있다.

참고문헌

1. American Society of Civil Engineers/Structural Engineering Institute, 2016. ASCE/SEI 7-16 Minimum Design Loads for Buildings and Other Structures. ASCE, Reston, Virginia.

2. Akiyama, M., Frangopol, D.M., Arai, M., Koshimura, S., 2013. Reliability of bridges under tsunami hazards : emphasis on the 2011 Tohoku-Oki earthquake. Earthquake Spectra 29 (S1), S295–S314.

3. Brittingham, R., Wachtendorf, T., 2013. The effect of situated access on people with disabilities : an examination of sheltering and temporary housing after the 2011 Japan earthquake and tsunami. Earthquake Spectra 29 (S1), S433–S455.

4. Chock, G., Robertson, I., Kriebel, D., Francis, M., Nistor, I., 2013a. Tohoku Japan Tsunami of March 11, 2011—Performance of Structures Under Tsunami Loads. American Society of Civil Engineers, Structural Engineering Institute, Reston, VA, p. 350.

5. Chock, G.,Carden,L.,Robertson, I.,Olsen,M.,Yu,G., 2013b.Tohoku tsunami-induced building failure analysis with implications for U.S. Tsunami and seismic design codes. Earthquake Spectra 29(S1), S99–S126.

6. Foytong, P., Ruangrassamee, A., Shoji, G., Hiraki, Y., Ezura, Y., 2013. Analysis of tsunami flow velocities during the March 2011 Tohoku, Japan tsunami. Earthquake Spectra 29 (S1), S161–S181.

7. Geist, E., 2005. Local tsunami hazards in the Pacific Northwest from Cascadia subduction zone earthquakes. U.S. Geological Survey Professional Paper #1661-B.

8. Iuchi, K., Johnson, L.A., Olshansky, R.B., 2013. Securing Tohoku's future : planning for rebuilding in the first year following the Tohoku-Oki earthquake and tsunami. Earthquake Spectra 29 (S1), S479–S499.

9. Kajitani, Y., Chang, S.E., Tatano, H., 2013. Economic impacts of the 2011 Tohoku-Oki earthquake and tsunami. Earthquake Spectra 29 (S1), S457–S478.

10. Kawashima, K., Buckle, I., 2013. Structural performance of bridges under tsunami hazards : emphasis on the 2011 Tohoku-Oki earthquake. Earthquake Spectra 29 (S1), S315–S338.

11. Koshimura, S., Hayashi, S., 2012. Interpretation of tsunami flow characteristics by video analysis. In : Proceedings, 9th International Conference on Urban Earthquake Engineering/4th Asia Conference on Earthquake Engineering, Tokyo Institute of Technology, Tokyo.

12. Kuromoto, H., 2006. Seismic design codes for buildings in Japan. J. Disaster Res. 1 (3), 341–356.

13. Liu, H., Shimozono, T., Takagawa, T., Okayasu, A., Fritz, H., Sato, S., Tajima, Y., 2012. The 11 March 2011 Tohoku tsunami survey in Rikuzentakata and comparison with historical events. Pure Appl. Geophys. 187 (11), 1303–1458.

14. Liu, W., Yamazaki, F., Gokon, H., Koshimura, S., 2013. Extraction of tsunami-flooded areas and

damaged buildings in the 2011 Tohoku-Oki earthquake from TerraSAR-X intensity images. Earthquake Spectra 29 (S1), S183–S200.

15. Maruyama, Y., Kitamura, K., Yamazaki, F., 2013. Estimation of tsunami-induced areas in Asahi City, Chiba Prefecture, after than 2011 Tohoku-Oki earthquake. Earthquake Spectra 29 (S1), S201–S217.

16. Mase, H., Kimura, Y., Yamakawa, Y., Yasuda, T., Mori, N., Cox, D., 2013. Were coastal defensive structures completely broken by an unexpectedly large tsunami? A field study. Earthquake Spectra 29 (S1), S145–S160.

17. Mori, N., Cox, D., Yasuda, T., Mase, H., 2013. Overview of the 2011 Tohoku earthquake tsunami damage and its relation to coastal protection along the Sanriku coast. Earthquake Spectra 29 (S1), S127–S143.

18. National Institute for Land and Infrastructure Management/Building Research Institute, 2011. Summary of the field survey and research on "The 2011 of the Pacific coast of Tohoku Earthquake" (the Great East Japan Earthquake). Technical Note of NILIM No. 647/BRI Research Paper No. 150.

19. Olsen, M.J., Carden, L.P., Silvia, E.P., Chock, G., Robertson, I.N., Yim, S., 2012a. Capturing the impacts : 3D scanning after the 2011 Tohoku earthquake and tsunami. In : Proceedings, 9th International Conference on Urban Earthquake Engineering/4th Asia Conference on Earthquake Engineering, Tokyo Institute of Technology, Tokyo, Japan.

20. Olsen, M.J., Cheung, K.F., Yamazaki, Y., Butcher, S.M., Garlock, M., Yim, S.C., McGarity, S., Robertson, I., Burgos, L., Young, Y.L., 2012b. Damage assessment of the 2010 Chile earthquake and tsunami using terrestrial laser scanning. Earthquake Spectra 28 (S1), S179–S197.

21. Robertson, I.N., Carden, L.P., Riggs, H.R., Yim, S., Young, Y.L, Paczkowski, K., Witt, D., 2010. Reconnaissance Following the September 29, 2009 Tsunami in Samoa UHM/CEE/10-01. Honolulu, Hawaii.

22. Robertson, I.N., Chock, G., Morla, J.P., 2012. Structural analysis of selected failures caused by the February 27, 2010 Chile tsunami. Earthquake Spectra 28 (S1), S215–S243.

23. Robertson, I.N., Paczkowski, K., Riggs, H.R., Mohamed, A., 2011. Tsunami bore forces on walls. In : Proceedings, ASME 2011 30th International Conference on Ocean, Offshore and Arctic Engineering, Rotterdam, The Netherlands.

24. Tatsuki, S., 2013. Old age, disability, and the Tohoku-Oki earthquake. Earthquake Spectra 29 (S1), S403–S432.

24. The 2011 Tohoku Tsunami Joint Survey Group, 2011. Nationwide field survey of the 2011 off the Pacific Coast of Tohoku earthquake tsunami. J. Japan Soc. Civil Eng. Ser. B 67 (1), 63–66.

CHAPTER 23

장주기파로 인한 항만운영 장해(障害) 및 수중마운드 구조물을 이용한 대책

1. 서론

일본의 여러 항만에서는 30~200초(sec)의 주기를 갖는 장주기파(長週期波)[1]가 화물취급에 심각한 문제를 야기(惹起)시킬 수 있지만, 저자가 알고 있는 한 이런 문제는 다른 나라에서는 자주 보고되지 않았다. 이러한 장주기파는 태풍과 같은 대규모 기상계(氣象系) 결과로 일본 주변 대양(大洋)에서 종종 발생하며 국가의 경제활동에 심각한 문제를 발생시킨다. 예를 들어 Hiraishi 등(1996)은 해외수출의 의존도가 높고, 자국(自國) 산업의 경제적 지원을 하기 위한 원자재(原資材) 수입 때문에 일본에 분명히 심각한 문제로 대두(擡頭)되고 있는 토마코미(苫小牧), 시부시(志布志)와 같은 항만에서의 화물 취급중단 사례를 기술하고 있다. 화물 취급중단 원인은 항만계류(繫留) 시스템의 장파주기(長波週期)로 인한 공진(共振) 때문이다. Hiraishi 등(1997)은 항만에서의 장주기파로 인한 피해 메커니즘을 조사하기 위해 일련의 현장관측을 실시하였다. 관측결과에 따르면 장주기파는 주로 파군(波群)의 비선형(非線型) 구속파(拘束波)로부터 유도되고(즉, Longuet-Higgins 및 Stewart, 1962) 계류 시스템의 고유주기(固有

---

1   장주기파(長週期波, Long Period Wave) : 주기가 수십 초 이상으로 긴 파랑으로 부진동(副振動 : Seiche, 갑작스러운 교란 (Disturbance)으로 인하여 호수나 반폐쇄형만(Semi-enclosed Embayment)에서 발생하는 정상파(Standing Wave)로서 수 분 또는 수 시간을 주기로 수면이 갑자기 상승하는 현상)의 원인이 되는 장주기파는 태풍이나 저기압 또는 이동하는 전선에 수반하는 미세 기압변동에 의해 외해에서 발생한 장주기 너울이 내습하여 항내에 강제진동을 일으키며, 항만 내의 형태에 따른 고유진동주기에 대해 공진현상(共振現狀)을 유발시켜 증폭되는 것으로 추정되고 있다.

週期)²와의 공진은 선박의 서지(Surge)³운동을 증폭시킨다는 것을 나타낸다. 2002년, 일본 국토교통성(이후 MLIT로 언급, The Ministry of Land, Infrastructure, Transport and Tourism)은 다음과 같은 장주기파 문제의 실태를 밝히기 위해(MLIT, 2014년 8월부터 액세스(Access) 가능) 인터뷰를 실시했는데, 그 결과 다음과 같다.

- 오나하마항(小名浜港)(후쿠시마현(福島県))에서의 빈번한 화물 취급 중단, 예를 들면, 2001년 1월~11월 100척 이상 선박의 화물취급이 자주 중단되었다.
- 시부시항(志布志港)의 막대한 재정적 손실(가고시마현(鹿児島県)). 오키나와(沖縄) 주요 섬 주변의 태풍으로 발생한 장주기파 영향으로 선박이 계선안(繋船岸)⁴과 충돌하는 결과를 낳았다. 계선안의 경제적 피해는 약 6억 5천만 엔(¥)(약 72억 원, 2019년 6월 환율기준)에 달했다. 선박피해 기록은 없었지만 선박피해도 컸던 것으로 보인다.
- 토마코미항(苫小牧港)(홋카이도(北海道))에서의 개인부상(個人負傷)). 항만작업자가 선박의 진동을 억제하기 위해 계류용 밧줄을 추가로 설치하려다 손 부상을 입었다. 이로 인해 계류용 밧줄은 끊어졌고, 작업자는 다쳤다.

기후변화에 관한 정부 간 협의체(IPCC, Intergovernmental Panel on Climate Change)의 제5차 평가보고서(5AR, Fifth Assessment Report)는 미래 열대성 저기압 강도증가(強度增加, 20~33장 참조)가 장래 이 문제를 증가시킬 가능성이 있지만 기후변화와 항만에서의 장주기파 사이의 관계를 명시적(明示的)으로 다루지 않았다. 본질적으로 항만 내 장주기파의 파고는 항만 외(外) 파고와 비례하며, 지구 온난화로 인해 폭풍(태풍) 강도가 높아지면 항만 내 장주기파 파고가 큰 문제가 될 것이다. 따라서 향후 적응대책 비용이 통제불능상태가 되지 않도록 효과적인 대책을 강구하는 것이 시급하다.

---

2   고유주기(固有週期, Natural Period) : 항만(또는 해안구조물)이 자유진동일 때 고유한 값을 취하는 주기로 파랑 또는 지진해일 등과 같은 주기적인 외력의 주기가 고유주기와 비슷할 때 항만의 형상, 수심 등에 따라 공진이 나타난다.

3   서지(Surge) : 바람이나 파랑에 의한 선박의 운동인 '6자유도(自由度) 운동' (3개 위치운동(전후(Surge), 좌우(Sway), 상하(Heave)), 3개 회전운동(x축에 대한 롤(Roll), y축에 대한 피치(Pitch), z축에 대한 요(Yaw)) 중 하나로 선박의 전후 운동을 말한다.

4   계선안(繋船岸, Quay) : 계류 시설 중 안벽, 잔교, 돌핀, 물양장 등 직접 선박이 접안하는 구조물의 총칭으로 사용하는 용어로서 우리나라에서는 항만설계기준에서 접안시설(接岸施設)로 표기하고 있다.

대책으로는 계류 시스템의 개선, 도식방파제(島式防波堤, 島堤)[5] 확장, 항만 내 선박예·경보 시스템 구축 및 장주기파 소파장치(消波裝置) 설치 등이 있다(즉, Hiraishi와 Hirayama, 2002). Yamada 등(2005)과 Hiraishi 등(2009)은 방파제의 항구 쪽에 설치된 마운드(Mound)[6] 형식의 소파구조물(消波構造物)에 관한 수리모형실험 및 현장연구를 실시하였다. 이 장에서는 항만 내에서 반사된 장주기파의 에너지를 줄이기 위해 여러 종류의 사석(捨石) 마운드 구조물을 시험하기 위한 다양한 실험을 기술하고 있다. 특정 항만에 그러한 구조물을 설치할 때 필요한 항만정온도(港灣靜穩度)[7]를 달성하기 위해 구조물 배치를 신중하게 고려할 필요가 있다. 따라서 이 장의 논의는 마운드 형식 구조물 자체의 소파성능(消波性能) 및 그러한 구조물을 덮고 있는 피복재(被覆材)의 안정성 특성에 초점을 맞출 것이다.

기존의 사석 마운드는 어느 정도 소파성능을 제공할 것으로 예상할 수 있지만, 장주기파의 영향을 감쇠(減衰)시키기 위해서는 일반적으로 30m 이상의 폭(幅)이 필요하다(즉, Hiraishi 등, 2009 및 Matsuno 등, 2011). 장주기파가 효율적인 항만운영에서 미치는 비용과 결과 때문에 각 현장의 특정조건에 따라 구조물 크기를 줄이는 것은 중요하다. 기존(수상식(水上))식 마운드 형식 구조물의 마루고는 전면(前面)의 케이슨 마루고와 거의 같다. 이 장에서는 약간 수중에 잠긴 마운드 형식 장주기파 소파구조물(이후부터 수중마운드 형식 구조물로 언급)을 제안한다. 이 구조물의 기본개념은 마루고를 수면에 근접하도록 줄이는 것으로, 이렇게 하는 것은 마운드 마루 표면에서 고효율 에너지 소산(消散)을 일으키는 데 매우 효과적이기 때문이다. 소파성능에 대한 세부사항을 명확히 하기 위해 파랑 반사에 대한 일련의 수리모형실험을 실시하였는데, 이 장의 뒷부분에 자세히 설명할 것이다.

그림 1은 아키타항(秋田港)을 평면전경(平面全景)을 나타낸 것이다. 남방파제(南防波堤) 바로 배후에는 기존 수상식(水上式) 마운드 구조물(그림 1의 원(圓) 표시)이 설치되어 있다. 그런

---

5 도식방파제(島式防波堤, 島堤, Offshore Breakwater) : 방파제는 침투파의 영향을 줄이고 배를 쉽게 드나들 수 있도록 방파제방향과 항구 위치를 정하는 것이 중요하며, 이를 위해 방파제가 평면적으로 육지와 떨어져 있는 형식인 섬처럼 고립된 도식방파제(島式防波堤)를 항만외곽에 축조하기도 한다.

6 마운드(Mound) : 해저에 사석이나 모래를 투입해서 축조하는 항만구조물의 기초부분을 말한다.

7 항만정온도(港灣靜穩度, Harbor Tranquility, Calmness of Harbor) : 항만의 박지(泊地) 내 수면의 정온화정도를 나타내는 것으로서 통상 박지 내의 파고를 말한다. 또한 박지 내 파고의 평균치와 그때의 방파제 밖의 파고의 비를 가지고 나타내는 일도 있으며, 선박의 접안, 하역작업과 밀접한 관계가 있으므로 일반적으로 초대형선은 0.7~1.5m, 중·대형 선박에는 0.5m, 소형선에는 0.3m 이하의 정온도를 설계하고 있다. 따라서 그 항구에서 필요한 하역 일수에 대해 이 정도의 파고를 억제할 수 있는 방파제의 마루높이, 배치, 항구의 위치를 검토해야 한다.

장주기파 소파구조물은 항만의 외곽 방파제(외해(外海)와 직면) 바로 뒤에 위치하기 때문에 심한 월파(越波)는 필연적으로 발생한다. 그런 구조물이 안정하기 위해서는 피복석은 월파를 당하더라도 충분히 안정될 필요가 있다. 그러나 현재까지 그런 구조물의 피복석에 대한 설계방법은 확립되어 있지 않다. 따라서 이러한 피복석에 대한 설계공식을 제안하기 위해 바다 쪽으로부터의 월파에 따른 피복석에 관한 안정성 실험도 실시하였다.

마지막으로 그러한 구조는 항만 내의 파랑기후(波浪氣候)를 정온화(靜穩化)하는 데 도움이 될 뿐만 아니라 지진해일력에 대한 케이슨 활동저항력(滑動抵抗力)을 증가시킬 수 있다는 점에 유의해야 한다(15장 및 19장 참조). 또한 아마 Mitsui 등의 수리모형실험에서 보고된 것처럼(2013), 월류파랑(越流波浪)이 마운드를 세굴(洗掘)하는 데 걸리는 시간을 지연시킨다. 따라서 그런 구조물이 일본에 자주 영향을 미치는 일련의 자연재난을 방호하기 위한 방파제의 방재 관련 수행할 수 있는 역할은 상당히 중요하며, 현재와 미래의 잠재적 위협에 대비한 중요 항만을 적응력을 강화하는 데 사용할 수 있다.

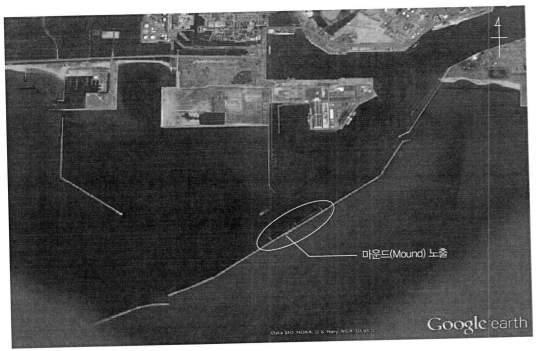

그림 1 아키타항

2. 소파특성(消波特性)

2.1 실험조건

2.1.1 조파수로(造波水路) 장치

피스톤형(Piston Type) 조파장치(造波裝置)가 설치된 길이 50m, 폭 1.0m, 깊이 1.3m의 조파 수로를 이용하여 일련의 수리모형실험을 실시하였다. 그림 2는 조파수로를 나타낸다. 장주 기파 소파구조물 모형을 수평바닥에 설치하여 일정 수심의 항만을 모델화시켰다. 파 반사계 수 K_R은 수평바닥의 중앙에 설치한 2개의 파고계(波高計) 간격을 파장(波長)의 1/4로 유지하 면서 구한 순간적인 측정수위고(測定水位高) 기록을 Goda와 Suzuki(1976) 방법에 근거하여 산 정했다. 항만의 공진주파수(共振周波數)에 해당하는 규칙파(規則波)[8]가 중요한 요인이기 때문 에 4.24~16.97초(sec) 주기와 0.5~3.0cm 파고를 갖는 규칙파를 사용하였다. 모형실험 축척은 프루드수(Froude Number) 상사법칙(相似法則)을 기준으로 1/50으로 설정하였다.

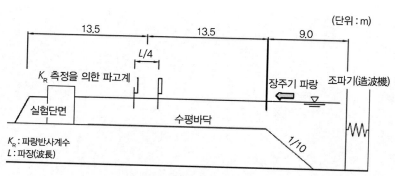

그림 2 조파수로(造波水路) 장치

2.1.2 실험단면

기존(수상)식 및 수중식 마운드를 실험하였다. 초기단계에서 두 구조물이 가진 소파성능 의 기초적 특성을 조사하였다. 이후 수중식 구조물의 특성을 상세하게 분석하였다. 초기단계 실험에 대한 단면을 그림 3에 실험조건은 표 1에 나타내었다. 기존(수상)식 마운드에 대한

---

[8] 규칙파(規則波, Regular Wave, Monochromatic Wave) : 파고와 주기가 일정하며 일정한 방향으로 진행하는 파로 정현파 (正弦波)와 같은 의미로도 사용한다.

수위(水位)상 마루높이는 10.0cm로 설정하였다. 반면, 수중식 마운드의 마루높이는 정수위(靜水位)와 일치시켰다. 사석기초는 지름 0.2~0.6cm인 0.4~1.6g의 돌멩이로 이루어져 있었다. 초기수심 h는 20.0cm로 설정하였다. 정수위(靜水位)에서의 마운드 폭은 60.0cm로 설정하였다. 기존(수상)식 마운드 구조물을 피복석(被覆石)으로 사용하기 때문에 8.0g인 피복석을 2층 배치하여 사용했다. 2번째 단계의 h는 14.0~32.0cm, 폭은 30.0cm 또는 60.0cm로 설정하였다. 테트라포드와 X-Block은 각각 소파 콘크리트 블록과 콘크리트 피복블록의 실례로서 사용하였다. 14.5~235.1g인 테트라포드를 2층으로 배치하여 사용하였지만, 16.2g의 X-Block은 1층으로 배치하여 사용하였다. 그림 4는 피복재의 형상을 나타낸다.

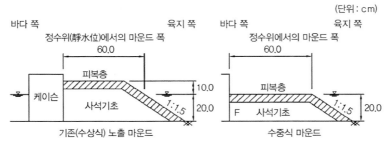

그림 3 초기단계의 파랑 흡수 특성에 대한 실험단면

표 1 실험조건

	모형(模型) 축척			원형(原型) 축척		
축척	1/50			1		
파랑주기	4.24~16.97초(sec)			30~120초(sec)		
파고	0.5~3.0 (cm)			0.25~1.5 (m)		
수면 상 마루높이	노출(수상) : 10(cm) 수중 : 0(cm)			노출(수상) : 5(m) 수중 : 0(m)		
사석기초	0.4~1.6(g)			50~200(kg)		
마운드 경사	1 : 1.5			1 : 1.5		
수심	초기단계	2번째 단계		초기단계	2번째 단계	
	20(cm)	14, 20, 26 및 32(cm)		10(m)	7, 10, 13 및 16(m)	
수면상 마운드 폭	60(cm)	30 및 60(cm)		30(m)	15 및 30(m)	
피복재료	8.0(g) 피복석(2 층)	14.5, 60.5, 121, 235.1(g) 테트라포드(2층)		1톤(ton) 피복석(2층)	2, 8, 15, 29 톤(ton) 테트라포드(2층)	
		16.2(g) X-블록 (X-Blocks)			2톤(ton) X-블록 (X-Blocks)	

테트라포드   X-블럭

그림 4 테트라포드와 X-블록의 기하학적 형상

2.2 실험결과

2.2.1 기존(수상)식 및 수중식 마운드 사이의 차이점

이후 별도 언급이 없는 한 원형축척(原型縮尺)으로 표기한다. 그림 5는 그림 3에 나타낸 바와 기존(수상)식 구조물과 수중식(水中式) 구조물의 반사계수를 비교한다. 두 구조물 모두 피복석으로 덮여 있고 정수위에서의 폭은 30m나 되었다. 수중식 마운드 형식의 반사계수는 파랑주기(波浪週期)와는 무관하여 기존(수상)식 마운드 형식보다는 작다. 문헌에서 자주 지적되는 바와 같이 예를 들어, Madsen(1983)은 투과성 방파제의 에너지 소산(消散)은 다공질(多孔質) 구조물 내부에서뿐만 아니라 마찰로 인해 구조물 표면에서도 발생한다고 언급했다. 수중식 마운드는 기존(수상)식 마운드에 비해 표면적이 더 크기 때문에, 수중식 마운드 표면의 마찰로 인한 유효(有效)에너지 소산으로 이어진다. Matsumoto 등(2013)은 수치시뮬레이션으로 수중 구조물의 유효에너지 소산을 재현했다. 반사계수 차이는 파주기(波週期)가 감소할수록 더욱 뚜렷해진다. 따라서 이 장의 나머지 부분은 수중식 마운드 형식의 구조물에 초점을 맞출 것이다.

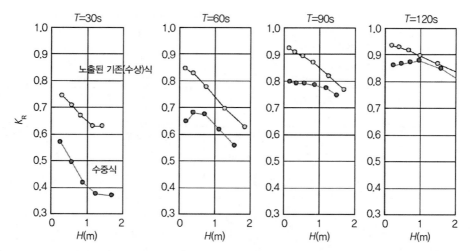

그림 5 피복재 마운드 구조물의 반사계수. 수중식 마운드의 K_R 은 기존(수상)식 마운드의 반사계수보다 작음

2.2.2 피복재료 영향

그림 6은 다양한 피복재(被覆材), 즉 피복석, 테트라포드와 X−블록을 가진 수중식 마운드 형식 구조물의 파랑주기와 반사계수의 관계를 보여준다. 파랑주기가 80초(sec) 미만일 때 테트라포드의 K_R은 모든 구조물 중에서 가장 작은 반면, 80초(sec) 이상의 파랑주기에 대해서는 피복석의 반사계수가 가장 작다. 테트라포드가 있을 때 K_R은 이 연구에서 고려한 값의 범위 내인 0.9로 수렴(收斂)되는 것 같다. X−블록의 K_R 변화는 피복석의 K_R 변화와 거의 같다. 또한 8톤(ton) 테트라포드의 K_R 변화는 2톤(ton) 테트라포드일 때와 거의 같다. 테트라포드로 덮인 마운드에서는 넓은 범위의 파랑 주기 동안 낮은 파랑반사(波浪反射)를 일으킬 수 있기 때문에 테트라포드의 사용은 이러한 형식의 구조물에 매우 효과적이다.

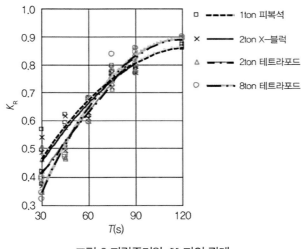

그림 6 파랑주기와 K_R과의 관계

2.2.3 수위변동 영향

이전 절에서 수중식 마운드 형식 구조물의 효과성을 명확히 확인하였다. 이상적인 조건, 즉 마루높이가 정수위와 일치할 때 높은 소파성능(消波性能)이 검증되었다. 그러나 실제 현장 조건에서는 구조물은 조석(潮汐)으로 인한 수위변동(水位變動)으로 노출될 수 있다. 따라서 이번 절에서는 수위변화 영향을 논의한다.

일본 주변 연안에서의 창조(漲潮)[9]와 낙조(落潮)[10] 차는 일반적으로 2.5m 미만이다. 그러므로 그림 3에 나타낸 바와 같이 저자가 실시한 실험에서는 고정 마운드 형상에 대한 수심을 8.5m에서 11.5m로 변화시킴으로써 ±1.5m의 간만차(干滿差)를 제공하였다. 기존(수상)식 및 수중식 마운드의 피복재료로써 각각 1톤(ton)짜리 피복석과 8톤(ton)짜리 테트라포드를 사용하였다. 그림 7은 파고가 0.5m인 조건에서 수심 h와 반사계수 K_R 사이의 관계를 나타낸다. Hiraishi 등(1996)의 연구에서 볼 수 있듯이 파고 0.5m 미만인 장주기파가 화물취급 효율 저하를 초래시킬 수 있다는 것이 알려져 있다. 기존(수상)식의 반사계수는 수심이 증가함에 따라 증가한다. 반면, 수중식의 반사계수는 수심 10m에서 최소치를 갖는 V자형 분포, 즉 수심이 마루고와 같을 때 나타난다. 수심이 깊으면 파랑이 전면(前面) 케이슨에 도달하여 그 위에서 반사될 수 있다. 반면 얕은 수위는 마운드 마루에서의 파랑에너지 소산효과를 감소시킨다. 수위가 이상화(理想化)된 위치로부터 변할 때 K_R가 증가하지만 수중식의 K_R은 ±1.0m의 조차[11](潮差) 내에서 기존(수상)식의 반사계수보다 작은 값을 갖는다. 이것은 테트라포드를 설치한 수중식 마운드 형식 구조물이 최선의 선택이라는 것을 입증시켜준다.

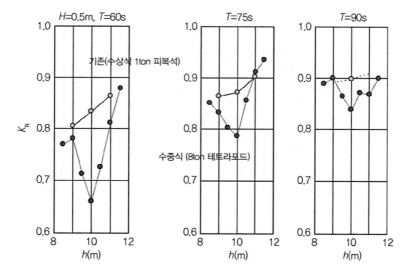

그림 7 수심 및 K_R과의 관계. 수중식 마운드의 K_R은 ±1.0m 조위차(潮位差) 내에서 기존(수상)식 마운드의 K_R보다 작음

---

9 창조(漲潮, Flood Tide, Rising Tide) : 간조(干潮)에서 만조(滿潮)로 해면이 점차 상승하는 사이로 밀물이라고도 한다.

10 낙조(落潮, Ebb Tide, Falling Tide) : 만조(滿潮)에서 간조(干潮)로 해면이 점차 하강하는 사이로 썰물이라고도 한다.

11 조차(潮差, Range of Tide, Tidal Difference, Tidal Range) : 연속적인 만조(滿潮)와 간조(干潮) 사이의 해수면 높이의 차를 말하며 조석 진폭의 2배로 간만차라고도 하며 대조 때의 조차 평균치를 대조차, 소조 때의 조차 평균치를 소조차라 한다.

2.2.4 수심과 마운드 폭의 영향

그림 8은 여러 가지 수심 및 마운드 폭과의 조합에 의한 8톤(ton)짜리 테트라포드 피복층 (被覆層)을 갖는 수중식 마운드 형식 구조물의 반사계수 K_R와 파장으로 정규화(正規化)시킨 등가(等價) 마운드 폭 B^*/L 사이의 관계를 보여준다. B^* 정의는 그림에서 확인할 수 있다. 장주기파의 물입자 운동은 해저 바닥에서도 여전히 존재하므로, 수심의 영향을 포함하는 B^*의 사용은 현 설계에서 사용하는 기존(수상)식 마운드 형식 구조물의 단순한 마루폭 B에 비해 적절하다. 즉, 수심 및 마운드 폭과는 별개로 B^*/L을 사용하여 K_R을 예측할 수 있다.

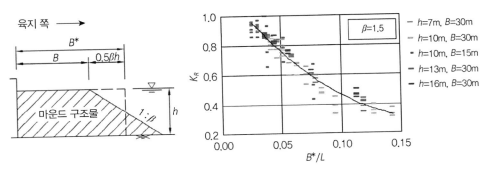

그림 8 B^*/L및 K_R과의 관계. K_R은 B^*/L을 사용함으로써 산정(算定) 가능함

3. 월파(越波, Wave Overtopping)에 대한 안정성(安定性)

3.1 실험장치

일련의 안정성 실험은 길이 50m, 폭 1.0m, 깊이 1.3m의 깊은 조파수로에서 실시하였다. 혼성 방파제(混成防波堤) 모형을 1/30 바닥경사에 설치하였다. 실험단면은 그림 9에 나와 있으며, 실험조건은 표 2에 제시되어 있다. 수심은 34.0cm이었다. 케이슨 마루높이는 설계파고 (設計波高) H_D(15cm)의 0.6배인 9.0cm로 설정하였다. 케이슨의 마루폭은 36.0cm이다. 테트라포드의 안정성 공식을 개발하기 위해 마운드 폭 2개를 30cm, 60cm로 설정했다. 파랑주기는 1.98초(sec)였으며 불규칙파의 주파수 스펙트럼은 수정(修正) 브레츠슈나이더－미츠야스형 (Modified Bretschneider-Mitsuyasu Type)(즉, Goda, 2000)을 사용하였다. 실험은 피해를 입히지

않는 작은 파고로부터 시작했으며, 파고를 점차 높였다. 각 파고 등급에 따른 파수(波數)는 약 1,000개로 설정하였다. 각 파랑을 내습시킨 후에 단면적의 변화가 관찰되더라도 단면을 재구축하지 않았다. 본 연구에서는 피복재에 대한 피해를 2가지 방법으로 정의했다. 하나는 Van der Meer(1987)가 원래 높은 마루높이를 가진 사석식경사제(捨石式傾斜堤)의 사면(斜面)에 있는 피복석(被覆石) 대해 제안한 식 (1)의 변형정도 S로 피복석의 변형량을 나타내는 지수이고 피해율의 일종이다.

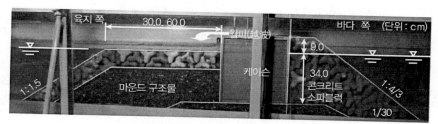

그림 9 안정성 실험에 대한 단면(모형 축척)

표 2 안정성 실험에 관한 실험조건

	모형 축척	원형 축척
축척	1/50	1
유의파주기(有義波週期)	1.98초(sec)	14초(sec)
유의파고(有義波高)	6~18(cm)(H_D=15cm)	3.0~9.0(m)(H_D=7.5m)
수심	34(cm)	17(m)
수면 상 케이슨 마루높이	9(cm)(=0.6H_D)	4.5(m)(=0.6H_D)
케이슨 폭	36(cm)	18(m)
마운드 경사	1 : 1.5	1 : 1.5
마운드 폭	30,60(cm)	15,30(m)
사석기초	0.4~1.6(g)	50~200(kg)
피복석(2층)	8.0(g)	1(ton)
테트라포드(2층)	60.5, 121.0 및 235.1(g)	8, 15 및 29(ton)

$$S = \frac{A_e}{D_n^2}$$

(1)

여기서, A_e는 침식부의 면적(그림 11 참조)이며 D_n은 피복재 체적의 세제곱근이다.

그림 10은 마운드의 피해 예를 보여주고, 그림 11은 전체 방파제 단면의 피해를 도식화한 것이다. 침식면적 A_e는 기계식 지형 프로파일러(Mechanical Type Topography Profiler)를 사용해 산정했다.

그림 10 마운드의 피해 예시(例示)

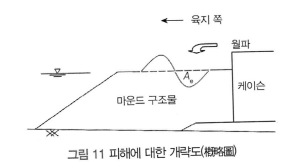

그림 11 피해에 대한 개략도(槪略圖)

다른 유형의 피해 정의는 다음과 같이 주어진 피해정도 N_o이었다.

$$N_o = \frac{nD_n}{B_F} \tag{2}$$

여기서 n은 이탈(離脫)된 테트라포드의 총(總) 개수(個數)이며 B_F는 실험을 실시한 조파수로 폭 40cm이다. 피해레벨 N_o은 방파제 법선방향(法線方向)으로 직경 D_n를 갖는 테트라포드의 이탈된 수를 나타낸다.

이 식에서의 이탈로 인한 피해는 테트라포드가 원위치(原位置)에서 테트라포드길이의 1/2 이상으로 이동하며 45° 이상 회전하거나 테트라포드 높이보다 월파로 인하여 떠오르는 것으로 정의하였다. 이탈된 테트라포드의 수는 파랑 내습 전후에 찍은 사진을 시각적으로 관찰 및 분석 후 계산했다.

3.2 실험결과

3.2.1 피복석으로 피복된 구조물의 피해과정

그림 12는 월파로 인한 피복석으로 피복된 마운드의 피해 진행을 나타낸다. x 축은 육지 쪽 케이슨 벽으로부터의 거리를 나타내고, z 축은 마운드 마루로부터 높이를 나타낸다. 케이슨의 안정성에 대한 설계파고는 H_D =7.5m이다. 파고가 증가함에 따라 침식면적의 양이 증가하였다. 정규화된 파고 $H_{1/3}/H_D$가 0.8일 때 모든 피복석은 유실(遺失)되어 하층부(下層部) 기초사석(基礎捨石)을 x =10m 근처에서 볼 수 있었다. 이것은 전체 구조물의 붕괴를 초래할 수 있는 하층부가 인출(引出)되는 상황을 나타내기 때문에 매우 위험하다. 변위된 피복석과 하층부 기초사석은 $H_{1/3}/H_D$가 0.8 이하일 때 피복석과 기초사석은 마운드 마루 위에 퇴적되었고, $H_{1/3}/H_D$가 0.8을 넘으면 변위는 마운드 비탈면으로 진행되었다. $H_{1/3}/H_D$가 1.0이 되었을 때, 즉 유의파고(有義波高)가 설계파고(設計波高)에 도달했을 때, 마운드 마루는 심각한 피해를 입었고 비탈면 선단(先端)은 초기위치에서 약 5m 육지 쪽으로 이동했다. 특히 대형선박의 경우 항만 내 항해 운영에 지장을 줄 수 있어 이러한 비탈면 선단의 이동은 바람직하지 않다.

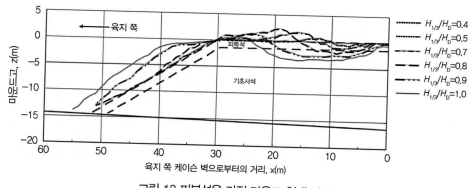

그림 12 피복석을 가진 마운드 형태 변화

3.2.2 피복재료 영향

그림 13은 정규화 파고 $H_{1/3}/H_D$와 사석 또는 테트라포드로 피복된 구조물의 변형정도 S 사이의 관계를 보여준다. 실험에서 파고가 설계파고에 이르렀을 때 사석(捨石)을 피복석으로 사용한 경우 큰 변형이 관찰되었지만 중량이 큰 테트라포드를 사용하였을 때 변형은 상대적으로 작았다. 구체적으로는, 피복석인 경우 변형정도 S는 123, 테트라포드 8톤(ton)인 경우 11, 테트라포드 29톤(ton)인 경우는 2이었다. Van der Meer(1987)의 원래 정의에 따르면 1:1.5~1:3 비탈면에서 변형정도 $S=2$ 값은 '초기피해'로 분류한다. 일본의 설계기준인 경우 1,000번 파랑으로 이루어진 폭풍(暴風)인 경우 초기피해의 변형정도($S=2$)를 사용하는 것이 일반적이다(일본 항만시설의 기술상의 기준·동해설, 日本 港灣の施設の技術上の基準·同解説 2002).

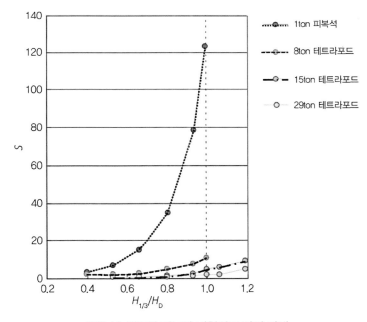

그림 13 정규화 파고와 변형정도 간의 관계

그림 14는 설계파고에 도달할 때($H_{1/3}/H_D = 1.0$) 마운드 마루에서의 침식심(浸蝕深)을 비교한 그림이다. H_D가 7.5m이므로, $x/H_D = 4$의 위치는 비탈면의 어깨에 있는 $x=30$m에 해당한다(그림 12 참조). 피복석 구간의 최대 정규화된 침식심(z/D_n)은 -5까지 도달했다. 피

복석을 2층으로 설치하였기 때문에 $2D_n$ 이상 침식심이 발생하면 하층부(下層部) 기초사석(基礎捨石)이 직접 인출(引出)될 수 있다. 테트라포드를 사용하였을 때 최대 침식심은 $2D_n$ 미만으로 감소되었다.

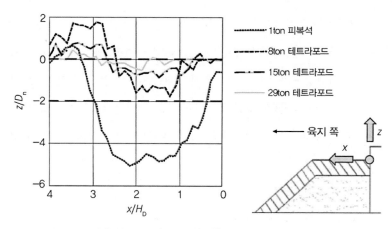

그림 14 설계파(設計波)[12] 내습 후 침식심

3.2.3 테트라포드 안정계수

Hudson식에 사용된 테트라포드의 안정계수(安定係數)에 대한 예측공식을 확립하기 위해 수평 혼성제(混成堤)에 피복된 테트라포드인 경우 Hanzawa 등(1996)이 제안한 경험식(經驗式)에 k_a, k_b, 및 k_c 계수(係數)를 도입하여 수정하였다. 이 계수(係數)들은 월파 시 에너지 손실로 인한 증가된 안정성 영향을 나타낸다. 식 (3)과 (4)는 각각 Hanzawa 원식(原式)과 이 장에서 제안한 식을 나타낸다.

$$N_S = C_H\left\{2.32\left(\frac{N_0}{N^{0.5}}\right) + 1.33\right\} \tag{3}$$

---

12 설계파(設計波, Design Wave) : 항만·해안구조물 설계에 적용하는 파랑으로 항만설계의 경우 설계외력으로 50년 재현빈도의 유의파를 주로 사용하며 외곽시설 구조물의 설계에서 외력으로 고려하는 파를 말한다. 일반적으로 1/3 최대파(유의파)를 쓰지만 특수한 경우에는 1/10 최대파, 또는 최대파를 쓸 때도 있고, 항만이나 해안의 일반적인 배치계획도 포함할 때는 계획파라고 할 때도 있다. 설계파는 구조물의 사용목적, 중요도, 재료의 내구연한 등에 따라 달리 사용한다.

$$N_S = C_H \left\{ 2.32 k_a \left(\frac{N_0}{N^{0.5}} \right)^{0.2 k_c} + 1.33 k_b \right\} \tag{4}$$

여기서 N_S는 안정계수(安定係數), N_0는 피해정도(Damage level), C_H는 쇄파감소계수(碎波減少係數)($=11.4/(H_{1/20}/H_{1/3})$), $H_{1/20}$는 1/20 최고파고이고 N는 총파수(總波數)이다. 그림 15는 예측 및 실험 안정계수의 상관관계를 보여준다. 실험안정계수는 $H_{1/3}/\Delta D_n$로 계산하는데, 여기서 $\Delta = \rho_r/\rho - 1$로 ρ_r과 ρ는 각각 테트라포드 밀도와 물의 밀도를 나타낸다. 수정계수 k_a, k_b, 및 k_c는 예측안정계수가 실험과 적합하도록 표 3과 같이 설정하였다. 수정계수를 가진 예측안정계수는 실험결과와 잘 일치했다.

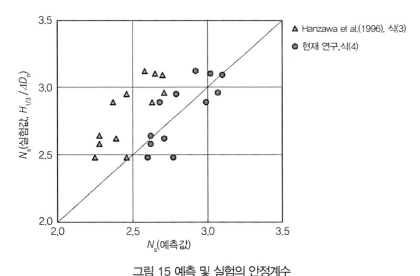

그림 15 예측 및 실험의 안정계수

표 3 식 (4)의 수정계수

B(m)	k_a	k_b	k_c
15.0	1.069	1.647	3.0
30.0	1.483	1.789	3.0

4. 설계사례

이 장의 결과에 근거하여 수중식 마운드형 구조물을 어떻게 설계할 수 있는지에 대한 실례를 그림 16에 나타내었다. 바다 쪽 콘크리트 소파블록으로 방호되는 케이슨의 마루고는 정수면(靜水面) 위 $0.6H_D$이다. H_D는 설계파고이다. 항만에서 필요한 반사계수는 0.85 미만으로 수심은 10m, 파고는 60초(sec), 수중식 마운드형 구조물의 경사는 1:1.5이다.

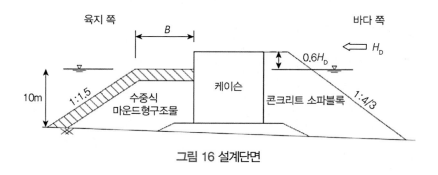

그림 16 설계단면

그림 17은 테트라포드로 피복된 수중식 마운드와 기존 피복석(被覆石)으로 피복된 재래(수상)식 마운드에 대한 필요 마운드 폭의 설계도표를 나타낸다. 이 도표를 사용하여 K_R이 0.85일 때, 수중식과 기존(수상)식 마운드형 구조물의 B^*/L은 각각 0.041과 0.068이라는 것을 예측할 수 있다.

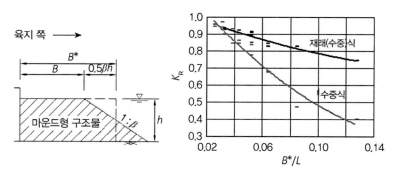

그림 17 필요 마운드 폭의 설계도표

이렇게 되면 테트라포드로 피복된 수중식 마운드형인 경우 폭 16.8m의 마운드를 갖고, 피복석이 있는 기존(수상)식 마운드형인 경우 폭 32.8m의 마운드가 된다. 표 4는 계산의 상세 사항을 요약한 것이다.

표 4 마운드 폭 유도

구조물 형태	K_R	경사	h(m)	T(s)	L(m)	B^*/L	$B^*(m)$	$B(m)$
수중식	0.85	1.15	10.0	60.0	593	0.041	24.3	16.8
재래(수상)식						0.068	40.3	32.8

Hudson 공식을 식(5)에 나타내었고, 방파제의 육지 쪽에 설치된 수몰(水沒)된 수중식 마운드형 구조물을 포함하는 테트라포드의 안정계수에 대한 추정식은 식 (6)과 같다. 그림 18은 $C_H = 1.00$, $N = 1,000$, $\rho_r = 2.30\text{t/m}^3$, $\rho = 1.03\text{t/m}^3$인 조건에서 필요한 테트라포드 중량을 나타낸다.

$$M = \frac{\rho_r H_{1/3}^3}{N_S^3 \left(\rho_r/\rho - 1\right)^3} \tag{5}$$

$$\begin{cases} N_S = C_H \left\{ 2.48 \left(\dfrac{N_0}{N^{0.5}} \right)^{0.6} + 2.19 \right\} & (B = 15.0\text{m}) \\[2mm] N_S = C_H \left\{ 3.44 \left(\dfrac{N_0}{N^{0.5}} \right)^{0.6} + 2.38 \right\} & (B = 30.0\text{m}) \end{cases} \tag{6}$$

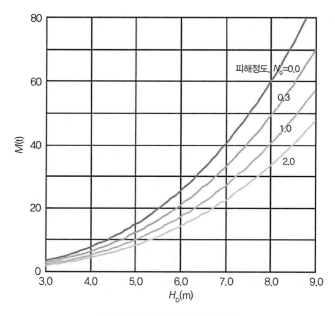

그림 18 필요 테트라포드 중량

5. 결 론

태풍과 같은 강력한 기상계(氣象系)는 상당한 높이의 파랑을 발생시킬 수 있으며, 이 같은 파랑이 결국 항만 내에 전파되면 공진(共振)이나 비선형(非線型) 파랑(波浪)으로 인해 장주기 파(長週期波)를 일으킬 수 있다. 미래의 태풍강도증가는 이러한 문제를 더욱 증가시킬 수 있 어 항만에 대한 가능한 적응전략(適應戰略)을 연구할 필요가 있다. 이 장에서는 화물취급상 문제에 대한 대책으로서 방파제의 육지 쪽에 설치된 수중식 마운드형 장주기파 소파구조물 을 제안하였다. 수중식 마운드형 구조물의 반사계수는 파랑주기(波浪週期)와 관계없이 수면 위 높은 마루를 가진 기존(수상)식 마운드형 소파구조물의 반사계수보다 작았다. 따라서 이 것은 기존 소파구조물(消波構造物)보다 작은 규모 및 예산으로 축조(築造) 가능하다는 것을 의미한다.

피복석을 사용한 경우 바다 쪽으로부터의 월파는 구조물에 큰 변형을 일으킬 수 있다. 따 라서 콘크리트 피복재(테트라포드)를 갖는 수중식 마운드형 구조물을 제안하였다. Hudson 공식의 테트라포드 안정계수(安定係數)에 대한 예측공식을 수립하기 위해 Hanzawa 등(1996)

이 기존공식의 수정을 제안하였다. 그 결과 이런 유형의 구조물에 사용되는 테트라포드 안정계수에 대한 새로운 예측식도 개발하였다. 이 연구의 결과를 바탕으로 다양한 설계조건에 대한 수중식 마운드형 구조물을 설계할 수 있다. 제안된 설계도표를 사용하여 필요한 마운드 폭을 얻을 수 있다. 또한 수중식 마운드형 구조물의 테트라포드 필요중량은 추정식(推定式)을 사용하여 계산할 수 있다.

참고문헌

1. Goda, Y., 2000. Random Seas and Design of Maritime Structures. In : second ed. World Scientific, Singapore, p. 443.

2. Goda, Y., Suzuki, Y., 1976. Estimation of incident and reflected waves in random wave experiments. In : Proc. 15th International Conference on Coastal Engineering, Honolulu, vol. 1, pp. 828–845.

3. Hanzawa, M., Sato, H., Takahashi, S., Shimosako, K., Takayama, T., Tanimoto, K., 1996. New stability formula for wave-dissipating concrete blocks covering horizontally composite breakwaters. In : Proc. 25th International Conference on Coastal Engineering, Orlando, vol. 2, pp. 1665–1678.

4. Hiraishi, T., Hirayama, K., 2002. Practical countermeasure to long period wave in harbor. In : Proceedings of Civil Engineering in the Ocean, vol. 18, pp. 143–148 (in Japanese).

5. Hiraishi, T., Tadokoro, A., Fujisaku, H., 1996. Characteristics of long period wave observed in port. Report of the Port and Harbour Research Institute, vol. 35, No. 3, pp. 3–36 (in Japanese).

6. Hiraishi, T., Shiraishi, S., Nagai, T., Yokota, H., Matsubuchi, S., Fujisaku, H., Shimizu, K., 1997. Numerical and field survey on port facility damage by long period waves and those countermeasure. Technical note of the Port and Harbour Research Institute, No. 873, 39 p (in Japanese).

7. Hiraishi, T., Hirayama, K., Kozawa, K., Moriya, Y., 2009. Wave absorbing capacity of long period wave countermeasures in harbor. Technical note of the Port and Airport Research Institute, Japan, No. 1205, 16 p (in Japanese).

8. IPCC, 2014. Climate change 2014 : impacts, adaptation, and vulnerability. In : Contribution of Working Group II to the Fifth Assessment Report of the Intergovernmental Panel on Climate Change. Cambridge University Press, Cambridge, United Kingdom/New York, NY, USA, p. 85 (Chapter 5).

9. Longuet-Higgins, M.S., Stewart, R.W., 1962. Radiation stress and mass transport in gravity waves, with application to 'surf beats'. J. Fluid Mech. 13 (4), 481–504.

10. Madsen, P.A., 1983. Wave reflection from a vertical permeable wave absorber. Coast. Eng. 7, 381–396.

11. Matsumoto, A., Tanaka, M., Hanzawa, M., 2013. Numerical calculation on wave dissipating properties of submerged mound type long-period wave absorbing structure. In : Proc. 68th Annual Meeting of Japan Society of Civil Engineers, pp. 407–408 (in Japanese).

12. Matsuno, K., Yano, T., Kasai, H., Yamamoto, Y., Hiraishi, T., Kimura, K., 2011. Field observations on long-period wave absorbers in Tomakomai Nishi port. J. Jpn. Soc. Civil Eng. Ser. B2 67 (2), 681–685 (in Japanese).

13. Ministry of Land, Infrastructure, Transport and Tourism. http://www.mlit.go.jp/kisha/kisha02/11/1103

25_.html (accessed August 2014).

14. Mitsui, J., Tanaka, M., Matsumoto, A., Hanzawa, M., 2013. Stability of a submerged mound type long period wave absorbing structure situated behind a breakwater against Tsunami overflow. In : Proc. 68th Annual Meeting of Japan Society of Civil Engineers, pp. 337–338 (in Japanese).

15. The Overseas Coastal Area Development Institute of Japan, 2002. Technical Standards and Commentaries for Port and Harbour Facilities in Japan. In : Daikousha Printing Co., Ltd., Japan, p. 600.

16. Van der Meer, J.W., 1987. Stability of breakwater armor layers-design formulae. Coast. Eng. 11 (3), 219–239.

17. Yamada, A., Kunisu, H., Tamehiro, T., Kohirata, K., Hiraishi, T., 2005. Examination of wave dissipating structures to the long period wave in the Ishinomaki harbor. In : Proceedings of Civil Engineering in the Ocean, vol. 21, pp. 785–790 (in Japanese).

PART IV
감재 대책(비구조적 대책)

맹그로브 숲의 파랑 감소 : 일반지식 및 태국에서의 사례연구

1. 서 론

맹그로브(Mangrove) 숲은 그림 1(a)와 같이 육지와 바다의 경계를 이루는 연안지역에서 자라는 식물의 서식지이다. 맹그로브 숲에서 자라는 식물은 염수(鹽水)와 기수(汽水)[1]로 구성된 감조역(感潮域)에서 살 수 있는 특별한 특징을 가지고 있다. 오늘날 많은 연구들이 다면적(多面的)인 맹그로브 숲의 중요성을 확인시켜준다. 맹그로브 숲은 먹이의 공급원이며, 수많은 수생(水生) 식물과 동물들의 서식지일 뿐만 아니라, 귀중한 어장(漁場)이기도 하다(Robertson, 1992). 또한 진흙층에서 자라는 식물 줄기와 뿌리 체계의 특수하고 복잡한 성질 때문에(그림 1(b)) 고에너지인 바람과 파랑 작용을 줄여(Christensen 등, 2008) 연안저질(沿岸底質)을 원위치(原位置)에 유지시키고 해안선을 따라 침식을 방지한다(Mazda 등, 1997; Thampanya 등, 2006). 일반적으로 파랑은 해안에 접근함에 따라 다양한 형태의 저항으로 에너지가 감소하므로, 두껍고 복잡한 줄기와 거대한 뿌리 체계를 갖는 조밀(稠密)하고 풍성한 맹그로브 숲은 특히 파력(波力)을 방호(防護)한다(Mazda 등, 2006).

이 장에서는 특히 고에너지 바람 및 파랑작용을 감소시키는 역할에 초점을 맞춘 세계 각

---

1   기수(汽水, Brackish Water) : 담수(Freshwater)에 의하여 묽게 된 해수(Seawater)를 일컫는데, 즉 담수와 해수의 중간 염분 (0.5~30‰)을 가지는 물로서, 주로 강과 바다가 만나는 하구(Estuary)가 이에 속하며, 해안 부근의 호소(Lake and Marsh)들도 기수인 경우가 많다.

그림 1 태국 촌 부리(Chon Buri)주 친환경 여행을 위한 맹그로브 산림보존센터의 맹그로브 숲

국 맹그로브 숲의 중요성에 관한 연구의 역사적 개요를 제공한다. 그것은 맹그로브 숲이 바람과 파랑의 완충역할(緩衝役割)을 하는 메커니즘을 설명하기 위해 맹그로브 숲에 대한 기본적인 소개부터 시작한다. 그다음에 고에너지인 파랑작용을 감소시키기 위한 맹그로브 숲의 잠재력과 맹그로브 숲에서의 파랑 감소에 영향을 미치는 요인에 관한 연구를 진행한다. 다음으로 태국의 맹그로브 복원에 관한 퇴보와 노력에 대한 사례연구를 제시한다. 마지막으로 이 주제에 관한 향후 연구를 위한 권고사항을 제안한다.

2. 맹그로브 숲에 대한 기본지식

맹그로브는 지구(地球)의 열대지대(熱帶地帶) 또는 아열대지대(亞熱帶地帶)의 해안지역에서 육지와 바다의 경계를 따라 숲을 이루는 상록수림의 일종으로 조차(潮差)를 견딜 수 있다. 맹그로브 나무의 뿌리와 줄기의 일부는 만조(滿潮) 시 물에 잠겨 있고 간조(干潮) 시 수면 위로 드러난다. 맹그로브 나무의 일부 수종(樹種)은 간석지(干潟地)²에서 염수(鹽水)나 기수(汽水)에 잘 견딘다. 맹그로브 생태계의 특징은 다양한 육상동물(陸上動物), 수생동물(水生動物), 수륙양서동물(水陸兩棲動物)에게 좋은 서식지가 된다. 그 결과 그러한 숲은 비옥하고 균형 잡

---

2   간석지(干潟地, Tidal Flat, Tidal land) : 만조수위선(滿潮水位線)으로부터 간조수위선(干潮水位線)까지의 사이로 바다·호수 등에서 간조 시 물바닥이 드러나 보이는 갯벌을 말한다.

힌 생태계를 만든다(즉, Spalding 등, 2010).

맹그로브 나무의 수종은 제한적이다. 실제로 16과(科)의 27속(屬) 중 67종(種)에 불과하다 (Field, 1995). 대부분 중간 높이의 나무로 관목(灌木, Shrub)이다. 67종의 맹그로브 나무 중에서 29종의 식물은 쥐꼬리망초(Acanthaceae)과 및 리조포라(紅樹, Rhizophoraceae)과에 속한다.

일반적으로 맹그로브 숲은 해안역(Coastal Zone)의 내리바람(風下) 측에 따른 지역, 간석지에서 평균조위(平均潮位)[3]부터 만조위(滿潮位)까지의 지역, 해양제도(海洋諸島) 때문에 풍파로부터 차폐(遮蔽)되는 하구(河口) 또는 만(灣), 그리고 산호초를 가진 일부 배후지역에서 발견된다. 유엔식량농업기구(The Food and Agriculture Organization of the United Nations, FAO, 2007)는 최근 전 세계적인 맹그로브 지역이 약 15,705천 ha로 추산했으며 표 1과 같이 전 세계에 분포하고 있다. 맹그로브 면적이 가장 큰 20개국을 표 2에 나타내었다(Spalding 등, 2010).

표 1 최근 지역별로 추정한 맹그로브 면적(FAO, 2007)

지역	추정 맹그로브 면적	
	1,000(ha)	기준연도
아시아	6,048	2002
아프리카	3,243	1997
북·중 아메리카	2,358	2000
남아메리카	2,038	1992
오세아니아	2,019	2003
총합계	15,705	2000

표 2 맹그로브 최대 면적을 가진 20개국(Spalding 등, 2010)

순위	국가	지역	맹그로브 면적(ha)	기준연도*
1	인도네시아	아시아	3,189,359	
2	브라질	남아메리카	1,299,947	
3	호주	오세아니아	991,004	2008[a]
4	멕시코	중아메리카	770,057	2005[b]

* 빈칸 : Spalding 등(2010)의 지도로부터 출처.
a : Wilkes(2008). b : CONABIO(2009). c : Fatoyinbo 등(2008).

---

3 평균조위(平均潮位, Mean Tide Level) : 태음반일주조(M2 분조)에 의하여 유발되는 조위로써 평균 만조위와 평균 간조위의 꼭 중간의 조위, 조위곡선은 대칭이 아니기 때문에 평균 해면과는 일치하지 않는다.

표 2 맹그로브 최대 면적을 가진 20개국(Spalding et al., 2010)(계속)

순위	국가	지역	맹그로브 면적(ha)	기준연도*
5	나이지리아	아프리카	735,557	
6	말레이시아	아시아	709,730	
7	미얀마	아시아	502,911	
8	방글라데시	아시아	495,136	
9	쿠바	중아메리카	494,405	
10	인도	아시아	432,592	
11	파푸아뉴기니	오세아니아	426,482	
12	콜롬비아	중아메리카	407,926	
13	베네수엘라	중아메리카	356,911	
14	미국	북아메리카	302,955	
15	마다가스카르	아프리카	299,112	
16	기니비사우	아프리카	298,221	
17	모잠비크	아프리카	290,900	2001[c]
18	필리핀	아시아	256,482	
19	태국	아시아	248,362	
20	기니	아프리카	203,345	

* 빈칸 : Spalding 등(2010)의 지도로부터 출처.
a : Wilkes (2008). b : CONABIO (2009). c; Fatoyinbo et al. (2008).

이러한 해안 숲에서 자라는 식물의 가장 독특한 특징 중 하나는 그들의 거대한 뿌리 체계이다. 뿌리는 그 일부가 지반(地盤)에서 생육(生育)한다는 점에서 특이하다. 이러한 식물은 영양분과 물을 흡수하고, 호흡하며, 이런 지역을 특징짓는 이토(泥土) 토양에 뿌리를 정착하는 메커니즘으로 진화(進化)하였다. 뿌리체계는 (1) 리조포라(紅樹,Rhizophora)과 유형과 같은 지주근(支柱根), (2) 브루기라(Bruguier) 유형과 같은 슬근(膝根)이 하층그룹을 형성하는 아비세니아(Avicennia) 유형과 같은 호흡근(呼吸根), (3) 실로카르푸스 그라나툼(Xylocarpus granatum) 유형과 같은 판근(板根) 3개의 그룹(그림 2)으로 분류할 수 있다. 맹그로브 숲에서 자생(自生)하는 조밀한 대규모 나무와 관목의 뿌리체계는 이 장의 다음 절 주제인 고에너지인 바람과 파랑 작용의 감소에 중요한 역할을 한다.

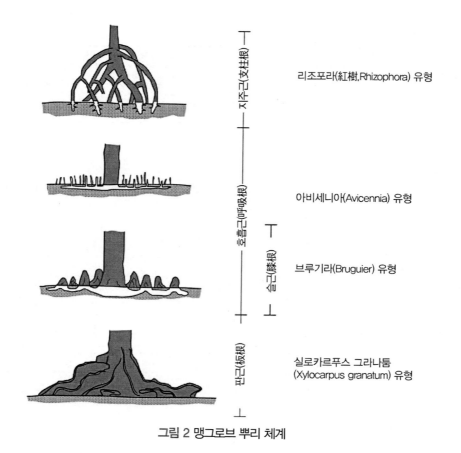

리조포라(紅樹,Rhizophora) 유형

지주근(支柱根)

아비세니아(Avicennia) 유형

호흡근(呼吸根)

무릎근(膝根)

브루기라(Bruguier) 유형

판근(板根)

실로카르푸스 그라나툼
(Xylocarpus granatum) 유형

그림 2 맹그로브 뿌리 체계

3. 맹그로브 숲에서의 파랑 감소 메커니즘

정상적인 상황에서는 파랑이 해안에 접근함에 따라 변화한다. 이 현상을 천수변형(淺水變形)이라고 알려져 있으며, 파랑이 천해(淺海)로 들어갈수록 파고는 높아진다. 파랑은 최대고(最大高)에 도달하는 지점에서 파봉은 부수어지는데, 이 현상을 쇄파(碎波)라고 한다. 파랑이 부서지면 그 에너지는 소산(消散)된다(보다 자세한 사항은 해안공학 일반 교과서 참조, 즉 Dean과 Dalrymple, 1991; Kamphuis, 2001).

이 장의 초점은 파랑이 맹그로브 숲을 통과할 때 발생하는 에너지 소산(消散)일 것이다. 이러한 분석을 수행하기 위해 해저면으로부터 정수면(靜水面, SWL)까지 측정한 수심이 맹그로브 숲 전체에 걸쳐 일정하다고 가정한다. 더욱이 본 연구의 범위를 벗어나는 흐름 영향은 고려하지 않았다. 맹그로브 숲이 파랑에너지를 감소시키는 메커니즘은 3가지 핵심성분으로 나눌 수 있다(그림 3 참조).

그림 3 맹그로브 숲이 파랑에너지를 감소시키는 메커니즘의 개략도

3.1 줄기와 뿌리에 의해 생성된 저항에 따른 파랑에너지 감소

파랑 내에 있는 물 입자들은 궤도 운동으로 움직인다. 파랑이 줄기와 뿌리 높이의 물이 있는 맹그로브 숲으로 진입할 때, 특히 지주근(支柱根)인 경우(그림 2) 물 입자는 파에너지를 서서히 소산시키는 줄기와 뿌리 체계로부터의 저항 또는 항력과 만난다.

3.2 해저상 마찰결과로서 파랑에너지 감소

맹그로브 숲에서 해저는 보통 식물이 지주근(支柱根)이던 판근(板根)이 되던 간에 호흡근 (呼吸根)이 호흡하기 위해 수괴(水塊) 속으로 밀어 올라갈 때도 뿌리가 가라앉는 곳은 진흙베 드(Mud Bed)이다. 맹그로브 숲에서 일반적으로 나타나는 대규모적이고 복잡한 뿌리 체계 때 문에 진흙 바닥을 따라 정지마찰계수(靜止摩擦係數)가 발생하는데, 이 값은 그러한 숲이 없는 연안지역 내 정지마찰계수의 값보다 훨씬 크다(Quartel 등, 2007). 이 마찰은 파랑이 맹그로브 숲을 통과할 때 발생하는 파에너지 소산에 중요한 요인이다. 또한 특수한 뿌리 체계 외에도 해저에 유체 진흙층이 존재한다는 것은 통과파(通過波)를 억제하고 에너지를 소산시키는 작 용도 한다(Winterwerp 및 Van Kestern, 2004).

3.3 잎과 나뭇가지 : 바람에 대한 효과적인 보호막

일반적으로 바람이 일정시간과 거리에 걸쳐 수면과 상호작용함에 따라 파랑이 발생하여 완전히 발달된 형태로 해안 쪽으로 이동하게 된다. 그러나 맹그로브 숲이 있는 해안지역에서의 굵은 가지와 잎은 파랑을 발생시킨 바람이거나 아니면 파랑을 강화하는 다른 바람이던지 간에 풍력(風力)에 대한 방패 역할을 한다. 나뭇잎은 바람이 수면을 휘감는 것과 이미 숲으로 관통(貫通)한 파랑을 막아준다. 이 메커니즘은 직접적으로 파랑작용을 감소시키는 것은 아니다. 오히려 식생(植生)이 없는 이들 숲 근처의 다른 지역보다 맹그로브 숲이 있는 곳에서 파고를 낮추고 파력을 작게 하는 메커니즘이다.

이 3가지 메커니즘으로 인해 파랑이 맹그로브 숲을 통과할 때 파랑에너지는 감소하고, 그 결과 입사파고(入射波高)가 전달파고(傳達波高)로 감소시킨다. 맹그로브 숲이 있는 해안지역의 파고 및 파력 감소는 해안선을 따라 작용하는 물리과정(物理過程)에 매우 중요하다. 예를 들어 퇴적토사의 이동이 감소하여 더 많이 퇴적되면(Furukawa 및 Wolanski, 1996) 해안침식은 크게 감소한다(Winterwerp, 2005).

4. 맹그로브 숲에서의 파랑 감소에 관한 연구

맹그로브 숲에서의 파랑에너지 감소에 관한 연구는 해변에 관한 유사한 연구와 비교했을 때, 또는 산호초(珊瑚礁), 해초상(海草床) 또는 염생습지(鹽生濕地)[4]와 관련된 파랑에너지 감소에 대한 연구와 비교해볼 때 상대적으로 제한적이다. 그러나 1990년대 이후 맹그로브 숲을 비롯한 해안식생의 파랑에너지 감소 연구에 관한 관심이 크게 높아졌다. 다음은 맹그로브 숲에서의 파랑에너지 감소에 관한 이전 연구의 역사적 개요다.

맹그로브 숲에서의 파랑에너지 감소와 풍파(風波, Wind Wave), 폭풍해일(暴風海溢, Storm Surge) 및 지진해일(地震海溢, Tsunami)에 대한 완충장치를 제공하는 숲의 역할에 대한 연구에

4　　염생습지(鹽生濕地, Salt Marsh) : 염생식물이 빽빽이 자라는 갯벌로 갯벌은 퇴적물이 지속적으로 쌓임에 따라 바다 쪽으로 성장하면서 바다를 향해 점차 낮아지며, 이때 지면이 높아져서 바닷물의 침입이 줄어들면 퉁퉁마디, 해송나물, 나문재, 수송나물 등의 염생식물이 자라고 이들 식물로 인하여 퇴적물이 더욱 집적된다.

서 사용된 방법론은 상당히 다양하지만, 이러한 연구는 일반적으로 다음과 같이 세 그룹으로 분류할 수 있다.

4.1 현장연구

이 연구는 2가지 범주(範疇) 중 하나로 분류된다. (1) 1차 데이터를 수집하기 위해 현장에서 실시하는 실험과 (2) 현장에서의 연구에서 수집한 2차 데이터 분석이 있다.

(1) 현장실험은 실제 조건에서 실시하는 연구이다. 대부분은 파랑이 해안이나 맹그로브 숲으로 입사(入射)할 때와 진출할 때 파랑을 측정하기 위해 파고계(波高計)를 설치하는 것을 포함한다(이 파고계는 수목한계선(樹木限界線)을 따라 배치될 수 있다). 그다음 숲을 통과할 때 파랑거동(波浪擧動)을 결정하거나 파랑 감소 계수를 계산하기 위해 측정결과를 분석한다(즉, Mazda 등, 1997, 2006; Brickman 등, 1997; de Vos, 2004; Quartel 등, 2007; Feagin 등, 2011; Möller 등, 2011). 폭풍해일이나 지진해일은 측정하기가 어렵기 때문에 이러한 장치로 측정한 거의 모든 파랑은 풍파(風波)이다. 나무나 식물의 유형은 실제 연구현장에 따라 달라진다. 대부분의 경우 여러 식물 종(種)이 있지만, 예를 들어 리조포라(Rhizophora)(Brickman 등, 1997), 소네라티아(Sonneratia)(Mazda 등, 2006), 아비세니아(Avicennia)(Quartel 등, 2007), 칸델리아칸델(Kandelia candel)(Quartel 등, 2007) 및, 리드(Reed)(Möller 등, 2011)와 같이 일부 지역에서는 1종(種)이 우세하다. 현장연구의 이점은 실제 환경조건하에서 연구자들이 파랑거동(波浪擧動)과 파랑에너지 소산을 관찰할 수 있다는 것이다. 단점은 식물성장 밀도와 파랑유형과 같은 기본적인 매개변수를 제어할 수 없다는 것이다. 결과적으로 그러한 연구에서 얻은 데이터는 단지 연구가 이루어진 현장에 대해서만 신뢰할 수 있다. 따라서 조사결과를 다른 장소에 적용하는 것은 주의가 필요하다.

(2) 두 번째 범주는 현장에서의 연구에서 수집한 2차 데이터 분석이다. 이런 연구목적은 맹그로브 숲 의 파랑 감소 잠재력(潛在力)을 결정하는 것이다. 분석된 데이터는 폭풍해일 또는 지진해일로 인한 실제 피해와 같은 현장에서 가져온 1차 데이터일 수도 있고 (Kathiresan 및 Rajendran, 2005), 위성 이미지 데이터와 같은 원격탐사[5] 데이터에서 얻을

수도 있다(Yanagisawa 등, 2009). 분석방법은 통계적으로 관련 데이터 간의 상관관계(相關關係)를 명확히 하기 위한 것일 수도 있고 (Kathiresan 및 Rajendran, 2005; Feagin 등, 2011), 맹그로브 숲으로 인한 지진해일 에너지 소산을 예측하기 위한 수치시뮬레이션에 결합된 맹그로브 나무에 대한 항력계수 및 취약도함수의 수학적 모델링에 근거할 수도 있다(Yanagisawa 등, 2009). 맹그로브 숲의 유효성 판단기준도 나무의 수직구조 영향과 식생벨트 밀도와 폭을 고려하여 제안된 바 있다(Tanaka 등, 2007; Tanaka 등, 2010). 2차 데이터의 분석적 연구는 폭풍해일과 지진해일이 발생할 때 연구 또는 측정하기 어려운 격렬한 파랑거동을 조사하기 위해 가장 일반적으로 사용한다.

4.2 실험적 연구

실험실 연구는 조파수로(造波水路)나 조파수조(造波水槽)에서 수행하며 파랑이 모형인 해안나무와 식물을 통해 이동할 때 관찰한다. 모형 나무 또는 식물은 해안지역에서 채취한 실제 나무와 식물일 수도 있고(Dubi 및 TØrum, 1994; Tuyen 및 Hung, 2009) 수로바닥에 부착된 금속판 같은 재료로 만든 모의실험(模擬實驗)일 수도 있다(Fernando 등, 2008).

실험실 연구의 한 가지 제약(制約)은 축척(縮尺)으로 실험실에서 사용되는 모형은 필연적으로 원형보다 작아 결과적으로 실제 조건에서 얻는 결과와 상당히 다른 결과를 가져올 수 있다. 그러나 한 가지 이점은 연구자들이 파랑 유형, 식물군계(植物群系)[6] 및 식물밀도(栽植密度)와 같은 원하는 조건과 매개변수를 제어하거나 시뮬레이션할 수 있다는 것이다. 또한 실험실의 연구자들은 풍파(Dubi 및 TØrum, 1994), 폭풍해일(Tuyen 및 Hung, 2009) 및 지진해일(Fernando 등, 2008)을 포함한 다양한 유형의 파랑모델을 연구할 수 있다. 그렇지만 실험실 연구 수는 다른 2가지 유형(현장연구, 수치시뮬레이션 연구)의 연구 수보다 상당히 적다.

---

5 원격탐사(遠隔探査, Remote Sensing) : 일반적으로 인공위성 또는 항공기 기반의 지표, 대기, 해양에서 전파된 신호(전자기 복사)를 포함한 지구 위 물체의 탐지 및 분류를 위한 감지 기술을 말하며, 해양원격탐사인 경우 인공위성의 적외선 센서에서 수온을 측정하여 해류를 추정하고, 용승이나 소용돌이의 구조를 파악할 수 있으며, 해양의 순환구조도 알 수 있다.

6 식물군계(植物群系, Plant Formation) : 브뤼셀에서 열린 제3회 국제식물학회의(1910)에서 식물군락분류의 단위로 구성 종이 어떠하든 일정한 상관을 갖는 큰 식물군락으로, 주로 온도조건과 상관에 의해 또는 수분조건에 의해 군계를 나누었는데, 환경조건에 중점을 두면 인위적으로 되기 쉬워 오히려 상관(相關)에 중점을 두어 분류하게 되었다. 군락의 상관은 우점종이 갖는 생활형에 의해 결정되어 생활형과 환경조건 사이에는 밀접한 관계가 있어 군계에는 일정한 환경조건을 요구하게 되었다.

4.3 수치모형실험(수치시뮬레이션) 연구

해안식생으로 인한 파랑 감소에 대한 수치모형실험은 30년 전에 시작되었다(즉, Dalrymple 등, 1984; Kobayasi 등, 1993). 그러한 연구는 파랑에너지 소산 과정이나 전체 수괴(水塊)의 유체역학 연구와 관련이 있을 수 있다. 이러한 연구는 연속방정식 또는 질량보존방정식(質量保存方程式), 운동량방정식(運動量方程式) 및 에너지 방정식으로 구성된 일련의 기본 지배방정식(支配方程式)에 근거한다. 파랑 소산과정에 관한 연구인 경우, 해안의 식생을 통해 전파되는 파랑에너지는 에너지 소산율(消散率)을 가진 식물 줄기나 뿌리의 저항으로 인해 감소할 것이다. 그때의 에너지 소산율은 일련의 수학식으로 시뮬레이션된다(즉, Suzuki 등, 2012). 전체 수괴의 유체역학 연구인 경우 파랑과 흐름을 모두 고려한다(즉, Massel 등, 1999; Teh 등, 2009). 이러한 연구에서 지배방정식(운동량 방정식과 연속 방정식)은 다양한 형태의 항력 계수로 식물에 의한 저항 모델링과 함께 동시에 풀 수 있다(즉, Myrhaung 및 Holmedal, 2011). 연안 근처 수괴의 유체역학과는 별도로, 지진해일과 같은 장파(長波)로 인한 해안침수와 파랑에너지 감소에 대한 맹그로브 숲의 잠재력은 Yanagisawa 등(2009)의 연구에서 시뮬레이션하기도 하였다. 그러한 수학적 모델에서 관련 방정식은 해석적 방법(즉, Teh 등, 2009)이나 수치계산법(즉, Massel 등, 1999; Sazuki 등, 2012)으로 풀 수 있다.

5. 맹그로브 숲의 파랑 감소 잠재력

대부분의 관련 연구는 유사한 결론에 도달하였다. 맹그로브 숲이나 다른 해안 숲은 정상풍(正常風)과 계절풍(季節風)[7]에 따른 파 에너지를 소산시키는 데 도움을 줄 잠재력을 가지고 있다(Mazada 등, 1997, 2006; Thampanya 등, 2006; Quartel 등, 2007). 그러나 지진해일과 같은 길고 강한 파랑인 경우, 맹그로브 숲이 지진해일 에너지를 감소시키는 데 효과적인지 아닌지에 대해서는 해안 숲의 효과와 피해 정도를 판단하는 기준이 제시되기 전까지는 약간의

---

7   계절풍(季節風, Monsoon) : 일반적으로 여름과 겨울에 풍향이 거의 정반대가 되는 바람이 광범위한 지역에 걸쳐 부는 바람을 말한다.

이견(異見)이 있었다(Shuto, 1987). 이후 2004년 인도양 지진해일을 포함한 지진해일 재난조사를 바탕으로 식생 벨트 및 지진해일의 특성 면에서 맹그로브 숲의 효과를 나타내는 개선된 기준이 제시되었다(Kathiresan 및 Rajendran, 2005; Tanaka 등, 2007; Tanaka 등, 2010; Yanagisawa, 2009). 이 연구는 또한 지진해일 에너지가 연관된 맹그로브 숲의 에너지 감소 가능성을 초과할 때 파랑에 의해 뿌리째 뽑힌 나무와 식물이 소용돌이치는 물에 휩쓸린 표류물이 되어 인명과 재산의 위험을 증가시키는 것으로 나타났다. 맹그로브 숲은 또한 폭풍해일 동안 수위를 낮추고 파랑에너지를 감소시키는 기능이 있어 생명을 구하고 재산의 피해를 감소시킨다(즉, Mclvor 등, 2012). 맹그로브 존재로 인해 태풍 하이옌(Haiyan)이 통과하는 동안 필리핀의 세부섬(Cebu Island)에서는 폭풍해일고가 감소했을 수 있다고 지적했다(Shibayama 등, 2014).

파랑에너지를 감소시킬 수 있는 맹그로브 숲의 잠재력은 여러 가지 요인에 달려 있다. 여기에는 숲 밀도, 줄기와 뿌리의 크기, 맹그로브 숲의 범위, 주어진 시간대(時間帶) 시(時) 숲에서의 수심 그리고 입사파(入射波) 유형이 포함된다. 파랑에너지를 줄이기 위한 맹그로브 숲의 잠재력은 일반적으로 (1) 파랑감소계수, 즉 파랑이 맹그로브 숲을 통과하여 이동한 후의 파고감소율은 식 (1)로 나타내고, (2) 파랑감소율, 즉 숲에 진입(進入)하기 전 파고에 대한 맹그로브 숲을 이동할 때 파고와의 비(比)로 식 (2)와 같다.

파랑감소계수(R)은

$$R(\%) = \frac{H_i - H_t}{H_i} \times 100 \tag{1}$$

파랑감소율(R')은

$$R' = \frac{H_t}{H_i} \tag{2}$$

여기서 H_i는 입사파고이고 H_t는 전달파고이다.

표 3은 이전 연구에서 확인된 파랑감소계수의 측면에서 나타낸 파랑 감소 예를 보여준다. 표에 따르면, 파랑감소계수는 20%에서 90%까지 광범위하게 분포하고 있으며, 이는 각 개별

연구의 조건과 방법에 따라 결과가 크게 다르다는 것을 나타낸다. 이 연구의 데이터를 참조할 때, 연구자는 연구가 수행된 특정조건을 신중하게 검토해야 한다.

표 3 이전 연구로 수집된 파랑감소계수(가장 작은 값에서부터 가장 큰 값으로 정렬)

출처	방법론[a]	파랑유형	조건[b]	R(%)
Mazda 등(1997)	F	폭풍해일	W=100(m), T=5~8초(sec) 칸텔리아 캔델(Kandelia Candel)	20
Teh 등(2009)	M	지진해일	W=500(m), H=1(m), L=10(km), 아비세니아(Avicennia)	45
Mazda 등(2006)	F	풍파	W=100(m), 소네라티아(Sonneratia)	50
Hiraishi와 Harada (2003)	M	지진해일	W=100(m), 나무 모형	50
Yanagisawa 등(2009)	M	지진해일	W=400, 1000(m), H=3(m),T=30분(min), 리조포라(Rhizophora)	45~57
Tuyen과 Hung (2009)	E	폭풍해일	W=3, 6(m), H=5~17.5(cm), 소네라티아(Sonneratia)	70~80 (조밀(稠密)) 35~55 (비조밀, 非稠密)
Hadi 등(2003)	M	풍파	W=50(m), H=0.6(m), 리조포라와 세리웁스 (Rhizophora and Ceriops)	70~90

a : F= 현장조사, M= 수치모형실험, E= 수리모형실험.
b : W= 파랑 전파 방향으로의 맹그로브 숲의 폭, H=파고, L=파장, T=파랑 주기.

6. 맹그로브 숲에서의 파랑 감소에 영향을 주는 요인들

맹그로브의 파랑 감소는 다음과 같은 3가지 주요그룹으로 나눌 수 있는 여러 요인에 기인한다. (1) 맹그로브 숲의 수심과 그 속으로 이동하는 파랑 성질과 같은 유체역학적 요인 (2) 지역적 맹그로브 유형, 맹그로브 나무의 밀도, 맹그로브 수목한계선의 폭 등과 같은 식물적 요인 그리고 (3) 맹그로브 지역의 지반 지질학적 특성 등과 같은 지질학적 요인. 만약 맹그로브 숲이 격렬한 해양 파랑에 대한 방어선 역할을 하고 해안선을 방호해야 한다면 맹그로브 시 파랑 감소 메커니즘에 관한 각 요인의 영향에 대한 보다 깊은 이해가 중요하다.

Rasmeemasmuang(2014)은 리조포라(Rhizophora)의 뿌리 및 줄기체계로 인한 파랑 감소의 유체역학적 요인과 식물 요인에 관한 개념적 실험을 수행했다. 이 실험은 길이 16m, 폭 60cm, 깊이 80cm인 조파수로(造波水路)에서 실시하였다. 플랩형(Flap-type) 조파판(造波板)은 원판 크랭크(Crank Disk)의 왕복운동(Stroke)을 100mm, 120mm, 140mm, 160mm, 180mm, 200mm의 값들로 조정하여, 각각 0.93Hz, 1.00Hz, 1.17Hz, 1.33Hz, 1.50Hz, 1.67Hz의 진동수(振動數)를 갖는 규칙파(規則波)를 발생시켰다. 리조포라 모델은 철근(鐵筋)으로 만들었다. 줄기와 뿌리의 직경은 각각 2mm와 9mm이다. 나무 한 그루당 20개의 뿌리가 있었다. 가장 높은 뿌리(H_m)는 탱크 바닥 위로 50cm 위에 설치되어 있었다. 실험 장치와 배치도는 그림 4에 나와 있다.

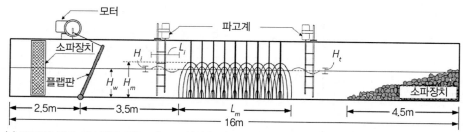

(a) 뿌리와 줄기 시스템을 갖는 리조포라(비축척(非縮尺))로 인한 파랑 감소에 대한 개념적 실험 장치

(b) 리조포라(Rizophora) 모형

그림 4

실험은 다음과 같이 파랑감쇠(波浪減衰, Wave Attenuation)의 3가지 다른 측면을 연구하려고 시도하였다.

(1) 파랑감소계수와 수심과의 관계에 관한 연구 : 숲의 폭 4m, 미터(m)당 6그루의 나무인 밀도를 갖는 리조포라 모델을 조파수로에 배치하였다. 실험은 30cm, 40cm, 50cm의 수심에서 실행하였다.

(2) 파랑감소계수와 숲의 폭의 관계에 관한 연구 : 실험은 미터(m)당 6그루의 나무인 밀도와 길이 100cm, 200cm, 300cm, 400cm의 리조포라 모델을 이용하여 40cm 수심에서 실시하였다.

(3) 파랑감소계수와 리조포라 모델의 밀도 사이의 관계에 관한 연구 : 실험은 길이 400cm, 미터(m)당 3그루, 4그루, 5그루, 6그루의 밀도를 갖는 리조포라 모델을 이용하여 40cm의 수심에서 실시하였다. 리조포라 모델의 미터(m)당 6그루의 나무를 100% 밀도로 가정하였으므로 실험밀도는 50%, 67%, 83%, 100%이었다.

실험분석에서 Rasmeemasmuang은 리조포라 모델로부터 발생하는 파랑감소계수는 다음 식과 같이 입사파형경사(入射波形傾斜)(H_i / L_i), 리조포라의 뿌리모델 높이와 관련된 수두(水頭)(H_w / H_m), 파장과 관련된 리조포라 모델 길이(L_m / L_i), 리조포라 모델의 밀도(D_m) 함수라고 제안했다.

$$R = f\left(\frac{H_i}{L_i}, \ \frac{H_w}{H_m}, \ \frac{L_m}{L_i}, \ D_m \right) \tag{3}$$

그림 5는 수심 50cm의 파랑감소계수(R)와 입사파형경사(H_i / L_i)를 나타낸 것으로, 이 두 매개변수 사이의 관계를 명확히 보여준다.

입사파형경사가 증가할수록 파랑감소계수는 점점 증가하는데, 이것은 파형경사가 커질수록 파랑의 물 입자가 주기적으로 움직여서, 리조포라 모델의 뿌리와 함께 물입자가 더 많이 움직이고 충돌할 기회가 더 많아져, 그 결과 에너지 손실이 커지고 파랑감소계수 값이 증가하기 때문이다.

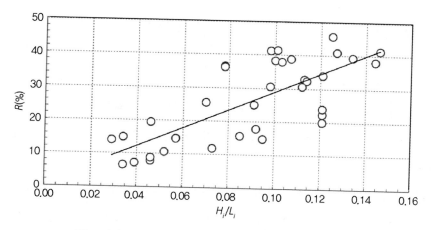

그림 5 파랑감소계수(R)와 입사파형경사(H_i / L_i) 사이의 관계

파랑감소계수(R)와 상대깊이(H_w / H_m)과의 관계를 그림 6에 나타내었다. H_w / H_m가 증가하면 R 값이 감소한다는 것을 알 수 있다. 그 이유는 천해수위(淺海水位)에서는 리조포라 뿌리 밀도가 높기 때문이다. 더 깊은 수위인 경우와 비교할 때, 파랑이 리조포라 모델 뿌리와 충돌할 기회는 증가한다. 게다가 파랑은 천해수위의 바닥마찰 영향을 더 많이 받게 될 것이다. 이러한 2가지 이유 때문에 천해(淺海)인 경우 파고는 감소한다.

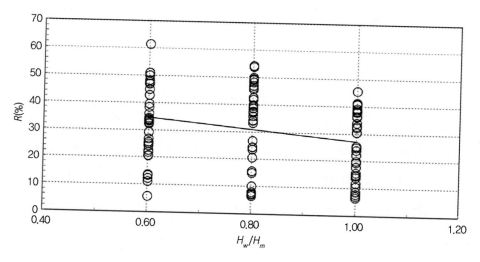

그림 6 파랑감소계수(R)와 상대깊이(H_w / H_m)의 관계

그림 7은 리조포라 모델의 상대길이(L_m / L_i)와 파랑감소계수 R을, 그림 8은 파랑감소계수 R과 리조포라 모델 밀도(D_m) 사이의 관계를 나타낸다. 두 경우 모두의 리조포라 모델 수, 즉 리조포라 모델 길이 또는 미터(m)당 나무 수가 증가하면, 파랑에너지 전달이 감소한다는 것을 보여준다.

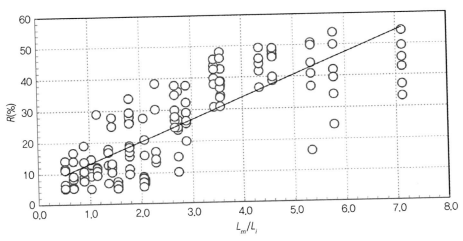

그림 7 파랑감소계수(R)와 리조포라 모델의 상대길이(L_m / L_i) 사이의 관계

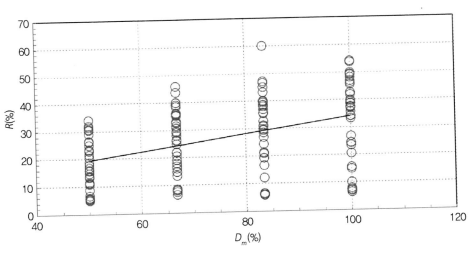

그림 8 리조포라 모델의 밀도(D_m)와 파랑감소계수(R) 사이의 관계

본 연구에서는 종속매개변수 R 및 독립 매개변수 H_i/L_i, H_w/H_m, L_m/L_i 및 D_m 의 다중선형회귀분석(多重線形回歸分析)에서 도출한 방정식을 다음과 같이 제시한다.

$$R(\%) = 193.7\frac{H_i}{L_i} - 22.76\frac{H_w}{H_m} + 2.664\frac{L_m}{L_i} + 0.268D_m - 5.669 \tag{4}$$

$R \geq 0$일 때, R제곱은 0.69이고 표준편차는 7.66이다.

저자가 아는 바에 따르면, 이 연구는 파랑 감소에 영향을 미치는 유체역학 및 식물적 요인의 영향을 설명하기 위한 실험실의 첫 번째 정량적 연구 중 하나이다. 그러나 가정들을 검증하기 위해 이러한 요인들, 특히 더욱 명확한 현장연구를 위해 추가연구를 수행해야 한다.

7. 태국에서의 맹그로브 복원에 관한 악화와 노력

약 3,148km 해안선을 가진 태국은 맹그로브가 233,699ha에 걸쳐 있어, 그림 9와 같이 동부, 중부, 남부지방 해안선을 따라 분포하고 있으며, 표 4에 요약되어 있다. 태국의 맹그로브 숲에는 14과(科)의 식물 40종(種)만이 발견되며, 맹그로브 숲의 거의 절반이 아래에 나타낸 것처럼 단지 3과(科)에 속한다((Bunyavejchewin 및 Buasalee, 2011) : 아칸트(Acanthaceae, 쥐꼬리망초)속(屬)의 6종(種)(Avicennia alba, Avicennia officinalis, Avicennia lanata, Avicennia marina, Acanthus ebracteatus 및 Acanthus ilicifolius), 리조포라(Rhizophoraceae, 홍수과(紅樹))속의 10종(Rhizophora apiculata, Rhizophora mucronata, Brguiera sexangula, Bruguiera gymnorrhiza, Bruguiera hainesii, Bruguiera cylindrica, Bruguiera parviflora, Ceriops decandra, Ceriops tagal 및 K.candel)과 리트라세아(Lythraceae, 부처꽃)의 5종(Sonneratia caseolaris, Sonneratia ovate, Sonneratia alba, Sonneratia griffithii 및 Pemphis acidula)).

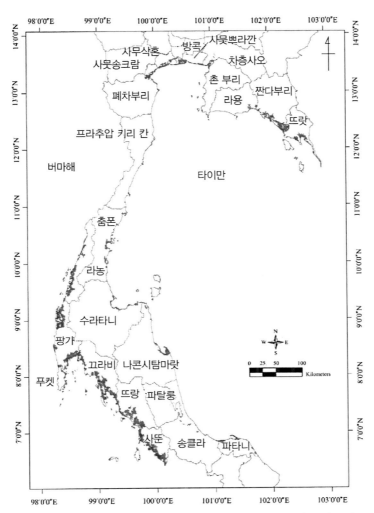

그림 9 태국의 맹그로브 숲 분포(진한 회색 부분). Bunyavejchewin과 Buasalee(2011)에서 수정, 허가된 상태로 복제

표 4 태국 맹그로브 숲의 면적(단위 : ha)

지역	1975년도	1986년도	1996년도	2004년도
중부	36,500	31,322	5,449	7,997
동부	49,000	27,981	12,658	24,360
남부(동쪽 해안)	35,500	19,644	16,571	27,348
남부(서쪽 해안)	191,700	147,788	132,904	173,604
합계	312,700	226,644	167,583	233,308

출처 : 태국 해양 및 해안자원부, 천연자원환경부(Department of Marine and Coastal Resources, Ministry of Natural Resources and Environment, Thailand).

태국의 맹그로브 생태계는 인간의 침입을 받아 몇몇 다른 형태의 토지이용으로 변모하였다. 그 결과 맹그로브 면적이 점차 줄어들었다. 맹그로브 지역의 항공사진 분석에 따르면 1961년에는 총 367,900ha이었다(표 5 참조). 1975년과 1979년 위성영상분석에서 맹그로브 면적은 각각 15.00% 및 21.91% 감소되었다. 맹그로브 지역은 어장(漁場)(어류(魚類)의 양식장), 채광(採鑛), 농업, 지역사회의 확장, 항만과 도로의 건설, 염전업(鹽田業), 석탄연소(石炭燃燒)를 위한 벌목(伐木) 등 여러 가지 토지용도로 점차 전환되었다. 1975년에서 1996년 사이에 맹그로브 숲이 크게 감소된 주요 이유는 새우양식장 확장이었다. 이 지역에서 가장 인기 있는 새우 종(種)은 전형적으로 얼룩새우(Giant Tiger Prawn)이다. 태국에서 새우 수출 사업이 성장하면서 새우양식장 면적은 1980년 26,036ha에서 1986년 110,259ha로 증가한 것으로 알려졌다. 그러나 이후 1996년에는 66,998ha로 감소되었다(Aksornkoae, 1999).

표 5 1961~2004년 태국 맹그로브 숲의 면적[a]

연도	맹그로브 면적		면적 변화
	ha	%[b]	%[b]
1961	367,000	100.0	0.00
1975	312,700	85.0	-15.00
1979	287,308	78.09	-21.91
1986	226,644	61.60	-38.40
1991	173,608	47.19	-52.81
1993	168,683	45.85	-54.15
1996	167,582	45.55	-54.45
2000	244,160	66.37	-33.63
2002	252,751	68.70	-31.30
2003	244,085	66.35	-33.65
2004	233,308	63.42	-36.58

[a] 출처 : Aksornkoae(1999) and Choeikiwong(2012)
[b] 1961년 데이터와의 비교

그림 10은 2007년 사무삭혼(Samut Sakhon)주(州) 연안의 새우양식장을 나타낸다. 이전에는 이 사진의 모든 지역이 맹그로브 숲이었지만, 새우양식장으로 개발하기 위해 맹그로브를 벌목(伐木)하였다. 어부들은 맹그로브 나무를 자르고 새우를 기르기 위해 양식장을 팠다. 몇 줄의 맹그로브 나무들만이 파랑을 방호하기 위해 남겨졌다. 그러나 그렇게 적은 수의 맹그로

브 나무들은 파랑에 저항하지 못하고 파랑에 의해 소멸(消滅)되어 결국 방호선(防護線)이 사라졌다. 결과적으로 해안선은 거의 즉각적으로 처음 위치에서부터 새우양식장의 최전방으로 이동했다. 이로 인해 많은 지역, 특히 태국의 중부와 동부 지역의 해안선이 심하게 침식되었다.

그림 10 2007년 태국 사무삭혼주의 해안

맹그로브 복원에 대한 노력은 공공과 민간 부문이 해안선 보호에 대한 문제의 심각성과 그 결과를 인식하게 되면서 시작되었다. 심각한 침식이 발생한 해안에 거주하는 마을 사람들은 이제 맹그로브가 파랑에너지와 맹렬(猛烈)한 조석(潮汐)을 감소시키고 연안지역에 퇴적 토사를 보전(保全)하기 위해 중요한 역할을 한다는 것을 알고 있다. 그 결과 그들은 맹그로브 나무 심기를 시작했으며 정부 기관에 도움을 요청했다. 그러나 맹그로브 조림(造林)으로 그 지역을 원래의 비옥한 환경으로 복원하는 데 오랜 기간이 필요하며, 이것은 맹그로브 숲 파괴보다 더 많은 노력이 필요하다. 해안선 주변에 심어진 맹그로브 나무의 새싹 생존율은 사실상 다음과 같은 일부 제약으로 인해 높지 않다. 첫째, 맹그로브 숲을 해안 쪽으로 확장하기 위해 맹그로브 나무의 새싹은 보통 파랑 작용에 직접 노출된 지역에 심었다. 고파랑(高波浪) 시기에, 아직 어리고 작은 갓 심은 새싹들 중 많은 수가 강한 파랑에 의해 뿌리째 뽑힌다. 둘째로 게(Crab), 따개비, 나방 등은 자주 맹그로브 나무의 새싹과 꼬투리를 먹는다.

학자들과 마을 사람들은 맹그로브 나무를 효과적으로 복원하고 심기 위한 많은 방법을 적용하려고 시도해왔다. 해안선을 향해 입사하는 파랑에너지를 줄이기 위해 맹그로브 재배 농장 전면(前面)에 파랑소파선(波浪消波線)이나 파랑방어선(波浪防禦線)을 구축하여 맹그로브 나무 새싹의 생존율을 높이는 것이 일반적인 원칙이다. 이러한 파랑소파선이나 파랑방어선 에는 사석호안(捨石護岸), 대나무 방파제, 콘크리트 말뚝 방파제 및 샌드 소세지(Sand Sausage, 筒狀砂囊)[8]나 지오튜브(Geotube)[9]를 포함할 수 있다.

사석호안(그림 11)은 해안선 주변에서 흔히 볼 수 있는 보호 구조물로 맹그로브 복원에도 활용할 수 있다. 최고수위표(最高水位標)에서 20~30m 떨어진 곳에 입지한 사석호안은 높이 1.20~1.50m의 벽면에 쌓여 있는 중간 크기의 석재(石材)를 이용해 만든 것이다. 학자들, 관련 공무원들, 그리고 지역 마을 사람들이 사석호안의 효과를 평가하였는데(Saengsupavanich, 2013; Rasmee 및 Rasmeemasmuang, 2013; Seto 등, 2014), 사석호안은 점토지층(粘土地層)이 사석 중량 을 지지할 수 없어 침하(沈下) 문제가 있기는 하지만 그것이 효과적으로 작용할 수 있다는 것에 모두 동의한다. 그 결과 여러 구간에서 유지보수가 필요하다.

그림 11 태국 사뭇쁘라칸(Samut Prakan)주의 사석호안

---

8   샌드 소세지(筒狀砂囊, Sand Sausage) : 폴리에스텔(PET)이나 폴리프로필렌(PP) 등의 고분자 합성 섬유를 재질로 하여 직조된 투수성지오텍스타일(직포, 부직포,복합포)로 제조된 거대한 포대 내에 모래나 준설토 등의 토사를 수리학적인 방법으로 채워 넣어 만든 토목재료로서, 수중 제방, 방파제, 가도 호안(假道護岸), 해안침식방지, 가호안(假護岸) 등의 해안, 하천구조물을 축조하는 데 사용된다.

9   지오튜브(Geotube) : 고강도 폴리에스텔(PET) 등의 고분자 합성 섬유를 재질로 하여 직조된 투수성지오텍스타일(직포, 부직포, 복합포)로 제조된 거대한 포대 내에 모래나 준설토 등의 토사를 수리학적인 방법으로 채워 넣어 만든 토목재 료이다.

Seto 등(2014)은 그림 12와 같이 2014년 1월에 지표면을 조사하여 사석호안의 효과를 조사하였다. 호안의 바다 쪽 지표면은 0.42~0.66m인 반면, 육지 쪽 지표면은 0.9~1.47m로, 2년 동안 호안 내부에는 약 0.9m의 토양이 퇴적되었다. 이 광범위한 토사퇴적은 그림 11(b)에서 볼 수 있듯이 맹그로브 복원, 자연적 복구에 대한 지원 및 심었던 새싹의 생존 가능성 개선에 도움을 줄 수 있다.

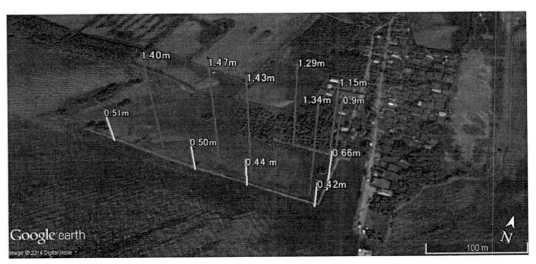

그림 12 그림 11(b)의 사석호안이 그 배후의 토사퇴적에 어떻게 기여할 수 있는지를 나타내는 태국 사뭇쁘라칸주의 사석호안의 바다 쪽(0.42~0.66m, 흰색)과 육지 쪽(0.9~1.47m, 검은색)의 지반고

대나무 방파제인 경우(그림 13) 길이 5~6m의 대나무 기둥을 약 2.5~3m 깊이로 지면에 삽입하여 전체 길이의 약 절반을 지면 위로 남긴다. 그러나 대나무 방파제는 파랑에너지를 어느 정도 감소시키는 데 효과적이지만 내구성(耐久性) 부족으로 인한 수명이 짧아 일부 지역에서만 인기가 있다. 대나무가 부서지면(그림 13(c)), 표류물이 해안선 주변에 쓰레기가 되어 지역 마을 사람들에게 폐를 끼치고 지역의 아름다움을 미묘하게 손상시킨다(그림 13(d)). 그러나 이것의 장점은 저렴한 가격이기 때문에 지역사회는 현대적 건설기술을 사용하지 않고도 스스로 만들 수 있다.

육지 쪽에서는 잔잔한 파랑

해상(海上)쪽에서는 강한 파랑

(a)

(b)

(c)

(d)

그림 13 태국 사무삭혼주의 대나무 방파제

　'샌드 소세지(Sand Sausage, 筒状砂囊)' 또는 지오튜브(Geotube)는 직경이 2m이고 길이가 50～100m인 합성 토목섬유(土木纖維, Geotextile)[10]로 만들어진다. 그것은 해안선에서 200～400m 떨어진 곳에 위치해 있어, 수중방파제(潛堤, Submerged Breakwater)[11] 역할을 한다. 그러나 지오

10　토목섬유(土木纖維, Geotextile) : 토목섬유에는 편물(編物)·직물·부직포(不織布) 등의 3종류가 있는데, 사용방법이 비슷하고 토목섬유류로 취급할 수 있는 웹(Web), 매트(Mat), 네트(Net)·그리드(Grid) 및 플라스틱시트 등은 토목섬유 대체품으로 사용되거나, 함께 사용되기도 하여 총칭해서 토목섬유제품이라고도 하며, 섬유원료는 물리적 성질, 기계적 성질과 내약품성이 뛰어난 열가소성 섬유가 주류를 이루며, 토목섬유의 역할은 토양구조물에서 물의 여과효과, 토양과 물을 분리시키는 효과, 흙구조물의 보강효과와 물을 외부로 배수시키는 효과 및 목적에 따라 물을 차단시키는 방수효과 등이 있다.

11　수중방파제(潛堤, Submerged Breakwater) : 상부가 평균수면보다 낮은 수중에 있는 방파제, 방사제, 도류제 등 해안구조물로 가장 많은 것은 해안보전시설로써 해안과 평행하게 축조하는 방파제이다. 그 축조목적은 파의 내습이 강한 해안에서는 이 구조물에 의해 파의 에너지를 한 번 감쇄하여 해안 자체의 방호를 용이하게 하며, 이것을 넘는 파의 파형구배를 완만하게 하여 파의 침식성을 완화시키고, 또한 공사비를 절감하거나 급격한 해저변동을 피하기 위해, 기존 경관을 보존하기 위해서도 설치한다.

튜브(그림 14)는 모래주머니(Sandbag)가 불가피하게 찢어지면(그림 14(b)) 모래가 쏟아져 간석지 생태계에 문제를 일으키기 때문에 그리 인기가 없다.

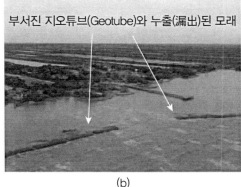

부서진 지오튜브(Geotube)와 누출(漏出)된 모래

(a)　　　　　　　　　　(b)

그림 14 태국 사무삭혼주의 샌드 소세지(Sand Sausage) 또는 지오튜브

콘크리트 파일 방파제(Concrete-pile Breakwater)인 경우 소파선(消波線)은 콘크리트 파일로 만들어지며(그림 15(a)), 콘크리트 파일은 점토지층을 관통하여 항타(抗打)한다. 일부 현장에서는 콘크리트 파일 대신 중고 타이어로 감은 전봇대를 채용하기도 한다(그림 15(b)). 흙과 콘크리트 파일의 표면 사이 마찰력은 파일 중량을 지지(支持)하는 데 도움이 되므로 파일 침하 속도는 감소한다. 그러나 이러한 유형의 대책은 비용이 많이 들며 중장비를 사용하여 설치해야 하기 때문에 일부 지역에서만 사용된다. 게다가 파랑감소율(波浪減少率)도 그리 좋지 않다.

(a)　　　　　　　　　　(b)

그림 15 태국 사뭇쁘라칸주의 (a) 콘크리트 파일 방파제 및 (b) 중고 타이어가 부착된 전봇대가 있는 파랑소파선

태국에서 침식 문제를 방지하거나 맹그로브 재배농장을 촉진하기 위한 대책의 효율성에 관한 연구가 일부 있지만, 대부분의 연구는 해안공학 학자나 관련 정부 당국자 또는 지역주민과 같은 관련 이해관계자에 대한 설문조사에 근거한 의견평가이다(즉, Saengsupavaich, 2013; Rasmeemasmuang, 2013). 공학적인 관점에서 위에서 언급한 대책의 효율성에 관한 연구는 거의 없으므로 가장 합리적인 대책을 선택하기 위하여 이 분야에 관한 연구는 앞으로도 계속 수행하여야 한다.

8. 맹그로브 숲의 파랑 감소 잠재력에 관한 앞으로 연구권고

맹그로브 숲의 파랑 감소 잠재력에 관한 이전 연구에서는 넓게 발산(發散)하는 파랑감소계수를 얻었으며, 연구조건에 따라 결과가 달라지는 경향이 있어 다른 상황에 대한 적용 가능성은 문제가 있었다. 이전의 연구를 검토한 후, 결과를 보다 일반적으로 적용시킬 수 있는 향후 연구를 위해 다음과 같은 권고사항을 제안한다.

(1) 맹그로브 숲의 특성과 파랑 감소 잠재력 사이의 상관관계에 대한 추가 연구를 수행하여야 한다. 이러한 특성에는 맹그로브 숲의 유형뿐만 아니라 숲 밀도를 포함할 수 있다. Thampany 등(2006)과 Tuyen 및 Hung(2009)의 연구는 숲 밀도를 어느 정도 고려했지만, 둘 다 연구대상인 숲의 조밀(稠密) 여부(與否)에만 주목했을 뿐이다. 향후 연구는 맹그로브 숲 밀도(密度)의 파랑 감소 잠재력을 보다 정확하게 결정하기 위해 밀도의 영향을 정량적으로 연구해야만 한다. 또한 삼림한계선(森林限界線)의 폭도 관심사항이다. 다양한 폭을 갖는 맹그로브 숲의 파랑 감소에 관한 추가 연구는 파랑 감소 잠재력의 계산을 위한 유용한 수학방정식을 산출할 수 있다.

(2) 특히 현장에서 파형경사(파고/파장) 또는 수심 등 특정 유체역학적 특징과 파랑 감소 잠재력 간의 상관관계에 대한 추가적인 정량적 연구가 필요하다. 식물의 뿌리나 줄기의 평균고(平均高)와 수심 사이의 관계를 좀 더 자세히 연구해야 한다. 그러한 연구결과는 다양한 높이를 갖는 맹그로브 숲의 식물 상황에 적용될 수 있다.

(3) 맹그로브 숲의 잎과 가지가 풍력을 감소시키는 작용을 하는 메커니즘에 대한 연구는

현재 이 주제에 관한 문헌이 거의 없어 향후 계속 수행하여야 한다. 이 메커니즘에 관한 이해는 바람감소 잠재력을 평가하는 능력을 확실히 향상시킬 것이다.

(4) 제7절에 언급한 것과 같은 맹그로브 삼림재생(森林再生) 촉진에 대한 대책의 효율성 조사를 실시하여야 한다. 파랑에너지 감소에 대한 대책의 가능성과 그 대책과 함께 심었던 맹그로브 새싹의 생존율을 평가해야 한다.

9. 결 론

맹그로브 숲은 여러 가지 기능을 수행하는 중요하고 독특한 생태계이다. 예를 들어 맹그로브 숲은 많은 생물에게 필수적인 서식처와 먹이 공급원이다. 그들은 또한 해안선을 따라 부는 풍력, 파력, 흐름의 힘에 대항하는 중요한 완충역할을 한다. 그들은 퇴적 토사를 퇴적시켜 침식의 영향을 저감시킬 수 있다. 파랑이 맹그로브 숲으로 전파하면 물 입자의 궤도운동에 저항을 일으켜 파랑에너지를 소산(消散)시키는 메커니즘을 활성화시킨다. 그 결과 파랑은 맹그로브 숲을 지나면서 크게 낮아진다.

맹그로브 숲속에서의 고에너지 파랑작용 감소에 관한 연구는 물리적 과정을 이해하고 맹그로브 숲의 파랑에너지 감소를 대한 숲의 잠재력을 예측하기 위한 핵심 도구이다. 그 결과로 얻어진 지식은 해안지역의 바람과 파랑에 대한 효과적인 방패막이로 맹그로브 숲을 활용하는 데 실질적인 적용을 할 수 있다. 현장연구 및 실험실에서 수행된 연구와 다양한 수학적 모델을 사용하는 연구는 모두 똑같이 중요하다. 수학적 모델은 매개변수를 결정하거나 시뮬레이션하기 위해 현장 및 실험실 연구에서 얻은 데이터에 크게 의존한다. 이 동일한 데이터는 모델의 유효성을 검증하는 데 사용된다.

높은 에너지를 갖는 파랑작용을 감소시키는 맹그로브 숲의 잠재력에 대한 이해와 평가능력은 태국과 전 세계의 취약한 해안지역에서 효과적이고 장기적인 완충역할을 하는 맹그로브 숲을 보호, 보전 및 복원하기 위한 노력에서 가치가 있다.

참고문헌

1. Aksornkoae, S., 1999. Mangroves : Ecology and Management. Kasetsart University Press, Thailand, 278 pp. (in Thai).

2. Brickman, R.M., Massel, S.R., Ridd, P.V., Furukawa, K., 1997. Surface wave attenuation in mangrove forest. In : Proc. of the 13th Australasian Coastal and Ocean Engineering Conference, pp. 941–946.

3. Bunyavejchewin, S., Buasalee, R., 2011. Mangrove Forests : Ecology and Vegetations. Amarin Printing & Publishing, Thailand (in Thai).

4. Choeikiwong, U., 2012. Mangrove Forests. Saengdao Publishing, Thailand, 320 pp. (in Thai).

5. Christensen, S.M., Tarp, P., Hjortso, C.N., 2008. Mangrove forest management planning in coastal buffer and conservation zones, Vietnam : a multimethodological approach incorporating multiple stakeholders. Ocean Coast. Manag. 51, 712–726.

6. CONABIO (Comisión Nacional para el Conocimiento y Uso de la Biodiversidad), 2009. Manglares de México : extensión y distribucion. CONABIO, Mexico City.

7. Dalrymple, R.A., Kirby, J.T., Hwang, P.A., 1984. Wave diffraction due to areas of energy dissipation. J. Waterw. Port Coast. Ocean Eng. 110, 67–79.

8. de Vos, W.J., 2004. Wave attenuation in mangrove wetlands, Red River Delta, Vietnam. (M.Sc. Thesis) Delft University of Technology, Netherlands.

9. Dean, R.G., Dalrymple, R.A., 1991. Water Wave Mechanics for Engineers and Scientists. World Scientific, Singapore.

10. Department of Marine and Coastal Resources, Ministry of Natural Resources and Environment, Thailand, n.d. Mangroves Forests (pamphlet in Thai).

11. Dubi, A.M., Tørum, A., 1994. Wave damping by kelp vegetation. In : Proc. of the 24th International Conference on Coastal Engineering, pp. 142–156. FAO, 2007. The world's mangroves 1980-2005, FAO Forestry Paper 153. 77 pp.

12. Fatoyinbo, T.E., Simard, M., Washington-Allen, R.A., Shugart, H.H., 2008. Landscape-scale extent, height, biomass, and carbon estimation of Mozambique's mangrove forests with Landsat ETM＋ and Shuttle Radar Topography Mission elevation data. J. Geophys. Res.. 113 (G02S06)13 pp.

13. Feagin, R.A., M€oller, J.L.I., Williams, A.M., Colón-Rivera, R.J., Mousavi, M.E., 2011. Short communication : engineering properties of wetland plants with application to wave attenuation. Coast. Eng. 58, 251–255.

14. Fernando, H.J.S., Samarawickrama, S.P., Balasubramanian, S., Hettiarachchi, S.S.L., Voropayev, S.,

2008. Effects of porous barriers such as coral reefs on coastal wave propagation. J. Hydro Environ. Res. 1, 187–194.

15. Field, C., 1995. Journey Amongst Mangroves. International Society for Mangrove Ecosystem, Okinawa, Japan.

16. Furukawa, K., Wolanski, E., 1996. Sedimentation in mangrove forests. Mangrove Salt Marshes 1, 3–10.

17. Hadi, S., Latief, H., Muliddin, M., 2003. Analysis of surface wave attenuation in mangrove forests. In : Proceedings of ITB Engineering Science, Indonesia, pp. 89–108.

18. Hiraishi, T., Harada, K., 2003. Greenbelt tsunami prevention in South-Pacific region. Rep. Port Airport Res. Inst. 42 (2), 23 pp.

19. Kamphuis, J.W., 2001. Introduction to Coastal Engineering and Management. World Scientific, Singapore.

20. Kathiresan, K., Rajendran, N., 2005. Coastal mangrove forests mitigated tsunami. Estuar. Coast. Shelf Sci. 65, 601–606.

21. Kobayashi, N., Raichlen, A.W., Asano, T., 1993. Wave attenuation by vegetation. J. Waterw. Port Coast. Ocean Eng. 119, 30–48.

22. Massel, S.R., Furukawa, K., Brinkman, R.M., 1999. Surface wave propagation in mangrove forests. Fluid Dyn. Res. 24, 219–249.

23. Mazda, Y., Magi, M., Kogo, M., Hong, P.N., 1997. Mangroves as a coastal protection from waves in the Tong King Delta, Vietnam. Mangrove Salt Marches 1, 127–135.

24. Mazda, Y., Magi, M., Ikeda, Y., Kurokawa, T., Asano, T., 2006. Wave reduction in a mangrove forest dominated by Sonneratia sp. Wetl. Ecol. Manag. 14, 365–378.

25. Mclvor, A., Spencer, T., M€oller, I., Spalding, M., 2012. Storm surge reduction by mangroves, Natural Coastal Protection Series : Report 2, Cambridge Coastal Research Unit Working Paper 41, The Nature Conservancy and Wetlands International, 35 pp.

26. Möller, I., Mantilla-Contreras, J., Spencer, T., Hayes, A., 2011. Micro-tidal coastal reed beds : hydro morphological insights and observations on wave transformation from the southern Baltic Sea. Estuar. Coast. Shelf Sci. 92, 424–436.

27. Myrhaung, D., Holmedal, L.E., 2011. Drag force on a vegetation field due to long-crested and short crested nonlinear random waves. Coast. Eng. 58, 562–566.

28. Quartel, S., Kroon, A., Augustinus, P.G.E.F., Van Santen, P., Tri, N.H., 2007. Wave attenuation in coastal mangroves in the Red River Delta, Vietnam. J. Asian Earth Sci. 29, 567–584.

29. Rasmee, P., Rasmeemasmuang, T., 2013. Comparative evaluation of the protective and remedial

measures of coastal erosion problems in Samutprakan Province. In : Proc. of the 5th Conference of Water Resources Engineering, Chiang Rai, Thailand, (in Thai).

30. Rasmeemasmuang, T., 2014. Conceptual experiment of wave attenuation due to mangrove root systems (unpublished).

31. Robertson, A.I., 1992. In : Alongi, D.M. (Ed.), Tropical Mangrove Ecosystem. American Geophysical Union, Washington.

32. Saengsupavanich, C., 2013. Erosion protection options of a muddy coastline in Thailand : stakeholders' shared responsibilities. Ocean Coast. Manag. 83, 81–90.

33. Seto, S., Sasaki, J., Suzuki, T., Rasmeemasmuang, T., Sriariyawat, A., 2014. Status and measures against erosion of mangrove coast in the upper gulf of Thailand. J. JSCE, Ser. B2 (Coast. Eng.) 70 (2), I_1461–I_1465(in Japanese).

34. Shibayama, T., Matsumaru, R., Takagi, H., de Leon, M., Esteban, M., Mikami, T., Oyama, T., Nakamura, R., 2014. Field survey and analysis of storm surge caused by the 2013 Typhoon Yolanda (Haiyan). J. JSCE, Ser. B3 (Ocean Eng.) 70 (2), I_1212–I_1217(in Japanese).

35. Shuto, N., 1987. The effectiveness and limit of tsunami control forests. Coast. Eng. Jpn. 30, 143–153.

36. Spalding, M., Kainuma, M., Collins, L., 2010. World Atlas of Mangroves. A Collaborative Project of ITTO, ISME, FAO, UNEP-WCMC, UNESCO-MAB, UNU-INWEH and TNC. Earthscan, London, UK, 319 pp.

37. Suzuki, T., Zijlema, M., Burger, B., Meijer, M.C., Narayan, S., 2012. Wave dissipation by vegetation with layer schematization in SWAN. Coast. Eng. 59, 64–71.

38. Tanaka, N., Sasaki, Y., Mowjood, M.I.M., Jinadasa, K.S.B.N., 2007. Coastal vegetation structures and their functions in tsunami protection : experience of the recent Indian Ocean tsunami. Landsc. Ecol. Eng. 3, 33–45.

39. Tanaka, S., Istiyanto, D.C., Kuribayashi, D., 2010. Planning and Design of Tsunami-Mitigative Coastal Vegetation Belts, ICHARM Publication No. 18, Technical Note of PWRI, No. 4177.

40. Teh, S.Y., Koh, H.L., Liu, P.L.F., Ismail, A.I.M., Lee, H.L., 2009. Analytical and numerical simulation of tsunami mitigation by mangroves in Penang, Malaysia. J. Asian Earth Sci. 36, 38–46.

41. Thampanya, U., Vermaat, J.E., Sinsakul, S., Panapitukkul, N., 2006. Coastal erosion and mangrove progradation of Southern Thailand. Estuar. Coast. Shelf Sci. 68, 75–85.

42. Tuyen, N.B., Hung, H.V., 2009. An experimental study on wave reduction efficiency of mangrove forests. In : Proc. of the 5th International Conference on Asian and Pacific Coasts.

43. Wilkes, K., 2008. Mangrove Forest of Australia, Canberra, Australian Government, Bureau of Rural

Sciences.

44. Winterwerp, J.C., Van Kesteren, W.G.M., 2004. An Introduction to the Physical Processes of Cohesive Sediment in the Marine Environment. Elsevier, Amsterdam.

45. Winterwerp, J.C., Borst, W.G., De Vries, M.B., 2005. Pilot study on the erosion and rehabilitation of a mangrove mud coast. J. Coast. Res. 21, 223–230.

46. Yanagisawa, H., Koshimura, S., Goto, K., Miyagi, T., Imamura, F., Ruangrassamee, A., Tanavud, C., 2009. The reduction effects of mangrove forest on a tsunami based on field surveys at Pakarang Cape Thailand & numerical analysis. Estuar. Coast. Shelf Sci. 81, 601–606.

CHAPTER
25

대규모 연안재난에 대비한 다층방재 시스템의 비용 - 효율적인 설계

1. 서론

대규모 자연재난은 전 세계 여러 연안지역사회에 심각한 위협이 되고 있다. 2005년 허리케인 카트리나와 2011년 동일본 대지진해일과 같은 근래 사건들은 오랜 역사 동안 연안침수 피해 경험을 가진 지역들조차도 극심한 사회경제적 혼란을 겪을 수 있음을 입증했다. 재난이 잦은 지역의 안전을 확보하기 위해서는 침수 리스크 저감을 위한 투자가 필요하다. 이를 위해 자주 검토되는 대책은 예방이 실패하여 침수가 발생했을 때 감재 대책(減災對策)과 침수방지대책(浸水防止對策)을 결합시키는 것이다. 이것을 흔히 다층방재(多層防災)라고 불리는 개념이다.

'다층방재'라는 용어는 침수 리스크 관리 시 본질적인 일련의 조치에 대한 통합접근방식을 공식화하기 위해 네덜란드에서 처음 사용하였다. 일련의 조치는 다음과 같이 3가지 방재계층(防災階層)으로 분류한다(National Water Plan, the Netherlands, 2009). 계층 1은 제방강화(堤防強化) 및 수리하중저감(水理荷重低減)과 같은 조치를 통한 침수예방(浸水豫防)에 관한 사항이다. 계층 2는 침수방지 및 안전장소로의 건물이주와 같은 손실경감(損失輕減)을 위한 공간계획해결에 관한 것이다. 계층 3은 대피계획 및 조기 예·경보 시스템 구축과 같은 주로 인명손실 감소에 초점을 맞춘 조치를 통한 비상대처계획(EAP)을 다룬다. 2011년 지진해일 피해를 입은 일본 도호쿠(東北) 연안지역사회는 특징적인 다층방재 시스템을 갖추고 있다. 이 지역에서는 모든 방재계층을 대표하는 대책이 2011년 동일본 지진해일 이전에도 있었지만(그림 1 참조; 11장 및 29장 참조), 향후 유사한 해결책을 재시행할 계획에 있다. 이 지역의 방재대비를 강화하기 위해 유사한 해결책을 재실행하기 위한 건설공사가 현재 진행 중이다(29장; Jonkman 등, 2012). 동일개념이지만, '복수(複數)의 방어선(防禦線)'이라는 명칭으로 허리케인 카트리나(Hurricane Katrina) 이후의 뉴올리언스(New Orleans) 방호에서도 제안되었다(Lopez 등, 2008).

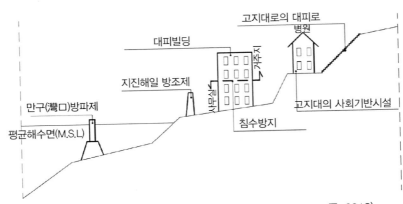

그림 1 일본 도호쿠의 표준적인 다층방재대책(Tsimopoulou 등, 2012)

이 장에서는 높은 재난 발생 가능성 지역의 다층방재 시스템에 대한 비용 효율적인 설계사양을 도출하기 위한 절차를 제시한다. 주요 목적은 비용편익분석(CBA, Cost-benefit Analysis)을 통해 서로 다른 방재계층을 대표하는 경제적으로 최적인 일련의 대책을 모색하는 방법에 대한 지침을 제공하는 것이다. 제안된 절차는 높은 리스크를 가진 지역의 개발 또는 파괴된 지역재건과 관련된 엔지니어, 방재실무자, 공간계획자 또는 의사결정자(재난담당공무원 등)를 돕기 위함이다. 이 방법을 어떻게 적용시킬지 나타내기 위해, 적용사례로써 2011년 지진해일로 큰 피해를 입은 일본 도호쿠(東北) 연안도시인 리쿠젠타카타(陸前高田)를 들어 설명하겠다.

비용편익관점을 이용한 설계접근법은 시스템의 경제적 리스크 감소에 초점을 맞춘다는 것을 의미한다. 이는 모든 보호대상인 자산(資産)과 인명(人命)을 경제적으로 표현하고, 설계는 구조물 수명(壽命) 동안 시스템 내 총비용을 최소화시킬 때 최적으로 간주한다는 것을 의미한다. 실제로 침수예방을 위한 투자를 할 때 개인적 리스크 및 사회적 리스크와 같이 인명 손실에 대한 별도의 리스크 지표를 정치적 의사결정으로 고려하는 경우가 많다는 점에 유의해야 한다(즉, Jongejan 등, 2010). 이런 의미에서 개인적 리스크는 주어진 장소에서 끊임없이 존재하는 한 사람의 사망확률이다. 한편, 사회적 리스크는 극한적인 사건으로 인해 많은 사람이 사망할 확률을 의미한다. 이러한 지표의 허용치는 주로 비용최적화 결과가 아닌 사회적 기준에 따라 달라지지만, 그 평가는 이 장(章)의 분석의 범위를 벗어난다.

자세한 비용편익분석(CBA)에는 이 연구에서 이용할 수 없는 많은 정보가 필요하다. 이러한 이유로 적용사례에서는 현실적인 가정에 기초하고 있음에도 불구하고 많은 단순화를 시켰다.

이 장은 다음과 같이 구성되어 있다. 제2절(節)의 선정된 사례연구는 2011년 3월 이전에 리쿠젠타카타(陸前高田)에 대한 설명과 실현 가능한 다층방재프로젝트에 대한 제안을 함께 소개한다. 제3절에서는 다층방재(多層防災)의 실현 가능성과 단층방재(單層防災)보다 경제적인 흥미를 끄는 사례에 대한 이해를 제공할 수 있는 최적화된 단순 시스템을 제시하였다. 제4절부터 제7절까지는 리쿠젠타카타에서의 완전한 CBA 실행 시 가능한 모든 데이터 고려사항과 가정을 제시하였다. 제8절에서는 CBA 결과를 요약한 다음, 9절과 10절에서는 각각 논의와 결론을 내렸다.

2. 사례연구설명

이와테현(岩手県) 리쿠젠타카타시(陸前高田市)는 산리쿠(三陸) 해안 남쪽에 히로타만(広田灣)의 케센강(気仙川) 입구에 입지하고 있다(그림 2). 2011년 3월 이전에는 고지대(언덕)에 둘러싸인 비교적 경사가 완만한 저지대(低地帶)인 마을을 확장시켰다. 특히 저지대의 계층 1 방재는 해안을 따라 T.P.(도쿄만(東京灣) 평균해수면)상 +6m 높이의 방조제(防潮堤), 케센강을 따라 축조된 하천제방 및 폭풍해일 가동수문(可動水門)으로 해안침수와 홍수를 방호하였다(그림 3). 게다가 계층 3의 대책인 조기 예·경보 시스템과 대피계획도 마련되어 있었다. 2011년 동일본 대지진해일 이전 리쿠젠타카타시의 총인구수는 약 24,700명이었다.

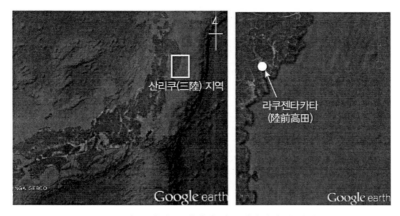

그림 2 일본 산리쿠 지역의 리쿠젠타카타의 위치

그림 3 2011년 이전 계층(階層) 1인 방재구조물의 위치를 나타내는 리쿠젠타카타

도호쿠 지역역사에는 몇 차례 지진해일이 기록되어 있다. 이들 중 상당수는 메이지－산리쿠(明治－三陸) 지진해일(1896년), 쇼와－산리쿠(昭和－三陸) 지진해일(1933년), 칠레 지진해일(1960년) 등과 같이 지역에 심각한 피해를 입힌 사건으로 알려져 있다. 도호쿠는 그러한 지진해일 사건을 다루는 데 상당히 오랜 경험이 있었기 때문에 연안재난에 대한 세계에서 가장 잘 대비된 지역 중 하나이었다. 그러나 2011년 이 지역은 초토화(焦土化)되었다. 즉, 리쿠젠타

카타(陸前高田)는 거의 완전히 파괴되었다. 사망자 수는 전체 인구수의 7.9%에 달했는데, 마을에 살았던 인구의 70%가 결국 침수지역 내에 있었다(Oyama, 2012).

리쿠젠타카타 시청은 산업 및 레크리에이션 목적으로 황폐한 지역개발을 위한 재건 프로젝트를 착수하였다(Kono 등, 2013). 이 프로젝트의 일환으로, 미래 지진해일 시 인명 및 재산피해를 줄일 수있는 인공언덕(Artificial Mound)을 건설하고 있다(그림 4 및 5). 이후 분석은 케센강(気仙川) 동쪽 둑 지역에 대한 가상적(假想的)인 재건프로젝트에 관한 분석으로, 이 장에서 제안된 방법론을 어떻게 적용할지 설명할 것이다(그림 6 참조). 이는 현재 진행 중인 재건계획과는 별개로, 이번 연구의 목적은 실제로 진행 중인 계획과는 분명히 다른 가장 비용효율적인 계획을 결정하는 것이다. 이번 연구에서 다루는 재건프로젝트는 목적상, 지방 관계 당국이 재난 전 체계와 유사한 배치(配置)를 유지하면서 파괴된 지역을 주거 및 농업목적으로 재개발하기를 원하는 것으로 가정한다. 미래 지진해일로부터 지역을 방호하기 위해 지방 관계 당국은 새로운 레벨의 안전성을 감안하면서 기존의 계층 1 대책을 재구축할 계획이다. 계층 1 대책의 재구축에도 불구하고 지방 관계 당국은 계층 2 대책인 인공언덕을 주거지역에 배치함으로써 주민들의 안전을 더욱 강화할 계획이다(그림 4). 2011년 재난 발생 이전에는 지진해일로 완전히 파괴된 방조제의 바다 쪽에 해안림(海岸林)이 있었다는 점에 주목할 필요가 있다. 이 연구는 해안림을 재조성할 가능성은 고려하지 않았다(그림 6).

그림 4 리쿠젠타카타에 새로 조성된 인공언덕으로 대피지역 역할을 함. 구조물의 높이는 2011년 지진해일 때 흔적고와 동일

그림 5 산에서 인공언덕으로 모래와 자갈을 운반하기 위해 리쿠젠타카타에 설치된 컨베이어 벨트

그림 6 이 장 분석 시 사용될 가상적 재건배치(再建配置) 지역계획

    지진해일 발생 후 사례 연구된 마을의 상황을 보면, 리쿠젠타카타를 처음부터 재건할 필요가 있는 것이 분명하다. CBA(Cost-benefit Analysis, 비용편익분석)는, 1) 프로젝트 수명 기간 동안 시스템의 전체적인 효용을 극대화하기 위해 각 대책 유형에 투자해야 할 금액을 표시

하고, 2) 지정된 해결책을 제공할 수 없거나 만족스러운 레벨의 안전성 제공하지 못하는 경우 대체해결책(代替解決策)을 제안함으로써 재건 프로젝트를 촉진할 수 있다. 다음에 제시된 분석은 첫 번째 질문에 초점을 맞춘다. 이런 의미에서 네덜란드와 같은 다른 나라의 주요 제방 시스템에 대한 안전기준(安全基準)도 이 질문에 기초하여 도출되었다는 점에 주목할 필요가 있다(Van Dantzig, 1956). 의사결정 문제는 다음과 같이 표현할 수 있다. "프로젝트 수명(壽命) 기간 동안 시스템의 총비용을 최소화하는 방재 계층 1과 2의 투자조합을 파악한다."

3. 비용 편익 관점에서의 다층방재

이 절에서는 방조제와 인공 언덕을 갖는 다층방재 시스템의 경제적인 최적 설계사양을 결정하기 위한 분석적 접근법을 제시한다. 그 결과에 근거하여 비용 편익 관점에서 다층방재를 단층방재보다 선호하는 조건을 유도한다. 분석 시 그 배치는 리쿠젠타카타 케이스의 단순 버전인 가상 시스템을 의미하며 그림 7에 나타내었다.

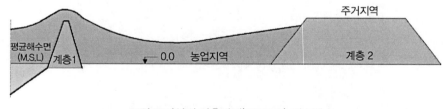

그림 7 가상적 다층방재(多層防災) 시스템

이 분석은 여러 단순화시킨 가정을 포함한다. 이런 단순화는 실제 시스템에 비해 정확도가 떨어지는 결과를 발생할 수 있지만 다층방재 시스템 설계와 관련된 당사자에게는 실질적인 이해를 제공 및 응용할 수 있는 직접적인 경험법칙을 제공할 수 있다. 그 가정은 다음과 같다.

1. 프로젝트와 관련된 예산 또는 안전제약(安全制約)은 없다.
2. 프로젝트의 수명(壽命)은 무한하다.
3. 프로젝트의 수명 동안 유지보수가 필요 없다.

4. 침수에 대비한 안전 이외에 프로젝트는 다른 추가적인 편익은 없다.

5. 설계하중의 확률과는 별개로 시간에 따른 불확실성은 없다.

6. 계층 1과 계층 2의 가능한 파괴 메커니즘은 월파(越波)와 그에 따른 구조적 파괴이다.

7. 방조제를 월파(越波)하면, 농업지역에서 100% 손실이 발생한다.

8. 인공 언덕을 월파하면, 주거지역에서 100% 손실이 발생한다.

9. 방호지역(防護地域)은 평지(平地)며, 지반고(地盤高)[1]는 0이다.

10. 방조제 전면(前面) 수위는 지수확률분포(指數確率分布)[2]를 따른다.

11. 만약 방조제를 월파하면, 농업지역의 흔적고(痕迹高)는 방조제 전면 수위와 같다. 이것은 흔적고의 수위와 동일지수분포(同一指數分布)로 표현할 수 있다는 것을 의미한다.

12. 수위는 방조제 전면에서 정의되며 방조제나 인공언덕 존재로 인해 변하지 않는다.

비용 편익 관점의 최적조건(最適條件)은 시스템 전체 수명 기간에 걸친 총 비용을 가능한 최소화시키는 것을 의미한다. 이것은 수명 기간 동안 투자비와 전체 기간 동안 시스템의 예상손실 합계로 구성된다(Van Dantzig, 1956).

$$TC_{MLS} = I_1 + I_2 + PV(L_A + L_M + L_H) \tag{1}$$

여기서 I_1은 계층 1의 투자비(mu(Monetary Unit, 화폐단위)), I_2은 계층 2의 투자비(mu), PV는 현재가치 연산자(演算子), L_A는 연간총예상농업손실(mu), L_M은 주거지역 내 건물의 연간예상손실(mu) 및 L_H는 주거지역 내 연간예상인명손실(mu)이다.

방조제와 인공 언덕의 파괴확률은 방조제와 인공 언덕의 마루높이에 대한 월파확률로 방조제 전면 수위 및 흔적고의 누적확률분포함수로 각각 결정된다. 수위 및 흔적고가 지수분

---

1   지반고(地盤高, Ground Height, Ground Elevation) : 토지의 표고로서, 평균해수면 등의 기준면으로부터 그 지점까지의 수직거리를 말한다.

2   지수확률분포(指數確率分布, Exponential Probability Distribution) : 확률분포의 하나로 $f(x) = \frac{1}{c} e^{-x/c}$ 확률밀도를 가지며 지수분포의 평균은 c이고 분산은 c^2으로 어떤 사건이 시간이 지날수록 확률이 점점 작아지는 경우에 사용하는 분포를 말한다.

포(指數分布)를 따른다는 점을 고려할 때, 두 구조물의 투자비는 파괴확률의 대수함수(對數函數)로 나타낼 수 있다. 투자비를 파괴확률함수로 모델링하는 것은 Voortman(2003)이 상세하게 제시한 방법이다. 이 방법은 다른 파괴 메커니즘에 대한 대책비용 및 방조제 부분의 파괴확률을 감소시키는 정도를 다음과 같이 명시적으로 고려한다.

$$I_1 = -a_1 \ln P_1 + b_1 \tag{2}$$

$$I_2 = -a_2 \ln P_2 + b_2 \tag{3}$$

여기서 P_1, P_2는 각각 방조제 및 인공 언덕의 연간파괴확률(연수(年數)$^{-1}$)이다. 매개변수 a_1, a_2는 파괴확률의 한계감소(限界減少)에 대한 투자비용의 주변변동(Marginal Variation)을 나타내며, 양(陽)으로 정의한다. 매개변수 b_1, b_2는 파괴확률이 1일 때 I_1, I_2의 값을 나타내므로 물리적 의미는 없다. 단순대수적(單純對數的) 추론(推論)을 따를 때 매개변수 b_1, b_2은 항상 음(陰)이다.

예상된 손실의 현재가치(現在價値)는 다음과 같이 나타낼 수 있다.

$$PV(L_A + L_M + L_H) = \sum_{i=1}^{t} \frac{L_{A.i} + L_{M.i} + L_{H.i}}{(1+r)^i} \tag{4}$$

여기서 t은 구조물수명(構造物壽命)(연수), $L_{A.i}$는 i년 때 농업에서의 예상손실(mu), $L_{M.i}$는 i년 때 주거지역의 예상재산손실(mu), $L_{H.i}$는 i년 때 주거지역의 예상인명손실(mu) 및 r는 할인율(割引率)이다. 무한수명(無限壽命)으로 경제가치보호(經濟價値保護)가 시간에 따라 일정하다고 하면, 식 (4)은 다음과 같다.

$$PV(L_A + L_M + L_H) = (L_{A.i} + L_{M.i} + L_{H.i}) \sum_{i=1}^{t} \frac{1}{(1+r)^i} \lim_{t \to \infty} \left(\sum_{i=1}^{t} \frac{1}{(1+r)^i} \right) = \frac{1}{r}$$

$$\Rightarrow PV(L_A + L_M + L_H) = \frac{L_{A.i} + L_{M.i} + L_{H.i}}{r} \tag{5}$$

i년 때 농업지역, 주거지역 및 인명의 예상손실은 각각 다음 식으로부터 계산할 수 있다.

$$L_{A.i} = \int_{h1} p_h\, V_A\,(h)\,dh \tag{6}$$

$$L_{M.i} = \int_{h2} p_{h_*}\, V_M\,(h_*)\,dh_* \tag{7}$$

$$L_{H.i} = \int_{h2} p_{h_*}\, V_H\,(h_*)\,dh_* \tag{8}$$

여기서 h은 계층 1 대책을 갖는 지역의 정면수위(正面水位)(m), h_1는 계층 1 방재구조물의 마루높이(Crest Level)(m), p_h는 히로타만(広田灣) 지진해일 수위의 연간 확률밀도함수(년(年)$^{-1}$), V_A은 수위 h함수로서의 농업손실(mu), h_*는 방호지역(防護地域)의 침수심(m), h_2는 인공언덕고(The height of the Mound)(m), p_{h_*}는 방호지역 흔적고의 연간확률밀도함수, V_M은 h_*의 함수로써 주거지역에서의 재산손실(mu) 및 V_H는 h_*의 함수로서 주거지역에서의 인명손실(mu)을 나타낸다.

방조제와 인공 언덕에 대한 월파는 각각의 방호지역에서 100% 손실을 일으킨다고 가정하기 때문에 식 (6), (7) 및 (8)은 다음과 같이 변환시킨다.

$$L_{A.i} = P_1\, V_{A.0} \tag{9}$$

$$L_{M.i} = P_2\, V_{M.0} \tag{10}$$

$$L_{H.i} = P_2\, V_{H.0} \tag{11}$$

여기서 $V_{A.0}$는 총농업손실(mu), $V_{M.0}$은 주거 지역에서의 총재산손실(mu) 및 $V_{H.0}$은 주거 지역에서의 총인명손실(mu)이다.

위의 방정식을 사용하면 수명 기간 동안 시스템의 총비용은 계층 1과 2의 파괴확률함수로 나타낸다.

$$TC_{MLS} = -a_1 \ln P_1 + b_1 - a_2 \ln P_2 + b_2 + P_1 \frac{V_{A.0}}{r} + P_2 \frac{V_{M.0} + V_{H.0}}{r} \tag{12}$$

총비용함수를 최소화하는 파괴확률 P_1과 P_2은 2차도함수(2次導函數)를 통해 유도할 수 있다(Stewart, 2008). 먼저 비용함수의 임계점(臨界点) $(P_{1.cr}, P_{2.cr})$을 찾아야 한다. 임계점은 다음 조건을 만족한다.

$$\left.\begin{array}{l} \dfrac{\partial TC_{MLS}}{\partial P_1} = 0 \\[3mm] \dfrac{\partial TC_{MLS}}{\partial P_2} = 0 \end{array}\right\} \Rightarrow (P_1, P_2) = (P_{1.cr}, P_{2.cr}) \tag{13}$$

총비용 함수를 최소화하기 위해, 즉 최적의 설계해(設計解)$(P_{1.MLS*}, P_{2.MLS*})$이 되기 위해서는 다음과 같은 조건을 만족해야 한다.

$$\left.\begin{array}{l} \dfrac{\partial^2 TC_{MLS}}{\partial P_1^2}(P_{1.cr}, P_{2.cr}) > 0 \\[3mm] \dfrac{\partial^2 TC_{MLS}}{\partial P_2^2}(P_{1.cr}, P_{2.cr}) > 0 \\[3mm] \dfrac{\partial^2 TC_{MLS}}{\partial P_1^2}(P_{1.cr}, P_{2.cr}) \cdot \dfrac{\partial^2 TC_{MLS}}{\partial P_2^2}(P_{1.cr}, P_{2.cr}) - \dfrac{\partial^2 TC_{MLS}}{\partial P_1 \partial P_2}(P_{1.cr}, P_{2.cr}) > 0 \end{array}\right\}$$

$$\Rightarrow (P_{1.cr}, P_{2.cr}) = (P_{1.MLS*}, P_{2.MLS*}) \tag{14}$$

식 (13)을 풀면, 조건 (14)를 만족시키는 단 하나의 임계점만이 존재한다는 것이 증명된다.

$$(P_{1.MLS*}, P_{2.MLS*}) = \left(\frac{a_1 r}{V_{A.0}}, \ \frac{a_2 r}{V_{M.0} + V_{H.0}} \right) \tag{15}$$

이 점이 최적해(最適解)가 되려면 일련의 경계조건을 만족할 필요가 있다. 특히 최적파괴확률을 위한 유도치(誘導値)는 0과 1 사이여야 한다. 더욱이 인공 언덕 파괴확률은 방조제의 파괴확률보다 낮게 유지할 필요가 있다. 이것은 방조제가 파괴되어 농경지가 침수될 경우 주거지역의 침수확률은 1보다 낮아지게 된다. 식 (15)의 최적해(最適解)가 이 요구조건에 만족하도록 대입하면 경계조건은 다음과 같이 표현된다.

$$0 < \frac{a_2}{V_{M.0} + V_{H.0}} < \frac{a_1}{V_{A.0}} < 1 \tag{16}$$

관계식 (16)을 만족하지 못한 경우, 즉 단지 한 계층에만 투자할 가능성을 포함하여 서로 다른 일련의 대책을 갖는 해(解)를 고려하여야 한다. 식 (16)을 만족시키는 경우, 다층방재해(多層防災解)는 계층 1만 있는 단층방재(單層防災)보다 비용편익 관점에서 더 선호(選好)하는지 여부를 검사할 수 있다. 이것은 다음 조건을 만족할 때 적용시킨다.

$$TC_{MLS*} < TC_{SLS*} \tag{17}$$

여기서, TC_{MLS*}는 최적다층방재해(最適多層防災解)의 총비용(mu)이고 TC_{SLS*}는 최적단층방재해(最適單層防災解)의 총비용(mu)이다.

이러한 비교를 위해서는 최적단층방재해가 먼저 도출되어야 한다. 인공 언덕을 생략하면 총비용함수는 다음과 같다.

$$TC_{SLS} = -a_1 \ln P_1 + P_1 \frac{V_{A.0} + V_{M.0} + V_{H.0}}{r} \tag{18}$$

이 경우, 방조제($P_{1.SLS*}$)에 대한 최적파괴확률은 P_1에 대한 식 (18)의 1차 편도함수(偏導函數)가 0이 되는 것이다.

$$\frac{\partial TC_{SLS}}{\partial P_1}(P_{1.SLS*}) = 0 \Rightarrow P_{1.SLS*} = \frac{a_1 r}{V_{A.0} + V_{M.0} + V_{H.0}} \tag{19}$$

단층방재 및 다층방재 시스템의 최적파괴확률을 해당비용함수에 대입하면 식 (17)은 다음과 같이 변환된다.

$$\frac{V_{A.0} + V_{M.0} + V_{H.0}}{V_{A.0}} > e^{\frac{a_2 + I_{2*}}{a_1}}$$

(20)

여기서 I_{2*} 다층방재해인 계층 2에서의 최적투자이다.

조건식 (20)은 단층방재에 대한 다층방재의 경제적 선호는 각 계층에 의해 보호되는 경제적 가치, 각 계층의 한계비용(Marginal Cost)[3] 및 계층 2의 고정비용(Fixed Cost)[4] 사이의 관계에 달려 있다는 것을 나타낸다.

한계비용은 수위(水位)의 확률밀도함수와 상관관계가 있으며 위 조건에 수리하중(水理荷重)의 빈도가 영향을 미친다는 것을 의미한다. 일반적으로 단층으로 방호되는 경제적 가치보다 다층으로 방호되는 경제적 가치의 비율(比率)이 높을수록, 그리고 계층 2에 대한 계층 1의 한계비용 비율이 높을수록 비용 편익 관점에서 다층방재를 선호할 가능성이 높다. 이 규칙은 식 (20)보다 직설적(直說的)인 식인 (16)을 통해 쉽게 기억할 수 있다. 특히 식 (16)의 충족은 선택된 다층방재 배치가 실현 가능하다는 것을 나타낸다. 경제적 가치에 대한 한계비용 비율의 차이가 클수록 다층방재가 단층방재보다 경제적으로 바람직하다.

검토 중인 프로젝트는 순현재가치(Net Present Value)[5]가 양(陽)일 때, 즉 편익이 비용보다 높을 때에만 경제적으로 타당하다는 점에 유의해야 한다. 상기 제시된 프로젝트인 경우, 시스템이 제공하는 침수 리스크 저감은 총투자비용보다 높다는 것을 의미한다.

리쿠젠타카타(陸前高田)에 대한 최적다층방재설계를 결정하기 위해 위에 제시된 CBA(Cost-enefit Analysis, 費用便益分析)는 분석근거가 된 가정과 고려사항의 적절한 변환시켜 수정할 필요가 있다. 총비용은 식 (1)에 의해 여전히 표현될 수 있지만, 투자비용과 손실함수는 현장특유의 여건에 따라 변환된다. 위에서 제시된 분석과 비교하여 가정(假定) 1~6은 동일하게 유지되지만 가정 7~11은 완화된다. 관련된 데이터의 고려사항은 다음 절에서 설명한다.

---

3   한계비용(限界費用, Marginal Cost) : 재화나 서비스 한 단위를 추가로 생산할 때 필요한 총비용의 증가분을 말한다.

4   고정비용(固定費用, Fixed Cost) : 연간 이용 시간에 관계없이 고정적으로 발생되는 비용으로 감가상각비, 투자비의 이자, 보험료, 세금 등이 포함된다.

5   순현재가치(純現在價値, Net Present Value) : 어떤 사업의 가치를 나타내는 척도 중의 하나로 최초 투자시기부터 사업이 끝나는 시기까지의 연도별 순편익(純便益)의 흐름을 각각 현재 가치로 환산한 것으로, 즉 순현재가치란 편익과 비용을 할인율에 따라 현재 가치로 환산하고 편익의 현재가치에서 비용의 현재가치를 뺀 값을 말하며, 그 순현재가치가 0보다 크면 일단 그 대안(사업)은 채택 가능한 것으로 판단해볼 수 있다.

4. 지반고

인공언덕 조성을 위한 가능한 침수심과 성토량(盛土量)을 파악하기 위해서는 연구지역의 지반고(地盤高)에 대한 정보가 필요하다. 이 정보는 온라인에서 구할 수 있는 과거 3 번의 주요 지진해일 정보(이와테현(岩手県), 2003)를 사용하여 개발된 지진해일 침수지도로부터 구하였다. 이 지도에서 동일 침수심으로 표시된 지역은 CBA(비용편익분석)에서 일정한 지반고를 가진 것으로 간주한다.

이 지도를 바탕으로 다음과 같은 조사지역의 근사단면(近似斷面)을 전개하였다. 단면은 농업 및 주거지역을 모두 가리킨다(그림 8).

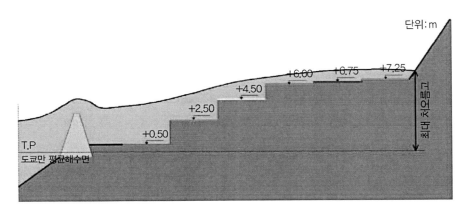

그림 8 조사지역의 단면

5. 투자비용 함수

계층 1 대책에 대한 투자비용은 다음과 같이 나타낼 수 있다.

$$I_1 = I_s + I_{RL} + I_{SSG} \tag{21}$$

여기서, I_s는 방조제의 투자비용(백만 엔(¥), 또는 M¥), I_{RL}은 하천제방의 투자비용(백만 엔(¥), 또는 M¥), 및 I_{SSG}는 폭풍해일 수문(또한 지진해일 방조문(防潮門) 역할)(백만 엔(¥),

또는 M¥)(그림 3 참조)이다.

방조제 및 하천제방은 동일설계(同一設計)로 미터(m)당 투자비용이 같다고 가정할 때, 이들의 공동비용은 과거 이와테현 방조제 개량공사(改良工事)를 바탕으로 한 마루높이 함수로 나타낼 수 있다(Kono 등, 2013).

$$I_S + I_{RL} = 7,100 \, (l_S + l_{RL}) \, e^{0.56h_1} \tag{22}$$

여기서 l_S은 방조제 길이(m)이고 l_{RL}은 하천제방길이(m)이다. 이 두 구조물 길이의 합은 3,936m와 같다.

폭풍해일 수문과 관련하여, 단가(單價)는 네덜란드와 뉴올리언스의 폭풍해일수문 비용을 비교하기로 한다. 새로운 폭풍해일 수문이 수직 리프트 게이트(Lifting Gate)를 가진다고 가정하면, 그 가격은 네덜란드의 하텔(Hartel)과 미국 뉴올리언스의 시브룩(Seabrook) 폭풍해일 수문과 같은 차원(次元), 즉 단위폭당 0.8백만 유로(M€)/m(10.4억 원, 2019년 6월 환율기준)의 차원이 된다(Jongkman 등, 2013). 이것은 112.4백만 엔(M¥)/m(12.2억 원/m, 2019년 6월 환율기준)에 해당한다. 폭풍해일 수문간격은 42m이며, 따라서 총비용은 4,722백만 엔(M¥)(512.9억 원, 2019년 6월 환율기준)이다.

계층 2인 경우 인공 언덕의 투자비용은 다음과 같이 높이 함수로 나타낼 수 있다.

$$I_2 = C_2 \left(\sum_{j=1}^{n} A_j \cdot h_{2j} \right) \tag{23}$$

여기서, n은 동일지반고(同一地盤高)를 갖는 지표면 수, C_2은 인공 언덕 조성단가(백만 엔(M¥)/m³), A_j는 j번째 지표면의 면적(m²) 및 $h_{2 \cdot j}$는 j번째 지표면 위 인공 언덕고(m)이다. 인공언덕 형상을 나타내는 식 (8)의 매개변수를 그림 9에 나타내었다. 침수지도에서 구한 동일지반고를 갖는 지표면의 지역과 그 면적값을 표 1에 제시하였다. 인공 언덕 조성단가는 2011년 파괴된 도호쿠의 이와누마시(岩沼市)에 조성된 지진해일대비 인공 언덕의 총비용을 기준으로 대략 산정했다. 아시아 원 뉴스(Asia One News)(2013년 6월)에서 게재(揭載)되었듯이, 인공 언덕의 조성단가는 1,680엔(¥)/m³(18,000원/m³, 2019년 6월 환율기준) 또는 12유로(€)/m³(15,600원/m³, 2019년 6월 환율기준)에 해당한다. 이 단가는 네덜란드 인공언덕 조성단가와 비교하면 2배나 높지만 규모는 동일차원(同一次元)으로 볼 수 있다. 무시할 수 없는 중요한 사항은 2011년 동일본 대지진해일 표류물(漂流物) 잔재(殘滓)를 이용하여 조성된 이와누마 인공언덕은 뚜렷한 침하(沈下)가 발생할 수 있다는 점이다. 그러므로 표류물 잔재는 인공언덕 조성에 이상적인 재료는 아니지만 다른 곳에서 재료를 수입하는 것보다 매우 저렴하다. 이를 감안한다면 주거지역에 사용될 인공언덕 조성단가는 아마도 위의 산정치보다 높을 것이다. 상세한 정보가 부족할 경우, 인공 언덕 조성단가는 1,680엔(¥)/m³(18,000원/m³, 2019년 6월 환율기준)로 잡는다.

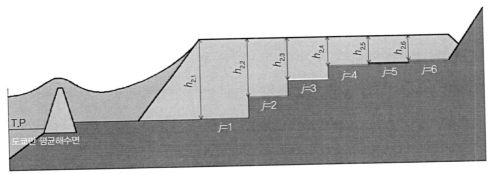

그림 9 인공언덕의 기하학적 형상

표 1 동일지반고를 가진 면적

j	농업지역(m²)	주거지역(m²)
1	13,403	4,895
2	106,816	39,014
3	276,481	100,983
4	298,211	108,920
5	143,589	52,445
6	13,785	585,386
합계	852,286	891,644

6. 지진해일 수위빈도(水位頻度)

만내(灣內) 고수위(高水位)는 태풍, 지진해일 또는 일반폭풍과 같은 여러 원인으로 유발(誘發)될 수 있지만, 현 분석에서는 지진해일에 의해 유발된 수위만을 고려하였다. 히로타만(広田灣) 지진해일 수위빈도(水位頻度)는 역사적 지진해일 기록에 근거하여 예측할 수 있다. 일본의 과거 광범위한 지진해일 사건의 기록은 2013년 일본 도호쿠대학(東北大學)에서 개발한 온라인 지진해일 추적 데이터베이스에서 구할 수 있으며, 약 400년(1611~2014년) 간의 기록을 보유하고 있다. 대부분의 지진해일에 대해 제공되는 가장 일반적인 정보는 해안가의 지진해일 흔적고이다. 이 정보의 정확도는 가변적(可變的)이지만, 데이터베이스에 포함된 모든 데이터는 현재 분석의 목적에 따라 동일하게 신뢰할 수 있는 것으로 간주한다. 또한 하천제방 전면수위(前面水位)는 데이터베이스에 표시된 지진해일 흔적고와 같다고 여긴다.

히로타만인 경우는 단지 4건의 지진해일 정보만 있어 통계분석(統計分析) 수행 시 불충분한 기록으로 간주할 수 있다. 이 때문에 총 22개 사건으로 구성된 이와테현에서 발생한 모든 지진해일 침수기록에 대한 통계분석을 실시하였다. 2011년 지진해일 동안 리쿠젠타카타시가 가장 높은 지진해일 흔적고를 기록한 지역 중 하나였던 것을 고려하면, 이 지역은 과거 지진해일 사건에서도 비교적 높은 침수를 경험하였다고 볼 수 있다. 보다 정확한 정보가 없다는 점을 감안할 때, 이전 모든 지진해일 사건에 대한 리쿠젠타카타의 지진해일 수위는 전체 이와테현 해안을 따라 기록된 가장 최고치에 가까운 값으로 간주한다. 따라서 특히, 히로타만에 영향을 끼쳤는지 알 수 없는 이전 모든 지진해일에 대한 최고 기록고(記錄高)의 80%에 해당하는 수위를 선택하였다. 해안의 기하학적 형상을 고려한 과거 지진해일의 수리모형실험 및 수치모형실험(수치시뮬레이션)을 통해 이 가정이 실제에 가까운지 아닌지를 확인할 수 있다. 이 분석에 사용된 데이터 세트를 표 2에 제시하였다.

수위통계(水位統計)는 이용 가능한 데이터의 기간에 의해 크게 영향을 받는다는 점에 유의해야 한다. 예를 들어, 가장 극한사건(極限事件)에 대해서는(1896년 메이지−산리쿠(明治−三陸) 지진해일), 그것을 발생시킨 수위가 400년 동안에 한 번 발생했기 때문에, 연간확률(年間確率)은 1/400이라고 가정한다. 이는 보수적인 고려사항일 수 있지만 더 오랜 기간의 데이터를 사용 가능할 경우에만 정확성은 개선될 수 있다. 또 다른 파생통계(派生統計)를 검증하는 방법은 일본 연안의 지진해일 발생 및 전파 메커니즘에 대한 확률론적 분석을 수행하는

연도	지진해일 이름	수위(m)
1611	게이코 산리쿠(慶長三陸)	16.80
1677	엠포 산리쿠(延宝三陸)	4.80
1700	젠로쿠(元禄)	2.64
1793	간세이 산리쿠(寛政三陸)	7.20
1843	텐포 네무로오키(天保根室沖)	2.00
1856	안세이 산리쿠(安政三陸)	4.80
1877	칠레(Chilean)	2.40
1894	네무로(根室) 남서쪽 해안 먼 바다	1.60
1896	메이지 산리쿠(明治三陸)	31.20
1933	쇼와 산리쿠(昭和三陸)	24.80
1946	알류샨(Aleutian)	0.72
1952	토카치 오키(十勝沖)	2.80
1952	캄차카(Kamchatka)	2.40
1960	칠레(Chilean)	6.48
1968	토카치 오키(十勝沖)	6.96
1978	미야기현(宮城県) 먼바다	3.36
1993	홋카이도오(北海道) 남서쪽 먼바다	0.67
1994	홋카이도오(北海道) 동쪽 해안 먼바다	4.12
2003	토카치 오키(十勝沖)	0.96
2006	키리시마(霧島) 먼바다 지진	0.70
2007	키리시마(霧島) 먼바다 지진	0.34
2011	도호쿠(東北) 지진해일(동일본 대지진해일)	18.64

것이며, 궁극적으로는 지진해일 수위 빈도를 산출하는 것이다.

지진해일의 확률론적 분석에 대한 일부 연구는 상습적인 지진해일 발생지역의 연안개발 프로젝트를 크게 촉진할 수 있지만 이 장의 범위에서는 벗어난다.

Kolmogorov-Smirnov 실험을 실시하면, 수위의 연간확률은 극치분포(極値分布)[6]에 잘 들어맞는 것으로 입증되었다. 데이터 세트는 다음과 같은 확률밀도함수(確率密度函數)[7]인 웨이블

---

6 극치분포(極値分布, Extremal Distribution, Extreme Value Distribution) : 극치계열, 즉 최대치나 최소치로 이루어진 분포를 말하며, 파랑자료나 수문자료 등의 분석에 이용하며, 극치분포에는 Gumbel 분포, Log-Gumbel 분포(또는 Frechet 분포), Weibull 분포 등 여러 종류가 있으며, 분석되는 자료에 따라 각각 다른 분포를 사용한다.

7 확률밀도함수(確率密度函數, Probability Density Function) : 확률 공간상의 확률 매개변수 x 의 분포 함수 $F(x)$ 가 어떤

(Weibull) 분포에 가장 적합하다.

$$p_h = 0.343\left(\frac{h-0.336}{2.321}\right)^{-0.204} \exp\left[-\left(\frac{h-0.336}{2.321}\right)^{0.796}\right] \tag{24}$$

상기 함수에 맞는 데이터의 적합성을 보면(그림 10) 저빈도(低頻度) 수위는 곡선에 잘 맞지만 고빈도(高頻度)사건에는 부적합함을 알 수 있다. 특히 웨이블(Weibull) 분포는 과거 데이터와 비교하여 보수적인 값을 갖는다. 그럼에도 불구하고 때때로 그 지역에 영향을 미치는 태풍으로 인한 폭풍해일을 조석변동(潮汐變化)과 함께 포함시키면 이러한 적합성을 개선시킬 수 있다. 저자들이 도호쿠 지역의 태풍 수위 데이터를 이용할 수 없지만 1965~2013년까지의 연간 조석 변동은 리쿠젠타카타 북쪽에 위치한 오후나토만(大船渡灣)에서 확인할 수 있었다(일본해양데이터센터, JODC, Japan Oceanographic Data Center, 2014년 7월부터 이용 가능). 이 데이터는 매년 +2.5m 이상의 수위가 발생한다는 것을 나타내었다. 따라서 만약 유사한 데이터를 리쿠젠타카타인 경우에 사용한다면 다음과 같이 그래프의 적합성은 향상될 것으로 예상된다. 어떤 경우이든 이 연구의 최종결과에 대한 데이터 관련 불확실성의 영향은

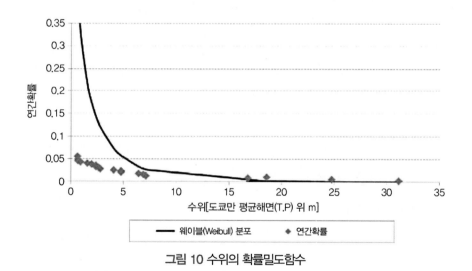

그림 10 수위의 확률밀도함수

함수 $f(x) \geq 0$에 대하여 $F(x) = \int_{-\infty}^{x} f(t)dt$ 로 쓰일 수 있을 때, 함수 f를 확률 매개변수 x의 확률밀도 함수라고 한다.

민감도분석(敏感度分析)[8]을 통해 확인할 수 있으며, 부정확성을 다루는 적절한 방법은 관련 의사결정 기관과 협력하여 결정할 수 있다.

주어진 수위의 연간초과확률(年間超過確率)[9]은 다음과 같이 결정할 수 있다.

$$P(h > h_0) = 1 - P_h \tag{25}$$

여기서, P_h은 수위의 연간누적밀도함수(年間累積密度函數)로 다음 식과 같이 나타낼 수 있다.

$$P_h = 1 - \exp\left[-\left(\frac{h - 0.336}{2.321}\right)^{0.796}\right] \tag{26}$$

식 (26)을 식 (25)에 대입하면, 수위의 연간초과확률은 그림 11에 제시된 것처럼 수위의 함수로 표현할 수 있다.

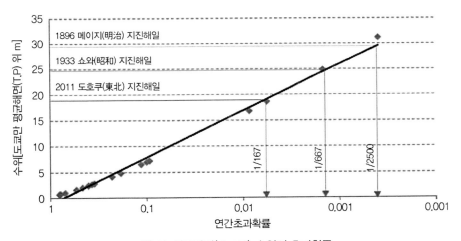

그림 11 히로타만(広田湾) 수위의 초과확률

8   민감도 분석(敏感度 分析, Sensitivity Analysis) : 한 모형에서 매개변수(Parameter)가 불확실할 때, 이 매개변수가 취할 수 있는 가능한 값들을 모두 대입해 매개변수의 변화에 따라 결과가 어떻게 되는가를 분석하는 것을 말한다.

9   초과 확률(超過確率, Exceedance Probability) : 확률매개변수가 특정한 값 이상을 갖는 사상(事象)이 발생할 확률을 말한다.

CHAPTER 25 대규모 연안재난에 대비한 다층방재 시스템의 비용 - 효율적인 설계   609

계층 1의 방재구조물(防災構造物) 인근 흔적고는 그것들의 전면수위(前面水位)와 동일할 것으로 가정한다. 이것은 계층 1인 방재구조물의 월파(越波)를 고려할 때, 균일한 지반고를 갖는 임의표면 j의 침수심(沈水深)은 지반고(地盤高)에 의해 감소된 수위와 동일함을 의미한다.

$$h_{*j} = h - a_j \tag{27}$$

침수심빈도(沈水深頻度)는 수위와 동일한 분포를 따라야 하지만, 계층 1층의 방재구조물 마루높이에 대한 의존성도 고려해야 한다. 특히, 지역 j 지표면 바로 위 침수심의 확률밀도함수는 다음과 같다.

$$p_{h*\cdot j} = \begin{cases} 0, & h \le h_1 \\ 0.343 \left(\dfrac{h_{*,\,j} - 0.336}{2.321} \right)^{-0.204} \exp \left[- \left(\dfrac{h_{*,\,j} - 0.336}{2.321} \right)^{0.796} \right], & h > h_1 \end{cases} \tag{28}$$

7. 손실함수

방호지역(防護地域)에서의 예상손실을 결정하기 위해서는 침수심(浸水深)과 인명·재산손실도(人命·財産損失度) 사이의 관계를 알 필요가 있다. 주거지역과 관련하여 이전(以前)의 리쿠젠타카타 비용편익분석에 대한 고려사항을 사용한다(Kono 등, 2013). 특히 침수를 일으키는 모든 사건인 경우의 인명손실(人命損失)에 대해서는 인명손실은 다음 함수에 따라 최대치에 도달하는 것으로 여긴다.

$$V_H = \begin{cases} 0, & h_*' = 0 \\ F_D \cdot N_h \cdot V_h, & h_*' > 0 \end{cases} \tag{29}$$

여기서, h_*'는 인공 언덕 바로 위의 침수심(m), F_D는 사망률(死亡率)(-), N_h는 인구수(人口數)(−) 및 V_h는 인명(人命)의 경제적 가치(價値)(백만 엔(M¥))이다. 인공 언덕 바로 위의 침수심은 인공 언덕 마루높이에 의해 감소된 흔적고와 같다(그림 12 참조).

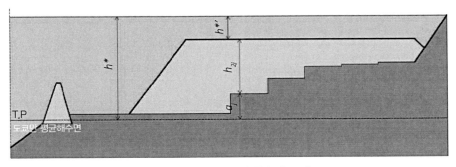

그림 12 인공언덕 위 침수심 표시

$$h'_* = h_* - (h_{2.j} + a_j) \tag{30}$$

　2011년 지진해일 당시 리쿠젠타카타시 침수지역에 살았던 인구 대비 희생자 수의 비율에 해당하는 사망률은 0.12로 설정한다(Oyama, 2012). 인공 언덕에 거주하는 주민 수는 4,944명이다. 이는 2011년 이전에 인공 언덕 내에 거주했던 인구수로 2005년 전국 인구통계조사(일본 총무성 통계국, 2005) 자료를 토대로 산정된 수치이다. 인명가치를 260백만 엔(M¥)(28억 원, 2019년 6월 환율기준)으로 설정하였는데, 이는 교통사고로 인한 사망회피(死亡回避)에 대한 '지불용의(支拂用意)'[10] (WTP) 연구를 통해 도출된 금액이다(일본 내각부(內閣府), 2007).

　주거지역의 재산피해에 대해서는 건물피해만을 고려한다. 침수심이 2m를 초과하는 경우, 이 피해는 건물의 총 가치와 동일한 것으로 간주하지만, 이보다 얕은 침수는 피해를 건물 총가치의 절반으로 가정한다.

$$V_M = \begin{cases} 0, & h'_* = 0 \\ 0.5 \cdot N_b \cdot V_b, & 0 < h'_* < 2m \\ N_b \cdot V_b, & h'_* > 2m \end{cases} \tag{31}$$

　여기서 N_b는 인공 언덕상의 건물동수(建物棟數)(-)이고 V_b는 건물 1동(棟)의 경제적 가치

10　지불용의(支拂用意, Willingness to Pay) : 재화의 구입 희망자가 재화 구입을 위해 지불하고자 하는 최고금액을 말하며, 구입 희망자는 지불용의보다 낮은 가격에는 재화를 사고 싶어 하지만 지불용의를 초과하는 금액을 지불하려고 하지는 않을 것이다.

(백만 엔(M¥))이다.

건물 1동(棟) 가치는 20백만 엔(M¥)(2억 2천만 원, 2019년 6월 환율기준)으로 설정한다
(Kono 등, 2013). 건물당 사람 수는 2.3명임을 감안하면(일본 총무성 통계국, 2005), 인공언덕
상 건물 숫자는 $N_b = N_h / 2.3 = 1,545$ 동(棟)이다.

농업손실은 어떤 지진해일 흔적고에도 완전한 피해가 발생할 것으로 예상된다. 농업지역
은 완전히 평탄(平坦)하지 않지만, 복수지역(複數地域) j로 구성되어 있다는 점에 유의해야 한
다. 흔적고가 증가함에 따라 침수지역 j 수가 증가한다. 모든 지역 j에 대해 다음과 같은
관계가 성립된다.

$$V_A = \begin{cases} 0, & h_{*\cdot j} = 0 \\ A_j \cdot V_a, & h_{*\cdot j} > 0 \end{cases} \tag{32}$$

농업지역이 쌀 생산에 이용된다고 가정하면, 해안침수로 인한 단위 손실은 2011년 후쿠시
마현(福島縣)와 미야기현(宮城縣)의 지진해일 이후 논의 손실에 대한 이용 가능한 데이터를
바탕으로 산정할 수 있다. 이들 현(縣)에서의 쌀 생산량은 연간 450kg/m² 정도로 고려 중인
현장에서는 연간 119백만 엔(M¥)(12억 8천만 원, 2019년 6월 환율기준)(일본 농림수산성,
2011) 총손실액이 발생했다. 또한 쌀 생산을 재개(再開)하는 데 적어도 10년은 걸릴 것으로
예상된다. 이로 인한 총농업피해는 1,190엔(¥)/m²(12,800원, 2019년 6월 환율기준)이다(Liou
등, 2012).

함수 V_H, V_M 및 V_A를 결정하면 예상손실액 결정에 대해 누락(漏落)된 유일한 정보는
할인율[11](割引率)이다. 본 연구인 경우 할인율은 Kono 등(2013) 연구이후에 사용된 0.04와 같
다고 설정한다.

---

11 할인율(割引率, Discount Rate) : 미래시점의 일정금액과 동일한 가치를 갖는 현재시점의 금액(현재가치)을 계산하기 위
해 적용하는 비율을 말한다.

8. 최적의 다층방재설계

위에서 제시한 CBA 형식 및 데이터 고려사항을 바탕으로 리쿠젠타카타(陸前高田)에서 가상의 경제적 최적다층방재설계를 결정하는 수치모델을 MATLAB(과학기술계산을 위한 소프트웨어 개발회사)에서 개발했다. 특히 수치모델은 계층 1 방재구조물과 인공 언덕 마루높이의 모든 가능한 조합에 대한 시스템의 총비용을 결정한다. CBA 결과는 표 3에 요약되어 있다.

표 3 최적 다층방재설계의 매개변수 값

매개변수	기호	값	단위
계층 1 마루높이	h_1	10	[m]
계층 2 마루높이	h_2	17.5	[m]
계층 1 투자비	l_1	7,557	[백만 엔(¥) 또는 M¥]
계층 2 투자비	l_2	15,195	[백만 엔(¥) 또는 M¥]
농업에서의 침수확률	$P(h > h_1)$	1/22	[-/year]
주거지역에서의 침수확률	$P(h > h_2)$	1/137	[-/year]
연간예상농업손실	L_A	45	[(백만 엔(¥) 또는 M¥)/year]
연간예상건물손실	L_M	257	[(백만 엔(¥) 또는 M¥)/year]
연간예상인명손실	L_H	6,721	[(백만 엔(¥) 또는 M¥)/year]
연간예상사망자 수	N_V	26	[(백만 엔(¥) 또는 M¥)/year]
생애 총비용	TC	198,335	[백만 엔(¥) 또는 M¥]
프로젝트 순현재가치	NPV	21,561,665	[백만 엔(¥) 또는 M¥]

CBA 결과는 계층 1 방어선(防禦線)을 10m까지 증고(增高)시켜야 한다는 것을 나타낸다(재난 이전(以前) 방조제의 마루고는 T.P.(도쿄만 평균해수면(東京灣平均海水面, Tokyo Peil) 상 6m)). 주거지역은 자연지반고 위에 입지하였지만 수치모델에서 최적고(最適高)는 T.P. 상 17.5m 높아야만 한다고 나타내었다. 비상상황에서 주민을 보호할 계층 3 대책이 마련되었지만 비상대처계획이 필요할 때 얼마나 효과적일지에 대해서는 상당한 불확실성이 존재한다(10장 및 28장 참조; 또한 Vrijling, 2013). 불확실한 계층 3 대책의 편익에도 불구하고, 계층 2의 실행(實行)은 주민들뿐만 아니라 그들의 재산에도 안전을 제공한다. 이러한 사실에 근거하여 제안된 다층방재설계가 제공하는 전체적인 안전은 재난 이전 리쿠젠타카타의 안전보다 훨씬 높다는 결론을 내릴 수 있다.

과거 지진해일의 발생확률에 대한 최적의 해결책(그림 7)에서 농업침수확률(1/22) 및 주거지역의 침수확률(1/137)을 비교한 결과, 제안된 설계는 검토 중인 레벨 1, 2 지진해일 사건에 대한 일본의 설계개념과 일치하는 것으로 입증된다. 이 개념에 따르면 해안구조물은 상대적으로 빈도가 높은 소규모 사건인 레벨 1 지진해일에 대한 안전을 수행할 수 있도록 설계되어야 하며, 레벨 2 지진해일, 즉 2011년 동일본 대지진해일과 같은 주요 사건에서는 파괴될 수 있다. 그러나 후자인 경우에서도 사망자와 대재앙(大災殃的)인 피해를 여전히 방지하여야만 한다(Shibayama 등, 2013). 그림 11을 보면, 계층 2의 파괴확률(1/137)은 2011년 동일본 대지진해일 확률(1/167), 즉 레벨 2 사건의 확률과 같은 차원(次元, Order)이지만, 계층 1의 파괴확률(1/22)은 그보다 확률이 낮은 소규모 재난사건을 충분히 견딜 수 있어야 한다. 이는 CBA를 사용하는 합리적인 접근방식을 채택하면 모든 단일대책을 설계하여야 하는 가장 적합한 사건이 무엇인지 파악되므로, 제안된 일본 지진해일 분류개념의 실질적인 이행을 크게 촉진할 수 있음을 보여준다.

분석에 따르면 가장 경제적인 설계는 약 230억 엔(¥)(2,470억 원, 2019년 6월 환율기준)의 예산이 필요한 반면, 생애의 차원(次元)은 2,000억 엔(¥)(2조 1,500원, 2019년 6월 환율기준)에 달하는 시스템의 총비용을 의미한다. 이 값은 2011년 동일본 대지진해일로 인한 도호쿠(東北) 지역의 총손실 중 각각 약 1/10,000(예산) 및 1/1,000(총비용)에 해당하는 비용이다. 침수확률과 관련한 최적설계는 미국 뉴올리언스 및 네덜란드와 비교하여 높은 확률값(1/22)을 갖는다. 뉴올리언스에서는 허리케인 카트리나(Hurricane Katrina) 이전 제방의 파괴확률은 연간 1/50 차원 정도이었지만, 최적의 파괴확률은 1/5,000으로 예측하였다(Jonkman 등, 2009). 네덜란드에서 중요 제방의 파괴확률은 1/1,250∼1/10,000범위이다. 인명손실에 대해 제안된 설계는 연간 약 1/200의 개별적 리스크를 수용(受容)할 수 있다는 암시(暗示)이며, 이는 일본에서의 사망에 대한 사소한 관용(寬容)을 고려할 때 높은 수준이다. 이 값은 네덜란드의 신규홍수안전규정에 제시된 인명에 관한 허용 리스크인 연간 10만분의 1보다 훨씬 높다(Tweede Kamer, 2013).

9. 논의

앞서 제시된 설계를 수행할지 안 할지는 정책적 선택의 문제이다. 이는 단순히 선택의 경제적 및 안전적 함의(含意)에 대한 포괄적인 전망(展望)을 제시함으로써 관련 정책토론 시 정보를 제공하고, 신규 대안을 쉽게 결정하기 위한 목적이 있다. 예를 들어 리쿠젠타카타시의 경우, 인명에 대한 리스크를 줄이기 위한 추가적인 대책을 고려할 수 있다. 선택 중 하나는 비상대처계획(EAP)관리에 투자하거나 인공 언덕 마루높이의 증고(增高)이다. 가용예산(加用豫算)으로 안전성 향상이 충분하지 않을 경우, 일부 거주자를 안전한 지역으로 이주하는 등의 대안(代案)을 고려할 수 있다. CBA 결과를 모든 다른 선택의 비교와 우선순위에 대한 객관적인 기준으로 사용할 수 있다.

정확한 데이터가 부족하기 때문에 본 연구에 사용된 일부 매개변수 값은 대략적인 산정을 하였다. 이것은 적절한 데이터를 이용할 수 있는 경우 제시된 분석의 개선을 위한 여지(餘地)가 있다는 것을 의미한다. 인공 언덕의 투자비용은 관련 프로젝트를 수행하는 설계용역업체들의 정보를 사용하여 더 정확하게 산정할 수 있다. 히로타만 지진해일 수위의 초과확률은 수치시뮬레이션을 통해 검증할 수 있었다. 특히 역사적 지진해일을 시뮬레이션할 수 있었고 산리쿠의 해안선을 따라 전파되는 지진해일 파랑을 예측할 수 있었다. 이렇게 해서 만내·외(灣內·外) 지진해일 수위 간의 보다 정확한 관계를 얻을 수 있었다. 고려해야 할 또 다른 중요한 사항은 해안방재구조물에 의한 파랑에너지의 반사이다. 지진해일은 반사될 수 있는 장파(長波)로 만내(灣內)의 복잡한 기하학적 형상 때문에 해안을 따라 수위변동(水位變動)이 일어날 수 있다. 국지파랑(局地波浪) 수치시뮬레이션에서 이 현상에 대한 유용한 정보를 구할 수 있다. 또한 추가적인 연구는 동수력적 하중과 방호지역의 피해 사이의 관계를 잘 정의하는 데 기여할 수 있다(9장 참조). 일부 경험적 공식의 발전에는 지진해일 수위와 기록된 지진해일 피해를 관련시킨 분석이 효과적이다. 게다가 2011년 지진해일 이후 지진해일 흔적고 기록은 침수심과 구조적인 해안·항만방재구조물의 존재 또는 부재(不在) 사이의 상관관계(相關關係)를 제시한다(Mori 등, 2012). 파랑이 해안·항만구조물을 월파할 때 파랑전파가 해안·항만구조물에 미치는 영향에 관한 연구결과는 손실함수의 결정을 개선할 수 있다.

10. 결 론

 이 장에서는 다층방재 해안방호 시스템을 위한 비용 효율적인 설계기준을 결정하는 방법을 설명하였다. 그 목적은 높은 침수 리스크에 노출된 지역의 개발 또는 이전에 파괴지역의 재건과 관련된 담당자들을 지원하는 것이다. 이 방법은 다층방재 시스템의 목적에 적합한 CBA의 적절한 모델링을 말한다. 모델을 시연(試演)하기 위해 다층방재설계를 리쿠젠타카타시에 적용시킨 사례를 설명하였다. 다양한 질문에 CBA로 답변을 할 수 있지만 분석은 한 가지 결정 문제, 즉 수명 기간 동안 시스템의 총비용을 최소화하는 계층 1과 2의 투자조합결정에 초점을 맞추고 있다.

 모델로서 수학방정식에 영향을 미치는 단순하지만 현실적인 가정을 사용하여 모델을 개발하였다. 이 때문에 모델은 다른 응용프로그램에서 사용하기 전에 변환시켜 적절히 수정해야만 한다. 모든 입력 데이터 고려사항은 온라인 및 관련 과학 서적의 정보뿐만 아니라 저자들의 개략적인 예측치에 근거하였다. 이는 적절한 데이터를 이용할 수 있다면 분석 시 개선의 여지(餘地)가 있다는 것을 의미한다. 분석결과, 다층방재설계는 2011년 동일본 대지진해일 재난 이전의 리쿠젠타카타시보다 훨씬 높은 안전성(安全性)을 제공하지만, 네덜란드 등 재난영향을 자주 받는 다른 지역의 안전성보다는 낮은 안전성을 제공하는 것으로 나타났다. 더욱이 그 결과는 레벨 1, 2 지진해일 사건에 대한 일본의 설계개념과 일치하는 것으로 보이며, 이는 CBA의 사용이 설계개념의 실질적인 이행을 크게 촉진할 수 있음을 나타낸다.

참고문헌

1. Asia One News, 2013. Artificial anti-tsunami hill completed in Japan. http://news.asiaone.com/News/AsiaOne ＋News/Asia/Story/A1Story20130616-430135.html(Accessed in January 2014).

2. Cabinet Office of Japan, 2007. Research report on economic analysis of damage and loss caused by traffic accidents. http://www8.cao.go.jp/koutu/chou-ken/19html/gaiyou.html (Accessed in March 2013) (in Japanese).

3. Central Dutch Government, 2009. 2009-2015 national water plan. http://english.verkeerenwaterstaat.nl/english/Images/NWP%20english_tcm249-274704.pdf. 4. Iwate Prefecture, 2003. Earthquake and tsunami simulation and damage estimation survey of Iwate prefecture. http://www.pref.iwate.jp/～hp010801/tsunami/yosokuzu/rikuzentakada.jpg (Accessed in February 2013).

5. Jongejan, R.B., Jonkman, S.N., Maaskant, B., 2010. The potential use of individual and societal risk criteria within the Dutch flood safety policy (part 1) : Basic principles. In : Proceedings ESREL conference. Taylor & Francis Group, London, ISBN : 978-0-415-55509-8.

6. Jonkman, S.N., Kok, M., Van Ledden, M., Vrijling, J.K., 2009. Risk-based design of flood defence systems : a preliminary analysis of the optimal protection level for the New Orleans metropolitan area. J. Flood Risk Manage. 2 (3), 170-181.

7. Jonkman, S.N., Yasuda,T., Tsimopoulou, V., Kawai, H., Kato, F., 2012. Advancesin coastal disasters risk management : lessons of the 2011 Tohoku tsunami. In : Proceedings of the ICCE 2012, Santander.

8. Jonkman, S.N., Hillen, M., Nicholls, R.J., Kanning, W., Van Ledden, M., 2013. Costs of adapting coastal defences to sea-level rise—new estimates and their implications. J. Coast. Res. 29 (5), 1212-1226.

9. Kono, T., Kitamura, N., Yamasaki, K., Iwakami K., 2013. Quantitative analysis of dynamic inconsistencies in disaster prevention infrastructure improvement : an example of coastal levee improvement in the city of Rikuzentakata, RIETI discussion paper; Series 13-E-072.

10. Liou, Y., Sha, H., Chen, T., Wang, T., Li, Y., Lai, Y., Chiang, M., Lu, L., 2012. Assessment of disaster losses in rice paddy field and yield after tsunami induced by the 2011 Great East Japan earthquake. J. Mar. Sci. Technol. 20 (6), 618-623.

11. Lopez,J.,etal.,2008. Comprehensive recommendations supporting the use of the multiple lines of defense strategy to sustain Coastal Louisiana (Version I). http://www.saveourlake.org/PDF-documents/MLODSreportFINAL-12-7-08with-comments.pdf.

12. MAFF,2011. The Ministryof Agriculture Forestry and Fisheries of Japan. http://www.maff.go.jp/e/index. html (Accessed in March 2013).

13. Mori, N., et al., 2012. Nationwide survey of the 2011 Tohoku earthquake tsunami. Coast. Eng. J. 54 (1), 1–27.

14. Oyama, A., 2012. A Study on the Factors Influencing the Operation to Move to a Higher Elevation in a Tsunami-Stricken Area. Bachelor Thesis, Waseda University, Japan. 15. Shibayama, T., Esteban, M., Nistor, I., Takagi, H., Thao, N.D., Matsumaru, R., Mikami, T., Aranguiz, R., Ohira, K., 2013. Classification of tsunami and evacuation areas. Nat. Hazards 67 (2), 365–386.

16. Statistic Bureau, Ministry of Internal Affairs and Communications, 2005. National Census.

17. Stewart, S., 2008. Calculus—Early Transcendentals, 6th Edition. Thomson Learning, Inc. ISBN-13 : 978-0-495-01166-8.

18. Tsimopoulou, V., Jonkman, S.N., Kolen, K., Maaskant, B., Mori, N., Yasuda, T., 2012. A multi-layer safety perspective on the tsunami disaster in Tohoku, Japan. In : Proceedings of the Flood Risk 2012 Conference Rotterdam.

19. Tweede Kamer, 2013. Adoption of the budget statement for the Delta funds for the year 2013. https://zoek. officielebekendmakingen.nl/kst-33400-J-19.pdf (in Dutch).

20. Van Dantzig, D., 1956. Economic decision problems for flood prevention. Econometrica 24, 276–287.

21. Voortman, H.G., 2003. Risk-based design of large scale flood defence systems. Dissertation, Delft University of Technology.

22. Vrijling,J.K., 2013. Multi-layer safety : a generally efficient solutionor work for all. In : Proceedings of the ESREL 2013 conference; Amsterdam.

CHAPTER
26 모리셔스 해안적응대책으로서의
해안침식 및 실증 프로젝트

1. 서 론

위도 19°58.8′~20°31.7′ 사이와 경도 57°18.0′~57°46.5′ 사이에 위치한 모리셔스(Mauritius) 공화국의 모리셔스는 화산섬으로 아프리카 대륙의 동부 해안으로부터 약 2,000km 떨어져 있다. 모리셔스는 그림 1에 나타난 바와 같이 길이 65km, 폭 45km로 면적은 1,865km²이다. 해안선의 길이는 약 330km이며, 그중 150km 이상은 산호초로 이루어진 하얀 사빈(砂浜)이 조성되어 있다. 대부분의 해안지역은 그림 2와 같이 산호초(珊瑚礁)가 방호(防護)하고 있다. 산호초의 폭은 장소에 따라 다르지만, 일반적으로 섬의 남서쪽과 남동쪽에서는 폭이 4km 정도이다. 반면에 섬의 북동쪽과 북서쪽 면에서는 폭이 좁아져, 때로는 수백 미터에 불과하다. 그림 3은 섬의 남동쪽에 있는 전형적인 넓은 산호초(블루 베이, Blue Bay)와 북서쪽에 있는 좁은 산호초(피테 퍼먼트, Pte Piments)의 항공사진을 보여준다. 이 장소의 위치는 그림 2에 표시되어 있다.

모리셔스의 총 인구는 2012년 122만 5천 명으로 인구밀도는 km²당 673명이었다. 모리셔스의 관광산업은 국가의 지속적인 발전을 보장하기 위한 중요한 경제활동이다. 모리셔스 공화국 재정경제개발부(the Ministry of Finance and Economic Development)가 제공한 관광통계에 따르면 2013년 유럽국가 위주로 99만 3천 명의 외국인 관광객이 모리셔스를 방문했다. 모리셔스는 여행지로서의 인기를 가져 관광객 수는 매년 4.0%씩 증가하고 있으며, 관광산업은 장래 국내총생산(GDP)에 대한 기여도를 증가시킬 있는 수 있는 잠재력을 갖는다. 대부분 관광객은 해변리조트(Beach Resort)에 머무르고 있으며, 섬 주변에 있는 하얀 사빈과 푸른 석호(Lagoon)[1]는 이국 관광객을 유치(誘致)하는 중요한 관광자원이자 경제자원이다.

그림 1 모리셔스

그림 2 산호초 지도(http://en.wikipedia.org/wiki/Image:
Mauritius-CIA_WFB_ Map.png)

(a) 블루베이(Blue Bay)

(b) 피테 퍼먼트(Pte. Piments)

그림 3 모리셔스의 산호초

---

1   석호(潟湖, Lagoon) : 사주(砂洲)로 바다와 격리된 호소(湖沼)로서, 지하에서 해수가 섞여 들거나 수로로 바다와 연결되어 염분농도가 높으며, 담수호보다 플랑크톤이 풍부하고 부영양호(富營養湖)가 많다.

모리셔스에는 겨울과 여름의 2가지 주요 계절이 있다. 11월부터 2월까지 계속되는 여름철은 겨울철에 비해 바람이 그렇게 세지 않아도 사이클론(Cyclone)이 가끔 섬을 강타한다. 1945년부터 2012년까지의 역사적 사이클론 기록에 따르면, 연간 약 3.3개의 사이클론이 모리셔스로부터 반경 500km 이내에 접근한다. 일반적으로 강력한 사이클론이 10~15년마다 섬에 영향을 미치며, 이것은 심각한 해안침식(海岸浸蝕)을 야기할 수 있고 심지어 해안지역을 침수시킬 수 있는 폭풍해일까지 발생시킬 수 있다. 관광에 있어 해변의 중요성을 감안할 때, 관광객들을 지속적으로 유치하기 위해서는 섬의 경제에 대한 사이클론 영향과 사이클론의 능력을 과소평가할 수는 없다. 분명히 미래 사이클론 강도의 잠재적 증가에 대한 우려(30~33장 참조)는 모리셔스섬의 미래 지속가능한 발전에 심각한 문제가 될 것이다. 따라서 이 장은 이 나라의 현재 해안이 가진 쟁점(爭點)을 파악하는 데 초점을 맞추고, 미래 언젠가 직면할 기후변화 적응메커니즘의 기초가 되는 현 문제의 영향에 대응을 위해 잠재적인 적응방법을 강조할 것이다.

2. 모리셔스 해안의 쟁점

2.1 해안지역 유형

모리셔스 해안지역은 4가지 유형인 '공공해변지역', '국유지 임대지역(國有地賃貸地域)', '미사용지역' 및 '소유권 확정지역'으로 나눈다. '공공해변지역'은 모리셔스 공화국 주택토지부가 2002년부터 지정한 토지지역으로, 2014년까지 110개의 해변이 이 유형에 포함된다(해변관리공단(Beach Authority), 2014). 공공해변지역은 지역주민들과 외국인 관광객들에게 매우 인기가 있는데, 이 해변지역은 다양한 해변 레크리에이션과 해양활동 장소로 이용한다. 공공해변지역의 배후지 또한 일반적인 캠핑과 같은 레저활동을 위한 휴양지로서 활용된다. 공공해변지역은 기본적으로 공공부문이 잘 관리하고 있어 해안환경과 자연경관의 측면에서 양호한 상태로 유지되고 있다(그림 4(a)). 반면 리조트 호텔, 빌라 및 고급 주거용 주택이 있는 해변리조트지역은 대부분은 임차인(賃借人)이 개별적으로 관리하는 '국유지 임대지역'으로 분류한다(그림 4(b)). 소유권확정지역은 그림 4(c)와 같이 정부기관시설 또는 다른 형태의 공공사용을 위해 점유된 지역으로 정의한다.

해안지역을 따라 입지한 일부 지역의 주거지역도 '국유지 임대지역'으로 분류된다. 그러나 지방의 주거용 재산 전면(前面) 해안공간은 대부분 '미사용지역'으로 정의하고 있으며, 모리셔스 주택토지부(MoHL, Ministry of the Housing and Lands) 책임하에 놓여 있다. '미사용 지역'의 해변관리는 기본적으로 지방의회 산하의 지방 관계 당국이 하며, 그림 4(d)와 같이 일반적으로 잘 관리되지 않는다.

(a) 공공해변지역(몬트 초이지(Mon Choisy))

(b) 호텔 임대지역(르 모흔느(Le Morne))

(c) 수산부 소유지역(알비온(Albion) 수산연구소의 앞)

(d) 미사용(未使用) 임대지역(까뜨흐 쐬흐(Quatre Soeures))

그림 4 대표적인 모리셔스 해변지역 유형

2.2 해안침식

1960년대 이후 모리셔스의 일부 해안지역에서 해안침식 문제를 확인하였지만, 해안지역에서의 활발한 관광산업과 토지개발로 1990년대 이후 더욱 심각해졌다(Baird 등, 2003). 이러한 토지이용의 변화 중 일부에서 비롯되는 문제에 대응하기 위해 방조제 및 돌제(突堤, Groin)축조(築造) 또는 돌망태(Gabion)[2] 설치와 같은 해안침식대책사업을 해안선을 따라 진행하였지만, 이러한 대책은 때때로 해안침식과 해양환경을 악화시켰다. 따라서 이런 구조적 대책은 세계적인 해변휴양지 섬인 모리셔스의 관광매력을 감소시켜왔다(그림 5). 또한 미래 기후변화로 인한 해수면 상승과 파랑작용 증대의 영향은 해변침식을 가속화시키고 해안붕괴를 증가시킬 가능성이 있다. 가끔 영향을 미치는 사이클론으로 발생된 강한 파랑이 모리셔스의 해안침식을 주로 발생시켰지만, 관광 및 토지개발로 인한 해안상황 및 산호초 건전상태(健全狀態) 변화도 해안침식에 영향을 미쳤다. 본 연구는 해안선과 산호초 상태의 장기

(a) 공공해변에서의 해안침식(플릭 앤 플락(Flic en Flac))　(b) 호텔 임대지역에서의 해안침식(르 모흔느(Le Morne))

(c) 건조해변(乾燥海邊) 소실(포인트 드 어스니, Pte d' Esny)　(d) 방지대책으로 설치된 돌망태(Gabion)(리암벨(Riambel))

그림 5 해안침식과 모리셔스에서 도입한 복원(復元) 전략

2　돌망태(Gabion) : 철망으로 만든 상자나 원형, 타원형 등의 통에 돌을 채운 것으로, 호안, 수제공(水際工) 물받이, 바닥보호공 등에 사용한다.

변화(長期變化)를 조사하기 위해, 장기간 간격으로 찍은 과거 항공사진을 이용한 맵핑(Mapping)[3] 분석을 실시했다. 그림 6은 모리셔스의 서해안에 위치한 알비온해변(Albion Beach)의 산호초와 해안선의 상태변화를 보여주기 위해 1967년과 2008년의 항공사진을 비교한 것이다. 두 사진의 명암부분(明暗部分)과 선 패턴 사이에 상당한 차이를 확인할 수 있었는데, 1967년에는 건전(健全)한 암초(暗礁)[4]상태를 나타낸다. 반면에 2008년의 암초상태에서는 명암과 선 패턴 차이가 거의 사라졌다. 사진 속의 형태변화는 아마도 암초 위에 있던 산호(珊瑚)가 퇴화(退化)되어 모래가 퇴적되었기 때문일 것이다. 지난 40년 동안 산호초의 상태변화로 인해 1967년 전초(前礁)[5]와 후초(後礁)에 존재했던 많은 산호군락(珊瑚群落)이 2008년 이전까지 사라진 것이 명백하다.

(a) 1967년 10월

(b) 2008년 11월

그림 6 항공사진 비교(알비온)

---

3   맵핑(Mapping) : 위성영상, 항공사진측량, (항공 및 지상) 라이다(LiDAR), 드론(Drone) 측량 등에 의해 얻어진 영상 및 점군(點群, Point-cloud) 등을 해석도화 및 자료처리 등에 의해 수치지도 등을 만드는 과정을 말한다.

4   암초(暗礁, Reef) : 해면으로부터 그다지 깊지 않은 곳에 있으며 해상에서는 관찰이 잘 되지 않는 해저의 융기로서, 군도(群島) 주변의 암초, 해저화산의 폭발로 섬이 침수하여 생긴 암초, 산호초에 의한 암초 등이 있다.

5   전초(前礁, Fore Reef) : 경사가 급한 암초의 바다 쪽 사면(斜面)을 말한다.

그림 7은 모리셔스 수산부(the Ministry of Fisheries) 산하 알비온(Albion) 수산연구소(AFRC, Albion Fisheries Research Center)가 1998년부터 2010년까지 실시한 알비온 해변의 산호초 범위에 대한 모니터링 결과를 나타낸 것이다. 이 결과는 또한 지난 12년 동안 산호밀도의 상당한 감소가 발생했음을 나타낸다. ARFC의 정보에 따르면 그러한 하락(下落)은 주로 2003년, 2004년 및 2009년에 발생한 산호백화(珊瑚白化)[6] 사건과 사람들이 산호를 짓밟거나 암초 상에서 어망(漁網)을 사용한 사람들 때문이다. 그림 6은 또한 지난 40년 기간 동안, 특히 연구지역의 남쪽에서 관측된 해안선 후퇴를 나타낸다. 맵핑분석(Mapping Analysis)을 통해 40년 동안 추정(推定)된 퇴적토사 손실은 약 10,000m³이었으며, 현장조사 데이터를 이용하여 모래 버엄(Berm)[7] 높이를 확인했다. 이러한 결과는 이 장소에서만 국한된 것이 아니며, 모리셔스 전(全) 해안 중 일부 다른 산호초 해안도 비슷한 위협을 겪고 있는 중으로, 산호초의 퇴화가 모리셔스의 해변침식의 근본적인 원인 중 하나임을 나타낸다.

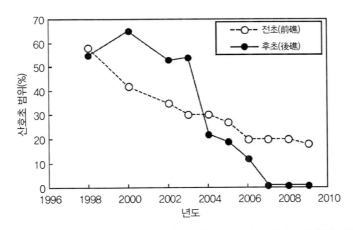

그림 7 전초와 후초에서의 산호초 범위변화(알비온). 2010년 모리셔스 수산부 연차보고서

---

6 산호백화(珊瑚白化, Coral Bleaching) : 산호의 세포조직 내에 살고 있는 황록공생조류가 빠져나가 산호가 하얀색으로 변하는 현상을 말한다.

7 버엄(Berm) : 해빈의 후빈(Backshore)에 좁게 발달한 평평하거나 혹은 육지 쪽으로 약간 경사진 퇴적지형으로서 폭풍 시 파랑에 의해 운반되어 퇴적된 물질로 형성된다.

2.3 모리셔스의 기후변화와 해안관리

기후변화는 해수면 상승, 해수온도 상승 그리고 높은 강도의 사이클론 잠재력에 따른 생태계 및 해안침식 변화로 자연환경에 대한 리스크를 증대시키고, 더 큰 폭풍해일피해를 입을 확률을 증가시킨다(기후변화에 관한 정부 간 협의체 5차 평가보고서 : Intergovernmental Panel on Climate Change Fifth Assessment Report, 또는 IPCC 5AR, 30~33장 참조). 그림 8은 모리셔스의 포트루이스(Port Louis)에 있는 모리셔스 기상청(MMS, Mauritius Meteorological Services)이 측정한 30년 동안 해수면 변동을 보여준다. 이러한 기록에 따르면, 모리셔스의 해수면은 IPCC 5AR에 나타난 전 지구적 추세에 따라 연평균 3.9mm/년(year) 증가하는 것으로 나타났다.

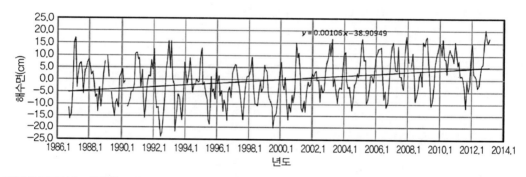

그림 8 모리셔스 기상청(MMS, Mauritius Meteorological Services)이 포트루이스(Port Louis, 그림 2 참조)에서 측정한 30년간 해수면 변동

모리셔스 정부는 기후변화의 영향을 완화하기 위해 1990년에 국가기후변화위원회(National Climate Change Committee)를 설립하여 대응해왔다. 그리고 1998년에 유엔기후변화에 관한 기본협약(UNFCCC, the United Nations Framework Convention on Climate Change)에 따라 기후변화행동계획(Climate Change Action Plan)을 수립했다. 해안지역 통합관리위원회(ICZM, The Integrated Coastal Zone Management Committee)는 2002년에 설립하였다. ICZM 부서는 기후변화의 영향을 완화하고 적응을 위한 해안보전 및 복원대책(復原對策)을 실현하는 것을 주요 목표로 모리셔스 환경 및 지속가능한 개발부(MoESD, the Ministry of Environment and Sustainable Development) 내에 설립되었다. 환경영향평가(EIA, Environmental Impact Assessment) 및 사전환경평가(PEA, Preliminary Environmental Assessment)의 평가, 승인 및 허가도 MoESD에서 담당한다.

모리셔스 정부는 가능한 환경 친화적인 책임과 안전관리를 감안한 정확한 과학기술정보를 바탕으로 계획수립, 리스크 인식 및 대책시행을 하고자 하지만, 해안 전문가와 엔지니어들의 부족한 전문지식, 지역사회를 위한 기후적응대책 및 방재관리에 대한 일반인의 인식부족 때문에 아직도 많은 문제에 대한 근본적인 해결책을 찾지 못하고 있다. 이러한 상황을 해결하기 위해 일본 국제협력기구(JICA, the Japan International Cooperation Agency)는 모리셔스 정부와 협력하여 해안관리자와 엔지니어의 역량개발을 촉진하기 위해 기술 협력 프로젝트를 시행하고 있다(해안보전 및 복원에 관한 지식향상과 관련).

2.4 해안공간규칙과 토지임대차계약의 불일치

입법행위(立法行爲)는 모리셔스와 같은 작은 섬 국가에 분명히 중요한 연안역(沿岸域)의 성공적인 관리를 위한 주요 구성요인 중 하나이다. 모리셔스 정부는 해안공간관리에 관한 2가지 주요 규칙을 발표하였다. 그러나 이러한 규칙은 해안공간규제와 토지임대차계약 사이의 일정한 불일치를 나타낸다.

2.4.1 건축공사 시 건축후퇴(建築後退)[8] 규정

연안역(沿岸域)에서의 건물과 구조물의 건축에 대한 후퇴규정을 주거용 해안개발 설계지침(Design Sheet, Residential Coastal Development)에 발표하였다. 이 규정에 따르면 정선(汀線)[9]을 따라 만조표(滿潮標, HWM, High Water Mark)로부터 일정 거리 내에 건물/구조물의 건설을 금지한다는 것이다. 원래 후퇴선은 HWM에서 15m 떨어진 지점으로 정의하였지만, 이 규정이후 2004년에 30m로 개정하였다. 이 규정은 기본적으로 해안과 직면(直面)한 모든 신축 또는 기존 건물과 영구 구조물에 적용된다. 그러나 이 규정의 준수를 보장하기 위한 감시와 집행 능력은 충분하지 않다.

---

8   건축후퇴(建築後退, Building Setback, Set Back) : 도로 경계선이나 대지 경계선에서 일정 거리를 떨어진 구역의 안쪽에 건축 상부를 후퇴시켜서 건축하는 것을 말한다.
9   정선(汀線, Shoreline) : 육지면과 해수면과의 만나는 선으로 만조(滿潮)시의 정선을 만조 정선, 간조(干潮)시의 정선을 간조정선이라 하며, 정선은 해면의 승강 또는 해변의 전진·후퇴에 따라 항상 변동하고 있어, 이 정선의 변동을 앎으로써 표사량(漂砂量)의 예측, 해안 침식의 상황을 파악할 수 있다.

2.4.2 해안지역의 공용영역 확보

규정에서, 조간대(潮間帶),[10] 즉 만조표(滿潮標, HWM, High Water Mark)와 간조표(干潮標, LWM, Low Water Mark) 사이의 공간은 '공용영역(公用領域)'으로 정의한다. 해안을 방문하는 사람들은 해안 유형이 '공공해변지역' 또는 '임대지역'일 때 공용영역(公用領域)을 통과할 수 있다. 그러나 침식이 심한 해변의 경우, 위의 해안공간관리와 임대계약 사이에 일정한 불일치가 있다. 임대계약에서 허가된 부동산의 바다 쪽 경계는 일반적으로 계약이 체결된 시점의 해안도로에서부터 HWM까지 거리를 측정하여, 그 후에 고정된다. 그러나 일반적으로 전빈(前濱)[11] 지역은 파랑작용을 받아 동적(動的)으로 변한다. 해변이 크게 침식된 경우, 임대부동산의 바다 쪽 경계는 결국 그림 9와 같이 실제 HWM으로부터 해상에 위치한다. 임대부동산에 대한 권리는 실제 정선(汀線) 지점임에도 불구하고 여전히 고정된 바다 쪽 경계까지 유효하기 때문에 해안공간규정을 따르는 것은 사실상 불가능하다.

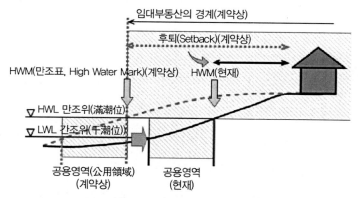

그림 9 임대 부동산과 공용영역 사이의 관계인 후퇴(Setback)

---

10   조간대(潮間帶, Intertidal Zone) : 해안에서 밀물에 의해 해수가 해안선에 제일 높게 들어온 곳(만조선; High Water Line)과 썰물에 의해 제일 낮게 빠진 곳(저조선; Low Water Line)의 사이에 해당하는 지역을 말한다.
11   전빈(前濱, Foreshore) : 간조(干潮)시의 정선에서부터 파랑이 거슬러 올라가는 곳까지의 범위를 말한다.

3. 실증 프로젝트 : 자갈해변

프로젝트 기간 동안 일본 국제협력기구(JICA)는 모리셔스 환경 및 지속가능한 개발부(MoESD)와 협력하여 실증 프로젝트를 계획 후 시행하였다. 이번 절(節)에서는 프로젝트의 목적과 배경에 대한 세부사항과 함께 프로젝트 자체의 세부사항, 향후 기대 및 모니터링을 제공한다.

3.1 프로젝트 목적

실증 프로젝트 목적은 섬 국가인 모리셔스의 지역별 특수상황과 기후변화에 대한 해안적응대책의 적용 가능성을 감안하여 합리적인 해안보전 및 복원대책을 유도하기 위한 것이었다. 또한 실증 프로젝트 실시를 통해 해안공학 및 해안관리를 위한 공공 및 민간부문의 관련 이해관계자에 대한 역량개발을 목표로 하였다.

3.2 프로젝트 배경

모리셔스에 영향을 미치는 가장 심각한 해안문제 중 2가지는 사빈(砂浜)의 해안침식, 저지대(低地帶)의 월파 및 침수를 포함한다. 후자 문제는 모리셔스의 여러 해안에서 확인할 수 있다. 모리셔스의 남동부에 위치한 그랑 사블(Grand Sable, 그림 1 참조)은 그림 10과 같이 해안과 직면한 저지대 배후지가 있는 주거지역으로 월파 및 침수문제를 겪고 있다. 극한조건하에서의 예측파랑 처오름고는 일부 지역의 해안도로 지반고(地盤高)를 넘어선다. 더욱이 해수면 상승이 지속되고(앞 절에서 강조한 바와 같이) 기후변화에 따른 사이클론 강도는 잠재적으로 증가하기 때문에 강한 파랑이 섬을 내습하여 연안재난의 리스크가 더욱더 커질 수 있다. 그러한 예상된 해안재난으로부터 해안도로와 주택지역을 방호하기 위해 그랑 사블에서는 해안보전대책을 실시하였다(실증 프로젝트 일환으로).

그림 10 해안가 도로와 해안가 인근 주택가

3.3 대책의 선택

가능한 해안복원조치를 선택할 때 합리적인 대책의 선택이 가장 중요하다. 따라서 가능한 최선의 방침을 선택할 때 다음과 같은 사항을 주의 깊게 고려하였다.

- 선택된 대책은 큰 유연성을 가지며, 미래 불확실한 기후변화와 관련된 리스크의 적응메 커니즘을 적용할 수 있어야 했다.
- 선택된 대책은 거주자가 연안역을 이용하는 것을 고려하여 환경 친화적이어야 할 필요 가 있었다.
- 선택된 대책은 단순하고 직접적인 시공법을 사용하여 실시하여야 했고 모리셔스의 경우 에 높은 경제적 효율성을 가질 필요가 있었다.

이러한 점을 감안하여 프로젝트 초기단계에서는 사석호안 설치, 인공자갈해변 조성(Ahrens, 1990; Allan 등, 2003; Ishikawa 등, 2014) 및 수중방파제(Submerged Breakwater) 설치와 같은 3가 지 유형의 해안보전대책을 검토하였다. 이 가운데 인공자갈해변을 조성하는 것은 연안역 이 용의 이점(利點)을 살리고, 환경 친화적이면서 경제적으로도 효과적이어서, 모리셔스의 경우 그랑 사블(Grand Sable)이 가장 유리한 곳으로 선정되었다.

3.4 자갈해변 개요

'실증 프로젝트(이후 이 장에서는 프로젝트라고 한다.)'는 '전체 규모 프로젝트'가 아닌 사례연구이기 때문에 프로젝트 면적의 길이는 총 250m 정도로 제한하였다. 모리셔스섬은 화산활동으로 형성되었고, 따라서 화산암(火山岩)은 섬 주변 어디에서나 쉽게 구할 수 있다. 일부 채석장(採石場) 공장들은 화산암을 부수어 적정한 크기의 자갈과 모래를 생산할 수 있으므로, 이 프로젝트를 섬의 다른 지역에서도 쉽게 적용할 수 있다. 해변단면과 이용의 안정성에 대한 효과를 비교하기 위하여, 프로젝트 면적의 절반은 자갈과 바위 모래로 형성하였으며(그림 11, 상단), 나머지 절반은 자갈만 사용했다(그림 11, 하단). 해변단면의 재료사양(材料仕樣)과 대표치수(전빈경사(前濱傾斜), 후빈고(後濱高)[12] 및 후빈폭(後濱幅)과 같은)는 '자연과 환경적인 친화성'이라는 개념하에서 해변단면의 안정성과 이용성(利用性) 모두를 고려하여 결정하였다. 선정된 입자크기(D)는 자갈의 경우 10~30mm이고, 모래인 경우 2~4mm이다. 전빈경사(前濱傾斜)는 오랜 기간 동안 안정된 경사를 가진 모리셔스의 다른 기존 자갈해변을 참조하여

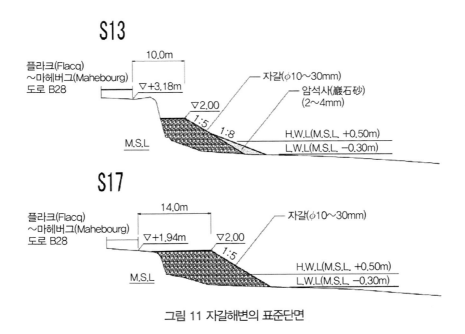

그림 11 자갈해변의 표준단면

12 후빈(後濱, Backshore) : 해빈의 상부 환경으로 평균고조선으로부터 육지 쪽으로 해안현상(파랑 등과 같은)의 영향이 미치는 한계까지의 사이를 일컬으며, 후빈의 바다 쪽으로는 버엄(Berm)을 경계로 전빈(前濱, Foreshore)이 위치한다.

결정하였다. 필요한 후빈고와 후빈폭은 바람직한 해변이용을 고려할 뿐만 아니라 극한파랑 (極限波浪)과 해수면 조건하에서 향후 예상되는 파랑 처오름에 대한 안전성을 보장하도록 결정하였다. 그림 11은 자갈 및 모래단면의 일반적인 해변형상을 나타낸다. 그림 12는 프로젝트 전후의 해변상태 변화를 보여준다.

(a) 전(前)(2013년 8월)   (b) 후(後)(2013년 12월)

그림 12 프로젝트 전후의 해변상태 비교

3.5 지속적인 모니터링

2013년 12월 프로젝트 완료 후 MoESD 관계자 및 주민 대표들과 함께 지속적인 모니터링을 수행하고 있다. 전체적인 목표는 자갈해변이 제공하는 보전과 해변이용 및 환경의 개선이라는 관점에서 자갈해변의 안정성과 효율성을 조사하는 것이었다. 3개월마다 모니터링을 실시하여 그림 13(a) 및 (b)와 같이 해변단면 측량 및 고정점(固定點)의 사진 촬영을 하였다. 또한 모니터링은 주로 지역 어부 등 15명 이상의 주민과의 공공협의(公共協議)를 통한 해변이용과 해안 생태계의 상태변화에 관한 정기적인 육안점검(肉眼點檢)을 실시하였다. 주민 대부분은 이 프로젝트와 해변휴양과 어업 활동을 위해 제공하는 개선사항을 매우 만족했다. 그리고 파랑, 흐름 및 해수면 관측은 그림 13(c)와 같이 바닥 탑재형(搭載型) 파성류(波成流) 기록계를 사용하여 외부 힘 상태를 모니터링(Monitoring)[13]하였다. 그림 14는 프로젝트 완료 후 6개월 지난 후 해변단면 변화를 나타낸다. 모니터링 기간이 제한적이었지만, 프로젝트가 해변의 장기간 안정성을 보장하는 데 실제로 도움이 될 수 있다는 것을 시사(示唆)하여 비교적 안정된 조건을 유지할 수 있었다. 그림 15는 프로젝트 이후의 해변이용 상태변화를 보여준다. 프로젝트 착수 전 해변은 레크리에이션 존으로써 너무 좁고 해안환경상태가 좋지 않아 주민들이 적극적으로 이용하지 못했다. 그러나 이 논문을 쓸 때쯤 주민들은 이 해안지역을 어업과 레크리에이션 장으로써 자주 이용하고 있다. 프로젝트 완료 후 수질, 냄새 및 자연식생 측면에서의 해안생태계도 크게 향상되었다.

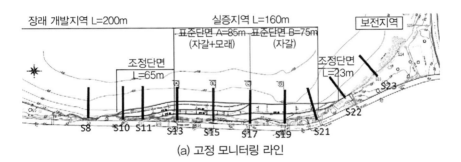

(a) 고정 모니터링 라인

(b) MoESD 관계자와 함께 해변단면조사를 공동으로 실시   (c) 바닥 탑재형(搭載型) 파성류(波成流) 기록계를 사용하여 파랑-흐름 관측

그림 13 프로젝트 완료 후 지속적인 모니터링

---

13   모니터링(Monitoring) : 파랑, 흐름 및 사빈 등으로 인한 해안의 침식 및 퇴적현상의 계절별로 주기적인 관측을 실시하고, 해빈 폭 측정으로 해안의 장기적인 변화양상을 조사 분석하는 것을 말한다.

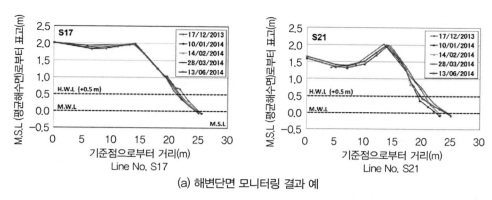

(a) 해변단면 모니터링 결과 예

2013년 12월(프로젝트 완료 직후)　　　2014년 6월(완료 6개월 후)

(b) 6개월 동안 해변 변화

그림 14 2014년 12월 고정 모니터링 라인의 해변단면 변화(프로젝트 완료 직후)

(a) 보트 탑승　　　　　　　　　　　(b) 낚시

그림 15 프로젝트 후 주민들의 해변이용

4. 해변관리 및 유지에서의 주민참여

바람직한 해안조건을 유지하기 위해서는 지속적인 해변유지관리가 중요하며, 이를 달성하기 위해서는 주민참여가 가장 중요하다. 연안환경 관련 이슈에 대한 주민의 인식을 높이고, 지역사회활동으로서 해변관리 및 유지에 대한 참여를 보장하기 위해, 공공협의 및 행사를 그림 16에 나타낸 것과 같이, 프로젝트 전후에 여러 차례 실시하였다. 프로젝트 착수 전 진행되었던 '해변청소' 행사는 공공협의를 거쳐 조직된 활동 중 하나였다(그림 16). 이 행사는 지방 관계 당국의 주도로 조직된 것이 아니라 프로젝트 기획자가 조직하였지만, 양호한 해안환경 유지의 중요성에 대한 주민 인식을 고양(高揚)시키는 데 매우 효과적이었다. 프로젝트 완료 후에 주민들은 스스로 해변관리를 계속하기로 결정했다. 그 결과 현재 해변청소와 그 사용에 대한 관리는 지역주민들이 지방의회와 협력하여 수행하고 있다.

그림 16 그랑 사블에서 개최된 공공협의(주민설명회)와 해변청소 행사

5. 결 론

이 장의 결론은 다음과 같이 요약할 수 있다.

- 산호초로 둘러싸인 섬나라 모리셔스는 관광영향과 해안지역의 토지개발과 관련된 이슈로 해안침식, 월파(越波), 저지대 배후지의 침수와 같은 중요한 해안문제와 직면하고 있

다. 또한 기후변화 영향은 미래 연안재난으로 인한 잠재적 피해를 증가시킬 수 있다.

- 미래 기후변화 영향에 대처하기 위해 해안공학 엔지니어에 의한 적절하고 지속가능한 해안보전계획 및 역량개발의 확립이 필요하다.

- 기후변화에 대한 적응전략으로 적용할 수 있는 합리적인 해안보전 및 복원대책을 수립하고, 해안 프로젝트 및 관리에 종사하는 관계 기술직 공무원 및 관련 이해관계자의 역량개발을 위하여 일본 국제협력기구(JICA) 지원하에 일본과의 기술 협력 프로젝트로서 실증 프로젝트를 실시하였다. 모니터링 기간이 제한적임에도 불구하고, 그 결과는 해안보전, 해변이용 및 해안환경의 질(質)에 상당한 개선뿐만 아니라 지속가능한 해안보전에 대한 주민인식을 향상시켰다는 것을 보여준다.

참고문헌

1. Ahrens, J.P., 1990. Dynamic revetments. In : Proceedings 22nd Conference on Coastal Engineering, ASCE, pp. 1837-1850.

2. Allan, J.C., Komar, P.D., Hart, R., 2003. A dynamic revetment and reinforced dune as "natural" forms of shore protection in an Oregon state park. In : Coastal Structures Conference, Portland, Oregon, ASCE, pp. 1048-1060.

3. Annual Report, 2010. Ministry of Fisheries. http://fisheries.gov.mu/English/Publication/Annual%20 Report/Documents/report%202010.pdf (accessed 30.09.14).

4. Baird, W.F., et al., 2003. Study on coastal erosion in Mauritius, in association with Reef Watch Consultancy LTD, Mauritius and Dr Michael Risk. Report prepared for the Ministry of Environment, Republic of Mauritius, pp. 5-103.

5. International Travel and Tourism Year, 2014. Statistics Mauritius under the aegis of the Ministry of Finance & Economic Development.
http://statsmauritius.gov.mu/English/StatsbySubj/Pages/INTERNATIONAL-TRAVEL-and-TOURISM.as px (accessed 20.09.14).

6. IPCC, 2013. Working group I contribution to the IPCC fifth assessment report climate change 2013 : the physical science basis, final draft underlying scientific-technical assessment.

7. Ishikawa, T., Uda, T., Miyahara, S., Serizawa, M., Fukuda, M., Hara, Y., 2014. Recovery of sandy beach by gravel nourishment — example of Ninomiya coast in Kanagawa Prefecture, Japan, Proc.34thICCE. 8. List of Proclaimed Public Beaches, Beach Authority, Ministry of Local Government and Outer Islands. http://beachauthority.intnet.mu/component/content/article/46.html (accessed 30.09.14).

9. Residential Coastal Development, Design Sheet, Ministry of Housing and Lands.
http://housing.gov.mu/ English/Documents/coastal.pdf (accessed 30.06.14).

10. The Project for Capacity Development on Coastal Protection and Rehabilitation.
http://www2.jica.go.jp/ ja/evaluation/pdf/2011_1100599_1_s.pdf (accessed 20.06.14).

PART V
재난 후 재건

CHAPTER 27 인도양 지진해일로부터의 재건 :
인도네시아와 스리랑카에 대한 사례연구 및
'Build Back Better(더 잘 짓자)' 철학

1. 서 론

인도양 지진해일은 세계역사상 지금까지 기록된 엄청난 재앙 중 하나이다(1장 참조). 인도네시아와 스리랑카는 가장 많은 피해를 본 국가로, 사상자 수는 각각 166,000명과 35,000명을 넘어섰다.

지진해일 이후 양국은 재난대응, 구호, 복구, 재건측면에서 큰 노력을 기울여왔다. 그러나 각국마다 다른 피해 형태를 보였으므로, 그 나라 고유의 사회적, 경제적 특성을 고려하여 각각의 사례에서 그 나라만의 다른 재건경로(再建經路)를 선택하였다. 그렇지만 특히 개발도상국에 대규모 재난 후의 재건과정은 보다 안전한 사회를 조성(造成)할 수 있는 기회로 여겨지는 경우가 많다.

이 장에서는 인도네시아와 스리랑카의 2004년 인도양 지진해일 재난 이후 도시재건, 주택 이주, 재난 리스크 관리를 위한 조직 재정비와 관련하여 최근 국제재난복구지역에서 인기를 얻고 있는 'Build Back Better(더 잘 짓자)' 철학(Davis 등, 2015)에 대해서 알아보겠다.

2. 인도양 지진해일 개요 - 인도네시아와 스리랑카

2004년 12월 26일 인도네시아 수마트라섬 앞바다에서 모멘트 규모 9.1의 강진(强震)이 발

생했다. 이 지진으로 인도양 전역에 커다란 지진해일이 발생하여 인도네시아, 태국, 스리랑카, 인도, 일부 동아프리카 국가를 포함하여 연안지역은 엄청난 피해를 입었다(1장 참조).

2.1 인도네시아

인도네시아에서는 지진해일이 내륙 안 몇 킬로미터까지 내습(來襲)하여, 수천 개의 건물을 쓸어버렸고, 도로, 전기, 상수도(上水道) 및 통신과 같은 도시기반시설과 교육, 보건, 공공교통과 같은 공공서비스에도 피해를 보았다.

BRR[1] 보고서(BRR NAD-Nias, 2008)에 따르면 인도네시아에서는 16만 6천 명 이상의 사람들이 사망하거나 실종되었으며 약 1,500km의 해안선이 피해를 입었다(Matsumaru, 2010).

반다아체(Banda Aceh) 해안지역을 강타한 지진해일고(津波高)는 6~12m, 수마트라(Sumatra) 서부를 내습한 지진해일고는 15~30m로 높았다(연구그룹, 2005, 1장 참조).

반다아체시에서만 그 당시 인구수의 거의 10%에 해당하는 약 1만 5천 명의 사람들이 사망하거나 실종되었다. 많은 주택이 피해를 입고 파괴된 결과, 많은 지역주민이 그들의 원래 살던 거주지에서 장기간 다른 지역으로 이동하게 되었다. 이번 재난으로 인도네시아에서 대피한 사람 수는 최고 50만 명에 달했는데, 그들 중 많은 수가 반다아체시에서부터 대피한 사람들이다(DRI, 2005).

지진해일은 지진 발생 후 약 30분에서 1시간 내에 발생했지만, 많은 반다아체 지역의 많은 주민들은 그러한 재난에 관한 전반적인 인식이 부족하여 지진해일에 대한 준비가 되어 있지 않아 제때에 대피할 수 없었다(11장 및 28장 참조). 또 반다아체 해안선 부근 주택지 근처에 대피하기에 적절한 고지대(언덕)(高地帶)가 없어 재난으로 인한 인명손실을 가중(加重)시켰다.

피해규모는 46.5조 Rp(루피아, Rupiah)(4조 2천억 원, 2019년 6월 기준)(BAPPENAS, 2005; Bank Indonesia, 2005)로 아체 지방의 총 지역 생산액인 50.4조 Rp(루피아)(4조 5천억 원, 2019년 6월 기준)와 거의 같다(Badan Pusat Statistik, 2015). 그러나 2004년부터 2006년까지 인도네시아 전체를 살펴보면 인도네시아의 국내총생산(GDP) 중 반다아체 경제의 비중이 상대적으

---

1   BRR : 아체 - 아스 복구재건청(復舊再建廳)(Badan Rehabilitasi dan Rekonstruksi NAD-Nias, 인도네시아어)의 약자(略字)로 인도양 지진해일 후 인도네시아에서 2005년 설립되었다.

로 낮아 큰 영향을 미치지 않았다(Bank Indonesia, 2005).

2.2 스리랑카

지진해일은 지진 발생 후 약 2~3시간 후 스리랑카에 도착했는데, 지진해일고는 서해안을 따라 3~10m, 동해안에는 5~15m의 높이이었다(1장 참조). 스리랑카 전해안선의 3/4이 영향을 받았는데, 다시 말해 스리랑카 해안선을 가진 전체 14개 구(區, District) 중 총 13개 구가 영향을 받았다(스리랑카는 전체 25개 구로 이루어져 있다).

총 사상자 수(사망 및 실종)는 약 3만 5천 명에 이르렀으며 한 때 42만 5천 명이 넘는 사람들이 내륙으로 대피하였다(UNOCHA, 2005). 인도네시아 지진해일에 비해 스리랑카를 강타한 지진해일 파고(波高)는 작았고 침수지역도 전반적으로 비교적 제한적이었다. 그러나 전해안선(全海岸線)의 4분의 3이 영향을 받았기 때문에 중앙정부가 발령(發令)한 비상사태를 통해 스리랑카 전역에서 대응활동과 구호활동을 진행하였다.

2.3 영향의 비교(사상자(사회적) 및 경제적 피해)

인도네시아와 스리랑카 재난의 영향을 구(區), 주(州), 지방, 지역 및 전국 인구 대비 사상자 비율과 지역 내 총생산(GRDP, Gross Regional Domestic Product)[2] 대비 경제적 피해비율이라는 2가지 지표를 가지고 비교했다. 표 1은 각 국의 여러 인구지표에 대한 사상자의 비율을 보여준다.

시(市)와 구(區) 차원인 경우 인도네시아는 스리랑카보다 사상자 비율이 더 높았고, 이는 인도네시아의 지역차원에서 발생한 재난영향이 더 컸음을 시사한다. 반면 국가 차원에서 인도네시아 사상자 비율은 전인구의 0.08%에 불과했지만 스리랑카에서는 0.19%로 스리랑카에서 훨씬 큰 영향을 미쳤다.

---

2   지역내총생산(地域內總生産, GRDP, Gross Regional Domestic Product) : 시·도단위별 생산액, 물가 등 기초통계를 바탕으로 일정기간 동안 해당 지역의 총생산액을 추계하는 시·도 단위의 종합경제지표를 말하며, 지역내총생산이 높다는 것은 그 지역 재정자립도가 높다는 것을 의미하고 반대로 지역내총생산이 낮다는 것은 재정자립도가 낮아 중앙정부의 지원이 필요하다는 것을 의미한다.

표 1 사상자 비율 비교

구분	시(市)/구(區) (%)	주(州)(%)	지역(%)	국가 (%)
인도네시아				
코타반다아체(Kota Banda Aceh)	8.65			
아체베사르(Aceh Besar)	36.20	4.13	0.38(수마트라섬)	0.08
아체바라트(Aceh Barat)	9.16			
나간라야(Nagan Raya)	1.57			
스리랑카				
물라티부(Mullaitivu)	2.47	0.65		
암파라(Ampara)	1.85	1.08	—	0.19
갈(Galle)	0.47	0.52		
함반토타(Hambantota)	1.02			

출처 : Matsumaru (2010).

인도네시아 사망률의 큰 차이는 지역 및 국가측면에서 볼 수 있다. 코타 반다아체(반다아체시)에서는 인구의 약 10%가 지진해일로 인해 사망했기 때문에 지진해일이 인도네시아에 미치는 영향은 작았지만 반다아체 지역경제는 황폐화되었다.

반면 스리랑카는 물라티부구(Mullaitivu District)와 같은 최악의 피해를 입은 지역에서도 사상자 비율이 그 지역 인구수의 2.5%에 불과하여 반다아체의 사상자 비율과 비교하면 상대적으로 적었다.

지진해일의 경제적 영향을 논의하기 위해, 표 2와 같이 각 지역의 지역 내 총생산에 대한 경제적 피해비율을 계산했다.

표 2 지역 총생산에 대한 경제적 피해의 비율 비교

구분	주(州)(%)	지역(%)	국가 (%)
인도네시아			
아체	92.3	9.4(수마트라섬)	2.1
스리랑카			
북부	26.5		
동부	35.6	—	4.8
서부	1.5		
남부	17.2		

출처 : Matsumaru (2010).

표에서 보는 바와 같이 경제적 피해 특성은 인명손실 특징과 흡사하다. 인도네시아에서는 지역적 영향과 국가적 영향에 큰 차이가 있다. 또한 표에서 볼 수 있듯이 인도네시아 국내총생산(GDP)의 2.1%에 불과한 경제적 피해는 지역 내 총생산(GRP, Gross Regional Product)과 거의 동일하다. 그러나 스리랑카의 경우 경제적 피해 비율은 인도네시아의 경우보다 적었지만, 국가적 차원에서는 GDP의 4.8%를 차지했다. 이러한 비교로 볼 때, 인도네시아에서는 실제적으로 지역적 차원의 피해는 매우 컸던 반면, 스리랑카는 전국적 차원에서의 피해가 훨씬 컸다.

한 국가로서 인도네시아의 지역과 국가적 차원에서의 큰 재난영향 차이는 정부와 국민 사이에 각기 다른 차원의 재난에 대한 인식(認識) 차(差)를 보였다. 인도네시아의 지진해일은 비록 재앙이었지만 많은 사람은 국가적 규모로 볼 때 실제로 큰 영향을 미치지 않는 '매우 큰 지역 재난'으로 보았다. 그와는 반대로 스리랑카에서는 인도네시아와 비교할 때, 재난영향에 대한 지역과 국가적 차원 사이에 관한 인식의 차이가 훨씬 작다는 것을 발견할 수 있다. 이처럼 지역적 차원과 국가적 차원 간의 차이가 작으면 재난 이후 다양한 수준을 가진 중앙 공무원이 재난인식의 조정, 재구성 및 개선을 더 쉽게 할 수 있다.

3. 지진해일 재건에서의 'Build Back Better(더 잘 짓자)' 개념

3.1 재건에서의 'Build Back Better(더 잘 짓자)' 개념

UNISDR[3]에 따르면 재난 발생 후의 '복구'는 '재난 리스크요인을 줄이기 위한 노력을 포함하여 재난 피해를 입은 지역사회의 시설, 생계(生計) 및 생활조건을 적절하게 복원 및 개선'으로 정의한다(UNISDR, 2009). 그러나 재난복구는 매우 복잡한 과정이며 '복구'에 대한 이해는 이 용어를 사용하는 사람마다 다를 수 있으며, 이 용어를 사용하는 상황에 따라 변화할 수 있다.

또한 이 정의는 복구과정에서 서로 다른 단계를 특별히 구분하지 않는다. 일본의 경우 복구과정은 보통 '원상회복(原狀回復)' 단계와 '재건(再建)' 단계로 구분한다. 원상회복 단계는 재

---

[3] 유엔재해위험감소사무국(UNISDR, United Nations Office for Disaster Risk Reduction) : 유엔재해위험감소사무국(UNISDR, 현재는 UNDRR로 부름)은 1999년 12월에 창설되었고, 국제재난경감을 목적으로 조직된 국제기구로 UN 사무국의 통제를 받는 국제재난경감전략을 총괄하는 국제기구이다.

난 피해를 입은 지역의 경제적, 사회적 기능을 회복하기 위한 사회기반시설과 편의시설의 신속한 보수로 이해되며, 사회기반시설과 편의시설에 따라 몇 주 또는 1년 이상이 걸릴 수 있다(MILT, 2010; MAFF, 2011). 이후 재건단계는 리스크 요소 저감과정 외에 피해를 입은 지역사회의 물리적 개선뿐 아니라 생계회복, 경제 및 산업, 문화 및 전통 환경 등의 부흥을 포함하는 장기적 복원으로 간주한다. 따라서 2가지 원상회복과 재건과정에서 'Build Back Better(더 잘 짓자)'라는 개념을 반추(反芻)하면서 재난 피해를 입은 지역의 복원성 향상을 항상 고려하여야 한다(그림 1).

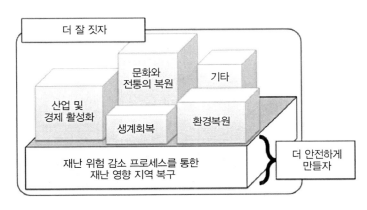

그림 1 'Build Back Better(더 잘 짓자)'의 개념에 대한 이미지

현재 'Build Back Better(더 잘 짓자)' 개념은 널리 인식되고 있으며, 일반적으로 재난 이전보다 더 복원성(復元性)을 갖는 사회를 조성하려는 시도이다. 이는 일반적으로 사회기반시설의 물리적 복원, 생계와 경제/산업의 활성화 및 지역문화 복원을 포함하는 재건과정에서 구조적 및 비구조적 대책의 최적결합을 통한 재난 리스크 저감대책 실행을 통해 이루어진다(25장과 28장 참조).

3.2 지진해일 재난으로부터의 재건과 'Build Back Better(더 잘 짓자)'

위험(Hazard) 유형에 따라 'Build Back Better' 재건을 위한 다른 접근법이 필요하다. 지진해일, 폭풍해일, 범람에 따른 피해는 주로 침수로 인한 것이기 때문에 지역의 지형적 조건이 피해유형에 크게 영향을 미친다. 이런 의미에서 지진해일은 구조적 대책을 세워 어느 정도

통제할 수 있어(15~19장, 25장 및 29장 참조), 지진해일 예·경보 시스템이 갖춰지면 주민들은 대피할 어느 정도(제한적) 시간을 가질 수 있다.

지진해일 재난의 이러한 특성을 고려할 때 'Build Back Better' 관점에서 특히 저지대 침수지역인 경우, 안전한 지역으로 이주(移住)는 미래 재난의 재발(再發)을 회피하기 위한 최선의 선택일 것이다. 그러나 이주는 특히 해안지역이나 바다에서 생계를 이어가는 사람들의 삶에 큰 영향을 미칠 수 있다. 게다가 이주(移住)가 철저하게 계획된 방식으로 이루어지지 않는다면, 기존사회의 유대(紐帶)를 파괴할 수 있다. 따라서 이주(移住)를 선택사항으로 고려할 때, 지역사회를 유대뿐만 아니라 생계손실을 보상할 수 있는 대책을 고려하는 것이 중요하다.

또 다른 경우 지진해일 피해지역에서 재건(再建)이 일어날 것이다. 'Build Back Better' 철학을 염두(念頭)에 두고 그런 지역을 재건하기 위해서는 지역사회의 안전성과 복원성을 향상시켜야만 한다. 예를 들어, 이것은 특정수준의 지진해일 방재(防災)를 위한 구조적 대책 실시와 조기 예·경보 시스템(11장 참조), 토지이용규제 시행 또는 지반고(地盤高) 증고(增高)(25장과 29장 참조)로 달성할 수 있다. 구조적 대책의 설계수준은 각 지역 및 국가의 경제상황 및 역량(力量)에 달려 있다(25장 참조).

4. 도시재건

4.1 일반

'Build Back Better' 개념의 적용은 인도네시아와 스리랑카에서 모두 볼 수 있었지만, 시도된 도시재건 형태에서 큰 차이를 발견할 수 있다.

인도네시아 아체주(州)의 주도(州都)인 반다아체시는 이번 재난으로 큰 피해를 입었다. 지진해일이 해안가의 주택지역을 파괴시켰고, 인도네시아 정부는 도시의 공간구조계획에 변화를 도입함으로써 근본적인 도시구조 변화를 시도했다.

반면 스리랑카에서는 지진해일의 큰 피해를 받은 해안가에 위치한 일부 도시(즉, 히카두와(Hikkaduwa)와 함반토타(Hambantota))조차도 새로운 도시계획이나 토지이용규제(土地利用規制) 등 근본적인 도시공간계획 변화를 위한 대책은 거의 전무(全無)한 실정이다. 해안가 주택의 재건축을 통제하고 장래 재난의 피해를 경감하기 위하여 장소에 따라 내륙으로 폭 100~

200m인 완충지구(또는 '건축 및 주거금지' 지대)만을 지정하였다. 그러나 2006년 그 완충지구도 단지 해안선에서 35m 이격된 내륙까지로 완화시켰다.

따라서 이 절(節)의 나머지 부분을 통해 도시재건에 대한 논의는 주로 반다아체 시의 경우에 초점을 맞출 것이다.

4.2 반다아체시의 도시재건

인도네시아 정부는 미래 재난에 대비한 안전한 도시를 만들기 위해 먼저 해안을 따라 완충지구 개념을 이용한 토지이용규제를 시행하려고 했다. 그러나 도시계획을 시행하기 전, 빨리 지진해일 이전의 생계를 이어가려는 일부 피난민들은 그들이 원래 살던 장소로 되돌아왔다. 따라서 원계획(原計劃)은 수정해야만 했다(Matsumaru 등, 2012).

4.2.1 도시구조

재난 직후부터 보다 안전한 도시를 건설하기 위한 도시재건계획을 BAPPENAS[4]의 주도(主導)하에 시작하였다. 2005년 1월 '블루프린트(Blueprint)'로 언급된 도시재건축계획의 개요를 발표하였다. 블루프린트에서 도시를 여러 지구(地區)로 나누었다. 해안선으로부터 약 2km 이내에 있는 지구를 '완충지구(緩衝地區, Buffer Zone)'라고 부르며 그 안의 주택건축은 제한되었다. 2005년 3월 JICA(일본국제협력기구)는 반다아체(Banda Aceh)의 도시계획수립에 착수했고, 2004년 지진해일로 재앙적인 피해를 입은 지역의 건축과 경제활동을 제한함으로써 기본적으로 이러한 지구개념(地區槪念)을 따랐다.

한편, 주민들의 조기(早期) 주택 재건축 요청에 따라 USAID(미국국제개발처)[5]와 다른 기부단체(寄附團體)의 지원으로 2005년 5월에 '빌리지 플랜(Village Plan)'이라는 지역사회 차원의 재건축 계획에 착수하였다. 이 계획을 수립하기 위한 참여 계획과정에서 지진해일 발생 전 거주하였던 원래 마을로 되돌아가려는 주민의 의향과 희망을 존중했고, 지역주민이 그 계획

---

4   BAPPENAS(Badan Perencanaan Pembangunan Nasional) : 인도네시아 국가개발기획원(State Ministry of National Development Planning of Indonesia)

5   미국국제개발처(美國國際開發處 USAID, United States Agency for International Development) : 기존의 미국 대외원조기관인 국제협력국과 개발차관기금을 통합하여 국무성에 설치한 비군사적인 원조프로그램 수행기관이다.

에 동의하면 BRR(아체-아스 복구재건청)이 같은 곳에서 살 수 있도록 승인했다. 그 결과 2004년 지진해일로 침수되었던 지구에 많은 주택이 재건축되어 블루프린트 내 제한구역으로 지정된 지구(그림 2)가 미래 지진해일에 취약한 주거지역으로 또다시 재현(再現)되었다.

이런 상황에서 지구제(地區制, Zoning)[6]를 통해 활동을 규제하는 'Build Back Better'라는 원래 개념은 변경해야만 했다. JICA(일본국제협력기구)는 이러한 변화를 감안하여, 방재(防災) 또는 감재(減災) 대책을 통해 해당지역의 안전을 보장하기 위한 재건축 마스터플랜 내의 대피도로(待避道路) 및 시설배치 등과 같은 해안지역에서의 일부 대책을 검토, 제안 및 수립하였으며, 2005년 12월에 이 계획을 최종발표하였다(그림 3).

그림 2 해안을 따라 재건축된 주택(2011년 8월 사진 촬영)

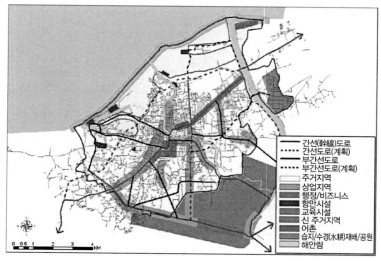

그림 3 마스트플랜에서 제안된 토지이용계획(출처 : JICA, 2005)

---

6   지구제(地區制, Zoning) : 지역사회를 여러 가지 용도지구로 구분하여 그 지역의 특성에 맞게 규제 등의 조치를 가하는 토지이용 규제제도이다.

4.2.2 해안지역의 대피경로 네트워크

위에서 언급한 바와 같이 지진해일 피해지역 내 주거 및 경제활동은 모두 허용되었고, 반다아체해안을 따라 아직 지진해일 방재구조물(지진해일 방조제 또는 해안제방)이 건설되지 않았기 때문에 인명손실을 최소화하기 위해서는 대피가 필수적이다. 따라서 대피경로 네트워크(그림 4)는 지역주민센터와 함께 재건계획으로 제안되었으며, 지역주민센터는 지진해일 대피소 역할도 한다.

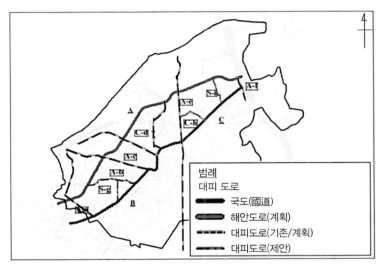

그림 4 마스터 플랜에서 제안된 대피경로 네트워크(출처 : JICA, 2005)

그러나 그림 4에서 볼 수 있듯이 대피경로 네트워크는 2004년 지진해일로 침수된 국도(國道)까지만 연장되며(점선 표시), 단 하나의 지정된 기존 대피경로만이 내륙 안쪽과 연결된다(파선 표시). 그러므로 이 지역의 인구를 대규모로 안전하게 대피시킬 때 네트워크의 범위는 불충분하다(그림 5 참조).

더욱이 피난민들이 국도에 도착할 때 북동쪽이나 남서쪽 방향으로 이동할 것으로 예상된다. 그러나 도로가 해안선과 평행을 이루기 때문에 이 방향들은 지진해일을 대피하는 데 도움이 되지 않는다. 게다가 사람들은 도보(徒步)뿐 아니라 자동차 또는 오토바이로도 대피하여(28장 참조) 극심한 교통체증을 겪을 가능성이 높다. 그러므로 안전한 대피 시스템 수립을 위한 측면에서 보면, 도로 네트워크를 개선시켜야 한다는 것은 분명하다(그림 4의 일점쇄선).

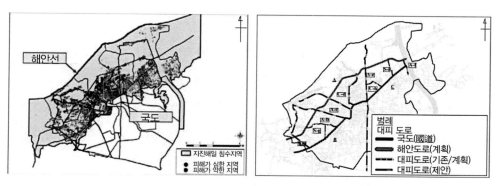

그림 5 침수지역과 대피경로 네트워크의 비교. 좌측 그림의 연한 회색 영역은 2004년 지진해일로 침수된 지역을,
우측 그림은 제안된 대피경로 네트워크를 나타냄(출처 : Matsumaru 등, 2012)

4.2.3 지진해일로부터 대피하기 위한 지역사회 차원의 도로 네트워크

지역사회 재건 차원으로 볼 때, 일부 마을은 해안에서 약 1km 떨어진 블랑오이 마을(Blang Oi Village)과 동일 형태의 토지구획(土地區劃)과 도로를 사용하여 재건하였다(그림 6).

출처 : 구글 어스(Google Earth)에 근거하여 저자(著者)가 준비   2008년 8월

그림 6 반다아체 해안 근처의 블랑오이 마을

그림 6에서 볼 수 있듯이 도로는 좁고(약 5m) 구불구불하며, 기본적으로 이런 형태의 재건은 미래 재난에 대한 취약성을 저감시키지 못하는 불리한 조건을 재현한다. 도로 연결 상태가 좋지 않아 자동차나 오토바이를 이용할 때 간선도로까지의 최단거리를 잡을 수 없고, 지진 시 붕괴된 건물이 도로를 차단할 수 있어 원활한 대피가 어렵다. 반다아체시의 해안지역 근처 일부 재건축된 주거지역들은 블랑오이에서 보이는 패턴을 따르므로 미래 지진해일 사건에 취약한 채로 남아 있다. 따라서 이러한 지역의 안전성을 분석한 후 가능한 빨리 개선해야 한다.

5. 주택이주

5.1 개요

지진해일 피해자들은 지진해일 이전 살던 지역에서 그들의 집을 잃고 다시 재건축이 허용되지 않아 공동주택 이주지역으로 옮겨야만 했다(자주 '지진해일 마을'로 언급함). 양국의 재난 피해자들은 토지 소유권(국가)이 있는 집을 보통 아무런 비용도 지불하지 않은 채 무상양여(無償讓與)받았다.

지진해일 영향을 받지 않는 내륙이나 언덕에 개발된 인도네시아와 스리랑카 이주지역은 보통 피해자들이 원래 살던 곳에서 다소 떨어진 곳이었다. 따라서 이런 곳으로 이주한 피해자들은 전혀 다른 환경에서 생활해야 했고, 이주지의 새로운 여건에 맞춰 생활해야 했다. 그러나 저자와 공동주택 거주자와의 인터뷰에 따르면 부족한 대중교통 또는 안정된 소득을 얻기 어려운 점 등의 불만이 있었지만 대체로 현재의 생활여건에 만족하고 있었다.

5.2 인도네시아의 반다아체

이 절은 다른 재건형태와 특징을 보여주는 2개의 이주지(移住地)인 라부이(Labuy)와 판테리에크(Pante Riek, 그림 7)를 중점적으로 다루었다.

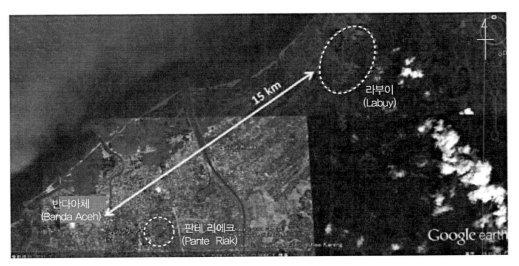

그림 7 판테리에크와 라부이의 위치

라부이는 반다아체(Banda Aceh) 중심에서 북동쪽으로 약 15km 떨어진 언덕에 위치해 있으며 자동차로 30분 이상 걸린다. 일부 기부단체는 정부가 제공한 부지에 주택단지(住宅團地)를 건축했고, 사람들은 2007년에 그곳으로 이주하기 시작했다(ADB/BRR NAD-Nias, 2007a, b). 건축된 주택은 보통 2개의 공간, 즉 주거공간(住居空間)과 부엌을 가지고 있다. 주택과 토지는 모두 이주민에게 무상(無償)으로 제공되었다.

주택단지가 언덕에 입지함에 따라 미래 지진해일에 대비한 안전을 확보하면서, 이주민들은 2008년과 2011년 실시한 저자들과의 인터뷰에서도 전반적으로 양호한 생활 만족을 나타냈다. 그러나 이주민들은 이주지가 시내 중심에서 멀리 떨어져 있어 일정 거리를 걸어야만 하거나 간선도로로 가는 교통서비스를 받아야 하는 부족한 대중교통 부족에 불만을 표시했다. 따라서 간선도로와 연결하는 보조 교통수단으로 베크(Becak, 소형 전동 3륜 차종)나 1인용 오토바이와 같은 개별 수송 서비스를 제공되고 있다.

판테리에크(Pante Riek)는 지진해일 이전 이주민들이 살았던 해안선으로부터 약 4km 떨어진 아체 강(Aceh River)을 따라 입지하고 있다. Nakazato 등(2008)의 보고서에 따르면 2008년 3월(조사를 실시한 때) 이주지(移住地) 생활에 대해 주민들이 대체로 만족하고 있는 것으로 나타났으며, 2011년에도 저자의 조사를 통해 같은 경향으로 나타났다. 그렇지만 2011년 조사에서 일부 주민들은 대중교통이 불충분하다는 견해를 표명했다. 그러나 판테리에크는 반다아체시 시내 중심과 비교적 가까운 곳에 위치하고 있어 필요한 활동과 자원을 확보하기 쉬워 주민을 위한 대중교통은 라부이 이주지에 비교하여 중요한 이슈가 아니다.

판테리에크 이주지로 이주한 사람들과의 인터뷰에 따르면, 거주 가능한 장소에 대한 선택권을 없었고, 대부분은 그들이 이주한 장소를 받아들여야만 했다. 위에서 언급한 바와 같이 판테리에크는 반다아체 시내 중심에서 15km 떨어진 라부이보다 가깝고 더 편리한 장소에 있었다. 따라서 분명히 이주과정(移住過程)의 이주민들 사이에 불평등한 요소가 도입되었는데, 이런 불평등(不平等)은 재난 이전에는 모두 똑같이 편리한 장소에서 살았기 때문에 존재하지 않았다. 재난 발생 후 재활성화(再活性化)는 매우 민감한 과정이며, 적은 차이라도 재난 피해자들에게 큰 부정적인 영향을 미칠 수 있다. 따라서 일자리와 자원에 접근하기 위한 높은 교통비용이나 편의성 측면에서, 불평등은 지진해일 피해자들의 삶을 재건하기 위한 노력에서 공정성을 보장하기 위해 피해야만 하는 이슈이다.

이주지의 생계활동과 자원에 접근하기 위한 교통문제는 반다아체에만 있었던 독특한 이슈가 아니라, 이 장에서 언급한 것처럼 인도네시아와 스리랑카의 다른 지역에서도 볼 수 있었다.

5.3 스리랑카에서의 일본 - 스리랑카 우정의 마을

스리랑카에서는 지진해일 재난 이후 공동주택(共同住宅) 이주지역(移住地域)을 많이 조성하였는데, 때때로 내륙 또는 바다로부터 이격시켜 개발하였다. 이주지(移住地)로 강제 이주된 사람들은 대개 이전에 해안선에 가까이 살면서 생계를 위해 바다에 의존했던 사람들이었다. 이들이 강제 이주된 이유 중 일부는 앞에서 서술한 해안서으로부터 폭 100~200m 이내로 지정된 건축·주거금지지구(建築·住居禁止地區)와 관련이 있다.

인도네시아의 경우와 마친가지로 스리랑카 정부는 NGO(非政府機構, Non-governmental Organization)[7]와 민간부문을 포함한 국내 및 국제기부단체와 함께 많은 이주마을을 조성했다. 이러한 이주마을들 중, 동부주(東部州)의 트린코말(Trincomale)과 암파라(Ampara)구(區)의 두 이주마을은 2007년에 개장된 '일본-스리랑카 우정의 마을(JSFVs, Japan Sri Lanka Friendship Villages)'로 알려진 일본펀드에 의해 개발되었다(주택 및 사회기반시설).

JSFVs는 지진해일 이전에 주민들이 살았던 해안지역에서 몇 km 떨어진 곳에 입지하고 있다. 각 마을에 약 240동(棟)의 주택이 건설되었고 2014년에 거의 90%가 채워졌는데, 당시 JSFV에 살고 있던 대부분 사람은 마을이 조성(造成)했을 당시 이주한 사람들이었다. 이 마을에 대해 언급해야 할 한 가지 사실은 일정한 건축용지(建築用地)가 특정 종족집단에 할당되었으므로 서로 다른 종족집단들이 평화롭게 함께 살고 있다는 사실이다. 스리랑카의 동부지역에 여러 종족이 존재하였지만, 2004년 인도양 지진해일 이전에는 그들은 같은 지역사회 내에 함께 살고 있지 않았다. 2004년 인도양 지진해일 이후에는 JSFVs의 부지(敷地)는 제한되어 있어 이슬람교도(스리랑카 무어인, Sri Lanka Moor)와 타밀인과 같은 다른 종족끼리 같은 마을에 살아야만 했다.

---

7 NGO(非政府機構, Non-governmental Organization) : 정부기관이나 정부와 관련된 단체가 아니라 순수한 민간조직을 총칭하는 말로, 비(非)정부기구나 비(非)정부단체라 부르며, 넓은 의미에서 반드시 국제 활동을 벌이는 단체를 말하는 것은 아니며, 정부운영기관이 아닌 시민단체도 NGO에 해당된다.

2014년 인터뷰한 주요 정보제공자들(즉, JSFVs의 지역사회조직(CBO, Community Based Organization) 지도자들)은 현재 생활환경, 특히 지진해일에 대한 안전성에 만족한다고 설명했다. 그러나 이들은 대부분 생계(生計)를 바다에 의존하고 있으므로 생계유지에 문제가 있으며 기반시설과 공공서비스가 미흡하다는 의견을 말했다. 분명히 건기(乾期)에는 식수이용에 문제가 있고, 대중교통의 부족으로 각종 생계활동과 자원에 접근하기 어려운 경우도 있다고 언급했다.

해안 근처에서 가장 안전한 지역은 이미 개발되어 있어 일반적으로 지진해일로부터 안전한 신규공동주택을 신축하기 위해 해안 근처 부지를 확보하는 것은 어려웠다. 지진해일에 대한 안전성을 향상시키기 위해 내륙이나 구릉지역(丘陵地域)을 개발하는 것도 이해할만 하고 실용적이다. 그러나 인도네시아와 스리랑카의 양쪽 이주지에서 공공서비스 제공 부족(특히 교통문제 등)에 관한 이슈는 재난 피해자의 생계를 회복하고 'Build Back Better' 정책의 성공을 가로막는 걸림돌이 될 수 있다.

6. 재난 후 재건을 위한 조직적인 정비 및 재난 리스크 저감

재난 발생 후 양국(兩國)에서 일어난 2가지 공통점은 바로 미래 재난을 대비하기 위한 재건조직과 국가재난관리기관 설립이었다.

6.1 재건조직 설립

인도네시아에서는 재난 발생 후 기능을 상실한 지방자치단체 대신 모든 재건문제를 다루는 전담기관으로 아체지역 BRR(아체-아스 복구재건청)을 설립하였다. 전담기관인 아체지역 BRR은 프로젝트 조정과 실행 모두에서 효과적으로 기능한 것으로 여겨진다(ADRC, 2013).

반면 스리랑카에는 국가재건태스크포스(TAFREN, the Task Force for Rebuilding the Nation)로 불리는 재건조직을 설립하였다. 그러나 TAFREN의 기능은 중앙정부조직 체계 안에서 재건문제를 담당하였으므로 주택의 재건축과 이주에만 국한되었다(Matsumaru, 2010).

6.2 국가차원의 재난 리스크 관리기관에 대한 개선

일반적으로 재난 피해지역에서만 재건노력이 이루어졌다. 따라서 'Build Back Better'라는 개념은 대개 재난피해지역에만 적용된다. 그러나 경우에 따라서는 재난사건이나 재건과정으로부터 배운 교훈 및 습득한 기술을 다른 지역의 제도적 체계의 재정비나 재난 리스크 저감 대책에도 적용하였다. 이러한 노력 또한 사회 전체와 국가를 위한 'Build Back Better' 개념의 일부로 인정된다.

인도네시아에서는 2008년 기존 국가재난관리조정위원회(BAKORNAS, National Disaster Management Coordinating Board)의 기능을 확대하여 인도네시아 국가재난관리위원회(BNPB, Indonesian National Board for Disaster Management)를 설치하였다.

마찬가지로 이번 재난은 스리랑카가 겪은 역사상 최악의 재난이었기 때문에 재난관리정책에도 큰 영향을 미쳤다. 패러다임이 대응중심의 재난관리에서 예방/저감 중심의 접근으로 전환되었다. 스리랑카 정부는 이 패러다임으로 재난에 강한 사회전반을 구축하는 데 필요한 의지를 보여 설립을 위한 재난관리법을 제정(制定)하였다.

재난 발생 후 6개월 이내, 재난 리스크 관리와 관련된 계획 및 활동의 결정을 위한 실행조직으로 재난관리센터를 설립하였다. 또한 스리랑카 정부는 재난 리스크 저감 필요성에 대한 사람들의 인식을 확실히 각인(刻印)시키기 위해 12월 26일을 인도양 지진해일 발생일(Indian Ocean Tsunami Disaster)을 국가안전일(National Safety Day)로 지정하였다(Matsumaru, 2010).

7. 결론

이 장에서는 인도양 지진해일 재난 이후 인도네시아와 스리랑카의 재건과정을 도시재건(都市再建), 주택이주(住宅移轉), 조직재정비(組織再整備)의 3가지 사례를 통해 검토하고 비교하였다. 이 검토를 통해 몇 가지 공통된 특징을 발견하였다.

자연재난으로 인한 전 세계(全世界) 사상자의 거의 90%가 아시아, 특히 취약한 개발도상국에 집중되어 있다(ADRC, 2013). 재난은 보통 사회의 가장 취약한 부분에서 발생하며 재난이 빈번한 지역에서 'Build Back Better'라는 개념을 적용하여 빈곤의 악순환을 탈피(脫皮)할 필요가 있다(12장 참조). 이 장(章)에서의 검토결과 양국의 재건과정에서 재난에 대한 강력하고 탄력적인 거주지와 사회를 건설하려는 강한 의지를 발견할 수 있었다. 일반적으로 재난피해 지역에서의 안전한 환경조성은 기반시설, 경제/산업, 생계 및 지역문화 사이의 균형 잡힌 계획이행과 함께 재난 리스크 저감대책 실행을 통해 이룰 수 있다. 그러나 인도네시아와 스리랑카인 경우 재난 발생 후 구조적 대책은 실제로 이루어지지 않았고, 재건은 토지이용규제, 이주(移住) 등 비구조적 대책의 이행에 초점을 맞추었다. 게다가 정부는 안전에 중점을 두는 경향이 있었고, 생계회복을 위한 노력은 널리 입증되지 않았다. 한편, 재난피해 지역을 넘어서 전국적으로 안전한 사회를 만들기 위한 'Build Back better' 개념은 재난 리스크 저감을 위한 국가 차원의 조직을 재정비하는 형태로 볼 수 있었다.

일반적으로 대규모 재난이 발생한 후에야 사람들은 대응(對應)과 복구(復舊)에 많은 예산을 투입(投入)하며 피해지역에 관심을 기울인다고 알려져 있다. 재난 이전의 예산투입이 바람직하지만 개발도상국인 경우, 그러한 리스크가 실제로 현실화되기 전에 재난 리스크를 줄이기 위한 예산을 투입은 극히 어렵다. 그 이유는 일반적으로 이용 가능한 제한된 재정상태(財政狀態)에 다양한 다른 필수예산(必須豫算)과 경쟁해야만 한다. 따라서 재난 후의 예산투입은 특정지역을 크게 개선할 수 있는 유일한 기회이므로, 재건과정에서 'Build Back Better' 개념은 이 과정의 원동력으로 제공해야 한다. 앞서 언급했듯이 양국(兩國) 정부는 우선 토지이용을 규제함으로써 보다 안전한 도시를 만들기 위해 노력했다. 그러나 특히 반다아체의 경우는 도시계획이 완료될 때까지 기다릴 수 없었던 사람들이 지진해일 방재대책을 시행하지 않았는데도 지진해일 재난 전에 이전 거주지로 돌아가기 시작했다.

계획과정에는 일반적으로 시간이 소요(所要)되는 보다 안전한 지역을 만들기 위한 합의과정(合意過程)을 포함한다. 실행할 수 있는 추가적인 예방대책 없이 주택의 재건축만 허용된다면 미래 재난에 대한 취약성은 줄어들지 않는 상황이 올 수 있다. 이것은 재난재건에서 흔히 볼 수 있는 일종의 모순(矛盾) 또는 딜레마를 형성하는데, 이 경우 신속한 주택 재건축과 재난에 대한 안전한 주거지의 조성은 서로 대립(對立)한다.

1차 산업부문이 우세한 지역에서는 신속한 생계회복과 안전한 지역사회 조성 사이에서 또 다른 모순을 볼 수 있다. 이들 지역에서는 1차 산업부문 중단은 소득(所得)에 직접적인 영향을 미치기 때문에 재건축 시 생계회복이 우선(優先)시되어야 한다는 데 공감하고 있다.

그러나 만약 재난피해자들로 하여금 동일 장소에서 생계를 시작하도록 허용한다면, 분명히 그 지역에서의 미래 지진해일 사건에 대한 안전성을 보장하기 위한 대책을 시행하기 어려울 수도 있다.

이런 절충은 재건과정(再建過程)을 복잡하게 하므로 재건정책, 규제 및 대책을 시행하기 위해서는 정부의 강력한 리더십이 요구된다. 또한 재건과정의 지연(遲延)은 경제 및 사회활동의 회복에 부정적인 영향을 미칠 것이다. 이런 점에서 향후 재난이 예상되는 지역에 대해서는 기본적으로 재난이 실제로 발생하기 전에 재건을 계획하는 사전재난복구계획수립이 대비책으로 매우 필요하다.

참고문헌

1. ADB/BRR NAD-Nias, 2007a. Labuy Site Analysis Report (LSAR). ADB/BRR NAD-Nias, Indonesia.

2. ADB/BRR NAD-Nias, 2007b. Labuy urban satellite development plan. Executive Summary & Final Presentation Workshop Report and Action Plans. ADB/BRR NAD-Nias, Indonesia.

3. Asian Disaster Reduction Center (ADRC), 2013. Natural Disaster Data Book 2013. ADRC, Japan.

4. Badan Pusat Statistik, 2015. Gross Regional Domestic Product at Current Market Prices by Provinces, http://www.bps.go.id/eng/tab_sub/view.php?kat=2&tabel=1&daftar=1&id_subyek=52&notab=1 (accessed 5 March 2015)

5. Bank Indonesia, 2005. http://www.bi.go.id/web/en/Moneter/ (accessed 25 October 2011).

6. BAPPENAS and International Donor Community, 2005. Indonesia Preliminary Damage and Loss Assessment The December 26, 2004 Natural Disaster. BAPPENAS, Indonesia.

7. BRR NAD-Nias, 2008. Enriching the construction of recovery. Annual Report 2007. BRR NAD-NIAS, Indonesia.

8. Disaster Reduction and Human Renovation Institution (DRI), 2005. Banda Aceh tsunami disaster survey report on the Sumatra-Andaman earthquake. DRI Survey Report No. 13, 2005.

9. Davis, I., Geprgieva, K., Yanagisawa, K. (Eds.), 2015. Disaster Risk Reduction for Economic Growth and Livelihood : Investing in Resilience and Development, Routledge.

10. JICA, 2005. The Study on the Urgent Rehabilitation and Reconstruction Support Program for Aceh Province and Affected Areas in North Sumatra, Urgent Rehabilitation and Reconstruction Plan for Banda Aceh City. JICA, Tokyo, Japan.

11. MAFF (Ministry of Agriculture, Forestry and Fisheries), 2011. Sumiyakana Fukkyu ni Mukete [Toward Smooth Implementation of Rehabilitation], Tokyo, Japan. MAFF. http://www.maff.go.jp/j/nousin/bousai/bousai_saigai/b_hukkyuu/pdf/panfu.pdf (in Japanese) (accessed 25 October 2011).

12. Matsumaru, R., 2010. Influence of Social Characteristics on the Reconstruction Process after the Indian Ocean Tsunami Disaster. Doctoral Thesis, Yokohama National University, Yokohama Japan (in Japanese).

13. Matsumaru, R., Nagami, K., Takeya, K., 2012. Reconstruction of the Aceh region following the 2004 Indian Ocean tsunami disaster : a transportation perspective. IATSS Res. 36 (1), 11-19.

14. MILT (Ministry of Land, Infrastructure, Transport and Tourism), 2010. Saigai Fukkyuu Jigyou ni Tsuite [About Regarding the Works for Toward Disaster Rehabilitation], Tokyo Japan. MILT. http://www.mlit.go.jp/river/hourei_tsutatsu/bousai/saigai/hukkyuu/doc.pdf(in Japanese) (accessed 30

November 2014).

15. Nakazato, H., Murao, O., Sugiyasu, K., 2008. The livelihood problems in permanent house in Banda Aceh as of March 2008. Reports of the City Planning Institute of Japan No. 7, pp. 27–30 (in Japanese).

16. Research Group on The December 26, 2004 Earthquake Tsunami Disaster of Indian Ocean, The December 26, 2004 Earthquake Tsunami Disaster of Indian Ocean, 2005, Tokyo, Japan. http://www.drs.dpri.kyoto-u.ac.jp/sumatra/index-e (accessed 30 November 2014).

17. UNISDR, 2009. UNISDR Terminology on Disaster Risk Reduction. Geneva, Switzerland, ISDR. http://www.unisdr.org/files/7817_UNISDRTerminologyEnglish.pdf (accessed 30.11.14).

18. UNOCHA, 2005. OCHA Situation Report No. 5 (January 14, 2005). UNOCHA.

CHAPTER 28 2011년 동일본 대지진해일 이후 미야기현의 표지판, 기념비와 대피훈련

1. 서 론

미야기현(宮城県)은 2011년 동일본 대지진해일로 가장 황폐화된 지역 중 하나이다. 지진해일 사건이 발생한 지 몇 년이 지난 지금 대부분 잔해는 제거되어, 재건 징후는 있으나, 가장 심하게 타격을 입은 지역에는 재건을 위한 중요한 지역사회 복구의 흔적이 거의 없다. 현재 미야기현청(宮城県廳)과 개인이 지진해일 표지판(흔적고, 침수한계, 해수면상 표고 등을 표시) 설치와 같은 지진해일 위험정보를 제공하는 등 2011년 지진해일 발생을 계기로 재난인식을 유지하려는 여러 시도를 실행하고 있다.

일본 해안을 따라 과거 지진해일 사건을 나타내는 많은 표석(標石)이 있다. 예를 들어 Suppasri 등(2013)은 산리쿠 지역에 있는 표석에 대해 언급했다. 실제로 이 지역은 1896년 메이지−산리쿠(明治−三陸), 1933년 쇼와−산리쿠(昭和−三陸) 및 1960년 칠레 지진해일과 같은 3개의 큰 지진해일이 내습(來襲)했다. 이 지역은 리아스식 해안으로 지진해일 에너지는 쉽게 증폭할 수 있어(Suppasri 등, 2012), 이러한 사건들로 인해 관측된 최대 처오름고는 각각 38.2m(메이지−산리쿠 지진해일), 28.7m(쇼와-산리쿠 지진해일) 및 6.4m(칠레 지진해일)에 달했다(Yamashita, 2008). 표석은 2011년 지진해일 시 지진해일 인식을 유지하고 인명손실을 줄이는 데 도움이 되었던 비구조적 대책 중 하나이었다(Esteban 등, 2013; Shibayama 등, 2013).

따라서 지진해일의 기념비나 기념물로 보존해왔던 건물이나 지역 중에서 지진해일로 심한 피해를 보거나 황폐된 지역은 거의 없다. 광역지방자치단체(현(県)) 및 기초지방자치단체(시(市)·정(町)·촌(村))는 2004년 인도네시아와 태국에서 발생한 인도양 지진해일 피해선박이나 스리랑카에서 발생한 탈선 열차선로 같은 구조물을 보존하려고 시도하였지만(Suppasri 등, 2014), 이러한 대부분 노력은 일본 지역주민들의 강한 반대를 받고 있다. 일부 사람들은 이 구조물들이 너무 많은 부정적인 기억을 불러온다고 생각하기 때문에 이 문제에 대한 논의는 여전히 진행 중이다. 현재 각기 다른 해안수심 특징을 가진 여러 지역에서 지진해일 대피훈련을 실시하고 있다. 대피훈련인 경우 자동차로 대피 시 예·경보전달체계(豫·警報傳達體系) 및 교통정체와 같은 많은 문제를 안고 있다(Mas 등, 2012). 이 장에서는 미야기현 내 기초지방자치단체에서 추진 중인 지진해일 인식제고 및 대피유도 노력에 대해 간단히 살펴본다. 그림 1은 이 장의 뒷부분에 언급된 인구밀집지역 지도를 나타낸다.

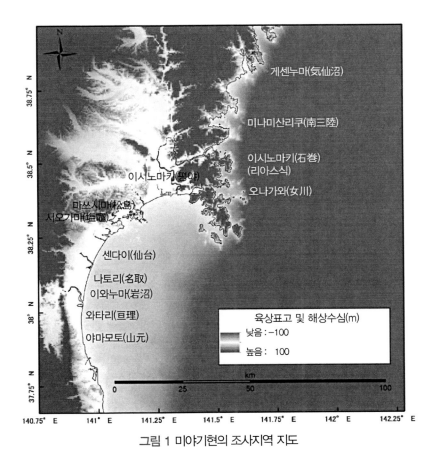

그림 1 미야기현의 조사지역 지도

2. 2011년 지진해일 표지판

미야기현 '3.11 민속·재난 저감 프로젝트'의 한 가지 목표는 현내(縣內)의 주요 지점에 지진해일 관련 표지판을 설치하는 것이다(미야기 현청(縣廳), 2012). 그 목적은 재난인식을 유지하고 위험지대(危險地帶, Hazard Zone)에 대한 재난정보를 제공하는 것이다. 이 표지판은 2011년 지진해일 최고수위선(最高水位線)을 나타낸다. 이 표지판의 위치는 현에서 유지·관리하는 5가지 유형의 시설에 포함된다. (1) 도로, (2) 하천, (3) 공원, (4) 항만, 그리고 (5) 배수장치(排水裝置), 급경사(急傾斜) 표지판 및 주택지 등과 같은 기타시설들을 포함한다. 이 표지판들은 지진해일 흔적고(痕迹高)를 제공하지만, 해수면으로부터 처오름고나 지반고(地盤高)로부터의 흐름수심과 관련된 정보를 제공하지 않는다. 그림 2(a)와 (d)는 미야기현이 게센누마(気仙沼) 어항(그림 2(a)), 시오가마(塩釜) 철도역(그림 2(b)), 센다이-토부 고속도로(仙台-東武, 그림 2c) 및 와타리(亘理)의 주택가에 설치된 지진해일 표지판의 예를 보여주고 있다. 이시노마키항(石卷港)의 한 건물, 게센누마 내 다른 건물들과 나토리시의 인도교(人道橋)에서도 추가적인 사례를 볼 수 있다.

그림 2 미야기현 청이 설치한 2011년 지진해일 흔적고를 나타내는 표지판 : (a) 게센누마 어항, (b) 시오가마 철도역, (c) 센다이-토부 고속도로, (d) 도리노우미 지역의 호텔

그림 3(a), (d)와 같이 미야기현이 관리하지 않는 시설에서도 지진해일 흔적고 표지판을 찾을 수 있다. 개인주택(그림 3(a)), 마쓰시마(松島)의 유명한 관광지 내 방조제(그림 3(b)), 나토리강(名取江) 입구의 수문(水門), 센다이 공항터미널에 지진해일 표지판이 있다. 개인, 지역사회 또는 다른 기관이 준비한 이 표지판은 대부분 처오름고, 흔적고(痕迹高) 또는 흐름수심에 대한 정보를 제공하기 위한 것이다. 지방자치단체가 취한 다른 형태의 조치 중 하나는 오나가와(女川) 병원의 흐름 수심 표지판으로, 마을의 바다 쪽보다 약 15m 자연적으로 높은 지반(地盤)에 입지한 병원의 지상 1층을 따라 흘렀던 흐름수심 정보를 제공하기 위함이다.

그림 3 미야기현 청 이외의 기관이나 개인이 설치한 2011년 지진해일 흔적고를 나타낸 표지판 : (a) 센다이시 주택, (b) 마쓰시마시의 관광지, (c) 나토리강 하구 근처의 수문, (d) 센다이 공항의 도착구역

또한 그림 4(a)와 (d)에서 볼 수 있듯이 2011년 지진해일과 관련된 다른 유형의 지진해일 인식 표지를 지역전역(地域全域)에서 발견할 수 있다. 대표적인 지진해일 침수한계 표지판은

리아스식 해안 내 오카와(大川) 초등학교 부근의 급경사(그림 4(a))와 마쓰시마(松島) 한 사찰(寺刹) 내 평지(平地)(그림 4(b))에 설치된 것이다. 로타리 클럽(Rotary Club)이 준비한 유사한 표지판은 미나미산리쿠정(南三陸町)의 니라노하마(韮の浜) 마을과 이시노마키시(石巻市) 도시지역의 침수한계를 보여준다. 게센누마시(気仙沼市) 타다코시(只越) 지역의 전봇대(그림 4(c))에 있는 표지판은 육지표고를 나타낸다. 도로증고(道路增高), 토지증고(土地增高), 방조제 등의 재건관련 활동을 설명하는 표지판은 미나미산리쿠(南三陸)의 시즈가와(志津川) 지역, 오나가와(女川), 시오가마시(塩竈市), 센다이시(仙台市, 그림 4(d)), 나토리시(名取市) 등과 같은 여러 곳에서 찾아볼 수 있다.

그림 4 2011년 지진해일과 관련된 다른 정보를 보여주는 표지판 : (a) 오카와 초등학교 부근의 처오름(Run-up) 한계, (b) 마쓰시마의 한 사찰의 침수한계, (c) 다다코시의 해수면상 육지표고, (d) 센다이 재건 후의 신규 도로표고

3. 2011년 지진해일 기념물

산리쿠 해안과 일본의 다른 지역에는 역사적인 지진해일 경험을 되새기는 지진해일 기념물로서 많은 표석(標石)이 있다. 예를 들어 이러한 표석은 지진 발생이나 지진해일 도달 및 피해를 설명하며, 후손들에게 경고메시지를 제공할 수 있다. 예를 들어 나토리시(名取市) 유리지(閖上) 지역의 표석은 신사(神社)가 있는 언덕 꼭대기에 있었지만, 2011년 지진해일은 그 표석을 월류(越流)하였다. 기념비는 지진 발생 경위에 대해 설명하고, 지진해일 도달시간과 높이를 기술하며, 경고메시지를 제공한다. 이 기념비들은 2011년 동일본 대지진해일이 2004년 인도양 지진해일 상황과 다른 상황이었지만, 과거 어떤 세대에서도 경험하지 못한 자연재난이 예고도 없이 발생할 수 있다는 사실을 사람들에게 실제 상기(想起)시켜주는 역할을 한다. 지진해일 사건 이후 인도네시아의 대형발전선(大型發電船), 스리랑카의 많은 사람을 희생시킨 탈선된 선로(線路) 및 태국의 내륙 2km까지 이동한 경비정와 같이 일부 국가에서는 파손된 구조물을 지진해일 기념물로 보존(保存)하려는 노력이 있었다. 비록 그러한 파손된 구조물 보존에 대한 약간의 반대가 있었지만,―그것은 생존자들에게 그 사건들을 뼈아프게 상기시켜주기 때문에―인도네시아, 스리랑카 및 태국 정부는 보존계획을 성공적으로 달성한 것처럼 보였다. 이와는 달리 일본에서는 지진해일 기념물(표석과 같이)은 많지만 2011년 동일본 대지진해일 사건 이전에는 파손된 구조물을 보존하려는 시도는 한 번도 없었다.

3.11 지진재난 기념연구그룹(Earthquake Disaster Memorial Research Group)의 보고서(2012)에서 손상된 구조물, 폐허 및 기타 후보지의 선정을 제안하였다. 그림 5는 미야기현에서 재난 기념물로 제안된 37개소의 분포를 나타낸 것이다. 그것들은 손상된 건물, 구조물, 마을 폐허와 기타 유형의 부지(敷地)로 구성되어 있다. 이들 중 상당수는 초등학교와 기타 손상된 건물이지만, 지진해일로 운반된 거력(巨礫)[1], 난류(亂流)의 세굴로 생성(生成)된 지진해일만(津波灣)과 같은 지진해일에 따른 자연적 영향도 포함한다. 이 절에는 2011년 지진해일 기념물 후보지와 3년 후의 상황을 간략히 정리하였다.

---

[1] 거력(巨礫, Boulder) : 기반암에서 떨어져 나온 큰 암석 덩어리로 왕자갈(Cobble)보다 크며(256mm 이상) 운반과정에서 다소 마모되어 약간 둥글게 되어 있으며, 퇴적학에서 취급하는 암석 쇄설물로는 입도가 가장 크다.

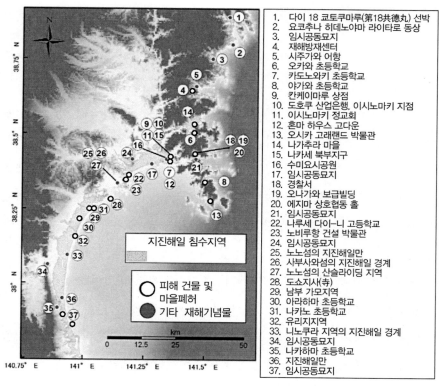

1.	다이 18 쿄토쿠마루(第18共德丸) 선박
2.	요코추나 히데노야마 라이타로 동상
3.	임시공동묘지
4.	재해방재센터
5.	시주가와 어항
6.	오카와 초등학교
7.	카도노와키 초등학교
8.	야가와 초등학교
9.	칸케이마루 상점
10.	도호쿠 산업은행, 이시노마키 지점
11.	이시노마키 정교회
12.	혼마 하우스 고다운
13.	오시카 고래랜드 박물관
14.	나가추라 마을
15.	나카세 북부지구
16.	수미요시공원
17.	임시공동묘지
18.	경찰서
19.	오나가와 보급빌딩
20.	에지마 상호협동 홀
21.	임시공동묘지
22.	나루세 다이-니 고등학교
23.	노비루항 건설 박물관
24.	임시공동묘지
25.	노노섬의 지진해일만
26.	사부사와섬의 지진해일 경계
27.	노노섬의 산슬라이딩 지역
28.	도쇼지사(寺)
29.	남부 가모지역
30.	아라하마 초등학교
31.	나카노 초등학교
32.	유리지역
33.	니노쿠라 지역의 지진해일 경계
34.	임시공동묘지
35.	나카하마 초등학교
36.	지진해일만
37.	임시공동묘지

지진해일 침수지역

○ 피해 건물 및 마을폐허
● 기타 재해기념물

그림 5 3.11 지진해일 재난기념물로 제안된 37개 후보지

3.1 미나미산리쿠 및 오나가와 시내의 손상된 건물

제안된 지진해일 기념물의 대부분은 손상된 건물이다. 한 예로 지진해일 기념물로 제안된 미나미산리쿠(南三陸) 내 2동(棟)의 손상된 건물은 결국 지역주민들로부터 매우 다른 여론에 직면하였다. 그중 1동(棟)은 자신의 생애 마지막 순간까지 마이크를 잡고 계속 대피방송을 하였던 용감한 젊은 여성을 포함해 많은 지방자치단체 직원들이 희생된 3층 방재센터 건물(그림 6(a))이었다. 지진해일이 끝난 지 2년 반 만에 지역주민들은 지진해일과 관련된 아픈 기억 때문에 건물철거를 결정하였지만 미야기현 현청(縣廳)에서는 결론을 내릴 여분의 시간을 요구한 후 건물 유지비를 지원하기로 결정했다. 한편 다카노(高野) 홀(Hall)(그림 6(b))은 건물주가 많은 사람에게 옥상으로 대피하라고 제안하여 많은 사람이 구조된 민간(民間) 건물로, 기념물로 보존될 예정이다. 두 건물은 동일 지역에서 같은 지진해일로 피해를 입었지만, 보존과 관련한 서로 다른 사연(事緣)으로 말미암아 지역주민들은 상반된 결정을 내렸다. 비

숫한 이야기가 여섯 동의 건물이 전복된 오나가와에서도 일어났다. 말뚝기초를 가진 철근콘크리트 또는 철골 건물이 지진해일력(津波力)으로 전도(顚倒)되는 것은 매우 드물다. 이 건물들 중 1동(棟)은 전복되어 원래 위치에서 거의 70m를 이동했다. 기초지방자치단체는 이 건물들을 기념물로 간직하고 싶어 하였지만, 주민들의 반대 때문에 그림 7(a)와 같이 단지 3동만 보존할 것이다. 그림 7(b)는 보존이 결정된 건물 중 1동으로 말뚝기초를 쉽게 관찰할 수 있다.

그림 6 (a) 미나미산리쿠에 있는 방재센터 건물과 (b) 다카노 홀

그림 7 (a) 남아 있는 오나가와의 전도된 3동(棟) 건물과 (b) 오나가와의 전도된 건물의 예

3.2 이시노마키시의 오카와 초등학교와 카도와키 초등학교

공공건물이나 민간건물 외에 많은 학교들이 지진해일 기념물로써 제안되었다. 학교 건물의 보존에 관한 결정은 다른 건물들과 유사하다. 다른 말로 하자면 대피소로 성공했느냐 실패했느냐에 달려 있었다. 오카와(大川, 그림 8(a)) 초등학교는 하천 옆에 입지하고 있어 학생

들의 운명은 2가지 다른 길로 결정되었다. 학교 선생님들은 학교보다 몇 미터 더 높은 다리로 아이들을 대피시키기로 결정했지만, 지진해일은 예상보다 커 아이들의 약 3분의 1이 목숨을 잃었다(Suppasri 등, 2013). 나머지 아이들은 학교 뒤편에 있는 가파른 언덕을 기어올라 살아남았다. 아이들의 부모들은 교사들과 관계 당국이 잘못된 결정을 내렸다는 이유로 소송(訴訟)을 제기했고, 2013년 말까지 법원에서 판결절차가 진행되었다. 따라서 결과적으로 학교건물을 철거하라는 지역 여론이 크다.

그림 8 (a) 이시노마키시에 있는 오카와 초등학교와 (b) 이시노마키시에 있는 카도와키(門脇) 초등학교

다른 예는 지진 발생 직후 대피소로 사용된 카도와키(門脇) 초등학교의 사례이다. 대피자들은 지진해일이 예상보다 클 것을 우려하여 이후 학교운동장부터 대피로를 이용해 학교 뒤편 언덕으로 대피하였다(그림 8(b)). 그 학교는 결국 주택에서 유출(流出)된 다량의 나무 파편 근처에 떠있던 자동차 배터리의 전기적 문제로 발생한 화재 때문에 전소(全燒)하였다(Tanaka, 2011). 학교는 심하게 손상되어 건물을 재사용할 수 없지만 지역주민들은 이 학교건물을 보존하기로 하였다.

3.3 게센누마시의 다이 18 교토쿠마루 선박과 미나미산리쿠의 우타쓰 교량

지진해일 기념물로서 해상선박과 교량도 후보가 될 수 있다. 2004년 인도양 지진해일 이후 태국 팡응아(Phang Nga)주에서는 어선 2척과 경비정 1척, 인도네시아 반다아체(Banda Aceh)주에서는 대형 발전선을 지진해일 기념물로 보존하고 있다(Suppasri 등, 2014). 비록 정부는 이 선박들의 보존에 성공했지만 현재 유지보수비 문제에 직면해 있다. 게센누마시(気仙沼市)의 다이 18 교토쿠마루(第18共德丸)선박(그림 9(a))은 지진해일로 약 700m 내륙으로 이동하였다. 그 배는 몇 사람의 생명을 빼앗았고 많은 집을 파괴했다. 현청(県廳)과 기초지방자치단체는 보존을 원했지만 지역주민들은 철거를 선호했다. 선주(船主)는 그 배가 2년 동안 내륙에서 좌초(坐礁)되어 있었고, 특히 사진이나 영상, 인터넷 등 다양한 기술로 사연을 전파할 수 있어 특히 현 시대의 지진해일 기념물로서 적합하다고 말했다(Kahoku Shinpo, 2014). 그러나 이 배는 2013년 말에 마침내 철거되었다. 지진해일로 피해를 입은 다리의 사례는 거의 없다. 일반적으로 교량의 설계기준은 풍력 및 지진력에 기초한다. 그러나 미나미산리쿠(南三陸)의 우타쓰(歌津) 교량(그림 9(b))은 2011년 지진해일로 파괴된 교량의 사례이다(19장 참조). 지진해일로 인한 횡방향(横方向) 동수력(動水力)은 교량의 교각을 전복시키고 교량 바닥판을 밀어냈다. 2013년 말 현재 교량철거작업이 계속 진행 중이다. 그렇지만 파괴된 다리의 보존은 향후 지진해일 피해 메커니즘을 연구할 수 있는 기회를 제공한다.

그림 9 (a) 게센누마시(気仙沼市)에 있는 다이 18 교토쿠마루(第18共德丸) 선박과 (b) 미나미산리쿠(南三陸)에 있는 우타쓰(歌津) 교량

3.4 나토리시의 마을 폐허와 야마모토정의 지진해일만

나토리시(名取市) 유리지(閖上) 마을의 폐허 중 하나는 센다이시(仙台市)의 아라하마(荒浜)처럼 지진해일 기념물 후보지로 될 수도 있다. 그 폐허는 방문객들에게 지진해일 이전 지역사회에 대한 교훈을 제공하는 데 이용할 수 있다. 그림 10(a)는 주택의 기초만 볼 수 있는 유리

지 마을의 지진해일 침수사건발생 지역을 나타낸다. 어촌은 대략 5,600명의 인구를 가지고 있었지만, 대략 1,000명의 주민들이 사망하였고 수백 채의 집들이 휩쓸려갔다. 이 마을은 마을 회관 주변의 지진해일 흐름수심보다 높은 약 3m 높이로 지반(地盤)을 증고(增高)시키는 재건계획을 가지고 있다.

다른 사례는 야마모토정(山元町)에 있던 마을이다. 2011년 지진해일은 자연해빈(自然海濱) 및 방조제와 같은 해안 방재구조물을 따라 대규모 세굴을 발생시킨 큰 난류를 일으켰다. 지진해일만(津波灣)는 그림 10(b)와 같이 지진해일로 의한 대규모 세굴의 결과로 생성된 인공적인 만으로, 야마모토 시내의 대규모 세굴 사례를 나타낸다.

그림 10 (a) 유리지 마을의 폐허, (b) 야마모토에서의 대규모 세굴

4. 대피훈련

대피훈련은 표지판이나 기념비 이상으로 실행해야 할 실제 행동이다. 지진해일 대피훈련 목적은 관계기관 담당자와 주민 모두에게 대피 시 무엇을 해야 하는지 처음부터 끝까지 훈련시키는 것이다. 담당공무원들은 대피소를 마련해야만 하고 교통통제 및 비상대응과 같은 다른 문제들을 해결해야 한다. 그 훈련은 실제 비상시 원활한 대피를 보장해야 한다. 미야기현(宮城県) 지진해일 대피는 해안지형에 따라 2가지 유형으로 분류할 수 있다. 첫째, 지진해일이 리아스식 해안에 30분 이내에 도착하면, 주민들은 인근에서 고지대(언덕)(高地帶) 또는 산으로 대피할 수 있다. 둘째, 지진해일은 해안평야까지 1시간 이내에 도달할 수 있지만 내

륙 5km까지 침입(浸入)할 수 있어 평지인 평야는 고층 건물이나 다른 구조물 외에는 대피할 곳이 없다. 2012년부터 여러 지역에서 대피 훈련을 실시하였다. 이 절(節)에는 그들의 활동과 지역주민의 대응을 요약한다.

대피훈련 날짜를 선택하는 것이 중요하다. 6월 12일은 1978년 미야기오키(宮城沖) 지진 발생일로 미야기현의 방재일(防災日)이 되었다. 9월 1일은 1923년 간토(関東) 대지진의 날로서 10만 명 이상이 사망하고 일본의 방재일이 되었다. 마지막으로 11월 5일은 일본의 지진해일 방재일로 1854년 안세이－난카이(安政－南海) 지진과 지진해일 때 지진해일의 조기경계표시 (早期警戒標示)의 중요성에 주목하여 수확한 볏단을 태워 마을 주민들을 고지대(언덕)로 대피 시킨 '이나무라 노 하이(稲むらの火)'라는 이야기 때문에 이 날로 정했다. 따라서 대부분의 지진해일 대피훈련은 정확히 요즈음은 아니지만, 이런 사건들이 발생하였던 같은 주에 실시 하였다. 표 1은 2012～2013년 미야기현에서 실시된 지진해일 대피훈련 날짜와 모의지진 발생시간, 예측 지진해일 도달시간, 참가자 수 등의 세부 사항을 요약한 것이다. 정확한 출발 시간과 지정 대피소를 명시(明示)하지 않은 이시노마키시(石巻市)를 제외하고 대부분 오전 9 시에서 10시 사이에 훈련을 시작하기로 했다. 그들은 훈련을 오전 7시 8분에 시작할 것이라 고 발표했고 7시 12분 경보를 발령했다. 평야지역은 모두 지진 발생 후 45분을 지진해일 도 달시간으로 정했다.

표 1 이 장에서 언급된 지진해일 대피훈련

장소	날짜	예상지진 발생시간(AM)	예상 지진해일 도달시간(AM)	참가자 수(명)
센다이시(仙台市)	2013년 6월 12일(수요일)	9 : 00	9 : 45	12,800
이와누마시(岩沼市)	2012년 9월 1일(토요일)	10 : 00	10 : 45	1,500
	2013년 9월 1일(일요일)	10 : 00	10 : 45	1,300
야마모토정(山元町)	2013년 8월 31일(토요일)	9 : 00	9 : 45	3,500

4.1 센다이시

센다이시(仙台市)의 지진해일 예·경보 시스템과 관련 시설들은 2011년 지진해일로 인해 대부분 파괴되었다. 게다가 2012년 기준 여전히 도시 안팎에서 가설주택(假設住宅)에 거주하 고 있는 주민들이 많았다. 따라서 센다이시는 2012년에야 예·경보 시설을 시험하기로 결정했다. 센다이시는 2013년 미야기오키(宮城沖) 지진 발생일을 2011년 지진해일 이후 첫 번째 대피훈련 날짜로 선정했다. 센다이시의 지진해일 대피소에는 일부 학교(2011년 지진해일 침수지역 내외(內外) 모두 포함), 민간건물 및 센다이−토부(仙台−東武) 고속도로의 비탈면에 설치된 있는 5개 계단 지점을 포함한다. 약 200명의 학생들이 2011년 지진해일로 피해를 입었던 학교 3층에 모였다(News24, 2104). 약 50명의 사람들이 센다이−토부(仙台−東武) 고속도로를 따라 설치된 계단으로 대피했다(그림 11(a) 및 (b)). 센다이시는 이번 훈련 참가자를 대상으로 설문조사를 실시했다. 센다이시는 접수된 1,106개 답변(答辯)에서 (1) 참가자 중 약 90%가 15분(min) 이내에 대피를 시작했고, 지진 발생 후 30분(min) 이내에 대피소에 도착했으며, (2) 참가자 중 70%는 도보(徒步)나 자전거 또는 오토바이를 이용해 대피한 반면, 25%는 자동차로 대피하였고, (3) 참가자 중 80%는 대피소를 미리 결정하는 것이 가장 중요한 준비라고 답한 반면, 40%는 대피경로와 휴대해야 할 물품들이 더 중요하다고 응답했다(센다이시, 2013).

그림 11 (a) 2011년 지진해일로 침수(진한 회색)된 센다이시 지역과 (b) 센다이−토부 고속도로의 대피모습

4.2 이와누마 : 연차별 설문조사의 비교

센다이와 마찬가지로 이와누마(岩沼)도 센다이 해안평야(海岸平野)에 입지하고 있다. 이와누마는 대략 1,500가구와 4,700명의 인구를 가지고 있다. 대피소는 2011년 지진해일 침수지역 내 학교, 센다이−토부 고속도로, 우회교(右回橋)로 구성된다(그림 12(a) 및 (b)). 이 도시는 2012년 12월 7일 지진해일 경보발령 동안 중 여러 간선도로(幹線道路)를 따라 교통체증을 겪었다. 그 후 일본에서 방재일인 2013년 9월 1일 대피훈련을 실시하였다. 이와누마시(岩沼市)

는 2년 동안 설문조사를 실시하여 2012년과 2013년에 각각 426명과 465명의 주민(총참가자 약 1,500명과 1,300명)으로부터 답변을 받았다. Abe 등(2014)이 제시한 결과에 따르면 2012년 주민 중 3분의 1이 무선재난확성기(無線災難擴聲器) 때문에 대피를 시작했지만 라디오나 순찰차로부터 신호를 들은 뒤부터 대피하는 비율도 높아졌다. 2012년에도 많은 사람이 여전히 확성기의 사이렌 소리를 듣지 못하거나 경고 메시지를 듣지 못하였다. 2013년 상황은 개선되어, 주민들 중 거의 절반이 사이렌과 경고 메시지를 들을 수 있었지만, 여전히 40%가 사이렌만 들을 수 있을 뿐 경고 메시지는 들을 수 없었다고 답변했다. 대피방법에서 도보로 대피한 주민 수(數)는 67%에서 75%로 증가한 반면, 자동차로 대피한 주민 수는 19%에서 15%로 감소했다. 대피소인 경우 2013년 주민들은 밤(29%) 낮(21%)으로 센다이－토부 고속도로의 서쪽이나 더 멀리 대피하는 것을 선호했다.

그림 12 (a) 2011년 지진해일로 침수(진한 회색)된 나토리시 지역과 (b) 우회교량으로 대피하는 모습

4.3 야마모토정 : 의도적으로 차량을 이용한 대피훈련

이 마을 또한 현(縣) 남부의 해안평야 지역에 위치해 있다. 2011년 동일본 대지진해일 시 이 마을에서는 674명의 사상자가 발생했고 4,440동(棟) 집이 파손(破損)되거나 파괴되었다. 평야지역을 가진 다른 지역과 마찬가지로 이 마을은 차량을 이용하여 신속한 대피를 시도할 때 문제가 발생한다. 2012년 12월 7일 지진해일 경보발령 동안 또다시 심각한 교통체증이 발생했다. 교통체증의 자동차 대열(隊列)이 2011년 지진해일 때만큼이나 길었다. 마을주민들의 자가용 외에도 방조제를 복구하는 데 사용되는 공사용 트럭도 교통체증의 원인이 되었다. 이 마을을 지나가는 트럭 수는 대략 하루에 약 3,000대였는데, 그들은 비상시 교통량을 쉽게

차단하거나 느리게 할 수 있었다. 이 마을은 문제의 심각성을 깨닫고 2013년에 의도적으로 차량을 이용한 대피훈련을 제안했다. 약 3,500명의 주민과 600대의 트럭이 훈련에 참가했다 (지진해일방재 프로젝트 카케아가레 일본(Kakeagare Nippon), 2013). 결과는 예상대로였다. 지진해일 경보발표 후 약 20분(min) 후에 교통 체증이 발생했는데, 해안선을 따라 나온 대부분의 개인 승용차와 공사용 트럭들이 해안선과 평행한 간선도로(그림 13(a)의 흰색 점선)를 지나 반대편의 지정된 대피소로 대피하려고 했기 때문이다. 교통피크 동안, 수평 및 수직도로가 서로 교차하는 2개의 교차로(交叉路)에서 교통체증의 대열은 400m로 길다. 그림 13(b)는 훈련이 시작된 지 35분(min) 후에 교통체증이 발생한 예를 보여준다. 그러므로 비상시 교통체증해결은 미래 지진해일 사건 발생 전에 마을이 해결해야 할 가장 중요한 문제들 중 하나이다.

그림 13 (a) 2011년 지진해일로 침수된 이와누마시 지역과 (b) 지진해일 훈련 중 교통체증이 발생한 장소

5. 결 론

이 장은 미야기현(宮城県)에서 향후 지진해일 발생 시 인명손실을 줄이기 위해 계획된 재건노력의 일부를 개략적으로 설명하였다. 지진해일 표지판(標識板)은 주로 2011년 지진해일 흔적고(痕迹高) 정보를 제공하기 위하여 현청(県廳) 및 기초지방자치단체, 개인 및 기타 단체가 미야기 해안을 따라 여러 곳에 설치하였다. 그리고 침수한계, 해수면상 표고(標高) 및 기타 재건관련 정보와 관련된 표지판 및 메시지도 여러 지점에 설치하였다. 이런 표지판의 유지관리는 2004년 인도양 지진해일이 발생한지 10년이 지난 후 표지판 유지관리에 허술한 인

도양 주변 지진해일 발생 국가들의 열악한 사례로 볼 때 중요한 문제 중 하나가 될 것이며, 이 경우 일부 지역의 지진해일 인식은 저하될 것이다.

여러 후보지들이 다양한 형태의 구조물로 구성된 지진해일 기념물로 제안되었다. 대부분의 지진해일 기념물은 파손된 공공 및 민간 건물, 사회기반시설, 교통시설, 폐허된 주택지 및 지진해일로 바뀐 전경들이다. 지방자치단체는 이런 구조물 중 일부를 재난 기념물로 활용하기를 원하지만 지진해일 피해자의 강력한 반발도 감안해야 한다. 성급한 의사결정보다는 이해관계자들 사이에서 이 문제에 대한 논의와 협의를 위한 추가적인 시간이 필요할 수 있다. 2004년 인도양 지진해일로 발생한 많은 재난 기념물은 현재 시간에 따른 다양한 풍화과정(風化過程)으로 인해 열화(劣化)[2]하였기 때문에, 보존 구조물의 유지관리 비용도 고려해야만 한다. 어쨌든 이 지진해일 사건에 대한 수백만 장의 사진, 비디오 그리고 다른 매체들도 지진해일 인식을 유지하는 데 사용할 수 있다.

이 장에서 제시된 사례에서 언급된 일본 지방자치단체도 지진해일 대피훈련을 체계화시키기 위해 노력하고 있다. 일본 지자체는 참가자를 늘리기 위하여 역사적인 재난날짜를 활용해 대피훈련을 실시한다. 훈련 후에 얻은 설문지 결과는 낙관적인 견해를 보였지만(즉, 대부분 참가자가 제시간에 대피소에 도착할 수 있었고 소수의 사람만이 차량을 이용하여 대피하였다), 실제 비상상황은 훈련과 다를 수 있다. 이 장에서 설명한 대피훈련은 모두 좋은 날씨로 대낮에 실시하였다. 훈련 중에는 사람들은 순응(順應)할 수도 있지만, 실제 상황은 원활하지 않을 수 있다. 게다가 훈련과정에서 관찰된 교통체증은 트럭이 해안으로부터 대피하려는 실제 지진해일 사건인 경우라면 상황을 심각하게 만들 것으로 예상된다.

---

2   열화(劣化, Degradation, Deterioration) : 재료가 열, 빛, 방사선, 산소, 오존, 물, 미생물 등의 작용을 받아 그 성능과 기능 등의 특성이 떨어지는 현상을 말한다.

참고문헌

1. 3.11 Earthquake Disaster Memorial Research Group, 2012. Proposal for disaster memorial candidates in Miyagi Prefecture, second meeting material. http://www.tsunami.civil.tohoku.ac.jp/hokusai3/J/shinsaidensho/pdf/20120924teigen2.pdf(accessed 24.09.12, in Japanese).

2. Abe, Y., Suppasri, A., Fukutani, Y., Yasuda, M., Imamura, F., Kimura, H., Suzuki, Y., 2014. Resident's behavior in tsunami evacuation drill and their intention. In : Proceedings of the Tohoku Research Group for Natural Disaster Science, Akita, Japan.

3. Esteban, M., Tsimopoulou, V., Mikami, T., Yun, N.Y., Suppasri, A., Shibayama, T., 2013. Recent tsunamis events and preparedness : development of tsunami awareness in Indonesia, Chile and Japan. Int. J. Disaster Risk Reduct. 5, 84–97.

4. Kahoku Shinpo News, 2014. http://www.kahoku.co.jp/spe/spe_sys1115/20130901_01.htm (accessed 05.01.14, in Japanese).

5. Mas, E., Suppasri, A., Koshimura, S., Imamura, F., 2012. Agent based simulation of the 2011 Great East Japan Earthquake Tsunami evacuation procedure. Introduction to an integrated model of tsunami inundation and evacuation. J. Nat. Disaster Sci. 34 (1), 41–57.

6. Miyagi prefectural government, 2012. 3.11 Folklore and disaster reduction project. Disaster Prevention Division. http://www.pref.miyagi.jp/site/0311densyogensaip/h23-0311densyo-project.html(accessed 03.01.14, in Japanese).

7. News24, 2014. http://www.news24.jp/articles/2013/06/12/07230379.html(accessed 05.01.14, in Japanese).

8. Kakeagare Nippon, 2013. http://kakeagare.jp/#id88 (accessed 05.01.14, in Japanese).

9. Sendai City, 2013. Questionnaire survey results for tsunami evacuation drill. Disaster Planning Division, Fire Department, 6 pp. http://www.city.sendai.jp/report/2013/1210189_1415.html (accessed 04.01.14, in Japanese).

10. Shibayama, T., Esteban, M., Nistor, I., Takagi, H., Nguyen, D.T., Matsumaru, R., Mikami, T., Aranguiz, R., Jayaratne, R., Ohira, K., 2013. Classification of tsunami and evacuation areas. Nat. Hazards 67 (2), 365–386.

11. Suppasri, A., Koshimura, S., Imai, K., Mas, E., Gokon, H., Muhari, A., Imamura, F., 2012. Damage characteristic and field survey of the 2011 Great East Japan tsunami in Miyagi Prefecture. Coast. Eng. J. 54 (1), 1250008.

12. Suppasri, A., Shuto, N., Imamura, F., Koshimura, S., Mas, E., Yalciner, A.C., 2013. Lessons learned

from the 2011 Great East Japan tsunami : performance of tsunami countermeasures, coastal buildings and tsunami evacuation in Japan. Pure Appl. Geophys. 170 (6–8), 993–1018.

13. Suppasri, A., Muhari, A., Ranasinghe, P., Mas, E., Imamura, F., Koshimura, S., 2014. Damage and reconstruction after the 2004 Indian Ocean tsunami and the 2011 Tohoku tsunami. In : Kontar, Y.A., Santiago-Fandino, V., Takahashi, T. (Eds.), tsunami Events and Lessons Learned—Environmental and Societal Significance. Springer, Netherlands, 435 p.

14. Tanaka, T., 2011. Lessons of fire disaster from field survey of the Great East Japan earthquake, Great East Japan earthquake disaster survey activity reports. Disaster Prevention Research Institute, Kyoto University. http://www.dpri.kyoto-u.ac.jp/web_j/saigai/tohoku2011/sougou_20110811.pdf (accessed 25.02.14).

15. Yamashita, F., 2008. Tsunami and Disaster Prevention-Sanriku Tsunami. Kokon-Shoin Publishing, Tokyo, Japan, 158 p., ISBN-13 : 978-4772241175 (in Japanese).

CHAPTER 29

2011년 동일본 대지진해일 이후 재건 : 일본 이와테현 오쓰치정의 사례연구

1. 서 론

2011년 3월 11일 모멘트 규모 M_w 9.0인 강력한 지진(이 장(章)에서 도호쿠－오키(東北－沖) 지진이라 함)은 일본 해구(日本 海溝)를 따라 일어나(Ozawa 등, 2011) 일본 북동부 연안을 강타한 거대한 지진해일을 발생시켰다. 수천 명 사람이 이 재난결과로 사망하였고, 지진해일력이 건물과 다른 사회기반시설들도 휩쓸어버렸다(2011년 동일본 지진 및 지진해일 합동조사단(The 2011 Tohoku Earthquake Tsunami Joint Survey Group, 2012)). 지진해일은 실제로 연속적으로 나타나 매번 바다로 전진(압파(押波)) 및 후퇴(인파(引波))하면서 피해를 가중시켰고 많은 사람을 휩쓸고 가버렸다.

이와테현(岩手県)에서는 2013년 5월 1일 기준 5,114명이 사망하고 1,119명이 실종상태이었다. 지진해일에 대비하여 특별히 축조한 지진해일방파제(津波防波堤)로 방호(防護)받고 있었던 가마이시시(釜石市, 19장 참조)와 같은 도시들도 큰 피해를 입었다. 오쓰치(大槌)처럼 보호받지 않던 마을들은 황폐해졌다. 이번 재난으로 인한 경제적 피해는 상당했고 주택과 사회기반시설에 국한되지 않고 선박, 자동차 및 기타 기계류가 파손되었으며 해안선을 따라 내륙에 버려져 있었다. 이번 재난 중 가장 유명한 사진 중 하나인 오쓰치 마을의 관광선 중 한 척이 민슈쿠(民泊)(개인 가정집에 숙박(宿泊)하는 것으로 일본식 숙박이다) 옥상에 올라탄 사진이었다. 이 배는 안전에 대한 우려로 결국 철거되었고, 민슈쿠의 장기적 전망은 여전히 불확실하지만, 집주인은 임시적으로 그 집을 지진해일 기념관으로 관리해왔다(그림 1 참조).

그림 1 오쓰치정의 유명한 지진해일 기념관 건물. 이 민슈쿠는 지진해일 이후 유람선이 그 위에 좌초(坐礁)된 채 남아있었음. 그 후 유람선은 철거되었지만 건물은(최소한 임시로) 보존되었음

과거 1896년 메이지－산리쿠(明治－三陸)와 1933년 쇼와－산리쿠(昭和－三陸)와 같은 지진해일이 빈번하게 이 지역을 내습하였기 때문에 이 지역의 지진해일은 널리 예상되었다. 그렇지만 2011년 재난은 A.D.(Anno Domini) 869년에 발생한 조간(貞観) 지진해일과 유사한 일본 역사상 기록된 최악의 사건 중 하나이다(Sawai 등, 2006). 각각의 역사적인 대규모 지진해일 사건 이후, 방재구조물 축조(築造)와 위험지역에서 떨어진 지역사회의 이주 등과 같이 재난대비태세를 향상시키려는 주요 동기(動機)가 있었다. 현 시대에서는 제도적(制度的) 차원의 지진해일 인식과 대피 시스템의 개선이 동시에 필요하다(Esteban 등, 2013; 11장 참조). 수백 년 동안 의식적으로 그리고 무의식적으로 일본사회가 발전시킨 이러한 대응전략은 오늘날 지진해일 내습에 대한 다층방재개념의 프레임으로 구성할 수 있다.

다층방재(多層防災)는 침수 리스크 확률저감대책과 침수방지 시스템의 손실저감대책의 결합을 도입한 침수 리스크 관리개념이다(네덜란드 국가수자원계획, National Water Plan of The Netherlands, 2012; Tsimopoulou 등, 2012, 2013). 전자(침수 리스크 확률저감대책)의 역할은 침수를 방지하는 것이지만, 후자(침수방지 시스템의 손실저감대책)의 역할은 극한사건(지진해일,

폭풍해일, 홍수 등)을 방호하는 첫 번째 방호선(防護線)인 침수방재구조물의 설계기준을 초과하여 침수가 발생하는 경우에만 기능을 발휘하도록 한다. 다층방재 시스템 내에서는 일반적으로 3개의 안전계층으로 나눌 수 있다. 계층 1(예방)은 연안재해가 빈번한 지역에 해수(海水)가 침수하는 것을 막기 위한 방파제 또는 제방과 같은 다양한 대책을 포함한다. 계층 2(공간적 해법)는 침수가 발생할 경우 공간계획과 건물 적용을 통해 손실을 줄이는 것을 포함한다. 계층 2 대책의 사례로는 중요한 사회기반시설인 건물(병원, 공공청사 등)을 고지대(언덕)에 입지시켜, 가장 중요한 기능이 고층(高層)에 있도록 배치하여 고층건물의 침수를 방지한다. 여기에는 안전한 환경을 제공하는 지역사회계획(地域社會計劃)[1], 수송망(輸送網)과 대피소 및 지진해일 피해 가능성을 고려한 토지이용계획(土地利用計劃)을 포함한다. 마지막으로 계층 3 대책(비상대처계획)에는 재난계획수립, 해저드맵(Hazard Map), 조기 예·경보 시스템, 대피 및 의료지원 등의 세부사항을 통해 침수에 대한 조직적인 대비를 포함한다. 계층 3 대책의 주된 초점은 인명에 대한 리스크 저감인데, 효과적인 계층 3의 핵심요소 중 하나는 신속한 대피계획수립이다.

수십 년 동안 구조적 대책(방파제나 해안제방과 같은)이 비구조적 대책(지진해일 예·경보 체계와 대피계획)보다 바람직한지에 대한 논란이 일본 해안·항만 관련 산(産)·학(學)·관(官) 내에서 끊이질 않았다. 2011년 3월 지진해일 사건의 결과로서 일본 해안·항만공학 엔지니어와 방재실무자는 이제 구조적(構造的) 대책(對策)이 항상 인명손실을 막을 수 있다는 생각을 버렸다. 따라서 해안·항만방재구조물 기능(계층 1 대책)은 빈번하지만 재현기간이 낮은 레벨의 사건으로부터 재산을 보호하는 것이다(일반적으로 수십 년에서 약 100년 정도의 재현기간(再現其間)을 가지며, 현재는 레벨 1 사건이라고 한다). 반면에 계층 3 대책은 인명(人命)을 보호하기 위해 사용하며, 빈번하지 않은 레벨 2 사건을 염두에 두고 설계를 한다(Shibayama 등, 2013과 1장 참조). 지진해일 방재의 구조적 대책에 소요되는 비용은 레벨 2 사건인 경우에 상당(相當)할 수 있지만(Shibayam 등, 2013), 구조적 대책의 효과성은 2011년 3월 동일본 대지진해일 경우와 같이 구조물의 설계고(設計高)를 초과하는 대규모 지진해일인 경우 명확하지 않아 상대적으로 낮은 것처럼 보인다(15장과 20장 참조).

---

1   지역사회계획(地域社會計劃, Community Planning) : 지역사회에 존재하는 욕구를 발견하여 그 해결을 목적으로 계획을 수립하는 것을 말하며, 계획의 내용은 목표설정의 전제가 되는 사회적 욕구의 파악, 목표의 설정, 그것이 요하는 기간, 각종 사회자원의 활용방법, 구체적인 실시계획과 재정계획의 입안 등이다.

본 장에서는 특히 오쓰치정(大槌町)인 경우를 중심으로 한 이와테현의 재건을 서술하겠다. 현재 토지관리의 중요한 변화, 지형고도(地形高度) 및 구조적 대책의 개선을 수반하는 진정한 다층방재전략을 실행하기 위한 중요한 노력이 진행 중이다.

2. 동일본 지진·지진해일 이전과 발생 직후 오쓰치정

2.1 지진 이전(地震以前)

2011년 동일본 대지진해일 사건 발생 전 이 도시는 약 16,000명의 인구가 있었고, 인구는 두 지역에 집중되었다. 주요 도심지역(마치카타(町方))은 오쓰치만(大槌灣) 한쪽에 위치하고 다른 한 곳(키리키리(吉里吉里)은 후나코시만(船越灣))을 향하고 있어, 주요 도심지역과는 터널로 연결되어 있었다(그림 2 참조). 45번 국도(國道)가 도시를 관통하여, 북쪽과 남쪽으로 산리쿠(三陸) 해안선의 나머지 부분과 연결된다. 경제활동은 서비스 부문을 중심으로 이루어졌다. 그러나 연어(鰱魚)어업, 가리비와 해초(미역) 양식업, 어류(魚類) 가공업이 지역 경제에 미치는 영향은 여전히 크다. 특히 가리비는 유명한 지역 특산물로 지진해일이 발생하기 전 높은 품질의 가리비 생산하였다. 또한 키리키리에는 여름철에 붐비는 유명한 모래사장으로 일본 100대 해수욕장 중 하나로 선정된 나미이타(浪板) 해수욕장이 있는데, 서핑(Surfing)하기 매우 좋은 곳이다.

오쓰치정(大槌町)은 오랜 역사를 가진 에도시대(江戶時代)[2] 지방수도 중 하나이었다. 1948년까지 마치카타의 중심도심지역은 언덕의 한쪽에 집중되어 발전해왔는데, 1896년 메이지-산리쿠(明治-三陸), 1933년 쇼와-산리쿠(昭和-三陸) 사건과 같은 과거 지진해일 내습으로 파괴된 해안 인근 지역은 미개발로 남아 있었다.

리아스식 해안선으로 알려진 이 구간의 일본 해안선은 특히 지진해일에 취약하다(25장 및 28장 참조). 리아스식(Ria) 해안선은 예전에 하천계곡의 침강(沈降)으로 형성된 피오르(Fjord)[3]

2 　에도시대(江戶時代) : 도쿠가와 이에야스(德川家康)가 세이이 다이쇼군(征夷大將軍)에 임명되어 막부(幕府)를 개설한 1603년부터 15대 쇼군(將軍) 요시노부(慶喜)가 정권을 조정에 반환한 1867년까지의 봉건시대를 말한다.

3 　피오르(Fjord) : 빙식곡(氷蝕谷)이 침수하여 생긴 좁고 깊은 후미를 말하며, 세계에서 가장 긴 피오르는 노르웨이의 송네피오르로서 그 길이가 204km가량이며, 캐나다의 북극해 연안에도 많은 피오르가 있다.

그림 2 마치카타와 키리키리의 위치를 나타내는 오쓰치정의 지도

모양의 해안후미(Coastal Inlet)[4]이다. 이 후미는 불규칙하고 들쑥날쑥하며, 종종 좁고 가파른 만(灣)을 형성한다. 해안후미가 가진 특이한 수심지형과 형상 때문에 지진해일 에너지는 해안 거주지가 조성된 저지대 위로 집중된다. 이 지역의 해안마을과 시내(市內)를 보호하기 위해 방조제 및 하천제방 유형과 같은 일련의 지진해일 대책을 오쓰치 및 넓은 리아스식 해안선을 따라 개발시켰다. 그러한 방재구조물은 지역주민들 사이에 지진해일 내습으로부터 안전할 것이라는 믿음을 조장(助長)하는데, 기여했을지도 모른다(Yun과 Hamada, 2012, 10장 참조). 반면에 이 지역은 지진해일 빈도가 높기 때문에 지역주민들과 어린이들이 자주 대피훈련에 참가하는 등 계층 3 대책(조기 예·경보 시스템 및 대피계획)이 잘 구비되어 있었다(Yun과 Hamada, 2012; 28장 참조).

2.2 지진 발생 직후

2011년 동일본 지진 및 지진해일 합동조사단(2012)에 의하면, 시내(市內)를 둘러싼 언덕에

---

4   해안후미(Coastal Inlet, 入江) : 바다의 일부가 육지 속에 깊숙이 들어간 곳을 말하며 침식에 의하여 기복이 생긴 육지가
    침강하면, 골짜기 부분에 바닷물이 밀려들어 후미가 만들어진다. 침강량이 클수록 후미의 너비는 넓어진다.

서의 흔적고 10~14m와 처오름고 약 25m를 기록하였다고 한다. 지진 발생 후 불과 3분(min) 후 일본 전역에 지진해일 경보가 발령되었지만, 지진 발생 28분(min) 후 파고는 업데이트되었다. 오쓰치의 경우 지진 발생 34분(min) 후인 15시 20분에 지진해일이 시내에 도달했다. 조기경보 및 대피계획은 잘 전개(展開)되었지만 일부 지역주민들은 정전(停電) 때문인지 경보방송을 들을 수 없다고 알려졌다. 일부 지역에서는 대피할 수 있는 시간이 너무 짧아, 고지대(언덕)로 이동하려고 시도하는 동안 또는 다른 여러 가지 요인으로 인해 많은 사람이 사망하였다(Yun과 Hamada, 2012 참조).

아카하마(赤浜) 초등학교 같은 곳은 대피소로 지정되었지만, 안타깝게도 이곳은 지진해일로 인해 침수되었다. 매년 대피훈련을 받았던 이 학교의 선생님들과 아이들은 내습하는 지진해일을 보고 고지대(언덕)로 대피하기로 결정했다. 그러나 지진해일로 침수했을 때 학교로 대피한 일부 고령층 마을주민들은 사망했다. 그림 3에서 보듯이 1933년 지진해일 쇼와-산리쿠(昭和-三陸) 지진해일 사건 이후 지진해일 기념석이 후세에 지진해일 위험을 상기시키기 위해 그 근처에 위치해 있었기 때문에 학교의 위치는 실로 아이러니했다(그런 기념물은 지금도 이 지역에 널리 설치되어 있다. 28장과 Suppasri 등, 2012a, b 참조).

그림 3 지진해일 기념석(좌측)과 함께 최대흔적고(우측 : 흰색 삼각형)의 위치를 보여주는 아카하마 초등학교

저자들과 인터뷰한 지역주민들은 모든 사람이 대피하고 싶지는 않아 했으며, 일부 사람들은 기존 해안방재구조물의 존재를 고려할 때 지진해일이 시내에 도달할 가능성이 있다는 것을 믿지 않았다고 말했다. 하지만 많은 현지인은 이웃들에게 대피토록 설득하려고 시도했다.

지진해일은 인구통계학적으로 오쓰치정(大槌町)에 큰 충격을 주었다. 결국 803명이 사망했고 431명이 여전히 실종되었으며, 추가로 50명이 지진해일로 인한 간접적인 결과로 목숨을 잃었다(즉, 재난 후에 일부 사람들은 만성질환 치료에 필요한 의약품을 받지 못해 결국 사망했다). 3,359동(棟)의 건물이 완전히 파괴되었고 713동의 건물이 부분적 또는 큰 피해를 입었다. 지진해일은 모두 431ha의 토지를 침수시켰으며, 이는 주거지역의 52%와 상업지역의 98%에 해당한다.

오쓰치정(大槌町) 청사도 침수된 건물들 중 하나였는데, 정장(町長)과 다른 고위 지방자치단체 공무원들이 사망했다(그림 4 참조). 이 지역의 소방관들 중 상당수도 지진해일 수문을 폐쇄(閉鎖)하려다가 사망했다(소방관이 수문관리(水門管理)를 담당했다). 지진해일 내습 시 화재가 발생해(2차 피해) 피해가 더욱 심했다. 또한 지진은 상당한 지반침하(地盤沈下)를 야기(惹起)시켜 그 결과 많은 해변이 유실(流失)되었다.

그림 4 오쓰치정 청사(廳舍)

3. 이와테현의 재건과 복구계획

지진해일 여파(餘波)로 대규모 구호활동이 이루어졌고, 그 후 훨씬 큰 규모의 위생정화작업(衛生淨化作業)이 뒤따랐다. 지진해일은 콘크리트에서부터 옷이나 자동차에 이르는 엄청난 양의 쓰레기를 발생시켰는데, 이는 이와테현에서 보통 발생되는 평균 연간쓰레기의 12년 치에 해당한다. 콘크리트 재료는 재건(再建) 재료로 금속은 고철(古鐵)로 재활용되었다. 여러 가연성(可燃性) 물질들은 소각되었고 다른 많은 것은 적절한 경우에 매립되거나 재활용되었다. 쓰레기의 구분과 분류는 2014년 봄에서야 끝이 난 지루한 과정이었다.

재난 후 재건프로젝트는 대체로 여러 가지 중요한 도전에 직면하였다. 우선 재난 현장은 혼란스러웠을 뿐만 아니라 일반적으로 자원이 부족하였고, 다양한 국내외 구호기관과 NGO(비정부기관)들이 동시에 프로젝트를 시작하였다(Davidson 등, 2007). 그러나 복구를 촉진하여 기부단체를 만족시키기 위해 가능한 한 빨리 프로젝트를 완료하거나 미래 재난에 대한 복원성을 증가시키는 활동에 참여하는 것 사이에는 딜레마가 있었다(Davidson 등, 2007). 이와테현청(岩手縣廳)은 2011년 8월 3단계별 재건계획을 수립하였다(27장 참조).

- 1단계(2011~2013) : 기본 재건기간
- 2단계(2014~2016) : 실제 재건기간
- 3단계(2017~2018) : 미래발전에 대한 기간과 연결

이런 재건을 이끄는 3가지 기본원칙이 있다.

- 복수(複數)의 예방적인 지역사회계획 추진과 방재문화 조성을 통한 안전보장으로 향후 더 이상의 인명피해가 없도록 한다. 이러한 원칙은 앞에서 설명한 바 와 같이 다층방재시스템을 구축하는 데 초점을 맞춘다.
- 삶의 재건(생활과 직업, 건강과 행복, 교육과 문화, 지역사회와 도시기능과 연관된 이슈들)
- 산업의 재시동(어업과 농업, 상업과 제조(製造) 및 관광)

위의 현(縣) 계획과는 별도로 오쓰치정은 자체적인 재건(再建)계획을 수립하여만 했다. 재

건사업을 실시하기 위해서 오쓰치정(大槌町)은 결국 중앙정부로부터 약 1,000억 엔(¥)(1조 1천 원, 2019년 6월 환율기준) 예산을 필요했다. 2014년 9월 현재, 오쓰치정은 이미 이 예산의 약 90%를 지원받아 건설회사와 계약하였음을 확인하였다. 그들은 전체 예산 중 대략 60%를 지반고를 증고(增高)하는 데 투입(投入)할 것이라고 한다. 또 다른 10%는 기존 토지를 매입하고 재배치하는데, 공공건물과 시설의 재건축을 하는데, 10%, 연성(軟性) 장벽구축에 10%, 나머지 10%는 공원을 조성하고 토지를 정비하는 데 쓰이게 된다(이 항목은 오쓰치정에서 예산으로 여전히 받아야 할 부분이다). 비교를 위해 오쓰치정의 연간예산(豫算)은 50억 엔(¥)(535억 원, 2019년 6월 환율기준) 정도이었다. 그러나 이 1,000억 엔(¥)(1조 1천억 원, 2019년 6월 환율기준)에는 현청(県廳)이 자금을 조달하고 있는 방조제 사업비는 포함하지 않았다.

3.1 이재민(罹災民)을 위한 임시주택

그 재난 이후 많은 주민은 집을 잃어 시유지(市有地)나 개인 소유주가 양도(讓渡)한 토지에 지어진 임시주택으로 강제 이주하였다. 이러한 주택들은 임시적인 특징 때문에 품질이 나쁘고 특히 일본 북부 겨울과 여름의 극한기온(일반적인 기온은 1월에 −6℃로부터 8월에 28℃까지 변화)에 잘 적응하지 못하였다. 오쓰치정 공무원에 따르면 48개소에 220개의 임시 주택이 설치되어 있으며, 2014년 9월 현재 1,884가구(家口)가 거주하고 있으며 총 거주인은 3,890명이었다. 그러나 집을 잃은 또 다른 많은 주민도 현재(2014년 9월 기준) 도시 밖에 거주하고 있는데, 관계 당국은 그들이 언젠가 재건이 진행되면 복귀할 것으로 기대하고 있었다.

분명히 주민들은 일반적으로 임시주택에 사는 것이 불만족스럽고, 자신의 소유지(所有地)로 돌아가 집을 재건축하고 싶어 하였다. 그러나 일부 정부보조금(政府補助金)이 있음에도 불구하고 2014년 말 현재 복귀(復歸)는 가능하지 않았다. 그들은 그들의 집을 재건축하기 위해 토지의 증고(이 장의 후절(後節)에서 언급)를 기다려야 하고 그들은 집을 지을 다른 대체토지(代替土地)를 찾을 수 없었기 때문이다. 오쓰치정 공무원에 따르면, 임시주택에 사는 모든 사람들을 수용할 만큼 충분하지는 않지만 일부 공공아파트는 이미 완공되었다는 것에 주목할 필요가 있었다(그림 5).

그림 5 오쓰치정의 임시주택

3.2 지진해일 재건과 실질적인 다층방재 시스템 구축

지방 관계 당국은 해안·항만방재구조물에 의한 해안방재(계층 1 대책)가 성공적이지 못하여 결국 대부분의 주민들이 그들의 생명을 구하기 위해 대피에 의존해야 했다는 점(계층 3 대책)을 인식하고 있었다. 그 결과 그들은 미래에는 계층 1 대책에 의존할 수 없고 대신 지역사회계획과 인문적(人文的)인 대책에 중점을 둘 것이라고 결정하였다. 항상 인명손실저감(人命損失低減)이 최우선이었다.

중앙정부의 일반적인 지침에서 계층 1의 해안방재는 레벨 1 지진해일(수십 년~백수십 년에 한 번의 빈도로 발생하는 지진해일)에 대해 재건해야 하지만(15장 참조) 레벨 2 지진해일(대략 수백 년~천 년에 한 번 정도의 빈도로 발생하고 극심한 피해를 유발하는 최대급 지진해일)에 대해서는 반드시 재건할 필요는 없다고 규정하고 있다. 그 개념은 계층 1 대책이 드문 빈도의 대규모 지진해일로부터 사람들의 생명을 항상 보호할 수는 없지만, 적어도 빈번한 사건에 대하여 재산과 사회기반시설의 피해를 막을 수 있다는 것이다(Shibayama 등, 2013과 1장 및 15장 참조). 관련 소요 예산비용 때문에, 모든 계층 1 방재는 레벨 1 지진해일에 대해서만 재건하고 업그레이드할 것이라는 타협점에 도달하였다. 중앙정부 및 현청(縣廳)이 이러한 원칙에 따라 실시한 수리·수치모형실험 결과에 따르면 메이지-산리쿠 지진해일이 오쓰치를 약 +11.5m T.P.까지 침수시킨 레벨 1 지진해일의 기준(基準)이 되었다. 그러나 오쓰치는 가마이시시(釜石市)와 가까운 곳에 입지하고 있기 때문에, 오쓰치 시내 도심지역을 방호하는 방조제의 마루고(Crown Height)를 가마이시에서 결정된 것과 같은 흔적고인 +14.5m T.P.로 건설하기로 결정했다. 이 높이는 지진해일 이전에 도시에 있었던 방재구조물의 마루높이(+6.4m T.P.)보다 +8.1m 더 높다. 높은 유지·관리비용과 조망저해(眺望沮害)에 대한 우려 때문에 어느 정도의 반대도 있는데, 일부 주민들은 조망(眺望)을 포기하면 마치 감옥에 사는 것 같은 느낌을 받게 될 것이라고 불평하였다. 그렇지만 그 계획들은 일반적으로 받아들여졌으며 향후 건설이 진행될 것이다.

그러나 고마쿠라(木枕), 아카하마(赤浜)와 같은 오쓰치 인근지역의 지역주민들은 주요 도심(都心)을 방어하는 방조제를 낮은 높이(지진해일 전 있었던 방조제 마루높이인 +6.4m T.P.와 동일높이)로 다시 재건해야 한다고 결정했다. 대부분 도시가 일정한 높이의 방조제를 구축하였기 때문에 같은 도시 내에서 다양한 마루높이를 갖는 것은 산리쿠(三陸) 해안선의 재건형태에서 다소 이례적이다. 아카하마에는 원래 아름다운 해변을 가졌지만 1970년대와 1980년대에 점차 어항으로 바뀌었다. 이 지역의 저지대는 지진해일 시 황폐화되었고, 고지대(언덕)에 있는 일부 주택들은 손상을 입지 않았지만, 지역주민의 약 10%가 사망하였다. 이 지역의 주민들은 관계 당국이 제안한 재건계획을 변경하고(이 장의 나중에 설명한다) 높은 방조제를 건설하지 않기로 결정했다. 그러나 이를 보완하기 위해 일정 주택은 해안선 인근에 건축할 수 없으며 주거지역 대부분의 지반고(地盤高)를 2011년 지진해일고보다 높은 해수면상 15m 높이로 올리기 위해 8m 이상 증고(增高)하기로 결정했다. 이것은 이 지역의 자연적인 아름다움을 보존하고 주민들이 방조제 너머를 조망(眺望)할 수 있게 하여 내습하는 지진해일을 즉각적으로 알게 될 것이다. 실제로 2011년 동일본 대지진해일 때 일부 주민들은 지진해일이 어떤지 보지 못했고 일부 어부들은 바다와 그들의 선박을 확인하기 위해 방조제의 마루에 올라갔었다고 현지인들은 말했다. 또한 마치카타(町方)를 고지대(언덕)로 이주시키면 도시의 중심부(中心部)가 서로 다른 2곳에 분산(分散)되어, 오쓰치의 정체성(正體性)을 완전히 잃어버려 주민들은 이것은 오쓰치를 아예 포기하는 것과 마찬가지이므로 마치카타 중심가

(中心街)의 모든 건물을 완전히 철거하자는 이야기도 있었다. 따라서 마치카타 도심지역을 방호(防護)하기로 합의하였고, 이 합의는 마치카타를 보호하기 위한 마루높이 +14.5m T.P. 방조제가 필요하다고 지역주민들을 설득하는 데 도움이 되었다.

증고된 방조제에 대한 2011년 동일본 대지진해일의 수치시뮬레이션에서 지진해일의 일부가 방조제 배후 부지를 침수시키는 부분적인 월파(越波)를 나타내었다. 따라서 복구계획의 한 가지 핵심은 어떻게 토지를 사용하는가 하는 것이며, 그 결과 도시는 원래 2가지 유형(월파지역과 비월파(非越波)지역)으로 토지의 재분류를 수반하는 '토지구획정리(土地區劃整理)'의 과정을 거치게 된다. 한편, 레벨 2 사건(그런 부지고(敷地高)는 확실한 계층 2 대책의 사례이다) 중에도 침수하지 않는 높이에 주거지역을 입지시켜야 있다. 반면에 공업지역과 상업지역은 여전히 침수 가능한 지역에서 운영하도록 허용할 수 있다('재난위험지역(災難危險地域)'으로 지정).

도시 내 마치카타지역은 이미 토지구획정리 과정에 들어가 있는데, 전체지역을 약 3m 정도 증고(增高)(그림 6에 나타난 것처럼)시키는 중으로 2011년 동일본 대지진해일과 유사한 지진해일이 내습할 경우라도 이 지역은 침수되지 않을 것이다. 마치카타와 방조제 사이의 지역은 증고시키지 않는 대신 주거용 주택으로 사용하지 않고, 공원, 유원지(遊園地), 회사 사무실 및 공장으로 계획되어 있어 레벨 2 지진해일이 발생하면 침수될 것이다. 이 '재난위험지역'은 2개의 준지역(準地域)으로 구성되는데, 마치카타와 바로 인접한 구역은 공원을 조성하고 안도(安渡)지역은 수산업관련 시설이 입지할 것이다(그림 7 참조). 이런 의미에서 오쓰치정 공무원들은 유지·관리비용 때문에 모든 지역을 공원으로 변경하는 것이 얼마나 곤란한지, 그리고 현재 이 도시가 직면하고 있는 인구학적 문제(출산율 저하 또는 전입인구 감소 등)를 고려할 때 남은 지역을 성공적으로 공업지역 또는 상업지역으로 재전환(再轉換)시킬 수 있는지에 대한 몇 가지 우려를 표명했다(물론 이 장의 후반부에 설명할 것이다).

2011년 동일본 대지진해일 이전에 새로 지정된 '재난위험지역'에서 살았던 사람들은 정청(町廳)이 중앙정부의 예산을 사용하여 그들의 토지를 매입한 후 타 지역에서 재건축할 수 있도록 충분한 토지를 제공받으면서, 고지대(언덕)로 이사(移徙)가거나 토지증고(土地增高) 완료 때까지 기다려야 할 것이다. 오쓰치의 경우, 신규토지의 증고를 위한 매립모래는 산리쿠 해안선 전체와 인근 야마다정(山田町)을 연결하는 신규 고속도로건설공사 중 터널 굴착(掘鑿)

시 나온 모래이다. 주요 문제점은 터널에서 나온 모래가 충분히 고품질이 아니므로 다른 양질의 흙과 혼합하여 강하게 만들어야 한다는 점이다(몇 년 지난 후 일단 흙이 압밀(壓密)⁵되

그림 6 오쓰치정 내 마치카타 시내의 증고를 위한 지속적인 건설공사(2014년 9월)

그림 7 안도지역

---

5   압밀(壓密, Consolidation) : 투수성이 작은 포화한 점토질 토층에 하중에 의한 응력이 작용했을 경우 하중의 대부분이
     간극수(間隙水)로 부담되고, 이 간극수에 주위의 간극수보다 높은 수압을 받는데, 이에 의해 서서히 간극수가 유동하
     여 점토층의 흙입자로 하중이 부담되기까지 점토층이 수축하는 현상을 말한다.

면 최종증고지반(最終增高地盤)은 오쓰치의 일반적인 거주지역에 필요한 지지력(支持力)보다 2~3배 큰 지지력을 가질 것이다). 또한 터널 굴착 시 발생한 잔토(殘土)[6]에 오염물질인 천연 비소(砒素) 존재하여 일부는 사용할 수 없어 타 지역에서 모래를 가져와야만 하는 문제도 있었다. 이러한 공사에 소요된 비용은 모두 앞에서 말한 바와 같이 중앙정부의 자금조달 예산이다.

2011년 3월의 충격적인 경험 때문에 '재난위험지역'에서 다른 지역으로 이주하는 데 반대하는 사람들은 거의 없다. 일부 지역에서는 2015년부터 새로운 증고지역으로 이주할 수 있게 되며, 2017~2018년까지 모든 마치카타를 증고할 수 있게 된다. 그러나 일부 공무원들과 주민들은 개인적으로 이 계획들이 예정대로 실행되지 않을 수도 있다는 우려를 표명했다. 또한 이러한 변화의 결과로 지진해일로 파괴된 철도역을 대체(代替)할 신규 철도역(鐵道驛)을 마치카타(町方)에 건설될 예정이다.

그러나 일본철도(JR, Japan Rail)와의 협상에서 오쓰치정의 인구밀도가 낮고 자동차 중심적으로 학생들 외에는 거의 정기적으로 열차를 이용하지 않았기 때문에 장기적인 실행가능성에 의문을 갖고 진행되고 있다.

3.3 재난재건 의사결정(意思決定) 시(時) 지역사회 참여

오쓰치의 재건과정은 처음부터 중대한 도전에 직면했다. 정장(町長)과 7명의 핵심 공무원이 이번 재난으로 사망하여 2011년 8월까지 새 선거를 치렀다. 이 기간 동안 재건계획은 심각하게 지연되어, 2011년 9월~10월에는 실제로 진행되지 않았다. 재건계획은 마침내 도쿄대학(東京大學) 학자들의 조언으로 수립되어, 2011년 12월까지 대부분 마무리되었고, 그 후 오쓰치정부흥회의(大槌町復興會議)에서 논의되었다. 기본적으로 오쓰치정은 재난복구계획을 수립했고, 그 후 오쓰치정을 구성하는 10개 지역으로 구성된 각 지역의 지역재건위원회에 제출하였다. 이 회의에 자원하여 참여한 사람들은 시(市) 관계 당국과 높은 수준의 토론을 벌였고, 이것은 최종계획에 영향을 끼쳤다.

---

6   잔토(殘土, Surplus Soil) : 터파기 등으로 굴착한 흙에서 되메우기, 흙쌓기 등에 사용하는 만큼을 제외한 나머지 흙을 말한다.

지방지역포럼의 개최 시 오쓰치정 공무원들은 약 30%의 주민들이 참여한 것으로 추정한다. 나이와 상관없이 누구나 참여할 수 있었지만 참여율이 낮은 이유는 아마도 많은 사람이 재난 이후 그들의 생활을 재정립(再定立)하기 위한 너무 바쁜 일상사(日常事)와 관련이 있을 것이다. 미래 재난에 대한 복원성을 증대시키고, 심각한 피해 없이 레벨 1 사건을 견딜 수 있으며, 모든 주민이 레벨 2 사건에 대해 안전하게 대피할 수 있는 방법으로 마을을 재건할 필요성에 비추어볼 때, 선택은 제한적이었다.

따라서 오쓰치 공무원들은 일부 주민들이 얼마나 강한 반대를 할지에 주목했지만, 대부분 주민은 정(町)의 제안을 받아들였다. 그렇지만 오쓰치는 도호쿠 해안선을 따라 재난복구계획에 지역사회참여가 강했던 몇 안 되는 지역 중 하나로, 재난 이후 새로운 정장(町長)이 선출되었다. 재건계획에 영향을 준 정역(町域) 중 한 예는 앞에서 설명한 바와 같이 아카하마(赤浜) 지역이다. 기본적으로 재건계획은 지방주민들과 중앙정부 공무원들의 의도(意圖)(높은 마루고를 갖는 방조제를 정(町) 전역(全域)에 건설하기를 원하였다.) 사이의 불일치를 나타내면서 중앙부처(中央部處)에 제출되었다. 비록 바다 인근 저지대(低地帶)로부터 대피경로를 실제 만들기 위해 약간의 허용이 이루어졌지만(즉, 일부 구간의 경사를 줄임으로써) 결국 지역주민들의 의견이 받아들여졌다.

3.4 사업체 복구증진

지진해일 결과 이와테현(岩手県)의 많은 사업체는 재난의 여파로 폐쇄되었다. 그러나 2014년 2월 기준 현청(県廳) 및 지방 사업체의 많은 노력에 힘입은 결과, 이 중 76.3%가 재개(再開)하였다(이와테현 부흥보고서, 2014). 이 지역의 사업을 재개하기 위해 여러 가지 대책이 도입되었다. 예를 들면 피해를 입은 사업체들이 재가동하는 것을 돕기 위해 임시시설을 도입하였는데, 그렇지 않으면 재가동이 어려웠기 때문이다. 결국 몇 년 후 이 시설들은 지방자치단체에 넘겨질 것이며, 지방자치단체는 부지에 재건계획을 실행함에 따라 다른 용도로 이용할 수 있어 임시시설들을 폐쇄하거나 계속 유지할지를 결정할 것이다.

또한 중소기업 운영 및 관리에 필요한 시설을 위한 특별보조금을 포함하여 피해를 입은 건물에 대한 단체보조금이 도입되었다. 현청(県廳)은 중소기업들이 그룹을 형성하고 재건계획을 수립한 경우 특별 보조금을 제공했다. 이 특별보조금이 갖는 이면(裏面)의 의미는 그런 그룹의 팀별로 복구계획을 수립 후 각 팀은 시설 재건을 위한 보조금을 받는다는 것인데, 중소기업 그룹의 팀들은 지역 전체의 복구 과정을 돕기 위한 팀 활동도 시작해야만 했다.

또 다른 사례로서 이와테현청(岩手県廳)의 해안지역개발국(海岸地域開發局)이 세계적인 자동차 제조업체인 도요타(Toyota)와 협력하여 카이젠 생산방식을 수산물 가공과정에 도입한 카이젠(改善, Kazen) 정신(精神)을 들 수 있다. 카이젠은 글자 그대로 '개선'을 의미하며, 근로자들은 생산성 향상을 위해 끊임없이 주변 환경을 개선해야 한다는 개념이다. 이 개념은 당초 도요타가 창시(創始)한 것으로 도요타는 이전부터 이와테현 내 수산물 공장과 시설에서 적은 인력으로 고품질의 제품을 생산할 수 있도록 조언과 제안을 해왔다. 이러한 제품의 성공으로 인해 더 많은 회사가 그러한 계획에 관심을 표명했다. 이는 현재 이 지역의 많은 사람이 건설업에 종사하고 있는 가운데(높은 임금을 받는다) 수산물 제조업체는 노동력 부족에 직면하고 있기 때문에 이 지역의 장기적인 경제 전망에 특히 중요하다.

지진해일은 또한 관광산업에 심각한 타격을 주었다. 이 지역은 전통적으로 산리쿠 해안선의 아름다운 경관을 감상하고 현지 음식을 즐기러 온 관광객들에게 인기가 많았다. 재난 이후 방문객의 수는 그 지진해일 사건의 심리적 영향 및 호텔과 같은 관광기반시설의 파괴로 인한 영향을 받아 감소하였다. 하지만 최근 이 지역을 찾아오는 방문객의 수는 꾸준히 증가하고 있다. 관광가이드들은 지진해일 이전 이 지역이 어떠했었는지를 방문객들에게 보여주면서 경각심(警覺心)을 높이고 있다. 지역주민들은 그들의 집과 친구들을 잃어버려 처음에는 지역사회 내에서 논란이 있었다. 그러나 지역주민들은 일본의 다른 장소의 주민들에게 경각심을 전달하는 것이 그들의 사명이라는 것을 깨닫기 시작했다. 관광 관련 관계 당국은 이 또한 그들의 임무 중 하나일 수 있다는 것을 깨닫고, 이 지역이 지진해일 방재연구(防災研究)의 행선지(行先地)가 되기를 희망한다. 또한 장기적으로는 이 지역의 아름다운 경치를 조망하러 오는 사람들의 수와 지진해일에 대해 배우러 오는 사람들 수 사이에 균형이 이루어지기를 바란다.

4. 지속가능성 이슈

지금 일본의 인구수는 몇 년째 감소하고 있다. 실제로 일본은 1970년대 이후 출산율은 안정적인 인구유지를 위해 필요한 출산율에 크게 못 미치면서 이미 인구감소 시대로 접어들었다. 이 사실은 낮은 수준의 이민(移民)만을 허용하기 때문에 지속적으로 인구가 감소할 수밖에 없으며, 일본국립사회보장·인구문제연구소(Japan National Institute of Population and Social Security Research, 2002)는 2100년의 인구가 2009년 약 128백만 명에서 불과 64백만 명 이상으로 감소할 것으로 예상하고 있다(사실상 2100년 인구 예상범위는 46~81백만 명으로 중간치는 64백만 명이다). 이러한 감소는 특히 산리쿠 해안선과 같이 주요 인구 중심지역(도쿄, 오사카 등)에서 멀리 떨어진 농촌지역에서 감소율이 특히 클 수밖에 없다. 따라서 고령화 인구가 점점 기업과 사회기반시설을 유지할 수 없어 이 지역 거주지의 장기적인 인구통계학적 지속가능성에 대한 우려(憂慮)가 있다. 이것은 이와테현이 해결해야 할 큰 문제로 일본의 국가적 현안(懸案)으로서 비중이 높다.

오쓰치정 재난 이전에 보통 한 달에 5명의 아기들만이 출생했던 반면 한 달에 평균 10명 정도의 사망자가 발생하였다. 지진해일은 인구 감소에 추가적인 촉매제(觸媒劑) 역할을 한 것으로 보이며, 공식적으로 정(町) 인구는 2011년 3월 15,994명에서 2014년 8월 31일 12,697명으로 감소했다. 그러나 일본 내 많은 사람은 이론적으로 등록된 정(町)에 실제로 거주하지 않을 수도 있어 인구가 그 정도인지도 확실하지 않다. 임시주택 거주자들에 대한 사례증거분석(事例證據分析)에서 지진해일 이후 원래 대피소에 살고 있던 사람들 중 약 30%가 지진해일의 영향을 덜 받는 센다이 또는 인근 도시(가마이시)로 이주했다는 것을 보여준다. 저자들과 상담한 많은 사람은 실제 숫자는 확인하기 어렵지만 오쓰치정의 현재 인구는 8,000명 정도일 수 있다고 지적했다.

5. 결 론

2011년의 지진해일은 전반적으로 일본의 연안재난 관리철학, 특히 산리쿠(三陸) 해안선에 대한 방재철학을 근본적으로 바꾸어놓았다. 이러한 변화의 중심에는 지진해일 대책인 구조적 또는 비구조적 형태를 선호하는지 여부, 그리고 이것이 지역의 경관(景觀)에 미치는 영향, 지역주민들이 지진해일에 대한 인식, 그리고 해안선에 내습하는 빈번한 위험(Hazard)으로부터 방재(防災)할 필요성에 관한 매우 중요한 철학적 고려가 포함되어 있다.

2011년 이전에 산리쿠 해안선은 지진해일에 대한 가장 최고 수준의 인식을 보였으며(Esteban 등, 2013과 11장 참조), 2011년 지진해일은 이러한 인식을 더욱 증대시켰다. 더욱이 중앙정부 및 현청(縣廳)은 모든 계층의 방재를 개선하고, 진정으로 현대적인 다층방재 시스템을 구축하기 위해 막대한 재정투자를 하고 있다. 이를 위해 해안지역을 기업과 공공이용만 허용하는 '재난위험지역'과 사람이 거주해야만 주거지역으로 재분류하는 등, 토지이용에 대한 중요한 통합 및 조정이 이루어지고 있다. 이러한 주거지역은 지진해일이 계층 1의 해안·항만방재구조물을 월파할 경우에 대비하여 거주자들이 안전해야만 한다는 것을 이론적으로 보장하면서 지역 전체에 걸친 지반의 증고공사(增高工事)를 실시하고 있다. 대피의 필요성에 대한 인문사회적인 인식을 고양(高揚)시켜 대피경로를 개선하기 위한 중요한 노력도 이루어지고 있다. 이 장은 또한 그러한 야심찬 재건노력에 내재(內在)된 문제들을 강조하였다. 근본적으로 항상 존재하는 근본적인 딜레마로써 재건의 재난복원성을 향상시켜야 하는 필요성과 가능한 빨리 그들의 주택과 생계를 재구축하려는 생존자들의 욕구가 서로 부딪친다는 점이다(27장 참조). 생존자들 중 상당수는 현재 이상적인 상황과 거리가 먼 임시대피소에 살고 있어, 분명히 그들이 한때 살았던 곳으로 돌아가고 싶어 한다.

마지막으로 재건노력 또한 이 지역의 인구통계학적 현실과 직면해야 한다. 이 지역의 대부분은 2011년 지진해일 이전에 급속한 인구고령화 및 출생률 감소에 직면해 있었고, 지진해일은 추가적인 인구감소 촉매제의 역할을 했다. 그 결과 아마도 오쓰치정과 같은 많은 소규모 해안도시의 인구가 지진해일 재난결과 절반으로 줄어들었을 것으로 생각된다. 향후 이 지역의 지속적인 발전을 위해서는 이러한 인구감소를 관리해야 할 필요가 있을 것이며, 그렇지 않으면 결국 엄청난 재건예산의 막대한 낭비를 초래할 것이다.

참고문헌

1. Davidson, C.H., Johnson, C., Lizarralde, G., Dikmen, N., Sliwinski, A., 2007. Truths and myths about community participation in post-disaster housing projects. Habitat Int. 31, 100–115.

2. Esteban, M., Tsimopoulou, V., Mikami, T., Yun, N.Y., Suppasri, A., Shibayama, T., 2013. Recent tsunami events and preparedness : development of tsunami awareness in Indonesia Chile and Japan. Int. J. Disaster Risk Reduct. 5, 84–97.

3. Esteban, M., Thao, N.D., Takagi, H., Valenzuela, P., Tam, T.T., Trang, D.D.T., Anh, L.T., 2014. Storm surge and tsunami awareness and preparedness in Central Vietnam. In : Thao, N.D., Takagi, H., Esteban, M. (Eds.), Coastal Disasters and Climate Change in Vietnam : Engineering and Planning Perspectives. Elsevier, pp. 321–336.

4. Iwate Fukko Report, 2014. http://www.pref.iwate.jp/dbps_data/_material_/_files/000/000/027/372/report 2014ref-data2.pdf (accessed 10 December 2014).

5. Japan National Institute of Population and Social Security Research, 2002. Population projections for Japan : 2001-2050. With long-range population projections : 2051-2100.

6. Kawata, Y., 1997. Prediction of loss of human lives due to catastrophic earthquake disaster. Jpn. Soc. Nat. Disaster Sci. 16 (1), 3–13 (in Japanese).

7. Mikami, T., Takabatake, T., 2014. Evaluating tsunami risk and vulnerability along the Vietnamese Coast. In : Nguyen, D.T., Takagi, H., Esteban, M. (Eds.), Coastal Disasters and Climate Change in Vietnam : Engineering and Planning Perspectives. Elsevier, pp. 303–319.

8. Mikami, T., Shibayama, T., Esteban, M., Matsumaru, R., 2012. Field survey of the 2011 Tohoku earthquake and tsunami in Miyagi and Fukushima prefectures. Coast. Eng. J. 54 (1), 1250011.

9. National Water Plan of The Netherlands, http://english.verkeerenwaterstaat.nl/english/Images/NWP% 20english_tcm249-274704.pdf(accessed 10 August 2012).

10. Ozawa, S., Nishimura, T., Suito, H., Kobayashi, T., Tobita, M., Imakiire, T., 2011. Coseismic and postseismic slip of the 2011 magnitude-9 Tohoku-Oki earthquake. Nature 475, 373–376.

11. Sawai, Y., Okamura, Y., Shishikura, M., Matsuura, T., Tin Aung, T., Komatsubara, J., Fujii, Y., 2006. Historical tsunamis recorded in deposits beneath Sendai Plain -inundation areas of the A.D. 1611 Keicho and the A.D. 869 Jogan tsunamis. Chishitsu News 624, 36–41 (in Japanese).

12. Shibayama, T., Esteban, M., Nistor, I., Takagi, H., Danh Thao, N., Matsumaru, R., Mikami, T., Aranguiz, R., Jayaratne, R., Ohira, K., 2013. Classification of tsunami and evacuation areas. Nat. Hazards 67 (2), 365–386.

13. Suppasri, A., Muhari, A., Ranasinghe, P., Mas, E., Shuto, N., Imamura, F., Koshimura, S., 2012a. Damage and reconstruction after the 2004 Indian Ocean tsunami and the 2011 Great East Japan tsunami. J. Nat. Disaster Sci. 34 (1), 19–39.

14. Suppasri, A., Shuto, N., Imamura, F., Koshimura, S., Mas, E., Yalciner, A.C., 2012b. Lessons learned from the 2011 Great East Japan tsunami : performance of tsunami countermeasures, coastal buildings, and tsunami evacuation in Japan. Pure Appl. Geophys. http://dx.doi.org/10.1007/s00024-012-0511-7.

15. The 2011 Tohoku Earthquake and Tsunami Joint Survey Group, Survey data set (release 29-Dec-2012), http://www.coastal.jp/ttjt/.

16. Tohoku University Disaster Control Research Center, 2010. Table of tsunami trace height measured in Chile by the Japanese team. Tsunami Engineering Technology. Rep. 27, 157–179. Available at : http://www.tsunami.civil.tohoku.ac.jp/hokusai3/J/publications/publications.html.

17. Tsimopoulou, V., Jonkman, S.N., Kolen, B., Maaskant, B., Mori, N., Yasuda, T., 2012. A multi-layer safety perspective on the tsunami disaster in Tohoku, Japan. In : Proc. Flood Risk 2012 Conference, Rotterdam.

18. Tsimopoulou, V., Vrijling, J.K., Kok, M., Jonkman, S.N., Stijnen, J.W., 2013. Economic implications of multi-layer safety projects for flood protection. In : Proc. ESREL Conference, Amsterdam.

19. Yun, N.Y., Hamada, M., 2012. Evacuation behaviors in the 2011 Great East Japan earthquake. J. Disaster Res. 7, 458–467. Reconstruction after 2011 Tohoku tsunami 631.

PART VI

연안재난에 대한 기후변화 영향

CHAPTER
30
케이슨식 혼성제의 확률론적 설계 : 과거 실패로부터 얻은 교훈과 기후변화에 대한 대처

1. 서 론

방파제는 장구(長久)한 역사를 가지고 있다. 서기 1세기 로마 황제 트라야누스(Trajan) 시대에 이탈리아 치비타베키아(Civitavecchia)에 축조된 사석식경사제(捨石式傾斜堤)가 현존하는 가장 오래된 방파제이다. 원래 축조(築造) 때부터 방파제를 구성하고 있던 사석(捨石)[1]은 파랑에 의해 산란(散亂)되고 유실되는 일이 반복되고 있다. 따라서 보수·보강작업은 시간이 경과함에 따라 사석공극(捨石空隙)을 채우고 손상된 표면에 추가적인 사석을 공급하는 것이다. 이러한 주기(週期)를 여러 번 반복한 후, 마침내 방파제는 평형형상(平衡形狀)에 도달한다. 고대지중해 해안을 따라 석적식(石積式) 또는 블록식 방파제도 건설하였지만, 오늘날 유럽 국가에서 가장 많이 사용되는 방파제 유형은 사석식경사제이다. 반면에 케이슨식(Caisson-type)[2] 혼성제는 우리나라나 일본과 같은 나라에서 흔히 볼 수 있는 곳으로, 거대한 암석은 쉽게 얻을 수 없지만 석회석(石灰石)이 풍부하여 시멘트를 싸게 생산할 수 있다. Tanimoto와 Goda(1991)는 이러한 방파제의 유형은 단순한 석적식(石積式) 방파제로부터 중간단계의 발전

---

1 사석(捨石, Rubble) : 방파제, 방사제, 안벽, 호안 등의 기초 또는 구조물의 뒤채움에 투입되는 깬돌로써 방파제, 방사제, 호안 등에서는 전단면(全斷面)에 사석으로 이루어진 것도 있다. 제방의 폭이 두꺼울 때는 내부에 작은 사석을 쓰고, 파력이 강하게 받는 표면에는 큰깬돌(피복석)을 사용한다.

2 케이슨(Caisson) : 철근콘크리트제의 상자 모양의 것으로, 부양식 독(Dock)이나 육상의 독에서 제작되고 해상을 예항선(曳航船) 또는 기중기선에 의해 매달려 현장으로 운반되어 방파제 또는 중력식 구조의 계선안 본체로서 설치된다.

유형인 콘크리트 블록, 셀룰라(Cellular) 블록, 키클롭스(Cyclopean, 巨石) 블록을 거쳐 현재의 콘크리트 케이슨식에 이르기까지 점진적으로 구조적인 발전을 거듭해왔다고 말했다. 실제로 일본은 지난 100년 동안 많은 케이슨식 혼성제를 건설해왔다. 최초의 케이슨식 혼성제는 1910년에 고베항(神戸港)에서 건설되었고, 뒤이어 1913년에 오타루항(小樽港)에서 축조되었다. Ito 등(1966)은 1920년 루모이항(留萌港)에서 발생한 케이슨식 혼성제의 활동파괴(滑動破壞)를 기술(記述)했다. 그들은 일본에서 채택한 방파제의 유형은 유럽국가의 방파제와는 다른 경향이 있다는 지적했다. 그들의 설명에 따르면, 일본 엔지니어들은 혼성제(콘크리트 케이슨과 그 밑에 사석 마운드로 구성된다.)가 직립부(直立部, 케이슨)의 중량만으로 파랑에 저항(抵抗)하도록 설계할 수 있다고 생각한다. 반면 유럽에서 건설된 방파제들은 케이슨과 사석 마운드 모두가 파력(波力)에 저항한다고 생각한다. 일본 해안의 조차(潮差)는 불과 2m(또는 그 이하)인 반면 유럽 일부 해안에서는 수 미터(m)의 조차가 발생하기 때문에 이러한 원리(原理)의 불일치는 두 지역 간 조차의 차이로부터 기인(起因)하는지 모른다.

비록 케이슨식 혼성제가 유럽에서 그렇게 흔하지 않지만, Oumeraci 등(2001)은 1930년대에 수많은 재앙적인 파괴결과로 인해 인기가 시들해졌던 직립 방파제의 재기(再起)를 위해 많은 대책을 수립하기 시작했다고 언급했다. 방파제는 적절히 설계하더라도 설계조건을 벗어난 파랑에 노출되면 붕괴될 수 있다.

표 1은 Oumeraci(1994)가 제시한 몇 가지 방파제 파괴사례를 나타낸다. 일본항만기술연구소(港灣技術研究所, Port and Harbor Research Institute of Japan, 1968, 1975, 1984, 1993)에서 발간한 4권의 보고서에는 파괴를 일으키는 파랑조건과 함께 여러 케이슨식 혼성제의 유형과 피해도(被害度)를 기술하고 있다. Kawai 등(1997)은 일본에서 총 16,000개의 방파제를 조사하여 파괴확률이 $10^{-2} \sim 10^{-3}$/년(年) 범위 내에 있음을 입증했다.

방파제를 건설하는 데 소요되는 예산과 시간을 감안할 때, 세계의 많은 방파제는 설계공용기간(設計共用期間)[3] 이후에도 계속 사용할 것으로 예상된다. 대부분의 방파제는 오랜 기간

---

3   설계공용기간(設計共用期間, Design Life):설계 전제로서 시설이 목표기능을 유지하는 것을 기대하는 기한을 말하며, 설계공용기간의 설정에서는 「항만 및 어항 설계기준·해설(2014, 해양수산부)」 중 ISO2394(1998)의 설계공용기간의 개념 분류를 참고할 수 있는데, 항만시설의 표준적인 설계공용기간은 등급3(50년)에 기초하여 설정할 수 있다.

표 1 전 세계 직립식(直立式) 방파제(케이슨식 혼성제도 포함)의 파괴사례

위치 (국가, 건설연도)	방파제 유형	파고(m)/주기(sec) 설계상	실제	해저 바닥 지반	케이슨 폭 (m) / 케이슨 높이 (m)	수심(m) / 마운드(Mound) 상 수심(m)	마루높이(전면)(m) / 마루높이(후면)(m)	케이슨 전면 마운드 폭(m) / 케이슨 후면 마운드 폭(m)	총 마운드 폭(m)
마드라스 (Madras) (인도, 1881)	키클롭스 (Cyclopean, 巨石) 블록형	–	–	–	7.3	22	2	7.2	14.6
					9.1	7.2	2	7.2	–
비제르트 (Bizerta) (튀니지, 1915)	케이슨형	–	–	–	8	17	5	10	10
					13	8	3	5	4/5
발렌시아 (Valenca) (스페인, 1926)	키클롭스 블록형	–	7m/14s	세사(細砂), 진흙	12	12	5	6.7	4
					14.4	9.5	2.7	10	1/3
안토파가스타 (Antofa-Gasta) (칠레, 1928~1929)	키클롭스 블록형	6m/8s	9m/15s, 8m/47s	–	10	30	7.5	7.5	12
					16.9	9.4	3.5	3	4/3
카타니아 (Catania) (이탈리아, 1930~1933)	키클롭스 블록형	6m/7s	7m/9s, 7.5m/12s	조밀한 모래	12	17.5	7.5	–	–
					20	12.5	4		
제노아(Genoa) (이탈리아, 1955)	웰(Well) 블록, 키클롭스 블록 및 셀룰러(Cellular) 블록	5.5m/7s	7m/12s	세사	12	17.5	7.4	6	8/7
					17.9	10.5	3	12	
알제(Algiers) (알제리, 1930,1934)	키클롭스 블록형	5m/7.4s	6.5m/11s, 9m/14s	실트, 진흙	11	20	6.5	7.3	7.7
					21.6	13	3	3.7	–

동안, 때로는 심지어 50년 이상이나 심한 폭풍(태풍)으로 인한 끈임 없는 고파랑(高波浪) 내습을 견뎌내고 제자리에 서 있었다. 그렇지만 그러한 방파제조차도 지금까지 견뎌온 어떤 것보다 더 강한 미래 폭풍(태풍)에 의해 파괴될 수 있는 가능성은 항상 존재한다. 이러한 미래의 피해가 발생할 가능성이 가장 큰 이유는 해수면 상승 또는 파랑강도(波浪强度) 증가와 같은 기후변화 영향과 관련이 있을 수 있다(31~33장). 또한 장기간 사용 후에는 여러 가지 이유로 인해 방파제 안정성능(安定性能)이 저하될 수 있다. 따라서 방파제 수명을 연장하기 위해서는 어느 단계에서 기존 방파제에 대한 일부 업그레이드나 보수·보강이 이루어져야 한다. 이를 위해 항만·해안 정책수립자와 엔지니어는 가능한 최고의 유지, 보수·보강 및 최적

의 설계방법(設計方法)을 적용시킬 수 있는 필요한 전문지식을 갖추어야 한다. 일반적으로 케이슨식 혼성제의 파괴는 확률론적 하중과 저항의 확률론적 특성 때문에 발생하는 매우 복잡한 현상이다. 그러므로 확률론적 접근법은 현재 또는 미래의 기후하에서 폭풍(태풍)에 의해 야기될 수 있는 피해를 예측하는 가장 최선의 방법이다. 본 장(章)에서 저자들은 지난 20년 동안 개발된 확률론적 모델을 검토하고, 그러한 모델들이 실제 방파제 파괴를 예측하는 것이 얼마나 합리적인지 제시한다. 또한 실무에 종사하는 엔지니어가 복잡한 수치시뮬레이션을 실행하지 않고도 방파제의 안정성을 간단하고 효과적으로 산정할 수 있도록 일련의 도표를 제시한다.

2. 방법론

이 절에서는 엔지니어가 활동(滑動) 또는 틸팅(Tilting)[4] 파괴로 인한 방파제 파괴확률을 예측할 수 있는 다양한 방법론을 제시한다.

2.1 케이슨에 작용하는 파압(波壓)

2.1.1 쇄파로 인한 압력

쇄파(碎波)로 인한 정확한 압력예측은 천해(淺海) 또는 비교적 천해에 축조된 방파제 설계에 필수적인 요소다. Shimosako와 Takahashi(1994)는 삼각형적(三角形的)인 파랑추력변동(波浪推力變動)의 시간이력(時間履歷)을 가정하여 쇄파압(碎波壓)의 형태를 단순화시켰다. 그런 모델은 방파제가 설치될 수심에서 개별 파랑이 쇄파될 때 도입할 수 있다. 파력의 시간이력은 다음과 같이 표현된다.

---

4   틸팅(Tilting) : 평탄하여야 할 지형이 점차 기울어지는 현상을 말하며, 여기에서는 고파랑으로 인한 파력(波力) 때문에 케이슨이 저면이 기울어진 현상을 말한다.

$$P(t) = \begin{cases} \dfrac{2t}{\tau_0} P_{\max}, & 0 \le t \le \dfrac{\tau_0}{2} \\[2mm] 2\left(1 - \dfrac{t}{\tau_0}\right) P_{\max}, & \dfrac{\tau_0}{2} < t \le \tau_0 \\[2mm] 0, & \tau_0 < t \end{cases} \tag{1}$$

여기서 $P_{\max}$는 Goda 식(Goda, 1973, 2000)으로부터 유도된 수평파력의 최대치, τ_0는 삼각형적 파력의 지속시간으로 다음과 같이 나타낼 수 있다.

$$\tau_0 = k_0 \tau_{0F} \tag{2}$$

여기서, 상수 k_0와 시간 τ_{0F}는 다음과 같이 주어진다.

$$k_0 = \left[(\alpha^*)^{0.3} + 1 \right]^{-2} \tag{3}$$

$$\tau_{0F} = \max \left\{ 0.4\,T, \left(0.5 - \dfrac{H}{8h}\right) T \right\} \tag{4}$$

여기서, α^*는 Goda 식에서 매개변수 α_2 또는 Takahasi 등(1994)의 충격압력계수 α_1 중 큰 값을 취한 파압계수이다.

2.1.2 중복파로 인한 압력

매년 해양이용이 심해(深海)로 확대됨에 따라 방파제를 설치하는 데 필요한 수심은 그 어느 때보다 크다. 비교적 심해에 축조된 방파제는 주로 중복파(重複波)의 파력에 노출되어 있다. 심해에 설치된 방파제의 설계를 위해서는 중복파로 인한 정확한 파력산정(波力算定)이 필요하다. Tadjbaksh와 Keller(1960)는 중복파의 압력으로 인한 3차 근사치(近似値)를 유도했다. 그 근사치에 근거하여, Goda와 Kakizaki(1966)는 3차 근사를 케이슨의 전면표면(前面表面)에 작용하는 합리적인 파압분포(波壓分布)를 얻기 위해 사용 가능한 4차 근사로 확장했다.

그림 1은 Nagai(1969)의 실험 데이터 및 4차 근사를 바탕으로 Takagi 등(2007)의 모델로 계

산된 결과 사이의 비교를 나타낸다. 또한 고차근사사용(高次近似使用)의 중요성을 나타내기 위해 선형이론(線形理論)을 사용하여 얻은 결과도 그림에 표시했다.

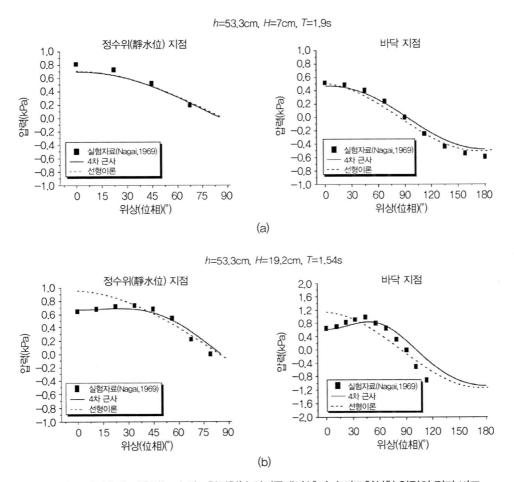

그림 1 케이슨에 작용하는 수치모형실험(수치시뮬레이션)과 수리모형실험 압력의 결과 비교

4차 근사를 이용한 예측치는 실험결과와 잘 일치한다. 특히 더 가파른 파랑(그림 1의 하단 두 그림)인 경우, 4차 근사는 단봉(單峰, Hump)을 갖는 파봉에서 약간 복잡한 파압의 시간이력을 적절히 산정할 수 있다. 선형파(線形波) 이론으로는 뚜렷한 파압의 시간이력을 갖는 파압 실험결과의 특징을 쉽게 재현할 수 없다. 선형파 이론은 가파른 파랑인 경우의 위상(位相, Phase) 0°에서의 압력을 과대산정하지만, 완만한 형상을 가진 파랑(그림 1의 상단 두 그림)에 대해서는 충분히 정확하다. 일반적으로 파랑의 비선형성(非線形性) 때문에 파랑이 가파를수

록(즉, 파고(波高)가 클수록) 파압형상(波壓形狀)은 점차적으로 쌍봉(雙峰, Double Humps)으로 나타날 것이다. 방파제 설계과정에서 검토하는 파랑은 보통 쌍봉을 발생시키기에 충분한 경사(傾斜)를 가지고 있다. 따라서 중복파(重複波)로 인한 압력을 계산할 때 저차근사(低次近似) 대신 고차근사(高次近似)를 사용하여만 한다.

2.2 방파제 파괴모드

2.2.1 검토할 파괴모드

Takayama와 Higashira(2002)는 일본 내 56개 방파제 피해유형을 조사한 결과, 이 중 66%가 활동파괴와 관련이 있으며, 27%는 활동파괴 및 틸팅파괴 모두를 포함한 복합 파괴형태, 5%는 틸팅파괴와 2%는 전도파괴(顚倒破壞)와 관련이 있다는 결론을 내렸다. 비록 케이슨 후미 하단(後尾下端)를 중심으로 한 케이슨 전도(顚倒)에 대한 안전은 재래식 직립방파제의 설계에서 확인되었지만, 실제로 케이슨이 뒤집히기 전에 기초(基礎)와 하층토(下層土)의 파괴가 먼저 발생하기 때문에 결코 순수한 전도(顚倒)형태는 일어나지 않는다(Goda와 Takagi, 2000). Oumeraci 등(2001)은 또한 일부 지지력 파괴가 없으면 전도는 결코 일어나지 않을 것이라고 강조했다. 이러한 사실은 활동과 틸팅파괴가 가장 주요한 케이슨의 파괴 메커니즘이라는 것을 의미하므로, 케이슨 방파제의 안전성을 검토할 때 적어도 이 2가지 파괴를 산정할 필요가 있다.

2.2.2 활동

사석 마운드상 케이슨의 활동(滑動)은 운동방정식을 풀어서 계산할 수 있다. Takagi 등(2007)은 조파감쇠력항(造波減衰力項)을 운동방정식에 결합시켰다.

$$(m + M_a)\ddot{x} = F_w(t) - F_f(t) - F_d(t) \tag{5}$$

여기서, m은 케이슨 질량, M_a는 케이슨 주위의 해수(海水)로 인해 발생될 부가질량력5(附加質量力), F_w는 파랑조건(쇄파 또는 중복파 중 둘 중 하나)에 따라 계산할 수 있는 파력(波

力), F_f는 마찰저항력(摩擦抵抗力)이고, F_d는 조파감쇠(造波減衰)이다. M_a는 다음과 같이 나타낸다.

$$M_a = 1.0855 \, \rho \, h^2 \tag{6}$$

여기서, M_a는 무한주파수(無限周波數)에서의 부가질량력에 대한 점근치(漸近値), ρ는 해수밀도(海水密度)이며 h는 케이슨 수중부(水中部)의 수심이다.

$$F_d = \int_0^t R(t-\tau) \, \dot{x}(\tau) \, d\tau \tag{7}$$

여기서, $R(t)$는 Cummins(1962)가 사용한 기억효과함수(記憶效果函數)이다. Takagi와 Shibayama (2006)는 논문에서 기억효과함수는 다음과 같이 나타내었다.

$$R(t) = \frac{4\rho g h}{\pi} \int_0^\infty \frac{\tanh^2 \kappa}{\kappa^2} \cos\left(\sqrt{\kappa \tanh \kappa} \, \sqrt{g/h} \, t \, d\kappa\right) \tag{8}$$

여기서, $\kappa = kh$, k는 파수(波數 = $2\pi/L$)이고, g는 중력가속도이다.

중복파 압력의 시간이력에서 쌍봉(雙峰, Double Humps)이 존재하기 때문에 일단 케이슨이 활동을 시작하면 약간 복잡한 운동을 보일 것이다. 식 (7)에서 위의 F_d에 대한 표현은 단순운동(單純運動)(즉, 정현파(正弦波) 운동)뿐만 아니라 케이슨의 복잡한 운동에도 조파력(造波力)을 적절하게 산정할 수 있다. 따라서 조파감쇠력을 고려할 때 예상활동량(豫想滑動量) 산정의 정확도가 향상될 것이다.

그러나 Takagi와 Shibayama(2006)는 파랑의 유효충격(有效衝擊) 시 지속시간이 충분히 작을 경우 F_d의 기여(寄與)는 무시할 수 있다고 했다. 따라서 F_d항(項)은 계산시간을 줄이기 위해

---

5 부가질량(附加質量, Added Mass) : 물체가 유체 중에서 가속도 운동을 할 때 볼 수 있는 겉보기의 질량 증가분으로 유체에 새로운 가속도 운동이 유기되기 때문에 물체의 질량이 부가된 것과 같은 효과가 생긴다.

위의 방정식에서 제거할 수 있다.

Takagi(2008)는 조파수로(造波水路)에서 케이슨 모델의 수리모형실험과 식 (5) 및 기타 관련 방정식으로 계산된 활동량을 비교함으로써 신뢰성을 입증하였다. 그림 2는 합리적으로 좋은 일치(一致)를 보여주는 2개의 서로 다른 파랑주기(波浪週期)에 대한 실험과 계산 사이의 활동량 비교를 보여준다.

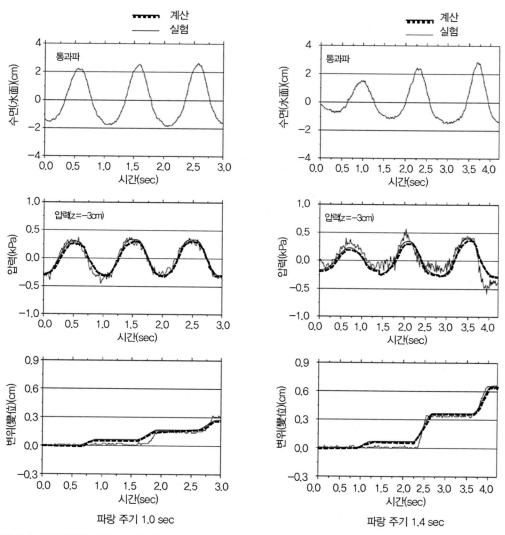

그림 2 수리모형실험과 수치모형실험(수치시뮬레이션) 사이의 활동량 비교(상단 : 수로(水路)에 방파제가 없을 때 통과파(通過波), 중간 : 케이슨 전면의 파랑 압력, 하단 : 누적 활동량)

Takagi(2008)는 운동량(運動量) – 충격력(Impulse) 관계로부터 단순화시킨 삼각형적 파력(波力)에 대한 활동량을 도출했다. 활동운동(滑動運動)은 파력 F_w가 마찰저항 F_f를 초과하는 순간에 시작하여 시간 T_{stop}까지 계속된다. 그림 3의 빗금 친 부분은 총활동량(總滑動量)에 직접적인 기여를 하는 충격력 성분으로 다음과 같다.

$$S_{total} = S_1 + S_2 = \frac{T_p^2 \cdot (2 \cdot \sqrt{2} + 3) \cdot (F_{w\,max} - F_f)}{3 \cdot (m + M_a)} \tag{9}$$

그림 3에서는 조파감쇠력(造波減衰力)은 무시하였으며, 파주기 동안 시간적 변동을 무시하면서 최대 힘으로 양력(揚力)을 사용했다는 점에 유의해야 한다.

Shimosako와 Takahasi(2000)는 일정한 파랑조건 하의 케이슨 활동(滑動)의 확률적인 산정에는 케이슨의 예상활동량(豫想滑動量, ESD, Expected Sliding Distance)을 사용할 수 있다고 제안하였으며, 이 지수(指數)는 실제 방파제 설계에 사용되는 현재 일본의 기술기준(OCDI, The Overseas Coastal Area Development Institute of Japan, 일본 국제임해개발센터, 2002)에 규정되어 있다. 그 후 많은 연구자가 그들이 제안한 방법론을 개선하려고 노력하고 있다(Goda와 Takagi, 2000; Takagi 등, 2007, 2008; Esteban 등, 2012).

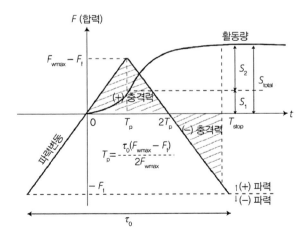

그림 3 단순화시킨 삼각형적 파력

2.2.3 틸팅

Oumeraci 등(2001)이 하위범주(下位範疇)로 분류시킨 틸팅파괴(Tilting Failure)는 고파랑(高波浪)의 큰 하중편심(荷重偏心)으로 유도될 수 있는 케이슨 후미하단 아래 지반의 국소파괴(局所破壞)(즉, 회전파괴(Rotational Failure))를 포함한다. 그러나 실제 항만의 파괴사례는 파괴모드의 복잡성 때문에 이러한 파괴를 쉽게 분류하기 어렵다는 점을 강조하였다. 이 장(章)에서 틸팅파괴라는 용어는 사석 마운드 또는 그 하층토(下層土)의 지반파괴로 인한 케이슨의 회전을 말한다.

활동파괴는 Shimosako와 Takahasi(2000)가 제안한 예상활동량 방법을 사용하여 확률론적으로 산정할 수 있지만, 케이슨 틸팅에 대해서는 사석-마운드 기초특성의 불확실성 때문에 확률론적 방법을 실행하는 데 내재(內在)된 어려움이 있다(Esteban 등, 2007). Takagi와 Esteban(2013)가 틸팅파괴를 산정할 실용적인 지수를 제안할 때까지 이 지수는 없었다.

실제로 일부 연구자들은 이산요소법(離散要素法, DEM, Discrete Element Method) 방법이나 질량-스프링 모델과 같은 다른 수치시뮬레이션을 도입함으로써 틸팅파괴도를 계산하려고 노력해왔다. 이러한 수치시뮬레이션은 특정파랑에 대한 피해를 산정할 수 있을 정도로 정밀하다고 하더라도, 다른 기초설계조건과 함께 사석 마운드 및 하층토의 조건에 대한 충분한 정보가 제공되지 않는 한 실제 파괴사례에 이를 적용하기는 현실적으로 어려워 보인다. 게다가 피해도(被害度)는 파랑의 확률론적 특성에 따라 달라질 것이며, 또한 이것은 파랑의 시간이력(時間履歷)과도 무관하지 않을 것이다. 따라서 두 파랑의 하중결과는 개별적으로 고려된 각 파랑의 하중결과와 다를 수 있다. 즉, DEM(이산요소법)과 같은 결정론적 방법은 실제 문제에 대한 최선의 해결책이 되지 못하는 이유다.

확률론적 피해의 특성을 검토하기 위해 Takagi 등(2008)과 Takagi·Esteban(2013)은 틸팅파괴로 인한 케이슨식 혼성제의 피해산정에 활용할 수 있는 EFFC(Expected Frequency Exceeding of a Critical Load, 임계하중(臨界荷重)의 예상초과빈도(豫想超過頻度))지수를 제안하였다. 이 EFFC는 활동량과 같은 피해도를 직접 산정할 수 있는 지수는 아니지만 그림 4에서 나타낸 바와 같이 피해규모와 상관관계가 있는 간접적인 지수(指數)이다. 이 개념은 파랑하중이 사석 마운드 또는 하층토(下層土)의 임계지지력을 초과할 때 실제 피해와 파랑의 총수(總數) 사이에 어느 정도 상관관계가 있어야 한다는 가설을 바탕으로 확립되었다.

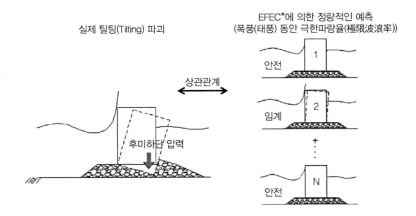

실제 틸팅(Tilting) 파괴

EFEC*에 의한 정량적인 예측
(폭풍(태풍) 동안 극한파랑율(極限波浪率))

상관관계

후미하단 압력

안전
임계
안전

* EFFC : Expected Frequency Exceeding of a Critical load, 임계하중(臨界荷重)의 예상초과빈도

그림 4 틸팅파괴로 인한 케이슨식 혼성제의 잠재적 파괴확률을 확률적으로 나타내는 EFEC 지수 개념에 대한 체계적인 그림(정확한 이해를 위해서는 방정식 (14) 참조)

그러나 이 저항력은 파랑조건, 사석 마운드의 균등계수(均等係數)[6], 사석 마운드의 치수, 사석 마운드 또는 하층토의 전단강도(剪斷强度)[7] 또는 구속압력(拘束壓力)[8]과 같은 여러 요인에 의해 좌우될 수 있으므로 쉽게 결정되지 않는다. 따라서 실무에 종사하는 엔지니어들이 틸팅파괴 확률을 고려할 때 실제 최대저항력 대신 임계하중의 대체치(代替値)를 사용하는 것이 편리하다.

그들이 제안한 모델에서는 틸팅파괴에 대한 안정성을 보장하기 위해 일본 설계지침에서 자주 사용되는 임계치, 즉 600kN/m²을 채택한다(Goda, 2000). 이 값은 또한 중간밀도인 모래와 자갈의 허용지압력(許容支壓力)이 200~600kN/m²로 규정한 영국코드[BS 8004 : 1984]와도 일치한다.

이와 같이 현재 일본 엔지니어들은 오랜 세월의 실제 경험을 바탕으로 심한 폭풍(태풍)으로 인한 케이슨의 틸팅(Tilting)이 발생하지 않도록 후미하단 압력을 600kPa 이하로 유지하여야만 한다고 믿는다(즉, Goda, 2000). 단, 이 값은 기초의 임계지지력(臨界支持力)을 나타내는 것이 아니라 다소 안전여유가 있는 설계치라는 점에 유의해야 한다. 이 사실은 Uezono와

---

6 균등계수(均等係數, Uniformity Coefficient) : 사질토 등의 입경가적곡선(粒徑加積曲線)에서 통과중량 10% 입경에 대한 통과 중량 60% 입경의 비로 정의되는 계수로 입도 분포의 상태를 나타낸다.

7 전단강도(剪斷强度, Shear Strength) : 어떤 물체 또는 구조물에 전단 하중(Shear Load)이 가해졌을 때, 물체가 구조적으로 파괴되지 않는 최대응력(Maximum Stress)값을 전단강도라 한다.

8 구속압력(拘束壓力, Confining Pressure) : 지반 속의 흙의 응력 상태를 재현하는 등의 목적으로 삼축압축시험 등을 할 때 공시체(供試體)에 측면에서 가하는 압력을 말한다.

Odani(1987)가 일본 오나하마항(小名浜港) 실제 방파제에 대한 실험 중 유압잭에 의해 생성(生成)된 700~800kPa의 임계후미하단압력(臨界後尾下端壓力)이 사석 마운드의 파괴를 발생시키기 시작한 것으로 검증(檢證)할 수 있었다.

후미하단압력(後尾下端壓力)은 파랑 및 양압력(揚壓力)으로 인한 케이슨의 육지 쪽 후미하단에서의 수직하중으로 다음 식과 같이 계산할 수 있다(Goda, 2000).

$$P_e = \begin{cases} \dfrac{2\,W_e}{3\,t_e}, & t_e \leq \dfrac{1}{3}B \\[2mm] \dfrac{2\,W_e}{B}\left(2 - 3\dfrac{t_e}{B}\right), & t_e > \dfrac{1}{3}B \end{cases} \tag{10}$$

여기서, P_e는 사석 마운드의 후미하단 압력, B는 케이슨 폭, $t_e = M_w / W_e$는 합(合)모멘트[9]의 팔 길이. $M_e = W \cdot t - M_u - M_p$와 $W_e = W - U$로 W는 정수위(靜水位)에서의 케이슨 중량, U은 총양력(總揚力), M_p는 수평파압(水平波壓)으로 인한 후미하단 주위의 모멘트, M_u는 양압력(揚壓力)으로 인한 모멘트이다.

2.3 확률론적 고려사항

2.3.1 몬테카를로(Monte-Carlo) 시뮬레이션

향후 폭풍(태풍) 사건에서 방파제의 잠재적 파괴확률을 예측하는 가장 효과적인 방법 중 하나는 MCS(Monte-Carlo Simulation)이다. 이 방법은 확률분포함수에 근거하여 각 파괴모드의 확률을 계산할 수 있다. 파랑뿐만 아니라 많은 다른 설계계수도 이러한 확률함수를 따를 것이다. 이 장(章)에서는 몇 가지 계수를 고려한다. 모든 하중계수 및 저항계수는 각각의 확률밀도함수(PDFs, Probability Density Functions)를 사용하여 설명한다. MCS(몬테카를로 시뮬레이션)는 PDF의 수치적분(數值積分)을 사용하여 실행할 수 있다. 이러한 확률론적 매개변수 성질을 표현하는 설계계수를 표 2에 나타내었다. 현재 방법은 폭풍(태풍) 지속시간 2시간만 고려하여 조차(潮差)가 작은 지역의 케이슨식 혼성제인 경우 조석(潮汐)의 차이를 무시할 수

---

9   합모멘트(슘모멘트, Resultant Moment) : 둘 이상의 모멘트를 합성하여 얻어지는 모멘트를 말한다.

있다는 점에 유의해야 한다. 단, 조석의 영향을 무시할 수 없을 경우, Goda와 Takagi(2000)가 제안한 삼각형적 조석 시간이력 모델을 적용할 수 있다.

표 2 아래 계수 변동을 고려와 함께 몬테카를로 시뮬레이션에서 고려되는 설계계수와 편차(偏差)

설계계수	편차(偏差)	변동계수 (Coefficient of Variation)	분포함수 (分布函數)	비고	참조
해상파고(海上波高)	0	0.10	정규(正規)	—	Goda 및 Takagi(2000)
심해(深海)에서의 개별파고	해당사항 없음	해당사항 없음	레일라이 (Rayleigh)	2시간 지속	Goda 및 Takagi(2000)
정확한 파랑변형 계산	−0.13	0.10	정규(正規)	—	Takayama 및 Ikeda (1992)
마찰계수	0	0.10	정규(正規)	중앙치 : 0.65	Takagi 등(2007)
쇄파(碎波)로 인한 피력	−0.09	0.17	정규(正規)	—	Takayama 및 Ikeda (1992)
중복파(重複波)	−-0.09	0.10	정규(正規)		Takagi 및 Nakajima (2007)

2.3.2 예측절차

그림 5는 Tagaki와 Esteban(2013)이 제안한 MCS(Monte-Carlo Simulation)를 바탕으로 케이슨식 혼성제 파괴를 예측하는 확률적인 방법을 나타낸 것이다. 각각의 심해(深海) 파랑은 Rayleigh 분포를 따르는 일련의 난수(亂數)로 재현할 수 있다(Goda와 Takagi, 2000). 방파제 파괴를 올바르게 산정하기 위해서는 방파제에 인접한 지역에 대한 폭풍(태풍) 동안의 파랑조건(유의파고(有義波高) $H_{1/3}$, 유의파(有義波) 주기(週期) $T_{1/3}$ 및 파향(波向) 등)을 알 필요가 있다. 항외(港外) 파랑에 관한 정보를 얻을 수 없다면 그 대신 항내(港內)인 현장(現場)의 파랑을 사용할 수 있다. 그러나 그런 경우 그림 5에서 설명한 절차는 파랑굴절(波浪屈折)[10]을 고려하지 않는 직립단면의 문제를 다루기 때문에 심해파랑(深海波浪)[11]을 현장파랑으로 변형시켜야 한다.

---

10 파랑굴절(波浪屈折, Wave Refraction) : 수심이 파장의 1/2 정도보다 큰 심해역에서 파(波)는 해저지형의 영향을 받지 않고 전달되지만 파가 그보다도 얕은 해역에 진입하면 수심에 따라 파속이 변화하므로 파의 진행방향이 서서히 변화되어 파봉이 해저지형과 나란하게 굴절하게 되는데, 이 현상을 파의 굴절(屈折)이라고 부른다.

11 심해파랑(深海波浪, Deep Water Wave) : 파랑을 파장과 수심의 비에 따라 분류하면 수심이 파장의 1/2보다 깊은 중력파를 심해파(Deep water Wave)라 하며, 수심이 파장의 1/20보다 얕은 중력파를 천해파(Shallow Water Wave)라 한다. 이 구분은 천해(얕은바다)에서 해파가 해저의 영향을 받아 그 성질이 심해파의 것과 달라지기 때문에 정한 것이다.

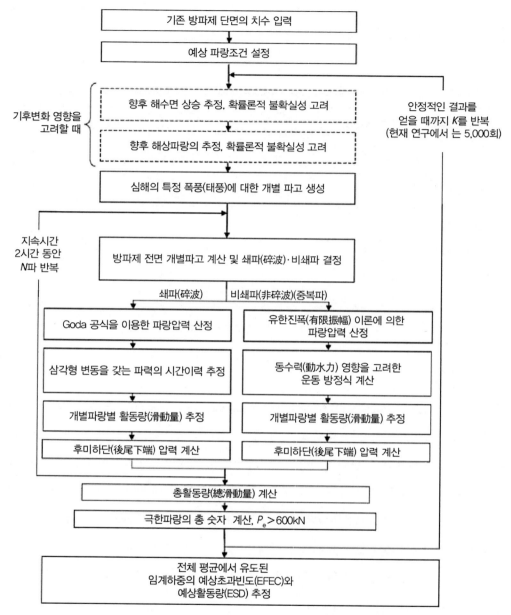

그림 5 몬테카를로 시뮬레이션을 이용한 ESD 및 EFEC 계산방법론

Goda(2000)가 제안한 환산심해파고(換算深海波高)[12] $H_0^{'}$ 는 이 목적에 쉽게 적용될 수 있다.

---

12   환산심해파고(換算深海波高, Equivalent Deepwater Wave Height) : 현지의 어느 지점의 파고는 천수(淺水) 변형, 쇄파(碎波)

현재 이 방법은 Goda(2003)에 의한 경험적 관계를 이용하여 유의파 주기를 $H_{1/3}$으로부터 간단하게 계산한다.

$$T_{1/3} \cong k \cdot H_{1/3}^{0.63} \tag{11}$$

여기서, $T_{1/3}$은 유의파 주기, $H_{1/3}$은 유의파고이고, k는 상수(常數) 값이다(즉, Goda (2003)는 $k = 3.3$ 사용한다).

이 모델에서 방파제에 작용하는 파압을 정확하게 산정하기 위해서는 쇄파(碎波)와 비쇄파(非碎波)의 차이가 중요하다. Takagi 등(2007)이 제안한 방법론에 따라, 다음과 식에 따라 각 개별 파랑에 대한 차이를 볼 수 있다.

$$\text{쇄파} \left(K_s \times H_0 \geq H_b \right) : H = H_b$$
$$\text{비쇄파} \left(K_s \times H_0 < H_b \right) : H = K_s \times H_0 \tag{12}$$

여기서 H는 입사파고(入射波高)를 나타내고, K_s는 파(波)의 천수계수(淺水係數), H_0는 심해파고(深海波高)이고, H_b는 쇄파고(碎波高)이다.

현재까지 쇄파고(碎波高)에 대한 많은 예측이 제안되었다. 본 연구에서는 Goda(2007)가 제안한 다음 식을 사용하여 쇄파고 H_b를 산정하는 데 사용하였다.

$$H_b = 0.17 L_0 \left[1 - \exp\left\{ -1.5 \frac{\pi h}{L_0} \left(1 + 11 \tan^{4/3} \theta \right) \right\} \right] \tag{13}$$

여기서, h는 방파제 전면수심(前面水深), L_0는 심해에서의 파장(波長)이고, θ는 해저바닥 경사(傾斜)이다.

변형, 회절·굴절에 의한 변형을 받은 결과이기 때문에 이들 변형을 받지 않은 본래의 심해파고(深海波高) 파고를 구하기 위해서는 이들의 영향을 보정할 필요가 있는데, 이 보정된 심해파고를 말하며, 굴절이나 회절 등에 의한 파고변화의 영향을 계산하는 데 쓰이는 가상적인(假想的)인 파이다.

쇄파인 경우, 케이슨 전면 표면과 케이슨 바닥에 작용하는 압력은 Goda 공식을 사용하여 계산한다. 비쇄파(非碎)波인 경우, 2.1.2절에서 설명한 바와 같이 중복파(重複波)에 대한 4차 근사를 사용하여 압력을 계산한다. 사석 마운드상 케이슨 활동량(滑動量)은 중복파(비쇄파)인 경우 식 (5)를 풀고, 쇄파인 경우 식 (9)를 적용하여 계산할 수 있다.

그림 6은 식 (5)를 사용하여 얻은 계산 결과의 예를 보여준다. 완만한(Mild) 파랑(波浪)의 형상을 갖는 개별 파랑인 경우를 검토한 상단 그림에서, 계산된 파력(波力)은 정현파(正弦波)와 유사한 완만한 형상을 갖는다. 반면, 가파른(Steep) 형상을 갖는 개별 파랑인 경우를 고려한 하단 그림에서는 파봉(波峰)의 형상은 파력이 2부분으로 분리시킨 형상이다. 이런 차이는 중복파의 고차(高次) 항(項)의 특징으로 인해 발생한다. 따라서 각 변위의 시간이력은 파력변동에 따라 개별 특징을 나타낸다.

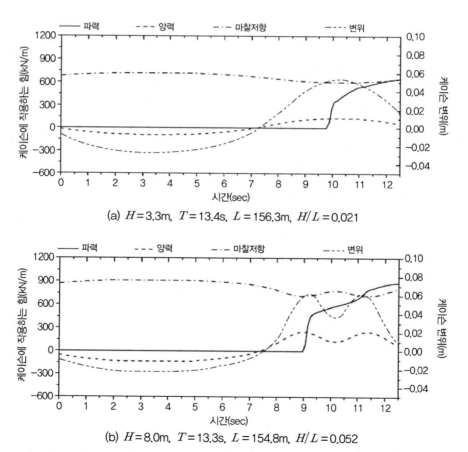

(a) $H = 3.3$m, $T = 13.4$s, $L = 156.3$m, $H/L = 0.021$

(b) $H = 8.0$m, $T = 13.3$s, $L = 154.8$m, $H/L = 0.052$

그림 6 완만한(Mild) 파랑(波浪) 및 가파른(Steep) 파랑형상을 갖는 케이스에 대한 운동방정식의 계산결과(상단 그림 : $H/L = 0.021$, 하단 그림 : $H/L = 0.052$)

식 (10)은 일반적으로 옹벽(擁壁)의 전면하단(前面下端)과 후면하단(後面下端)의 압력을 계산하는 데 사용된다. 제안된 모델에서, 후면하단 압력은 MCS(몬테카를로 시뮬레이션)에서 2시간 긴 폭풍(태풍) 동안 발생한 각 파랑에 대해 식 (10)으로 개별적으로 계산한다. 허용치(= 600kPa)보다 큰 후면하단 압력을 유발하는 특정파를 극한파(極限波)라고 한다. 따라서 EFFC(임계하중, 臨界荷重)의 예상초과빈도)값은 식 (14)로 계산할 수 있다.

위에서 제시한 식을 바탕으로 ESD(예상활동량)와 EFFC는 많은 계산을 반복한 후에 구할 수 있다. 식 (5)를 풀면 각 파랑으로 인한 활동량을 계산할 수 있으며, 결국 폭풍(태풍) 지속시간 동안 이 모든 길이를 합하면 ESD를 얻을 수 있다. 같은 방법으로 EFFC는 식 (14)에 의해 폭풍(태풍) 동안 극한파랑의 수를 합하여 계산할 수 있는데, 그 최대치는 1.0이다.

$$EFFC = \frac{\sum_{k=1}^{K} \text{폭풍기간 중 극한파랑(極限波浪) 수 / 폭풍기간 중 총파랑(總波浪) 수, } N_k}{\text{몬테카를로 시뮬레이션 반복계산 수, } K} \quad (14)$$

식 (14)에서 폭풍(태풍)기간 중 총파랑(總波浪) 수인 N_k는 폭풍지속시간에 대한 가정에 따라 달라진다. 과거 많은 연구에서 Goda와 Takagi(2000)를 참고하여 2시간의 폭풍(태풍) 지속시간을 가정하였다. 그러나 설계에 사용될 가장 합리적인 폭풍(태풍) 지속시간이 얼마인가에 대해서는 여전히 논의 중이다. Esteban 등(2012)은 2004년 10월 태풍 토카게(Typhoon Tokage)[13] 때 발생한 케이슨식 혼성제 피해는 상당히 긴 지속시간을 갖는 폭풍(태풍)으로 인한 것으로 보인다고 지적했다. 그러나 폭풍(태풍)지속시간은 기상계(氣象系)의 특성에 따라 달라지는 것으로 보이며, 따라서 현재 모든 폭풍(태풍)에 적용할 수 있는 정확한 지속시간을 지정하는 방법이나 측정법은 없다. 그러나 방파제 파괴는 폭풍(태풍) 피크(Peak) 2시간 내에 발생할 가능성이 가장 높아 실제 설계 시 유의파고 $H_{1/3}$을 폭풍(태풍) 피크 2시간 동안 발생하도록 일치시키는 것은 합리적이다.

MCS(몬테카를로 시뮬레이션)에 근거한 신뢰성 분석은 충분히 안정된 결과를 얻기 위해

---

13   태풍 토카게(台風 제23호ㅏカゲ): 2004년 10월에 일본 열도에 상륙한 큰 피해를 안긴 태풍으로, 이 태풍의 특징으로 다른 태풍보다 강풍역(최대치는 남쪽 1,100km, 북쪽 600km)이 컸던 것을 꼽을 수 있으며, 사망·실종자는 98명 등이었다.

많은 반복계산(反復計算)이 필요하다. 이 때문에 본 연구에서는 5,000회 반복을 실시하였다. Takagi 등(2011)은 반복 횟수를 5,000회로 설정한 경우, 50,000회 반복을 사용하여 얻은 결과와 비교할 때 1% 미만의 오차가 있다는 것을 나타내었다.

3. 실제 방파제에 대한 적용

이 절에서는 수치시뮬레이션모델이 방파제 피해 범위를 얼마나 신뢰성 있게 예측할 수 있는지를 확인하기 위해 확률론적 모델에 의한 예측을 실제 방파제 파괴와 비교한다.

3.1 시부시 방파제 사례

일본의 시부시항(志布志港)을 보호하기 위해 설치된 시부시(志布志) 방파제(그림 7)들은 그림 8과 같이 2004년 태풍(TY0416)으로 상당한 피해를 입었다. 피해복구 작업을 시작하기 전에 2005년에 또 다른 강력한 태풍(TY0514)이 방파제들을 강타했다. 가장 심각한 피해는 구간 II 또는 III 중 한 구간에 집중되었다. 이는 아마도 표 3과 같이 이 두 구간의 케이슨 폭이 다른 구간에 비해 약간 작은 이유 때문일 것이다. 시부시 방파제의 정확한 파괴 메커니즘을 알기 위해 이 장(章)에서 설명한 모델을 이 파괴에 적용할 수 있다.

그림 7 일본 남부의 시부시항

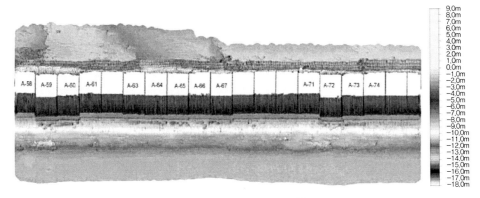

그림 8 멀티빔(Multibeam) 음향측심기(音響測深器)[14]로 조사한 구간 II의 피해

표 3 각 구간에 대한 방파제 단면 치수(단위 : m)

구간	케이슨 높이	케이슨 폭 (푸팅(Footing) 포함)	원지반(原地盤)상 수심	사석 마운드상 수심	푸팅(Footing) 보호 상 수심	해수면상 케이슨 높이
II	15.5	18.5(21.5)	−11.5	−8.5	−7.2	+7.0
III	15.5	19.1(22.1)	−11.5	−8.5	−7.2	+7.0
IV	16.0	20.5(23.5)	−12.4	−9.0	−7.7	+7.0
V	16.0	22.8(25.8)	−13.2	−9.0	−7.7	+7.0
VI	16.0	24.9(27.9)	−13.2	−9.0	−7.7	+7.0
VII	16.0	29.5(35.5)	−15.0	−9.0	−7.7	+7.0

　모델의 신뢰성을 확인하기 위해 피해가 확인된 두 태풍 사건(TY0416, TY0514)과 큰 피해가 없었던 또 다른 태풍 사건을 비교할 만하다. 그래서 목적을 위해 2003년에 기록된 가장 강력한 태풍(TY0310)을 선정하였다. 이 3개의 태풍이 각각 시부시항을 통과할 때의 파랑과 조석조건을 표 4에 나타내었다.

표 4 시부시 지역을 내습한 3개 태풍의 파랑과 조위(潮位) 조건

태풍	날짜	$H_{1/3}$(m)	$T_{1/3}$(sec)	조위(m)	비고
TY0310	2003년 8월 8일	7.97	13.7	+1.55	인근 관측소에서 측정
TY0416	2004년 8월 30일	9.03	12.8	+3.49	상동(上同)
TY0514	2005년 9월 6일	9.62	15.2	+3.29	파랑모델에서 추정

14　음향측심기(音響測深器, Echo Sounder) : 음파를 해저로 향해 발사하고 되돌아오는 시간 간격을 관측한 다음, 음파의 속도와 왕복시간의 곱을 반으로 나누어 측심선 해저의 수심을 관측하는 것으로, 여기서 음파 전달속도는 해수의 온도, 염분, 수압 등의 요인에 의하여 변하므로 관측해역의 음속도를 측정한 후, 측정 수심에 대한 음속도 보정을 해야 한다.

태풍의 내습 후 항만관리당국의 정확한 조사에 따르면, 방파제 구간 대부분이 그림 9와 10과 같이 단지 활동파괴(滑動破壊)만이 발생한 것으로 밝혀졌다(즉, 전도파괴와 지지력 파괴와 같은 다른 파괴는 비교 대상인 3개의 태풍 시 기록되지 않았다).

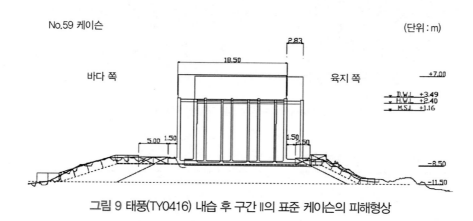

그림 9 태풍(TY0416) 내습 후 구간 II의 표준 케이슨의 피해형상

그림 10 태풍(TY0416) 내습 후 방파제 활동파괴 상태

표 5는 제안된 모델로 실행한 계산결과와 현장조사 시 측정된 활동량 사이의 비교를 보여준다. 게다가 기존설계방법으로 계산한 안전율(安全率)(즉, Goda, 2000)은 참조를 위해 표에 제시되어 있다. 계산된 최대 활동량인 경우 실제 최대계산치는 반복횟수(이 연구에서는 5,000회)가 많아 매우 클 수 있기 때문에 모든 활동량의 계산치의 상위 5%에 대한 평균치로 표시하였다. 이 연구에서 각 폭풍(태풍)의 지속시간은 2시간이다.

표 5 현장조사 및 계산 사이의 활동량 비교

태풍	구간	현장조사(m)		계산(m)		활동의 안전율
		최대	평균	최대(상위 5%평균)	평균(ESD)*	
TY0310	II	0.00	0.00	0.32	0.04	1.34
	III	0.00	0.00	0.24	0.03	1.39
TY0416	II	2.84	0.54	1.31	0.39	1.10
	III	0.89	0.23	1.06	0.29	1.14
TY0514	II	7.81	1.64	2.65	0.98	0.98
	III	3.10	0.82	2.15	0.74	1.01

* ESD : Expected Sliding Distance(예상활동량)

구간 III의 케이슨에 대한 계산의 최대치 및 평균치는 현장조사의 최대치 및 평균치과 비슷한 반면(추정오차 : 11~44%), 구간 II의 계산결과(추정오차 : 38~195%)는 뚜렷한 차이를 보인다. 그러나 평균치만 고려하는 경우 이러한 오차는 구간 III의 경우 11~26% 범위, 구간 II의 경우 38~67% 범위로 낮아진다. 이것은 가장 많이 이탈된 케이슨의 활동거동(滑動擧動)은 변동을 거듭하며, 다른 여러 가지 이유에 따라 활동거동이 좌우된다는 것을 의미할 수 있다(즉, 2개의 케이슨 간극(間隙) 사이로 파랑집중(波浪集中), 사석 마운드상 불연속성 등 때문). 이러한 최대 활동거동은 여러 가지 단순화를 기반으로 한 제안된 수치시뮬레이션을 사용하여도 확실히 예측하기가 쉽지 않다. 그러나 계산된 평균치 결과(ESD(예상활동량)와 동일)는 받아들일 수 있는 것처럼 보인다.

여기서 고려해야 할 다른 사실은 무피해(無被害) 태풍인 경우(TY0310)의 계산활동량 값은 피해 태풍(TY0416과 TY0514)인 경우의 계산활동량 값에 비해 매우 작다는 점이다. 무피해 경우의 평균치는 매우 작은 양(3~4cm)으로 계산되어, 이런 크기의 활동량은 상당히 안정적이라고 여길 수 있다.

지지력 파괴에 대한 계산 EFFC(임계하중의 예상초과빈도)는 3가지 사건의 각각에 대해 0 이라는 사실에 주목할 가치가 있다. 이것은 그림 9와 같이 모든 현장조사 중 실제적인 사석 마운드의 파괴는 기록되지 않았다는 사실과 일치한다.

3.2 하코다테 방파제 사례

2004년에 일본 북부를 강타한 강력한 태풍(TY0418)은 여러 장소에서 엄청난 피해를 입혔다. 특히 하코다테항(函館港)을 방호(防護)하는 방파제에 심각한 피해를 입혔다(그림 11). 방파제의 사석 마운드에서의 지지력 파괴로 그림 12와 같이 27개의 케이슨 중 25개가 전도(顚倒)되고 유실(流失)된 것으로 분명하게 기록하고 있다. Takagi 등(2008)은 방파제의 입사파(入射波)를 $H_{1/3} = 3.8$m, $T_{1/3} = 9.6$초(sec)로 추정했다.

시부시항(志布志港) 방파제인 경우와 달리 그림 12에서와 나타난 것처럼 사석 마운드의 파괴가 발생했다. 위에서 주어진 파랑조건에 대한 EFEC(임계하중의 예상초과빈도)의 계산결과는 0.163이며, 이는 폭풍(태풍)기간 동안 모든 파랑 중 약 16cm가 케이슨 후미하단에서 허용치 600kN/m²를 초과하는 큰 수직하중을 발생시켰다는 것을 의미한다. 그러나 앞 절에서

도식(島式) 방파제
L=400m

그림 11 일본 북부 하코다테항

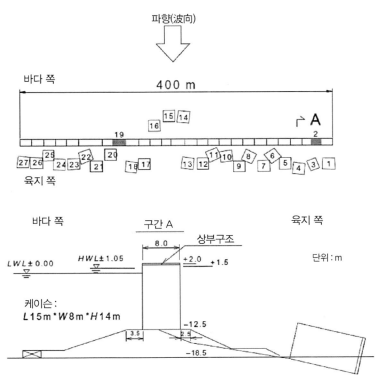

그림 12 태풍(TY0416) 내습 후 방파제 파괴상태

설명한 바와 같이, 0.163의 값은 방파제에 심각한 피해를 입힐 만큼 충분히 큰 값으로 여겨지지만, EFEC의 값이 반드시 피해도(被害度)에 대한 이해를 제공하지 않는다. 수치시뮬레이션에서 활동파괴 및 틸팅파괴는 개별적으로 처리한다는 가정 때문에 평균 활동량은 0.79m로 계산할 수 있다. 따라서 이러한 계산결과를 바탕으로 하코다항 방파제의 파괴는 활동과 틸팅의 2가지로 구성된 복합파괴모드로 볼 수 있다.

3.3 신나가사키 어항의 사례연구

1987년 태풍 다이나(Typhoon Dinah)로 피해를 입었던 신나가사키(新‒長崎) 어항인 경우는 다른 파괴사례인 틸팅파괴에 대한 현장조사를 하였다. 어항을 방호(防護)하는 케이슨식 혼성제는 연장 1,090m로, 동방파제와 서방파제인 2개의 다른 구간으로 나뉘었는데, 두 구간 모두 연장길이 중 약 90%에 심각한 피해를 입었다. Sekiguchi와 Ohmaki(2001)는 파괴 메커니즘을 조사하였고, 그림 13과 같이 표준단면(標準斷面)을 이용하였다. 파괴 메커니즘은 사석 마운드에서의 활동파괴 및 틸팅파괴로 구성된 복합원인으로 여겨진다. Yamaguchi 등(1989)은 태풍 중 파랑조건은 동방파제에서 $H_{1/3} = 6$m와 $T_{1/3} = 13$초(sec), 서 방파제에서는 $H_{1/3} = 5.5$m와 $T_{1/3} = 13$초(sec)로 추산(推算)하였고, 그 재현기간(再現期間)은 100년을 초과한다고 결론지었다.

이러한 파랑조건을 사용하여 EFFC(임계하중의 예상초과빈도)의 계산치는 동방파제와 서방파제에서 각각 0.227과 0.131로 계산되었다. 비록 양쪽 값은 다르지만, 그러한 차이는 케이슨에서 기록된 피해의 변동결과와 일치하는 것으로 보인다. 동방파제 케이슨은 사석 마운드로부터 이탈(離脫)된 반면, 서방파제 케이슨은 전도(顚倒)하지 않았다. 또한 예상활동량(ESD)은 동방파제와 서방파제인 경우 각각 0.482m와 0.025m이었다. 따라서 동방파제를 구성했던 케이슨은 틸팅파괴를 당하지 않았더라도 심각한 활동파괴를 겪었을 것이다.

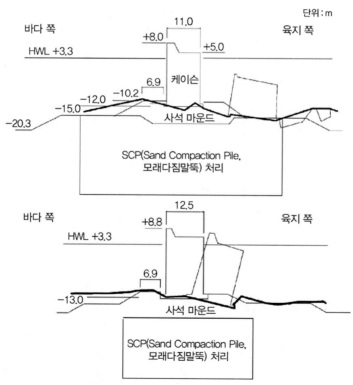

그림 13 1987년 태풍 다이나 내습 후 신나가사키 어항의 방파제 단면(상단 : 동방파제, 하단 : 서방파제)(Sekiguchi와 Ohmaki(2001)가 그림)

3.4 40개 방파제에 대한 EFEC(임계하중의 예상초과빈도)값

폭풍(태풍)이 특정지점을 통과한 후 방파제 상태를 파악할 수 있는 EFEC의 기준치(基準値)가 존재하는지 여부를 조사하기 위해 총 40개 방파제에 대한 EFEC값을 계산하였다. 이를 위해 Takagi와 Esteban(2013)은 방파제를 (1) 틸팅파괴, (2) 틸팅파괴가 없는 활동파괴, (3) 무피해(無被害) 3가지 범주(範疇)로 구분하였다. 본 연구는 주로 일본항만기술연구소(港灣技術研究所, Port and Harbor Research Institute of Japan, 1968, 1975, 1984, 1993)에서 편집한 4권의 보고서를 사용하여, 활동파괴나 틸팅파괴 등 파괴유형(破壞類型)을 구분하였다. 이 보고서는 폭풍(태풍) 전후의 방파제 단면, 폭풍(태풍) 중 파랑, 바람 및 조석 조건, 활동도(滑動度), 틸팅(Tilting)도, 세굴도(洗掘度) 등을 포함한 충분한 정보를 제공한다. 이 보고서에서 볼 수 있듯이 만약 틸팅이 뚜렷하거나 무시할 수 없는 경사각(傾斜角)을 보인다면 틸팅파괴가 발생한 것으로 여겼다. 보고서 내 세부적인 파괴유형에 따라 피해를 입은 일부 방파제의 도면을 포함하였으며, 이 도면은 틸팅(Tilting)파괴와 비틸팅(Nontilting)파괴를 구분하는 데 사용하였다. 그러나 보고서 내 수록된 일부파괴는 분명히 틸팅과 활동이 동시에 발생하는 복합 파괴유형을 포함한 경우도 있었다. 이러한 경우 저자들은 어떤 메커니즘이 파괴의 주요 원인인지 알 수 없으므로 이러한 사례는 본 연구에서 배제(排除)시켰다.

다양한 요인들이 결과에 영향을 미칠 수 있지만, 수심이 증가할수록 방파제 중량(重量)이 증가하고, 쇄파(碎波)가 발생하지 않는 2가지 이유로 수심 증가(水深增加)에 따른 틸팅파괴의 EFEC(임계하중의 예상초과빈도)값은 점점 커진다(그림 14 참조). 그러나 EFEC값은 그런 추세를 나타내지만, 활동과 무피해(無被害)인 경우의 관련 값은 수심증가와 함께 반드시 상향 추세(上向趨勢)를 따르는 것은 아니다.

폭풍(태풍)동안 파고가 케이슨 피해에 중요한 영향을 미치는지 여부를 검토하는 것도 중요하다. 그러나 이것은 그림 14의 결과에서는 확증할 수 없다. 왜냐하면 크기가 중간 및 큰(진폭(振幅)으로 표시)인 파랑에 대한 EFEC값이 상대적으로 높기 때문이다. 또한 활동과 관련된 모든 EFEC값은 틸팅파괴인 경우에 비교하여 EFEC값이 상당히 낮다(EFEC값이 0인 부근에 활동이 몰려 있다). 이것은 틸팅파괴가 매우 큰 파랑을 동반한 폭풍(태풍) 동안에 항상 발생하는 것이 아니라, 중간 크기의 파랑으로 유발(誘發)될 수 있음을 나타낸다. 이러한 결과는 케이슨식 혼성제에서 틸팅파괴의 발생 여부를 결정하는 또 다른 중요한 요인이 있다는 것을 의미한다.

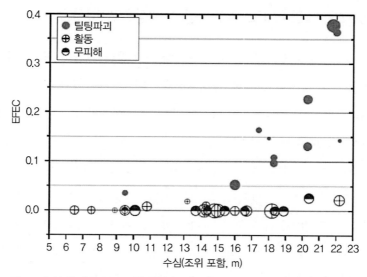

그림 14 수심에 따른 EFEC값(원(圓) 크기는 파랑의 진폭을 상대적으로 표시함)

그림 15는 EFEC값도 케이슨 종횡비(縱橫比)(케이슨의 폭에 대한 높이의 비)에 따라 달라지며, 이 비(比)가 1보다 큰 경우 EFEC값이 점진적으로 증가함을 보여준다. 케이슨 높이가 일정하게 유지되더라도 케이슨 폭의 감소는 식 (10)에서 모멘트의 팔 길이를 감소시켜 후미하단에서의 압력 증가를 초래할 수 있다. 그림 15는 실무에 종사하는 엔지니어가 설계과정

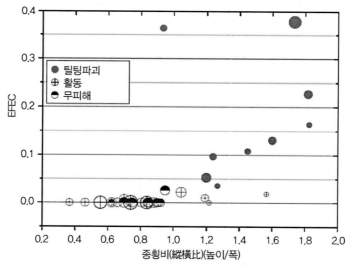

그림 15 케이슨의 종횡비에 따른 EFEC값(원 크기는 파랑의 진폭을 상대적으로 표시함)

에서 케이슨의 종횡비를 검토하는 것이 얼마나 중요한가를 보여준다. 특히 설계자는 높은 EFEC값을 초래할 수 있는 큰 종횡비를 갖는 불안정한 기하학적 형태를 만드는 것을 피해야 하며, 이는 방파제 틸팅파괴의 확률을 높일 수 있다.

그러나 그림 15에서 종횡비가 1을 초과하더라도 작은 EFEC값을 갖는 방파제는 틸팅으로 인한 피해를 입지 않아 파랑조건, 수심 및 폭풍지속시간과 같은 다른 요인이 중요하다고 볼 수 있다.

3.5 실무사용(實務使用)을 위한 EFEC(임계하중의 예상초과빈도) 기준치

틸팅파괴에 대한 EFEC값은 비교적 높은 지수(指數)(EFEC=0.03~0.36)값 범위에 있으며 활동파괴(0~0.02)와 무피해 경우(0~0.03)에 대한 값과 비교할 때 상당한 차이를 나타낸다. 따라서 Takagi와 Esteban(2013)은 케이슨식 혼성제가 틸팅파괴에 대해 안전한지 또는 불안전 한지 여부를 판가름하는 EFEC의 기준치가 0.02~0.04의 범위일 수 있다고 여겼다.

틸팅파괴는 반드시 단일 파랑(單一波浪)에 의해 유발되는 것은 아니라고 보는 것이 합리적 이다. 평균 파랑의 주기를 12초(sec)로 가정하면 임계치(=600kN/m²)을 초과하는 큰 후미하단 압력을 유발하는 EFEC값이 0.02일 때 극한파랑(極限波浪)의 개수는 2시간 동안 12파(7,200초 (sec), 그래서 파랑 600개(7,200초÷12파))로 계산할 수 있다. 따라서 이 경우 600개 파랑 중 총 12개 파랑이 틸팅파괴와 관련된 잠재적인 피해를 일으킬 수 있다고 볼 수 있다. 이 사실은 Oumeraci 등(2001)이 나타낸 대로 방파제의 종국붕괴(終局崩壞)로 이어지는 틸팅파괴의 단계 적 파괴와 누적 메커니즘의 중요성을 나타낸다.

4. 기후변화하에서의 방파제 안정성

이 절에서는 해수면 상승과 기후 조건 변화에 따른 구조적 안정성 손실을 추정하기 위해 앞 절에서 설명한 확률론적 분석방법을 사용하여 방파제의 예상활동량을 계산한다.

4.1 기후변화과정에서의 해황변동(海況變動)

지구 온난화의 환경에서 미래 해수면 상승과 강한 열대성 저기압의 잠재력은 방파제의 안정성에 관한 2가지 중요한 문제를 야기(惹起)시킬 수 있다(Takagi 등, 2011, Esteban 등, 2014). IPCC 제4차 평가보고서(2007년)는 해수면 상승이 2100년까지 18~59cm에 이를 수 있다고 예상했다. 그러나 최근 IPCC 제5차 평가보고서(2013년)는 2가지 다른 방법, 즉 프로세스 기반예측과 반경험적(半經驗的) 예측방법을 사용하여 추정 해수면 상승(Sea Level Rise, SLR)값을 발표했다. 보고서에는 2100년의 SLR 예측 중앙치를 전자(프로세스 기반 모델)의 방법으로 0.43m(0.28~0.60m)와 0.73m (0.53~0.97m) 사이, 후자(반경험적 모델)의 방법으로 0.37m(0.22~0.50m)와 1.24m(0.98~1.56m) 사이라고 언급했다. 추정 평균해수면 상승치에 대한 반경험적 모델예측은 프로세스 기반모델 예측보다 높지만, 반경험적 모델 예측에서는 신뢰성이 낮고 일치된 합의(合意)가 없다는 점에 유의해야 한다(IPCC AR5, 2013).

또한 IPCC 보고서에서는 "향후 열대성 저기압(태풍(Typhoon), 허리케인(Hurricane), 사이클론(Cyclone) 및 윌리윌리(Willy-Willy))가 열대 해수면 온도를 지속 상승시킬 경우 현재보다 더 강한 최고풍속이 발생하고 더 많은 강우량의 발생과 함께 강도(强度)가 더 강해질 가능성이 크다"라고 언급했다. Knutson 등(2010)은 기상현상과 월평균해수면 온도(SST, Sea Surface Temperature) 간의 상관관계에 관한 가장 주요한 연구결과를 요약하면, 미래 열대성 저기압 강도는 2100년까지 2%에서 11%까지 증가할 수 있음을 시사(示唆)했다. Oouchi 등(2006)은 연간 최대풍속이 북반구에서 15.5%, 평균 6.9% 증가한다는 계산을 수행했다. 열대성 저기압 변화에 대한 자세한 내용은 31장에 제시되어 있다.

이러한 범위의 결과를 고려할 때 미래 해수면 상승과 최대풍속에 관한 불확실성을 인식하는 것이 중요하다. Takagi 등(2011)은 2100년까지 해수면 상승은 IPCC 제4차 평가보고서(2007년)를 기준으로 18~59cm의 균일 확률분포함수를 따를 것이라고 가정했다. 그러나 이 매개변수(풍속)를 무작위로 분배시키면 계산시간이 엄청나게 길어지기 때문에, 상기 연구의 중간치를 취함으로써 풍속은 일정한 10% 증가한다고 가정한다. 풍속증가(風速增加)로 강화된 파랑은 제3세대 스펙트럼파 수치모델 SWAN을 이용한 수치시뮬레이션으로 평가한다. Takagi 등(2011)의 연구에서 SWAN 모델을 이용한 계산에 따르면 미래 태풍 풍속이 10% 증가하면 이러한 바람에 의해 발생하는 유의파고(有義波高)는 평균 21% 증가할 수 있다고 한다.

4.2 미래기후하에서의 방파제 활동량

현재 및 미래기후하에서의 방파제 안정성에 관한 사례연구는 향후 기후변화로 증대되는 방파제의 잠재적 피해를 어느 정도 가속화할 수 있는지를 예측하였다. 파고와 평균해수면이 증가하면 방파제 전면(前面)의 파력이 증가하여 폭풍(태풍)당 큰 활동량(滑動量)이 커져 이로 인해 피해의 '가속(加速)'이 발생한다.

앞 절에서 이미 제시된 시부시항(志布志港) 방파제를 사례로 들어, Takagi 등(2011)이 제시한 10개 태풍 중 태풍 TY0310을 선정하였다. 그림 16은 시부시만(志布志灣) 부근을 통과하는 태풍 TY0310의 파고에 대한 관측치와 예측치 사이의 비교를 나타낸 것으로, SWAN 모델 내의 물리적 옵션인 Komen 모델이 더 신뢰성이 높음을 알 수 있다. 따라서 태풍 TY0310에 Komen 모델을 이용한 충파(Offshore Wave, 沖波)[15] 예측치로 선정하였다. 그림 16에 나타낸 2시간 간격의 일련 예측파고 중 피크(Peak)파고 8.0m와 파랑주기 13.7초(sec)(폭풍의 피크 점에서의 관측파고와 주기)를 기준충파(基準沖波)로 설정했다. 미래 평균파고율 증가는 21.1%로(Takagi 등, 2011), 태풍 TY0310의 평균강도 10% 증가에 따른 미래 파고는 9.7m($=8.0\times1.211$)로 계산된다. 이 파고 증가에 따른 파랑주기는 식 (11)에서 k을 $3.70(k=13.7/8.0^{0.63}=3.70)$으로 잡아서 구하면 15.5초(sec)$(3.7+9.7^{0.6})$일 것이다.

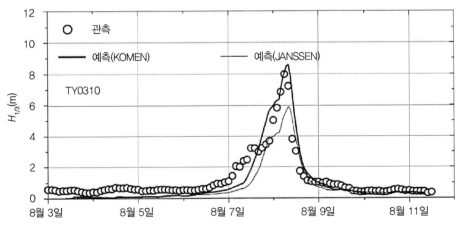

그림 16 태풍(TY0310)의 파고에 대한 관측치과 예측치

---

15   충파(沖波, Offshore Wave) : 수심이 충분히 깊은 근해(수심이 파장의 ½이상)에서의 파랑으로 실질적으로는 심해파(深海波)와 같지만, 관례적으로 이것을 사용하는 경우가 많다.

표 3에 제시된 6개의 방파제 구간을 모두 개별적으로 고려하여 현재와 미래 기후 시나리오에 대한 각 구간에 대한 계산을 반복했다. 또한 가장 가까운 검조소(檢潮所)로부터 데이터로 표시된 기본수준면[16](基本水準面, CDL, Chart Datum Level) 위 +1.55m인 조위(潮位)를 수치모델에 사용하였다(표 4). 전체 활동량에 대한 해수면 상승과 파고 증가의 기여도를 평가하기 위해, 다음에 제시된 같이 4가지 다른 시나리오를 고려했다.

- 시나리오 A는 현재 기후 조건에 따라 활동량을 계산한다(즉, 태풍 TY0310 통과로부터 무수정 (無修正)된 기록적인 피크 파랑기후(波浪氣候)[17] 조건을 사용).
- 시나리오 B는 태풍 TY0310의 통과로부터 수정된 미래 파랑기후를 사용하지만 해수면이 상승이 없다고 가정한다.
- 시나리오 C, 태풍 TY0310의 기록적인 무수정 파랑기후를 사용하지만 해수면 상승효과를 계산한다.
- 시나리오 D, 수정된 미래 파랑기후와 해수면 상승 모두를 가정한다.

태풍 TY0310의 통과로 인한 피해는 실제로 시부시항(志布志港)에서 보고되지 않았으며, 기술된 수치모델을 사용하여 계산한 예상활동량(그림 17)도 현재 기후 시나리오(시나리오 A)에서는 매우 작았다(최대 활동량은 단지 5cm이다. 따라서 계산에서는 거의 0에 가까운 실제 활동량을 과대산정한 것으로 보인다. 그러나 태풍 TY0310 통과 시 실제로 미소한 활동이 일어났지만 활동량(길이)이 너무 적어 눈에 띄지 않았을 가능성도 있다.

미래 기후변화를 설명하는 3가지 시나리오(시나리오 B, C 및 D)는 현재기후(시나리오 A) 하에서 예상되는 활동량을 초과하는 것으로 보인다. 이는 당연한 결과로, 유의파고의 증가 또는 평균해수면 증가로 인한 방파제에 작용하는 파력이 증가할 것으로 예상되기 때문이다. 시나리오 D의 활동량은 해수면 상승과 파고 증가로 인한 원인이 합쳐진 결과이다. 그러나

---

16 기본수준면(基本水準面, Chart Datum Level) : 해도의 수심과 조석표의 조고(潮高)의 기준면으로, 각 지점에서 조석관측으로 얻은 연평균 해면으로부터 4대 주요 분조(分潮)의 반조차의 합만큼 내려간 면이며, 약최저저조위라고도 불리며 항만시설의 계획, 설계 등 항만공사의 수심의 기준이 되는 수면이다. 기본수준면은 국제 수로 회의에서 「수심의 기준면은 조위(潮位)가 그 이하로는 거의 떨어지지 않는 낮은 면이어야 한다.」 라고 규정하고 있으며, 우리나라에서는 해도의 수심 또는 조위의 기준면으로서 해당지역의 약최저저조위(Approx LLW (±)0.00m)를 채택하고 있다.

17 파랑기후(波浪氣候, Wave Climate) : 어떤 지역의 장기 파랑 자료에 근거한 월별 또는 계절별 파랑 특성을 말한다.

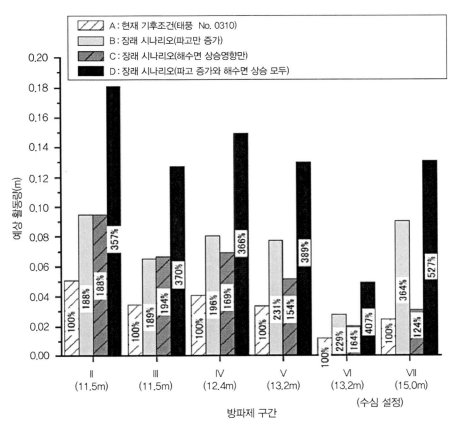

그림 17 현재와 미래의 기후 조건하에서의 예상활동량 비교

시나리오 B와 C의 수치적 합계는 이 두 요인의 영향이 결합된 경우(시나리오 D)의 활동량을 설명하지 못한다. 예를 들어 구간 IV의 활동량 증가율은 266%(=366%−100%)인 반면 시나리오 B와 C의 합계는 165%(=96(196-100)%+69(169−100)%)에 불과하다. 이러한 불일치를 설명하기 위해서는 해수면 상승으로 인한 수심 제한적인 파고는 시나리오 D에서 어느 정도 완화될 수 있다는 점에 유의해야 한다. 따라서 시나리오 B(해수면 상승을 고려하지 않는다)인 경우 큰 파랑이 해상(海上)에서 형성될 수 있지만 방파제에 도달하기 전에 쇄파(碎波)되어 에너지가 소산(消散)됨에 따라 작용하는 압력이 뚜렷이 감소할 수 있다(31장 참조). 그러나 해수면 상승을 유의파고 증가와 함께 고려한다면(시나리오 D) 큰 파랑은 방파제에 도달하기 전에 쇄파되지 않고 방파제에 더 큰 충격력을 가할 것이다. 따라서 케이슨식 혼성제의 향후 잠재적인 활동량을 과소평가하는 것을 피하기 위해서는 해수면 상승과 파고 증가, 즉 2가지

측면을 함께 고려해야 한다. 시부시항(志布志港)인 경우 해수면 상승과 파고 증가를 고려할 때(시나리오 D) 향후 예상활동량은 현재 기후조건하에서 계산한 결과보다 5배 이상 증가할 것이다.

마지막으로 기후변화로 인한 방파제에 대한 또 다른 가능한 위협은 웨이브 셋업(Wave Setup)(주로 파고의 공간변동으로 인한 해수면 상승) 증대일 수 있다. Takagi 등(2011)의 연구에서는 현재와 미래 파랑기후에 대한 웨이브 셋업으로 인한 수위 차이가 상대적으로 작았기 때문에 이러한 영향은 고려하지 않았다. 그러나 웨이브 셋업은 작은 상대수심(相對水深)[18] 또는 작은 심해파형경사(深海波形傾斜)인 경우에 증가하는 경향이 있다. 따라서 이러한 웨이브 셋업 영향은 특히 쇄파대(碎波帶, Surf Zone)[19] 내 천해(淺海)에 방파제를 설치된 경우 방파제의 예상활동량에 중요한 역할을 할 수 있다는 점을 유의해야 한다.

5. 실무에 종사하는 엔지니어를 위한 파괴추정표(破壞推定表)

실무에 종사하는 엔지니어는 앞 절에서 제시된 방법을 참고하여 확률론적 추정방법을 개발할 수 있지만, 그 방법은 이용하기 편한 계산을 위해 활동(滑動) 및 전도(顚倒)에 안전계수(安全係數)를 사용한 기존설계 방법보다 훨씬 복잡하다.

실무에 종사하는 엔지니어의 수고를 덜기 위해 저자는 선택된 방파제 치수(値數)에 대한 활동 또는 틸팅으로 인한 방파제 파괴의 가능한 범위를 나타내는 표를 부록 B에 제시한다. 그림 18은 방파제의 단면과 가장 중요한 치수를 표현하는 3가지 매개변수, 즉 수심 h, 마루높이 h_c, 케이슨 폭 W를 나타내었다. 또한 환산심해파고(換算深海波高) H_0' 변화를 표에 포함한다. 사석 마운드와 피복블록의 두께는 수심에 관계없이 2m로 가정하고 해저경사는 1/100로 설정한다. 표(부록 B)는 이 4가지 매개변수에 대해 서로 다른 값인 총 360개 조건의 결과

---

18 상대수심(相對水深, Relative Depth) : 생각하는 장소에서의 수심과 그 장소에서의 파장과의 비(比)로서 천해파에서 파형경사와 함께 파의 성질을 결정하는 중요한 요소이다.

19 쇄파대(碎波帶, Breaker Zone, Surf Zone) : 바다에서 해안으로 진입하는 파랑이 부서지는 위치를 가리키며, 이곳에서 부서진 파랑이 해안선을 향하여 밀려가는 지역을 서프대(Surf Zone)라고 하며, 쇄파대의 바닥에는 흔히 해저사주(Submarine Bar)가 발달하여 수심이 주변보다 얕다.

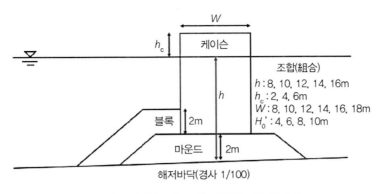

그림 18 부록 B의 표에 가정된 모델 방파제

를 보여준다. 엔지니어는 잠재적 파괴 리스크를 추정하기 위해 예비연구의 표를 사용할 수 있으며, 표에 제시되지 않은 부분에 대해서는 필요시 값을 보간(報簡)할 수 있다. 단, 방파제 또는 파고 치수가 변할 때 ESD(예상활동량)와 EFEC(임계하중의 예상초과빈도)의 값이 반드시 선형적(線形的)으로 변하는 것은 아니므로 적절한 보간법을 선택하는 데 주의를 기울여야 한다.

6. 결론

이 장에서는 엔지니어가 케이슨식 혼성제의 활동파괴 또는 틸팅파괴의 가능성을 확률론적으로 추정할 수 있는 방법을 설명했다. 그러한 방법론을 개발하기 위해 저자들은 과거 방파제 파괴사례와 여러 연구자들이 개발한 확률론적 모델을 검토했다. 제안된 모델의 신뢰성은 수치모델과 실제 방파제 파괴사례 간의 결과를 비교함으로써 논의하였다.

지난 수십 년 동안 많은 주목을 받아온 지역에서 방파제를 설계하였지만, 방파제가 미래 기후변화에 어떻게 대처할 것인가는 21세기 초부터 주목을 받았을 뿐이다. 방파제는 많은 예산과 중요성 때문에 일반적으로 설계공용기간이 다한 후에도 계속 사용되며, 따라서 이미 건설된 방파제는 22세기로 접어들면서도 계속 사용될 가능성이 있다. 그러나 이 장에서 저자들은 기후변화와 해수면 상승으로 인해 방파제 안정성이 어떻게 뚜렷이 감소하는지를 나타내었다. 따라서 그러한 구조물을 어떻게 보수(補修)·보강(補强)할 것인가에 대해 검토하고 이에 대한 계획수립이 필요하다.

마지막으로 저자들은 방파제 성능에 대한 몬테카를로(Monte-Carlo Simulation) 분석을 수행할 시간이 없는 실무 엔지니어에게 쉽게 사용 가능한 방법론을 제안하여 방파제의 기본설계를 할 수 있도록 시도했다. 이를 염두(念頭)에 두고, 기존 파고에 대한 다양한 유형의 단면을 갖는 잠재적 위험과 파괴 메커니즘을 파악하여 방파제 안정성을 신속하게 평가할 수 있는 일련의 표를 제시하였다.

부록 A 중복파의 4차 근사

Goda와 Kakizaki(1966)는 섭동법(攝動法)으로 중복파(重複波)의 속도포텐셜 4차 근사를 유도하고 다음과 같은 식에 따라 파압(波壓) 추정을 제시했다.

$$p(0, y, t) = \sum_{m=0}^{4} \sum_{n=0}^{4} \gamma_{m,n} \cos mt \cdot \cosh n(y+h) \tag{A.1}$$

여기서,

$$\gamma_{00} = \epsilon^2 2\alpha_{01} + \left(\frac{\epsilon^4}{6}\right)\left[\omega_0 \alpha_0 + 3\omega_2' \alpha_{01} + 3(\beta_{22}^*)^2\right]$$

$$\gamma_{01} = 0$$

$$\gamma_{02} = -\epsilon^2 \alpha_{01} + \left(\frac{\epsilon^4}{6}\right)\frac{9}{4}\beta_{11}^* \beta_{13}$$

$$\gamma_{03} = 0$$

$$\gamma_{04} = -\left(\frac{\epsilon^4}{6}\right)\left[\frac{9}{4}\beta_{11}^* \beta_{13} + 3(\beta_{22}^*)^2\right]$$

$$\gamma_{10} = 0$$

$$\gamma_{11} = \epsilon\omega_0 \beta_{11}^* + \left(\frac{\epsilon^3}{2}\right)\left[\omega_0 \omega_2' \beta_{11}^* + \beta_{11}^* \beta_{22}^*\right]$$

$$\gamma_{12} = 0$$

$$\gamma_{13} = \left(\frac{\epsilon^3}{2}\right)\left[\omega_0 \beta_{13} - \beta_{11}^* \beta_{22}^*\right]$$

$$\gamma_{14} = 0$$

$$\gamma_{20} = \epsilon^2 \left[2\,\omega_0\,\beta_{20}^* - \alpha_{01} \right] + \left(\frac{\epsilon^4}{6} \right) \left[2\,\omega_0\,\beta_{20} + 6\,\omega_0\,\omega_2'\,\beta_{20}^* + \frac{3}{4}\,\beta_{11}^*\,\beta_{13} \right]$$

$$\gamma_{21} = 0$$

$$\gamma_{22} = \epsilon^2 \left[2\omega_0\,\beta_{22}^* + \alpha_{01} \right] + \left(\frac{\epsilon^4}{6} \right) \left[2\,\omega_0\,\beta_{22} + 6\,\omega_0\,\omega_2'\,\beta_{22}^* - \frac{3}{4}\,\beta_{11}^* \left(3\,\beta_{13} + \beta_{31} - 3\,\beta_{33} \right) \right]$$

$$\gamma_{23} = 0$$

$$\gamma_{24} = \left(\frac{\epsilon^4}{6} \right) \left[2\,\omega_0\,\beta_{24} + \frac{9}{4}\,\beta_{11}^* \left(\beta_{13} - \beta_{33} \right) \right]$$

$$\gamma_{30} = 0$$

$$\gamma_{31} = \left(\frac{\epsilon^3}{2} \right) \left[3\,\omega_0\,\beta_{31} - \beta_{11}^*\,\beta_{22}^* \right]$$

$$\gamma_{32} = 0$$

$$\gamma_{33} = \left(\frac{\epsilon^3}{2} \right) \left[3\,\omega_0\,\beta_{33} + \beta_{11}^*\,\beta_{22}^* \right]$$

$$\gamma_{34} = 0$$

$$\gamma_{40} = \left(\frac{\epsilon^4}{6} \right) \left[4\,\omega_0\,\beta_{40} - 3\,(\omega_0\,\beta_{22}^*)^2 - \frac{3}{4}\,\beta_{11}^*\,\beta_{31} \right]$$

$$\gamma_{41} = 0$$

$$\gamma_{42} = \left(\frac{\epsilon^4}{6} \right) \left[4\omega_0\,\beta_{42} + \frac{3}{4}\,\beta_{11}^* \left(\beta_{31} - 3\,\beta_{33} \right) \right]$$

$$\gamma_{43} = 0$$

$$\gamma_{44} = \left(\frac{\epsilon^4}{6} \right) \left[4\,\omega_0\,\beta_{44} + 3\,(\omega_0\,\beta_{22}^*)^2 + \frac{9}{4}\,\beta_{11}^*\,\beta_{33} \right] \tag{A.2}$$

$$\beta_{11}^* = \frac{1}{\omega_0 \cosh h}$$

$$\alpha_{01} = \frac{1}{8}\,(\omega_0^{-2} - \omega_0^2)$$

$$\beta_{20}^* = -\frac{1}{16}\left(\omega_0^{-3} + 3\,\omega_0 \right) \tag{A.3}$$

$$\beta_{22}^* = \frac{3}{16}\,\omega_0\,(\omega_0^{-4} - 1)^2$$

$$\acute{\omega_2} = \frac{\omega_2}{\omega_0}$$

$$\omega = \omega_0 + \epsilon\,\omega_1 + \frac{\epsilon^2}{2}\,\omega_2 + \frac{\epsilon^3}{6}\,\omega_3 + \cdots$$

여기서, h는 수심이고 w는 무차원 각주파수(角周波數)이다. 심해파(深海波)를 다룰 때 압력은 다음과 같이 계산할 수 있다.

$$p = -y + \epsilon\cos t \cdot e^y - \frac{1}{2}\epsilon^2\left[\cos 2t + \frac{1}{2}(1 - \cos 2t)\,e^{2y}\right] - \frac{1}{2}\epsilon^3\left(\frac{15}{16}\cos 3t + \frac{1}{4}\cos t\right)e^y$$

$$- \epsilon^4\left[\frac{1}{32}(\cos 2t - 4\cos 4t) + \frac{1}{64}\left(11\cos 2t + \frac{83}{7}\cos 4t\right)e^{2y} + \frac{1}{12}\cos 2t \cdot e^{4y}\right]$$

(A.4)

위 식은 깊이함수와 무관한 항을 포함하고 있음을 알 수 있다. 이 4차 근사는 선형 방정식에 나타나지 않는 압력성분을 정확하게 산정할 수 있다.

H_0'(m)	h(m)	h_c(m)	W(m)	ESD(m)	$EFEC$	H_0'(m)	h(m)	h_c(m)	W(m)	ESD(m)	$EFEC$
4	8	2	8	1.22	0.000	4	12	4	14	0.00	0.000
4	8	2	10	0.37	0.000	4	12	4	16	0.00	0.000
4	8	2	12	0.11	0.000	4	12	4	18	0.00	0.000
4	8	2	14	0.03	0.000	4	12	6	8	0.00	0.016
4	8	2	16	0.01	0.000	4	12	6	10	0.00	0.001
4	8	2	18	0.03	0.000	4	12	6	12	0.00	0.016
4	8	4	8	0.43	0.000	4	12	6	14	0.00	0.016
4	8	4	10	0.09	0.000	4	12	6	16	0.00	0.016
4	8	4	12	0.02	0.000	4	12	6	18	0.00	0.016
4	8	4	14	0.00	0.000	4	14	2	8	0.20	0.052
4	8	4	18	0.00	0.000	4	14	2	12	0.00	0.002
4	8	6	8	0.13	0.000	4	14	2	14	0.00	0.000
4	8	6	10	0.02	0.000	4	14	2	16	0.00	0.000
4	8	6	12	0.00	0.000	4	14	2	18	0.00	0.002
4	8	6	14	0.00	0.000	4	14	4	8	0.02	0.039
4	8	6	16	0.00	0.000	4	14	4	10	0.00	0.007
4	8	6	18	0.00	0.000	4	14	4	12	0.00	0.001
4	10	2	8	0.30	0.018	4	14	4	14	0.00	0.000
4	10	2	10	0.06	0.000	4	14	4	16	0.00	0.000
4	10	2	12	0.01	0.000	4	14	4	18	0.00	0.000
4	10	2	14	0.00	0.000	4	14	6	8	0.00	0.036
4	10	2	16	0.00	0.000	4	14	6	10	0.00	0.006
4	10	2	18	0.30	0.018	4	14	6	12	0.00	0.001
4	10	4	8	0.07	0.005	4	14	6	14	0.00	0.000
4	10	4	10	0.01	0.000	4	14	6	16	0.00	0.000
4	10	4	12	0.00	0.000	4	14	6	18	0.00	0.000
4	10	4	14	0.00	0.000	4	16	2	8	0.12	0.086
4	10	4	16	0.00	0.000	4	16	2	10	0.01	0.019
4	10	4	18	0.00	0.000	4	16	2	12	0.00	0.003
4	10	6	8	0.03	0.001	4	16	2	14	0.00	0.001
4	10	6	10	0.00	0.000	4	16	2	16	0.00	0.000
4	10	6	12	0.00	0.000	4	16	2	18	0.00	0.000
4	10	6	14	0.00	0.000	4	16	4	8	0.01	0.075
4	10	6	16	0.00	0.000	4	16	4	10	0.00	0.015
4	10	6	18	0.00	0.000	4	16	4	12	0.00	0.002

H_0'(m)	h(m)	h_c(m)	W(m)	ESD(m)	$EFEC$	H_0'(m)	h(m)	h_c(m)	W(m)	ESD(m)	$EFEC$
4	12	2	8	0.26	0.033	4	16	4	14	0.00	0.000
4	10	2	10	0.03	0.006	4	16	4	16	0.00	0.000
4	10	2	12	0.00	0.000	4	16	4	18	0.00	0.000
4	12	2	14	0.00	0.000	4	16	6	8	0.00	0.080
4	12	2	16	0.00	0.000	4	16	6	10	0.00	0.016
4	12	2	18	0.00	0.000	4	16	6	12	0.00	0.003
4	12	4	8	0.01	0.021	4	16	6	14	0.00	0.000
4	12	4	10	0.00	0.003	4	16	6	16	0.00	0.000
4	12	4	12	0.00	0.000	4	16	6	18	0.00	0.000
6	8	2	8	10.82	0.000	6	12	4	14	0.15	0.000
6	8	2	10	3.41	0.000	6	12	4	16	0.05	0.000
6	8	2	12	1.05	0.000	6	12	4	18	0.01	0.000
6	8	2	14	0.32	0.000	6	12	6	8	2.65	0.140
6	8	2	16	0.10	0.000	6	12	6	10	0.74	0.033
6	8	2	18	0.03	0.000	6	12	6	12	0.19	0.001
6	8	4	8	3.88	0.000	6	12	6	14	0.04	0.000
6	8	4	10	0.82	0.000	6	12	6	16	0.01	0.000
6	8	4	12	0.17	0.000	6	12	6	18	0.00	0.000
6	8	4	14	0.03	0.000	6	14	2	8	8.28	0.261
6	8	4	16	0.01	0.000	6	14	2	10	3.21	0.122
6	8	4	18	0.00	0.000	6	14	2	12	1.15	0.051
6	8	6	8	1.27	0.000	6	14	2	14	0.38	0.016
6	8	6	10	0.18	0.000	6	14	2	16	0.13	0.002
6	8	6	12	0.02	0.000	6	14	2	18	0.05	0.002
6	8	6	14	0.00	0.000	6	14	4	8	3.66	0.227
6	8	6	16	0.00	0.000	6	14	4	10	1.08	0.098
6	8	6	18	0.00	0.000	6	14	4	12	0.32	0.035
6	10	2	8	11.68	0.113	6	14	4	14	0.11	0.007
6	10	2	10	3.99	0.005	6	14	4	16	0.03	0.000
6	10	2	12	1.41	0.000	6	14	4	18	0.01	0.000
6	10	2	14	0.49	0.000	6	14	6	8	1.72	0.220
6	10	2	16	0.17	0.000	6	14	6	10	0.47	0.092
6	10	2	18	0.06	0.000	6	14	6	12	0.14	0.031
6	10	4	8	5.37	0.040	6	14	6	14	0.04	0.005
6	10	4	10	1.45	0.000	6	14	6	16	0.01	0.000
6	10	4	12	0.37	0.000	6	14	6	18	0.00	0.000
6	10	4	14	0.09	0.000	6	16	2	8	5.69	0.328
6	10	4	16	0.02	0.000	6	16	2	10	2.20	0.161

H_0'(m)	h(m)	h_c(m)	W(m)	ESD(m)	$EFEC$	H_0'(m)	h(m)	h_c(m)	W(m)	ESD(m)	$EFEC$
6	10	4	18	0.01	0.000	6	16	2	12	0.82	0.072
6	10	6	8	2.52	0.015	6	16	2	14	0.26	0.031
6	10	6	10	0.50	0.000	6	16	2	16	0.06	0.011
6	10	6	12	0.09	0.000	6	16	2	18	0.01	0.003
6	10	6	14	0.02	0.000	6	16	4	8	2.31	0.309
6	10	6	16	0.00	0.000	6	16	4	10	0.64	0.145
6	10	6	18	0.00	0.000	6	16	4	12	0.13	0.061
6	12	2	8	10.87	0.202	6	16	4	14	0.01	0.024
6	12	2	10	3.86	0.082	6	16	4	16	0.00	0.007
6	12	2	12	1.34	0.015	6	16	4	18	0.00	0.001
6	12	2	14	0.51	0.000	6	16	6	8	0.86	0.317
6	12	2	16	0.20	0.000	6	16	6	10	0.12	0.149
6	12	2	18	0.08	0.000	6	16	6	12	0.01	0.062
6	12	4	8	4.83	0.158	6	16	6	14	0.00	0.024
6	12	4	10	1.52	0.047	6	16	6	16	0.00	0.007
6	12	4	12	0.49	0.002	6	16	6	18	0.00	0.001
8	8	2	8	16.48	0.000	8	12	4	14	0.94	0.000
8	8	2	10	5.24	0.000	8	12	4	16	0.29	0.000
8	8	2	12	1.63	0.000	8	12	4	18	0.09	0.000
8	8	2	14	0.50	0.000	8	12	6	8	15.32	0.273
8	8	2	16	0.16	0.000	8	12	6	10	4.37	0.086
8	8	2	18	0.05	0.000	8	12	6	12	1.15	0.002
8	8	4	8	5.95	0.000	8	12	6	14	0.28	0.000
8	8	4	10	1.27	0.000	8	12	6	16	0.07	0.000
8	8	4	12	0.26	0.000	8	12	6	18	0.01	0.000
8	8	4	14	0.05	0.000	8	14	2	8	50.06	0.456
8	8	4	16	0.01	0.000	8	14	2	10	23.35	0.280
8	8	4	18	0.00	0.000	8	14	2	12	10.38	0.157
8	8	6	8	1.96	0.000	8	14	2	14	4.42	0.063
8	8	6	10	0.28	0.000	8	14	2	16	1.90	0.011
8	8	6	12	0.04	0.000	8	14	2	18	0.85	0.000
8	8	6	14	0.00	0.000	8	14	4	8	31.00	0.419
8	8	6	16	0.00	0.000	8	14	4	10	11.99	0.242
8	8	6	18	0.00	0.000	8	14	4	12	4.55	0.120
8	10	2	8	31.58	0.194	8	14	4	14	1.76	0.032
8	10	2	10	11.28	0.010	8	14	4	16	0.67	0.002
8	10	2	12	4.05	0.000	8	14	4	18	0.25	0.000
8	10	2	14	1.43	0.000	8	14	6	8	19.63	0.413

H_0' (m)	h(m)	h_c(m)	W(m)	ESD(m)	$EFEC$	H_0' (m)	h(m)	h_c(m)	W(m)	ESD(m)	$EFEC$
8	10	2	16	0.50	0.000	8	14	6	10	6.78	0.232
8	10	2	18	0.17	0.000	8	14	6	12	2.33	0.108
8	10	4	8	15.19	0.078	8	14	6	14	0.77	0.022
8	10	4	10	4.17	0.000	8	14	6	16	0.24	0.001
8	10	4	12	1.08	0.000	8	14	6	18	0.07	0.000
8	10	4	14	0.27	0.000	8	16	2	8	42.87	0.518
8	10	4	16	0.06	0.000	8	16	2	10	21.68	0.351
8	10	4	18	0.02	0.000	8	16	2	12	10.75	0.215
8	10	6	8	7.21	0.032	8	16	2	14	5.10	0.124
8	10	6	10	1.46	0.000	8	16	2	16	2.31	0.062
8	10	6	12	0.27	0.000	8	16	2	18	1.03	0.021
8	10	6	14	0.05	0.000	8	16	4	8	27.80	0.506
8	10	6	16	0.01	0.000	8	16	4	10	12.21	0.329
8	10	6	18	0.00	0.000	8	16	4	12	5.09	0.193
8	12	2	8	47.36	0.356	8	16	4	14	2.07	0.105
8	12	2	10	19.16	0.184	8	16	4	16	0.87	0.045
8	12	2	12	7.53	0.044	8	16	4	18	0.38	0.010
8	12	2	14	3.02	0.001	8	16	6	8	18.56	0.512
8	12	2	16	1.22	0.000	8	16	6	10	7.13	0.336
8	12	2	18	0.49	0.000	8	16	6	12	2.71	0.196
8	12	4	8	26.06	0.298	8	16	6	14	1.06	0.105
8	12	4	10	8.84	0.118	8	16	6	16	0.41	0.043
8	12	4	12	2.96	0.008	8	16	6	18	0.15	0.009
10	8	2	8	15.89	0.000	10	12	4	14	1.78	0.000
10	8	2	10	5.06	0.000	10	12	4	16	0.56	0.000
10	8	2	12	1.58	0.000	10	12	4	18	0.17	0.000
10	8	2	14	0.49	0.000	10	12	6	8	28.09	0.361
10	8	2	16	0.15	0.000	10	12	6	10	8.11	0.133
10	8	2	18	0.05	0.000	10	12	6	12	2.17	0.007
10	8	4	8	5.75	0.000	10	12	6	14	0.55	0.000
10	8	4	10	1.23	0.000	10	12	6	16	0.13	0.000
10	8	4	12	0.25	0.000	10	12	6	18	0.03	0.000
10	8	4	14	0.05	0.000	10	14	2	8	114.30	0.528
10	8	4	16	0.01	0.000	10	14	2	10	55.48	0.393
10	8	4	18	0.00	0.000	10	14	2	12	25.90	0.245
10	8	6	8	1.90	0.000	10	14	2	14	11.66	0.112
10	8	6	10	0.28	0.000	10	14	2	16	5.24	0.022
10	8	6	12	0.04	0.000	10	14	2	18	2.39	0.001

H_0'(m)	h(m)	h_c(m)	W(m)	ESD(m)	$EFEC$	H_0'(m)	h(m)	h_c(m)	W(m)	ESD(m)	$EFEC$
10	8	6	14	0.00	0.000	10	14	4	8	76.92	0.514
10	8	6	16	0.00	0.000	10	14	4	10	31.44	0.347
10	8	6	18	0.00	0.000	10	14	4	12	12.47	0.195
10	10	2	8	40.42	0.256	10	14	4	14	4.92	0.060
10	10	2	10	14.61	0.018	10	14	4	16	1.90	0.005
10	10	2	12	5.26	0.000	10	14	4	18	0.71	0.000
10	10	2	14	1.86	0.000	10	14	6	8	51.84	0.518
10	10	2	16	0.65	0.000	10	14	6	10	18.60	0.337
10	10	2	18	0.22	0.000	10	14	6	12	6.50	0.179
10	10	4	8	19.68	0.113	10	14	6	14	2.16	0.044
10	10	4	10	5.43	0.001	10	14	6	16	0.68	0.003
10	10	4	12	1.41	0.000	10	14	6	18	0.21	0.000
10	10	4	14	0.35	0.000	10	16	2	8	125.35	0.549
10	10	4	16	0.08	0.000	10	16	2	10	67.15	0.493
10	10	4	18	0.02	0.000	10	16	2	12	35.30	0.343
10	10	6	8	9.35	0.052	10	16	2	14	17.92	0.225
10	10	6	10	1.90	0.000	10	16	2	16	8.77	0.128
10	10	6	12	0.36	0.000	10	16	2	18	4.23	0.050
10	10	6	14	0.06	0.000	10	16	4	8	91.48	0.549
10	10	6	16	0.01	0.000	10	16	4	10	43.34	0.473
10	10	6	18	0.00	0.000	10	16	4	12	19.59	0.316
10	12	2	8	80.68	0.436	10	16	4	14	8.59	0.197
10	12	2	10	33.77	0.258	10	16	4	16	3.78	0.098
10	12	2	12	13.72	0.070	10	16	4	18	1.66	0.026
10	12	2	14	5.62	0.004	10	16	6	8	67.41	0.550
10	12	2	16	2.30	0.000	10	16	6	10	28.22	0.484
10	12	2	18	0.93	0.000	10	16	6	12	11.44	0.322
10	12	4	8	46.89	0.385	10	16	6	14	4.60	0.197
10	12	4	10	16.28	0.174	10	16	6	16	1.80	0.094
10	12	4	12	5.51	0.016	10	16	6	18	0.68	0.022

참고문헌

1. Cummins, W.E., 1962. The impulse response function and ship motions. Shiffstechnik 9 (47), 101–109.

2. Esteban, M., Takagi, H., Shibayama, T., 2007. Improvement in calculation of resistance force on caisson sliding due to tilting. Coast. Eng. J. 49 (4), 417–441.

3. Esteban, M., Takagi, H., Shibayama, T., 2012. Modified heel pressure formula to simulate tilting of a composite caisson breakwater. Coast. Eng. J. 54 (4), 1–21.

4. Esteban, M., Takagi, H., Thao, N.D., 2014. Tropical cyclone damage to coastal defenses : future influence of climate change and sea level rise on shallow coastal areas in Southern Vietnam. In : Thao, N.D., Takagi, H., Esteban, M. (Eds.), Coastal Disasters and Climate Change in Vietnam. Elsevier, Amsterdam, pp. 233–256.

5. Goda, Y., 1973. A new method of wave pressure calculation for the design of composite breakwater. Rep. Port Harbour Res. Inst. 12 (3), 31–69.

6. Goda, Y., 2000. Random seas and design of maritime structures. World Scientific, Nanjing, China, p. 443.

7. Goda, Y., 2003. Revising Wilson's formulas for simplified wind-wave prediction. J. Waterw. Port Coast. Ocean Eng. ASCE 129, 93–95.

8. Goda, Y., 2007. How much do we know about wave breaking in the nearshore waters. In : Proceedings of Asian and Pacific Coasts 2007, Nanjing, China, pp. 65–86.

9. Goda, Y., Kakizaki, S., 1966. Studies on standing waves of finite amplitude and wave pressure. Rep. Port Harbour Res. Inst. (Ministry of Transport) 5 (10), 1–50 (in Japanese).

10. Goda, Y., Takagi, H., 2000. A reliability design method of caisson breakwaters with optimal wave heights. Coast. Eng. J. 42 (4), 357–388.

11. IPCC, 2007. Summary for policymakers. In : Climate Change [2007] The Physical Science Basis. Contribution of Working Group I to the Fourth Assessment Report of the Intergovernmental Panel on Climate Change, Cambridge University Press, p. 18.

12. IPCC, 2013. Working Group I Contribution to The IPCC Fifth Assessment Report Climate Change 2013 : The Physical Science Basis. Final Draft Underlying Scientific-Technical Assessment, 2216 pp.

13. Ito, Y., Fujishima, M., Kitatani, T., 1966. On the stability of breakwaters. Rep. Port Harbour Res. Inst. 5 (14), 1–134.

14. Kawai, H., Hiraishi, T., Sekimoto, T., 1997. Influence of uncertain factor in breakwater design to

encounter probability of failure. JSCE Annual Journal of Civil Engineering in the Ocean 13, 579–584 (in Japanese).

15. Knutson, T.R., McBride, J., Chan, J., Emanuel, K., Holland, G., Landsea, C., Held, I., Kossin, J., Srivastava, A., Sugi, M., 2010. Tropical cyclones and climate change. Nature Geoscience 3 (3), 157–163.

16. Nagai, S., 1969. Pressures of standing waves on vertical wall. J. Waterw. Harb. Coast. Eng. Div. ASCE 95, 53–76.

17. Oouchi, K., Yoshimura, J., Yoshimura, H., Mizuta, R., Kusunoki, S., Noda, A., 2006. Tropical cyclone climatology in a global warming climate as simulated in a 20 km-mesh global atmospheric model. J. Meteorol. Soc. Jpn. 84 (2), 259–276.

18. Oumeraci, H., 1994. Review and analysis of vertical breakwaters failures—lessons learned. Coastal Eng. J. 22, 3–29.

19. Oumeraci, H., Kortenhaus, A., Allsop, W., Groot, M., Crouch, R., Vrijling, H., Voortman, H., 2001. Probabilistic Design Tools for Vertical Breakwaters. Taylor & Francis, ISBN 90-5809-249-6, p. 373.

20. Port and Harbor Research Institute of Japan, 1968. Investigation list of breakwater failures between 1946 and 1964, Technical Note of Port and Habour Research Institute, No. 58, p. 239 (in Japanese).

21. Port and Harbor Research Institute of Japan, 1975. Investigation list of breakwater failures between 1965 and 1972, Technical Note of Port and Habour Research Institute, No. 200, p. 255 (in Japanese).

22. Port and Harbor Research Institute of Japan, 1984. Investigation list of breakwater failures between 1973 and 1982, Technical Note of Port and Habour Research Institute, No. 485, p. 281 (in Japanese).

23. Port and Harbor Research Institute of Japan, 1993. Investigation list of breakwater failures between 1983 and 1991, Technical Note of Port and Habour Research Institute, No. 765, p. 248 (in Japanese).

24. Sekiguchi, H., Ohmaki, S., 2001. Overturning of caissons by storm waves. Soils Found. JGS 32 (3), 144–155.

25. Shimosako, K., Takahashi, S., 1994. Estimating the sliding distance of composite breakwaters due to wave forces inclusive of impulsive forces. In : Proc. 24th Int. Conf. Coastal Eng., ASCE, Kobe, Japan, pp. 1580–1594.

26. Shimosako, K., Takahashi, S., 2000. Application of expected sliding distance method for composite breakwaters design. In : Proceedings of 27th International Conference on Coastal Engineering, ASCE, Sydney, Australia, pp. 1885–1898.

27. Tadjbaksh, I., Keller, J.B., 1960. Standing surface waves of finite amplitude. J. Fluid Mech. 8, 442–451.

28. Takagi, H., 2008. Development of a reliability-based design procedure for breakwaters, Dissertation, Yokohama National University, p. 105 (in Japanese).

29. Takagi, H., Esteban, M., 2013. Practical methods of estimating tilting failure of caisson breakwaters using a Monte-Carlo simulation. Coast. Eng. J. 55, 22. http://dx.doi.org/10.1142/S0578563413500113.

30. Takagi, H., Nakajima, C., 2007. Estimation error in the analytical prediction of standing wave pressures acting upon breakwaters. J. Coast. Eng. JSCE 63 (4), 291–294 (in Japanese).

31. Takagi, H., Shibayama, T., 2006. A new approach on performance-based design of caisson breakwaters in deep water. Annu. J. Coast. Eng. JSCE 53 (2), 901–905 (in Japanese).

32. Takagi, H., Shibayama, T., Esteban, M., 2007. An expansion of the reliability design method for caisson type breakwaters towards deep water using the fourth order approximation of standing waves. Asian and Pacific Coasts 2007, Nanjing, China, pp. 1723–1735.

33. Takagi, H., Esteban, M., Shibayama, T., 2008. Proposed methodology for evaluating the potential failure risk for existing caisson-breakwaters in a storm event using a level III reliability-based approach. In : Proceedings of 31st International Conference on Coastal Engineering, ASCE, Sydney, Australia, pp. 3655–3667.

34. Takagi, H., Kashihara, H., Esteban, M., Shibayama, T., 2011. Assessment of future stability of breakwaters under climate change. Coast. Eng. J. 53 (1), 21–39.

35. Takahashi, S., Tanimoto, K., Shimosako, K., 1994. A proposal of impulsive pressure coefficient for design of composite breakwaters. In : Proc. Int. Conf. Hydro-Tech. Eng. Port Harbor Constr. (Hydro-Port '94). Port and Harbour Research Institute, Yokosuka, pp. 489–504.

36. Takayama, T., Higashira, K., 2002. Statistical analysis on damage characteristics of breakwaters. JSCE Annual Journal of Civil Engineering in the Ocean 18, 263–268 (in Japanese).

37. Takayama, T., Ikeda, N., 1992. Estimation of sliding failure probability of present breakwaters for probabilistic design. Rep. Port Harbour Res. Inst. 31 (5), 3–32 (in Japanese).

38. Tanimoto, K., Goda, Y., 1991. Historical development of breakwater structures in the world. In : Coastal Structures and Breakwaters. Thomas Thelford, London, pp. 193–220.

39. The Overseas Coastal Area Development Institute of Japan (OCDI), 2002. Technical Standards and Commentaries for Port and Harbour Facilities in Japan, p.664.

40. Uezono, A., Odani, H., 1987. Planning and construction of the rubble mound for a deep water breakwater. Chapter 4, In : Coastal and Ocean Geotechnical Engineering. The Japanese Geotechnical Society, Tokyo (in Japanese).

41. Yamaguchi, M., Hatada, Y., Ikeda, A., Hayakawa, J., 1989. Hindcasting of high wave conditions during Typhoon 8712. J. Jpn Soc. Civ. Eng. JSCE 411 (II-12), 237–246.

CHAPTER

31 해수면 상승으로 발생한 기후변화하에서의
사석식경사제 안정성

1. 서 론

대기 중 온실가스 농도의 증가로 인한 지구 온난화 결과로 발생한 해수면 상승은 21세기 동안 가속화될 것으로 예상된다. 기후변화에 관한 정부 간 협의체 5차 평가보고서(Intergovernmental Panel on Climate Change Fifth Assessment Report, 또는 IPCC 5AR, 2013)에 따르면, 20세기 동안 세계 평균해수면은 연평균 약 1.7mm씩 상승했으며, 위성관측 결과 1993~2010년 동안 매년 약 3.2mm씩 상승했다고 한다. 이 보고서에 따르면 해수면 상승은 대부분 해양(海洋) 열팽창 (熱膨脹)과 빙하용해(氷河溶解)에서 비롯되었다. 해수면 상승에 대한 그린란드와 남극의 빙상 (氷床)[1] 기여는 1990년대 초기 이후 증가해왔으며, 현재는 동적과정(動的過程)의 결과로 빙상 질량이 감소하고 있는데(Allison 등, 2009), 부분적으로 그린란드 빙상과 남극 빙상에 바로 인 접한 해양의 온난화로 유발된 빙상의 높은 유출에 기인한다(IPCC 5AR). 이 보고서의 예측은 향후 21세기 말까지 해수면이 현재보다 0.26~0.98m 높아질 수 있다고 한다. 물리적 또는 '프 로세스 기반모델'을 제외하고, 일부 '반경험적 모델'은 IPCC 5AR에서 예측한 해수면상승(海 水面上昇, 0.26~0.98m)보다 최대 2배까지 상승한다고 예상한다. 반경험적 모델은 관측된 전

1　빙상(氷床, Ice Sheet): 기반의 요철과 관계없이 광대한 지역을 덮고 있는 둥근 지붕 모양의 빙체(氷體)로서 대륙빙하라 고도 하며, 남극 빙상, 그린란드 빙상, 아이슬란드의 바트나 빙상 등이 유명하고, 빙산에 비하여 유동성이 적고 오래전 의 눈을 간직하고 있어 보링(Boring)을 통해 과거 환경을 알아보는 데도 중요한 재료가 된다.

지구(全地球) 평균해수면과 기온(氣溫) 사이의 통계적 관계를 기반으로 해수면을 예측한다. 예를 들어 Vermeer와 Rahmstorf(2009)는 해수면 상승이 2100년까지 0.81m에서 1.79m 범위에 있을 수 있다고 주장한다. IPCC 5AR은 그러한 모델의 신뢰성에 관한 과학계에서 합의가 이루어지지 않았다고 지적하지만, 그 모델은 과거 해수면의 동요(動搖)를 적절하게 예측할 수 있어 최악 시나리오에 대한 통찰력을 제공할 수 있다. 베트남인 경우 약 1.75~2.56mm/년 증가율로 세계 다른 지역들의 증가율과 밀접하게 이어지는 것처럼 보이지만, 다른 지역에서도 증가율이 항상 동일하지 않다는 점에 주목할 필요가 있다(Thi Thuy와 Furukawa, 2007).

해수면 상승은 그 자체로 빙하기 순환에 따라 해수면이 자연적으로 상승하고 감소했기 때문에 이전의 지구가 경험하지 못한 것이 아니다. 열대성 저기압 강도의 증가와 같은 해수면 상승과 다른 기후변화의 영향(Knutson과 Tuleya, 2004, Knutson 등, 2010, Oouchi 등, 2006 참조)은 미래 파랑형태를 바꿀 수 있으며(Mori 등, 2010) 이는 해안지역의 피해를 증가시킬 수 있다(30장과 32장 참조). 그러나 이러한 영향이 해안·항만 구조물 안정성에 어느 정도 영향을 미칠 것인지, 그리고 어느 수준의 강화가 필요할 것인지는 아직 명확하지 않다.

일반적으로 오늘날에는 방파제를 설계할 때 기후변화 영향을 무시하는데, 이것은 방파제 설계공용기간의 마지막 무렵인 해수면이 급격히 상승하는 경우에 과소설계(過少設計)를 초래할 수 있다. Okayasu와 Sakai(2006)는 케이슨식 혼성제에 대한 해수면 상승 영향을 연구했는데, 그들은 2000~2050년까지의 기간에 케이슨 활동량 파괴확률은 최대 50%까지 증가할 수 있으며(설계공용기간을 50년으로 가정), 적응비용은 케이슨 단면적당 비용의 0.5~2.3%에 해당할 수 있다는 것을 알아냈다. Takagi 등(2010)은 SWAN 모델을 사용하여 해수표면 온도의 온난화로 인한 향후 잠재적 태풍풍속의 10% 증가는 이러한 바람으로 유발되는 유의파고(有義波高)를 21% 증가시킬 수 있다는 것을 보여주었다(30장 참조). 이러한 유의파고 증가는 기후변화에 관한 정부 간 협의체 4차 평가보고서(IPCC 4AR, 2007)에 자세히 설명된 해수면 상승과 함께 일본 시부시항(志布志港) 방파제의 예상활동량을 현재보다 5배까지 증가시킬 수 있다.

그러나 저자들이 아는 바에 따르면 해수면 상승이 사석식경사제(捨石式傾斜堤, Rubble Mound Breakwater)[2]에 미치는 영향에 대한 연구는 거의 이루어지지 않았다. 따라서 이 장은 개발도

---

2   사석식경사제(捨石式傾斜堤防, Rubble Mound Breakwater) : 제체(堤體)의 주재료로 사석을 이용하여 축조한 방파제로 비탈면 보호를 위하여 적당한 크기의 돌, 콘크리트 블록 또는 소파 블록으로 피복하는 형식의 방파제를 말한다.

상국의 소규모 항의 천해(淺海)에 일반적으로 건설되는 해안구조물의 문제에 초점을 맞추어 미래에 무엇을 대비할 수 있는가를 어느 정도 밝혀낼 것이다.

이러한 구조물의 설계공용기간은 일반적으로 30~50년인 장기간 동안 지속(持續)하도록 설계되었다(예를 들어, 일본에서는 50년을 지속하도록 설계되었으며, 베트남인 경우 실제 설계공용기간을 명확하게 규정하지는 않았지만 임시 및 영구구조물 개념이 있다). 그렇지만 구조물 중 대다수는 50년 또는 그 이상 이용하고 있어, 미래 파랑형태 및 해수면 상승의 변화는 구조물의 후반기 설계공용기간에 큰 영향을 미칠 수 있다. 특정 기후변화 시나리오에 대한 기존 방파제의 안정성 수준 평가는 강한 구조물 설계 또는 향후 보수·보강을 허용함으로써 설계 중 효과적인 관리계획을 수립하기 위해 매우 중요하다. 이 문제를 설명하기 위해 이 장에서는 구조물의 설계공용기간 동안 발생할 것으로 예상되는 여러 가지 해수면 상승 시나리오를 소개할 것이다(연장된 설계공용기간을 검토하기 위해 설계공용기간을 50년이라고 가정한다).

그러나 본 연구목적은 특정 방파제에 존재하는 파랑조건에 대한 심층적인 평가를 필요하기 때문에, 단일(單一) 방파제에 대한 잠재적 피해증가를 산정하는 것이 아니다. 오히려 저자들은 일반적으로 수심이 깊어지면 향후 사석식경사제의 잠재적 피해 가능성이 증가될 수 있다고 주장한다. 그러므로 이 장(章)의 목적은 기후변화와 같은 특정한 문제에 적응하기 위해 관련 비용의 규모(필요한 방파제의 단면적으로 표시)에 대한 일반적인 개념을 제공하는 것이다.

현재 천해에 위치한 방파제인 경우 방파제 전면수심(前面水深)은 도달 가능한 파고를 제한하므로(쇄파한계파고(碎波限界波高)), 필요한 파랑을 발생시키기에 풍속과 취송거리(吹送距離)[3]가 충분할 경우 장래 수심이 증가하면 더 큰 피해를 입힐 수 있다. 비록 이것이 모든 지역에 있는 방파제에는 적용되지 않을지라도, 예상되는 열대성 저기압강도증가(Knutson과 Tuleya, Knutson 등, 2010 참조)는 이러한 사건의 영향을 받는 지역에서 일어날 가능성이 높다. 게다가 향후 세계 각지의 파랑작용형태는 바뀔 가능성이 있다(Mori 등, 2010). IPCC AR4는 또한 "향후 열대성 저기압(태풍과 허리케인 등)은 열대해양(熱帶海洋) 해수면 온도가 지속적으로 상승할 경우 강한 최대풍속이 더욱 빨라지고 강수량이 증가할 것으로 예상된다"라고 언급하

3　취송거리(吹送距離, Fetch, Fetch Length) : 항만 또는 해안에서 바람에 의한 파랑의 크기를 추정할 때 바람이 일정한 풍속 및 풍향을 가지고 장애물 없이 바다 위를 불어온다고 가정하는 수평거리를 말한다.

고 있다. 이것은 특히 베트남과 같이 비교적 얕은 수심에 설치된 방파제를 갖는 국가의 방파제 설계와 유지·관리에도 큰 영향을 미친다. 마지막으로 이 문제를 설명하기 위해 저자들은 베트남 판티엣항(Phan Thiet Port)의 기존 방파제와 해수면 상승이 방파제에 미칠 수 있는 영향에 대한 사례연구를 제공할 것이다. 현재까지 기존연구는 일반적인 침식 문제(Sundström and Södevall, 2004)나 해안제방의 방재(Cong, 2004)를 다루는 것과 함께 베트남의 기후변화와 해수면 상승의 영향에 대한 매우 제한된 연구결과만 있으며, 이 장은 상당한 격차를 어느 정도 해소할 것이다.

2. 세계의 방파제

현재 연구의 중요성을 이해하고 검토할 가장 중요한 사항인 사석식경사제 부분을 확인하려면 우선 이 구조물에 대한 통계분석(統計分析)을 수행해야 한다. 그러나 모든 방파제의 총 경제적 가치를 평가하려는 시도는 거의 불가능한 일이다. 저자가 아는 바에 따르면 실제로 존재하는 방파제의 데이터베이스(Database)는 거의 없으며, 그중 일부 가장 좋은 경우라도 매우 불완전하다. 따라서 해수면 상승이 이러한 구조물의 설계와 축조(築造)에 미치는 총 경제적 영향을 평가하기 어렵다.

가장 우수한 기존 데이터베이스 중 하나는 델프트공과대학(Delft University of Technology)과 HR 월링포드(HR Wallingford)가 운영하는 '국제 방파제 디렉토리(International Breakwater Directory)'이다(Allsop 등, 2009). 이 데이터베이스는 "원래 부분적이며(지속적인 관심을 가지며 데이터를 수집해왔다.), 날짜가 있으며(몇몇 소유자들의 데이터 업데이트), 제한적이고(구조물 성능에 대한 데이터는 거의 제공되지 않는다.), 사장(死藏)되어 있었다(데이터를 발견하기 위해 상당한 노력이 필요하다, Allsop 등, 2009)." Allsop 등(2009)에 따르면 일반적으로 피복재(被覆材) 특허권자의 기록이 남기 때문에 콘크리트 피복재 사용은 많은 세부 사항이 필요하지만, 세계 많은 지역에서는 피복재방파제(被覆材防波堤)가 주류(主流)를 이루고 있다. 그 결과 명백히 이 형태의 방파제로 편향(偏向)되어 있다(이것은 데이터베이스에서 '사석식경사제' 중 다수를 구성한다). Allsop 등(2009)은 피복재방파제 형태인 구조물 사례를 영국, 이탈리아, 스페인에서도 발견하지만, 일본에서는 다른 어느 지역보다 케이슨식 혼성제가 훨씬 보편화되었다고 언급한다. Takagi와 Esteban(2013)은 일본에서는 거대한 암석을 쉽게 구할 수 없고 석회암이 풍부해 시멘트를 싸게 생산할 수 있기 때문에 케이슨식 혼성제가 보편화되었다고 설명했다.

이 데이터베이스를 사용하여 방파제 연장(延長)과 관련된 세부사항이 있는 방파제만을 분석하면 그림 1에서와 같이 전 세계 사석식경사제의 수심 분포(건설된 방파제의 연장당)를 알 수 있다. 그러나 그림 1의 수치는 데이터베이스 정보에 방파제의 수심 또는 연장 중 하나의 데이터만 있는 다른 234개 사석식경사제는 제외시킨 채 65개 방파제의 데이터만을 사용해서 산출하였다. 사용된 데이터베이스의 불완전성을 감안(勘案)해서, 그림 1은 방파제 분포에 대한 일반적인 인상(印象)을 주지만, 분포가 그래프에서 내포(內包)된 것보다 다소 왜곡(歪曲)될 가능성도 있다.

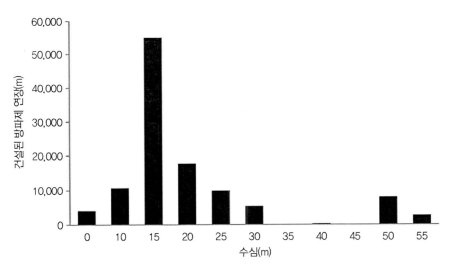

그림 1 '국제 방파제 디렉토리'의 자료에 근거하여 수심에 따른 전 세계 건설된 사석식경사제의 누적연장(累積延長)(Allsop 등, 2009)

그림 2와 같이 사석식경사제(捨石式傾斜堤제)는 데이터베이스에서 대부분을 차지한다(57%). 그러나 대부분 사석식경사제는 깬돌을 사용하고(그리고 천해(淺海)에 설치되어 있다) 대부분 보고되지 않아 실제 비율은 더욱 높아질 가능성이 높다(234개 사석식경사제 중 19개만이 피복재로써 깬돌을 채용하여 총 샘플 중 8%에 해당한다).

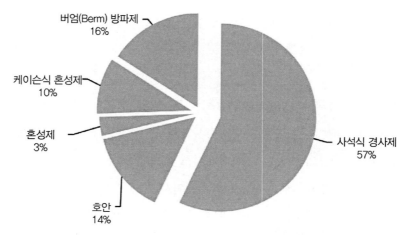

그림 2 '국제 방파제 디렉토리' 자료에서의 세계 방파제 유형에 따른 비율(Allsop 등, 2009)

또한 각 수심 범위에 대한 데이터의 항목 수 중 그림 3에 나타낸 것과 같이 각 수심별로 건설된 방파제 수를 조사할 가치가 있다. 이 그림에서 대부분 방파제는 수심 6~19m에 건설되었다는 것을 알 수 있다(이 연구에서는 방파제 중 70%). 그러나 본 연구의 완성도(完成度)를 위해 수심 3~25m인 사석식경사제만을 고려할 것이다(데이터베이스에서는 방파제 중 89% 점유).

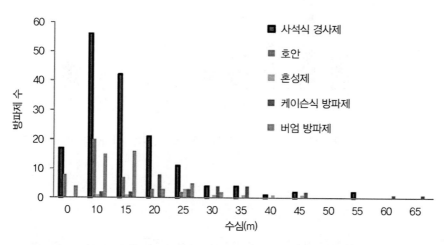

그림 3 '국제 방파제 디렉토리' 자료에 따른 각 수심 범위 내의 방파제 수(Allsop 등, 2009)

그러나 실제 전 세계의 방파제 총연장은 알 수 없지만, Kim(2010)은 일본 내 총방파제 연장이 800km 이상이라고 언급하였는데, 이것으로 볼 때 이 구조물의 중요성을 알 수 있다. 그림 1에 나타난 방파제 총연장은 일본에서의 방파제 연장에 비해 훨씬 짧기 때문에 이 데이터의 출처인 불완전한 데이터베이스의 성격을 파악할 수 있다. 그렇지만 이 데이터베이스는 방파제가 설계되고 건설된 가장 표준적인 수심을 강조하는 데 효과적이다.

3. 방법론

현재 연구는 주로 사석식경사제 설계를 위한 Van der Meer(1987, 1993)식과 수심제한 쇄파고(碎波高)를 산정하는 Goda(1985)식을 중심으로 이루어질 예정이다. 하나의 매개변수만 수정(수심)하면 다른 시나리오에 필요한 방파제의 피복제 중량과 방파제 높이를 증가시킬 수 있다(해수면 상승과 고파랑(高波浪)으로 인한 처오름 증가를 고려). 이것은 특히 열대성 저기압(태풍, 허리케인 등)이 내습하기 쉬운 얕은 수심을 갖는 지역에 입지한 방파제에 대한 경제적 적응비용(適應費用)의 규모에 관한 기본적인 이해를 제공할 수 있다.

3.1 Van der Meer 공식

사석식경사제의 코어(Core)부는 일반적으로 채석(採石)된 사석, 바깥층은 피복재(깬돌 또는 특별히 설계된 이형콘크리트블록, Kamphuis, 2000)로 구성된 여러 층의 사석들로 이루어져 있다. 피복재(被覆材)는 구조물의 중요한 구성요소로 파력에 저항하는 역할을 한다. 일단 피복재를 제거하면 파랑작용의 영향으로 하부층(下部層)이 급속하게 손상을 입어 방파제는 피해를 본다. 사석식경사제에 필요한 피복재의 크기를 결정하는 데 사용 가능한 최초의 공식 중 하나는 Hudson(1958)이 제안하였지만, 오늘날에는 일반적으로 Van der Meer(1987, 1993) 공식을 널리 사용한다. Van der Meer(1987, 1993)는 유의파고(H_s)를 주요 설계매개변수로 사용하며, 그림 4에서는 피복재 크기 추정과 관련된 다른 주요 매개변수를 나타낸다. 쇄파 종류에 따라 2가지 다른 식을 사용한다.

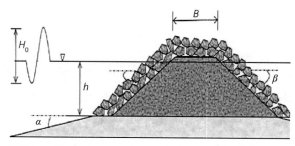

그림 4 사석식경사제의 피복석 크기 추정에 관련된 주요 매개변수. 이 그림에서 입사유의파고(入射有義波高) H_s 대신 H_0(심해파고(深海波高))를 나타내었다는 점에 유의함

권파[4](卷波)에 대해서는,

$$N_s = \frac{H_s}{\Delta_a D_a} = 6.2\, P_b^{0.18} \left(\frac{S_a}{\sqrt{N_w}}\right)^{0.2} \xi_m^{-0.5} \tag{1}$$

쇄기파[5](碎磯波)에 대해서는,

$$N_s = \frac{H_s}{\Delta_a D_a} = 1.0\, P_b^{-0.13} \left(\frac{S_a}{\sqrt{N_w}}\right)^{0.2} \sqrt{\cot\theta}\; \xi_m^{P_b} \tag{2}$$

여기서, N_s는 안정계수(安定係數)로 알려진 매개변수, H_s는 유의파고(단위 m), Δ_a는 피복석의 상대수중밀도(相對水中密度), D_a는 공칭피복재직경(公稱被覆材直徑)(단위 m), P_b는 방파제의 전체 공극률(空隙率), N_w는 방파제에 작용하는 파(波)의 수(數), θ는 사면이 수평면과 이루는 각도(°)이고 S_a는 변형정도로 피복석의 변형량을 나타내는 지수이고 피해율의 일종으로 다음과 같이 정의한다.

---

4   권파(卷波, Plunging Breaker) : 쇄파 중 파형경사가 급해져 파봉이 감기듯이 쇄파되는 파를 말한다.

5   쇄기파(碎磯波, Surging Breaker) : 파형 경사가 작은 파랑이 경사가 급한 해안에서 부서질 때 보이는 쇄파로, 파봉의 전면부는 거의 연직을 이루고 후면부는 수평에 가까운 형태로 나타난다.

$$S_a = \frac{A_e}{D_a^2} \tag{3}$$

여기서, A_e는 정수위(靜水位, Still Water Level)를 기준으로 양(陽) 또는 음(陰) 파고 (S.W.L± H_s) 사이의 방파제 단면의 침식역(浸蝕域)(단위 m²)이고 D_a은 피복석의 공칭직경⁶(公稱直徑) (단위 m)이다. $S_a = 0$일 때 무한(無限)의 D_a가 필요하다면, Van der Meer는 무피해(無被害)에 대한 동일 값으로서 $S_a = 2$을 제안하였다.

쇄파대(碎波帶) 상사매개변수(相似媒介變數) ξ_m는 평균파랑주기와 관련이 있고 다음 식을 사용하여 계산할 수 있다.

$$\xi_m = \frac{\tan\theta}{\sqrt{s_m}} \tag{4}$$

여기서, s_m은 파형경사(波形傾斜)이고,

$$s_m = \frac{H_s}{L_{0,\,m}} = \frac{2\pi H_s}{g\,T_m^2} \tag{5}$$

여기서 T_m은 평균파랑주기(단위 초(sec))이고 $L_{0,\,m}$은 심해파장(深海波長, 단위 m)이다. 파랑이 권파 또는 쇄기파인지 계산하기 위해 Van der Meer는 다음과 같이 임계한계치(臨界限界値)를 제안하였다.

$$\xi_m = \left(6.2\,P_b^{0.31}\,\sqrt{\tan\theta}\,\right)^{\frac{1}{(P_b + 0.5)}} \tag{6}$$

---

6   공칭직경(公稱直徑, Nominal Diameter) : 관이나 관이음 등의 관지름을 나타낼 때 내경, 외경, 나사 부분의 지름 등 여러 가지 치수 중 하나를 취하여 대표 치수로 나타낸 지름을 말하며, 여기에서는 피복석의 형상이 불균일하므로 평균직경 을 의미한다.

3.2 쇄파한계파고

파랑은 해안선에 접근함에 따라 해저바닥 마찰의 영향을 받아, '천수(淺水, Shoaling)'로 알려진 일련의 변형을 겪는다. 파랑운동과 관련된 유체속도의 수평성분 때문에 파랑은 결국 쇄파할 때까지 진폭은 증가하며 파봉(波峯)은 가파르게 된다. 주어진 파랑 주기 동안 일정 수심에서 물리적으로 가능한 파랑의 상한선(上限線)을 '쇄파한계파고(碎波限界波高, Limiting Breaker Height)'라고 한다. 이 매개변수는 구조물에 도달할 수 있는 파고를 증가시키기 때문에 급격하게 해수면이 상승할 경우 사석식경사제 거동에 결정적인 영향을 미칠 것이다. 현재까지 쇄파한계고에 대한 많은 지표가 제안되었다. 본 연구에서는 Goda(1985)가 제안한 다음 식을 방파제 전면(前面)에서 가능한 쇄파한계파고 H_b을 산정하는 데 사용한다.

$$H_b = A L_0 \left\{ 1 - \exp\left[-1.5 \frac{\pi h}{L_0} \left(1 + 15 \tan^{4/3} \alpha \right) \right] \right\}$$

(7)

여기서, h는 쇄파되는 지점의 수심, L_0은 심해파장(단위 m), α는 해저바닥경사이며 A는 고려한 파랑형태에 따른 계수로서, Goda는 규칙파(規則波)인 경우 0.17, 불규칙파(不規則波)[7] 인 경우 0.12(하한)~0.18(상한) 사이의 계수를 제안하였다. 단순화를 위해, 본 연구에서는 0.17의 값만 사용하는데, 이는 불규칙파의 상한으로 떨어지기 때문에 결과적으로 계산이 간단하다. 따라서 수심에 대한 쇄파한계파고의 비(比)는 해저바닥 경사와 상대수심(相對水深, h/L)에 따라 달라진다.

단, 이 장에서 시험할 모든 조건이 제한적인 수심을 갖는 것이 아니라는 점에 유의해야 한다. 분석된 많은 방파제 구간은 심해(深海)에 있으며, 따라서 미소파(微小波)인 경우 어느 경우이든 구조물에 도달하기 전에 파랑이 쇄파하지 않아 해수면의 상승과 비상승(非上昇) 간의 차이는 없을 것이다.

---

[7] 불규칙파(不規則波, Irregular Waves) : 파고, 주기 및 진행방향이 모두 일정하지 않고 시시각각으로 변화하는 파랑으로 실제 해상의 파랑은 파형이 일정하지 않고 시시각각으로 변화한다. 높은 파고와 낮은 파고, 긴 주기와 짧은 주기가 혼합하여 발생하고 파봉선(波峰線)도 연속적이 아니며 각각의 진행방향도 일정하지 않으며 실제 해상의 파랑은 모두 불규칙파이다.

3.3 처오름(Run-up)

방파제의 필요한 크기를 적절히 계산하기 위해서는 파랑의 예상 처오름을 계산할 필요가 있는데, 처오름은 파랑이 구조물의 바다 쪽 비탈면을 올라갈 때 파랑이 도달하는 정수위(靜水位) 상 수직거리로 정의한다. 구조물 마루(Crest)는 파랑이 월파(越波)하지 않도록 충분하게 높아야 하지만, 비경제적이거나 경관(景觀)을 저해할 만큼 높지 않아야 한다. 해수면 상승은 H_b의 증가를 초래하고, 따라서 방파제에 도달하는 파고도 증가시킬 수 있다는 점에 유의해야 한다. 따라서 방파제에서의 잠재적 처오름도 증가할 것이며, 뚜렷한 월파가 방파제 설계 공용기간의 끝 무렵에 발생하지 않도록 더 높은 마루고를 갖도록 요구할 것이다. Van der Meer(1993)는 $\xi_p < 2$일 때 비교적 간단한 처오름 예측식을 제안하였다.

$$R_{2\%} = 1.5\, H_s\, r_f \xi_p \tag{8}$$

또는 $\xi_p \geq 2$:

$$R_{2\%} = 3\, H_s\, r_f \tag{9}$$

여기서, $R_{2\%}$는 처오름고를 크기 순으로 늘여 놓았을 때 크기가 높은 순으로부터 2%에 해당하는 값이고, r_f는 전면(前面)에서 임의 소단구간(小段區間)을 갖는지, 또는 접근각(接近角)과 파랑이 단봉(短峰)인지를 감안한 마찰계수이다(구조물면의 법선(法線)으로 입사(入射)하는 파랑을 가진 단순한 사석(捨石)방파제일 때 $r_f = 0.5$). 쇄파대(碎波帶) 상사매개변수(相似媒介變數) ξ_p는 파랑 스펙트럼의 피크주기(Peak Period)에 근거한다.

3.4 방파제 구간과 매개변수

해수면 상승이 사석식경사제에 미치는 영향은 방파제의 기하학적 구조, 방파제 전면수심(前面水深) 또는 파랑기후와 같은 요인에 따라 크게 달라질 것이다. 방파제 설계가 어떻게 영향을 받을 수 있는지에 대한 일반적인 이해를 하기 위해서는 넓은 범위의 기하학적 구조와 파랑기후를 고려할 필요가 있지만, 지나치게 많은 데이터에 압도되지 않고 합리적으로 문제를 이해하기 위해서는 약간의 단순화도 필요하다. 따라서 본 연구에서는 수심 3~25m에 설치된 총 12개의 대표적인 방파제 구간을 계산하였다(수심 3~25m는 앞에서 설명한 바와 같이(그림 1, 3 참조) 이 구조물이 설치된 대부분의 수심을 구성한다). 그런 다음 수심 3~15m에 이르는 각 구간에 대해서 여러 심해파고(H_0)에 대해 계산하였다(즉, 수심 h =3m에서 심해파고 H_0 =15m를 계산하는 지점이 없는 것과 같이 입사파고(入射波高)의 발생한계 및 쇄파 때문에 각 파랑에 대한 모든 구간을 계산하지는 못한다). 각 심해파고 H_0는 총 5개 파랑주기(6~14초(sec))에 대해 계산하였다. 또한 모든 방파제 구간은 방파제 전면(前面)에서 4개의 다른 해저바닥경사에 대해 계산하였다(α). 구조물의 바다 쪽과 육지 쪽 비탈면, 마루 부분의 폭 또는 폭풍(태풍)지속시간과 같은 기타 매개변수는 결과의 단순화를 위해 변경하지 않았다. 변경하지 않은 또 다른 중요한 매개변수는 사용된 피복재(被覆材)의 종류였다. 다시 말하자면, 비록 깊은 수심을 갖는 구간인 경우 Van der Meer(1987, 1993) 조건을 충족하기에 적절한 크기의 깬돌을 구하기가 매우 어려워 단순성과 비교의 용이성을 위해 테트라포드(Tetrapod)나 에크로포드(Accropod)와 같은 콘크리트 피복공(被覆工)을 사용했다. 이 소파블록은 양호한 맞물림(Interlocking) 성능을 가지고 있어 필요한 피복중량 감소에 기여할 수 있다. 그러나 이러한 소파블록도 그것을 만들기 위한 거푸집작업과 노동력과 같은 다른 관련 비용도 있다. 현재 사석만을 사용하는 접근방식은 단순하지만 Van der Meer(1987)에 의거 변화된 피복조건 증가에 대한 식견을 제공함으로써 문제를 직관적으로 이해할 수 있다. 그렇지만 표 1에 요약된 모든 매개변수의 조합은 총 5,440개의 방파제 구간에 대한 계산을 할 수 있어 사석식경사제에 대한 전체적인 해수면 상승의 영향을 알 수 있다.

표 1 분석하려는 구간의 사석식경사제 매개변수 요약

매개변수	기호(단위)	계산조건	비고
수심	h (m)	3, 5, 7, 9, 11, 13, 15, 17, 19, 21, 23, 25(m)	$h > 25$(m)인 더 깊은 구간에서 해수면 상승의 영향은 적다.
심해파고 (深海波高)	H_0 (m)	h =3(m)일 때 H_0 =3, 5(m)	
		h =5(m)일 때 H_0 =3, 5, 7(m)	
		h =7(m)일 때 H_0 =3, 5, 7, 9(m)	
		h =7(m)일 때 H_0 =5, 7, 9, 11, 13(m)	
		그 외 나머지 수심, H_0 =5, 7, 9, 11, 13, 15(m)	

표 1 분석하려는 구간의 사석식경사제 매개변수 요약(계속)

매개변수	기호(단위)	계산조건	비고
파랑 주기	T(초(sec))	6, 8, 10, 12, 14(초(sec))	
해저바닥 경사	α	1 : 10, 1 : 20, 1 : 30, 1 : 40	Goda(1985)가 고려한 구간
처오름 마찰계수	r_f	모든 경우 0.5	Van der Meer(1993) 참조
마루 상단폭	B(m)	모든 경우 6(m)	
방파제 바다 쪽 경사도	θ	모든 경우 1 : 3	
방파제 육지 쪽 경사도	β	모든 경우 1 : 2	
무피해(無被害) 매개변수	S_a	모든 경우 2	Van der Meer(1993) 참조
폭풍(태풍) 지속시간	D_s(시간(hr))	모든 경우 2(시간(hr))	Shimosako와 Takahashi(2000) 참조
해수면 상승	h_r(m)	0.15, 0.44, 0.9, 1.35	IPCC 4AR, Vermeer와 Rahmstorf(2009) 참조

3.5 해수면 상승 시나리오

미래 해수면 상승 패턴은 전 지구(全地球) 기후 작용과 물리적 환경과의 상호작용에 대한 이해 부족으로 인해 매우 불확실하다. 이 중 상당 부분은 그린란드와 남극 대륙의 큰 빙상(氷床, Ice Sheet)의 반응에 대한 불확실성으로 귀결되며(Allison 등, 2009), 현재 해수면은 2100년까지 기존 IPCC 4AR에서 제시된 0.18~0.59m 범위보다 훨씬 더 상승할 것으로 생각된다. Vermeer와 Rahmstorf (2009)의 최근 연구에서는 IPCC 4AR에서 제시된 미래 전 지구 기온시나리오인 경우 1990~2100년 동안의 예상 해수면 상승은 0.75~1.9m 범위에 있을 수 있다는 것을 알아냈다. 이 연구는 수십 년에서 수세기 사이의 시간축척에 따른 해수면 변화를 전 지구기온과 연관시켜 수행했는데, 이는 약 98% 데이터 분산치(分散値)를 갖는다.

이 연구에 따르면 저자들은 다음과 같이 50년 동안(사석식경사제의 설계공용기간) 4가지 해수면 상승 시나리오를 사용한다.

- 시나리오 1 : 0.15m 증가로 연간 3mm 상승에 해당하며, 이는 20세기 말 증가와 유사하다.
- 시나리오 2 : 0.44m 증가로 2050~2100년 기간 중 IPCC 4AR의 최악 시나리오에서 제시된 증가와 유사하다.

- 시나리오 3 : 0.9m 증가로 시나리오 2와 4의 중간치이다.
- 시나리오 4 : 1.3m 증가로 2050~2100년 사이에 Vermeer와 Rahmstorf(2009)가 제시한 증가와 비슷하다.

4. 결 과

그림 5는 앞선 절(節)에서 설명한 다양한 해수면 상승 시나리오에 대한 방파제 단면적의 평균증가(해수면 상승, 처오름 증가와 필요한 피복재 크기(중량) 증대의 결과로 인한 방파제 높이의 증가를 포함한다.)를 나타낸다. 이 장의 접근방식은 일반적으로 얕은 수심구간에는 유효하지만(다음 절에서 설명할 판 티엣항(Phan Thiet Port) 사례에서 볼 수 있듯이 매개변수 H_b(쇄파한계파고)가 설계를 지배하는 지역) 수위(水位)가 증가할수록 유효성(有效性)은 낮아진다는 점에 유의해야 한다. 간단히 말해서, 더 깊은 수심 구간인 경우, 지구상 여러 지역의 대기(大氣)는 매개변수 H_b를 제한할 만큼 충분히 큰 파랑을 발생시킬 수 없을 것이다. 그러므로 넓은 범위의 그림을 제공하기 위해 수심을 그림에 포함하였지만, 이 장의 초점은 얕은 수심의 방파제에 있음을 기억하는 것이 중요하다.

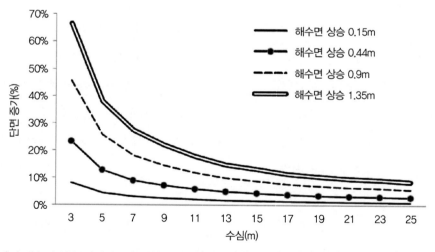

그림 5 4가지 해수면 상승 시나리오에 대한 사석식경사제의 단면 증가 필요. 단면 증가는 방파제가 원래 건설된 수심(h)에 따라 달라짐

그림 5를 생성하기 위해 각각의 H_0과 T에 대한 각 수심에서의 결과를 함께 평균화시켰다. 이는 그림 6과 같이 다른 해수면 상승률에 따른 필요한 피복재가 상당한 차이가 있어 처음에는 반직관적(反直觀的)으로 보인다. 이 그림은 해수면 상승이 없다는 지배(支配) 시나리오와 비교하여 시나리오 2에 대한 필요한 피복석 중량을 나타낸다. 이 그림은 $\alpha = 1:30$과 $H_0 = 9m$ 시 매개변수 H_b가 증가하여 고파랑(高波浪)이 방파제에 도달할 때, 특히 낮은 수심 h값에 대해 피복여건이 어떻게 확실하게 증가하는지를 나타내면서 해수면이 다른 수심 h값에 미치는 영향을 보여준다. 그림 7에 나타난 바와 같이 시나리오 4의 영향은 훨씬 심각하다.

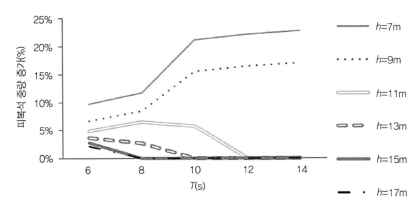

그림 6 해수면 상승이 없다는 시나리오와 비교하여 시나리오 2(0.44m 해수면 상승)에 필요한 사석 마운드 피복석의 중량 증가. 방파제 전면 바닥 경사도는 1:300이고 심해파고(H_0)는 9m에 해당함

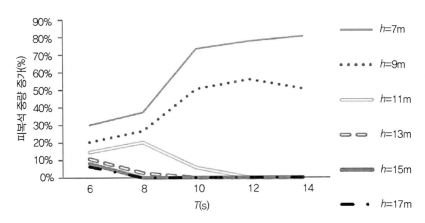

그림 7 해수면 상승이 없다는 시나리오와 비교하여 시나리오 4(1.35m 해수면 상승)에 필요한 사석 마운드 피복석의 중량 증가. 심해파고(H_0)는 9m에 해당함

필요한 피복재의 증가효과는 얕은 수심 h 수심구간인 경우가 큰데, 얕은 수심구간인 경우 해수면 상승은 쇄파한계파고 H_b를 증가시키기 때문이다. 반면에 깊은 수심구간인 경우 H_b 영향을 덜 받기 때문에, 따라서 피복여건은 그림 6과 그림 7에 보이는 바와 같이 실질적으로 전혀 변하지 않을 것이다. 그러므로 깊은 수심구간인 경우 가장 주요한 영향은 수심 h 증가 인데, 이는 월파를 회피(回避)하기 위해서는 방파제 크기를 증가시킬 필요가 있다(그것은 그 자체로 크게 변하지 않고 단지 수심 증가를 보강하기 위함이다).

그림 5를 만들기 위해 다양한 T와 H_0 범위에서 나온 결과를 평균화하면 그림 8과 9에서 볼 수 있듯이 어느 정도 정확도의 손실이 발생할 것임이 분명하다. 이러한 그림은 여러 H_0 와 h에 대한 필요한 피복재 크기 및 단면적 증가를 나타내는데, 이 경우 그림에 나타낸 각 지점은 각 H_0에 대한 5개 주기 T의 계산치 평균이다. 따라서 그림 9는 모든 H_0 값을 평균한 깊은 수심의 방파제인 경우 얕은 구간은 오차가 증가하더라도 어떻게 그림 5의 그래프에서 상당한 편차(偏差)를 초래하지 않는지를 보여준다. 피복재인 경우 오차가 훨씬 더 크지만, 이 경우 대부분의 높은 비용증대 가능성은 피복재 크기의 증가가 아니라 처오름 증대 결과로 인한 방파제 높이 증가에서 비롯된다.

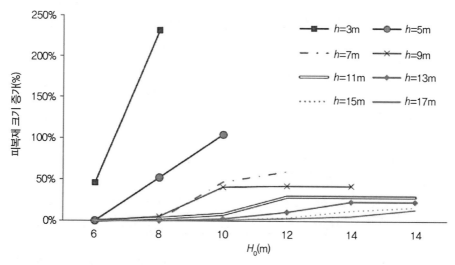

그림 8 여러 가지 심해파고(H_0)를 대한 시나리오 4(1.35m 해수면 상승)의 사석 마운드 피복재 크기 증가. 방파제 전면 바닥 경사도는 1 : 30

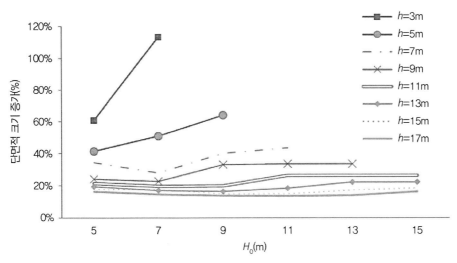

그림 9 여러 가지 심해파고(H_0)에 대한 시나리오 4(1.35m 해수면 상승)의 사석식경사제의 단면적 크기 증가 (방파제의 중앙부(Core)와 필터층(Filter Layer)만 포함됨). 방파제 전면 바닥 경사도는 1 : 30

실제로 대부분의 방파제 비용 증가는 방파제 중앙부(Core)와 하부층(Underlayer)의 단면적 확대 필요성에서 비롯되는 것으로 보이며, 이는 일반적으로 임의구간 내 면적의 66~78%를 차지한다(피복재는 그림 10에 나타낸 바와 같이 방파제 내 면적의 22~34%를 차지한다).

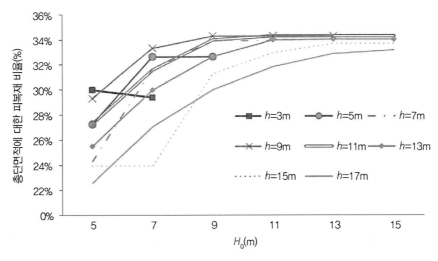

그림 10 사석식경사제의 전체 단면과 비교한 피복면적의 비율(피복재＋방파제의 중앙부(Core) 및 필터층). 방파제 전면 바닥 경사도는 1 : 30

5. 베트남에서의 사례연구

저자들은 이 장의 앞 절에서 제기된 문제를 나타내기 위해 한 가지 특별한 사례에 관한 자세한 분석을 실시하였다. 즉, 기후변화와 해수면 상승이 개발도상국에 큰 영향을 줄 것으로 예상됨에 따라 베트남 판티엣어항(Phan Thiet Fishing Port)인 경우를 검토하였다.

베트남 해안지역의 수심은 대체로 비교적 얕으며 해안지역 전면(前面)에서 낮은 해저경사(海底傾斜)를 갖는다. 판티엣항을 방호하는 2개의 방파제 전면 수심은 그림 11과 같이 약 5m이다. 낮은 해저경사를 갖는 얕은 지역의 경우 해안·항만구조물 설계를 지배하는 주요 매개변수는 앞에서 설명한 바와 같이 심해파고(深海波高)가 아니라 쇄파한계파고(H_b)이다. 따라서 이 지역의 태풍은 가끔 내습(來襲)하지만, 현재 3톤(ton)급 테트라포드로 방파제에 도달하는 파랑을 방호(防護)하기에 충분하다(그림 12 참조).

그림 11 베트남의 판티엣 어항 주변 등심선(等深線)은 대양수심도(GEBCO, the General Bathymetric Chart of the Oceans)의 데이터와 저자들의 자체 현장조사 결과에 기초

그림 12 테트라포드 피복재로 구성된 베트남 판티엣 어항의 주방파제(主防波堤)

그림 13은 이전 절에서 설명한 여러 해수면 상승 시나리오에 대한 방파제 단면적의 평균 증가율을 보여준다(해수면 상승과 증대된 처오름의 결과로 필요한 방파제 높이 증가와 필요로 하는 피복재 크기 증가를 포함한다). 이 그림은 급격한 해수면 상승 시나리오인 경우 뚜렷한 단면 증가(斷面增加)가 필요하다는 것을 보여준다. 그림 14는 구조물에 도달할 수 있는 고파랑(高波浪)에 대처하기 위해 필요한 테트라포드 피복재 중량 증가를 나타낸다. 근본적으로 이것이 의미하는 바는 방파제가 손상을 입을 때와 마찬가지로 강한 피복재(被覆材)로 설계공용기간의 후반기에 방파제를 보강하여야만 한다는 것이다.

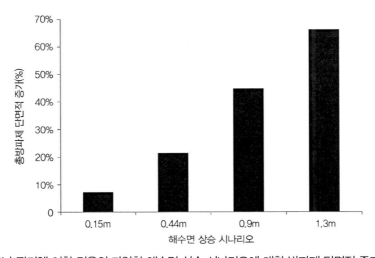

그림 13 베트남 판티엣 어항 경우의 다양한 해수면 상승 시나리오에 대한 방파제 단면적 증가(수심 약 5m)

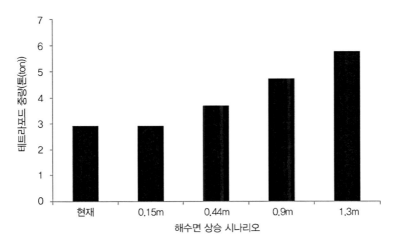

그림 14 베트남 판티엣(Pan Thiet) 어항 경우의 다양한 해수면 상승 시나리오에 대한 필요한 테트라포드 피복중량 증가(수심 약 5m)

6. 논의

이 장에서 실시한 분석은 향후 급격한 해수면 상승으로 야기할 수 있는 문제들을 언급하였다. 전통적으로 방파제는 한 지역의 기록적인 파랑조건을 기록을 검토하면서 설계하는데, 시간경과에 따라 변하지 않는 것으로 가정한다. 이러한 전통적인 설계개념은 해수면 상승을 고려하지 않으며(해수면이 지난 세기 동안 증가하였다는 사실에도 불구하고), 해수면은 방파제의 설계공용기간이 끝날 때 동일할 것으로 가정한다. 이러한 구조물들은 일반적으로 국가에 따라 30~50년이라는 긴 설계공용기간을 가지고 있지만, 건설에 집행(執行)되는 막대한 예산으로 정밀시공(精密施工)하면 방파제의 성능이 뚜렷이 떨어지지 않기에 설계공용기간 이후에도 그 목적을 계속 수행하고 있다. 따라서 영국과 같은 나라에서 채용한 일반적인 30년 '설계공용기간' 대신에 방파제의 대표적인 공용기간을 50년으로 잡고 있다.

일부 국가에서는 이미 해안 프로젝트의 설계에서 해수면 상승을 고려하기 시작했다(USACE, 2011). 이것은 향후 급속하게 변화하는 기후와 해수면으로 말미암아 방파제의 설계방법을 20세기에 채택되었된 보수적인 설계법으로부터 발전시킬 필요가 있었기 때문이다. 우선 얕은 바다에 건설된 방파제의 잠재적 피해는 높은 H_b(쇄파한계파고)값으로 인하여 방파제의 후반기 설계공용기간으로 갈수록 피해가 증가할 것이며, 이로 인해 고파랑이 방파제에 도달할 수 있게 된다. 20세기 동안 해수면 상승은 연간 1.7mm 정도의 작은 증가량으로 50년 후에도 비교적 작은 수심 h 차이를 의미하며, 방파제 설계공용기간이 끝날 때 예상되는 피해는 실질적으로 증가하지 않는다. 해수면 상승속도가 가속(加速)되는 미래에는 이러한 가정이 더 이상 유효(有效)하지 않으므로, 실무에 종사하는 엔지니어는 해수면 상승을 고려해야 할 것이다. 이를 위해서는 처음부터 강한 구조물로 설계를 하거나, 방파제 설계공용기간 동안 발생 가능한 일부 손상을 감안하여 그 기간 동안 방파제를 보수·보강한다. 그러나 최근 이런 선택은 큰 리스크 수준을 수용해야 하며, 이러한 측면에서 신중한 결정이 이루어져야 한다. 이런 리스크와 관련하여 피복재를 복구하여 원위치에 교체함으로써 완전히 손상되더라도 어떻게 사석식경사제를 재축조(再築造)할 수 있는지 주목하는 것이 흥미롭다. 이것은 지진해일이 발생하여 일본 북동부 해안의 많은 방재구조물이 피해를 보았던 2011년 동일본 대지진해일 이후에 분명하게 나타났다(Mikami 등, 2012). 2011년 대지진해일 이후 일본 타로항(田老

港)은 손상된 구간의 테트라포드 피복재를 신규 축조된 사석 마루 위에 재배치하여 복구함으로써 일부 사석제(捨石堤)를 재축조(再築造)하였다(15장 참조). 따라서 더 큰 리스크 수준을 수용하고 최적화된 관리접근법으로 옮길 수 있겠지만(예를 들어 헤드랜드[8](Headland) 참조, 2011), 결국 더 많은 예산이 소요될 수 있다.

또 다른 문제는 기후변화가 예상되는 미래에 기술자들은 방파제 설계공용기간 중 중반기 또는 후반기 마지막의 파고를 예측하기 위해 과거 기록에 의존할 수 없다는 것이다. Mori 등 (2010)은 기후변화로 인한 전 세계의 연평균 및 극한(極限) 해상풍(海上風)과 극치파랑(極値波浪)을 분석한 결과 현재로부터 미래의 기후에 이르는 연평균파고(年平均波高) 및 극치파고(極値波高) 변화는 지역적 의존성이 매우 크다는 사실을 발견했다. 따라서 그들은 미래 파고가 중위도(中緯度)나 남극해에서 모두 증가하고 적도(赤道)에서는 감소할 것이라고 믿는다. 그러나 많은 기후변화 예측과 마찬가지로 이러한 종류의 연구는 매우 불확실하며, 앞으로 다른 연구가 다른 결론에 도달할 가능성이 높다. 특히 현재까지 지구가 어떻게 움직이는지 완전히 알아내지 못하였기 때문에 확실하게 미래를 예측하기가 어렵다. 따라서 실무에 종사하는 해안·항만공학 기술자는 미래의 기후에 대한 불확실한 상황에 놓이게 될 것이다. 이 문제는 특히 쇄파한계파고 H_b가 지배적인 매개변수가 아닌 더 깊은 수심구간과 관련이 있으며, 불확실성과 리스크의 문제는 오늘날보다 훨씬 더 두드러질 것이다.

본 연구에서 분석한 방파제는 특정 지점에서의 가능한 최대파고를 이용하여 설계하였는데, 이는 수심이 얕은 지역의 방파제 설계에 핵심요인이기 때문이다. 대부분의 사석식경사제는 일반적으로 얕은 수심 구간에 위치하며, 따라서 현재 연구는 열대성 또는 열대성 밖의 저기압 영향을 받는 얕은 해안선에 대한 기후변화와 해수면 상승의 영향 가능성을 나타내는 것으로 여길 수 있다. 깊은 수심의 방파제인 경우 각 구조물의 파고를 결정하는 데 쇄파한계파고를 사용하였기 때문에 결과가 부정확할 수 있다. 그러나 일반적으로 수심이 깊은 해역에 구조물을 설치하면 예산은 증가하기 때문에 그러한 지역에는 적은 수의 방파제가 건설된다. 특히, 개발도상국들은 그러한 구조물을 건설하지 않으며, 선진국들은 이러한 영향을 다

---

8 헤드랜드(Headland) 공법 : 배후 해안을 안정화시키기 위해 갑(岬) 또는 곶(串)과 비슷한 모양의 구조물을 이용하는 것으로, 연안표사가 발달한 해안에 헤드랜드와 비슷한 구조물을 설치하여 표사가 발생하지 않고 정적으로 안정된 해빈을 형성하는 것이 목표이며, 침식 방지와 더불어 해안선이 길어지는 장점이 있다.

루는 데 필요한 자원과 전문지식을 틀림없이 가지고 있다. 따라서 현재의 결과는 기후변화가 개발도상국에 어떻게 큰 영향을 미칠 수 있는지를 나타내는 다른 지표로 볼 수 있다.

현재 연구에서는 해수면 상승에 따른 장래 방파제의 수치와 피복재 크기 증가만을 고려했을 뿐이다. 조석(潮汐)영향과 같은 다른 영향은 포함시키지 않았는데, 이러한 영향은 미래에도 크게 변화될 가능성이 없기 때문이다. 현재와 미래의 방파제는 만조(滿潮) 시 자주(항상은 아니지만) 발생하는 특정지점에서의 최악조건에 맞게 설계하는데, 이렇게 하면 가장 고파랑(高波浪)이 방파제에 도달할 수 있다. 그리고 쇄파형태도 파괴 메커니즘에 큰 영향을 미치므로, 쇄파대(碎波帶) 내에 설계된 방파제는 쇄파대 외부에 설계된 방파제보다 큰 피해를 입게 된다는 점에 유의해야 한다. 따라서 만약 해수면이 급격히 변화한다면, 쇄파대를 고려하지 않고 설계한 방파제는 방파제의 설계공용기간 마지막 때 쇄파대내에 있을 수 있으므로, 쇄파대내 방파제 설계와 축조는 일반적으로 권장하지 않는다(Goda, 1985). 이 쇄파대 내 영향은 이미 Van der Meer 공식에서 설명하였지만, 해수면 상승과 조석효과와의 결합은 방파제 설계의 복잡성을 증대시킬 수 있다.

마지막으로 현재 연구는 파랑운동의 존재(라디에이션응력(Radiation Stress)[9]이라 부른다)로 인해 해수(海水)에 작용하는 응력의 존재와 해안선을 향한 평균수위(平均水位)의 준선형적(準線型的)인 상승을 야기하는 웨이브 셋업(Wave Setup)과 같은 다른 가능한 영향을 고려하지 않는다. 라디에이션 응력의 크기는 파랑이 해안선을 향해 전파(傳播)할 때 파고의 변동으로 변화하며(천수(淺水) 및 쇄파(碎波) 때문에), 따라서 평균수위의 경사가 변할 수 있다. 따라서 방파제 전면수심(前面水深)에도 영향을 미칠 수 있어 피해가 우려된다. 열대성 저기압 강도의 증가(Knutson 등, 2010)는 폭풍해일 규모를 증가시킬 가능성이 있으며, 이것은 또한 방파제 안정성에 부정적인 영향을 미친다. 따라서 사석식경사제 안정성에 대한 기후변화의 영향은 이 장의 단순한 접근법보다 훨씬 복잡할 가능성이 있다. 그럼에도 불구하고 단 하나의 요인(해수면 상승)만을 고려함으로써, 독자는 해수면 상승이 방파제를 건설하고 유지하는 데 수반되는 미래의 경제적 예산에 미칠 유일한 영향을 이해할 수 있다.

---

9   라디에이션응력(Radiation Stress) : 파의 1주기 평균량으로 에너지를 수송하지만 동시에 운동량도 수송하는데, 이러한 바다의 파에 따른 운동량 수송을 파의 1주기 평균량의 형태로 전수심(全水深)을 통과하는 단위시간당 수송량, 즉 운동량 플럭스(Flux)의 형태로 나타낸 것을 말한다.

7. 결 론

방파제 설계의 중요문제는 점진적으로 높은 농도(濃度)를 가진 온실가스가 해수면 상승 속도에 미치는 영향이며, 이는 21세기 후반부터 가속화될 것으로 예상된다(IPCC 5AR). 본 연구에서는 4가지 다른 해수면 상승률이 사석식경사제 건설의 경제적 비용에 미치는 영향을 분석하였는데, 극한적인 해수면 상승인 경우(Vermeer과 Rahmastorf(2009), 2100년도까지 해수면 상승이 1.3m인 경우) 2050년에 설계될 방파제는 해수면 상승을 고려하지 않은 20세기에 설계된 것보다 자재가 8%(깊은 수심구간)~66%(얕은 수심구간)만큼 많이 필요하다는 것이 예상된다. 그 결과는 해안선의 형태에 크게 의존하여, 세계의 많은 지역이 상대적으로 영향을 받지 않을 수 있지만, 개발도상국들에게는 특별한 문제를 야기한다(개발도상국들의 대부분 방파제는 얕은 수심지역에 축조되어 있어서). 이러한 구조물에 대해 기후변화의 한 측면만 고려하여 적용하는 예산은 특히 공사에 소요되는 상당한 양의 자재를 감안할 때 무시할 수 없다.

미래 설계는 20세기의 전통적인 개념과도 크게 벗어난다. 우선 방파제 설계에서 해수면 상승을 고려할 필요가 있다. 둘째로, 파랑기후가 변화하고 있는 미래에서(Mori 등, 2010), 실무에 종사하는 엔지니어는 기존구간에 대한 예상파고(H_0)를 계산하기 위해 더 이상 과거 데이터를 사용할 수 없을 것이다. 따라서 불확실성과 리스크의 문제에 더 많은 주의를 기울여야 한다.

기후변화와 해수면 상승은 해안 및 위험관리 문제에 영향을 미쳐 해안구조물, 항만 및 기타 사회기반시설의 건설 및 유지·관리에 더 많은 예산과 자원이 필요하여 개발도상국인 베트남 경제와 사회에 중요한 결과를 초래할 수 있다. 남부 베트남과 메콩 삼각주(Mekong Delta)의 연안지대는 비교적 얕아, 이 지역을 통과하는 태풍이 가끔 존재하는 반면, 파랑은 보통 방파제에 도달하기 전에 쇄파(碎波)되어 그 크기가 제한된다. 그러나 향후 해수면이 상승하면 고파랑이 이들 방파제나 다른 해안구조물까지 도달할 수 있게 되어 현재보다 구조물을 강하고 크게 건설토록 요구받을 것이다. 베트남 판티엣항(Pan Thiet Port)의 사례연구에서, 검토된 해수면 상승 시나리오에 따라 방파제에 필요한 자재의 양이 20~70%로 증가하는 것으로 나타난다. 따라서 본 연구는 급격한 기후변화 때문에 인위적(人爲的)인 영향을 미치는 여러 문제를 강조하였다.

참고문헌

1. Allison, I., Bindoff, N.L., Bindschadler, R.A., et al., 2009. Copenhagen Diagnosis. The Copenhagen Diagnosis, 2009 : Updating the World on the Latest Climate Science. http://www.copenhagendiagnosis.org/read/default.html (retrieved 26.01.10).

2. Allsop, N.W.H., Cork, R.S., Verhagen, H.J., 2009. A database of major breakwaters around the world. In : Proc. of Coasts, Marine Structures and Breakwaters, 2009, Edinburgh, UK.

3. Bindoff, N., et al., 2007. Climate change 2007 : the physical science basis. Contribution of Working Group I to the 4th Assessment Report of the Intergovernmental Panel on Climate Change. Cambridge University Press, Cambridge, United Kingdom.

4. Cong, M.V., 2004. Safety assessment of sea dikes in Vientam : a case study in Nam Dinh Province. Dissertation, University of Delft.

5. Goda, Y., 1985. Random Seas and Design of Maritime Structures. World Scientific, Singapore.

6. Headland, J.R., 2011. Coastal structures and sea level rise : an optimized adaptive management approach. In : Proc. of Coastal Structures Conference, Yokohama, 6th-8th, September 2011.

7. Hudson, R.Y., 1958. Laboratory investigation of rubble-mound breakwaters. Proc. Am. Soc. Civ. Eng. 85 (WW3), 93-121.

8. Kamphuis, J.W., 2000. Introduction to coastal engineering and management. Advanced Series on Ocean Engineering, vol. 16 World Scientific, Singapore, ISBN 981-02-3830-4.

9. Kim, Y.C., 2010. Handbook of Coastal and Ocean Engineering. World Scientific, Singapore, ISBN : 13 978-981-281-929-1.

10. Knutson, T.R., Tuleya, R.E., 2004. Impact of CO2-induced warming on simulated hurricane intensity and precipitation sensitivity to the choice of climate model and convective parameterization. J. Clim. 17 (18), 3477-3495.

11. Knutson, T.R., McBride, J., Chan, J., Emanuel, K., Holland, G., Landsea, C., Held, I., Kossin, J., Srivastava, A., Sugi, M., 2010. Tropical cyclones and climate change. Nat. Geosci. 3 (3), 157-163.

12. Mikami, T., Shibayama, T., Esteban, M., Matsumaru, R., 2012. Field survey of the 2011 Tohoku earthquake and tsunami in Miyagi and Fukushima prefectures. Coast. Eng. J 54 (1), 1250011.

13. Mori, N., Yasuda, T., Mase, H., Tom, T., Oku, Y., 2010. Projection of extreme wave climate change under global warming. Hydrol. Res. Lett. 3, 15-19.

14. Okayasu, A., Sakai, K., 2006. Effect of sea level rise on sliding distance of a caisson breakwater — optimization with probabilistic design method. In : Coastal Engineering 2006, Proc. of 30th Int. Conf.

on Coastal Engineering, ASCEpp. 4883–4893.

15. Oouchi, K., Yoshimura, J., Yoshimura, H., Mizuta, R., Kusunoki, S., Noda, A., 2006. Tropical cyclone climatology in a global warming climate as simulated in a 20 km-mesh global atmospheric model. J. Meteorol. Soc. Japan 84 (2), 259–276.

16. Shimosako, K., Takahashi, S., 2000. Application of expected sliding distance method for composite breakwaters design. In : Proc. of 27th Int. Conf. on Coastal Engineering, ASCE, pp. 1885–1898.

17. Sundström, A., Södervall, E., 2004. The impact of typhoons on the Vietnamese coastline—a case study of Hai Hau Beach and Ly Hoa Beach. Dissertation, University of Lund.

18. Takagi, H., Esteban, M., 2013. Practical methods of estimating tilting failure of caisson breakwaters using a Monte-Carlo simulation. Coast. Eng. J. 55, 1350011. http://dx.doi.org/10.1142/S0578563413500113.

19. Takagi, H., Kashihara, H., Esteban, M., Shibayama, T., 2010. Assessment of future stability of breakwaters under climate change. Coast. Eng. J. 53 (1), 21–39.

20. The Swan Team, 2006. User Manual SWAN Cycle III Version 40.51. Delft University, Netherlands, p. 129.

21. Thi Thuy, H.P., Furukawa, M., 2007. Impact of sea level rise on coastal zone of Vietnam. Bull. Coll. Sci. Univ. Ryukyus 84, 45–59.

22. U.S. Army Corps of Engineering (USACE), 2011. Sea-Level Change Considerations for Civil Work Programs. Circular No. 1165-2-212. 1 October 2011. Expires 30 September 2013.

23. Van der Meer, J.W., 1987. Stability of breakwater armour layers. Coast. Eng. 11, 219–239.

24. Van der Meer, J.W., 1993. Conceptual Design of Rubble Mound Breakwaters, Rep. 483. Delft Hydraulics, Delft.

25. Vermeer, M., Rahmstorf, S., 2009. Global sea level linked to global temperature. PNAS 106, 21527–21532.

CHAPTER 32

해양토목공사 설계 시 해수면 변동 고려 : 최선책(最善策) 제안

1. 서론

이 장에서는 해수면 변동에 따른 문제점과 해양토목공사에 미칠 수 있는 잠재적 영향을 고찰(考察)한다. 즉, 이 장은 설계자들로 하여금 국제기구, 정부 간 협의체 및 주(州)·연방기관이 발표한 많은 양의 평가도구 및 데이터를 관리할 수 있는 지침을 제공한다. 이것은 설계자들이 해양구조물에 대한 상대적 해수면 변동(RSLC, Relative Sea Level Change)의 잠재적 영향을 분석하는 데 도움이 되는 체계(體系)를 제안한다. 마지막으로 불확실성에 대처하고 프로젝트 내 구축되는 순응적(順應的) 대책에 대해 정확한 정보를 바탕으로 의사 결정을 내릴 수 있는 방법도 제시한다. 이 장에서는 항만환경 중 가장 일반적으로 부딪치는 구조물의 특정하위항목에 초점을 맞추고 있지만, 제시방법은 본질상 구조적이거나 비구조적이던 간에 다른 형태의 해안·항만구조물에도 적용할 수 있다.

항만건설 및 방파제 건설공사와 같은 해양토목공사는 장소, 경제적 잠재력 및 사회적 영향을 받는 복잡하고 역동적인 시스템이다. 해양토목공사는 변화하는 기후조건에 맞서 장기적인 복원성을 제공하는 수단 및 방법의 개발을 지원하는 경제적, 환경적 및 사회적 유인책(誘因策)을 가지고 있다(Becker 등, 2013). 부적절하게 설계된 구조물은 해당 구조물과 연관된 모든 이해 당사자에게 직접적, 간접적 및 무형적 영향을 수반(隨伴)한 채 광범위한 결과를 미친다(Becker 등, 2013). 직접적인 피해는 사건 발생 시에 발생하는 물리적 피해를 말하며,

구조적 파괴와 같은 직접적인 결과이다. 간접비용은 시스템 피해 및 붕괴로 인해 흔히 발생하는 '부가가치(附加價値) 측면에서 측정된 재화(財貨)와 용역(用役)의 생산량 감소'이다(Hallegatte, 2008). 간접이용에는 예를 들어 임금 손실 또는 이익, 매출 감소 또는 수익 감소, 생산 감소와 같이 사건 발생 후 몇 주, 몇 달 또는 몇 년 이내에 발생하는 재난과 관련된 손실을 포함할 수 있다. 무형적 영향도 고려해야만 한다. 여기에는 환경오염, 인명손실, 건강영향, 생태계 피해, 삶의 질에 대한 영향, 역사 및 문화 자산에 대한 피해와 같은 비시장적(非市場的) 영향을 포함한다. 기후가 변화함에 따라 보다 복원성이 있으며, 이런 연속적인 결과(직간접 및 무형적인 영향)에 취약(脆弱)하지 않는 구조물을 설계하기 위한 해결책(解決策)이 증가할 것이다(Esteban 등, 2011; Takagi 등, 2011; 30장과 31장 참조).

상대적 해수면 변동(RSLC)의 불확실성은 설계자에게 해양토목공사의 공사기간 동안 변화하는 조건을 수용하는 비용, 효율적인 수명주기(壽命週期) 적응 또는 감재 해결책을 결정하는 문제를 제기(提起)한다. 해양토목공사에는 해안·항만 및 해양기반시설을 포함한다. 이 장(章)의 목적은 부두, 독(Dock),[1] 잔교(棧橋, Landing Pier, Landing Stage),[2] 호안(護岸, Revetment), 방파제, 방조제(防潮堤, Seawall), 돌제부두(突堤埠頭, Jetty),[3] 수로(Channel), 사석호안(捨石護岸, Bulkhead)[4]과 같은 항만의 운영 및 항만의 복원성과 관련된 구조물의 특징을 정의한다. 전 지구적 평균해수면의 추세(趨勢)는 상승하고 있지만, 국지적인 예상변화율은 연구마다 일관성이 없다(Gregory 등, 2001). 여러 기여요인(寄與要因)과 그 영향들은 지역적 차원에서 상대적 해수면 변동(RSLC)율의 정량화를 매우 어렵게 만든다. 전 지구적(全地球的) 평균해수면 변동(SLC, Sea Level Change)과 지역적 차원의 상대적 해수면 변동(RSLC) 차이는 주목(注目)할 만하다. 사실 미국의 경우, 일부 지역에서는 순해수면(純海水面) 감소를 볼 수 있고(즉, 미국 알

---

1 독(Dock) : ① 조차(潮差)가 큰 지역에 갑문(閘門)을 만들어 그 내부를 박지(泊地)와 부두로 개발한 항만 시설 전체를 말함. ② 선박건조, 개조, 수리 및 검사 등을 위하여 선박을 도크 안에 넣고, 물을 빼거나 넣어서 선박을 바닥에 앉히거나 띄울 수 있도록 만든 시설.

2 잔교(棧橋, Landing Pier, Landing Stage) : 해안선이 접한 육지에서 직각 또는 일정한 각도로 돌출한 접안시설로, 선박의 접·이안이 용이하도록 바다 위에 말뚝을 박고 그 위에 콘크리트나 철판 등으로 상부시설을 설치한 교량을 말한다.

3 돌제부두(突堤埠頭, Jetty, Pier) : 해안선에 직각 또는 경사지게 돌출시켜 만든 부두를 말하며 일반적으로 피어(Pier)라고도 하며, 이 피어가 몇 개의 빗 모양으로 돌출하여 그 사이의 수면에 배가 들어와 접안되는 경우에는 수역이 협소하므로 조선(操船)에 곤란한 점은 있지만 일시에 많은 배를 접안시키는 데는 편리하다.

4 사석호안(捨石護岸, Bulkhead) : 옹벽(擁壁)과 같은 모양으로 해안에서 해안침식을 제어하기 위해 해안선을 따라 건설되는 경우가 많다.

래스카(Alaska) 지역의 지반융기(地盤隆起)는 해수면 상승 추세보다 우세(優勢)하다.), 일부 지역에서는 해수면 상승이 지구 평균해수면 상승량을 훨씬 상회하는 것을 볼 수 있다(즉, 미국 루이지애나(Louisiana) 지역). 오랜 기간의 범위는 문제를 더욱 복잡하게 만들며, 특히 해양토목공사로 건설된 구조물인 경우 설계시방서(設計示方書, Design Specification)[5]보다 훨씬 오래 남아 있어 때로는 실제 설계공용기간은 100년 이상을 가진다. 이것은 해양 토목공사의 발주자(發注者, Owner),[6] 설계자 및 기술자에게 전문적인 조언을 제공하는 데 어려움을 제시한다. 일부 지침서가 개발되었지만, 특히 미국 육군공병단(USACE, United States Army Corps of Engineers, 2011, 2013, 2014a, b)와 같은 기관에서 예산을 지원받는 대규모 공공사업 프로젝트에 대해서는 전문 엔지니어링 기관이 특정 해양토목사업에 대한 상대적 해수면 변동(RSLC) 영향을 평가할 수 있는 체계적이고 실용적인 방법을 개발하고 실행할 필요가 있다.

이 장의 첫 번째 절에서는 이러한 지역적 변동 상승에 기여하는 다양한 요인에 대한 논의와 특정장소에 대한 이러한 영향을 평가하는 방법을 포함하여 현재 해수면 변동(SLC) 연구 상황에 대한 개요를 제공한다. 다음으로, 복원성 있는 해양토목공사 실행을 위한 개략적인 추천사항을 제공한다. 이것은 (1) 사용하기에 가장 적절한 설계치가 아닐 수 있는 전 지구 평균치를 사용하는 것과 달리 상대적 해수면 변동(RSLC)을 지역적으로 확인하는 방법과 (2) 엔지니어, 프로젝트 개발자, 설계자 및 기타 이해관계자가 장기 해양토목프로젝트 중 계획 초기단계에서 이행하여야 하는 3가지 주요단계로 구성된다. 추천사항을 잘 이해시키기 위해 두 가지 가상프로젝트 사례를 설명한다. 이 장은 몇 가지 최종적인 견해로 결론을 맺고 이러한 추천사항의 전개(展開)는 다음 단계에서 다룬다.

---

5 설계시방서(設計示方書, Design Specification) : 공사 시행에 앞서, 설계에 필요한 구체적인 기준을 명시한 문서로, 설계시방서 작성 시에는 공종, 명칭, 수량, 단위 등의 사항을 항목에 따라 빠짐없이 기재하도록 한다. 공정에 변경이 있을 시에는 해당 부분을 재작성해 승인 절차를 거치도록 한다.

6 발주자(發注者, Owner) : 건설공사 전부를 최초로 위탁하는 자 또는 공사를 공사업자에게 도급하는 자를 말한다. 다만, 수급인(受給人)으로서 도급받은 공사를 하도급(下都給)하는 자는 제외한다. 사업자가 다른 사업자에게 물품 또는 용역 등을 제조·수리 위탁하여 납품받거나 건설공사를 건설업체에게 건설위탁하여 공사를 시공하게 할 경우 당해 물품 또는 용역의 제조·수리나 건설공사를 최초로 위탁하는 사업자를 말한다.

2. 해수면 변동

2.1 전 지구적(全地球的) 해수면 변동의 요인

이 절에서는 상대적 해수면 변동에 기여하는 다양한 요인을 개괄적으로 설명한다. Oerlemans
(1989)의 원도(原圖)으로부터 수정한 그림 1의 도식화에서 볼 수 있듯이, 온실가스 배출은 해
양의 열팽창, 빙상침식(氷床浸蝕), 빙하융빙(氷河融氷)으로 이어지는 대기변화를 유발한다
(IPCC, 2013). 기후변화에 관한 정부 간 협의체(IPCC, 2013)가 제안한 가장 보수적인 궤적(軌
跡)에 따른 탄소배출을 포함하여 기후변화동인(氣候變化動因)이 모두 지속될 것으로 전망되는
가운데, 저명한 연구기관의 측정결과와 같이 2100년의 장기(長期) 상한치가 2m에 달하며 시
간이 지남에 따라 증가하고 가속화될 것임을 시사(示唆)하고 있다(예를 들어 NCA, 2014;
NRC, 2012; Parris 등, 2012; USACE, 2011 참조). 예측은 일반적으로 해수면이 2100년 이후에
도 가속적으로 계속 상승할 것이라고 단언(斷言)한다.

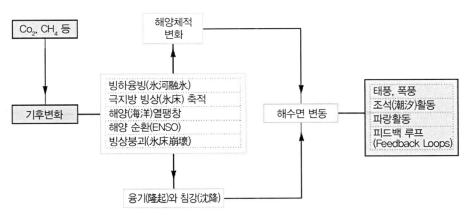

그림 1 선택한 해양 매개변수 결과로써 해수면 변동을 결정하는 가장 중요한 요인들. Oerlemans(1989)가 제공한
원도에서 저자가 수정한 자료

2.2 강제요인

2.2.1 탄소배출

최근 몇 년 동안 전 지구 해수면 상승에 대한 증거가 속속 드러나고 있다. '이산화탄소 정
보분석센터'(CDIAC, The Carbon Dioxide Information Analysis Center, 미국 에너지부 산하)가

제공한 1960~2013년 데이터에 기초한 탄소배출은 가속적으로 증가하는 것으로 나타났다. 그림 2(상단)에 제시된 CDIAC 데이터는 2010년에 기록적인 4억 5천만 톤(ton)의 탄소량이 배출되었음을 보여준다(가장 최근 기록). 이 수치는 가까운 미래 및 지속적으로 총 탄소배출량이 거의 느려지지 않거나 줄어들지 않을 것임을 시사한다. 이러한 추세가 계속된다면, 기후영향에 대한 지속적인 악화와 잠재적인 가속성이 해수면 변동을 더욱 가속화할 가능성이 있다.

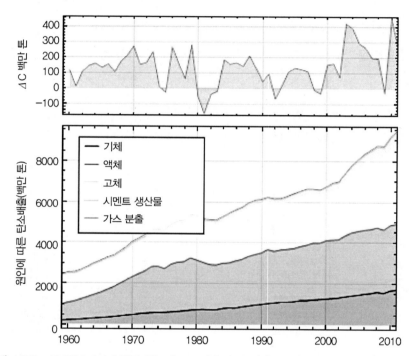

그림 2 (하단) 1958~2010년까지 수백만 톤(ton)으로 방출된 탄소(C)는 연간 탄소배출량의 변화를 나타내는 (상단) 패널에서 보듯이 데이터 수집이 시작된 이래 가장 큰 증가량을 보임(출처 : CDIAC(미국 에너지부 이산화탄소 정보분석센터)가 편집한 데이터

2.2.2 전 지구적(全地球的) 평균기온

열팽창은 전반적인 해수면 변동에 크게 기여하는 것으로 확인되었다(Vermeer과 Rahmstorf, 2009). 평균해수면온도(SST, Sea-surface Temperature)가 증가하면 그에 상응하는 해양체적증가 및 해수면 상승과 직결된다. 미국 국립해양대기청(NOAA, National Oceanic and Atmospheric Administration)와 미국 항공우주국(NASA, National Aeronautics and Space Administration)의 고다

드 우주연구소(GISS, Goddard Institute for Space Studies)이 편집하고 도식화한 그림 3의 데이터에 따르면, 1998년을 제외한 132년 기록기간 중 기준기간인 1951~1980년을 기저(基底)로 측정된 가장 더운 9개년(年)은 모두 2000년 이후 발생하였다. 그중 2005년과 2010년은 가장 더운 해로 기록되었다. 이러한 측정은 시간경과에 따른 평균 SST의 증가를 나타낸다. 일부 저자들(Guemas 등, 2013; Ting 등, 2009)은 평균 SST 상승의 저하를 조사했지만, 기후변화에 관한 정부 간 협의체 5차 평가보고서(IPCC 5AR, 2013; NRC, 2012) 및 포츠담 연구소(Postdam Institute)를 포함한 대부분의 장기 예측에서 2100년까지 전반적인 평균 SST 상승이 4℃만큼 높아진다는 경향을 갖는다고 한다.

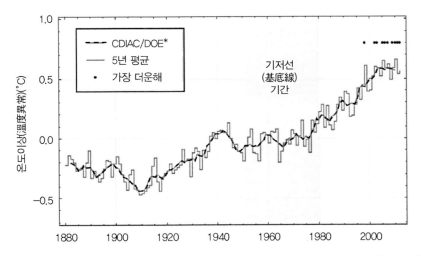

* CDIAC/DOE : Carbon Dioxide Information Analysis Cneter(이산화탄소 정보분석센타) / Department of Energy(미국 에너지부)

그림 3 전 지구 평균해수면 온도(SST). 미국국립해양대기청(NOAA)과 미국 항공우주국(NASA)의 고다드 우주연구소(GISS)에서 생성(生成)된 온도 측정치는 전 세계 1,000개 이상의 기상 관측소 기상 자료, 해수면의 위성 관측 자료 및 남극 연구소의 측정치에서 분석 후 편집

2.2.3 빙상용융(氷床溶融)

평균 전 지구 해수면 온도(SST)의 증가는 미래 기후추세의 대한 전조(前兆) 역할을 하는 북극 얼음체적의 지속적이고 측정 가능한 뚜렷한 감소를 초래한다. 미국 국립 눈/얼음 데이터 센터(United States National Snow and Ice Data Center)(NOAA/NASA/NSF)가 제공한 데이터에 따르면, 북극의 여름 얼음 양은 지난 수십 년 동안 현저히 감소되어왔다. 북극의 바다 얼

음 덩어리는 2012년 여름에 가장 작았다. 사실 만약 그런 추세가 계속된다면 2020년 초에는 북극은 얼음이 없는 여름이 될 수 있다는 것을 뒷받침한다. 이러한 얼음 체적감소는 직접 얼음 용해(溶解)로 의한 평균해수면 상승; 복사 반사율 감소로 인한 순 태양열 전달 증가; 그리고 해류(海流)[7]와 에너지 교환 메커니즘에 대한 영향 등이 직접적인 원인을 제공한다(Meier 등, 2007; Vermeer과 Rahmstorf, 2009).

2.3 과거자료 대(對) 미래 추세

과거 데이터가 항상 미래 추세를 나타내지는 않는다. 그러나 시간이 경과(經過)함에 따라 과거 데이터는 시설의 설계단계에서 세운 가정(假定)을 평가하는 데 중요한 역할을 할 수 있다. 가정에 대한 과거추세의 모니터링은 적응적 관리전략을 계획하고 유지보수 결정을 내리는 데 매우 중요할 수 있다.

과거 해수면 상승율은 일반적으로 기록된 데이터(즉, NOAA 검조기(檢潮器)의 월간 평균해수면 기록)를 선형모델인 $y = a + bt$ 형식에 적용시켜 평가한다. 절편(截片) a에 대한 95% 신뢰구간을 갖는 최적치를 제공하는 것이 일반적이며, 특정지점의 과거 해수면 변동률(變動率) 예측치(豫測値)가 된다(King 등, 2012). NOAA는 과거 평균해수면 변화율에 대한 예측치를 발표하며, 일반적으로 중앙신뢰구간과 함께 mm/년(年) 단위의 변화율을 통상적(通常的)으로 발표한다(즉, 9mm/년(年), ±2mm/년(年)). 다른 제안모델들은 가능한 해수면 변동률의 가속도 또는 감속도의 변동을 나타낸다(Houston과 Dean, 2011). 일반적인 선형형태(線形形態)를 보이는 과거추세와는 달리, 많은 모델은 포물선 추세를 따르는 미래수준을 예측하는데, 이는 빙상침식(氷床浸蝕)과 같은 기후 피드백 루프에 의한 전 지구적 해수면 성분의 예상 가속도를 나타낸다(Radic과 Hock, 2011).

장기적인 해수면 추세를 지배하는 여러 매개변수 때문에, 미래 예측치에는 상당한 수준의 불확실성을 내포하고 있다. 그럼에도 불구하고 예측 데이터는 그림 4와 같이 다양한 연구·공공기관의 예측뿐만 아니라 전반적인 출판물 및 간행물에도 일반적인 상승 추세의 일관성을

---

7   해류(海流, Current) : 거의 일정한 방향으로만 향하는 바다의 흐름으로 선박 운항의 경제성에 중요한 역할을 하며, 해류가 생성되는 원인은 여러 가지가 있지만, 그중에서 바람이 해수에 미치는 힘과 해수 밀도의 분포가 주된 원인이다.

보여준다.

시간경과에 따라, 여기에서 2080~2100년 예상한 값으로 정의되는 장기예측인 경우 대부분의 값은 0.6~2m이다. 평균치는 2000년 수준에서 2080~2100년까지 약 1m이다. 예를 들어, 1986년 미국국립연구회의(美國國立研究會議, NRC, National Research Council) 보고서는 제한된 계산 및 데이터 감지 가능성을 갖는 예측치를 발표했고, 그들의 예상은 2012년 실적치(實績値)와 일치했다. 비슷한 방식으로 최근에 발표된 논문(Grinsted 등, 2010; Jevejeva 등, 2012; Rahmtorf, 2010)은 이전 연구인 Hoffman 등(1983)과 Revelle(1983)의 연구결과를 입증시켜준다. 그림 4는 기후변화와 해수면 변동(SLC)에 대한 데이터의 증가, 발표결과의 일관성 그리고 이 문제를 조사한 미국 내 공공기관의 증가 추이를 나타낸다.

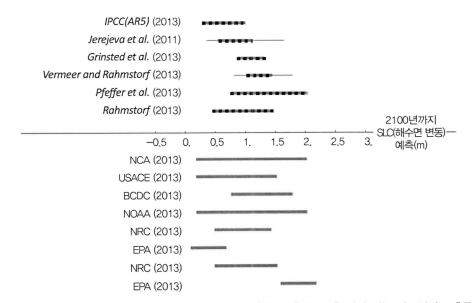

그림 4 이 그림은 엄선된 최근 연구에서 발표된 예측 시나리오(평균예측치: 굵은 점선, 가는 선 : 신뢰구간)를 나타내는 전 지구적 해수면 변동(SLC)의 범위를 연대순으로 보여줌(상단 그림). 그리고 미국 내 공공기관의 지침에 제시된 예측범위를 나타내는 두꺼운 검은 선과 함께, 이 그림에서는 2100년까지의 장기 SLC 예측에 대한 평균치 또는 극한치를 나타내려는 의도는 없고, 이러한 예측의 확률은 설정되지 않음(하단 그림)

지침과 개별연구 사이의 관계에 대한 의견을 정리한다. 지침은 독립적인 연구의 모음집이다. 후자(개별연구)와는 달리 전자(지침)는 독자적인 해수면 변동(SLC) 예측을 수립하지 않는다. 예를 들어, 미국 정부 관리들은 기준치를 확립하기 위해 일부 선발된 과학 전문가 집단에 의존하여 기후변화 및 해수면 변동(SLC) 문제를 해결하기 위한 지침을 널리 보급하고 있다. 미국 캘리포니아주 (the State of California) 기후행동팀(Climate Action Team, Cayan 등, 2010)은 주로 Vermeer와 Rahmstorf(2009)의 예측에 기초한 반면, 워싱턴주(the State of Washington) 생태학과(Department of Ecology)는 최근 NRC(2012) 발행물의 상대적 해수면 변동(RSLC) 예측을 근거하였다.

IPCC 5AR은 2100년까지 0.26~0.98m 상승이 예측된다고 보고한다(IPCC, 2013). 이러한 예측은 이전 발표된 2개의 보고서에서 언급된 값보다 더 크고(IPCC, 2001, 2007), 기후변화 추세가 가속화되는 현재에 과학계의 신뢰도를 받는다. 이러한 모든 예측치는 상당히 높은 장기예측을 하는 '급빙(急氷)' 시나리오의 원인을 배제한다.－관심이 많은 독자는 급격한 기후변화 영향에 관한 최근 NRC 보고서를 참고하기 바란다. 최근 IPCC 5AR 보고서에서 지적했듯이(NRC, 2013), "더 큰 값[급격한 기후 영향으로 인한]은 배제할 수 없지만, 기후변화 영향에 대한 이해는 너무 제한적이어서 해수면 상승의 가능성을 평가하지 못하거나 해수면 상승에 대한 최적 예측치 또는 상한선을 제공할 수 없다"라고 언급한다.

2.4 지역적 차원에서의 해수면 변동을 평가하기 위한 제안

앞의 절에서는 전 지구적 규모의 해수면 상승에 대한 기본요인에 대한 개요를 설명하였다. 이번 절에서는 지역적 차원에서 검토해야만 할 몇 가지 복합요인에 대해 논의하고 설계자가 지역규모의 평가를 위해 사용할 수 있는 몇 가지 방법과 데이터 출처를 제안한다. 방법과 데이터는 끊임없이 진화하므로, 세부사항은 이 장의 작성시점 시 가장 유용한 정보에 근거한다는 점에 유의한다.

Ruggiero(2013)에서 설명한 바와 같이 특정부지(特定敷地)에 대한 총수위(TWL, Total Water Level)는 5개 주요 구성요소로 나눌 수 있다.

$$TWL = UT + MSL(t) + \eta_A + \eta_{NTR} + R$$

UT는 수직적인 지반융기(地盤隆起)이고, $MSL(t)$은 주어진 시간(t)에서의 해수면 변동(SLC) 성분을 갖는 지역 평균해수면이며, η_A는 분조(分潮),[8] η_{NTR}은 비조석(非潮汐) 잔류수위

(殘留水位)이며(즉, 해일(海溢)[9]), R은 웨이브 셋업(Wave Setup)과 웨이브 셋업 주변 스워시(Swash)[10] 동요(動搖)를 포함하는 수직성분이다. 이러한 현상은 현장 고유의 평가를 필요로 하며, 경우에 따라서는 민감도[11] 연구가 필요할 수 있다(본 절에서 언급한 수치모델 소프트웨어 패키지와 모델은 미국 육군공병단 해안수리실험센터(CHL, Coastal and Hydraulics Laboratory), 미국 육군 공병단 환경 연구 개발 센터(ERDC)를 통해 확인할 수 있다. USACE, 온라인 http://chl.erdc.usace.army.mil/). 이러한 현상은

- 지반 융기(隆起)/침강(沈降)
- 조석진폭(潮汐振幅)[12]에 대한 폭풍해일 영향
- 폭풍강도와 폭풍빈도
- 파고
- 엘니뇨－남방진동(ENSO, El Niño-Southern Oscillation)[13] 사건
- 지형학적 변화와 퇴적 과정
- 사건의 동시성(同時性)

이번 절에서는 이들 각각에 대해 논의하고 설계자가 이 항목들을 검토할 수 있는 방법에 대한 추천사항을 제안한다.

---

8   분조(分潮, Tidal Component, Tidal Constituent, Harmonic Constituent) : 조석(Tide)은 해수입 자와 불균등한 운행을 하는 여러 천체들(주로 달과 태양)과의 만유인력(Universal Gravitation)으로 인한 해면의 주기적인 승강운동으로 이들을 합해서 분석하지 않고 적도상을 지구로부터 일정한 거리로서 각각 고유의 속도를 유지하면서 운행하는 무수한 가상천체에 의하여 일어나는 규칙적인 조석들이 서로 합하여 이루어졌다고 생각할 때, 이 개개의 조석을 말한다.

9   해일(海溢, Surge) : 폭풍이나 지진, 화산폭발 등에 의하여 바닷물이 비정상적으로 높아져 육지로 넘쳐 들어오는 현상을 말하며 그 원인에 따라 폭풍해일, 지진해일로 나눌 수 있다.

10   스워시(Swash) : 해안에서 파랑의 운동으로 나타나는 현상의 한 종류로 파랑이 해안 가까이 도달하면 수심이 얕아져 해저와의 마찰로 쇄파가 형성되어, 이 쇄파가 사빈으로 밀려 올라가는 현상을 말한다.

11   민감도(Sensitivity, 敏感度) : 임의 수준의 변수변화에 따라 응답 결과하는 모델 또는 시뮬레이션의 능력으로 여기에서는 매개변수에 변화를 주었을 때 나타나는 해수면 변동 수치모델 결과의 차이로 말한다.

12   조석 진폭(潮汐振幅, Tidal Amplitude) : ① 조석에 의한 수위 변화의 폭으로 만조 수위 또는 간조 수위로부터 평균해수면까지의 거리. ② 연속적으로 일어나는 고조와 저조 사이의 해수면 높이 차의 절반을 말하며 조차(Tide Range)의 절반을 나타낸다.

13   엘니뇨－남방진동(ENSO, El Nino-Southern Oscillation) : 원래 의미로 보면, 엘니뇨는 에쿠아도르와 페루의 해안을 따라 주기적으로 흐르는 따뜻한 해류로서 지역 수산업을 황폐화시키는 해양 현상으로 인도양 및 태평양에서 남방진동이라고 불리는 열대 지상기압 패턴과 순환의 변동과 연관되어 있어, 이러한 대기－해양 결합 현상을 합쳐서 부른다.

2.4.1 지반의 융기/침강

융기(UT, Uplift)는 기존지점에서의 지반의 수직이동을 말한다. 융기(UT)는 양(+) 또는 음(-)일 수 있다. 음(-)의 융기는 침강(沈降)으로 알려져 있다. 융기(UT)는 일부 지역의 상대적 해수면 상승에 상당한 기여를 할 수 있다(Bott, 1980; Marfai와 King, 2007). 예를 들어 알래스카의 빙하(氷下) 후 반동(反動)에 따른 뚜렷한 지반 융기(UT)는 1944~2006년까지 수집된 평균해수면 데이터에 따르면 -17.2mm/년(年)의 선형추세(線形趨勢)를 나타내었는데, 이 값은 알래스카(Alaska, AK)주 스캐그웨이(Skagway)의 상대적 해수면 변동(RSLC) 하향추세에 대한 주요 원인이다(NOAA CO-OPS 관측소 9452400). 마찬가지로 미국 로스앤젤레스시 그랜드 아일(Grand Isle)의 상대적 해수면 변동(RSLC)은 삼각주 침하와 퇴적공급 시스템의 장기적 변동으로 인한 침강으로 미국에서 해수면이 가장 빠르게 상승되는 지역 중 하나로서, 최근의 해수면 변동 추정치는 9.24mm/년(年)을 나타낸다(NOAA CO-OPS 관측소 8761724).

추천사항: RSLC에 대한 지역적 예측을 알기 위해 현장 고유 지형, 수심측량 및 지역 검조소(檢潮所) 자료와 함께 융기 및 침강에 따른 지역적 중요성을 인식한다(필요하다면 미국지질조사국(USGS, United States Geological Survey)과 NOAA의(2014) 과거 해수면 상승(SLR) 추세 또는 국가 데이트베이스와 같은 전 세계 데이터베이스로부터 정보를 얻는다). 지역지반의 융기 및 침강은 계기(計器)가 설치된 현장에서 과거 NOAA 데이터 기록과 이미 통합되어 있었다. 추가 데이터가 필요한 경우는 (1) 설계자가 융기/침강을 감지한 계기들 사이에 존재하는 프로젝트 관련 지점(地點)에 다른 지반의 융기/침강 특성을 갖는 것과 (2) 이러한 값이 향후 크게 바뀔 수 있다고 믿을 만한 이유가 있는 프로젝트 현장을 포함할 수 있다(즉, 증가하는 흐름유출(인공) 증가 및 지진(자연) 때문에). 3가지 시나리오에 따른 지역적 해수면 상승을 예측하기 위한 유용한 도구 중 하나는 http://www.corpsclimate.us/ccaceslcurves.cfm에서 찾을 수 있다.

2.4.2 조석진폭에 대한 폭풍해일 영향

조석진폭, 해수면 변동 및 폭풍해일 사이의 관계는 아직도 잘 파악하지 못하고 있다. 일부 모델은 이 관계가 비선형(非線型)이라고 제안한다. 즉 해수면 변동은 단순히 높이만이 아니라 전조차(全潮差) 변화를 초래할 수 있다. Atkinson 등(2013)과 Yang 등(2014)은 논문에서 멕시코만(Gulf of Mexico) 지역에서의 허리케인 폭풍해일과 상대적 해수면 변동(RSLC)과의 비선형 응답으로 중대한 영향에 대한 증거를 제시한다. 유사한 연구결과로 Bilskie 등(2014)의 논문에서는 RSLC 영향이 단순한 기본해수면(基本海水面) 변동 이상의 결과를 초래한다고 밝혔다. 그러한 결합효과(結合效果)는 미국 서부 해안의 조석진폭에 영향을 미치는 것으로 입증되었다(Flick 등, 2003).

추천사항 : 임의의 RSLC 연구 중에는 통계적 방법인 현장고유평가(現場固有評價)를 필요할 수 있다(분위회귀분석(分位回歸分析), 극치분석(極値分析), 단일스펙트럼분석(SSA, Singular Spectrum Analysis), 시계열방법(時系列方法) 등). 같은 이유로 RSLC의 허리케인 및 폭풍해일 민감도에 관한 현장고유예측은 ADCIRC, Delft Flow 및 MIKE 21과 같은 모델을 사용하여 수치적으로 실행하여야 한다. 이것은 장기간 연구와 대규모 투자를 필요할 수 있지만, 연구기금이 이러한 종류의 시간/자금 투입을 지원하지 않는 경우가 많을 것이다.

2.4.3 파고(波高) 및 폭풍우

미국국립연구회의(美國國立硏究會議, NRC, National Research Council)는 지난 수십 년 동안 미국 서부 해안인 캘리포니아주 북부~워싱턴주 지역 내 파고가 증가했다고 보고했다. 기후모델은 향후 수십 년 동안 북태평양에서의 겨울 폭풍우(暴風雨) 활동이 거세질 것으로 예상하며, 비정상적으로 높은 해수면 및 고파랑이 계속 발생할 것임을 시사한다(NRC, 2012). 미국의 서부 해안(West Coast) 폭풍은 잠재적으로 긴 지속시간(持續時間)을 갖는 열대성 외부의 기후이기 때문에, 만조(滿朝) 때 고파랑(高波浪)이 포개져 축적(蓄積)될 가능성이 매우 크다. 일부 전 지구 기후모델은 향후 수십 년 동안 지구기후가 따뜻해지면서 북태평양 폭풍경로가 북쪽으로 이동할 것으로 예측하고 있다(Salathé, 2006). 이것은 역사적(과거)으로 폭풍 영향을 미치지 않았던 지역에 고파랑과 폭풍해일을 가져올 수 있다.

추천사항 : 앞서 언급한 문헌에서 파고 증가에 대한 대략적인 정량화를 얻을 수 있지만, STWAVE (Smith와 Sherlock, 2007) 및 SWAN(The SWAN Team, 2006)과 같은 수치시뮬레이션으로 평균해수면 변동에 따른 파랑활동을 평가하기 위한 민감도 연구가 필요할 것이다.

2.4.4 엘니뇨 - 남방진동 사건

평균해수면 변동은 엘니뇨-남방진동(ENSO, El Niño-Southern Oscillation)과 같은 큰 해양

현상으로 영향을 받을 수도 있다. ENSO 지수는 평균해수면 변동 강도(變動 強度)를 측정하는 역할을 한다. 역사적 기록에서 강한 엘니뇨 현상(양(+) ENSO 지표)은 동태평양 평균해수면 (Mean Sea Level)의 뚜렷한 증가와 서태평양 평균해수면 감소 사이에 어느 정도의 상관관계 가 있음을 보여준다. ENSO는 또한 열팽창을 촉진시킬 수 있다(Kane, 1997; Rong 등, 2007; Weisberg와 Wang, 1997). 예를 들어, 그림 5에 나타낸 바와 같이 캘리포니아주 샌프란시스코

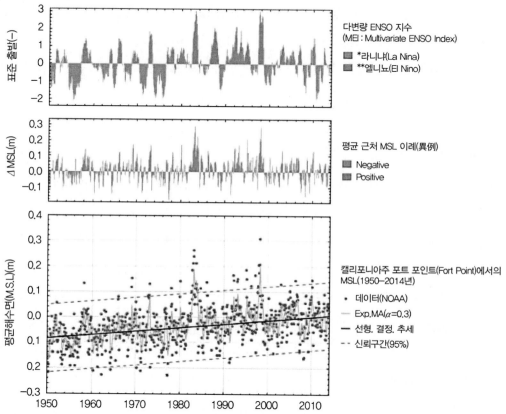

* 라니냐(La Nina) : 적도 해상 바닷물의 온도가 0.5℃ 이상 비정상적으로 낮아지는 현상으로 적도 부근의 편동 풍이 강해져 온난한 수역이 서쪽으로 이동하면서 심해의 찬물이 상승하여 일어남
** 엘니뇨(El Nino) : 남아메리카 페루 및 에콰도르의 서부 열대 해상에서 수온이 평년보다 0.5℃ 이상 비정상 적으로 높아지는 현상을 말함

그림 5 이 그림은 MEI(Multivariate ENSO Index)를 통한 태평양 지역의 전체 에너지 수준의 측정된 변동과 캘리포 니아주 샌프란시스코의 포트 포인트(Fort Point)에서 측정된 평균해수면(MSL) 간의 밀접한 관계를 보여줌. 이것은 미래의 MEI 증가가 해수면 변동(SLC) 추세에 영향을 미침. (상단) 다변량 ENSO 지수(MEI) 표준화된 변화(출처 : NOAA ESRL); (중앙) 캘리포니아주 샌프란시스코의 포트 포인트에서 선형시간함수로 가정하 여 측정된 결정적 평균추세로서의 평균해수면 이례(異例); (하단) 월별 MSL(단위 : m)은 1983~2001년 미 국 국립조위기준점(National Tidal Datum Epoch) MSL(평균해수면)을 기준으로 선형 이력 추세 및 지수 이 동 평균을 표시함(출처 : NOAA CO-OPS 스테이션 9414290)

시의 포트 포인트(Port Point)의 검조기(檢潮器)인 NOAA CO-OPS는 엘니뇨가 가장 강했던 해(1984년, 1998년)의 평균해수면이 평균추세보다 거의 30cm 증가한 기록을 보였다. 그러한 관측은 자본개선전략(資本改善戰略)에 대한 장기 상대적 해수면 변동(RSLC) 예측을 다룰 때 광범위한 불확실성과 리스크 시나리오를 고려하는 데 많은 가중치를 부여한다.

추천사항 : 불안정한 다변량(多變量) 극치분석(極値分析), 단일스펙트럼분석(SSA) 및 스펙트럼 방법을 포함한 통계적 방법을 사용하여 강력한 ENSO 사건에 대응한 미래 평균해수면의 민감도를 평가할 수 있다. 공변량(共變量) 극치분석(極値分析) 방법은 ENSO 활동을 기반으로 한 10년간의 RSLC 값 예측 시 양호한 결과를 나타내었다(Menendez 등, 2009).

2.4.5 지형학적 변화와 퇴적 과정

상대적 해수면 변동(RSLC)은 파랑과 기조력(起潮力)[14]의 증가 및 세굴(洗掘)과 침식조건의 증가로 인해 해안가 지형학적 해안변화를 일으킬 것이다. 직접적인 지형학적 변화결과로는 해안선 변화와 해빈단면변화(海濱斷面變化), 수정된 표사수지(漂砂收支),[15] 표사수송(漂砂輸送)과 사구(沙丘)위치 등이 있다.

지형학(地形學)을 구성하는 생태학적 역학도 영향을 받을 것이다. 토양화학(土壤化學) 작용과 수몰(水沒)된 생물학적 체계의 변화는 생물종(生物種) 구성변화나 식생대(植生帶) 이동을 초래할 수 있다(Reed 등, 2006). 한때 폭풍해일의 완충역할을 했던 염습지(鹽濕地)[16]는 내륙으로 후퇴하거나 수몰될 수밖에 없을 것이다. 침강을 경험한 해안선은 습지(濕地)[17]의 수직적 접근에 가장 취약할 것이다. 일부 조석(潮汐) 담수(淡水) 생태계는 기수습지(汽水濕地)로 대체될 수 있다. 염습지는 기수습지에 비해 수직 퇴적율이 낮아(Craft 등, 2009) 해안습지 환경의 지형학적 역학관계가 효과적으로 변화하여 외해와 연결되는 개방수역(開放水域)으로 전환될 것이다.

추천사항 : 장기적인 지형역학은 복잡성과 파급영향 때문에 프로젝트의 설계단계 전에 평

---

14 기조력(起潮力, Tidal Force) : 달과 태양이 지구에 작용하는 인력에 의해서 조석이나 조류운동을 일으키는 힘을 말한다.

15 표사수지(漂砂收支, Sediment Budget) : 연안에서 표사의 변화량을 파악하기 위해 설정하는 구획을 표사계(Littoral Cell)라고 하고, 표사계에서 모래의 유입과 유출을 추정하는 것을 말한다.

16 염습지(鹽濕地, Salt Marsh) : 바닷물이 드나들어 염분 변화가 큰 습지(Marsh)를 말하며 염생식물(Halophyte)이 서식한다.

17 습지(濕地, Marshland) : 하천·연못·늪으로 둘러싸인 습한 땅으로 자연적인 환경에 의해 항상 수분이 유지되고 있는 또는 유지되는 자연자원의 보고이다.

가해야 한다. 더욱이 이 문제에 관한 지역적 특성은 프로젝트에 직접 관련된 사람들의 수보다 많은 이해 관계자의 참여를 요구할 수 있다. 장기적인 해안단면의 변화를 예측할 수 있는 구체적인 수치시뮬레이션패키지는 그러한 연구를 실행하는 방법에 포함된다(즉, 해안선 시뮬레이션(GENESIS)과 적응수리(ADH)에 대한 일반적인 수치시뮬레이션).

2.4.6 사건(事件)의 동시성(同時性)

설계자는 전 지구적 해수면 변동과 지역적 지반융기 또는 침강 외에도, 기존 구조물에 영향을 미칠 수 있는 극한수위(極限水位)를 초래하는 여러 사건이 동시에 발생할 가능성을 고려해야만 한다(Wang과 Chan, 2002). 따라서 설계자와 발주자는 복합리스크확률과 복합영향을 모두 고려하는 것이 현명하다. 리스크에 대한 허용오차는 이해관계자와 사회기반시설에 따라 다르지만, 결정론적 파괴사건을 평가할 경우 복합사건의 영향을 고려해야 한다. 예를 들어 일부국가에서는 흔히 'King Tide[18]로 알려진 비정상적인 높은 대조(大潮) 시기와 심지어 약간의 해수면 변동까지 겹쳐져 여러 지역에서 심각한 침수사건을 발생시킬 수 있다(McGranahan 등, 2007; Patel, 2006). 조석(潮汐) 사건은 결정론적이며 기록적인 데이터를 사용하여 평가할 수 있다.

마찬가지로 폭풍우 사건으로 인한 담수(淡水) 유입은 미국 태평양 연구소(Pacific Institute)의 관측자료를 수집한 결과(Heberger 등, 2009)와 미국 뉴포트 비치(Newport Beach) 발보아섬(Balboa Island)의 비상폭풍배수팀 관리자가 설명에서 입증된 것처럼 폭풍우 시 호우로 인한 강우(降雨) 유입은 하수 및 우수 배수(排水) 시스템에 상당한 부담을 줄 수 있다. 기후변화에 따른 강수량 패턴의 변화는 강력하고 빈번한 폭풍우 사건을 발생시켜 폭풍해일 사건 동안 기존 폭풍우 배수 시스템에 부담을 가중시킬 수 있다(Mizra, 2003). 이는 특히 홍수 하천수위에 도달하여 내습한 폭풍해일을 증폭시킬 수 있는 하구(河口) 근처에서 시행하는 프로젝트에 문제가 될 수 있다.

추천사항 : 프로젝트의 부담을 가중시킬 수 있는 주변 하천유량에 대한 조사를 실시한다.

---

18   King Tide : 특히 높은 대조(大潮)를 뜻하는 구어(口語)로, 과학적인 용어도 아니며, 호주, 뉴질랜드 및 다른 태평양 국가들에서 일 년에 몇 번밖에 발생하지 않는 특히 높은 조석을 지칭하기 위한 말이다.

인근 검조기로부터 수위추정치를 구한다. TUFLOW, 수문공학센터 하천분석 시스템(HEC−RAS, Hydrologic Engineering Centers River Analysis System) 및 Mike 11과 같은 사건의 조합을 산정할 수 있는 수치침수모델을 사용하여 결합된 폭풍해일/극한 하천수위의 현장고유모델링을 보완한다.

3. 복원성(復元性) 설계를 위한 새로운 과정을 향하여

앞 절에서는 상대적 해수면 변동(RSLC)의 다양한 기여(寄與)를 논의하고 설계자가 이를 계획에서 검토할 수 있는 방법을 제안했다. 그러나 지구 온난화에 따라 환경조건이 계속 변화하는 새로운 시대인 '비정상상태(非定常狀態)'에서 설계를 하려면 지역적 평가 이상이 필요하다(Milly 등, 2009). 이것은 설계과정의 일부라도 근본적인 변화를 요구한다. 해양토목 공사의 설계자 및 엔지니어는 발주자(發注者) 요구와 비정상적(非正常的)인 경제 및 물리적 환경의 상황(狀況) 안에서 프로젝트와 관련 있는 다른 이해 당사자의 요구도 검토해야 한다. 여기에서 해안·항만구조물이 재난에서 신속하게 회복할 수 있는 역량(力量)을 말하는 복원성(復元性)은 프로젝트 자체의 발주자/운영자뿐만 아니라 장기적인 해양토목공사의 기능에 관심을 가진 공공 및 민간 이해관계자에게도 도움을 준다. 복원성을 위한 설계를 할 때 이러한 복잡한 이해관계자 네트워크를 다루기 위해 설계자는 다음에 설명된 바와 같이 과정에 대한 '스토리 라인 접근법(Storyline Approach)'을 수행할 수 있다.

3.1 상대적 해수면 변동(RSLC)의 스토리라인 작성을 위한 추천사항

RSLC는 준설비용 증가, 항만운영 중단시간 단축, 파랑으로 인한 구조적 저하, 침수 및 다양한 이해관계자에게 영향을 미치는 여러 가지 결과를 초래할 수 있다. 이런 복잡한 강제적인 효과, 비용 기능 및 제약조건을 포착하고 전달하기 위해 설계자는 다음과 같이 3가지 핵심단계를 명확히 설명하는 '스토리 라인' 접근법을 이용할 수 있다.

• 1단계 − 알림 : 이해관계자에게 상황을 제시한다.

- 2단계−분석 : 지역 해수면 변동(SLC) 및 기타 요인을 조사, 분석 및 모델링한다.
- 3단계−실행(實行) : 불확실성을 관리하고 적응대책을 실행하는데, 여기에는 리스크를 경감, 감소 또는 제거하기 위한 구조적, 비구조적 및 운영 단계가 포함될 수 있다.

이번 절에서는 이러한 각 단계를 자세히 설명한다. 이러한 단계는 반복적이며 여기에 설명된 것처럼 반드시 깔끔한 선형방식으로 흐르지는 않는다.

3.2 1단계 - 알림 : 이해관계자에게 상황을 제시하며 공통적인 상대적 해수면 변동 (RSLC) 예측을 수립한다

1단계는 목표, 제약사항, 지침을 개략적으로 설명하고, 연방, 주(州) 및 지방당국, 공공 및 민간회사, 환경단체 등을 포함할 수 있는 프로젝트와 관련된 이해관계자를 식별한다. 이것은 워크숍 실시, 전문가 토론회, 시나리오 계획 또는 프로젝트에 적합한 기타 과정을 통해 달성할 수 있다(Tompkins, 2008). 이 과정은 '계획수립에 관심 있는 공공 및 의사 결정자들이 채택한 기본가정, 분석된 데이터 및 정보, 리스크 및 불확실성 영역, 사용된 이유 및 이론적 근거, 각 대안계획의 중요한 의미를 완전히 알 수 있도록' 의사결정(意思決定) 시 정보를 알려준다(USACE, 2000). 여기서 주요 어려움은 일련의 제한된 상대적 해수면 변동(RSLC) 예측 기준치와 관련된 환경적 영향을 설정하는 것을 포함하며, 이것은 관련된 모든 당국에서 항상 일관적이지 않을 수 있다.

단일구조물의 맥락(脈絡)하에서 설계자는 장기적인 상대적 해수면 변동(RSLC) 예측을 수립하기 위한 근거를 명확히 밝혀야 한다. 여기에는 착공(着工)날짜 및 설계공용기간 종료 이후 조항, 구조물 중요성, 업그레이드 용이성, 리스크 허용오차, 파괴에 대한 허용 가능한/허용할 수없는 결과에 따른 정의 및 기후조건 변화에 대응한 모든 업그레이드 중 관련 이해관계자의 범위를 정의에 포함한다. RSLC 예측범위를 검토하여야만 하고, 프로젝트의 기준이 될만한 장기적인 단일 RSLC 예측을 모든 이해관계자에게 제공하기로 합의해야 한다. 장기 RSLC 예측을 위해 유지(維持)하는 시나리오 또는 리스크 기반 접근법은 신규 해안개발의 해수면 변동 고려사항을 포함하는 기존의 지침 또는 요구사항과도 일치해야 한다(즉, BCDC 참조, 2011).

3.3 2단계 - 분석 : 해수면 변동이 프로젝트에 영향을 미치는 여러 요인들과 그들의 결합영향을 조사, 분석 및 예측한다

2단계는 프로젝트의 설계공용기간 동안 상대적 해수면 변동(RSLC) 영향을 정량화(定量化)시킨다. 3단계에서 필요한 경우 데이터 수집(조사), 분석 및 민감도 연구(예측)를 포함한다. RSLC 및 기타 요인에 대한 조사, 분석 및 예측은 대책수립 및 선택을 알리기 위해 매우 중요하다. 또한 프로젝트가 다양한 이해관계자들에게 어떤 역할을 할 것인지 그리고 시간이 지남에 따라 변할 수 있는 조건들을 이해하는 것이 중요하다(Marshall 등, 2010). 지리정보 시스템(GIS, Geographical Information System)[19] 또는 건설정보모델링(BIM, Building Information Modeling)[20]을 포함한 최신 데이터 관리 시스템은 광범위한 지형조사 및 수심측량조사의 데이터를 포함할 수 있는 방대한 양의 데이터를 효율적으로 관리할 수 있는 방법을 제공한다. 경험에 근거한 일련의 현장 고유 RSLC 예측세트를 기반으로, 2.4 절에 기술된 다른 요인의 상대적 민감도를 평가할 수 있다.

조사와 분석은 여러 요인을 포괄적으로 파악해야만 한다. 변화에 대한 사회적 및 재료적 복원성을 고려하여 프로젝트 관리자는 해수면 상승과 폭풍의 강도 증가와 같은 변동에 따른 유형 및 무형의 적응을 향상시키는 전략을 수립할 수 있다(Marshall 등, 2011). 그러한 프로세스의 한 사례인 Marshall과 Marshall 프레임 워크는 이해관계자 그룹의 사회적 취약성 및 적응능력에 관한 정보를 수집할 수 있도록 설계되었다(Marshall 등, 2011). 2010년 국제자연보전연맹(國際自然保護同盟, IUCN, International Union for Conservation of Nature)[21]의 발행물인 기후변

---

19 지리정보 시스템(地理情報System, Geographical Information System) : 지도에 관한 정보를 컴퓨터를 써서 처리하는 시스템으로 GIS는 교통 계획, 지하 매설물이나 부동산의 관리, 영업 등 각 방면에서 이용되며, 각종 소프트웨어, 시스템이 판매되고 있다.

20 건설정보모델링(BIM, Building Information Modeling, 建設情報-) : 건축, 토목, 플랜트를 포함한 건설 전 분야에서 시설물 객체의 물리적 혹은 기능적 특성에 의하여 시설물 수명주기 동안 의사결정을 하는 데 신뢰할 수 있는 근거를 제공하는 디지털 모델과 그의 작성을 위한 업무절차를 포함하여 말한다(국토교통부, 건설사업 BIM 기본지침). 이 장에서는 해양토목구조물의 3차원 정보모델을 기반으로 시설물 생애주기의 모든 정보를 통합하여 활용이 가능하도록 하며, 시설물의 형상, 속성 등을 정보로 표현한 디지털 모델 BIM모델을 이용한 구조해석 수행 소프트웨어, BIM 기반의 시공 시뮬레이션 및 공정/공사비 관리 소프트웨어 등 다양한 방면으로 활용할 수 있다.

21 국제자연보전연맹(國際自然保護同盟, International Union for Conservation of Nature) : 전 세계 자원 및 자연 보호를 위하여 유엔의 지원을 받아 1948년에 국제기구로 설립하였는데, 현재는 국가, 정부 기관 및 NGO의 연합체 형태로 발전한 세계 최대 규모의 환경 단체로, 자원과 자연의 관리 및 동식물 멸종 방지를 위한 국제간의 협력 증진을 도모하며, 야생동물과 야생식물의 서식지나 자생지 또는 학술적 연구 대상이 되는 자연을 보호하기 위해 자연 보호 전략을 마련하여 회원국에 배포하고 있다.

화에 대한 사회적 적응을 위한 프레임워크(A Framework for Social Adaptation to Climate Changes)는 프로젝트 영역과 참여자의 잠재적 노출, 민감도 및 적응 능력을 측정하여 취약성을 분석하기 위한 지침으로 사용된다.

공간 및 생태학적 데이터의 수집과 검토는 많은 시간과 비용이 소요되고, 자원 집약적(集約的)일지도 모르지만 또 다른 중요한 작업이다. 여러 지역과 국가는 이미 대규모 지역에 대한 국가 데이터 기반시설(NSDI, National Data Infrastructure)을 갖추고 있지만, 특별히 연안역(沿岸域)을 위한 데이터 보관을 보유하고 있는 국가는 거의 없다(Canessaet 등, 2007). 그러한 공간 데이터 기반시설의 사례로는 유럽공동체의 공간정보를 위한 기반시설(INSPIRE, Infrastructure for Spatial Information in the European Community), 아시아와 태평양을 위한 GIS 기반시설에 대한 상설위원회(PCGIAP, Permanent Committee on GIS Infrastructure for Asia & the Pacific), 미국 국립 해안 지도 프로그램(the United States National Coast Mapping Program)과 미주지역 공간 데이터 기반시설에 대한 상설위원회(PC-IDEA, the Permanent Committee on Spatial Data Infrastructure for the Americas) 등이 있다. 대부분의 국가 데이터 기반시설(NSDI)은 법적의무가 없으며, 아직 완전하게 운영되고 있지 않다(Canessaet 등, 2007). 데이터 기반시설의 사례는 유럽(즉, INSPIRE), 아시아-태평양(즉, PCGIAP) 및 미주지역(PC-IDEA)에 지역적으로 존재하며, 이러한 국가 및 지역 데이터베이스를 전 세계 차원으로 확대하려는 노력이 이루어지고 있다.

3.4 3단계 - 실행 : 불확실성을 관리하고 적응대책을 선택한다

3단계에서는 RSLR(상대적 해수면 예측)과 2단계에서 확인된 다른 요인과의 결합 영향에 대한 대안적(代案的) 대책을 수립한다. 3단계에서는 시기선택(時期選擇)과 리스크 경감대책 선택의 측면을 다룬다. 프로젝트의 중요성, 요구사항 및 자금조달 제약조건에 따라 리스크를 줄이기 위해 몇 가지 시기선택 접근방법을 식별, 선택 및 실행할 수 있다. 적응대책 실행은 다음과 같이 3가지 방법으로 접근할 수 있다. (a) 예정된 실행('오늘 계획하고 상황의 변화에 따라 여러 단계로 업그레이드를 진행'), (b) 사전예방(事前豫防)('장기 상대적 해수면 변동(RSLC) 프로젝트를 예측을 위해 오늘 구축'), c) 기회주의('자금이 확보될 수 있는 경우/있다면 업그레이드가 가능한 여지(餘地)를 확보', DEFRA, 2009). 리스크 경감대책의 유형에 관하여, 일부 프로젝트는 다른 복합요인이 없는 경우 RSLR을 효과적으로 수용하기 위한 단순한 구조적 개선만 필요할 수 있다(즉, 차폐구역(遮蔽區域) 내 기 설치된 방조제를 해수면 상승에 대응하여 방조제 마루고를 증고(增高)한다). 반면에 외해에 많이 노출된 지역은 광범위한 리스크 경감대책이 필요할 수 있으며, 여기에는 Bridges 등(2013)과 Lopez 등(2009)이 설명한 바와 같이 구조적, 비구조적 및 운영 대책을 결합하여 복수의 방재 시스템을 구축한다.

리스크를 즉각적으로 제거할 필요가 없는 경우, 시간 경과에 따른 단계 또는 단계를 점진적으로 변화시키기 위한 예정된 기회주의적인 실행이 적절하다. 체계화되고 발전된 환경에서는 예정된 실행을 선호하는 경향이 있는 반면, 기회주의적 리스크 경감대책 실행은 덜 개발되거나, 자원이 부족하거나, 사건의 위험 발생 후인 상황에서 선호할 수 있다. 캐나다의 경우 초기 인터넷에서부터 GIS와 같은 진보된 네트워킹 시스템에 이르기까지 해양 및 연안 공간 정보를 수집하고 분석할 수 있는 기술적 역량의 발전은 시간이 경과에 따라 점진적으로 이루어졌다(Canessa 등, 2007). 그러나 연안계획에 대한 제도적 대응과 기능적 변화를 실행할 수 있는 역량은 기술 진보보다 뒤쳐져 왔었다(Canessa 등, 2007). 이는 그러한 제도적(制度的) 실행을 가능하게 하는 사회적 및 입법적 상황의 복잡성 때문이다. 연안과 해양 지역에서 흔히 볼 수 있는 종종 복잡하고 겹치는 관할구역 설정은 기술, 사회 및 생태계 활동, 운영 및 사용자 관리에 대한 책임을 중복시켜 문제를 악화시킨다(Canessa 등, 2007). 따라서 상대적 해수면 변동(RSLC) 및 기타 중요 사건에 대한 대응의 변화는 단순히 데이터를 수집하고 정리하는 것뿐만 아니라 다양한 제도적 정책과 협의의 맥락 안에서 실행을 조정하기 위한 선진적인 기술 역량이 필요하다.

개발도상국의 계획 및 발전과 관련하여 지역적 환경과 잘 적응하지 못하는 현대적 자원부족 또는 정치체제와 같은 다른 난제(難題)가 일반적이다(Oslen과 Christie, 2000). 보강되거나 신규건설된 해안·항만기반시설에 대한 법적권한의 생성, 분배 및 실행은 까다롭고 부담스러운 작업이다. 역사상 많은 중요한 결정들이 자주 지역상황과 동떨어진 중앙정부의 고위당국에게 위임(委任)되어 결정되었다는 것을 보여준다(Oslen과 Christie, 2000). 여러 개발도상국 해안·항만기반시설의 중요한 계획과 운영을 관리를 담당할 권한과 책임이 직접적인 변화영향을 받는 지방정부당국보다는 과장된 권한(權限)과 사익(私益)에 눈이 먼 중앙정부당국에 귀속(歸屬)된다고 볼 수 있다(Oslen과 Christie, 2000). 해안·항만 프로젝트의 실행과 관리를 하려면, 지역사회 차원의 사회적·경제적 상황과 요구를 이해하는 데 중점을 두어야 하는데, 어떤 프로젝트이든 의도한 대로 나아가기 위해서는 현실적으로 지역의 협력과 지원이 필요하기 때문이다

(Armitage 등, 2008).

부유한 선진국은 기술 및 사회자본의 측면에서 가난한 후진국에 비해 적응비용을 부담할 준비가 잘 되어 있다(Goklany, 1995). 중앙정부, 광역지방정부 및 기초지방정부의 역할과 책임에 대해 명확한 기준이 있는 국가와 선진기술 및 전문지식을 접근할 수 있는 나라는 성공적인 적응계획을 실행하는 데 적합하다(Marshall 등, 2010).

3.4.1 불확실성 관리

설계자나 엔지니어는 2단계에서 수집한 데이터에서 계산된 허용파괴확률(관련된 충격을 감안)에 근거하여 설계할 수 있다. 침수, 파랑내습, 월파, 부식(腐蝕), 파랑 슬래밍(Slamming)[22] 등에 노출된 지역에 대한 허용확률은 프로젝트의 규모, 유형 및 가치에 따라 달라진다. 허용파괴확률은 대체시설(代替施設)의 유용성, 경제적 조건, 문화적 중요성 등에 따라 영향을 받는다. 예를 들어, 그림 6에 나타난 바와 같이, 현재 미국 캘리포니아주(그리고 다른 주)에서는

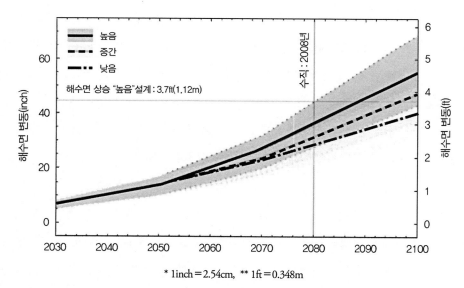

* 1inch=2.54cm, ** 1ft=0.348m

그림 6 (우측) 캘리포니아주가 해안 프로젝트에 사용하기 위해 해수면 변동(SLC)에 대한 장기 추세를 계획하기 위해 제안한 저궤도, 중궤도, 고궤도는 영국 환경식품농무부(DEFRA, 2009)에서 명쾌하게 설명한 것처럼 예방적, 계획적 또는 기회주의적 적응 접근방식을 공식화하는 데 사용할 수 있음. 날짜와 값은 예시용일 뿐임

---

22 파랑 슬래밍(Wave Slamming) : 주로 파랑의 파면(波面)과 해안·항만구조물과의 충돌현상을 말하며, 선박, 해양구조물(자켓구조물 등), 수면부근의 설치될 해안구조물 설계 시 특히 주의를 필요로 한다.

같은 주(州)에서는 제안된 소위 '저궤도', '중궤도' 및 '고궤도' 시나리오를 이용하고 있는데, 그러나 이러한 곡선은 신중하게 해석해야 하며, 또한 각각 비중요(非重要) 구조물, 중요 구조물 및 매우 중요 구조물(이 용어는 질적 방식으로 이해되며, 허용 가능한 파괴수준(비중요(높은 파괴수준), 중요(평균 파괴수준), 매우 중요(낮은 파괴수준))를 알리기 위한 것으로, 이러한 예상들에 대한 확률은 할당하지 않는다.)에 관한 리스크 곡선을 설정하는 합리적인 근거가 될 수 있다(불확실성에 대한 그런 접근법은 21장과 22장에서 보다 자세히 설명하고 있다).

3.4.2 대책 선택

주어진 프로젝트에 영향을 미칠 수 있는 가능한 요인의 다양한 특성으로 인해, 설계자는 프로젝트의 설계공용기간 동안 상대적 해수면 변동(RSLC) 및 다른 요인의 영향을 다루기 위해 사용 가능한 다양한 대책(구조적, 비구조적, '녹색' 등)을 선택할 수 있다. 발주자 예산, 허용리스크 및 내용연수(耐用年數)[23]는 선택을 조정할 수 있다. 전략은 일반적으로 최소설계, 점진적 개선(적응적 관리) 및 선제방어(先制防禦)로 분류할 수 있다. 영국 환경식품농무부(DEFRA, Department for Environment, Food and Rural Affairs)(2009)에서도 비슷한 용어를 찾아볼 수 있는데, DEFRA는 기후변화 적응에 대한 예정된 실행, 사전 예방적 및 기회주의적 접근법을 제시한다. 선행비용은 최소 설계 시 가장 적지만, 구조물의 내용연수 후반의 비용은 잠재적으로 가장 높을 수 있다. 또한 손상발생 시 비발주자(非發注者) 이해관계자에 대한 간접비용과 무형적 결과를 감안하여야만 한다(Becker 등, 2014).

수십 년 동안 필요하지 않는 기능(잠재적인)에 대한 선비용부담(先費用負擔) 때문에, 적응적 관리의 개선을 지연(遲延)시키는 순잔여비용(純殘餘費用)[24]은 때때로 프로젝트와 발주자에게 최고의 가치가 될 수 있다. 왜냐하면 일부 기능(잔교 덱 높이, Deck Height)에는 적용되지 않을 수 있지만, 여러 기능(방조제 마루높이)은 내용연수 후반에 개선을 위해 설계할 수 있기 때문이다. 설계자가 수십 년 동안 일부 기능의 설치를 지연시키면, 특히 설계 시 엔지니어가

---

23 내용연수(耐用年數, Service Life) : 보통의 상태·조건 아래서 통상의 보수(補修)를 실시하는 것을 전제로 고정자산이 설비로서 얼마큼 유효하게 사용할 수 있는가의 예정 기간 또는 추정연한(推定年限)을 말하는 것으로 연안방재의 고정자산은 방파제, 호안, 잔교 등 주로 해안·항만구조물을 의미한다.

24 순잔여비용(純殘餘費用, Net Residual Cost) : 사업비 외에 더 소요되는 비용을 말하며 여기서는 장래 해수면 상승을 감안하여 마루고 증고 등과 같은 미리 투자되는 비용을 말한다.

나중에 개선을 하자고 하면, 발주자에게 전체적으로 상당한 비용절감 효과를 줄 수 있다 (Hinkel 등, 2014; World Bank, 2010). 또한 사회기반시설의 필요성/유용성은 시간에 따라 변할 수 있으며, 개선이 필요한 시점에 합리적인 대응의 변화를 필요로 한다. 일반적으로 불확실성의 요인을 조기(早期)에 포함시켜 광범위한 결과의 리스크를 인식하고 평가하는 적응적 관리의 순잔여비용은 결정론적 접근법(실제 평균 해수면 상승 발생 후)의 비용보다 적게 소요(所要)될 가능성이 높다(Stern, 2007).

본 장에서 개략적으로 설명한 일반원칙과 방법을 설명하기 위해, 2가지 일반적이고 가상적인 사례를 그림 7에 제시하고 있으며, 이 사례에서 고려해야 할 요인과 샘플 적응대책들을 개략적으로 검토한다. 이러한 사례들의 일반적인 특성으로 인한 구체적인 정황은 설명하지 않는다.

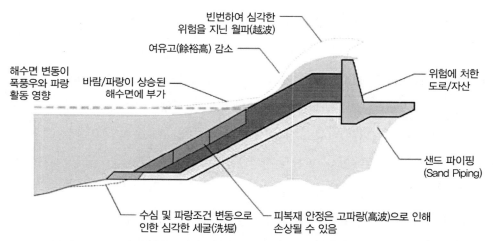

그림 7 사석식 호안(捨石式護岸)(상단)과 횡잔교식 안벽(橫棧橋式岸壁)(하단)에 대한 기준해수면 변동영향을 나타냄. 평균 해수면의 변동 외에도, 다른 요인들을 결합시켜 기후조건의 따른 급속한 저하에 따라 구조물의 열화(劣化)를 가속화시킴. 따라서 상대적 해수면 변동(RSLC)에 대한 엔지니어/발주자 대응은 리스크와 안전의 합리적인 균형을 유지하면서 각 현장에 따른 지역화된 과제, 내용연수(耐用年數) 및 예산제약을 가짐

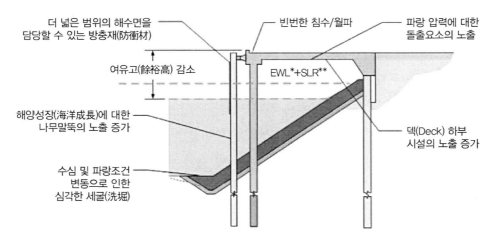

더 넓은 범위의 해수면을
담당할 수 있는 방충재(防衝材)

빈번한 침수/월파

파랑 압력에 대한
돌출요소의 노출

여유고(餘裕高) 감소

EWL*+SLR**

해양성장(海洋成長)에 대한
나무말뚝의 노출 증가

덱(Deck) 하부
시설의 노출 증가

수심 및 파랑조건
변동으로 인한
심각한 세굴(洗掘)

* EWL : Expected Water Level(예상 수위)
** SLR : Sea Level Rise(해수면상승)

그림 7 사석식 호안(捨石式護岸)(상단)과 횡잔교식 안벽(橫棧橋式岸壁)(하단)에 대한 기준해수면 변동영향을 나타냄. 평균 해수면의 변동 외에도, 다른 요인들을 결합시켜 기후조건의 따른 급속한 저하에 따라 구조물의 열화(劣化)를 가속화시킴. 따라서 상대적 해수면 변동(RSLC)에 대한 엔지니어/발주자 대응은 리스크와 안전의 합리적인 균형을 유지하면서 각 현장에 따른 지역화된 과제, 내용연수(耐用年數) 및 예산제약을 가짐(계속)

3.4.3 적응대책 사례 1 : 사석식 호안

사석식 호안(捨石式護岸)은 파랑의 내습에 대비하여 원지반(原地盤)을 보호하기 위해 경사진 지표면의 상단을 사석으로 방호하는 해안구조물로 해안선을 따라 도로, 통로(通路), 산책로와 같은 공공자산을 보호하는 데 자주 사용된다(Douglass와 Krolak, 2008; Esteban 등, 2014). 상대적 해수면 상승(RSLC)은 월파량(越波量), 처오름고, 세굴강도, 범람(氾濫) 및 잠재적 침수(浸水)의 빈도 및 규모를 증가시킴으로써 호안에 영향을 미칠 수 있다. 콘크리트 구조는 시간이 지남에 따라 열화(劣化)되고 피복석은 불안정해질 수 있고, 시간이 경과함에 따라 파괴될 수도 있다.

따라서 사석식 호안은 파고민감도(波高敏感度), 예측된 폭풍 증가, 태풍활동, 조석주기(潮汐週期) 및 표사이동(漂砂移動, Sediment Transport)을 다루는 포괄적인 연구를 수행하여야 한다. 시간이 지남에 따라 구조물을 쉽게 업그레이드할 수 있기 때문에, 예정된 실행 또는 기회주의적 접근법을 선택할 수 있다.

이러한 강제요인의 예상된 심각성과 시기선택에 의존하여, 시간경과에 따른 다양한 구조적 적응대책을 실행할 수 있다. 통행권 제한을 적용하지 않는 경우, 극한 폭풍사건에 대비하여 상단 소단 폭(小段幅)을 넓히거나 증가시키고, 마루높이를 높이기 위해 추가재료를 사용하고/하거나, 추가 여유고(餘裕高)[25]를 확보하기 위하여 신규현장타설요소(新規現場施設)를 설치하는 것이 해결책이 될 수 있다. 비구조적 선택에는 방파제 육지 쪽에서의 월파 충격과 파랑으로 유발된 침식을 저감시키기 위한 하이브리드(Hybrid)/잔디호안 설치를 포함시킬 수 있다(Pullen 등, 2007). 마찬가지로 잘 관리된 해안선 보호전략과 함께 습지복원(濕地復元)노력도 프로젝트 현장 근처의 파랑작용을 저감시키는 데 효과적일 수 있다.

3.4.4 적응대책 사례 2 : 잔교식 안벽(橫棧橋式岸壁)[26]

해수면 쪽으로 뻗어 나온 해안의 수직구조물로 정의되는 안벽(岸壁)은 항구의 일반적인 항만의 구성시설로서, 화물을 양하(揚荷)/적하(積荷)하고 선박을 계류(繫留)하는 데 사용된다. 그림 7 하단의 잔교식 안벽 중 연안에 평행한 횡잔교식 안벽은 해수면 상승이 안벽의 덱(Deck)에 빈번한 월파를 야기할 수 있으며 기계설비, 발전기 및 기타 장비에 영향을 줄 수 있다. 또한 수위변화와 관련하여 하역/적재장비의 여유고 및 도달요건을 검토할 수 있다. 공공시설은 설계조위(設計潮位)[27]에 적합하도록 배치하여야 한다. 안벽의 덱(Deck) 바로 아래에 설치된 공공시설은 자주 월파와 부식(腐蝕) 영향을 받을 수 있다. 계류하중(繫留荷重)은 상대적 해수면 상승(RSLC)과 다양한 파랑기후 영향을 쉽게 받을 수 있다. 즉, 하드웨어(준설선의 홉퍼(Hopper), 선박에서 선박으로의 방출구, 크레인)는 공극(空隙)과 간격변화의 영향을 받을 수 있다. 평균해수면 상승으로 조간대(潮間帶) 및 비말대(飛沫帶)[28]의 변동으로 인한 구조상 약점은 구조물 높은 지점에 접근하는 해양천공생물(海洋穿孔生物)[29]과 높은 길이를 가진 목재의 함수

---

25 여유고(餘裕高, Freeboard) : 항만·해안구조물에서 파랑, 이상 조위, 침하 등을 고려하여 설정되는 여유높이를 말한다.

26 잔교식 안벽(棧橋式岸壁, Landing Pier, Open Type Wharf) : 상판을 각주(脚柱)로 지지하는 형식의 계선안벽을 말하며, 각주로 사용되는 것으로는 강관, 강말뚝, 철근콘크리트말뚝, 철근콘크리트 우물통, 케이슨 나무 말뚝 등이 있다. 배치형식은 연안에서는 직각 또는 비스듬히 돌출되어 있는 돌제식 잔교와 연안에 평행한 횡잔교가 있으며 이 형식의 계선안은 내진성에 강하고 경량인 까닭에 연안지반에 적당하지만 선박의 충격 및 견인력에 약한 결점이 있다.

27 설계조위(設計潮位, Design Tide Level) : 항만·해안구조물 설계에 쓰이는 구조물에 가장 위험하게 작용하는 해수면의 높이를 말한다. 마루고 결정을 위한 설계조위는 조석 이외에 폭풍해일, 지진해일 및 부진동을 고려하고 또한 과거의 고극조위(高極潮位) 및 저극조위(低極潮位)의 관측자료를 참고로 하며 구조물의 목적에 따라 같은 목적의 구조물이라도 설계계산의 목적에 따른 설계조위를 쓸 경우가 있다. 일반적으로 설계조위는 과거의 이상조위의 발생확률 곡선을 얻어 외삽법으로 어떤 재현기간(50년, 100년 등)에 대한 조위를 산출하여 얻는다.

28 비말대(飛沫帶, Splash Zone) : 해안에서 파랑이 칠 때 비말(飛沫)이 미치는 평균간조면에서 평균만조면＋파고까지의 범위로 강재(鋼材)의 부식속도가 가장 빠른 곳을 말한다.

량(含水量)이 상승하는 것에서 비롯된다. 콘크리트와 강철요소는 부식을 증가시킬 것이다.

황잔교식 안벽의 덱 높이를 증고개선(增高改善)하기는 어려워 임의대책에 대한 실행을 위해 높은 리스크를 감내할 수 있다. 예상된 구조물의 설계공용기간과 해수면 상승을 예측할 수 있어, 현재 요구를 충족할 뿐만 아니라 미래 해수면 상승을 감안한 덱 높이를 선택할 수 있다. 그러나 구조물의 설계공용기간이 더 길어지고 해수면 상승의 설계치가 크면 불가능하거나 실용적이지 않을 수 있다. 설계자와 발주자는 설계와 초기공사 중에 부적절한 조치를 취할 경우 사용손실의 가능성을 고려할 필요가 있다. 이후 대안(代案)으로서는 구조물의 주변에 파랑제어구조물 설치를 위한 설계가 포함된다. 그리고 오랜 기간 동안, 황잔교식잔교의 덱 높이를 증가시키기 위한 장래 개조(改造) 계획도 고려할 수 있다. 즉, 기존 덱 상에 경량(輕量) 충진재로 상단(上段) 슬래브(Slab)를 설치를 할 수 있다. 이 경우 구조물은 장래 사하중(死荷重)과 관성질량을 고려하여 설계하여야 할 것이다. 잭킹(Jacking)과 같은 다른 방법은 비용이 엄청날 수 있다.

4. 결론

전 지구적 해수면은 관측예측 및 계산예측상 모든 결과로 볼 때 상승하고 있으며, 그 예측은 21세기 및 그 이후에도 상승률이 증가할 것이다. 이와 같은 새로운 비정상성(非定常性) 시대를 맞아 불확실한 환경조건을 계획하는 데 엔지니어와 설계자는 물론 사회 전반에 걸쳐 독특한 도전과제에 직면하게 될 것이다. 본 연구는 불확실성의 한 측면을 다루는 몇 가지 지침을 제공한다. 지역적인 현장의 해수면 변동에 영향을 미치는 요인은 현장의 지형학적 특징 때문에 광범위하고 복잡하다. 주어진 지점에서 각각의 매개변수는 상대적 해수면 변동(RSLC)에 어떻게 영향을 미치는지 계산하기 어렵고 잠재적으로 복잡한 작업이지만, 급격한 기후변화의 시대로 접어들면서 매개변수는 현장설계의 중요한 요인이 되어야만 한다. 미래에 관한 계획 및 설계하기 위해서는 해수면 변동추세(變動趨勢)의 관측과 수치모델링 측면에

---

29   해양천공생물(Marine Borer) : 바닷물에 잠긴 목조물이나 나무판 등에 구멍을 뚫고 생식하는 생물을 말한다.

서 많은 것을 할 수 있다.

　비정상성적(非定常性的)인 상대적 해수면 변동(RSLC)을 다루는 리스크 경감대책은 특정 프로젝트 목적에 대한 다른 설계요인과 함께 설계 및 실행할 수 있지만, 설계과정의 일부로 지나치게 보수적인 방재전략(防災戰略)에 비해 내용연수(耐用年數)의 조기 종료(早期終了)에 대한 리스크를 고려한 이해당사자와의 대화도 추진할 필요가 있다. 발주자와 설계자는 증가된 복원성의 비용/편익비와 잠재적인 내용연수의 감소, 손상결과, 그리고 보다 낙관적인 해결책에 비해 보다 보수적인 해결책을 선택하는 데 따른 재정적 영향을 공동으로 평가할 필요가 있다. 적응적 관리전략은 일부 상황하에서 일부 방재실행(防災實行)을 나중으로 연기(延期)시킬 수 있는 선택사항이다. 이것은 초기비용의 순현재가치를 감소시킴으로써 상당한 비용 절감을 가질 수 있다.

　저자들은 프로젝트 선택과 설계의 초기단계에서 수행해야 할 몇 가지 광범위한 단계뿐만 아니라 상대적 해수면 변동(RSLC)을 정량화하기 위한 몇 가지 구체적인 추천사항을 개략적으로 설명했다.

　모든 경우에 이해당사자들은 변동하는 해수면 조건 및 관련 영향에 대한 합리적인 복원성을 검토할 필요가 있다. 이 장은 기초역할을 하며, 가까운 장래에 엔지니어와 설계자가 해안 및 연안에서의 해양토목공사를 위해 해수면 변동을 수용하도록 설계적응을 신중하고 잘 준비된 접근방법으로 실행하는 데 도움이 되는 일반적인 지침과 설계제안서를 작성 및 발행을 해야만 할 것이다.

참고문헌

1. Armitage, D.R., et al., 2008. Adaptive co-management for social-ecological complexity. Front. Ecol. Environ. 7 (2), 95–102.

2. Atkinson,J., McKeeSmith, J., Bender,C., 2013. Sea-level rise effects on storm surge and nearshore waves on the Texas Coast : influence of landscape and storm characteristics. J. Waterw. Port Coast. Ocean Eng. 139, 98–117.

3. BCDC (Bay Conservation and Development Commission), 2011.BCDC.Draft Staff Report. Living with a rising bay : vulnerability and adaptation in San Francisco Bay and on its shoreline, San Francisco Bay Conservation and Development Commission.

4. Becker, A., et al., 2013. A note on climate change adaptation for seaports : a challenge for global ports, a challenge for global society. Clim. Change 120 (4), 683–695.

5. Becker, A., Matson, P., Fischer, M., 2014. Toward seaport resilience for climate change adaptation : stakeholder perceptions of hurricane impacts in Gulfport (MS) and Providence (RI). J. Prog. Plann. http://dx.doi.org/10.1016/j.progress.2013.11.002.

6. Bilskie, M.V., et al., 2014. Dynamics of sea level rise and coastal flooding on a changing landscape. Geophys. Res. Lett. 41, 927–934.

7. Bott, M. H. P. (1980) Mechanisms of subsidence at passive continental margins. In A. W. Bally, P. L. Bender, T. R. McGetchin, & R. I. Walcott (eds.), Dynamics of Plate Interiors. Washington, DC : American Geophysical Union. http://dx.doi.org/10.1029/GD001p0027.

8. Bridges, T., et al., 2013. Coastal Risk Reduction and Resilience : Using the Full Array of Measures. Directorate of Civil Works US Army Corps of Engineers, Washington, DC.

9. Canessa, R., etal., 2007. Spatial informationin frastructure for integrated coastal and ocean management in Canada. Coast. Manag. 35 (1), 105–142.

10. Cayan, D., et al., 2010. State of California sea-level rise interim guidance document, (Sea-Level Rise Task Force of the Coastal and Ocean Working Group of the California Climate Action Team (COCAT)).

11. Craft, C., et al., 2009. SLR and ecosystem services : a response to Kirwan and Guntenspergen. Front. Ecol. Environ. 7, 127–128.

12. DEFRA (Department for Environment Food and Rural Affairs), 2009. Appraisal of Flood and Coastal Erosion Risk Management. A Defra Policy Statement. Department for Environment, Food and Rural Affairs, London, UK.

14. Douglass, S.L., Krolak, J., 2008. Highways in the Coastal Environment. Hydraulic Engineering Circular, 25, second ed. U.S. Department of Transportation; Federal Highway Administration, Washington, DC.

15. Esteban, M., Takagi, H., Shibayama, T., 2011. Sea level rise and the increase in rubble mound breakwater damage. In : Proc. of Coastal Structures Conference, Yokohama.

16. Esteban, M., Takagi, H., Nguyen, D.T., 2014. Tropical cyclone damage to coastal defenses : future influence of climate change and sea level rise on shallow coastal areas in Southern Vietnam. In N.D. Thao, H. Takagi, & M. Esteban (eds.), Coastal Disasters and Climate Change in Vietnam : Engineering and Planning Perspectives, pp. 3–15. London, England : Elsevier.

17. Flick, R.E., Murray, J.F., Ewing, L.C., 2003. Trends in United States tidal datum statistics and tide range. J. Waterw. Port Coast. Ocean Eng. 129, 155–164.

18. Goklany,I.M.,1995. Strategiesto enhance adaptability : technological change, sustainable growth and free trade. Clim. Change 30 (4), 427–449.

19. Gregory, J.M., et al., 2001. Comparison of results from several AOGCMs for global and regional sea-level change 1900–2100. Climate Dynam. 18 (3-4), 225–240.

20. Grinsted, A., Moore, J.C., Jevrejeva, S., 2010. Reconstructing sea level from paleo and projected temperatures 200 to 2100 AD. Climate Dynam. 34 (4), 461–472.

21. Guemas,V.,et al., 2013. Retrospective prediction of the global warming slowdown in the past decade.Nat. Clim. Chang. 3, 649–653.

22. Hallegatte, S., 2008. An adaptive regional input-output model and its application to the assessment of the economic cost of Katrina. Risk Anal. 28 (3), 779–799.

23. Heberger, M., et al., 2009. The impacts of sea-level rise on the California Coast. White paper prepared for California Governor's Office.

24. Hinkel, J., et al., 2014. Coastal flood damage and adaptation costs under 21st century sea-level rise. Proc. Natl. Acad. Sci.

25. Hoffman, J. S., Keyes, D.L., Titus, J.G., 1983. Projecting future sea level rise : methodology, estimates to the year 2100, and research needs. Strategic Studies Staff, Office of Policy Analysis, Office of Policy and Resource Management, US Environmental Protection Agency, Washington, DC.

26. Houston, J.R., Dean, R.G., 2011. Sea-level acceleration based on US tide gauges and extensions of previous global-gauge analyses. J. Coastal Res. 27 (3), 409–417.

27. IPCC, 2001. Climate Change 2001 : The Scientific Basis. In J.T.Houghton, Y. Ding, D.J. Griggs, M. Noguer, P.J. van der Linden, X. Dai, K. Maskell, & C.A. Johnson (eds.), Contribution of Working Group I to the Third Assessment Report of the Intergovernmental Panel on Climate Change, 88 pp.

Cambridge, United Kingdom and New York, NY, USA : Cambridge University Press.

28. IPCC, 2007. Climate Change 2007 : The Physical Science Basis. In S.Solomon, D. Qin, M. Manning, Z. Chen, M. Marquis, K.B. Averyt, M. Tignor, & H.L. Miller (eds.), Contribution of Working Group I to the Fourth Assessment Report of the Intergovernmental Panel on Climate Change, 996 pp. Cambridge, United Kingdom and New York, NY, USA : Cambridge University Press.

29. IPCC, 2013. Climate Change 2013 : The Physical Science Basis. In T.F. Stocker, D. Qin, G.-K. Plattner, M. Tignor, S.K. Allen, J. Boschung, A. Nauels, Y. Xia, V. Bex, & P.M. Midgley (eds.), Contribution of Working Group I to the Fifth Assessment Report of the Intergovernmental Panel on Climate Change, 1535 pp. Cambridge, United Kingdom and New York, NY, USA : Cambridge University Press.

30. Jevrejeva, S., Moore, J.C., Grinsted, A., 2012. Sea level projections to AD2500 with a new generation of climate change scenarios. Global Planet. Change 80, 14–20.

31. Kane, R.P., 1997. Relationship of El Nin ˜o-Southern Oscillation and Pacific sea surface temperature with rainfall in various regions of the globe. Mon. Weather Rev. 125 (8), p. 1792.

32. King, M.A., et al., 2012. Lower satellite-gravimetry estimates of Antarctic sea-level contribution. Nature 491 (7425), 586–589.

33. Lopez, J., et al., 2009. Comprehensive Recommendations Supporting the Use of the Multiple Lines of Defense Strategy to Sustain Coastal Louisiana 2008 Report (Version I). Lake Pontchartrain Basin Foundation, New Orleans, LA.

34. Marfai, M.A., King, L., 2007. Monitoring land subsidence in Semarang, Indonesia. Environ. Geol. 53 (3), 651–659.

35. Marshall, N.A., Marshall, P.A., Tamelander, J.,Obura,D., Malleret-King, D.,Cinner, J.E., 2009. AFramework for Social Adaptation to Climate Change; Sustaining Tropical Coastal Communities and Industries. Gland, Switzerland, IUCN.

36. McGranahan, G., Balk, D., Anderson, B., 2007. The rising tide : assessing the risks of climate change and human settlements in low elevation coastal zones. Environ. Urban. 19 (1), 17–37.

37. Meier, M.F., et al., 2007. Glaciers dominate eustatic sea-level rise in the 21st century. Science 317 (5841), 1064–1067.

38. Menendez, M., Mendez, F.J., Losada, I.J., 2009. Forecasting seasonal to interannual variability in extreme sea levels. ICES J. Mar. Sci. 66, 1490–1496.

39. Milly, P.C.D., et al., 2009. Stationarity is dead : whither water management? Earth 4, 20.

40. Mirza, M.M.Q., 2003. Climate change and extreme weather events : can developing countries adapt?.

Clim. Pol. 3 (3), 233–248.

41. NCA (National Climate Assessment Report), 2014. In J Melillo, T. Richmond, & G. Yohe (eds.), Climate Change Impacts in the United States : The Third National Climate Assessment. U.S. Government Printing Office, Washington, DC : United States Global Research Program.

42. Nerem, R.S., et al., 1999. Variations in global mean sea level associated with the 1997–1998 ENSO event : implications for measuring long term sea level change. Geophys. Res. Lett. 26 (19), 3005–3008.

43. NOAA (National Oceanographic and Atmospheric Administration), 2014. Sea Level Trends, http://tidesandcurrents.noaa.gov/sltrends/sltrends.shtml%3E (accessed 6 October).

44. NRC (National Research Council), 2012. Sea-Level Rise for the Coasts of California, Oregon, and Washington : Past, Present, and Future. National Research Council, The National Academies Press, Washington, DC.

45. NRC (National Research Council), 2013. Abrupt Impacts of Climate Change : Anticipating Surprises. The National Academies Press, Washington, DC.

46. Oerlemans, J., 1989. A projection of future sea level. Clim. Change 15 (1-2), 151–174. 47. Olsen, S.B., Christie, P., 2000. What are we learning from tropical coastal management experiences? Coast. Manag. 28 (1), 5–18.

48. Parris, A., et al., 2012. Global sea level rise scenarios for the US National Climate Assessment. NOAA Tech Memo OAR CPO-1.

49. Patel, S.S., 2006. Climate science : a sinking feeling. Nature 440 (7085), 734–736.

50. Pullen,T., et al., 2007. EurOtop—Wave Overtopping of Sea Defences and Related Structures : Assessment Manual. EA, Environment Agency, UK ENW, Expertise Netwerk Waterkeren, NL. KFKI, Kuratorium für Forschung im Küsteningenieurwesen, DE.

51. Radic´, V., Hock, R., 2011. Regionally differentiated contribution of mountain glaciers and ice caps to future sea-level rise. Nat. Geosci. 4 (2), 91–94.

52. Rahmstorf, S., 2010. A new view on sea level rise. Nat. Rep. Clim. Change 44-45.

53. Reed, D.J., Peterson, M.S., Lezina, B.J., 2006. Reducing the effects of dredged material levees on coastal marsh function : sediment deposition and nekton utilization. Environ. Manage. 37, 671–685.

54. Revelle, R., 1983. Probable future changes in sea level resulting from increased atmospheric carbon dioxide. In : US National Research Council, Carbon Dioxide Assessment Committee (Ed.), Changing Climate : Report of the Carbon Dioxide Assessment Committee. National Academy Press, Washington, DC, pp. 433–448.

55. Rong, Z., et al., 2007. Interannual sea level variability in the South China Sea and its response to

ENSO. Global Planet. Change 55 (4), 257–272.

56. Ruggiero, P., 2013. Is the intensifying wave climate of the U.S. Pacific Northwest increasing flooding and erosion risk faster than sea-level rise? J. Waterw. Port Coast. Ocean Eng. 139, 88–97.

57. Salathe′, E.P., 2006. Influences of a shift in North Pacific storm tracks on western North American precipitation under global warming. Geophys. Res. Lett. 33 (19), pp1–4. 56. Smith, J.M., Sherlock, A.R., 2007. Full-plane STWAVE with bottom friction : II. Model overview. System-Wide Water Resources Program Technical Note, US Army Engineer Research and Development Center, Vicksburg, MS.

58. Stern, N.H., 2007. The Economics of Climate Change : The Stern Review. Cambridge University Press, Cambridge, UK; New York, p. 692.

59. Takagi, H., et al., 2011. Assessment of future stability of breakwaters under climate change. Coast. Eng. J. 53 (01), 21–39.

60. The SWAN Team, 2006. In : Delft University (Ed.), User Manual SWAN Cycle III Version 40.51. p. 129.

61. Ting, M., et al., 2009. Forced and internal twentieth-century SST trends in the North Atlantic. J. Climate 22 (6), 1469–1481.

62. Tompkins, E.L., Few, R., Brown, K., 2008. Scenario-based stakeholder engagement : incorporating stakeholders preferences into coastal planning for climate change. J. Environ. Manage. 88 (4), 1580–1592.

63. USACE (United States Army Corps of Engineers), 2000. Planning Guidance Notebook. ER 1105-2-100, U.S. Army Corps of Engineers, Washington, DC.

64. USACE (United States Army Corps of Engineers), 2011. EC 1165-2-212 Water Resource Policies and Authorities Incorporating Sea-Level Change Considerations in Civil Works Programs. U.S. Army Corps of Engineers, Washington, DC.

65. USACE (United States Army Corps of Engineers), 2013. Incorporating sea level change in civil works programs. Regulation No. 1100-2-8162. http://www.publications.usace.army.mil/Portals/76/Publications/EngineerRegulations/ER_1100-2-8162.pdf.

66. USACE (United States Army Corps of Engineers), 2014a. Global changes : procedures to evaluate sea level change : impacts, responses, and adaptation ETL 1100-2-1. Technical Letter. http://www.publications.usace.army.mil/Portals/76/Publications/EngineerTechnicalLetters/ETL_1100-2-1.pdf.

67. USACE (United States Army Corps of Engineers), 2014b. Comprehensive evaluation of projects with

respect to sea-level change. http://www.corpsclimate.us/ccaceslcurves.cfm%3E. Accessed 11-10-2014.

68. Vermeer, M., Rahmstorf, S., 2009. Global sea level linked to global temperature. Proc. Natl. Acad. Sci. 106 (51), 21–27.

69. Wang, B., Chan, J.C.L., 2002. How strong ENSO events affect tropical storm activity over the western North Pacific*. J. Climate 15 (13), 1643–1658.

70. Weisberg, R.H., Wang, C., 1997. Slow variability in the equatorial west-central Pacific in relation to ENSO. J. Climate 10 (8), 1998–2017.

71. World Bank, 2010. The Costs to Developing Countries of Adapting to Climate Change : New Methods and Estimates. In : Global Report of the Economics of Adaptation to Climate Change Study. Washington, DC : The World Bank Group.

72. Yang, Z., Wang, T., Leung, R., Hibbard, K., Janetos, T., Kraucunas, I., Rice, J., Preston, B., Wilbanks, T., 2014. A modeling study of coastal inundation induced by storm surge, sea-level rise, and subsidence in the Gulf of Mexico. Natural hazards 71 (3), 1771–1794.

CHAPTER 33

도쿄만에서의 해수면 상승에 대한 적응 :
해일방파제에 대한 기회인가?

1. 서 론

기후변화와 해수면 상승은 21세기와 그 이후 연안지역의 저지대에 상당한 도전을 제기할 것으로 예상된다. 그러한 영향은 상당한 적응대책(適應對策)을 취하지 않는 한 저지대 삼각주 지역(예를 들어 메콩 삼각주, Nguyen 등, 2014; Takagi 등, 2014; Nobuoka와 Murakami, 2011)이 나 환초(環礁)[1]섬(Yamamoto와 Esteban, 2014)을 침수시키는 결과를 초래할 수 있다. 본 장에서 는 도쿄만(東京灣) 지역의 주요 도시를 방호(防護)하는 해안방재선(海岸防災線)이 뚫렸을 경우 도쿄만 주변에서 예상되는 침수 리스크증가와 경제적 피해의 정량화(定量化)에 초점을 맞출 것이다. 도쿄의 총 인구는 약 1,300만 명(Tokyo Metropolitan Government, 2012)으로 세계최대 의 국내총생산(GDP)을 하는 도시로, 총생산 1,470억 달러($)(173조 원, 2019년 6월 환율기준) 인 뉴욕시보다 더 많다(Price waterhouse Coopers, 2009). 도쿄만을 둘러싸고 있는 간토(關東)지 역은 이른바 '그레이트 도쿄(Greater Tokyo)'라고 일컫는 지역을 망라(網羅)하고 있으며, 수도 자체는 물론 요코하마(橫浜), 가와사키(川崎)와 같은 도시들도 포함한다. 이 메갈로폴리스 (Megalopolis)[2]는 지구상에서 가장 큰 도시권역(都市圈域)으로 인구가 3,500만 명이 넘을 것으

---

1   환초(環礁, Aroll) : 고리모양으로 배열된 산호초를 말하며 열대의 바다에 많고, 마셜제도의 잘류트섬이나 비키니환초, 에니위톡 환초 등이 유명하며, 해안가에 있는 거초(裾礁)가 지반의 침강이나 해면의 상승에 의해 보초(堡礁)가 된 후 섬이 침수하면서 생긴다.

2   메갈로폴리스(Megalopolis) : 인접해 있는 몇 개의 도시가 서로 접촉, 연결되어 이루어진 큰 도시권으로, 즉 인구 100만

로 추정된다(Japan Statistics Bureau, 2010). 이는 도쿄가 일본의 금융, 상업, 산업, 교통의 중심지이기 때문에 이 지역을 침수시키는 태풍은 일본을 파괴할 뿐만 아니라 훨씬 광범위한 결과를 초래할 것이다. 2012년 뉴욕의 허리케인 샌디(Sandy)의 경우에서 볼 수 있듯이 침수된 월 스트리트 주변의 많은 금융기관들이 일으킨 반향(反響)은 세계 금융시장에 큰 혼란을 야기(惹起)시켰다. 따라서 도쿄의 침수는 일본 GDP의 상당 부분에 손실을 끼칠 뿐만 아니라, 일본 전역의 재정운용에도 악영향을 미칠 수 있다.

매년 많은 열대성 저기압이 일본을 내습하고 있으며, 그중 일부는 광범위한 피해를 입혀 왔다. 열대성 저기압은 강도를 유지하거나 증가시키기 위해 해수증발에 따른 열을 이용하므로 열대성 저기압을 형성하기 위해 높은 표면 해수온도(일반적으로 26℃ 이상)를 필요로 한다. 원래 바다로부터 습한 공기는 상승할 때 열이 방출되면서 이 공기에 포함된 수증기는 응축(凝縮)된다. 이러한 기상계(氣象系)는 바람피해 외에도 강력한 파랑과 폭풍해일을 발생시켜 해안지역을 침수시키고 재산파괴와 인명손실을 초래할 수 있다(2~4장과 7장 참조).

열대성 저기압은 해양 열을 빨아들여 더 강해지기 때문에 대기 중 온실가스의 농도가 증가함에 따라 지구 온난화는 미래 열대성 저기압 강도의 증가를 이끌 수 있다는 것이 논리적으로 타당하다(Knutson 등, 2010). 기후변화에 관한 정부 간 협의체(IPCC, Intergovernmental Panel on Climate Change)의 제5차 평가보고서(IPCC 5AR)는 20세기 동안 바다가 어떻게 계속 따뜻해졌는지를 강조했고, 이 추세는 21세기에도 계속될 것으로 예상했다(Knutson과 Tuleya, 2004; Elsner 등, 2008; Landsea 등, 2006; Webster와 Holland, 2005와 같은 많은 저자가 이 결론에 도달했다). Knutson 등(2010)은 열대성 저기압 시뮬레이션에 관한 연구의 결론에서 열대성 저기압 강도는 2100년까지 2~11%가량 증가할 수 있음을 언급했다. 태풍의 강화는 예를 들어, 높은 폭풍해일 가능성, 고파랑(高波浪)으로 인한 빈번한 방파제 피해(Takagi 등, 2011), 항만의 더 큰 고장시간(故障時間)[3](Esteban 등, 2009), 그리고 일반적으로 경제에 미치는 다른 영향(Esteban과 Longarte-Galnares, 2010)과 같은 여러 일본 연안지역에 심각한 결과를 가져올 수 있다.

그러나 강력한 태풍의 가능성은 해안 저지대 지역의 침수 리스크를 증가시킬 수 있는 유

명 이상의 거대도시들이 결합되어 다핵적 구조를 갖게 된 거대한 도시 지역을 말한다.

3   고장시간(故障時間, Down Time, Fault Time) : 기계나 시스템의 고장으로 운용될 수 없는 시간으로, 즉 어떤 기계나 시스템이 고장이 난 후부터 수리하여 운용되기 전까지의 시간을 말한다.

일한 잠재적 요인이 아니다. 해수면 상승은 21세기 동안 예상되는 지구환경변화 중 가장 널리 인정된 가능성이 큰 변화 중 하나이다. 사실, 20세기 동안 전 지구적 해수면은 연평균 1.7mm 상승했지만, 20세기 말에는 매년 3mm로 증대하는 것으로 보인다(IPCC 4AR). IPCC 5AR에 따르면 해수면은 2100년까지 IPCC 4AR에서 예상한 18~59cm 예측보다 상당히 높은 26~82cm 범위로 상승할 가능성이 있다고 예상한다. 현재 CO_2 배출량이 계속 증가함에 따라 지구온도도 계속 상승할 것으로 보이며, 따라서 배출량을 줄이기 위한 과감한 조치를 취하지 않는 한 상당한 양의 해수면 상승은 불가피하다. Vermeer와 Rahmstorf(2009)가 제안한 이른바 '반경험적 방법'(IPCC 5AR 참조)에서 실제로 IPCC 4AR에서 제시된 미래 지구온도 시나리오인 경우 1990~2100년 동안 예측되는 해수면 상승이 0.75~1.9m 범위에 있을 수 있음을 나타낸다.

도쿄만 주변에 입지한 도시들은 현재 100년 빈도 태풍에 대해 잘 방호(防護)되고 있는 것처럼 보이지만(광범위한 해안제방과 폭풍해일 게이트 등의 네트워크 때문에), 해수면 상승과 태풍강도의 증가는 이런 방재 시스템의 강화를 필요할 것이다. 본 장에서 저자들은 이러한 방재 시스템을 업그레이드하는 대신, 다층(多層)으로 구성된 안전 시스템을 구축하기 위해 도쿄만의 입구에 해일방파제(海溢防波堤)를 건설하는 것이 합리적이라고 주장한다. 또한 현재 도쿄의 방재 시스템은 과소설계 되었을 가능성이 있으며, 큰 방호가치(防護價値)를 감안하여 높은 설계기준(200~500년 빈도 폭풍해일에 대한 설계)의 적용이 타당하다고 주장할 것이다. 이를 위해 저자들은 우선 2100년까지 태풍이 통과하는 동안 가능한 수위(水位)를 먼저 분석하고 이로 인해 예상되는 경제적 피해를 추정할 것이다. 마지막으로 2가지 대안을 분석할 것인데, 즉, 방재 시스템을 업그레이드하거나 해일방파제를 건설하는 2가지 대안을 분석할 것이다. 또한 해일방파제가 해당지역에 가져올 수 있는 리스크 감소와 다른 잠재적 편익 및 문제에 대해서도 논의할 것이다.

2. 방법론

이번 절에서 저자는 2100년에 폭풍해일, 해수면 상승 및 최고조석을 결합한 최고수위(最高水位)를 얻기 위한 방법론에 대해 개략적으로 설명한다(잠재적 침수추정은 가장 최악인 경우의 시나리오와 마찬가지로 항상 최고조위(最高潮位)를 고려하여야만 한다). 해일분석(海溢分

析) 방법론을 그림 1에 요약시켰다. 이러한 분석의 목적은 21세기로 전환될 때 100년의 재현 기간을 갖는 태풍 규모를 알아내기 위함이다.

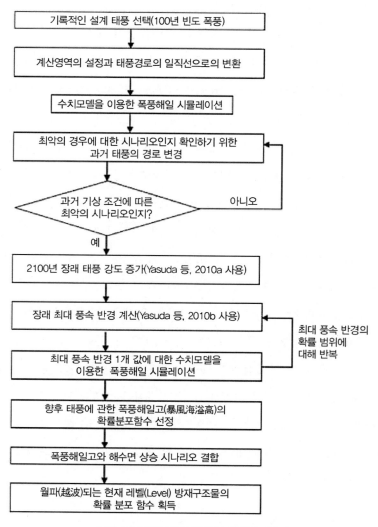

기록적인 설계 태풍 선택(100년 빈도 폭풍)

↓

계산영역의 설정과 태풍경로의 일직선으로의 변환

↓

수치모델을 이용한 폭풍해일 시뮬레이션

↓

최악의 경우에 대한 시나리오인지 확인하기 위한
과거 태풍의 경로 변경

↓

과거 기상 조건에 따른
최악의 시나리오인지?   아니오

예 ↓

2100년 장래 태풍 강도 증가(Yasuda 등, 2010a 사용)

↓

장래 최대 풍속 반경 계산(Yasuda 등, 2010b 사용)

최대 풍속 반경의
확률 범위에
대해 반복

↓

최대 풍속 반경 1개 값에 대한 수치모델을
이용한 폭풍해일 시뮬레이션

↓

향후 태풍에 관한 폭풍해일고(暴風海溢高)의
확률분포함수 선정

↓

폭풍해일고와 해수면 상승 시나리오 결합

↓

월파(越波)되는 현재 레벨(Level) 방재구조물의
확률 분포 함수 획득

그림 1 본 연구에서 채택된 방법론의 흐름도

2.1 설계태풍 선정

도쿄만인 경우 해안·항만방재구조물은 중부 혼슈(本州) 해안에서 발생한 가장 큰 기록적 인 태풍에 대비하여 설계해왔으며, 이는 100년 빈도에 해당할 수 있다. 따라서 해안제방설계는 설계시점 시 사용 가능한 데이터(즉, 태풍경로, 기압, 풍속)가 부족하였기 때문에 반드시 통계분석에 근거하여 설계하지 않는다(Kawai 등, 2008). 대신 지난 세기(世紀) 동안 일부 기록적인 태풍강도가 나타난 것을 고려하여 일반적으로 가능한 여러 태풍경로에 대해 수치시뮬레이션을 실시한다(Miyazaki, 2003).

20세기 동안 일본을 강타한 가장 중요한 폭풍(태풍) 중 하나는 1959년 태풍이세완(颱風伊勢灣)(태풍명 : 베라(Vera))이었는데, 이 태풍은 일본의 이세만(伊勢灣)에서 3.5m 폭풍해일 편차를 일으켰다(Kawai 등, 2006). 이 폭풍(태풍)은 부실하게 시공된 이세만 지역 내 기존 제방을 부수고 배후 저지대를 침수시켜 많은 건물과 사회기반시설을 파괴했다. 이 사건을 계기로 일본정부는 일본 주변의 방재구조물을 이러한 태풍에 견디도록 설계하여야 한다고 결정했고(즉, 방재구조물을 건설할 때 '기준태풍(基準颱風)'으로 지정), 연안방재를 위한 광범위한 노력을 기울였다(Kawai 등, 2006). 따라서 그 결과 폭풍해일 방재에 대한 설계조위(設計潮位)는 다음 2가지 기준 중 하나에 의해 결정하였다(Kawai 등, 2006).

- 검조소(檢潮所) 기록된 약최고고조위 또는 '기준태풍'을 가정하여 수치시뮬레이션한 약최고고조위[4]에 최대 폭풍해일('폭풍해일편차'[5])의 합
- 검조소에 기록된 기왕고극조위(旣往高極潮位)[6]

이러한 개념에 따라 도쿄만(東京灣), 이세만(伊勢灣), 오사카만(大阪灣) 등 인구가 많은 주요 만(灣) 지역에서는 첫 번째 기준을 채택하였고, 일본 주고쿠지방(中国地方)인 세토내해(瀬戸内海)[7]에서는 두 번째 기준을 사용하고 있다(Kawai 등, 2006). 그러나 설계조위는 여전히 결정론적 방법으로 정하고 있어, 과거 데이터와의 비교부족을 포함하여 폭풍해일의 재현기간(再現期間)을 확인하는 데 여전히 많은 문제가 있다는 점에 유의해야 한다.

2.2 과거 100년간 도쿄만에 영향을 미친 최악의 태풍 : 1917년 다이쇼(大正) 태풍

도쿄만의 폭풍해일고를 산정하기 위해 채택된 태풍은 1917년 10월의 태풍(다이쇼(大正) 기간 중 6번째 태풍) 다이쇼로, 지난 100년간 도쿄만에 영향을 준 최악의 태풍이었다. 이 사건으로 도쿄만은 광범위한 피해를 보았는데, 200km² 이상의 지역이 침수되었고, 1,300명 이상의 사람들이 사망하거나 실종되었다(표 1). 태풍은 그림 2와 같이 도쿄만 바로 위를 통과하지 않고 약간 서쪽으로 통과했다. 당시 관측은 현재와 다르게 측정되었지만, Miyazaki(1970)에 따르면 태풍 통과 중 기록된 최저 압력은 952.7hPa이었다. Miyazaki(1970)에 따르면, 관측된 최대 폭풍해일고는 +2.1m이다(T.P.(Tokyo Peil) 기준 +3.0m에 해당).

표 1 다이쇼(1917) 태풍으로 인한 피해의 역사적 기록

사망 또는 실종	1,324(명)
부상	2,022(명)
주택 전파(全破)	36,469(동(棟))
주택 반파(半破)	21,274(동(棟))
주택 유실(流失)	2,442(동(棟))
주택 침수(浸水)	302,917(동(棟))
침수면적	215km²(도쿄 내)

출처 : Miyazaki, 1970.

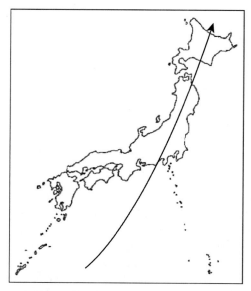

그림 2 일본을 통과할 시 태풍 다이쇼(1917)의 대략적인 경로

저자들은 이 시점에서 태풍 다이쇼를 100년 빈도 폭풍(태풍)으로 언급할 것이지만, 이 폭풍(태풍)의 재현기간이 얼마인지 완전히 확실하지 않다는 점에 유의한다. 또한 침수피해가 너무 커서(나중에 언급한다.) 더 높은 재현기간을 갖는 사건임이 타당하므로, 도쿄만인 경우 100년 재현기간 폭풍(태풍)의 사용을 권장하여서는 안 된다. 태풍 이세만(颱風伊勢灣)은 도쿄의 서쪽 불과 몇백 킬로미터 떨어진 곳에 상륙한 것으로 보아, 그러한 태풍이 도쿄만을 강타할 수 있다는 사실은 예상할 수 있으며, 실제로 도쿄의 방재구조물은 1917년 태풍 다이쇼가 아닌 태풍 이세만에 대하여 설계하였다. 네덜란드와 같이 장기간 폭풍재난의 역사를 가진 다른 나라들은 수천 년의 사건들 중 하나를 그들의 해안구조물 설계 중 중요한 부분에 사용하는데, 그러한 개념의 사용은 도쿄만인 경우에도 합리적이다. 그렇지만 저자들은 보수적인 태도를 견지하기 위해 현재 기후조건 아래에서 가정된 저빈도(低頻度) 폭풍(태풍)이고 기후변화에 의해 확대될 수 있는 재난의 유형을 설명하기 위해 태풍 다이쇼 6호(태풍 이세만 대신에)를 사용할 것이다.

2.3 폭풍해일 수치시뮬레이션모델

태풍의 통과로 인한 폭풍해일고를 시뮬레이션하기 위해 2-레벨 수치시뮬레이션모델을 사용하였다. Tsuchiya 등(1981)이 소개한 2-레벨 수치모델은 과거 많은 연구자가 사용헤왔다 (Toki 등(1990)의 사례와 같이 과거 많은 태풍에 대하여 타당성이 검증되었다). 그렇지만 저자들은 다이쇼 태풍(1917)이 통과 동안에 관측한 폭풍해일고와 도쿄만(東京湾)을 따라 다른 지점에서 2-레벨 수치모델로 시뮬레이션한 폭풍해일고와 서로 일치함을 검증하였다. 이 폭풍해일 수치시뮬레이션에서 가장 중요한 요인은, 특히 도쿄만과 같은 천해에서의 바람에 의한 흡상효과(吸上效果)이다. 그러나 바람에 의한 전단응력(剪斷應力)은 충분히 깊은 수심에서는 무시할 수 있어 흡상효과는 해수면 층으로 국한(局限)시키는 것이 합리적이다. 수치모델의 지배방정식은 질량보존방정식과 운동량보존방정식이며, 태풍압력은 Myers 공식(1954)을 사용하여 구하였다. 수치시뮬레이션은 대(大) 도메인인 경우 약 3km, 도쿄만 안쪽의 소(小) 도메인 경우 900m 격자를 사용한 중첩 접근법(Nesting Approach)을 사용했다(그림 3 참조). 모델에 대한 더 자세한 설명은 Hoshino 등(2011)을 참조하면 된다.

태풍경로는 1917년 태풍경로(颱風經路)에 대한 신뢰성 있는 정보가 부족했기 때문에 직선으로 근사(近似)시켰다(그림 2 참조). 폭풍의 눈은 도쿄만의 중앙부를 지나가지 않고, 오히려 그 서쪽을 지나갔다는 점에 주목해야 한다. 이것이 실제로 가능한 태풍경로 중 최악인 시나리오라는 사실을 확인하기 위해 저자들은 태풍경로를 변화시키는 수많은 시뮬레이션을 수행했는데, 이 모든 시뮬레이션의 폭풍해일고 결과는 그림 2에 나타낸 경로(徑路) 동안의 폭풍해일고 결과보다 낮게 나타났다.

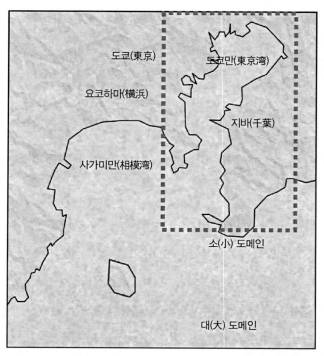

그림 3 도쿄만, 도쿄와 요코하마시(横浜市), 지바현(千葉県)을 나타내는 조사지역. 폭풍해일 시뮬레이션에는 중첩 접근법을 사용하였는데, 대(大) 도메인은 도쿄와 사가미만(相模湾), 소(小) 도메인은 단지 도쿄만을 포함함

2.4 과거 설계태풍을 2100년도 설계태풍으로 변환

미래 열대성 저기압 강도의 증가가 폭풍해일에 어떻게 영향을 미치는지 이해하려면 대상지역에서 이러한 사건의 중심압력이 갖는 미래 확률분포함수가 무엇인지를 추정할 필요가 있다. 이를 위해 본 연구는 2100년 도쿄만 주변의 폭풍(태풍)에 대한 현재 및 미래의 태풍강도분포를 제공하는 Yasuda 등(2010a)의 연구를 적용시켰다(그림 4 참조). 이런 연구는 Kitoh 등(2009)이 나타낸 바와 같이 T959L60 해상도(약 20km 메시(Mesh)를 가진다.)를 갖는 대기대

순환모델(AGCM, Atmospheric General Circulation Model)에 근거한다. 타임 슬라이스(Time Slice) 실험은 해수면 온도(SST, Sea Surface Temperature)가 다른 1979~2004년(현재 기후), 2015~2031년(가까운 미래기후) 및 2075~2100년(조금 먼 미래기후)의 3가지 기후기간에 대해 실시하였다. AGCM의 외부강제력으로써 SST를 바닥경계 조건으로 사용하였다. 영국 기상청인 Met Office Hadley Centre(HadlSST)에서 관측한 SST를 현재 기후조건에 사용하였고, SRES(Special Report on Emission Scenarios)[8] A1B시나리오의 CMIP3 다중모델 예측법 결과에서 산출된 앙상블 평균(Ensemble Mean)[9] SST를 장래 기후 실험조건에 사용하였다. Yasuda 등(2010a)이 제시한 확률분포함수에 따르면, 도쿄만에서의 100년 빈도 폭풍(즉, 다이쇼 태풍과 동등한 2100년의 폭풍)의 기압은 역사적으로 기록된 최소치 952.7hPa 대신 933.9hPa을 최소중심기압으로 채택할 수 있다(Hoshino 등 참조, 2011). 채택된 수치모델의 주요문제 중 하나는 Myers 공식(1954)의 정확한 해법에 필요한 최대풍속반경 r_{max} 결정과 관련이 있다. 그러기 위해, Yasuda 등(2010b)의 방법은 반경에 결정론적 값을 부여하지 않고 확률적 곡선값을 따른다. r_{max} 에 대해 확률치를 사용한 결과, 각 r_{max} 확률범위에 대한 폭풍해일을 얻기 위해 시뮬레이션을 여러 번 실행하였으며, 마지막으로 폭풍해일 결과식도 확률분포함수로 표현한다.

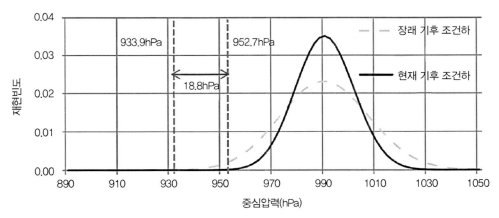

그림 4 Yasuda 등(2010a)에 의한 도쿄만에서의 현재 및 미래 태풍강도 확률분포. 현재와 미래(2100년)의 100년 빈도 태풍의 중심압력을 나타냄

8 Special Report on Emissions Scenarios (SRES) : SRES는 2000년 발표된 기후변화에 관한 정부 간 협의체(IPCC)의 보고서로서 보고서에 기술된 온실가스 배출 시나리오는 가능한 미래의 기후변화를 예측하는 데 사용되었다.

9 앙상블 평균(Ensemble Mean) : 음(音), 진동, 온도 등의 확률 사상(事象)에 대해서 어떤 시간, 공간에서의 평균치를 각 측정치의 평균으로서 정의한 것을 말한다.

2.5 해수면 상승

　주어진 각 지점에서의 폭풍해일을 계산한 후 해수면 상승의 영향을 추가하여 주어진 사건에 대한 예상 가능한 최종수위를 계산했다. 미래의 온실가스배출로 인해 지구가 어떻게 반응할지에 대한 현재의 불확실성 때문에, 표 2에 요약한 바와 같이, 현재 연구에서는 3가지 해수면 상승 시나리오를 사용하였다. 첫 번째 시나리오는 태풍강도의 증가가 도쿄만 침수 리스크에 미치는 영향을 분리하기 위해 해수면 상승을 고려하지 않는다. 다음 시나리오는 0.59m 해수면 상승으로 IPCC 4AR에서 제시된 높은 범위의 시나리오와 유사하다. 마지막으로 가장 극한적인 시나리오는 Vermeer와 Rahmstorf(2009)의 반경험적 모델의 해수면 상승을 고려했다.

표 2 폭풍해일과 해수면 상승 시나리오의 요약

중심압력 P_0 (다이쇼 1917년 태풍)	중심압력 P_0 (2100년, 100년 빈도 태풍)	최대풍속반경 r_{max}(km)	해수면 상승 시나리오(cm)
952.7(hPa)	933.9(hPa)	Yasuda 등(2010b)에 따른 확률분포함수. 각 시나리오에 대해 10번 계산	0
			59
			190

3. 폭풍해일 수치모델결과

　2100년의 폭풍해일 시 가능한 수위를 예측하기 위해서는 앞 절에서 언급한 바와 같이 태풍의 중심기압, 태풍의 최대풍속반경과 해수면 상승을 고려해야 한다. 그러나 Yasuda 등(2010b)의 방법론은 확률론적이기 때문에 주어진 중심기압에 대한 폭풍해일도 가능한 값의 범위를 취하는 확률론적 해답을 도출(導出)한다. 그림 5는 100년 빈도 태풍 중심기압이 952.7hPa(그림 좌측)에서 933.9hPa(그림 우측)로 떨어질 때 예상 평균폭풍해일고의 변화를 보여준다. 전체 계산 값(평균폭풍해일고)의 범위는 +2.1m를 포함하지만, 평균예상 폭풍해일은 Miyazaki(1970)에서 제공된 1917년 태풍의 +2.1m 폭풍해일고(관측된 최고 폭풍해일고)를 어떻게 과소평가하였는지를 주의한다(그림 5의 좌측 그림(1917년의 사건)의 여러 지점의 평균예상 폭풍해일고가 관측된 최고 폭풍해일고(+2.1m)보다 낮아서).

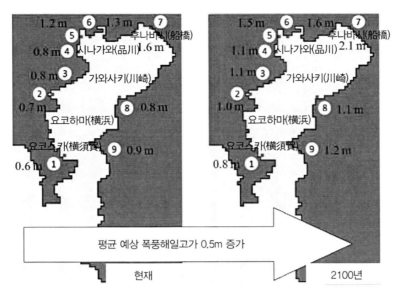

그림 5 100년 빈도 태풍기압저하의 중심압력이 952.7hPa(그림 좌측) 또는 933.9hPa(그림 우측)일 때 예상되는 평균폭풍해일고. 그림의 좌측은 1917년의 사건(즉, '현재의 기후')에 해당하며, 우측은 예상되는 미래 기후에 해당함

　그러나 현재 연구에서 가장 중요한 값은 예상치의 범위가 아니라 각 지점의 방재구조물이 월파(越波)될 확률이다. 월파는 수위(水位)(만조(滿潮), 폭풍해일고 및 해수면 상승 시나리오 합(合)의 수위로 파랑의 파고(波高)는 포함하지 않는다)가 해안제방의 마루고(Crest Height)보다 더 높은 것으로 정의한다. 월파 영향으로 상당한 피해가 발생할 수 있지만, 그러한 피해는 일반적으로 폭풍해일고 자체가 방재구조물(防災構造物)의 마루고보다 높아지면 발생할 대규모 침수피해보다는 작은 것으로 여겨진다. Yasuda 등(2010b)에 따르면, 월파확률은 폭풍해일고뿐만 아니라 태풍의 최대풍속치 범위에 달려 있다. 그러한 확률을 계산하기 위해 저자들은 해수면의 점진적(漸進的) 상승(그림 6 참조)에 따른 도쿄만 주변 전역(全域) 도시의 여러 지점(지바현청(千葉県廳)으로부터 나온 데이터에 따라, 2014)에서 방재구조물 마루고를 고려했다. 폭풍해일로 인한 방재구조물의 월파는 방재구조물을 따라 여러 곳의 간극(間隙)을 발생시켜(이런 해안제방 중 일부가 가진 상대적 취약성 때문에, 도쿄 주변 일부 제방의 마루폭을 광폭(廣幅)으로 하는 '슈퍼제방(Super-levee)'[10]을 건설함으로써 상당한 파랑의 제어를 도모

10　슈퍼제방(Super-levee) : 홍수나 해일로 물이 넘치거나 붕괴되거나 하지 않도록 흙으로 쌓은 제방으로 일반적인 제방에

하고 있다.), 그 결과 대규모 침수를 일으킬 수 있다는 점에 유의해야 한다. 그러나 이것은
지나친 단순화이며, 해안제방의 월파가 파국적인(국소적(局所的)일지라도) 파괴로 이어질지
를 확인하기 위해 훨씬 상세한 지반공학적 계산 및 구조계산(構造計算)을 실행하여야만 한다.
또한 폭풍해일 게이트와 같이 시스템의 다른 요소인 일부 게이트가 올바르게 작동하지 않을
가능성과 함께 자세히 분석해야 한다.

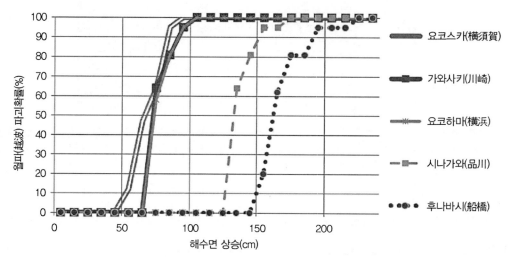

그림 6 2100년까지 각 해수면 상승 시나리오에 대한 100년 빈도 태풍의 적용 시 해안방재구조물의 월파 파괴확률

4. 침수로 인한 경제적 피해

이번 절은 도쿄만 주변 여러 도시의 침수로 인한 현재의 경제적 손실을 계산한다. 앞선
절은 폭풍해일과 해수면 상승 시나리오를 2100년까지 계산했지만, 현재 일본은 인구감소와
경기침체의 시기에 있다. 그러나 미래의 도시발전과 성장에서 상당한 불확실성을 갖고 있음
에도 불구하고, 도쿄의 인구수와 부(富)는 크게 변화가 없을 것으로 예상되어, 따라서 현재의
경제적 분석은 미래 도시경제의 리스크 징후를 잘 반영한다.

비하여 내구성이 높으며 마루폭이 넓어(마루폭이 제방고의 30배 이상) 제방의 윗부분을 활용할 수 있다.

4.1 개요

도쿄만 주변 여러 도시지점의 침수확률을 파악하여 현재 해안·항만방재구조물에 월파가 발생한다면 어떤 피해가 발생하는지 파악할 필요가 있다. 그림 7~9는 도쿄, 가나가와현(神奈川県), 지바현(千葉県)에 걸쳐 도쿄만을 따라 침수 리스크가 예상되는 지역을 각각 나타낸다. 이 지도에는 해수면 상승 0.59m(굵은 흑색(黑色)) 또는 1.90m(가는 회색(灰色))와 함께 미래 태풍통과 결과로 발생할 수 있는 예상 평균폭풍해일고 증가 영향을 포함한다. 이 그림은 침수시나리오가 아닌 도쿄만의 지형도(地形圖)(해안제방 표고(標高)도 고려한다.)에 근거하므로, 특정 사건으로 침수될 지역보다는 잠재적으로 리스크에 처한 지역을 나타낸다. 따라서 그림 7~9는 현재 설치된 해안제방의 월파 동안 대규모 파괴를 겪고 해수(海水)가 도시로 거침없이 유입될 때 경제적 손실의 계산에 따른 최악인 경우의 시나리오이다. 일반적으로 말해서 2011년 동일본 지진과 지진해일 때 나타났듯이 현재 일본 해안제방은 월파에 저항하지 못하는 것처럼 보이지만, 이러한 해안제방의 월파가 완전한 파괴로 이어질지는 분명하지 않다(Jayaratne 등, 2014; Mikami 등, 2012; 17장과 19장). 이것은 2005년 허리케인 카트리나 내습 시 많은 홍수방벽(洪水防壁)[11]과 다른 방재구조물이 월류(越流)로 파괴된 뉴올리언스(New Orleans)의 선례(先例)를 보면 알 수 있다(Seed 등, 2008, 2장 참조). 최대 침수고(浸水高)는 최대 만조(滿潮) 시 발생하는 것으로 간주하며(+2.1m A.P.(Arakawa Peil)[12]), 각 시나리오에 대한 폭풍해일의 평균 예상치와 해수면 상승을 고려한다. 이 값들은 도쿄만 평균해수면(東京灣平均海水面, Tokyo Peil) 기준으로 표시한다(T.P.=A.P.-1.134m). 이 그림은 도쿄가 인접 현(県)들에 비해 매우 높은 인구밀도로 고토(江東) 삼각주라는 저지대를 얼마나 넓게 갖고 있는지를 보여준다. 비교적 적은 인구밀도인 지바현 때문에 경제적 분석은 도쿄와 가나가와현으로 한정(限定)할 것이다(이 경우 가나가와현 내 주요 도시인 요코하마시(横浜市)와 가와사키시(川崎市)는 포함한다).

11　홍수 방벽(洪水防壁, Flood Wall) : 제방 대신에 철근콘크리트, 석재 등을 이용하여 소단면으로 하여 만든 것으로, 제체(堤體)의 상부를 수직의 철근콘크리트 구조로 된 하나의 벽으로 만드는 것이 일반적이며 이것을 흉벽(Parapet)이라고도 한다.

12　A.P.(Arakawa Peil) : 일본 수준원점(水準原點)의 첫 번째 표고(標高)인 24.5m의 값은 1884년 靈岸島 量水標(현재 도쿄도 츄오구 신카와, 당시 스미다강 하구에 해당한다.)에서 1873년 6월부터 1879년 12 월까지 매일(한때 결함 측정 있음)의 만조·간조 조위를 측정하여 평균치를 산출하고 양수표(量水標)를 읽어(아라카와(荒川) 공사기준면, Arakawa Peil, A.P.), 이보다 1.1344m 아래를 도쿄만 평균해수면 "T.P."(Tokyo Peil)로 하고, 이 지점을 일본 전국 수준원점(표고)의 기준인 제로미터(0m)로 잡았다.

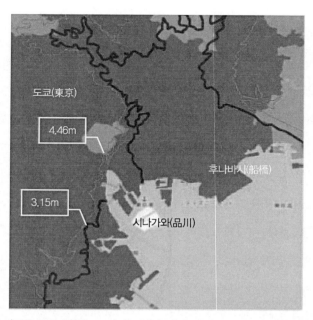

그림 7 2100년에 0.59m(굵은 검은 선)와 1.9m(가는 회색 선)인 해수면 상승 시나리오(각각 최종수위 3.15m T.P. 와 4.46 m T.P.에 대응)에 대한 100년 빈도 태풍의 예상 평균폭풍해일고로 인한 도쿄의 침수지역. 월파로 인해 해안제방 완전한 파괴를 가정하기 때문에 최악인 경우라는 점에 유의함

그림 8 2100년에 0.59m(굵은 검은 선)와 1.9m(가는 회색 선)의 해수면 상승 시나리오(각각 최종수위 2.5m T.P.와 3.8m T.P.에 대응)에 대한 100년 빈도 태풍의 예상 평균폭풍해일고로 인한 가나가와현(요코하마, 가와사키, 요코스카) 침수지역

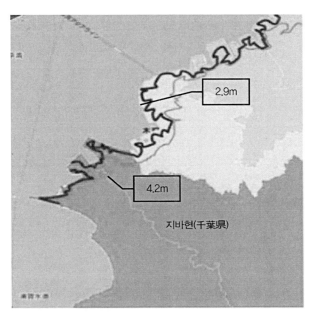

그림 9 2100년에 0.59m(굵은 검은선)와 1.9m(가는 회색선)의 해수면 상승 시나리오(각각 최종수위 2.9m T.P.와 4.2m T.P.에 대응)에 대한 100년 빈도 태풍의 평균 예상 폭풍해일로 인한 지바현 침수지역

4.2 침수고와 사회기반시설 및 주택의 피해 사이의 관계

한 지역에 발생할 수 있는 경제적 손실의 계산은 여러 가지 다른 메커니즘과 형태의 피해를 포함하므로 대단히 복잡하다(Jonkman 등, 2008b). 사무실, 주택 및 기타 기반시설의 침수 피해는 모두 개별적으로 계산하여야 하며, 각 지점의 침수고에 따라 달라진다. 게다가 심지어 약간의 침수위(浸水位)에도 지하실과 지하철역의 침수를 초래할 수 있다.

표 3은 일본 농림수산성(Ministry of Agriculture, Forestry, and Fisheries)(2012)의 방법론을 사용하여 도쿄의 한 지역(에도가와-와드(江戶川區))에 대한 침수 시 경제적 손실을 계산하는 절차에 관한 사례를 보여준다. 총가구(總家口) 재산액은 평균치로 추정되며(단위 : 엔(¥)/m²), 총(總) 구면적(區面積) 중 침수면적의 비율은 각 구면적내별(區面積內別)로 높이 5m 간격의 지형도에서 구할 수 있으며, 주어진 침수고에 영향을 받는 주택 재산액을 제공한다. 그런 다음 침수결과로 피해를 입은 재산액의 백분율은 단계별 피해함수를 사용하여 계산할 수 있다. 마지막으로 3.5m의 침수고(浸水高) 결과로 인한 에도가와-와드(江戶川區)의 총 경제적 손실은 151억 엔(¥)(1,615억 원, 2019년 6월 환율기준)에 달할 것으로 추정할 수 있다.

표 3 도쿄의 에도가와-와드 침수 시 경제적 손실에 대한 표본계산

침수고 (m)	총가구재산액 (십억 엔(¥))	침수지역(總) 구면적(區面積) 중 %	피해를 입은 가구 재산액 (십억 엔(¥))	침수고에 따른 피해율 (총가구액의 %)	경제적 손실 (십억 엔(¥))
< 0.5		6.4	15.1	3.2	0.5
0.5~1.0		4.9	11.6	9.2	1.1
1.0~1.5	234.2	5.2	12.2	11.9	1.5
1.5~2.5		9.5	22.3	26.6	5.9
2.5~3.5		3.9	9.3	58.0	5.4
3.5>		0.4	0.9	83.4	0.7
				합계	15.1

4.3 도쿄와 가나가와현의 경제적 총손실

도쿄(東京)와 가나가와현(神奈川県)에 침수된 모든 지역의 손실을 합산하면 그림 10과 같이 특정 수위에 대한 각 현(県)의 총손실을 계산할 수 있다. 그림에서 x축은 폭풍해일 및 해수면 상승 수위를 합친 높이를 나타내며, y축은 방재구조물이 월파(越波)되었다고 가정했을 때 해당 손실액을 나타낸다. 피해가 발생하기 위해서는 방재구조물을 따라 간극(間隙)이 있어야 하기 때문에 이 그림을 주의 깊게 볼 필요가 있다. 이런 의미에서 현재 도쿄의 일부 지역은 최고조위(最高潮位)보다 낮고, 만약 그 지역을 방호(防護)하는 제방이 파괴된다면 만내(灣內)

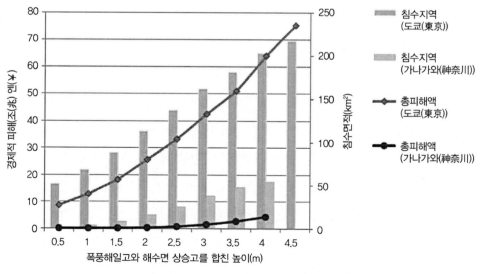

그림 10 침수위에 따른 도쿄와 가나가와에서의 총경제적 손실

의 0m 수위에서도 피해를 입을 것이다. 이 그림은 도쿄의 +4.5m T.P와 가나가와현의 +4.0m T.P의 침수위(浸水位)에 따른 피해를 보여준다. 이러한 수위는 각 현에서 2100년에 100년 빈도 태풍의 예상 평균폭풍해일에 대한 최대 침수위이다.

5. 적응 선택과 비용

태풍의 강도증가와 해수면 상승의 복합적인 영향은 도쿄 지역의 해안·항만방재구조물에 중대한 도전을 제기(提起)할 수 있다. 현재 도쿄도(東京都, Tokyo Metropolitan Government)의 설계기준은 일부 오래된 방재구조물은 낮은 수위로 설계되었지만 도쿄도 주변 해안방재구조물은 도쿄도 평균해수면(平均海水面)상+3.5～5.9m(+3.5～5.9m T.P, 폭풍해일에 대해서는 2.0～3.0m, 고파랑(高波浪)에 대해서는 0.5～2.90m)로 축조하여야만 한다고 규정하고 있다. 현재와 비슷한 2100년까지 100년 빈도 내 폭풍의 리스크를 방재(防災)하기 위해서는 결국 도쿄만 주변에 상당한 적응대책을 취할 필요가 있을 것이다. 이 장에서 분석한 적응대책으로는 기존 방재구조물을 증고(增高)시키거나 도쿄만 입구에서 폭풍해일을 차단하는 해일방파제 건설을 포함한다. 여기서 분석되지 않은 대안 및 과감한 선택으로서는 대도시 지역의 재배치(Relocation) 또는 기존건물 및 기반시설의 대규모 적응대책 및 침수방지공사(Flood Proofing)가 포함된다.

5.1 기존 방재구조물 증고

이는 현재 방재구조물의 마루고를 높이거나, 보강(補强)하거나 신규 방재구조물을 건설하며 이러한 해안제방 외부지역의 지반고(地盤高)를 올리는 것으로 일반적으로 높은 마루높이를 갖는 해안제방을 말한다(일반적으로 항만지역에 해당한다). 이번 절에서 1.9m 해수면 상승 시나리오에 대한 적응비용을 요약할 것이며, 여기에는 Esteban 등(2014)과 Hoshino (2013)가 상세히 설명한 것처럼 도쿄와 가나가와현의 연장 57km 이상 해안제방에 대한 공사비도 포함된다. 0.59m 해수면 상승에 대한 적응비용은 훨씬 제한적이므로 본 장에서는 포함시키지 않는다.

요코하마(横浜)는 현재 매우 제한적인 해안·항만방재구조물을 가지고 있기 때문에 대부분의 해안선을 따라 신규 방재구조물을 건설할 필요가 있을 것이다. 도쿄 또는 가와사키(川崎)인 경우 신규 방재구조물 건설에 따른 재정예산이 기존 방재구조물을 증고하는 것보다 많이 소요되므로 기존제방의 증고가 가능할 수 있다. 그러나 어느 경우든 방재구조물 중 가장 예산이 많이 소요되는 내진대책(耐震對策)을 도입(導入)하는 것이 필요하다.

해안제방 보강의 총비용은 직접적으로 해안제방길이에 정비례한다. 가나가와현, 도쿄도, 지바현의 지방자치단체의 지도를 사용하여 보강이 필요한 해안제방의 총 길이를 계산할 수 있다(Hoshino, 2013). 일본 국토지리원(Geospacial Information Authority of Japan)의 지도에 따르면 도쿄인 경우, 증고가 필요한 해안제방 밖의 총 항만지역을 그림 11(파선 내 회색 지역)에 나타내었다.

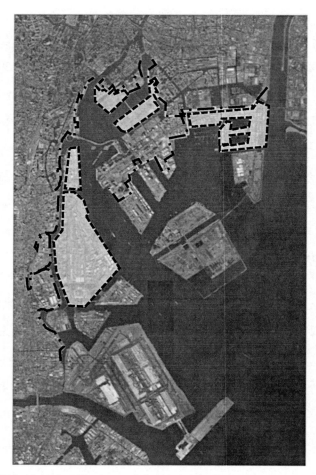

그림 11 1.9m 해수면 상승 시나리오 적용 시 도쿄에서 증고시켜야 하는 항만시설과 해안·항만방재구조물 바깥의 지역 분포. 파선 내 지역은 증고해야 할 지역을 나타냄. 해안제방의 범위는 해안선 주변의 굵은 일점쇄선으로도 표시

도쿄와 가나가와의 파반공(波返工) 증고비(增高費)는 기존 해안제방 상단에 파반공을 추가해 콘크리트로 설치할 경우 34,942엔(￥)/m³(373,000원/m³, 2019년 6월 환율기준)로 추정된다. 신규 해안제방 건설비는 10m 널말뚝(Sheet Pile) 설치에 따른 공사비 25만 엔(￥)/m(268만 원/m, 2019년 6월 환율기준)과 함께, 자재에 대해서는 35,000엔(￥)/m³(374,000원/m³, 2019년 6월 환율기준)로 추정된다. 필요한 신규내진비(新規耐震費)는 카츠시카(葛飾)의 나카(中川) 제방 보강공사 시 공사비에서 차용(借用)하였다(도쿄도(東京都) 출처로 구간 100m당 4.4억 엔(￥)(47억 원, 2019년 6월 환율기준) 소요된다. 2011). 만(灣) 주변의 항만지역 증고에 대한 단가는 일본 경제연구재단(Economic Research Foundation of Japan)에서 산출한 것이다(2010). 그러나 기존 해안·항만방재구조물 철거 및 재건설(再建設) 비용은 고려하지 않았는데, 이는 이들 구조물 중 상당수의 내용연수(耐用年數)가 비교적 제한되어 있고 2100년 전에 몇 번 철거 및 재건설될 것이라고 가정했기 때문이다. 따라서 현재분석은 효과적일 것으로 예상되는 만구(灣口)의 폭풍해일 게이트와 같은 다른 해안방재 기능의 강화를 포함하지 않기 때문에 아마도 보수적이다.

　표 4는 신규 해안제방을 건설하거나 기존 해안제방을 보강하는 비용을 요약한 것이다. 도쿄와 같은 높은 지진활동도(地震活動度)[13] 지역에서의 적용비용 중 대부분은 필요한 내진대책에서 발생되기 때문에 이 시나리오들 사이의 차이는 크게 중요하지 않다. 따라서 단지 구해안제방(舊海岸堤防)을 증고(增高)시켜 적용할 수 있다면 도쿄와 가나가와 현의 총비용은 각각 1,175억 엔(￥)(1조 2,572억 원, 2019년 6월 환율기준)과 2,571억 엔(￥)(2조 7,509억 원, 2019년 6월 환율기준)이 될 것이다. 그러나 신규 해안제방이 필요한 경우, 총 비용은 3,893억 엔(￥)(4조 1,655억 원)(구해안제방의 보강비용 3,746억 엔(￥)(4조 82억 원, 2019년 6월 환율기준)과 비교)으로 약간 높을 뿐이다(표 4 참조).

13　지진 활동도(地震活動度, Seismicity) : 어떤 지역에서의 지진 발생의 빈도를 말하며 과거에서의 지진 발생의 상황(규모, 장소, 때)에 입각하여 정해진다.

표 4 1.9m 해수면 상승 시나리오 적용 시 도쿄와 가나가와 지역의 구해안제방 보강 또는 신설해안제방의 총건설비

구분	제방길이(km)	구해안제방 보강(십억 엔(¥))	신설해안제방(新設海岸堤防)(십억 엔(¥))
도쿄(東京)	22	117.5	123.0
가나가와(神奈川)	34.9	257.1	266.3
합계		374.6	389.3

5.2 해일방파제 건설

도쿄만에 대한 또 다른 가능한 적응대책은 만구(灣口)에 해일방파제를 건설하는 것이다 (Esteban 등, 2014; Ruiz-Fuentes, 2014). 이러한 해일방파제는 이미 런던, 네덜란드 및 뉴올리언스를 포함한 전 세계 여러 곳에 건설되었다(Mooyaart 등, 2014). 이러한 해일방파제의 목표는 폭풍해일 영향으로부터 인접한 저지대 지반을 방호(防護)하는 것이며, 대부분의 경우인 평상시에는 선박이 통과할 수 있는 가동식 게이트(Gate)를 가지고 있으며 폭풍(태풍)이 내습(來襲)하면 게이트를 닫는다.

천해(淺海) 수심을 이용하기 위해 만내(灣內)에 해일방파제를 설치하는 것이 가능하다. 해일방파제의 전체 종방향(縱方向) 설정(設定)하기 위해 여러 개의 해일방파제 설치지점을 조사하였다. 그림 12에 표시된 지점은 작은 단면 중 하나로, 약 7km길이의 해일방파제를 나타내며 가장 깊은 구간은 수심 약 80m이다. 가마이시(釜石) 지진해일 방파제가 약 60m 수심에 있어(19장 참조) 공사 시 상당한 어려움이 있었지만, 그러한 해안·항만 구조물 설치에 대한 전문지식은 일본의 경우 이미 분명히 축적되어 있다. Ruiz-Fuentes(2014)는 유망한 해일방파제 설치지점들에 대한 개념설계(槪念設計, Conceptual Design)[14] 분석을 실시했으며 제안지점 (그림 12에 표시)이 실제로 검토 가능한 해일방파제 중 가장 공사비가 저렴하다는 결론에 도달했다(7,000~8,000억 엔(¥)(7조 4,900~8조 5,600억 원, 2019년 6월 환율기준), 70~80억 달러($)(8.2~9.4조 원, 2019년 6월 환율기준)). 이 외 다른 지점의 해일방파제는 저수심(低水深)에서 건설할 수 있지만 공사기간이 연장되어 결국 그림 12의 지점보다 더 많은 양의 자재가 필요하다. 또한 제안된 장소는 모든 주요 인구 중심지인 도시를 방호(만구(灣口)에 위치)

---

14 개념설계(槪念設計, Conceptual Design): 구체적으로 상세한 조건을 고려하지 않고, 기본적인 사항만을 고려하여 설계의 개념을 나타낸 설계를 말한다.

하므로 비방호(非防護)된 장소에서의 제방보강은 필요하지 않다(보다 만(灣) 안쪽에 설치된 해일방파제는 일부 도시들을 비방호로 남겨두는 데 반하여).

잠재적인 해일방파제의 기본설계는 Ruiz Fuentes의 이학석사(理學碩士) 논문에서 발표하였다. 그것은 해수(海水)를 보전하기 위한 폐쇄지역, 그리고 만과 바다 사이의 항해와 해수교환(海水交換)을 위한 (폐쇄 가능한) 개구부(開口部) 등 여러 부분으로 구성된다. 추가적인 수리학적(水理學的) 해석결과(解析結果), 만약 해일방파제 구간 중 약 50%는 댐과 같이 폐쇄, 38%는 가동(可動) 게이트 및 12%는 영구적으로 개방할 수 있도록 시설(개구부)을 설치한다면 폭풍해일을 충분히 저감시킬 수 있는 것으로 나타났다. 또한 개구부는 항상 항해(航海)를 허용한다.

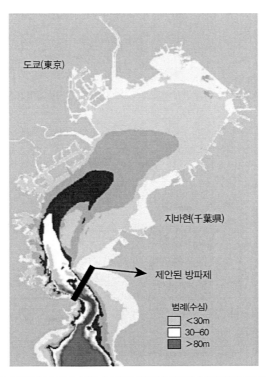

그림 12 도쿄만의 등수심(等水深)과 함께 제안된 폭풍해일 방파제 위치

Ruiz Fuentes는 댐 구간의 개념설계를 실시했다. 그림 13과 14에 나타낸 바와 같이 댐 코아(Dam Core)는 모래로 채운 토목섬유(土木纖維, Geotextile) 구조물을 제안하였다. 이 설계는 해일방파제 수명 기간 동안 우수한 성능을 제공하며, 이는 아마도 사석 마운드나 케이슨과 같

은 공법보다 가격 면에서 경쟁력이 있다. 제안된 설계는 해일방파제의 코어에서 충진재(充填材)[15] 압축 및 간극(間隙)을 피할 수 있게 하여 댐의 안정성을 높이고 지진 발생 시 피해를 줄일 것으로 예상된다. 다른 대안으로는 피어(Pier)가 있는 수직 게이트를 사용할 수 있다. 따라서 보다 상세한 개념설계를 도달하기 위해서는 해일방파제의 구조, 기초 및 지진 문제와 환경 및 수리효과에 관한 추가 조사가 필요하다.

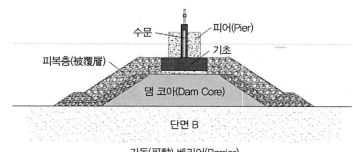

그림 13 가동수문(可動水門)을 갖는 해일방파제의 단면 스케치(Ruiz-Fuentes, 2014)

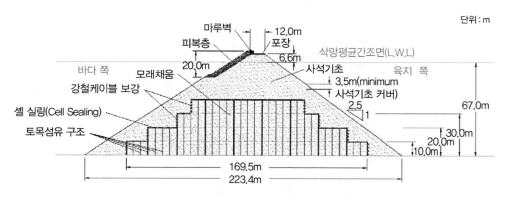

그림 14 가동수문을 갖는 해일방파제의 댐 구간 단면 스케치(Ruiz-Fuentes, 2014)

또한 이 장의 앞 절에서 설명한 것과 동일한 방법론을 사용하여 해일방파제의 필요한 여유고(餘裕高)에 대한 예비분석을 수행했다. 기후변화로 인해 2100년까지 발생할 100년 빈도

---

15 충진재(充填材): 건설자재나 설비들을 조립할 때 생기는 여러 가지 틈이나 홈, 구멍 따위를 메우는 데 쓰는 재료로써 유리솜, 석면, 고무, 면, 시멘트, 나무 등 따위가 있다.

폭풍에 대한 폭풍해일고는 해일방파제 마루높이를 1.6m를 초과할 수 있는데, 이는 만약 오늘날 해일방파제를 건설할 때 경우인 100년 빈도 재현기간으로 예측한 값보다 약 0.4m 더 높다. +1.9m 해수면 상승과 대조(大潮)[16](+2.1m)를 결합시킨 경우, 월파된다고 가정할 때, +5.6m T.P. 이상의 해일방파제가 필요할 수 있다(표 5). 그렇지 않으면 하마카나야(浜金谷)의 파랑부이(Wave Buoy)에서 측정된 일본 전국항만해양파랑정보망(全国港灣海洋波浪情報網, NOWPHAS, Nationwide Ocean Wave information network for Ports and HArbourS)의 파랑데이터는 이 부이의 위치가 해일방파제가 설치된 위치와 정확히 같지 않아 상세한 수치시뮬레이션이 필요하지만, 이 위치에서의 유의파고는 대략 $H_{1/3}=7.3\text{m}$임을 나타낸다.

표 5 해일방파제의 설계수위

구성성분	높이(m)	비고
폭풍해일고(압력과 바람설정)	+1.62	2100년까지의 기후변화 고려
최대 대조고(大潮高)	+2.1	
해수면 상승고	+1.9	Vermeer와 Rahmstorf(2009)

5.3 해안을 개선시키는 해일방파제 건설의 장점

해안제방을 보강(補强)할지 또는 해일방파제를 신규건설할지 여부를 검토할 때는 각 유형의 대책비용뿐만 아니라 이들이 제공할 방호선(防護線)이 얼마나 쉽게 개선될 것인지에 대한 검토가 중요하다. 이런 의미에서 해수면 상승과 기후변화는 2100년에 멈추지 않고 앞으로도 몇 세기 동안 계속될 것이므로 해안·항만방재구조물에 대한 지속적인 개선이 필요하다는 것을 기억해야만 한다. 따라서 직접비용(直接費用)[17]은 표 6에 요약된 바와 같이 해일방파제를 개선(改善)할 것인지 아니면 해안방재구조물을 개량할 것인지를 결정하는 유일한 이유가 아닐 수 있다.

---

16 대조(大潮, Spring Tide) : 약 15일마다 달이 삭(朔, New Moon) 또는 망(望, Full Moon)일 때 일어나는 조차(Range of Tide) 가 큰 조석으로, 이때에 달, 지구 및 태양이 일직선상에 놓여 달과 태양이 해수에 미치는 인력을 함께 하는 까닭에 조차가 크게 된다.

17 직접비용(直接費用, Direct Cost) : 건설(생산)에 직접 필요한 원자재비·노임 등을 직접비(용)이라 하며, 동력비·감가상각비 등 직접생산에 관여하지 않는 종업원의 급여 등을 간접비(용)라고 한다.

원래 현재 해안·항만방재구조물을 보강하는 것이 해일방파제를 신규건설하는 것보다 훨씬 저렴하다는 현재(불확정적) 추정에 따라, 현재 방재수준(100년 빈도 폭풍)을 유지하는 데 소요되는 건설비는 해일방파제를 신규건설하는 데 소요되는 건설비의 약 절반에 이를 것이다. 그러나 신규해일방파제가 주는 방호효과는 훨씬 높으며, 500년 빈도 폭풍(태풍)에 대한 방호는 100년 빈도 폭풍(태풍)에 대한 방호보다 비용이 적게 든다(Ruiz-Fuentes, 2014). 또한 기존해안·항만방재구조물 보강은 도쿄만 전 주위(周圍)에 걸쳐 공사를 시행하는 대신 신규 해일방파제공사의 건설인 경우 한 지점(해일방파제)에만 집중된다. 또한 신규해일방파제는 현재 해안제방 외부의 항만지역까지 방호를 확장하는 데 반해, 기존 해안제방보강은 100년 빈도 폭풍(태풍)보다 높은 폭풍해일 사건인 경우에도 피해를 입을 수 있다. 신규해일방파제가 파괴되더라도 일부 방호를 제공하는 두 번째 방재계층(기존 해안제방)이 여전히 존재하여 다층 방재체계를 유지한다. 마지막으로 신규해일방파제 건설은 교량 또는 철도를 연결시킴으로써 중요한 공동수혜를 제공할 수도 있다. 그러나 이 신규해일방파제는 만과 해양 사이의 해수교환을 저해할 수밖에 없기 때문에 만내(灣內) 수질(水質)을 악화시킬 수 있다. 도쿄만은 주요 어장(漁場)을 이루고 있지는 않지만, 일부 어업활동을 하고 있어 미래 신규해일방파제는 어업인 및 기타 이해관계자의 반대에 직면할 수 있으므로, 신중하게 검토해야 한다.

표 6 기존 해안·항만방재구조물 개선 또는 해일방파제 신규건설에 관한 다양한 고려사항

프로젝트 측면	기존 해안·항만방재구조물 보강	신규해일방파제 건설
건설비(建設費)	3,890억 엔(¥)	7,000~8,000억 엔(¥)
2100년까지의 폭풍우 재현기간(再現期間)	100년 빈도	200년 빈도 또는 500년 빈도 폭풍우가 같은 건설비 범위에 있음
개선(改善)	인구 밀집지역과 경제활동이 활발한 지역인 만(灣) 전역에서 공사를 실시하는 것은 곤란	일정지점에 집중된 공사
방호지역(防護地域)	단지 방재구조물 내부(항만지역은 보호받지 않음, 컨테이너, 지진해일 영향 등)	항만을 포함하여 전체 만(灣) 지역을 방호
다층방재(多層防災)	아님	맞음(기존과 신규 방재구조물)
공동수혜(共同受惠)	아님	연결운송기능(교량·도로/철도 연결 등을 위해 사용 가능)
환경(環境)	변화 없음	만 내부의 해양수질(海洋水質)을 악화시키고 어업에 악영향을 미칠 수 있음
항해(航海)	변화 없음	어느 정도 지장(支障)을 줌

6. 결론

태풍강도의 증가와 해수면 상승의 결합효과는 도쿄만 주변의 해안·항만방재구조물에 중대한 도전을 제기할 수 있다. 이 장에서 저자들은 21세기 전환기에 도쿄만 주변의 열대 저기압 강도 증가로 인해 발생할 수 있는 폭풍해일을 선정했다. 그런 다음 2100년에 100년 빈도 설계폭풍에 대한 잠재적 수위를 얻기 위해 여러 해수면 상승 시나리오와 결합시켰다. 설계폭풍은 태풍 다이쇼(大正, 1917)에 근거하였고, 방법론으로서는 최대풍속의 반경과 기상계의 중심부 기압을 변화시키는 것을 채택했다.

그 결과 도쿄만 주변 다양한 거주지는 향후 폭풍해일 증가와 해수면 상승으로 인해 상당한 리스크에 처해질 수 있음을 알 수 있다. 최대폭풍해일은 도쿄도(東京都) 시바우라(芝浦), 지바현 후나바시(船橋)에서 발생하지만, 특히 요코스카(横須賀), 요코하마(横浜), 가와사키(川崎), 후쓰(富津)의 리스크도 높다. 그러나 가장 큰 리스크는 인구밀도와 경제활동이 집중된 고토(江東) 삼각주의 저지대와 도쿄의 여러 구(區)에 있다. 이러한 지역의 방재구조물이 부서지면, 현재와 2100년 사이에 인플레이션이나 경제성장이 없다고 가정했을 때, 잠재적인 직접적 경제적 피해는 100조 엔(¥)(1,070조 원, 2019년 6월 환율기준)을 초과할 정도로 엄청날 것이다. 이러한 사건의 간접적 결과는 복구과정, 업무시간 손실 및 기타 간접비용 측면에서 훨씬 더 클 수 있다.

결과적으로 그리고 IPCC 5AR에 요약된 해수면 상승 시나리오를 고려하여 현재의 리스크 수준을 유지한다면, 현재의 방호수준(防護水準)을 지속시키기 위해 미래 도쿄만 주변의 연안 방재기능(沿岸防災機能)을 강화시켜야 한다. Vermeer와 Rahmstorf(2009)가 제안한 평균해수면 상승 1.9m 증가와 같이 보다 심각한 시나리오를 구체화시키면, 기존 해안·항만방재구조물의 보강에 약 3,700억 엔(¥)(3조 9,590억 원, 2019년 6월 환율기준)이 소요할 것이다. 대신, 7,000~8,000억 엔(¥)(7조 4,900~8조 5,600억 원, 2019년 6월 환율기준) 비용이 소요되는 신규해일방파제를 건설할 수 있는데, 이러한 구조물은 적절히 설계하면 500년 빈도 태풍 또는 그보다 더 높은 빈도의 태풍에 대처할 수 있어 방재수준을 높일 수 있다. 그러나 이 신규해일방파제는 만의 수질에 많은 악영향(惡影響)을 미칠 수 있고 선박항행(船舶航行)에 다소 방해될 수 있지만, 모든 만내(灣內) 주변 도시에 다층방재(多層防災) 및 연결운송기능(連結運送機能)을 제공함으로써 부분적인 혜택을 줄 수 있다. 또한 해수면 상승과 기후변화는 2100년에 끝날 것 같지 않고 22세기와 23세기까지 지속되어, 앞으로 회피할 수 없는 장래에는 신규해일방파제로 개선하는 것이 더 쉬울 것이다(만 주변의 해안제방을 개별적으로 개선하는 것보다). 이러한 시나리오를 감안할 때, 도쿄만인 경우 침수 리스크 저감전략(신규해일방파제를 포함)에 대한 추가연구가 반드시 필요하다.

참고문헌

1. Chiba, Tokyo, Kanagawa Prefectural Governments(2004). Tokyo Bay Basic Plan on Coastal Management (東京灣沿岸海岸保全基本計畫). Prefectural Report.

2. Economic Research Foundation of Japan, 2010. Monthly quantity survey information for construction material.

3. Elsner, J.B., Kossin, J.P., Jagger, T.H., 2008. The increasing intensity of the strongest tropical cyclones. Nature 455, 92–94.

4. Esteban, M., Longarte-Galnares, G., 2010. Evaluation of the productivity decrease risk due to a future increase in tropical cyclone intensity in Japan. J. Risk Analysis 30, 1789–1802.

5. Esteban, M., Webersik, C., Shibayama, T., 2009. Methodology for the estimation of the increase in time loss due to future increase in tropical cyclone intensity in Japan. J. Climatic Change 102 (3–4), 555–578.

6. Esteban, M., Mikami, T., Shibayama, T., Takagi, H., Jonkman, S.N., Ledden, M.V., 2014. Climate change adaptation in Tokyo Bay : the case for a storm surge barrier. In : Proceedings of the 34th International Conference on Coastal Engineering (ICCE), 15th–20th June 2014, Seoul, Korea.

7. Hoshino, S., 2013. Estimation of storm surge and proposal of the coastal protection method in Tokyo Bay. University of Tokyo, M.Sc. Thesis.

8. Hoshino, S., Esteban, M., Mikami, T., Takabatake, T., Shibayama, T., 2011. Effect of sea level rise and increase in typhoon intensity on coastal structures in TokyoBay.In : Proceedings of Coastal Structures Conference, Yokohama 6th-8th Sept 2011.

9. Japan Statistics Bureau, 2010. Accessed 15 Sept 2012, http://www-e.stat.go.jp/SG1/estat/XlsdlE.do?sinfid¼4000008640423.

10. Jayaratne, R., Abimbola, A.,Mikami, T.,Matsuba,S., Esteban, M.,Shibayama, T.,2014. Predictive model for scour depth of coastal structure failures due to tsunamis. In : Proceedings of34th International Conference on Coastal Engineering (ICCE), 15th-20th June 2014, Seoul, Korea.

11. Jonkman, S.N., Vrijling, J.K., Kok, M., 2008a. Flood risk assessment in the Netherlands : a case study for dike ring south Holland. Risk Anal. 28 (5), 1357–1373.

12. Jonkman, S.N., Bockarjova, M., Kok, M., Bernardini, P., 2008b. Integrated hydrodynamic and economic modelling of flood damage in the Netherlands. Ecol. Econ. 66, 77–90.

13. Kawai, H., Hashimoto, N., Matsuura, K., 2006. Improvement of stochastic typhoon model for the purpose of simulating typhoons and storm surges under global warming. Proceedings of the 30th

International Conference on Coastal Engineering (ICCE2006) 2, 1838–1850.

14. Kawai, H., Hashimoto, N., Matsuura, K., 2008. Estimation of extreme storm water level in Japanese bays by using stochastic typhoon model and tide observation data. In : Proceedings of 18th (2008) International Offshore and Polar Engineering Conference, Vancouver, BC, Canada, July 6–11, 2008.

15. Kitoh, A., Ose, T., Kurihara, K., Kusunoki, S., Sugi, M., KAKUSHINTeam-s Modeling Group, 2009. Projection of changes in future weather extremes using super-high-resolution global and regional atmospheric models in the KAKUSHIN Program : Results of preliminary experiments. Hydrol. Res. Lett. 3, 49–53.

16. Knutson, T.R., Tuleya, R.R., 2004. Impact of CO_2-induced warming on simulated hurricane intensity and precipitation sensitivity to the choice of climate model and convective parameterization. J. Climate 17, 3477–3495.

17. Knutson, T., McBride, J., Chan, J., Emanuel, K., Holland, G., Landsea, C., Held, I., Kossin, J., Srivastava, A., Sugi, M., 2010. Tropical cyclones and climate change. Nat. Geosci. 3 (3), 157–163.

18. Landsea, C.W., Harper, B.A., Hoarau, K., Knaff, J.A., (2006). Can we detect trends in extreme tropical cyclones? Science 313, 452–454.

19. Mikami, T., Shibayama, T., Esteban, M., Matsumaru, R., 2012. Field survey of the 2011 Tohoku earthquake and tsunami in Miyagi and Fukushima prefectures. Coastal Eng. J. (CEJ) 54 (1), 1–26.

20. Miyazaki, M., 1970. Tsunami Storm Surge and Coastal Disasters. In : Wadachi, K. (Ed.), Kyouritsu Shuppan (in Japanese).

21. Miyazaki, M., 2003. Study on Storm Surge. Seizando Publishing, ISBN 4-425-51181-6, 134 p. (in Japanese).

22. Mooyaart,L.F.,Jonkman,S.N.,deVries, P., Toorn, A.V.D., Ledden,M.V.,2014. Design aspects and costs of storm surge barriers. In : Proceedings of 33rd International Conference on Coastal Engineering (ICCE 2014), Seoul, Korea.

23. Myers, V.A., 1954. Characteristics of United States Hurricanes Pertinent to Levee Design for Lake Okeechobee, Florida, In : pp. 1–106, Hydro-Meteorological Report of U.S. Weather Bureau, 32.

24. Nguyen, D.T., Takagi, H., Esteban, M., 2014. Coastal Disasters and Climate Change in Vietnam : Engineering and Planning Perspectives. Elsevier, Edited Book on Elsevier Insights.

25. Nobuoka, H., Murakami, S., 2011. Vulnerability of coastal zones in the 21st century. In : Sumi, A., Mimura, N., Masui, T. (Eds.), Climate Change and Global Sustainability : A Holistic Approach. UNU Press. ISBN 978-92-808-1181-0, p. 325.

26. PricewaterhouseCoopers, 2009. Accessed 15 Sept 2012, http://www.pwc.com/.

27. Ruiz-Fuentes, M.J., 2014. Storm Surge Barrier Tokyo Bay—Analysis on a System Level and Conceptual Design. M.Sc. Thesis, Delft University of Technology.

28. Seed, R., Bea, R., Athanasopoulos-Zekkos, A., Boutwell, G., Bray, J., Cheung, C., Cobos-Roa, D., Harder Jr., L., Moss, R., Pestana, J., Riemer, M., Rogers, J., Storesund, R., Vera-Grunauer, X., Wartman, J., 2008. New Orleans and Hurricane Katrina. III : The 17th Street drainage canal. J. Geotech. Geoenviron. Eng. 134, 740–761.

29. Takagi,H., Kashihara,H.,Esteban,M.,Shibayama,T.,2011. Assessment of future stability of breakwaters under climate change. Coast. Eng. J. 53 (1).

30. Takagi, H., Tran, T.V., Thao, N.D., Esteban, M., 2014. Ocean tides and the influence of Sea-level rise on floods in urban areas of the Mekong delta. J. Flood Risk Manag. http://dx.doi.org/10.1111/jfr3.12094, Wiley, Tokyo Metropolitan Government, 2011. Bidding information, http://bidfind.openbeat.org/, Accessed 15 Jan 2013.

31. Toki, M., 1990. Numerical simulation of storm surge in Tokyo Bay byusing 2 level model. Yokohama National University, Graduation Thesis (in Japanese).

32. Tokyo Metropolitan Government, 2012. Accessed 15 Sept 2012, http://www.metro.tokyo.jp/ENGLISH/PROFILE/overview03.htm.

33. Tsuchiya, Y., Yamashita, T., Oka, T., 1981. Storm surge hind-casting by using 2 level model - Storm surge in Osaka Bay caused by Typhoon7916 -, Proceedings of the 28th Japanese Conference on Coastal Engineering. JSCE. 54–58 (in Japanese).

34. Vermeer, M., Rahmstorf, S., 2009. Proc. Natl. Acad. Sci. U. S. A. 106, 21527–21532. 35. Vrijling, J.K., 2001. Probabilistic design of flood defence systems in the Netherlands. Reliab. Eng. Syst. Saf. 74 (3), 337–344.

36. Webster, P.J., Holland, G.J., Curry, J.A., Chang, H.-R., 2005. Changes in tropical cyclone number, duration, and intensity in a warming environment. Science 309, 1844–1846.

37. Yamamoto, L., Esteban, M., 2014. Atoll Island States and International Law—Influence of Climate Change on Sovereignty and Human Rights. Springer, ISBN 978-3-642-38186-7. 38. Yasuda, T., Mase, H., Mori, N., 2010a. Projection of future typhoons landing on Japan based on a stochastic typhoon model utilizing AGCM projections. Hydrologic. Res. Lett. 4, 65–69.

39. Yasuda, T., Tomita, Y., Mori, N., Mase, H., 2010b. A stochastic typhoon model applicable to storm surge and wave simulations for climate change. Proc. JSCE 66 (1), 1241–1245.

색인

* 페이지 번호 다음에 f는 그림을 나타내고, t는 표를 나타낸다.

ㅍ

저자 소개

미구엘 에스테반 (Miguel Esteban)

현재 일본 와세다대학의 토목환경공학부 지속가능한 미래사회연구소 교수

2007년 일본 요코하마대학에서 해안공학 박사학위 취득

연구분야

- 자연재난과 해안공학: 자연재난의 예방과 분석에 대한 지속가능성 과학 분야
- 기후변화가 자연재난에 미치는 영향
- 에너지 시스템과 정책 등

출처 : https://sites.google.com/site/miguelestebanfagan/

히로시 타카기 (Hiroshi Takagi)

현재 도쿄공업대학 환경·사회이공학원 융합이공학계 교수

연구분야

- 연안지역 방재연구: 지진해일, 폭풍해일, 해안침식 등
- 재해 및 기후변화의 리스크 등

출처 : http://www.ide.titech.ac.jp/~takagi/

토모야 시바야마 (Tomoya Shibayama)

현재 일본 와세다대학 이공학술원 교수(사회환경공학과)

일본 도쿄대학 공학부 토목공학과에서 공학박사 취득

연구분야

- 해안공학, 해양개발, 연안지역 방재, 해일, 건설 사회학

출처 : http://researchers.waseda.jp/profile/ja.7ab2819ab76e61f68d7cf7a9b6fce5c5.html

역자 소개

윤덕영
학력 및 약력

부산대학교 토목공학과 졸업(학사·석사·박사)

항만 및 해안기술사

방재관리대행자(행정안전부)

현 부산광역시청 기술심사과장

경력사항

해양수산부 건설기술자문위원

부산광역시 건설기술심의위원

부산지방해양수산청 건설기술자문위원

박현수
학력 및 약력

부산대학교 토목공학과 졸업(학사·석사·박사)

현 부산도시공사 안전기술부장

경력사항

부산광역시 건설기술심의위원

경상남도 건설기술심의위원

부산지방해양수산청 건설기술자문위원

방재실무자와 공학자를 위한 연안재난 핸드북

초판인쇄 2020년 09월 01일
초판발행 2020년 09월 08일

저　　자 미구엘 에스테반, 히로시 타카기, 토모야 시바야마
역　　자 윤덕영, 박현수
펴　낸　이 김성배
펴　낸　곳 도서출판 씨아이알

책임편집 박영지, 김동희
디　자　인 송성용, 윤미경
제작책임 김문갑

등록번호 제2-3285호
등　록　일 2001년 3월 19일
주　　　소 (04626) 서울특별시 중구 필동로8길 43(예장동 1-151)
전화번호 02-2275-8603(대표)
팩스번호 02-2265-9394
홈페이지 www.circom.co.kr

I S B N 979-11-5610-879-5 (93530)
정　　　가 48,000원